植物学の百科事典

日本植物学会 編
日本育種学会 編集協力

丸善出版

植物の多様性

▲ケシ（薬用植物，麻薬）．二次代謝産物としてアヘンアルカロイド（モルヒネなど）を産生する．花弁が落下したあとの膨らんだ果実の表面を傷つけると，乳管に蓄えられたアルカロイドを含む乳液が出て来る．

▲ヒガンバナとポリネーター（ナガサキアゲハ）．紅い花色はアゲハチョウ類に好まれる．アゲハチョウをポリネーターとして使うのに適応して，雄蕊，雌蕊が長く突き出している．

▲ヒスイカズラ．フィリピン原産のマメ科の大型木性つる植物．鳥媒花と考えられる．

◀アシナガフウラン．ダーウィンがこの植物を初めて見た時，この長い距から蜜を吸うことのできる口の長いポリネーターがいるに違いないと予言したことで有名．（→ p.96「共進化」）

▲サバクオモト（裸子植物 *Welwitschia*，キソウテンガイともいう）．アフリカのナミブ砂漠に固有で，2枚の本葉が無限に伸長（介在成長）して何百年も生きる．グネツム類，マオウ類と近縁．

▲カリフラワー（品種ロマネスコ）．カリフラワーは cauliflower すなわち茎の花という意味である．この品種では同じパターンの分枝が何段階にもわたって繰り返され，幾何学的な形状となっているのを見ることができる．

▲ツチトリモチ（寄生植物）．主にハイノキの根に寄生して地下に塊茎状のこぶを作り，その内部から赤色の花序シュートを地上に出す．雌株だけで単為生殖を行い種子繁殖する．

▲*Aeonium tabuliforme* のロゼット葉．典型的な，らせん葉序を示す．葉原基のこうした規則的配置はシュート頂におけるオーキシンの極性分布によってもたらされる．

▲マングローブ（熱帯の植生．支柱根）

▲タコノキ属の支柱根．インドネシア・ボゴール植物園で撮影．

▲海の中のジャイアントケルプの森．アメリカ・カリフォルニア州沖で撮影された褐藻類に属するジャイアントケルプ．（提供：川井浩史 神戸大学内海域環境教育研究センター教授）

▲ホウガンノキ（幹生花，幹生果，哺乳類媒花）

▲ドリアン（有用植物，幹生果，猿による種子散布）

▲ヒトツバ（シダ植物）

▲シマオオタニワタリが着生する様子（→ p.160「着生植物」）

▲タヌキモ属（袋）

▲サラセニア属（袋）

▲モウセンゴケ属（粘）

▲ハエトリソウ属（挟）

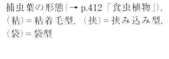
▲ムジナモ属（挟）

捕虫葉の形態（→ p.412「食虫植物」）．
（粘）＝粘着毛型，（挟）＝挟み込み型，
（袋）＝袋型

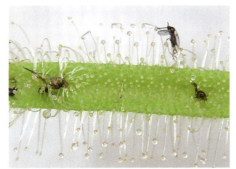
▲モウセンゴケ属の葉に生える腺毛．粘液や消化酵素を分泌し，化学屈性を示し昆虫などを捕らえる．

▲2000万年前の水生植物化石群集
（→ p.290「古生態学」）

▲ヒカゲノカズラ（*Lycopodium* 小葉類）

▲ヘゴ（木性シダ）

植物学を発展させたさまざまな技術

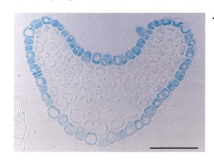

◀ GUSをレポーターとして遺伝子の発現パターンを可視化した例．ここでは表皮（L1）層に特異的な発現をするプロモーターの活性を，シロイヌナズナの葉原基で見ている．（提供：川出健介 岡崎統合バイオサイエンスセンター特任准教授）

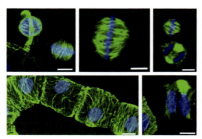

▲ GFPと蛍光試薬を用い蛍光顕微鏡で観察された植物細胞の細胞周期に伴う微小管と核の構造変化（提供：馳澤盛一郎 東京大学新領域創成科学研究科教授）

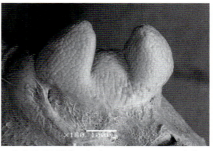

▲走査電子顕微鏡で観察されたサンゴジュ冬芽の茎頂．葉原基が観察される．

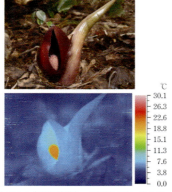

▲ザゼンソウ（発熱植物）．ザゼンソウは1月～3月に開花するが，その際に肉穂花序が発熱して，周囲より高い温度を維持していることが，サーモカメラを用いて観察できる．（提供：伊藤菊一 岩手大学農学部教授）

▲ボルネオ島・マレーシアサラワク州ランビル国立公園にある林冠タワー．これを使って地上からは観察できない熱帯雨林林冠部の調査を行なう．

■ 農業（浮き稲の深水依存的な伸長）■

▲▶タイの浮き稲の生育地．南アジアや東南アジアなどでは，雨期に起きる大規模な洪水の際に，日本で栽培されるイネと異なり，急激に増える水かさに合わせて草丈を伸ばし，葉を水面に出すことで呼吸を確保し，長期間にわたる洪水でも生き延びることができる．

▲水位の上昇とともに，浮きイネが伸びる様子（毎日10 cmずつ水を加えて成長を調べた写真）．常に葉の先端は，水面より上に出ている．

▲洪水で5m以上伸びた浮きイネ

生活・文化

▲ミャンマーの果物屋

▲コプト織物（京都大学総合博物館所蔵）（→ p.712「衣服」）

▲サントリーの青いバラ．遺伝子組換え技術を応用することで開発された自然界には存在しない青い色素を持つバラの花．

▲典型的な里山の風景．岩手県一関市内にて撮影（→ p.748「里地・里山」）

（※クレジットのついていない写真は編集委員提供）

刊行にあたって

　2012年，日本植物学会は，植物学の研究のいっそうの進展と知識の普及を図るため，公益社団法人として生まれ変わりました．本書『植物学の百科事典』は当学会公益事業の一つとして刊行されるものです．福田裕穂前会長（2009〜12年）のときに丸善出版株式会社から本事典出版の提案があり，その後，学会会長をお引き受けした私がその企画を引き継ぎ，当時の三村徹郎理事に具体的な編集から出版までの一切の作業をお任せしました．編集委員会がつくられ，委員のアイデアが形になって，それがいよいよ刊行されることになりました．

　「本会ノ目的ハ汎ク植物学ヲ研究スルニアリ」．これは今から130年以上前に当学会が創設されたときの学会規則の冒頭の一文です．当時の研究者の誇りと意気込みが感じられます．その当時の植物学会は分類学・形態学，生理学・生理化学，細胞学・遺伝学，生態学などの専門分野を包括しておりましたが，その基本的構成は現在なお変わっておりません．研究が始まったときにはおそらく何を研究しても面白く，それが一つひとつ研究成果の発表につながり，そして互いの情報交換が興奮をもたらしてくれたことでしょう．今は学会創設時の130年以前と比べれば，これまでの研究によって得られた知識の広がりと深さには格段の違いがあります．国外の多数の植物研究者が，そして学会創設時以来，日本国内だけでもおそらく延べ何万人という研究者が植物学のさまざまな研究に携ってきました．「何を研究しても面白い」から「何をどう研究すべきか」——これまでの研究成果の上に立って新たな研究成果が求められる時代になりました．例えば私の研究専門分野である分類学では，1960〜80年代にかけてスウェーデン，アメリカ，ロシアの計4名の分類学者が被子植物全体の分類体系について，蓄積する新たな情報と解釈に基づいて，ああでもない，こうでもない，と議論を繰り重ねておりました．しかし，1980年半ば以降DNAデータの解析による分類学研究が広がり多くの研究成果を生み，それから数十年経った今，それらの成果が一定のまとまりに到達し，被子植物の分類体系に関する議論もほぼ収束しました．そして現在は，それを基礎にしてさらに第2フェーズへと発展しようとしています．同様の

ことが形態学，生理学，その他のあらゆる分野で起こっています．

　自然科学の多くの研究分野では，研究の進展とともにそれが細分化され，しかも細分化された専門分野ごとに学会ができ，さらにその分野の専門書が次々に出版されています．植物学もその例外ではありません．しかし，本書『植物学の百科事典』では植物学のあらゆる分野を包括している点で際立っています．執筆者として，知識・経験豊かな学会員はもちろん，最先端の植物科学の研究に取り組む若手研究者の会員がこれに加わり，いわばあらゆる分野の専門家によって執筆されています．植物学関連の，あったら良いと思いつくほとんどすべての話題・テーマが項目として取り上げられています．そこには植物学の歴史や本草学といった，いわば植物学の始まりを知ることができる項目から，根・茎・葉といった植物のからだに関する基礎的な項目，もっと植物を知るための最先端研究テクノロジーに関する項目，そして，分類・系統学，生態学，生理学，形態・構造，遺伝・分子生物学の各研究分野ごとの重要な項目，さらに応用編として農業や社会との関わりにおける植物学の重要項目までカバーされています．遺伝資源や生態系サービスといった高校教科書でも取り上げられるようになった新しい概念も解説されています．

　本事典で扱う多様な項目をみると，植物学の専門書の枠を超えた広がりがあることと，教科書・啓蒙書のレベルを超えた最先端研究の情報にも正確な内容とともにアクセスできることがわかります．本学会以外ではなし得ない力作になったと思います．植物学がいかに広がりをもつ世界であることか，130 年以上前に本学会の基礎を立ち上げた会員にはおそらく想像もできなかったことでしょう．私自身，専門分野から離れて読んでみたい項目がずらりと並んでいます．植物の専門家はもちろん，日ごろ植物に関心の深い一般の方々にも，あるいは項目によっては高校生が読んでも十分面白いと思ってもらえるのではないでしょうか．前述のように，本事典は植物学の基礎と同時に，新たな研究段階へ進むための高度なレベルの情報を伝えようとしています．若い人たちは，本事典を通じて，植物学の過去と現在を知り，そして未来への架け橋を見ることができるでしょう．

　最後に，学会長として本書の刊行に幾ばくか貢献できたことを誇りに思うと同時に，本事典が名著として多くの人たちの座右の友となることを願ってやみません．

2016 年 3 月

　　　　　　　　　　　　　　　　　　　公益社団法人　日本植物学会会長

　　　　　　　　　　　　　　　　　　　　　　　戸　部　　博

■編集委員一覧■ (50音順)

監修

戸部　　博　　京都大学名誉教授
福田　裕穂　　東京大学大学院理学系研究科

編集委員長

三村　徹郎　　神戸大学大学院理学研究科

編集幹事

芦苅　基行　　名古屋大学生物機能開発利用研究センター
寺島　一郎　　東京大学大学院理学系研究科
内藤　　哲　　北海道大学大学院農学研究院
邑田　　仁　　東京大学大学院理学系研究科

編集委員

飯野　盛利　　大阪市立大学理学部
坂口　修一　　奈良女子大学研究院自然科学系
塚谷　裕一　　東京大学大学院理学系研究科
西廣　　淳　　東邦大学理学部
長谷部　光泰　自然科学研究機構基礎生物学研究所
牧　　雅之　　東北大学植物園
山田　敏弘　　金沢大学理工研究域
吉村　　淳　　九州大学大学院農学研究院

編集協力

一般社団法人　日本育種学会

執筆者一覧 （50音順）

相田　宏光
相場　慎一郎
秋山　弘之
芦苅　基行
芦原　坦
阿部　純
阿部　光知
荒木　崇
有村　慎一
飯野　盛利
池田　啓
池谷　祐幸
池谷　和信
井澤　毅
石井　尊生
石川　雅之
伊藤　昭彦
伊東　明
伊藤　恭子
伊藤　元己
今市　涼子
岩瀬　哲
岩田　洋佳
岩槻　邦男
上口(田中)美弥子
上田　貴志

上村　松生
上内　海泰弘
占部　城太郎
蝦名　真澄
海老原　淳
遠藤　正治
及川　真平
大澤　雅彦
大澤　良
太田　啓之
大塚　俊之
大手　信人
大場　秀章
大原　雅
大森　正之
岡崎　芳次
岡田　清孝
岡田　博
奥野　員敏
奥本　裕
奥山　雄大
落合　久美子
尾之内　均
小山　時隆
角谷　徹仁
柏谷　博之

片岡　博尚
片山　健毅
可知　直毅
旦　真木
加藤　潔
加藤　浩真
加藤　真
加藤　雅啓
角野　康郎
金澤　章人
鎌田　磨人
神谷　勇治
唐川　一郎
川井　浩史
川窪　伸光
川崎　努
川瀬　眞琴
河　喜八郎
菊沢　喜八郎
貴島　祐治
北柴　大泰
北島　宣己
北野　英弘
北山　兼弘
木下　俊則
木俣　美樹男
朽津　和幸

執筆者一覧

工藤　　　洋
熊谷　朝臣
熊丸　敏博
久米　　　篤
倉田　　のり
黒田　慶子
桑形　恒男
小池　孝良
小池　文人
河内　孝之
甲山　隆司
小菅　桂子
小林　正智
薦田(萩原)優香
是枝　　　晋
今野　浩太郎
酒井　　　敦
酒井　聡樹
阪井　康能
榊原　　　均
坂口　修一
櫻井　　　望
佐々木　卓治
佐藤　和広
佐藤　雅志
佐藤　洋一郎
塩見　正衞
凌　　祥之子
篠崎　和子

柴田　大輔
島崎　研一郎
嶋田　知生
清水　善和
庄野　真理子
新免　輝男
杉本　慶子
杉山　宗隆
鈴木　準一郎
陶山　佳久
清和　研二
瀬尾　光範
瀬戸口　浩彰
園池　公毅
高岩　文雄
髙木　慎吾
髙橋　秀幸
髙橋　宏和
髙橋　正道
髙畑　義人
髙林　純示
髙溝　　　正
高山　誠司
竹中　明夫
竹谷　孝一
多田　安臣
舘田　英典
舘野　正樹
田中

田中　伸幸
田中　法生
種子田　春彦
田部井　　豊
田村　　　実
千葉　由佳子
塚谷　裕一
土橋　　　豊
土谷　岳令
堤　　　千絵
露崎　史朗
寺内　良平
寺島　一郎
土井　富一行
徳部　　　哲博
戸山　　　欽哉
鳥内　　　哲
内藤　　　透
中嶋　寿江
中園　幹生
永田　俊行
長田　敏行
長谷　あきら
中塚　武之仁
中坪　孝之
中西　啓英敏
永益　英崇
中村　　　裕

執筆者一覧

征矢野　章志
義一　二
秀裕　樹彦
郎　紀巳
子　衣弘
司　哉久
雄　孝
潤人　希
司　三夫
隆一郎　行

百瀬　忠仁
森田　竜義
森長　真裕
森安　秀
安井　昌
矢野　卓明
山内　信次
山岸　口将
山崎　真
山崎　由
山﨑　由紀子
山下　敏誠
山田　俊知
大山　久雄
遊横　孝
横田　潤
吉山　人希
吉本　丈光
和倉　浩正
渡辺　正政
渡辺　雄
渡邊　泰
綿野

晴輔徳
義大善徳
井田本原　徹
藤藤藤　研太郎
藤古保　健太郎
星野　敦
堀江　明
馬　智
前島　建
牧間　雅
牧野　義之周
松永　幸大
松林　嘉克
真藤　純
丸田　恵美子
三中　信宣芳
峰雪　徹光
三宮　尾井　耕二
村岡上　裕由男
村上田　明哲仁
村邑　月　夫史悦
飯望望月　敦伸

那須田　周一　平秀
奈良尾　生剛
西田　治文郎
西田　和彦
西谷　栄正
西野　淳
西廣　いくこ
西村　幹夫
西村　航
野口　崎久義
野崎城　修浩
野能並　泰
長谷部　光束穂
服部　啓誠
馬場　祐一子
林
半場　勉
日浦　純子
東村　哲也
東山坂　幸純毅
彦日出間
平井　優美樹
平川　英之弘
平野　博弘
深城田　英和
福

目　　次

（見出し語五十音索引は目次の後にあります）

1. 歴　　史 （編集担当：三村徹郎・飯野盛利・長谷部光泰）

植物学の歴史 ……………… 2	植物園 …………………… 22
本草学 …………………… 6	リンネと植物分類 ……… 24
近代日本の植物学史 …… 8	メンデルの法則 ………… 26
考古学と植物 …………… 12	ダーウィン ……………… 28
初期文明と塩害 ………… 14	牧野富太郎 ……………… 30
肥料と戦争 ……………… 16	ノーベル賞と植物学 …… 32
プラント・ハンター …… 18	桜 ………………………… 34
園芸植物 ………………… 20	

2. 手　　法 （編集担当：三村徹郎・飯野盛利・長谷部光泰）

モデル植物 ……………… 38	分光学 …………………… 62
シロイヌナズナ ………… 42	顕微鏡 …………………… 64
イ　ネ …………………… 46	同位体の利用 …………… 68
ム　ギ …………………… 48	リモートセンシング …… 70
培養細胞系 ……………… 50	植物科学と統計解析 …… 72
プロトプラスト ………… 54	植物電気生理学 ………… 74
網羅的解析手法 ………… 56	ゲノム編集 ……………… 76
データベース …………… 58	計算で植物を調べる …… 78
生物学のオントロジー … 60	

3. 多様性と分類・系統 （編集担当：邑田 仁・牧 雅之・山田敏弘）

進化の仕組み …………… 82	種分化 …………………… 88
ハーディワインベルグの法則 … 84	適応放散 ………………… 92
分子進化 ………………… 86	網状進化 ………………… 94

共進化	96	果実と球果（被子と裸子）	146
染色体とゲノム	98	裸子植物——陸上植物	148
ゲノム分析	100	被子植物——陸上植物	150
細胞質遺伝	102	単子葉植物——陸上植物	154
生殖と繁殖	104	植物相と植物地理	156
胞子と胞子嚢	108	ハビタットとニッチ	158
花粉	110	着生植物	160
ポリネーション	112	水生植物	162
受精	116	渓流沿い植物	164
胚発生	120	腐生植物（完全菌従属栄養植物）	166
多核細胞（多核体）	122	分類群と命名	168
世代交代	124	同定と検索表	172
菌類	126	ハーバリウム	174
地衣類	130	DNAバーコーディング	176
微細藻類	132	分類体系と系統分類学	178
大型藻類	134	分岐図と系統樹	180
陸上植物	136	分子系統解析	182
化石植物	138	形質と形質状態	184
小葉類と真葉類	140	相同と相似	186
コケ植物——陸上植物	142	系統地理	188
シダ植物——陸上植物	144		

4. 生 態 （編集担当：寺島一郎・西廣 淳）

陸域生態系の生産	192	化学合成無機栄養生物	214
陸域生態系のエネルギー収支	194	気候区分とバイオーム	216
地球生態系の炭素・窒素・リンの循環	196	森林	218
地球レベルの水収支	198	森林生態系の水文過程	222
土壌	200	森林限界，高木限界，高山帯	224
土壌呼吸	202	草原と砂漠化	226
海洋の生産	204	沙漠（砂漠），ツンドラ，荒原	232
陸水学	206	湿原	234
植物プランクトン	208	島の生態学	236
化学量論	210	植生と生態遷移	238
生態ピラミッド	212	自然選択と適応	240
		ミクロコズム	242

種間競争と種内競争	244
植物の分布パターン	246
生態学における攪乱	248
環境ストレス ——農学・生態学の視点から	250
生活史と生活史戦略	252
r, K戦略と植物の3戦略	254
植物の繁殖戦略	256
木本植物と草本植物	258
クローナル植物	260
種子の生態学	262
フェノロジー	264
自己間引と最終収量一定の法則	266
植物の資源利用効率	268
酸性雨とオゾン	270
構成呼吸と維持呼吸	272
樹形	274
ロゼット，抽薹	276
共生と寄生	278
菌根	280
根粒菌	282
エコゲノミクス	284
安定同位体生態学	286
化学生態学	288
古生態学	290
古気候・古環境の復元	292
景観生態学	294
生態系サービス	296
保全生態学	298
地理情報システム	302
長期観測サイト	304
衛星生態学	306
地球環境変化・生態	308

5. 生理学 （編集担当：三村徹郎・飯野盛利・長谷部光泰）

光合成の全体像	312
C_3光合成とC_4光合成 ——光合成炭素同化	316
CAM植物——光合成	318
光呼吸	320
光合成の光阻害	322
細胞壁	324
呼吸	328
代謝	330
炭素代謝	332
硫黄同化	334
窒素同化	336
リン代謝	340
植物の主要な脂質とその生合成	342
発酵	346
二次代謝	348
植物ホルモン	352
オーキシン——植物ホルモン	354
ジベレリン——植物ホルモン	356
サイトカイニン——植物ホルモン	358
エチレン——植物ホルモン	360
アブシシン酸——植物ホルモン	362
ブラシノステロイド ——植物ホルモン	364
サリチル酸とジャスモン酸 ——植物ホルモン	366
ストリゴラクトン ——植物ホルモン	368
ペプチドホルモン ——植物ホルモン	370
植物細胞	374
液胞——植物細胞	376

小胞体——植物細胞	378	フィトクロム ——光応答と光受容体	442
ペルオキシソーム——植物細胞	380	クリプトクロム ——光応答と光受容体	444
ゴルジ体，膜交通——植物細胞	382	フォトトロピン ——光応答と光受容体	446
葉緑体——植物細胞	384	紫外線——光応答と光受容体	448
ミトコンドリア——植物細胞	386	光周性	450
細胞骨格系——植物細胞	388	概日リズム	452
細胞分裂——植物細胞	390	屈性と傾性	454
細胞膜——植物細胞	392	重力応答	456
核——植物細胞	394	気孔	458
独立栄養と従属栄養	396	植物の成長様式	460
無機栄養	398	栄養成長と生殖成長	462
栄養飢餓応答	402	紅葉・黄葉	464
生体膜輸送系	404	植物の性	466
水吸収	408	種子形成	468
土壌の酸性とアルカリ性	410	休眠と発芽	470
食虫植物	412	分化全能性	472
ソース・シンク，転流，物質集積	414	不定胚・不定芽・不定根	474
環境応答	416	原形質連絡	476
植物細胞内情報伝達	418	核内倍加	478
蒸散と水代謝	420	植物の老化	480
膨圧と浸透圧（水ポテンシャル）	422	植物の病害防除機構	482
乾燥ストレス，水ストレス	424	プログラム細胞死	486
冠水耐性，水草	426	アレロパシー（他感作用）	488
塩ストレスと耐塩性	428	傷害応答	490
植物と温度	430	藍藻	492
耐暑性——温度	432	貯蔵物質	494
低温耐性・耐凍性——温度	434	原形質流動	496
低酸素	436	自家不和合性	498
活性酸素（ROS）	438		
光形態形成と光運動	440		

6. 形態構造 (編集担当：寺島一郎・邑田 仁・坂口修一)

器官（学）	502	根	506
胚軸	504	シュート	508

茎の多様性	510	篩部	556
分枝と伸長	512	葉脈	558
葉——多様にして定義の難しい器官	514	表皮	560
		柵状組織と海綿状組織	562
イネ科の葉	518	通気組織	564
花	520	排水組織	566
花序	522	分泌組織	568
つると巻きひげ	524	乳管，粘液道，樹脂道	570
運動	526	貯水組織	572
組織と組織系	528	貯蔵組織	574
アポプラストとシンプラスト	532	異型細胞	576
細胞間隙	534	離層	578
分裂組織	536	根の形態形成	580
一次成長と二次成長	540	茎の形態形成	582
キメラ	542	葉のつくられる仕組み	584
中心柱	544	花の形態形成	586
内皮と外皮	546	側方器官	588
カスパリー線	548	葉序	590
維管束	550	維管束の形態形成	594
木部——一次木部と二次木部の組織と機能	552	材の形成	596
		細胞分裂面	598
道管と仮道管	554	ロックハルト成長式	600

7. 遺伝・分子生物 （編集担当：内藤 哲・塚谷裕一）

一過的発現系とトランスジェニック植物	604	転写とその制御	616
		転写後制御	618
遺伝子クローニング	606	翻訳とその制御	620
遺伝子のノックアウトとノックダウン	608	小分子RNA	622
		RNA編集	624
エピジェネティクス	610	植物ウイルスとその制御	626
ジーンサイレンシング	612	遺伝子対遺伝子仮説	630
DNA複製とDNA障害の修復	614	トランスポゾン	632

8. 植物学の応用：農業 (編集担当：芦苅基行・吉村 淳)

- 染色体置換系統群 ── 636
- 国際農業研究センター ── 638
- 持続性農業 ── 640
- 緑の革命 ── 642
- 農学としての雄性不稔 ── 644
- 植物の倍数体 ── 646
- 栽培植物の起源と分化 ── 650
- 品質と成分 ── 654
- 多収性，生産性（育種目標）── 658
- QTL 解析 ── 660
- アポミクシス ── 662
- 肥　料 ── 664
- 灌　漑 ── 668
- 施設農業 ── 670
- 育種法の分類 ── 672
- 自殖性植物の育種法 ── 674
- 他殖性植物の育種法 ── 676
- 栄養繁殖植物の育種法 ── 678
- 雑種強勢（ヘテロシス）育種法 ── 680
- 体細胞雑種 ── 684
- 植物遺伝資源 ── 686
- 突然変異育種 ── 688
- ゲノミックセレクション ── 690
- ゲノムワイドアソシエーション研究（GWAS） ── 692
- 遺伝子組換えによる育種（GMO） ── 694
- DNA マーカー選抜育種 ── 698

9. 社　会 (編集担当：三村徹郎・飯野盛利・長谷部光泰)

- 赤潮とアオコ ── 702
- アレルギー ── 704
- 宇宙生物学 ── 706
- 外来植物 ── 708
- 植物工場 ── 710
- 衣　服──植物と人の暮らし ── 712
- 住居と道具──植物と人の暮らし ── 716
- 絵画とデザイン──植物と人の暮らし ── 718
- 文学・音楽──植物と人の暮らし ── 720
- 種子ストックセンター ── 722
- 絶滅と保全 ── 724
- 地球環境変化・社会 ── 726
- 知的財産権と種苗法 ── 728
- 薬用植物 ── 730
- 嗜好品 ── 732
- 砂漠の緑化 ── 734
- 都市緑化 ── 736
- 除草剤 ── 738
- 遺伝子組換え植物 ── 740
- マツ枯れ・ナラ枯れ ── 742
- レッドデータブック ── 744
- 遺伝資源と育種にかかわる条約 ── 746
- 里地・里山 ── 748

- 見出し語五十音索引 ── xv
- 事項索引 ── 751
- 人名索引 ── 799

見出し語五十音索引

■ A〜Z

C_3光合成とC_4光合成——光合成炭素同化　316
CAM植物——光合成　318
DNAバーコーディング　176
DNA複製とDNA障害の修復　614
DNAマーカー選抜育種　698
QTL解析　660
r, K戦略と植物の3戦略　254
RNA編集　624

■ あ行

赤潮とアオコ　702
アブシシン酸——植物ホルモン　362
アポプラストとシンプラスト　532
アポミクシス　662
アレルギー　704
アレロパシー（他感作用）　488
安定同位体生態学　286

硫黄同化　334
維管束　550
維管束の形態形成　594
育種法の分類　672
育種目標　658
異型細胞　576
維持呼吸　272
一次成長と二次成長　540
一次木部　552
一過的発現系とトランスジェニック植物　604
遺伝子組換え植物　740
遺伝子組換えによる育種（GMO）　694
遺伝子クローニング　606
遺伝資源と育種にかかわる条約　746
遺伝子対遺伝子仮説　630

遺伝子のノックアウトとノックダウン　608
イネ　46
イネ科の葉　518
衣服——植物と人の暮らし　712

宇宙生物学　706
運動　526

衛星生態学　306
栄養飢餓応答　402
栄養成長と生殖成長　462
栄養繁殖植物の育種法　678
液胞——植物細胞　376
エコゲノミクス　284
エチレン——植物ホルモン　360
エピジェネティクス　610
塩害　14
園芸植物　20
塩ストレスと耐塩性　428

黄葉　464
大型藻類　134
オーキシン——植物ホルモン　354
オゾン　270
音楽——植物と人の暮らし　720
オントロジー　60

■ か行

絵画とデザイン——植物と人の暮らし　718
概日リズム　452
外皮　546
海綿状組織　562
海洋の生産　204
外来植物　708
化学合成無機栄養生物　214

化学生態学　288
化学量論　210
核——植物細胞　394
核内倍加　478
果実と球果（被子と裸子）　146
花　序　522
カスパリー線　548
化石植物　138
活性酸素（ROS）　438
仮道管　554
花　粉　110
灌　漑　668
環境応答　416
環境ストレス——農学・生態学の視点から　250
冠水耐性，水草　426
乾燥ストレス，水ストレス　424

器官（学）　502
気　孔　458
気候区分とバイオーム　216
寄　生　278
キメラ　542
球　果　146
休眠と発芽　470
共進化　96
共生と寄生　278
菌　根　280
近代日本の植物学史　8
菌　類　126

茎の形態形成　582
茎の多様性　510
屈性と傾性　454
クリプトクロム——光応答と光受容体　444
クローナル植物　260

景観生態学　294
計算で植物を調べる　78
形質と形質状態　184
傾　性　454
系統樹　180
系統地理　188
系統分類学　178
渓流沿い植物　164
ゲノミックセレクション　690

ゲノム　98
ゲノム分析　100
ゲノム編集　76
ゲノムワイドアソシエーション研究
　　（GWAS）　692
原形質流動　496
原形質連絡　476
顕微鏡　64

荒　原　232
光合成の全体像　312
光合成の光阻害　322
考古学と植物　12
高山帯　224
光周性　450
構成呼吸と維持呼吸　272
高木限界　224
紅葉・黄葉　464
古気候・古環境の復元　292
呼　吸　328
国際農業研究センター　638
コケ植物——陸上植物　142
古生態学　290
ゴルジ体，膜交通——植物細胞　382
根粒菌　282

■ さ行

最終収量一定の法則　266
サイトカイニン——植物ホルモン　358
材の形成　596
栽培植物の起源と分化　650
細胞間隙　534
細胞骨格系——植物細胞　388
細胞質遺伝　102
細胞分裂——植物細胞　390
細胞分裂面　598
細胞壁　324
細胞膜——植物細胞　392
柵状組織と海綿状組織　562
桜　34
雑種強勢（ヘテロシス）育種法　680
里地・里山　748
沙漠（砂漠），ツンドラ，荒原　232
砂漠の緑化　734

見出し語五十音索引

サリチル酸とジャスモン酸
　　——植物ホルモン　366
酸性雨とオゾン　270

紫外線——光応答と光受容体　448
自家不和合性　498
資源利用効率　268
嗜好品　732
自己間引と最終収量一定の法則　266
脂質とその生合成　342
自殖性植物の育種法　674
施設農業　670
自然選択と適応　240
持続性農業　640
シダ植物——陸上植物　144
湿　原　234
篩　部　556
ジベレリン——植物ホルモン　356
島の生態学　236
ジャスモン酸——植物ホルモン　366
住居と道具——植物と人の暮らし　716
従属栄養　396
重力応答　456
種間競争と種内競争　244
樹　形　274
種子形成　468
種子ストックセンター　722
樹脂道　570
種子の生態学　262
受　精　116
シュート　508
種苗法　728
種分化　88
傷害応答　490
蒸散と水代謝　420
小分子 RNA　622
小胞体——植物細胞　378
小葉類と真葉類　140
初期文明と塩害　14
植生と生態遷移　238
食虫植物　412
植物遺伝資源　686
植物ウイルスとその制御　626
植物園　22
植物科学と統計解析　72

植物学の歴史　2
植物工場　710
植物細胞　374
植物細胞内情報伝達　418
植物相と植物地理　156
植物電気生理学　74
植物と温度　430
植物の資源利用効率　268
植物の主要な脂質とその生合成　342
植物の性　466
植物の成長様式　460
植物の倍数体　646
植物の繁殖戦略　256
植物の病害防除機構　482
植物の分布パターン　246
植物の老化　480
植物プランクトン　208
植物分類　24
植物ホルモン　352
除草剤　738
シロイヌナズナ　42
進化の仕組み　82
ジーンサイレンシング　612
伸　長　512
浸透圧　422
シンプラスト　532
真葉類　140
森　林　218
森林限界，高木限界，高山帯　224
森林生態系の水文過程　222

水生植物　162
ストリゴラクトン——植物ホルモン　368

性　466
生活史と生活史戦略　252
生産性　658
生殖成長　462
生殖と繁殖　104
生態学における撹乱　248
生態系サービス　296
生態遷移　238
生態ピラミッド　212
生体膜輸送系　404
成長様式　460

生物学のオントロジー　60
世代交代　124
絶滅と保全　724
染色体置換系統群　636
染色体とゲノム　98

草原と砂漠化　226
相同と相似　186
草本植物　258
側方器官　588
組織と組織系　528
ソース・シンク，転流，物質集積　414

■た行

耐塩性　428
体細胞雑種　684
代　謝　330
耐暑性——温度　432
耐凍性——温度　434
ダーウィン　28
多核細胞（多体）　122
多収性，生産性（育種目標）　658
他殖性植物の育種法　676
単子葉植物——陸上植物　154
炭素代謝　332

地衣類　130
地球環境変化・社会　726
地球環境変化・生態　308
地球生態系の炭素・窒素・リンの循環　196
地球レベルの水収支　198
窒素同化　336
知的財産権と種苗法　728
着生植物　160
中心柱　544
抽　薹　276
長期観測サイト　304
貯水組織　572
貯蔵組織　574
貯蔵物質　494
地理情報システム　302

通気組織　564
つると巻きひげ　524
ツンドラ　232

低温耐性・耐凍性——温度　434
低酸素　436
適応放散　92
デザイン——植物と人の暮らし　718
データベース　58
転写後制御　618
転写とその制御　616
転　流　414

同位体の利用　68
道管と仮道管　554
道具——植物と人の暮らし　716
統計解析　72
同定と検索表　172
独立栄養と従属栄養　396
土　壌　200
土壌呼吸　202
土壌の酸性とアルカリ性　410
都市緑化　736
突然変異育種　688
トランスジェニック植物　604
トランスポゾン　632

■な行

内皮と外皮　546
ナラ枯れ　742

二次成長　540
二次代謝　348
二次木部　552
ニッチ　158
乳管，粘液道，樹脂道　570

根　506
根の形態形成　580
粘液道　570

農学としての雄性不稔　644
ノーベル賞と植物学　32

■は行

葉——多様にして定義の難しい器官　514
バイオーム　216
胚　軸　504
排水組織　566

見出し語五十音索引

倍数体　646
胚発生　120
培養細胞系　50
発　芽　470
発　酵　346
ハーディワインベルグの法則　84
花　520
花の形態形成　586
葉のつくられる仕組み　584
ハーバリウム　174
ハビタットとニッチ　158
繁　殖　104
繁殖戦略　256

光運動　440
光形態形成と光運動　440
光呼吸　320
光阻害　322
微細藻類　132
被子植物——陸上植物　150
被子と裸子　146
病害防除機構　482
表　皮　560
肥　料　664
肥料と戦争　16
品質と成分　654

フィトクロム——光応答と光受容体　442
フェノロジー　264
フォトトロピン——光応答と光受容体　446
腐生植物（完全菌従属栄養植物）　166
物質集積　414
不定胚・不定芽・不定根　474
ブラシノステロイド——植物ホルモン　364
プラント・ハンター　18
プログラム細胞死　486
プロトプラスト　54
文学・音楽——植物と人の暮らし　720
分化全能性　472
分岐図と系統樹　180
分光学　62
分子系統解析　182
分子進化　86
分枝と伸長　512
分泌組織　568

分布パターン　246
分類群と命名　168
分類体系と系統分類学　178
分裂組織　536

ペプチドホルモン——植物ホルモン　370
ペルオキシソーム——植物細胞　380

膨圧と浸透圧（水ポテンシャル）　422
胞子と胞子嚢　108
保　全　724
保全生態学　298
ポリネーション　112
本草学　6
翻訳とその制御　620

ま行

牧野富太郎　30
巻きひげ　524
膜交通——植物細胞　382
マツ枯れ・ナラ枯れ　742

ミクロコズム　242
水吸収　408
水　草　426
水ストレス　424
水代謝　420
水ポテンシャル　422
ミトコンドリア——植物細胞　386
緑の革命　642

ム　ギ　48
無機栄養　398
命　名　168
メンデルの法則　26

網状進化　94
網羅的解析手法　56
木部——一次木部と二次木部の組織と機能　552
木本植物と草本植物　258
モデル植物　38

や行

薬用植物　730

雄性不稔　644
葉　序　590
葉　脈　558
葉緑体——植物細胞　384

■ ら行

裸　子　146
裸子植物——陸上植物　148
藍　藻　492
陸域生態系のエネルギー収支　194
陸域生態系の生産　192
陸上植物　136
陸水学　206
離　層　578
リモートセンシング　70
リン代謝　340
リンネと植物分類　24
レッドデータブック　744
老　化　480
ロゼット，抽薹　276
ロックハルト成長式　600

1. 歴　　史

　ヒトは先史時代から植物と関わってきたと考えられる．農業が始まったとされる約1万数千年前はもとより，それより遥か以前から，ヒトの祖先は，どの植物なら食べられ，どの植物が薬効をもち，どの植物が毒であるかを知っていたに違いない．
　植物学の「歴史」をまとめた本章では，考古学的視点から文明初期における植物とのかかわり合いを考察し，文字が発明されて植物を体系的に記述できるようになり，学問としての「植物学」がどのように成り立ってきたかを西洋と日本を対比して考える．また，歴史上のいくつかのトピックを取り上げるとともに，近代植物科学において，最も重要だと考えられる3人（リンネ，メンデル，ダーウィン）を植物科学の歴史を代表する科学者として取り上げる．日本の植物学者の父とも呼ばれる牧野富太郎に焦点をあてる．
　ヒトは，植物なしでは地球上に存在することはできない．私たちは植物を地球上で共に生きる存在として，どのように学問対象として扱ってきたかをここでは考えてみたい．　　　　［三村徹郎・飯野盛利・長谷部光泰］

植物学の歴史

　三十数億年前に地球上に現れた生き物の祖先型は単一のすがたをとっていた．ごく初期に，クロロフィルを用いて酸素発生型光合成を行う型（シアノバクテリア）が進化した．やがて異なった原核細胞同士の細胞内共生を経て，葉緑体をもつ細胞がつくられた．こうして，植物と呼ばれる生き物が生まれ，多様化し，植物がそれ以後の地球上のエネルギー代謝で，少なくとも太陽光の届く範囲では，主要な生産者の役割を引き受けることになった．

　一方，従属栄養の生活を基本に，植物が合成する有機物を利用して生きる動物や菌類も多様化し，それぞれに進化の歩みを続けた．それらのうちで，三十数億年の進化の過程を経て，知的活動を高度化させたヒトという動物種が，エネルギー源である植物と自分たちとのかかわりを，植物学と呼ぶ科学の手法を用いて解析するようになった．

●**植物の認識**　文化を構築した人が自然界に生きる植物を認識するようになったのは，まず食糧としてだった．（動物の1種の）ヒトが（文化をもつ）人に進化する以前から，食べられる植物とそうでないものの識別はしていたはずだし，その識別は社会の中で親の世代から子の世代に伝達されていただろう．

　言語をもつようになった人は，ものに名前をつけるようになったが，植物にも認識される型ごとに名前がつけられた．やがて，名前を介して，個々の植物の属性も，知識として社会で共有された．文字を使うようになると，さまざまな対象についての知識の総覧が編纂され，ローマでは1世紀の大プリニウス（G. Plinius II, 22/23-79）の『博物誌』や中国では3世紀の張華（232-300）の『博物志』が著名である．これらはともに当時の知識を集成したもので，想像上のものまで含まれていて，今でいう科学の対象とは必ずしも整合性があるわけではない．編者はどちらの場合も，科学者というよりは政治家，軍人として記録される．

　もう少し体系的な，近代科学でも認められる視点での自然の観察はアリストテレス（Aristoteles, 紀元前322-284）をもって嚆矢とする．彼の自然学（physica）は後の物理学に通じるが，同時に形而上学（metaphysica）に対応する．自然の理解は対象そのものを客観的に理解し，物理学に通じる解析を目指すものだった．その理論に基づきながら，『動物誌』などでは動物界を自然の体系のうちで理解しようとしたものの，当時の科学の知見の範囲で，観察，記載，推定の域を出るものでなかったのは当然の成り行きである．

　アリストテレスには植物学の著作がないことから，植物学の祖としてはテオプラストス（Theophrastus, 紀元前371-287）の名があげられる．著作は200を超

えるといわれ，範囲は自然科学の全分野にとどまらず，哲学，音楽，宗教も含まれていたらしいが，大半は失われている．植物学に関しては，『植物誌』9巻，『植物原因論』6巻が残されており，ギリシャ時代の植物学を瞥見することができる．

●**近代科学への歩み**　中世に入って，文化は暗黒時代に入ったと説明される．植物学については，農業の実践には進歩があったはずだが，農民の日常活動は歴史に残されはしない．一方，薬用植物とのかかわりは，教会の医療活動の一環として記録される．ヨーロッパで大学や植物園が整うのは，ルネサンスと重なる16世紀のことである．

いわゆる暗黒時代の間にも，多様な植物は観察され，成果は記載され続けた．やがて顕微鏡がつくられ，肉眼では見えない微細な生物や構造が観察され，植物についての知見も確実に進歩した．とりわけ，オランダ人のA. vanレーウェンフック（A. van Leeuwenhoek, 1632-1723）は，生物学の専門家ではなかったが，自分で顕微鏡をつくり，1670年代に原生動物，微生物などを観察し，精子の姿も確かめた．多くはR. フック（R. Hooke, 1635-1703）が英国王立協会での発表を助けている．そのフックがコルクの切片を観察し，1663年刊行の*Micrographia*で，cell（細胞）と名付けた名称は今に引き継がれている．

18世紀頃までは，生物学はまだ多様な種の記載に忙殺される時代だった．探検の時代に入って，世界の各地からもたらされる標本に基づいて，種多様性の調査研究は進んだ．そのような知見を総合化する試みが進み，C. vonリンネ（C. von Linne, 1707-78）は地球上で知られる全生物の一覧づくりを行った．植物についていえば，1753年に*Species Plantarum*を，翌1754年には*Genera Plantarum*を刊行したが，前者は，後に定められた国際的な約束である「国際藻類・菌類・植物命名規約」で，植物（界の大部分）の学名の出発点と規定されている．リンネの整理法に従って二命名法で学名が統一されたのも，その後の生物多様性の情報整理にとっていい方法の採用だった．

リンネが当時知られていた地球上の生物の総覧を編み，生き物の実態を把握する試みに成功したことから，知見の欠如を埋めるための探査活動は積極的に展開された．商業活動でヨーロッパから世界各地へ出かけた航海には，布教のための宣教師が同乗して植物の調査をしただけでなく，やがては専従の博物学者も世界各地を探検した．リンネが送り出した門下生のうち，日本へやってきたC. P. ツンベリー（C. P. Thunberg, 1743-1828）（図1）は，帰国後，リンネの後継者だった息子の小リンネの教授職を継ぎ，後にウプサラ大学の学長も務めている．

図1　ウプサラ大学ハーバリウムに置かれているツンベリー像［撮影：筆者］

●**19世紀の植物学** 顕微鏡による観察が生物の世界の真実を微細な世界に向けてより広くみせてくれるようになったが，さまざまな器具を用いた実験によって，生物の多様な生き様についてその実態を追究することも，研究者の科学的好奇心を刺激することにつながった．植物の形態，生理についての知見は著しく進歩した．R. ブラウン（R. Brown, 1773-1858）は1827年に花粉の観察からブラウン運動を確認したが，1831年には細胞核を発見した．植物体はすべて細胞の集合体であることを確かめたのはM. J. シュライデン（M. J. Schleiden, 1804-81）で，1838年のことであり，翌年，動物でも確かめられて細胞説が成立し，生物体はすべて細胞が寄り集まってできていることが確認された．

地球上の生物の種多様性についての知見が整理されると，種間の類縁についての関心が深まり，神の創造と説明されていた生物種の由来に関して，系統の進化とそれに伴って種多様性の間の自然の体系の追究が科学的好奇心を刺激した．G. ガリレオ（G. Galileo, 1564-1642）が，それでも地球は回る，といったように，キリスト教会の縛りのもとでも，種の進化についての事実が少しずつ確かめられてきた．E. ダーウィン（E. Darwin, 1731-1802）やJ.-B. P. A. C. ラマルク（J.-B. P. A. C. de Lamarck, 1744-1829）の頃には，進化の事実を確認するにはまだ論拠が不十分だったが，C. R. ダーウィン（C. R. Darwin, 1809-82）は『種の起原』と題するまとまった著作で進化の論証をこころみた．もっとも，この書にしても，若い友人のA. R. ウォレス（A. R. Wallace, 1823-1913）からの私信に促され，公表を急いだために，著者としては膨大な計画の抄録として刊行することになったとも説明されている．なお，この書の強力な支持者のなかには，キュー植物園の園長だったJ. D. フッカー（J. D. Hooker, 1817-1911）やアメリカで科学の構築に力を入れていたハーバード大学のA. グレイ（A. Gray, 1810-88）など，当時の植物学の泰斗がいたことを思い出したい．

19世紀には進化の思想の確立と並行して，遺伝の法則が発見された．G. J. メンデル（G. J. Mendel, 1822-84）の『雑種植物の研究』は1865年に口頭で，翌1866年に論文として公表されたが，学界主流に理解されることなく，1900年になってこの論文の意義を認めた3人の研究者がそれぞれ独立に実験した再確認の結果を踏まえて，やっと学界の多数派が理解するようになり，20世紀には遺伝の法則が生物学の展開をリードすることとなった．この実験は，エンドウを材料に用いた植物学からの貢献であった．19世紀のうちに，生物が生命を継代しながら生き続けるための法則性（遺伝の法則）と，生物の多様性を生み出した進化の事実を認識することで，生物とは何かを知る基本の理解にたどり着いた．

●**本草学から植物学へ** 近代科学はヨーロッパで展開したものと理解されるが，他の文化圏でもそれぞれに科学の展開はみられた．植物学についていえば，中国で発達した本草学が日本社会に及ぼした影響を無視することはできない．

近代科学としての植物学で説明するのは難しいが，みどり豊かな日本列島に棲みついた人たちは，自然と共生して生きる独特の生き方で，明治維新の頃まで中大型の動物を1種も絶滅においやらないという世界でも珍しい生き方をした．人と自然の共生という標語は外国語にならないし，無理に訳しても正確には理解されないが，言葉は概念であるとすれば，そういう概念が外国にはないということなのだろう．『万葉集』でさまざまな階層の人が自然を詠んだというような記録は日本ならではのものである．

　中国から招来された本草学も早くから日本風に翻案され，江戸時代頃までにはすぐれた知見が積まれていたために，出島を通じてもたらされる西欧の新しい知見もすぐに理解されていた．さらに，江戸時代に飼育栽培動植物で多様な品種が作出されていたこと，それも限られた天才が成果をあげただけでなく，広い階層の人々の力が稔って，多様な動植物で人為的な品種が作出されていたことに，日本に特有の生物学の展開をみる．

　もっとも，明治維新によって，日本の文化は西欧風に塗り替えられ，西欧文化に追いつけ，追いこせの掛け声のもとで富国強兵につながる成果が積まれてきた．しかし，それでも物質的な豊かさだけを目標とするだけでなく，科学的好奇心に促された研究も，細々とではあるが展開した．日本の近代植物学の最初の大きな成果の1つがイチョウ（図2），ソテツの精子の発見だったことはその典型例といえるだろうか．

図2　東京大学附属（小石川）植物園のイチョウ：平瀬作五郎が種子植物で初めて動いている精子を観察(1896)し，後に第2回帝國學士院恩賜賞(1912)で顕彰された［撮影：筆者］

●**現在における植物学**　生き物を動物と植物に2大別していた頃に，動物学と植物学が育ってきた．植物学には，だから，菌学も微生物学も含まれていた．しかし，生物界の系統的構成は複雑だから，植物学を狭義の植物だけを対象とする科学と定義しても特にいいことはない．個別の現象の解析をしていても，そこで得られた真実を普遍化する際には生き物全般に，さらには自然のすべてに展開するものである．もちろん，狭義の植物の示す現象を植物学と呼んでもいいが，それは，生きているとはどういうことかを問う科学にとって，個別の現象を解くための1つの部分ということになる．逆に，植物という特定の生き物が示す特異な現象も，生き物の示す現象の1つと理解し，普遍化して理解してこそ科学の成果となる．植物学の現在像にとって，基本的な考えを確認しておくのは，科学史を考える真の意味でもあるだろう．

［岩槻邦男］

本草学

　古代中国の医学では植物・動物・鉱物などあらゆる自然物が薬物として用いられ，それらのうち植物が主に用いられたので本草の名が生まれたという．本草の名称が最初に現れたのは『漢書』「郊祁志」の建始2（紀元前31）年の記事で，「本草待詔」の官名が記されている．本草の知識が最初に書物としてまとまったのは『神農本草経』で，後漢の時代の成立と推定されるが著者は不明である．

●**中国の本草書**　『神農本草経』は，一年の日数に相当する薬物365種を上・中・下の3品に分ける人為分類法をとった．うち植物252種，動物67種，鉱物46種と植物が圧倒的に多く，いずれも後の中国本草学の基本となる重要な薬物が収載された．

　中国本草学は梁の陶弘景によって再整理され，『本草経集注』（493-500）にまとめられる．『本草経集注』は，『神農本草経』の薬物に『名医別録』の薬物を加え計730種を収載し，3品分類は残しながら，新たに玉石・草木・虫獣・果実・野菜・米食・有用未用の7つに分ける自然分類法を採用した．

　東西交易がめざましく発達した唐代になると，新しい薬物や外来の薬物を加えて約850種を収めた蘇敬らの『新修本草』（659）が勅撰される．

　木版印刷が発達した宋代（960-1279）には，劉翰らの『開宝本草』（974）が勅撰されたのをはじめ，掌禹錫ら撰『嘉祐補註神農本草経』（略称『嘉祐本草』，1061），蘇頌ら撰『本草図経』（1061），唐慎微撰『経史証類備急本草』（略称『証類本草』，1082）などが木版出版される．『証類本草』は収載薬物1568種を数え，各薬物に図版が挿入され，広く好評を博した．さらに宋政府により修訂され，艾晟校定『大観経史証類備急本草』（略称『大観本草』，1108），曹忠和ら重修『政和経史証類備用本草』（略称『政和本草』，1116），王継先ら修訂『紹興校定経史証類備急本草』（略称『紹興本草』，1159）などが出版された．『証類本草』は15世紀から16世紀初期にかけてのヨーロッパの植物書と比較しても優れている点が多いとされる．

　明代末には，『証類本草』に基礎をおきながらも，文献を主とする伝統的方法を改めた李時珍の『本草綱目』（1593）が出版され，中国本草学は集大成をみる．『本草綱目』は，神仙思想の影響を受けた3品分類をすて，綱（大分け）・目（小分け）の2段階に分けて記述．薬物1900種を16部（金石・草・穀・果・木など）に自然分類し，各部を全60類（草部は山草・芳草・湿草・毒草・蔓草・水草・石草・苔草・雑草・有名未用の10類，木部は香木・喬木・灌木・寓木・苞木・雑木の6類など）に実用分類した．特に薬物の産地・形態・採集を解説した集解

の記述が博物誌的で従来に比べすぐれているとされる.

●**日本の本草学** 我が国への中国本草学の制度的な移入は『本草経集注』の段階から始まっている.大宝令(701)で設けられた典薬寮では医学教育の一環として『本草経集注』を教科書として本草学が教えられた.787年には典薬寮は『本草経集注』を廃して新たに『新修本草』を採用した.

我が国最初の本草書は深根輔仁の『本草和名』(918頃)で,『新修本草』や『食経』など所載の1025種の薬物について,漢名と和名との対比が行われた.鎌倉時代には椎宗具俊の『本草色葉抄』(1284)がつくられ,『大観本草』の薬物の漢名と和名との対比がなされた.常に中国本草書の薬物について和産の有無や名称を問う名物学的な研究が日本の本草学の中心課題となった.

江戸時代に入ると,『本草綱目』の移入がはかられ,100年たらずの間に5種以上の和刻版が出版された.日本の本草学の自立への試みは貝原益軒の『大和本草』(1709)とされる.『大和本草』は『本草綱目』から772品のほか日本特産品358種などを加えた1362種を独自に37類に分類し,和文で記載した.貝原はこのうちの動植物計331種を自筆で描いた『諸品図』(1715)を出版した.

享保期には将軍徳川吉宗により,丹羽正伯・野呂元丈・植村左平次らが任用され,諸国採薬や薬園の新設拡充がなされた.また,朝鮮・中国・オランダ薬材など外国産薬材の調査や移入がなされ,大規模な薬物の国産化がはかられた.これにより朝鮮人参などの国産化に成功した.

小野蘭山は,京都の衆芳軒で長年本草を講義したのち幕府に出仕し,6次にわたる諸国採薬を行い,医学館で本草を講義した.その講義録が『本草綱目啓蒙』(1803-05)である.『本草綱目啓蒙』は,『本草綱目』の集解の記事を一変し,薬性や薬効にはふれず,日本の自然物の詳しい弁別,観察と記載に重点をおいた博物誌的記載を行った.特に植物の分野で優れており,植物の全体像を捉え,根から茎・葉・花・実に至る系統的な記載を試みた.観察や記載の精度は先行する本草書に比べて著しく向上した.

●**西洋植物学の移入** 江戸後期には蘭方(西洋医学)の移入が盛んになり,それに伴い西洋の薬物や植物学の移入が始まる.植物学の移入は主に小野蘭山の学統の手でなされた.伊藤圭介の『泰西本草名疏』(1830)はC.リンネ(C. von Linne)の分類体系と2命名法とを初めて日本に紹介し,宇田川榕菴の『植学啓原』(1834)は植物形態学だけでなく生理学や植物化学を紹介しようとした.飯沼慾斎の『草木図説』「草部」(1856-62)は日本の植物を観察してリンネの方法によって分類した.C. P. ツンベリー(C. P. Thunberg)は日本の植物815種を記載した『日本植物誌』(1784)を出版,P. F. von シーボルト(P. F. von Siebold)は伊藤圭介らの協力により約1600種を自然分類した『日本植物目録』(1828)をつくり,植物学の移入に大きな影響を与えた.

[遠藤正治]

近代日本の植物学史

　近代的植物科学が日本で始まったのは、1877年に東京大学が創立されて以来であり、そのときの初代教授は矢田部良吉である。矢田部はアメリカへ最初外交官として行ったが、後に官費留学生としてコーネル大学で植物学を修めて卒業した。帰国後、東京大学教授となり植物学を担当した。その他の教授陣は大多数がお雇い外国人であった。このとき近代的植物学は導入されたが、もっぱら西洋で行われている植物学体系の導入が主眼であった。その他に、P. F. von シーボルト（P. F. von Siebold）に師事したこともある、75歳の伊藤圭介（図1）も植物学研究に携わったが、もっぱら東京大学附属植物園で植物調査にかかわり、教育にはかかわらなかった。実地の植物をよく知っている伊藤のもとには、多くの外国人が植物に関する交流を求めて訪れた。『小石川植物園草木図説』などの出版物を刊行して、日本の植物を世界に知らしめた。本草学と近代植物学の懸け橋となるような存在であった。なお、日本植物学会は1882年の設立、機関誌『植物学雑誌』は1887年に創刊され、研究成果を発表し続けている（現在は Journal of Plant Research）。

図1　伊藤圭介（1803-1901）名古屋生まれ、蘭方医、本草家。1877年東京大学員外教授［出典：名古屋市東山植物園編『伊藤圭介の生涯とその業績』p.81, 2003］

●**植物分類・系統学**　当初は、書籍、標本も十分でなかったので、植物種の同定はロシアのC. J. マキシモヴィッチ（C. J. Maximowicz）を始めとする、諸外国の植物学者に依頼せざるを得なかった。やがて、図書も充実し、標本室も整備されるようになり、自ら植物種の同定ができるようになった。その言上げ宣言は1890年に矢田部によりなされた「泰西植物学者に告ぐ」であり、『植物学雑誌』に英文で発表された。その後は、日本の植物相のいっそうの解明に努め、宮部金吾は北海道以北の植物を調べ、早田文蔵は台湾の植物調査に従った。早田は、比較的早く病没したが、彼の「動的植物体系」は現代の数量的植物分類法と共通する点がある。また、中井猛之進は朝鮮半島の植物調査を行った。牧野富太郎は、初期より東京大学植物学教室に出入りして、日本植物誌の充実に貢献していたが、特に図鑑の作成、また、植物同好家を結びつける要として、終生その活力は衰えなかった。その後の人々は、それぞれの植物群のモノグラフが中心となり、本田正次のイネ科、北村四郎のキク科、木村陽二郎のオトギリソウ科、前川文夫のカンアオイ科などである。岡村金太郎は、藻類の分類に従い、白井光太郎は菌類学および植物病理学に従い、それぞれの分野の基礎をつくった。原寛は、日本の植

生は東亜植物区系に属し，その根源はヒマラヤであることから，第二次世界大戦後，ヒマラヤ植生の調査に従い，戦後の１つの伝統をつくった．その後，植物分類系統学の研究者は，舞台を世界に移して，熱帯圏，中国南部，ミャンマーなどにその研究のフィールドを広げていった．また，分類を量的形質で行う数量的分類法，さらに，W. ヘニッヒ（W. Hennig）に始まる分岐分類法へと，分類体系をシフトさせていった．さらに，遺伝子情報が利用できるようになると，分子系統学が主流となり，これらに基づく APG（Angiosperm Phylogenetic System）III が広く浸透しつつある．

●**植物形態学** 形態学，発生学，生理学，生態学の領域の導入と展開は，分類・系統領域に比べて遅れたが，松村任三がドイツ留学から帰国して，解剖・形態学の新知見に併せて，研究法ももたらした．1896年の平瀬作五郎（図2）によるイチョウ精子の発見と同年の池野成一郎（図3）によるソテツ精子の発見は，日本発信の情報として，世界の学界に大きな驚きをもって迎

図2 平瀬作五郎（1856-1925）福井県生まれ．岐阜県中学校教諭を経て，東京帝国大学助手の時代にイチョウ精子発見［図2, 3 出典：長田敏行『イチョウの自然誌と文化史』裳華房, p.54, p.64, 2014］

図3 池野成一郎（1866-1945）東京生まれ．東京帝国大学農科大学助教授時代にソテツ精子発見

えられた．というのも，当時裸子植物の受精機構の解明が世界の植物学者の最大の関心事であり，世界的権威ボン大学 E. シュトラスブルガー（E. Strasburger）もイチョウやソテツの受精の研究を行っていたからであり，彼らの見逃した点を日本の研究者が明らかにしたためである．形態学領域で国際的にも活躍したのは小倉謙であり，シダ植物の形態や化石植物での貢献がある．

●**植物生理・生化学** 生理学領域の新知見は，三好学がドイツ・ライプチッヒ大学の W. ペッファー（W. Pfeffer）のもとより1895年に帰国して，教授に就任した時点でもたらされた．その後，多様な展開を示し，柴田桂太は植物色素フラボン類の研究を広範に行った．田宮博は呼吸・光合成の研究へと展開していった．奥貫一男はチトクローム C_1 を呼吸系に発見した．当初は，代謝生理学方面が多く，日本における生化学研究の草分けとなった．この中で，柴田は独文の植物化学誌 *Acta Phytochimica* を発刊した．世界をリードするような研究が発表され，久保秀雄のレグヘモグロビンの発見などが載せられたが，1949年に廃刊となった．

●**植物生態学** 生態学も三好によりもたらされたが，当初は相観生態学，植物社会学であり，初期の研究者には中野治房・郡場寛がいる．郡場は，第二次世界大

戦中シンガポールの熱帯雨林の研究において E. コーナー（E. Corner）らと連携した．この分野での独自な展開は，門司正三らによって，第二次世界大戦後乏しい科学機器のもとで，植物が深さ方向への光の捕捉をいかに物質生産に利用するかを理論化し，法則性を与えたことにより結実した．これは農業生産向上にもつながり，農学にも貢献した．層別刈取法を物質生産の基礎手法として導入した．吉良竜夫は，熱帯圏の森林生態学へその解析の手を伸ばした．その後の生態学の展開は生物進化と広く結びついていった．

●**遺伝学**　遺伝学が世界的に広まるのは，1900年にG. J. メンデル（G. J. Mendel）の遺伝法則が，H. ド・フリース（H. de Vries），C. E. コレンス（C. E. Correns），E. von チェルマク（E. von Tschermak-Seysenegg）により再発見されて以降であるが，日本の研究者もこの世界の動向には敏感で，応用遺伝学である育種学も食糧生産の質の向上を志向した研究として進展していった．藤井健次郎は，形態学から出発したが，野村三兄弟の寄付により東京帝国大学に遺伝学講座が開設されると，これを主宰して，遺伝学の展開をはかった．開設に前後して研究滞在した坂村徹により，コムギの染色体数が定められ，それを引き継ぎ，京都大学へ移った木原均（図4）は，コムギがAABBDDという，単粒種コムギとタルホコムギなどが合体してできた複三倍体のゲノムからなることを明らかにした．木原のスパンの長い研

図4　木原均（1893-1986）東京生まれ．北海道帝国大学卒業，京都帝国大学農学部教授，国立遺伝学研究所所長，文化勲章受章［出典：http://kihara.or.jp/kihara/dr_kihara.html］

究は，それらが成立した場所を西アジアに推定し，さらに，実験的な交配によりコムギを作成してみせた．染色体ゲノム学の1つの成果である．なお，藤井と桑田義備は，染色体らせん構造説の提出を行ったが，桑田の門下からは，「進化における遺伝子中立説」を提出した木村資生が出ている．木原は第二次世界大戦後に，国立遺伝学研究所を開設し，日本の遺伝学研究のメッカとしたが，遺伝学は分子遺伝学へとシフトし，また，分子生物学の先端領域となっていった．

●**細胞学・細胞生物学**　細胞学研究から出発し，若くして独米への留学を経験した神谷宣郎（図5）は，生きた細胞の運動を真正粘菌やシャジクモの節間細胞の原形質流動において追跡し，非筋肉系での運動機構を分子レベルまで解明した．また，細胞学-遺伝学にまたがる課題について，黒岩常祥は高性能蛍光顕微鏡を駆使してDNA分子の追跡から，同型配偶子をもつクラミドモナスにおいて母性遺伝の機構解明を行った．なお，1929年に藤井健次郎により発刊された欧文

図5　神谷宣郎（1913-99）東京生まれ．大阪大学理学部教授，基礎生物学研究所教授［提供：柴岡弘郎］

誌『キトロギア』(*Cytologia*) は，細胞遺伝学領域をカバーする国際誌であったが，第1巻の最初の論文は木原のコムギの論文であった．『キトロギア』は，戦中，戦後の混乱期にも断絶なく刊行され，後にさまざまな分野で著名になる多くの若手研究者のすぐれた論文を掲載し続けた．

●**植物成長生理・発生学** 植物の発生・成長・分化の多くの局面で制御的機能を担うのは，植物ホルモンであるが，これはオーキシンの発見に始まるので，出発は1934年である．イネの馬鹿苗病の原因物質が，感染した菌類の分泌物質であることを確かめ，菌にちなんでジベレリンと名付けられた．藪田貞治郎・住木諭介は結晶化まで達成したが，第二次世界大戦中であったのでそれ以上の進展は停滞し，敗戦後，これらの情報は進駐軍により世界にもたらされ，化学構造決定は米英でなされた．しかし，その伝統にあってジベレリンの化学と生物学は高橋信孝らにより進められた．植物ホルモンの研究は，植物の発生・成長・分化のほとんどすべての局面にかかわるので，現在多くの研究機関がこれらの研究を行っている．なお，フロリゲン仮説が花成現象において提唱されたのは1937年であるが，その物質的証明は一時放棄されたようにみえた．しかし，2005～07年にかけて，日本とドイツの研究者がそれぞれ独自に分子遺伝学的研究を背景に，*FT*遺伝子の遺伝子産物であることを明らかにした．

●**植物細胞組織培養** 植物組織片培養は1930年代 P. ホワイト (P. White)，R. ゴートレ (R. Gautheret) が行ったのがその最初である．その後，植物ホルモンが発見され，T. ムラシゲ (T. Murashige) と F. スクーグ (F. Skoog) の培地あるいはそれを改変した培地により広範に行われた．サイトカイニンが植物細胞の増殖因子として発見され，オーキシンとサイトカイニンの濃度比により，器官分化の原理が確立され分化の全能性が確立されて，バイオテクノロジーの具体的実践例として，広まった．なお，植物体細胞のすべてが分化全能性にかかわっているかどうかは，タバコ葉肉プロトプラストにおいて1枚の葉から得られた，ほとんどすべての細胞において植物体再生が達成されたことにより示された．また，タバコBY-2細胞系は細胞増殖速度が大きいので，高度な細胞分裂同調系が長田敏行により確立され，これを用いてフラグモプラストのような構造体の生化学的・分子生物学的解析への道が開かれ，世界へ広がっていった．また，分化全能性は形質転換と組み合わせて，植物の遺伝子組換えにつながっていった．

●**植物ゲノム** ゲノム世代に入って，杉浦昌宏らはタバコ葉緑体の全遺伝子を決定し，大山莞爾らはゼニゴケ葉緑体遺伝子を決定した．2000年にはシロイヌナズナ全ゲノムが決定され，2004年にはイネゲノムも決定されたが，これら国際協力ゲノムプロジェクトには日本の研究者も重要な役割を果した．さらに，ポストゲノムプロジェクトとして，タンパク質レベルの研究もすすめられている．

［長田敏行］

考古学と植物

　過去に生きていた生物の遺体が過去の地層から発見されることがある．最も顕著な例は化石であり，古いものでは億の年数をはかることもある．人間社会が登場してからの地層からはさらに多くの化石が出土する．植物の場合には種子が多いが，条件が良ければ葉や茎の部分が出土することもある．これらを植物遺体などということがある．また，花粉が残存するケースも多い．

　ここでいう良い条件とは，完全な水漬かりの状態（water loggied）か，反対に極端な乾燥条件化におかれていたという条件である．どちらも，微生物による侵食が妨げられたことが大きいと思われる．日本をはじめ湿潤地帯では，長く水につかったままの状態で発見される遺跡が多い．こうした遺跡からはときには息を飲むほど新鮮な遺物が発見されることがある．富山県の桜町遺跡では，縄文時代の遺構から緑色をしたコゴミが出て話題になった．極度に乾燥した遺跡からも，さまざまな生物遺体が出土している．中国新疆ウイグル自治区の小河墓遺跡（紀元前1200年頃）からは200体にも達するミイラが見つかっているが，これにはコムギやアワの種子，マオウの茎などの植物が副葬されていた．さらにその棺が，コヨウ（野生のポプラ）でつくられていることがわかっている．

　遺跡から出土する植物遺体の多くが農作物の種子などであるが，ときには野生植物の種子や体部の一部が出土することもある．島根県の小豆原遺跡では，4000年ほど前のスギの木が立木のまま土石流にうずもれているところが見つかった．静岡県の瀬名遺跡では，川に設置された堰に自然木が利用されているところが見つかっている．同じく角江遺跡からはサクラはじめ多量の自然木が発見されている．

●**植物遺体の同定**　植物遺体の種はどのように同定されているのだろうか．従来は種の同定は肉眼や顕微鏡による組織観察にゆだねられてきた．種子などは主に肉眼観察で，木片などは顕微鏡による組織の観察で，種の同定が行われてきた．しかし，精度の高い同定には，豊かな経験をもつ研究者による同定であることが欠かせない．また同定に際して比較の対象として用いられる包括的で質のよい標本が必要である．従来からのこうした観察による方法には課題が残る．

　最近ではこれにDNA分析が加わりつつある．筆者は1996年に，この方法をDNA考古学と名付けた．DNAは植物遺体にも残存していることが知られており，その分析から種を同定する試みも始まっている．種の判定に使われるDNA領域は葉緑体DNAであることが多い．それは葉緑体DNAが核DNAに比べてはるかにコピー数が多く，分析が容易なためである．ただし遺物のDNAは，断片化

されているうえに微量で，その抽出は必ずしも容易ではない．さらにDNAのどの部分の配列を読むかは研究者によりまちまちである．しかし現在，さまざまな植物種のDNA情報が急スピードで蓄積されつつあるので，DNA分析はしだいに有力な方法論として認知されてゆくだろう．

●何がわかるのか　出土する花粉によってその時代その土地に生息していた植物種を判定する花粉分析が，環境学や古生態学の研究者の間ではさかんに行われてきた．これも，上記の種の判定同様，元となる質のよい標本を必要とする．質のよい標本をもつ熟練した研究者が判定したデータがあれば，その時代その土地における植生を推定することができる．また異なる時代の植生のデータを読み解くことで，植生の時代変遷を推定することもできる．また，他の考古学上のデータを組み合わせて考察することにより，その植生の変化が，気候の変動などの自然現象であるのか，または農耕の導入などの人間の所作によるものか，などの推定をする試みもある．

　古気候学者たちはここ2万年ほどの気候変動を研究し，今から1万2700年ほど前に強い「寒の戻り」があったとしている（ヤンガードリアス期という）．この発見もまた，寒冷な気候を好むドリアス属植物（チョウノスケソウ属）の花粉が一過的に出現することから推定されたもので，その発見のきっかけは出土花粉の分析によるものである．

　イラクのシャニダールというところにある洞窟で，埋葬されたネアンデルタール人の遺体のそばから多量の花粉が出土した．これについて，一部の研究者はその花粉は被埋葬者を悼んで同胞たちが花を手向けたものであると考え，話題になったことがある．その後，異論も出て今ではネアンデルタール人が死者を手厚く葬ったという証拠になるかはやや疑わしいとされているが，出土する花粉から思いもかけない物語がみえてくることがあるのかもしれない．

　遺跡から出る植物の遺体としては，他にも，イネ科植物などに特有のケイ酸体や，根などに蓄えられたデンプン粒などが知られる．ケイ酸体はイネ科植物の葉の機動細胞に溜まってできたもので，葉が落ちて朽ちた後ガラス質であるケイ酸体だけが土中に残ったものである．これをプラントオパールという．ケイ酸体の形状はイネ科植物では種により，またイネの場合は品種群により異なるため，出土するプラントオパールからそこにあったイネ科植物の種や，イネの場合には稲作の有無，品種群の種類などを推定することもできる．プラントオパールの形状から当時の種や品種を推定する方法をプラントオパール分析といい，考古学の分野では古環境の推定のみならず水田の分布域の推定などに用いられてきた．プラントオパール分析は，発掘の準備段階での簡便なボーリングなどの方法でも適用可能なことから，発掘範囲を決めるような場合にも使われる利便性の高い分析方法である．

〔佐藤洋一郎〕

初期文明と塩害

　作物は，成長に必要な水分や養分の大部分を，根を張りめぐらせた根圏域から吸収する．塩害とは，根圏域にカルシウム，ナトリウムやマグネシウムなどの塩類が過剰に集積し生育障害や収量の低下を起こすことである．

●**作物の塩害**　作物の収量を高めるためには，耕地が過度に乾燥せず，塩類が集積しないように，作物の種類に適した土壌水分含量を維持するように管理することが必要である．降水量が多い湿潤地域では，作物は雨水による耕地への水の供給により生産されてきた．雨水にたよる作物生産は，雨が降る季節を選んで作物が栽培されているものの，収量が降水量に左右されるため，多くの人口を養うことはできない．したがって，高い収量を維持し効率よく作物を生産するためには，雨水だけでなく湖沼や河川などから水を耕地に供給する灌漑が必要となる．まして，降雨量が少ない乾燥地域では，灌漑にたよらなければ作物の収量を確保することが困難となる．灌漑にたよる乾燥地域では，耕地に供給された灌漑水は，強い日射と乾燥によって土壌の表面から大気中に蒸散し，根圏に灌漑水に溶けていた塩類が残り集積する．乾燥地の河川水には，乾燥により風化した岩石や土壌から溶け出た塩類が多く含まれている．さらに，河川からの灌漑水に含まれる塩類だけでなく，雨季に根圏よりも深いところにある塩類を含む地下水が，乾季には土壌表面の蒸散に伴い毛管水の上昇が起きて根圏に移動して根圏の塩類濃度が上昇する．一方，作物生産が降雨に依存する湿潤地域では，雨水に塩類がほとんど含まれないこと，雨が降る雨季には耕地からの蒸散量も少なく，降雨により塩類が溶けでて根圏から流れ出ることもあり，根圏に塩類が過度に集積することはない．

●**穀物の種類と塩害耐性**　減収を伴わない根圏域土壌の塩類濃度の範囲は，文明の発生時から主食として栽培されてきた穀物の種類によって異なる．トウモロコシやイネは土壌の塩濃度が 1000〜2000 mg/L の範囲で減収が認められないといわれているが，コムギは塩類に強く 3000〜4000 mg/L，オオムギはさらに強く 4000〜5000 mg/L の塩類濃度の範囲で減収が認められないといわれている．

●**メソポタミヤ文明塩害滅亡説**　紀元前 3500 年前には，チグリス川とユーフラテス川にはさまれた沖積平野に都市国家がつくられたといわれている．これが人類最古の文明といわれているメソポタミヤ文明である．初期の都市国家は，チグリス・ユーフラテス川の河口に近くの地にシュメール人によってつくられていたといわれている．この都市国家を支えた穀物生産が塩害にさらされた結果，紀元前 2000 年頃に崩壊したとする考えが，1958 年のサイエンス誌に考古学者の T. ジェ

イコブセン（T. Jacobsen）と人類学者の R. M. アダムス（R. M. Adams）により発表された．彼らは，出土した粘土板に書かれたくさび形文字の資料に基づき，都市国家が塩害により崩壊したとの論拠として次に示す 3 点をあげている．紀元前 2000 年までの数百年の間に，穀物の収穫量が半減したこと，コムギよりも耐塩性が優れているオオムギの栽培に移行したこと，収穫高を上げるために水路を建設して過度に灌漑が推進されたことである．シュメール王朝の後にチグリス・ユーフラテス川上流域に出現したバビロニア王朝なども同様に塩害によって消えていったとの「メソポタミヤ文明塩害滅亡説」が知れわたっている．

●**環境変異と塩害**　メソポタミヤ文明の崩壊にまで至らしめた塩害の経過を，花粉における酸素の安定同位体の比率による年間降水量の変遷を踏まえて次に描いてみた．「肥沃な三日月」地帯といわれるメソポタミヤの南端では，紀元前 3000 年頃は，チグリス・ユーフラテス川の氾濫原に，わずかな降雨と灌漑水によってコムギとオオムギがほぼ半々の割合で栽培がされていたとの記録が残っている．紀元前 2000 年代の後半になると，この地域は降雨量が極端に少なくなり，上流域の森林が破壊されたこともあり，河川水量も減少し，その塩類濃度が上昇したと推察される．都市国家が大きくなるに従い人口が増加し穀物の生産量を上げなければならなくなり，灌漑水への依存度が増していった．また，農地の生産量を維持するために設けていた 1 年ごとの休耕制度も守られなくなり，農地は劣化していったと考えられる．河川水の灌漑により耕地に流入した塩類は，降雨量が減少したこともあって洗い流されることもない．さらに，乾燥により根圏域よりも深いところに貯まっていた塩類が上昇し塩害が深刻になっていったと考えられる．河川水量が多いときに起きていた洪水も少なくなり，過剰な塩類を含まない新たな土が農地に供給される機会も少なくなり，都市国家を支える新たな農地を開くこともできなくなったと考えられる．しかし，深刻な塩害に至ったことはいなめないが，塩害がメソポタミヤ文明を崩壊にまで至らしめたか否かは，研究者により見解が分かれていることを書き加えておく．また，出土した文献には，「塩害がみられる畑には，まず水を張り，その後に草を植え，次に麦を植える」と書かれていたとの報告がある．シュメール人は，塩害をなすすべもなく受け入れていたのではなく，4000 年前にすでに農地から塩類を除くために植物を利用していたとも考えられる．初期文明の栄枯盛衰と作物生産における塩害との関係については，明らかになっていない点が多い．

［佐藤雅志］

参考文献

[1] 佐藤洋一郎・渡邉紹裕『塩の文明誌―人と環境をめぐる 5000 年』日本放送出版協会，p. 211，2009
[2] Jacobsen, T. & Adams, R. M., "Salt and silt in ancient Mesopotamian agriculture", *Science*, 128: 1251-1258, 1958
[3] 渡辺千香子「メソポタミアの環境史―自然観・歴史展開・文化の視点から」佐藤洋一郎・谷口真人編『イエローベルトの環境史―サヘルからシルクロードへ』弘文堂，pp. 22-39，2013

肥料と戦争

　18世紀中頃，N. T. ド・ソシュール（N.T. de Saussure），J. B. ブッサンゴー（J. B. Boussingault），C. スプレンゲル（C. Sprengel），J. von リービッヒ（J. von Liebig）らによって，植物は大気からCO_2を，土壌から水と無機塩を吸収して成長することが科学的に示され，それまで作物の収量を向上させるために用いられてきた堆肥，マメ科緑肥，厩肥，糞尿，草木灰などの意義が科学的に知られるようになった．近世になると，魚粕，油粕，骨粉などが金肥として売買されるようになり，19世紀中盤には，グアノ（海鳥糞の堆積風化物で窒素成分，リン酸成分に富む），チリ硝石（硝酸塩鉱石），リン鉱石，カリ鉱石などが加わった．石炭ガスが街灯に使用され，石炭を乾留する際に副生成物として生じる硫酸アンモニウムも肥料として利用され始めた．欧州，北米では南米から輸出されるグアノやチリ硝石の消費量が急速に増加し19世紀末にはすでにその枯渇が懸念されるようになった．希少性に基づく利権はしばしば紛争の火種となった．

●**肥料と火薬**　優れた窒素肥料である硝酸塩は酸化剤としても作用し，硝酸アンモニウム工場では大きな爆発事故が起こることがある．合掌造りで有名な富山県の五箇山では鉄砲伝来直後から硝石の製造が盛んであった．床下に穴を掘り，蚕糞，ヒエ殻，干したヨモギと土を交互に敷き重ね，切り返しと堆積を5年間繰り返す．すき込まれた有機物が分解されてアンモニウムイオンを生じ，さらに硝化細菌によって硝酸イオンへと変わる．この土から抽出され結晶化された硝石は，毎年約4トンが御用塩硝として加賀藩に買い取られた．

●**下肥をめぐる争議**　江戸時代の中期の日本では，江戸や大坂などの大都市の人糞尿（下肥）が近郊農村との間で金銭取引された．農村にとって下肥は，魚粕などの高価な購入肥料に比べて安価で大事な肥料だった．京都の下肥は，洛中と伏見を結ぶ高瀬川運河沿いの屎問屋によって舟で農村に運ばれた．屎問屋の数は次第に増え，下肥は下流の淀川沿いまで運搬されるようになっていった．1723年には高瀬川周辺の11か村から京都町奉行に摂津河内への下肥の運搬の禁止を求める訴状が提出されている．販路拡大によって下肥が不足するのを懸念したためである．この訴えは認められ洛中の屎尿汲み取りは山城国152か村が請け負うことなどが定められた．しかし，その後も下肥をめぐる争議は絶えなかった．

●**チリ硝石をめぐる戦争**　1870年頃，ペルーの主要産業であったグアノ輸出は資源の枯渇と輸出相手国の独自資源開発により急速に衰退する．このころチリもまた，主要輸出品目であった銀，銅，小麦価格の長期的下落により打撃を受けている．チリ硝石採掘利権をめぐって争われたチリ対ボリビア・ペルーの「太平洋

戦争」(1879-84) の背景には当時の南米各国の経済状況の悪化があった．チリ硝石鉱床のあるタラパカ，アントファガスタは当時それぞれペルー領，ボリビア領であった．1870年代半ば，ペルー政府はチリ硝石鉱山を国有化し外国資本をタラパカから締め出す．チリ国内に不満があったところに，1878年，ボリビアが領内のチリ企業に税金を課したことが開戦の直接の引き金となった．この戦争に勝利したチリは領土割譲を受け，唯一のチリ硝石産出国となり，1890年にはチリ硝石輸出関税収入が国家税収の半分を占めるに至った．硝石輸出によるチリの繁栄は1930年代まで続いたがアンモニア合成工業の台頭によって終焉を迎えた．

表1 肥料と戦争の歴史

・自給肥料の時代	
1540頃	鉄砲伝来
1570-80	石山合戦・五箇山から本願寺に塩硝が送られる
・購入肥料の時代	
1723	京都洛中の屎小便をめぐる訴訟
・工業肥料の時代	
1804頃	南米探検から帰国したフンボルトがチリ硝石，グアノの肥効をヨーロッパに伝える
1841	グアノの本格的な輸出開始(ペルー)
1843	骨から過リン酸石灰を製造する工場稼働(イギリス)
1847	コプロライトの商業採掘開始(イギリス)
1853-56	クリミア戦争・戦死者の骨が売られる
1861	カリ鉱山操業開始(ドイツ)
1864-66	チンチャ諸島戦争(スペイン対ペルー・チリ)
1870頃	ペルーのグアノ産業の衰退(ペルー)
	チリ硝石輸出量が大きく増加(南米)
1879-84	太平洋戦争(チリ対ペルー・ボリビア)
1889	フロリダでのリンの採掘が始まる(アメリカ)
1894-95	日清戦争．この頃から満州大豆粕の輸入増加(日本)
1904-05	日露戦争．大豆粕輸入が途絶し人造肥料工業が盛える(日本)
1913	ハーバーボッシュ法による化学窒素固定の工業化(ドイツ)
1914-18	第一次世界大戦
1930頃	チリ硝石産業の衰退(チリ)
1939-45	第二次世界大戦
1990年代後半	リン鉱石の禁輸措置(アメリカ)
2008	中国のリン鉱石輸出関税急騰(現在は再び低下)

●**第一次世界大戦とチリ硝石，ハーバーボッシュのアンモニア合成**　第一次世界大戦開戦前，ドイツはチリ硝石の最大の消費国であった．チリ硝石は火薬・爆薬の原料でもあるため，第一次世界大戦（1914-18）が勃発すると，連合国はチリ硝石を重要戦略物資に位置付けた．チリは中立を表明していたが，連合国はアメリカの購買力を利用して圧力をかけ，ドイツへのチリ硝石輸出は封鎖された．ドイツ南西部のオッパウで世界初のハーバーボッシュ法によるアンモニア合成工場が操業したのは開戦前年の1913年であった．大戦によるドイツ国内の窒素化合物不足は，この新技術によるアンモニア生産量を急速に増加させた．

●**第二次世界大戦と化学肥料工業**　第一次世界大戦終戦までハーバーボッシュ法によるアンモニア合成はドイツ企業BASF社の独占下にあった．ドイツが敗戦国となると技術は賠償によって世界に広がり，第二次世界大戦ではさらに大量の爆薬が使用されることになる．戦争が終わると爆薬工場の多くは肥料工場へと転用され，多量の化学窒素肥料によって世界人口は爆発的に増加することになった．

〔落合久美子・間藤 徹〕

プラント・ハンター

　紀元前15世紀，古代エジプトのハトシェプスト女王が異国に植物を求めて探検隊を出したことが記録に残されている．この事実だけでなく，古来から人々は未知の資源や新しい植物を求め，探索の手を広げてきた．

　16世紀以降，ヨーロッパでは王侯貴族や裕福な市民の間で植物を観賞する園芸趣味が流行し，異国趣味と相まってヨーロッパ以外の大陸に産する未知の植物の入手を競った．辺境を踏査し，未知の，また観賞に値する植物を探して採集し，彼らの要望に応える職業人が登場した．動物の狩猟者になぞらえ，植物の狩人の意味で彼らはプラント・ハンターと呼ばれた．園芸が盛んであった江戸時代の日本では，一部の園芸家は国内各地で八重咲きや交雑個体などを探し出し利用に供したが，一部が伝統的品種として今日に伝わる．

●**プラント・ハンターの活躍**　18・19世紀から20世紀前半にかけて，ヨーロッパ，後にはアメリカも，地球規模で新植物の発見を競った．この時期にプラント・ハンターは活躍の黄金期を迎える．植物学者自身，さらには愛好者らも，未知の植物の発見を目指して世界の隅々まで探索の手を広げていたが，中でもプラント・ハンターの活躍は目覚しかった．

　イギリスでは王立協会総裁だったJ.バンクス（J. Banks）は，自らクック艦長の世界一周の探検航海（1768-71）に同行し，ブラジル，南太平洋諸島，ニュージーランド，オーストラリアなどで，助手のD. C. ソランダー（D. C. Solander）らは膨大な数の植物を採集し，標本などを持ち帰り研究に供した．またバンクスは，園芸家のF. マッソン（F. Masson）をケープ地方にプラント・ハンターとして派遣している．

　未知の植物の探索は，植物の多様性の体系化を目指す分類学者にとっても重要であった．一例をあげると，C. R. ダーウィン（C. R. Darwin）の親友でもあり，後にキュー王立植物園長となるJ. D. フッカー（J. D. Hooker）は，自身で南半球各地（1839-43），ヒマラヤ（1848-51），さらに北アフリカや北アメリカを踏査し，各地の植物多様性を研究し，その結果を地域ごとの植物誌にまとめている．

　19世紀後半，イギリスでは，造形庭園に変わって庭を樹林化し，樹下に多様な草花を植え観賞する林地園芸が生み出された．森林が発達した中国奥地は，樹下の日陰でも育つ植物の宝庫だった．しかもこの地域は植物学的研究も遅れており，園芸資源の収集をも兼ねた組織的な探索が行われた．G. フォレスト（G. Forrest, 図1），E. H. ウィルソン（E. H. Wilson, 図2），F. キングドン=ウォード（F. Kingdon-Ward）ら，著名なプラント・ハンターがこれに携わった．収集

された植物は西欧の庭園植物相を豊かなものに変えたが，彼らが収集した標本を基礎に，欧米の植物学者は多数の新植物をこの地域から書物に記載した．

コーヒーに代わり，ミルクティーが階級を越えヴィクトリア朝（1837-1901）に流行した．チャノキには主に中国で栽培される基準型と，インド産で葉も大きく風味も異なるアッサム型の2変種がある．ミルクティーにはアッサム型と基準型の茶葉のブレンドが好まれ，イギリスは中国から大量の基準型茶葉を買っていた．R. フォーチュン（R. Fortune）は，危険を犯して中国の名高い茶生産地，龍井などから，気候が冷涼なインドのダージリンに大量の基準型の茶樹を持ち込み，ダージリン・ティーの誕生に貢献した．

明治時代以降，日本においても田代安定，中原源治，田代善太郎，内山富次郎，富樫誠，古瀬義らは，台湾，樺太など，東アジアでの植物探索にプラント・ハンターとして活躍した．

今日までに記載された植物は全世界で約38万種ある．最近イギリスの科学者はロンドンの自然史博物館が収蔵する約10万点のタイプ標本（命名の基礎となった標本）を調べ，そのうち5万点（50％）が，全体のわずか1.87％に過ぎない64人のコレクターによって採集されていることを明らかにした．トップは，ブラウン運動に名を残す，植物学者のR. ブラウン（R. Brown）で，1794年から1827年にかけて採集した1700点が新種で，彼が採集した標本がタイプとなった．

地球上の植物の多様性の解明は，植物学者に加えて多くのプラント・ハンターに支えられ推進されているが，上記のブラウンに比べられるような優れたプラント・ハンターはむしろ少数といえる．野生植物の経済的価値の高まりとともに，着生ランや潜在的薬用資源など，商業目的の植物採取が盛んとなり，最近では種の絶滅につながるような乱獲などの行為も増え，採集そのものや国外への持ち出しを禁じる国が増えている．

図1　G. フォレスト
［出典：Lancaster, R., *Travels in China. A plantsman's paradise*, 1989］

図2　E. H. ウィルソン
［出典：Lancaster, R., *Travels in China, A plantsman's paradise*, 1989］

　　　　　　　　　　　　　　　　［大場秀章］

園芸植物

　園芸とは，英語のhorticultureの訳語であり，1873（明治6）年に発行された『英和語彙』において，「園藝」として初めて現れた．一方，horticultureの語源は，2つのラテン語「hortus：囲まれた土地」と「colereまたはcultura：栽培または耕作」の合成語であり，「囲われた土地で作物を栽培する」という意味である．訳語である「園芸」においても，「園」は囗（囲われた土地）と袁（ゆったりとした衣服）に分解でき，「藝」は植物を植えるという意味であることから，「囲われた土地で，ゆったりとした衣服を着て，植物を植える」という意味となる．このように園芸は囲われた土地で，手間暇かけて植物を栽培することを示す．

　園芸で扱う植物は園芸植物または園芸作物と呼ばれ，食用を目的とする草本性の野菜（蔬菜）と木本性の果樹，観賞を目的とする観賞植物（花卉）に大別される．ここでは，日本において江戸時代に大きく発展した，観賞植物を中心とした園芸文化について解説する．

●**江戸時代における世界に類をみない園芸文化**　中尾佐助によると，江戸時代の日本の花卉園芸文化は全世界の花卉園芸文化の中で，最も特色ある輝かしい一時期とされる[1]．江戸時代の花卉園芸文化の出発点は，最高権力者である三代将軍が無類の花好きであることから始まったが，元禄時代(1688-1704)頃には中流社会へと普及していった．日本最古の園芸書とされる水野元勝『花壇綱目』(1681)をはじめ，伊藤伊兵衛三之丞と伊兵衛政武の父子による『錦繡枕』(1692)，『花壇地錦抄』(1695)，『草花絵前集』(1699)など一連の古典園芸書が出版されている．

　江戸末期になると，園芸文化は庶民の中に浸透していった．この時代，植物採集を職業としたスコットランド出身のR. フォーチュン（R. Fortune）が日本を訪れている．彼は4回目の中国滞在中の1859年，江戸幕府が長崎，横浜，箱館（函館）の3港を開港したという知らせを聞き，翌1860年に長崎から日本に入り，長崎から神奈川，江戸，鎌倉を訪れ，イギリスの気候に適した珍しい植物を収集して回った．彼は帰国後著した著書の中で，当時の日本の園芸文化を，以下のように述べている（三宅馨訳『江戸と北京』1969）．

　「日本人の国民性の著しい特色は，下層階級でもみな生来の花好きであるということだ．気晴らしにしじゅう好きな植物を少し育てて，無上の楽しみとしている．もしも花を愛する国民性が，人間の文化生活の高さを証明するものとすれば，日本の低い層の人びとは，イギリスの同じ階級の人たちに較べると，ずっと勝ってみえる」．

このように，ヨーロッパ人から見た江戸末期の日本人は，当時のヨーロッパでは考えられないほど庶民が園芸を愛好していた．また，当時のヨーロッパ人は花を愛する国民性が人間の文化程度を表していると考えていたことがわかる．

●**江戸時代の特徴ある園芸植物**　鎖国政策をとっていた江戸時代は，日本独自の園芸文化が花開いた．江戸時代前半は花木が主体で，「元禄のツツジ」「享保のカエデ」の流行に代表される．前述した『錦繡枕』(1692)は，世界初のツツジの専門解説書である．後半は変化アサガオ（後述参照），キク，サクラソウ，ハナショウブなどの草花が流行し，改良が進んだ．

一方，江戸時代の鎖国政策は完全に国際的に孤立した状態ではなく，中国やオランダとの間には通商関係があり，園芸植物の渡来もあった．アメリカ原産の植物，ヒマワリ，オシロイバナ，マリーゴールド，ダンドク（カンナの原種），タバコの5種は，江戸時代初期には日本に導入されている．我が国で最初の園芸植物図鑑である『草花絵前集』(1699)に収められている植物の30％は渡来種であり，アメリカ原産のヒマワリ（図1）などが紹介されている[2]．

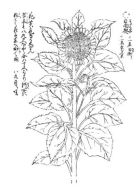

図1　『草花絵前集』のヒマワリ
［出典：伊藤伊兵衛三之丞『東洋文庫288 花壇地錦抄・草花絵前集』平凡社，1976］

●**変化アサガオにみる江戸時代の園芸技術**　アサガオは江戸時代の庶民の娯楽として発達し，変化アサガオと呼ばれる園芸品種群が人気を博した．そのブームは文化・文政年間（1804-30）および嘉永・安政年間（1848-60）に頂点に達した．変化アサガオは，遺伝子の変異によって葉や花がさまざまな色や形に変化したもので，特に花が変化した株の多くは結実しない．アサガオは一年生草本であるため，種子によってのみしか繁殖できない．不稔の変化アサガオは「出物」と呼ばれ，「出物」を維持するために，その変異遺伝子をもつ「母木」の種子をまき，「メンデルの法則」に従って「出物」を選抜することを毎年繰り返す必要がある．G. J. メンデル（G. J. Mendel）が「メンデルの法則」を発表したのは1865年であるが，当時の反響はまったくなく，研究が認められたのは1900年である．驚くことに，江戸時代の庶民の園芸愛好家は，「メンデルの法則」と同様の理論をもとにした独自の園芸技術をもっていたことになる．近年，変化アサガオにみられる変異の多くは，「動く遺伝子」と呼ばれるトランスポゾンによって引き起こされていることが明らかになった．

［土橋　豊］

参考文献
[1]　中尾佐助『花と木の文化史』岩波書店，1986
[2]　塚本洋太郎『園芸の時代』日本放送出版協会，1978

植物園

　植物園という言葉は広い範囲に適用されるが，日本語のもとは botanic garden の訳語で，厳密にいえば植物学の苑である．

●**植物園のはじまり**　実態としての植物園のもとをたずねれば，自然に生えている植物をわざわざまとめて栽培しようとした動機は，大雑把にまとめると，人の生活に利用する有用植物の収集と，こころをなぐさめる美しい花や樹の植栽のためであり，前者は農園や薬草園，後者は庭園をはじまりとする．

　科学のもとをたずねる際には，西欧から話を始めるのが通例になるが，その線でいえば，植物園のはじまりも，エジプトの紀元前16世紀のテーベの遺跡が話題にされたり，プラトンのアカデミア（紀元前4世紀）にアラビアあたりからの植物も集められていたといわれることがある．

　中世末になると，もう少し科学的になり，バチカン宮殿の整備をしたニコラウス3世（13世紀）は薬草園も整え，そこで14世紀初頭に発足したローマ大学の神学者が薬草の研究をした，などともいわれる．宗教にとって，薬は大切な研究材料である．同じく，7世紀とか9世紀とかに始まるとされるサレルモ医学校でも薬草が研究されたし，現存する植物園につながるピサの植物園は16世紀半ばの創設で，その頃パドヴァやボローニャにも同じような施設がつくられたらしい．

　有用植物といえば，農産物の栽培は人が植物を管理下においた初期からの典型的な例であるが，農地を植物園の範疇に含めることはない．食用の栽培植物は農場，試験場で栽培され，薬用植物の栽培は植物園とのかかわりで語られる．

　ヨーロッパでも中国などでも，古くから，経済的に余裕があれば広い庭園に珍しい植物を集めて鑑賞した．それに対して，日本では，比較的規模の大きな庭園が設けられただけでなく，庶民が猫の額ほどの自宅の空き地に身近な植物を移して観賞する伝統もあった．栽培する空間は小さくても，日本庭園では借景も有効に生かされた．植物園は庭園ではないが garden である．

●**植物園の果たした役割**　資源植物の収集は文明のはじまりの頃から始まっていたらしいが，大航海時代には資源植物の収集に激しい競争があった．その頃，大英帝国では，キュー植物園を頂点に，植民地も含めて各地の植物園の組織化が進み，多様な植物の栽培が試みられていた．そこは，コー

図1　奈良県宇陀市の森野旧薬園：東京大学附属（小石川）植物園の前身の江戸幕府御薬園の開設のすぐ後の1729年に創設．私立の施設として今にいたる薬草園．現在も約250種の薬草が栽培されている　[撮影：筆者]

ヒーの栽培についてのスリリングな資源争奪競争が行われたように，国の威信をかけた資源の収集と開発の拠点となっていた．その伝統は，キュー植物園の今に引き継がれ，世界の遺伝子資源の収集に重要な役割を担っている．

遺伝子資源の獲得競争は，植物多様性についての知識の構築に向けての意欲をかき立てることになった．もともと，人の知的好奇心に促されて，多様な植物の実態には関心がもたれてはいたが，それが，資源としての実用化に向けた効果と結びつき，研究の推進をはかることにつながったのである．キュー植物園をはじめ，18世紀頃からの植物園には資料標本や文献などが充実したハーバリウムが併設され，すぐれた研究者が数多く招かれて，植栽されている植物と収集された大量の標本とを用いて活発な研究が進められた．世界の各地から集められた植物の栽培のためには，大型の温室や，さまざまな生態条件を整えた栽培施設も整えられ，最前線の研究機器を整えた研究所もつくられた．

植物園も博物館等施設の1つであり，植物に関する知識の普及に重要な役割を担っており，とりわけ生涯学習の支援や，植物に関するシンクタンク機能の発揮に務めているが，日本では植物園の規模が小さく，これらの役割を果たすのには力不足の点があるのはいなめない．

●**植物園に期待されるもの**　植物園と一口にいっても，今では名称だけでもきわめて多様であるように，その内容も目指しているものも，複雑で多様である．日本植物園協会（JABG）は公益社団法人の組織であるが，100余の加盟園は名称だけでも多様である．37園の薬用植物園や，高山植物園，熱帯植物園，緑化植物園などを含めても，植物園という名称にこだわるのは設立が古い施設を中心に約半分，公立園には植物公園，フラワーパーク，植物館などの名称が目立つ．多くの植物園ではbotanic gardenという名称には関係がないような活動を行っている．

とりわけ公立園には都市公園の機能を補完することが主要な目的である施設が多く，美しく植栽された草花や花木が，訪ねる人にこころの癒しを与えてくれる．もともと植物園の一般公開は，せっかく珍しい植物を収集栽培しているのだから，できるだけ多くの人に見てもらいたいという意図から始められた場合が多いが，その目的を果たすために，日本の植物園が美しく管理されている状態は，外国から訪ねてくる植物園関係者も高く評価するところである．

国際的な視点で，今の植物園に求められている社会的役割としては，植物学への貢献や公園機能の充実に加えて，生物多様性保全についての普及，実践活動の推進である．国際科学連合傘下の国際植物園連合や，NGOの植物園自然保護国際機構など，国際的な植物園の組織では，これらの事業に力を入れている．日本植物園協会も絶滅危惧植物の保全に関する普及活動に務めている．　　　［岩槻邦男］

📖 参考文献
[1]　岩槻邦男『日本の植物園』東京大学出版会，2004

リンネと植物分類

　C. リンネ（C. Linnaeus）は，1707年にスウェーデンに生まれ，1778年に同国で亡くなった．ルンドとウプサラ大学で医学，植物学を修めた後に，オランダに渡り研鑽を深めた．自然物を鉱物，植物，動物の3界に分け体系化し『自然の体系』（1735）などを出版し，注目を集めた．帰国後，ウプサラ大学の医学兼植物学の教授となった．

　リンネは当時の自然物の認知の仕方に多くの問題があることを痛感していた．そこで，認知の方法として汎用性のある体系化を試みた．当時はまだ個々の対象に複数の呼び名があったばかりか，命名の方法も定まってはいなかった．そこで命名の基本を種とし，すべてのランクに学名を設け，種には二名法と呼ぶ命名法によって学名を与えた．リンネはその創始者だった．さらに命名した種を文章で定義することに加えて，おしば標本を作成し，保管して証拠物件とすることを述べ，自らも実践し，『植物学論』（*Philosophia botanica*, 1751）にそれらの技法をまとめた．

●**性分類体系**　体系（システム）とは，個々別々の対象を一定の考え方に基づいて整合的に組織する理論をいう．その中で分類にかかわる体系が分類体系であり，リンネはその創始者であった．リンネは3界のうち，特に植物に関心があり独自に研究を行った．

　薬としての利用を通して，植物には多数の「種類」があることが知られていた．加えて大航海時代以降，アフリカやアジアなど他大陸から，既知の種数に匹敵する多様な植物がヨーロッパに持ち込まれていた．リンネの時代，その中には従来の知識ではどこに分類したらよいか皆目わからないものも少なくなかった．

　リンネは，共通の属性をもつ類似の植物をグループにまとめ，さらにそれを高次のグループに内包させるという階層化によって，多様な植物の異同が俯瞰できる分類体

図1　リンネの性分類体系を図示した図
　　（G. エーレットによる）[出典：大場秀章
　　『植物分類表』アボック社，2009]

系を考案した．雄蕊・雌蕊という生殖器官を高次のグループを区分する標識に採用した．雄蕊・雌蕊は，すべての植物が基本的に有するものであり，しかもその現れ方は一定である．リンネは階層の最高次のランクを「綱」(class) と呼び，雄蕊の数と配置の相違に基づいて，すべての植物を 24 の綱に分ける体系を提唱した（図 1）．この生殖器官を標識とした体系をリンネ自身，性分類体系と名付けたが，日本では別に 24 綱分類とも呼ばれている．

綱はさらに雌蕊などを標識に下位区分される．このランクを「目」(order) と名付けた．目の下位のランクが「属」で，類似の種は同一の属に分類された．今日の分類体系では目と属の間に「科」というランクを設けるが，リンネは科を今日とは別のカテゴリーで用いていて，性分類体系には採用していない．

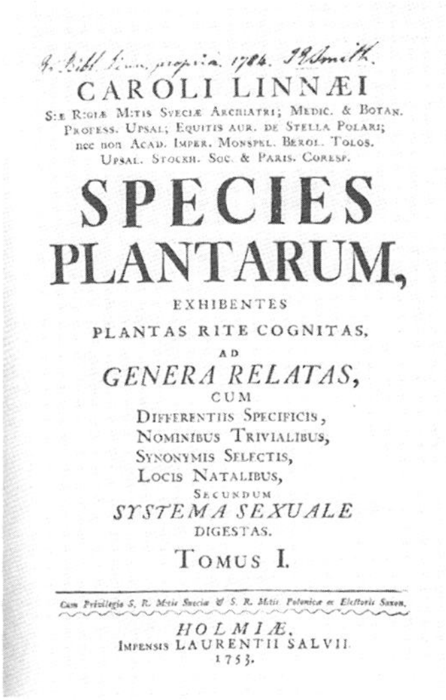
CAROLI LINNÆI
S:æ R:giæ M:tis Sveciæ Archiatri; Medic. & Botan. Profess. Upsal; Equitis aur. de Stella Polari; nec non Acad. Imper. Monspel. Berol. Tolos. Upsal. Stockh. Soc. & Paris. Coresp.
SPECIES PLANTARUM,
EXHIBENTES
PLANTAS RITE COGNITAS,
AD
GENERA RELATAS,
CUM
Differentiis Specificis,
Nominibus Trivialibus,
Synonymis Selectis,
Locis Natalibus,
Secundum
SYSTEMA SEXUALE
DIGESTAS.
Tomus I.
Cum Privilegio S. R. M:tis Sveciæ & S. R. M:tis Polonicæ ac Electoris Saxon.
HOLMIÆ,
Impensis LAURENTII SALVII.
1753.

図 2　『植物種誌』(Species plantarum, 1753) のタイトル・ページ［出典：Ray Society による復刻版，1957］

雄蕊の数，一部ではその配置を調べるだけで，どんな未知の植物でも分類体系上の位置を特定できるこの分類体系は，ヨーロッパ外の大陸から続々と新しい植物がもたらされる当時にあって，高い有用性があった．綱が特定できれば，雌蕊の特徴などで目も特定でき，さらに類似種が何かが簡単にわかった．それと比べ異なる属性があれば新種として記載し，学名を与えることができた．

1753 年にリンネは自らの分類体系に基づいて，当時知られていた植物全種を 2 名法に基づいて表示し，併せて各種の主要文献などを網羅した『植物種誌』(*Species plantarum*,『植物の種』とも訳される）を著した（図 2）．今日，ミズゴケ科以外の蘚類を除く，植物の学名は本書を出発点としている．

性分類体系の高い実用性は，とりわけ外国から移入される植物が多かったイギリスとオランダでいち早く支持を受け，やがてヨーロッパ中で採用され，一世を風靡した．リンネの体系により一時の混乱が収束したころ，あらかじめ標識を決めてグループ化などを行うリンネのシステムは批判されるようになった．代って提唱されたシステムは，アプリオリに標識を決める人為的のものでなく，種ごとに類似種を探索し，それを積み重ねることで自然に表出されるギャップを高次のランクの境界とする自然分類法であった．この分類法の創始者である A. L. ド・ジュシュー（A. L. de Jussieu）の『植物属誌』（*Genera plantarum*, 1789）以降，リンネの分類法は次第に過去のものへと転じていった．

［大場秀章］

メンデルの法則

　遺伝現象を最初に法則として系統立ててまとめあげ，遺伝学の学問としての基礎をつくったのはG. J. メンデル（G. J. Mendel）であるが，1866年当時その発表は顧みられず，1900年になって3名の遺伝学者H. M. ド・フリース，C. E. コレンス，E. von チェルマクによってその法則は個別に再発見された．
　メンデルは1847年から修道院の司祭，ウィーン生物学会会員，国立実科学校代用教員などとして活動し，修道院の庭にエンドウを植えて交配実験を行った．成功要因は，種子屋から入手した品種を試験し，安定な形質を示す系統のみを用いたことであった．その種子の形や，子葉，種皮の色，サヤの硬さや色，花の位置，茎の長さなど7つの形質の遺伝について子孫における分離状態を分析し，1866年『植物雑種の研究』という論文をチェコスロバキアのブルノ自然科学誌に発表した．メンデルの発見した遺伝法則は，①優性の法則，②分離の法則，③独立の法則の3つよりなっている．このメンデルの最初の論文は40部の別刷が作成され，そのうちの1部が静岡県三島市の国立遺伝学研究所に所蔵されている．

●**優性の法則**　例えば，滑らかな丸い種子のエンドウと，シワ種皮のものを交配すると，雑種第一代（F_1）では，すべてが両親のどちらか一方の形質の種子（ここでは滑らかで丸い種子）のみが生じ，他方の親の形質（シワの種子）は出現しない．この雑種第一代で現れる形質を優性といい，隠された形質を劣性という．雑種第一代で優性の形質のみが現れる現象を優性の法則という．分析した7つの形質はすべて優性の法則に従う遺伝を示した．この現象は遺伝子型により説明できる．滑らかで丸い種子をつくる優性の遺伝子をA，シワ種子を形成する劣性の遺伝子をaとする．高等植物の体の細胞は，両親からきた相同染色体がペアで存在し遺伝子も2個ずつ存在するので，両親の遺伝子型をAAとaaと仮定すると，雑種第一代ではすべてAaの遺伝子型となる．Aはaに対して優性で，雑種第一代の個体はすべて優性遺伝子型Aの形質である丸い種子となる．次に雑種第一代では，Aかaをもつ半数性の生殖細胞（花粉または胚珠）が形成され，受粉によりこれらの遺伝子型が組み合わさって次世代の個体がつくられる．雑種第二代ではAAかAaかaaの遺伝子型の組合せの個体が生じることになる（図1）．

●**分離の法則**　図1で示したように，雑種第二代（F_2）では，表面が滑らかで丸い種子（遺伝子型はAAかAa）と，シワ種子（遺伝子型はaa）とが3：1の割合で出現する．このように雑種第一代で1対の対立遺伝子（この場合Aとa）が同一個体内に存在しても，混ざり合うことなく次の世代に分離して現れる現象は分離の法則と定義された．この場合，花粉や胚珠ではAまたはaのどちらかの遺伝

子をもった半数性生殖細胞が形成される．それらがランダムに受精した雑種第二代では，AA：Aa：aa の遺伝型が 1：2：1 の比で生じてくるため，aa 遺伝子型の示す劣性のシワ形質が現れてくる．AA と Aa は表現型としてはいずれも丸い種子となるため，丸とシワの種子は 3：1 で分離する．1990 年に，90 年の時を経て劣性のシワ種子の原因となる遺伝子（a で示されたもの）がクローニングされ，糖鎖の分岐酵素に異常をもつ遺伝子であることが判明した．この分岐酵素の機能不全によって，種子内の多くのでんぷん，タンパク質，脂質などの生合成系に異常が生じていることがわかった．

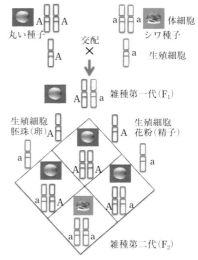

図1　表現型（形質）の優劣と分離

● **独立の法則**　異なる遺伝子が複数あった場合の分離はどうなるのであろうか．エンドウの種子の形を支配する遺伝子（A と a）と子葉の色を支配する遺伝子（B と b）の 2 組の遺伝子について考えてみよう．両親がそれぞれに AABB および aabb の遺伝子型をもち，A（a）と B（b）が異なる染色体にある場合，生殖細胞は AB か ab をもち，受精によってすべての F_1 個体は AaBb の遺伝子型となる．さらにこの F_1 個体からは，花粉も胚珠もともに AB，Ab，aB，ab，という 4 種類の生殖細胞が同率ででき，これらの受精によって 9 種類の組合せの遺伝子型の F_2 個体が出現する．遺伝子型が AABB，AaBB，AABb，AaBb の場合，種子が丸く，子葉が黄色の個体，AAbb，Aabb は種子が丸く，子葉が緑色，aaBB，aaBb はシワ種子で子葉が黄色，および aabb は種子がシワで，子葉が緑色の個体となり，9：3：3：1 の比で分離する．このことは種子の形を支配する遺伝子 A および a と，子葉の色を支配する遺伝子 B および b とは，それぞれ他の遺伝子の影響を受けずに，独立に生殖細胞に入ることを示している．ただし，2 種類の形質を支配する 2 対の対立遺伝子，例えば F(f) と G(g) が独立分離を示さず，形質が連鎖して現れる場合があることが，1905 年になって W. ベイトソン（W. Bateson）と R. C. パネット（R. C. Punnett）のスイートピーを用いた遺伝解析で報告された．さらに，形質が連鎖して出現する原因を，遺伝子が同一染色体上にあるためと指摘したのは，1912 年，T. H. モルガン（T. H. Morgan）によってであった．なお，メンデルが解析した 7 つの形質は「独立」と信じられていたが，近年，3 つは別染色体に，残り 4 つは 2 つずつ同一染色体に乗っていることが明らかとなっている．

［倉田のり］

ダーウィン

　チャールズ・ロバート・ダーウィン（C. R. Darwin, 1809-82）は，すべての生物は共通の祖先から分かれて進化してきたとする進化論を初めて科学的に論証し，『種の起源』（1859）として出版した．ダーウィンの研究分野は，動物学のみならず広範にわたっており，植物学でも重要な貢献をしている．

●**生涯**　ダーウィンは1809年，イングランド北西部，ウェールズとの国境に近い小さな商業都市シュルーズベリで生を受けた．父親は裕福な開業医で，母親は製陶会社ウェッジウッドの創始者の娘だった．父方の祖父のエラズマス・ダーウィン（E. Darwin, 1731-1802）もまた裕福な医師で，詩人にして発明家でもあった．

　エジンバラ大学医学部に進学したのだが1年で退学し，ケンブリッジ大学に移った．ただしエジンバラで博物学の研究に目覚めた．ケンブリッジ大学では植物学者J. ヘンズロー（J. Henslow, 1796-1861）に師事し，植物学の手ほどきを受けた．

　大学卒業後はイギリス海軍の測量船ビーグル号に乗船し，5年間に及んだ世界周航の旅に出た．航海中は主に南アメリカの各地を探査し，動植物，鉱物，化石などの標本を多数採集した．本国に持ち帰った植物標本は，ヘンズローに託された．

　帰国後，ロンドンに5年間居住した後，ロンドン近郊のケント州ダウン村に居を構えて終の住処とした．資産に恵まれていたため，終生職に就くことはなく，生物学の研究に打ち込んだ．死後はロンドンのウェストミンスター大会堂で国葬が営まれ，同会堂内の墓所に埋葬された．

図1　C. R. ダーウィン
（©English Heritage）

●**ダーウィンの進化理論**　ケンブリッジ大学で自然神学を学んでいたため，ビーグル号乗船時当初は神による天地創造を信じていた．しかし，寄港先で多様な自然に触れ，地質学者C. ライエル（C. Lyell, 1797-1875）の著書『地質学原理』（1830）を精読することで，進化論者となって下船することになった．

　帰国後すぐに生物進化について考察する秘密のノートをつけ始め，1842年にはある程度の草稿をまとめ，1844年には遺書代わりの試論をまとめた．しかし，フジツボの分類に関する研究書4巻の執筆に10年をかけたせいで，進化理論に関する本格的な著述作業は遅滞した．

　1858年6月，インドネシアに滞在中の動物学者A. R. ウォレス（A. R. Wallace,

1823-1913)から届いた書簡に，ダーウィン自身が温めていた自然淘汰（選択）説と同じ内容の未発表論文が同封されていた．ライエルと植物学者 J. D. フッカー（J. D. Hooker, 1817-1911）の計らいにより，自然淘汰説はダーウィンとウォレスの同時発表という形で同年7月にリンネ学会で発表された．

その時点で大著『自然淘汰説』を数百ページほど書き進めていたのだが，急遽それに代わる「要約」の執筆に取りかかり，翌年1859年11月に『種の起源』を出版した．

『種の起源』で成し遂げた二大偉業は，進化の研究を科学にしたことと，進化が起こる仕組みを提唱したことである．歴史の中で1回ずつしか起きてこなかった個々の進化を，実証実験という通常の科学の方法で再現することはできない．ダーウィンは，仮説を構築し，傍証を積み上げるという歴史科学の方法を確立することで進化論を科学にした．仮説に反する証拠が新たに見つかったならば，潔く仮説を却下し，証拠に立脚した新たな仮説を構築すればよい．『種の起源』では，自説に対する難題をあえて取り上げ，自説を自ら厳しく検証している．

生物には遺伝的な個体変異があり，有利な変異をもつ個体ほど生き残って子孫を残す確率が高い．この過程が続くことで，原種から変種が分かれ，やがて種となる．これが自然淘汰の原理である．ダーウィンは，家畜や栽培植物の品種改良とのアナロジーを用いてこの原理を論証した．ただし当時はまだ，経験的な事実以外，遺伝の仕組みがわかっていなかった．ダーウィンは，後に獲得形質の遺伝に基づくパンジェネシス理論を発表した．このパンジェネシス理論は，H. M. ド・フリース（H. M. de Vries, 1846-1935）の突然変異説（1905）に大きな影響を与えた．

●**ダーウィンの植物学研究**　ダーウィンは自宅で植物学の研究にも勤しんだ．大洋島や遠く離れた大陸への植物の分布拡大の方法を検討するために，さまざまな種子を海水に浸したり，水鳥の脚に付着した泥中の種子を調べた．その他，食虫植物，ランと昆虫，植物の受精，植物の運動などに関する研究を行っている．植物関係の著書としては，『ランの受精』（1862），『よじのぼり植物の運動と習性』（1865），『食虫植物』（1875），『植物の受精』（1876），『花の異形性』（1877），『植物の運動力』（1880）がある．最後の著書となった『ミミズによる腐植土の形成』（1881）も重要な研究である．

〔渡辺政隆〕

参考文献
[1] C. R. ダーウィン『種の起源 上・下』．渡辺政隆訳．光文社古典新訳文庫．2009
[2] M. アレン『ダーウィンの花園—植物研究と自然淘汰説』羽田節子・鵜浦裕訳．工作舎．1997
[3] A. デズモンド・J. ムーア『ダーウィン—世界を変えたナチュラリストの生涯』渡辺政隆訳．工作舎．1999
[4] 渡辺政隆『ダーウィンの遺産—進化学者の系譜』岩波書店．2015

牧野富太郎

牧野富太郎（1862-1957）は，日本の近代植物学の黎明期に，全国規模の活発な調査研究により標本採集を行い，日本の植物相の解明に貢献した我が国を代表する植物分類学者の一人．高知県佐川の酒造業を営む商家に生まれる．幼少期より植物に興味を示し，小学校は自主退学し，学歴のないまま独学で植物を学んだ．19歳のとき土佐植物目録の編纂を目指して高知県西部で本格的採集調査を行うが，22歳から拠点を東京に移し，東京大学理学部植物学教室へ出入りしながら日本の植物研究を始める．当時，まだ解明度が低かった日本の植物相（フロラ）を研究し，未記載種を多数記載，その集大成として『牧野日本植物図鑑』（1940）をつくった業績で知られる．牧野は，「植物学雑誌」や「植物研究雑誌」など国内学術雑誌の創刊にも携わった．1927（昭和2）年，理学博士の学位を授与される．『牧野日本植物図鑑』は，これまで700万部以上が印刷され，現在でも愛用され続けている．牧野はまた，全国で同好会の設立に携わり，観察会の指導や講演を行い，植物についての一般教育普及にも尽力した．日本における植物の科学図を世界レベルに引き上げたその類いまれな描画の才能も高く評価されている．

図1 扇ノ山（兵庫，岡山，鳥取の県境）で標本を採集する牧野富太郎（1938年8月21日）［提供：牧野一浡］

自由奔放で経済観念に乏しかった牧野の研究活動を妻壽衞は献身的に支えた．生活苦により標本を手放すことを考えたが，神戸の資産家・池長孟が標本館を兼ねた池長植物研究所（1916-41）を設立し，標本の散逸は免れる．しかし，池長との関係も長くは続かず，神戸の植物研究所は機能するには至らなかった．1941（昭和16）年，華道家・安達潮花により，大泉の自宅に膨大な植物標本を収蔵するため「牧野植物標品館」が寄贈され，標本は再び牧野の手元に戻る．

生活苦や大学内での確執など幾度もの苦難があったとされるが，生涯を植物研究と普及活動に捧げ，94歳でこの世を去る．練馬区の自邸跡は，練馬区牧野記念庭園に整備され，記念館には関連資料の展示がある．首都大学東京・牧野標本館を始めとして高知市には高知県立牧野植物園，故郷佐川には牧野ふるさと館，神戸の研究所跡地は牧野小公園として整備されるなど各地に顕彰施設が設立されている．

●**標本による日本植物相の研究と記載**　牧野は，全国的に精力的な標本採集を行い，生涯に約40万枚（重複を含むので点数は10〜15万点ほど）の標本を採集した．この豊富な標本資料をもとに日本の植物を一つひとつ記録し，新産種の報告，未記載種の記載をしていった．

1890（明治23）年，モウセンゴケ科のムジナモを日本で初めて発見して報告した．そして，1899（明治32）年大久保三郎と共著でアカネ科のヤマトグサを新種記載したのが，日本人が国内誌に学名を発表した最初である．日本のフロラ研究の過程で，東アジアの植物研究の第一人者であったロシアのC. J. マキシモヴィッチ（C. J. Maximowicz）に標本資料を送付して助言を受け，マキシモヴィッチを師と仰いだ．その関係で牧野の標本は一部コマロフ植物研究所にも所蔵される．このようにして，生涯に野生種，栽培品種など1600以上の学名を命名した．しかし，ラテン語を用いなかったため，1935年以降に記載した学名，特に『牧野日本植物図鑑』の中で記載したものなどは非合法名である．

現在，日本産の維管束植物で学術的に受け入れられている種のレベルでの学名のうち，牧野の命名によるものはオオタニワタリ（チャセンシダ科），オオクサボタン（キンポウゲ科），エイザンスミレ（スミレ科），アオテンナンショウ（サトイモ科），エンレイソウ（シュロソウ科），カンラン（ラン科）など約300種にのぼる．

牧野の蒐集した膨大な標本資料は，東京都に寄贈され，東京都立大学（現首都大学東京）牧野標本館に，その他の文献や遺品類は高知県へ寄贈され，高知県立牧野植物園・牧野文庫に収蔵される．なお，初期の標本は東京大学の標本室にも収蔵される．標本は，東京都立大学で牧野の没後半世紀以上をかけて整理された．これらのコレクションは，日本産植物学名のタイプを多数含んでいるため学術的にきわめて重要である．

●**植物知識の普及活動**　牧野の2つ目の大きな功績は，全国規模の植物知識の教育普及活動である．日本最古の植物同好会である横浜植物会をはじめとして東京植物同好会（後の牧野植物同好会）など全国の在野の植物研究家や愛好家による植物同好会の設立指導を積極的に行い，自ら全国をめぐりその指導や講演を行い，独学で身に付けた植物知識の一般への教育普及活動に尽力した．講師とともに野を歩く現在の観察会の形式は牧野が先駆けと考えられる．全国からの同定の問い合わせにも細かく対応した．『随筆 植物一日一題』『植物一家言』など植物知識を普及する著書を多数出版．この活動は，牧野富太郎を最も特徴づけるものといえる．

1937（昭和12）年朝日文化賞，1951（昭和26）年第1回文化功労者，1953（昭和28）年第1号の東京都名誉都民．没後に従三位勲二等旭日重光章および文化勲章を受賞している．

［田中伸幸］

ノーベル賞と植物学

　植物学はノーベル賞の対象にはなっていないが，対象分野がある分野に大きな影響がある場合に対象となる．そういった意味では，ノーベル賞制定以前であるので，対象にはなっていないが，G. J. メンデル（G. J. Mendel）の遺伝法則の発見は授与されるとしたら，第一候補であろう．

●ボーローグ　1970年のノーベル平和賞はメキシコにある国際トウモロコシ小麦研究所（CIMMYT）の N. ボーローグ（N. Borlaug）に与えられたが，その対象内容はコムギの矮性品種の育成であり，一連の成果は「緑の革命」と呼ばれている．多くの種子がついても倒伏しない品種の育成である．

　その結果，メキシコは，それ以前はコムギの輸入国であったが，生産量の著しい向上により，輸出できるようなった．この手法は他国でも適用され，さらにイネなどにも適用されるようになり，人類の飢餓回避への重要な貢献となっている．

図1　ボーローグ（1914-2009, アメリカ生まれ）〔出典：Raven, P., *et al.*, *Biolo-gy of plants*, 7th ed., p. 149, 2008〕

　このコムギ矮性種の元は，実は昭和初期に日本で稲塚権次郎により育成されたコムギ品種農林10号である．第二次世界大戦後，アメリカに運ばれ，耐病性などが付与され，その後，ボーローグがメキシコ CIMMYT で実用化品種にしたことが平和への貢献ということで，受賞につながった．この半矮性種の矮性化する分子機構は，植物ホルモンジベレリンへの応答が低下するジベレリン非感受性変異（gibberellin insensitive：GAI）であり，信号伝達系の要素デラ（Della）タンパク質の変異であった．この変異は半優性に発現する．この関連で興味ある事実は，ジベレリンも日本で発見されて，進駐軍の手を経て世界に伝わり，米英で化学構造が決定されたことである．

●カルビン　M. カルビン（M. Calvin）は，1961年にノーベル化学賞を授与されたが，その対象となった業績は，光合成の光に依存しない経路において，CO_2 がいかに固定されるかの機構解明であり，いわゆる，カルビンサイクルの確立である．時は，第二次世界大戦直後であり，放射性同位元素の平和利用の最初の成果でもある．原子炉では多くの同位体がつくられた．そこで，カルビンらは，原子炉稼働時の産物である $^{14}CO_2$ をクロレラに与えて，その産物を沪紙クロマトグラフィーで分離し，そのクロマトグラフをオートラジオグラフィーで解析し，産物

の変化を詳細に追跡した．その結果，CO_2 はリブロース 5-リン酸に，リブロースビスリン酸カルボキシラーゼ/オキシゲナーゼ（RuBisCo）により（この酵素は後に明らかにされた）結合され，2 分子のホスホグリセリン酸（PGA）ができるというものである．その後，その産物はさらに光合成の光依存反応によりつくられた ATP などの高エネルギー化合物から放出されるエネルギーを利用して，物質転換を行う．これはサイクルとして回るカルビンサイクル（あるいは，カルビン・ベンソンサイクル）の樹立である．なお，最初につくられる炭素化合物は，C_3 の炭水化物であるので C_3 経路であり，これらの植物は C_3 植物と呼ばれるようになった．というのは，その後，CO_2 がホスホエノールピルビン酸へ取り込まれ，炭素分子が 4 のオキザロ酢酸が生じる，C_4 植物が見出され，また，その変異である CAM 植物なども見出されたからである．しかし，それらのコアには C_3 固定の経路があり，C_4 も CAM もその変異であり，地球環境の変化に際して，C_3 植物より派生したものと考えられている．

●**マクリントック** B. マクリントック（B. McClintock）は，1983 年にノーベル生理・医学賞を授与されたが，それはかなり劇的なものであった．コーネル大学で，トウモロコシの研究で学位を取得後，トウモロコシの種子の色の変異からその変異と染色体の挙動を明瞭に対応付けることができ，染色体が遺伝子の本体であるという最初の明瞭な研究成果を出した時点で，傑出した遺伝学者であると認められた．さらに，この間顕微鏡下の染色体研究から，わずかにみられる例外的な染色体の変異とその形質の現れから，遺伝子は染色体上を移動するというトランスポーザブルエレメントの考えを提出し，発表した．

図 2　マクリントック（1902-92. アメリカ生まれ）［出典：Raven, P., *et al.*, *Biology of plants*, 7th ed., p. 489, 2008］

ところが，折しもまさにワトソンとクリックによる DNA の構造モデルが提出され，ファージグループが活躍した時代であり，セントラルドグマが提出されたり，分子生物学の最も華々しい展開の時期であった．このためか，彼女の染色体の観察実験結果から提出された，トランスポーザブルエレメントの仮説はまったく無視されることとなり，この間ほとんど独力で研究を進めた．

だが，およそ 30 年が経過した時点で，細菌，酵母などにトランスポゾンが発見されて，初めて彼女の提案が正しかったことが理解された．このため，世界は一転して彼女の業績を一斉に讃えることになり，ノーベル生理・医学賞が授与されることとなった．

［長田敏行］

桜

　サクラ属植物（*Prunus* L.）はバラ科サクラ亜科に属する樹木で，北半球の温帯から暖帯を中心に分布する．特に動物被食撒布へ適応した核果をつくるのが重要な特徴で，人類も狩猟採取時代から食用としており，古代文明はその中からモモ，スモモ，ウメなどの果樹を生み出した．日本にはこれらの樹種は自生せず，すべてアジア大陸から人為的に導入されたため，果樹としての利用が大きく発展したのは近代以降である．なお，従来はこれらの植物をまとめてサクラ属 *Prunus* としてきたが，近年の研究ではこのうちの桜の仲間を *Cerasus* として分けることも多い．

　桜の仲間は日本には10種の自生種がある．中国文明で発達した花の観賞文化は，古代には日本の支配階級へ伝わり，奈良時代には梅の鑑賞が広まった．平安時代に入ると桜が梅に取って代わったが，その対象は，畿内地方にも分布するヤマザクラ，カスミザクラ，エドヒガンなどだったと思われる．その後支配階級が武家へ変わっても桜は日本の花木の代表であり続け，東国に政治の中心が移ることで，オオシマザクラやオオヤマザクラなども栽培されるようになった．

　江戸時代の中後期には栽培品種の数が増えてこれらを描いた画譜も作成され，桜が日本人の知的探究心の対象となった．記録によると，幕末には少なくとも250品種程度が存在していた．これらの品種を作出した技術については諸説があり，偶発実生を選抜していたことは文献からもうかがえるが，人工交配を行っていた証拠は今のところなく，当時の科学水準からみても考えにくい．

　しかし，明治維新により栽培品種の担い手であった武家庭園のほとんどが消滅し，それらは消滅の危機に瀕した．幸い篤志家により収集され，これらを元に明治中期には東京の荒川堤などで栽培品種が植栽されるようになった．

● **桜の研究の始まりと発展**　20世紀に入ると，桜の自然科学的な研究が本格的に始まる．分類学研究としての最初の集大成は，1913年の小泉源一によるサクラ属を含む日本のバラ科植物の研究である．その後，北村四郎や大井次三郎らにより植物誌の一環として研究された．20世紀後半になると，林弥栄，久保田秀夫，川崎哲也らにより種内変異や種間雑種なども詳細に研究されるようになった．

　一方，栽培品種の科学的研究の出発を飾るのは，1916年の荒川堤の桜を主要な材料とした三好学による栽培品種の詳細な記載とその分類体系の提示である．江戸時代からの多くの栽培品種を体系的かつ園芸的観点を越えて植物分類学的に記載した例は，日本の観賞植物では桜だけであり，この研究は，桜がこれ以降も科学研究の対象となり続ける基盤となった．さらに三好は，桜の普及団体の設立

や資料の収集などを行い，戦後につながる桜の研究，普及の礎を築いた．

しかし，その後の栽培品種の保存は順調ではなかった．荒川堤に加え，研究機関や植物園での保存も戦前から行われていたが，戦中戦後の混乱でほぼ消滅した．その一方で，埼玉や京都の園芸家により多くの栽培品種が保存されて絶滅を免れた．戦後になると，国立遺伝学研究所や東京大学理学部附属植物園などの公的研究機関でも栽培品種が保存されるようになった．中でも農林省林業試験場浅川実験林（現・森林総合研究所多摩森林科学園）は，国の研究機関として初めて桜の栽培品種の体系的な系統保存を手がけ，続いて日本花の会でも大規模な系統保存が始まった．これらの材料を用いて，大井次三郎，林弥栄，川崎哲也らにより，形態などの表現型による栽培品種の記載や分類が進められた．

その他の分野の研究としては，国立遺伝学研究所の竹中要による'染井吉野'の起源に関する研究が特筆に値する．竹中は，この栽培品種をエドヒガンとオオシマザクラの雑種と推定したE. H. ウィルソン（E. H. Wilson）の仮説を検証するため，両種が混生する伊豆半島を調査し，よく似た推定雑種個体を発見した．さらに推定母種の人工交配を行い，同様によく似た個体を作出した．桜において栽培品種の由来を実験的に検証した研究は，これが初めてである．

●**21世紀の研究進展** 表現型による研究は20世紀末までに深化を極めた．しかし，起源や類縁関係については，野生植物，栽培植物のいずれにおいても，表現型からの研究だけでは間接的な推論の域を出なかった．また，栽培品種においては，近代以前は栽培品種の名称を統一するという概念が希薄であったことや，最近まで一貫した系統保存が行われてこなかった結果，名称の混乱が疑われるものも多かったが，表現型からの推測では解決できなかった．

しかし，21世紀に入ると分子マーカーの出現によりこれらの問題も実証的に解析可能となった．例えばマイクロサテライト多型の解析により，同名で表現型も類似するが分子マーカーの遺伝子型が異なる場合（同名異物），逆に同じ遺伝子型で表現型も類似するが複数の名称がある場合（異名同物），同じ遺伝子型だが表現型が異なり名称も異なる場合（枝変わりなどの突然変異）などを明確に識別できるようになった．このように，科学的な名称の整理と安定した系統保存が進められた結果，栽培品種間の類縁関係を検証できるようになった．さらには，野生集団の変異や交雑などの集団遺伝学的な解析も進められており，栽培品種と併せて解析することにより，栽培品種と祖先野生種との類縁関係も検証しうるようになった．

［池谷祐幸］

📖 **参考文献**
[1] 木原 浩写真，大場秀章他解説『新日本の桜』山と渓谷社，2007
[2] 吉丸博志他「特集 美しい日本の桜を未来に伝える—系統保全の現状と新展開」森林科学，70：2-25, 2014

2. 手　　　法

　自然科学は，仮説を立て，それを検証するための観察や実験を行い，その結果に基づいて仮説の再構築を行うという過程の繰り返しにより成立する．自然科学の一分野である植物科学もその過程をたどる学問である．さらに，植物科学においては実験科学であると同時に，野外での採集，観察などもきわめて重要な役割をなしている．また近年における分子生物学やゲノム科学の発展の中で，膨大なデータを理論的に取り扱う情報科学の重要度も増している．

　本章では，実験科学の対象（植物材料）として特に重要と考えられる植物種について解説するとともに，植物学に固有の重要度をもつ実験技術，あるいは自然科学一般に重要だが，植物学に特に欠かせない研究装置について解説する．さらに，得られたさまざまな実験データをどのように解析し，新しい成果を得ることができるかについても取り上げる．

［三村徹郎・飯野盛利・長谷部光泰］

モデル植物

　生物は多様である．研究は対象とする現象に適した材料を使うことによって効率的かつ明快に理解できるという原則があり，それぞれの研究者は適切な生物を選択している．シロイヌナズナが研究に広く利用される前の植物研究では，現象を重視して非常に多様な生物が実験材料として用いられていた．遺伝学にはエンドウやオシロイバナ，植物ホルモン研究にはカラスムギやトウモロコシ，光合成研究はホウレンソウ，組織培養にはタバコやペチュニアといった具合であった．20世紀半ばに大腸菌，枯草菌といった原核生物をモデルとして分子生物学が勃興した．その後も，出芽酵母，分裂酵母，ショウジョウバエ，線虫，ゼブラフィッシュ，マウスといったモデル生物を用いることで研究が格段に進展した．植物学にもモデル生物を導入しなければ統合的な理解が進まないという意識が高まり，1980年代半ばにシロイヌナズナが植物のモデル生物として提唱され，多数の研究者が利用するようになった．その後，従来から研究材料としてよく利用されていたクラミドモナスやイネなども含めて，研究の共通基盤が整備された植物をモデル植物と呼ぶことが多くなった．単純な体制の紅藻シアニディオシゾン，植物で例外的な高効率な相同組換え率をもつヒメツリガネゴケもモデル植物として注目されている．近年では次世代シーケンサーの登場もあって，ミヤコグサ，アサガオ，ゼニゴケなども含めてモデル植物は急速な広がりをみせている．モデル生物で得られた知見は近縁種に当てはまることは直感的に理解できるが，必ずしも生物全体に一般化できるとは限らない．オペロン説で知られるJ. L. モノー（J. L. Monod）の名言とされる「大腸菌で正しいことはゾウでも正しい」には注意が必要である．緑色植物は比較的単純な系統群ではあるものの，モデル植物に利用においては，その植物が分岐分類学でどのように位置づけられるか，つまり，その生物が属する系統の派生形質を意識することが重要である．

●**モデル生物に求められる特徴**　当然のことながら，モデル生物として自然界に存在するわけではない．実験に適した生物がモデルとして選ばれたのである．では，モデル生物はどのような視点で選ばれたのであろうか．また，求められる特徴とはどのようなものであろうか．それは，主に次の6点に整理できる．

①遺伝学的視点：突然変異体が分離できることで新たな遺伝子機能が発見できる．

②逆遺伝学的視点：特定の遺伝子を標的に機能喪失や機能獲得を行うことで他の生物で得られた遺伝子の知見や分析的な解析で得られたタンパク質の機能を調べることができる．

③ゲノム情報が判明：現代の生物学ではゲノム情報の利用価値は計り知れない．
④遺伝子導入可能：形質転換実験は遺伝子機能解析に必須な手法である．
⑤ゲノムスケールな解析可能：最新のハイスループットな解析機器を利用して生物をシステムとして理解することができる．
⑥実験室での扱いやすさ：限られた時間と空間で研究を効率的に行うには，培養・栽培が容易で増殖が盛んであることや小型で世代時間が短いといった特徴も重要である．

●**クラミドモナス**　緑の酵母とも呼ばれる単細胞緑藻のクラミドモナス（*Chlamydomonas reinhardtii*）は20世紀初頭に標準株が分離され，モデル生物という用語が広く用いられる以前から広く利用されていた．1950年代から光合成の遺伝学材料として盛んに研究に用いられてきた．核，葉緑体，ミトコンドリアをそれぞれ1つずつもつことから細胞生物学やオルガネラの研究にも適している．また，鞭毛のように動物との共通性に重点をおく研究にも利用される．性（接合型）があることから，有性生殖や性決定の研究にも用いられる．近年は，藻類バイオマスやバイオ燃料の研究のモデル系としても注目される．分子生物学的な研究では，葉緑体DNAの発見や葉緑体形質転換技術の開発に利用された．

●**ゼニゴケ**　陸上植物の基部に位置するコケ植物の中のタイ類に属することから陸上植物進化のモデル植物として利用されている．ゼニゴケ（*Marchantia polymorpha*）が含まれるゼニゴケ属は，タイ類の中では比較的複雑な形態をしており，タイ類を代表するものではない．しかし，世界中に広く分布し高い繁殖力を有することや特徴的な葉状体や生殖枝の形態から，実験材料として19世紀から利用されてきた．生活環の大半が配偶体世代（単相n）であるため突然変異体の分離が容易であること，雌雄異株で人為的交配が容易なこと，減数分裂を経た遺伝学的に異なる胞子が多数得られることなどから遺伝学には適した材料である（「コケ植物―陸上植物」「世代交代」参照）．また，ゼニゴケの繁殖様式は実験生物学を進めるにも有利な点がある．配偶子形成を経る有性生殖に加えて，無性生殖も行うからである．葉状体の背側に杯状体と呼ばれるカップ状の構造を形成

図1　タイ類のモデル植物ゼニゴケ
（上：雌株，下：雄株）

する．杯状体には50〜100個程度の無性芽が形成される．自然界ではオス株またはメス株しかみられない群落もあり，無性生殖が多用されていることが推察される．無性芽は杯状体の底部の表皮細胞1細胞が先端成長し，不等分裂を行うことで発生する．基部側は1細胞からなる柄細胞に，先端側は多細胞からなる無性芽になる．ゼニゴケ無性芽は1細胞起源であるため，クローンである．これは，変異体や形質転体を扱う際にも有利な性質である．変異当代（あるいは形質転換当代）では遺伝的に異なる細胞キメラで構成されている可能性があるが，無性芽を介することによってキメラ性のない純系が分離できる．

ゼニゴケは，分子生物学研究の材料としても広く利用された．1986年には，ゼニゴケ属培養細胞から，タバコ葉緑体DNAとともに初めて葉緑体DNAの全塩基配列が決定され，葉緑体ゲノムにコードされる遺伝子の全体像と基本的な保存性が示された．1992年には同細胞から植物のミトコンドリアDNAの全構造が明らかにされた．約280 Mbとされる核ゲノムについても解析が進んでいる．ゼニゴケは，8本の常染色体と性染色体（XまたはY染色体）をもつ．植物性染色体として最初にゼニゴケY染色体の構造が明らかにされた．常染色体およびX染色体の構造もほぼ解読されている．その結果，ゼニゴケのゲノムの進化的な位置を反映して，藻類および陸上植物に共通する遺伝子セットをもつことがわかった．さらに，染色体レベルでの倍加がみられず，制御系を中心として遺伝的な冗長性がきわめて低く遺伝子の機能解析に適していることがわかった．ゼニゴケはアグロバクテリウムを用いて簡便に形質転換することもできる宿主でもある．自然界ではアグロバクテリウムの形質転換効率は双子葉植物以外ではきわめて低い．しかし，アセトシリンゴンという化学物質を添加することで植物細胞へのアグロバクテリウムの感染を促進することができる．胞子を培養して得られる葉状体形成初期や，葉状体を切断して得られる再生組織といった増殖の盛んな細胞を材料に，アセトシリンゴン存在下でアグロバクテリウムを感染させることによって，簡便で高効率な形質転換系が開発された．前述の純系確立法と組み合わせることで，迅速に実験できるという利点をもつ．形質転換手法を利用できることで，遺伝子の機能亢進や抑制，蛍光タンパク質や発光タンパク質などのレポーター遺伝子を用いた解析などが可能となった．単相世代の組織を用いて高い効率で形質転換して，迅速に解析可能な系統が確立できるという利点をもつ．現在では遺伝子導入や遺伝子機能解析が最も容易な植物の1つであろう．進化的な位置づけを考慮したモデル植物としての利用が広がっている．

●ヒメツリガネゴケ　ヒメツリガネゴケ（*Physcomitrella patens*）はコケ植物セン類（蘚類）に分類される．コケ植物は，生活環の大半を単相（n）である配偶体世代が占めるが，配偶体世代に依存する複相（$2n$）の胞子体世代の多細胞組織である胚をもつ．胚をもつこと，言い換えると多細胞体制の配偶体世代と胞子体

世代を繰り返す世代交代があることは，陸上植物の派生形質とされる．コケ植物は単系統である可能性が高いとされるが，セン類，タイ類（苔類），ツノゴケ類は4億年以上前に分岐した分類群である．シロイヌナズナをモデル植物として多くの成果が得られたが，植物を進化的な観点から理解するためにコケ植物に有用なモデル植物が必要とされ，ヒメツリガネゴケが世界的に広く利用されるようになった．実験室株としてのヒメツリガネゴケはイギリスで分離された株の胞子に由来しており，標準株として利用されている．ドラフトゲノムが2008年に公開され，その後も更新されている．モデル植物としてのヒメツリガネゴケの最大の特徴は，相同組換えの効率が植物としては例外的に高く，容易に遺伝子破壊が行える点にある．染色体の特定の位置に外来遺伝子を組み込むことや，レポーター遺伝子を本来の遺伝子領域へ挿入し，遺伝子発現を解析することも可能である．また，細胞観察にも適しているため，細胞生物学，発生生物学といった分野で先駆的な研究成果が多数報告されている．

●シロイヌナズナ　アブラナ科の野草シロイヌナズナ（*Arabidopsis thaliana*）は突然変異体を用いた研究に適することから植物のショウジョウバエと呼ばれた（「シロイヌナズナ」参照）．

●イネ　イネ科の作物．単子葉植物のモデル植物とされるが，言うまでもなくイネ（*Oryza sativa*）は主要穀物としても重要である（「イネ」参照）．

●アサガオ　アサガオ（*Ipomoea nil*）はサツマイモも含まれる*Ipomoea*属の被子植物である．日本で江戸時代に変わり咲きのアサガオが鑑賞収集され，独創的なコレクションがある園芸作物でもある．このためJapanese morning gloryという英語名をもつ．ムラサキやキダチという品種が明瞭な短日性（日長感受性）を示すことから開花生理学の研究を先導した．園芸品種として収集された系統を用いて，花器官発生やトランスポゾンの研究にも利用されている．遺伝子資源としての有用性からナショナルバイオリソースプロジェクトにも選定されている．

●ミヤコグサ　ミヤコグサ（*Lotus corniculatus var. japonicus*）はマメ科の多年生の被子植物である．シロイヌナズナは窒素固定を行う根粒菌の共生やリン酸吸収にかかわるアーバスキュラー菌根の形成を行わない．そこで，農学的には重要な形質である共生研究のモデルとして，ミヤコグサやタルウマゴヤシ（*Medicago truncatala*）が選定された．ミヤコグサは，アジアの温帯に広く分布する野草で，国内では沖縄から北海道まで広く分布する．国内の研究も盛んであり，MiyakojimaやGifuといった系統が広く利用される．系統の収集保存，実験技術の開発，ゲノム解読では日本の研究者が貢献している．　　　　　　　　［河内孝之］

参考文献
[1] 塚谷裕一『変わる植物学広がる植物学—モデル植物の誕生』東京大学出版会，2006
[2] 河内孝之・西浜竜一「基部陸上植物モデル 苔類ゼニゴケ」植物の成長調節，50：96-102, 2015

シロイヌナズナ

　学名 *Arabidopsis thaliana*. 和名シロイヌナズナ. アブラナ科の一年生の草本で, 植物科学の実験モデル植物として1980年代から国際的に広く用いられる.

●**形態, 生理と生態**　シロイヌナズナはアブラナ科植物の中では小型で, 草丈は20〜30 cm である. ロゼット状の根出葉は長さ5 cm までの倒卵形または広倒披針形の単葉である. 長日植物で春4〜6月に散房花序をもつ花茎を伸ばす. 花茎の分岐点に小型の茎上葉をつける. 4枚の花弁はへら形で白色, 長さは2〜4 mm であり, 萼片は4枚で長楕円形である. 4本の長い雄蕊と2本の短い雄蕊, 1本の雌蕊をもつ. 果実は円柱形で花茎に斜め上向きにつき, 長さは9〜18 mm であり, 果実内に20〜40個の種子をつける. 種子は卵形で長さ0.5 mm である (図1).

　実験室内では長日条件下で播種後1週間で発芽し, 4〜5週間で開花する. 野外では昆虫による送粉が観察されているが, 自家和合性をもつので主に自花内で受精し, 約1週間で種子が成熟する. 約6週間の世代時間は顕花植物としてはきわめて短い. 染色体は5対と少ない. ゲノムサイズは約 125 Mbp できわめて小さい.

　ヨーロッパ原産で温帯から亜寒帯に広く分布し, 数百種類の形態や生態が異なる野生の株が採取され保存されている. 日本では東北から九州までの各地の農地, 路傍や裸地で自生していることが報告されており, 数回にわたって移入した帰化植物と考えられる. ヨーロッパや北アフリカでは同様な土地で春先に花を付けている姿が見られる. ほとんどの個体が冬緑性一年草としての生活環を示すが, 夏緑性一年草として秋に花を咲かせる個体もある.

●**実験モデル植物としての利点と問題点**　植物体が小さく, 栽培のため

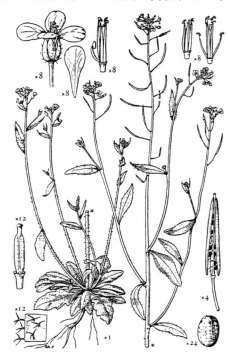

図1　シロイヌナズナ
[出典：*Drawing of British plants III*, Crucifer, G. Bell Publi-shing, Plate 37, 1948 より]

に特殊な環境条件を必要としないために，実験室内や植物育成チェンバーなどで容易に栽培できる．世代時間が短いために短期間で遺伝学解析が可能である．自家受精するので，人工的な受粉操作をしなくても1つの植物個体から数百個の種子が得られ，ホモ接合体の遺伝型をもつ種子を容易に得ることができる．また，突然変異の誘発，突然変異体の分離，遺伝的掛け合わせ，マッピング，遺伝子導入と遺伝子転換植物の作成，など研究解析技術の開発が進んでいる．遺伝子導入技術については，1998年に花序をアグロバクテリアの懸濁液中に浸した後，種子の中から遺伝子転換植物体を選択する簡便な手法（ディップ法）が報告され，広く用いられている．この方法で得られた種子の約1%が形質転換体との報告がある．全ゲノムの塩基配列や遺伝子配列とゲノム修飾などの情報をまとめたデータベースが整備され，各種野生株や多様な突然変異体の種子，遺伝子やcDNAのクローンなどを収集保管し，研究者の要望に応じて配布するストックセンターが設置されるなど，国際的な研究協力体制が整っている．

一方，シロイヌナズナの形態，生理や生態の特殊性を認識せずに研究成果を安易に一般化することがないように注意が必要である．例えば，シロイヌナズナには窒素固定の能力はなく，穀物の多くが含まれるイネ科植物とも多くの点が異なっている．さまざまな研究目的に適した新たなモデル植物を選定して研究環境を整える試みが続けられている．

●シロイヌナズナ研究の歴史　シロイヌナズナは16世紀にJ. タル(J. Thal)によって発見され記載された．ドイツのF. レイバッハ (F. Laibach) は，1907年に染色体数を報告し，1947年に弟子のE. ラインホルツ（E. Reinholz）とともに多様な突然変異体を分離して報告するなど，シロイヌナズナが植物研究のモデルとして優れた特徴をもつことが認識された．1960年代から1980年代半ばまでの期間はシロイヌナズナ研究の第1期といえる．ドイツのG. レベリン（G. Röbbelen），アメリカのG. P. レダイ（G. P. Rédei），オランダのJ. H. ファン・デ・ビーン（J. H. van der Veen），チェコのJ. ベレミンスキー（J. Veleminsky）らがシロイヌナズナの染色体構造や突然変異体誘発の条件検討を行い，いくつかの突然変異体を報告した．国際的な研究情報交換のネットワークとして1964年より毎年 *Arabidopsis Information Service* という研究報告を掲載する冊子が刊行され，第1回シロイヌナズナ研究シンポジウムが1965年にドイツのゲッティンゲンで，第2回は1976年にドイツのフランクフルトで開かれた．

この時期に活発な研究活動を行った先駆的な日本人研究者がいたことを忘れてはならない．廣野好彦はアメリカ・ミズーリ大学コロンビア校のレダイ教授の研究室やブルックヘイブン国立研究所においてX線照射による組換え誘導や葉緑体の突然変異体の単離など幅広い研究を行った．藤井太朗は三島の国立遺伝学研究所において紫外線やγ線による生存率と突然変異誘発などについて報告した．

1970年代には東北大学において清水芳孝と後藤伸治がシロイヌナズナを用いた生物学教育を行うとともに，突然変異体を単離し日本各地から野生株を採取してシロイヌナズナの研究基盤の強化に貢献した．後藤は宮城教育大学に移った後，ドイツ・フランクフルト大学のA. R. クランツ（A. R. Krantz）からシロイヌナズナコレクションを引き継ぎ，自身が収集した突然変異体や野生株を加えて1993年にシロイヌナズナリソースセンターを設立した．

1980年代半ばに始まり現在まで続く第2期においてシロイヌナズナ研究は，分子遺伝学および分子生物学の手法を導入した新たな植物科学として大きく発展した．アメリカのE. M. マイロヴィッツ（E. M. Meyerowitz），C. サマヴィル（C. Somerville），H. グッドマン（H. Goodman），N-H. チュア（N-H. Chua），G. フィンク（G. Fink），J. ダングル（J. Dangl），D. マインケ（D. Meinke），ドイツのG. ユルゲンス（G. Jürgens），オランダのM. クーニフ（M. Koornneef），フランスのM. カボシュ（M. Caboche），イギリスのC. ディーン（C. Dean），オーストラリアのL. デニス（L. Dennis），韓国のH-G. ナム（H-G. Nam）らが競ってユニークな突然変異体を単離した．日本では，米田好文・内藤哲（東京大学），篠崎一雄（理化学研究所），志村令郎・岡田清孝（基礎生物学研究所）らが独自の研究を進めるとともに，協力してワークショップや実験技術研修会を開催し，情報交換のためのメールネットワーク（nazuna net）を組織して研究者グループの育成と研究レベルの向上に努めた．

国際的な研究者支援組織として大きな指導力を発揮してきたのは，1990年に組織された国際シロイヌナズナ委員会（Multinational Arabidopsis Research Steering Committee：MASC）である[1]．この委員会は，強制力をもたない研究者の組織であるが，10年単位で取り組むべき方針を次々と提案してきた．1996年にはシロイヌナズナの全ゲノム配列を読み解く日米欧の国際協調プロジェクトを開始し，2000年12月に完了した．日本からは田畑哲之に率いられた千葉県かずさDNA研究所のグループが重要な役割を果たした．次いで2000年にゲノム情報を基盤として全遺伝子の機能を明らかにすることを目的とした「2010年プロジェクト」が提案された．このプロジェクトにおいてはコンピューターの中にシロイヌナズナの生命現象を再現することが期待され，情報科学や数理生物学の研究者との連携が進められた．

シロイヌナズナ研究国際シンポジウムは1987年に第3回が開かれたことをきっかけとしてその後ほぼ毎年開催されるようになり，2010年には横浜で開かれ，約1300名の参加者を集めた．シロイヌナズナに関する国際統合データベースとして2005年にTAIR（The Arabidopsis Information Resource）が運用を開始した[2]．さらに，突然変異体や野生株の種子およびDNAクローンなどを収集保存して実費で研究者に配布するリソースセンターがアメリカ（ABRC，オハイオ州立大学），

イギリス（NASC，ノッチンガム），日本（SASSC，宮城教育大学）に設置された．SASSC の活動は 2004 年より理化学研究所バイオリソースセンター[3]に引き継がれ，小林正智が中心となって活動を拡大展開している．植物科学の異なった研究分野の研究者がシロイヌナズナを共通の実験モデルとして用いる機会が増え，情報と植物リソースを自由に交換する場がつくられたことが追い風となって，多くの研究者が植物科学分野に参入したために研究が大きく進展した．

●**今後の研究方向と見通し**　MASC は 2011 年に次の 10 年の研究方向として「実験台から豊かな収穫へ（From Bench to a Bountiful Harvests）」という方針を提案した．ここには，シロイヌナズナのデータを基盤とした植物モデルの構築，研究室と圃場の間で相互に知識と経験を交換するパイプラインの設置，データ収集解析のためにインフォマティクスを活用する国際的な連合組織の形成，によって食糧問題・環境問題に対する基礎植物科学からのアプローチとともに，シロイヌナズナの野生株や自然変種の解析によって植物の環境適応や進化過程の理解を目指す必要性が強調されている．2010 年には世界各地で採取された 1001 種の野生株のゲノム配列を解析して比較検討するプロジェクト（1001 Genomes Project）が始まっている．

●**シロイヌナズナを超えた研究の展開**　シロイヌナズナと同属の近縁種は数種類知られているが，日本に自生しているのは，ハクサンハタザオ（*Arabidopsis halleri* subsp. *gemmifera*），ミヤマハタザオ（*Arabidopsis kamchatica*）とその亜種のタチスズシロソウ（*Arabidopsis kamchatica* subsp. *kawasakiana*）である．これらの近縁種は生態学や進化学の対象として用いられ，ミヤマハタザオはハクサンハタザオとセイヨウミヤマハタザオ（*Arabidopsis lyrata*）との種間交雑に起源する異質倍数体であることが報告された．シロイヌナズナにはない形質をもつ近縁種を比較対象とした研究も増えている．アラビス・アルピナ（ニイタカハタザオ）（*Arabis alpina*）を用いた多年生の機構，ミチタネツケバナ（*Cardamine hirsuta*）を用いた複葉の形成機構の解析などが知られている．今後は基礎科学のみならず農学や薬学，環境科学などへの応用に向けてさまざまな植物種が研究対象として用いられることと思われるが，研究の迅速で健全な発展のためには，これまでシロイヌナズナ研究がたどってきた道と同じく，研究者が主体となって国際的な共同研究のための連合組織を設立し，情報とリソースの自由な交換の場とすることが重要であろう．

［岡田清孝］

📖 **参考文献**
［1］MASC, http://www.arabidopsisresearch.org
［2］TAIR, http://www.arabidopsis.org
［3］理化学研究所バイオリソースセンター，http://epd.brc.riken.jp
［4］塚谷裕一『変わる植物学広がる植物学―モデル植物の誕生』東京大学出版会，2006

イ ネ

　イネはイネ科イネ属に属し，熱帯から温帯地域の湿潤地帯に生育する．イネ属はそのゲノムの特徴から22種類に分類される．これらの中に染色体数 $2n=24$ と $2n=48$ の種があり，一年生および多年生の種がある．農業生産に利用されているのは Oryza sativa とアフリカの一部地域で栽培される Oryza glaberrima の 2種類である．これらはともに AA と呼ばれるゲノム種からなる一年生近縁種である．主たる栽培イネ，O. sativa はアジアモンスーン地域を中心に世界中で広く栽培されており，その年間世界総生産量は 5 億トンに迫ろうとしている．世界人口のほぼ半数はコメを主食料としており，今後人口増加が予想される地域はコメの大消費地でもある．またコメは生産地での消費率が高い穀類であり，消費者の嗜好性が栽培品種の特性を反映する傾向が強い．

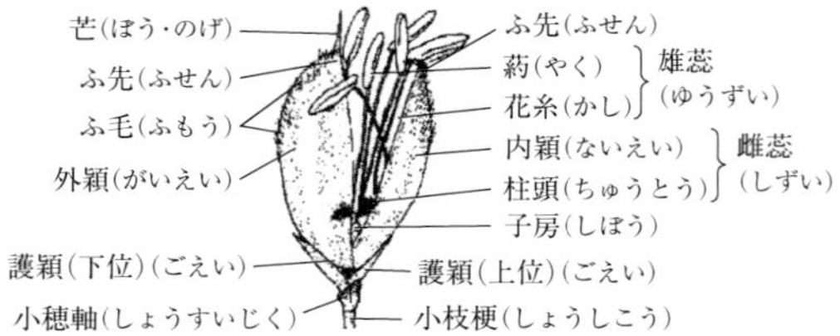

　O. sativa は近年の DNA 解析の結果，従来インディカ型とされたイネがインディカ型，アウス型およびアロマ型に，従来ジャポニカ型とされたイネが熱帯ジャポニカ型と温帯ジャポニカ型に再分類された．日本で栽培・消費されるのは温帯ジャポニカ型であり，世界総生産量の 2% 程度である．温帯ジャポニカは，長い年月の間，閉鎖的近縁交配育種を行った結果，遺伝的多様性は大変低い．一方，インディカ型は広範な地域で栽培され，遺伝的多様性に富み，10 万種を超える品種があるといわれる．近年，O. sativa と O. glaberrima を交雑し，両者の利点を備えた，アフリカでの栽培に適したネリカ米，あるいはアリカ米と呼ばれるイネが育種されている．

●**イネのゲノム**　O. sativa（温帯ジャポニカ，品種「日本晴」）の全ゲノム塩基配列完全解読は日本を中心とした国際コンソーシアムにより 2004 年に達成された．ゲノムサイズは 389 Mb，予測遺伝子数 32000 個である．解読精度は 99.99% で

図1　イネの花(小穂)の器官名称
[出典：http://www.shigen.nig.ac.jp/rice/oryzabase/]

図2　イネの穂の器官の名称
[出典：http://www.shigen.nig.ac.jp/rice/oryzabase/]

あり，これまでに解読された高等生物ゲノム塩基配列情報中，最高精度である．イネでこれほどの高精度情報が求められた理由は，イネを単子葉植物基礎研究のモデルとして利用するため，および多様なイネ遺伝資源中から新たな育種に利用できる多型を探索するためである．イネのゲノムサイズはイネ科主要穀類中最小である．例えばトウモロコシ（2倍体，ただし古倍数性）とパンコムギ（異質6倍体）のゲノムサイズはそれぞれイネの6倍および40倍である．

　イネ科植物群は約7000万年前にその共通祖先から分岐し，さらに約5000万年前にイネが他のイネ科植物と分岐し，現在に至っていると考えられている．ゲノム解析の結果，この分岐直前にゲノム重複が起きたことが明らかになった．現在の各イネ科植物にはこの重複結果がゲノム構成に残された結果，ゲノム断片をまるでブロックを組み合わせたような構造（シンテニー構造）が存在する．イネはゲノムサイズが小さく各遺伝子間のスペースが短いために各イネ科植物のブロック構造を解明する基本となる．イネのゲノム情報はRAP-DB（Rice Annotation Database）にまとめられ，公開されている．

●イネの遺伝子　ゲノム情報を基盤にして，多くの突然変異体および品種間の塩基配列の多様性を遺伝学的に解析し，ポジショナルクローニングにより，農業上重要な形質を支配する多くの遺伝子が解明されている．開花期（出穂期），1穂あたりの粒数，粒のサイズ，粒の重さ，草丈の長短，脱粒性，深根性，耐冷性，耐塩性，各種病原微生物に対する耐病性，などが代表例である．これらの形質のうち，開花期は顕花植物にとって次世代を残すための基本的共通形質であり，多くの日長感受性（感光性）遺伝子が関与している．開花期が異なる2種類のイネ品種を交配し，戻し交配を繰り返すことにより10座を超える感光性遺伝子が検出された．そのうちHd3aと名付けられた遺伝子の産物（タンパク質）は，生理・生化学的研究により従来フロリゲンと名付けられ，正体不明であった花芽分化決定因子であることが明らかにされた．遺伝解析研究と生理・生化学的研究が統合された成功例である．

　フロリゲンはシロイヌナズナの人工変異体で同定された開花期遺伝子FTの産物としてもイネと同時期に同定され，単子葉植物と双子葉植物の分化以前の被子植物出現時にすでに存在したと考えられる．これらの単離された遺伝子の構造から多くの農業上有用な形質は，野生イネの対応する形質を支配する遺伝子に機能喪失型変異が生じた結果得られたことが明らかになった．これらの変異は自然に生じた変異であり，栽培という人為的行為の過程で発見され，利用されている．今後さらに求められるイネ収量増加に向けては，機能獲得型変異の創出と利用が必要である．塩基配列情報を利用した巧妙なゲノム編集技術が開発されつつあり，外来遺伝子を導入して新規機能を付与する以外の方法として，内在遺伝子の改変による機能増強変異創出が期待される．　　　　　　　　　　　［佐々木卓治］

ムギ

　オオムギは自殖性の二倍体で突然変異を得やすく，祖先型の野生オオムギも栽培オオムギと同種である．一方コムギには六倍体の栽培種であるパンコムギのほか，二倍体，四倍体の野生種および栽培種が存在する．国内における研究材料の入手はナショナルバイオリソースプロジェクト（http://www.nbrp.jp/）あるいは農業生物資源ジーンバンク（http://www.gene.affrc.go.jp/）に問い合わせる．なお，入手に際しては材料提供同意書の締結と手数料の納付が必要である．

●**栽培方法**　オオムギは収穫後に種子休眠を示すことがあり，特に野生オオムギでこの傾向が著しい．栽培コムギの休眠程度は小さいが，野生コムギは休眠を示すことがある．休眠覚醒には室温以上の温度条件が一定期間必要である．この期間には系統間で大きな変異がある．なお，種子休眠は冷凍すると維持される．直径9 cmのペトリざらに沪紙（No.2）を2枚敷いて4.5 mLの水を加えるのがオオムギ種子100粒を催芽する際の標準条件であるが，休眠打破する場合には水の代わりに1％過酸化水素水を用いると効果がある．また，種皮の除去，25 ppm程度のジベレリン処理などを併用すると，より高い覚醒効果が期待できる．また，オオムギでは水を9 mLにすると発芽障害が起きる場合があるので注意が必要である．

　冬作物であるムギ類の生育適温は意外に低く，栄養成長は15℃，出穂開花は18～20℃程度で最も盛んとなる．発芽も20℃以下が適温であり，10℃程度の低温の方がむしろ斉一である．ムギ類は元来出穂・開花のために幼苗期に低温を要求する性質があり，系統によっては低温が必要のない春播性を示す．本州以南の戸外で秋播きする場合は低温処理の必要はないが，北海道の春播き栽培あるいは本州以南で温室栽培する場合で，低温要求性未知の系統は低温処理をした方が安全である．その際，種子は催芽し乾燥させないようにしてインキュベーターあるいは冷蔵庫で一定期間低温処理（4℃程度）する．栽培ムギ類は穂首が黄色に変化したら収穫可能である．乾燥した環境を好むムギ類は，成熟後の降雨や高湿度によって発芽能力が著しく低下する．なお，野生のムギ類は他家受粉しやすく，成熟すると脱粒するので，開花前に硫酸紙の袋をかぶせるなどして収穫する．

　収穫後の穂は，通気のよい紙袋などに入れて40℃以下の温度で乾燥し，脱粒して紙袋などで保存する．種子は燻蒸剤などで殺虫することが望ましい．シリカゲルを入れたデシケーターや密閉容器で保存すれば，種子は常温でも発芽力を維持しながら10年程度保存できるが，低温条件で保存すればさらに長期間の保存が可能である．低温保存する場合でも低湿度でなければ種子の発芽力は低下する

ので，シリカゲルを一定期間ごとに交換する．

●**人工交配**　穂は中央部から上下に向かって開花する．除雄は開花の2日ほど前に，オオムギでは端部や側列の小花，コムギでは第3以上の小花を取り除き，内外頴の間からピンセットで葯（3本）を除去する（図1）．除雄した穂には硫酸紙などでつくった袋をかぶせて，2日後に頴が開いたことを確認してから授粉する．

●**形質転換法**　オオムギのアグロバクテリウム法による効率的な形質転換は，現在，栽培品種 Golden Promise の未熟胚を外植片とした場合のみで可能である．未熟胚を取得する植物体は15℃程度の低温で育成する必要があり，1.5〜2 mm 程度の胚を摘出してアグロバクテリウムと共存培養する．アグロバクテリウムを除去した後，ハイグロマイシンなどの抗生物質で選抜しながらカルス誘導し，再分化培地にて個体再生させる（図2）．再生個体は，発根培地にて発根させ，馴化した後に鉢上げする．

コムギにおいても，パーティクルガン法よりもアグロバクテリウム法が主流になりつつある．これまでは栽培品種 Bobwhite が主に用いられてきたが，最近ではより効率の良い栽培品種 Fielder が使われている．オオムギと同様に，外植片として未熟胚を用いるが，Fielder の場合の最適サイズは2〜2.5mm である．

図1　オオムギの交配のための除雄作業：開花前に柱頭を傷つけないよう注意しながら，3本の葯をピンセットでつまみとる［写真：筆者］

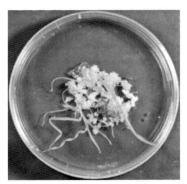

図2　オオムギのカルスと再分化した形質転換体［写真：久野　裕］

●**遺伝子およびゲノム情報の入手**　EMBLからゲノムブラウザが公開されている（http://plants.ensembl.org/index.html）．2016年3月現在，オオムギおよびコムギの両方ともゲノム解読が進行中である．最新の配列情報などはオオムギは ftp://ftpmips.helmholtz-muenchen.de/plants/barley およびコムギは http://wheat-urgi.versailles.inra.fr/Seq-Repository でそれぞれで入手できる．

なお，ゲノムライブラリ，cDNA およびその配列情報などはナショナルバイオリソースプロジェクト，およびオオムギでは bexdb（http://barleyflc.dna.affrc.go.jp/bexdb/）などから公開されており，対応するクローンも入手可能となっている．

［佐藤和広］

培養細胞系

　植物の器官を構成する体細胞を培養するというアイデアは，1902年に発表されたG. ハーバーランド（G. Harberlandt）の論文に始まるが，実際にそのような実験が可能であることが示されたのは，植物ホルモンであるオーキシンが発見されて以降である．1934年以降，P. ホワイト（P. White），R. ゴートレ（R. Gautheret）により組織の一部を取り出し培養することにより，植物組織，細胞培養が開始された．植物組織を，例えばムラシゲ・スクーグ（Murashige and Skoog）培地あるいはそれを改変した培地にオーキシン（しばしば合成オーキシン 2,4-D が用いられる）を加えた寒天培地の上に置くと，不定形のカルスが誘導される．用いられるオーキシン濃度は単子葉植物の方が高い傾向にある．なお，カルス誘導に際して，オーキシンの他にサイトカイニンを加える場合もある．これはそのままカルスとして継代培養されるが，液体培地へ移し，振盪しながら培養すると懸濁培養細胞系が得られる．また，植物体に根頭癌腫菌（*Rhizobium radiobacter* または *Agrobacterium tumefaciens*）が感染して形成されるクラウンゴールは，細菌のTi プラスミド由来のオーキシン，サイトカイニン合成遺伝子が植物体の DNA へ組み込まれて，過剰に生産することにより，カルス様の形態を示すことが明らかにされている．

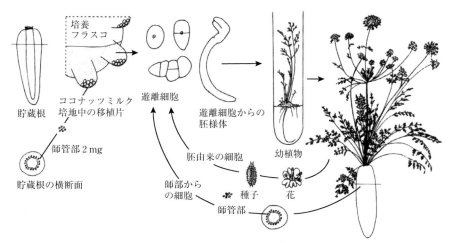

図1　胚様体を経る分化全能性（F. C. Steward, らによる模式図）
〔出典：*Brookhaven Symp. Biol.*, 16：73, 1963〕

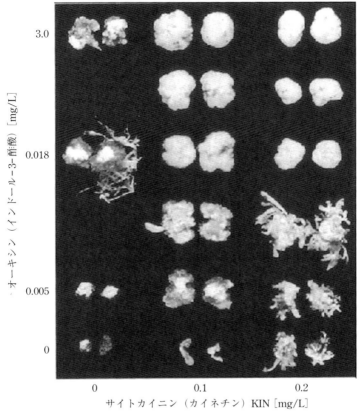

図2 器官分化による分化全能性
[出典：Skoog, F & Miller, C. O., *Exp. Biol. Symp.*, 11：118, 1957]

●**分化全能性** 1950年代後半に，F. C. スチュワード（F. C. Steward）らにより，ニンジンの根由来の培養細胞から胚様体が誘導され，そこから植物体が再生されることが示された．当初培地に加えたココナッツミルクが誘導の要因とされたが（図1），現在では培地からオーキシンを除くことによって達成されることが示されている．この時点から，植物体細胞の分化全能性が展開されることになったが，胚様体を経由する植物体再生が示されていない植物種もある．

バナナは，熱帯圏ではプランテーションにおいて大規模に栽培されているが，栄養繁殖であるのでウイルスなどの被害が大きい．バナナでも，胚様体を経る植物体再生が行われるようになり，これらプランテーションの再生に大きな成果を収めている．

一方，サイトカイニンの発見により，培地に加えるオーキシンとサイトカイニンの濃度比において，サイトカイニンに偏ると茎葉が再生され，オーキシンに偏ると根が分化する器官分化を経由する分化全能性が，F. スクーク（F. Skoog）と C. O. ミラー（C. O. Miller）により示された．この器官分化を経る分化全能性は，ほとんどすべての植物種で示されているので，植物栄養組織の培養による植物体再生に用いられ，実用的な植物バイオテクノロジーとして広範に使われている（図2）．特に，培養されている植物種の中には，栄養繁殖のみで増殖されている植物も多いが，それらはしばしばウイルスなどに感染していることも多い．このため，健全な植物をいったんカルス化し，それらを器官分化様式で再生させて栽培素材とすることは広範に用いられている．

●**メリクローン** ラン科植物の繁殖は増殖が容易でなく，また，しばしば経済価値の高い品種は異種間の交配により得られている．このため雑種植物の種子を発芽させても，得られる植物は母植物と同一ではなく，その質は劣っている．この点細胞組織の培養による栄養組織の繁殖法では，遺伝的組成は元の組織から維持されているので，経済価値の高い形質は維持される．さらに，増殖組織を培養するとプロトコームと名付けられた組織がつくられ，それらを細分割することにより，プロトコームの繁殖がもたらされ，そこから個々の個体が得られるので，ラン科植物の繁殖は著しく促進された．この G. モレル（G. Morel）らにより始められた手技はメリクローンと呼ばれるが，本来この語は商標名であった．ラン科植物のメリクローンの繁殖による増殖は世界中で行われている．

●**茎頂培養** 栄養組織の繁殖を繰り返している植物（ユリなどの花卉類，ニンニク，ナガイモなどの根菜類）は，ウイルスに感染していることが多く，質の低下が大きな問題となっている．メリクローンの繁殖で得られた栄養組織ではウイルス感染が除けることが知られるようになってから，茎頂培養によるウイルスフ

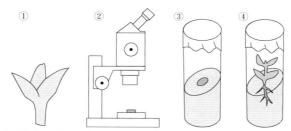

図3 茎頂培養の模式図：①まず，茎頂を含む植物組織を植物体より切り出しよく洗って，次亜塩素酸ナトリウム溶液などで表面殺菌をする．②実体顕微鏡の下で，茎頂付近を顕微解剖の要領で裸出して，メスで切り取る．③茎頂付近を寒天培地で培養する．④幼植物が得られたら，ウイルスの存在が認められなければ，これを繁殖させる．

［出典：長田敏行編『植物工学の基礎』東京化学同人，p.10, 2002］

リーという手技が確立した（図3）．茎頂を実体顕微鏡下で，解剖学的に取り出し培養し，ウイルスの存在しない苗を増殖することにより，ウイルスフリー苗を得る手技が確立されている．地方自治体の研究機関あるいは民間組織がウイルスフリーの苗を農家に提供して繁殖させている．なお，当初はこの機構については，茎頂の分裂組織ではウイルスの存在の頻度が少ないためであろうと考えられていたが，現在はむしろ細胞内の異物RNAを排除するような機構であるサプレッションがその原因であろうと考えられている．

●**培養細胞系**　継代されている培養細胞系として確立されたものはいくつかあり，タバコXD，BY-2細胞株などである．これらの細胞系を用いて，経済性の高い二次代謝産物を生産させる試みが工業的になされており，シコン培養細胞によるシコニン生産は実用化された．また，イチイ（*Taxus baccata*）培養細胞などによるパクリタキセル（タキソール）の生産，ニチニチソウ（*Catharanthus roseus*）培養細胞によるビンカアルカロイドの生産が行われているが，これらの薬剤は制癌剤として臨床で用いられている．

一方，培養細胞は植物細胞のモデル材料としても用いられているが，そのうちでタバコBY-2細胞培養系は，増殖速度が植物細胞としては最も早く，植物細胞の増殖モデル細胞として重要な実験系になっている．特に，定常期の細胞にDNAポリメラーゼαの特異的阻害剤アフィディコリンを加えて培養し，その後，薬剤を除去することにより，高度な同調系が得られる．さらに，それに微小管阻害剤プロピザミドを組み合わせた細胞周期同調法では，薬剤を除去した直後に得られる分裂指数はほぼ100％とさらに高くなる．このため，細胞周期の機構解析に関して，他の手法では解析困難な現象の解析がなされた．細胞周期のM期－G_1期の境界時期において，微小管は核の表面に形成され，やがてその微小管が伸長し，細胞表層に達し，そこで細胞の長軸と直角に並ぶ表層微小管となる過程が初めて示された．表層微小管の配向がセルロース繊維の配向を決め，その結果細胞の形態が決まるので，この過程は重要である．また，細胞分裂終期に形成されるフラグモプラストは，それまで顕微鏡下で観察される構造体でしかなかったが，機能を保持したまま単離され，この解析によりフラグモプラストで微小管とアクチンフィラメントの関与で細胞壁成分が細胞分裂の赤道面に分泌し，やがて細胞板が形成されていく分子機構が明らかにされた．また，細胞周期依存的遺伝子群の機能もこの同調系を用いて明らかにされた．

なお，タバコBY-2細胞から調製したプロトプラストを超遠心に掛けると液胞が除かれるが，液胞を除いた細胞から調製された細胞質では，初めてインビトロのトマトモザイクウイルスの複製系がつくられた．その他，このプロトプラストからインタクトな小器官の分離も行われ，それらの機能解析も行われている．

［長田敏行］

プロトプラスト

植物細胞は浸透圧の高い条件下におくと原形質分離を起こすので、プロトプラストが独立の細胞単位であることは19世紀より認識されていた。しかしながら、プロトプラストを細胞壁の一端を鋭い刃物で切断するなどの、機械的方法で単離できる量はきわめて少ない。セルラーゼを用いて単離できることは、1960年にE. C. コッキング（E. C. Cocking）が自ら調製した酵素

図1 タバコ葉肉プロトプラスト
［撮影：筆者］

を用いて示された。しかし、実験室で調製できる酵素の量は限られているので、それ以上の発展は実現されなかった。1968年に、建部到らが日本の発酵工業で生産され、市販されているセルラーゼ、ペクチナーゼによりタバコ葉肉プロトプラストが調製できることを示してから、飛躍的に発展することになった。なお、セルラーゼは、木材腐朽菌 *Trichoderma viride* などより調製される。ペクチナーゼは、作用の様式によりポリガラクツロナーゼやペクチンリアーゼなどであるが、酵素は、*Rhizopus* sp. や *Aspergillus japonicus* から抽出されている。建部らの研究の最初の目的は、タバコ葉肉プロトプラストへタバコモザイクウイルス（TMV）を導入して、ウイルス増殖の一段過増殖の系をつくることであり、それは達成された。プロトプラスト調製の材料としては、さまざまな植物の組織・器官、あるいは培養細胞が用いられるが、葉は材料として優れており、ペクチナーゼで処理するとミドルラメラが破壊され、細胞が単離され、続いて、セルラーゼ処理によりプロトプラストが調製される。なお、酵素液は0.6 M程度のマニトールなどの高張液に溶解され、単離されたプロトプラストは高張液に懸濁されているので球形で、サイズはおよそ30〜50 μmである。

●**分化全能性** 葉肉プロトプラストはタバコの1枚の葉から 7×10^7 個程度調製でき、これらのプロトプラストは適当な条件で培養することにより細胞壁が再生され、細胞分裂が誘導され、コロニーを形成する。例えばプロトプラストを光照射の下、オーキシンとサイトカイニンを加えた長田と建部培地（1971）で培養することで可能となる。培養には、細胞密度がコロニー形成に重要な役割を示しており、一定の密度以上であることが必要である。得られたコロニーからは個体再生が実現され、ほとんどの体細胞に分化全能性があることが示されているが、プロトプラストの場合、出発材料が厳密な意味でも単細胞であることが特徴である。このようにして得られたプロトプラストから再生された植物体が遺伝形質の多様性を示し、育種目的に使いうることがジャガイモ葉で示されている。

●細胞融合　プロトプラストの特徴は，細胞壁がないので相互に融合させることが可能である．プロトプラストを高濃度の重合度の高いポリエチレングリコール（PEG）処理，あるいは電気融合法により融合させることができる．2種類の異種植物のプロトプラストで融合を行っても，同種，異種間のプロトプラストの融合産物が混在しているので，異種細胞の融合産物取得のためには選抜を行う必要がある．選抜は視覚的に行

図2　寒天培地上に形成されたプロトプラスト由来のコロニー　[撮影：筆者]

われる場合もあるが，異なった突然変異細胞を用いて，それらの形質の相補でなされる場合もあり，例えば硝酸還元酵素のサブユニット間の相補などが利用されている．融合産物は，通常は交配できない組合せの間からも得られており，例えばジャガイモとトマトの細胞融合産物では，個体再生も実現されている．なお，染色体組成は融合に際しては両者が相加的になるので，両者を加えた数になる．このように，植物細胞においても体細胞雑種遺伝学が展開されることとなった．なお，個体再生が実現されても，それらの個体には稔性がなかったりするが，一方のプロトプラストをX線照射などで処理して融合のパートナーとすると限定的な遺伝子導入が可能で，これらからの融合産物は植物の品種改良に利用されている．また，遺伝的構成は，遠縁の組合せでは一方の染色体のみが脱落するような現象も観察されている．

●形質転換　細胞壁のないプロトプラストへは，ポリエチレングリコール処理，あるいはエレクトロポレーションによって，細胞内へDNAを直接導入することにより形質転換が可能である．かつて，イネ科植物細胞では，根頭癌腫菌（*Rhizobium radiobacter* または *Agrobacterium tumefaciens*）による形質転換が行うことができないとされていたが，その時点でも，プロトプラストへDNAを直接導入することにより形質転換が実行された．形質転換体の選抜マーカーとしては，導入遺伝子に抗生物質耐性遺伝子を同時に配列したものが用いられており，形質転換体の選抜はそれぞれの抗生物質存在下で行われる．

●細胞生物学　プロトプラストは，細胞生物学の実験材料にも用いられる．硬い細胞壁がないので細胞の破壊が容易で，細胞内小器官のインタクトな単離が可能である．また，細胞膜の単離も可能であり，細胞膜をガラスの上に張り付けた状態での単離も行われる．さらに，タバコBY-2細胞株より単離されたプロトプラストでは，超遠心場に置くことにより，比重の違いから液胞を除くことが可能であり，液胞がほぼ除かれたプロトプラストが調製されており，ミニプロトプラストあるいはサイトプラストと呼ばれる．こうして調製された細胞抽出分画では，植物ウイルスであるキュウリモザイクウイルスのインビトロ合成系がつくられたが，植物の系ではウイルス増殖のインビトロ合成系としては唯一の系である．［長田敏行］

網羅的解析手法

　生命の設計図であるゲノム（すべての遺伝子）の塩基配列情報が，数多くの植物において解読されるようになり，細胞の構成要素であるmRNA，タンパク質，代謝化合物をゲノム情報と組み合わせて網羅的に解析する研究分野が発展してきた．遺伝物質の集合体をゲノム（genome）と称するように，mRNA，タンパク質，代謝化合物のそれぞれの集合体をトランスクリプトーム（transcriptome），プロテオーム（proteome），メタボローム（metabolome）と，オーム（ome）を付けて呼ぶことから，この研究分野はオミックス（omics）ともいわれる．それぞれの構成要素を網羅的に計測する代表的な方法を表1に示した．網羅的に構成要素を計測すると膨大な測定値が得られるので，生物情報科学（バイオインフォマティクス）の手法で解析される（「計算で植物を調べる」参照）．

表1　オミックス科学における要素の計測

オーム	構成要素	計測装置	値
ゲノム	遺伝子	DNAシークエンサー	塩基配列 遺伝子注釈
トランスクリプトーム	mRNA	DNAマイクロアレイ 次世代シークエンサー	転写産物量
プロテオーム	タンパク質	二次元電気泳動 質量分析装置（MS）	タンパク質蓄積量 アミノ酸配列
メタボローム	代謝化合物	質量分析装置（MS） 核磁器共鳴（NMR）	代謝化合物蓄積量 組成式，構造式

●**トランスクリプトーム解析**　DNAマイクロアレイ法は，転写されたmRNAの蓄積量を計測する技術の1つである．検出したいmRNAと特異的に結合する相補鎖DNAをガラス基板などに固定しておき，mRNAの結合量を検出する．相補鎖DNAを高密度に配置することで，数万種類のmRNAを一斉に計測できる．相補鎖DNAの配列が既知である必要があるため，ゲノム配列が解読された生物などで適用されている．近年は，次世代シークエンサーを使って，mRNAから変換したcDNAの配列を大量に決定し，その出現頻度からmRNAの蓄積量を測ることができる（RNA-Sequence法）．この方法は，ゲノム配列が不明な生物にも適用できる．こうして得られたトランスクリプトームデータは公共のデータベースから大量に公開されており，そのデータを活用した研究も進められている．例えば，さまざまな条件下でのmRNA蓄積量を遺伝子ごとに比較し，変動パターンの類似性から，未知遺伝子の機能を推定する解析などが行われている．

●**プロテオーム解析**　タンパク質を網羅的に同定する代表的な手法では，質量分析装置（MS）の測定データをゲノム配列情報を使って解析することで同定が行われる．サンプル中に含まれるタンパク質を二次元電気泳動法で等電点と分子量

により分離し単一成分にした後，特定のアミノ酸部位でタンパク質を切断するプロテアーゼ（トリプシンなど）で分解する．分解して得られたペプチドの混合物をMSで分析し，それぞれのペプチドに由来する複数の質量値を得る．データ解析により，この質量値の組合せが理論的に生じるタンパク質を同定する．あるいは，分解して得たペプチドを，液体クロマトグラフィーでそれぞれ分離した後にMS装置に導入し，MS装置内で部分的に断片化させて（MS/MS解析）アミノ酸配列を直接決定した後，そのペプチドの組合せをもつタンパク質を同定する．

　タンパク質の蓄積量を比較するには，2つのサンプル由来のタンパク質を異なる蛍光色素でそれぞれ標識した後，等量ずつ混合し，二次元電気泳動で分離後に蛍光強度の比を検出する．あるいは安定同位体（化学的性質は同じだが質量だけが異なる元素）を含む化合物で標識し，質量分析時に質量値のシフトが起きたピークの強度を比較する．タンパク質はアミノ酸の構成によりさまざまな性質をもつため，例えば不溶性タンパク質など，検出が難しいものも存在する．

●**メタボローム解析**　代謝化合物の計測には，主にMSと核磁気共鳴（NMR）が使用される．MSは感度と速度に優れており，化合物の分離を行う各種クロマトグラフィーと接続して網羅的な解析に使用される．NMRは化学構造を決定できるため，MSと相補的に用いられている．MSによる検出では，化合物そのものの質量だけでなく，上述のMS/MS解析などで断片化された部分構造の質量データも得られる．クロマトグラフィーの溶出時間やこれらの質量情報，UV/可視光吸収などを既知物質と比較することで化合物を同定する．既知物質の精製標品を多数準備すれば，網羅性を高めることができる．一方，標品を入手できないものや，構造が未知の代謝化合物も数多く存在するため，対象サンプルの分析データそのものから，そこに含まれる代謝化合物を推定するデータ解析技術の研究が進められている．例えば，多数存在する構造異性体（元素組成が同じで立体構造の違う化合物）を区別するため，MS/MS解析による部分構造（フラグメント）のデータを用いた解析が行われている．構造推定のために，既知物質の標品のMS/MSフラグメントを収集したデータベースも構築されている．

　MSでは化合物は電荷をもったイオンとして検出される．イオン化の効率は，化合物の種類やイオン化方法の違い，他の化合物との共存などにより変化する．このため，同じ条件で取得したデータであれば，化合物ごとに相対的な蓄積量を比較することはある程度可能である．厳密な定量は，安定同位体で標識した標準化合物を内部標準として既知量添加することなどが必要になる．

　代謝化合物は，セルロースのような高分子ポリマーからエチレンのような揮発性物質まで，化学的性質の幅が広く，生体内蓄積量の差も大きい．このため，多くの代謝化合物を網羅するために，さまざまな抽出方法や分析条件で取得したデータを組み合わせた解析が行われている．

〔柴田大輔・櫻井　望〕

データベース

　近年，さまざまな植物種についてのゲノム配列が解読されてきており，トランスクリプトームやメタボロームなど大量のオミックスデータが得られている．それに伴い多様なデータベースが公開されている．

●**種・属・科のデータベース**　個々の植物種についてのデータベースのうち代表的なものとしては，2000年に欧米と日本による国際プロジェクトによってゲノム配列が解読された真正双子葉植物のモデル植物であるシロイヌナズナについてのThe Arabidopsis Information Resource（TAIR）（https://www.arabidopsis.org）であり，全染色体の塩基配列や遺伝子配列，クローン，エコタイプ，DNAマーカー，マイクロアレイ，多型情報，遺伝資源といった多様な項目が公開されている．また，ゲノム配列や遺伝子配列，アノテーションの更新が進められており，現在のバージョンはTAIR10（2010年公開）となっている．

　一方，単子葉植物のモデル植物であるイネでは，2005年にゲノム配列が解読されたジャポニカ種について国際イネコンソーシアムによってつくられたRAP-DB（http://rapdb.dna.affrc.go.jp）やイネの系統，突然変異体，染色体マップ，遺伝子，文献情報を公開している総合データベースであるOryzabase（http://www.shigen.nig.ac.jp/rice/oryzabase/）がつくられている．

　近年，これらのモデル植物以外にも新型シークエンサーによりさまざまな植物種についてのゲノム配列が解読されてきており，個々の植物種についてのデータベースが各研究機関から公開されている．

　また，多種多様な植物種のゲノム解読が進むにつれ，属や科でまとめられたデータベースも作成されており，アブラナ属ではBrassica Database（BRAD）（http://brassicadb.org），イネ科ではGramene（http://www.gramene.org），ナス科ではSol Genomics Network（http://solgenomics.net），バラ科ではGenome Database for Rosaceae（GDR）（http://www.rosaceae.org）などが公開されている．

　さらに広範囲な植物種をまとめたデータベースとして，Ensembl Plants（http://plants.ensembl.org）では39の植物種のゲノム関連情報，Phytozome（http://phytozome.jgi.doe.gov）では52の植物種の遺伝子の比較解析による遺伝子ファミリー，PlantGDB（http://www.plantgdb.org）では16種の真正双子葉植物と7種の単子葉植物についてのゲノム情報が公開されている．

●**ゲノム関連のデータベース**　CoGepedia（https://genomevolution.org/wiki/）ではゲノム配列が決定された植物種についての解説や系統関係などの情報がまとめられている．国内外に散在する植物ゲノム関連データベースを整理し統合した

ポータルサイトとして，Plant Genome Database Japan（PGDBj）（http://pgdbj.jp）があり，オルソログ遺伝子から新たに構築したオルソログデータベース，cDNA などのリソースをまとめたリソースデータベース，DNA マーカーを整理した DNA マーカーデータベース，植物の基本情報やゲノム解読手法をまとめたページから構成されている．

　PGDBj におけるオルソログデータベースでは 20 の植物種とラン藻を対象として遺伝子のアミノ酸残基に対して網羅的な BLAST 検索を行うことで定義されたオルソログ遺伝子を階層的に分類しており，ユーザーはオルソログ遺伝子の配列をダウンロードすることができる．リソースデータベースでは SABRE（http://sabre.epd.brc.riken.jp）に対して Application Programming Interface（API）を通じて SABRE に登録されている 15 種の植物リソースの情報を横断的に検索することができる．また，リソースデータベースではカンキツ類のリソース情報を収録し公開している．DNA マーカーデータベースでは 30 以上の植物種を対象として主に SNP や SSR マーカーといった多型情報や QTL 情報を文献から収集し公開している．また，80 の植物種のゲノム解読手法などの基本情報や国内外の 500 を超えるデータベースを分類したリンク集を公開している．PGDBj で公開している上記のデータに対しては PGDBj のトップページから横断検索ができるようになっている．

　多種多様な植物種のゲノム配列が解読されるにつれ，ゲノム配列を比較した結果を閲覧できるデータベース PLAZA（http://bioinformatics.psb.ugent.be/plaza/）もつくられており，31 種の真正双子葉植物，16 種の単子葉植物が登録されている．また，転写因子をまとめた PlantTFDB（http://planttfdb.cbi.pku.edu.cn）もつくられており 83 の植物種について 58 種の転写因子が登録されている．

　現在，セマンティックウェブと呼ばれる技術が開発されており，その 1 つである Resource Description Framework（RDF）はデータベースのコンテンツを主語，述語，目的語の 3 つ（トリプル）で記述する形式である．RDF データに対して SPARQL 言語を用いて検索することでデータベースのコンテンツを検索することができる．さらに，RDF データが格納されたデータベースをユーザが指定することで，RDF 形式の情報を引き出すことができるようになる．これにより複数のデータベースにわたる異なる情報から構成されるトリプルを元に新たな知識を発見できるようになることが期待されている．今後，さまざまな植物種についてのオミックスデータが公開されることで，データベースがますます重要になると考えられる． ［平川英樹］

生物学のオントロジー

　オントロジーの語源は哲学用語の「存在論」であるが，情報処理科学の世界では「ある分野における概念体系」をオントロジーと呼び，実体を意味づけるツール（技術）として使われている．生物学のオントロジーは，対象分野が生物学である以外は情報科学と同じ意味合いで使われる．同じ生物学の分野内でも，場所，現象，機能，性質などを表す「語彙」は，生物種や研究分野間で統一されていないことが多い．このことは，ゲノム時代に入り，コンピューターで大量の情報を解析するようになって無視できない問題となり，その解決方法として情報科学のオントロジーが生物学に取り入れられるようになった．

　論理的に定義された「ある概念」に一意かつ不変のIDを付与し，実際に使われている「語彙」をそのIDにマッピングすることよって表記の違いを吸収し，分野横断的な解析をコンピューターを使って効率的に，しかも研究者が十分利用可能な精度で行おうということである．「ある概念」同士は関係づけられ全体はネットワーク構造をとる．関係性を表す型は，「is a」「part of」「derives by」など複数存在し，一般的に広い概念から狭い概念へと階層的な構造をとる．

　近年さまざまな生物学オントロジーの構築が進められているが，ここでは植物学分野で特に重要なオントロジー[1]の中から3つを紹介する．

●**遺伝子オントロジー（GO）**（http://geneontology.org）　生物学オントロジーの中で最初に登場し，その有用性から最も広く利用されているオントロジーである．さまざまな生物の全ゲノム配列が公開され利用が盛んになってきた頃，遺伝子情報を生物種横断的に整理するために，ショウジョウバエのデータベース（FlyBase）が中心となって生物学に初めてオントロジーが取り入れられた[2]．GOでは遺伝子に関する概念を大きく3つのカテゴリ：biological process（生物学的プロセス），molecular function（分子機能），cellular component（細胞構造）に分けている．閲覧や検索はWebアプリケーションAmiGOを利用すると便利である（http://amigo1.geneontology.org/cgi-bin/amigo/go.cgi）．図1はAmiGOの階層構造を示しているが，データベースや生物種による絞り込みや，グラフ表示，ファイルのダウンロード機能など利用者のニーズに応じたさまざまなサービスが提供されている．GOの構築は，モデル生物のデータベースや配列情報のデータベースなど34グループが行っており，GO総数およそ4万件（2015年5月現在）に対して，多数の生物種の遺伝子がマップされている．

●**植物オントロジー（PO）**（http://www.plantontology.org）[3]　植物の器官や部位名（Anatomical entities）と生育・発生段階（growth and developmental stage）の2

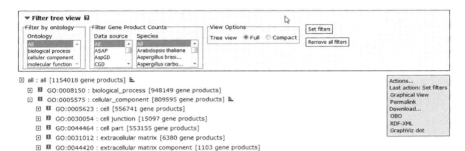

図1 遺伝子オントロジーのWebサイト(http://www.plantontology.org). AmigoからGOをBrowseした画面：GOIDの右隣にある名称は便宜上の代表名称．右端にあるgene productの数は当該IDにマッピングされている遺伝子の数を示している

つのカテゴリに関する概念体系である．GOに比べて歴史が浅いので未だ網羅性に欠けるが，シロイヌナズナ，イネ，トウモロコシ，トマトなどのグループが精力的に構築を進めている．植物の器官名や発生段階に関する語彙は母国語が使われることが多いため，POのシノニムには英語以外の言語もはいっている．日本語のPOはhttp://www.shigen.nig.ac.jp/plantontology/ja/goから公開している．

●形質オントロジー（PATO）(http://bioportal.bioontology.org/ontologies/PATO?p=classes&conceptid=root) 　形態の性質を表す概念体系でPhenotypic Quality Ontologyと呼ばれる．上記2つのオントロジーが独立しているのに対し，PATOは他のオントロジーと組み合わせて使われ，Entity（対象：他のオントロジー）とQuality（性質：PATO）の2セット（EQ）で表現する．例えば，「卵型の形をした葉」という形質を表す場合, E=leaf lamina（葉身）PO:0020039, Q=ovate（卵型）PATO:0001891となる．PATOは2006年に大幅な変更があったことから，各データベースの対応が遅れていてまだ十分に公開されていないが，今後重要になるオントロジーである． 　　　　　　　　　　　　　　　　　　　　　　　　　　　　　　　　　　　　　[山﨑由紀子]

📖 参考文献
[1] Walls, R. L. *et al*., "Ontologies as integrative tools for plant science", *Am. J. Bot.* 99(8):1263–1275, 2012
[2] Ashburner, M., *et al*., "Gene Ontology: Tool for the unification of biology. The Gene Ontology Consortium", *Nat. Genet.* 25(1): 25–29, 2000
[3] Jaiswal, P., *et al*., "Plant Ontology(PO): A controlled vocabulary of plant structures and growth stages", *Comp. Funct. Genomics.*, 6(7–8): 388–397, 2005

分光学

我々が光と呼んでいるのは，可視光のことである．可視光はさまざまな波長をもつ電磁波の中でヒトの眼で見ることのできる約400～650 nm の波長領域の電

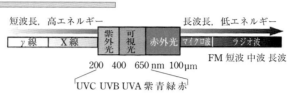

図1　紫外光・可視光・赤外光の電磁波における位置

磁波をさす（図1）．植物は光を環境情報の1つとして利用するが，可視光域にフィトクロム，クリプトクロム，フォトトロピンなどの光受容体をもつ．さらに紫外光域にも UVB を感知する UVR8 をもつ．一方で植物は光をエネルギー源として光合成に用いるが，光合成色素のクロロフィルや光合成効率を高めるための集光色素も可視光域に吸収を示す．

●**分光学**　植物と光のかかわり合いを調べる方法として2つの分光学的アプローチがある．1つは植物の光応答反応の波長依存性を調べて，その作用スペクトルを得ることである．もう1つは，これらの光応答反応にかかわる光受容体の分光学的な性質を調べることである．そのために紫外・可視分光光度計を用いて，光受容体溶液の吸収スペクトルを測定する．作用スペクトルと吸収スペクトルの比較により，その光応答反応にかかわる光受容体に関する情報を得ることができる．

●**紫外・可視吸収スペクトル**　一般に用いられる波長走査型の分光光度計では，光源が発する白色光を回折格子で分光して単色光化し，回折格子を回転させて波長を走査することにより吸収スペクトルを得る．吸収スペクトルは測定波長に対して吸光度 A をプロットしてつくられる．A は試料溶液モル濃度 C および測定試料の光路長 l に比例し，$A = \varepsilon C l$ というランベルトとベールの法則が成り立つ．ここで比例定数 ε はモル吸光係数である．吸収スペクトルは光反応にともない変化するので，吸収スペクトル変化を調べることで光反応機構を解析できる．

●**作用スペクトル**　光は波と粒子（光量子）の2つの性質をもつ．植物に当たった光量子が光応答反応を起こすまでにはさまざまな過程が関与している．まず，①入射した光量子が目的の光受容体に届くまでに，他の色素による吸収や散乱などによる減衰が起きる．減衰後に届く光量子の割合を a とする．②届いた光量子は目的の光受容体により吸収されるがこれは吸光度 A で表せる．③吸収された光量子のエネルギーはすべて光応答反応に用いられるとは限らない．吸収された光量子1個が1つの反応を引き起こす効率を量子収率 ϕ と呼ぶ．簡単のために光応答反応にかかわる光受容体が1種類で，光反応およびその後の光シグナル伝達

過程などの中で律速となる反応の量子収率がϕで表せる場合を考える．Cとlは定数と考えることができるので，単位時間当たりのエネルギーEをもつ照射光により生成する光応答反応を引き起こすことのできる分子の数Rは，$E \cdot a \cdot \varepsilon \cdot \phi$に比例する．さらに$a$と$\phi$が波長依存性をもたないと仮定すると，異なる波長$\lambda_n$で光応答反応を引き起こす分子数$R_n$は$E_n \cdot \varepsilon_n$に比例する．光量子強度$E_n$を変化させて光応答反応を測定し，横軸に光量子強度$E_n$（一般に対数表示する），縦軸に光応答反応の程度をプロットすると「入射光量子強度−反応曲線」が得られ，両者の間に比例関係がみられる．調べたい波長域でλ_nを変化させて入射光量子強度−反応曲線を求め，それらから一定の光応答反応を示すE_cを各波長について決め，それを各波長に対して目盛ると作用スペクトルが得られる．この仮定下では作用スペクトルは光受容体の吸収スペクトルと相似形になる．

●**大型スペクトログラフ**　大型スペクトログラフは作用スペクトルを測定するために開発された装置で，巨大な人工の虹をつくり異なる波長位置に試料を並べて光応答反応を調べる．1940年代中頃に最初の装置がアメリカ農務省農学研究所（メリーランド州ベルツビル）に建設され，フィトクロム発見につながる研究が行われた．例として自然科学研究機構・基礎生物学研究所（岡崎）の大

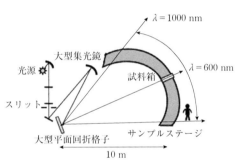

図2　基礎生物学研究所大型スペクトログラフの平面模式図

型スペクトログラフの構成を図2に示す．電極水冷型キセノンランプ（30 kW）を光源とする強力な白色光を，大型集光鏡（110×110 cm）と大型平面回折格子（90×90 cm）で分光して，波長250から1000 nmまでの紫外・可視・赤外の単色光が，長さ10 mの馬蹄型のステージ上に集光してスペクトルをつくるように設計されている．スリット幅を調節することにより単色光の半値幅が最小1 nm（ステージ上で約1 cm）となる．試料測定には，ハーフミラーで照射光強度を順次下げて，1波長で同時に異なる光量子強度の測定が行えるようにつくられたスレーショールド型の試料箱が用いられる．この試料箱を使用することで，設置波長における入射光量子強度−反応曲線が一度に得られる．近年，フォトニクスの発展により，レーザー光やLEDを単色光光源として用いた研究も多く行われている．

［徳富 哲］

📖 **参考文献**
[1] 渡辺正勝「作用スペクトルの測定法と大型スペクトログラフ」和田正三他監修『細胞工学別冊，植物細胞工学シリーズ16 植物の光センシング』秀潤社，pp. 171-175，2001

顕微鏡

植物の体を構成する細胞，オルガネラ，分子など，我々の眼で直接見えない構造や分子を観察する道具が顕微鏡である．17世紀のA. vanレーウェンフック（A. van Leeuwenhock）による細菌の観察やR. フック（R. Hooke）の細胞の発見は，顕微鏡が生物学に貢献した代表的な例である．19世紀後半になるとE. K. アッベ（E. K. Abbe）やその他の研究者によって光学顕微鏡の理論が確立され，現在一般に使用されている光学顕微鏡が完成した．

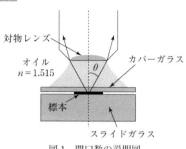

図1　開口数の説明図

光は波の性質をもっているため，小さな点が識別できる限界は観察光の波長に依存している．観察する像がどの程度はっきり見えるか（分解能）を判定する方法として，小さい2点が判別できる限界の距離 D を指標にする方法がある．この距離 D は波長 λ に比例し，レンズの開口数 NA に反比例する．

$$D = k(\lambda/NA), \quad NA = n\sin\theta \quad (k：定数，n：屈折率，\theta：図1参照)$$

アッベの分解能に従えば $k=1$ になり，蛍光像などでよく用いられるレイリー基準に従えば $k=0.61$ になる．光学顕微鏡は可視光を観察光として使用しているため，D は200 nm程度が限界になる[1]．もっと D の値を小さくする（分解能を向上する）には，より短い波長の観察光を使用すればよい．この考えに基づいてE. A. F. ルスカ（E. A. F. Ruska）らは電子線を利用した電子顕微鏡を開発した．X線も可視光よりも波長が短いので，X線を使って観察するX線顕微鏡も存在する．最近は細胞や組織内分子の挙動を生きたまま観察したい，あるいは三次元（3D）で捉えたいという要望から，さまざまな技術が顕微鏡に組み込まれ，各種の分子イメージング法や3Dイメージング法が確立されてきた．

●光学顕微鏡　代表的な光学顕微鏡は，光を発生させる装置（光源）から出た光をコンデンサーで集光し，標本を透過させた後，対物レンズで集光し，接眼レンズで結像させて観察する仕組みになっている（図2）．観察は裸眼やカメラなどの検出器を利用する．このように標本を透過してきた光を直接対物レンズで取り込み観察する方法を明視野顕微鏡法（図3A）と呼ぶ．組織や細胞の中の構造をより

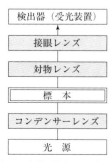

図2　光学顕微鏡の構成

明確に検出するために，適当な染色液で特定の構造を染色してコントラストをつけて観察する．これに対し，直接光は対物レンズに入らないようにし，標本で散乱・回折した光のみを観察する暗視野顕微鏡法がある．核の発見や世界で一番大きな花の記載で有名な R. ブラウン（R. Brown）がブラウン運動発見の際に使ったのがこの顕微鏡である．暗い背景に散乱光を観察するため，暗視野顕微鏡法は分解能よりも小さい顆粒や繊維の検出が可能で，微小管やアクチン繊維のダイナミクスの研究に役立っている．

　2枚の偏向板を使って，標本の偏光特性を観察する偏光顕微鏡法（図3B）では，繊維構造が並んだときに生じる複屈折の定量が可能で，セルロース繊維の配向や紡錘糸の定量的な解析が可能である．生きた細胞内の構造を染色せずに観察するための顕微鏡法として，照明光の直進光と回折光の光路差の違いによる位相のずれをコントラストに変換して観察する位相差顕微鏡法や，場所による屈折率の違いや形状による光路差をコントラストに変換して観察する微分干渉顕微鏡法（図3C）がある．また，細胞内の蛍光を発する構造の観察には蛍光顕微鏡法が適している．

　標本を上から観察する正立型顕微鏡に対し，標本を下から観察する倒立型顕微

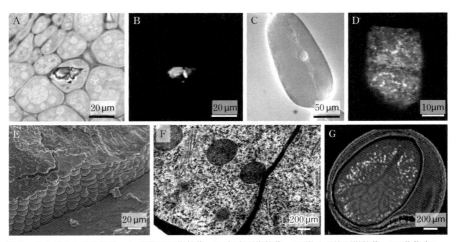

図3　さまざまな顕微鏡法　A：明視野顕微鏡像，B：偏光顕微鏡像，C：微分干渉顕微鏡像，D：共焦点レーザー顕微鏡像，E：SEM像，F：TEM像，G：X線マイクロCT像．A, B, E, G はミヤコグサ種子．A と B は同じ子葉の断面．A のシュウ酸カルシウムの結晶の複屈折が偏光顕微鏡 B により検出できている．E は子葉と種皮の内側部分の境界領域．G は種子の全体像．子葉の葉脈（少し黒いところ）とシュウ酸カルシウムの結晶（白色）の分布がわかる．C はオオムラサキツユクサの雄しべの毛．D はタマネギ根端前期細胞のアクチンの分布．表層中央にアクチンが排除された領域が見られる．F はタマネギ子葉表皮細胞．細胞壁，ゴルジ体などのオルガネラが観察できる

　[A, B, E, G の出典：Yamauchi, D., et al. Microscopy, 62：353-361, 2013]［C, D, F：筆者撮影］

鏡は，シャーレの底をカバーガラスにして細胞を培養しながらの長時間観察や，電気生理や顕微注射の実験に使用される．顕微鏡の像の結像方式には，対物レンズ単独で中間像を結像する有限補正光学系と，対物レンズを通過した光は平行光になり，結像レンズを使って中間像を結像する無限遠補正光学系がある．古い生物顕微鏡は有限補正光学系が使われてきたが，無限遠補正光学系では対物レンズと結像レンズの間の距離が自由に変更でき，光学系の設計の自由度が大きいなどの理由により，最近は無限遠補正光学系を採用した光学顕微鏡が主流になっている．

●**電子顕微鏡** 電子は負の電荷をもち，粒子の性質とともに波の性質ももつ．例えば 15 kV の電圧で加速された電子の波長は約 0.01 nm になり，可視光（400〜800 nm）よりもはるかに短く，分解能も高くなる．試料を透過した電子線で結像させる透過電子顕微鏡（TEM）（図 3F）の装置構成は明視野倒立型顕微鏡に似ている．しかし，光源が電子線を発生させる電子銃に，光学レンズが電子の進行方向を磁場で変更できる性質を利用した磁界レンズになる．電子銃から出た電子線は照射系レンズを通って標本を通過し，対物，中間，投影レンズを経て結像する．像は蛍光スクリーンかカメラで観察する．電子線はまわりの分子の影響を受けやすいので，電子の通り道は真空になっている．標本は電子線が透過できる薄さであること，また，真空中においても問題がないことが条件になる．通常，固定・樹脂包埋し，それをウルトラミクロトームで 60〜100 nm 厚の超薄切片を作製し使用する．通常の電子顕微鏡は加速電圧 60〜200 kV で使用するが，厚い試料（最大 1000 nm まで）観察には，加速電圧 1000〜3000 kV の超高圧電子顕微鏡（high voltage electron microscope：HVEM）が使われる[2]．

電子線を試料に照射したときに試料から生じる二次電子，反射電子，特性 X 線などを検知し画像にするのが走査電子顕微鏡（SEM）（図 3E）で，絞ったビームを二次元に走査しながら二次電子などを測定することで画像を作製する．焦点深度が深いため器官の観察などによく使われる．試料は固定後乾燥させ，四酸化オスミニウムなどで導電染色を行って，試料表面がチャージアップしないようにして観察する．TEM の電子線ビームをナノメートルサイズに絞って，二次元に走査することによって像を得る走査透過電子顕微鏡（STEM）もある．また，従来の電子顕微鏡では難しかった球面収差補正が可能になる技術が開発され，最先端の電子顕微鏡では 50 pm（水原子の半径）程度の分解能が可能になっている．

●**分子イメージング** 生体内の特定の分子の挙動を調べるためには，目的の分子を蛍光色素でラベルし，それを細胞内に入れて観察する必要がある．例えば，クラゲなどの海洋生物には緑色蛍光タンパク質（GFP）のような，蛍光を発するタンパク質を持つ生物がいる．この蛍光タンパク質の遺伝子を目的のタンパク質をコードする遺伝子の端につなぎ，それが発現可能な遺伝子組換え体を作製するこ

とで，比較的簡単に特定のタンパク質を蛍光ラベルし追跡することが可能になった．

　蛍光顕微鏡は可視光を使っている以上，波としての光の分解能の限界がある．1点から出た光は結像側ではある程度広がりをもつ．この点の広がりがボケの原因になる．このボケを計算で取り除く方法がデコンボリューション法である．また励起光をピンホールで絞り，観察側にも励起側と同じ位置にピンホールを置くことで，焦点面以外から来た光をカットしボケを取り除いてシャープな画像を得るのが共焦点レーザー顕微鏡法（図3D）である．ガルバノミラーを使ってレーザービームを二次元に走査して画像にする方法と，ニポウディスクを使って一度に多数のビームを標本に当ててカメラ上で結像する方式がある．2光子を同時に吸収させることで分子を励起させる多光子励起顕微鏡法を組み合わせることもある．多光子励起顕微鏡法では焦点面近傍の分子しか蛍光励起されない．そのため，組織の内部深いところまで観察が可能になる．一方，励起光をカバーガラス表面で全反射させ，その際ににじみ出るエバーネッセント光でカバーガラス表面から100nm程度の近接場に存在する分子のみを励起する全反射顕微鏡法も1分子計測などに用いられる．最近は励起光のビームを別のドーナツ状のビームで打ち消して細いビームにする技術や，試料中の分子にばらばらに蛍光を照射して測定しそれを蓄積して画像にする方法などが開発され，回折限界を超えたSIM, STED, PALMなどの名称で知られている超解像顕微鏡が現実のものになっている．

● **3Dイメージング**　試料を3Dで観察する3Dイメージングも，以前は人力で連続切片を作成し再構成を行う大変な作業であった．共焦点レーザー顕微鏡で得られる像は焦点深度が浅いため，z軸方向の分解能もよく3D再構成に適している．また，さまざまな方向から光（X線）を照射して得た画像を逆投影して計算で試料の中身を再構成するコンピュータートモグラフィー（CT）の方法も進歩し，最近のX線マイクロCT[3]（図3G）ではマイクロメートルレベルでの3D観察が可能になっている．電子顕微鏡レベルでのCTである電子線トモグラフィーではナノレベルでの細胞内の3D観察が可能である[3]．従来SEMはTEMより分解能が悪いといわれていたが，細胞に表面を平たく切ってTEMの切片像に似た画像取得が可能になった．これを利用し，収束イオンビームで薄く試料の表面を切断しては画像を取得して3D再構成するFIB-SEMや，ダイヤモンドナイフで連続的に削っていくSBF-SEMなどが3Dイメージングに利用されている．［峰雪芳宣］

参考文献
[1]　S. イノウエ，K. R. スプリング『ビデオ顕微鏡—その基礎と活用法』寺川 進他訳，共立出版，2001
[2]　日本顕微鏡学会電子顕微鏡技術認定委員会編『電顕入門ガイドブック 改訂版』国際文献印刷社，2011
[3]　綜合画像研究支援編『3Dで探る生命の形と機能』朝倉書店，2013

同位体の利用

　水素，炭素，窒素，酸素，硫黄などの元素には，同じ原子番号をもち，質量数が異なる同位体がある（表1）．このうち，放射線を発しない安定な同位体のことを安定同位体といい，放射線を発して崩壊する同位体のことを放射性同位体という．質量数が異なる同位体は拡散速度や化学反応速度が異なるため，さまざまな物理化学反応を経るにつれて生成物の同位体比は変化する（同位体分別）．同位体を利用した実験方法としては，同位体分別を用いるものと，同位体分別を前提とせず物質の移動や変化の過程を追跡するためのトレーサー（追跡子）として用いるものがある．

表1　水素，炭素，窒素，酸素，硫黄の同位体（安定同位体については存在比と同位体比の表記，放射性同位体については主な核種の半減期を示す）

安定同位体			放射性同位体	
核種	存在比（％）	同位体比の表記	核種	半減期
^{1}H	99.98	δD	^{3}H	12.3 年
^{2}H	0.02	$\delta^{2}H$		
^{12}C	98.89	$\delta^{13}C$	^{11}C	20.4 分
^{13}C	1.11		^{14}C	5730 年
^{14}N	99.63	$\delta^{15}N$	^{13}N	10.0 分
^{15}N	0.37			
^{16}O	99.76	$\delta^{18}O$	^{14}O	70.6 秒
^{17}O	0.04		^{15}O	122 秒
^{18}O	0.20			
^{32}S	95.04	$\delta^{34}S$	^{35}S	87.5 日
^{33}S	0.75			
^{34}S	4.20			
^{36}S	0.01			

●**安定同位体の利用と測定技術**　植物は光合成をするときに，大気中から CO_2 を取り込み，炭素化合物を生成する．この光合成の過程で ^{13}C が分別されるため，植物体の炭素には大気中の CO_2 よりも ^{12}C が多く含まれる．酵素 Rubisco による分別効果は大きいため，CO_2 固定のために Rubisco を使う C_3 植物の炭素安定同位体比（$\delta^{13}C$）は $-35\sim-20$‰ 程度であるのに対して，PEP カルボキシラーゼによる同位体分別はずっと小さいため，CO_2 固定のためにまず PEP カルボキシラーゼを使う C_4 植物の $\delta^{13}C$ は $-15\sim-11$‰ 程度である．このことから，植物の $\delta^{13}C$ を測定することで，C_3 植物か C_4 植物かを判別することが可能である．

　また，C_3 植物では，$\delta^{13}C$ や酸素安定同位体比（$\delta^{18}O$）から水利用効率をはじめとする光合成プロセスの情報を得ることができる（「安定同位体生態学」参照）．植物のような生物試料や土壌などの安定同位体比を高精度に測定できるのは，特殊な磁場型の同位体比質量分析計である．同位体比質量分析計では，試料に含まれる元素を H_2 や N_2，CO_2 のようなガスの形にして導入する必要がある．炭素と窒素の安定同位体については，元素分析計と同位体比質量分析計を結合したシステムが市販されており，試料のガス化と安定同位体比測定が自動的に行われる．

また，植物体の酸素や水素の安定同位体比は，熱分解型元素分析計と同位体比質量分析計を組み合わせたシステムによって自動測定が可能である．いずれの装置でも，試料の前処理としては，乾燥させて粉末化するだけでよい．ただし，同位体比質量分析計に直接ガスを導入した場合と比べると，測定精度は低くなる．

　植物の $\delta^{13}C$ の解析にあたって，大気中に含まれる CO_2 の $\delta^{13}C$ の測定が必要な場合がある．大気中には CO_2 がわずかしか含まれていないため，真空ラインを用いて CO_2 を分離精製し，同位体比質量分析計に導入して計測する．この方法は高精度であるが手間とコストがかかることから，キャビティリングダウン分光分析装置（CRDS）と呼ばれる安定同位体比測定装置が急速に普及している．CRDS は同位体比質量分析計と比較すると 1 桁以上精度が低いが，前処理なしでガスを直接装置に導入でき，同位体比質量分析計と異なって野外でも使用可能である．

　炭素安定同位体比と光合成速度を精密に同時測定することにより，葉の内部における CO_2 の拡散コンダクタンス（葉肉コンダクタンス）の推定が行われている．この方法は，葉肉コンダクタンスを最も正確に測定できるとされている．炭素安定同位体比の測定にはこれまで同位体比質量分析計が使われていたが，新しいシステムである波長可変半導体レーザー吸収分光法（TDLAS）も用いられはじめている．TDLAS の測定精度は同位体比質量分析計に劣るが，高い時間分解能をもち，迅速に光合成と炭素安定同位体比を同時測定することが可能である．

　二次元高分解能二次イオン質量分析装置（NanoSIMS）は，きわめて高い空間分解能で安定同位体の二次元分布を測定でき，元素の細胞内分布解析に有用である．

●**トレーサーとしての放射性同位体の利用**　放射性同位体はごく微量でトレーサーとして用いることができ，土壌中における栄養成分の動態や植物の代謝の研究などに長く利用されてきた．オートラジオグラフィーは放射性同位体の面的な分布を判別するもので，組織レベルだけでなく，電子顕微鏡と組み合わせて利用することにより細胞レベルでも物質の動態を把握することができる．ラジオイムノアッセイは免疫測定法の一つで，放射性同位体で標識した抗原あるいは抗体を利用して定量を行う．検出感度は高いが，放射性物質の取り扱いに注意を要する．ポジトロンイメージングは，^{11}C や ^{13}N，^{15}O のようなポジトロン（陽電子）を放出する放射性同位体で標識した化合物をトレーサーとして用いることにより，植物による栄養成分や水の吸収，植物体内における物質の動態を画像化することができる．取得した画像を解析することにより，光合成産物の転流速度や移行量などを推定することが可能である．

〔半場祐子〕

リモートセンシング

　リモートセンシングは，測定対象から離れた測器によって，主に電磁放射を検出することで情報を得る技術である．非接触・非破壊という特徴や，細胞から衛星までの幅広いスケールにわたって，同じような原理や方法が適用できるために，近年，さまざまな分野で急速に普及している．放射計を利用した古典的な数チャネルからなる広帯域センサーに加えて，50以上の分光分解能をもつハイパースペクトルセンサー，合成開口レーダーを利用したマイクロ波センシング，レーザー反射を利用したライダーなど，さまざまな手法が開発されている．

●**リモートセンシングの原理**　リモートセンシングにはさまざまな方法が利用されるが，太陽光を利用した，いわゆる光学的リモートセンシングがその原形である．一方，地球上の物質は，その温度や表面の性質に応じて波長の長い赤外放射を射出しており，それをセンサー（熱センサー）によって検出することで，対象表面の温度が推定できる．これらはどちらも自然界で生成される電磁放射を検出しており，受動的リモートセンシングと呼ばれる．一方，マイクロ波やレーザー，音波などを人為的に生成して対象物に照射し，その反射や散乱状況をセンサーで検出する方法もあり，これらの方法は能動的リモートセンシングと呼ばれる．また，対象物からの蛍光を検出する方法が用いられることもある．

　光学的リモートセンシングには，放射や電波などの入力信号を電気信号に変換するセンサーと，得られた信号を記録・解析（画像化）するコンピューターが必要となるが，近年，膨大なデジタルデータの画像化や計算処理が容易になっている．例えばGoogle Earthや気象情報，GPS（全地球位置把握システム），赤外線温度計やサーモグラフィー（放射温度ごとに色分けした画像）などは，見慣れたものとなっている．市販のデジタルカメラによる撮影とその後の画像処理（色調調整，フィルター処理，ノイズ低減）は，研究用のセンサーや画像処理の一部と原理的にはほぼ同じである．しかし，植物学において十分に活用するためには，植物と放射の相互作用，特に，波長や放射の方向による吸収・反射・透過の性質についての理解は重要である．

●**植物のリモートセンシング**　陸上植物の葉は，光合成有効放射（PAR）の波長範囲の光（400〜700 nm）をほぼ吸収し，700 nmよりも波長の長い近赤外放射（NIR）は，水の吸収帯を除いてあまり吸収せず，ほとんど透過・反射させる（図1）．人の目には植物の葉は緑色に見えるが，緑色光が強く反射されているというよりは，人の眼の分光感度が緑色域で最高であることの影響が大きく，光学的にはほぼ灰色〜黒として扱える．そのため，PAR域に感度をもつシングルチャネ

ルのセンサーで植物をみると,まわりの土壌などと比較すると暗くなる.一方,NIR 域に感度をもつセンサーで植物をみると,まわりよりも明るくなる.そこで,PAR と NIR を測定できる 1 組のセンサーがあれば,対象からの反射光や透過光を測定してそれらの割合を計算することで分光指数が得られ,対象範囲にどれだけ植物の葉があるかを推定できる.これは,植物のフィトクロムによる隣接個体検知の原理と類似して

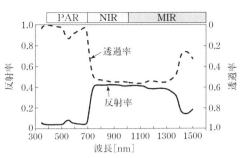

図 1　ミズナラ個葉の分光反射率と分光透過率の測定例:700 nm における急激な変化が植生リモートセンシングの基礎となっている.550 nm 付近の小さな山が緑色光に相当(MIR:中間赤外)

いる.2 つあるいはそれ以上の波長域の測定値から分光指数を得る方法はリモートセンシングでは広く利用されており,特に植生の分野では植生指数として利用されている.代表的な例としては,正規化差植生指数(NDVI)がある.これは,近赤外域と赤色域の光の反射率の差分をそれらの合計で割ったもので,PAR と NIR の反射率(それぞれ $\rho PAR, \rho NIR$)に置き換えてもおおむね適用可能であり,その場合は,NDVI $=(\rho NIR-\rho PAR)/(\rho NIR+\rho PAR)$ と表せる.この式のように,反射率の差分を合計で割ることによって,さまざまな放射環境の変動の影響を大幅に減らすことができる.NDVI は,群落の葉群密度が低い領域では単位土地面積あたりの群落葉面積と非常に高い相関をもち,衛星レベルから圃場における観測まで広く用いられている.

　衛星や航空機を利用した広域リモートセンシングと,観測タワーや圃場内で行われる近接リモートセンシングで利用される測定原理は類似しているが,例えば,圃場や森林における葉面積推定に利用する場合には,群落を下方から眺めた群落透過に注目し,広域リモートセンシングによる手法では群落を上方から眺めてその反射に注目する.しかし,いずれも同じ放射-伝達モデルが利用されており,同じような分光指数が利用できることが多い.さらに,同様の原理が,例えば葉内の細胞レベルの光吸収の解析に利用されることもある.

　精密農業あるいは工業分野では近接リモートセンシング技術が広く利用されており,近年は遺伝子型同定への応用も進んでいる.精密にコントロールされた環境においては,ハイパースペクトルセンサーの利用によって,葉における色素組成や葉緑体光定位運動が定量的に評価可能になっている. 　　　　　[久米　篤]

📖 参考文献
[1]　H. G. ジョーンズ・R. A. ヴォーン『植生のリモートセンシング』久米 篤・大政謙次監訳,森北出版,2013
[2]　久米 篤「植生のリモートセンシング」日本生態学会誌,64(3):201-264, 2014

植物科学と統計解析

　植物から得られた何らかの情報を数量データとして把握し，科学的立場から客観的に解釈して評価するためには，統計解析の手法が必要となる場合がほとんどである．解析の材料・データの性質・標本集団の数・データ群の数・解析目的などに依存して，それぞれ適切な統計手法を選択して用いる必要があり，適用時に注意すべき点も多い．統計解析は，それ自体が学問として成り立っている幅広い分野なので，ここではごく簡単に植物科学の分野で直面しやすい内容を抜粋して概観する．

●**データの分類**　植物学において扱われる「何らかの情報」には，もちろんさまざまな種類がある．例えば，植物体の高さや重さなど，連続した計量値として定量される連続データ（厳密には絶対0点のある比例（比率）尺度と，それがない間隔尺度に分けられる）と，花の数などのように小数点以下の数値が想定されない離散データがあり，これらの量的データは植物科学の統計解析に最も馴染みやすい種類であろう．その他にも，例えば植物の病害の程度を5段階で表すときに使われるような，質的に順位のある順序データ（順序尺度）や，品種名や地名など，単に分類としての名前を示すような名義データ（名義尺度）も，質的データとして統計解析に用いることができる．まずはこのようなデータ種類の違いが，統計解析の手法を選択する際に重要なポイントになる．特に順序データについては，いったん数値化してしまうとあたかも四則演算ができる量的データのように見えてしまうが，データの本質が四則演算にそぐわない性質の数値であるならば，統計解析の手法も通常の量的データとは異なる解析を適用する必要がある．

●**比較したい調査（標本）集団数とデータ群数**　1つの調査集団から得られた複数の植物個体について，高さデータと重さデータという2つのデータ群が得られた場合のように，両データに関連（対応）がある量的データセットの場合には，相関分析や回帰分析などによって2つのデータの関係を求めることができる．このように異なるデータ間に対応関係があるかないかは，解析法を選択する上で重要な条件になる．ただし，同じ植物個体の特定の項目データが2時期にとられた場合などでは，2時期の差や比を算出して1つのデータとして扱うとよい．また，比較したいデータが四則演算できない順序データの場合には，スピアマンの順位相関係数などのノンパラメトリックな（母集団についての仮定を設けない）解析が用いられる．一方，1つの調査集団から得られた各個体のデータ群の数が多数になる場合には，重回帰分析などの多変量解析を用いれば，一見複雑な関係が明瞭になることがある．さらに，多くの調査集団で得られた量的データを比較する

場合には，分散分析や多重比較が用いられる．いずれの場合も，解析したいデータが順序データの場合には，通常はパラメトリックな（母集団の分布状態について仮定がある）解析を用いることができない．

●**多変量解析** 自然界で起きるさまざまな現象を把握する場合には，むしろ多変量を同時に扱う方が自然の成り行きであろう．このような場合に用いることができる多変量解析には多くの種類が存在するが，重回帰分析・判別分析・主成分分析などは，植物科学の世界でも用いられる基本的なものである．重回帰分析と判別分析は，いくつかの要因（説明変数）と，それによって影響を与えられた結果の変数（目的変数・基準変数）との因果関係を解析するものである．2つの分析法では，説明変数はいずれも多数の量的データだが，目的変数がそれぞれ異なり，重回帰分析では1つの量的データで，判別分析では名義データである．実は，主成分分析（PCA）も基本的に上記と同様の解析だが，目的変数がない（説明変数だけの）タイプの解析であり，多数の変量を総合的に把握するために用いられる．多くの情報を二次元座標軸上に集約して図示することで，全体の構造をわかりやすくするために使われることがしばしばある．

●**リサンプリング（再標本化）統計手法** 得られるデータ数が限られているなどして，そのままのデータセットでは十分な統計解析ができないというケースは，実際の植物科学の現場ではむしろ普通かもしれない．このような場合に，限られたデータから擬似データセットを作出して解析する方法がある．DNA塩基配列データを用いた分子系統解析では，系統樹推定の情報源である変異サイト数が限られていることが多いため，ブートストラップ法によって多数の擬似配列セットをつくり出して系統樹の作成を繰り返し，系統樹の再現性を確かめる方法がよく用いられる．ブートストラップ法とは，標本集団から重複を許して無作為に同数のデータ抽出（リサンプリング）を繰り返して，母集団の性質を推定する方法である．これに対してジャックナイフ法は，重複を許さずに無作為に削除してデータ抽出を繰り返す方法である．このように，限られた数のデータセットから，乱数を用いて数多くの擬似データをつくり出して計算する方法（モンテカルロ法）の中でも，リサンプリングの条件を前の状態に基づいて毎回変えていく（マルコフ連鎖）方法は，マルコフ連鎖モンテカルロ法（MCMC）と呼ばれ，生物統計の中で広く用いられている．

以上でとりあげただけでも統計解析の手法は多岐にわたるため，初学者にとっては扱いづらい側面があるのは否めない．しかし，植物科学において得られた古今さまざまな観察データは，統計解析法の発展とともに，より深く広い解釈が可能になっているのは明らかである．これらを優れた道具としてうまく使っていくことで，さらに植物科学の世界が発展していくことであろう． ［陶山佳久］

植物電気生理学

　膜電位とは生体膜を介しての電位差である．植物において，膜電位は2つの役割をもっている．1つは刺激の受容と情報の伝達であり，もう1つは電気エネルギーとしての役割である．細胞膜では膜電位は物質の能動輸送に利用される．ミトコンドリアの内膜や葉緑体のチラコイド膜では，電子伝達によって得られたエネルギーが膜電位と水素イオンの濃度差として蓄えられ，ATPの合成に利用される．ここでは，細胞膜の膜電位測定について説明する．

●**微小電極法による膜電位測定**　膜電位は一般的には，微小電極を細胞内に刺入し，細胞外においた基準電極との電位差として測定される（図1）．微小電極内は多くの場合，3M KCl 溶液で満たされる．K イオンと Cl イオンの移動度が大体等しいので，微小電極の先端部において発生する電極電位を小さく抑えることができる．電位測定用と通電用の2本の微小電極を細胞内に刺入することにより，細胞膜の電気抵抗と電気容量を測定することができる．

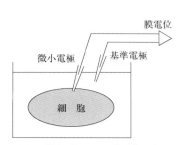

図1　微小電極による膜電位測定

　成長した植物細胞では，そのほとんどの体積は液胞によって占められている．微小電極の先端が液胞内に入ると，細胞外の基準電極との間に測定される電位差は細胞膜と液胞膜の両方の膜電位の和となる．細胞質と液胞にそれぞれ別の微小電極を刺入することにより細胞膜と液胞膜の膜電位を分けて測定することが可能である．

●**細胞外電極法による測定**　細胞内に微小電極を刺入することなく，細胞外電極のみで膜電位の変化を測定することができる．細胞外電極法では，膜電位の変化が測定できるのであり，膜電位の絶対値を測定することはできない．例えば，植物体が生えている土に，基準電極を置き，植物体の表面にもう1本の電極をおいて測定する．植物体が傷害を受けることによって発生する変動電位や活動電位の伝播を記録することができる．

●**起電性プロトンポンプの解析**　細胞膜の膜電位はイオンの濃度勾配による拡散電位と，起電性プロトンポンプが ATP の加水分解エネルギーを利用してプロトンを排出することにより発生する能動電位からなる．能動電位は細胞外 pH に強く依存するので，細胞外液 pH の変化に対する細胞膜電位の応答を解析することにより，起電性プロトンポンプの活性を推測できる．

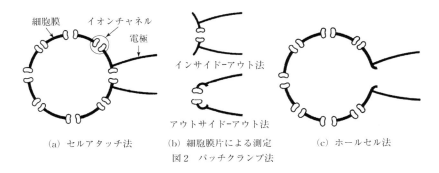

図2 パッチクランプ法
(a) セルアタッチ法　(b) 細胞膜片による測定　(c) ホールセル法

プロトンポンプの阻害剤を用いて，起電性プロトンポンプの活性を解析することができる．例えば，dicyclohexylcarbodiimide（DCCD）などのプロトンポンプ阻害剤で細胞を処理すると，細胞膜電位が小さくなる．そのような条件では，細胞外 pH の変化に対する膜電位の応答が小さくなる．

●**パッチクランプ法**　パッチクランプ法を用いると単一チャネルを移動するイオンの量を電流として測定できる．電極の先端を細胞膜に密着させる必要がある．そのために，セルラーゼなどの酵素を含んだ液で細胞を除去してプロトプラストを調製する．電極の先端をプロトプラストの細胞膜に強く密着させることにより，ピペットの内外が電気的に絶縁される．電気抵抗がギガオームに達するほど高くなるのでギガシールと呼ばれる．パッチクランプ法には3種類の測定法がある（図2）．パッチクランプ法はプロトプラスト以外に，単離した液胞膜などの細胞小器官やイオンチャネルを組み込んだリポソームなどにも適用できる．

　(a) セルアタッチ法：プロトプラストに電極を密着させた状態で膜電位を制御し（電圧固定法）流れる電流を測定する．パッチ内に1つのイオンチャネルが含まれると，単一イオンチャネル内を移動するイオンの流量を電流として測定できる．一般に，1個のイオンチャネルを流れる電流はピコアンペア程度である．

　(b) 切り取った細胞膜片による測定：電極に密着した細胞膜を引きちぎり，細胞膜の一部が電極の先端に張り付いた状態の試料を作成する．調製法により細胞膜の内側が外を向いたインサイド-アウト法と細胞膜の外側が外を向いたアウトサイド-アウト法の2つの方法がある．電圧固定法により，イオンチャネルを流れる電流を測定する．

　(c) ホールセル（全細胞）法：電極の先端をプロトプラストに密着させた状態で，吸引により，電極の内側の細胞膜を除去する．この方法では電圧固定法により細胞膜を流れるすべてのイオン電流を測定することになる．また，微小電極法と同様に，膜電位を測定することもできる．

［新免輝男］

ゲノム編集

　ゲノム編集とは，設計可能な部位特異的ヌクレアーゼなどを用いて，ゲノム中の特定の遺伝子を破壊したり，外来遺伝子を狙った位置に挿入する技術である．微生物から植物，動物などの幅広い生物種において理論的な遺伝子改変が可能である．理論的な遺伝子改変はマウスなどの限られた種のみで実現可能であった．理論的な遺伝子改変ができない，もしくは困難な生物においては，化学変異源や放射線を用いてゲノムにランダムな変異を導入し，目的の形質を示す個体を選抜する遺伝学的な方法が取られてきた．遺伝子組換え技術では外来の遺伝子を導入することはできるが，効率が低く，導入遺伝子の挿入されるゲノム部位はランダムであった．ゲノム編集を用いることで，従来法の制限を乗り越え，理論的かつ高効率なゲノム操作が可能である．

●**ゲノム編集の原理**　ゲノム編集技術では，まずゲノムに1個所作用する部位特異的ヌクレアーゼによって二本鎖DNA切断を導入する（図1上）．この切断は非相同末端組換結合によって修復されるが，修復過程でエラーが入りやすいため，数塩基程度の欠失・挿入が生じる．この修復エラーを利用して結果として目的の遺伝子の欠損株を得ることができる（図1①）．一方，部位特異的ヌクレアーゼとともに短い一本鎖DNA（100塩基程度）を導入することで，相同組換えを利用して1塩基置換などを導入することができる（図1②）．疾患と相関のある1塩基多型の疾病との直接の因果関係を明らかにするためのモデル動物の作出などに利用できる．また，部位特異的ヌクレアーゼとともに長鎖DNAを導入することで，切断個所に正確に外来遺伝子を挿入することができる（図1③）．特筆すべきは二本鎖DNA切断個所での相同組換え効率が従来の自然発生的な相同組換え効率より格段に高く，ホモロジーアームと呼ばれるゲノムの相同領域も1 kb程度でよいため，高効率かつ低労力で目的の遺伝子改変生物を得ることができる．

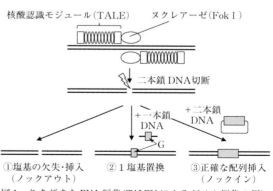

図1　さまざまなRNA編集（TALENによるゲノム編集の例）：核酸認識を担うTALEにヌクレアーゼ（FokI）を融合する．FokIは二量体で切断活性を呈するため，1対のTALENを作製する．

●ゲノム編集ツール開発の歴史　ゲノム編集ツールの最大の特徴は，数十億塩基対から構成されるゲノムから1個所のDNA領域を選択するDNA認識モジュールの構築にある．核酸は4つの塩基（A，T，G，C）から構成されるため，その認識配列の長さnと特異性の関係は$1/4^n$で計算できる．例えば，ヒトゲノム31億塩基対から1個所を特異的に選択するためには，17塩基認識（$1/4^{17}=172$億塩基から1個所を認識）の核酸認識モジュールを構築すればよい．第一世代のジンクフィンガー（ZF）は，真核生物に広く存在するタンパク質ドメインで，1つのタンパク質に30アミノ酸からなるZFモチーフが連続して配置される．1つのZFモチーフが3塩基を認識することから，ZFモチーフの集積によって長いDNA配列を認識するカスタムDNA結合（人工）タンパク質を構築できる．1996年にZFドメインとはさみの役割をするFokIヌクレアーゼを融合させたZF nuclease（ZFN）による最初のゲノム編集の実施例が示された．しかし，ZFドメインのDNA認識機構が複雑であったことや，知的所有権の問題で広く普及しなかった．2009年に第二世代型のDNA認識モジュールとして，TALE（transcription activator-like effector）が誕生した．TALEは34アミノ酸からなるTALEリピートの連続で構成され，1リピートが1塩基に対応する．明確なDNA認識コードを有するため，ゲノム編集モジュールを理論的に構築できる．通常，ヌクレアーゼ（FokI）を付加したTALE nuclease（TALEN）として用いられる．TALENの確立によりゲノム編集がさまざまな生物で爆発的に広がった．さらに2012年，これまでの動作原理とは全く異なるゲノム編集モジュール，CRISPRシステムが誕生した．CRISPRシステムでは，標的DNA配列の認識をガイドRNAが行うため，その利用においては標的DNAとbase pairingする核酸配列のみをデザインし，共通因子であるCas9とともに対象生物に導入すればよく，ゲノム編集の利用が著しく簡便になった．DNA切断以外にも，核酸結合モジュールに転写活性化ドメインなどを融合することで，さまざまな応用的な使用が可能である．

●ゲノム編集生物の取り扱い　動物などでは，ゲノム編集ツールをRNAまたはタンパク質の形で生物に導入し，遺伝子改変を行うことが可能である．そのため，最終産物としての生物の一部には外来遺伝子が含まれず，カルタヘナ法で規制される遺伝子組換え生物（GMO）の範疇に入らない．ゲノム編集以外にも，遺伝子組換え体を台木とした接ぎ木，RNAウイルスベクター法，などの新育種技術（new breeding technology：NBT）が確立しつつあり，それらも従来のGMOの規制の範疇には入らない．ゲノム編集を含めたNBTは，深刻化する地球規模の環境問題，食糧問題に対して，従来の遺伝子組換え技術の限界を克服する有用な方法として大きな期待が寄せられている．2015年現在，NBT技術で作出された生物の取り扱いについて，生物多様性と安全性の両面で活発に議論されている．

［中村崇裕］

計算で植物を調べる

　計算機の速度向上により，実験的手法ではなく数理科学や計算科学的手法を用いた研究が現在の生命科学で急速に発達している．しかし計算科学が発達する以前から，植物の形態の特徴的パターンは数理科学者の興味を引いてきた．

●自己相似性　植物形態の1つの特徴として，基本構造が繰り返し現れることや，部分と全体とが相似する構造をもつことがあげられる．後者を数学では自己相似（フラクタル）と呼び，植物の形態は自然界におけるフラクタル構造の例と考えられてきた．例えば葉脈は，枝分かれパターンとして認識できるが，その一部を拡大しても，より小さなスケールの枝分かれパターンがみられる．本多久夫とJ. B. フィッシャー（J. B. Fisher）が提唱した[1]，樹木の形態形成を状態遷移規則によって記述する数理モデルは，植物における基本構造の繰り返しや自己相似構造に対する理論的理解を初めて与えた．このモデルにおいては，枝や葉などの基本単位が分岐を繰り返すことで，樹形が再現される．三次元空間における分岐角度をさまざまに設定することで，針葉樹から広葉樹まで多様な樹形パターンを再現できる．同様のアイデアは，L-システムとしても知られている．

●葉序　植物の形態に対する古典的な数理科学のもう1つの例として，葉序（フィロタキシス）に対する数理的研究がある．茎から葉の伸びる方向を形成順に下から上へ追ったときに，規則性が見つかる．それらは，らせん葉序，対生葉序，輪生葉序などいくつかのパターンに分類できる．ヒマワリの種や松ぼっくりの鱗片は，二次元（曲）面上の粒子の配列パターンであるが，茎頂で決定される原基のパターンとして同様に理解できる．植物の葉序を特徴づける螺旋にはフィボナッチ数列が現れる．これらは，一定の開度角（連続する葉のなす角）を仮定した数理モデルや，既存の側芽から長距離抑制を受けて新たな原基ができる場所が決定すると仮定した数理モデル[2]など，複数のアプローチで理解されてきた．後者のモデルにより，フィボナッチ数列が現れる理由が説明される．

●形態形成　生物の発生や形態形成を，細胞のダイナミクスとして捉える研究が，現在の生物学で広く行われている．例えば葉の形態形成における，細胞の分裂と伸長の効果が詳細に解析されており，数理的理解につなげることが期待されている．動物の場合，形づくりの基本となる細胞レベルの振る舞いは，細胞分裂，細胞の変形，細胞の相対的な移動，の大きく3つあるが，植物では細胞壁が細胞の移動を妨げており，細胞分裂と細胞伸長の2つだけが形態形成の基本要素である．細胞レベルのダイナミクスを扱った数理モデルとしては，① Potts model，② Cell center model，③ Vertex model の3つが代表的である．①の Potts model では，細

胞の形と配置が，格子空間上の各サイトがどの細胞に占められているかを示す値によって記述される．②の Cell center model では，細胞は円で記述され，その中心座標の値が動的な変数として扱われる．③の Vertex model では，細胞は，多面体，もしくは多角形で表され，それらの頂点の位置を変数として扱う．これらの扱いのうち，特に Vertex model では，細胞壁を明示的にモデルに取り込んでおり，細胞の相対的な移動を伴わない植物の形態形成をより扱いやすい．

●**生体分子ネットワークの数理**　生命科学は，生命機能にかかわる生体分子とその相互作用に関する知見を急速に蓄積させている．ネットワークに基づいた生体分子活性のダイナミクスこそが，生物らしいさまざまな振る舞いの起源なのだと考えられている．この複雑なシステム全体の振る舞いを統合的に理解することが現在の生物学の目標であり，そのために数理的手法，特にダイナミクスを理解する手法への期待が高まっている．

化学反応ネットワークは分子の状態遷移を矢印で表現したグラフである．生体内で起こる多数の化学反応は，生成物や反応物を共有する形で連鎖的につながり，ネットワークを形成することが知られている．例えば植物の一次代謝系は，そのような反応ネットワークの典型である．現在，多様な生物種の化学反応ネットワークの情報がデータベース上で得られるようになっている．システム全体の振る舞いを理解する目的で，多数種の代謝物の濃度を同時に測定する実験（メタボローム解析）がなされ始めており，植物学でも盛んな分野である．この実験は大規模なデータを生み出すことになり，情報科学，統計学，数理科学を用いた解析が進められており，一方で新たな解析法も研究されている．

制御ネットワークはシステムに含まれる変数の依存関係を矢印で表現したグラフである．多くの生物現象に多数種の遺伝子がかかわり複雑な制御関係をもっている．実験的に明らかにされた多くの制御を包括的に概観するために，それらをまとめたネットワークが用いられてきた．しかし，現在では生体分子間制御の解析があまりに進みすぎたために，ネットワークが非常に複雑化してしまい，そこからダイナミクスを直感的に捉えることが不可能になっている．これに対して，未知の関数やパラメーターに関する仮定を導入した数理モデルを構築し，その解析によって生物学的知見を導く研究が多くある．システムサイズが小さい場合には，未知のパラメーターに対しても網羅的な解析を行い，一般的な帰結を得ることが可能である．近年では，制御情報以外に仮定を用いず，ネットワークの構造だけからダイナミクスの重要な性質を導く，新しい数理理論も現れている．［望月敦史］

📖 **参考文献**

[1] Honda, H. & Fisher, J. B., "Tree Branch Angle: Maximizing Effective Leaf Area", *Science.*, 24, 888-890, 1992.
[2] Douady, S. & Couder, Y. "Phyllotaxis as a physical self-organized growth process", *Phys. Rev. Let.*, 68, 2098-2101, 1992.

3. 多様性と分類・系統

　40億年前に地球上に生命が誕生して以来，絶え間ない進化によって多様な生物が生まれてきた．そのうちの大部分は絶滅し，一部が地球上に現存しているにすぎない．それでもその数は，維管束植物だけで30万種を超えると考えられている．人間はそれらを認識し，記録することにより，知識を広げ蓄積してきた．分類学において，生物の多様性は特定の特徴を備えた分類群の集合としてとらえられ，分類群の特徴は形質と形質状態として記述される．分類群はただ1つの正しい学名をもつように定められており，実生活から研究に至るまで，生物とかかわる人間のあらゆる活動の基礎となっている．多様な生物の血縁関係が系統であり，系統を線で表したものが系統樹である．時間を遡って系統を逆にたどって行けば単一の生命にたどりつくと考えられる．

　近年の分子系統学の理論的な進展と遺伝子解析技術の進歩が，系統進化の理解と具体的解明に大きく貢献し，分類群もまた進化的にとらえられるようになってきた．　　　　　　　　〔邑田 仁・牧 雅之・山田敏弘〕

進化の仕組み

　植物を含めあらゆる生物は進化の所産である．ここでは，進化がどのように起きるのかその仕組みを解説する．

●**進化とは何か**　まず初めに，進化とは何かを定義しておく．その定義は何ともあっさりしたもので，「生物の遺伝的性質が世代を通して変化していくこと」である．「単純なものから複雑なものへ」変化することが進化だというわけではない．単純なものから複雑なものへ変化したとしても，それは進化の結果にすぎない．進化は，「変化していくこと」を指しているだけであり，変化の方向性に関しては何も触れていない概念である．「複雑なものから単純なものへ」変化したとしてもそれはやはり進化である．

　進化というと，何千万年という時間スケールの間に「生物がたどってきた変化の歴史」を指すものと思うかもしれない（進化＝歴史）．しかし，進化それ自体は歴史的な概念ではない．100万年間に起きた変化の積み重ねも進化ならば，それぞれの時点での変化もやはり進化である．短い時間では進化は起こらないと思うかもしれないがそんなことはない．進化とは，連続する2世代間でも起こりうる現象である．

　それでは，進化は，どのようにして起きるのであろうか？　以下で，進化が起きる仕組みを説明する．

●**変異と遺伝**　進化が起きるために不可欠なのが変異と遺伝である．

・**変異**：その性質に個体間で変異がある．

　花の色という性質に，例えば白花と黒花という違いがある場合，その性質に変異があるという．変異がなく，集団中の全個体が同じ性質を備えていたら，集団の状態は変わりようがない．例えば，全個体が白花を付けている集団では，次の世代でも全個体が白花を付けているであろう．世代を経ての変化は起こりえない．

・**遺伝**：その性質は多少とも遺伝する．

　一方，その性質が遺伝しないと，親世代で起きた変化が子世代に伝わらない．例えば，白花を親とする種子も黒花を親とする種子も同じ確率で白花になるのなら，子世代での白花の頻度は常に一定になる．それぞれを親とする種子がどんな割合で存在していても関係ない．

　白花ばかりの集団に黒花の個体が出現するような新たな変異の供給源は，生殖細胞の遺伝子（クローナル植物の場合は，新個体に受け継がれる遺伝子）に起きる突然変異である．その変異遺伝子を受け継いだ個体は，表現型が異なった個体

3. 多様性と分類・系統　しんかのしくみ

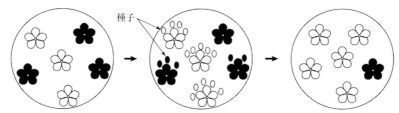

図1　進化が起きる仕組み：その性質に個体間で変異があることが出発点である．この例では，白花と黒花という変異がある．そして，白花個体の種子(白い楕円形)は白花に，黒花個体の種子(黒い楕円形)は黒花になる．両者で，残す子の数や子の生存率に違いがあり，かつ，その性質が遺伝するならば進化が起きる．この例では，白花の方が，1個体あたり多くの種子を残している．そうすれば次世代で，白花個体と黒花個体の頻度が変化する．自然選択による進化では，残す子の数や子の生存率の違いは，白花・黒花の有利さの違いによりもたらされる．一方，ランダムな浮動による進化では，残す子の数や生存率の違いは偶然によるものである

になる．遺伝子に起きた変異なので，次世代以降にもその変異は受け継がれていく．つまり遺伝する．

● **自然選択による進化**　自然選択による進化が起こるためには，変異・遺伝に加え選択が必要である．

・**選択**：性質が異なる個体間では，残す子の数の平均や子の生存率が違う．

　一方もしある環境の下で，白花の方が黒花よりも，花粉を媒介する昆虫をより多く誘引できたとする．そのため白花の個体の方が，花粉親または種子親として，平均的により多くの種子を残すことができたとする．これが選択である．花色が遺伝するならば，次の世代では，黒花の個体の頻度が減り白花の個体の頻度が増える．これが，自然選択による進化である．そしてこの過程が何世代も繰り返されれば，黒花は消え去り白花だけになってしまうであろう．自然選択による進化の結果，白花が集団内で固定したということである．

● **ランダムな浮動による進化**　ランダムな浮動による進化には選択という過程は必要ない．変異と遺伝だけが必要である．例えば，白花の個体も黒花の個体も，長期平均としては同じ数の種子を残すとしても，ある1世代だけをみれば，何かの偶然でどちらかの種子が多いこともあるであろう．そうすれば次世代では，両者の頻度が変化する．これが，ランダムな浮動による進化である．さらには，偶然が重なって白花の個体が増え続けることもある．そして，ランダムな浮動だけで，白花が集団内で固定することもありえる．こうした固定は，集団の個体数が少ないほど起こりやすいことである．　　　　　　　　　　　　　　　　　　　　　　　　　［酒井聡樹］

📖 **参考文献**
[1] 酒井聡樹他『生き物の進化ゲーム――進化生態学最前線：生物の不思議を解く(大改訂版)』共立出版，2012

ハーディワインベルグの法則

 生物種の進化は個体がもつ遺伝子の総体であるゲノムの変化によって起こるが,その際1個体のゲノムが変化をするだけではなく,その生物集団全体のゲノム,つまり集団のゲノム構成の変化が起こる.このため進化を定量的に考察するためには,集団のゲノム構成の変化の過程を追う必要がある.しかし多数の遺伝子座からなるゲノム全体を一度に考えるのは難しい.そこで1遺伝子座での集団の遺伝的構成変化を考えることにする.

●**遺伝子型頻度と遺伝子頻度** 二倍体生物の常染色体上の1遺伝子座に,2対立遺伝子 A, a があるとする.この場合集団中には3遺伝子型,AA, Aa, aa があり,この遺伝子座の集団の遺伝的構成はそれぞれの遺伝子型頻度 P_{AA}, P_{Aa}, P_{aa} を使って表すことができる.一方,個体中でどのように遺伝子が組み合わされているかを無視すれば,集団の遺伝的構成は A, a の遺伝子頻度 p_A, p_a を使って表すこともできる.AA

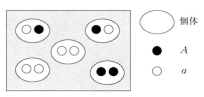

遺伝子型頻度 $P_{AA}=1/5, P_{Aa}=2/5, P_{aa}=2/5$
遺伝子頻度 $P_A=4/10, P_a=6/10$
$P_A=P_{AA}+P_{Aa}/2=2/5$

図1 5個体からなる集団での遺伝子型頻度と遺伝子頻度

は A 遺伝子を2個,Aa は1個もつので,例えば遺伝子頻度 p_A は遺伝子型頻度を使って次のように計算できる.

$$p_A = P_{AA} + P_{Aa}/2 \tag{1}$$

 図1には個体数5の集団における1遺伝子座での遺伝的構成の例と,遺伝子型頻度・遺伝子頻度の数値例を示してある.
 さて集団で任意交配(遺伝子型によらずランダムに行われる交配)が行われて次世代がつくられる場合を考えよう.次世代の子供が AA であるためには,母親と父親両方から A 遺伝子を受け継ぐ必要があるが,それぞれの事象の確率は p_A であり,また組合せ(交配)はランダムに行われるので,AA が生まれる確率は p_A^2 となる.Aa が生まれるのは,母親から A,父親から a を受け継ぐかその逆の場合なので,同様に考えて Aa が生まれる確率は $p_A p_a + p_a p_A = 2 p_A p_a$ となる.集団のサイズが非常に大きいと子の生まれる確率と子の頻度はほぼ等しくなる.さらに子がそのまま成長すると仮定すると,次世代の遺伝子型頻度は,

$$P_{AA}' = p_A^2, \quad P_{Aa}' = 2 p_A p_a, \quad P_{aa}' = p_a^2 \tag{2}$$

となる.ここで,次世代の頻度は「′」を付けて表した.次世代の集団の遺伝子頻度は式(1)から

$$p_A' = p_A^2 + 2p_A p_a/2 = p_A \tag{3}$$

となり，変化はない．式(2)のような状態にあるとき，集団はハーディワインベルグ平衡にあると呼ぶ．常染色体上の遺伝子座では，1代の任意交配でハーディワインベルグ平衡となる．この法則をハーディワインベルグの法則と呼ぶ．

対立遺伝子が2個以上ある場合も同様にハーディワインベルグ平衡での頻度を求めることができる．k個の対立遺伝子$A_1, A_2, \cdots, A_k$の遺伝子頻度を$p_1, p_2, \cdots, p_k$，$A_i A_j$の頻度をP_{ij}で表すと，式(2)と同じようにして次式が得られる．この場合も遺伝子頻度は変化しない．

$$P_{ii}' = p_i^2, \quad P_{ij}' = 2p_i p_j \ (i \neq j) \tag{4}$$

●**ハーディワインベルグ平衡が成り立たない場合** ハーディワインベルグ平衡頻度を導くにあたっていくつかの仮定を行った．列挙すると，①交配が任意である，②自然選択が働かない，③突然変異が起こらない，④他の集団からの移住がない，⑤集団が非常に大きいのである遺伝子型の子供が生まれる確率とその頻度が等しい，などである．これらのどれかが成り立たないと，集団は必ずしもハーディワインベルグ平衡状態とならないし，②～⑤の仮定が満たされないと遺伝子頻度の変化も起こる．

例えば任意でない交配としては，近縁同士が交配する近親交配や，同じ対立遺伝子をもつ個体同士が交配する同類交配がある．自然選択の例として生まれた子が大人になるまでの生存率が遺伝子型によって異なる場合（例えば aa はすべて死亡）を考えると，生誕時はハーディワインベルグ平衡にあっても，大人になったときはこの平衡からずれた状態となる．また，突然変異が起きたり遺伝子頻度の異なる集団からの移住があると，次世代の遺伝子頻度は変化する．さらに集団が有限の場合には，ある遺伝子型の個体が生まれる確率と実際に生まれた個体の遺伝子型頻度は異なってくる．これはサイコロを60回振ったときに，1が出る回数が必ずしも10回とならないことを考えるとよくわかる．この効果による遺伝子頻度の変化を遺伝的浮動と呼ぶ．

これらのことから，遺伝子型頻度がハーディワインベルグ平衡で予測される頻度となっているかどうかを実際の集団で調べることによって，逆に当該遺伝子座で働く遺伝子頻度の変化要因を検出することが可能であることがわかる．

［舘田英典］

参考文献
[1] Nielsen, R. & Slatkin, M., *An Introduction to Population Genetics, Theory and Applications*, Sinauer, Sunderland, 2013
[2] Gillespie, J. H., *Population Genetics: A Concise Guide*, 2nd. ed., The John Hopkins University Press, 2004

分子進化

　DNA や RNA のように生物の遺伝情報を担う分子やその直接の産物であるタンパクの進化を分子進化と呼ぶ．DNA や RNA は生物の設計図なので，その変化を扱う分子進化学は生物進化を分子レベルで研究する分野ということができる．DNA や RNA のような自己増殖をする情報分子がどのようにして生まれたかを，理論的・実証的に解明する生命の起源に関する研究もこの分野に含まれる．また DNA 配列を利用して生物や遺伝子の系統関係を推定する分子系統学も分子進化学に含まれるが，ここでは DNA 配列がどのような機構で進化したかを考察する．複数生物種の DNA 配列の対応する部分を並べると，種間で配列が異なっている．このような種間の塩基の違いを塩基置換と呼ぶが，例えばこのような塩基置換はなぜ起こったのかという問題である．

●**分子進化の中立説**　1968 年，木村資生により発表された分子進化の中立説は，「このような置換の大部分が，集団内に生じた自然選択に対して有利でも不利でもない（中立）突然変異が遺伝的浮動により集団中に広がることによって起こった」と主張した．生物種間の違いには何らかの適応的意義があり，変異は自然選択に対して有利だったので集団中に広がった（適応的置換）とする考え（自然選択説）が当時主流だったので，中立説は進化生物学で大論争を引き起こした．

　中立説を仮定するとどのように分子進化が起こるかを考察しよう．集団の大きさが N の二倍体生物の 1 遺伝子座（塩基サイトなど）を考える．この遺伝子座での 1 世代あたりの中立突然変異率を u とすると，1 代あたりこの集団には $2Nu$ 個の突然変異が生ずる．有限の集団では，生じた 1 個の中立突然変異が究極的に集団中に広がる確率は $1/(2N)$ なので（集団中には $2N$ 個の遺伝子があり，どの遺伝子が広がる確率も等しい），結局究極的に集団中に広がる突然変異が 1 代あたりに生じる期待数は $2Nu \times 1/(2N) = u$ となる．この数は遺伝子置換率 k に等しいので，

$$k = u \tag{1}$$

となる．つまり中立説のもとでは遺伝子置換率＝進化速度は中立突然変異率に等しくなる．ここで，生起する全突然変異のうちのある割合 f_0 のみが中立で残りは有害であると考え，全突然変異率を u_T で表すと次式を得る．

$$k = f_0 u_T \tag{2}$$

　式(2)から遺伝子置換に関するいくつか予測を得ることができる．まず，中立突然変異率 $u(=f_0 u_T)$ が一定ならば，進化速度は一定となる．これまでの研究から，長期間を考えるのでなければ多くの場合近似的に進化速度の一定性が成り立って

いること（分子時計）がわかっている．これを利用すると，塩基配列情報から種分化などの進化過程で起こった出来事の時点を推定することができる．

また，突然変異が起きた際に有害となりやすく中立変異の割合 f_0 が低い遺伝子（サイト）ほど，進化速度が低くなることも予測できる．このような遺伝子は重要な生物学的機能をもつと考えられるので，重要な場所ほど進化は遅くなる．例えば遺伝子をコードする塩基サイトでの置換には，アミノ酸を変えるもの（非同義置換）と変えないもの（同義置換）がある．前者がより重要な場所に起こる置換と考えられるが，実際ほとんどの遺伝子で非同義置換率の方が同義置換率より低くなっている．またゲノム中には機能を失った遺伝子（偽遺伝子）がみられるが，このような遺伝子では $f_0=1$ となるので進化速度は高くなっている．

さらに中立遺伝子の進化速度 k は全突然変異率 u_T を超えないことも予測される．逆に $k>u_T$ となる遺伝子がみつかった場合，何らかの適応選択が働いたと推測される．実際に免疫や生殖にかかわる遺伝子で，このようにして適応進化がみつかっている．また式(2)以外にもいくつかの中立説の予測が知られているが，その予測に合わない遺伝子進化もみつかっており，自然選択と遺伝的浮動両方の影響を受けた置換が起こっていることも推測されている（分子進化のほぼ中立説）．

●**塩基置換以外のゲノムの変化**　ゲノムの進化では塩基置換以外にも，新しい遺伝子の創出・消失などより大きいスケールでの変化も起こる．実際，生物は新しい遺伝子を創出することで新しい機能を獲得し進化してきたと考えられる．

新しい機能をもつ遺伝子の創出には，遺伝子重複が大きな役割を果たした．遺伝子が重複すると，一方の遺伝子に元の機能を保ったまま，もう一方の遺伝子が前と少し違った機能をもつように変化できる．例えばヒトは赤，青，緑を感知できるオプシンをもっているが，オプシン遺伝子は遺伝子重複によって創出された．重複によって生じた遺伝子同士は配列が似ており，多重遺伝子族を形成する．

重複した遺伝子が重複後別の遺伝子座でそれぞれ独立に進化すると仮定すると，種分化以前に遺伝子重複が起こった場合，同種の別の遺伝子座の遺伝子より近縁種の同遺伝子座の遺伝子の方がよく似てくると予測されるが，種内の異なる遺伝子座の遺伝子同士がより似ている場合がみつかることがある．これを協調進化と呼ぶ．協調進化は，遺伝子変換や不等交叉が引き起こす異なる遺伝子座間での配列断片交換によって起こると考えられる．

ゲノム中にはその生物の機能を担う遺伝子の他に，トランスポゾンと呼ばれる繰り返し配列が多数散在して存在する．トランスポゾンの多くは自己増殖する利己的遺伝子で，DNA や RNA を介して重複しゲノム中に広がった．　　　［舘田英典］

📖 参考文献
[1]　太田朋子『分子進化のほぼ中立説』講談社ブルーバックス，2009
[2]　宮田 隆『分子からみた生物進化』講談社ブルーバックス，2014

種分化

　種分化とは，（広い意味で）新しい種が進化する過程を意味する．種分化は，もともとは遺伝子プールを共有していた分集団間で，内的・外的を問わず何らかの生殖的隔離が生じ，遺伝子流動が絶たれた結果，両分集団間で遺伝子頻度が変化して起こる．この遺伝子頻度の変化は，自然選択の過程と機会的浮動の両方によって起こりうる．種分化の結果，形態的に認識できる別種が生じるとは必ずしも限らず，生殖的隔離が先行して生ずる場合がある（隠蔽種，図1）．また，異所的種分化によって生じた種間では，形態的・生態的には分化していて分類学的には別種として取り扱われるような場合であっても，内的生殖的隔離（交配後隔離）が生じておらず，もともとは祖先を共有する2種が再接触した際に自然交雑が起き，稔性のある後代が生まれる場合もある．

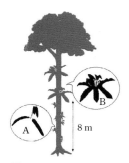

図1　シマオオタニワタリの隠蔽種の例：形態的にはきわめて類似するが生殖的隔離の存在する2つのタイプAとBが存在し，住み分けをしている
[出典：Kato, M., ed, *The biology of biodiversity*, Springer-verlag, Fig. 7 (Murakami), 1999]

●**異所的種分化**　種分化は，原因となる隔離の違いからいくつかに分けることができる．最も代表的な例は，地理的隔離による異所的種分化である．例えば造山活動や大陸移動，氷河の形成などの地理的・気候的なイベントによって，もとは1つの種の分布域に物理的な障壁が生じる場合がある．このような場合に，その障壁が十分に大きければ，分離された分布域間での遺伝子交流は制限されて，結果としてそれぞれの集団は独立に遺伝子頻度を変化させうる．隔離が生じてからの時間が長くなれば，それぞれの集団で生じた突然変異が自然選択もしくは機会的浮動の効果により固定されて，集団間の遺伝的分化の程度は大きくなり，形態的・生態的に異なる形質をもつようになる．また，生殖的隔離も進化しうる．

　異所的種分化の例は我が国の植物においてもさまざまなグループで知られているが，隔離の直接的要因が明確にはわからない場合も多い．例えば，イワギボウシ類の5変種は分布が重なっておらず（図2），異所的種分化によって生じたことが示唆されるが，これらが地理的に隔離された直接的な要因は単純には推定できない．

●**周辺種分化**　島嶼固有種の種分化では，地理的隔離の要因は明確である．海洋島である小笠原諸島には固有植物種が多数みられるが，これらの固有種の祖先は，もともとは周辺地域に分布しており，小笠原諸島の成立後におそらくは少数個体

が遠距離散布によって移住して
きて，現在の固有種の祖先集団
を形成したはずである．島嶼に
成立した集団と元の集団には
はっきりとした地理的隔離があ
り，遺伝的交流はほとんど起こ
りえない．島嶼固有種の祖先集
団は，移住直後は創始者効果の
影響下にあって，その後，もと
の分布域とは異なる物理的環境
や生物間相互作用による自然選
択やびん首効果などの小集団で
顕著な機会的浮動を経験して，
遺伝的分化が生じて，固有種と
して分化したと考えられる．こ
のような島嶼における固有種の

図2 イワギボウシ類における異所的種分化：イワギボウシ Hosta longipes 5変種の分布［出典：舘岡亜緒『植物の種分化と分類』養賢堂，図 5.8（藤田 昇（1976）植物地理分類の図を改変したもの），1983］

種分化のように，分布域の周辺で地理的隔離を伴って種分化が生じる例は，周辺種分化と呼称されることがある．

　島嶼固有種では，しばしば周辺地域の対応種と比較して，形態的・生態的に大きく分化している場合が多く，極端な場合には祖先種が簡単には推測できない場合もある．一方，島嶼の植物集団でも，種分化の初期的な状態にあると考えられる例もある．例えば，伊豆諸島に分布するニオイウツギは，本州のハコネウツギから分化したものと考えられるが，南に位置する島ほど花冠が小さくなっていく傾向がある．これらの集団は，南下に従って生じる，物理的・生物的環境の変化や創始者効果の影響を受け，漸次的分化を生じていると推測できる．

●**側所的種分化**　側所的種分化は，異所的種分化ほどの大きな物理的障壁がなく，分集団は連続的で遺伝子交流が生じうるような状況で起こる種分化を指す．このような分集団間でも遺伝子流動の制限によって，分集団間での遺伝的分化が生じ，その結果として集団間の交配による交雑個体の生存力が低下して，さらに分化が促進されうる．その結果として，分集団間で生殖的隔離が確立されて，異なる種として分化する．

　植物における側所的種分化の一例としては，鉱山跡地における重金属耐性個体の進化があげられる．鉱山跡地では採掘の際に流出した重金属によって土壌がしばしば汚染されている．一般に高濃度の重金属を含む土壌では通常の遺伝子型の個体は生育できないか，生育不良になるが，汚染土壌であっても生育可能な遺伝子型をもつ同種の個体がみつかる場合がある．後者は，正常な個体と比較して植

物体が小さいなどの特徴をもつことが多い．正常型と耐性型が交配して生じた交雑個体は，通常土壌と汚染土壌のどちらにおいても，正常型および耐性型よりも生存力が低下しており，結果として両型の間での遺伝子流動は妨げられている．また，耐性型と正常型では，開花期に違いが生じる例も知られており，隔離の強化の一例とみることができる．このような重金属耐性集団の成立は，側所的種分化の初期的状態にあると考えることができる．

鉱山跡地のような特殊環境でなくても，植物でしばしばみられる側所的種分化の初期段階と思われる状態に地理的クラインがある．例えば，緯度勾配に沿って広く分布する種において，形態に連続的な変化がみられる場合がよくある（図3）．このような例では，遺伝子流動は近傍の集団間に限られており，集団間での

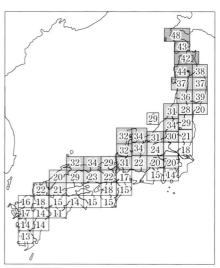

図3　地理的クラインの例：四角内の数字はその地域内にみられるブナの葉面積を示し，北から南に行くに従って値が小さくなっていることがわかる［出典：荻原信介『種生物学研究I』植物実験分類シンポジウム準備会(現種生物学会)，p.46, 図11, 1977］

遺伝的分化が進むことにより，生殖的隔離が発達し，結果としてさらに遺伝的分化が促進される可能性がある．

●**同所的種分化**　同所的種分化は，分集団間で地理的な隔離がなく，遺伝子交流が起こりうる状況のまま，生殖的隔離の成立を生じる場合を指す．同所的種分化が起こる条件としては，強い分断性淘汰が働いていることが重要であり，分集団間での交配による交雑個体の適応度が下がることによって，遺伝子流動が妨げられ，結果として遺伝的分化が促進される状況に至らなければならない．同所的種分化の証明は，一般に困難である．現時点で同所的に分布する2種が，分化した際に同所的であったかどうかを検証することはきわめて難しい．植物では，海洋島（ロードハウ島）に固有なヤシの2種（*Howea belmoreana* および *H. forsteriana*）が同所的種分化によって生じた可能性のある例として知られている．これら2種は姉妹群の関係にあり，ロードハウ島が形成されてから後に種分化が起きたと推定されている．2種の開花期には明確な違いがあり，生育土壌の酸性度にも違いがみられる．このような違いは分断性淘汰を示唆するものであり，これらの2種が同所的種分化によって生じた可能性を示唆する．

●**倍数性の増加による種分化**　植物では，倍数性の増加が種分化につながる例が

多く知られている．通常，交配後隔離機構をもつ2つの二倍体種間では，交雑が起きた場合に後代が子孫を残すことができない．この現象を2種のゲノム構成の違いをもとに説明すると，種1がゲノムAA，種2がゲノムBBをもつ場合に，その交雑個体はゲノムABをもつことになり，異なるゲノム間での相同染色体対合が妨げられることにより交配後隔離が起こると考えられる．しかし，まれに生じる非還元配偶子同士の交配により生じた四倍体では，ゲノム構成がAABBとなり，減数分裂時にもAゲノムの相同染色体間，Bゲノムの相同染色体間で対合が起こることによって，配偶子を形成しうる．また，新たに生じた四倍体と元となる二倍体間では，二倍体間での交雑と同様にゲノムの非対称性により交配後隔離が確立している．このよ

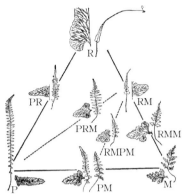

図4 網状進化の例：アパラチアに自生するチャセンシダの例：もとになる3種から複数の種が異質倍数体形成によって生じている［出典：Wagner Jr., W. H., *Evolution*, 8, p.104（Fig. 1），1954］

うな交雑と倍数化によって新たな倍数体が生じる過程を，異質倍数体形成と呼ぶ．植物では，異質倍数体の例は珍しくなく，植物の種分化の主要なモードの1つであると考えられている．異質倍数体形成による種分化は非常に短期間に起こりうる．例えば，キク科のバラモンジン（*Tragopogon*）属では，北米に移入した複数の二倍体から数十年以内に複数の四倍体種が異質倍数体形成により生じたことが知られている．また，異質倍数体形成が同じ種間で複数回生じていることも多くの例で知られており，異質倍数体形成は決してまれな現象ではない．異質倍数体形成によって近縁な複数の種群から複数の新たな種群が網目状に進化した例は植物ではよく知られており，網状進化という（図4）．

●**種間交雑による種分化** 異質倍数体形成とは異なり，倍数体形成を伴わないが，種間交雑が新しい種の分化につながる例も知られている．単に種間交雑で生じた個体が稔性をもっていたとしても，それだけでは母種との間での生殖的隔離が成立していないために，戻し交雑が起きることによって遺伝子流動が起き，種分化にはつながらない．しかし，交雑によって生じた個体に何らかの染色体の構造変化が生じ，母種との間で交配後隔離が生じる場合には，種分化につながる．キク科ヒマワリ属の2種 *Helianthus annuus* と *H. petiolaris* の交雑によって生じたと推定されている *H. anomalus* は，両母種との交配後隔離が成立しており，それは染色体の構造変化によるものであることがわかっている．また，*H. anomalus* は両親種とは明らかに異なる環境に生育しており，交配前隔離も生じている．

［牧 雅之］

適応放散

　適応放散とは，単一あるいは少数の先祖種から，異なったニッチ（生態的地位）に適応する過程で，それぞれが異なる特徴をもつように進化し，さらには別種に分かれていく現象を指す．このような現象が起きるためには，祖先種の生育する場所の周囲に，まだ他の生物に占められていない多様なニッチが存在する環境が必要である．現実的には，ほとんどのニッチは多様な生物種で満たされているものである．したがって，適応放散が起きるには，なんらかの理由でニッチが空くか，あるいは始めからニッチが占有されていない場所が形成される必要がある．

●**生物進化における大規模適応放散**　地球の生物進化の歴史の中でも新たなニッチがつくられたり，地球規模の気候変動が起きたときなどには大規模な適応放散が生じている．例えば，古生代カンブリア紀に起きた多細胞動物の急速な多様化，いわゆるカンブリア大爆発は，運動性に富む動物の出現により，これまでどのような生物も占有していなかった新しいニッチに進出することが可能となり，適応放散が起きたと考えられている．また，古生代シルル紀に起きたと考えられている植物の陸上進出の際も，今までほとんど生物に利用されていなかった陸上環境を利用できるようになり，その後の適応放散が起きたと想像される．

　急に大規模なニッチの空白が生じたとき，例えば生物の大量絶滅が起きた後などにも適応放散が起きている．例えば白亜紀の終わりに恐竜を含む大型爬虫類の大量絶滅後には，哺乳類の大規模な適応放散が起きている．植物でもこれに前後して絶滅とそれに続く新たな植物群の多様化が起きている．すなわち，それまで地上を優占していた裸子植物が少なくなり，被子植物が適応放散を起こして多様化している．ただし，被子植物の多様化には，昆虫などの送粉者や種子散布者との共進化も関係していると思われる．

●**大洋島における適応放散**　空白のニッチへの適応放散現象としては，大洋島における生物の種分化が代表的な例である．ガラパゴス諸島やハワイ諸島を始めとする大洋島，すなわち，近くに大陸や大きな陸地がなく，多くの場合，火山の噴火により新しく海上につくられた島嶼では，陸生生物が存在しない状態から始まる．大洋島に移住してくる生物は，遠く離れた大陸などから，海を越えて長距離移動分散をしなければならない．しかし，遠く離れた大洋の中の小さな陸地に無事たどり着ける可能性は非常に低いと思われる．その一方で，長距離を越えて移住に成功した生物の子孫は，空白のニッチを利用可能である．そのため，大洋島の生物相は，一般的に種数が少ないが，ある一種の共通祖先から種分化したと思われる種群が多数観察される．このようにして生じた適応放散による多様化の例

として，ガラパゴス諸島に分布するダーウィンフィンチが有名である．ダーウィンフィンチは15種ほどが知られているが，各種は主に食べる餌の種類によって特徴的な嘴の形態をもつ．これは，大陸などでは，通常，他の鳥によって利用されている餌を他種との競争がなく利用できるような環境がガラパゴス諸島に存在したため，多様な餌を利用

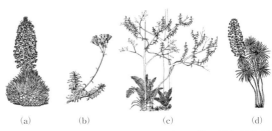

図1　ハワイ諸島における銀剣草類の適応放散：(a)銀剣草(草本)，(b)ドゥバウティア・スキャブラ(草本)，(c)ドゥバウティア・ラティフォリア(つる植物)，(d)ウィルケッシア・ジムノキシフィルム(木本)[出典：伊藤元己『植物分類学』東京大学出版会，p.42，図2-14，2013]

することが可能であり，自然選択の結果，それぞれの餌を食べるのに適応した嘴をもつようになったと考えられている．

　大洋島における植物の適応放散の有名な例として，ハワイ諸島の銀剣草の仲間をあげることができる（図1）．ハワイ諸島の各島は火山性の起源をもち，西から東にかけてその成立時期が若い．銀剣草と同属の植物は6種あり，すべて一回繁殖型の生活型をとる．この属に近縁なハワイの植物群は，ドゥバウティア属が約25種とウィルケッシア属の2種が生育する．ウィルケッシア属の植物はすべて木本性で，ドゥバウティア属は多様な生活型をもち草本植物からつる植物，さらに木本植物まで多様化している．またそれぞれの種の生育環境も多様であり，低地の亜熱帯降雨林から火山により形成された溶岩台地や高山荒原までと，非常に多様な環境に進出している．これらの植物群の種間の遺伝的な関係を調べた結果，銀剣草類の種間の遺伝的な分化の程度は，通常みられる同属の植物種間での遺伝的分化と比べ非常に低くなっていて，普通，種内の集団間で見られる程度であった．この結果から，ハワイ諸島における銀剣草類の適応放散は50万年から150万年の間に起こったと推定されている．このような比較的短い時間で，共通の祖先種から，草本から木本までの生活形や形態の変化，さらに低地の熱帯降雨林から高山の裸地への適応進化が起こっている．

　日本の大洋島では，小笠原諸島が有名であり，国内の他の地域に比べて固有種の割合が非常に高く，維管束植物においては約40％が固有種であるとされて，東洋のガラパゴスとも呼ばれている．小笠原諸島においてもハワイ諸島と同様に植物の適応放散がみられるが，ハワイ諸島やガラパゴス諸島に比べ，各島の面積は小さく山の標高は低い．そのため，被子植物では，1つの祖先種から適応放散により生じたと推定される種数は，トベラ属における4種が最大であり，ハワイ諸島でみられたような大規模な適応放散は起きていない．

[伊藤元己]

網状進化

種の多様化は，一般に1つの種が2つに分かれる分岐進化によって生じる．したがって，種間の系統関係は二叉分枝を繰り返す樹状図で表される．しかし，いったん分化した系統間で，種間交雑や細胞内共生さらに遺伝子の水平伝搬などにより二次的に遺伝物質であるDNAの移動が起こることがある．この場合，種間の系統関係は二叉分枝でなく網目状になるため，複数系統間の融合による進化を網状進化と呼ぶ（図1）．

図1　網状進化：系統間の融合が起こると網目が形成される

●**雑種種分化**　種間交雑が新しい種の形成に主要な役割を果たす種分化を雑種種分化，または二次的種分化と呼ぶ．種間雑種が新しい系統として安定化するプロセスにはいくつかある．

最も主要なものは異質倍数体形成である．ある程度遺伝的に分化した種間の雑種では，減数分裂時の相同染色体の対合がうまく起こらず，稔性の低下が生じる．この雑種が倍数化を起こし，2種のゲノム全体が重複すると同じゲノムの相同染色体が2個存在することになり，稔性の回復が起こる（図2）．例えば2種の二倍体種間の異質倍数体は四倍体となる．この異質倍数体と親種との交雑が起きると三倍体がつくられるが，奇数倍数性であるため不稔となる．つまり倍数化によって即時に生殖的隔離が成立する．倍数化がかかわる種分化の割合は，被子植物では15％，シダ植物では31％と推定されている．この推定値には同質倍数体（同じ種類のゲノムをもつ倍数体）も含まれているが，異質倍数体形成はきわめて一般的な植物の種分化機構であると考えられている．異質倍数体は作物にも多く，セイヨウアブラナ（四倍体）やパンコムギ（六倍体）などの例が有名である．

倍数化を伴わない同じ倍数性での雑種種分化を，同倍数性雑種種分化または組換え種分化と呼ぶ．異質倍数体の場合と違い，親種との倍数性の違いによる交配後隔離が存在しないため，雑種の安定化には，生育

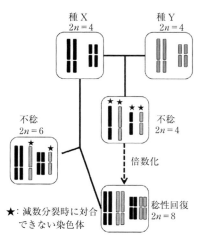

図2　異質倍数体形成

地隔離といった交配前隔離が重要だと考えられている．最も有名な例は，北アメリカのヒマワリ属での例である．交雑によってつくられた新しい遺伝子の組合せが，両親種にはみられない表現型を産みだし，新規の生育地への適応を可能としたと考えられている．

●**浸透性交雑**　雑種種分化のように，種間雑種が親種との間の生殖的隔離を発達させることができない場合には，雑種が親種との戻し交雑を繰り返し，一方の種の遺伝子が他方へ浸透していく交雑が起こる．これを浸透性交雑という．浸透性交雑は一方向性である場合も，両方向性である場合もある．浸透性交雑による葉緑体DNAの種間での移動は一般的な現象で，葉緑体捕獲と呼ばれる．この現象は，葉緑体DNA系統樹と形態，または葉緑体DNA系統樹と核DNA系統樹のトポロジーの不一致から検出することができる（図3）．

図3　浸透性交雑における遺伝子系統樹間の不一致

●**細胞内共生**　生命の進化の歴史上最も大きなイベントの1つは，真核生物の誕生である．真核生物の細胞内のミトコンドリアは，真正細菌のαプロテオバクテリアが細胞内共生したものだとされている．真核細胞の核ゲノムは，古細菌由来，細胞内共生したαプロテオバクテリア由来，その他の真正細菌由来，さらに真核生物固有の遺伝子のキメラである．さらにアーケプラスチダ（陸上植物・緑藻・紅藻・灰色植物）と呼ばれるグループは，原核生物のシアノバクテリアの細胞内共生によって光合成能力を獲得した．また，さまざまな系統の原生生物が，これらアーケプラスチダの二次共生によって光合成能力を獲得し，広義の植物の多様化が起きた．

●**遺伝子の水平伝搬**　有性生殖による親から子への遺伝子の伝搬以外の手段により，異なる系統間で起きた遺伝子の移動を，水平伝搬と呼ぶ．抗生物質耐性遺伝子のバクテリア間の水平伝搬はよく知られているが，原核生物から真核生物，さらに真核生物間でも水平伝搬は起きている．植物の光屈性や，葉緑体の光定位運動にはフォトトロピンという青色光受容タンパク質が関与している．高等なシダ植物では，赤色光でも葉緑体の光定位運動が起きるが，これはネオクロムと呼ばれるフィトクロムとフォトトロピンのキメラタンパク質が光受容体となっている．近年このタンパクの遺伝子は，コケ植物のツノゴケ類で誕生し，シダ植物に水平伝搬したことが明らかとなった．

［綿野泰行］

共進化

　生物は，自然界のさまざまな要因の影響を受けて進化している．植物では，温度，水分などの物理的な環境要因への適応がよく知られているが，植物が影響を受ける要因は，これら無生物的な要因だけではない．植物は固着性の生物であるため，特に繁殖に関連する過程（送粉や種子散布）を他の生物に依存している種が多い．

　このような関係の場合，植物は他の生物からの影響を受けて進化すると考えられるが，一方で植物とのかかわり合いをもつ生物も，植物からの影響を受けて進化する可能性がある．C. R. ダーウィン（C. R. Darwin）は1862年の著作の中で，距の長いランの1種（マダガスカル原産の *Angraecum sesquipedale*，図1）と，その送粉を行うであろう口吻の長い未知のスズメガの1種（ダーウィンの死後

図1　*Angraecum sesquipedale*（ラン科）：ダーウィンがこの花を見てガとの共進化の着想に至った（カラー口絵 p.1 も参照）

1903年後に発見され，その存在が予言されていたことを記念して *Xanthopan morganii praedicta* と名付けられた）の間に，双方に距または口吻の長さの変化を引き起こすような連鎖的な進化が生じていることを想定した．このように，2つ以上の生態的にかかわりのある生物が，お互いの進化に影響を与え合いながら進化していく現象を，特に「共進化」と呼ぶ．

●さまざまな共進化　共進化は，敵対関係，共生関係の別によらずさまざまな関係で生じる現象である．共進化研究が盛んになってきた1980年代には，共進化のパターンは主に種間関係の緊密さを基準として分類されていた．狭い意味での共進化は，上記のダーウィンが指摘した例のように，密接なかかわり合いのある生物2種が，緊密な関係性のもとで進化し合っていくことを示していた（一対一共進化）．これに対し，自然界での生物間の関係は，同じような生態的役割を示す複数の生物がかかわって形づくられていることが多い．このような関係では，種間の対応関係は一対一ではなく，多対多の関係になるが，それでも全体として

共進化が生じる事が実際には多い（拡散共進化）.

共進化研究の進展に伴って，たくさんの事例が集まり，種間関係の変化や多様化への影響などといった，共進化の帰結にかかわる観点からの共進化の分類が行えるようになってきた．J. N. トンプソン（J. N. Thompson, 1994）はこのような観点から共進化を7つの様式に分類した.

①共進化の結果，一方の生物が他方の生物の種分化を促進するような関係を多様化共進化と呼び，相互に依存度の高い共生関係にある生物間にみられる.

②敵対関係にある生物間の，防御機構と対防御機構との間の共進化の過程で，防御機構を進化させた生物に多様化が生じる場合を逃避−放散共進化と呼ぶ．植物と植食性昆虫との間の共進化，特に植物の防御機構として作用する二次代謝産物の多様化を伴うような共進化が代表的な例であり，P. R. エールリヒ（P. R. Ehrlich）と P. H. レイブン（P. H. Raven）（1964）が「共進化」という言葉を最初に用いて説明した関係でもある.

③軍拡競走共進化は，量的形質が一定方向に変化する共進化で，敵対関係に多くみられるが，植物と送粉者のような共生関係にもみられる．上述のダーウィンが指摘したランの距とスズメガの口吻の共進化などがこれにあたる.

④一対一共進化のように，関係性がお互いの存在に欠かせないほどの特殊化を遂げ，安定した相利共生関係が成立することを相互依存共進化と呼ぶ.

この他，⑤共進化の過程である種との関係性が弱くなると同時に他種との関係性が強くなることで，結果的に種間関係が変化する共進化的変更，⑥特定のニッチに侵入した競合種が共進化する過程で，絶滅とニッチに対応した進化が生じ，結果的にニッチを占める種が変わっていく共進化的回転，⑦局所的な遷移が生み出す植物の種間関係にみられる共進化遷移サイクルが，共進化の様式としてあげられている．このように，さまざまな種間関係に多様な様式の共進化がみられることが明らかとなっている.

●**生物の多様化をもたらす共進化**　従来，共進化を引き起こす種間関係には，集団間で地理的な変異はないものと考えられてきた．しかし実際には，非常に緊密な種間関係を除けば，種間関係は集団ごとに異なっていることが多く，ある集団では共進化が生じる種間関係が維持されているが，別の集団ではそのような関係がみられないということがある．このような場合，共進化している集団としていない集団では，その後の帰結は当然異なっており，これは集団間分化につながる重要な状況といえる．このように，共進化と関連する種間関係が集団間で異なることにより，共進化の与える影響が集団ごとに変化する状況を，共進化の地理モザイクと呼ぶ．地理モザイクは，共進化を遂げている種間関係に広くみられ，種間関係と共進化が集団間分化を通して生物の多様化に影響を与えることを示す重要な現象である.

［横山　潤］

染色体とゲノム

 生物多様性を調べる手段としてDNAが万能のようにいわれるときに，染色体で何が研究できるのだろうか．以下に染色体とはどのようなものなのか，概説する．

●**染色体の形質（長さ，数，形）** 真核生物の染色体は折りたたまれた線状DNA，RNA，核タンパク質などで構成される．染色体の形質はテロメア（末端小粒），動原体（一次狭窄），二次狭窄で特徴付けられる．テロメアは染色体の両端にのみ知られる構造で光学顕微鏡でも観察されてきた．テロメアはt-DNAの多重反復で，他のDNAの末端部と結合しない機能をもつことが分子生物学的な研究でわかった．テロメアによって線状DNAからなる染色体の長さが決まり，また染色体の数も安定する．細胞分裂では，染色体は紡錘糸の働きで両極へ移動する．紡錘糸は染色体の動原体部分へ付着する．動原体はキネトコア構成タンパク質，セントロメアDNAからなる．動原体は1つの染色体に1つあり，位置は染色体ごとに決まっている．染色体が放射線などの影響で切断されると，動原体を含む部分は紡錘糸が付着して両極へ移動するが，含まない部分は移動しないで，やがて消滅する．正常な細胞の場合，配偶子に含まれる染色体数をnで，配偶子が合体してできた接合子（接合体）の体細胞に含まれる染色体数を$2n$で表現し，例えばパンコムギの染色体数は$n=21$，$2n=42$と表す．ほとんどの生物で二次狭窄という，動原体とは異なるくびれ構造をもつ染色体が知られる．特定の染色体にみられ，付随体染色体という．細胞分裂期の前期から中期にかけて仁に付着した状態で観察される．これはリボソームRNAを合成するr-DNAの分布する部位で，細胞分裂中も完全な中期になる直前までリボソームRNAが合成されるためにr-DNAは折りたたまれない状態のままとなり染色体の一部が切れたようにみえる．染色体の形は染色体長，動原体の位置，そして二次狭窄の位置で決まる．

 種によって染色体の数，個々の染色体の長さ，形は決まっていて，これを染色体組，または核型といい，種を特徴付ける形質の1つとして利用される．

●**染色体の変異（長さ，数，形）** 染色体の長さは分類群によって約1μmから約20μm以上と大きく異なる．当然DNA量は異なるはずだが，遺伝子数はあまり違わないといわれる．同じ分類群の種の染色体数を比較すると，最も少ない数の種とその整数倍の数の種がある．最も少ない数の半数をそのグループの染色体基本数としxで表し，その整数倍のものを倍数体という．例えば，パンコムギのグループには$2n=14$，28，42の3通りがあり，それぞれ$x=7$の二倍体，四倍体，

六倍体といい，このような状態を倍数性という．一方，同じ分類群の種でも整数倍を示さない場合がある．キンポウゲ属植物では $2n=14$ などの $x=7$ の整数倍を示す種と，$2n=16$ などの $x=8$ の整数倍を示す種とがある．このような関係を異数性という．

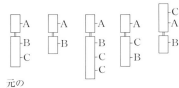

図1 染色体構造の変化による形の変位：C部分で起こる場合を示す

突然変異で染色体の構造変化（遺伝子の直線的配列の変化）を生じることがある．欠失，重複，逆位，転座がある．欠失と重複は生じた個体の1細胞内すべての染色体の長さの合計（＝DNA量≒遺伝子量）が変わり，逆位と転座では染色体の長さの合計は変わらない．逆位は染色体の形が変化しないこともあるが，遺伝子の位置は変わる．転座は複数の染色体間で起こった場合はそれらの染色体の形が変わる．そして，これらの変異で遺伝子の染色体内での位置関係が変わる．構造変化の結果，染色体の形が変われば核型の変化としてとらえられる．正常型個体と変異型個体との間で交雑が起こった場合，交雑株では減数分裂を経て配偶子を形成するとき，構造変化を起こした染色体と元の染色体との間で相同な部分間で対合しようとしてさまざまに複雑な対合が起こる．その結果，配偶子間で遺伝子の量や質が不均一になる．中でも生殖に関係する遺伝子を含まない細胞ができると稔性の低下を招く．同様に，異なった倍数体，または異数体の間で雑種ができると配偶子ごとに染色体数は安定せず，稔性が低下する．

染色体の数や形の変化は遺伝的隔離の要因となり，個体間，種間での核型の比較（核型分析）は種分化などの分類群間の分化の解析に有効な手段となる．

●**ゲノム** ゲノムという概念は半世紀以上前にコムギ属植物の系統類縁関係を染色体の形質をもとに研究している過程で提案された（「ゲノム分析」参照）．2倍体の配偶子のもつ遺伝子の情報を基本におく．最近，系統樹を構築するための方法としてDNA塩基配列を解析し，その結果をもとに分類群間の近縁関係を統計的に推定する処理法が発展してきた．そして，シロイヌナズナで「全ゲノムの解析は2000年に完了した」といわれるように，ゲノムという概念は最初の提唱と異なり，生物（配偶子ではなく接合子，または接合体）のもつ遺伝子の情報，特にDNA塩基配列を意味するようになっている． ［岡田 博］

📖 **参考文献**

[1] C. P. スワンソン他『現代遺伝学シリーズ4 細胞遺伝学』吉川秀男監訳・福士靖江訳，共立出版，1969.
[2] 福井希一他『クロモソーム 植物染色体研究の方法』養賢堂，2006.

ゲノム分析

　ある生物のもつ遺伝情報の総体を「ゲノム」と呼ぶが，かつて「ゲノム」は染色体と関連づけて定義されていた．H. ウィンクラー（H. Winkler）は「配偶子がもつ染色体セット」としてゲノムを定義し，木原均は「生物をその生物たらしめるのに必須な最小限の染色体セット」として定義し直した．「ゲノム分析」とは言葉そのまま解釈すれば生物のゲノム構成を明らかにすることであり，現代の生物学ではこの意味で使われることが多い．狭義には，古典的な「ゲノム」の定義に従い，減数分裂時の染色体の対合の度合いから，生物の持つ染色体セットの相同性を調査する実験手法を意味する．ここでは，狭義の「ゲノム分析」について記述する．

●**減数分裂時の相同染色体の対合**　減数分裂では，第一分裂間期に染色体が複製し，第一分裂，第二分裂と2度の有糸分裂を行って，染色体数の半減した娘細胞（配偶体）が形成される．減数分裂の第一分裂前期において，相同染色体（二倍体生物に存在する形状，遺伝子の並び，塩基配列がほとんど同じ一対の染色体で，雌性配偶子から1本，雄性配偶子から1本もたらされる）が，シナプトネマ複合体と呼ばれるタンパク質群によってつながれた染色体を形成する．これを二価染色体と呼ぶ．第一分裂前期において相同な染色体領域のみが対合することは，転座や逆位といった構造異常染色体をヘテロにもつ植物の対合様式から明らかである．ゲノム分析では，この相同性依存的（homology dependent）な染色体対合を利用して，ゲノム間の類縁度を評価する．都合のいいことに，対合した二価染色体は第一分裂後期に進行するまでキアズマによって維持されるため，対合の起きなかった一価染色体と光学顕微鏡下で明瞭に区別できる．

●**ゲノム分析の実際**　ゲノム分析は倍数体を構成するゲノム（サブゲノムとも呼ばれる）の供与種を推定する場合に威力を発揮する．分析対象となる倍数体（ここでは四倍体を想定）とゲノム供与が疑われる二倍体種（アナライザーと呼ぶ）とを交配し F_1 雑種を得る．この F_1 雑種の減数分裂時の対合を観察し，二価染色体の形成頻度を求める．分析対象の種が同質四倍体であった場合，ゲノム供与種との交雑雑種では三価染色体を形成するのに対し，それ以外のアナライザーとの F_1 では染色体基本数と同じ数の二価染色体と一価染色体が形成される．分析対象の種が異質四倍体であった場合には，2種のゲノム供与種との F_1 では染色体基本数と同じ数の二価染色体と一価染色体が形成され，ゲノムを供与しなかったアナライザーとの間の F_1 では，基本数の3倍の数の一価染色体が観察される．

　上記の理論頻度と観察頻度を比較して，異質・同質倍数性，ゲノム供与種が推

定されるが，実際には，染色体の同祖性，部分相同性，転座や逆位といった染色体構造多型の影響を受けて，多価染色体，一価染色体が期待頻度以上に形成されることが多い．この場合には，染色体腕あたりのキアズマ頻度，分析対象種そしてアナライザー自身の染色体対合のデータを含めて統合的に解釈する必要がある．また，推定したゲノム構成は，祖先種ゲノムを組み合わせた人為倍数体と分析対象倍数体の交雑雑種の染色体対合（二価染色体のみの形成が期待される），稔性，外部形態の比較によって確定される．この手法によって，木原と共同研究者らはパンコムギのゲノムが四倍性コムギとタルホコムギに由来すること，四倍性コムギと二倍性コムギがAゲノムを共有することなど，コムギとその近縁種の倍数性進化の過程を明らかにした．ゲノム分析はイネ属やワタ属など広範な植物種に適用された．また，倍数性種を半数体化し，同一ゲノムの重複を調査する方法もゲノム分析に含まれる．アブラナ属では半数体あたりの染色体数が 8, 9, 10 と異なる 3 種の二倍体種，そしてそれらの交雑によって生じた半数体あたり染色体数が 17, 18, 19 の異質四倍体のすべてが栽培されていることが明らかになっている（3 つの二倍体種を頂点としそれぞれを祖先種とする四倍体を各辺の中点に配置したアブラナ属倍数体のゲノム関係を示す模式図を発見者の名を付けて「禹の三角形」と呼ぶ）．この研究成果は単に倍数性種のゲノムの帰属を明らかにしただけでなく，二倍体の交雑と染色体倍化（複二倍体化）により新しい作物を創生できる可能性を示した点で育種学的にも重要である．

●ゲノム分析の課題　ゲノム分析を行うには，①ゲノムを供与したと推定される二倍体が現存し，染色体数が確定していること，②交雑によって種間雑種が育成できることという前提がある．したがってゲノム分析では交雑可能な狭い範囲の生物種のゲノムの類縁度の推定しかできない．そして，ゲノム供与種間の交配の方向は母性遺伝する因子（細胞質ゲノムなど）の解析が必要である．また，パンコムギの *Ph* 遺伝子のように染色体対合に影響を与える遺伝子座も知られている．さらに，ゲノミック *in situ* ハイブリダイゼーションで識別されるような比較的遠縁な染色体間でも対合を生じることが，複数の属間雑種で示された．シロイヌナズナでは人為的に作出された同質倍数体が作出初期には多価染色体を形成するが，急速に二倍体化することが報告されている．

　以上のように，染色体対合には相同性以外の因子の影響もあるので，塩基配列の解読が容易になった現在，ゲノム分析によって種の類縁関係を明らかにする利点はほとんどない．一方で，ゲノムの相同性に基づく染色体の動態は，異種染色体間の補償的な組換え，組換え頻度，雑種の稔性，非還元配偶子形成，選択的染色体脱落などに大きな影響を及ぼし，交雑育種の成否に関わる大きな要因の 1 つである．染色体対合につながる減数分裂時の相同配列の探索の分子メカニズムは未知であり，今後解明されるべき大きな課題といえよう． ［那須田周平］

細胞質遺伝

　動植物など真核生物の体を構成している細胞は，核膜でおおわれた核をもつ真核細胞である．核内には遺伝情報の本体であるDNAが存在している．真核細胞から核を除いた部分を細胞質と呼ぶ．細胞質は細胞小器官とそれ以外の水溶性の領域である細胞質ゾル（細胞質基質）とに分けられる．細胞小器官のうち，ミトコンドリアと葉緑体は二重の膜構造をとり，その内部に独自のDNAをもつ．ミトコンドリアと葉緑体が二重の膜構造であり，それぞれ独自のDNAをもつ理由は，細胞内共生説で説明できる．核DNAによる遺伝情報を核ゲノムと呼ぶのに対し，ミトコンドリアと葉緑体にある遺伝情報を細胞質ゲノム（オルガネラゲノム）と呼ぶ．細胞質ゲノムによる遺伝現象を細胞質遺伝と呼ぶ．

●**細胞質遺伝の発見**　1909年，ドイツの植物遺伝学者C. E. コレンス（C. E. Correns）とE. バウア（E. Baur）によって，それぞれ独立にメンデルの遺伝の法則によらない「非メンデル遺伝」が発見された．コレンスはオシロイバナの葉の色の形質の遺伝様式を調べ，葉色形質が母親のみから伝達され，花粉親の葉色形質は遺伝しないことを発見した．一方，バウアはテンジクアオイの葉色形質の遺伝様式を調べた．彼は緑色葉植物と緑−白色まだら葉植物の雑種後代では，緑葉，白葉，まだら葉の植物が生じるが，どちらの植物を母親に用いるかで結果が異なることを発見した．バウアは葉緑体のもととなる色素体には遺伝物質が存在し，その遺伝物質は変化し得るものであるとする解釈を示した．つまり，正常な遺伝情報をもつ色素体は葉緑体へと分化するが，正常な遺伝情報をもたない色素体は白色のままとなり，まだら葉の植物体では葉緑体をもつ細胞と白色体をもつ細胞がキメラ状に混在しているとした．葉緑体（色素体）の子孫への伝達は，受精の際に卵細胞からのみ伝達する母性遺伝と，卵細胞と花粉の精細胞の両方から伝達される両性遺伝がある．コレンスが実験に用いたオシロイバナをはじめタバコ，コムギ，シロイヌナズナなどは母性遺伝であることが知られている．一方，マツヨイグサやバウアが実験に用いたテンジクアオイは両性遺伝である．母性遺伝の主な原因は，花粉における精細胞の形成過程での色素体核の消失である．また，スギや，カラマツ，トウヒなどの針葉樹では，逆に父性遺伝である．

●**葉緑体ゲノム**　世界で最初に葉緑体ゲノムの全DNA塩基配列を決定したのは日本人で，1986年，京都大学の研究チームによってゼニゴケの，名古屋大学の研究チームによってタバコの葉緑体ゲノムが解明された．その後，イネ，クロマツ，コムギなどで次々と葉緑体ゲノムの塩基配列が決定され，現在では500を超える種の葉緑体ゲノムが明らかになっている．葉緑体ゲノムは単一環状分子であ

り，ゲノムサイズは植物種間で類似し，120〜160 kbp 程度である．葉緑体ゲノムには110個程度の遺伝子がコードされており，その内訳は光合成にかかわる遺伝子，RNAポリメラーゼ遺伝子，リボソームタンパク質遺伝子，リボソームRNA遺伝子，トランスファーRNA遺伝子である．光合成にかかわる遺伝子はすべてが葉緑体ゲノムにコードされているのではなく，長い進化の過程で，一部は核ゲノムへ移行されている．例えば，リブロース1,5-ビスリン酸カルボキシラーゼ/オキシゲナーゼ（Rubisco）の大小サブユニットのうち小サブユニットは核ゲノムにコードされている．葉緑体ゲノムの変異による形質として，葉緑素異常や除草剤耐性などがある．また，葉緑体の正常な機能発現には多くの核遺伝子が関与しており，これらの核遺伝子の変異は，変異形質が母親から子に伝達されるため，一見，細胞質遺伝現象と同じように形質が子孫に伝達するようにみえる．トウモロコシの*Iojap*遺伝子はその例である．

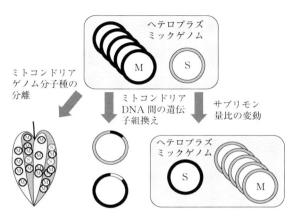

図1 植物ミトコンドリアゲノムの存在様式：植物ミトコンドリアゲノムは，分子内および分子間組換えにより主ゲノム（M）からさまざまな分子量のサブリモン（S）を生じ，それらがミトコンドリア内でさまざまな量比で共存している．さらに発生に伴う細胞分裂によって，植物体組織にはさまざまなタイプのミトコンドリアゲノム分子種をもつ細胞がセクター状に存在している
［出典：Woloszynska, M., *Journal of Experimental Botany*, 61(3): 664, 2010］

● ミトコンドリアゲノム　脊椎動物のミトコンドリアゲノムが16〜17 kbpと小型で比較的均一であるのに対し，植物のミトコンドリアゲノムは種間で大きなゲノムサイズの差異があり，例えばシロイヌナズナは367 kbpであるのに対しイネは492 kbpであり，マスクメロンは2400 kbpと推定されている．また，葉緑体ゲノムが単一環状分子であるのに対し，ミトコンドリアゲノムは反復配列による分子内および分子間組換えによってサイズや構造の異なる複数の分子種（サブリモン）が不均一に存在するいわゆるmultipartite構造をとっている（図1）．ミトコンドリアゲノムには60〜90個程度の遺伝子があるが，自身の遺伝子を転写するRNAポリメラーゼの遺伝子は核ゲノムへ移行されている．また，ミトコンドリアゲノムには，組換えによって生じたと思われる新規のORFが多数存在し，その中には，細胞質雄性不稔の原因となる遺伝子も同定されている．近年，ミトコンドリアゲノムの作用による花成の変化や病害抵抗性の変化などが報告されている．　［村井耕二］

生殖と繁殖

　生殖とは生物が同じ種類の新しい個体を生産することを意味する．繁殖は生殖とほぼ同義に用いられるが，個体数の増加に意味の中心がある．種子植物が新しい個体を生産する手段としては，種子を介する種子繁殖（表1）と栄養器官を介する栄養繁殖（表2）とがある．シダ植物・コケ植物においては，個体数の増加は，胞子による繁殖と栄養繁殖を介して起こる．以下では，まず種子植物について詳述し，シダ植物・コケ植物については最後に説明する．

●**有性生殖と無性生殖**　生殖には，雄性配偶子と雌性配偶子との接合を伴う有性生殖と，体細胞または減数を伴わない生殖細胞に由来する無性生殖とがある．種子繁殖には有性生殖と無性生殖とがある（表1），栄養繁殖はすべて無性生殖である（表2）．有性生殖では，両親とは遺伝的に異なる個体がつくられる．無性生殖では親と遺伝的に同じクローン個体がつくられる．栄養繁殖をする植物においては，生理的に独立した個々の株をラメットと呼び，単一の種子（接合体）に由来するラメットの集合をジェネットと呼ぶ．

●**他殖と自殖**　種子植物の有性生殖では，雄蕊の葯からの花粉が，雌蕊の柱頭に到達する必要がある．他個体の花粉を受ける場合を他家受粉，自身の花粉を受ける場合を自家受粉という．他家受粉による交配が他殖，自家受粉による交配が自

表1　種子植物における種子繁殖の様式

有性生殖/無性生殖	交配個体の性様式	交配の機構	他家受粉促進機構	繁殖保障機構
有性生殖	雌雄異株		○	
	雄性両全性異株		○	
	雌性両全性異株		○	
	異型花柱性	（相互対位性の）雌雄離熟/同型自家不和合性	○	
	雌雄異花同株	単性花	○	
	両全性株	雌雄離熟	○	
		雌雄異熟	○	
		自家不和合性	○	
		自家和合性		△
		自動自家受粉		○
		閉鎖花		○
無性生殖	無融合生殖	無融合種子形成		○
		不定胚形成		○

［注］△：他家受粉促進機構と両立する場合がある．

殖である．

　個体間の送粉が十分であれば，他殖を促進する機構が進化しやすい．他殖が卓越すると，弱有害突然変異（ヘテロ接合では表現型に効果がなく，ホモ接合となったときに個体の生存力や繁殖力を低下させる突然変異）が集団内に蓄積する．そういった集団では，近交弱勢（自殖由来の個体の相対適応度が他殖由来の個体よりも低下すること）により，他殖を促進する機構が維持される．

　個体間の送粉が期待できない場合は，種子繁殖が安定して維持されるための繁殖保証が重要となる．その場合，自家受粉が進化し，自殖が主な交配様式となる．自殖集団では弱有害突然変異は集団内に蓄積せず，近交弱勢がみられない．

　以上の理由から，種子繁殖における交配の仕組みは，「他家受粉促進機構」あるいは「繁殖保証機構」として理解される（表1）．

●**個体の性，花の性を分ける他家受粉促進機構**　花は，雄蕊と雌蕊を1つの花の中にもつ両性花を基本形とする．片方の性だけからなる単性花は，雄花・雌花と呼ばれる．また，個体の性に着目した時には，雌雄両性をもつ株を両全性株，雄性個体を雄株，雌性個体を雌株と呼ぶ．花の性と個体の性は必ずしも一致せず，種子植物の性表現は多様である（表1）．

　雌雄異株では，雄花をもつ雄株と雌花をもつ雌株との間で交配が起こる．また，雄株と両全性株があるものを雄性両全性異株と呼び，雌株と両全性株があるものを雌性両全性異株と呼ぶ．両全性株ではあるが，個体によって異なる花型をもつ例があり，その代表が異型花柱性（異花柱性）である．例えば，二型花柱性では長花柱花（ピン）と短花柱花（スラム）の2型がある．ピンでは雄蕊が短く雌蕊が長く，スラムでは雄蕊が長く雌蕊が短いという相互対位性の雌雄離熟を示す．送粉昆虫の体表における花粉の付着位置を介して，相互に違う花型の花粉が柱頭に付着する．さらに同型自家不和合性を示し，異なる花型間でのみの交配が起こる．また，個体としては両性であるが，同一個体内に雄花と雌花をつけるものを雌雄異花同株という．

●**両性花における他家受粉促進機構**　両性花をもつ両全性株のみからなる種においては，同花内の受粉を避ける機構がみられる（表1）．雌雄離熟においては，葯と柱頭を空間的に離して配置する花構造をもつ．雌雄異熟では，葯が裂開する時期と，柱頭が成熟する時期とが異なる．雄機能の時期が先行する場合を雄性先熟，雌機能の時期が先行する場合を雌性先熟という．さらに，隣花受粉（同一個体内の花間の受粉）による自殖を避けるために，個体内の花間で開花の位置や時期が離れている場合がある．

　自家不和合性は，自家受粉が起きた場合でも自殖が避けられる仕組みである．柱頭に自家花粉が付着した場合に，花粉管の伸長が柱頭表面あるいは花柱内で阻害される．自家不和合性遺伝子座（S遺伝子座）により制御され，雌蕊組織と共

有する対立遺伝子をもつ花粉による受精を排除する．花粉がもつ対立遺伝子を認識して排除する仕組みを配偶体型自家不和合性，花粉が由来した個体（花粉親）の持つ対立遺伝子を認識して排除する仕組みを胞子体型自家不和合性と呼ぶ．自家不和合性をもつ場合でも，自家花粉が柱頭をおおうことは，花粉を浪費し他家花粉の到達を妨げる．そのため，他の他家受粉促進機構を併せもつことが多い．

自家和合性は，自殖が起こるための必須条件ではあるが，必ずしも高い自殖率と結びつくとは限らない．自家和合性が他家受粉促進機構と組み合わされている場合，他殖種子と自殖種子の両方がつくられる．

●**繁殖保証機構**　個体間の交配が期待できない場合は，自殖種子を確保することで種子繁殖を確かなものとする繁殖保証が重要となる．自動自家受粉とは，自身の花粉を積極的に柱頭に付着させる仕組みである．閉鎖花では，開花することなく花内において自動自家受粉が起こる．通常に開花する開放花も併せもち，部位や時期によって閉鎖花をつけるものが多い．閉鎖花を地中につくる例もあり，地中花と呼ばれる．

●**種子を介した無性生殖**　配偶体の融合なしに種子が形成される場合を無融合生殖という．胚珠内の胚嚢が減数せずに受精なしに種子となる場合を，無融合種子形成という．また，珠心などの胚珠内の体細胞から胚が形成されて種子となる場合を不定胚形成という．

●**散布体としての種子**　種子では，散布体としての多様化が進んでいる．種子散布の様式には，重力散布，風散布，水散布，機械散布，動物散布などがある．

重力散布種子においては，単純に落下するものと，落下時のスピードを利用してプロペラやグライダーの原理で遠くに散布されるものとがある．風散布種子は粉末のように小さい場合と，冠毛，翼などの風に乗りやすい構造をもつ場合とがある．水散布では，撥水性の果皮や種皮の内側に空隙をもつことにより水に浮遊して運ばれる．特に海水面を運ばれる場合を海流散布と呼ぶ．機械散布種子では種子を弾き飛ばすための果実構造をもつ．動物散布には，付着散布，消化管散布，貯食散布，アリ散布がある．付着散布種子は，粘液やかぎ状構造で動物の体表や毛皮に付着して運ばれる．消化管散布では，果実が動物や鳥に食べられることで，種子が消化管に滞留している間に運ばれ，糞と一緒に排出される．貯食散布では，齧歯類や鳥類が貯食のために堅果を運び，その一部が忘れさられることで散布が成立する．アリ散布種子にはエライオソームと呼ばれる付属体がついており，これを餌として利用するアリが種子を運搬する．

●**栄養繁殖**　芽・葉・茎・根などの栄養器官に由来して新たな個体がつくられる繁殖方法を栄養繁殖と呼ぶ．その様式は非常に多様であり，代表的なものを説明する（表2）．

地上部のシュート（芽/茎/葉）に由来する栄養繁殖としては，むかご，茎断片，

走出枝，葉上不定芽などがある．むかごは，球状で葉腋部に形成され，茎から分離して散布される．また，茎断片の腋芽が成長して新たな植物となる場合がある．走出枝とは，長く匍匐する分枝で，その腋芽や頂芽に新たな個体が形成される．葉上不定芽では葉の上に形成された不定芽から新しい個体ができる．

表2 種子植物における栄養繁殖の様式

有性生殖/無性生殖	由来する栄養器官	栄養繁殖の様式	地上/地下	長距離散布の可能性
無性生殖	シュート（芽/茎/葉）	むかご	地上	○
		茎断片	〃	○
		走出枝	〃	
		葉上不定芽	〃	
		分げつ	地下	
		根茎	〃	
		塊茎	〃	
		鱗茎	〃	
		球茎	〃	
		殖芽	〃	○
	根	塊根	地下	
		根萌芽	〃	

地下部のシュートに由来する栄養繁殖の例として，分げつ，根茎，鱗茎，塊茎，球茎があげられる．分げつは地下部における短い分枝による新個体の形成をさす．根茎は地下を横走し，腋芽や頂芽から新たな個体が形成される．鱗茎，球茎，塊茎は，特に球状やイモ状に発達した貯蔵器官として形成される．また，水生植物において水底の泥中に形成され，発芽して新たな個体をつくることができるシュート由来の器官を殖芽と呼ぶ．根に由来する栄養繁殖の器官として，イモ状の塊根がある．また，根に形成された不定芽から新たな株が生じる場合を根萌芽と呼ぶ．

大半の栄養繁殖においては，新しい個体が散布される距離は短い．ただし，むかご，茎断片，殖芽は散布体として長距離を運ばれる可能性がある（表2）．

●**シダ植物・コケ植物** シダ植物・コケ植物は胞子により繁殖する．胞子は，減数分裂を経て胞子体上に形成される．そのため，胞子は遺伝的には均一ではない．また，有性生殖は，胞子が発芽してつくられる配偶体上に形成される造精器と造卵器の間で起きる．そのため，胞子による繁殖は，単純に有性生殖にも無性生殖にも位置づけることができない．

コケ植物では，胞子が発芽した配偶体がいわゆる植物体である．蘚類では茎葉体，タイ類では葉状体を形成する．栄養繁殖も盛んに行われる．雌雄同株のものと雌雄異株のものがある．造卵器内の卵細胞が受精すると，造卵器上に蒴と呼ばれる胞子嚢と柄からなる胞子体が形成され，蒴内に胞子が形成され，分散する．

シダ植物では，胞子が発芽した配偶体は前葉体となる．前葉体上に造精器と造卵器ができる．受精すると，生長して大型で独立の胞子体となる．地上や地下を走る走出枝や，その他の栄養器官から栄養繁殖を行う種もある．葉の裏面や縁につくられる胞子嚢の中に胞子が形成され，分散する． ［工藤 洋］

胞子と胞子嚢

胞子は無性生殖にかかわる細胞である．胞子体上で胞子母細胞が減数分裂してつくられ，核相は単相である．胞子壁の表面模様は種類によってさまざまである．コケ植物とシダ植物では胞子は散布された後，発芽すると配偶体に成長し，そこで受精して胞子体になる．種子植物は小胞子と大

(a) 大胞子

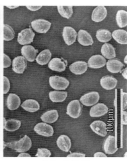
(b) 小胞子

図1　ミズニラの異形胞子［撮影：高宮正之］

胞子に分かれ，小胞子は花粉に成長して放出されるが，大胞子は胚珠の中にとどまる（図1）．小胞子は直径約 50 μm 以下で同形胞子と同じ大きさであり，大胞子は種によっては約 10 倍にまでなる．胞子は不動胞子であるが，一部の藻類には鞭毛をもった動胞子がある．

胞子をつくる胞子嚢は多細胞でできており，2種類がある．大部分のシダ類では1個の細胞から生じる薄嚢であり，その他のシダ植物と種子植物では多細胞から生じる真嚢である．被子植物の小胞子嚢は葯と呼ばれる．しかし，種子植物の大胞子嚢は退化して胚珠に内在する．一方，藻類の胞子嚢は単細胞性である．胞子嚢は成熟すると裂開するが，シダ類の胞子嚢には裂開を助ける環帯が分化している．コケ植物の胞子嚢は胞子体あたり1個であるのに対し，前維管束植物とシダ植物，種子植物は多胞子嚢植物と呼ばれ，複数個つくることができる．胞子壁は厚い層からできており，主成分はスポロポレニンという高分子化合物である．そのため，耐乾性に優れ，空中を飛散できる点で藻類のとは異なっている．

有性生殖する植物では，胞子ができるときに減数分裂が起きる．その際，2回の細胞分裂のうち1回が省略するか，胞子母細胞が倍数化したあと減数分裂して非減数胞子ができることがある．非減数胞子は偶発的につくられ，倍数体の形成にかかわるのであろう．

非減数胞子が生活環の中で規則的につくられることがあり，それが無配生殖（無融合生殖）である．無配生殖は，非減数胞子の形成と，その後の配偶体での狭義の無配生殖（栄養繁殖による胞子体形成）の2つから成り立っている．非減数胞子を経る無配生殖は染色体や遺伝子の組換えがふつう起こらないので，子孫はク

ローンである．そのため，突然変異が起こっても有性生殖の場合より集団中に広がりにくく，独立に生じた突然変異が同一個体（ゲノム）に集まって変異がより大きくなることもない．

●**異形胞子植物の進化**　シダ植物のほとんどは同形胞子植物であるが，一部のシダ植物とすべての種子植物（裸子植物と被子植物）は異形胞子植物である．植物の進化の過程で，同形胞子から異形胞子が進化したといえる[1]．その進化は少なくとも11回，独立に行われた．ミズニラ属を含むイワヒバ目の系統，水生シダの系統（サンショウモ属，アカウキクサ属，デンジソウ属），および前裸子植物と種子植物の系統などが異形胞子植物である．最大の群は前裸子植物〜種子植物の系統であり，同形胞子から異形胞子への進化は維管束植物の進化の主流である．一方，ミズニラ属と水生シダは水生植物であり，水生という生活形と異形胞子が関連している．

　同形胞子か異形胞子かは，雌雄性と深いかかわりがある．同形胞子植物の配偶体は卵細胞と精子の両方をつくることができる．これに対して，異形胞子シダ植物では大胞子から卵細胞だけをつくる雌の配偶体が，小胞子からは精子だけをつくる雄の配偶体が生じ，胞子の段階で性との対応が決まっている．被子植物では性決定はもっと早くて，雄蕊，雌蕊という花器官にそれぞれ小胞子，大胞子のみがつくられる．このように同形胞子から異形胞子への進化は，性の早期決定をもたらしたといえる．さらに，異形胞子から成長した配偶体にも違いがみられる．小胞子は発芽すると胞子壁から出て，胞子よりも大きい雄性配偶体になるが，大胞子は胞子壁の中で雌性配偶体に成長して，そのまま宿存する．後者を内生胞子という．

　同形胞子と異形胞子の植物は受精様式でも大きく異なっている．同形胞子植物では配偶体は両性であるので，同一配偶体（同一胞子体由来でもある）上にできた精子と卵が受精するという自家自配受精が起こる．その結果，有害遺伝子がホモとなり発現する．このような同形胞子シダ植物の基本染色体数は異形胞子植物よりも2〜3倍多いので，かつて倍数体化が起こった，つまり古倍数化の結果であると示唆された．倍数体だと相同染色体間でホモであっても同祖染色体間ではヘテロになることがあり，有害遺伝子でも劣性だと発現しない．実際，同種内倍数体や，倍数性が異なる近縁種間で比較した研究によると，いずれも高倍数体の方が自配受精の頻度が高い．そのため，同形胞子植物は古倍数体であろうと推論された．だが，この古倍数体仮説は未解決のままである．一方，異形胞子植物では自家他配受精や他家受精しか起こらないので，生殖的に有利な状態にある．

［加藤雅啓］

参考文献
[1] 加藤雅啓編『バイオディバーシティ・シリーズ2 植物の多様性と系統』裳華房，1997

花　粉

　花粉学は，花粉や胞子の表面模様や発芽口の構造などにみられる多様な微細形質に注目して研究する分野であり，生態学や地質学と深いかかわりがある．花粉や胞子の外壁は，熱にも強く分解されにくいスポロポレニンと呼ばれる高分子物質で構成されており，数億年前の地層の中にも残っている．そのために，地層の層順に従って採取した堆積岩から得られた花粉化石を分類することで定量的解析ができ，古植生の変遷過程を復元することができる．この特性を利用して花粉学はこれまでにも，分類群の類縁関係や古気候の変遷過程の解明に役立ってきた．

　走査型や透過型の電子顕微鏡の発達に伴い，現生植物群の花粉形態や花粉外膜の構造がより詳しく明らかにできるようになってきた．原始的な被子植物群の花粉外膜の構造に多様性があることもわかり，被子植物の系統や起源との関連で議論されるようになった．

●**花粉の分類**　花粉には，多様な表面模様や発芽口などがみられ，それらの微細な構造が現生の植物の分類形質として注目されてきた．花粉にみられる形質は，単に分類群を区別する特徴だけでなく，実は植物の系統関係と密接な結びつきがあることがわかってきた．例えば，花粉の極性と発芽口の形成位置は原始的被子植物群，単子葉群，真正双子葉群の系統関係と深く関係していることが明らかになっている．

　被子植物の花粉の基本的なタイプとして，発芽口の数と形状で分けられる．発芽口には，孔，溝の他に孔と溝が組み合わされた溝孔タイプなどがある．これら

図1　サハリンの後期白亜紀の地層から発見された三溝型花粉化石

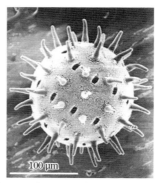

図2　現生のムクゲ(アオイ科)の花粉：多くの突起と発芽口をもっている進化したタイプの花粉である

の発芽口の形状と数によって，花粉型が分けられる．つまり，単溝型，単孔型，三溝型，三孔型，三溝孔型，散孔型などである．これらの中で，1本の発芽溝がある単溝型と，3本の発芽溝がある三溝型が基本的なタイプである．単溝型と三溝型の2つの花粉型は，単に発芽溝の数だけの違いでなく，発芽溝の形成位置の極性に違いがある．この発芽溝の形成位置の極性が，原始的双子葉群＋単子葉群と真正双子葉群の間の基本的な相違点である．

花粉の極性は，花粉母細胞が減数分裂をした四分子期の小胞子の配置で決まる．減数分裂の結果，カロース層で包まれた4個の小胞子が正四面体，十字形，線形などに配置する．四分子の中心点から小胞子の中心を結ぶ線を花粉の極軸と呼ぶ．四分子の中心点に近い内側の面を向心極面といい，その反対の外側の面を遠心極面という．1本の発芽溝のある単溝型花粉の場合，発芽溝は遠心極面に極軸に直行する状態で形成される．それに対して，3本の発芽溝のある三溝型花粉の場合，発芽溝は極軸と同じ方向に等間隔で赤道上に配置される．原始的被子植物群の花粉粒の基本型は単溝型であるのに対し，真正双子葉群の花粉の基本型は三溝型なのである．三溝型花粉から進化した，多くの発芽溝をもつ多溝型花粉をもつ植物も少なくない．

●**花粉壁** 花粉壁は，セルロースから構成されている内膜とスポロポレニンから構成されている外膜からなっている．内膜は，発芽口の部分で厚くなる傾向があるが，比較的均一な層である．外膜は，アルカリや酸などの化学的処理に抵抗性があり，そのために数億年前の地層にも胞子化石や花粉化石として残っている．花粉外膜は，構造的に分化した複数の層から構成されており，複雑で多様な表面模様や発芽口が構成されている．一般に花粉外膜は，内層と外層からできている．内層は，ラメラ構造になることもあり，発芽口の周囲では厚くなる．一般に，被子植物では外層は，外表層，柱状体と脚層に分けられる．一方，裸子植物の花粉の外層は柱状体がなく，顆粒状層が中央部に挟まれている．このように，柱状体があるのが被子植物の花粉の特徴であるが，原始的双子葉群の花粉には，モクレン目のデゲネリア *Degeneria* のように層構造が分化していない無刻層であるものや，スイレン科のように顆粒状層をもつものやアンボレラ科のアンボレラ *Amborella* のように，外層が波状構造をとるものも少なくない．

●**花粉の大きさ** 花粉の大きさは，一般には植物の系統や類縁関係とは無関係と思われてきた．現生植物のなかにはムラサキ科植物のように5 μmと極端に小さいタイプの花粉をもっているものや，アオイ科植物のように200 μmに達する花粉をもっている植物もある．ただし，ほとんどの現生の被子植物の花粉は30～40 μmである．一方，白亜紀の被子植物の花粉は，ほとんどが10 μm以下である．被子植物の進化に伴い，小さい花粉をもっていた被子植物が，しだいに大きな花粉をもつようになった可能性がある．

［髙橋正道］

ポリネーション

　ポリネーション（送粉，受粉，授粉，花粉媒介）は，種子植物の雄蕊（種子植物ではふつう小胞子葉と呼ぶ）から放出された花粉が，被子植物では雌蕊の柱頭，裸子植物では胚珠の珠孔部へと到達し付着する，花粉の空間的移動を表す用語である．1つの花内，もしくは複数の花間で生じ，大気流（風），水流，動物行動などを利用して実現され，その利用媒体によって，花はそれぞれ風媒花，水媒花，動物媒花と呼ばれる．したがって花の形態や生態は，植物の系統的背景からのみならず，多様な送粉媒体に機能して進化してきた結果としても理解できる．

　特に，動物によるポリネーションは，動植物種の共進化の結果として捉えることが可能である．動物は，多くの場合，花蜜や花粉を食物として得るために訪花し，その際，植物は動物の体表や口器に花粉を付着させ，また花粉を柱頭で受け取る．その関係は経済学における労働と報酬にたとえられ，生態学的に相利共生の典型例として注目される．また植物は，送粉者を誘引するために，視覚的に目立った花被を備えたり，嗅覚味覚を刺激する匂いを発したりして，花蜜や花粉の食物報酬提供以外にもコストをかけている．一方，動物は，花が提供する食物を効率よく採集できるように，感覚器官や口器形態，行動を進化させてきたと考えられている．

　このようなポリネーションをめぐる動植物の生態学的関係は，動植物種の分布と，植物の開花季節および動物種の発生・移動時期という，空間的かつ時間的に限定された場の現象として，送粉生態学の解析課題とされてきた．

●**ポリネーションにおける花粉の生態的機能**　ポリネーションにおいて移動する花粉は，種子植物に独特の形質である．コケ植物やシダ植物では雄性配偶子は水を介して移動し雌性配偶子に到達するが，種子植物では大気という乾燥環境に耐える空中移動カプセルである花粉に雄性配偶子を内包して放出する．

　つまり花粉は，陸上植物が乾燥環境へ進出する際に，有性繁殖における画期的な形質として種子植物で獲得機能してきたと考えられる．この点で，水媒花を咲かせる種子植物は，二次的に水中へ進出し独特のポリネーションを確立してきたと理解できる．

　花粉自体の形状やサイズ，さらに内容物には，花粉を運ぶ媒体に関係して多様性が生じている．一般に，風媒花の花粉は，マツ科植物のように気嚢などを備える場合があり，比重が軽く大気流に浮遊しやすいようになっている．水媒花には，水草であるイバラモやキンギョモのように水中で三次元的に花粉を放出するタイプと，海洋性のウミショウブなどにみられるように雄花自体が船のように浮き，

水面を二次元的に花粉が移動するタイプがある．後者の花粉は濡れることなく移動するが，前者の場合は，花粉が空気より粘性の高い水中を浮遊するように独特な適応がみられる．一方，動物媒花の花粉は，媒介動物の体表や口器に付着しやすいような表面形状を備えていたり，粘性のある液で包まれていたりする．

　また花粉食昆虫に媒介される花粉は，受精に必要な物質やエネルギー源を備えていると同時に，それら昆虫種の栄養源や幼虫の滋養食として機能するタンパク質，デンプン，ショ糖，脂肪などを含んでいる．すなわち花粉は，植物にとっての雄性配偶子の耐乾燥移動カプセルとして，また送粉者にとっての栄養価の高い食物源として，二重の機能を備えていると理解できる．

　この花粉の二重の機能は，多くの虫媒花でみられるが，日本の小笠原諸島のムラサキシキブ属などの一部の植物種では，通常の花粉の他に送粉者への食物に特化した偽花粉が雄花でみられる．さらにマタタビ属では通常花粉以外に中身のない花粉を備え，みせかけの食物としての花粉を備えることが報告されている．

●**報酬に特化した花蜜の生態的機能**　花蜜は，花内の腺から分泌される糖液（蜜）で，基本的に動物に採食されることを前提にポリネーションに特化して生産される．しかし，その分泌腺の起源は，花粉をトラップする受粉液や，植物体内の過剰な水分を排出する排泄液であったと想定され，動物の採食とは無関係であったと考えられている．したがって，現在の花蜜は，ポリネーションという利益と引き替えに，受粉液や排出液が，送粉者たちの報酬としてエネルギー源となる糖，他の有機物やミネラルなどを含むように変化した結果と考えられる．植物進化における最初の送粉者は甲虫類と推定され，その誘引物質は，報酬食料としての花粉だった考えられている．この考えに従えば，動物によるポリネーションという現象が成立した後，花粉より生産コストの低い食品として花蜜を進化させてきたと理解できる．

　このように現生植物の花蜜は，明らかに花粉媒介動物の送粉労働への重要な報酬として機能している．そのため花蜜の成分は，水を溶媒として，豊富な糖類（スクロース，グルコース，フルクトース），窒素性成分（各種アミノ酸，ある種の酵素タンパク質など）の他，多様な微量成分の溶質を含んでいる．花蜜の質は，送粉者の摂食嗜好の多様性に対応して非常に多様であり，分泌量や濃度も，送粉者の訪花頻度や嗜好に対応して異なることが知られている．

　また花蜜腺の花内における位置は，吸蜜する動物たちの姿勢はもとより行動にも影響を与えるので，蜜腺の位置によって，吸蜜できる動物種を制限していると理解できる．例えば，ツリフネソウの細長い萼筒（距）の内部最深部に位置する花蜜腺は，長い口器をもつマルハナバチ類などのみに花蜜を与え，効率の良いポリネーションを実現していると考えられている．

●**動物媒花の多様性と送粉シンドローム**　被子植物では全体の87％が動物媒と

推定されており，被子植物の繁栄には送粉者が深くかかわっていると考えられている．一方で，訪花性と考えられる昆虫はジュラ紀中期から見つかっていること，ソテツ目，グネツム目といった裸子植物では現生種，絶滅種ともにほとんどが動物媒であることから，動物媒の起源自体はおそらく被子植物の起源より前にさかのぼる．

　被子植物の多様性は花の多様性によって象徴されるが，これは多様な送粉者との関係を反映したものである．送粉者となる動物は主に昆虫，鳥，小型哺乳類であるが，特殊な例として陸上性の小型甲殻類や爬虫類等も知られている．異なる系統の植物であっても花の色，形，香りなどの性質は送粉者の知覚や嗜好に合わせて一定の傾向をもつことが知られており，これを送粉シンドロームと呼ぶ．

●**ハナバチ媒花**　送粉者として最も重要なものの1つがハナバチ類であり，被子植物の半数以上はハナバチ媒であると考えられる．なお，ミツバチ類は2万種を越えるハナバチ類のうちの数種に過ぎない．ハナバチ媒の花の多くは送粉者への報酬として花蜜，花粉あるいはその両方を提供し，花の色は白，黄色，紫色のものが比較的多く，また蜜標と呼ばれるスポット状の模様をもつことがある．紫外光で見ると，可視光とは異なる模様が浮かびあがる花も多いが，これはハナバチの視覚が紫外光に強いためである．花の形はしばしば左右相称で，多くの場合下側の花弁が広がり，ハナバチが着地して潜り込むプラットフォームの役割を果たしている．

●**チョウ媒花，ガ媒花，ハエ媒花，甲虫媒花**　ハナバチ以外の主要な送粉昆虫としては，チョウ目，ハエ目，甲虫目の昆虫がある．

　チョウ目は視覚が発達しており，また昼行性のチョウ類ではふつう赤色も認識できるため，チョウ媒花には赤っぽい花が多い．また個々の花はチョウ類の長い口吻だけが届くように筒状になっている．一方，ガ類は夜行性であるため，暗闇でも目立つよう花はほとんどの場合白色で，また強い芳香を放つ．ガの中でもスズメガ類はホバリングすることが可能であり，カラスウリに代表されるような典型的なスズメガ媒花は，筒状の花が単体で正面に突き出た形となる．チョウ媒花，ガ媒花いずれも報酬はほとんどの場合花蜜である．

　ハエ媒花はキク属などのように，さまざまな送粉者を同時に誘引することが多く，特殊化した仕組みをもつものは少ない．しかし中にはチャルメルソウ属のように特定のキノコバエの1種のみに送粉されるものもある．ハエ媒花には白色や黄色，緑色のものが多く，またしばしばやや不快な香りを伴う．

　甲虫目は飛行能力が低く，また他の昆虫に比べ体が大きいものが多い．したがって甲虫媒花はモクレン科の花にみられるように，送粉者の体重を支えられるよう花あるいは花序がしっかりしたつくりをしている．嗅覚が発達しているため，ふつう甲虫媒花は香りが強い．

●**鳥媒花，コウモリ媒花**　送粉者となる脊椎動物のほとんどは鳥類とコウモリ類である．

　鳥媒花では，特に熱帯域にタイヨウチョウやミツスイといった花蜜食に特殊化したグループを送粉者とする植物が多い．大部分は，鳥類にははっきり見える一方で多くの昆虫には見えにくい赤色であり，一方で香りがほとんどない．また虫媒花と比較して薄い蜜を多量につくる傾向がある．さらに鳥の体重を支えられるように「止まり木」を提供することで，安定した姿勢での訪花を助けているものもある．南北アメリカ大陸ではハチドリ類が多様化しており，ハチドリ媒花が多くの植物の科で進化している．ホバリング飛行が可能であるため，ハチドリの体重を支える必要がなく，空中で蜜を吸えるよう正面に突き出した花が多い．

　コウモリ媒花も熱帯域でしばしばみられ，アジア，アフリカではオオコウモリ類が，熱帯アメリカではヘラコウモリ類が主要な送粉者となる．コウモリ類は夜行性であるため，夜間に咲くものが多く，また強い香りを放つ．視覚が発達しているオオコウモリ媒花は多くの場合夜間でも目立つ白色をしている．一方ヘラコウモリ類は視力が弱く，超音波による空間認識を行うため，熱帯アメリカでは超音波を効果的に反射する構造をもつ花がある．

●**花で繁殖する送粉者を利用する花**　送粉者の中には，花自体を繁殖の場とするために訪花するものがある．クワ科パンノキ属の1種では，雄花序に産卵するタマバエのメスによって送粉される．雄花序の上には真菌が生え，幼虫はこの菌糸を食べて生長する．タマバエのメスは雄花序と雌花序を区別せずに訪花するため，送粉が成功する．イチジク属やカンコノキ属，ユッカ属では全種がそれぞれ種特異的なイチジクコバチ，ハナホソガ，ユッカガの1種のみによって送粉される．送粉者であるメスは雄花から花粉を集め，雌花に移動して花粉をつけるという能動的送粉行動を行った後にその場で産卵し，卵からかえった幼虫は果実の中に実る種子の一部を食べ，生長する．

●**騙し送粉**　動物媒花の中には報酬を提供せず，送粉者を「騙す」ものが多く知られている．ラン科の大部分の種は花蜜を出さず，華麗な見た目で他の花蜜を提供する花に擬態していると考えられる．さらにオフリス属，キログロッティス属などのランはハナバチやコッチバチのメスに擬態している．これらは視覚による擬態と，フェロモン物質による化学擬態を組み合わせ，送粉者であるオスのハチを強力に誘引する．また動物の死骸や糞，キノコなどに擬態し，産卵場所を求めてやってきたハエの仲間を閉じ込めるなどして送粉させる花がサトイモ科やウマノスズクサ科など多くの植物の科で進化している．

［川窪伸光・奥山雄大］

受　精

　真核生物が獲得した画期的な仕組みの1つとして，受精があげられる．受精は減数分裂と並んで，有性生殖の重要なステップである．受精と減数分裂を繰り返すことで，ゲノムを混ぜながら複相と単相の世代交代を繰り返す．ヒトでいえば，卵子と精子の受精により，母親と父親からゲノムを1セットずつ受け取る．そして，複相として発生した個体の中で再び減数分裂を行い，卵子あるいは精子をつくる．卵子と精子のように，受精を行う細胞のことを，配偶子という．

　植物では，減数分裂により生じた単相世代の細胞が直接配偶子になるのではなく，体細胞分裂を繰り返す中で配偶子を形成する．単相世代が多細胞体をつくる場合，これを配偶体と呼ぶ．すべての陸上植物は，配偶体から卵や精子（または精細胞）といった配偶子をつくり，受精を行う．受精は，狭義には配偶子およびそれらの核の合一の過程をさす．配偶子の細胞膜が融合し細胞質が合一する過程をプラズモガミー，続く核の合一の過程をカリオガミーと呼ぶ．また，配偶子が相手に向かう一連の過程を称して，受精過程と呼ぶ場合も多い．

●**植物の受精様式の進化**　植物の進化の過程では，まず藻類において，雌雄で明確な差のない同型配偶子による受精（接合）からはじまり，次第に雌雄で差のある異型配偶子による受精，そして卵と精子による受精（卵生殖）へと進化する．

　植物が陸上に進出した後も，コケ植物，シダ植物では，水の中を精子が泳いで卵に到達することで受精を行う．例えばシダ植物の配偶体である前葉体において卵と精子がつくられ，前葉体表面の水を泳いで精子が卵に到達する．種子植物である裸子植物が誕生しても，イチョウやソテツなど，一部では花粉からのびる花粉管の中で精子をつくる．花粉管から泳ぎ出した精子が，胚珠（受精して種子をつくる組織）の中の水を泳ぐことで卵に到達して受精する．これらの裸子植物が精子をつくることは，平瀬作五郎，池野成一郎が発見した．

　被子植物の誕生に伴い，受精様式は大きく変化する（図1）．まず，配偶体は雌雄ともに数細胞からなる組織に単純化される．雄性配偶体は花粉，雌性配偶体は胚嚢と呼ばれる．胚嚢は胚珠組織に，その胚珠がさらに雌蕊の子房に包まれる．そのため被子植物の受精過程は，雌蕊の先端，柱頭と呼ばれる部分に花粉が受粉することから始まる．そして，以下のとおり，花粉は雌蕊とさまざまなやり取りをしながら，重複受精と呼ばれる受精を行う．

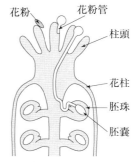

図1　被子植物の雌蕊と花粉管

●**被子植物の自他認識：自家不和合性**　花粉と雌蕊のやりとりの1つに，自己の花粉は受精できない自他認識反応がある．これを自家不和合性という．研究がよく進んでいる植物としては，アブラナ科，ナス科・バラ科，ケシ科の植物があげられる．いずれの植物においても，花粉と雌蕊が，鍵と鍵穴のように対応する分子を使って自他認識を行う（図2）．アブラナ科では，花粉表面のペプチドが，柱頭（乳頭細胞）の細胞膜に存在する受容体キナーゼにより認識され，花粉の吸水や発芽，花粉管の伸長などを阻害する．自己のペプチドと受容体だけが特異的

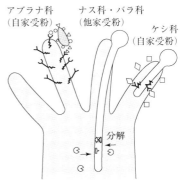

図2　自家不和合性における自他認識

に結合することで，自他認識が成立する．ナス科・バラ科では，雌蕊から分泌されるRNA分解酵素が，非自己の花粉管内部のタンパク質で認識され分解される．認識するタンパク質がS遺伝子座に多数コードされ，他者の雌蕊のRNA分解酵素をすべて認識するが，自己の雌蕊のRNA分解酵素は認識できない．RNA分解酵素は毒性をもつため，自己の花粉の成長が阻害される．ケシ科では，雌蕊表面の糖タンパク質が，自己の花粉管の細胞膜に存在する受容体に認識され，花粉管の細胞死が起こる．このように，植物種によって，異なる分子が鍵と鍵穴として使われる．しかしいずれの場合も，組換えが起こりにくい特定の染色体領域（S遺伝子座と呼ばれる）に，雌雄の分子がセットとしてコードされる．これにより，常に雌雄の分子がセットで遺伝し，自他認識が保たれる．

　このため自家不和合性における自他認識は，S遺伝子座の遺伝子の種類により決まる．つまり，個体ごとの自他認識ではない．また，花粉の自他認識が，胞子体と配偶体のいずれの遺伝子型で決まるかにより，胞子体型自家不和合性と配偶体型自家不和合性に分けられる．例えばアブラナは，胞子体型自家不和合性である．花粉表面のペプチドは，主に花粉をつくる葯から分泌される．葯は複相の細胞からなる胞子体組織であり，2セットのゲノムをもつため，ふつう花粉の表面には異なる対立遺伝子に由来する2種類のペプチドが付着することになる．このため，配偶体である花粉のもつS遺伝子座によらず，親の胞子体がもつS遺伝子座に依存した自他認識が行われる．これに対し，ナス科・バラ科，ケシ科は配偶体型自家不和合性である．これは，雄側の因子が花粉および花粉管で発現し機能するためで，花粉のもつS遺伝子座だけに依存した自他認識が行われる．

●**花粉管を卵まで導く花粉管誘導の仕組み**　花粉からのびる花粉管は，雌蕊の中で正確に卵細胞の位置まで誘導されることで，受精が達成される（図1）．これを花粉管誘導（または花粉管ガイダンス）と呼ぶ．花粉管は雌蕊の細胞壁内，細

胞間隙，組織表面など，細胞外マトリックスと呼ばれる部分を伸長する．被子植物は，泳ぐ精子をつくることができない．このため被子植物の雄性配偶子は，精子ではなく精細胞と呼ばれる．精細胞を卵細胞の存在する場所まで運ぶために，花粉管誘導は不可欠な仕組みである．

　花粉管誘導は，複数のステップからなる．雌蕊の長さは数 mm から数十 cm に至るが，柱頭から卵細胞に至るまで単一のシグナルで誘導されるわけではない．大きく分けて，胚珠による誘導と，それ以前の誘導の 2 段階に分けられる．胚珠以前の誘導は，例えば柱頭で発芽した花粉管を花柱内部へと進ませる段階と，花柱に進入した花粉管を子房に向かわせる段階がある．これらの段階で，誘引物質を介した化学屈性により花粉管誘導が行われているかは明確ではない．特に，距離の長い花柱では，入り口が決まれば出口が決まるといった機械的誘導も示唆されている．花粉管が子房に進入すると，胚珠による誘導を受ける．子房内に存在する胚珠が多数の場合も単一の場合も，胚珠に導かれ受容される花粉管は，ふつう 1 本だけである．子房進入までは花粉管が集団として導かれるのとは異なり，子房内では個々の花粉管が伸長を制御されるようになると考えられる．また，花粉管は胚珠から多段階の誘導シグナルを受けることが示唆されている．これまでに，最終段階で働く誘引物質が同定されている．最終段階では，卵細胞のとなりにふつう 2 つある助細胞（胚嚢を構成する細胞の一部）が，誘引物質である複数種のペプチドを分泌する（図3）．誘引物質は同種の花粉管を誘引しやすく，種の認識にもかかわる．

　胚嚢に進入した花粉管は，2 つの助細胞とのやり取りを介して伸長を停止し，先端が破裂することで 2 つの精細胞を含む内容物を放出する．このやり取りにも，種特異性の高い分子の関与が示唆されている．種間交雑や，やり取りにかかわる分子が欠損する突然変異体においては，花粉管が停止することができず，花粉管の受容に失敗する．また，花粉管の受容に際しては，2 つある助細胞の一方が崩壊（退化）する．

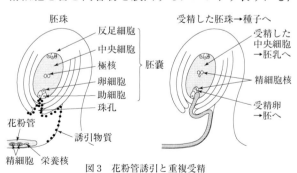

図3　花粉管誘引と重複受精

●**重複受精**　2 つの精細胞が胚嚢内に放出されることで，配偶子間での受精が始まる．被子植物では，卵細胞が受精して胚を形成するだけでなく，胚嚢の大部分をしめる大きな細胞である中央細胞も一方の精細胞と受精することで，栄養組織である胚乳を形成する．これを重複受精という（図3）．1898 年にはロシアの S. G. ナ

ワシン（S. G. Nawaschin）が，1899年にはフランスのL. ギニャール（L. Guignard）が，それぞれユリ科の植物を使って独立に発見した．受精を行う細胞という点で，中央細胞も配偶子と呼ばれる．ただし，胚乳は次世代には伝わらない．重複受精機構により，被子植物では受精した胚珠だけで養分である胚乳をつくり始める．

　花粉管から放出された2つの精細胞は，その勢いにより卵細胞および中央細胞にはさまれた位置に到達する．精細胞は，花粉管の中では膜（エンドサイトーシスに由来する）に包まれた状態で，栄養核に先導されるように輸送される．しかし放出後には，この膜を失い，細胞膜が卵細胞や中央細胞の膜と接する．受精直前の精細胞には細胞壁は存在せず，卵細胞や中央細胞も，受精の起こる部位では細胞壁はほとんどないとされる．それぞれの精細胞が，卵細胞および中央細胞と接するようにとどまった後に，一方は卵細胞と，一方は中央細胞と受精する．卵細胞と中央細胞の受精の順番は一定ではなく，同時に受精するようすも観察される．受精に必要な精細胞の細胞膜タンパク質が被子植物で見出され，このタンパク質は被子植物に限らず，植物系統のすべてや，原生生物，一部の動物にも存在し，受精の際の膜融合において重要な役割を果たすことが明らかとなっている．

　いかにして精細胞の受精相手が決まるのか，その仕組みは明らかではない．2つの精細胞に差があり，あらかじめ受精相手が決まっているとする説と，2つの精細胞には差がなく，多精拒否などにより受精相手が決まるといった説が存在する．精細胞は受精相手によって発生運命が大きく異なり，また胚でも胚乳でも精細胞由来のゲノムが発生の初期から働く．2つの精細胞がどのように受精相手を決め，どのように受精後の発生プログラムに対応するのか，興味がもたれる．

　多くの場合，受精前の中央細胞の核相は$2n$である．これは，中央細胞に，nの極核が2つ含まれる状態で発生するためである．精細胞と受精することで，胚乳は$3n$となる．核相は植物種により異なる場合もあるが，植物種ごとに核相が厳密に制御されることが重要である．これは胚乳において雄と雌由来のゲノムは異なる役割を果たすためである（ゲノムインプリンティングと呼ばれる）．雄由来（精細胞由来）のゲノムは胚乳形成を促進する．雌由来（中央細胞由来）のゲノムは胚乳形成を抑える．哺乳類の胎盤でも同様な制御がみられ，自分の子供が他の子供に負けないようにしたい父親と，自分の子供に平等に資源を分配したい母親の利害の対立として説明されることが多い．

　重複受精が完了すると，胚珠はそれ以上花粉管を誘引しない．残っている1つの助細胞は，退化することが知られる．この際，シロイヌナズナにおいては，助細胞と胚乳が細胞融合し，助細胞の核が崩壊し，助細胞の機能が停止する．花粉管が精細胞を放出したあとに重複受精に失敗した場合，残りの助細胞がもう1本の花粉管を誘引し，受精を回復する．

［東山哲也］

胚 発 生

　植物は胞子体と配偶体世代を繰り返す生活環において，配偶体世代にできる卵細胞と精子（精細胞）との受精により親と異なる遺伝情報を備えた次世代（胚）をつくる．コケやシダでは造卵器内に，種子植物（裸子植物と被子植物）では胚珠（種子）内に卵細胞をつくる．胚は造卵器内あるいは種子内にある時期の幼植物をさしている．種子植物では，発芽直前の胚は子葉・胚軸・根に分化する．

　被子植物の受精は，1847 年 W. ホフマイスター（W. Hofmeister）によって初めて確認されている．アカバナ科植物の小さな胚珠や種子を巧妙に切断し，そこに精細胞を運ぶ花粉管と胚を観察したのである．20 世紀半ば以降，光学顕微鏡の発達とともに組織の連続切片作成法が改良され，さまざまな種子植物の配偶体，受精，胚の発生の様子が詳しく観察された．中でも被子植物の重複受精と，それによって生じた胚と内乳の発生様式について多くの研究が生まれた．その結果，発生初期の前胚から子葉・胚軸・根への分化，最初の内乳核（細胞）から成熟種子の内乳形成についてさまざまな発生様式が知られるようになった．内乳の代わりに周乳を形成する植物もある（図 1）．

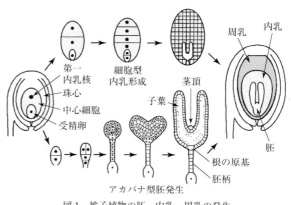

図 1　被子植物の胚，内乳，周乳の発生

●胚　裸子植物では受精卵の核分裂により自由核からなる前胚期に始まり，そののち細胞壁形成が進んだ胚柄伸展期，そして胚細胞分化期の 3 発生段階に分けて捉えることができる[1]．

　被子植物では，まず受精卵の細胞分裂によって上下 2 細胞（上の細胞を頂端細胞，下の細胞を基底細胞と呼ぶ）からなる前胚がつくられる．その後頂端細胞と基底細胞それぞれが分裂し，頂端細胞由来の細胞からハート型の形をした胚部が，基底細胞からは胚柄がつくられる．ただし，頂端細胞の分裂が縦，横，斜めに行われ，頂端細胞由来の細胞群の全体か一部が胚部をつくるなど，種によって異なる．頂端細胞由来の細胞群の一部のみが胚本体部をつくる場合でも，その程度が

種によって異なる．そのため多様な胚発生様式が識別されている．アカバナ型（Onagrad type）の胚発生では，頂端細胞は左右に分裂し，基底細胞は上下に分裂するためT字型4細胞前胚がつくられる（図1）．その後頂端細胞由来の細胞群が子葉や胚軸を含む胚の大部分を形成し，その直下に根の原基がつくられる．根の原基とさらに下方に続く胚柄は基底細胞由来である．この他にキク型（Asterid type），ナス型（Solanad type），アカザ型（Chenopodiad type），ナデシコ型（Caryophyllad type），コショウ型（Piperad type）などがある．

●**内乳** 被子植物にのみ知られる種子内栄養組織で，成熟種子内ではふつう内乳細胞内にデンプン，脂質，タンパクなどを蓄えている．種子の発達とともに内乳組織が分解し胚に養分を供給する．多くの種（主に真正双子葉植物と単子葉植物）では1精細胞の核と2極核が受精して三倍体の核（細胞）になるが，一部では1極核（基部被子植物のスイレン目とアウストロバイレア目など），4極核（真正双子葉植物フトモモ目ペナエア科など）あるいは8極核（コショウ科サダソウ属）のため，それぞれ二倍体，五倍体，九倍体の内乳核を生じる．

　内乳の発生様式は主に「細胞型」「自由核型」「イバラモ型」の3型に分けられる．「細胞型」は受精によって生じた第一極核が，その後分裂する際に常に細胞分裂を伴う．したがって発生初期には2細胞の内乳，4細胞の内乳のように，少数の大きな細胞が内乳をつくり，さらに細胞分裂を続け，種子の成熟時には無数の細胞からなる内乳に発達する（図1）．「自由核型」は第一内乳核の核分裂によって生じる多数の自由核が細胞質とともに胚嚢（中心細胞）内壁に沿って厚い層をつくる．その後，核と核の間に細胞膜が発達し核が細胞化する．種子の成熟時には無数の細胞からなる内乳に発達する．「イバラモ型」は2細胞の内乳を形成するまでは「細胞型」と同じだが，その後，珠孔側（胚近く）に位置する大きな1細胞の核のみが「自由核型」発生をする．反対側（カラザ側）の小さな1細胞はその後全く分裂しないか，自由核分裂あるいは細胞分裂をすることがあり，その違いに基づいて6つの多型が識別されている．

　「細胞型」は被子植物3群（基部被子植物，単子葉植物，真正双子葉植物）に広く見られるのに対して，「自由核型」は単子葉植物と真正双子葉植物に，「イバラモ型」は単子葉植物にのみ知られている．

●**周乳** 内乳同様，被子植物にのみ知られている種子内栄養組織である．受精によらず，珠心の組織からつくられ二倍体である（図1）．多くの種では，珠心組織は受精前後に消失する．しかし，基部被子植物のスイレン目，アウストロバイレア目，コショウ目では珠心の細胞が消失せずに残り，デンプンなどを蓄えて，成長する胚に養分を供給する．これらの植物では，内乳が発達しない．　［戸部　博］

📖 **参考文献**
[1]　杉原美徳『裸子植物の胚発生』東京大学出版会，1992

多核細胞（多核体）

　ふつう細胞は1個の核をもっているが，核を多数もった細胞が多様な系統群でみつかっている．それらを多核細胞，または多核体と呼ぶ．フシナシミドロ（図1）やハネモのように，生活環のほとんどを多核細胞として過ごすものも多いが，種子植物の胚乳形成期や花粉形成にかかわるタペート細胞のように，生活史の限られた一時期だけ多核となる場合もある．これらの二次的な多核細胞の意義は不明だが，胚や花粉に栄養を効率的に供給するうえでの有利性や，重複受精を調節する機能が示唆されている．多核体の発見は核の発見と同時であった．F. バウアー (F. Bauer) が1802年にランの1種の柱頭基部の細胞中には必ず数個の黄色い斑点状の核があることを観察したという[1]．

●**多核細胞の分布と種類**　二次的な多核細胞を別にすると，真の多核細胞は緑色植物，紅色植物，黄色植物（オクロ植物）から菌類や変形菌に系統横断的に広く分布する．緑色植物のシオグサ目（シオグサ，マリモ，ネダシグサ），いくつかのミドリゲ目（ジュズモ，アオモグサ），紅色植物のカザシグサなどでは多核細胞が縦一列に連なった有隔多核細胞であるが，他のミドリゲ目（バロニア，マガタマモ）やすべてのイワヅタ目の淡類は，すべて体全体が1個の巨大な嚢状多核細胞である．黄色植物のフシナシミドロも造卵器か造精器をつくるとき以外は分岐した管状の嚢状多核細胞となる．陸上植物（ストレプト植物）の基部に位置する車軸藻類のシャジクモの，長さ10 cmにも達する巨大な節間細胞も多核細胞である．しかし，節間細胞には分化能力がない．生殖細胞や仮根に分化するのは単核の節細胞だけである．節間細胞は分化能力をもたないが，光合成と成長によって節細胞を水面近くに到達させている．一方，アオサ藻類のカサノリは若い時期には基部に1個の$2n$の巨大核をもつ多核細胞であるが，頂部に笠がつくられる頃には巨大核が減数分裂して多数の核をもつ多核細胞となる．ハネモは胞子体（$2n$）ではカサノリのような巨大核をもつが，配偶体（n）では嚢状多核細胞となる．卵菌類も嚢状多核細胞であるが，ここでは触れない．

●**核分裂**　多数の核が細胞内にどこに配置し，分裂し，どのように移動するかはきわめて興味深い課題だが，フシナシミドロ以外では研究は少ない．有隔多核細胞アオモグサでは，核が細胞の赤道面に集合し，上下方向に同時に分裂を開始する．終期に娘核が上下に引き離されるとその中間面に新しい隔壁が形成される．核が赤道面に集まる仕組みは不明である．バロニア，ミルやマガタマモなどでは局所的に核分裂が始まり，それが周辺へ伝播する．フシナシミドロはまばらに分岐する管からできており，各枝の先端が好適な光を求めて成長する（図1(a)）．枝の先

端部には基部より多数の核が集まっている（図1(b)(c)(d)）．それらが同調的に核分裂を開始し，核分裂の進行が基部に向かって波状に伝播する（図1(e)(f)）．すなわち，先端部の核集団が核分裂のペースメーカーとなっている．核分裂中には微小管束は紡錘体につくり替えられる．分裂中の核は移動することができないため，成長中の細胞先端に核の不在域が一時的に形成されることとなる．

●**核の運搬と配置**　核の移動についてもフシナシミドロは興味深い仕組みをみせてくれる．管状の多核細胞の一部が影になると，葉緑体や核は明るく照らされている部位に移動し，そこに原形質の連続した枝をつくる．核はその頭部から伸びた微小管の束に引かれて原形質中を移動する．核が光に照らされると，枝をつくるための遺伝子群が発現し，照射域から枝が発生する．すなわち，フシナシミドロは核を集めて形をつくっているのである（図1(a)(b)）．これは多核細胞ならではの巧妙な仕組みといわざるをえない．多細胞植物では，核を寄せ集める芸当はできず，形態形成は分裂組織をつくることによってのみなされるからである．

●**多細胞組織における機能的多核体**

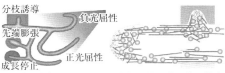

(a) 青色光反応　　(b) 分枝形成と核の集合

(c) 先端成長域と核の分布（DAPI染色）

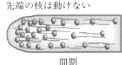

(d) 核は微小管束に引かれて移動する

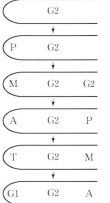

(e) 核分裂は先端から始まる（P：前期，M：中期，A：後期，T：終期）

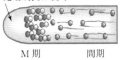

(f) 分裂中の核は動けないが，先端成長は持続する

図1　フシナシミドロ多核細胞での核の運動と核分裂
　［(c)(d)(e)　出典：Takahashi, F., *et al.*, *J. Plant Res.*, 116：381-387, Figs. 1, 2, 7, 2003］

若い双子葉植物の茎の皮層組織は放射方向（横方向）に無数の原形質連絡で繋がった円盤状のシンプラストになっている．核は原形質連絡を通過できないが，このシンプラスト円盤は細胞間を物質や情報が自由に行き交う1個の多核細胞と機能的には差がないと考えられる．　　　　［片岡博尚］

📖 **参考文献**
[1] H. ハリス『細胞の誕生』荒木文枝訳．Newton Press．p.100．2000

世代交代

　生活環とは，前の世代の配偶子から，次の世代の配偶子に至る生活史を矢印で結んで環状に示したものである．生活環を，多細胞の体の核相の違いという観点から見た場合，図1のように3つの型に分けることができる．我々ヒトの生活環では，配偶子が融合（受精）して接合子ができ，この接合子が体細胞分裂によって多細胞化して体がつくられる．体内の生殖細胞が減数分裂を行うことで，次の世代の配偶子ができる．したがって，多細胞体の核相は複相のみである．このような生活環を複相単世代型と呼ぶ（図1(a)）．またシャジクモのような緑藻類の一部では，接合子細胞は，すぐ減数分裂を行って単相の細胞に戻る．この細胞が体細胞分裂によって多細胞化して体がつくられ，体の一部の細胞が分化して次世代の配偶子が形成される．この場合，多細胞体の核相は単相のみである．これを単相単世代型と呼ぶ（図1(b)）．一方，シダ植物では，胞子体と呼ばれる複相の多細胞体と，配偶体と呼ばれる単相の多細胞体を交互につくる．これを世代交代と呼び，このような生活環を単複相世代交代型と呼ぶ（図1(c)）．

●**陸上植物の世代交代**　陸上植物（コケ植物・シダ植物・種子植物）は，すべて世代交代を行う．コケ植物の主たる植物体は配偶体世代である．配偶体に形成された造卵器内の卵に，造精器から放出された精子が受精し接合子となる．接合子から発生した胚は配偶体からの栄養供給によって成長するが，この胞子体は先端に単一の胞子嚢を形成して成長を終える．コケ植物の本体が小型であるのは，その配偶体としての機能が関係していると考えられている．配偶体は精子と卵を形成し，精子は遊泳のための水を必要とする．したがって，体表面での水の確保と，精子の遊泳距離を最小化するため，地面に沿って二次元的に成長するしか方法がない．

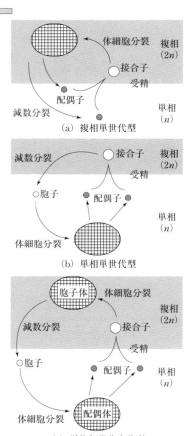

図1　生活環の3型

一方，シダ植物では，配偶体と胞子体が独立生活を行う．コケと同様に受精を経て配偶体上に胞子体が形成されるが，胞子体がある程度成長すると，配偶体は枯死するため独立する．シダ植物の胞子体は，種子植物と同様に維管束をもち，茎が分枝して多くの胞子嚢を形成する点でコケ植物と異なる．胞子体の機能は胞子の形成と分散であるため，独立した胞子体にとって大型化への制約はない．種子植物においては，大胞子（雌の胞子）は分散されず，胞子体の胚珠内で体細胞分裂し，胚嚢と呼ばれる雌性配偶体となる．花粉は雄性配偶体に相当する．風や動物などによる送粉によって胚珠の珠孔（裸子植物の場合）または雌蕊の柱頭（被子植物の場合）に到達し，胚珠内で受精が起き，胚発生をへて種子が形成される．

●世代交代の進化　陸上植物における世代交代の進化過程については1世紀にわたる議論がある．相同説では，胞子体と配偶体が形態的・生理的に似た祖先型から，配偶体世代が優占する世代交代と，胞子体世代が優占する世代交代が分化したと考える．一方，挿入説では，接合子の減数分裂が遅延し，体細胞分裂によって多細胞化が起きたことで，新規に胞子体世代が加わったと考える．分子系統学の発達により，緑藻の中でもシャジクモ類・コレオケーテ類・接合藻類などを含むグループが陸上植物に最も近縁であることがわかってきた（図2）．この藻類のグループでは生活環に多細胞体をもつ場合，すべて単相であり世代交代は行わ

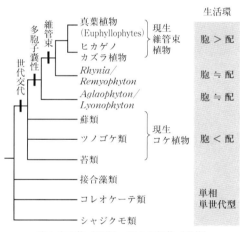

図2　陸上植物の主要なグループの系統関係と生活環
胞：胞子体（世代），配：配偶体（世代）

ない（図1(b)）．したがって陸上植物の共通祖先は，挿入説のとおり新規に胞子体世代を獲得し，世代交代を行うようになったと考えられる．陸上植物は，約4億7000万年前の古生代オルドビス紀に誕生したと考えられているが，約4億年前のデボン紀前期の地層から，茎が二叉分枝して先端に胞子嚢をつける *Rhynia* や *Aglaophyton* といった胞子体の化石が発見されている．これら化石植物は，多胞子嚢性を示すことからコケ植物ではなく，現生の維管束植物に近縁なグループであると考えられている（図2）．*Rhynia* と *Aglaophyton* の配偶体世代の化石（それぞれ *Remyophyton* と *Lyonophyton*）は，比較的サイズが大きく，胞子体と同じほど形態的に複雑である．この点から，少なくとも現生の維管束植物の世代交代の進化については，相同説を十分に考慮する必要がある．　　　　　　［綿野泰行］

菌 類

　菌類は菌界に属する生物の総称であり，カビ・きのこ・酵母・地衣類（「地衣類」参照）などが含まれる．二界説では原始的な植物として扱われてきた菌類であるが，その大きな理由は，菌類が動物のように動き回らないことと，細胞壁を有するということである．しかし，葉緑素をもち光合成をする菌類は皆無である．その後，生化学的特徴や細胞内小器官の微細構造，そしてDNA塩基配列に基づく系統解析の結果などにより，菌類が植物に近縁であることは明確に否定された．また，菌類は動物界により近縁であることから，菌界と動物界およびその他近縁の分類群をまとめて後方鞭毛生物（オピストコンタ）と呼ぶ．現在では菌界に属さないことが明らかとなった生物も多数おり，偽菌類と総称されることもある．

　現生の菌類は陸上で最も多様化しており，特に植物とは菌根共生（「菌根」参照）をはじめ，植物内生菌，植物病原菌，植物基質を分解する腐生菌などが存在し密接な関係を築いている．一方，動物との関係は植物ほど明らかにされているわけではないが，昆虫の腸内に共生する酵母類などの存在が次々に明らかにされており，今後の研究によっては植物との関係をしのぐ多様性がみえてくる可能性がある．陸上生態系と比較すると，海洋における菌類の既知種ははるかに少ないが，菌類の系統樹でより基部に位置する分類群が鞭毛をもつことから，菌類の起源が海洋にあることは間違いないものと思われる．菌類が陸上に進出するのに伴い鞭毛は喪失したが，陸上から二次的に水域に進出した菌類も多数知られている．さらに近年になり，これまでまったく存在が知られていなかったCryptomycota（もしくはRozellida）という一大グループが，最も原始的な菌類であるという見方が強まってきている．Cryptomycotaは海洋にも広く分布していることから，従来考えられてきたように，菌類の多様化は陸上進出（およびそれに伴う陸上植物との共生関係の樹立）により爆発的に進んだ，という仮説は見直されるべきなのかもしれない．

●**菌類と偽菌類**　菌類は菌糸による先端成長を示し，胞子により分散する．また，酵素を環境中に放出し，高分子化合物を分解したのちに，体内に吸収するのが栄養摂取方式である．これは動物や植物と大きく異なるが，同様の特徴をもつ生物は菌界以外にも広く存在する．そのような菌類のようで菌界に属さない生物をまとめて偽菌類とよぶが，そのほとんどが伝統的に菌学者により研究されてきた分類群である．菌類と偽菌類の違いは，細胞内小器官の電子顕微鏡的特徴を除くと，形態的に区別できるものではない．

　菌類の細胞壁は主にキチンおよびβグルカンからなり，ミトコンドリアのク

リステは板状または円盤状，ステロールはエルゴステロール，主な貯蔵物質はグリコーゲン，リシン合成経路は α アミノアジピン酸経路である．一方，偽菌類の1つである卵菌類の場合は，細胞壁の主成分はセルロース，ミトコンドリアのクリステは管状，ステロールは植物ステロール，貯蔵物質はマイコラミナリン，リシン合成経路はジアミノピメリン酸経路，というように大きく異なる．また，系統的にも菌類が動物に近縁であるのに対し，卵菌類は渦鞭毛藻類などと近縁でストラメノパイル界に分類される．狭義では卵菌類および近縁分類群のみを偽菌類と呼ぶ．

その他，広義の偽菌類として認識されるものとしては，卵菌類と同じくストラメノパイル界に属するラビリンチュラ菌門やサカゲツボカビ綱，アメーバ動物門に属する変形菌類および細胞性粘菌，エクスカバータ界に属するアクラシス類，リザリア界に属するネコブカビ類などがあり，系統的には非常に多岐にわたる．

●**菌類の高次系統**　菌類は伝統的に4つの門に分けられてきた．すなわち担子菌門・子嚢菌門・接合菌門・ツボカビ門である．このうち担子菌門（きのこ類およびさび菌・くろぼ菌を含む）と子嚢菌門（カビ類および地衣類を含む）がそれぞれ単系統であり，かつ姉妹群関係にあることは強く支持されており，両者をあわせて重相菌亜界と呼ぶ．これは生活環の一部に2種類の遺伝的に異なる単相の核が合体せずに共存する時代（重相）があるからである．それ以外にも，担子菌と子嚢菌は複雑な組織をもつ子実体を形成するなど，菌類の中ではより派生的な形質をもつ．あくまで既知種のみに基づいた数であるが，担子菌類が約3万種，子嚢菌類が約6万種と，残りの菌類をはるかにしのぐ多様性をもつ．

接合菌門とツボカビ門については非単系統性が明らかとなり，高次分類体系の再編成が進められている．その中でも従来接合菌門に含められていたグロムス菌類はグロムス菌門という独自の門として認識され，しかも重相菌亜界と姉妹群関係にあることも示唆されている．グロムス菌門に属する菌はアーバスキュラー菌根を形成し，植物と絶対共生の関係にあるものが多く，重相菌亜界にも菌根や内生菌，地衣類など，他生物と共生関係にあるものが多い．そのため，重相菌亜界とグロムス菌門を併せてシンビオマイコータと呼ぶこともある．ただし，グロムス菌門の単系統性は強く支持されているものの，その系統的位置については疑問の余地があり，より詳細なデータをもとに議論しなくてはならない．

ツボカビ門は現在はいくつかの門に細分化されているが，菌類の中で唯一，鞭毛をもつ遊走子を形成することで特徴づけられてきた．水中環境により適応した菌類であり，かつ系統的により基部に属することから，菌類の祖先は鞭毛を持ち，水中（おそらく間違いなく海中）を起源とすることは確実であろう．また，従来ツボカビ類としてまとめられてきたグループが多系統であるということは，菌類の進化において鞭毛の喪失が複数回起こったことを示唆している．

これまでの菌類の概念に当てはまらない新規系統群も発見されてきており，その代表的なものが前述のCryptomycotaと，微胞子虫門である．微胞子虫門はさまざまな動物の細胞内に寄生することで知られており，単細胞性でミトコンドリアを欠くなどの特徴から，原始的な真核生物だとみなされてきた．しかし，分子系統解析の結果は微胞子虫が菌類の一部であることを示しており，現在では絶対寄生することにより二次的にミトコンドリアを喪失した菌類であると考えられている．ただし，菌類の中での系統的位置については，まだ結論は出ていない．

●**菌類の起源**　菌類の化石は潜在的には多く存在するが，菌類のものであると特定できる化石，もしくは菌類のどの分類群に属するかがはっきりしている化石は数えるほどしかない．例えば，先カンブリア時代の地層（約7〜10億年前）から発見された胞子および菌糸体のような化石は子嚢菌類であるという報告があるが，明確に証明されてはいない．その他にも約6億年前の化石が地衣状生物であるという報告もあるが，その系統的位置は明らかではない．そのため，オルドビス紀（約4億6000万年前）から発見されたグロムス菌門の化石が，現世の菌類と系統関係を推定し得ることのできる最古の化石とされている．この化石はまた，遅くともオルドビス紀には陸上生態系において植物と菌類の共生関係が成立していたことを示している．

系統的により古い分類群であるツボカビ類の化石も知られているが，その最古のものはデボン紀（約4億年前）のライニーチャートから報告されている．その他，フラスコ型の子実体をもつ子嚢菌の化石も同様にデボン紀の地層から発見されている．担子菌については，きのこ類の子実体化石となると白亜紀中期（約1億年前）の琥珀化石が最古のものである．ただし，担子菌の一部には菌糸にかすがい連結という特殊な構造をもつものがあり，かすがい連結の最古の化石とされているものは，石炭紀（約3億年前）から知られている．

上記の化石記録をすべて考慮しても，菌類の起源を明らかにするためには非常に不十分であり，これらの化石よりもはるか昔に菌類が起源したことは間違いない．化石記録の不十分さは，当然のことながら分子時計による分岐年代の推定にも影響する．そのため，これまでされてきた菌類の年代推定は非常にばらつきの多い結果となっている．菌類の起源が先カンブリア時代にさかのぼることは確実であろうが，そうすると現在の地球上で陸上植物と絶対共生関係にあるグロムス菌門の起源が，陸上植物の起源よりも数億年以上古くなってしまう，などという矛盾点も指摘されている．

●**菌類の分布と多様性**　菌類は地球上のあらゆる環境に分布している．既知の種数からみると，海洋における菌類の多様性は高くはないが，これはおそらく過小評価である．深海域からも多様な菌類が発見されてきており，今後の研究によりさらに多様な菌類の存在が明らかになることが期待される．陸上生態系において

は，菌類の分布様式や多様性について，より多くの研究がされてきているが，その全容が明らかになるにはほど遠い状況である．その大きな原因は，菌類は基本的に微生物であり，人間が肉眼的に存在を確認することができないからである．菌類の中では例外的に，きのこ類は大型の子実体を形成する種を多く含む．しかし，子実体を形成するのは生活環のほんの一部であり，かつ短期間（数日間程度）である場合がほとんどである．そのため，菌類の実態については，例えば種数をとってみても，既知と未知の間に大きなギャップが存在する．

　菌類の種数についてはさまざまな議論がなされてきたが，いまのところ最もよく引用されているのは，150万種という推定値である．既知の種数が約10万であることを考えると，真の多様性の10%未満しか把握できていないという計算になる．ただしこの推定値については過小評価であるという意見と，過大評価であるという意見の両方があり，いまだに決着はついていない．過小評価であるという根拠の1つは，この推定値が維管束植物との種数比に基づくものであり，その他菌類と密接な関係にある生物群（例えば昆虫）との種数比は考慮されていない，というものである．また，維管束植物との種数比についても，温帯地域であるイギリスのデータのみに基づいており，熱帯地域で調査すれば，より多くの菌類が検出できるはずだ，という主張もされている．さらに，菌類には隠ぺい種が多く存在することは確実であり，そのことからも菌類の真の種数は既知種数をはるかに上回るということは間違いない．

　興味深いことに，過大評価である，という主張においても維管束植物との種数比の問題が指摘されている．きのこ類や地衣類のインベントリー調査に基づく種数比によると，熱帯では維管束植物に対して菌類の種数は相対的に減る傾向にあることが示されている．このデータに対しては，あくまでサンプリング不足であり，熱帯地域におけるインベントリー調査の不十分さを表しているに過ぎない，という意見もあるが，子実体採集によらない，土壌DNAからのメタゲノム解析の結果も同様の傾向を示している．つまり，イギリスにおける植物：菌類の種数比を熱帯地域にも当てはめることで，菌類の種数を過大に推定している可能性が示唆されたのである．

　同様のメタゲノム解析からは，熱帯ほど菌類が多様であるという，植物や動物と同じ一般則が当てはまるということも示された．ただし，菌類は熱帯域で指数関数的に多様性が増加するわけでなく，寒冷帯においても多様性はそれほど減少しない，という傾向がみえてきた．また，多くのきのこ類を含む外生菌根菌は熱帯よりも温帯地域で最も多様化すること，特に子嚢菌類のうち地衣類がズキンタケ綱など特定の分類群によっては寒冷帯で最も多様化すること，など菌類特有のパターンも存在するようである．ただし，基本的に見えない存在である菌類の多様性を解明するためには，さらなるデータの蓄積が必要であろう．

〔保坂健太郎〕

地衣類

　地衣類は菌類の仲間で，菌類が藻類やシアノバクテリアと共生する複合生物である．地衣類の共生は安定して維持されており，地衣類をつくる菌はあるいは「地衣化した菌」とも呼ばれる．地衣類は原則として1種の共生菌と1種の共生藻(緑藻類またはシアノバクテリア)で構成されているが，命名規約上の学名は共生菌に対して与えられる．現在，世界中で約2万種，日本国内で約1700種の地衣類が知られている．

●**共生菌**　地衣類の大多数（約98％）は子嚢菌が藻類と共生したものである．担子菌も地衣化する（例：ケットゴケ属 *Dictyonema*，シラウオタケ属 *Multiclavula*，アオウロコタケ属 *Lichenomphalia* など）が，地衣類に占める割合は約2％と低く，多くは熱帯〜亜熱帯性である．一方，菌類全体としては約20％が地衣化する．中でも子嚢菌類は40％が地衣化し，子嚢菌46目のうち，16目が地衣化した種を含んでいる[2]．この他，地衣類に寄生する地衣寄生菌と呼ばれる一群がある．地衣寄生菌と地衣類の関係は，共生から寄生までさまざまであるが，両者は種特異性があることが多い．これまでに世界で約1500種が報告されているが，日本産種についてはほとんど研究がされていない．

●**共生藻**　地衣類に含まれる共生藻は約40属で，このうち約25属が緑藻類，15属がシアノバクテリアである．これらは地衣共生藻として存在するだけではなく，自由生活をするものも多い．主なものに，*Myrmecia*, *Trebouxia*, スミレモ属 *Trentepohlia* などの緑藻や *Gloeocapsa*, ネンジュモ属 *Nostoc*, *Scytonema* などのシアノバクテリアが知られている．なお，カブトゴケ属 *Lobaria*, デイジーゴケ属 *Placopsis*, キゴケ属 *Stereocaulon* などには，地衣体の中で生活する本来の共生藻とは別に，頭状体と呼ばれる器官の中に第二の共生藻ともいうべきシアノバクテリアをもつことが知られている．

●**地衣体**　地衣類は永続性のある安定した形態と構造，生理特性をもつ地衣体を形成する．多くの地衣類では，地衣体の大部分は共生菌の菌糸で構成されている．地衣体の体制の違いによって，固着（痂状）地衣類（例：チャシブゴケ属），葉状地衣類（例：ウメノキゴケ属），樹枝状地衣類（例：ハナゴケ属）が区別される．このほか，地衣体が鱗状となる鱗片状地衣類（例：ウロコイボゴケ属）やレプラゴケ属のようにフェルト状の地衣体をもつものもある．固

図1　葉状地位類のキウメノキゴケ

着地衣類は地衣体が薄い膜状で髄層の菌糸で基物に固着する．葉状地衣類の地衣体は水平に広がり，表裏の区別は明瞭で裏面に仮根（偽根）をもつ．樹枝状地衣類は小灌木状に伸びて基物から立ち上がるか垂れ下がる．これらの区別は自然分類との関係はないが，地衣類を外形で識別するときに便利な区別法である．

●**生殖** 地衣類の生殖は無性生殖器官によるものと，胞子形成による有性生殖がある．無性生殖器官の粉芽や裂芽は地衣体の表面や周辺に生じる棍棒状，半球状，サンゴ状，粉状の器官で，いずれも共生菌の菌糸と共生藻がともにこの小器官に含まれている．粉芽や裂芽は地衣体からはがれて飛散し，生育条件が整うと発芽し成長して親と同じ特性をもつ地衣体に発達する．有性生殖では共生菌が子嚢果の中で胞子をつくる．成熟した胞子は子嚢果から放出されて発芽し，共生可能な共生藻と出会うと再共生して地衣体をつくる．子嚢果は地衣体に生じる皿状の裸子器やつぼ形の被子器が一般的である．地衣体には子嚢果とは別に粉子が粉子器の中で形成される．粉子は単独で発芽するほか，受精毛を通って子嚢母細胞と受精し，多核細胞を経て子嚢胞子を形成する雄性生殖細胞としても働く．

●**付属器官** 地衣体には，粉芽，裂芽，盃点，偽盃点，仮根（偽根），頭状体など特有の付属器官がみられる．盃点はヨロイゴケ属の地衣体に生じる小孔で細胞によって縁取られている．また，トコブシゴケ属やカラクサゴケ属など観察される明瞭な縁取りのない孔や亀裂を偽盃点と呼ぶ．付属器官の有無や形状，形成される部位などは種特異性があり，重要な分類形質とみなされている．

●**地衣成分** 地衣体を構成する菌糸の細胞膜にはリケニン，イソリケニン，多価アルコールなど多様な化学物質が含まれている．一方，地衣成分としてよく知られている物質は菌糸の細胞膜の表面に結晶として析出している細胞外生成物で，現在では800種類以上が知られている．地衣類に特殊な化学成分が含まれることは古くから知られており，19世紀末頃にはすでにW. ニランダー（W. Nylander）がアルカリ液に呈色する物質の有無を重視して種を区別している．1930年以降になると，地衣成分はW. ツオップ（W. Zopf），朝比奈靖彦らにより盛んに研究された．また，柴田承二は生合成経路の異同をもとに地衣成分をシキミ酸基原のもの，メバロン酸基原のもの，アセテート・マロネート基原のものに分類した．特にフェノールカルボン類にはデプシドやデプシドーンと呼ばれる地衣類特有の化学成分が多数知られており，地衣類の分類に幅広く利用されている．地衣成分は重要な分類形質であるが，成分の違いだけで種を区別することはない．地衣類の分類学的研究は，他の生物と同様に，形態的特性や分子情報などを総合的に考察して進められる． ［柏谷博之］

📖 **参考文献**
[1] Hale, M. E., Jr., *The biology of lichens*, 3d ed., Edward Arnold, 1983
[2] Hawksworth, D. L. & Hill, D. J., *The lichen-forming fungi*, Blackie, 1984
[3] Nash, T. H. III, ed., *Lichen biology*, Cambridge University Press, 1996

微細藻類

　陸上植物以外の酸素発生型の光合成生物が伝統的に藻類と呼ばれるものである．藻類は陸上植物と同様にクロロフィル a をもち，原核生物のシアノバクテリア（藍藻類）と真核生物のグループに大別される．藻類の中で大型藻類（大型の海藻類とシャジクモ目）以外のものが微細藻類である．10〜20億年前にシアノバクテリアが真核生物に共生して色素体となり真核光合成生物が誕生し，その共生は1回であると考えられていた．しかし最近，ポーリネラという糸状仮足をもつ単細胞生物に通常の色素体とは異なる別系統のシアノバクテリアが共生していることが明らかになっている．伝統的には真核生物のグループは鞭毛などの基本的な細胞形態と色素組成などから約10個の門に分類されている．

●**色素体一次共生と二次共生**　シアノバクテリアが真核細胞に共生して色素体が成立することを一次共生，その結果できた光合成生物は一次植物という．ポーネリナは一次植物であるが，これ以外の一次植物は緑色植物，紅色植物，灰色植物に分類され，色素体は共通の起源をもつ．一次植物はさらに別の真核生物に共生して色素体となったと考えられており，これを二次共生，その結果できた光合成生物を二次植物という．二次植物は紅藻の色素体二次共生を起源とするものと緑藻の色素体二次共生を起源とするものがある．前者には珪藻類などの不等毛植物，渦鞭毛植物，ハプト植物，クリプト植物が含まれ，これらの生物の紅色系の色素体に関しては一回起源説が有力であるが，その後さらなる共生（三次，四次共生）があったとも考えられている．後者には緑色の二次色素体をもつミドリムシ植物とクロルアラクニオン植物が含まれる．これらの緑色の二次植物は異なる二次共生によって生じたと考えられている．クリプト植物とクロルアラクニオン植物の二次色素体の4枚の色素体膜の間には本体の核とは異なる真核生物の核の縮小退化したヌクレオモルフが存在する．ヌクレオモルフは共生した一次植物の核が縮小退化して消えないで残っているものと考えられ，真核生物が別の真核生物に共生する二次共生の生きた証拠とも考えられる．

●**真核微細藻類の系統**　色素体二次共生は真核生物の複数の系統で起きたので，真核微細藻類は真核生物全体の中で多系統である．真核生物の大系統に関しては最近でも対立する説が提案されているが，2005年に大きく6個のスーパーグループに分類されたので，ここではこれに従って真核微細藻類の系統を説明する．微細藻類を代表とする色素体をもつ光合成真核生物は後生動物と菌類からなるスーパーグループ Opisthokonta とアメーバ類からなるスーパーグループ Amoebozoa 以外の4個のスーパーグループに所属する．一次植物の緑色植物，紅色植物，灰

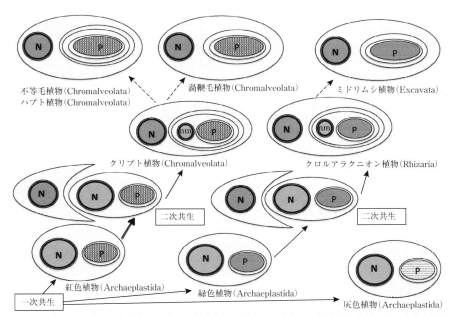

図1 主な真核微細藻類の多様性と色素体の共生進化の概念図：破線の矢印は系統関係ではなく，色素体包膜の変化・ヌクレオモルフの消失を意味する．日本語のグループ名の後の括弧にはAdl, et al. (2005)のスーパーグループ名を記した．なお，Adl, et al. (2012) ではハプト植物とクリプト植物は所属不明，その他のChromalveolataとRhizariaはSARとしてまとめられている（N：核，nm：ヌクレオモルフ，P：色素体）

色植物はArchaeplastidaとして1個のスーパーグループに分類されているが，真核生物の中で単系統とする説と側系統と考える説がある．紅色系の二次植物は2005年にスーパーグループChromalveolataとして分類されたが，2012年の改訂版のスーパーグループ分類ではハプト植物とクリプト植物は所属不明群としてまとめられている．緑色系の二次植物のミドリムシ植物はスーパーグループExcavata，クロルアラクニオン植物はスーパーグループRhizariaに所属する．これら2系統の緑色二次植物はそれぞれのスーパーグループの中で小さな単系統群を形成し，その近縁な生物は色素体をもたないので，比較的最近二次共生が独立に起きたものと考えられる．マラリア原虫のアピコンプレクサ類はスーパーグループChromalveolataに所属し，光合成色素をもたない縮小退化した二次色素体をもつので，微細藻類と考える場合もある．最近アピコンプレクサに近縁な海産微細藻で光合成色素をもった紅色系の二次色素体をもつクロメラ植物が発見され，マラリア原虫の寄生する以前の祖先型の生物とも考えられる．なお，ポーネリナはRhizariaに所属する．

[野崎久義]

大型藻類

　肉眼で個体の形状が識別できる大きさの真核藻類の総称で，複数の系統群が含まれる．海産の大型藻類は海藻類とも呼び，紅藻類，アオサ藻類，褐藻類が含まれる．一方，淡水域には紅藻類，シャジクモ藻類，緑藻類が多くみられる．いずれの系統群も単細胞の祖先から独立して多細胞化・大型化したと考えられるが，アオサ藻類の一部では多核嚢状体として大型化したものもみられる．このような独立した多細胞化・大型化の進化を反映して，大型藻類の細胞壁の組成・構造や体制は系統群により大きく異なる．藻類の大型化は，他生物との競合下での光の効率的な獲得，動物による摂食や乾燥，淡水に対する耐性，組織分化による生殖様式の高度化，生活環の多様化による季節性への適応などをもたらし，高い生物多様性と生産性をもつ沿岸生態系が成立する原動力となった．

●**紅藻類**　紅藻類（紅藻植物門）は進化的に非常に古く，その起源は新原生代まで遡ると考えられ，また種の多様性は大型藻類の中で最も大きい．多細胞体制を示す種が多いが，単細胞性の種も含まれる．おおよそ7つの綱に約6000種が記載されており，日本では約800種が報告されている．オオイシソウ綱，ウシケノリ綱，真正紅藻綱などが大型藻類に相当する．多くは海産種で，沿岸域の岩礁地帯に生育しているが，カワモズク類のように淡水域で多様化した系統群もある．数mを超えて大型化する種はみられないが，一部の種は石灰化し海底を広く覆い，重要な生態系の要素となっている．葉緑体は原核光合成生物の細胞内共生に由来し，光合成色素としてクロロフィル a とフィコビリンをもつ．細胞壁の主要成分は β-1,3 キシラン，β-1,4 マンナン，セルロースなどで，さらに寒天，カラギーナンなどのファイココロイドを含む．生活史を通して鞭毛をもたず，多細胞化する際に分裂した細胞同士が細胞壁で完全に仕切られるのではなくピットプラグと呼ばれる構造で連続し，また細胞が多核化するものも多い．真正紅藻綱は，雌性生殖器官である造果器が不動精子と受精して複相（$2n$）になった後，雌性配偶体の栄養細胞（n）と融合しながら発達し，多数の果胞子（$2n$）をつくり，放出された果胞子から胞子体（$2n$）が発達する特異な生活史型を示し，三相世代交代と呼ばれる．

●**緑藻類**　広義の緑藻類（緑藻植物門）は陸上植物と祖先を同じくする系統群で，海藻類としてアオサ藻類（アオサ藻綱）を含む．アオサ藻綱も紅藻類と同じくその起源は新原生代までさかのぼると考えられ，おおよそ7つの目（スミレモ目，ヒビミドロ目-アオサ目，ウミイカダモ目，シオグサ目，イグナチア目，ハネモ目，カサノリ目）に約1700種が記載されており，そのうち日本では約270種が報告

されている．葉緑体は原核光合成生物由来で，光合成色素としてクロロフィル a, b とカロテノイド類を含む．細胞壁は多くはセルロースを主成分とするが，マンナンやキシランを主成分とする種，石灰化する種も多い．細胞間連絡はスミレモ目に属する数種で報告されており，細胞質分裂時の不完全な隔壁形成により形成される．細胞分裂は核膜が消失しない閉鎖型で，分裂の終期まで中間紡錘体が残存し，また隔壁形成に関与するフラグモプラストやファイコプラストなどの微小管系が現れず，細胞表層の求心的なくびれによって細胞質が分裂する．緑色植物門には淡水産の大型藻類としてシャジクモ藻類（車軸藻植物綱）が含まれ，コレオケーテ類などとともに陸上植物の祖先に近縁で，陸上植物の起源を探る上で重要である．シャジクモ藻類は約400種が記載されており，そのうち日本では約80種が報告されている．藻体は主軸に枝が輪生し，腋部に形成される卵細胞と精子による卵生殖により生殖するが，世代を通じて単相（n）で，接合子のみが複相（$2n$）となる．

●褐藻類　褐藻類（不等毛植物門褐藻綱）は，進化的には比較的新しく中生代以降に出現したが，長さ10 mを超えるものも多く，藻場と呼ばれる群落を形成し，沿岸生態系の重要な構成要素となっている．アミジグサ目，コンブ目などおおよそ20の目に約2000種が記載されており，そのうち日本では約400種が報告されている．ほとんどが海産で，淡水産のものは数属に過ぎない．

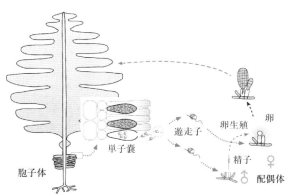

図1　褐藻ワカメの生活史：大型の胞子体（$2n$）と小型の配偶体（n）の間で異形の世代交代をもち，季節性に適応している．卵と精子の受精には性フェロモンが関与し，精子は走化性を示す

葉緑体は二次細胞内共生起源で，2枚の葉緑体包膜に加えて葉緑体ERと呼ばれる2枚の膜がその外側を取り囲んでいる．光合成色素はクロロフィル a, c に加えて補助色素として多量のフコキサンチンを含む．知られているものはすべて多細胞体制で，隣接する細胞同士が原形質連絡（プラズモデスマータ）を介して連絡しており，光合成産物の輸送やシグナル伝達が行われている．細胞壁はアルギン酸，フコイダン，セルロースから構成される．ほとんどの褐藻類は配偶体世代（n）と胞子体世代（$2n$）が独立しており，両者の間で世代交代を行い，異形の世代交代を示すものも多い．

［川井浩史］

陸上植物

　数億年前に初めて陸上植物は水中生活する車軸藻類から進化したと考えられ，陸上植物と車軸藻類を併せてストレプト植物と呼ぶ．近年の研究では，陸上植物はホシミドロ群と姉妹群であり，両者がコレオケーテあるいはシャジクモ群と姉妹関係にあるとされるが，いずれの藻類が陸上植物の姉妹群か異論はある．

　植物の上陸の際に，いくつかの化合物が重要な役割を果たした．藍色細菌（シアノバクテリア），後には真核藻類もが炭酸同化作用によって酸素を大気中に放出し続けた結果，オゾン層が発達し，紫外線を遮断するようになった．結果，地表は生存可能な環境になり，4億7000万年前に植物は上陸を果たした．オゾン層の他，フラボノイドなどの色素も紫外線を吸収して，細胞，特にDNAを守る．

　陸上植物の体表面は，主成分がクチンからできたクチクラ層で被われている．この層は乾燥の他，微生物の感染から植物体を守り，紫外線を反射もする．胞子・花粉は空中に散布されるが，厚くて丈夫な胞子壁が乾燥・低温・紫外線などから細胞を保護する．胞子壁・花粉壁の主成分はスポロポレニンであり，この重合化合物はクチンやリグニンと生合成系が関連している．

　陸上植物は一般にコケ植物，シダ植物，裸子植物，被子植物の4群に大別され，4群は維管束の有無，種子の有無，子房（心皮）の有無などの違いで分類される（図1）．これらは系統関係ばかりでなく進化段階を示す形質でもあるので，4群は単系統群であるとは限らない．事実，シダ植物は側系統群である．

●**陸上植物の多様化**　陸上生活は強い重力を受けるため，植物体を支持する組織として，維管束あるいはそれに相当する組織を発達させている．仮道管などの二

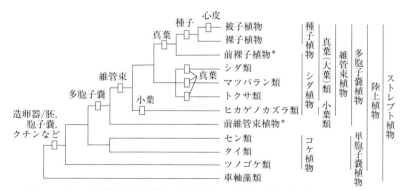

図1　ストレプト植物（陸上植物＋車軸藻類）の系統と派生形質（＊絶滅した植物）

次細胞壁の主成分はリグニンであり，細胞の強度を増加させる．一方，コケ植物はリグニン合成系を欠いて維管束がない．初期進化において維管束に似た組織をもった前維管束植物が現れ，やがて維管束植物へと進化した[1]．維管束のもう1つの働きは通導である．地上は大気が大地をおおっており，陸上植物はこの2つの環境で生きている．そのため地中から吸収した水分養分や，地上部でできた養分を他に運ぶことは不可欠である．

多細胞からできた造精器と造卵器という生殖器をもつので，陸上植物は造卵器植物と呼ばれる．また，造卵器は胚を育てる養育器でもある．造卵器の中で配偶体から養分・水分を吸収して胚が成長するので，有胚植物とも呼ばれる．

生活環は，胞子体世代と配偶体世代を交互に繰り返す．ところが，祖先藻類である車軸藻類は世代交代が存在せず，目に見える植物体は配偶体のみで，受精してできた接合子が減数分裂して植物体（配偶体）になる．したがって，祖先藻類の生活環に胞子体世代が挿入されて，陸上植物の世代交代が生まれたのであろう．

陸上植物には単胞子嚢植物と多胞子嚢植物の2群がある．コケ植物の胞子体は小型で分枝せず，胞子体あたり胞子嚢が1個だけつく単胞子嚢植物である．多胞子嚢植物は，胞子体が多少とも大きく，分枝して，その上に複数の胞子嚢をつける．多胞子嚢植物は維管束植物と多胞子嚢性の前維管束植物（*Aglaophyton*, *Horneophyton*）からなる．前維管束植物は古生代のシルル紀後期からデボン紀前期にかけて存在した化石群であり，多胞子嚢である点で維管束植物と共通し，維管束をもたない点でコケ植物とも共通する中間的なものである．

葉はコケ植物の胞子体には存在せず，原始的な前維管束植物や維管束植物（例：*Cooksonia*, *Psilophyton*）でも分化しなかった．小葉の進化は1回起こったが，真葉（大葉）の進化は数回は起こった．小葉は真葉よりも4000万年早く進化したが，デボン紀前期の大気はCO_2濃度が非常に高く高温で，小葉や小枝しか分化できず，濃度が低下したデボン紀後期になって蒸散能も向上して，真葉が出現できたと推定されている[2]．

陸上植物は，長い進化の歴史の中で，配偶体が胞子体に比べて退化，縮小の一途をたどった．同形胞子シダ植物の配偶体は胞子よりはるかに大型で，胞子壁から外に出て成長するが，異形胞子シダ植物の配偶体は胞子と同じかやや大きい程度で，大部分が胞子壁内にとどまる．種子植物では，配偶体はさらに胞子体の内部に宿存し（花粉は親から離れる），被子植物の配偶体は極端に退化している．

［加藤雅啓］

📖 参考文献
[1] 加藤雅啓「植物の上陸と進化」『海洋生命系のダイナミクスシリーズ第5巻 海と生命「海の生命観」を求めて』塚本勝巳編，pp. 97-113，東海大学出版会，2009
[2] Beerling, D. J., *et al*., "Evolution of leaf-form in land plants linked to atmospheric CO_2 decline in the Late Palaeozoic era", *Nature*, 410：352-354, 2001

化石植物

　現生陸上植物の体制を門レベルで比較してみると，それぞれの体制の間に大きな断絶があることに気づく．例えば，コケ植物と維管束植物は，維管束の有無に違いがある．しかし，「発展途上」すなわち進化の移行過程（中間段階）にある維管束をもつ現生植物は存在しない．ここでは現存しない植物の分類群を化石植物と総称する．化石植物の中には，リニア植物やシダ種子植物のように，現生植物にみられる体制的・系統的な断絶を埋め得る特徴をもつものが知られている．一方，キカデオイデア類のように子孫分類群を残すことなく絶滅したグループもある．

●**リニア植物**　シルル紀末からデボン紀初期（約4億2000万年前～4億年前）に生育した，陸上植物が葉や茎を獲得する以前の体制をもつグループである．その地上部は二叉分枝し，突起物のない軸のような構造からなる．接地した地上部（匍匐軸）から一部の軸が立ち上がり，数回の二叉分枝を繰り返した後，各軸の先端に胞子嚢を付ける（図1）．軸の中心には心原型で円柱状の通導組織があり，通導組織を構成する細胞の一次壁は，海綿層と耐水層の2層によって裏打ちされ，らせん状に肥厚する（S型通導細胞）．

　リニア植物の名称は，このグループの研究に大きく貢献した植物化石群集（ライニー植物群）が発見されたスコットランド・アバディーンシャーのライニー村にちなむ．ライニー村周辺には温泉水の作用を受けて珪化したチャートを含むデボン紀初期（約4億年前）の堆積物が分布する．このチャートから発見された植物化石は細胞組織をはじめ，共生菌根菌に至るまで，植物の細部が保存されている．そのため，ライニー植物群を用いて，初期陸上植物の体制や古生態を復元する研究が数多く行われている．中でも最も研究が進んでいるのは *Aglaophyton major*（図1）であり，その生活環の大部分が復元されている．*A. major* は胞子体に与えられた学名であり，それと独立して生活する配偶体（*Lyonophyton rhyniensis*）をもっていた．配偶体は雌雄独立と考えられており，それぞれがゼニゴケの雌器托や雄器托に似た托状の構造上に造卵

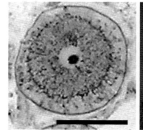 

図1　*Aglaophyton major* の軸的器官の横断面と復元模型（国立科学博物館所蔵）

器または造精器を付けた．ただし，配偶体が苔類のように葉状体をもっていたかどうかはわかっていない．また，胞子体は雌性配偶体上で発芽した可能性が高いが，詳細は不明である．独立して生活する胞子体種と配偶体種の組合せはこの他にも多数知られており，この特徴はリニア植物の中に広くみられたものと思われる．

リニア植物のS型通導細胞の「二次壁」は，強固な内部構造をもつ維管束植物の二次壁とは大きく異なり，むしろコケ植物の通導細胞に近い特徴であると考えられている．一方，リニア植物は胞子体と配偶体が独立するなど，シダ植物のような生活環をもつ．したがって，リニア植物はコケ植物と維管束植物とをつなぐ中間段階に位置づけられる．

リニア植物は前述した共通の特徴をもつが，形態的には多様性があり，多系統群と考えられている．その中には，実際に小葉類や真葉類の祖先となった系統群の他，絶滅した系統群もあっただろう．また，リニア植物の中にコケ植物（の一部）につながる系統群がある可能性も指摘されている．特に，ライニー植物群以前のリニア植物（例えばクックソニア類）については，解剖学的特徴がよくわかっておらず，系統的位置が未解明な種が多い．このため，リニア植物は特定の分類群を指すのではなく，体制進化の一段階を表すものと捉えるのが一般的である．

●**シダ種子植物** 石炭紀から白亜紀（第三紀まで生存した可能性あり）に生育した多系統的な裸子植物のグループで，その名のとおり，シダ植物に似た葉をもちながら種子をつける．しかし，シダ種子植物はよく発達した二次維管束組織をもつため，シダ植物と裸子植物を系統的につなぐグループを含んではいないと考えられる．

シダ種子植物は，現生の種子植物における系統的断絶を埋める上で重要なグループである．グロッソプテリス類は古生代から中生代の約5000万年間にわたって繁栄したグループであり，その中にはさまざまな形態の生殖シュートをもつものが存在した．グロッソプテリス類の一部では，裸子植物型の一珠皮性の胚珠が胞子葉に包まれ，それらはさらに別の胞子葉に抱かれる．前者の胞子葉を外珠皮の，後者の胞子葉を心皮の祖先器官と考えると，被子植物の雌蕊に比較される体制をもつため，グロッソプテリス類の一部から被子植物が分岐したとする仮説がある．一方，メズロサ類は胚珠構造や胞子葉上での胚珠の付着位置から，ソテツ類やキカデオイデア類との類縁が指摘されている．

●**キカデオイデア類** 中生代に繁栄した裸子植物で，ソテツ類に似た外見をもつ．しかし，生殖器官や気孔装置の構造が異なるため，ソテツ類とは系統的に離れた分類群である．苞葉，小胞子嚢穂，大胞子嚢穂からなる生殖シュートが短縮した生殖器官をもつ．また，大胞子葉群は球状の構造をつくり，一珠皮性の胚珠は，胚珠が変形して生じた珠間鱗片に包まれる．

［山田敏弘］

小葉類と真葉類

　現生の維管束植物は，茎に側生する葉をもつ．葉は，①有限成長する，②維管束をもつ，③左右相称である（背腹性をもつ），という点において共通するが，維管束植物にみられる葉は単一の起源ではない．維管束植物の祖先は葉をもたず，その体は軸的器官から構成されていた．その後，維管束植物が葉を獲得する以前のデボン紀前期に，ゾステロフィルム類とトリメロフィトン類の分化が起きた．前者から小葉類（ヒカゲノカズラ綱）が分岐した．現生の小葉類には，ヒカゲノカズラ目，イワヒバ目，ミズニラ目が含まれる．一方，後者は真葉類の祖先となった．真葉類にはシダ類と種子植物が含まれる．それぞれの系統で葉が独立に獲得されたため，小葉類と真葉類の葉は平行進化の産物である．

　真葉は概して小葉より大きく，真葉の維管束が分岐するのに対し，小葉の維管束は分岐しない．しかし，真葉類の葉においても，葉面積が小さくなれば維管束系が単純化して分岐しなくなることがあり，両者を形態学的に区別することは難しい．また，後述するように，真葉類の中でも真葉は多数回起源であり，葉の特徴をもって真葉類を定義することは適切ではないだろう．

●**小葉の起源**　小葉は祖先的な維管束植物の軸的器官の表面に生じた突起（刺）に由来と考えられている．この突起は初め維管束をもたなかったが，突起が大きくなるにつれ，主軸の維管束から葉脈が供給されるようになった（図1）．このような進化は，ゾステロフィルム類からドレパノフィクス類（絶滅した小葉類）が分岐する過程で起きたと考えられている．

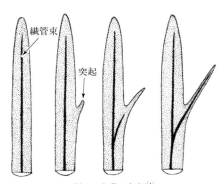

図1　小葉の起源[1]

　現生のヒカゲノカズラにおいては，茎の維管束から葉跡（葉に供給される維管束）が分岐する場所と小葉の葉序の間に明確な関係性が見出せないことがわかっている．このことは，維管束配向と葉序が独立に進化した可能性を示唆し，小葉の突起起源説を考える上で興味深い．

●**真葉の起源とテローム説**　真葉の進化を説明する仮説として，W. ツィンマーマン（W. Zimmermann）によって提唱されたテローム説がある．テローム説では，祖先的維管束植物にみられる軸的器官（ここではテロームと呼ぶ）を真葉の「部

品」と考える．まず，テローム系に二叉分枝を続ける主軸系と，有限回しか分枝しない側軸系の分化が生じる．次に，側軸系を構成するテローム（図2(a)）が平面的に配置するようになる（図2(b)）．そして，テロームの間を埋める水かき状の組織ができることにより（図2(c)），真葉が生じたと説明する．

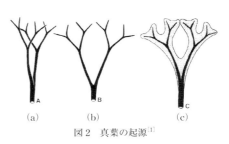

図2 真葉の起源[1]

●**真葉の平行進化** シダ類と種子植物の真葉は平行進化の産物と考えられている．というのは，両者は真葉の起源以前に系統分化したからである．化石記録から，両者の進化過程はおおむねテローム説と合致することがわかっているが，厳密には

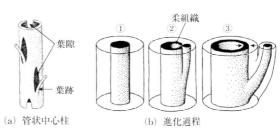

図3 シダ類にみられる管状中心柱とその進化過程[2,3]

両者の真葉で進化の順序が異なる．すなわち，シダ類では葉の背腹性に続いて，側軸系の有限成長性が獲得されたが，種子植物ではその順序が逆だった．

シダ類と種子植物の真葉には，維管束の供給様式の違いもある．シダ類は基本的に原生中心柱または管状中心柱をもち，原生中心柱が原始的な特徴である．原生中心柱から管状中心柱への進化では，まず主軸の維管束と葉跡の間にあった柔組織が主軸の中心柱を分断しつつ中心へと拡大した．やがて，この柔組織が中心柱の中心部分を占めるようになり，髄をもつ管状中心柱が生じた．このため，シダ類の管状中心柱は，葉跡の分岐部の頂端側で柔組織によって分断されることになる．また，この分断部分を葉隙と呼ぶ（図3）．一方，種子植物は真正中心柱をもち，茎の内部を満たす柔組織中に複数の維管束分柱が並走する．葉跡は維管束分柱から茎の接線方向に分岐し，葉隙をつくることはない． ［山田敏弘］

参考文献
[1] Stewart, N. W. & Rothwell, G. W., *Paleobotany and the evolution of plants*, 2nd ed., Cambridge University Press, 1993
[2] Gifford, E. M. & Foster, A. S., *Morphology and evolution of vascular plants*, 3rd ed., W. H. Freeman and company, 1988
[3] Taylor, T. N., *et al.*, *Paleobotany, the biology and evolution of fossil plants*, Academic Press, 2009
[4] 加藤雅啓編『植物の多様性と系統』裳華房，1997
[5] 加藤雅啓『植物の進化形態学』東京大学出版会，1999

コケ植物——陸上植物

　コケ植物は，①茎と葉があるが根がなく，②維管束をもたず，③有性生殖の際に水中を泳ぐ精子をつくり，④花をつけず胞子で増え，⑤生活史において配偶体世代が非常に優勢であって胞子体は小さくて配偶体からの養分供給に依存している，といった点でよくまとまるグループである．配偶体世代が優占することは，同じ胞子で繁殖するシダ植物との最も大きな違いである．ただし，コケ植物の植物体（配偶体）における茎・葉は，同じ用語を用いてはいるが，維管束植物（胞子体）における茎・葉とは異なることに注意が必要である．陸上で生活する植物の中で，精子や維管束をもたないなど祖先が水中で生活していた名残である原始的な性質をコケ植物はよく維持しており，その結果として水から離れて生活することが難しくなっている．コケ植物とは簡単にいうとそういう植物なのである．維管束は，根で吸い上げた水を植物体全体に行きわたらせるとともに，地上で重力に逆らって体を支える骨組みとしての役割も果たすのだが，維管束をもたないコケ植物では結果として小さな植物体である場合がほとんどである．もっとも，高さが60 cm以上に達するスギゴケ科のような例外もあり，また水中に生活するものや木の枝から垂れ下がるもののように重力の制約を受けないときは1 mを超えて非常に長くなることもある．

　●コケ植物の生態　胞子体の先端には単一の胞子嚢(ほうしのう)が生じて，そこに胞子ができる．成熟した胞子は風によって運ばれ地面に落ちると発芽する．発芽するとまずはじめに原糸体ができる．この原糸体は蘚類のほとんどでは糸状に伸びて複雑に分枝し，その後ところどころに芽が生じ，それが成長すると配偶体（植物体）になる．苔類やツノゴケ類では胞子が発芽すると盤状の短い原糸体が生じて，その先端が徐々に配偶体に分化してゆく．配偶体には造卵器と造精器が生じ，造精器でつくられた精子が水を媒介として造卵器中の卵に到達すると受精が起こる．受精卵が細胞分裂して多細胞の胚になる．初期の胚は造卵器の内部で保護されているが，成長とともに大きくなる．胞子体は，配偶体内部に入り込み栄養をもらう足，長く軸上に伸びる柄，そして胞子をつくる胞子嚢という部分からできている．

　コケ植物には真の根がないため広く地中から効率よく水を吸い上げることができない．さらに，多くの種において葉はたった1層の細胞がフィルムのように平面状に並んだ形態をしており，それをおおうクチクラ層の発達も弱いため，大気が乾燥すると各細胞から水が容易に失われる．しかし，逆に大気中の水を体表面から各細胞が直接取り込むことができるという利点がある．霧吹きなどで水を与えると，乾燥して縮れた植物体が急速に葉を展開して緑色に戻るのはそのためで

ある．このような性質を変水性と呼ぶことがある．根がないために生育に土壌を必要としないことや変水性など，これらの特徴がコケ植物の生き方を強く制約する反面，岩やコンクリート，樹木の幹といった晴天が続くと非常に乾燥する基物上にも直接生育することができる理由となり，そのため土壌が発達していない植生遷移の初期に他の植物に先駆けていち早く進出できるのである．

●**コケ植物の分類** コケ植物には，蘚類，苔類，ツノゴケ類の3つの仲間が知られている．この3つの群がコケ植物と総称されるべき単系統群であるかどうかはよくわかっていない．さらに，これらが他の陸上植物とどういう系統関係にあるかについても未だ最終的な結論が出されていない．2015年現在における分子系統学の知見に基づくと，まず苔類が他のすべての植物の系統から最初に分かれ，その後蘚類とツノゴケ類が分岐したという意見が大勢を占めている．この立場にたてば，コケ植物というのは自然群ではなく，形態と生活史が似ている寄せ集め群ということになる．

表1 コケ植物各群の多様性

門	綱	目	科	属	種
蘚植物門（蘚類）	ナンジャモンジャゴケ綱	1	1	1	2
	ミズゴケ綱	1	3	3	約120
	クロゴケ綱	1	1	2	約100
	クロマゴケ綱	1	1	1	1
	イシヅチゴケ綱	1	1	1	1
	スギゴケ綱	1	1	23	約260
	ヨツバゴケ綱	1	1	2	4
	マゴケ綱	22	104	863	約13,000
苔植物門（苔類）	コマチゴケ綱	2	2	3	約25
	ゼニゴケ綱	5	20	34	約500
	ツボミゴケ綱	8	59	359	約4,500
ツノゴケ植物門（ツノゴケ類）	スジツノゴケ綱	1	1	1	1
	ツノゴケ綱	4	4	13	約100

分類体系は Goffinet & Shaw 2009 に準拠．マゴケ綱とツボミゴケ綱では，属の数は研究者によって多少変動する

蘚類は世界に約1万3500種，苔類約5000種，ツノゴケ類約100種ほどがこれまでに報告されている（表1）．日本は山岳地に富みまた南北に国土が広がって生育環境の変化に富むため，蘚類1050種，苔類620種，ツノゴケ類17種が報告されており，これは世界の種の約10分の1に相当する．日本は世界で最もコケ植物フロラが豊富な国の1つなのである．

コケ植物は乾燥が続く場所では目立たないが，高い湿度が通年保たれる，例えば霧がかかる標高の高い場所（雲霧林）では非常に繁茂しており，樹木の幹や枝が厚くコケ植物でおおわれている．また気温が低い北半球高緯度地帯に広がるミズゴケ湿原は実に地球の全陸地の約2%を占めている．このミズゴケ湿原は，ミズゴケ類というコケ植物が自ら酸性度の高い環境そのものを構築すると同時に，そこに住める動物や植物の種類を限定している興味深い例である． ［秋山弘之］

シダ植物——陸上植物

　従来，胞子で繁殖する維管束植物，すなわち裸子植物と被子植物以外の維管束植物は，シダ植物（広義）と総称されてきた．そして，シダ植物には，マツバラン類，ヒカゲノカズラ類，トクサ類，シダ類（狭義）の4群が認められてきた．ただし以前から，シダ植物は系統的にまとまった群（1つの祖先種に由来する子孫のすべてが含まれる単系統群）ではないだろうと考えられていた．そもそも，胞子繁殖を行うという性質が種子繁殖を行うという性質と比較して，より原始的（祖先的）な形質であることは確かである．したがって，原始的な形質の共有によってのみ特徴づけられていたシダ植物が単系統群ではなくても不思議ではない．ただし，上述した4群間の系統関係は，詳細な分子系統解析が行われるまでよくわからなかった．さらに各群の単系統性も確かめる必要があった．

　一方，現生のシダ植物の大部分の種が含まれるシダ類は，一細胞層の薄い壁の胞子嚢をもつことによって特徴づけられる薄嚢シダ類と，複数細胞層の厚い壁の胞子嚢をもつ真嚢シダ類の二群に分類され，さらに後者は胞子体や配偶体の体制が大きく異なるリュウビンタイ類とハナヤスリ類の2群に分類されてきた．しかし，これらの群の間の系統関係も不明であった．

●**シダ植物の分子系統樹**　近年，被子植物を中心に陸上植物の詳しい分子系統解析が行われる過程で，豊富なDNAの塩基配列情報に基づいてシダ植物についても分子系統解析がなされ，その系統関係が明確になってきた．図1は，葉緑体DNA，ならびに核DNA上にコードされた複数の遺伝子の塩基配列情報に基づいてK. M. プライヤー（K. M. Pryer）らによって報告された分子系統樹を簡略化して示したものである．その後，さらにより多くの塩基配列情報に基づく分子系統解析が行われたが，図1に示した主要な系統関係は支持されている．

　この分子系統樹をみると，まず，ヒカゲノカズラ類を代表するイワヒバ，ミズニラ，ヒカゲノカズラの3種が単系統群になることから，ヒカゲノカズラ類が系統的にもまとまった群であることが示された．さらに興味深いことに，ヒカゲノカズラ類が維管束植物の中で，最も根元の位置で他の群から分岐したことが示されている．すなわち，ヒカゲノカズラ類以外のシダ植物と種子植物（裸子植物と被子植物）の祖先が分岐する以前に，ヒカゲノカズラ類の祖先がすでに分岐していて，シダ植物が系統的にまとまった群ではない（いわゆる側系統群である）ことが明確に示されたことになる．一方，ヒカゲノカズラ類と種子植物を含むその他の陸上植物群は，それぞれがもつ葉の構造の違いから小葉類と真葉（大葉）類に分類されていたが，こちらの分類は系統を反映したものであることがわかった．

真葉類に含まれるシダ植物に注目すると，まず，楔葉と呼ばれる特異な真葉をもつトクサ類，ならびに葉をもたないマツバラン類がこちらの群に含まれている．マツバランは，デボン紀の古生マツバラン類と外部形態が酷似しているので，生きた化石であるとも考えられていたが，実は進化の過程で一度獲得した真葉を二次的に失った群であったことになる．さらに，このマツバラン類が真嚢シダ類の1群であるハナ

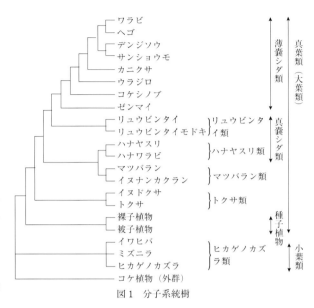

図1 分子系統樹

ヤスリ類と系統的に近いことが示された．真嚢シダ類のもう一方の群であるリュウビンタイ類は，薄嚢シダ類と単系統群を形成したので，真嚢シダ類も系統的にまとまった群ではないことがわかった．マツバラン類とハナヤスリ類との近縁性については，今後，さらに詳しく検討していく必要がある．

他方，ゼンマイ，ウラジロ，ヘゴ，ワラビなど現生の大部分のシダ植物が含まれる薄嚢シダ類は，薄嚢をもつという派生的な形質によって特徴付けられる群なので，従来から単系統群であろうと考えられてきた．分子系統解析の結果も，このことを強く支持している．

●**シダ植物の生活史** シダ植物はその生活環において，胞子体の世代と配偶体の世代が交互に出現すること（世代交代がみられること），そして胞子体と配偶体がそれぞれ独立に生活することが共通してみられる特徴である．維管束植物において，配偶体が独立に生育するのはシダ植物だけなので，これは特に重要な生活史特性である．そして，ヒカゲノカズラ類に含まれるイワヒバ類とミズニラ類，そして薄嚢シダ類のデンジソウとサンショウモの仲間を除く大部分のシダ植物では，胞子が発芽すると，雌雄同体の配偶体，すなわち造卵器と造精器のいずれをも着けうる配偶体を形成する．ただし，1つの配偶体上に形成された卵細胞と精子との間で受精が起こること（自配自家受精，あるいは自殖とも呼ばれる）はきわめてまれで，隣接する2つの配偶体の間を精子が泳いで受精（他配受精，他殖）が起こり，次世代の胞子体が形成されるのが普通である．

［村上哲明］

果実と球果（被子と裸子）

　被子植物は，花の中心に雌蕊をもつ．雌蕊は先端から柱頭，花柱，子房に分けられるが，このうち子房は胚珠を包む部分である．胚珠は子房の胎座に珠柄と呼ばれる構造を介して付く．雌蕊は1枚ないしそれ以上の胞子葉が集合して生じたと考えられており，1枚の胞子葉に相当する部分を心皮と呼ぶ．果実は，基本的には子房が成長して生じたものであり，子房壁は果皮へと発生する．果皮は，外側から，外果皮，中果皮，内果皮に分けられる．一方，球果は針葉樹類（裸子植物）にみられる大胞子嚢穂である．球果は，軸のまわりに配列した苞鱗と，その腋に付く種鱗および胚珠（種子）から構成される（図1）．この体制は，胚珠を頂生し葉（種鱗）をつける腋芽と，それを抱く胞子葉（苞鱗）が集合したものと解釈されている．種子と胞子葉からなる点は，果実と球果で共通する．しかし，種子がむき出し（図1）になる点で，果実と球果は明確に異なる．また，胎座が茎に相当する部分を含むのかはわかっておらず，被子植物の胚珠が裸子植物のように腋芽の先端に付くのかについては検討が必要である．

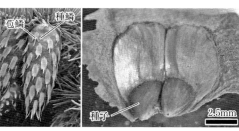

図1　ベイマツの球果（右は種鱗の軸側から種子を見たもの）

●**心皮の合着と胎座**　雌蕊には，1枚の心皮から構成される離生心皮性雌蕊と，複数枚の心皮から構成される合生心皮性雌蕊とがある．現生被子植物の歴史の中で初期に分岐した分類群（ANITA植物など）は離生心皮性雌蕊をもち，離生心皮性雌蕊の合着により合生心皮性雌蕊が進化したと考えられている．

　離生心皮性雌蕊は嚢（袋）状の構造であり，先端側に小さな開口部を持つのが基本的な形態とされる．しかし，心皮の開口部が先端から基部までスリット状に広がり，あたかも心皮が二つ折りで開いているかのように見えることがある（図2）．このとき開口部に沿ってできる胎座を縁生胎座と呼び，開口部よりも内側にできる胎座を面生胎座と呼ぶ．

　合生心皮性雌蕊の胎座には，複数の心皮が接する雌

図2　スリット状の開口部（矢頭）をもつラクトリスの離生心皮雌蕊［提供：今市涼子］

蕊の中央付近にできる中軸胎座や，複数の心皮によってつくられる1つの室の子房壁内壁にできる側膜胎座がある．合生心皮の胎座形態は，そのもととなった離生心皮性雌蕊の合着様式と深くかかわると考えられている．すなわち，離生心皮性雌蕊が嚢状のまま合着すると中軸胎座が，「開いた」状態で合着すると側膜胎座ができる（図3）．

これまで，縁生または面生胎座が原始的な形態であると考えられることが多かった．しかし，ANITA植物にみられる離生心皮性雌蕊は嚢状であり，嚢状心皮における胎座は縁生とも面生とも異なるかもしれない．縁生や面生胎座では普通，胚珠の維管束は心皮の側方を走る維管束から供給される．このため，両胎座において胚珠は心皮の側方（胞子葉の側方）に付くと考えられている．ところが，嚢状雌蕊の維管束は雌蕊の基部付近で大きく2つに分岐し，一方が雌蕊の背側に，もう一方が腹側に供給される．そして，腹側の維管束は胚珠へと入る．したがって，胚珠は心皮本体と向かい合う位置に付く（図4）．

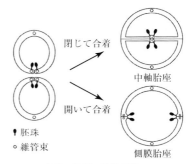

図3　胎座の進化仮説

●**果実の多様性**　果実は基本的に子房に由来するが，子房と子房以外の付属器官に由来する部分から果実が構成される場合があり，前

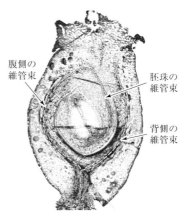

図4　トリメニアの嚢状心皮にみられる維管束

者を真果，後者を偽果と呼び，区別する．例えば，子房周位花や子房下位花の場合，子房を取り囲む他の花器官や花床が，子房とともに果実をつくる（例：リンゴ）．

合生心皮性であれ離生心皮性であれ，1つの雌蕊に由来する果実を単果（例：ダイズやトマト）と呼ぶ．一方，複数の果実が集まって，1つの果実状の構造を取る場合がある．このとき，複数の離生心皮性雌蕊を持つ花から生じたものを集合果（例：イチゴ），花序に由来する場合を複合果（例：パイナップル）と呼ぶ．

[山田敏弘]

📖 **参考文献**
[1] 原　襄『植物形態学』朝倉書店，1994
[2] 加藤雅啓編『植物の多様性と系統』裳華房，1997

裸子植物——陸上植物

　種子植物の中で，胚珠が裸出しているか，または胚珠が何らかの器官により部分的あるいはほとんど全体がおおわれている場合でも，珠孔が外気に通じており，花粉が直接珠孔に入ることで受粉を行う植物を，裸子植物と総称する．古生代デボン紀後期に出現し，中生代後半に被子植物が裸子植物の一群から分かれて急速に多様化と分布拡大を行うまでの間，地上の主要な植生は裸子植物とシダ植物とで成り立っていた．

●**現生裸子植物**　現生の裸子植物には，球果類（605種），ソテツ類（307種），グネツム類（97種），イチョウ類（1種）の4分類群があり（種数はIUCNレッドリスト2014による），約27万種ある被子植物に比べ，圧倒的に少ない．現生種の系統と分岐年代は図1のように推定されている．現生裸子植物は，被子植物とは別系統群で，さらにソテツ類とイチョウ類からなる群と，球果類とグネツム類からなる群とに分かれる．グネツム類は球果類のマツ科に近縁である．

　裸子植物の多くは風媒で，雌雄異株である．雌雄同株の場合はふつう雌雄別の生殖器官をつくる．イチョウ類とソテツ類は精子受精するが，球果類とグネツム類は，花粉管受精する．受粉から種子の完成まで1年以上を要するものもある．

　球果類は針葉樹類として知られており，マツカサと俗称される球果が特徴であるが，イチイ科やマキ科には球果をつくらないものもある．8科のうち，コウヤマキ科は日本固有の1種からなる単型科である．最も種数の多いマツ科は，北半球において新生代後半に多様化したことがわかっている（図1）．かつてのスギ科は，現在ではヒノキ科の一部として分類される．グネツム類は，日本には自生がなく，形態のまったく異なる3科からなる．グネツム科は熱帯多雨林にみられる低木からツル植物，マオウ科は中緯度乾燥地域を中心に分布する灌木，ヴェルヴィチア科は南アフリカのナミブ砂漠だけにみられる1種のみで，一生の間に2枚の葉しかつくらない．ソテツ類は世界の熱帯から亜熱帯に分布し，日本にはソテツただ1種が自生する．ふつう4科が認められている．一部には甲虫を介した虫媒を行うものがある．イチョウ類は，中国南西部の森林に残存していたものが，人の手によって保全されてきた．日本には約80万年前まで自生していたが，いったん絶滅し，約1000年ほど前に再渡来したとされる．

●**絶滅群**　最古の裸子植物は，約3億7000万年前に出現した．明瞭な葉をもたず，初期の陸上植物のように二又分岐を繰り返す体をもつ低木であった．祖先は前裸子植物という胞子繁殖する絶滅したシダ植物である．石炭紀には，初期の多様化が起こり，ペルム紀の寒冷気候下で植生においてシダ植物よりも優勢となり，中

生代にかけてさらに多様化した．形態情報が限られ，独立した分類群として区別するのが難しい絶滅群は，シダ種子類としてまとめられている．最初の裸子植物もシダ種子類の1つである．

古生代から中生代の裸子植物には，少なくとも8つの絶滅群が区別されている．南半球のゴンドワナ大陸で繁栄したグロッソプテリス類もその1つである．現生4群の祖先はペルム紀までに分化し，現在の科はジュラ紀までに成立している．中生代に特徴的な絶滅群には，ソテツのような外見のベネチテス類，カイトニア類などがある．前者は，被子植物の花に似た両性生殖器官をつくる．被子植物は未知の絶滅群の1つから，白亜紀最初期までに分化したはずである．

●**利用と保全** 限られてはいるが，さまざまに利用される．種子は食用にされるものもあるが，毒抜きが必要なものもある．材は球果類が広く利用される．薬効のあるものや，スギ花粉のように健康を阻害するものもある．

裸子植物の多くは，分布と生育域が限られ，絶滅が危惧されるものも少なくない．一方で，球果類ナンヨウスギ科のウォレミア属 *Wollemia* のように，1994年に発見された植物もある．このような「生きた化石」は，イチョウや球果類のメタセコイアがよく知られているが，特定の種を保存することよりも，生育地域全体の保全が大切であることを示す例として，象徴的である． ［西田治文］

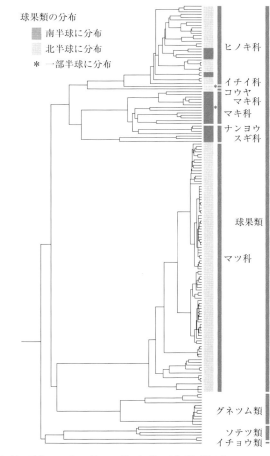

図1 現生裸子植物の系統［出典：Burleigh, et al.（2012）を改変］

被子植物──陸上植物

　現在，地球上で最も繁栄している植物群で種子植物に属し，約400科1万3000属27万1500種からなる単系統群である．

●**被子植物の特徴**　被子植物は，よく発達した「花」と呼ばれる複合した生殖器官をもつ．被子植物の花は，基本的には中央に雌性の器官である雌蕊，その周囲に雄性の器官である雄蕊があり，その外側に花被が配列する．花被はしばしば花弁と萼とに分化している．これらの器官の形態や配置が変化したり，器官同士が合着したりすることで，種ごとに異なる多様な花がつくり出されている．これは，花が花粉を他の個体へと運ぶ媒体に対して適応的に進化した結果であり，特に花粉を媒介する動物との共進化によって，被子植物の急速な種分化がうながされたと考えられている．

　雌蕊はふつう，子房，花柱および柱頭の3つの部分からなっている．子房は胚珠を包み込む部分である．柱頭は花粉を受けるために特殊化した部分で，通常雌蕊の先端にある．花柱は子房と柱頭をつなぐ部分である．胚珠が裸出する裸子植物とは異なり，被子植物では胚珠が子房に包み込まれているため，被子植物の名がある．子房は胚珠（種子）を保護する器官であり，受精後は発達して果実をつくる．果実の形態も種子の保護や散布・定着に適応して多様に分化している．雌蕊を構成する概念上の構成単位を心皮といい，大胞子葉と相同の器官であると考えられている．雌蕊は1枚の心皮で構成されていることもあるが，複数の心皮が集まって1つの雌蕊になっているものもある．

　被子植物の配偶体はきわめて単純化している．雌性配偶体は胚嚢と呼ばれ，ふつう8核7細胞である．この型の胚嚢は，1個の卵細胞，2個の助細胞および3個の反足細胞と，2つの単相核をもつ中央細胞1個から構成されている．一方，雄性配偶体は花粉またはそれが発芽した花粉管であり，1個の花粉管細胞と2個の精細胞の3細胞からなる．

　被子植物の受精様式は独特で，重複受精と呼ばれる．花粉管の2個の精細胞のうち，1つは卵細胞と受精（生殖受精）し，もう1つは中央細胞と受精（栄養受精）する．前者は分裂して胚を形成し，後者は分裂して胚の発達を助ける内乳となる．被子植物を特徴づける重複受精がどのようにして進化したのか，よくわかっていない．

　胚珠が子房に包み込まれているために，花粉は裸子植物のようには直接胚珠に達することができない．花粉はまず雌蕊の一部である柱頭で発芽し，発芽した花粉管が胚珠に向かって伸長する．受精に先だって，花粉や花粉管と雌蕊との相互作用により，花粉の発芽抑制や花粉管の伸長抑制が起こる．被子植物では，配偶

体間だけではなく胞子体も関与して受精のコントロールが行われている．
●**被子植物の進化**　被子植物は裸子植物から進化したものと考えられているが，どのグループと最も近い関係にあるのかは，まだわかっていない．現生種に基づいた分子系統学研究の結果ではグネツム類との類縁が近いとされたことがあるが，一方，現生のすべての裸子植物が被子植物と姉妹群となるという結果も得られている．

　化石記録のうえでは，多様な被子植物が白亜紀に突然に出現したようにみえる．このような被子植物の出現に至る進化の謎を，C. R. ダーウィン（C. R. Darwin）は「いまわしい謎（abominable mystery）」と表現した．その後，微小化石や花粉化石の研究が進み，初期の被子植物の進化については多少わかるようになってきた．現在知られている最も古い被子植物の大形化石は，中国遼寧省のジュラ紀後期～白亜紀初期（1億6000万年～1億2500万年前）の地層から発見されたアルカエフルクトゥス（*Archaefructus*）である．アルカエフルクトゥスは細い茎と細かく切れ込んだ葉をもち，浅い水中に生える水生植物であった可能性が高い．生殖器官としては，茎の先端側に雌蕊，基部側に雄蕊がまばらに配列する，変わった形態の「花」をもっている．アルカエフルクトゥスが最も古い被子植物の花の形態を示しているのだとしたら，この特徴は現生の被子植物にみられるような花に進化する前の状態であるとも解釈できるが，あるいは雌蕊，雄蕊とみられる器官がそれぞれ1つの花が単純化したものであり，全体が1つの花序であるのかもしれない．

　被子植物の出現は三畳紀にさかのぼると考えられている．2013年にはスイスの三畳紀中期（約2億4000万年前）の地層から被子植物のものに類似する花粉化石が報告された．この花粉は単溝粒で表面に網状の彫刻があり，花粉外壁に空隙を形成する柱状体という構造をもつ．これが最も古い被子植物の記録であるとすれば，被子植物の起源は *Archaefructus* よりもさらに約1億年古いことになる．

●**被子植物の系統と分類**　多様な被子植物を分類するために，さまざまな分類体系が提案されてきた．木本や草本という生活形，合弁や離弁という花被の特徴，雄蕊や雌蕊の数，胚の形態，子葉の数などが特に注目されてきた特徴である．中でも，子葉の数に注目して双子葉植物，単子葉植物という二大グループを認識するエングラー体系は日本の図鑑類でも広く採用されてきた．

　しかしDNAの分子情報に基づいた系統解析の結果，現生被子植物の系統関係がかなりはっきりとわかるようになり，これまでの伝統的な分類体系は大きく変更されることとなった．単子葉植物は単系統群だが，双子葉植物の一部と姉妹群となる（図1）．従来の意味での双子葉植物は単系統群とはならず，被子植物全体から単子葉植物を除いたものとしか定義できない．2009年に発表されたAPG（Angiosperm Phylogeny Group）Ⅲ分類体系では下記の8つのグループを認めているが，これらの系統上の位置については異論がある．しかし，アンボレラ目，

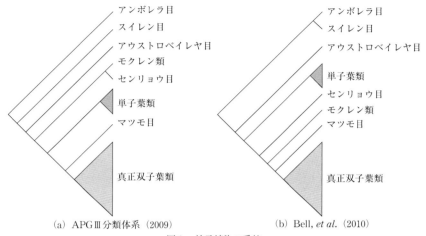

図1　被子植物の系統

　スイレン目，アウストロベイレヤ目の3つのグループは，被子植物の進化の過程で初期に他のグループと分かれたと考える点では一致しており，この3目を被子植物基底群と称するほか，頭文字を並べてANA段階群またはANITA段階群とも呼ばれる．種子植物基底群に属する双子葉植物は被子植物の中でも原始的な形態学的特徴をもち，モクレン類にみられるような三数性の花など単子葉植物とも共通する特徴がみられる．

- アンボレラ目：アンボレラ1種のみがニューカレドニアに特産する．木本植物．APGIII分類体系では他のすべての現生被子植物に対して姉妹群となるとみなしている．
- スイレン目：スイレン科，ジュンサイ科など3科約80種．主に水性の草本植物．
- アウストロベイレヤ目：アウストロベイレヤ科，マツブサ科（シキミ科を含む）など3科約100種．木本植物．
- センリョウ目：センリョウ科約80種．
- モクレン類：コショウ目，クスノキ目，モクレン目など4目20科約9000種．
- 単子葉類：11目78科約6万3000種．被子植物全体の約2割を占める．
- マツモ目：マツモ科約6種．真正双子葉類の姉妹群となる．水生植物．
- 真正双子葉類：39目332科約17万5000種．被子植物全体の約7割を占める繁栄した植物群で，3つの発芽溝をもつ三溝粒で特徴づけられるため三溝粒群と呼ばれることがある．

●**真正双子葉類の主な分類群**　真正双子葉類は，単系統群である真正双子葉類中核群と，基部で分岐したキンポウゲ目，アワブキ科，ヤマモガシ目，ツゲ目，ヤ

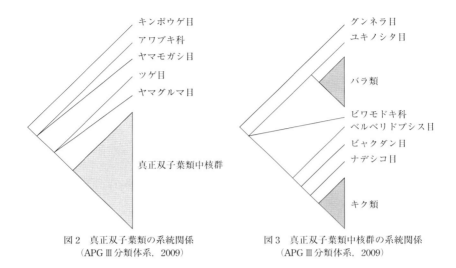

図2　真正双子葉類の系統関係
（APG Ⅲ 分類体系, 2009）

図3　真正双子葉類中核群の系統関係
（APG Ⅲ 分類体系, 2009）

マグルマ目からなっている（図2）．基部で分岐したこの側系統群は真正双子葉類基底群と呼ばれている．真正双子葉類基底群に属する植物群は，多数の雄蕊や離生心皮など被子植物基底群に多くみられる原始的特徴をもつため，かつてはモクレン類などとともに被子植物の進化を考えるうえで重要なグループとみなされていた．真正双子葉類の中で，最も基部で分岐したと考えられているのはキンポウゲ目であり，7科約200属4500種からなる真正双子葉類基底群では最大のグループである．

真正双子葉類中核群（図3）の特徴は，花が安定した数（花被は基本的には5数性）で構成されていることである．花被は萼（がく）と花弁とに明瞭に分化し，子房は3または5心皮を基本として多少とも融合した合生子房となる．真正双子葉類中核群のなかで最初に分かれたのはグンネラ目だが，グンネラ目は2数性の花被をもつため，この目を除いた真正双子葉類中核群を五弁類（Pentapetalae）と呼ぶことがある．このなかまにはバラ類（Rosids），キク類（Asterids）という2つの大きな単系統群の他，ナデシコ目やユキノシタ目などがある．

バラ類は18目約130科からなり，被子植物の3分の1近い種数を占める大きな群である．ユキノシタ目はバラ類と姉妹群となると考えられており，これを合わせて上バラ類（Superrosids）と呼ぶことがある．離弁花をもつものが多いが，このグループを特徴づける共有派生形質ははっきりしない．被子植物で3番目に大きいマメ科（730属1万9400種）が含まれる．キク類は13目87科からなり，バラ類とほぼ同じくらいの種を含む．一般に合弁花で，珠皮は1枚，薄層珠心をもつ．キク科（1620属2万2750種）は被子植物最大の科である．　　　　［永益英敏］

単子葉植物——陸上植物

　双子葉植物とともに被子植物を構成する植物群で，約2800属67000種を含む単系統群．現在では，双子葉植物から単子葉植物が進化したと推定されるが，その際，さまざまな形質が大きく変化したと考えられ，双子葉植物と単子葉植物は形態が顕著に異なる（表1）．単子葉植物に最も近縁な現存する双子葉植物については，いまだによくわかっていない．それは真正双子葉植物または真正双子葉植物+マツモ目とする説もあるが，必ずしもそうとは限らないとする説[1]もある．

●**単子葉植物の目とその特徴**　APG IV分類体系に従うと，現存する単子葉植物には11目が認められる．APGは，それまでの分類体系と異なり，分子系統樹に基づいているため，形態で目を識別するためには別個の研究が必要になるが，まだ十分には進んでいない．しかし，形態の特徴と特殊化の方向性に関して，それぞれの目で独自の傾向がありそうなことはわかりつつある（表2）．

●**単子葉植物の起源年代**　現段階での最古の単子葉植物の化石は，白亜紀前期アプチアン期の花粉化石 *Liliacidites* と考えられている．白亜紀前期のバレミアン期

表1　双子葉植物と単子葉植物の形態的相違(双子葉植物の形態を[双], 単子葉植物の形態を[単]で示す)

子葉の数	[双] 2個(例外は少なくない．キンポウゲ科やケシ科では1個，デゲネリア科では3個のことがある)　[単] 1個(イネ科では子葉の代わりに胚盤と幼葉鞘が発達する)
子葉と幼芽の位置	[双] 子葉は胚の側面部，幼芽は胚の先端部につく [単] 見かけ上，子葉は胚の先端部，幼芽は胚の側面部につく(イネ科では幼芽は幼葉鞘に包まれる．ヤマノイモ科では子葉が胚の側面部，幼芽が胚の先端近くにつく)
幼根と根	[双] 幼根は発達して主根になる [単] 幼根は発芽初期に放棄されるため，根は不定根に由来する
茎の中心柱	[双] 真正中心柱(ハゴロモモ科やコショウ科には不整中心柱をもつものがある) [単] 不整中心柱
維管束	[双] 並立型(キンポウゲ科やセリ科には木部がV字状になり，篩部を挟み込むものがある) [単] 並立型～外木包囲型(特に地下茎では外木包囲型になる)
篩要素色素体	[双] デンプン粒がある(フタバアオイ属ではくさび形のタンパク質結晶がみられる) [単] くさび形のタンパク質結晶を蓄積する
形成層と性状	[双] 維管束形成層やコルク形成層を発達させ，草本だけでなく木本にもなる [単] 基本的に形成層を欠き，草本(クサスギカズラ科には，茎の内鞘に形成層が発達し，木本になるものがある．このタイプの形成層は双子葉植物ではみられない)
葉脈と葉柄	[双] 網状脈で有柄 [単] 基本的に平行脈で無柄(ヤマノイモ科やサルトリイバラ科など例外は比較的多い)
葉　隙	[双] 1隙性と3隙性が多い [単] 多隙性が多い(葉鞘をしばしば発達させることと関係がある)
花の数性	[双] 4数性と5数性が多い(モクレン科やハゴロモモ科では基本的に3数性である) [単] 基本的に3数性(タコノキ目に例外が多い)
花　粉	[双] 三溝型が多い(基部被子植物では単長口型がよくみられる．三溝型と単長口型の他に，三孔型・散孔型・合流溝型などもある) [単] 基本的に単長口型(遠心面合流三口型や無口型もみられる)

表2　単子葉植物の11目（目と科の分類はAPG IVに基づく）

目　名 [科数/属数/種数]	特　徴
ショウブ目 [1/1/2]	発達した根茎と扁平な単面葉をもつ．肉穂花序に合生心皮の小さな花を多数つける．湿地や渓流沿いに生育する．
オモダカ目 [14/166/3750]	単面葉か両面葉．葉脈は平行～網状．心皮は離生～合生で多数になるものもあり，形態が多様．林床，湿地，淡水中，海水中も生育地も多様．目（サトイモ科の一部を除く）の共通点には沼生目型の胚珠形成がある．
サクライソウ目 [1/2/4]	心皮の合着が緩く，単子葉類の中で形態的に原始的．サクライソウ属は腐生植物，オゼソウ属は蛇紋岩土壌でのみ生育と両方とも特異な生態を示す．
ヤマノイモ目 [3/34/850]	単面葉か両面葉で，葉は無柄の平行脈～有柄の網状脈．子房は上位～下位と形態が多様．篩要素色素体は目に共通してP2c型であるが，これは原始形質である．
タコノキ目 [5/37/1460]	草本，木本状，つる性，半地中性，着生，菌寄生と性状が多様．花の数性が不安定で，2～5数性と変異し，中には雄蕊や心皮が多数のものや個々の花の輪郭が不明瞭なものも含まれている．
ユリ目 [10/68/1590]	葉が有柄で網状脈の植物やつる植物を含む．花被片基部に蜜腺があり，花被片に入る維管束は3本．葯は外向裂開．胚珠は薄層珠心型のものが多い．
クサスギカズラ目 [14/1160/31950]	葉状枝，偽頂生葉，扁平か円筒状の単面葉をもつ植物や二次肥大成長する木本を含む．蜜腺は子房の隔壁にあり，花被片に入る維管束は1本．葯は内向裂開．胚珠は厚層珠心型のものが多い．
ヤシ目 [2/187/2460]	木本状になり，高さ60mに及ぶものもあるが，形成層による二次肥大成長ではなく，拡散二次成長の結果である．最近まで目への帰属が保留されていたオーストラリア固有のダシポゴン科が，熱帯～亜熱帯に生育するヤシ目に含められた．ダシポゴン科の葉は線形であり，他の目（ヤシ科）の葉は複葉や掌状で有柄．
ショウガ目 [8/90/2250]	大型の草本．葉は平行脈～羽状脈，中央脈が顕著で有柄，基部は鞘になる．花は左右相称で，3個の内花被片すべてが同形同大のことはなく，6個の雄蕊すべてが完全であることもない．仮雄蕊の弁化や花葉の合着が進んでいる．
ツユクサ目 [5/67/800]	葉鞘が発達する．完全雄蕊は1～6本と変異が大きく，その他の雄蕊は仮雄蕊になることが多い．少なくともツユクサ科とミズアオイ科の多くは一日花．
イネ目 [14/970/21500]	葉の基部は鞘になる．花被片はふつう花弁状にならず，穎状，乾膜状，剛毛状または退化する．雄蕊も1～6本とさまざまに退化する．種子中の胚乳が豊富である．

後期～アプチアン期の花粉化石 *Mayoa* と葉化石 *Acaciaephyllum* も，以前は単子葉植物のものとされていたが，現在では異論がある．

　分子系統樹と化石を使って推定した単子葉植物の最初の分岐（クラウングループ）の年代は，1.1～2億年前と方法論によって大きな幅があった．最近，被子植物の最初の分岐を1.6億年前と仮定した上での Penalized likelihood アプローチと Autocorrelated relaxed clock モデルによる解析が行われ[2]，単子葉植物の最初の分岐はそれぞれ1.3億年前と1.4億年前と推定された．被子植物の最初の分岐の年代を仮定しない2014年発表の Fossilized Birth-Death モデルを使った推定によると，単子葉植物の最初の分岐は1.5億年前になる[2]．　　　　　　　　　　［田村　実］

📖 参考文献
[1] Wickett, N. J., *et al*., "Phylotranscriptomic analysis of the origin and early diversification of land plants", *PNAS*, 111：E4859-E4868, 2014
[2] Hertweck, K. L., *et al*., "Phylogenetics, divergence times and diversification from three genomic partitions in monocots", *Bot. J. Linn. Soc.*, 178：375-393, 2015
[3] Eguchi, S. & Tamura, M. N., "Evolutionary timescale of monocots determined by the fossilized birth-death model using a large number of fossil records", *Evolution*, doi 10.1111/evo.12911

植物相と植物地理

　植物相とは，「日本」とか「東アジア」「マレーシア」などの，ある特定の地理的な範囲に分布するすべての植物種を意味する．こうした植物相は，植物誌というかたちで編纂されている．例えば日本の場合には日本植物誌あるいは日本植物図鑑として発行されており，古くは江戸時代に長崎の出島に滞在していたチュンベリーによる "Flora Japonica"（Thunberg, 1784）にまでさかのぼる．その後には『牧野日本植物図鑑』（牧野，1940），『日本植物誌』（大井，1953）などが出版されたが，琉球列島の植物については欠落が多かった．琉球列島の植物相は『琉球植物誌』（初島，1971, 1975）や "Flora of Okinawa and Southern Ryukyu Islands"（Walker, 1976）で別個に記載が行われた．そして 1993 年からは "Flora of Japan" というタイトルで，日本全域をカバーする植物誌を英文で出版する事業が進んでいる（Iwatsuki, et al., 1993〜）．

　このような植物誌の編纂が進むにつれて，その地域の植物相を特徴づける植物種や，その地域だけに分布が限られる固有種や，固有種の割合（固有率）が認識されるようになり，植物相の特徴を分析する研究も進んだ．多くの場合，連続した地形や気候環境においては系統的に近縁な植物種が適応放散していること，あるいは類似した生育環境を好む植物種が生育する傾向があるために，こうした地理的に連続した地域で類似した植物種が分布する地域のことを「区系」として分類することも行われている．例えば日本が含まれる地域は，日華植物区系（Sino-Japanese region：Good, 1964），あるいは東アジア植物区系（East Asiatic region：Takhtajan, 1986）として区分されており，アラカシやドクダミが共通して分布していたり，アオキ属やハナイカダ属，キブシ属の構成種もこの区系のみに分布する．

●**植物地理**　植物地理という言葉は，上記のフローラという意味で使われる場合のほかに，特定の植物群がどの程度の地理的範囲に分布しているかという意味で用いられる場合があり，その分布の背景を化石のデータや過去の地形などの知見を併せて解析する研究を指す．例えば地球的な規模で考えた場合にはナンキョクブナ属（*Nothofagus*）の分布についての事例があげられる．この植物は形態的にブナ属（*Fagus*）に類似しており，堅果（いわゆるドングリ）を形成する（図1）が，系統学ではヤマモモ属やモクマオウ属などに近い．大木に成長して，その森の中は日本のブナ，イヌブナ林を連想させる．36 種が南アメリカの高緯度地域の亜寒帯〜温帯，ニュージーランド，オーストラリア，タスマニア，ニューカレドニア，ニューギニアに隔離分布しており（図2），この他に化石が南極から多数見つかる．

こうした事実は，ナンキョクブナがかつてはゴンドワナ大陸に分布しており，これが中生代中期からの大陸の分裂に伴って分布を分断させたことを示唆している．ニューカレドニアやニューギニアに分布する熱帯生のグループは，第三紀になってから派生して北上したものであると考えられている．このように，植物

図1　ナンキョクブナの殻斗(いわゆるドングリにおける帽子)と堅果：ニューカレドニアの *Nothofagus aequilateralis*

の分布が大陸の分裂や移動という大規模なイベントを伴っている事例は，他にも裸子植物のナンヨウスギ属（*Araucaria*）やバオバブ属（*Adansonia*）でも知られている．

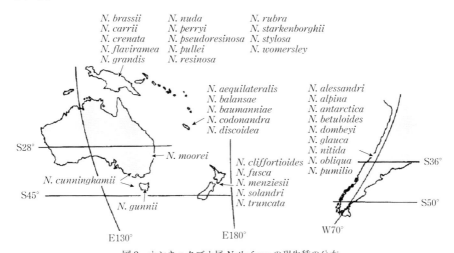

図2　ナンキョクブナ属 *Nothofagus* の現生種の分布

しかし，Good（1964）に代表されるような古典的な「植物地理」という用語は，厳密には系統的な視点（進化史的な視点）を入れていない．DNA分子系統解析の知見を入れた植物地理は植物系統地理として区別される（「系統地理」参照）．さらに，生態ニッチモデルを用いた過去の分布の復元予想の利用も実用化されており，最近の植物地理学は過去のものとは相当に手法が変化している．

［瀬戸口浩彰］

ハビタットとニッチ

　生物が生息している場所を「ハビタット」という．日本語訳には，「生息場所」あるいは「生息地」が使われることが多いが，植物では「生育地」や「生育場所」の用語も使われる．また，生活様式が似ている異なる生物種が，空間的あるいは時間的（昼夜など）に生息場所を分けることを「住み分け」という．一方，温度，土壌の塩分濃度，餌の大きさなど，個体の生活や個体群の存続を可能にする環境条件と資源量の範囲を，「ニッチ」あるいは「生態的ニッチ」という．

　例えば，カタクリの主なハビタットは，日本の温帯の落葉広葉樹林の林床であり，そのニッチは，温度条件が季節変化し，地上に葉を展開する春は明るく，夏にむかって暗くなり，撹乱が少ない環境である．このように，ハビタットは具体的な場所を意味するが，ニッチはより抽象的な概念である．ある種のハビタットを特徴づける環境条件の範囲は，その種のニッチといえる．ただし，ニッチの要素には環境条件以外にも餌の大きさなど，その種の生活様式を特徴づけるものも含まれる．なお，ニッチの語源は，西洋建築で燭台などを置くための壁のくぼみのことである．

●**ニッチ空間**　ニッチの要素は，温・湿度などの環境条件や餌などの資源量など多数考えられる．アメリカの生態学者 G. E. ハッチンソン（G. E. Hutchinson）は，温度の範囲や食べられる餌の大きさの範囲など，ニッチの要素ごとにその幅を定量化できる場合，それらを多次元のニッチ空間として表現した[1]．例えば，種1と種2の温度と土壌水分に関するニッチは，温度と土壌水分の二次元のニッチ空間の中に位置づけられる（図1）．図1は，ニッチの要素が2つの場合を示しているが，ニッチの要素は多数なので，一般にはニッチ空間は多次元になる．

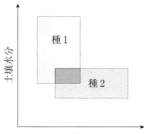

図1　温度と土壌水分に関する2種類のニッチの重なりを示す概念図

●**基本ニッチと実現ニッチ**　他種との競争がない場合に想定されるニッチを「基本ニッチ」という．また，他種との競争がある状況で想定されるニッチを「実現ニッチ」といって区別する．実現ニッチは基本ニッチの一部にはいる．野外における植物の分布を理解するうえで，基本ニッチと実現ニッチを区別することは重要である．

●**競争と共存**　両種のニッチが重なり合う場合，両種の間に種間競争が起こる．図1において，もし種2がいなければ，種1の個体群はそのニッチの範囲内で存

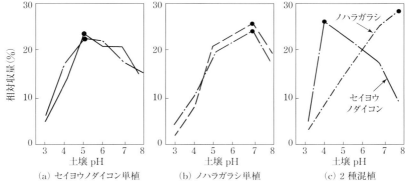

図2 セイヨウノダイコンとノハラガラシを単植した場合と混植した場合の相対収量と土壌のpHの関係（単植の場合の2本の線は同一条件での2回の実験の結果を示す．）[3]

続できるはずである．一方，種2がいて，しかも種1より競争に強ければ，種1と種2のニッチが重なる環境では，種1の個体群は存続できないであろう．ただし，二次元では2種のニッチが重なっていても，他のニッチ要素の軸では重なっていない場合，この推論どおりにならないこともある．例えば，生育可能な土壌pHの範囲が重ならなければ，温度，土壌水分，pHの三次元のニッチ空間では，両種のニッチは重ならないため，共存しうる．

●**生理的反応と生態的反応** ドイツの植物生態学者のエレンベルグは，アブラナ科の2種セイヨウノダイコンとノハラガラシを材料として，異なるpHの土壌で競争実験を行った[2]．それぞれ単独で栽培すると，最も成長がよかったのは，セイヨウノダイコンではpH5，ノハラガラシはpH7の土壌であった[2]．これは，それぞれの種の土壌pHに関する基本ニッチの中心がpH5とpH7であることを意味する．一方，2種を混植した場合，成長が最もよかったのは，セイヨウノダイコンではpH4，ノハラガラシはpH8の土壌であった．この結果は，両種の実現ニッチの中心が，基本ニッチの中心から互いに重ならない方向にずれるように反応したと解釈できる．エレンベルグは，種間競争がないときの植物の反応を生理的反応，種間競争のもとでの反応を生態的反応と呼んだが，前者は基本ニッチに，後者は実現ニッチの考え方と対応づけられる． ［可知直毅］

参考文献

[1] Hutchinson, G. E., "Concluding remarks", *Cold Spring Harbour Symposium on Quantitative Biology*, 22, 415-427, 1957
[2] Ellenberg, H., "Physiologisches und ökologisches Verhalten derselben Pflanzenarten". *Berichte der Deutschen Botanischen Gesellschaft*, 65, 351-362, 1953
[3] Mueller-Dombois, D. & Ellenberg, H., *Aims and Methods of Vegetation Ecology*, John Wiley & Sons, 346, 1974

着生植物

　樹木に固着して生育し，地上の土壌と接点をもたない植物を着生植物と呼ぶ．広い意味では岩に固着して生育する植物も含むこともある．着生植物は，寄生植物とは異なり，宿主となる樹木から水や養分を摂取しないとされる．一次的な半着生植物も含めれば，維管束植物の9％が着生種である．多くが熱帯地域に知られ，熱帯山地で頻繁に霧がかかる湿度が高い雲霧林内では，樹幹が着生コケ植物で覆われ，他の着生種が混生する．さまざまな分類群で知られるが，着生種が多いのは，ラン科，サトイモ科，パイナップル科，ウラボシ科（シダ植物），コショウ科などである．最も多いのはラン科で，着生種の7割が該当する．コケ植物も多くが着生種である．

　樹上は，地上と比べ光が豊富で，着生植物は生活史の初期からより多くの光を得られる他，競争相手が少ない環境で生きられるメリットがある．反面，土壌との接点がなく水や養分が不足しがちで，耐乾性をもつ種が多い．着生植物によくみられる特徴として，CAM型光合成，貯水器官や吸水器官の発達，多肉化した葉，水や落ち葉を集めるタンクやバスケット状構造の発達，アリとの共生などがあげられる．

●**生活形**　生涯を通じて樹上で生育し，地面との接点をもたない植物を真正着生植物と呼ぶ．一時的に地上で生活する着生植物は，半着生植物と呼ばれる．半着生植物には，生活史の初期は着生で，後に地面に根を下し地生化する一次的な半着生と，生活史の初期は地生で，後に樹木によじ登り，古い茎が切れて着生化する二次的な半着生がある．前者は絞め殺し植物として知られるイチジク属などが該当し，後者はツルシダ科やコケシノブ科などのシダ植物や，サトイモ科のフィロデンドロンやモンステラで知られる．その他，パイナップル科の *Aechmea aquilega* のように地上，樹上どちらでも生きる種もある．

●**ラン科**　7割近くが着生種で，大部分が世界の熱帯地域に生育する．多くの着生ランでは，多肉化した葉や，球状に発達した茎が貯水器官となる．空中に現れる気根が葉緑体をもつこともある．根は通常，死んだ細胞からなるスポンジ状の組織（ベラメン）でおおわれている．クモラン属やキロスキスタ属では，シュートは退化し，葉緑体をもつ根が主要な栄養器官となっている．

●**シダ植物**　ウラボシ科，チャセンシダ科，オシダ科，コケシノブ科，シノブ科に多く，小葉類にもみられる．アジアの熱帯に多く生育する．代表的な着生シダのシマオオタニワタリ（図1，図2）やビカクシダの仲間では，多数の葉が環状に集まってバスケット状になり，その中に雨や落ち葉を集め，そこから水や養分

図1 シマオオタニワタリが着生する様子（カラー口絵 p.4 も参照）

図2 シマオオタニワタリを上から見た様子（中央に多数の落ち葉がたまっている）

を吸収する．

●**パイナップル科** 半数が着生種で，熱帯アメリカに大部分が生育する．特にチランジア属は，エアープランツとして有名で，乾燥した地域でも生育し，電線に着生して生きるものもある．チランジア属の1種サルオガセモドキは，幼植物では不定根を出すことが知られるが，成長後はふつう根はなく，茎と葉を密におおう毛状体で水や養分を吸収する．パイナップル科の多くの種が，ロゼット状の葉の中央に水や落ち葉を集めるタンクと呼ばれる構造をもち，エクメア属などの着生種では，葉の表面にある毛状体で水や養分を吸収する．

●**サトイモ科** アンスリウムやフィロデンドロン，モンステラ，ポトス，ラフィドフォラなどの多くがつる植物あるいは半着生植物として知られる．アンスリウムやフィロデンドロンなどの一部が真正着生植物で，*Philodendron insigne* や *Anthurium hookeri* では多数の葉がバスケット状になり落葉などを集める．

●**アリ植物** アリと共生関係にある着生種も多い．着生植物のおよそ600種がアリ植物として知られ，植物は特殊化した茎や葉を樹上性のアリに住処として提供する代わりに，アリの出す排泄物などを養分として吸収し，貧栄養な環境でも生活する．アカネ科のアリノスダマ，ウラボシ科のアリノスシダなどは，胚軸や茎が肥大化し，内部はアリの巣のような空洞があく．アケビカズラは一部の葉が袋状に発達し，内部がアリの住処になり，葉の内部には植物の根が発達する．アリ植物のように特殊な構造をもたずとも，着生種の根や茎の周辺にはアリがよく住み，またアリの巣に着生種が定着することもあり，それらもアリの排泄物などから栄養を得ることが知られる．

●**絞め殺し植物** イチジク属で多くが知られる．樹上で発芽し，のちに根を地面に下ろし，その結果，着生から地生化が完結する．根を下ろしながら宿主となる樹木に絡み付き，その姿がまるで宿主を絞め殺しているように見えることからこう呼ばれる．多くの場合，のちに宿主は枯れ，絞め殺し植物が宿主の場所を乗っ取る形で生き残る．

［堤　千絵］

水生植物

　植物体のすべてもしくは一部が1年の一定期間以上水中にあるか水面に浮遊して生活する陸上植物．コケ植物，シダ植物，種子植物（被子植物のみ）に95科439属約2800種あり，陸上から水中へ進出した回数は，200回以上と推定されている．つまり，水生植物は多様な分類群から水生環境へ適応した植物の総称である．多くの種は淡水性で，海水性種（海草）はすべて被子植物のオモダカ目に属し，4科11属約50種のみで，淡水から海水性への進化は2～3回と推定される．マングローブ植物のような，植物体の一部が水中にある木本植物はふつうこれに含めない．この場合，水生植物は水草と同義である．

　上述した水生植物の定義において，水中または水面で生活する期間は，種内あるいは集団内でも環境による差違が著しいため水生植物の境界を明確に決めることは難しい．これはまた，表現型可逆性が顕著で，水位変動に対する生育可能範囲が広いという水生植物の特性をよく表している．

●**4つの生活形**　水生植物は4つの生活形に分けられる（図1）．
　①**抽水植物**：根や根茎で水底に固着し，茎や葉を気中に突き出す．気中の葉（抽水葉）から取り込んだ空気や光合成で発生した酸素を輸送する通気組織が発達する．花は気中に出る茎や花茎につき，虫媒や風媒で送粉する．例：ミズドクサ，オモダカ，カキツバタ，ガマ，ヨシ，ミズアオイ，ミツガシワ．
　②**浮葉植物**：根や根茎で水底に固着し，水面に浮く葉（浮葉）をもつ．浮葉の表面には，乾燥を防ぐためのクチクラ層が生じるが裏面にはなく，空気を取り込むための気孔も表面にはあるが裏面にはないか少数であることが多い．花茎や花柄などが水から突き出て，花は気中に咲き，虫媒や風媒送粉を行う．例：オニバス，ジュンサイ，ヒツジグサ，ヒルムシロ，ヒシ，アサザ．
　③**沈水植物**：根や根茎で水底に固着し，茎葉はすべて水中にある（沈水葉）．葉にクチクラ層や気孔はなく，水中の二酸化炭素や栄養塩類を葉の表面から取り込むことができる．茎葉は全体に細長くなり，葉は細かい裂片に分枝したり線形になるものが多い．花は，多くの種では花茎や花柄などを気中に突き出して咲き，虫媒や風媒で送

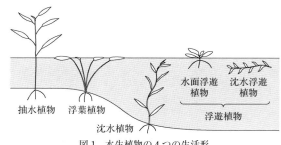

図1　水生植物の4つの生活形

粉するが，一部の種は水媒（水中媒，花粉水面媒，雄性花水面媒）で送粉する．例：クロモ，エビモ，アマモ，マツモ，バイカモ．

④浮遊植物：水底に固着せず，水面または水中を浮遊する．水面を浮遊するもの（水面浮遊植物）は，ウキクサ，トチカガミ，ホテイアオイのようにふつう根がよく発達し（サンショウモでは葉の一部が根状となる），水中を浮遊するもの（沈水浮遊植物）はムジナモやタヌキモのように根がないか，あってもヒンジモのようにあまり発達しない．多くの種では花は気中に突き出て虫媒で送粉する．

この4つの生活形は，必ずしも種に安定したものではなく，下述のように環境などにより種や個体内における変動がしばしばみられる．

●**異形葉** 多くの水生植物は，異形葉を生じることで，水中，水面，気中という異なる環境に対応している．ヒルムシロ，ヒツジグサなどは沈水葉と浮葉，キクモ，タチモなどは沈水葉と抽水葉，デンジソウ，マルバオモダカなどは抽水葉と浮葉，コウホネは3種類の葉をもつ．異形葉はそれぞれ，形態，生態的に異なり，生育ステージ・流速・水深・水質・個体密度・季節などにより表現型可塑性を示す．具体的には，コナギは成長初期には線形の沈水葉のみ，その後へら形の浮葉，卵心形の抽水葉をつけるし，トチカガミはふつう浮葉のみをつけるが，個体密度が高くなると抽水葉をつける．ハゴロモモ属はふつう沈水葉のみだが，花の直下には浮葉をつける．ササバモやアサザは，岸部や水位の低下時にのみ茎葉が抽水形（特に陸生形という）となる．

●**繁殖様式** 越冬や繁殖のために，シュート頂や葉腋，地下茎の先端などに，茎葉が変形して個体から分離する器官が生じることがある．特に地中に根茎が発達しない種において茎葉が短縮・密集して生じる殖芽は，水生植物に特徴的である．その多くは越冬芽（クロモ，マツモ，イヌタヌキモ），エビモでは越夏芽として水底に沈み，植物体はふつう枯れる．

送粉は，多くの種では虫媒か風媒によるが，8科27属約150種において，水生植物特有の機構がみられる．アマモ科・ベニアマモ科・マツモ科などでは，花は水中で咲き，花粉は水中を流されて受粉する（水中媒）．水中媒種では，柱頭は糸状であることが多く，花粉は，単体で糸状となる（アマモ科），数珠状につながる（ウミヒルモ属）などの特殊性がしばしばみられる．セキショウモ属・ウミショウブ属では，雄花が親個体から離脱して水面を浮遊し，水面で開く雌花に到達して受粉する（雄性花水面媒）．クロモ属・コカナダモ属では，雄花は水面に浮上すると同時に開花し花粉を飛散させ，花粉が水面を浮遊して雌花へ運ばれる（花粉水面媒）．

散布は，種子，殖芽，茎葉の一部が散布体となり，水流や海流による水媒，鳥による鳥媒によって起こる．特に海流と渡り性の水鳥は長距離の散布を可能とするため，水生植物の分布形成に大きく関与している．

［田中法生］

渓流沿い植物

　川岸や川床は植物にとって特異な生育環境である．湿潤熱帯では頻繁に雨が降り，そのたびに河川の水位は増減を繰り返す．そのため，低い水位と高い水位の間の川岸（渓流帯）は周期的に激流にさらされることになり，水位の高低差は2〜3 mにもなる．増水時の水流の圧力や濁流中の土砂粒子などによる破壊力は相当なものであり，ふつうの陸生植物には不向きなゾーンである（図1）．

　このように過酷で，そのため競争相手が希薄な渓流帯に適応した一群の植物，レオファイト（渓流沿い植物）が存在する[1]．レオファイトは，急流の渓流や河川の川床および川岸に限定され，洪水の上限まで生育するが，周期的に起こる洪水の到達水位を超えて生育することはない．レオファイトは水流に耐えるという意味で河川とかかわりがある植物といえる．大部分のレオファイトは渓流帯にのみ生育し，真正レオファイトと呼ばれる．渓流帯以外に河畔林などにも生育できる条件的レオファイトとか，逆に渓流帯にもたまたま生育する陸生植物もある．

　レオファイトはふつう潅木（低木）か草本である．生け垣などによく植えられるサツキも実はレオファイトである．一方，高木も存在する．熱帯の高木レオファイトは増水時に足元は冠水しても，それから上は常に水面のはるか上にある．ところが，高木といえども幼植物の時期は，増水すると冠水するので，初期にはレオファイトとして成長する．それにあわせて，幼期の葉は流線型をしているが，成熟すると広葉となる．幼期レオファイトの例はフタバガキ科の *Dipterocarpus oblongifolius*，イチジク属，*Eugenia* 属などの種がある．

　レオファイトは世界に約800種知られているが，未知種も含めると1000種以上かもしれない．レオファイトが占める割合は，被子植物の科の17%（双子葉59科，単子葉9科），種の0.3%に過ぎない．レオファイトはそれぞれの科や属に1種あるいは少数種ずつ含まれる．したがって，種分化はまれではある

図1　ボルネオの渓流帯：レオファイト *Dipteris lobbiana* と，その上の同属陸生種ヤブレガサウラボシなどが住み分ける

が，いろいろな群で平行して起こったのである．レオファイトが多い群にはアカネ科，フトモモ科，サトイモ科（ともに50種以上），*Eugenia* 属，イチジク属などが知られ，レオファイトから二次的にレオファイトが生まれたものもある．分布域の広い種もあるが，一般的には狭い地域に分布する固有種（75％）であり，これは局地的に種分化が起こった新固有種であろう．

●**レオファイトの特徴**　レオファイトは多くの時間，陸生植物と変わらない生活を送るものの，一時的，周期的な急流冠水に耐え，水圧を軽減しなければならない．そのため，次のような形態を示す．①地上部に比べて根が発達して，岩の隙間などにしっかりと固着する．②水没する枝は水流に平行に枝うつ．③小枝や葉柄は強靭かつ柔軟である．④葉は細長く流線型で，葉の基部（流水中では上流側を向く）は船首のようにくさび形，縁は全縁，葉質はしっかりし，無毛であることが多い．複葉の場合は小葉が単葉の特徴を備えている．このような組合せの形態的特徴は，属する分類群は違っても共通している．特徴が共通するのは，同じような環境に適応したためであろう．一方，繁殖器官である花は空中で開花して特別な適応形態はとらないが，集まって葉の中に埋もれることもある．

　葉の形態は構成する組織・細胞とかかわりがある．レオファイトの葉肉組織や表皮は，近縁な陸生種に比べて細胞数に違いはないが，細胞が小型であるものがある．それに伴って，細胞間隙もレオファイトの方が小さい．クチクラ上のワックス層も厚い傾向にある．ヤシャゼンマイなどのレオファイトでは，葉の細胞膨張する期間が短くなって，細胞が小さいまま成長を終えるという幼形成熟が起こったといえる．一方，リュウキュウツワブキなどのレオファイトではむしろ細胞数はやや多く，サイズはやや小さい．このように，細胞サイズあるいは細胞数が変わることによって，葉が細くなり水流の圧力を軽減し，機械的強度が増したといえる．葉の解剖学的性質が変化すると，生理的な特性にも影響し，リュウキュウツワブキでは光合成能が低下している．レオファイトは細葉化したことで他の能力が落ちて，陸生植物がひしめく陸上では競争に勝てず，結局，渓流帯に限定される可能性がある．

　レオファイトと陸生種は，若い時期は渓流帯とその上の地上の両方に生えている．その後，渓流帯から陸生植物が淘汰される一方で，その上の地上からレオファイトが淘汰される結果，住み分けが起こる．個体発生が進むにつれて葉の形態差がだんだん大きくなり，不利な環境で存続することができなくなるのである．

[加藤雅啓]

📖 **参考文献**
[1]　加藤雅啓『植物の進化形態学』東京大学出版会，1999

腐生植物（完全菌従属栄養植物）

　陸上植物は一般に光合成を行う独立栄養生物であるが，一部の種は光合成能を失い，炭素源を外部から取り入れて生育する．光合成能を失った陸上植物は，炭素源の摂取様式から寄生植物と腐生植物に大別される．前者は他の植物に直接自分の体の一部を挿入し，必要な栄養源を獲得している．これに対し後者は，その名称の指すとおり，従来は腐植から炭素源などの栄養を得て生育すると考えられていた植物である．しかし厳密には，植物自身が腐植から直接栄養源を得ているわけではない．「腐生植物」は，根ないし地下茎に共棲している真菌類が得た炭素源などをさらに植物が吸収することで生育する．したがって「腐生植物」という名称は，その生態に照らしてみると適切ではなく，炭素源を完全に菌に依存して生育する植物という点に注目して，現在では完全菌従属栄養植物と呼ぶことが多い．

●**腐生植物の栄養摂取様式**　完全菌従属栄養植物は，被子植物の10科で知られている他，裸子植物（*Parasitaxus*），ゼニゴケ類（*Cryptothallus*）でも確認されているが，陸上植物全体からみるとまれな栄養摂取様式である．これらの植物の炭素源，すなわち共棲している菌類の炭素源獲得経路は大きく2つに分けられる．1つは，周辺の腐植を分解して得られる炭素源で，これは菌類を介しているが「腐生植物」の原義に近い状態といえる．このタイプは，ラン科の完全菌従属栄養植物に多くみられるが，他の科にはみられない．もう1つは，一般的な陸上植物と菌根菌との共生関係（菌根共生）でやり取りされている炭素源で，これはこの共生関係に含まれる植物が光合成によって合成した炭水化物がもととなっている．菌根菌は，土壌中の有機物を分解して得る無機養分（窒素，リンなど）を植物に供給する代わりに，植物から炭水化物を得ている．ラン科の一部を含む完全菌

図1　腐生植物の例：（左）タシロラン（ラン科），イタチタケ類などに依存し，菌類が分解した周辺の腐植物から炭素源を得る．（右）ギンリョウソウ（ツツジ科），ベニタケ科菌類を根にもち，周辺樹木との外生菌根共生に依存して炭素源を得る

従属栄養植物の多くは，周辺に成育する植物と共通の菌根菌を地下部に共棲させることによって，共生している植物から菌根菌が得た炭水化物をさらに吸収して生育している．この炭素源獲得様式は，epiparasitism（重複寄生）と呼ばれることもある（ただし epiparasitism を「重複寄生」と訳す場合，寄生生物にさらに寄生生物が寄生する場合を指すことが多いが，本項目の場合，寄生される生物は必ずしも寄生生物ではないので，「重複寄生」という日本語の意味とは合わない）．このタイプの栄養摂取様式は，寄生する菌根共生系によって，さらに2つに分類できる．1つは，主に森林を形成するマツ科，ブナ科の樹木に形成される外生菌根共生系に寄生するもので，ラン科，ツツジ科の完全菌従属栄養植物にみられる．外生菌根は，菌糸が根の細胞に入らず根の表面に菌鞘を形成するもので，主に担子菌類や子嚢菌類によって形成される．もう1つは，さまざまな植物にみられるアーバスキュラー菌根共生系に寄生するもので，上記2科以外の完全菌従属栄養植物に広くみられる．アーバスキュラー菌根は，菌糸が根の細胞に入り樹状体（樹枝状体）・嚢状体を形成するもので，グロムス菌類によって形成される．

●**菌従属栄養植物の多様性と進化**　炭素源のすべてを菌類を介して得る完全菌従属栄養植物の他にも，炭素源を菌類から得ている植物が存在する．例えばラン科植物は，種子に胚乳等の栄養供給組織をもたず，散布時には胚も未分化であり，種子の発芽と初期成長は菌類による栄養供給を必要とする．成体が光合成能をもつラン科植物は，一般に「ラン菌」と呼ばれる原始的な担子菌類に依存している．このように生活史の一部を完全に菌類による炭素源供給に依存する植物は，シダ植物（マツバラン科，ハナヤスリ科）および小葉植物（ヒカゲノカズラ科の一部）にもみられる．これら胞子繁殖をする維管束植物の場合，いずれも配偶体が完全菌従属栄養性であり，アーバスキュラー菌根共生系に寄生して生育する．

　このような植物の他に，生活史を通して必要な炭素源の一部を菌類から得ている植物も知られている．これらは光合成も行うが菌類にも依存することから，混合栄養植物と呼ばれる．混合栄養植物の炭素源獲得の比率は種によってさまざまで，ほとんどを光合成でまかなっているものから，炭素源の大部分を菌類から得ているものもある．混合栄養植物はラン科，ツツジ科，リンドウ科などに知られ，いずれも科の中に完全従属栄養植物を含むものである．光合成による独立栄養から完全菌従属栄養への進化過程は，栄養摂取様式の進化ばかりではなく，葉の縮退を含む多くの形態的な変化も伴っており，単純なものではないと思われる．しかしその進化過程の中間段階として，混合栄養植物が重要な役割を果たしていることは間違いないと考えられている．また，混合栄養段階にある植物と，完全菌従属栄養段階まで進化した植物との間に，どのような背景の違いが存在するのかについては，菌従属栄養性の進化を考えるうえで興味深い問題点として残されている．

［横山　潤］

分類群と命名

　地球上には数多くの生物が存在しているが，種の総数がどれだけになるかは，まだわかっていない．しかし，その多様な生物も注意深く観察してみると，ある共通する特徴をもつ生物のまとまりが存在していることに気がつく．このような共通する特徴をもつ生物を集めてグループをつくり，それぞれのグループの特徴やグループ間の関係から，生物の多様性を理解しようとする学問が分類学である．分類学の目的のもとに認識され，一定の規則（命名法）に従って命名された生物のグループを分類群（タクソン）という．

●**分類階級**　認識された分類群は，分類群間で共通する別の特徴をみつけることで，さらに上位の分類群にまとめることができる．また，ある分類群の内部で別の特徴に注目することで，その分類群を分割して下位の分類群をつくることができる．このように，分類群は階層構造をもった体系に位置づけることができ，この分類の階層のことを分類階級（ランク）という．

　分類階級の名称と順序は，規則によって定められている．種が分類階級の基本であり，上に向かって，属，科，目，綱，門，界となる（図1）．ある種は1つの属に所属し，属はそれぞれ1つの科に，科はそれぞれ1つの目に，というように階層的に位置づけられる．植物・藻類・菌類（伝統的に植物として扱われた群．以下「植物」という）の命名法では，これらを一次ランクと呼んでいる．二次ランクとして，種と属の間に下から列と節，属と科の間に連を設けることができ，種の下位には上から変種と品種がある．さらにランクが必要であれば，一次ランクまたは二次ランクを示す分類階級の名称の前に「亜」を加えて（例えば亜科や亜属のように）そのランクの直下の階級の名称をつくることができる．近年では，分子系統学の結果を反映した，さらに上位の系統関係に基づいて，界より上位のドメインという分類階級が広く受け入れられるようになってきた．

　すべての生物個体は，種の分類階級を基本とするこのような階層構造のなかで，不定数の分類群に所属するものとして扱われる．例えば，ヤマザクラという種はサクラ属に所属し，サクラ属はバラ科に所属するため，ヤマザクラはバラ科という分類群にも所属している．

●**命名規約**　生物学において，生物の名前は世界共通のものであることが必要である．その名前はわかりやすく，

図1　分類階級の名称と順序

安定であることが望ましい．このような世界共通の生物の名前（学名）を扱う規則の体系を命名法という．これを具体的な規約としてまとめたものが命名規約である．残念なことに，生物の命名法は「植物」，「動物」，そして「細菌」の3つのグループごとに異なっており，それぞれ「藻類・菌類・植物命名規約」，「動物命名規約」，および「細菌命名規約」という独立の命名規約のもとで規定されている．分類学の歴史が古いため，生物を大きく植物と動物に分類してきた伝統がこのようなかたちで残っているのである．最近の分子系統学の成果により，真核生物内の系統関係がかなりよくわかるようになった結果，動物か植物かという伝統的な枠組みの中での命名法は時代にそぐわないものになっている．そのため3つの規約を統合し生物全体の命名法を扱う「生物命名規約（バイオコード）」が議論されているが，その具体的内容は分類学者全体の合意を得るところまでは行っていない．それほど，それぞれの命名法は大きく異なっているのである．

　「植物」の命名法を扱う現行の規約は「国際藻類・菌類・植物命名規約（メルボルン規約）」である．ほぼ6年ごとに開催される国際植物学会議で全体の見直しが行われ改訂されるため，それぞれの版は会議が開催された地名をつけて呼ばれている．命名規約の規定は，さかのぼって適用されるため，新しい規約と合致しなくなる場合があり，それまでの学名が使えなくなることがある．

●**学名**　命名規約に合致して発表された生物の名称を学名という．学名は分類群に対して与えられるため，種だけではなく，それぞれの分類階級の生物群にも学名がある．世界共通の名称であるための統一的な形式が決められている他に，発表に際してさまざまな条件が規定されており，それらを満たさなければ正式に発表された学名とは認められない．

　「植物」の学名の形式は次の通り規定されている．
・その由来にかかわらずラテン語として扱う．
・属の学名は単数形の名詞である．（例）*Cerasus* サクラ属
・属と種の間の分類階級の学名は，属名とその階級の形容語を並べた2語の組合せで，形容語の前にその階級を示す略号を付ける．形容語の頭文字は大文字．（例）*Cerasus* sect. *Sargentiella* サクラ節（sect. は節の階級を示す略号）
・種の学名は，その種が属する属の学名と種の形容語を並べた2語の組合せ（二語名）．形容語の頭文字は小文字．（例）*Cerasus jamasakura* ヤマザクラ
・種より下位の分類階級の学名は，種の学名と種内分類群の形容語の組合せで，種内分類群の形容語の前にその分類階級を示す略号を付ける．形容語の頭文字は小文字．（例）*Cerasus jamasakura* var. *chikusiensis* ツクシヤマザクラ（var. は変種の階級を示す略号）
・属より上位の分類階級の学名は複数形の名詞として扱われ，属名の語幹に分類階級ごとに定められた語尾をつけてつくるか，特徴に基づく学名でもよい（特

徴名).（例）*Rosoideae* バラ亜科，*Rosaceae* バラ科，*Rosales* バラ目（亜科，科，目の学名の語尾はそれぞれ -oideae, -aceae, -ales），*Angiospermae* 被子植物（分類階級はこの学名からはわからない）

●**タイプ**　学名を取り扱ううえで重要な概念がタイプである．「植物」命名規約には，タイプとは「ある分類群の学名が永久に結びつけられている要素である」と定義されている．学名は分類群に与えられる名称だが，分類群は通常，複数の個体や標本などから成り立っている集合であるため，研究者によってその範囲が異なることがある．分類群の範囲のとりかたの違いによって学名の決定が不安定にならないように，学名をその分類群そのものではなく，その分類群に属する標本（ときには図解）のうちの1つの要素に対して結びつけ，固定させたものがタイプである．

　タイプをはっきりと指定することが学名の正式発表の要件とされたのは1958年以後なので，それより前に発表された学名にはタイプが指定されていないものがある．分類群の学名を決定するにはタイプが必要であるため，次の通りさまざまなタイプが定義されているが，厳密な意味で命名法上のタイプといえるのは，ホロタイプ，レクトタイプ，およびネオタイプの3つである．

・ホロタイプ：命名法上のタイプとして著者が使用または著者が指定した1個の標本または図解．
・アイソタイプ：ホロタイプのすべての重複標本のそれぞれをいい，つねに1個の標本．
・シンタイプ：ホロタイプがない場合に，初発表文に引用されたすべての標本，または初発表文でタイプとして同時に指定された2個以上のすべての標本のそれぞれ．
・パラタイプ：初発表文中で引用された，ホロタイプでもアイソタイプでもシンタイプでもない標本．
・レクトタイプ：原発表のときホロタイプが指定されなかった場合やホロタイプが所属不明の場合などに，規定に従って原資料から命名法上のタイプとして指定された1個の標本または図解．
・ネオタイプ：原資料が存在しないか，所属不明の間，命名法上のタイプとして選び出された1個の標本または図解．
・エピタイプ：命名法上のタイプが不明瞭で決定的な同定ができないとき，解釈のためのタイプとして選ばれた1個の標本または図解．

●**優先権**　分類群の学名を決定するうえでもう1つの重要な概念が優先権である．ある分類群の学名として競合する複数の候補がある場合に，先に発表された合法名を優先するという基本原則である．タイプ指定の場合にも先に指定した方を優先する．優先権が考慮される日付の出発点は生物群によって異なっており，例えば維管束植物では1753年5月1日（属以下）と1789年8月4日（属より上

位），蘚類では1801年1月1日である．

　優先権の原則は，分類階級と大きな関係がある．1つは上位分類群の場合で，この原則は科より上位の分類群の学名には適用されない．属名に基づく学名の場合には優先権を考慮するようにという勧告があるが，特徴名については自由に変更しても規則には反しないのである．もう1つはランク優先権と呼ばれるもので，学名はそれが発表された分類階級の外では優先権をもたない．したがって，ある分類群の学名を決定するためには，どの分類階級の学名であるかが重要になる．

●**正名と異名**　ある分類群に対して採用可能な学名の候補がいくつかある場合，規則に合致して採用しなければならない学名を正名といい，その他を異名という．異名にはタイプが同じものと異なるものがあり，前者を同タイプ異名，後者を異タイプ異名という．命名法の重要な目的の1つは学名の安定をはかることであり，そのために命名規約は採用するべき学名（正名）について，恣意的な選択をできるだけなくすようにつくられている．「植物」命名規約では，規則に「特定の範囲，位置，および階級をもつ個々の科または科より下位の分類群は，ただ1つしか正名をもつことができない」とあり，原則IVにも，階級は限定していないが同様のことを述べている．この正名の決定は，基本的にタイプと優先権の原則によっており，ランク優先権が強く働いている．

　科から属まで（科や属を含む）の分類群の学名は，属名そのものか属名に基づいた1語からなる学名をもっている．これらの分類階級のある分類群について，基本的には，その正名は同じランクで最も早く発表された合法名（規約に合致している学名）である．つまり，ある分類階級の分類群を考えたとき，その分類群の範囲に含まれる要素として，その階級の合法な学名のタイプが含まれていれば，その中で最も早く発表された学名が正名となる．

　一方，属より下位の分類群の学名は，属名または種の学名とその分類階級の形容語との組合せである．この場合はやや複雑で，その分類群の正名は，基本的には，その分類群と同じ階級で最も早く発表された合法名の最後の形容語と，その分類群が帰属する属または種の正名との組合せとなる．別の組合せで発表されていても，その階級でより早く発表されていれば優先権をもつのである．そのため別の属で発表されていたためにそれまで見過ごされていた種の学名が再発見され，これまで使われてきた種の学名が，突然，新組合せの学名に置き換えられることがある．
〔永益英敏〕

📖 **参考文献**

[1] 『国際藻類・菌類・植物命名規約2012（日本語版）』日本植物分類学会 国際命名規約邦訳委員会訳・編集，大橋広好他編，北隆館，2014
[2] McNeill, J., *et al.*, *International Code of Nomenclature for algae, fungi, and plants*（Melbourne Code）*adopted by the Eighteenth International Botanical Congress Melbourne, Australia, July 2011*, Koeltz Scientific Books. 2012

同定と検索表

　植物学における「同定」とは，名前が未知の植物に対して，既知のどの分類群に当たるかを調べ，決定する作業のことであり，植物の多様性を解析するすべての分野の基本となる作業である．同定を迅速に行うためには，調べる対象の植物に対して比較すべき既知の植物の範囲が絞り込まれている，つまり調べる植物が何の仲間に近いかがある程度わかっている必要がある．日本のように植物相がよくわかっている地域では，同定の手助けとなるさまざまな図鑑などが出版されており，それらの文献の図や記載との比較によって同定作業を行うことができるが，そうでない地域の場合にはハーバリウム（「ハーバリウム」参照）に保管された既知の分類群の標本と逐一比較を行う必要がある．植物相がよくわかっている地域であっても，調べる対象の植物が同定に必要な器官をつけていないような場合は，同様に標本との比較が必要となる場合がある．

●**検索表**　同定の助けとなる図鑑などの文献では，個々の分類群の記載や図に加えて，類似する分類群の区別点を抽出して同定を助けるためにつくられた検索表がつけられていることが多い．日本語（および漢字文化圏）では検索表と表記されているが，一般に図鑑で見られるものは表形式ではなく，特定の形質について対立する形質状態を表す2つ（場合によっては3以上）の対になった記述が階層的に並んでおり，上位の対から順にその形質についてどれに当たるかを選択していくことによって，最終的に属や種などの末端の分類群に到達する仕組みになっている．このような形式の検索表は二分式検索表と呼ばれ，代表的なものを表1に示すが，ここに使用されている形質は同定する上で特にわかりやすいものが選ばれている．逆にいえば，これらの形質を欠いた植物を同定するうえではこのような検索表は無力であり，また用語の理解不足などのために上位の対で選択を間

表1　検索表の例（タデ科イヌタデ属の一部）

1. 茎に稜角があり，それに沿って逆刺が並ぶことが多い	2
1. 茎は円筒形で逆刺はない	(省略)
2. 托葉の先は広がって葉状となる	3
2. 托葉は筒状で葉状の部分はない	(省略)
3. 葉身は楯着する．花被片は果実期には肉質となって色づき液果状となる	イシミカワ
3. 葉身は基部で葉柄につき，楯着しない．花被片は果実期にも乾質のまま	4
4. 葉身は三角形でほこ形とならず，基部は切形	ママコノシリヌグイ
4. 葉身はほこ形で基部はやや心形	5
5. 托葉のふちは波状の粗い鋸歯がある	サデクサ
5. 托葉のふちは全縁かやや波状になる	ミゾソバ

この形式の他に，下に進むごとに階段状にインデントがなされることもある

違えるとまったく違った答えを導き出すおそれもある．そのため，検索表を用いて最終的にある種にたどりついても，その種に同定する前に必ず種の記載や図，場合によっては標本との比較を行うことによって確認を行わなければならない．

　二分式検索表の欠点を補うため，同定の上で重要と考えられる形質すべてについて，末端分類群における形質状態を網羅的に調べて表に配置した，文字通り表形式の検索表も考案されている．この場合，元の表は紙上に表示するにはあまりにも巨大となるため，もっぱらコンピューターを用いたインタラクティブな検索システムにおいて効果を発揮する．この検索システムを用いれば，任意の形質について調べる対象の植物における形質状態を入力していくことで候補種を自動的に絞り込むことができ，最終的に残った候補に対して図や記載との比較を行えばよい．現在ではこうした検索システムがさまざまな研究機関によって作成されてweb上に公開されているが，多くは特定の分類群か特定の地域を対象としたものであり，国単位などの広大な地域を対象とするような検索システムは，表に配置すべき形質や分類群の数の多さがネックとなってまだつくられていない．

●**科などの上位分類群の検索**　一般に，図鑑などにおいては，科の中で属や種を検索する検索表はあるが，科を検索するための検索表はないことが多く，仮にあってもきわめて使いにくい．こうした上位分類群を見分けるための形質は，一部の特徴的な群を除き例外が多かったり，肉眼での観察が困難であったりすることが多いからである．そのため，科への検索を放棄し，肉眼的な形質に基づいて直接属や種への検索を行う検索表がつけられることもあるが，多数の種を収録する図鑑では検索表のサイズがきわめて大きくなり，目的の種にたどりつくために多大な手順を踏む必要がある．従来は科の一般的特徴を最初に押さえておいて，調べる対象の植物が何科を経験的に判断してから検索にとりかかることが多かったが，これにはある程度の知識と経験が欠かせない．経験を積んだ専門家においてすら，植物相が未知の地域や，植物区系の異なる地域ではそもそも科の検討をつけること自体が困難なことがある．特に前者のような地域では，DNAバーコーディングを併用することによって，未知の植物に対して科，属や種の見当をつけることが行われてきている．

●**同定結果と証拠標本**　同定の結果は植物目録や他の生物多様性にかかわるさまざまな研究において植物名の形で表記されることになるが，同定を将来にわたって保証するために，対象の植物は証拠標本として公的なハーバリウムにおいて永久に保管されるのが望ましい．証拠標本は同定に必要な器官を備えており，かつ採集データや引用論文がラベル上に明記されていると将来の参照のうえで便利である．特に対象の植物が既知のどの種にもあてはまらず新分類群として発表された場合，その証拠標本はタイプと呼ばれ，公的な研究機関に永久に保存されることが国際藻類・菌類・植物命名規約において義務づけられている．　　　　［米倉浩司］

ハーバリウム

　ハーバリウム（植物標本室）とは分類学等の研究を目的として，植物標本を半永久的に保管する施設である．この用語は，当初は個人が収集したコレクションに対して用いられていた（例：「リンネのハーバリウム」）が，所有者の没後も標本を安定的に後世に受け継いでいく必要から，今日では大学・博物館などの中に置かれている例が多い．分類の歴史的経緯から菌類標本も含めて扱うことが多いが，近年では菌類標本室に対してはファンガリウムという呼び名が用いられる場合もある．ハーバリウムは，標本，すなわち死んだ状態の植物・菌類について，その形態を保存することを主な役割としてきた．希少植物・栽培植物・菌類・藻類などで行われる栽培・培養株の系統保存施設，種子保存施設（シードバンク）などは，生きた状態での保存を原則とする点がハーバリウムとは異なる．技術的な進歩により，ハーバリウムに収められた標本を利用した遺伝情報の解析に期待が寄せられるようになっている．一方で，標本を破壊することになるこのようなサンプリングに対してはさまざまな意見があり，施設ごとに対応が異なっているのが現状である．また，近年重要性を増している機能として，研究材料の証拠標本の保管があげられる．植物科学の学術雑誌では研究を担保する証拠標本をハーバリウムに収めることを義務づけている例が多い．

●**標本の様態**　植物標本で最もよく知られた様態はさく葉（押し葉）であり，圧力を加えながら乾燥させて平面的にした植物体を，台紙の上に何らかの方法で貼り付けて作製される．この方法は維管束植物や海藻において一般的である．複雑な花など，立体構造を保存する必要がある場合にはエタノールなどの液体中に浸けた液浸標本が作製される．キノコを含む菌類，比較的水分含有量が少ない植物の果実，木材，コケ植物，地衣類などでは，立体的な状態のまま温風，冷風あるいは自然通風で乾燥させる．このような立体標本は，サイズに応じて，パケットと呼ばれる標本ラベルを兼ねた紙袋に入れられたり，箱に入れられたり，あるいは棚に並べたりして保管される．顕微鏡レベルの微細な藻類などでは，プレパラートの形で標本が保管される場合もある．いずれの様態でも情報の書かれたラベルを伴っていることが標本の必須条件であり，ラベルには同定情報（種名・同定者・同定日），採集情報（採集者・採集番号・日付），産地情報（地名・標高・座標）などが表示されている．

●**世界のハーバリウム**　ヨーロッパでは16世紀以来さく葉標本作製の文化が定着し，約800万点の植物標本を収蔵するパリ自然史博物館（フランス），約700万点のキュー植物園（イギリス）など大規模なハーバリウムが多数存在する．世

界のハーバリウムの情報（所在地・連絡先・標本数・主要な採集者など）を調べることのできるデータベースとして，Index Herbariorum (http://sweetgum.nybg.org/science/ih/) が開設されている．

図1　標本を収めるキャビネットが並ぶハーバリウムの内部とさく葉標本

●**日本のハーバリウム**　日本での歴史は浅く，本格的な施設が開設されたのは明治時代に入ってからである．したがって1860年代以前に採集され，日本のハーバリウムに現在収められている標本は，運良く保存されていた本草学者（飯沼慾斎・賀来飛霞ら）の標本などきわめて少数に過ぎない．明治時代以降になると大学・博物館・その他の研究施設に多数のハーバリウムが開設され，最新の調査によれば少なくとも170施設に1400万点以上の標本が収蔵されているまでになっている．ただし，小規模な博物館では動物・地学・歴史系などの資料と共通の部屋に植物標本が収蔵されている事例も多く，このような場合は厳密な意味での「植物標本室」は存在しない．

●**ハーバリウムとフロラ研究**　ある地域の植物相（フロラ）を解明するためには，現地での観察に加えて，持ち帰った標本を用いた比較研究が欠かせない．フロラ調査を主導した機関のハーバリウムにはその地域の植物標本が多数蓄積され，それらは植物誌に引用されたり，新種のタイプ標本が含まれたりすることが多いことから，外部からの訪問研究者によって利用される機会も多い．

●**ヴァーチャル・ハーバリウム**　インターネットを通じて，標本の画像とラベルに記載されたデータを公開するいわゆる「ヴァーチャル・ハーバリウム」は増加の一途をたどっている．特に学名の基準となるタイプ標本については，優先的に電子化が進められている．遠方のハーバリウムに収蔵されている標本の検討を行う必要が生じた場合，従来であれば実際に訪問するか，あるいは標本の借用を依頼する必要があった．ヴァーチャル・ハーバリウムを利用することによって，容易に標本へのアクセスが可能になり，分類学の研究効率は格段に向上している．各標本室が個別に開設したヴァーチャル・ハーバリウムの他，タイプ標本を中心に多数の機関のタイプ標本が集約された JSTOR Global Plants (https://plants.jstor.org/) のような取り組みも行われている．これらは基本的に無償で閲覧可能であるが，JSTOR Global Plants の高解像度画像にアクセスするためには有償の購読手続きが必要となる．

［海老原　淳］

DNA バーコーディング

　生物の同定とは，対象生物がどの種に属するかを決定することである．従来は，それぞれの種のもつ主に形態的特徴により種を識別してきたので，おのおのの生物種のもつ特徴や表徴形質を頼りに生物の同定が行われてきた．このような，形態的特徴や生態的特徴，時には分布情報に基づいて同定を行うには，分類学に関する専門的知識が必要であり，またその習得には時間がかかるものである．そのため，最近では DNA バーコーディングという，特定の領域の DNA 配列を種の識別に利用して同定を行う方法が開発され，普及しつつある．

● **DNA バーコーディングとは**　スーパーマーケットのレジで，商品に付けられているバーコードを読んで，その情報を基にしてデータベースから商品を検索して会計を行うシステムとのアナロジーから，生物同定のキーとして使用する DNA 塩基配列情報に DNA バーコードという名前が付けられた．

　DNA バーコーディングでは，未同定の生物サンプルから DNA バーコード領域の塩基配列を決定して，既存の DNA バーコード・ライブラリーを検索し，一致した塩基配列の種名を同定結果として利用する．生物種名が不明なサンプルの同定に用いるため，DNA バーコードは，できるだけ広範囲な生物群で共通して使用できるものでなければならない．そのためには，DNA バーコードとして標準的に用いる DNA 領域をあらかじめ決める必要がある．また，幅広い生物群において使用が可能な，できるだけ汎用性のある DNA 増幅用のプライマーが必要となる．理想的には，すべての生物で共通した DNA バーコード領域を使用することが望ましい．

　しかし，現実的には，遺伝子配列の差や，種内・種間の変異量に差があるため，動物，植物，菌類で異なった標準 DNA バーコード領域が使用されている．現在使用されている国際標準 DNA バーコード領域は，動物ではミトコンドリアゲノム上の COI 遺伝子，菌類では核ゲノム上のリボゾーム遺伝子の ITS 領域，植物では葉緑体ゲノム上の *rbc*L 遺伝子と *mat*K 遺伝子である．植物の場合（特に種子植物），*rbc*L 遺伝子と *mat*K 遺伝子の配列のみでは，種までの同定が困難なことが多く，これらの領域は一次バーコードとして使用し，より変異の多い領域，例えば葉緑体ゲノム上の遺伝子間領域や核ゲノムのリボゾーム遺伝子の ITS 領域を二次バーコードとして利用する．

　このように，広い生物群で同一のプライマーセットでの DNA バーコーディングが可能となっているため，国や地域を越えた包括的な参照ライブラリーを構築することが可能であり，単一の手法で広範囲な生物群が同定可能となる．

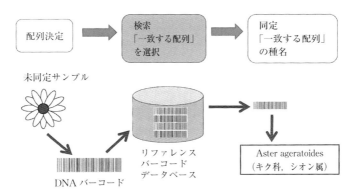

図1 DNAバーコーディングによる同定
[出典：伊藤元己『植物分類学』東京大学出版会, p.117, 図6-5, 2013]

● **DNAバーコーディングによる同定手順**　DNAバーコーディングにより同定を行うためには，まず対象試料からDNA抽出する．微量のDNAで十分なため，例えば植物の場合，種子や花粉，葉の断片でも同定に使用できるばかりでなく，動物の消化管内容物や糞に含まれている植物由来の組織でも元の植物種の同定が可能な場合もある．次に抽出したDNAを使い，標準DNAバーコード領域に対応するユニバーサルプライマーセットで増幅してその配列を決定する．この配列を使い，DNAバーコードの参照ライブラリーに対して検索を行うことにより，試料の同定結果を得るという手順をとる．

　DNAバーコードの参照ライブラリーは，分類学の専門家によって同定された標本に基づいて構築することになっている．また，DNAバーコードを取得した標本は，博物館などの公的機関に保管し，DNAバーコードにはその証拠標本の所在と標本番号を明示して付加することが義務づけられている．このように，DNAバーコーディングは分類学と密接に連携していて，分類学者によりこれまで蓄積された形態に基づく同定の技術や知識を，DNAバーコードを介して間接的に利用することが可能になるのである．

　実際のDNAバーコーディングによる同定作業においては，対象生物群を網羅したDNAバーコードライブラリーの構築が不可欠となっている．そのためのDNAバーコード情報は国際DNAバーコードプロジェクトの情報システムであるBarcode of Life Data Systems（BOLD）に集積され，同定用DNAバーコードライブラリーとそれを用いた同定支援システムが公開されているのでインターネットを介して利用が可能である（http://www.boldsystems.org/）．　　[伊藤元己]

分類体系と系統分類学

　近代分類学の父と称されるスウェーデンの植物学者 C. リンネ（C. Linne）は，現在広く採用されている種の学名の形式を整えたことで有名である．種の学名は，属名と種の形容語（種小名）との組合せで表現されるため，この形式を二語名法（二名法）といい，植物ではリンネの『植物の種』（1753）をもって学名の出発点とする．『植物の種』では植物が，綱，目，属，および種の4つの階層に分類されているが，この体系はリンネが『自然の体系』で1735年に発表したものである．

●**リンネの分類体系**　リンネは自然物を植物界，動物界，鉱物界の3つに分け，植物界は主に雄蕊の数と配置に注目して24綱に分類した．例えば『植物の種』で最初に出てくるカンナ *Canna* は，雄蕊が1本であるため一雄蕊綱に分類され，さらに雌蕊が1本であるため，その下位分類群の一雌蕊目に分類されている．雄蕊と雌蕊に注目してつくられた分類体系であることから，この分類体系をリンネの性体系という．リンネの性体系は少数の特定の形質を恣意的に分類形質として採用したもので，人為分類の代表的なものである．人為分類の例としては果実の特徴に注目した16世紀のA. チェザルピーノ（A. Cesarpino）や，花冠の特徴に注目したJ. P. トゥルヌフォール（J. P. Tournefort）の体系がある．

●**自然分類**　新しい植物の発見や植物の形態についての理解が進むにつれ，特に根拠なく特定の形質のみを重視する分類体系は望ましいものではなくなってくる．そこで多くの形質について比較し，見出された類似性の程度に基づく新しい分類法が提案されるようになった．M. アダンソン（M. Adanson）は『植物の科』（1763, 1764）において，65の形質に基づいて1615の属を58の科に分類した体系を発表した．体系化はすべての形質を考慮してなされるべきである，とする立場である．形質に重みづけをせず全体的な類似性で分類するという手法は，全体的類似性を数量化して評価する表形分類学とも共通する．

　一方，A. L. ド・ジュシュー（A. L. de Jussieu）は，1789年に発表した『植物の属』において「自然分類」を提唱し，分類群は植物の間にみられる自然の関連性に基づいて認識されるべきだとした．彼の考え方によると，種は自然が生み出すものであり，類似する種を束ねる最も小さい束を属として認める．そして属間の類似性に基づいて科を，科間の類似性に基づいて目を認識するというように，下位から上位に向かって分類群をつくり上げていく．こうして認識された分類群では，ある分類群に属する要素の間で共通する特徴や，同じ階級の他の分類群と異なる特徴をみつけることができる．こうして形質の間に重要性の違いを認識し，ある分類群において最も重要な形質は，その分類群で共通して現れる形質である

とした．ド・ジュシューは恣意的に選んだ特徴で植物を分類するのではなく，「自然」群をみつけることを目指したのである．自然分類の考え方はA. P. ド・カンドル（A. P. de Candolle）やG. ベンサム（G. Bentham），J. D. フッカー（J. D. Hooker）らによって踏襲され発展していく．

●**系統分類** C. ダーウィン（C. Darwin）によって進化論が発表されると，分類体系にも分類群間の系統関係が意識されるようになった．系統分類である．A. W. アイヒラー（A. W. Eichler）は『顕花植物概説』（1876）以後，血縁的関係に基づいたとする分類体系を何度も発表した．H. G. A. エングラー（H. G. A. Engler）は，植物全体の分類大綱を扱う『植物の自然的科』（1887–1915；第2版1924–未完）を出版した．その分類体系に基づいて編集された，全世界の植物を網羅する植物誌が『植物界』（1900–未完）である．基本的に単純なものから複雑なものに進化したとする立場をとり，例えば被子植物では花被を欠くものが原始的，離弁花より合弁花をもつものが進化的であるとした．エングラー体系は改訂を重ね，日本でも図鑑や標本館における標本の配列に広く採用された．1980年以後も，被子植物の系統に関する異なる仮説のもとに，A. J. クロンキスト（A. J. Cronquist），R. F. ソーン（R. F. Thorn），R. M. T. ダールグレン（R. M. T. Dahlgren），A. タクタジャン（A. Takhtajan）らによって異なる分類体系が提案されている．

●**APG分類体系** 1980年代後半以後，系統関係に関する研究が大きく進展した．系統関係を推定するための理論が発展する一方で，DNAの塩基配列を解読する技術が著しく進んだ．コンピューターの小型化と演算速度の向上は，系統解析を以前よりもはるかに容易なものとし，インターネットを利用したデータベースの構築と世界規模での共同研究が展開された．1993年，M. W. チェイス（M. W. Chase）らは*rbcL*遺伝子の塩基配列に基づいて明らかになった種子植物の系統関係を発表したが，その内容はこれまで推定されていた系統関係とは大きく異なるものであった．P. S. ソルティス（P. S. Soltis）らは葉緑体遺伝子や18s rDNAの解析も進め，わずか10年ほどの間に，被子植物の系統に関する新しい全体像は多くの研究者の認めるところとなったのである．

このようにして明らかになった，被子植物の系統関係に基づいて提案された分類体系がAPG分類体系である．APGとはこの分類体系を提案した被子植物系統グループ（Angiosperms Phylogeny Group）いう植物学者の団体である．1998年に最初の体系（APG I）が発表された後2回改訂され，それぞれAPG II（2003），APG III（2009）と呼ばれている．現在では，分類群を認識し体系を構築するうえで最も重要な基準は系統的に近縁であることであり，形態の類似性は二義的なものでしかない．

［永益英敏］

分岐図と系統樹

　地球上の生物がたどってきた系統発生を推定し復元する研究分野を系統学と呼ぶ．系統学においてはある祖先から由来する子孫との血縁関係をさまざまな形式のダイアグラムを用いて視覚化してきた．ある1つの共通祖先から生じたすべての子孫を含む群は単系統群を形成し，その単系統群に属する子孫生物群は互いに姉妹群の関係にあると呼ばれる．単系統群を構成する姉妹群の血縁関係を表示するダイアグラムを分岐図と呼ぶ．2つの子孫AとBが互いに姉妹群関係にあるとき，それらの共通祖先が何であるかは特定されていない．したがって，分岐図上の分岐点にあると仮定される仮想共通祖先については複数の可能性がある．

●**分岐図と系統樹**　仮想共通祖先と子孫との系統関係の論理的な可能性としては，「AがBの祖先である」，「BがAの祖先である」，および「AでもBでもないXがAとBの祖先である」という3つがあり得る（図1）．いずれかの選択肢を選んだ結果，祖先子孫関係を表示する系統樹というダイアグラムを描くことができる．祖先を特定する必要がない姉妹群関係は祖先子孫関係よりも緩やかな血縁関係である．すなわち，姉妹群関係を表示するだけの分岐図と特定の祖先子孫関係をも表示する系統樹とは系統学的には異なる形式のダイアグラムである．近年の系統学的研究で用いられているダイアグラムは，論理形式としては系統樹ではなく分岐図であることが多い．

●**系統ネットワーク・ファイログラム・タイムツリー**　分岐図あるいはそれから導出される系統樹は分岐的な樹形ダイアグラムと解釈されることがほとんどである．しかし，生物の系統発生プロセスでは異なる系統に属する生物集団間で交雑や融合が生じることもありえる．その結果，系統関係としては分岐的なツリーではなく網状的なネットワーク（系統ネットワーク）という別形式のダイアグラムを仮定すべき状況も生じるだろう．したがって，現実の進化現象をモデル化（パ

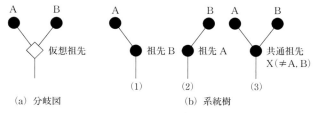

図1　分岐図と系統樹

［出典：三中信宏『系統樹思考の世界―すべてはツリーとともに』講談社，p. 229, 図4-3, 2006］

ラメタライズ）するときには，必要に応じてツリーあるいはネットワークをダイアグラムとして使い分ければいい．また，進化速度に比例して枝長が変化するファイログラムや分岐年代の推定値を組み込んだタイムツリーのようなさまざまなタイプの系統ダイアグラムも利用されている．

●**系統推定法**　過去の進化事象の累積である系統発生そのものは直接的に観察したり実験検証することはほとんどできない．しかし，系統発生の産物である現存生物に関するさまざまなデータを比較分析することにより，姉妹群関係や系統関係に関する仮説を経験的にテストすることはできる．現在では，従来から利用されてきた形態・発生・化石とともに，分子レベルのデータ（核酸の塩基配列，タンパク質のアミノ酸配列など）を利用した系統推定が行われている．現在では最節約法・距離法・最尤法・ベイズ法などいくつかの系統推定法が開発され，実際に計算するためのコンピューター・プログラムが数多く公開されている．以下では，代表的な系統推定法を紹介する．

①最節約法：分子あるいは形態のデータが与えられたとき，系統樹全体にわたる形質状態の変化総数（塩基配列データならば塩基置換総数）が最小となる系統樹を選択する．

②距離法：距離法は，生物間で進化的な距離を定義し，互いに近い距離にある生物をグループ化することにより系統樹を推定する．最も広く用いられている距離法は近隣結合法である．

③最尤法：塩基配列やアミノ酸配列データに対して用いられる手法で，塩基やアミノ酸の置換確率モデルのもとで，観察されたデータ値の生じる確率の積（尤度）を最大化するように，樹形と枝長などのパラメーターを推定する．

④ベイズ法：尤度に加えてパラメーターに関する事前確率を考慮した事後確率に基づく系統推定を行う．1990年代以降，マルコフ連鎖モンテカルロ法（MCMC）という高速計算アルゴリズムを用いるベイズ系統推定法が急速に普及してきた．

●**分岐図・系統樹の応用**　分岐図として示される単系統群の姉妹群関係を出発点として，系統樹上での形質進化過程や仮想共通祖先に関する仮説検証は進化研究の中でますます重要な役割を果たすようになってきた．例えば，生態学における種間比較法では，複数の生物で観察される生態学的・行動学的な形質が系統樹上でどのように進化し相関しているかを検証する方法が開発されている．また，分子系統地理学の分野では，分子系統樹に基づく生物集団の時空的変遷について推定する研究が進んでいる．

［三中信宏］

📖 **参考文献**
[1] Baum, D. A. & Smith, S. D.. *Tree thinking: An introduction to phylogenetic biology*, Roberts and Company, 2012
[2] Felsenstein, J., *Inferring phylogenies*, Sinauer Associates, 2004
[3] Yang, Z., *Molecular evolution: A statistical approach*, Oxford University Press, 2014

分子系統解析

　生物のもつゲノム（遺伝情報）は，その生物の親から受け継がれたものである．この関係を次々とさかのぼると，元々の由来はその祖先である種，さらに先をたどるとその前の祖先種というように，延々と進化の過程・系統をさかのぼることができる．しかし，このような長い進化的時間にわたってゲノムが受け継がれていく間には，突然変異による塩基置換や挿入・欠失，組換えなどが生じ，少しずつ遺伝情報に違いが生まれる．したがって，異なる生物間のゲノムを比べると，それらの種から系統的にさかのぼった共通祖先が近いほど，それらの配列・配置情報も似かよっており，その違い（変異）は祖先からの系統に沿って段階的に蓄積されているという一般的な原則が成り立つ．この性質を利用して，生物間の系統的な類縁関係，進化の道筋などを明らかにしようとする手法が分子系統解析である．通常の解析方法では，DNA塩基配列やアミノ酸配列情報そのものをはじめ，ゲノム内での遺伝子の配置情報などを複数の生物から検出し，配列データの場合はそれらを相互比較できるように整列（配列のアライメント）処理し，数理解析が可能な数量データに変換して系統樹を構築する．さらに，このような配列情報の違いが生物間の分岐後の経過時間に対応するという分子時計の考え方を用いれば，分岐年代の推定も可能であるが，生物種やゲノム領域によって変異の蓄積速度は異なっているため，通常は化石の発掘年代などを参考にした年代調整を必要とする．

●**解析対象**　このような解析で比較対象とするゲノム情報は，対象生物間で「ほどほどに」異なっている必要がある．なぜならば，生物間でまったく違いがない情報では違いの程度を比較できないし，逆にあまりにも違いすぎると，同一個所に変異が重なるなどして正確な比較が難しくなり，系統的な道筋の推定が困難になるからである．なお，ゲノム情報の変異の度合い（変異性）は，ゲノム内の領域（遺伝子など）や種群間で一定ではないため，解析に必要な情報を得るためには，対象生物群に合わせてゲノム領域や比較手法を適切に選ぶ必要がある．植物では，葉緑体DNAの塩基配列情報が比較的早い時代から研究されたことに加え，その変異性が種・属・科間程度の関係の解析に適度であったため，葉緑体の*rbc*L遺伝子などを対象とした解析が早くから盛んに行われた．また，葉緑体DNAは多くの植物で片親（母系）遺伝するため，世代間で伝わる際に減数分裂による組換えを伴わず，片親の系統を直接反映する情報として解析できることが長所の1つでもある．しかしこのことは一方で，片親側の遺伝情報しか反映していないことをも意味するため，例えば種間交雑により生じた種などにおいては，正しい系統関

係を推定する際の障害にもなりうる．このような理由により，18S rDNA 遺伝子などの核 DNA の塩基配列情報も用いられるようになり，さらにはより多くの遺伝子情報に基づいた系統解析が行われるようになった．なぜならば，特定の遺伝子の分化は必ずしも系統の分化と同時には生じず，2 者の分岐の順番が一致しない不完全な系統分岐の配置（不完全系統ソーティング）という現象が起きうるため，扱う遺伝子によっては間違った分岐推定を導きかねないからである．そのほかにも，種間交雑後に戻し交雑が連続すると，異なる種から一部の遺伝子だけが別の種に入り込んだ状態になる遺伝子浸透という現象もしばしば起き，正しい系統推定に支障をきたすこともある．そこで近年では，多面的なアプローチとしてゲノムワイドな分子配列情報を用いた系統解析が行われているだけでなく，古代 DNA を含めた比較も行われ，より多くの情報を用いた系統解析が試みられている．

●**応用** 1998 年に，被子植物全体で分子系統解析情報を整理した APG（Angiosperm Phylogeny Group：被子植物系統グループ）分類体系が発表され，その後も改訂されつつ大きなインパクトを与えた．分子系統解析は，このような分類体系の理解に利用されるだけでなく，進化・生態・保全生物学的な利用など，さまざまな応用が可能である．例えば，適応的な形質を制御する遺伝子の系統を解析することで，種分化や環境適応のメカニズム，生態的特性に関する情報が得られる可能性がある．あるいは，形態的にはほとんど見分けがつかない集団の中に，実は生殖的に隔離されて遺伝的に異なる隠蔽種が見つかることもある．さらには，生物多様性や集団の保全においても，分子系統解析の情報を加味することで，その遺伝的独自性などを考慮した多面的な評価が可能になる．もう少し広義に考えれば，分子系統解析情報を生物の地理的な分布パターンと組み合わせることで，種や集団の歴史を推定する生物系統地理学的な研究にも盛んに利用されている．

●**集団の分子系統解析** もともとの分子系統解析は，主に種間の系統関係を理解するために発展したが，近年では同一種内や近縁種群内を対象として，集団を単位とした系統推定にも利用されるようになった．特に，さまざまな分子マーカー開発の進展や次世代シーケンサーの利用により，数多くの遺伝子座情報を多くの集団・個体で得ることが比較的容易になってきたため，現在の集団の遺伝情報から祖先集団の動態を推測するコアレセント（coalescent：合祖）理論に基づいた解析が盛んに行われるようになった．このような解析法を駆使すれば，過去における集団分岐パターンや分岐年代の推定だけでなく，過去の集団サイズやボトルネックなどのサイズ変動，集団間の遺伝子流動の量などについて，これまでには得ることのできなかった情報の推定が可能である．

　分子系統解析は，遺伝情報に刻まれた過去の履歴の痕跡をさまざまな技術で読み解くことで，生物進化や集団変遷に関する有用な情報を得ることができる優れた道具といえる． ［陶山佳久］

形質と形質状態

　形質とは生物のもつ性質で，他個体または他種と比較可能なもの．元々は形態的要素に限定して用いられていたが，現在では化学成分，染色体数からDNAの塩基配列まで，生物のあらゆる性質に対して用いられる用語になっている．ある形質の呈する状態の違いを表すのが形質状態である．例えば，「花弁の枚数」という形質に対して，「4枚」や「5枚」などがその形質状態にあたる．形質のうち，連続的な値で表されるものを量的形質，不連続な形質状態をもつものを質的形質と呼んで区別することがある．一般に量的形質の方が複数の遺伝子に支配されて，より複雑な仕組みで形質状態（表現型）が決定されていることが多い．例えば「葉の表面の毛の量」という形質を想定した場合，単一遺伝子に支配されていれば形質状態は「毛あり」か「毛なし」のいずれかで不連続になるため，質的形質である．一方，複数の遺伝子に支配されていれば，形質状態は「毛あり」から「毛なし」までの間にさまざまな中間段階が存在する量的形質となる．

●**形質と形質状態の記載**　植物の種，あるいは属や科などの高次分類群のもつ形質と形質状態は，新種記載時の他，モノグラフ・植物誌・あるいはそれらより平易な図鑑などの出版物にまとめられる．しかし，掲載する形質の選択方法，形質状態の定義方法には明確な規則は存在しない．それゆえ，「種Aの記載文献で言及された形質が，種Bの記載文献では言及されていない」というような事例も珍しくなく，記載文に基づいて比較することが困難な状況が発生する．また，生物の種には種内変異が存在することは珍しくなく，「花弁の枚数：4～5枚」のように，ある形質が複数の形質状態にまたがることも起こり得る．植物学では，葉や花その他の形質状態（特に形状）を表現するため「披針形」や「卵状長楕円形」のような独自の用語を用いる習慣があり，それらは模式図を伴った用語集として出版物の巻頭や巻末に挿入されることが多い．モノグラフ・植物誌・図鑑などには，形質に関する二択式の問いに対して順次答えることで，最終的に手元の種名にたどり着くことのできる「検索表」が付けられていることが多い．検索表は便利であるが，手元のサンプルが不完全な場合には，欠けた形質に関する問いに答えられず，種名までたどり着けないこともある．

●**分類形質**　生物が無数にもっている形質の中で，種あるいはさまざまなレベルの分類の際に重視される形質を分類形質と呼ぶ．高次の分類では生殖器官の形質が重視される場合が多い．同じ分類群を対象とした場合でも，異なる分類形質が提唱されている場合があり，どの形質を重視するかによって分類された結果も異なることになる．伝統的には分類形質は専ら主観的に選ばれてきたが，そのよう

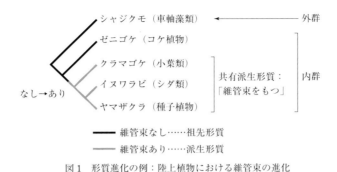

図1　形質進化の例：陸上植物における維管束の進化

な方法で定義された分類群は，近年の分子系統解析によって自然な群でないことが判明する事例が珍しくない．分子系統樹から示唆された自然分類群（単系統群）に対応するように，分類が改変されることがあり，被子植物の科の「APG分類体系」はその代表例といえる．一方で，分子系統樹に基づいて定義された分類群では，適当な巨視的分類形質を見出すのが困難なことがあり，現場での実用性に難があるとして批判の声もある．しかし，2009年にAPGIII分類体系が発表された後，同分類体系を採用した植物図鑑の刊行が日本でも相次いでおり，定着のきざしがみえている．

●**派生形質とその共有**　祖先が元々もっていた形質状態を祖先形質と呼び，祖先形質から変化を起こして新たに生み出された形質状態を派生形質と呼ぶ．形質の進化を推定する際に，ある共通祖先が獲得し，それに由来する子孫に共通してみられる形質状態を共有派生形質と呼ぶ．共有派生形質は生物の系統を推定するうえで重要な情報であるが，二次的変化（さらに別の形質状態への変化）や逆変化（元の形質状態に戻る変化）も起こることを考慮したうえで検討されなければならない．そのためには，祖先形質を正確に特定することが重要であり，検討対象のすべての生物の最基部で分岐した外群を加えた比較（外群比較）を行う必要がある．さらに，共通祖先に由来せず，別系統で独立に同じ形質状態が進化するホモプラシー（同形形質）が多く存在する場合には，誤った系統推定につながる場合がある．形態形質に基づく系統解析では利用可能な形質数が限られるため，ホモプラシーの影響が大きい傾向がある．そのため，情報量が多く，ホモプラシーの影響が小さいDNAの塩基配列に基づいた分子系統解析が現在では主流となっている．ただし，DNA情報を利用できない古生物では形態形質に基づいた系統解析が現在も広く行われている．

［海老原　淳］

相同と相似

　複数の生物のからだの部位や構造を比較する際，見かけは大きく異なっていても，祖先をたどったときに同一の器官に行き着く場合，それらは「相同」であるという．つまり，相同性とは，祖先を同じくすることに起因する類似性である．また，相同性は形態や構造に限らず，DNAの塩基配列のような分子形質にも用いられる概念である．一方，見かけはよく似ている特徴であるにもかかわらず，祖先をたどっていくとそれぞれ異なる起源をもつ場合，それらは「相似」であるという．別系統で独立に同じ形質状態が進化するホモプラシー（同形形質）が多く存在すると，誤った系統推定につながりうる．特に，形態形質に基づく系統解析では利用可能な形質数が限られるため，ホモプラシーの影響を受けやすい．ホモプラシーは分子形質にも生じるが，DNAの塩基配列からは形態形質に比べて大量の情報を得ることができるため，ホモプラシーの影響を小さくすることができる．

●**植物における器官相同性と器官アイデンティティ**　植物の場合，器官の間の相同性は，古典形態学的には，発生学的性質や器官が形成される位置によって推定される．例えば，シュートは葉腋に付くが，同様に葉腋に付く花はシュートと相同とみなされる（「花」参照）．また，水生シダ類のサンショウモでは，水面に浮かぶ植物体から水中に根状のものが垂れ下がっているが，これは根ではなく葉と相同であると解釈されている．葉序で葉が占めるべき位置に根状の器官が付くからである．ところが，古典形態学的な慣例に従うと，器官がもつ性質（アイデンティティ）と矛盾することがある．複葉は葉軸の側方に小葉を付け，葉軸を茎，小葉を葉と見立てると，あたかもシュートのように見える．しかし，複葉はその葉腋に腋芽（シュート）を付けるため，全体を葉と相同とみなすのが古典形態学的な解釈である．このような見方に異議を唱えたのがA. アルバー（A. Arber）で，彼女は器官の形成位置と器官のアイデンティティを重視し，複葉を葉とシュートの中間体と考えた．また，器官原基が形成された後，そのアイデンティティが置き換わる可能性も指摘されている．例えば，タヌキモの仲間では，形成された器官原基が葉にも茎にも発生しうると解釈されている．近年，古典形態学的に解釈が難解な器官における分子発生機構が解析されている．その結果，中間的な器官は中間的な発生機構をもつことがわかりはじめた．上述の複葉の例では，葉的な発生機構が働いた後，シュート的な発生機構が働くことが明らかになった．

●**生育環境と相似形質**　異なる系統の植物が同一の環境に進出すると，しばしば相似形質が進化する（収斂進化）．特に生育環境が極端であるほど特殊な適応を必要とするので，収斂進化が起きやすい．乾燥地に生育する多肉植物はその代表例

である．サボテン科の多肉化した部分は，一般的な植物の茎と相同である．同じ多肉植物でも，アロエの仲間（ワスレグサ科）やメセンの仲間（ツルナ科）の多肉化部分は，一般的な植物の葉と相同である．つまり，これら多肉植物の多肉部位は，相似の関係にある．水中もまた植物にとっては試練の多い環境である．現生の水生維管束植物は，一度陸上進出を果たした後に，水中へ逆戻りした仲間であると考えられているが，水生化に伴って器官の形態を劇的に変化させている例が多い．例えば，著しく切れ込んだ水中葉は，ハゴロモモ（スイレン科）やバイカモ（キンポウゲ科）にみられるが，両者は系統的に離れており，この類似は相似とみなすことができる．また，水生シダ類は異型胞子性（大胞子と小胞子をもつ）を示すが，これも水生環境への進出に伴う収斂進化であると考えられている．

●**葉にまつわる相同と相似**　葉と呼ばれる器官は複数回進化したと考えられている．つまり，それらは相似である．例えば，小葉類，真嚢シダ類のハナヤスリ，リュウビンタイ，薄嚢シダ類，トクサ類，種子植物の葉は別起源であることが，ほぼ確実である．多く見積もった例では，絶滅した植物も含め12回も葉の平行進化が起きたと考えられている（「葉」参照）．一方，葉は生殖器官を包む部品として多くの系統で使われてきた．被子植物の胚珠は外珠皮と内珠皮の2枚の珠皮をもち，内珠皮は裸子植物（一珠皮性）がもつ珠皮と相同であると考えられている．また，外珠皮は1枚の葉に相当すると解釈される．グネツム類も一珠皮性胚珠を包む内被をもつが，内被は2枚の葉に相当すると考えられている．したがって，外珠皮と内被は異なる過程で成立したものであり，相似器官である．しかし，両者は葉に由来するという点では相同な器官である．つまり，被子植物とグネツム類の共通祖先にまでさかのぼれば外珠皮と内被は相同器官であるが，被子植物とグネツム類が分岐した後の進化に着目すると，両者は相似器官である．このように相同と相似の解釈は，比較する系統群の分岐の深さに応じて変化する．

●**生活環上の相同性**　植物の生活環は動物に比べて多様で複雑であり，その理解のためには，生活環上の相同な段階を見きわめることが欠かせない．例えばシダ植物と被子植物の生活環を比較した場合，シダ植物の胞子嚢は被子植物の珠心（雌性）と花粉嚢（雄性）と相同であり，内部で減数分裂を行う点で共通している．また，シダ植物の前葉体（配偶体）は被子植物の胚嚢（雌性）および花粉管細胞と雄原細胞をもつ花粉粒（雄性）と相同である．これらはいずれも，生活環上でみると減数分裂と受精の間に位置している単相世代であり，体細胞分裂をして配偶子を形成する点で共通性がみられる．外見上は著しい変化を遂げている場合でも，相同の概念を導入することで生活環が理解しやすくなる．　　　　　　　［海老原 淳］

📖 **参考文献**
[1]　清水健太郎・長谷部光泰監修『植物細胞工学シリーズ23 植物の進化』秀潤社，pp.66-76，2007
[2]　加藤雅啓編『バイオディバーシティ・シリーズ2 植物の多様性と系統』裳華房，1997

系統地理

　生物は同一の種であっても遺伝的な変異をもつ．その結果，多くの場合で1つの種の中に複数の系統（種内系統）がみられる．種内系統の分岐の歴史（系統関係）とその地理的な広がりを明らかにする研究が系統地理である．系統地理の研究による大きな成果は，生物の種内系統が地理的にランダムに分布しているのではなく，近縁な系統ほど地理的に近い場所にみられることを明らかにしてきたことである．

●**生物地理学における系統地理**　生物の分布が形成される背景を明らかにする学問を生物地理学という．種内系統に見られる地理的構造は，それぞれの種の分布が経てきた歴史と密接なかかわりをもつため，系統地理は生物地理学における歴史的側面を考える一翼を担っている．例えば，ある種の分布が地理的に分断され，隔離された集団に新たな遺伝的変異が生じると，遺伝的浮動により集団ごとに独自の系統が固定される（図1左側のシナリオ）．新たに変異が生じる場合に限らず，分布が分断される以前から存在した変異が集団ごとに固定する過程によっても，集団ごとに異なる系統をもつことになる（図1右側のシナリオ）．このように，分布分断の歴史が種内系統にみられる地理的構造をつくる基礎となる．

　地球上の生物の分布は安定したものではなく，地史の中で大きく変遷を遂げてきた．特に，現在みられる分布は寒冷な氷期と温暖な間氷期を繰返した第四紀の気候変動の影響を強く受けた歴史をもち，氷期‐間氷期の気候変動に伴い，生物の分布は拡大と縮小・分断の変遷を繰り返してきた．例えば，本州に広く分布するブナやホオノキなどの落葉広葉樹は，現在よりも気候が寒冷な氷期には，温暖な気候が保たれた伊豆半島や紀伊半島，九州などに後

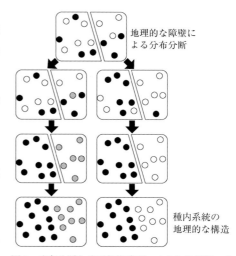

図1　分布分断と地理的構造がつくられる過程：それぞれの丸は個体を表し，色（黒・白・灰色）で種内系統を区別する．種の分布が地理的な障壁に分断された後に，（左）新たに生じた系統が集団内に固定する過程，（右）分断以前に存在した系統が固定する過程を示す．最下段は，分断した分布が再び結合した際に，分布域の中に地理的構造がみられる状態を表している

退した分布をもっていた．このような気候の変化にかかわらず安定した植生が保たれた地域をレフュージアと呼ぶ．氷期にレフュージアへと後退したこれらの植物は，気候が暖かくなった後氷期に現在の分布へと広がった歴史をもつ．複数のレフュージアに分断された植物では，レフュージアごとに異なる系統をもつことになる．そのため，同一のレフュージアに由来した集団は遺伝的に近縁であるのに対し，異なるレフュージアに由来した集団の間には遺伝的な隔たりができる．このようにして，分布変遷に伴い種内系統の地理的構造がつくられる．系統地理の研究は，分子マーカーを用いて生物種の分布中にみられる地理的構造を明らかにし，現在の地球上の生物の分布がつくられてきた過程を推定することに貢献してきた．

●**系統地理における分子マーカーの変遷** 系統地理の研究は分子マーカーを用いた解析の普及に伴い発展してきた．植物では葉緑体DNAの制限酵素断片長多型（RFLP）による研究が普及した1990年の前半が黎明期である．2000年頃には，AFLPやPCR-RFLPといったPCRを利用した手法や葉緑体DNAの遺伝子間領域の配列を決定する研究が展開してきた．多型に富むマイクロサテライト（SSR）マーカーを簡便に開発する手法が確立された後には，複数のSSRマーカーを用いた研究が広く行われている．次世代シーケンサーを用いた多型解析の技術が普及した2010年以降には，ゲノムの広範囲から探索した遺伝的変異に基づく系統地理の研究も行われるようになってきた．こうした分子マーカーの解析における技術の進歩は，より多くの変異に基づいた種内系統とそれらの系統関係を明らかにすることを可能にし，生物の分布変遷の歴史をより確からしく推測することに貢献してきた．

●**系統地理における統計的アプローチ** 上記した系統地理の研究においては，遺伝的多型がもつ地理的構造に基づいて分布変遷の歴史を推定することが古典的な手法として広く普及してきた．一方で，こうした方法は分布変遷の歴史を仮説として検証する過程を欠いているという批判がある．この問題を克服する方法として，分布変遷の歴史を集団遺伝学のモデルとして扱い，コアレセント理論によるパラメーター推定とモデル選択を取り入れた方法が，2000年前後に考案されてきた統計的系統地理と呼ばれている．近年では系統地理を統計的に行うためのソフトウェアが整備されつつあるが，十分に普及しているとは言い難い．しかし，次世代シーケンサーから得られる膨大なデータをコアレセント理論に基づき統計的に解析することは，系統地理において強力なツールとなることが期待されている．

[池田 啓]

📖 **参考文献**
[1] 種生物学会編『系統地理学―DNAで解き明かす生きものの自然史』文一総合出版，2013
[2] J. C. エイビス『生物系統地理学―種の進化を探る』西田 睦・武藤文人監訳，東京大学出版会，2008

4. 生　　　　態

　生物個体は複雑なシステムである．それらが集合して形成する同種の個体群や多様な種が集合して形成する生物群集は，さらに複雑なシステムである．これらのシステムの挙動は，要素還元的なアプローチだけでは理解できない．それぞれの階層における生物システムと環境との相互作用を，野外調査，実験研究，理論研究を組み合わせて，メカニズムと適応的・進化的意義，両者の解明を目指したアプローチが必要である．これらを総合し，個体以上のスケールにおける現象の多様性と規則性を把握するとともに，環境の変化に対する応答を予測する科学が生態学である．

　生態学は人間社会との関係が深い分野でもある．過去の人間活動は，野生動植物の個体数や分布だけでなく，地球規模での物質循環やエネルギーの流れまで改変し，その影響が人間社会にはね返ってきている．これらの問題の解決にも，生態学の知見，特に生態系の一次生産者である植物についての生態学的理解が欠かせない．　　　　［寺島一郎・西廣　淳］

陸域生態系の生産

陸域生態系における生物の営みの大部分は，緑色植物による光合成で得た太陽エネルギーを活動の源としている．そのため植生は生態系の中の「生産者」と呼ばれ，その光合成による炭素またはエネルギーの固定量は「総一次生産（GPP）」と呼ばれる（図1）．総一次生産の一部は，独立栄養生物である植物自身の維持や成長にかかる呼吸代謝に費やされ，その残りとなる正味の有機物生産は「純一次生産（NPP）」と呼ばれる．また，総一次生産に対する純一次生産の比率を「生産効率」または「炭素利用効率」と呼ぶ場合もある．純一次生産は，新たな植物バイオマスとなり，被食を通じて草食動物に（二次生産），さらに食物連鎖網を通じて肉食動物などの消費者へゆきわたる生態系の諸過程の起点となる．そのため，生態系生態学において純一次生産は最も基本的な指標の一つと考えられている．また，人間も食糧・繊維・木材・医薬品などさまざまな形で純一次生産を利用しており，それらを指して「人間が利用した純一次生産（HANPP）」と呼ぶ．

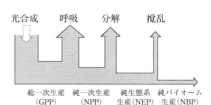

図1 陸域生態系における生産と炭素・エネルギーの流れを示した模式図

●**生態系の生産** 植物の枯死物や動物の遺骸は，腐食連鎖と呼ばれる分解者を主体とする物質循環過程に組み込まれ，土壌有機物などの形で炭素がストックされる．このような過程も含めた生態系全体での炭素貯留量の変化を「純生態系生産（NEP）」と呼ぶ．これは場合によっては負の値（生態系からの放出）になる場合もあるが，大気から生態系への正味 CO_2 吸収を表す機能量である．これは CO_2 交換による気候調節という生態系サービスの1つでもある．さらに，火災や収穫などの影響を考慮した「純バイオーム生産（NBP）」という概念も提唱されている．これは，ある程度の広がりをもつ景観スケールでの，撹乱に伴う CO_2 交換の空間的不均質さを加味した指標として使われている．

●**生物圏の生産** 陸域生態系が合計でどのくらいの生産力をもっているかは，地球システムにおける生物圏の機能を理解するうえで基本的な問題である．特に食糧など生態系から人間社会への供給能力に直結する純一次生産は，相当以前から実測・解析研究が行われてきた．例えば1964〜74年に実施された国際生物学事業計画（IBP）では，世界の多様な生態系について純一次生産の実測が行われ，結果が解析された．そこでは「積み上げ法」と呼ばれる，植物の各器官の成長量，

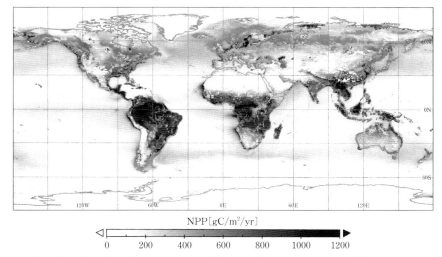

図2　現在の純一次生産力(NPP)の分布：陸域および海洋におけるモデルで推定された年間値(単位gCはグラム－炭素重量に換算)［作図：海洋研究開発機構・笹岡］

枯死量，被食量に基づいて純一次生産を評価する標準的な手法が用いられた．現在では，生態系モデルを用いたシミュレーションによる評価や，人工衛星からみた植生活動の指標に基づく評価なども行われている．陸域生態系の純一次生産は地球全体で年間 56×10^{15} g（炭素換算）前後と考えられている．なお，海洋の生産力は年間約 48.5×10^{15} g（炭素換算）とされており，地表面の約3割である陸域が，生産力では半分以上を占めていることになる．図2に示すように，生産力の分布には地理的な変化が大きい．陸域では温暖多湿な熱帯多雨林が高い生産力を示し，沙漠などの乾燥地やツンドラなどの寒冷地に向かうほど，環境的制限が強くかかり生産力が低下していく傾向がある．また，狭い領域でみると火災や伐採などの撹乱や，農耕地への転換なども生態系の生産に影響を与える．

●地球環境と生産　地球環境の変動は，陸域生態系の生産に大きな影響を与えると考えられる．大気 CO_2 濃度の増加は施肥効果をもたらし，温度の上昇は中高緯度の植生の成育期間を延長する効果がある．一方で，旱魃や高温障害による負の影響も深刻化するおそれがある．温度上昇は土壌有機物の分解も引き起こすため純生態系生産では減少する可能性もあり予測が難しい．将来の陸域炭素吸収やバイオ燃料生産を予測するうえでも，より高精度で生産力を把握する必要がある．

［伊藤昭彦］

📖 **参考文献**
[1]　及川武久・山本　晋編『陸域生態系の炭素動態』京都大学学術出版会，2013

陸域生態系のエネルギー収支

　陸域生態系（森林や草地，農地などの植生地）は，大気や土壌との間で放射エネルギーや熱エネルギーを交換している．地球表面には平均198 W/m^2 の太陽放射（日射）エネルギーが入射し，植物はそのうちの一部のエネルギーを使用して光合成を行い，大気中の二酸化炭素（CO_2）を有機物として固定する．地球表面には，大気からの赤外放射（下向き長波放射）も入射する．その平均値は324 W/m^2 に達し，陸域生態系のエネルギー収支における重要な要素の1つである．下向き長波放射は大気中の温室効果ガス（水蒸気，CO_2，メタンなど）や雲などから放出され，温室効果ガス増加による地球温暖化とも密接に関係している．

●**植生地のエネルギー収支と水収支**　植生地には日射ならびに下向き長波放射が入射し，日射の一部は大気中に反射する．植生地からは赤外放射（上向き長波放射）と顕熱，潜熱が大気中に放出され，地面にも熱を伝える（地中伝導熱）ことで，エネルギーのバランスを保っている（図1）．潜熱（蒸発散）は水から水蒸気への相変化に使用されるエネルギーで，蒸散（気孔からの蒸発）と濡れた植物体や地面からの蒸発に分けることができる（図2）．

　植生地からの潜熱は，陸域生態系の水循環においても重要な役割をもつ．植生地における水収支において，蒸発散は降水量と流出量，灌漑水量（農耕地の場合）

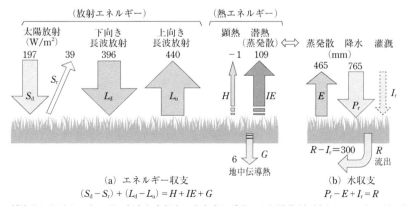

(a) エネルギー収支
$(S_d - S_r) + (L_d - L_u) = H + IE + G$

(b) 水収支
$P_r - E + I_r = R$

図1　植生地におけるエネルギー収支と水収支：光合成や呼吸により消費(生産)されるエネルギーと水は小さいので省略した．土壌に蓄えられる水は流出 R に含まれる．数値は九州の水田での観測例(宮崎，佐賀，阿蘇の3カ所の平均，田植～刈取までの約120日間，それぞれ単位土地面積あたりのエネルギー(W/m^2)と期間中の水柱の高さ(mm)の単位で表示)[3]．水田では森林などに比べ蒸散量が多く，顕熱が小さくなる．(－の符号は下向き)

図2 光合成による物質生産とエネルギー消費：$1 kg/m^2$ の糖（単位土地面積あたり）を生成するために必要なエネルギーは概算で $16 MJ/m^2$（$J/秒=W$），その反応に必要な水の量は $0.6 kg/m^2$ となる．100日間で $1.5 kg/m^2$ の糖（図1の九州の水田にほぼ相当）を生産するには，約 $3 W/m^2$ の日射エネルギーと 1 mm（100日間の合計）の水が使用される．（参考：日本で水稲の育苗から籾乾燥までの農作業で使用される化石燃料のエネルギーは，$1 MJ/m^2$ 程度である[4]）

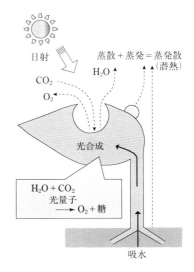

とバランスを取っている（図1）．

● **光合成による物質生産とエネルギー消費**
植物は光合成により光エネルギー（波長400〜700 nm の光量子）を使用して，根から吸収した水（H_2O）と気孔から取り込んだ CO_2 から糖を合成し，酸素（O_2）を発生させる（図2）．光合成によって合成された糖は，植物体の材料ならびに植物を成長・維持させるエネルギー源として使用される．光合成によって固定される光エネルギーは，植生地に入射する日射エネルギーの1〜3％程度と小さく，植生地全体のエネルギー収支（図1）には大きな影響を与えない．同様に，光合成反応に必要な水の量は植生からの蒸散量の通常1％未満であり，植生地の水収支（図1）においてはほぼ無視できる．現代の農業では多くの化石燃料が使用されるが，農作業で使用される化石燃料のエネルギーは，光合成によって作物に固定される光エネルギーのおおむね1割未満である（日本における水稲の場合，図2）．

● **蒸散の意義と役割**　植生地では蒸散によって多くのエネルギーと水資源が消費される．蒸散量は植物が物質生産に直接利用する水に比べて多量で，エネルギーと水資源の無駄使いのようにみえるが，蒸散による気化熱は植物体を適度な温度に保ち，気候の緩和にも役立っている．もし蒸散がなければ，放射エネルギーとのバランスを保つために，晴天日の日中の植物体温は気温より大幅に上昇する．また蒸散を補償する形で吸水が生じ，植物の成長に必要な無機養分の吸収の手助けになっている．植物の活動が活発な森林や草地では，大気中に多量の水蒸気が放出され，グローバルな水循環の一役を担っている．　　　　　　　　　　　［桑形恒男］

参考文献
[1] 内嶋善兵衛『ポピュラー・サイエンス267 新・地球温暖化とその影響—生命の星と人類の明日のために』裳華房，2005
[2] 寺島一郎『新・生命科学シリーズ 植物の生態—生理機能を中心に』裳華房，2013
[3] Maruyama, A. & Kuwagata, T., *Agric. For. Meteorol.*, 150, 919–930, 2010
[4] 農林水産省農業環境技術研究所編『農業におけるライフサイクルアセスメント』農業環境研究叢書，第12号，2000

地球生態系の炭素・窒素・リンの循環

　地球生態系では，生物の多様な活動や大気中の二酸化炭素（CO_2）の溶解などの物理化学的過程などにより，さまざまな物質が循環している．ここでは生物の有機分子を構成する主要な元素である炭素，窒素，リンの循環を紹介する．

●**炭素循環**　炭素は他の元素に比べると開放的で，生態系間で大きなやりとりがある．大気中では主にCO_2として存在する．陸域生態系では，植物の光合成により固定されたCO_2は，植物自身の呼吸と枯死による土壌への移動，微生物による分解により，CO_2として大気へと戻る（図1）．近年の化石燃料の使用や森林伐採などの土地利用の変化などにより，大気中のCO_2は年々増加しており，地球温暖化の一因となっている．

　地球上では，炭素は堆積物中の炭酸塩と有機物に多く貯留されており，採掘可能な化石燃料に比べてはるかに多い．陸域生態系では炭素は土壌有機物に多く含まれる．水域生態系では，炭素は溶存CO_2や炭酸イオンなどの溶存無機炭素として存在しており，植物プランクトンに利用されている．

●**窒素循環**　窒素は，生態系内部でその多くがリサイクルされるため，炭素と比べて閉鎖的である．大気中のN_2は，窒素固定細菌などにより窒素固定され，陸域・水域生態系に供給される．近年，降雨や塵などに含まれる窒素化合物（NH_3や

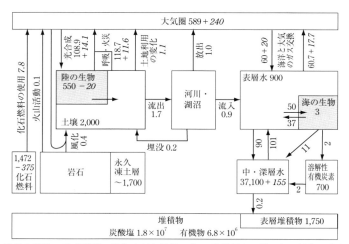

図1　地球生態系の炭素循環：単位は存在量が10^{15}g，移動量が10^{15}g/年．斜体の数字は産業革命以降の変化を示す［堆積物の値は松本忠夫『生態と環境』岩波書店(1993)に，他の値はIPCC：*The Physical Science Basis*（2013）に基づく］

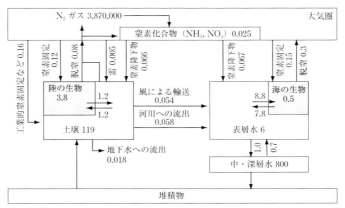

図2 地球生態系の窒素循環：単位は存在量が 10^{15}g，移動量が 10^{15}g/年［表層水および中・深層水の値は松本忠夫『生態と環境』岩波書店 (1993) に，他の値は *Biogeochemistry*, 3rd ed. (2013) に基づく］

NO_3^- など）の降下や，窒素肥料生産などの工業的な窒素固定などにより，多くの人為的起源の窒素が陸域・水域生態系へ移動している（図2）.

陸上植物は，通常土壌中のアンモニウムイオン（NH_4^+）や硝酸イオン（NO_3^-）を根から吸収し，体内で同化してタンパク質や核酸などの有機態窒素をつくる．生物の遺体中の有機態窒素は，土壌中で無機化過程により NH_4^+，硝化過程により NO_3^- となる．湿地のように土壌中の酸素濃度が低いところでは，硝化過程が進まず土壌中の NH_4^+ 濃度が高くなる．土壌中の NO_3^- は NH_4^+ に比べて，雨などで溶脱しやすく，地下水や河川に流れ込む．水中や土壌中の NO_3^- の一部は脱窒過程により，N_2O や N_2 などに変換され，大気中に放出される．

水域生態系では，植物プランクトンが生息する表層水中の窒素濃度は低く，生育の制限要因になる場合が多い．一方，中・深層水が上昇する湧昇域では，表層水中の窒素濃度が高く，植物プランクトンの増殖が盛んになり，良い漁場となる．

●リン循環　リンも生態系内部でその多くがリサイクルされるため閉鎖的である．リンは生物体内では，リン脂質や核酸などに含まれているリンは堆積物中に多く存在し，土壌侵食や風化により，長い年月をかけて，母岩中から土壌に供給されるが，その多くは，金属イオンと結合しているために難溶性であり，植物は直接吸収できない．そのため，陸域生態系の多くはリンが不足しがちである．

耕作地では，リン鉱石からのリンが肥料として供給され，その一部は河川に入り，海洋に運ばれる．植物プランクトンが生息する表層水では一般にリン濃度が低いが，人為起源のリンが湖沼や内湾に多量に運ばれると，植物プランクトンの増加を引き起こすこともあり，環境問題につながる．　　　　　　　　　　　［野口　航］

地球レベルの水収支

　地球表層に存在する水の総量は約 14 億 km^3 で，その 96.5％は海水，淡水は 3.5％に過ぎない（図 1）．淡水の内訳は，氷河・積雪が 1.7％，地下水が 1.7％，残りの 0.1％が永久凍土（0.02％），湖・湿地・河川（0.01％），土壌水分（0.001％），大気中水蒸気（0.001％）となっている．氷河・積雪の 90％は南極大陸の氷床，9％はグリーンランドに存在する．全地球表面積 5 億 1000 万 km^2 のうち海洋が 71％，陸地が 29％を占めているので，平均海深は約 3700 m，平均土壌水分量（水高表示）は 115 mm となる．地球をおおう全大気中に含まれる水蒸気量（水高表示）は 25 mm である．

　陸上における年降水量は 11 万 1000 km^3，年蒸発量は 6 万 5500 km^3 と推定される．一方，海洋では年降水量 39 万 1000 km^3，年蒸発量 43 万 6500 km^3 となる（図 1）．全地球表面で考えると，年降水量，年蒸発量ともに 50 万 2000 km^3（水高表示で約 1000 mm）でバランスがとれる．しかし，陸上，海洋のそれぞれでの年降水量，年蒸発量は等しくない．陸上での年降水量と年蒸発量の差は 4 万 5500 km^3 であり，これは陸地から海洋への流出と考えられる．つまり，海洋上で卓越

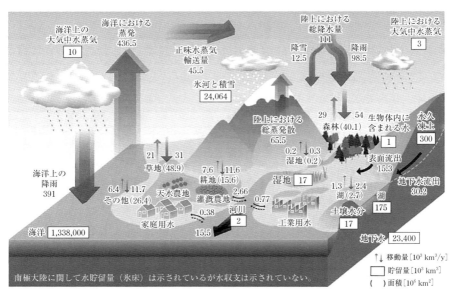

図 1　地球レベルの水の移動量と貯留量［出典：Oki, T. & Kanae, S., "Global hydrological cycles and world water resources", *Science*, 313: 1069, 2006 を基に作成］

する蒸発により大気に供給された水蒸気は陸地へと輸送され，そこで降水として淡水となり，また海洋へ戻っていくという循環が存在する．陸地から海洋への流出により海水がすべて入れ替わるには3万年かかると計算される．なお，蒸発と降水によって，大気中水蒸気がすべて入れ替わる時間は約9日，地球表層に存在する水がすべて入れ替わる時間は約2800年となる．

●エネルギー収支　太陽から地球表面に降り注ぐ短波放射は，地表面で反射される短波放射，大気から地表に与えられる長波放射，地表面から放出される長波放射の差し引きにより純放射という地表面で利用可能なエネルギーとなる．広域・長期スケールで考えたとき，純放射エネルギーは顕熱交換量と潜熱交換量の2つの形に分配される．顕熱交換は地表面大気の温度勾配による輸送であり，潜熱交換は地表面の水の蒸発に伴う気化潜熱によるエネルギーの消費を意味する．水蒸気を含む大気の上昇に伴う水の凝結では，熱の放出が起こり，これは地球大気の大きな熱源になっている．大気大循環の駆動力は，第一に南北方向の熱輸送であり，純放射エネルギーの分配と大気中の熱源に強く関与する水循環過程は，地球気候形成において重大な役割を演じている．

地球平均の純放射量，顕熱交換量，潜熱交換量は，それぞれ105，20，85 W/m^{2}と推定され，純放射量の分配に蒸発が与える影響が大きいことがわかる．陸上だけでは，それぞれ65，30，35 W/m^{2}と推定され，やはり蒸発に伴う潜熱交換が顕熱交換を上回っている．陸地における蒸発量の約76％は，耕作地を除く植生地（森林と草地）の蒸発散に起因しており（図1），植生の存在が気候に与える影響はきわめて大きい．

●水収支とエネルギー収支から考えた植生分布　旧ソビエトの気候学者 M. I. ブディコ（M. I. Budyko）は，陸地における水収支とエネルギー収支を関係付けるために放射乾燥度という概念を提案した．放射乾燥度とは，ある場所の純放射量（ただし，地表面反射率を一定，地表面温度と気温を同じとするなどの仮定を行って算出）と，そこでの降水量がすべて蒸発するときの潜熱交換量との比で表現される．高い放射エネルギーは，植物にとって高い光合成生産を実現するために魅力的であるが，同時に，蒸発散を増やし多量の水を失わせる．放射乾燥度が1より小さいところでは，蒸発要求量の最大値である純放射量に対して，植物にとって利用可能な水が十分に存在するということになる．これは，森林成立の必要条件でもある．放射乾燥度が3を超えるようなところは，沙漠であり，植生は一年生草本となる．純放射量を縦軸に放射乾燥度を横軸に取って得られる分布図は，自然植生帯を明確に区分することに成功している．　　　　　　［熊谷朝臣］

📖 参考文献

[1] Oki, T. & Kanae, S., "Global hydrological cycles and world water resources", *Science*, 313：1068-1072, 2006

土　壌

　土壌は，生物に起源する分解程度の異なる有機物と鉱物の混合物である．鉱物の種類や有機物の割合が土壌の理化学性や無機栄養の供給速度にかかわっている．鉱物には，火成岩に起源する長石などの一次鉱物と，その風化により生成された二次鉱物が含まれる．火山噴出物の供給が多い火山地帯では一次鉱物の量が多く，その供給が少なく鉱物風化が進行しやすい地域では二次鉱物が多くなる．

　有機物は生物の遺骸として供給される．植物のリターはミミズやシロアリなどの土壌動物によって破砕されたあと，真菌や細菌の菌体外分解酵素によって分解され，微生物の代謝産物を多く含む土壌有機物に変化する．土壌有機物は腐植

図1　土壌粒子の表面の電子顕微鏡写真：糸状菌の菌糸と大小の鉱物粒子（そして，見えないが，それらを接着させる土壌有機物）〔提供：和穎朗太〕

とも呼ばれ，芳香族化合物を多く含む不定形の高分子有機物や多糖類，脂質，有機酸などからなる．土壌有機物は土壌に暗褐色の色を与えているとされる．土壌有機物には親水性と疎水性の物質が含まれており，前者は水とともに下層に移動しやすく，後者は鉱物表面に物理化学的に結合しやすい．鉱物と結合した土壌有機物は，ときには数千年にわたり分解を免れ，安定化する．安定化した土壌有機物にはペプチドやアミノ酸などの有機態窒素も多く含まれており，やはりその多くが無機化（有機態窒素から無機態窒素への分解）を免れて土壌中に滞留する．無機化がとどこおると窒素が欠乏する．このため，窒素が欠乏状態にある森林で多くの有機態窒素が土壌中に滞留するというパラドックスが生じる．

　土壌中では微生物が出す分解酵素の活性がきわめて高いが，なぜ土壌有機物の分解が進まないかは大きな謎である．微生物自身が鉱物主体の土壌構造によって水，酸素，有機物基質から隔離されることや，分解酵素と基質の接触が妨げられること，分解酵素自体が有機物により失活することなどがかかわっているとされる．土壌有機物が安定化することにより，多量の炭素が土壌中に蓄積している．全球レベルでは，土壌有機物の炭素は1 mの深さまでで1550 Gton（1550 Pg = 1550×10^{15} g）と見積もられ，植生に貯留されている炭素の2.8倍にもなる．

●必須元素　植物にとっての16の必須元素のうち，炭素，酸素，水素以外の13元素（表1）は土壌から吸収される．13元素のうち窒素以外の元素はすべて火成

岩の一次鉱物が風化することで土壌にもたらされる．一次鉱物に含まれているカルシウム，マグネシウム，カリウムは，鉱物風化の過程でプロトンと置換されて鉱物結晶から放出され，陽イオンになる．これらの陽イオンは，土壌有機物に含まれるカルボキシ基・水酸基や鉱物粒子表面の水酸基などの官能基に吸着し，やがてイオン交換によって土壌水に溶け植物に吸収される．このため，陽イオン交換能が高い土壌ほど，これらの元素を多く保持できる．しかし，土壌生成が進み，酸性化が進行すると，陽イオン交換サイトは水素イオンかアルミニウム・イオンに置換され，陽イオンは系外に流出する．

表1　C, O, H 以外の必須元素の土壌中と植物体の平均的濃度 [mg/g]

元素		土壌中の平均濃度	植物体の平均濃度
多量元素	N	2	12〜75
	P	0.8	0.1〜10
	K	14	1〜70
	Ca	15	0.4〜15
	Mg	5	0.7〜9
	S	0.7	0.6〜9
微量元素	Fe	40	0.002〜0.7
	Mn	1	0.003〜1
	Zn	0.09	0.001〜0.4
	Cu	0.03	0.004〜0.02
	B	0.2	0.008〜0.2
	Mo	0.003	〜0.001
	Cl	<0.1	0.2〜10

[出典：Larcher, W., *Pysiological Plant Ecology*, 3rd. ed, Springer, 1995 に基づき作成]

リンはアパタイトとし火成岩に含まれるが，根呼吸や植物が生産する有機酸などにより酸性化が進むと徐々に正リン酸として溶け出す．正リン酸は鉱物に多く含まれる鉄やアルミニウムに強く吸着され，土壌生成が進んでも容易に系外に流出しない．このため土壌中に長く保持されるが，鉄やアルミニウムに吸着されたリン酸は pH が低いとほとんど溶解せず，植物の成長を制限するようになる．以上の理由から，鉱物風化が進むにつれ，リンの可給性は低下し，系外からの加入がなければ土壌はやがて貧栄養となってしまう．

一方，窒素は，共生・非共生型の生物窒素固定や降雨などを通して徐々に大気から土壌にもたらされる．植物や土壌微生物に取り込まれたあと，遺骸として土壌に回帰し，土壌中ではそのほとんどが有機態として存在する．このため，溶岩流上の一次遷移初期や，寒冷で無機化が進まない土壌では窒素が欠乏しがちである．

●**土壌分類と植生帯との対応**　土壌も植物分類学のように体系的に分類される．分類方法にはいくつかあるが，土壌は土壌生成因子により時空間的に変化するという成因論がその基本になっている．土壌生成因子には，母材（地質），気候，地形，生物，時間の5つが含まれる．同じ母材であっても，気候や時間により異なる土壌が生成される．例えば，ハワイ諸島は玄武岩質火山噴出物が堆積して形成されるが，気候と噴火からの時間の組合せにより，地球上のほとんどすべての土壌タイプがみられる．植生も土壌と同じ生成因子によって形成されるので，土壌と植生帯には強い対応関係がある．例えば，熱帯降雨林帯には Oxisols（ラトゾル：latosol）が，北方林帯には Spodosols（ポドゾル：podsol）が，半乾燥草原帯には Mollisols が分布する．　　　　　　　　　　［北山兼弘］

参考文献
[1]　和頴朗太「5章 森林の土壌環境」日本生態学会編『森林生態学』共立出版, 2011

土壌呼吸

　陸域生態系の純一次生産によりつくられた有機物は植物体の成長に使われ，例えば森林の樹木は毎年太く高くなっていく．このように生態系内に固定された CO_2 は植物バイオマスとして貯留される一方で，植物が枯死した後も多くの有機物が土壌中に貯留されていることはあまり知られていない．生態系内で生物（主に植物）が枯死すると，枯葉や枯枝は地面に降り積もり，地下でも枯死根が土壌に混じっていく．枯死した植物（リター）は土壌動物や微生物の餌として分解され，その一部は土壌鉱物と混じり合って，ある種の有機物として土壌中に一時的に貯留される．したがって土壌の中では，有機物の分解の結果として常に CO_2 が生成され大気中に放出されている．

　このような土壌表面から CO_2 が放出される現象を土壌呼吸と呼ぶ．土壌呼吸は土壌表面から放出されるすべての CO_2 を指すので，実際にはその起源は土壌有機物の分解だけではない．その主な起源は，リターや土壌有機物を呼吸基質とする土壌動物や微生物（従属栄養生物）の呼吸と，同化産物を呼吸基質とする根や根茎などの植物（独立栄養生物）の呼吸，さらに量的にはわずかであるが土壌有機物の化学的酸化といったプロセスもある．

●**土壌呼吸の環境依存性**　陸域生態系の土壌中に貯留している有機物は，生物バイオマスよりも格段に大きく，炭素量で1兆5000億トンと見積もられている．これは，大気中の炭素貯留量の約2倍に達し，土壌呼吸による CO_2 の放出は，陸上植物によって固定された CO_2 が大気に戻る主要な経路である．地球温暖化は土壌有機物の分解を促進することが予測され，土壌呼吸による CO_2 放出の増大が，さらに温暖化を進行させるというような正のフィードバックが危惧されている．つまり土壌呼吸の環境依存性を理解することは，地球上の炭素循環の理解と，将来の地球環境を予測するうえできわめて重要である．土壌呼吸速度は，基本的には生物の呼吸活性に基づくので，一般的に温度と正の相関があることが古くから知られている．土壌呼吸の温度依存性は，指数関数的な関係を仮定した経験式(1)が広く用いられる．

$$\text{土壌呼吸速度} = \alpha e^{\beta t} \quad (\alpha, \beta: 定数, t: 地温) \tag{1}$$

この経験式では，土壌呼吸の温度感受性を Q_{10} $(= e^{\beta \times 10})$ で示す．これは温度が10℃上昇したときに呼吸速度が何倍になるかという指標で，2～3.5程度の値をとる場合が多い．日本の森林のような湿潤地域では，年間を通した土壌呼吸速度はこの関係式によってよく説明できる（図1(a)）．一方で，草原生態系のような乾燥地域では，土壌中の水分量も土壌呼吸速度に影響する要因として非常に重要で

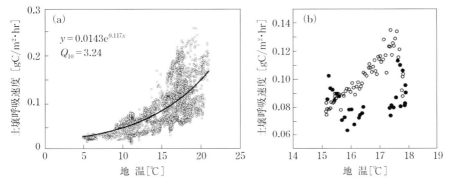

図1 白山山麓の大白川ブナ原生林における土壌呼吸の地温に対する依存性．(a)融雪期(6〜10月)の土壌呼吸速度を6〜18地点で，月に1度2日間連続測定した結果：地温に対して指数関数的に増加していく．(b)初夏のある1日において地温と土壌呼吸速度を15分ごとに24時間連続で測定した結果：●は温度の上昇時(6:00〜14:00)を示し，温度と土壌呼吸の上昇には時間差がある．○は温度低下時(14:00〜6:00)を示し，ほぼ温度に依存して土壌呼吸は低下していく

あり，例えば土壌水分が低くて乾燥している場合には，土壌呼吸の温度依存性がみられない．さらに，近年では自動装置を用いた土壌呼吸の連続測定が広く行われるようになり，湿潤地域でも降雨イベントが瞬間的な土壌呼吸速度に大きく影響することがわかってきた．その影響は複雑で，降雨によって土壌孔隙が減少して土壌呼吸を減少させる場合もあるし，適度な土壌水分の上昇が生物活性を高めて土壌呼吸を増加させる場合も知られている．

●**土壌呼吸と植物の活動**　土壌呼吸は，土壌中の従属栄養生物と植物根の呼吸という異なった生物活動の結果であり，時間的および空間的な変動は複雑である．しかし，根圏に生息する微生物と根の呼吸基質は，どちらも究極的には植物の同化産物に由来するので，植物の光合成と土壌呼吸には潜在的な関係があるはずである．近年における土壌呼吸の野外での連続測定は，植物活動のリズムと関係した土壌呼吸の変動の一端を明らかにしつつある．例えば，1日の土壌呼吸を連続的に測定すると，地温と土壌呼吸速度の日変動には時間差がみられる（図1(b)）．この原因として，森林内での呼吸基質の利用可能性と温度のピークには時間差があり，根や根圏の微生物の呼吸は，直接的には温度ではなく呼吸基質の変動に依存している可能性がある．地球温暖化に対する土壌呼吸の応答とフィードバックの理解のために，従来のQ_{10}に基づく経験式(1)を超えた，直接的な生物活動に基づいた土壌呼吸モデルを構築する必要性が高まっている．このためには土壌呼吸の時空間的変動パターンの理解だけでなく，地下の生物代謝の「燃料」を供給する植物の生理活性の変動と，それにリンクした同化産物の移動と分配に関する理解が必須である．

［大塚俊之］

海洋の生産

　海洋には年間490〜590億トン（炭素換算）の純一次生産があり，地球全体の有機物生産量の約半分を占める．これは光合成による生産であるが，海洋には硫化水素などからの化学エネルギーを使う化学合成者による有機物生産もある．しかし化学合成は貧酸素水塊や熱水噴出域などの還元環境に限られているため，ほとんどが酸化的な海洋では光合成と比べて生産量は小さい．

　海洋における光合成の主要な制御要因は光，水温，栄養塩（窒素，リン，ケイ素の無機塩），鉄である．生産量の分布をみてみよう（図1）．沿岸域，赤道域，亜寒帯海域，およびアフリカ・南北アメリカなどの大陸西岸域で生産が高く，熱帯・亜熱帯の生産力は著しく低い．生産が高いのは，いずれも光合成に十分な光エネルギーが届く表層付近（有光層という）で栄養塩が豊富な海域であり，逆に生産の低い海域では栄養塩が枯渇している．光や水温はむしろ副次的な要因といえる．

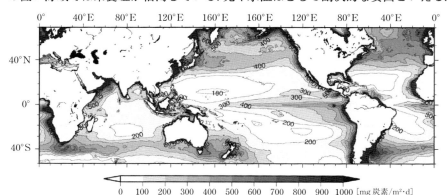

図1　海色衛星から見積もった海洋の年間純一次生産（2003〜2010年の平均）
[出典：「World Ocean Atlas 2013」より作図]

●**一次生産の担い手**　ワカメやコンブなどの海藻による一次生産は10億トンと海洋全体のわずか2％を占めるに過ぎず，生産のほとんどは大きさが0.5 μm〜数 mm の単細胞性あるいは群体性の植物プランクトン（浮遊性微細藻類）が担っている．植物プランクトンは光を得るために表層付近に浮遊していなければならないが，水中では大型個体ほど沈降しやすいため植物プランクトンにとっては小さいことこそが浮遊適応になっている．植物プランクトンには光合成能をもつとともに，細胞外から取り込んだ有機物も利用できる混合栄養を行う種も多い．微細藻類を細胞内に共生させている従属栄養性の種もある．このように海洋の真核

単細胞生物では，独立栄養者と従属栄養者の境界は必ずしも明確ではない．
　植物プランクトンは単細胞なので，陸上植物のように幹や根などの光合成に直接かかわらない部分がほとんどない．このため植物プランクトンは単位生物量に対する生産量が大きく，年間でバイオマスの40倍以上の有機物を生産する．陸上植物では総平均として1割程度であることと対照的である．これは海洋では有機物の生産速度が陸上植物に比べて桁違いに大きいことを表す．

●**海水の鉛直混合**　一次生産の場，すなわち有光層は平均深度3800 mの海のほんのごく表層付近に過ぎない．有光層の下限は光の到達深度によって変わり，濁った内湾水での1 m以浅から亜熱帯外洋域での150 m付近までと変化するが，海面光量の1%が目安となる．有光層内では一次生産により栄養塩が消費される一方で，生産された粒子状有機物（プランクトン，糞粒，遺骸など）は沈降する傾向があるので有光層内の窒素やリンなどの生元素は下層へ逸出する方向に向かい，その量はたえず低下することになる．結果的に生元素濃度は有光層で低く，それ以深で高くなる．このため何らかの過程によって下層から生元素，特に栄養塩が供給されなければ生産は停止してしまう．図1で一次生産量が高い海域では，いずれも下層から有光層への栄養塩供給の大きい水域である．海水の鉛直混合（亜寒帯域），あるいは下層からの海水の持ち上がり（湧昇域：赤道域，大陸の西岸など）によって栄養塩がもたらされるのである．沿岸域では，陸地からの供給も大きい．

　太陽からの熱量供給の大きな亜熱帯，熱帯外洋域では，海面が暖められ，比重の軽い暖水が表面をおおうので，ほぼ通年にわたって成層が発達し，海水の鉛直混合が起こりにくい．このため有光層への栄養塩の供給は小さく，表層付近で栄養塩は枯渇する．一方，亜寒帯海域では，夏季に表層が暖められて成層が形成されるが，冬季は海面の冷却により鉛直混合が活発化して栄養塩が有光層に供給される．一方，海水の鉛直混合は植物プランクトンを光量の低い下層へと運ぶことにもなるので，鉛直混合による光と栄養塩環境の変動が植物プランクトンの一次生産を決める主要因となっている．

　このように亜寒帯海域では冬季の鉛直混合により有光層内での栄養塩濃度が高くなるが，混合によって植物プランクトンは上下に運ばれるため，平均的には光律速を受けて栄養塩の消費は活発ではない．春になり海面が暖められて，鉛直混合が収まるとともに，植物プランクトンは表層付近に留まり，好適な光条件のもとで，それまで使われないでいた栄養塩を消費して爆発的に増殖する．この現象は春季ブルームと呼ばれ，食物連鎖を介して生態系全体の生物が増殖する季節的現象をもたらす．
　　　　　　　　　　　　　　　　　　　　　　　　　　　　　　　　［古谷　研］

📖 **参考文献**
[1]　古谷　研「一次生産の基本概念」木暮一啓編『海洋生物の連鎖』東海大学出版会，pp. 28-44，2006

陸 水 学

　陸水学の祖と呼ばれるスイスのF. A. フォレル（F. A. Forel）は，その著書『レマン湖―陸水学論文集』(1892-1904) の中で，湖を，そこに生息するさまざまな生物とそれをとりまく環境要因（気候，水文，地質，物理，化学に関連するさまざまな要因を含む）の間の密接な相互作用によって成り立つ統合的なシステムであると考えた．この認識は，同時代のアメリカ人S. A. フォーブス（S. A. Forbes）が提唱した「小宇宙としての湖」(1887) という概念とも通ずるものであった．フォレルの造語である仏語のlimnologie（英語はlimnology）という用語は，ギリシャ語の*limne*（湖，池，沼沢）と*logos*（学問）を語源とし，もともと「湖沼の学問」を意味していたが，今日では，淡水湖沼に限らず，河川などの流水や，地下水，塩湖，汽水域，ダム湖などを含む，幅広い水域を扱う学問領域を指す．邦語では一般的に陸水学が使われるが，湖沼学とされる場合もある．

●**歴史**（19世紀後半から20世紀半ばまで）　19世紀後半には，欧米を中心に多くのフィールド施設が設置され，陸水の研究が盛んに行われるようになった．我が国では，1914年に京都帝国大学に最初の臨湖実験所が創立された．初期の研究では，湖沼の生物相や湖盆形態あるいはさまざまな物理化学的特性についての記載が主流であったが，20世紀の前半になり，集められたデータを整理して，湖を類型化することが試みられ始めた．例えば，ドイツのA. ティーネマン（A. Thienemann）とスウェーデンのE. ナウマン（E. Naumann）は，湖水に含まれる栄養物質の含有量（ただし，当時は栄養塩類の濃度を測定することは容易ではなかったため，植物プランクトンを指標として用いた）に基づいて，湖を，貧栄養（栄養分が乏しい），中栄養（栄養分が中程度），富栄養（栄養分が豊富）というように区分することを提案した．その後，これらに加えて，腐植栄養（腐植質を多く含む）という区分も付け加えられた．

　このような湖沼類型の考え方は，今日の陸水学にも受け継がれているが，当時，その背景にあったのは，湖の全体を有機体として捉える全体論的な思考であり，現象の背後にあるメカニズムや一般的な原理についての考察はまだ十分ではなかった．生物間あるいは生物と環境の相互作用を動的に捉え，個々の相互作用のメカニズムを理解したうえで，システムとしての湖の動態を追求するという，還元論的アプローチの基礎を固めたのは，アメリカのG. E. ハッチンソン（G. E. Hutchinson）であった．彼は，陸水学と生態学にまたがるさまざまな領域で，後続の研究者に実に多大な影響を与えた．一例として，弟子のR. リンデマン（R. Lindeman）による栄養動態論の提唱があげられる．この理論においては，植物（一

次生産者）や動物（消費者）が栄養段階として集合的に把握され，各栄養段階の間のエネルギー転送効率が論じられた．

●**陸水学の発展と今後の課題**（20世紀半ばから現在にかけて） 1960年代になると，人口集中や集水域での人間活動の増大に伴い，我が国や欧米において人為的富栄養化（栄養物質の人為的負荷による肥沃化とそれに伴う藻類の増殖と生産性の増大）が進み，水質悪化や生態系劣化などの悪影響が深刻化した．これを受け，富栄養化の機構解明や湖沼や河川の管理法の改善にかかわる陸水学研究が盛んに行われるようになった．当初，富栄養化の原因については諸説があったが，我が国の湖沼の比較研究により，湖水中の全リン量の増加とともに，クロロフィル a 量（藻類の生物量の指標）が増加する傾向があることがつきとめられた．この知見は，栄養元素（特にリン）の負荷が人為的富栄養化の主要因であることを示唆したという意味で，後続の富栄養化研究に大きな影響を及ぼした．その後，今日に至るまで，富栄養化問題に直接的あるいは間接的にかかわる形でさまざまな課題についての研究が行われてきた．過去30年間の研究動向を俯瞰すると，まず，栄養元素の量比（ストイキオメトリー）が生物群集の動態や物質循環に及ぼす影響について，理論・実証の両面で大きな進展がみられたといえるだろう．また，細菌，原生生物，菌類，ウィルスといった微生物群集や，微生物間の相互作用が，陸水生態系の中で果たす役割についての知見の充実もみられる．さらに，湖沼と集水域のつながり（物質の流入や生物の移動）に関する研究も盛んになってきている．アプローチの面では，メソコスム実験（水域の一部をシートで区切った隔離水塊を使った実験）や，野外操作実験による仮説検証型の研究が多く行われるようになってきたことや，炭素や窒素などの安定同位体比を用いた物質循環や食物網の解析が広く行われるようになってきたことが注目される．

今日，陸水の人為的富栄養化は，経済発展の著しいアジア諸国において深刻な問題であり，多くの解決すべき課題が山積みになっているが，我が国やその他の先進国では，下水処理施設の整備などの対策が進んだ結果，沈静化する傾向にある．その一方で，温暖化に代表される地球規模の気候変動が，陸水環境とそこに生息する生物群集に及ぼす影響が新たな問題として浮上してきている．気温上昇や降水量や降水パターンの変化といった物理的な条件の変化に対する陸水生態系の応答についての研究はまだ端緒についたばかりであるが，この新しい課題に対応するためには，生物群集と，それをとりまく物理的，化学的，地学的な諸要因の間の相互作用についての理解をいっそう深めるとともに，それらの知見を，陸水システムの振る舞いの本質を捉えた数値モデルや理論モデルとして統合化していく必要があるだろう． ［永田 俊］

📖 **参考文献**

[1] 永田 俊他編『温暖化の湖沼学』京都大学学術出版会，2012

植物プランクトン

植物プランクトンは水中を浮遊して生活する植物の総称であり，ラン藻（シアノバクテリア），緑藻，ケイ藻，クリプト藻，渦鞭毛藻，ハプト藻など，多様な分類群が含まれ，一次生産者として湖沼や海洋生態系を支えている．植物プランクトンはしばしば大繁殖することがあり，環境問題になることがある．例えば，湖沼ではラン藻によるアオコが繁殖し水道源としての水質を低下させたり，海洋では渦鞭毛藻の繁殖が赤潮

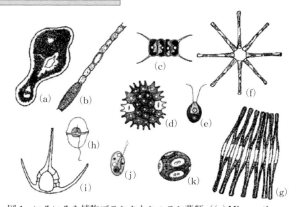

図1　いろいろな植物プランクトン：ラン藻類（(a)*Microcystis*，(b)*Aphanizomenon*），緑藻類（(c)*Scenedesmus*, (d)*Pedastrum*, (e)*Chlamydomonas*），ケイ藻類（(f)*Asterionella*, (g)*Fragilaria*），渦鞭毛藻類（(h)*Ceratium*, (i)*Gymnodinium*），クリプト藻類（(j)*Cryptomonas*），ハプト藻類（(k)*Gephyrocapsa*）．
［出典：Boney, *Phytoplankton*, 2nd ed., Chapman and Hall, 1989］

となって養殖魚の斃死を招いたりする．しかし，これら問題は富栄養化など人間活動による栄養塩や有機物の水圏への負荷増大によるものである．近年，人間活動により大気 CO_2 濃度が増加しているが，全球一次生産の約半分を担っている植物プランクトンは，光合成により CO_2 を有機物に変換して海底に沈降させることで大気 CO_2 濃度の増加を緩和している．このように植物プランクトンは富栄養化など地域問題だけでなく，地球レベルの物質循環にも大きな役割を担っている．

●**浮遊適応とサイズの多様性**　水中では水深に伴って光量は減衰する．したがって，植物プランクトンは，成長するために光量が十分にある表層に分布していなければならない．しかし，細胞の密度（比重）は水より大きく，そのままでは沈んでしまう．沈降速度を小さくする方法の1つは，容積に対して表面積を大きくする，すなわちサイズが小さくなることである．このことから，植物プランクトンのサイズが小さいのは，表層に留まって光を獲得するための適応と考えられている．しかし，植物プランクトンは一様にサイズが小さいわけではなく，1 μm以下のものから群体を形成し数 mm に達する種もあり，サイズのうえでも多様である．サイズの大きい植物プランクトンは，細胞内に気泡を蓄えたり，突起をもつ複雑な形体を有したり，粘質物でおおって生物体としての比重を軽くしたり，

あるいは鞭毛をもつなど，さまざまな方法で浮遊適応している．

●**無機炭素と炭素濃縮機構**　水中には無機炭素はCO_2だけでなく，H_2CO_2（炭酸），HCO_3^-（炭酸水素イオン），CO_3^{2-}（炭酸イオン）として存在する．海水のpH 8.1付近では無機炭素のほとんどはHCO_3^-である．多くの藻類は，CO_2だけでなくHCO_3^-を細胞内に取り込み炭酸脱水酵素によりCO_2に変換する，いわゆる炭素濃縮機構（Carbon Concentrating Mechanisms：CCM）を有しているが，その効率は分類群によって異なっている．このため，水中の炭酸平衡やpHの変化に伴って有利になる分類群も変化する．

●**生物間相互作用**　細胞サイズが小さく容積あたりの表面積が大きければ，水中から窒素やリンなどの栄養塩を吸収するうえでも効率がよいため，栄養塩を巡る競争で有利である．しかし，細胞サイズの大きい種は，当面の成長には必要としない栄養塩を取り込む「ぜいたく消費」により，栄養塩を貯蔵物質として細胞内に蓄えることができる．また，渦鞭毛藻やクリプト藻などには，細菌や他の藻類を食べることで栄養塩を獲得している種もいる（混合栄養藻類）．湖沼でも海洋でも，栄養塩は時空間的に濃度変化が大きく，しばしば枯渇する．このため，栄養塩を貯蔵できるサイズの大きい藻類や捕食により栄養塩を獲得する混合栄養藻類の方が競争で有利となる状況は自然界ではまれではない．また，サイズが小さければ，原生動物やミジンコ類などさまざまな動物プランクトンに捕食されてしまうが，細胞サイズが大きければ捕食者も限られてくる．したがって，動物プランクトンが多いと，被食率が低いサイズの大きい植物プランクトンの方が有利となる．植物プランクトンには群体を形成する種がみられるが，群体形成は捕食を回避する適応の1つかも知れない．実際，イカダモ（*Scenedesmus*）などの緑藻では，室内の人工培地で培養すると単細胞藻類として増殖するが，培地に動物プランクトンを飼育した水を入れると多細胞の群体を形成し，捕食されにくくなる．これら事実は，植物プランクトンの細胞サイズや群体形成の進化に，浮遊や栄養塩獲得だけでなく，生物間相互作用も強い選択圧として作用してきたことを示している．

●**種共存とプランクトンの逆説**　1滴の水を観察すると，実に多様な植物プランクトン種が観察される．水のように均質な空間であれば，競争排除則により生存できる種は限られているはずなのに，なぜ多くの植物プランクトン種は共存できるのだろうか？　G. E. ハッチンソン（G. E. Hutchinson）はこれを「プランクトンの逆説」と呼び，多様な種の共存に疑問を投げかけた[1]．この逆説は生物多様性研究推進の契機となり，今では上述した栄養塩や捕食者などさまざまな要因の影響が解明され，その影響が植物プランクトン種間で異なるため，同所的に多様な種の共存が可能になっていると理解されるようになった．　　　　　　　　　　　［占部城太郎］

📖 **参考文献**
[1]　Hutchinson, G. E., *American Naturalist*, 95：137-145, 1961

化学量論

　100を超える元素のうち，生物が必要とする元素は20前後であり，それらは体構成元素（C, H, O, N, P, S, Si, Ca），電解質成分元素（K, Na, Ca, Cl, Mg），酵素成分元素（B, Cr, Mo, Mn, Fe, Co, Cu, Zn など）として利用されている（表1）．ただし，必要とする個々の元素量は生物によって異なっており，その違いは各生物群の栄養特性や生態系での機能を特長づける重要な要素となっている．化学量論は，物質を構成する各元素と化学反応におけるそれら元素の量的関係を解析するが，生物も各種元素から構成される物質である以上，化学量論として扱うことができる．生態化学量論は，生物の構成元素量・比の特性や資源に対する成長応答，生物間相互作用を化学量論として扱う分野である．植物の成長速度は光や窒素供給量などエネルギーやいずれかの栄養塩をパラメーターとした1通貨モデルで記述されることが多い．しかし，この1通貨モデルが妥当なのは，他の生元素が十分に供給されている場合に限られている．自然界では，生物に資源として供給される元素量・比は場所や季節によって異なるのが普通である．例えば，植物プランクトンの成長速度は外洋ではFe（鉄）に，沿岸ではN（窒素）に，また湖沼ではP（リン）に主に制限されている．生物の成長や生物間相互作用およびそれら生態系への波及効果を包括的に理解するためには，生物の成長や生物間相互作用を，複数の元素からなる化学反応として捉える必要がある．

表1　地表で生物が利用できる元素量（供給量）と生物が利用している元素量（要求量）の相対値，および各元素の生体内での主な機能（相対値はリンを1とした場合の値として示している）

元素	供給量	要求量	供給／要求比	機　能
Na	32	0.5	64	細胞膜
Mg	22	1.4	16	クロリフィル，エネルギー転移
Si	268	0.7	383	細胞壁（ケイ藻）
P	1	1	1	DNA, RNA, ATP, 酵素
K	20	6	3	酵素活性作用
Ca	40	8	5	細胞膜
Mn	0.9	0.3	3	光合成，酵素
Fe	54	0.06	900	酵素
Co	0.02	0.0002	100	ビタミンB_{12}
Cu	0.05	0.006	8	酵素
Zn	0.07	0.04	2	酵素活性作用
Mo	0.001	0.0004	3	酵素

●**構成元素比の恒常性**　一般に細菌や動物など，元素を食物資源から獲得する従属栄養生物では，体構成元素比は，種や分類群により異なるものの，恒常性が強く食物資源に含まれる元素量・比にかかわらず大きく変化しない．一方，光合成により炭素（C）を獲得する独立栄養生物では構成元素比の恒常性は弱く，同じ

種でも光や栄養環境によって大きく変化する．例えば，藻類や陸上植物（の葉）では，C：N比で5倍，C：P比では10倍以上変化する種もいる．独立栄養生物の元素比，特にC：N：P比が光や栄養条件により大きく変化するのは，光合成による炭素固定と栄養塩の取り込みが独立に行われること，また，NやPの供給が豊富であれば，それらを過剰に摂取して貯蔵物質として蓄えるからである（ぜいたく消費）．このように元素が貯蔵可能であれば，その供給量が変動しても，体構成元素比を変化させることで成長を維持することができる．しかし，貯蔵できない場合には，例え必要量が微量であったとしても，枯渇すれば成長できなくなる．なお，多くの藻類では，窒素やリンの供給量が十分な場合，そのC：N：P比は106：16：1（モル比）に近い値になることが知られている．この元素比は，発見者にちなんでレッドフィールド（Redfield）比と呼ばれているが，この比の生物学的妥当性や進化的背景については，まだよくわかっていない．

●**生物間相互作用**　被食-捕食関係など生物間相互作用も化学反応系である．したがって，反応前後で元素量は等しくなければならない．

例えば，食べた餌生物に含まれる元素xの量Xは，消費者が生物量として獲得したその元素の増加分ΔXと排泄した量X'の和であり，$X = \Delta X + X'$が成り立つ．同様の関係は，元素yについても$Y = \Delta Y + Y'$が成り立つ．ここで，もし$X/Y < \Delta X/\Delta Y$であれば消費者の成長は元素xに，$X/Y < \Delta X/\Delta Y$であれば消費者の成長は元素yに制限されていることになる．また，排泄物の元素比X'/Y'）は餌生物と消費者の元素比に依存して変化する．

このように，化学量論の視点を導入すると，餌生物と消費者の元素比のミスマッチングが生物生産（成長）を制限するだけでなく，余剰の元素は排泄物として回帰するなど，生物間相互作用の物質循環への影響が理解しやすくなる．

●**N：P比と成長速度**　生物の成長は生物の体を構成する物質の合成であり，成長速度はその合成速度に他ならない．タンパク質の合成は細胞がもつリボゾームRNAで行われるため，リボゾームRNAを多くもつ細胞ほど成長に必要な体構成物質の合成速度は早い．RNAはリンの豊富な有機物であり，脊椎動物を除くと，生体内のリンの50〜80％はリボゾームRNAとして存在している．一方，リボゾームRNAを多くもつ細胞では他の有機物成分が相対的に減少するため，必然的にN：P比は小さくなる．したがって，成長速度はN：P比と負の関係にあると考えられる．実際，体のN：P比が低い種ほど高い成長速度をもつことが，無脊椎動物や藻類，陸上植物などで明らかにされている．このように，生態化学量論は，生化学や細胞レベルなどミクロな生物過程と成長や生態などマクロな生物過程を結びつけるうえでも有効な理論である．　　　　　　　　　　　　［占部城太郎］

📖 **参考文献**

[1] Sterner, R. & Elser, J. J., *Ecological Stoichiometry*, Princeton Univ. Press, 2002

生態ピラミッド

　生態系におけるエネルギーの流れや物質循環は，複雑な食物網によって駆動されるが，その基本構造は，単純な食物連鎖，すなわち，一次生産者である植物（P）を基礎として，それを消費する植食者（C1），その捕食者である小型の肉食者（C2），さらに大型の肉食者（C3，C4など）へとつながる，被食−捕食関係の連鎖として把握することができる．ここで，P, C1, C2, C3といった各構成員（あるいはそれぞれを集合的に捉えて栄養段階ともいわれる）の単位面積（あるいは容積）あたりの個体数や現存量を調べると，P＞C1＞C2＞C3というように，食物連鎖の基盤から上位の段階にむけて，個体数あるいは現存量が単調に減衰する傾向がみられることがある．

　これを図示すると，図1のようにピラミッドの形で表すことができるため，このパターンのことを生態ピラミッド（正確には個体数あるいは現存量のピラミッド）と呼ぶ．ただし，このようなパターンがすべての生態系で一般的にみられるというわけではなく，例えば，海洋生態系では，植食者や捕食者（C1やC2）の現存量が，一次生産者である植物プランクトン（P）の現存量に匹敵するか，あるいは上回る場合があることが知られている．つまり栄養段階ごとの現存量の分布はピラミッド型ではなくて，寸胴型あるいは逆ピラミッド型になる場合がある．大型の植食者や捕食者の生産が，増殖速度の速い小型の植物プランクトンによって支えられている場合のように，C1やC2の回転時間がPの回転時間を大きく上回るときに，寸胴型あるいは逆ピラミッド型の食物連鎖が現れると考えられている．

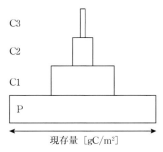

図1　現存量のピラミッド（概念図）

●**生産速度・エネルギー流のピラミッド**　食物連鎖の各構成員間のエネルギーの流れのパターンをより厳密に把握するためには，個体数や現存量ではなく，生産速度やエネルギー流を指標にして食物連鎖の構造を評価する方が有用である．例えば，各栄養段階の生物が，単位時間あたり，単位面積（あるいは容積）あたりに生産する有機物の量を比較するのである．

　ある栄養段階（TL_{n-1}）から，その1つ上の栄養段階（TL_n）に，食物連鎖を介してエネルギーや物質が伝達される際には，呼吸などによる損失が伴うため，TL_nの純生産速度（P_n）は，TL_{n-1}（P_{n-1}）の純生産速度よりも低くなる．つまり，

栄養段階ごとに，それぞれの純生産速度を図示すれば，必ずピラミッド型になる（これを生産速度のピラミッドと呼ぶ）．ここで，P_n と P_{n-1} の比（$P_n/P_{n-1} \times 100$）のことを，生態転換効率と呼び，栄養段階間のエネルギーや物質の伝達効率を示す指標として用いられる．一般的に，生態転換効率は10％程度であると考えられている変動幅は大きい．なお，エネルギー伝達効率の指標としては，各栄養段階に摂取されるエネルギー総量の比が用いられることもある（図2）．この比は，アメリカの生態学者R. リンデマン（R. Lindeman）にちなんで，リンデマン比と呼ばれる．

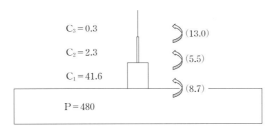

図2　メンドータ湖のエネルギー流ピラミッド：数字は各栄養段階（P, C_1, C_2, C_3）によって摂取される年間の総エネルギー量を表し，単位は g-cal/cm²/年である．括弧内には各栄養段階間のリンデマン比（％）を示す［Lindeman (1942)に示されているデータを基に作成］

●**生態ピラミッドの問題点**　栄養段階に基づく食物連鎖構造（栄養構造）の把握は，半世紀以上前に提案された生態学の古典的概念の1つである．この考え方を使うと，複雑な食物網を介してのエネルギー流のパターンを視覚的に表現することができるという点でメリットがある．また，生態系の特性の1つとして，初学者に説明がしやすいということもあり，多くの教科書や解説書に生態ピラミッドが取り上げられている．

　しかし，根拠となる定量的なデータを集めるためには膨大な経費や労力が必要なばかりでなく，雑食性の動物（C1であり同時にC2やC3であるような捕食者）が多く存在する生態系では，栄養段階の判別的な定量そのものがきわめて困難である場合も多い．さらに，生物遺骸（デトリタス）や分解者（特に微生物群集）の扱い方，あるいは生態系の外部からの物質流入の評価（例えば，河川から流入した有機物によって湖沼生態系の生物生産が支えられるようなケース）についてもその方法論が十分に確立しているとは言いがたい．生態ピラミッドには，その見かけのわかりやすさとは裏腹に，多くの未解明問題が隠されているといえよう．

［永田　俊］

化学合成無機栄養生物

生物の生存にはエネルギー（厳密にはギブスエネルギー）が必要である．従属栄養生物である動物はエネルギーを食物中の有機化合物から，光合成生物である多くの植物は光からエネルギーを得て生育する（図1）．無機化合物の化学反応によってエネルギーを得ることができる生物を化学合成生物と呼ぶ．得られたエネルギーの多くは，有機化合物合成にあてられる．エネルギーを用いて，無機化合物（CO_2）からすべての有機化合物を合成できる生物を独立栄養生物と呼ぶ．

化学合成生物は必ず還元型と酸化型の2種類の化合物を利用した化学反応を行う．それぞれの化合物は電子供与体あるいは電子受容体とも呼ばれる．電子供与体と電子受容体としてさまざまな無機化合物が使われる．化学合成細菌はそれぞれの化学反応を表す名称で呼ばれる場合が多い（表1）．ほとんどすべての化学合成生物は細菌（あるいは古細菌）である．例外的に，化学合成細菌を体内に共生させることによって化学合成で生育できる動物（シロウリガイ，チューブワームなど）がいる．

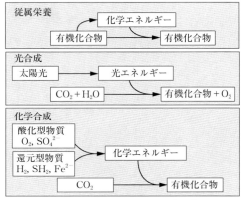

図1　従属栄養，光合成，化学合成の模式図

表1　化学合成細菌が用いる化合物の例

電子供与体	電子受容体	化学合成細菌
S^{2-}, S^0, $S_2O_3^{2-}$	O_2	硫黄酸化細菌
S^{2-}, S^0, $S_2O_3^{2-}$	NO_3^-	脱窒硫黄酸化細菌
H_2	O_2	水素酸化細菌
H_2	NO_3^-	脱窒水素酸化細菌
H_2	S^0, SO_4^{2-}	硫黄硫酸還元菌
H_2	CO_2	メタン菌，酢酸菌
NH_4^+, NO_2^-	O_2	硝化細菌
Mn^{2+}	O_2	マンガン酸化細菌
CH_4	O_2	メタン酸化細菌
CO	O_2	一酸化炭素酸化細菌

●**硫黄酸化細菌**　代表的な化学合成細菌の1つに硫黄酸化細菌がいる．電子供与体として硫化物イオン（S^{2-}），元素硫黄（S^0），チオ硫酸イオン（$S_2O_3^{2-}$）などが用いられる．電子受容体としては酸素が用いられる．硝酸イオンを電子受容体とする細菌もいるが，これは硝酸を還元して窒素ガスを発生するので脱窒硫黄酸化細菌と呼ばれる．

●**メタン菌**　水素を電子供与体とする菌は電子受容体の種類に応じて異なった名

称で呼ばれる．水素を電子供与体とする生物のうち，CO_2を電子受容体とし，メタンを生成物として発生する生物をメタン菌と呼ぶ．メタン菌は水素が発生する環境，例えば湛水水田，湿地などの有機物が嫌気的に代謝されている場所や地熱地帯に生息する．メタン菌は分類学的には，古細菌のユーリアーキオータに属している．

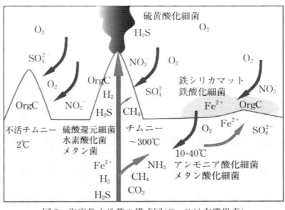

図2 海底熱水地帯の模式図（OrgCは有機炭素）

●**海底熱水地帯** 化学合成無機栄養生物が生存するためには，電子供与体と電子受容体が継続的に供給される必要がある．こうした場所として陸上の温泉や海底熱水地帯（図2）が知られている．地球表層では地殻を形成する岩石層がプレートと呼ばれる単位として地球規模で移動している．プレートが地球内部に沈み込む場所などでは地球内部からの地熱が地表に放出されている．こうした場所では陸上では温泉が，海底では海底熱水地帯が形成される．深海底の海水は低温（2〜4℃）で酸素と硫酸イオンに富む酸化的組成をもっている．海底熱水地帯で海水が地下深部にまで浸透すると，海水が高温の岩石と反応を起こす．海水は高温（300〜350℃）になり，還元型の揮発性成分（アンモニア，水素，メタン，硫化水素，など）やCO_2，還元型の金属イオン（鉄，マンガン，銅，など）およびケイ酸に富むようになる．高温の熱水は海底面に向けて上昇する．海底面上で熱水の温度が下がるとケイ酸や硫化鉱物が析出してチムニーと呼ばれる煙突状構造体が形成される．チムニーは透水性が高く，化学合成細菌の非常によい棲息環境となる．チムニーの内部や地下には，高温で生育できる硫酸還元菌や水素酸化菌，メタン菌が生息している．熱水が低温海水中に噴出するとプルームと呼ばれる水塊を形成する．プルーム中には硫黄酸化細菌が卓越している．浸透した低温海水と熱水が地下で混合する場合もある．こうした環境にはアンモニアやメタンを酸化する細菌がいる．熱水中の鉄イオンは水酸化鉄となりケイ酸（シリカ）とマット状の構造をつくる場合がある．こうした環境には鉄酸化菌が生息する．熱水と海水の混合度合いに対応して温度と酸化還元度が変化するが，その局所的温度と酸化還元度に適応した化学合成細菌の生息域が形成される．こうした環境で化学合成細菌によって合成された有機物に依存する従属栄養生物も生息する．

［山岸明彦］

気候区分とバイオーム

　バイオーム（生物群系）とは生態系を構成する可視的な生物部分を指す用語で，植物群落に着目して区分される．それを外見から捉えたとき相観と呼ぶ．相観を決めるのは植物群落第1層を構成する優占種の生活型であり，例えばイネ科型草原，落葉広葉低木林，常緑広葉高木林などと呼ぶ．一般に，類似の相観，群落構造を示すバイオームは類似の気候，環境条件下に成立するのでマクロスケールの大気候区分や自然地域とよく対応する．

●**バイオーム**　バイオームの用語は北米生態学の先駆者の一人F. E. クレメンツ（F. E. Clements）とV. E. シェルフォード（V. E. Shelford）が提案し[1]，「バイオーム＋無機環境＝生態系」である．バイオームはマクロな地理的スケールの生態系区分に用いられ，大生態系ともいう．同じスケール（生物的レベル）では，植物のみを指す（植物）群系，さらにさまざまな人間による改変・影響まで含めて捉える生活帯[2]などが等位の概念である．

　L. R. ホルドリッジ（L. R. Holdridge）は生活帯を人間まで含めた生物群系の基本単位と捉え，世界を37個の生活帯に区分した[2]．その成立を生物気温（BT, $0 < T < 30$℃の気温の平均値，℃），年平均降水量 P (mm)，乾燥度（最大蒸発散位比）$(BT \times 58.93)/P$ の3つの要因を用いて気候的な配列秩序を三角座標で表

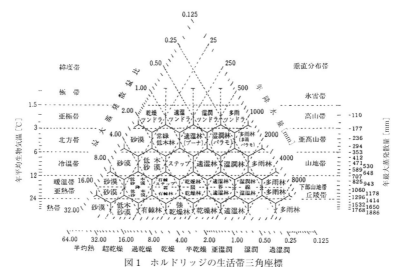

図1　ホルドリッジの生活帯三角座標

［出典：大沢雅彦「生物の生態と高度」柴田 治編『高地生物学』内田老鶴圃，pp. 227-248，1996］

した（図1）．具体的な生育地での生態系の成立には地形，土壌条件などさらに微細な立地要因がかかわるがマクロスケールではこうした条件は無視される．この植物群系の成立を規定する気候条件は気温と降水量，そして乾燥度で表現される．一般的に，乾燥度は気温と降水量とから求めて，地理生態学的スケールの生態系区分で広く用いられる．気温は℃，降水量はmmで表すが，植物に利用可能な水分は降水量の絶対量ではなく，蒸発量，表面流出量，土壌浸透量を除いた残りである．そのうち表面流出量と土壌浸透量は地形・土壌条件の影響を受ける．蒸発量は気温で決まるので，マクロスケールではこの3つ，気温，降水量，乾燥度を組み合わせて特定のバイオームの成立を決定する環境要因として用いる．

ホルドリッジの乾燥指数（蒸発散位比）の他にも地理学で用いられる多くの指数が考案されている．いずれも基本的には温度そのもの，あるいはそれから算出される最大蒸発散量（PET）などの蒸発散エネルギーと降水量との比を用いる．すなわち植物の生育条件としての降水量と植物の生活活動を可能にする温度条件（エネルギー量）の2つの要因を用いて水分収支を表現する．

●**気候区分**　ホルドリッジの気候区分はケッペンなどの地理的気候区分とは異なり，上述した3つの気候要因の組合せとして区分される生育条件区分で，それを三角座標に表した．砂漠など乾燥気候では生育に必要な熱エネルギーは十分だが，水分が不足し，生育が制限される．他方，湿潤な多雨気候では水分は十分だが，熱エネルギーの不足で生育を制限する．ホルドリッジの蒸発散位比の1はこの熱エネルギーと降水量がつりあった状態で植物にとって乾燥と湿潤の境界を示す．

この熱エネルギーと水分量のバランスの季節による変動に着目して世界のバイオーム分布と気候要因との関係を地図化して示したのは主にドイツの生態地理学者たちである．C.トロール（C. Troll）は気候要因の季節変化に着目して世界の季節変化に基づく気候区分図を描き世界のバイオーム分布を図示した．H.ワルター（H. Walter）は気温と降水量のバランスの季節変化を独特の気候図（ワルターの気候図，温雨図の一種）として表現し，さらにこれをアイコンのように利用して世界の気候条件を図化して気候区分図を描いた[3]．これはバイオームの分布だけでなく，気候型，土壌型などの区分図としても読み替えることが可能で，バイオーム（生態系）の世界的区分図として利用されている．ワルターは世界のバイオームを気候要因によって分布する成帯的バイオームとし，そのサブシリーズとして山岳地域の垂直分布帯を構成する垂直的バイオーム，土壌条件に規定される土壌的バイオームを区分している．

［大澤雅彦］

📖 **参考文献**
[1] Clements, F. E. & Shelford, V. E., *Bioecology*, Wiley, 1939
[2] Holdridge, L. R., *Life Zone Ecology*, Revised ed. San Jose, 1967
[3] Walter, H., *Vegetation of the Earth and Ecological Systems of the Geo-biosphere*, 2nd ed., Springer, 1973

森　林

　陸上の植生のうち高木が優占するものを森林という．ただし，高木の高さについて絶対的な基準はない．高木限界に近い場所では，樹木が匍匐状態で生育したり，高木がまばらに生えた疎林になったり，草原・ツンドラなどの中に森林が断片的に存在したりする．このように森林とそれ以外の植生との境界は不明瞭であり，森林の定義は人為的なものにならざるを得ない．国際連合食料農業機関（Food and Agriculture Organization：FAO, 2010）は森林を次のように定義している．「高さ5m以上かつ樹冠被度10％以上の樹木，もしくはその土地においてこれらの基準に達しうる樹木が存在する面積0.5ha以上の土地．ただし，農業用地や市街地は含まない．」

●**分布**　上述の定義によると世界の森林面積は約4033万km^2（2010）と推定され，地球の陸地面積の31％を占める．地球上の陸地の割合は29％なので，地球表面で森林が存在するのは9％だけである．森林の状態をみると，原生林が36％，人為撹乱後の二次林が57％，人工林が7％を占める．日本での割合は，原生林19％，二次林40％，人工林41％である．日本の二次林の多くは農林業と関連して形成・維持されてきた里山を構成する．森林の分布は気候帯によって偏っており，北方林が27％，温帯林が16％，熱帯季節林が22％，熱帯雨林が35％を占める（図1）．温帯林の割合が少ないのは，温帯の面積が少ないほか人為影響（農地への転換など）もあるだろう．ユーラシア大陸を3分割して，大陸ごとの森林

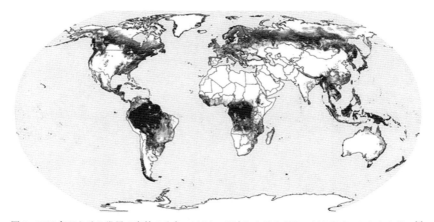

図1　2000年における世界の森林の分布：18.5km四方における森林の割合が高いほど色が濃い[1]

の分布をみると，南アメリカに21％，ロシアに20％，アフリカと北中アメリカに17％ずつ，アジアに15％，ヨーロッパとオセアニアに5％ずつが存在する．陸地面積と比較すると，中緯度の乾燥地が広いアジア・アフリカ・オセアニアで，面積の割に森林が少ない．逆に乾燥地が少ない南アメリカとロシアは，面積の割に森林が多い．このように地球全体をみると，森林の分布は一義的には気候で決まっており，副次的に人間活動が作用している．

●**構造** 樹冠被度が大きい森林では，隣り合う樹木の樹冠が連続して，林冠を形成する．林冠におおわれた林内は外界と異なる微気象を示し，さまざまな生物の生息地となる．森林を構成する植物は高さによって，異なる階層（高木層・亜高木層・低木層・草本層など）に識別でき，これを階層構造（成層構造[3]）という．林冠木の枯死などにより生じる林冠の切れ目をギャップといい，森林の維持や植物の定着・成長に重要な役割を果たす．森林内の地表面を林床という．林床には落葉落枝（リター）が堆積し，土壌生物の分解作用により土壌へと変化する．一般に，植物の細根は土壌表層ほど多く，水に溶けた栄養塩を吸収し，太い根は土壌深くに達して植物体を支え，水を吸収する．

●**分類** 森林は気候（気温と降水量）と相観に基づきバイオームまたは群系に分類される（図2）．地球上には同じような気候の場所が異なる大陸上に存在する．そのような場所に生育する植物は系統的には近くなくても，収斂進化により類似した形態と生理的性質を示すため，森林の相観も似てくる．ただし，相観は地史により決定される植物相にも影響されるので，気候による分類と相観による分類は必ずしも一致しない．これが気候と相観を組み合わせて用いる理由である．相観による分類は，優占種の生活形に基づく．落葉性または常緑性，広葉樹または針葉樹の組み合わせにより，例えば，落葉広葉樹林などという．広葉樹と針葉樹の優占度が同程度の場合は，針広混交林という．種多様性が低く優占種が明瞭な温帯林や北方林では，優占する種や属によってブナ林，カシ林などということもある．気候と群系の対応をみるときには，遷移途中の森林や特殊な地形・地質上にあ

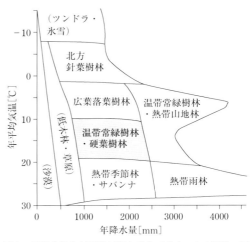

図2　年降水量と年平均気温と森林バイオームの関係：灰色の領域では，夏雨型の気候では温帯常緑樹林となり，冬雨型の地中海性気候では硬葉樹林となる．森林以外のバイオームは括弧内に示す［参考文献[2]を改変］

る土地的極相としての森林を区別する必要がある．特殊な地形・地質条件にない限り，森林は植生遷移により気候的極相としての極相林になると考えられるので，極相林によって分類する必要がある．土地的極相としての森林の例としては，海岸林，湿地林，渓畔林や河畔林，熱帯の潮間帯に成立するマングローブ，岩石地や急斜面上の森林，蛇紋岩や石灰岩上の森林などがある．以下ではH. ワルター(H. Walter; 1985) による分類に従って各群系について説明する．対応する W. P. ケッペン (W. P. Köppen) の気候区分も記す[3]．

●**熱帯雨林**　湿潤熱帯（ケッペンのAf・Am気候）に成立する．1年中高温多雨で，気温の日変化の方が月平均気温の年変化よりも大きい．アジア～オセアニア・アフリカ・中南アメリカという大洋で隔てられた3地域に分布するが，その相観は似ている．林冠の上に高さ80 m以上にも達する巨大高木が突き出し，大きくて薄い常緑の葉，板根の発達や豊富なツル植物などが特徴である．アジアでのフタバガキ科の優占を例外として，樹木の科の組成もよく似ている．樹種多様性が非常に高く，ふつう優占種がはっきりしない．アジアのフタバガキ科樹種が優占する森林は，混交フタバガキ林と総称される．

●**熱帯季節林とサバンナ**　乾季がある熱帯（ケッペンのAw気候）に成立する．1年周期で乾季と雨季が繰り返される．アジア，オーストラリア，アフリカ，中南アメリカに分布する．乾季が短いと熱帯落葉樹林（雨緑樹林）となり，乾季が長いとサバンナやトゲ低木林になる．サバンナは樹木の多い疎林状から，ほとんど樹木のない草原状までさまざまである．一般に乾燥が激しいほど樹木が少なくなり，樹高も低下するが，土壌条件や人間活動（野火や放牧）の影響も大きい．

●**熱帯山地林**　熱帯であっても，山地では気温が低下して，樹高・葉のサイズ・種多様性なども減少し，相観や植物の分類群も温帯常緑樹林に似てくるため，熱帯山地林として低地の熱帯林とは区別する．雲や霧でおおわれることが多いので雲霧林ともいい，また幹や林床がコケでおおわれるため，蘚苔林ともいう．低地は森林が成立しえないほど乾燥していても，山地には地形性降雨により熱帯山地林が成立することがある（東アフリカなど）．

●**硬葉樹林**　温帯のうち夏に乾燥し冬に雨が多い地中海性気候（ケッペンのCs気候）に成立する．優占樹種が，夏の乾燥に対応して，小さくて硬い常緑の葉をもつため，そう呼ばれる．地中海沿岸，カリフォルニア，チリ，南オーストラリア，南アフリカのケープ地方の5地域に分布する．樹木の分類群は異なっていても，相観が非常に似ており，生態系の収斂進化の代表例としてよく研究されている．野火の影響により成立する場合があり，隣接する群系（温帯常緑樹林など）との境界が明瞭なことが多い．

●**温帯常緑樹林**　冬の寒さも夏の乾燥も厳しくない温帯（ケッペンのCf・Cw気候）に成立し，降水量が多い場所では温帯雨林ともいう．北半球の大陸東岸（東

アジアと北アメリカ東部）では熱帯林と落葉広葉樹林の間に位置し，夏に雨が多い．落葉広葉樹林（冷温帯林）よりも温暖な気候にあるものは，暖温帯林ともいう．日本の東北地方海岸部から九州低地の極相林がこれに相当し，革質で中型の葉をもつ常緑広葉樹が優占することから，地中海性気候の硬葉樹林や大型の薄い葉をもつ熱帯の常緑広葉樹林と区別して，照葉樹林ともいう．ただし，太平洋側では落葉広葉樹林への移行部に常緑針葉樹林（モミ・ツガ林）が分布する．日本の南西諸島や台湾など熱帯雨林への移行部は亜熱帯雨林という．大陸西岸（北アメリカ西部やチリ）では硬葉樹林の高緯度側に位置し，冬に雨が多い．この群系では，場所によって相観が大きく異なる．東アジアの大部分（照葉樹林・亜熱帯雨林）と南半球温帯（オーストラリア・ニュージーランド・チリなど）では常緑広葉樹林が，東アジアの一部（モミ・ツガ林など）と北アメリカ西部では常緑針葉樹林が成立する．北アメリカ西部の常緑針葉樹林とオーストラリア東部の常緑広葉樹林（ユーカリ林）の樹木は，熱帯雨林をしのぐ100 m以上の樹高（最大は北アメリカのセコイアメスギの115 m）に達する．

●**落葉広葉樹林**　夏緑樹林ともいう．温帯常緑樹林よりも冬が寒いか降水量が少ない気候（ケッペンのC・D気候の一部）に成立する．冬の寒さまたは乾燥のため常緑広葉樹の分布が制限され，落葉広葉樹が優占する．北半球温帯の3地域，東アジア・ヨーロッパ・北アメリカ東部に分布する．相観も組成もよく似ており，共通の属が非常に多い．例えば，ブナ属・コナラ属・カエデ属・カバノキ属・シデ属などである．温帯常緑樹林（暖温帯林）より寒い気候にあるものは，冷温帯林ともいう．日本の九州・四国の山地から北海道低地にかけての極相林（ブナ林など）がこれに相当する．ただし，北海道の黒松内低地より北では針広混交林となる．冬の寒さが厳しくない南半球には，チリとタスマニアのナンキョクブナ属樹種優占林を例外として，落葉広葉樹林は存在しない．

●**北方針葉樹林**　亜寒帯林・寒温帯林ともいう．落葉広葉樹林よりも冬が長く厳しい気候（ケッペンのD気候）に成立する．ユーラシア大陸と北アメリカの北部に分布する．より低緯度の高標高の同様の気候条件に成立する森林は，高山帯（下限が森林限界）の下に位置するため，亜高山帯林という．日本の四国・本州と北海道の亜高山帯の極相林がこれに相当する．優占する属は耐凍性が高い常緑針葉樹のモミ属・トウヒ属・マツ属，および落葉針葉樹のカラマツ属である（すべてマツ科）．優占種によって常緑針葉樹林または落葉針葉樹林ともいうが，前者は温帯常緑樹林としても存在するので注意が必要である．　　　　　［相場慎一郎］

📖 **参考文献**
[1] Hansen, M.C., *et al., P. Natl. Acad. Sci. USA*, 107：8650-8655, 2010
[2] Chapin, F. S., *et al., Principles of terrestrial ecosystem ecology*, 2nd ed., Springer, 2011
[3] 日本生態学会編『森林生態学』共立出版，2011

森林生態系の水文過程

　陸域生態系の水の移動や貯留を定量的に把握し，その生態系の特徴を記述するためには，通常，流域や集水域と呼ばれる空間的な範囲を想定する．陸域の代表的な生態系のタイプである森林の流域では，降水としてもたらされた水のうち何割かは蒸発して大気に戻る．蒸発には，①樹冠に遮断された降水の蒸発（遮断蒸発），②土壌面からの蒸発，③土壌水が植物に吸収され，その葉から蒸発していく蒸散の3つの経路がある．蒸発を免れた水は地中や地表を流下し，渓流に流れ出る．

●**森林流域の降水量・流出量**　世界各地の森林流域の年流出量は，気候帯ごとに見ればおおむね年降水量の増加に比例して増加し，その傾きは1に近い（図1）．y軸での切片の値は上述の蒸発散による損失量とみることができるが，この値は温帯森林で700 mm前後，熱帯では1500 mm前後である．どちらの気候帯も年降水量のレンジは約3000 mmと地域ごとに大きな違いがあるが，蒸発散量はその大小にほとんど依存せずに，変動のレンジはせまい．

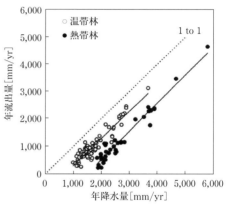

図1　温帯と熱帯の森林流域における年降水量と年流出量の関係：各気候帯ごとのデータは両者に有意な相関がある

　温帯の森林では，年間の遮断蒸発量は160〜360 mmを占め，蒸散量は250〜430 mmを占める．蒸散は，光合成に必要なガス交換の1つの側面であり，放射エネルギー，大気の乾燥度，風速などの環境条件に影響を受けて，気孔の開閉という植物の生理作用の制御を受ける．気孔開閉のメカニズムに関しては1970年代から多くの研究蓄積があり，モデル化も行われてきた．植物生理的な気孔開閉のメカニズムを表現したモデルは群落レベルのガス交換特性を記述するモデル（ビッグリーフモデル）へと拡張され，今日，気象・気候の予測のために広く用いられているGCM（General Circulation Model：大気大循環モデル）の陸面過程を表現するサブモデルとして実装されている．

●**森林土壌の水文過程への影響**　森林土壌の表層は一般に有機物に富み，植物の根系の発達・更新，土壌動物，微生物の活動の影響で非常にポーラスな構造をもっ

ている．土壌表層が大きな孔隙に富み，透水性が高いことは，降水の浸透に好条件を与えることになり，良好な森林では降雨時に地表を雨水が流下することは少ない．森林の植生が土壌との間で養分の循環系を形づくり，長い年月を経るうちに土壌内では深部まで有機物の侵入が進み，土壌母材や基岩の化学的風化が進む．化学的風化に伴って土壌深部では粘土鉱物の生成が進み，土粒子の細粒化が進む．表層に比べて大孔隙の割合が小さい土壌深部や風化途上の基岩は保水性が高く，緩やかな水の浸透，地下水の流動をもたらす．こうした森林土壌の表層，深層の構造的特徴が，森林流域における水の貯留機能を発揮する基盤となっている．結果，この機能によって，降雨に対する急激な河川流量変化が抑制され，安定した流出量が保持される．

　こうしたことは，これまでに伐採を含む野外での操作実験によって確かめられてきている．ヨーロッパや北アメリカの森林流域での研究では，伐採強度（面積の比率）が大きいほど蒸発散による損失量が減り，伐採後の流量増加が顕著であることが示されている．土壌深部の構造は，伐採によって急激な変化が生じることは少ないが，地表が裸地化すると土壌表面の浸透能が低下して地表面流が発生しやすく，結果，地表土壌の浸食が進む．例えば，砂質土壌が形成される風化花崗岩山地では，裸地化した斜面からの土砂流出量は，樹木の被覆がある斜面からの流出土砂量の $10^3 \sim 10^4$ 倍にのぼる．

●**森林の水文過程と養分の分配**　以上のような物理的に生じている水の貯留や移動は，森林生態系の構成員である植物・動物群集に，その生存に不可欠な水と養分を分配・供給することで棲み場所の空間的な配置を制御している．例えば，植物や微生物にとって最も重要な養分の1つである硝酸態窒素の多くは，土壌中で微生物によって生成されるが，この微生物群集は水分条件にセンシティブで，湿潤な場所で活性が高い．このため，森林内でも乾燥しやすい斜面上部より湿潤な下部で硝酸態窒素の蓄積が卓越することがしばしば観察される．同時に，こうした栄養塩や溶存有機物などの資源は水移動によって輸送・貯留され，結果，それらを利用する植物や微生物の空間的な配置が規定されることがある．森林生態系における景観スケールの植物や微生物の配置には，光条件をはじめさまざまな物理環境が影響するが，水文過程の空間的な配置に由来する水と資源の分布も強い制御要因になることは常に留意する必要がある．　　　　　　　　　　［大手信人］

参考文献

[1] Bosch, J. M. & Hewlett. J. D., "A review of catchment experiments to determine the effect of vegetation changes on water yield and evapotranspiration". *Journal of Hydrology*, 55:3-23, 1982
[2] Isobe, K., *et al.*, "Microbial regulation of nitrogen dynamics along the hillslope of a natural forest", *Frontiers in Environmental Science 2*, 2015
[3] Ohte, N. & Tokuchi, N.. "Hydrology and Biogeochemistry of Temperate Forests". In Levia, D. F. *et al.* ed., *Forest Hydrology and Biogeochemistry: Synthesis of Research and Future Directions*, Springer, pp.261-283, 2011.

森林限界，高木限界，高山帯

　高い山に登るとき，うっそうとした亜高山帯針葉樹林を経て森林限界を越えると，広々とした高山帯に出る．そこでは高山植物の花々やライチョウ，そして遥かな山なみが登山の疲れを癒してくれるだろう．このように，森林限界を境として亜高山帯と高山帯とでは景観が大きく異なる．亜高山帯では，マツ科常緑針葉樹のシラビソ，オオシラビソ，トウヒ，コメツガなどが樹高12～20 mに達し閉鎖林冠を構成している．亜高山帯針葉樹林は，多くの場合，突然途切れるわけではなく，森林限界移行帯を経て高山帯に達する（図1）．森林限界を越えた移行帯では，生育期間が短くなり環境ストレスも高まって，森林の大きな現存量を維持し更新を行うのに十分な物質生産が行えなくなる．すると樹高や密度が低下し，樹形も変型するようになって，やがて高木限界となる．さらに標高が高くなると樹木は正常に立ち上がることができずに，幹が地上をはうように伸長し矮生木となる．矮生木限界を越えると高山帯である．

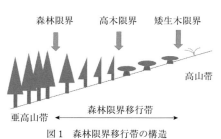

図1　森林限界移行帯の構造

●**森林限界の成因**　東アジアにおいて，北緯0～20°の熱帯では常緑広葉樹，北緯20°以北の温帯では常緑針葉樹が森林限界を構成している．これらの生活型の違いにもかかわらず，森林限界は温量指数15℃・月に相当する標高に形成されている．

$$温量指数 = \sum_{}^{n}(t-5)$$

ここで，tは月平均気温，nは1年のうち$t>5$である月の数であり，5℃は一般に樹木が生理的に活性をもつことのできる閾値とみなされる．したがって温量指数は1年間に樹木が生産・成長する総量を表している．大きな現存量をもつ森林を維持し更新を保障するには，温量指数が15℃・月以上となるような一定の生育期間の長さと生育期間中の気温を必要としているということができる．

　森林限界を越えた森林限界移行帯では，標高とともに環境条件はさらに厳しくなっていき，強風，低温，積雪，雪崩，土壌の貧栄養化など，多くの要因が樹木の成長を阻害する．中でも，冬季の乾燥は変型樹の形成要因となる．森林限界移行帯では，冬季に数か月にわたって土壌や幹が凍結するので，樹木の吸水・通水

(a) 移行帯の遠景：山頂よりの高山帯の部分は，ハイマツがまだ雪に埋まっているので一面に白く見える

(b) 移行帯ではオオシラビソとハイマツが混生する

図2　乗鞍岳の森林限界移行帯の春のようす

は停止する．ところが，常緑葉からは冬季も少量ながらクチクラ蒸散が続いて水分は失われるので，春先には樹木の含水量はかなり低下し，特に冬季の強風によってクチクラが損傷を受ける場合などは水分の消失量が増大し，致死含水量まで乾燥する．そのために風当たりの強い枝は，春先に乾燥枯死しやすく，風上側に枝のない，あたかも風になびいているかのような変型樹となる．森林限界移行帯の上部では，さらに環境ストレスが増し，冬季に積雪から出ている幹や枝は春までに枯死してしまうので，高木になることができずに，矮生木となって耐えている．

●**日本の森林限界の例**　本州中部の北アルプス南端にある乗鞍岳（3026 m）では，典型的な森林限界移行帯をみることができる（図2(a)）．森林限界は約2400 mで，亜高山帯で優占するオオシラビソからなっている．標高約2600 mまでが森林限界移行帯で，オオシラビソの変型樹が矮生低木のハイマツと混生している（図2(b)）．さらに上部の山頂まで広がる高山帯には，ハイマツ群落と高山植物が分布している．これら高山帯の植物種は，千島列島をへて東シベリアまで広い分布域をもっている．これらは氷期に本州中部まで南下したものが，間氷期に北に戻る際に，高山に取り残されたものとみなされている．

富士山は噴火の歴史が浅く，今なお一次遷移の途上にある．そのため森林限界移行帯は，冬季の乾燥に対して，より耐性をもつ落葉針葉樹のカラマツから構成されている．なお，多くの山で，積雪が特に多い地形には，針葉樹が生育できずに，代わりに雪圧に強いダケカンバが森林限界移行帯を構成していることが多い．

[丸田恵美子]

📖 **参考文献**
[1]　工藤　岳編著『高山植物の自然史―お花畑の生態学』北海道大学図書刊行会，2000
[2]　増沢武弘編著『高山植物学―高山環境と植物の総合科学』共立出版，2009

草原と砂漠化

●**「草原」とは**　主に草本植物で占められている植物群集を草原と呼ぶ．言い換えると，上空から見たとき，半分以上の面積が草本植物で占められている植物群集である．牧畜などで人に利用され，撹乱を受けている草原，および人工的に造成された土地に品種改良した牧草を栽培している場所を草地と呼ぶ．草原は，地球上に広大な面積（1500万 km^2，陸地面積の約30％）を占めている．その分布と植生は気温，降水量，土壌の条件によって決まっているが，降水量の影響が最も強い．草原が発達している地帯は，海洋から離れた高山にさえぎられた場所であることが多い．海洋からの蒸発で水蒸気を多量に含んだ大気は，陸地に到達して高山・山岳地帯に運ばれる．ここで山岳地帯の海洋側に雨を降らせ，乾燥した大気が山岳を越えて内陸部に入ると，大気は内陸部の水分を吸収して，内陸部に乾燥をもたらす．そのような地帯に草原が発達している．

●**世界の草原**　熱帯地方から亜寒帯まで幅広い気温帯に広がっている．図1は，年平均気温，年平均降水量，植物群集の三者の関係を表している[1]．世界の草原は，次のように気温と降水量によって大きく括った分類が行われてきた（図2）．

　①**熱帯草原（サバンナ）**：湿性サバンナと乾性サバンナがあり，ともに乾季と雨季が明確に分離していて，草原は樹木を伴った特有の景観を呈している．湿性サバンナはアフリカの熱帯降雨林の多雨地帯に，乾性サバンナはアフリカ東部の乾燥地帯や南アメリカの中央部，オーストラリアの中央部に分布し，特異な景観を呈している．

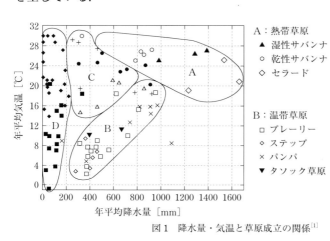

図1　降水量・気温と草原成立の関係[1]

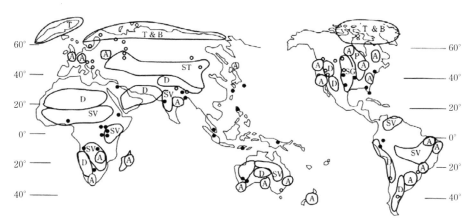

図2 種々の草原(草地)の全球的な分布[2] T&B：ツンドラ湿原，ST, SG：短草型草原，P：プレーリー，パンパ，SV：サバンナ，セラード，D：半砂漠・砂漠，A：人工草地，○：寒地型イネ科植物優占植生，●暖地型イネ科植物優占植生

②**温帯草原**：年降水量が300～500 mmの地域の温帯地方に発達した背の低い植物からなる短草型草原と，やや雨量の多い地域に発達している草丈の高い長草型草原に分かれている．長草型草原は，北アメリカ中央部，南アメリカ中南部，南アフリカ南部の比較的降水量の多い地帯にみられたが，現在では開拓されて広大な農地と化している．一方，短草型草原は降水量の比較的少ないアジア中北部，北アメリカ西部に大規模に現存している．

③**半砂漠草原**：年降水量が200 mm程度の地帯にみられる草原である．中国西北部，モンゴル，中近東などユーラシア大陸内部，アフリカ大陸中北部のサハラ周辺と西南部，北アメリカのロッキー山脈東部，南アメリカのアンデス山脈西部，オーストラリア中央部がこの部類に属している．ハマアカザ属，オカヒジキ属，*Haloxylon*属（小灌木），*Danthonia*属（イネ科），*Tamarix*属（小灌木）などの植物や，短い雨季を利用して短期間に発芽から結実までを行う短命植物が生育している．このような地域においても，ヒツジ，ヤギ，ラクダなどが放牧されている．植生が有する許容量以上の負荷を与える強い放牧や，逆に利用放棄された草原のバイオマスと種の多様性の維持をどのようにするか，世界的に大きな問題になっている．

④**ツンドラ**：北極圏に広がる寒帯平原をさす．より広く寒帯平原の植生や高山帯植生にもこの語が用いられている．シベリア北方や北アメリカ北方に広大なツンドラが広がっている．チベット高地もこの分類に含まれる．ツンドラは，最暖月の平均気温が0～10℃の地帯に分布し，蒸発量が降水量を下回るため，永久凍土層と泥炭層が存在し，夏季の融雪季には湿原となる．主な植物は，イチリンソ

ウ属，キンポウゲ属，クマコケモモ属，スノキ属，エリカ属，ヌカボ属，スズメノテッポウ属，アワガエリ属，ウシノケグサ属，スゲ属，Alectoria（サルオガセ科地衣），スギゴケ属などである．これらの地域では，トナカイ（シベリア）やヤク（チベット）の放牧を行っている．高標高で寒冷なチベット高原では，冬だけヤクの放牧を行っている場所で，$0.01\ m^2$ の面積に平均20種もの植物が生育する草原（中国青海省海北の標高3200 mの地点）が見つかっている．

⑤人工草地：ヨーロッパや南北アメリカ大陸，ニュージーランドなどの畜産が盛んな地域では，森林を伐採したり，自然草地を耕起して人工草地とし，品種改良したイネ科やマメ科の牧草を播種，施肥条件下の草地を家畜の飼料として使っている．

●日本の草原（草地）　温帯モンスーン気候下の日本列島のほとんどの地域では，年降水量が900 mmを超え極相が森林である．しかしながら，古来人々は草原を堆肥の資材，家畜の飼料や畜舎内の敷きわら，放牧，屋根葺き用材など種々の方法で利用してきた．このような利用では，刈取りや放牧を行っていたため，木本植物の成長が抑制され，草原を維持することができた．また，阿蘇外輪山をはじめとして，早春には草原に火入れを行い，消化が悪い枯葉を焼却し，良質の家畜飼料を持続的に確保する努力が払われてきた（このように人工的な作為によって維持している草原を半自然草原と呼ぶ）．しかしながら，1970年代以降の農業の機械化，農家数の減少によって，多くの草原では管理が放棄され森林化が進行している．そのため，草原固有の植物，キキョウやオミナエシオキナグサなどありふれた植物でさえ，その絶滅が危惧されている．20世紀初頭には，草原の面積は国土面積の10％を越えていたが，現在は1％にまで減少したと推定されている．日本の半自然草地は，ススキ草地，シバ草地，ササ類の草地などであるが，これらの植物だけでなく，草原は多種多様な植物種で構成され，生息している昆虫類，爬虫類，哺乳類の種数も多様である．1970年代以降の畜産振興策によって，根釧地方や那須地方など多くの地域で人工草地が造成された．

●砂漠化とは　砂（沙）漠化は，1994年，国連で採択された「砂漠化対処条約」に「乾燥，半乾燥および乾性半湿潤地域における気候変動および人間活動を含むさまざまな要因によって引き起こされる土地の荒廃」と定義されている．この条約では，乾燥地域を乾燥指数（＝年間降水量／年間潜在蒸発散量）によって，表1

表1　乾燥地の呼称と分類（[3]をもとに作成）

乾燥指数	0〜0.05	0.05〜0.2	0.2〜0.5	0.5〜0.65
呼　称	極乾燥地域	乾燥地域	半乾燥地域	乾性半湿潤地域
陸地面積に対する割合(%)	7.5	12.1	17.7	9.9

乾燥指数＝（年間降水量）/（年間潜在蒸発散量）

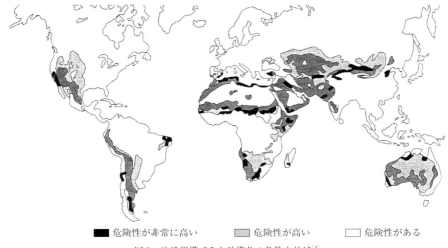

■ 危険性が非常に高い　▨ 危険性が高い　□ 危険性がある
図3　地球規模でみた砂漠化の危険な地域[4]

のように分類していて，極乾燥地を除いた乾燥指数 0.05〜0.65 の地域（乾燥・半乾燥地域）を砂漠化問題の対象地域としている．砂漠化が進行している地域は，世界の各地にみられるが，特に大面積で進行しているのは，降水量の少ないサヘル地域，アラビア半島から中東地域，中国北部から西部にかけてである（図3）．砂漠は単に砂におおわれた土地を意味するだけではなく，礫や岩石，粘土におおわれた土地，塩類が集積した土地を含み，降水量が多くても土壌が荒廃し植生が貧弱な土地をも含む場合がある．

●**砂漠化の原因**　砂漠化は，気候的な要因と人為的な要因およびその相互作用によって起こる．気候的な要因による砂漠化は，大気循環や気団の発生など，地球上の各地域で起こるさまざまな長期的・短期的な湿潤期と乾燥期，高温期と冷温期などの変動によって起こる．

●**牧草地の砂漠化**　人為的な砂漠化は，乾燥・半乾燥地域における人口増加，経済活動を優先した気候条件に不適合な農業・牧畜業の近代化が原因になってもたらされている．砂漠化が進行している土地は，全球的で，3600万 km^2 にも及び，そのうち93%は放牧地，6%は雨水依存の農地で，灌漑している農地は1%である．すなわち，砂漠化の影響下にある土地のほとんどは牧畜業や農業に使われている土地である．特に牧草地（自然草地）は広大な面積を有するので，まず牧草地について述べる．

　牧草地においては，1970・1980年代以降，世界的に牧民の旺盛な経済活動や人口増加に対応して，面積あたり放牧家畜頭数を増加させ，利益の拡大をはかっ

てきている．家畜頭数の過度な増加は，生育している植物バイオマスの再生を阻害し，植生の変化をもたらす．家畜の種類によって異なるが，家畜の好む植物種は減少し，有毒植物，とげ植物，嗜好性の低い植物種が増加する．また，強い放牧によって牧草地の土壌も大きな影響を受ける．地上部バイオマスが減少した表土では植物遺体が減少し，踏み固められた表土からの水分の蒸発が激しくなる．ついには，落葉・落枝に由来する腐植に富む表土（A層という）を喪失した裸地が斑点状に現れ，さらに裸地の占める面積は拡大していく．地下水位が高い（地表から1 m程度）土地では，高い蒸発量と低い降水量の不均衡により，土壌表面に塩類が集積し，元の土壌と植生への回復が困難になる（図4(a)）．土壌が決定的な損傷を受けていない場合でも，植生の回復には数年から20年くらいを要し，その回復には主に年降水量に依存していると考えられている．また，乾燥地でもまれに生じる豪雨は，土壌の流失をもたらす．そのような土地では，等高線状にわら束を並べて，土壌の流失を防止する研究が行われている（図4(b)）．

図4 砂漠化と対策：(a)高い地下水位と高密度の放牧によって塩集積の起こった草原（中国内蒙古自治区中央部のオルドス，牛の蹄の跡が見える，年降水量約400 mm），(b)黄土地帯でたまにある降水によって起こる表土の流失防止のため，等高線状にわらを敷いた傾斜地の草原（左側上部）と土壌の崩壊によって生じたガリー（溝）（右側）（中国寧夏自治区；年降水量約400 mm），(c)草方格によって砂地の流動化を防止し，草本植物の移植や植樹によって植生の回復をはかる（中国内蒙古自治区エジナ，年降水量約50 mm），(d)17世紀以来の樹木の伐採によって土壌は流失し，荒廃した森林では灌木と大型のイネ科植物が繁る．山羊の放牧を行っている（中国広東省西部山岳地帯，年降水量＞2000 mm）

●**農地の砂漠化**　中国では 1980 年以降，乾燥地・半乾燥地における牧草地の開墾が進み，高収入が得られる換金作物，トウモロコシ，ナタネ，穀類などの栽培が行われるようになった．このような栽培農業では，降水量などの気象条件がいい季節には高い収量が得られるが，干ばつ年や乾燥する季節には，表土を覆う植生が存在しない耕地は激しい風食にさらされる．数年をまたずして土壌有機物を含んだ表土が喪失し，裸地化する．砂漠化を防ぐには，自然草地や牧草地として維持することが重要である．いったん，耕地化された土地は，風衝（石垣や生け垣）などで囲むと，風食をある程度落とすことができる．

●**流動砂丘と砂地**　日本の童謡「月の沙漠」に出てくるような砂丘を形成している砂漠は，サハラ砂漠や中東，中国，オーストラリアなど五大陸のいずれにも見ることができる．その多くは，植物の生育が困難な流動砂漠であるが，流動砂漠でも長い期間かかって植物が砂丘の表面をおおい，固定された潜在的な砂漠が広い面積を有する．中国では，このような砂漠を「砂地」と呼んでいる．砂地は，砂丘表面の植生の破壊によって容易に流動砂漠に戻る．砂地の流動化を防ぐには，高密度な家畜放牧などの過酷な土地利用を抑制することが第一である．流動化を防止するために，さまざまな技術が開発・利用されている．例えば，中国では，わらを太さ 20 cm くらいの棒状に束ね，1 m ごとに区切って碁盤の目状に配置（草方格）したり（図 4(c)），乾燥に強く長い根茎をもつ植物を移植・植林する方法などが実用化している．

●**湿潤な地域の荒廃**　植生の荒廃は，多雨・湿潤な地域でも起こっている．かつて豊富な木材を生産していた森林でも，大規模な伐採後に土壌が流失したところでは，とげの多い灌木類と背の高いイネ科植物に覆われ，高木からなる原植生のへの回復は長期間不可能で，表土が薄く，やせた傾斜地では植林も有効な手段とならない．このような荒廃は，熱帯アジアや中国の降水量の多い亜熱帯山岳地帯の広大な地域で見られる（図 4(d)）．

●**気候変動**　近年，地球規模における気候変動（高温化と激しい気象変化）が乾燥・半乾燥地域の牧畜や農業生産に大きな影響を及ぼし始めているという研究発表が多い．このような現象の確証を得ることは容易ではないが，中国内蒙古自治区では過去 50 年間に 2℃ 以上の年平均気温の上昇が起きているという報告がある．この上昇は，中国全体の 50 年間の気温上昇 0.5～1.1℃ よりもきわめて高い値であり，砂漠化との関係や牧草の生産量および植生に与える影響を明らかにする必要がある．

［塩見正衞］

📖 **参考文献**
[1]　石塚和雄編，林　一六『植物生態学講座 1 群落の分布と環境』朝倉書店，1977
[2]　大久保忠旦他『草地学』文永堂出版，1990
[3]　小泉　博他『新・生態学への招待—草原・砂漠の生態』共立出版，2000
[4]　Moore, P. D., *et al.*, *Global Environmental Change, Science*, Oxford, 1996

沙漠(砂漠)，ツンドラ，荒原

　地球上のバイオーム（生物群系）の分布は，主に気温と降水量によって決まっている．温暖で雨が多い場所には森林が成立するが，降水量が減少すると草原となり，さらに乾燥する場所では植物はまばらになるかほとんど存在しなくなる．このような地域，もしくはそこに成立するバイオームを沙漠と呼んでいる．同じ意味で「砂漠」という字が使われることが多いが，かならずしも地面は砂質とは限らず，岩石質の砂漠（岩石沙漠），礫質の砂漠（礫沙漠）も存在する．一般的に年降水量 250 mm 以下といわれるが，降水量の幅は大きく，年降水量が 10 mm に満たない地域もある．沙漠は地球上に広く分布しており，大規模なものとしてはアフリカ大陸のサハラ，ナミブ，カラハリ，アジア内陸部のタクラマカンやゴビ，北アメリカのソノラ，南アメリカのアタカマ，オーストラリアのグレートビクトリアなどがある．

　植物が沙漠の過酷な条件を生き抜くための方法は大きく 2 つに分けることができる．その 1 つは形態的あるいは生理的に乾燥に対する耐性をもつことである．サボテン科やベンケイソウ科をはじめとする多肉植物は，蒸散を防ぐ表皮と体積に対して小さい表面積をもち，植物体内に多くの水を貯めることができる．また，夜間に気孔を開いて CO_2 を有機酸の形で貯蔵し，日中には気孔を閉じたまま有機酸から放出された CO_2 を用いて光合成を行う．これにより，日中に気孔から水分が失われることを防いでいる（「CAM 植物—光合成」参照）．また別の適応として，根を地中深くの地下水層まで伸ばし，恒常的に水を利用できる植物も知られている．もう 1 つの方法は，乾燥する時期を種子の状態で過ごし，雨の後に発芽してすばやく生活環を完結させてしまうやり方である．南米の西海岸など季節的に霧が発生する場所では，降雨直後に発芽し，ごく短期間に開花結実して一生を終える植物も知られている．

●**ツンドラ**　乾燥が森林の成立を妨げるのと同様に，極端に寒冷な場所では森林は成立できなくなる．このような地域に成立するバイオームがツンドラで，亜寒帯林（北方林）より北の永久凍土層が発達する地域に広く分布する．最暖月の平均気温は 10℃ 以下で，高木は生育できず，低木，草本，コケ類，地衣類が優占する．ツンドラよりさらに寒冷な場所には極地沙漠（寒地荒原）が成立するが，寒地荒原の一部をツンドラと呼んでいることもあり，区別は必ずしも明瞭ではない．森林限界より上の高山帯や南極域にも類似のバイオームがあり，それぞれ高山ツンドラ，南極ツンドラと呼ばれる．

　ツンドラで植物が生育するためには，冬の低温に対して耐性をもつことだけで

は十分ではなく，夏の低温と短い生育期間という問題を克服しなければならない．ツンドラでは木本植物であっても丈が高くならないが，これは冬に雪におおわれることによって寒さから守られることの他に，生育期に地表面の比較的高い温度を利用できるというメリットがある．ある種の草本植物では，茎が密集した団塊状の地上部を形成することにより内部の風の動きを弱め，温度を上昇させることが知られている．短い生育期間を利用

図1 ノルウェー北極スバールバルのツンドラ（北緯78度）：矮性の木本，草本，コケ類が地表をおおっている．手前の白く見えるのはエゾワタスゲの綿毛 [撮影：中坪孝之]

するため，多くの種類が雪解けとともに生育を開始する．常緑，半常緑の種類では，雪解け直後から光合成を行うことができるが，落葉性の種類でも前年に蓄えた養分を利用してすみやかに葉を展開する．

繁殖に関しては，短い生育期間に確実に種子形成を行うことが困難であるため，栄養繁殖が重要な位置を占めている場合が多い．根茎や匍匐茎で広がっていくものだけでなく，むかごのような特殊な繁殖器官を発達させている種類もある．特別な栄養繁殖の手段をもたずに種子で広がっていく種類もあるが，毎年種子を形成する必要がある一年生草本はほとんどみられない．

●荒原　水や温度に限らず，何らかの環境条件が極端に劣悪な立地では森林や草原は成立できない．このような場所に成立する植物群落の総称が荒原で，E. リューベル（E. Rübel）による森林，草原の対語である．荒原は，乾荒原（沙漠），寒地荒原，海浜荒原，転移荒原，岩質荒原，硫気荒原に細分される．また，火山噴火後の遷移の初期段階に対して火山荒原という用語も用いられる．

荒原に生育する植物は，その場の過酷な環境条件に適応した形態的，生理的，生態的特性を発達させている．例えば，海浜荒原の植物は塩分に対する耐性をもち，乾燥しやすく不安定な立地に生育するために地下茎を発達させているものが多い．硫気荒原に生育する植物の中にはpH3以下の強酸性土壌にも耐えるものが知られている．荒原の一次生産力は森林や草原に比べると一般に低いが，それぞれの環境に適応した生物が独特の生態系を形づくっている． [中坪孝之]

📖 参考文献
[1] 小泉 博他『新・生態学への招待—草原・砂漠の生態』共立出版，2000
[2] 重定南奈子・露崎史朗編著『攪乱と遷移の自然史—「空き地」の植物生態学』北海道大学出版会，2008

湿原

　湿原とは「自然か人為的か，永続的か一次的か，止水か流水か，淡水か汽水か塩水かを問わず，marsh，fen などの沼沢地，ピート地帯または水のある地帯を指し，干潮時に深さ 6 m 以内の海水域も含む」と定義されている（1971 年イランのラムサール（Ramsar）で開催された湿原保全に関する国際会議）．

　湿原は，大きく沼沢湿原（marsh）と泥炭湿原（bog）に分けられる．沼沢湿原は，温暖な排水の悪い湖沼周辺によくみられ，土壌中の有機物は分解されていて無機塩類に富む．スゲ，イグサ，ヨシなどが優占し，水深が浅いところでは低木も生育している．他方，低温の温帯北部や亜寒帯，高標高地に発達する泥炭湿原では，高い地下水位によって生じる嫌気条件下でミズゴケ，イネ科草本類などの植物遺体は分解されにくく，有機物は泥炭を形成している．湿原は，地球上の陸地面積の 6 %（約 250 万 km^2）を占め，主に北半球の亜寒帯に泥炭湿原として存在する（図 1）．以下では，日本の代表的な 2 つの湿原，尾瀬ヶ原と釧路湿原（ともに泥炭湿原）を例に，湿原が形成されていく過程を説明する．

●**尾瀬ヶ原と釧路湿原**　1 万数千年前に起こった燧ヶ岳の火山活動で只見川が堰止められ，現在の尾瀬ヶ原の原形となる湖が形成された．そこに周囲から土砂が流入して，湖は次第に浅くなっていき，岸から中央に向かって水生植物が生育し始めた．湖は，これらの水生植物の遺体によって埋められていき，平坦な低層湿原が形成された．低層湿原は次第に弱酸性となって，ヨシやガマの群落に混じって酸性に適応したミズゴケが侵入

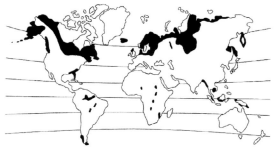

図 1　全球的に見た湿原の分布．北半球の温帯北部と寒帯・亜寒帯に多い［出典：[1]，p.90］

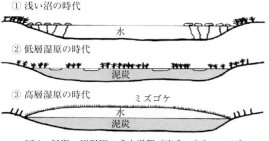

図 2　尾瀬ヶ原湿原の成立過程［出典：[2]，p.179］

し，堆積した植物遺体は泥炭層となって，その上に凸レンズ状の高層湿原が形成されてきた．泥炭層は6000年かかって，最大5m近くにもなっている（図2）．

日本で最も面積の広い代表的な湿原は釧路湿原（182.9 km^2）で，中央を釧路川が大きく蛇行しながら流れている（図3）．1万年前までの氷河期には，海水面が低下して釧路湿原一帯が陸地化していた．気候が現在より温暖化した約6000年前には，海水面は今より2～3m高くなった．その後，気温の低下に従って海水面も低下し，4000年前には現在の海岸線が形成され，砂洲が発達して内陸部には水はけの悪い沼沢地が形成された．沼沢地では，ヨシやスゲの遺体が冷涼多湿の気候のもとで泥炭化して湿原を形成し，約3000年前に現在のような湿原になった．

図3　釧路湿原の景観［提供：埴岡雅史］

図4　エストニア Soomaa 国立公園のコケ類の多い Kuresoo 湿原：ここでは景観全体を示すことはできないが，広大な面積を占めている

●ヨーロッパの湿原の例　バルト海に面したエストニアは小国であるが，同国の氾濫湿原の面積はヨーロッパで最も広い．バルト海に面した大陸と島嶼の海岸の他にも内陸部に大きな湿原が形成されている．その1つ，エストニア西部に位置するリガ湾に近い内陸部の Soomaa 国立公園に，エストニア最大級の湿原が広がる（図4）．その泥炭湿原には，10種を超えるミクリ科ミクリ属（*Sparganium*）の植物や多数の蘚類（*Aulacomnium parstre, Dicranum bergeri, Warnstorfia fluitans* など）が生育している．

●湿原の復元　長期間にわたる干拓や埋立てによって喪失した湿地は非常に多く，湿原の破壊は世界のいたるところで現在も進行している．湿原の喪失は植物相の喪失のみならず，そこに生息していた動物相の喪失をも意味している．したがって，湿原の干拓や埋め立てにはきわめて慎重でなければならない．ほとんどの場合，喪失以前の湿原の記録は残されていないので，復元できたかどうかを検証することは不可能である．それゆえ，まず新しい湿原の造成計画を立案し，それを目標に復元を進めるのがいいといわれている．

［塩見正衛］

📖 **参考文献**
[1]　小泉 博他『新・生態学への招待―草原・砂漠の生態』共立出版，2000
[2]　荒井幸人・里見哲夫『尾瀬の植物図鑑』偕成社，1987

島の生態学

　水に囲まれた小さな陸地を島という．陸上生物にとって水は移動の障壁となるので，島は周辺の陸地から隔離されやすく，1つの閉鎖生態系をつくる．また，大陸・本土に比べると，島は環境の多様性が低く，生物の組成も単純である．島の中で生物の独自の進化が進みやすく「進化の実験場」に例えられることもある．こうした点から，島は生物の進化，生態を解明するよい研究フィールドとなってきた．

●**動的平衡モデル**　島の生物相に関する理論にR. H. マッカーサー（R. H. MacArthur）とE. O. ウィルソン（E. O. Wilson）による動的平衡モデルがある．図1は，単位時間あたりに大陸（供給源）から島に新しく進出・定着する種数（移入率）と島から消滅する種数（消滅率）を縦軸に，島に定着している定住種数を横軸にとってグラフ化したものである．縦軸の切片 I は，生物が定着していない島に単位時間

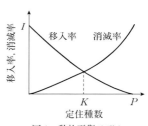

図1　動的平衡モデル

あたりに到着する潜在的な（最大の）種数を示す．横軸の切片 P は，これ以上新しい種の定着がない（大陸の種が全部渡ってきた）状態を示す．そして，2つの曲線の交点 K がこの島で実現する平衡種数を表す．なぜなら，島の現種数が K より大きければ消滅率が移入率を上回って種数が減少し，反対に小さければ移入率が消滅率を上回って種数が増加し，いずれも K で安定するからである．このように絶えざる流入と消滅の平衡状態の下に島の種数が維持されるというのが動的平衡モデルである．このモデルは，島の大きさ，供給源からの距離，供給源の多様性の大小による平衡種数の違いをよく説明する．

●**海洋島と集団遺伝学的効果**　世界の島々は大陸島と海洋島（大洋島）に分けられる．大陸島は大陸の周辺に位置し，過去に周辺の大陸・本土と地続きであったことのある島をいい，地続きの時代には大陸の生物が進出できるので，生物相の基本的な内容は大陸のものと共通である．これに対して，海洋島は海洋中に誕生して以来一度も大陸・本土と地続きになったことがなく孤立して存在してきた島をいう．広大な海を乗り越えて島に到着したごく限られた動植物のみが祖先となり，定着後は地理的に隔離されて独自の進化が進むので，海洋島には大陸・本土とは異なる独自の生物相が形成される．海洋島では島の特徴がより表れやすいといえる．

　海洋島では集団遺伝学的な効果が働きやすい．まず，大陸の個体群のごく一部

の個体が島にたどりつくため，最初の個体（創始者）がどのような遺伝子を島にもたらしたかという偶然によって，島の集団の遺伝子組成が決まってしまう現象がある（創始者効果）．また，島の集団は小さいために集団に生じた突然変異が偶然に左右されて（生存の有利・不利にかかわらず），集団に固定されたり取り除かれたりすることが起きやすい（機会的遺伝的浮動）．さらに，島の集団が何らかの原因で一度少数個体になった後に回復したとすると，少数のときに生き残った個体がたまたまもっていた遺伝子のみが子孫に受け継がれることになる（瓶首効果）．

●空ニッチと島症候群

島の生物進化はニッチ概念によって説明される．ニッチ（生態学的地位）とは，生態系の中でそれぞれの種が占める位置または地位のことをいう．図2は大陸と海洋島のニッチの様子を比較したものである．大陸では，長い歴史の中で利用でき

 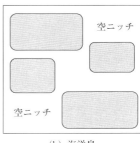

(a) 大　陸　　　　　　(b) 海洋島

図2　ニッチの概念図(灰色の四角が種ごとのニッチとその大きさを表す)

る資源はさまざまな種によってすでに利用されており，ニッチは細分化されていて隙間がない．それに対して，海洋島では総種数が限られていること，特定の生物グループが欠けていることなどから，個々のニッチが広く，まだ利用されていないニッチ（空ニッチ）もある．そこで，島での生物進化はこの空ニッチを埋める方向で進むと考えられる．島に到着した1つの祖先が島内のさまざまな空ニッチに進出して種分化を果たし，全体として多数の固有種からなる近縁種グループをつくることを適応放散という．ガラパゴス諸島のダーウィンフィンチやハワイ諸島のハワイミツスイなどがその例である．このように海洋島は大陸や大陸島に比べて生物の進化・生態にかかわる現象がダイナミックに進行する特徴がある．S. カールキスト（S. Carlquist）は，海洋島の生物や生物相に共通する特徴的な現象を取り上げ島症候群と名付けた．

　ところで，古代湖と呼ばれる歴史の古い湖（バイカル湖，タンガニーカ湖，琵琶湖など）では長時間にわたる隔離のため海洋島と似た生物学的な現象が見られる．また，熱帯の高山帯や都市の断片化された緑地なども「島」として捉えることができ，そうした場所の理解のうえでも島で得た知見を応用することが可能である．　　　　　　　　　　　　　　　　　　　　　　　　　［清水善和］

植生と生態遷移

　植生の定義は，広い意味では「ある地域に生息するまとまりのある植物の集団」とされ，植物群集とほぼ同義である．植生が時間の経過に伴い変化する現象を遷移という．

●**遷移の区分**　生態遷移は，撹乱の質や撹乱直後の環境などの特徴から，いくつかのタイプに区分できる．具体的には，大規模火山噴火や新島形成などにより生物がまったく存在しないところから始まる一次遷移と，森林火災や森林伐採などの後の多少なりとも生物が存在したところから始まる二次遷移に分けられる．したがって，二次遷移は，植物供給源が周囲からの移入しかない一次遷移と比べて，土壌中などに生存していた栄養繁殖体や埋土種子からも供給されるため進行は速い．また，一次遷移では，周辺からの種子移入に遷移が依存するため，微小な種子や翼や冠毛をもった風散布種子を生産する種が遷移の初期に出現することが多い．一次遷移は，湖沼など水分の多いところの陸地化から始まる湿性遷移と，岩礫地や溶岩上など乾燥したところから始まる乾性遷移に分けられる．

●**遷移の様式**　特に遷移初期に侵入し優占する種を先駆種（パイオニア）という．そして，遷移は，植物の定着が進むにつれ，その植物が環境を変化させる環境形成作用により進行する．例えば，北海道では湿原の先駆種であるミカヅキグサが定着すると被陰により直射に弱いヌマガヤが侵入し定着可能となる．その結果，ミカヅキグサによりヌマガヤの生育適地が提供され，種の置き換わりが起こる．このような，先に定着した種が，後に定着する種の好適な環境を提供することをファシリテーション（定着促進）という．遷移後期では，陽樹林が形成されると，その林床では陽樹の実生は暗すぎ生存できないが，耐陰性の高い陰樹の実生は成長でき陰樹林が形成され持続する．陰樹林のような長い時間にわたり，巨視的には大きな変化の認められない植生を極相（クライマックス）という．

●**調査方法**　永久調査区を設置し，植生の変化を長期追跡調査することが最も正確な研究方法であるが，少なくとも数十年を必要とする．そこで，クロノシークエンスという方法が，遷移の概要を把握するには使われる．クロノシークエンスは，例えば，森林火災が5，20，50，100年前に発生した場所の植生を調べ，これらをつなぎ合わせ，火災から100年間の遷移を推定する方法である．本方法は，短期間に調査が可能であるが，すべての火災後の遷移はおおむね均質とみなせるなどさまざまな仮定が必要であり，概要の把握に留まることに注意がいる．

●**多様性**　遷移に伴い，群集多様性は変化する．遷移初期には撹乱圧が強いため撹乱に弱い種が定着できず，遷移後期には撹乱圧は弱いが種間競争に弱い種が定

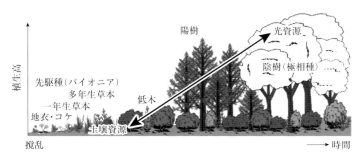

図1 温帯における乾性一次遷移系列の例：これらの段階のいくつかが欠落することもある．1977-78年に噴火した有珠山では，地衣・コケ，一年生草本，低木の段階はみられない．初期には土壌資源競争が，後期には光資源競争が，遷移を促進することが多い

着できないため，ともに多様性は低い．一方，撹乱が中程度に起こる所では，撹乱に弱い種も競争に弱い種もある程度は定着可能であり，そのような撹乱の多い遷移の中期に多様性が最大となる．このような多様性変化に関する説は，中規模撹乱説といわれている．

●**極相** 極相は，静的に安定した植生と考えられていた．しかし，極相も撹乱により変化しながら維持されている．例えば，閉鎖した森林で高木が折れたり倒れると地表まで光が届くようになる．このような場所をギャップと呼ぶ．このギャップができると，埋土種子が発芽したり，移入種子の発芽も容易となる．さらに，森林火災や伐採などで形成された大規模なギャップでは，遷移が進行する．その結果，極相は，さまざまな遷移段階を含むモザイク状の構造をなし動的に維持されていると考えられている．

●**遷移の機構** 遷移は，定着促進，抑制，耐性の3つの過程により進められる．定着促進過程は上述のとおりである．耐性過程は，遷移後期種は耐性が高く限られた資源に耐え，遷移初期種との競争に勝つ状態となったときに遷移が進むとするものである．抑制過程は，定着した種は後続する種の侵入を妨げるため遷移が起こるのは撹乱後かその集団の死亡によりその集団が除去されたときにのみ考える．これらの遷移に関する知見は，ファシリテーション機構を遷移初期に導入し，遷移速度を速め生態系復元をはかることや，火入れなどの中規模撹乱やギャップ形成を導入し群集構造の維持や多様性を高めるというように，生態系保全や生態系復元にも応用されつつある． [露崎史朗]

参考文献
[1] 重定南奈子・露崎史朗編著『撹乱と遷移の自然史―「空き地」の植物生態学』北海道大学出版会，p. 258, 2008
[2] 露崎史朗「群集・景観パターンと動態（第9章）」寺島一郎他著『植物生態学― Plant Ecology』朝倉書店，pp. 296-322, 2004
[3] Walker, L. R., *et al.* eds., *Linking restoration and ecological succession*, Springer, 2007

自然選択と適応

　植物を含めあらゆる生物は進化の所産である．私たちが目にする多様な生物は，長い進化によって生み出されたものだ．そして，環境に実にうまく適応しているようにみえる．ここでは，このような適応がどうしてもたらされたのかを解説する．

●**ダーウィンの自然選択理論**　生物の適応的な進化を説明するのがダーウィンの自然選択理論である（「進化の仕組み」参照）．その原理はきわめて単純である．「その環境条件において平均的により多くの子孫を残す遺伝子型は，世代を経るとともに頻度が増えていく」というものだ．そして，十分な世代数を経れば，存在しえた遺伝子型の中で，より多くの子孫を残す性質を備えたものが集団を占めるようになる．「より多くの子孫を残す性質」をもつことが，その環境に「適応」しているということである．

　生物が，適応的な性質を意識的に選ぶ必要はない．生物の意志にかかわらず適応的な性質を進化させるのが自然選択である．

●**適応度**　適応度という，自然選択による進化を調べるときに不可欠な尺度を紹介する．適応度とは，ある遺伝子型の個体が，1個体あたり次世代に残す成熟個体の数の平均である．厳密には，

　　　適応度＝1個体あたりの子の数の平均×子の繁殖齢までの生存率

となる．これは，繁殖齢に達した個体がどれくらいの子を残し，その子が再び繁殖齢に達するまでどれくらい生存するのかを表している．つまり，その生物のライフサイクルが1周したときに，その遺伝子型の個体が何倍に増えているのかを現す．だから，適応度が大きいほどその遺伝子型は世代とともに広がりやすい．

　ただし実際には，関連した他の尺度を適応度の代用とすることが多い．例えば，種子の生存率に遺伝子型間で差がない場合には，残す種子の数を適応度として扱うし，光合成生産量が大きいほど種子生産量が大きいならば，光合成生産量を適応度として扱ってもよい．

●**最適戦略**　自然選択による進化を解析するうえで最も基本的な手法が，最適戦略を調べることである．これは，その性質の進化を理解するうえで，他個体との相互作用を考慮しなくてよい（無視できる）場合に適用される．すなわち，その遺伝子型の適応度に，他の遺伝子型の戦略が影響しない場合に用いられる．例えば葉の形は，光合成生産の効率がよくなるように進化している．ある葉形をしている遺伝子型の光合成生産効率に，他の遺伝子型の葉形は影響しないであろう．この場合，存在しうる葉形の中で，適応度（光合成生産の効率）が最も高い葉形

が進化するはずである．

このように，その遺伝子型の適応度に対する他個体の戦略の影響が無視できる場合，自然選択により実現するのは，適応度が最大となる戦略である．これを最適戦略と呼ぶ．

●**進化的に安定な戦略**　その性質の進化に，他個体との相互作用が影響する場合もある．すなわち，その遺伝子型の適応度に，他の遺伝子型の戦略が影響する状況である．例えば，草丈の進化を考えてみよう．複数の個体が密生している状況下では，まわりの個体の高さが，自個体の受光量に強く影響するであろう．そのため，自個体の高さが同じであっても，まわりの個体の高さが異なると適応度が変わりうる．適応度が最大となる草丈も，まわりの個体の高さに応じて変わってきてしまう．

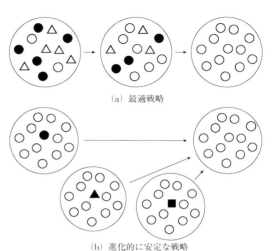

図1　最適戦略と進化的に安定な戦略：各記号は，異なる戦略をとっている遺伝子型である．(a)最適戦略：○の適応度が一番高い（○＞●，▲，■）とする．この場合，十分な世代数を経れば○が集団を占有するようになる．(b)進化的に安定な戦略：○が集団の大多数を占める場合，○の適応度が他のどんな戦略よりも高い（○＞●，▲，■）とする．この場合，どんな戦略も侵入できない．ただし，○が少数しかいない集団においても，○の適応度が他のどんな戦略よりも高いとは限らない

このような場合は，進化的に安定な戦略という概念を適用する．その条件は，その戦略を採用する遺伝子型が集団の大多数を占めている場合に，他のどんな戦略に対しても，「その戦略の適応度＞他の戦略の適応度」が成立することである．こうした集団には，他の戦略が侵入することができない．そのため，進化的に安定して存続することになる．ただし，進化的に安定な戦略をとる遺伝子型が少数しかいない集団において，この遺伝子型が増えていくとは限らない．この遺伝子型がひとたび集団を占有したら，進化の到達点として安定的に存在すると考えるわけである．

他個体との相互作用が進化に影響する状況を頻度依存選択と呼ぶ．この言葉は，どのような戦略をとる遺伝子型がどれくらいの頻度で存在するのかに依存して，適応度が変わることを表している．頻度依存選択の状況下で，進化的に安定な戦略が進化するということである．少数派の遺伝子型が有利となる状況を負の頻度依存選択と呼ぶ．少数派が滅びにくいので，性質の多型性をもたらすメカニズムの1つとなっている．

［酒井聡樹］

ミクロコズム

　ミクロコズムとは，野外の生態系を構成する生物群集と環境の一部を切り取って，比較的小さな容器で培養した実験系をいう．マイクロコズムともいう．人工的で単純な生態系であり，人為的に制御された環境条件で，少数の生物種から構成することにより，野外生態系では直接調べることが難しい現象やその仕組みを，実験室内で比較的簡便にかつ詳細に調べることを可能にする．一方，ミクロコズムで起こる現象が，そのまま野外生態系で起こるとは限らず，ミクロコズムによる研究結果を野外生態系の理解に当てはめる際には注意が必要である．ミクロコズムより規模が大きく，より野外生態系に近い実験生態系をメソコズムという．

●**ミクロコズムの長所と短所**　ミクロコズムは，生態学や進化学のモデル系として活用され，個体群から群集や生態系あるいは進化まで，さまざまな研究に貢献してきた．古典的な研究例としては，G. F. ガウゼ（G. F. Gause）による繊毛虫の種間競争，T. パーク（T. Park）によるコクヌストモドキの種間競争，内田俊郎によるアズキゾウムシ（餌生物）と寄生蜂（捕食者）の個体数振動，C. B. ハフェカー（C. B. Huffaker）によるダニ2種の捕食-被食系に対する空間構造の影響などがあり，どの研究も生態学の発展に貢献してきた．その背景には，比較的小さい容器の実験で反復がとりやすく，注目する条件（生物や環境など）を操作しやすいので，調べたい現象やその仕組みを検出しやすいという長所がある．また，比較的小型の生物を材料にするため，個体数変化や進化の時間スケールが短く，観測しやすいという点も長所である．一方，野外に比べて小さい空間に制限されており，実験に用いる生物が少ない種数で小型の生物に偏っており，攪乱などの確率的な環境変動が排除されているなど，研究の一般性には疑問が呈されることもある．しかし，ミクロコズム研究は，生態学や進化学に多くの新しい理論を提示してきた．数理モデルによる理論研究は，しばしば未知の仮定の上に興味深い予測を提示するが，ミクロコズム研究は，現実の生物を用いてその理論予測を検証できる．野外生態系における観察のみに基づく現象理解は，誤った結論を導く場合もあるため，数理モデル，ミクロコズムなどの実験，野外観測が統合的に用いられることが大事である．ミクロコズム研究の成果は，地球レベルの環境問題に関する政策決定にも貢献してきたが，応用研究や政策研究の基盤と認識されるまでには，非常に長いタイムラグがある[1]．それを縮めるためには，ミクロコズム研究が得意とする研究の新規性だけでなく，分類群の異なる生物や異なる環境で反復することで，研究に一般性をもたらすことも重要である[1]．

●**ミクロコズムの実験例**　空間的に不均一な環境を設定すると，それぞれの環境

に適応して迅速に多様化が起こることが,蛍光菌を用いた実験によって示された(図1)[2].一方,藻類とワムシを用いた実験では,藻類に遺伝的多様性があり迅速な進化が起こると,周期が長く逆位相の個体数振動をみせることが示された(図2)[3].これらを用いた研究は,野外生態系で検証されるべき重要な理論予測を提示している.

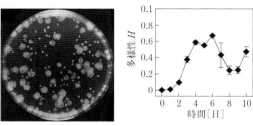

図1　不均一な環境における蛍光菌（*Pseudomonas fluorescens*）の適応放散の観測[2]

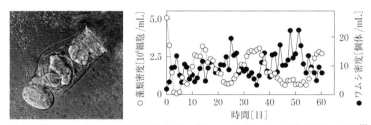

図2　藻類（*Chlorella vulgaris*）とワムシ（*Brachionus calyciflorus*）の個体数振動の観測[3]

●**自然のミクロコズム**　ミクロコズムの長所を活かしつつ,野外生態系の利点もあるのが,いわゆる「自然のミクロコズム」である.研究対象が,操作性と一般性と現実性の条件すべてを満たすことは難しいが,自然のミクロコズムでは,反復や観察などが容易で操作性があり,自然条件での環境変動などの現実性もある.自然のミクロコズムには,ウツボカズラなどの植物がもつファイトテルマータ,パッチ状のコケに生息する節足動物群集,岩の凹みのプランクトン群集などがあり,生物多様性と生態系機能の関係やメタ群集などに関連した重要な研究成果を示している.　　　　　　　　　　　　　　　　　　　　　　　　　　［吉田丈人］

📖 **参考文献**

[1] Benton, T. G. *et al.*, "Microcosm experiments can inform global ecological problems", *Trends in Ecology and Evolution*, 22：516-521, 2007
[2] Rainey, P. B. & Travisano, M., "Adaptive radiation in a heterogeneous environment", Nature, 394：69-72, 1998
[3] Yoshida, T., *et al.*, "Rapid evolution drives ecological dynamics in a predator-prey system", *Nature*, 424：303-306, 2003

種間競争と種内競争

　太陽光，水，栄養塩および二酸化炭素を資源とする緑色植物の個体間には，これらの有限な資源をめぐる競争がみられる．競争にかかわる個体の少なくとも一部では，適応度に影響する生存や成長や繁殖が低下する．緑色植物の資源は共通なので，すべての植物個体は，潜在的に競争の対象となる．また，野外に単独で生育することがまれで固着性の植物では，個体密度が競争を通じて個体サイズに影響することが多い．そのため植物の個体群や群集の成長と動態は競争に依存する．

　方向性をもって上空から供給される太陽光を獲得する葉は地上部の空間に展開される．土壌や水の中に存在し供給の方向性が一定でない水や栄養塩は根で植物に獲得される．つまり植物は，供給の様式が異なる資源を違う器官で吸収する．この特性を利用した地上部の葉での競争と地下部の根での競争の影響がどのように異なるかを検討した実験では，4つの栽培条件が比較された．競争にかかわる個体が，それぞれ単独で生育する条件，地上部でのみ競争する条件，地下部でのみ競争する条件，地上部と地下部ともに競争する条件である．その結果，地上部と地下部ともに競争する条件と地下部でのみ競争する条件で，植物体のサイズが平均的に小さくなった．地上部の競争では，個体サイズのばらつきが著しく大きかった．これらの個体サイズやそのばらつきへの影響を介して，競争は植物の個体群および群集の構造に強く影響する．

　植物の競争の影響は，個体の空間配置によって変化しうる．2種の一年生草本が，1個体同士で競争する，つまり異なる種の2個体が隣接すると，優位な種と劣位な種が生じ，この2種が同所的に共存しにくいことがある．しかし，この2種でも，それぞれ同種の個体が複数で集まって分布し，集団として競争にさらされると，2種が共存する場合がある．この理由は，競争に優位な種では，同種の集中分布で種内の個体間競争が激化し，隣接する劣位な種との種間の競争に比べて，収量が低下するためである．このような空間分布も競争を通じて植物群集の構造や動態に影響すると考えられる．

●**多様な競争の概念**　競争にかかわる個体が異なる種に属する場合には，競争は種間競争と呼ばれ，同じ種に属する場合には種内競争と呼ばれる．植物ではさまざまな種間で競争がみられる．同じ種に属する植物個体間では，資源を必要とする時期が等しくなりがちなため，種内競争は激しくなりやすい．

　R. S. ミラー（R. S. Miller）は，競争の様式を，機構に着目し二分した．その1つである消費型競争は，資源獲得をめぐる間接的な相互作用であり，もう1つの

干渉型競争は,競争にかかわる個体の一部が排除される直接的な相互作用である.植物の干渉型競争の例としては,アレロケミカルの分泌により他種の発芽や成長を阻害する他感作用（アレロパシー）が知られている.

競争をその結果から類別することもある.競争にかかわる一方のみが他方に対して非常に優位となり,逆方向の影響がほとんどみられない場合を非対称型競争（一方向的競争）という.太陽光をめぐる競争では,大きな植物は小型の個体を被陰するが逆はない.そのため,非対称的な競争となる.一方で,競争にかかわる双方がなんらかの影響を互いに受ける場合は,対称型競争（二方向的競争）と呼ばれる.水や栄養塩をめぐる競争では,大型の植物でも小型の植物でも,それぞれの根の量に応じた資源の獲得が期待できる.そのため,対称的な競争となる.実際の競争は,完全に非対称な競争と完全に対称的な競争の間に位置付けられる.ただし,種間競争や種内競争では,異なる資源に対する競争が同時に起きるため,その結果の多くは非対称的となることが多様な分類群で報告されている.

競争が個体群に及ぼす影響は,同齢集団（コホート）で,特に詳しく研究されてきた.高密度なコホートでは,種子の密度が増加しても,最終的に生残する植物の個体数が,初期密度の増加ほどは増加しない密度依存的な枯死がみられる.これは,個体の成長に伴い競争が激しくなり,死亡率が著しく上昇し過剰補償し,生残個体数が減少するためである.

初期の密度が著しく高い個体群では,存在する個体のサイズが非常に小さくなり,サイズのばらつきが小さいと,ほとんどすべての個体が一斉に枯死することがある.この現象は,共倒れ型競争といわれる.一方で,個体サイズのばらつきが大きいと,大多数の小型個体が枯死し,ごく少数の大型個体は生残し成長を続ける.これは,勝ち抜き型競争と呼ばれる.このとき,生残個体の密度の減少に伴い生残個体の平均個体重は増加する（図1）.この関係は,平均個体重が密度の3/2乗に反比例する関係なので,−3/2乗則（依田の自己間引きの法則）と呼ばれ,木本植物や多くの一年生草本植物の個体群で広く成り立つことが知られている. ［鈴木準一郎］

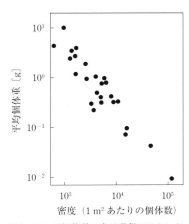

図1 アカザ個体群の成長過程でみられた自己間引き:横軸は生残個体の密度を,縦軸は生残個体の平均個体重を,それぞれ対数軸で示している.［出典:Yoda, K., *et al., J. Inst. Polytech. Osaka City Univ., Ser. D.*, 14: 107, 1963］

植物の分布パターン

　生物個体間の空間的な位置関係にみられる規則性を分布パターン（分布様式）という．植物の分布パターンには，種子散布や定着・生存における種内・種間競争など，過去の生態過程の履歴が残されており，植物の個体群動態や群集動態の特徴を推測するための重要な情報となる．

●**分布パターンの類型**　分布パターンは，おおまかに，ランダム分布，集中分布，規則分布の3つに分けられる．ランダム分布は，各個体の位置がランダム（互いに無関係）に決まっているときにみられる分布である（図1(a)）．このとき，個体群内の個体密度はどの場所でも一定になるわけではなく，場所によるばらつきがある．集中分布は，個体がある場所に集まる傾向のある分布で（図1(b)），ランダム分布と比べて，個体密度の高い場所と低い場所の両方の割合が増える．ランダム分布よりも個体が均等に位置する分布が規則分布で（図1(c)），個体密度の高い場所と低い場所の割合が減り，平均的な密度の場所が増える．

●**分布パターンの指標と空間スケール**　分布パターンを判別するための方法には，区画法と距離法がある．区画法では，個体群を複数の小さな区画に区分したときに各区画に含まれる個体数（個体密度）のばらつきを使う．図1にみられるように，個体密度の平均値は分布パターンとは無関係に一定とした場合でも，各区画の個体密度のばらつきは分布パターンによって異なる．ランダム分布では，

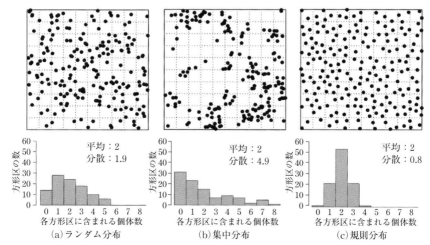

図1　分布パターン3類型の例：下図は点線で示した各区画に含まれる個体数の頻度分布

個体密度の平均値と分散（ばらつきの指標）が等しくなる．そこで，分散を平均で割った値が1ならばランダム分布，1より大きければ集中分布，1より小さければ規則分布と判断する．なお，この指標の値は，集中の程度（集中度）が同じでも平均値が変わると変

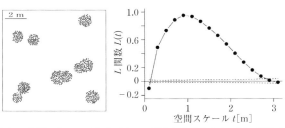

図2　空間スケールで分布パターンがかわる個体分布の例：空間スケールtはL関数を求めるときに使う円の半径．右図の点線はランダム分布の99％信頼区間

わってしまうため，集中度の比較には，平均値の影響を受けないよう工夫された森下正明のI_δ指数などが使われる．

距離法では区画ではなく，各個体間の距離を使う．距離法の指標の1つにB. D. リプリー（B. D. Ripley）のL関数がある．これは，ある個体から一定の距離までの範囲に含まれる他個体の数が，ランダム分布で期待される数より多いか少ないかで分布パターンを判別するものである．L関数は，ランダム分布でゼロ，集中分布で正，規則分布で負の値をとるように基準化されている（図2）．

分布パターンは空間スケールによっても変わる．空間スケールによる分布パターンの変化は，区画法なら区画の大きさを，距離法なら個体数を数える範囲を変化させることで推測できる．図2の例では，空間スケールが大きくなるにつれて，分布パターンが規則分布から，集中分布，ランダム分布に変化している．

●**分布パターンを決める要因**　一般に種子の散布距離は限られているため，種子や小さな個体の分布は集中分布になることが多い．また，樹木などの多年生植物では個体や年によって生産種子数が大きく変動するため，ある年に散布される種子は，生産量の多い個体の周辺に集中する．不均一な環境も集中分布につながる．植物の発芽，定着，死亡の過程は，気候，土壌，光などさまざまな環境要因に影響されるため，散布される種子の数が同じでも，ある植物に適した環境と不適な環境では生存率が異なり，その植物に適した環境の場所に分布が集中するようになる．

個体間の相互作用も分布パターンに影響する．個体の成長につれて，隣接する個体間で資源（光，栄養塩，水，など）をめぐる競争が生じ，自己間引きが起きる．個体密度が高い場所ほど競争が激しく死亡率が高くなるため，一般に，同齢個体群の集中度は時間とともに減少していく．隣接個体との競争は同種間，異種間のいずれでも生じるが，種に特有の病気や被食などが重要な死亡原因の場合には，同種密度が高いほど死亡率が上がり，同種個体群の集中度は急速に下がることがある．一方，種特異的な菌根菌がある場合などは，同種個体密度が高いほど生存率や成長速度が上がり，時間とともに集中度が増加することもある．　　　［伊東　明］

生態学における撹乱

　自然の中では，撹乱と呼ばれるイベントが生じる．例えば，森林では，強風時に樹木がなぎ倒されたり，旱魃（かんばつ）時に山火事が生じたりする．このようなイベントは，時に破壊と称されることがあるが，現在の生態学においては，自然撹乱と呼ばれ，自然界に必須のイベントと考えられている．自然撹乱は，生育環境を大きく変え，「空いた空間」を生み出す．そこは，新たな個体が成育し，生き物の集団が次世代へと更新していくための「場所」となる．

●**自然撹乱**　撹乱という用語のもつ意味は，科学分野によって異なる．生態学における撹乱とは，生態系・群集・個体群の構造を乱し，資源の利用可能量と物理環境を変えるイベントとされる．例えば，森林の場合では，台風やハリケーン時の強風により樹木がなぎ倒されると，ギャップと呼ばれる開いた空間が形成される．ギャップではうっそうとした森林内に比べて明るく，植物の生育に必須の光が潤沢になる．このような場所には，パイオニア種と呼ばれる植物種が侵入し，光資源を利用して旺盛に成長する．この場合，撹乱はパイオニア種が必要とする住み場所と光資源を生み出している．一時的に乱された森林は，やがて再生・更新の道をたどり，極相種と呼ばれるような樹木が優占する成熟した森林へと発達する．

　植物生態学における自然撹乱は，非生物的な撹乱と生物的な撹乱に大別される．前者は，火山噴火，台風，山火事，洪水，雪崩といったイベントに伴う植物個体や集団の破壊である．後者の例としては，草食性の哺乳類や昆虫などによる植物体の被食や枯損などがあげられる．

●**撹乱と災害**　撹乱の中には，「自然撹乱＝自然災害」といった解釈をされがちなものがある．特に，大規模撹乱の多くは，自然や社会に損害をもたらす自然災害と同意義として忌み嫌われがちである．しかし，破壊と再生の繰り返しは，自然界に普遍に存在する事象である．例えば，上述のような強風による樹木の倒壊や山火事による枯死は，その規模がどうであれ，森林生態系では本来異常なことではない．このようなイベントは，あくまで「一時的に生態系を乱しているだけ」である．自然撹乱は，決して恒久的な破壊を生態系にもたらすわけではない．

　生物的な大規模撹乱の例として，キクイムシなどの甲虫が大発生し，広域にわたって樹木が枯死することがあげられる．これら生物的撹乱もまた，森林生態系に自然に存在する撹乱であり，必ずしも忌み嫌うべき対象というわけではない．しかしながら，日本語の場合，これらは頻繁に「虫害」「食害」と表現される．つまり，発生要因や撹乱後の生態系の状況にかかわらず，最初から「害」をなすものとして捉えられていることを示唆している．このことも，自然撹乱が，人間

社会の観点からは，災害として捉えられがちであることを象徴している．

自然要因によらない人為撹乱も多数ある．例えば，焚き火の不始末による山火事，森林伐採，化学物質による湖沼や流域の汚染などである．人為由来のシカ個体群増加による過剰な植食害も人為撹乱と呼べるだろう．このような事象は，自然撹乱とは分離して捉える必要があり，社会にとっての災害につながり得る．

●**撹乱の規模と頻度** ヒトの寿命や人間社会の歴史時間からみると，まれに生じる大規模な撹乱が空前絶後の大災害として捉えられてしまうのは，ある意味仕方がないのかもしれない．しかし，例えば火山の噴火後の崩壊地，溶岩流や火砕流の跡地には，そのような荒地環境に適応した生物種が新たに侵入してくる．そして，その後，長時間をかけて，数多の生物種の出現と消失が起こり生態系が再構築されていく．このような撹乱と再生のプロセスは，長い地球史の中で幾度となく繰り返し起こってきたはずであり，地球史の中では決して異常な出来事ではない．

自然撹乱は，突発的かつ大規模とは限らない．乾燥地域では，頻繁に小規模な火事が起こることで，乾燥や火事に適応した生物種が存続できる．また，強風時に樹木が倒壊することは通常十分に起こりうる．このように陸域生態系では，さまざまな小規模の自然撹乱が常に生じている．

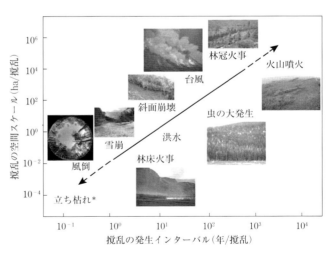

図1 自然撹乱の時空間スケール：大規模な撹乱ほど発生頻度が低く，撹乱イベント間のインターバル（時間間隔）が長い．なお，すべての自然撹乱がこの関係に当てはまるわけではない．図中の時空間軸における，各撹乱タイプの位置はおおよその相対位置であり，各撹乱の時空間規模は必ずしも図とは合致しない．*で示した「立ち枯れ」は，撹乱ではなくプロセスにすぎないと解釈される場合もある

図1に，森林生態系で起こりうる自然撹乱の発生インターバルと空間スケールの関係を概念的に示した．すべての自然撹乱がこの関係性に基づくわけではないが，おおむね大規模撹乱ほど発生頻度が低く，小規模撹乱ほど発生頻度が高い．地域の気候条件や地形，それらに応じて形成される植生タイプに応じて，陸域生態系で生じる撹乱の種類や頻度，規模（撹乱体制という）が決まる． ［森 章］

環境ストレス——農学・生態学の視点から

　ストレス（stress）はラテン語の *stringere* が語源で，苦境や苦痛という意味である．ストレスを受けている生物個体は，外的要因または内的要因により最適な条件から有意にずれた条件におかれ，抑圧された状態にあると考えられている．移動能力をもたない植物にとって，ストレスは成長や分化，生産性を制限し，生存にかかわる．ストレスを受けている個体は遺伝子発現や代謝などの機能を大きく変化させ，ストレスへの順化応答を示す．ストレスの影響がその植物個体が本来もっている耐性や順化能力を超えたり，ストレスが長期化すると，植物は慢性的な病気となったり，不可逆的な傷害を受け，場合によっては枯死する．傷害をひき起こさない程度のストレスは順化反応を誘導し，植物のストレス耐性を向上させる場合がある．

　ストレス要因には非生物的要因と生物的要因とがある．非生物的なストレス要因の大部分は大気中，土壌中，水中で影響を及ぼす環境要因であり，強光・弱光，高温・低温，乾燥・過湿，強風などがある．極端な酸性・塩基性土壌や冠水・過湿土壌も植物にストレスとなる．干魃などの非生物的要因が，アメリカの主要作物の収量を下げる要因の多くを占めるという報告がある．生物的要因には，種間競争，被食，寄生などの自然要因の他に，環境汚染物質などの人為的な要因もある．これらのストレス要因は単独で起こることは少なく，野外の多くの場所では，複数のストレス要因が複合的に植物個体に影響を及ぼしている．例えば明るい場所では，強光，高温，乾燥，塩ストレスが同時に作用することがある．

　植物個体の一部がストレスの影響を受けた場合でも，植物ホルモンなどを介して個体全体が応答する場合が多い．例えば土壌の乾燥は，最初に根系にストレスを与えるが，植物ホルモンのアブシシン酸などを介して，葉における気孔の閉鎖，地上部と根との成長比率の調節など，個体全体に影響を及ぼす．乾燥ストレス下では，LEAタンパク質などの乾燥耐性にかかわる防御タンパク質が誘導される．LEAタンパク質は塩ストレス下でも誘導される．他にもフラボノイドの蓄積やペルオキシダーゼの誘導などは，さまざまなストレス要因により起こる．そのため，植物がある1つのストレスに耐性になった場合，他のストレスにも耐性を示すことがよくみられる．

●ストレス応答にかかるコスト　ストレス下では，順化応答に必要な化合物の誘導や形態の変化などが起こるが，それらの応答にはエネルギーコストが必要である．葉が被食されやすい植物では，葉にタンニンが蓄積する．タンニンを1g合成するためには，グルコースが2g消費されると計算されている．つまり被食防

御のためにタンニンを合成すると，成長など他のプロセスに振り分けるべき資源の一部をタンニン合成に消費していることを意味する．熱帯の被食されやすい樹種では，葉内のタンニン量と生育期間中の新葉の数の間には，強い負の相関があることが報告されている．

●**ストレス下の植物の応答例** ここで，生物的ストレスを受けた植物の応答の一例を示そう．キク科ヒヨドリバナは野外で葉の葉脈が黄化している個体がよくみられる（図1）．黄化はウイルス感染のためであり，ウイルス感染したヒヨドリバナの葉ではクロロフィル量が低下することが報告されている．葉のクロロフィル量の低下は，葉の光合成速度の低下を引き起こす．

図1 ウイルスに感染したヒヨドリバナ個体(右) と感染していない個体(左)

明るい場所でヒヨドリバナ感染個体と非感染個体を栽培し成長を比べると，感染個体は非感染個体の6割程度しか成長できなかった（図2）．相対成長速度は，個体の生理的な特徴を表す純同化率と形態的な特徴を表す葉面積比に分けられる．ウイルス感染したヒヨドリバナでは純同化率が5割程度も低かった．葉のクロロフィル量の低下による光合成速度の低下が，純同化率の低下につながっていると考えられる．一方，葉面積比は感染個体の方が非感染個体よりも高かった．これらの結果は，感染個体では個体あたりの葉面積をできるだけ増やし，多くの光を吸収することで，葉の光合成速度の低下による成長の低下を補おうとしていることを意味し，ウイルス感染ストレスへの順化応答の結果だと考えられる．

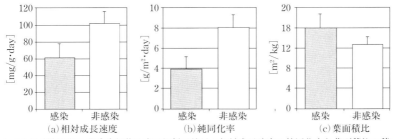

図2 ウイルス感染個体と非感染個体の成長解析の結果：相対成長速度は純同化率と葉面積比の積である

野外のヒヨドリバナ個体群では，ウイルス感染が広まると個体数が減少し，最終的には個体群が絶滅してしまうこともある．より薄暗い場所にあるヒヨドリバナ個体群の方が絶滅するまでの期間が短くなると報告されている．ウイルス感染と弱光の両方が働くことにより，ヒヨドリバナはより強くストレスを受けていると思われる．

[野口 航]

生活史と生活史戦略

　生物個体の出生から死亡に至るまでの生存と繁殖のスケジュールを生活史という．植物の場合は，種子・果実や胞子など（以下，種子）の散布後，発芽し，栄養成長期を経て，繁殖し枯死するまでの各段階で，どれだけの個体が生き残るかが生存のスケジュールである．また，いつどれだけの数の種子を生産するかが繁殖のスケジュールである．生活史を特徴づける特性を生活史特性という．例えば，種子生産数，種子サイズ，栄養成長様式，繁殖齢，繁殖サイズ，繁殖回数，繁殖分配，交配様式などが生活史特性としてあげられる．

　生活史が決まれば，その生活史をとる個体が将来どれだけの速さで子孫を増やしていくかの期待値（個体群の内的自然増加率）が計算できる．この期待値を適応度の尺度として，異なる生活史の適応的な意義を考察できる．生活史戦略は，生活史を生物の適応に関する戦略としてとらえた概念である．生活史戦略のうち，生存のスケジュールにかかわるものを生存戦略，繁殖のスケジュールにかかわるものを繁殖戦略という．

●**個体群統計学**　生存と繁殖のスケジュールの動態に関する研究分野が個体群統計学（デモグラフィー）である．植物では，種子による有性繁殖以外にも，むかごや地下茎などによる栄養繁殖を行うものも多く，多様な繁殖様式を示す．また，成長の可塑性も大きいため，個体の年齢が生活史の各段階と対応しない場合も多い．このような複雑な生活史の個体群統計の解析には，生活史を推移行列で表現する手法が有効である．推移行列の最大固有値が，内的自然増加率になる[1]．

●**世代期間**　発芽から枯死までの期間が1年未満の植物は，一年生植物または一年草，1年以上2年未満の植物は，二年生植物または二年草，2年以上の植物は多年生植物または多年草と呼ばれる．ただし，種子散布後に埋土種子となり，すぐに発芽しない場合も多い．そのため一年生植物の世代期間が1年とは限らない．

●**可変性二年草**　多くの二年生植物では，生育環境が異なると発芽後，繁殖するまでの期間が1年から数年の幅で可塑的に変化する．これは，ロゼットが抽薹するには，あるサイズ（臨界サイズ）以上に成長することが必要なためである．このような生活史を示す二年草を可変性二年草という．例えば，オオマツヨイグサ（*Oenothera glazioviana*）は，富栄養な環境では秋に発芽して翌年の初夏に繁殖する越年草（冬型一年草）の生活史を示すが，貧栄養な環境ではロゼットが臨界サイズ以上に成長し，繁殖するまで数年かかる．これは，抽薹を開始するシグナルとなる長日日長を感じるために，一定以上のロゼットの葉面積が必要なためである．

●**遅延繁殖の適応的意義**　繁殖齢以外の生活史が同じであれば，早く繁殖するほど世代期間が短くなるため内的自然増加率は高くなる．しかし，実際には早く繁殖するほど，親のサイズは小さくなるため種子生産数は少なくなる．そのため繁殖を遅らせ栄養成長を続けて植物体のサイズを大きくし，より多くの種子を生産する方が早く繁殖するより有利になる場合がある[1]．

●**サイズ依存的繁殖とエイジ依存的繁殖**　繁殖のタイミングが，発芽後の絶対年齢ではなく，植物のサイズによってきまるサイズ依存的繁殖は，可変性二年草に限らず多くの多年草や樹木でもみられる．一方，個体の絶対年齢に依存して繁殖するエイジ依存的繁殖をする植物もある．例えば，一年草は小さいサイズであっても発芽後1年以内に必ず繁殖する．また，クローナル成長をするタケやササは，数十年から百年程度の周期でエイジ依存的に繁殖する[2]．

植物では，生存率や種子生産は，個体の年齢ではなくサイズと相関することが多い．このとき，他の生活史が同じであれば，サイズ依存的に繁殖する方がエイジ依存的に繁殖するより適応度は高くなる．オオマツヨイグサを例にして，芽生えの出現率ごとに，最適繁殖サイズと最適繁殖齢をモデル計算により求めた．その結果，どの芽生え出現率でも増加率はサイズ依存のほうが高くなった（表1）．これは，植物の成長に個体差があるためである．同齢個体群内で植物サイズにばらつきがあると，平均よりサイズが大きい個体にとっては繁殖が遅すぎ，平均よりサイズが小さい個体にとっては繁殖が早すぎるのである．また，サイズ依存的繁殖は，同齢個体群の繁殖齢を分散させるので，ある年に一斉に繁殖するエイジ依存的繁殖に比べて環境変動の影響を受けにくい．ただし，エイジ依存的に繁殖する一年草も，埋土種子をもつことにより発芽の年を分散すれば，環境の年変動の影響を平均化できる．　　　　　　　　　　［可知直毅］

表1　サイズ依存的に繁殖に入る個体群とエイジ依存的に繁殖に入る個体群の内的自然増加率の比較[1]

芽生え出現率 [%]	サイズ依存モデル		エイジ依存モデル	
	最適繁殖サイズ [cm]	増加率 [/年]	最適繁殖齢 [年]	増加率 [/年]
0.5	24.5	−0.179	6	−0.287
1.0	20.4	−0.074	6	−0.171
2.0	16.6	0.054	5	−0.035
4.0	14.5	0.209	4	0.125
8.0	11	0.384	3	0.306
16.0	8.9	0.593	3	0.537

📖 参考文献
[1] 可知直毅「第6章 生活史の進化と個体群動態」寺島 一郎他著『植物生態学』朝倉書店，pp.189-233，2004
[2] 陶山佳久「48年周期で咲いて生まれ変わるタケ」種生物学会編『生物時計の生態学』新田 梢・陶山佳久編集，文一総合出版，pp.11-18，2015

r, K 戦略と植物の3戦略

　生活史戦略の理論では，適応度の尺度として内的自然増加率 r を用いることが多い．資源（植物にとっては光や水や栄養塩類など）が十分存在し，個体群サイズが小さく個体密度が低いときは，その個体群の個体あたり，単位時間あたりの増加率は r に近いであろう．しかし，個体群サイズが大きくなるとともに個体密度が高まると資源をめぐって個体間の競争が起き，死亡率が高まったり繁殖力が落ちしたりして，個体群の増加率は低下し，やがて定常状態になるであろう．このような個体群サイズの変化は，以下のロジスティック式で記述できる．

$$dN/dt = r(1 - N/K)N$$

　ここで，N は個体数，t は時間，r は N が0に近いときの増加率（内的自然増加率）である．K は，定常状態での個体群サイズで，環境収容力ともいう．このロジスティック式の右辺の N を左辺に移項すると，左辺は個体あたり，単位時間あたりの増加率となる．

$$1/N \, dN/dt = r(1 - N/K)$$

　アメリカの生態学者 R. H. マッカーサー（R. H. MacArthur）は，個体群密度が低く資源が十分存在する環境では，r を高めるような選択（r 選択）が働くと考えた．一方，個体群密度が高まるとともに個体間競争が激しくなり，その結果資源が不足する環境では K を高めるような選択（K 選択）が働くと考えた[1]．この考えを r, K 戦略説という．

● **r 選択と K 選択の特徴**

E. R. ピアンカ（E. P. Pianka）は，r を高める形質は，同時に K を低下させるというトレードオフの関係を想定して，r 選択と K 選択の特徴を整理した（表1）[1]．また，表1は，種内だけでなく近縁種間にみられる生態的な分化の研究にも適用されている．

表1　r 選択と K 選択の特徴[1]

	r 選択	K 選択
気候	大きく，または（あるいはそれに加えて）不規則に変化する．	安定しているかまたは（あるいはそれに加えて）規則的に変化する．
死亡率	密度に依存せず破壊的に起こる．方向性なし．	密度に依存する．方向性あり．
個体数	変動が大きく，平衡状態にない．環境収容力よりずっと低いレベルにある．	安定しており，平衡状態にある．環境収容力の限界に近い高密度にある．
種内・種間競争	毎年再侵入がある．穏やか 早い生育 高い内的自然増加率	再侵入なし．厳しい ゆっくりした生育 高い競争能力
選択された形質	早い繁殖（小さい体） 一回繁殖 小さい子（種子）を多産	ゆっくりした繁殖 多回繁殖 大きい子（種子）を少産
世代期間	短い	長い
遷移の段階	初期段階	後期段階，極相

●**植物の3戦略** ストレスと撹乱は，植物の現存量を制限する要因である．ここでストレスとは，乾燥，光不足，貧栄養，低温など植物の成長を制限する物理的環境要因である．撹乱とは，昆虫による植食，動物による踏みつけ，火事，崖くずれ，霜など，成長の結果つくられた植物体を損傷させる外的要因である．

植物では，一般に現存量が大きい個体ほど適応度が高いと考えられるので，ストレスと撹乱は，植物に働く淘汰圧になりうる．イギリスの植物生態学者J. P. グライム（J. P. Grime）は，植物の適応戦略は，ストレスの程度と撹乱の程度に応じて3つの典型的な戦略に整理できると主張した[2]．

ストレスや撹乱の程度が小さい（十分な資源が安定して供給される）環境では，大きく成長する植物（競争者，competitor）が有利だろう（競争戦略）．また，撹乱の程度は小さいが，ストレスの程度が大きい（資源の供給が少ない）環境では，ゆっくり成長する植物（ストレス耐性者，stress-tolerator）が有利だろう（耐ストレス戦略）．また，資源の供給は十分だが撹乱の程度が大きい環境では，世代期間が短く種子散布能力が高い雑草的な植物（撹乱依存者，ruderal）が有利だろう（荒れ地戦略）．この考え方は，3つの戦略の頭文字をとってCSRモデルとも呼ばれる（表2）．

表2 ストレスと撹乱の程度に対応した植物の3戦略[2]

撹乱の程度	ストレスの程度	
	小	大
小	競争戦略（C）	耐ストレス戦略（S）
大	荒れ地戦略（R）	生育不可

●**r, K戦略と植物の3戦略の関係** ストレスの程度が小さく，撹乱の程度が大きい環境では，r選択を受けるため，荒れ地戦略はr選択に対応した戦略といえる．一方，光や栄養塩などの資源が十分あり，撹乱の程度が低いと，結果的に資源をめぐる競争が起こる．したがって，競争戦略はK選択に対応した戦略といえる．ただし，ピアンカが整理したK選択の特徴の1つである「ゆっくりとした生育」はCSRモデルの競争者の特徴とは逆である．これは，固着性の植物では，まわりの個体に比べてより早く成長するほど光をめぐる競争に有利なためである．また，ストレス耐性者は，限られた資源を効率よく利用できる特性をもつが，それが選択される環境はもともと資源が少ない環境であり，競争の結果，資源が不足するK選択が想定される環境とは異なる．

r, K戦略説は，ロジスティック式に基づく個体群内の個体（あるいは遺伝子型）に働く選択圧についての演繹的な理論であるのに対して，CSRモデルは，イギリス中部に生育する植物の特性と生育環境との関係に基づく帰納的な理論である．

［可知直毅］

📖 **参考文献**
[1] 田中嘉成「4．生活史の適応進化」日本生態学会編『生態学入門 第2版』東京化学同人，pp.62-87，2012
[2] Grime, J. P., *Plant Strategies and Vegetation Processes*, Wiley, 1979

植物の繁殖戦略

　植物にとって，一生の間の「いつ」，そして「どのように」子孫を残すのが適応的なのであろうか．植物の個体にとって，光合成により獲得した資源量は有限であり，種はその生産エネルギーを個体の「生存」と「繁殖」にバランスよく投資を行っている．

　もし，繁殖へのエネルギー投資が一定であるとしたならば，繁殖力を増大させるような適応戦略の分化には，2つの方向性が考えられる．1つは，1回あたりの繁殖体数を少なくして，繁殖回数を増やす多回繁殖型であり，もう1つは，1回あたりの繁殖体数を多くして繁殖回数を減らす，いわゆる一回繁殖型である．繁殖活動へのエネルギー投資は，個体の継続的な繁殖力の維持能力と，生存の可能性も低下させることにつながる．植物の進化過程においては，この一回繁殖型の機構の分化に合わせて，1世代の長さの短縮が生じた可能性が高い．このことは，すべての一年草や二年草が一回繁殖であることであることからもわかる．

　この考え方の背景になるのが，ある特定条件下における植物個体の繁殖エネルギーの投資が，その個体の生存期間全体を通じて生存と繁殖のために，いかにバランスがとれているかである．繁殖エネルギー投資の一時的な増大は，その個体の生命維持もおびやかすからである．

　いま，ある植物の生活史特性が最適状態であると仮定すると，どの年齢の成熟個体でも現在の繁殖効率と将来の繁殖効率の合計は最大値を示すはずである．しかし，出生数は年齢とともに次第に変化する．したがって，繁殖効率に及ぼすこれら2つの合計値は，個体の年齢に左右される．

●**繁殖価：生存と繁殖のバランス**　R. A. フィッシャー (R. A. Fisher) は，個体の適応度を，その個体が将来に残す子孫数で評価する，繁殖価 V_x というパラメータを考えた[1]．繁殖価は，$V_x = b_x + \sum_{i=1}^{a}(l_{x+i}/l_x)b_{x+i}$ の式で表される．この式は，平均齢 x の個体が，死亡するまでに次世代個体形成への相対的寄与率を表現している．l_x は，x 齢までの生存個体数，b_x は，x 齢個体による平均出生数である．つまり，V_x はある個体の現時点での平均出生数の合計 b_x と，i 年後のその個体の平均出生数 b_{x+i} と生存率 (l_{x+i}/l_x) の積で表されている．

　図1は一年草のキキョウナデシコの実験個体群で得られた齢別繁殖価である．ここでは，播種時を 0 齢としている．繁殖価は種子から繁殖期に向かって増加し，繁殖期の初期 (日齢 300 日頃) に最大値を示す．その後繁殖価が急激に低下する．

　どれだけの資源を繁殖に投資するかは，種子などの繁殖体の質と量に直接関係

するだけでなく，繁殖した後の親の生存と繁殖スケジュールにも影響を及ぼす．つまり，繁殖に投資すればするほど，その後の成長や生存のために使える資源量が減るというトレードオフの関係が考えられるからである．x 齢の個体がさらに引き続き子孫を残す可能性がどれくらい残っているかを評価するのが，残存繁殖価 RV_x であり，$RV_x = (l_{x+1}/l_x)V_{x+1}$ で表される．つまり，ある個体がもう1シーズン生き残る可能性 (l_{x+1}/l_x) と，1シーズン加齢した個体の繁殖価 V_{x+1} の積で算出される．

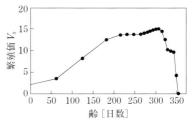

図1 ハナシノブ科の一年草キキョウナデシコ（*Phlox drummondii*）の齢別繁殖価[2]

●**一回繁殖と多回繁殖** 植物がどれだけの子孫を生産するかは，繁殖に投資される同化産物量によって決まる．では，毎年どれくらい繁殖に配分すれば適応度を最大にできるだろうか．図2は，繁殖活動へのエネルギー投資率 RA と出生率 b_x，残存繁殖価 RV_x との関係を一回繁殖型と多回繁殖型についてグラフ化したものである．RA の値に応じて生産される繁殖体の最大値は，b_x と $(l_{x+1}/l_x)V_{x+1}$ を合

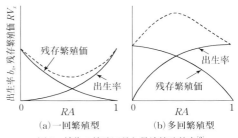

図2 植物の繁殖回数と最適繁殖効率[2]

計したものの最大値によって算出される．一回繁殖型では，出生率と残存繁殖価の和より得られる曲線が凹型を示すことから，RA が0となるか1となるときに生産される繁殖体数は最大となる．RA が0のときは，繁殖活動へのエネルギー投資がないことを意味するため，現実にはあり得ない．したがって，RA が1に近い値をとればとるほど，つまり，多くのエネルギーを一度に繁殖活動に投資する方が，生産される繁殖体数が増加することになる．しかし，このことはその個体が死亡することも示している．一方，多回繁殖型の場合，凸型の曲線になるため，RA は0と1の間の凸型カーブの頂端に対応した値となるとき，個体あたりに生産される繁殖体数は最大になる．この場合は，毎年同化産物のある割合だけを繁殖に投資し，残りを翌年以降の繁殖の元手として，親の成長と生存のために使う方が適応的な繁殖様式になる．

［大原 雅］

参考文献
[1] Fisher, R. A., *The Genetical Theory of Natural Selection*, Clarendon Press, 1930
[2] Leverich, D. A. & Levin, D. A., "Age-specific survivorship and reproduction in *Phlox drummondii*", *American Naturalist*, 113: 881–903, 1979
[3] Shaffer, W. M. & Shaffer, M. V., "The adaptive significance of variations in reproductive habit in the Agavaceae", In: *Evolutionary Ecology*, Stonehouse, B. & Perrins, C. eds., Macmillian, pp.261–276, 1977

木本植物と草本植物

　木と草である．木本植物は地上部が地表面よりも高くなり，地上部に芽をもつ．地上部の茎は木化して堅く，1年以上生存し，年々肥大する（図1）．これに対して温帯における草本植物は地表面を這う部分を除いて地上部（または個体全体）が冬に枯れてしまう．茎は木のように木化せず，全体が柔らかく，膨圧によって植物体を支えているため，切るとしおれるものが多い．オオイタドリのように茎が木化するものもある．

●**木と草の区分**　木と草は生活様式の区分であり，植物分類学上の分類ではない．したがって同じ分類群，例えば同じ属や科の中に，木本の種と草本の種がみられる．例えば，ミズキ科ミズキ属のゴゼンタチバナは多年生草本であるが，ミズキは樹木である．このような例は多数あり，木本と草本の分化が過去に何度も，さまざまな分類群で独立に生じたことを示している．また，環境条件の変化によって，比較的容易に分化しうることを示すものである．また，ときとして，木と草のどちらに分けるべきか明白ではない植物，人によって分け方が異なる植物，もっぱら利用面の便宜から分けられている植物，などがある．例えば竹は地上部の茎が肥大成長しないが，地上に芽をもち，樹木と匹敵するほどの高さをもち，立派な竹林をつくること，竹材はさまざまに利用されることなどから，木本に分類されている．フッキソウ（図2）は，地上部が1年以上生き，地上部に芽を付け，茎が肥大成長するため「草本状の低木」「亜灌木」と記載されるが，茎の木化が十分でないため「常緑の多年草」とされる場合もある．

図1　樹木（トウカエデ）：大きな地上部を地表面を地下部に張った根が支えている

図2　フッキソウ：常緑性で茎が肥大成長するが木化が十分でなく柔らかい

●**一年生と多年生**　草本のうち植物体全体が1年以内に枯れ，種子発芽，成長，開花，結実，種子散布の生活環を1年以内に完了する植物を一年生草本，発芽し

た年は地表に葉をつくって冬を越し，2年目に開花・結実する植物を二年生草本，植物体の一部が長年にわたって生き続ける植物を多年生草本と呼ぶ．木本は成熟時期の大きさによって高木，低木（灌木）といった区別をする．低木は高木をそのまま小さくしたものではなく，中心の主幹部になるような幹がなく，1つの株から何本もの幹を出し，その幹を随時取り替えることが多く，幹の年齢は株の年齢よりも短くなる．

●**常緑性と落葉性** 木本植物には1年を通じて，葉を保持している常緑樹と，冬（または乾季）に葉をすべて落下させて，丸裸の枝ですごす落葉樹がある．またそれらの中間的な様式，例えば新しい葉が出るのとほぼ同時に古い葉を落としてしまうものや，個体のもつ葉の半分くらいを落下させてしまうもの，あるいは枝の位置によって常緑の枝と落葉性の枝とをもっているもの，夏に葉を落とし冬に葉をつける冬緑性などがある．常緑樹は葉を常につけているから葉寿命が1年より長いのがふつうであるが，個体のもつ葉群を常に入れ換えながら個体全体と

図3　ロゼット葉：オオアレチノギク

しては常緑性を保っている植物（入れ換え型植物）もある．多年生草本にも，冬の間，地表面にロゼット葉（根出葉，図3）をもつタンポポやオオバコなどのロゼット植物，地表面近くに越冬葉をつけるカンアオイ，ユキノシタなどの常緑性草本などがある．

●**森林と草原** 高木からなる群落を森林という．構成樹種が常緑性か，落葉性か，さらに針葉樹（裸子植物）か広葉樹（被子植物）かによって，常緑針葉樹林（北海道に生育するエゾマツ，トドマツなどの森林），落葉広葉樹林（北海道南西部から東北にかけて分布するブナ，ミズナラなどの森林），落葉針葉樹林（本州中部のカラマツ林），常緑広葉樹林（本州南西部以南のカシ，シイなどを主とする森林）などと呼ぶ．日本列島は一部の地形や地質に制約された場を除き，温度・降水量ともに森林の成立にとっての制約とならないため森林が極相となる．草本が主となり，木本は存在しても高木にはならない群落を草原と呼ぶ．イネ科草本を主とするイネ科草原，広葉草本が中心となる広葉草原がある．日本列島の環境条件では，高山の山頂付近などを除き，草原は森林へと遷移するので，草原は放牧・採草・火入れなどによって保たれていることが多く，シバ草原，ススキ草原などがある．

［菊沢喜八郎］

クローナル植物

　生物の繁殖様式は，有性生殖と無性生殖に大別される．有性生殖は，減数分裂により生じた雌雄の配偶子が受精して新しい個体ができる．一方，無性生殖は，雌雄の配偶子の受精なしに新しい個体ができる．生物でみられる無性生殖には，ミドリムシや酵母菌にみられる分裂や出芽があるが，植物における無性生殖は，アポミクシス（無融合生殖）と栄養繁殖の2種類がある．

●**アポミクシス**　アポミクシスは，配偶子形成の過程で減数分裂や受精を経ずに行われる生殖様式で，生殖細胞としての卵・胚が受精することなく種子が形成される．このアポミクシスにより繁殖を行う代表的な植物が，セイヨウタンポポ（*Taraxacum officinale*）である．セイヨウタンポポが外来種・移入種として侵入した場合，1個体だけでもアポミクシスにより，種子を形成することができる．さらに，形成された種子は，その親と遺伝的に同一の個体をつくり出すとともに，種子散布という移動能力ももち合わせていることになる．そのため繁殖力が強く，都市部を中心として日本各地に広まった．

●**栄養繁殖**　栄養繁殖は，植物における無性生殖の中で最も一般的なもので，配偶子形成を経ることなく，体細胞分裂により新しい植物体を形成することをいう．この栄養繁殖を行う植物をクローナル植物という．栄養繁殖の形態は多様である．図1に示すように，スズランは地下茎により地中を伸長し，オオウバユリでは親個体の地際に娘鱗茎を形成する．この他，植物では，葉や根も繁殖器官となりうる．例えば，むかご（珠芽）は，葉や地上茎に形成された芽（不定芽）が分離して，娘個体を形成する．コモチミミコウモリ，ヤマノイモ，オニユリ，観葉植物のカランコエ（図1）などにおいてみられる．萌芽は，木本植物において根株の休眠芽や形成層から生じた新たな芽であり，特に，根茎から生じた萌芽を根萌芽と呼

図1　植物にみられるさまざまな栄養繁殖[1]：地下茎の伸長（スズラン①②），鱗茎の形成（オオウバユリ③④），むかごの形成（カランコエ⑤，オニユリ⑥）．カランコエは葉縁にそったくぼみの部分にある分裂組織から無数のむかごが生じることから，英語の一般名も maternity plant（母なる植物）と呼ばれる

ぶ．アメリカ東部の山地帯に生育するアメリカブナは根萌芽による顕著な栄養繁殖を行う．

個体あたりに生産される栄養繁殖体の数は種子よりも少ないものの，その後の死亡率は，種子由来の個体よりも低く，次世代個体をより確実に確保するための投資形態とみなすこともできる．例えば，撹乱を受ける環境では，一年生草本のように1世代の長さが数か月に短縮され，ごく短期間のうちに生殖成長へと切り替わり，種子生産を完了する場合もある．また，多年生草本に関しても，イネ科の水田雑草では耕起による撹乱を受けて断片化された地下茎より発根成長後，定着して独立した個体になるものもあれば，ノビルやカラスビシャクのようにむかごや小鱗茎の形成により個体群を維持しているものも存在する．

●**植物の個体性** 動物では，雌個体と雄個体が別々の個体であることが多い．しかし，植物では，個体の性表現の複雑さに加え，栄養繁殖の存在により，個体性の把握が難しい．クローナル植物の体は，ジェネットとラメットと呼ばれる，生理的・遺伝的ユニット（単位）により構成されている（図2）．ジェネットは，有性繁殖に由来する単位をさす．それに対して，ラメットは，イチゴやシロツメクサのような匍匐する走出枝やイネ科植物のような分げつ，イモやユリのように地中の貯蔵器官（塊茎・球茎）から生じるシュート（地上茎）をさす．地上からはそれぞれのシュートの間に連結がみられず，あたかも独立した個体のようにみえたとしても，それらが地下で連結していれば，個々のシュートはラメットであり，そのラメットの集合体がジェネットということになる．

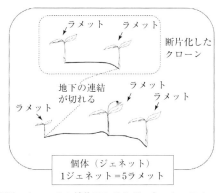

図2 クローナル植物におけるジェネット，ラメットとクローン断片の関係[1]

ラメットの集合体は必ずしもいつまでも連結してはおらず，物理的・生理的な相互の連結が切れ，独立して生きている場合も多い．しかし，その場合も，各ラメットは1つのジェネット由来であることには変わらない．このようにラメットの集合が分離し，独立した「個体」になることをクローンの断片化と呼ぶ．分断・独立したラメットに関する相互の関係を理解するためには，遺伝的マーカーを用いた個々のシュートの遺伝的類似性を評価が有効である． ［大原 雅］

📖 **参考文献**
[1] 大原 雅『植物生態学』海游舎，2015

種子の生態学

　種子は風，水，鳥類・哺乳類・魚類・ミミズなどの動物によって散布される．植物自身の動力による自動散布，自然落下だけの重力散布もある．

●**種子散布**　さまざまな媒体によって親植物から遠くに運ばれるが，その適応的意義は3つある．

① 逃避仮説：親個体の近くで活動的な病原菌や植食者などの天敵から逃れるため．高い密度による次世代の個体間競争を避けるため．

② 移住仮説：広く種子を散布し，空間的に予測不能な定着適地への到達確率を増すため．小種子多産型の風散布型の遷移初期でみられる．

③ 指向的散布仮説：種子発芽・実生定着に好都合な特定の場所に方向性をもって散布する．アリ散布や水散布植物などで知られている．

●**休眠と発芽**　種子の休眠は母個体が発芽時期を時間的に分散させ適応度（実生定着数）を最大にするように進化してきたものである．一年生草本は多年生草本に比べ長期休眠し，不適な季節や年に発芽して全滅しないようになっている．樹木でも短命の遷移初期種の方が長命の遷移後期種より長期休眠し発芽タイミングのばらつきは大きい．種子発芽は芽生えの定着に最適なタイミングで行われる．特に明るい攪乱跡地（ギャップ）で更新する草本や先駆性樹木は密生した草本群落や閉鎖した森林では休眠したまま埋土種子となる．しかし，ギャップができると環境の好転を示すシグナル，例えば，高い R：FR 比（遠赤色光に対する赤色光の比率），大きな変温（昼夜の温度変化），高い硝酸態窒素濃度，山火事の煙などに応答して発芽する．大きなギャップでも，土壌中ではわずか数 mm 埋土されると R：FR 比が急激に減少するが 5〜10 cm の深さまでは大きな変温幅がみられる．したがって深く埋められると地上に出現できない小種子は高い R：FR 比に応答し，深く埋められても地上に出現できる大きな種子は変温に応答して発芽する．一方，暗い林内でも定着する遷移後期種では冬季の低温で休眠が解除され早春に集中して発芽する．イタヤカエデは雪解け直後に発芽し林冠閉鎖前の豊富な光量を利用し実生の定着を有利にしている．

●**種子サイズ**　種子重には種間で大きな変異があり，ハビタットや遷移系列と深い関係がある．森林をハビタットとする遷移後期種は大種子を，草地や大ギャップなど明るい開けた場所をハビタットとする遷移初期種は小種子をもつ傾向がある．一個で 20〜30 g といった大種子をもつ遷移後期種のトチノキは発芽後 3〜4 週間で 30〜40 cm の高さに達し当年の伸長成長を終える（図1）．同時に一斉に大きな葉を展開し終える．このような大種子の成長パターンは，厚いリターを突

図1 種子サイズと芽生えの成長パターン：大種子から発芽し発芽後1カ月で葉の展開と伸長を終了するトチノキの実生(a). 小種子から発芽し2か月間順次開葉しながら成長するシラカンバ(b). さらに葉を展開しながらもう2か月伸長し, トチノキと同じサイズに到達する

(a) トチノキの実生　　(b) シラカンバの成長

き破り地表面に出現し春先にいち早く受光態勢を整えることができ林内での更新に有利に働く．一方，トチノキの10万分の1程度の小種子（0.1〜0.5 mg）をもつカンバ類やハンノキ類，ヤナギ類などの遷移初期種の芽生えは発芽当初はきわめて小さいが，次第に大きな葉を展開し長期間伸長し続けることによって秋にはトチノキと同じ高さに達する．明るいギャップの光を秋まで有効に長期間利用し，種子サイズのハンデキャップを補っている．

●**種子散布と種多様性**　種子散布における逃避仮説はジャンゼン-コンネル仮説とも呼ばれ，森林の種多様性の創出機構を説明する．特に親の近くの種特異的な天敵が実生を強く攻撃することで同種実生は全滅し他種が定着すると種の置きかわりが起きるので植物群集の種多様性は増加する（図2(a)）．森林・草地いずれにおいても群集内の相対優先度の低い種ほどジャンゼン-コンネル仮説は顕著にみられる．一方，種子散布距離が短く，移動性の高い齧歯類や種特異性の低い病原菌が天敵の場合，また，親の近傍に子個体を助ける種特異的な外生菌根菌が多く存在する場合には，親の近傍で子供の生存率が最も高くなり種の多様性は減少する（図2(b)）．このような傾向は群集内の相対優先度の高い種で，特に明るい環境で顕著である．

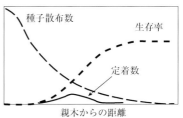

(a) 種多様性が高くなる

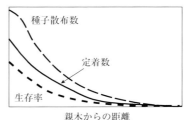

(b) 種多様性が低くなる

図2　子（種子・実生）の生存率の距離依的変化と種多様性[1]

［清和研二］

参考文献

[1] Nathan, R. & Casagrandi, R., "A simple mechanistic model of seed dispersal, predation and plant establishment: Janzen-Connell and beyond", *Journal of Ecology*, 92:733-746, 2004
[2] 種生物学会編『発芽生物学—種子発芽の生理・生態・分子機構』吉岡俊人・清和研二編集，文一総合出版，p.436, 2009

フェノロジー

　時間軸に沿った生物の示す事象，特に季節の推移に伴って定期的に生じる事象のこと，およびそれを研究する学問分野をフェノロジー「生物季節（学）」という．樹木の春の芽吹きや秋の紅葉（黄葉），植物の開花，結実，鳥の渡りや巣づくり，昆虫の孵化，動物の冬眠などは，フェノロジカルな事象である．これらは気象条件，特に気温変化に伴って生起することが多いので，近年の地球環境変化，とりわけ気温上昇との関連で過去の変化や未来の変化予測などが関心を集めている．日本には王朝貴族の日記などから，サクラの開花に関する断続的ではあるが1000年を超える記録がある．これは文字で記された記録としては世界最長であるという．また20世紀半ばから始まった，各地気象台によるサクラの開花日，ウグイスの初鳴日などに関する記録が蓄積されつつある．

●**一斉開葉と順次開葉**　近年，生物が時間軸に沿って示すさまざまな事象は，その生物が，自らの適応度を高めるための適応的な戦略であるとする理解が広まってきた．植物が葉をどのように展開し，脱落させるかは，資源（特に光資源）を効率的に獲得するための採餌戦略であると理解される．光資源が豊富であるが不安定な場では，光合成能力が高く，寿命の短い葉を順々に展開し，自己被陰を避けつつ，獲得した資源で新しく葉をつくり個体の生産を高める順次開葉が適応的であり，光資源が少ないけれども安定した場では，すでに準備された葉を一斉に展開し，少ない資源と時間を有効に利用する一斉開葉が適応的であると考えられている．極相林の構成樹種であるブナ，ミズナラ，トチノキ，アラカシ（図1）などは一斉開葉を示す．また林内の中低木樹種，サワシバ，ウスノキなども一斉開葉である．これに対し，明るい場にいち早く侵入する，ケヤマハンノキ，オオバヤシャブシ（図2），アカメガシワなどは順次開葉である．

図1　アラカシ：4月にその年の葉をすべて，一斉に開く．シーズン中に2度伸びをすることもある

図2　オオバヤシャブシ：4月に芽吹いた枝は8月になっても新しい葉を開き続けている（順次開葉）

●**開葉のタイミング** 開葉の時期は，温帯においては気温の上昇する春先に集中するが，それでも樹種による違いがある．資源量（光）と環境条件（気温）の季節的変化と，他個体との競争の兼ね合いによって開葉のタイミングが決まるとの考え方もある．また，成木と稚苗で，開葉のタイミングが異なることも知られていて，親植物が開葉し，林内が暗くなる前に子が開葉する例などもある．気温や降水量に季節的変化の少ない熱帯雨林でも，開葉季節のあることが認められている．落葉に伴う栄養塩類の放出が１つの要因であることなどが示唆されている．また他個体と同調して一斉に開葉することが，葉食者による被害を免れやすいことが要因であるとの説もある．

●**開花結実** 植物の開花結実は直接適応度につながる重要な繁殖戦略である．ただし，固着性の植物にとっては配偶相手の発見から受粉までのプロセスは花粉媒介者に頼らざるを得ない．花粉媒介者として風，水流などに頼る植物もあるが，多くの植物は，昆虫，鳥，哺乳類などに頼っており，中でもハナバチ類に頼るものが多い．また種子散布にも鳥を主とする動物を散布者とすることが多い．植物は開花によって媒介者を集め，その体表面に花粉を付け，他の植物（同種他個体）の花に行かせるように媒介者を操作する．多くの花を一斉に咲かせると誘示効果を高め，媒介者を多く集めることができる．年々の光合成産物の獲得量には限りがあるので，数年分を貯蔵して開花するのが有利なこともある．一方，一斉開花は個体内での自家受粉（隣花受粉）の可能性を高める．これを避けるためには，個体内で雄花（雄器官）と雌花（雌器官）の咲き分けなどを行っていることが知られる．媒介者を去らせるために，個花の蜜量の時間的調節，個花間での蜜量の変化，花序内での開花数の調節，花の落下などの適応的現象が知られている．

●**一斉開花** 他家受粉を達成するためには，他個体と同調して開花する必要がある．季節性の明白な温帯においては温度や日長が開花の条件となり，個体間での開花の同調がなされるが，季節のない熱帯雨林においても多くの個体が同調して一斉開花（結実）する現象が知られていて，その究極要因や至近要因には未知のことが多い．

●**豊凶** 一斉開花は一斉結実に結びつくことが多い．一斉結実は鳥などの種子散布者に対する誘示効果を高めることができる．熱帯林においては，鳥の渡りの時期に同調して，多くの植物が一斉結実する現象が知られている．また大量の種子を一斉に結実させると，捕食者が喰いきれない量となり（捕食者飽食仮説），多くの種子が生き残ることができる（逃避仮説）．これが一斉結実の適応的意義と考えられている．大量に一斉結実するためには，数年分の光合成産物を植物体内に貯蔵する必要があり，何年かに一度の豊凶現象が生じることになる．

［菊沢喜八郎］

自己間引きと最終収量一定の法則

限られた空間に多数の個体が存在する場合，光や栄養塩などの資源不足によって植物の成長が抑えられる．個体密度と個体サイズの関係には次のような経験則が知られている．

●**最終収量一定の法則** 同種同齢の個体群を共通の条件でさまざまな個体密度で育成した場合，単位面積あたりの個体数（個体密度）を ρ，個体の地上部乾燥重量の平均値（平均個体重）を w とすると，各時間断面で次の関係がみられる．

$$1/w = A\rho + B \qquad (1)$$

式(1)は競争密度効果の逆数式と呼ばれ，A と B は各時点ごとに決まる定数である．平均個体重 w は，個体密度 ρ が低くなるにつれて一定の値（$1/B$）に近づき，ρ が高くなるにつれて低下する（図1(a)）．単位面積あたりの現存量 y に着目すると，$y = w\rho$ であるから式(1) より，

$$1/y = A + B/\rho \qquad (2)$$

となり（収量密度効果の逆数式），個体密度 ρ が高くなるにつれて現存量 y は一定の値（$1/A$）に近づく（図1(b)）．つまり，ある時間断面でみた場合，高い個体密度の間では現存量は密度によらずほぼ一定になる．一方，時間の経過とともに，A はある一定の値 A_{min} に，B は0に近づく．すなわち，十分に時間が経過す

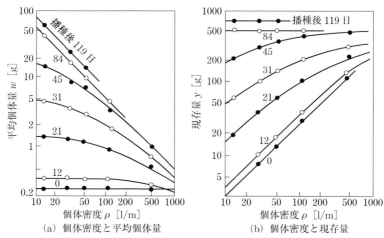

図1 さまざまな初期密度で出発した．ダイズ同齢個体群の個体密度と平均個体重および現存量の関係
［出典：Shinozaki, Kira, *Journal of the Institute of Polytechnics*, Osaka City University. Ser. D, 1956］

れば，現存量 y は $1/A_{\min}$ に収束し，かつ個体密度 ρ によらなくなる．このような関係を最終収量一定の法則といい，限られた面積には有限量の植物しか存在し得ないことを示している．

●**自己間引き**　個体密度が非常に高い場合，光などの資源不足等で個体が死亡し密度が減少する自己間引き（自然間引き）が生じる．ある個体密度ではある値以上の平均個体重や現存量が実現せず，死亡によって個体密度が減少しながら平均個体重や現存量が増大する．この個体密度と上限の平均個体重あるいは現存量の関係にも法則性がみられ，式(3)で表される関係になる．

$$w = C\rho^{-k}, \quad y = C\rho^{-(k-1)} \tag{3}$$

C, k は定数である．自己間引きが生じている個体群について，縦軸を $\log w$，横軸を $\log \rho$ としてプロットすると，種や生育条件にかかわらず傾き $-k$ はおおよそ $-3/2$ となることから，この関係は $-3/2$ 乗則と呼ばれている（図2）．

このような自己間引き現象の仕組みについてさまざまな説明が試みられてきた．例えば，幾何学的な説明では，三次元構造をとる樹冠の表面を葉群がおおうような場合には係数 k は $3/2$ になる．また，資源獲得の面からの説明では，単位面積あたりの水資源の供給速度が一定であるとすると，木部蒸散流の速度が個体重の $3/4$ に比例するという関係から指数 k が導かれる．この場合，指数 k は $4/3$ となり，実際にそれに近い値も観察されている．

傾きの推定が統計学的に難しいこともあり，傾きが実際に $-3/2$ なのかどうか，また理想的な1本の間引き線が存在するのかどうかなどについて議論されてきた．また上記モデルからも $-3/2$ とは異なる傾きが存在することが示唆される．しかしながら，広範囲の植物タイプにわたって基調となる傾向は一貫してみられており，何らかの基本的な機序が存在すると考えられている．

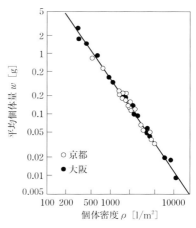

図2　さまざまな生育条件下の密生したオオバコ個体群の個体密度と平均個体重の関係〔出典：Yoda, *et al.*, *Journal of Biology*, Osaka City University, 1963〕

[長嶋寿江]

参考文献
[1] 小川房人『植物生態学講座5 個体群の機能と構造』朝倉書店，1980
[2] 寺島一郎他『植物生態学』朝倉書店，pp.234-261, 2004
[3] M. ベゴン他『生態学―個体から生態系へ［原著第四版］』堀道雄監訳，京都大学学術出版会，pp.170-208, 2013

植物の資源利用効率

　生態学でいう資源とは，生物の成長に必須で，かつ供給が有限で，消費されてしまうものを意味する．植物が成長するためには，光合成のエネルギー源である光，炭水化物の材料となる二酸化炭素，水，窒素やリンなどの元素などさまざまな資源が必要である．これらの資源は常に無制限に利用可能ではなく，さまざまな状況でさまざまな資源が植物の成長を律速する．

　ある環境において他の植物よりも有利に生存・成長・繁殖するためには，これらの資源を効率よく獲得し，利用することが重要であると考えられる．資源利用効率は，成長量などのパフォーマンスを吸収資源量で割った値として定義され，植物の環境適応の指標の1つとして，あるいは植物の戦略を定量的に表す指標の1つとして用いられる．

　資源利用効率を高める戦略は，必ずしも成長速度を高めることにはつながらず，むしろ成長速度を犠牲にして資源利用効率を高める場合もある．資源が豊富な環境であれば成長速度を高めるような戦略が有利で，資源が不足するような環境では資源利用効率を高めることが有利である可能性がある．なお，農学においては，肥料や水など人為的に投入した資源量あたりの収量が資源利用効率として用いられることがある．これは農業生産の効率を表したもので，生態学的な資源利用効率とは意味が異なる．

●**水利用効率**　光合成反応においては二酸化炭素と水が糖の合成に利用されるが，このとき利用される水の量は植物が実際に吸収する水の量の1/1000〜1/100にすぎず，無視できる量である．植物が吸収した水のほとんどは気孔から蒸散によって放出される．蒸散には葉温を下げる働きもあるが，気孔を開くのは水蒸気を放出するためではなく，光合成に利用する二酸化炭素を大気から取り込むためである．気孔を開かなければ十分光合成をすることができないが，開きすぎれば蒸散によって水を失う．乾燥環境にある植物は気孔を閉じぎみにして蒸散を抑制する．

　光合成の水利用効率は光合成量（光合成速度）を蒸散量（蒸散速度）で割った値として示される．蒸散速度は大気の乾燥度にも影響を受けるため，光合成速度を気孔コンダクタンスで割った値を水利用効率として利用することもある．長期間の水利用効率を求める際には成長量を蒸散量で割った値を水利用効率とする．

　一般に，気孔を閉じるほど水利用効率が高くなるが，光合成速度は低下する．光合成速度を気孔コンダクタンスで割った水利用効率は葉内細胞間隙のCO_2濃度と一義的な関係にあり，また，C_3植物では葉内細胞間隙CO_2濃度に依存して

葉の炭素安定同位体比（^{13}C の割合）が変わるため，葉の炭素安定同位体比が水利用効率の指標として利用される．^{13}C の割合が多いほど水利用効率が高い．

なお，C_4 植物では CO_2 を同化する酵素が C_3 植物と違うため，炭素安定同位体比の値が C_3 植物の値と大きく異なり，水利用効率の指標としては用いられない．

●**栄養塩利用効率** 窒素やリンなどの元素は主に地中にて根から吸収され，植物の体内で利用される．特に，光合成系のタンパク質をつくるために大量の窒素が利用されるため，葉の窒素含量と光合成能力の間には高い相関がある．葉などの器官が老化によって脱落する際には，窒素やリンは回収され，別の組織に送られる．しかしすべてを回収できるわけではないため，窒素やリンの一部は枯死部とともに失われる．

窒素利用効率は，植物の成長量を吸収した窒素の量で割った値として表される．リンについても同様にリン利用効率が用いられる．森林など成熟した植生では窒素の吸収量と放出量はほぼつり合っており，吸収量に比べ放出量は測定しやすいため，吸収と放出がつり合っていることを仮定したうえで，物質生産量を放出窒素量で割った値を窒素利用効率とすることもある．

窒素利用効率を上げるための戦略はいくつかあり，どの戦略を採用しているかは植物によって異なる．一年草など成長速度が高い植物は，葉の窒素あたりの光合成速度（光合成窒素利用効率と呼ばれる）が高く，植物が保有する窒素量あたりの成長速度（窒素生産性と呼ばれる）が高い．一方，常緑樹などでは，光合成の窒素利用効率や窒素生産性は低いが，葉寿命が長いことにより窒素が体内に留まる時間（窒素平均滞留時間）が長く，窒素利用効率が高い．

また，葉が枯死する際に窒素回収効率を高めることも窒素利用効率を高めることに貢献する．種間で比較すると光合成窒素利用効率と葉の寿命の間には負の相関があり，葉の寿命を長くすると光合成の効率が悪くなるといったトレードオフの関係があると考えられている．富栄養な環境では光合成窒素利用効率が高い植物が，貧栄養な環境では葉寿命が長い植物が優占する傾向がある．

●**光利用効率** 光利用効率は吸収光量あたりの成長量あるいは光合成量として表される．植物の戦略を表す指標として使われることは少なく，多くの場合植物群落全体の生産の解析に適用される．同一種ならば植物群落の成長量と植物群落が吸収した光量の間には比例関係があることが経験的に知られている．両者の比，つまり植物群落の成長量を植物群落が吸収した光の量で割った値は光利用効率（あるいは放射利用効率）とされ，植物群落の生産性のモデル化に利用される．光利用効率は種によって異なり，一般に，葉の光合成能力が高い種ほど光利用効率が高い．

［彦坂幸毅］

酸性雨とオゾン

　1970年代に北欧の湖から魚影が消え，1980年にはドイツの「黒い森」で主にヨーロッパトウヒの衰退・枯死木が確認された．これらの原因として，低質な石炭などの燃焼によって生じた硫黄酸化物（SO_x）や窒素酸化物（NO_x），塩化水素（HCl）などによる湖の酸性化があげられた．樹木の衰退は，SO_x の水分が葉の上で蒸発し，硫酸になって被害を誘発したためとされた．なお，日本では大気中の CO_2 が雨滴に溶け込み pH が5.6以下になると酸性雨と定義している．

●**酸性雨**　酸性雨として沈着した硫酸アンモニウム（$(NH_4)_2SO_4$）は，土壌酸性化を促進し，根周辺に悪影響を及ぼす．解離したアンモニウムイオン（NH_4^+）は土壌中で硝酸イオン（NO_3^-）となるが，その際に放出する水素イオン（H^+）が酸性化を引き起こす．ここで SO_4^{2-} は土壌中に残るので，土壌中の電気的中性が維持されるために H^+ が放出され，さらに土壌酸性化を促進する．欧米の常緑針葉樹の事例が有名だが，酸性化した土壌ではカルシウム（Ca^{2+}）やマグネシウム（Mg^{2+}）が溶けだして，旧葉の黄化，細根の発達障害とリンなどの養分欠乏による生育阻害，共生する菌根菌の感染率や種組成の減少などが生じる（図1）．ここで，「根圏」とは狭義には根の周囲の 100 μm の範囲を意味するが，生理的活動は「細根」（2 mm 以下の根）によって支えられている．広義の根圏の衰退が枯れ下がりにつながる．

　多くの土壌では，pH が 4.5 以下になるとアルミニウム（Al^{3+}）が溶出する．Al^{3+} を集積する植物も存在するが，多くの植物は Al^{3+} によって根の細胞分裂を阻害され，成長が抑制される．樹木は比較的アルミニウム耐性はあるが，Al^{3+} が増加すると根圏が障害を受け衰退が生じる．これまで森林衰退の説明には4つの考え方（オゾン，土壌酸化，窒素過剰，マグネシウムなど栄養不均衡）が提案されたが，近年ではこれらの複合要因説が広く受け入れられている．

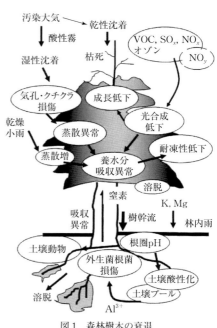

図1　森林樹木の衰退

日本では，1983年に当時の群馬県衛生研究所から，関東平野の社寺林のスギの枯れ下がりの原因として酸性雨が指摘された．現在ではヒートアイランド現象にも注目が集まり，水分が不足している状況下ではスギ老木の維持できる葉量が減少すると考えられている．同じ傾向が日光のモミ林でも確認された．このように複雑な大気環境の変化が森林の衰退に結びつく．

●**オゾン濃度**　富山県立山の観光道路周辺でブナの衰退が注目され，すでに30年以上の歳月が流れた．詳細な研究から酸性雨だけではなく大気のオゾン濃度の上昇が衰退の一因であることがわかった．国内のオゾン前駆物質であるNO_xの濃度は低下傾向にあるため，越境大気汚染の可能性が指摘されている．オゾンは強力な酸化剤で植物の気孔から侵入し光合成作用などを低下させる．この結果，根へ分配される光合成産物量も少なくなり，根の生産が抑えられる．さらに，先に述べた外生菌根菌は新しく生まれる細根にのみ感染できるため，リンや水分の吸収能が損なわれて衰退につながる．

　北日本でオゾン濃度が上昇する春から初夏には，ブナは気孔を閉鎖してオゾンを吸収しないように調節している．詳細なメカニズムは依然わからないが，オゾンは葉の老化を進め，秋になると気孔調節能力が低下し落葉も早まる．また落葉前の葉から樹体に養分を回収する効率が低下し樹体の活力低下が生じる．さらに病虫害への耐性も低下する．世界中ではオゾンによって光合成生産は最大30％抑制されると予測されている．ドイツでの先導的研究によると，約50年生のヨーロッパブナに対して大気の2倍量のオゾン付加（平均約60 ppb）を8年間続けることで（図2，図3），その材積が約44％も抑制された．もちろん農作物，特にイネや葉菜へのオゾンの悪影響も明瞭で，品種ごとの耐性も調べられている．また中国ではイネの収量が最大約16％の減収が予測されている．前駆物質の窒素酸化物の放出の抑制が待たれる．［小池孝良］

図2　開放系オゾン付加施設（ミュンヘン工科大学）［提供：R. Matyssek］

図3　ヨーロッパブナ個葉のオゾン障害と拡大図［提供：スイス森林雪景観研究所．M. Goerg-Günthardt］

📖 参考文献
[1] 佐橋憲生『菌類の森』東海大学出版会，2004
[2] 伊豆田 猛編著『植物と環境ストレス』コロナ社，2006
[3] Hoshika, *et al.*, *Scientific Reports*, 5：9871，2015

構成呼吸と維持呼吸

植物の呼吸では ATP エネルギーが生産され,新規の器官の成長や既存の組織の維持などに使われている.植物は成長に伴って呼吸速度が低下する.そのため,成長の程度の異なる植物個体や器官の呼吸速度と成長速度との間に図1のようなよい正の相関がみられることが多い.その関係に基づいて 1970 年代に,植物の呼吸を「新しい組織や器官の成長のための構成呼吸」と「既存の組織や器官の維持のための維持呼吸」と二分するモデル式 (1) が提唱された.

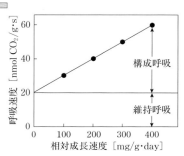

図1 呼吸速度と相対成長速度との関係

$$\frac{R}{W} = g\frac{1}{W}\frac{dW}{dt} + m \quad (1)$$

ここで,R/W は単位重量あたりの呼吸速度,$(1/W)(dW/dt)$ は相対成長速度,g は構成呼吸係数,m は維持呼吸速度(維持呼吸係数ともいう)である.右辺の第1項が相対成長速度に比例する成分である構成呼吸であり,第2項は相対成長速度に比例しない成分である維持呼吸である.構成呼吸を成長呼吸と呼ぶこともある.

この方法では維持呼吸は成長速度に依存しないことなどの前提が必要となるが,比較的簡単な方法で呼吸を構成呼吸と維持呼吸に分けられるため,このモデルは多くの研究で使われてきた.例えば,生育温度が上がるとヒマワリの根の維持呼吸係数 m は増加するが,構成呼吸係数 g は生育温度に影響を受けないことが報告されている.つまり,植物の基礎代謝ともいえる維持呼吸は生育温度に左右されるが,同じ重さの器官や組織が新規合成される場合には,使われるエネルギーは生育温度が上昇しても変わらないことを表している.他にもこの方法を用いて,富士山の六合目付近に適応したイタドリは低地のイタドリよりも維持呼吸速度が高いことなどが報告されている.

根の呼吸によって得られたエネルギーの一部は,硝酸イオンなどの栄養塩の吸収に使われている.そこで上記の式を変形して,栄養塩吸収のための呼吸を分離したモデル式 (2) も提示されている.

$$\frac{R}{W} = g\frac{1}{W}\frac{dW}{dt} + m + aNIR \quad (2)$$

ここで,NIR は栄養塩吸収速度,a は定数であり,$aNIR$ が栄養塩吸収のための呼吸である.この式を用いて 20 種以上の草本植物を測定した研究では,栄養塩

吸収のためのエネルギーは根の呼吸の50から70％も占めていることが報告されている．

●**構成コスト**　上のように求められる構成呼吸と新規合成された植物体を合わせた値を，植物体を新規合成するためのコストとみなすことができ，構成コストと呼ばれる．構成コストは，新規合成された植物体の重さあたり必要グルコース量や必要炭素量で表される．F. W. T. ペニング・ド・フリース（F. W. T. Penning de Vries）らは，アミノ酸や炭水化物など植物の構成物質の合成経路を調べ，各合成経路で使われるエネルギーの合計を計算することにより，その構成物質の合成コストを求めた．さらにタンパク質や脂質などの高分子化合物については，合成過程に必要な酵素を維持するためのエネルギーや輸送のためのエネルギーをまとめて，その化合物を合成するためのエネルギーコストを求めた．彼らが計算して求めた植物を構成する代表的な物質の構成コストを表1にまとめた．タンパク質や核酸などの窒素化合物，脂質，リグニンが構成コストの高い物質である．さらに植物組織の物質組成を求めれば，その植物組織全体の構成コストが計算できる．例えばイネの種子1gの構成コストは1.3gグルコースであるが，脂肪が多く含まれるピーナッツの種子1gの構成コストは2.3gグルコースになる．

彼らの方法は煩雑であるが，簡便な方法も提案されている．中でも燃焼熱測定から構成コストを求める方法はよく使われている．寿命の異なる葉の構成コストを比べた研究例がある．硬くて丈夫で長寿命な常緑樹の葉の方が構成コストが高いように思えるが，短寿命の葉は光合成速度が高いため，構成コストの高いタンパク質を多く含んでおり，葉の構成コストは葉の寿命とは関係がなかった．

表1　各化合物を1g合成するための構成コスト（必要なグルコース量，単位：g）

化合物の種類	構成コスト
窒素化合物	2.5
炭水化物	1.2
脂質	3.0
有機酸	0.7
リグニン	2.6

窒素化合物の値は硝酸イオンを用いて合成されるときのコストが示されている．窒素化合物にはタンパク質や核酸が含まれる

●**維持コスト**　ペニング・ド・フリースは，植物の維持にかかわるさまざまな生化学的な過程を調べ，それぞれの過程に必要なエネルギーコスト（維持コスト）についても計算した．さまざまな維持過程の中で，タンパク質や脂質などの代謝回転，細胞膜やオルガネラ膜を介したイオンの濃度勾配の維持，ショ糖などの物質輸送がエネルギーコストが高い過程である．維持コストは式(1)の維持呼吸と同義であり，生育温度の影響を強く受ける．イネ科ヌカボ属の高温感受性の異なる種を比べた研究では，感受性の高い種では，高温下で根におけるイオンの漏れが増えるとともに維持呼吸が増加していた．高温下におかれたペチュニアの花弁ではタンパク質の代謝回転が高くなり，維持呼吸の1/3以上にもなっていた．このように維持呼吸（コスト）の内訳がわかることで，植物の生活におけるエネルギー消費の実態が明らかになりつつある．

［野口　航］

樹　形

　樹形とは，樹木が葉群によって光資源を捕捉し，花や果実といった繁殖器官を配置するための分枝構造である．樹木は，周囲の植物に遮られずに太陽光が十分に得られる高い位置に葉を配置する生活形である．高い位置に葉群をもつためには，それを支持し水を供給するためのコストがかかる．しかし，十分な降水条件下では，樹木がつくる森林が発達する事実から，コストがかかっても樹木が適応的であることがわかる．光資源の捕捉のためには，ただ高いだけでなく，横方向に葉群を広げて，葉同士の重なりあいを避ける必要がある．

　樹形は，枝分れの積み重ねによってかたちつくられる．どのように茎が伸び，枝分れしていくかという樹形形成の基本要素は，主に若い枝先から読み取ることができる．樹形を構成する幹も枝も，形態学的には同じ「茎」である．茎はその頂端にある分裂組織（頂芽）の活動によって伸長成長する．葉は茎の伸長に付随してつくられるので，茎と葉からなるシュートが伸長成長の単位となる．茎の分枝は，葉の茎側の基部に派生する分裂組織（腋芽）が伸長していくことで生じる．こうした共通の制約のもとで，樹木はさまざまな樹形を形づくっている．本項では，多様な樹形をもたらす基本的なシュートと分枝の変異を整理する．これら変異は樹種によって固定している場合もあれば，同一個体の中で分枝部位に応じて変化する場合もある．

●**シュートの向き**　樹木のシュートには，その頂端が鉛直方向を向いているか（orthotropic shoot），あるいは水平（ないし斜め上）方向を向いているか（plagiotropic shoot），どちらかである．例外的にシュートの頂端が下垂する「しだれ」品種がさまざまな系統群で見受けられるが，それらでは，横枝のさらなる分枝でだけ見られたり（トウヒ属など），伸長した茎がその後肥大成長していく過程で立ち上がっていく（シダレヤナギなど）．シュートを上から見ると，光の捕捉に都合がいいように，上向きシュートでは葉は放射状に配置されるが，横向きシュートでは茎の左右に葉が2列状に配置される．

●**分枝と頂芽優勢**　腋芽はどの葉の基部にも生じうるが，腋芽由来のシュートが伸長するかどうかは，頂芽の制御を受けて決定され，頂芽から近い位置の腋芽形成や伸長は抑制を受ける（頂芽優勢）．特に同じ生育期間に頂芽も腋芽も伸長させる場合（sylleptic branching）には，頂芽から離れた位置にある腋芽だけを伸長させることで，葉の重なりあいを避けている．頂芽が伸長した次の生育期間に腋芽を伸長させる場合（proleptic branching）にも，しばしば頂芽からのシュートが腋芽からのシュートより伸長量が大きくなるような制御が働く．モミ属の樹

形が円錐状になるのもこうした制御に由来している.

●**茎の経年伸長**　茎を経年的に伸長させる方法には，頂芽を順次伸長させる場合（単軸成長）と，腋芽由来のシュートを交替させていく場合（仮軸成長）とがある．モミ属の上に伸びる幹は，上向きシュートの単軸成長により形成されるが，同じマツ科でも横向きシュートしかもたないツガ属の幹は，仮軸成長と茎の肥大成長による二次的な立ち上がりによって形成される．モミ属の横枝は，横向きシュートの単軸成長によって伸長し，さらに分枝により左右に葉群が形成される．

●**シュート成長のリズム**　冬や乾季がある環境下では，シュート成長に休止期がはいるが，明瞭な季節性のない湿潤熱帯でも，生育期と休止期のリズムをもつ樹種は多い．また，季節性のある温帯でも，春先のシュート伸長の後，二度伸び・三度伸びとリズミカルに伸長していくこともある．伸長リズムのある上向きシュートでは,ひと伸び単位の下の方ほど葉と葉の間の間隔（節間長）を長くし，また下方の葉が上方の葉より長い葉柄と葉身をもつことで，お互いの重複を避けた葉の配置をとる．これに対して，リズミックな伸長をする横向きシュートでは，節間長も葉のサイズもあまり変化しない．

●**長枝と短枝**　幹から横方向に伸長する枝は，水平方向の空間占有に貢献するが，伸長した先端のシュートにしか葉がないと，内側の空間の光資源をむだにしてしまう．とりわけ古い葉を持たない落葉樹の場合，空間占有に貢献する（しばしば単軸成長する）長いシュート（長枝）と，前年までに占有した空間に葉群を再配置する短いシュート（短枝）を分化させてつくる場合が多い．短枝は，伸長量が短いだけでなく，節間長が短く，シュートに占める葉の重量比が高い．短枝の極端な例は落葉樹のカツラである．年々の長枝伸長でできるカツラの横枝には，数年前の茎にも葉が残っているように見える．前年の葉跡から痕跡的な茎と1枚の葉をもつ短枝をつくり，数年にわたって短枝を単軸成長させるためである．

●**横枝の添伸成長**　長枝・短枝分化の特異な例として，添伸成長がある．これは，すべてのシュートが頂端では上向きである樹種に見られる．横枝は，前年の長枝から脇生する，基部が水平方向に伸長するが頂端が上向きになる長枝によって仮軸分枝的に伸長し，各年の長枝はその後単軸分枝する短枝として，同じ位置に葉群を維持していく．ミズキやモモタマナがその例である．

●**古枝の自己トリミング**　いったんつくり上げた分枝体制をどのように維持・発展させていくか，これは樹形形成の中で重要な側面である．古い茎は葉を付けることはないが,光合成産物を利用した二次肥大成長によって，その先に付け加わっていく葉群の支持と，通導の役割を果たす．樹木は成長に伴って，必要な分枝構造だけ残して，不要な部分を枯れ落としていくという制御を行う．樹木の密生した森林では，下枝は枯れ上がり，また，古い枝も分枝・伸長時と比べると，刈り梳かされた主要部分だけが残されていく．　　　　　　　　［甲山隆司］

ロゼット，抽薹

　草本の中には長い茎をつくらず，極端に短い茎だけをつくる生育ステージをもつものがある．この短い茎につく葉を根出葉という．根出葉は放射状に配置されており，葉同士の被陰が起きにくくなっている．この配置が八重咲きのバラの花弁のようにみえるため，ロゼットと呼ばれる．ロゼットをつくる植物も花を咲かせるときには花茎をつくることが多い．また，冬にロゼットをつくる植物の中には，春になるとここから葉のついた長い茎を伸ばすものも存在する．

●さまざまなロゼット

・**1年を通してのロゼット**：湿地に生育するショウジョウバカマのように，通年でロゼットを形成する種もある．図1は冬から初夏までのショウジョウバカマである．葉は常にロゼットとなっているが，開花から結実までの間は花茎が徐々に伸長していく．

・**夏のロゼット**：岩場に生育する高山植物の中には，夏の生育期間にロゼットをつくるものがある．

・**冬のロゼット**：暖温帯から冷温帯のように，冬の最低気温が氷点下になるが，極端な低温にはさらされない地方には，冬にロゼットをつくる草本が多い．ニホンタンポポなどは冬にロゼットをつくり，夏は休眠する．セイタカアワダチソウはシュートが枯れる秋になると，その根元にロゼットをつくる（図2）．春になるとそこからシュートを伸ばす．ヨモギもセイタカアワダチソウと同じようなフェノロジーをもっている．春を告げる草餅はこのロゼット葉を使ってつくる．

(a) ショウジョウバカマのロゼット

(b) 冬のショウジョウバカマ

(c) 春のショウジョウバカマ

(d) 初夏に結実したショウジョウバカマ

図1　ショウジョウバカマのロゼット四季

●**生態的な意義** もし光をめぐった競争がなければ，茎には適応的な意義はほとんどない．光合成産物を茎の形成に利用するよりも葉の拡大に使った方が成長速度が大きくなるからである．したがって，茎は光競争の厳しい環境で進化した形質であり，逆にロゼットは光をめぐる競争が起きない環境に適応した形態であると考えられる．

図2　セイタカアワダチソウのロゼット

　貧栄養な湿地の生産力は低く，植物体はそれほど大きくはなれず，光競争も起きにくい．ショウジョウバカマのような湿地のロゼットはこのような環境に適応したものであろう．同様に，高山の岩場でも生産力は低く，光をめぐった競争は起きにくい．

　冬のロゼットについては，光競争に適した茎をつくる草本が冬期に存在できない理由を明らかにしない限り，その適応的な意義を理解することはできない．その理由の1つは，茎の道管に生じるエンボリズムである．気温が氷点下に下がると道管水は凍結し，そこに気泡が生じる．氷が融解した後もこの気泡が残ると，水の移動が妨げられる．これが凍結融解によるエンボリズムである．エンボリズムが生じると強い水ストレスによって葉は枯死する．このエンボリズムの存在が，茎をもった草本が冬に生存できない理由の1つとなっている．実験的な操作によって，セイタカアワダチソウのシュートを秋に枯死させないことも可能である．この場合，シュートは冬のエンボリズムによって生じる乾燥によって枯死することが明らかにされている．

　一方，ロゼットは茎をもたないためにエンボリズムが生じにくい．葉にも道管はあるが，それは非常に細く，エンボリズムが起きにくいのである．そのため，ロゼットの形状ならば冬に光合成を続けることができる．また，日中には地表面の温度が上昇するため，これもロゼットが光合成を効率的に行うことを可能にしている．

　冬の間だけつくられるロゼットは極端に寒冷な地域や多雪地では見られなくなる．これは冬に光合成ができないことが原因であると考えられる．セイタカアワダチソウと同属の外来種であるオオアワダチソウは，セイタカアワダチソウよりも寒冷な高地に分布するが，これはロゼットをつくらない．また，在来種であるアキノキリンソウも多雪地に多く分布するが，これもロゼットをつくることはない．

〔舘野正樹〕

共生と寄生

　植物は陸上生態系の一次生産者であり，多くの植食者に餌として利用される．植食者による植物の利用様式は多様であるが，植物体の一部を利用し，植物個体を殺すことは少ないため，植食者は植物寄生者であることが多い．現在，植食者として代表的な動物は，直翅目，半翅目，鞘翅目，双翅目，膜翅目，鱗翅目に属する食植性昆虫と，ウシ目（偶蹄類）やウマ目（奇蹄類）などの食植性哺乳類である．食植性昆虫には，葉を直接食べるものに加えて，潜葉，茎・材穿孔，虫癭形成，篩管吸汁，道管吸汁，花食，種子食，果実食，根食などを行うものがある．
　植物は食植性昆虫の食害から自らを守るため，棘や毛を纏う（まと）といった物理的防衛や，二次代謝産物を蓄積するといった化学的防衛を発達させた．この二次代謝産物に対して，食植性昆虫は解毒能力を進化させるが，植物もまたさらに強い毒性をもった二次代謝産物を生産するように進化する．このような化学防衛をめぐる両者の軍拡競走が，毒性の強い多様な二次代謝産物を生み，また食植性昆虫の寄主特異性を高めることにつながっていった．地球の生物多様性の約4分の1を陸上植物が占めるが，その数にほぼ匹敵する種数の食植性昆虫がいる背景には，食植性昆虫の高い寄主特異性がある．

●**送粉共生**　食植性昆虫の中で花蜜食や花粉食に特殊化したものがあるが，それらの一部ははからずも植物の花粉媒介（送粉）をすることによって，植物の共生者になった．中生代ジュラ紀における被子植物の出現は，それらが動物媒を採用したことと密接に関連していた可能性が高い．花と送粉者の関係は送粉共生と呼ばれ，花が花蜜や花粉などの報酬を提供し，送粉者が送粉サービスを提供するという共生関係である．初期の被子植物の送粉者として重要だったのは鞘翅目や双翅目であるが，新生代になると，膜翅目のハナバチ類が植物の送粉者として君臨するようになる．ハナバチは，営巣性のカリバチであるアナバチ上科に属し，狩った餌ではなく，花粉と花蜜で子孫を養育するようになったハチである．吸蜜のために口吻が伸長し，集粉（花粉を集めること）のための分枝した体毛が発達した．花への強い依存性と，花粉の付きやすい体毛ゆえに，ハナバチは植物にとって最も信頼できる送粉者になったのである．
　ハナバチは白亜紀最末期に出現しており，それらは単独営巣性だった．それらの中から，繁殖に関する分業（女王と働き蜂の併存）を行う真社会性ハナバチ（特にマルハナバチ属とミツバチ属）が出現してくる．マルハナバチは，長い体毛に覆われ，気温が低い場合でも高い体温を保って飛翔することができる．働き蜂はサイズ変異が大きく，それぞれが体サイズに合った決まった花を「専攻」すると

いう習性（定花性）をもつため，特に温帯域の草本類の需要な送粉者になっている．一方，ミツバチの働き蜂はサイズが均一で，偵察個体が餌資源を見つけると，その位置情報を8の字ダンスによって他個体に教え，動員をかけるという採餌様式をもっている．そのため，森林（特に東南アジアの熱帯林）の樹木の重要な送粉者になっている．

花と送粉者の共生関係で，極端に種特異的になった関係も知られる．植物が種子を報酬として提供し，種子食者の親が送粉と同時に花に産卵するという関係で，絶対送粉共生と呼ばれる．そこでは，植物と送粉者の間で相乗多様化が起こっており，これまでにイチジク（クワ科）とイチジクコバチ（イチジクコバチ科）（図1(a)）系，ユッカ（リュウゼツラン科）とユッカガ（ホソヒゲマガリガ科）（図1(b)）系，カンコノキ（コミカンソウ科）とハナホソガ（ホソガ科）（図1(c)）系が知られている．いずれの系でも，送粉者は子孫の餌を確実にするために，能動送粉をすることが知られており，また，送粉者が種子を全部食べてしまわないように，重複産卵された花を間引くという植物による送粉者への制裁機構が見つかっている．

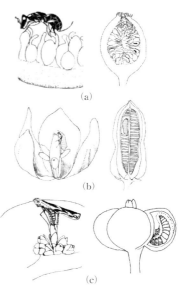

図1　3つの絶対送粉共生系

●**寄生性微生物**　植食者に加えて，植物に寄生する多様な微生物（線虫・真菌・細菌）やウイルスが知られている．これらの寄生生物は植物にさまざまな病徴を顕し，植物の適応度をさまざまな程度で低下させる．植物寄生性の線虫には，材に寄生するマツノザイセンチュウや，根に線虫瘤を形成するネコブセンチュウなどが知られている．植物寄生性の真菌類には，子嚢菌類と担子菌類が代表的で，植物体上に胞子を形成し，それを風で飛ばしたり，動物に付着させたりして，新たな寄主に胞子を散布する．さび病菌は担子菌類で，有性世代と無性世代をそれぞれ別の植物の上で送るものが多い．

植物には，植物にほとんど病徴を顕さない菌類も数多く付いており，それらは内生菌（エンドファイト）と呼ばれる．内生菌の多くは子嚢菌類で，病徴を顕す種にきわめて近縁なものが多い．これらの内生菌は，特別な二次代謝産物を生産することによって，植食者による食害から植物を守ったり，より病原性の強い寄生菌の感染を防いだりする場合があることが知られている．これらの事実は，植物に感染している微生物同士は競争関係にあり，そのような微生物の中には，植物の共生者として位置づけられるものがあることを示唆している．　　　［加藤　真］

菌　根

　植物の根に糸状菌が共生して形成される構造を菌根という．通常，菌との共生によって植物が利益を得られる関係に限られ，利益にならない場合は根の内生菌や病原菌として扱われる．植物と菌根菌の間では分子レベルの相互認識と遺伝子発現の制御が行われ，養分等が交換されるための特殊化した組織が発達する．アブラナ科やタデ科，カヤツリグサ科などの一部の非菌根性植物を除き，陸上植物のほとんどは菌根を形成し，菌類と共生することで生きている．

●**主要な菌根タイプ**　植物と菌類の組合せによって，菌根の形態や構造，機能は異なる．主要な菌根タイプの1つが，マツ科やブナ科樹木の細根に形成される外生菌根である．カバノキ科やヤナギ科，フタバガキ科，マメ科，フトモモ科，ナンキョクブナ科などの樹木も外生菌根を形成する．森林の優占種が多く，細根の大部分が菌根化しているため，外生菌根は森林土壌中に普遍的に存在する．外生菌根菌には，ベニタケ科やテングタケ科などの子実体（キノコ）を形成する菌種が多い．さらに，キノコを形成しない担子菌（ラシャタケ属など）や子嚢菌も多数含まれ，外生菌根菌の総種数は1万種を超える．多くの異なる系統群に属し，腐生菌から外生菌根菌への進化が過去に何度も起こったと考えられる．多くの外生菌根菌はさまざまな樹種に共生できるが，限られた樹木にしか共生しない宿主特異性の高いものもある．外生菌根の形態的特徴は，細根表面を覆う菌糸組織である菌鞘，根の細胞間隙に侵入した菌糸によって形成されるハルティヒネットである．通常，根の細胞内に菌糸は侵入しない．外生菌根の表面から土壌中に菌糸が伸びているが，その根外菌糸体の量や発達様式は菌種によって大きく異なる．根外菌糸体によって複数の植物が繋がれた菌根菌ネットワークは10 m以上に及ぶこともあり，ネットワーク内の養分転流などによって樹木実生の定着や林床植物の生存を支えている．特に，ラン科やシャクジョウソウ亜科の林床植物には，必要な炭水化物の一部，あるいはすべてを菌根菌ネットワーク経由で周辺樹木から獲得しているものがある．このような菌従属栄養性の林床植物は樹木と共通の外生菌根菌と共生しているが，菌根形態と機能が異なるため，モノトロポイド菌根（ギンリョウソウなど），アーブトイド菌根（イチヤクソウなど），ラン菌根（キンラン，ムヨウランなど）と区別される．なお，ラン科植物の大多数は外生菌根菌ではなく，腐生生活をするリゾクトニア菌類（多系統の担子菌類）とラン菌根を形成する．

　もう1つの主要な菌根タイプがアーバスキュラー菌根である．グロムス門に属する菌類の菌糸が植物の根に共生して形成される．これまでに記載されたアーバ

スキュラー菌根菌は200種あまりにすぎないが，共生する植物はコケ植物からシダ植物，裸子植物，被子植物まで非常に幅広く，陸上植物の8割を超える．このためアーバスキュラー菌根菌の宿主特異性は低い．宿主植物には草本植物だけでなく，スギやカエデなどの樹木も含まれる．イネ科やマメ科，ナス科などの主要農作物もアーバスキュラー菌根性であり，農業上も重要な菌根である．アーバスキュラー菌根には，菌鞘やハルティヒネットはなく，根の細胞内に侵入した菌糸が樹枝状体を形成するのが特徴である．土壌中に隔壁のない外生菌糸を延ばし，その先端に大型の胞子を単生，または胞子嚢果を形成する．

この他，ツツジ科やイワウメ科の植物にビョウタケ目の一部の菌種（*Rhizoscyphus ericae* など）が共生して形成されるエリコイド菌根がある．これらの宿主植物の根は髪の毛のように細いが，その表皮細胞内に菌糸コイルを形成するのが特徴である．

●**共生関係** 外生菌根共生を例にすると，菌根菌は必要とする炭水化物のほとんどを宿主植物に依存しており，宿主植物なしでは繁殖できない．菌根菌が受け取る炭水化物の量は宿主植物の光合成産物の2割に達することもある．一方，菌根菌は土壌中に張りめぐらした菌糸でリンや窒素を効率的に吸収し，宿主植物に供給している．根外菌糸体は根の養分吸収面積を増大させるほか，森林土壌中に豊富に存在するリンや窒素の有機化合物も分解・吸収することができる．宿主植物自身の根で吸収できる養分はきわめて限られるため，菌根菌と共生しなければ植物は養分欠乏によりほとんど成長しない．つまり，菌根を形成することが植物と菌根菌の互いの生活に不可欠であり，相利共生関係といえる．アーバスキュラー菌根を形成する植物と菌も同じような相利共生関係にある．ただし，グロムス菌類の有機物分解能力は限られ，植物がアーバスキュラー菌根共生によって得られる利点はリン酸の吸収促進が中心である．ラン菌根やモノトロポイド菌根などにおいては，菌根共生が宿主植物に必要不可欠なものの，菌根菌の方は宿主植物なしでも生活できることから，片利共生関係や寄生関係にある．

●**植物の進化と菌根菌** 水中と異なり養分の動きが制限される陸上は，植物にとって養分獲得の面で不利な環境である．約4億年前の初期の陸上植物の化石からアーバスキュラー菌根と共通の構造がみられることなどから，植物が水中から陸上へと進出した際に，菌類との共生が重要な役割を果たしたと考えられている．現存するすべての維管束植物はアーバスキュラー菌根性の共通祖先から進化したものと考えられており，現在でも大半の植物はグロムス菌類との菌根共生を維持している．その後，菌根菌に依存しない非菌根性植物や，より進化した担子菌類・子嚢菌類と共生する植物などが派生的に生まれ，さまざまな陸上環境に適応してきた．多くの種を含むラン科やツツジ科などは，異なる菌根菌と共生することで新たなニッチに適応し，種分化が進んだ例として知られる． ［奈良一秀］

根粒菌

　根粒菌とは，リゾビウム目リゾビウム科の土壌細菌のうち，マメ科植物の根に根粒と呼ばれる瘤状の器官（図1）を形成し，その内部で窒素固定を行う種の総称である．これらの種は *Azorhizobium*, *Bradyrhizobium*, *Mesorhizobium*, *Rhizobium*, *Sinorhizobium* などいくつかの属にわたって存在する．マメ科以外の植物と共生する放線菌目フランキア科フランキア属の細菌を含めることもある．

●**根粒菌とマメ科植物の共生窒素固定**　窒素固定とは，大気中の窒素（N_2）をアンモニアに還元する過程をいう．根粒菌は還元したアンモニアを宿主のマメ科植物に供給し，植物は光合成産物を菌に与える．菌は光合成産物に依存し窒素固定を行う．このように根粒菌とマメ科植物は窒素と炭素をトレードする共生関係にある．共生関係の構築は両者の相互認識から始まる．その仕組みについての理解は，主にマメ科の作物を用いた研究に基づいている．初めに，宿主植物がフラボノイドなどの有機物を放出する．これらは根粒菌の根粒形成遺伝子（*nod genes*）の発現を誘導する．続いて菌はNODファクターと呼ばれるシグナル分子（リポキチンオリゴ糖）を放出する．植物側の受容体がNODファクターを受容すると，根毛が湾曲しその内側に菌をとじこめる．菌は根毛から根の内部に入り，感染糸を皮層に貫入させる．これに反応して皮層細胞が分裂を開始し，根粒が形成される．菌

図1　ラッカセイの根に形成された根粒（奥にピーナッツのさやが見える）

図2　オオバヤシャブシの根に形成されたアクチノリザ

は根に侵入した後さかんに増殖するが，やがて増殖を停止しバクテロイドと呼ばれる共生系に特異的な形態へと分化する．根粒が過剰に形成されると植物は大量の炭素を消費してしまうため，根粒の数は植物がつくるシグナル分子によって制御される．窒素固定反応を触媒するのはニトロゲナーゼという酵素である．ニトロゲナーゼは地球の大気が還元的だった時代に起源すると考えられており，現在の大気中酸素濃度下では失活してしまう．しかし，光合成産物を酸化してATPを合成するためには酸素が必要である．根粒の内部では，低酸素分圧下でも酸素を運ぶことのできるレグヘモグロビンというタンパク質が大量に生産され，ニト

ロゲナーゼを失活させずに酸素を供給することを可能にしている．根粒菌と植物の共生関係は宿主特異性が比較的高いとされており（例えばダイズ（*Glycine max*）とダイズ根粒菌（*R. japonicum*）），それは菌間でNODファクターの構造が異なることで可能となっている．一種の宿主植物に多種の菌が共生することもある．例えば，アラビアゴムノキ（*Acacia senegal*）は少なくとも7種の根粒菌（*M. plurifarium*，*S. arboris* など）と共生する．根粒菌の宿主は主にマメ科植物であるが，それ以外ではニレ科 *Parasponia* 属が知られている．マメ科では，マメ亜科とネムノキ亜科に属する多くの種が根粒を形成するが，ジャケツイバラ亜科の植物で根粒が確認されている種は少ない．ただし，根粒がみられない植物でも根粒菌が感染し，ニトロゲナーゼ活性を示したという報告もあり，潜在的には現在知られるよりも多くの植物が窒素固定能をもつと考えられる．一方，菌の中には根粒を形成してもほとんど窒素固定をしない，寄生的とみられる系統もある．また，さまざまな制約（リンやモリブデンの不足，不適な土壌温度，湿度，pHなど）により窒素固定が十分に行われない場合もある．根粒菌とマメ科植物の共生系によって固定される窒素量は，生物（マメ科以外の植物と共生する放線菌や藍藻，植物と共生関係を持たない単生窒素固定生物などを含む）によって固定される窒素量の1/4〜1/2を占めると推定されている．

●広義の根粒菌　フランキア属の細菌は，カバノキ科ハンノキ属，グミ科グミ属，ヤマモモ科ヤマモモ属などの植物と共生し窒素固定をする．宿主はアクチノリザル植物と呼ばれる．これらの菌もまた植物の根毛から侵入し感染糸を形成して植物の細胞内に入る．根にアクチノリザ（放線菌根）と呼ばれる珊瑚状の器官をつくる（図2）．菌はベシクルと呼ばれる細胞を分化させ，これにより窒素固定を行う場所への酸素の透過を制限する．菌と宿主間の相互認識の仕組みは詳しくはわかっていないが，根粒菌とは異なりNODファクター以外の分子が鍵と考えられている．

●根粒菌の利用　マメ科植物やアクチノリザル植物は，根や根粒からの浸出物やリターを介して周囲の土壌窒素を増やし，窒素をより多く必要とする他の生物の生育を可能にするため，荒廃地や森林伐採地の回復，砂防地の造林などに用いられる．これらの植物はまた，将来予測される高CO_2環境下での生産の増大が期待されている．大気CO_2濃度の上昇により植物の光合成が促進されると，光合成産物をエネルギー源とする窒素固定も増える．光合成の促進が維持されるのは炭素供給の増加に見合った窒素供給の増加が起こる場合のみであるため，大気CO_2上昇の恩恵が最も大きいのは根粒菌と植物の共生系であろうと考えられている．また農地では，化学肥料の地下水への流出や脱窒による環境汚染が問題となっている．環境負荷の軽減と増収を両立するため，根粒菌とマメ科作物の共生系における窒素固定能の増強，窒素固定能をもつ新たな作物の開発が進められている．

［及川真平］

エコゲノミクス

　エコゲノミクスとは，ゲノム情報を用いて生態学的な課題に取り組む学問領域であり，生態ゲノミクスや生態ゲノム学とも呼ばれている．さまざまな生物種のゲノム解読計画に伴う遺伝子解析技術の発展により，2000年以降に誕生した．

　ゲノムとは生物のもつ遺伝情報全体を示し，より正確には半数体（配偶子）に含まれる全DNA配列のことである．そのゲノムを対象に研究を行うのがゲノム学であり，各生物種におけるゲノム解読，全遺伝子の機能解析や遺伝子間ネットワークの解明を目的としている．一方，生態学が扱う現象の多くは，生物と環境の相互作用や生物間の相互作用である．エコゲノミクスは，このような生態学的な相互作用に関して，ゲノム情報に基づきその実体を明らかにすることを目的としている（図1）．

●**エコゲノミクスの研究手法**　エコゲノミクスにおいて用いられる研究手法はさまざまである．従来の生態学的手法にゲノム学的手法を組み合わせて行われ，それらは遺伝学手法・分子生物学手法・生物情報学（バイオインフォマティクス）的手法の3つに大別できる．

　遺伝学手法では，交配可能な系統や種を掛け合わせて後代を作出し，その表現型と遺伝マーカーの相関から，対象としている形質の原因遺伝子を探索する．特に，量的形質の表現型変異を担う遺伝子座の探索に用いられるのが，量的形質遺伝子座（quantitative trait loci：QTL）解析である．また，人工的な交配集団ではなく自然集団の変異を利用した解析も行われており，ゲノムワイド関連解析（genome wide association study：GWAS）と呼ばれている．

　分子生物学手法では，ゲノム解析やトランスクリプトーム解析などの網羅的な解析，遺伝子組換え体の作出による遺伝子の機能解析が行われている．近年では，次世代シークエンサーと総称されるサンガー法によらない塩基配列解読機の普及により，短時間で大量の配列データを取得することが可能となった．解読可能な配列長や配列数は機種によってさまざまであり，目的や解析対象によって使い分けることで効率よ

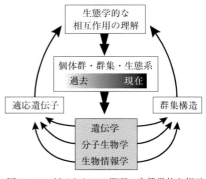

図1　エコゲノミクスの概要：生態学的な相互作用を理解するために，個体群（集団）・群集・生態系を対象に，遺伝学・分子生物学・生物情報学的手法を利用して，適応遺伝子や群集構造の解明を目指す

く研究を進めることができる．また，試料中に含まれる全DNA配列の解読に加え，PCRやマイクロアレイなどにより選抜した配列断片の解読や，特定の制限酵素で切断した末端部分の解読（restriction site associated DNA sequence：RAD-seq）なども可能であり，これらの用途は多岐にわたる．

生物情報学的手法では，統計学や情報科学などの理論や知見に基づき，コンピューターを用いて解析が行われる．次世代シークエンサー由来の配列データの場合，データ量が膨大であるため，即座に生物学的に意味のある情報を得ることは難しい．一方，目的にあったソフトウェアとウェブ上のデータベースなどを利用することで，ゲノム未解読生物種におけるゲノム解読と遺伝子機能の予測，解読済み生物種における複数個体の再解読（リシークエンス）と個体間変異の解析，網羅的な遺伝子発現解析と試料間比較，安価かつ信頼性の高い大量の遺伝マーカー開発，試料中に含まれる生物群の網羅的な種同定などが可能となる．

●**エコゲノミクスによる生態学的相互作用の解析**　生態学へのゲノム学的手法の普及にともない，数多くの研究成果がもたらされてきた．中でも，生態学的な相互作用の鍵となる適応形質を担う遺伝子（適応遺伝子）の探索と，相互作用の実体である群集構造の解明はその代表例である．

適応遺伝子の探索は，モデル生物やその近縁野生種を中心に行われ，遺伝子によっては分子進化学や分子集団遺伝学的な手法により自然選択の時期や強さなどの推定もなされてきた．その結果，さまざまな適応形質の遺伝的基盤が明らかとなり，生態学的な相互作用の実体やその進化に対する理解が深まってきた．また，適応遺伝子から生物の適応可能性を定量化する試みも始まっており，環境変動に伴う分布域の変化予測や絶滅リスク評価への応用が進みつつある．

群集構造の解明は，主に水中や土壌中の微生物を中心に進められ，メタゲノミクスや群集ゲノミクスなどと呼ばれている．最近では微生物に限らず，さまざまな環境中に含まれる植物や動物由来のDNA（環境DNA）を解析することで，対象とする生物種の有無や存在量の把握が可能となった．生態系内に含まれる全生物由来のゲノムやトランスクリプトームを対象とした解析も進められており，生態系全体における生態学的な相互作用網や，その相互作用網が生態系機能に与える影響なども明らかにされつつある．

さらに，遺跡などに残された生物遺骸，山岳氷河などに含まれる過去の生物試料，博物館に収蔵されている生物標本をもちいたゲノム解析も進められている．これらの試みはパレオゲノミクスと呼ばれており，過去から現在に至る時系列試料を解析することで，個々の生物の適応進化，群集構造の歴史的な変遷，そしてそれらの相互関係の直接的な解明が期待されている．　　　　　　［森長真一］

参考文献
[1]　日本生態学会編『エコゲノミクス─遺伝子からみた適応』共立出版，2012

安定同位体生態学

　同じ原子番号をもち質量数が異なる同位体のうち，放射線を発しない安定な同位体のことを安定同位体という（「同位体の利用」参照）．植物生態学では主に，水素，炭素，窒素，酸素，硫黄の安定同位体が利用されている．リンやマンガンのように1種の安定同位体しかもたない元素については，安定同位体を利用した手法は適用できない．安定同位体比の変動は非常に小さいため，標準物質に対する1000分偏差（パーミル：‰）で表され，次のように計算される．

$$\delta X = [(R_{sample}/R_{standard}) - 1] \times 1000 (‰)$$

R_{sample} と $R_{standard}$ は，サンプルと標準物質の安定同位体比（例えば $^{13}C/^{12}C$）である．国際原子力機関などが国際的な標準物質を取り扱っており，炭素についてはウィーン-PDB（V-PDB），窒素については大気中の窒素，水および酸素についてはウィーン標準平均海水（V-SMOW）あるいはV-PDBが用いられる．PDB（Pee Dee Belemnite）とは，米国・サウスカロライナ州のPee Dee層から産出したイカに似た海洋動物 *Belemnitella americana* の化石である．SMOWとは標準平均海水 standard mean ocean water の略である．植物生態学で安定同位体が利用される場合，①物質の起源を解明する，②生物的・化学的プロセスを解析する，③指標や格付けとして利用する，のような3つの典型的なパターンがある．

●**物質の起源を解明するための利用**　水，炭素，窒素の安定同位体は，植物が利用する水，CO_2，窒素の起源を推定するための有用なツールであり，植物の個体レベルにとどまらず，生態系レベルの水，炭素，窒素循環の解明に広く利用されている．例えば樹木が渓流水か地下水のどちらから水を吸収しているのかを調べたい場合は，渓流水，地下水と植物体中の水の安定同位体比（水素：δD，酸素：$\delta^{18}O$）を比較する．もし地下水を利用していれば，植物体中の水の安定同位体比は地下水の値に近くなる．また，水の安定同位体比を利用して，河川を流れる水に対して降水と地下水がどの程度の割合を占めるかを求めることができる．植物体の炭素安定同位体比（$\delta^{13}C$）には，光合成の基質である，大気中の CO_2 の $\delta^{13}C$ が反映される．化石燃料の燃焼によって発生する CO_2 は低い $\delta^{13}C$ をもつため，自動車などの排気ガスの影響を強く受ける都市や幹線道路沿いなどの植物の $\delta^{13}C$ は低い値となる．群落や生態系レベルでは，$\delta^{13}C$ や $\delta^{18}O$ から土壌・植物・大気間の CO_2 フラックスの推定が行われている．この推定には，上層大気の CO_2 と植物や土壌の呼吸によって放出される CO_2 との間で $\delta^{13}C$ や $\delta^{18}O$ が異なることが利用されている．菌根菌や根粒菌と植物との共生関係を解析するためには，トレーサーとしての ^{15}N が非常に有用である．また，森林における窒素循環

を調べるためには，肥料，窒素降下物，土壌有機物などさまざまな起源をもつ窒素の動態を評価する必要がある．窒素（$\delta^{15}N$）に加えて硝酸イオンの$\delta^{18}O$を用いることにより，窒素の起源物質の寄与率を推定することができる．

●**生物的・化学的プロセス解明のための利用** 地球上のさまざまな物質の安定同位体比にはわずかな差がある．生物反応や化学反応が特徴的な大きさの同位体分別を

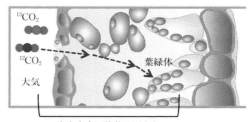

図1 葉の光合成に伴う炭素安定同位体分別(Δ)：$^{13}CO_2$は$^{12}CO_2$よりも拡散速度が遅く，主要な二酸化炭素固定酵素であるRubiscoとの反応も生じにくいため，光合成によって^{13}C対する分別作用が生じ，大気と比較すると葉緑体内のCO_2には$^{12}CO_2$が多くなる

伴っているためであり，これを利用してその物質の生成にかかわった生物反応・化学反応のプロセスを解析することができる．植物の葉の炭素安定同位体分別(Δ)は，植物体の$\delta^{13}C$($\delta^{13}C_p$)と大気中のCO_2の$\delta^{13}C$($\delta^{13}C_a$)から$\Delta=[\delta^{13}C_a-\delta^{13}C_p]/[1+\delta^{13}C_a/1000]$のように表される．$\Delta$と酸素安定同位体分別は，ガス交換と同時に測定することにより，葉の内部におけるCO_2の拡散コンダクタンス（葉肉コンダクタンス）の推定に利用されている．葉肉コンダクタンスは気孔コンダクタンスに匹敵する重要な光合成の制限要因であり，気孔コンダクタンスと同様にCO_2や土壌水分などの環境変化に対して応答性を示すこと，シダ植物やコケ植物のような原始的な植物は種子植物と比較すると葉肉コンダクタンスがきわめて小さいことなどが明らかになっている．また，酸素安定同位体分別は蒸散による^{18}Oの濃縮の影響を受けることから，平均的な気孔コンダクタンスや蒸散の推定に利用されている．

●**指標のための利用** 植物組織のΔは，光合成プロセスの積算情報をもつという点で，ガス交換測定から得られる情報に対して優位性がある．C_3植物では，Δは水利用効率（光合成速度と気孔コンダクタンス，あるいは光合成速度と蒸散速度との比）の指標として広く用いられており，Δが小さいほど水利用効率は高い．Δの応答性は気孔の応答性とよく相関し，土壌水分，大気中の湿度，塩類濃度など，気孔が応答を示す環境因子に対して応答する．一方，植物種のΔは遺伝的に規定されている部分も大きく，遺伝子型によるΔの差異は生育環境が変化しても保存されることから，作物の選抜・育種にも利用されている．樹木の化石，あるいは樹木の年輪における炭素および酸素の安定同位体は，植物の光合成機能や気候因子によって規定され，古気候復元のためのツールとして利用されている．例えば，年輪から抽出されたセルロースの酸素の安定同位体比から，過去数千年間の降水量のパターンを復元する試みが行われている． ［半場祐子］

化学生態学

　生態系における生き物同士の関係性（生物間相互作用）は，さまざまな要因（視覚，聴覚，嗅覚，味覚など）によって媒介されている．その中で特に化学物質が媒介する生物間相互作用に注目し，生態学の諸問題を解明しようとする分野を化学生態学と呼ぶ．

　自然条件下で，2個体間の相互作用において情報を伝達し，情報の受容者に行動的あるいは生理的な反応を引き起こす化学物質を，情報化学物質と呼ぶ．情報化学物質を発信する個体（発信者）は，必ずしも「生産者」である必要はない．後述のアリヅカコオロギの例のように，他の生物由来の情報化学物質を利用して相互作用している場合も発信者と考える．

　情報化学物質はフェロモンとアレロケミカル（種間作用物質）という2つのカテゴリーで構成される（図1）．フェロモンは，同種2個体間の相互作用を媒介する情報化学物質の総称である．性フェロモン，集合フェロモン，警報フェロモンなど，フェロモンに具体的な機能を追記して表記される．

　一方アレロケミカルは，異なった種に属する2個体間の相互作用を媒介する情報化学物質である．フェロモンの場合と異なり，発信者と受容者のどちらに有利な相互作用を媒介するか，という点に注目し，アロモン，カイロモン，シノモン，アンタイモンという4つのサブカテゴリーに分けられる．フェロモンと異なりアレロケミカルでは具体的な機能を追記した表記は通常行わない．例えば送粉に関与する花の香りを送粉シノモンと表記することはない．各サブカテゴリーの定義は以下のとおりである．

・アロモン：発信者個体にとって有利であり，受容者個体にとっては有利でないアレロケミカル
・カイロモン：受容者個体にとって有利であり，発信者個体にとっては有利でないアレロケミカル
・シノモン：発信者個体，受容者個体にとってともに有利であるアレロケミカル
・アンタイモン：発信者個体，受容者個体にとってともに有利でないアレロケミカル

　ここで，有利というのは，注目する生物個体が遺伝子を多く残せる（適応的に有利である）ということを意味している．情報化学物質が媒介する関係性はあくまで生物2個体間で考え，2種間での有利か否かを考えるものではない．また「有利でない」という表現は，「不利になる」場合だけでなく「有利でも不利でもない（中立）」場合を含むので注意が必要である（図1）．

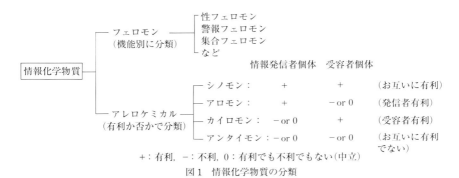
図1　情報化学物質の分類

●**情報化学物質のコンテクスト（関係性）依存性**　情報化学物質の受け手となる個体が属する種は1つとは限らない．異なる種に属する個体が，同じ情報化学物質を受容する場合も想定される．その場合情報化学物質は，それを受容する生物個体ごとに異なる行動的，あるいは生理的変化を及ぼす．受容者個体がどのような反応を示すかは情報の発信者と受信者の2個体間のコンテクスト（関係性）で決まるため，同一化合物が生態系内でまったく異なる生物間相互作用を媒介することもありうる．

例えば，ヤガ科の雌成虫の性フェロモンが，その蛾の卵寄生蜂の寄主探索の効率を高めるために利用されている場合がある．この場合性フェロモンとして本来機能している物質は，寄主と卵寄生蜂間の相互作用では，卵寄生蜂（受容者個体）に有利に働き，蛾メス成虫（発信者個体）に有利に働かないのでカイロモンと定義される．

アリヅカコオロギは，アリの巣に住み込み，ワーカーから餌を奪いとっている（寄生者）．このコオロギがアリの攻撃を受けず巣内寄生できるのは，コオロギがアリの同巣認識フェロモンである体表炭化水素を物理的にアリから獲得したことによる．この場合，アリヅカコオロギが情報（体表炭化水素）の発信者個体であり，アリが受容者個体となる．体表炭化水素はアリヅカコオロギとアリ間の相互作用では，発信者個体にのみ有利であるため，アロモンと定義される．これらの例で，卵寄生蜂は，情報化学物質が本来もつ「性フェロモン」に対する違法な受信者といえ，コオロギは，「同巣認識フェロモン」の違法な発信者といえる．このような情報化学物質のコンテクスト依存的な多機能性の解明は，生態系における生物間相互作用ネットワークを理解するために重要である．　　　　［髙林純示］

📖 **参考文献**
[1]　有村源一郎他『植物アロマサイエンスの最前線』フレグランスジャーナル社，2014
[2]　松井健二他『生きものたちをつなぐ「かおり」―エコロジカルボラタイルズ』フレグランスジャーナル社，2016

古生態学

　植物は多くの場合,器官ごとに分かれて化石になる.また,葉のように植物体の本体から頻繁に脱離する器官ほど化石としてよく見つかり,ほとんどの化石植物の種は葉に基づく形態種であるといってよい.一方,化石植物の全体像を復元するのは容易ではないし,その生活場所や生活様式などの古生態を復元するのはさらに難しい.しかし,以下にあげるような事例では,化石植物の生態を,部分的ではあるものの,推定することができる.

●**自生的産状を示す化石**　まれに,植物体が自生的な状態で堆積物中に埋没し,化石化することがある(いわゆる化石林など).このような自生的化石では,それを含む堆積物の堆積環境を復元することで,化石植物の生育場所を推定できる.例えば,石炭紀に繁栄したリンボク類(小葉類シダの祖先の木生シダ)では,*Stigmaria*と呼ばれるリゾモルフ(植物体の下部にあり,もっぱら根を生じる器官)が自生的な産状で見つかる.それらを含む堆積物の特徴から,リンボク類は低地の湿地帯に生育していたと考えられている.また,図1に示したのは,自生的産状を示す約2000万年前の水生植物化石群集の例だが,放棄河道(三日月湖)に堆積した泥炭層上に,直立したハスの葉柄(矢印)が観察される.

図1　2000万年前の水生植物化石群集(カラー口絵 p.5 も参照)

●**半自生的産状を示す化石**　直立樹幹のような場合を除き,ほとんどの植物遺体は水中を運搬された後,堆積物中に取り込まれる.運搬時間が長くなるにつれ,植物遺体は破損し,各器官が互いに脱離する.器官同士の脱離が起きると,器官ごとに運搬様式が異なるため,それらは別の場所に堆積しやすくなる.また,生育場から離れるにつれ,堆積物の後背地に生育するさまざまな植物が同時に堆積物中に取り込まれる可能性が高まる.

　逆に,生育地にごく近い場所で堆積物中に取り込まれた場合,植物遺体は水力学的作用をほとんど受けずに化石化する(半自生的化石).半自生的産状では,①同種の植物が排他的に多産する,②同じ植物に由来するさまざまな器官が同一の層準から共産する,③器官間の連結が維持されている,④堆積物中での配向(長軸の向き,表裏のどちらが上を向くか)に特定の傾向がみられない,⑤化石のサ

イズに偏りがない，⑥地層の上位から下位に向かって植物遺体の分解が著しくなる，などの特徴が観察される．この状況は，落葉層および腐植層がそのまま化石化することを想像するとわかりやすい．

例えば，ペルム紀の裸子植物，グロッソプテリス属の植物は，葉，種子，椀状体（胞子葉が変形した種子を包む構造物）が排他的に密集して堆積物に取り込まれ，泥炭層を形成することがある．そのため，グロッソプテリス属植物の一部は，湿地性であると推定されている．

●**形態学的特徴に基づく推定** 乾燥した場所に生育する植物では，葉肉組織が厚く発達したり，葉の表面からくぼんだところに気孔がついたりすることがある．このような特徴は，化石植物の葉にも観察されることがあり，それらをもつ植物が乾燥した場所に生育したことを推定できる．

●**生物力学的方法による生育様式の推定** 現生の非自立性（つる性，匍匐性）の植物では，成長齢が大きくなるにつれて，ヤング率が減少し，茎の曲げ剛性が小さくなる．これは，茎内部における支持組織の分布が柔組織などによって分断され，茎に占める支持組織の体積が相対的に小さくなるためである．逆に，自立性（直立性）の植物では，成長とともに支持組織の体積が増加し，茎の曲げ剛性が大きくなる．ドイツのT. スピック（T. Speck）らは，現生の非自立性・自立性の植物を用いて，成長に伴う曲げ剛性の変化と茎を構成する組織組成との関係を解析し，曲げ剛性の成長変化に基づき非自立性と自立性の生活様式を定量的に区別する方法を考案した．彼らはこの方法を応用して，石炭紀のシダ種子植物（リギノプテリス類）の1種 *Lyginopteris oldhamia* の成長過程における曲げ剛性の変化を解析し，それが非自立性であった可能性を示した．

●**炭素同位体比に基づく炭酸固定様式の推定** 多くの植物にみられる光合成経路である C_3 回路では，^{12}C が ^{13}C に対して固定されやすい．一方，C_3 回路に加えて C_4 回路やCAM回路をもつ植物では，^{12}C に対する選択性が弱まる．つまり，C_4 植物やCAM植物では，C_3 植物に比べて重い炭素が取り込まれることになる．この性質を利用して，化石植物の炭酸固定様式が推定されている．これまでのところ，炭素同位体比に基づき推定された最古の C_4 植物は，1250万年前のイネ科草本である．この植物は現生のイネ科植物にみられるクランツ構造をもつことから，C_4 植物であることが確実視されている．一方，白亜紀後期にも重い炭素同位体比をもつ植物が生育したことが報告されているが，この植物が C_4 植物なのかCAM植物なのかについてはさらなる検証が必要である． ［山田敏弘］

📖 **参考文献**
[1] Stewart, N. W. & Rottweil, G. W., *Paleobotany and the evolution of plants*, 2nd ed., Cambridge University Press, 1993
[2] Taylor, T. N., *et al.*, *Paleobotany, the biology and evolution of fossil plants*, Academic Press, 2009

古気候・古環境の復元

　陸上植物がもつ葉という器官は，生態系の基盤をなす光合成生産の場であると同時に，炭素や酸素の同位体比の形で気候・環境情報を記録する高精度センサーでもある．樹木の場合，その同位体比は樹幹の年輪セルロースに転写され，年輪の幅や密度とともに，古気候や古環境に関する貴重な情報源となる．そうした樹木年輪の情報を読み取る総合的学問である年輪年代学は，年輪幅が気温や降水量の変化を反映し同一地域・同一樹種の個体間では同調して変化することを利用して，古気候の復元や古材の年輪年代決定に活用されてきた．近年はさらに，同位体比の迅速かつ正確な測定技術の普及により，年輪の炭素や酸素の同位体比を年～季節単位で古気候・古環境の復元に応用する取り組みが広がっている[1]．

●葉内での CO_2 と H_2O の同位体分別メカニズム　年輪セルロース中の炭素と酸素の同位体比は，原料となる糖類が生産される葉の中の CO_2 と H_2O の炭素と酸素の同位体比に生合成過程での一定の同位体分別が加わったものである．それゆえ，その経年変動の意味を理解するには，葉内の CO_2 と H_2O の炭素と酸素の同位体比の変動メカニズムを理解すればよい．ちなみに光合成の際，酸素は CO_2 の形で分子内に取り込まれるが，その酸素（カルボニル基）は速やかに周囲の水と交換するため，実際には糖類の酸素同位体比には H_2O の同位体比が反映される．

　図1に葉の中の CO_2 の炭素（a）と H_2O の酸素（b）の同位体比がそれぞれどのように決まるかを，CO_2 と H_2O の収支①と同位体分別（ε_k：気孔通過，ε_e：水の蒸発，ε_p：光合成炭酸固定でそれぞれ一定）を考慮した同位体収支②の連立方程式を解く形で示した．CO_2 は大気から気孔を通して取り込まれ，その一部が光合成に使われ，残りは大気に戻る．葉内 CO_2 の炭素同位体比（$\delta^{13}C_{CO_2[葉内]}$）は，大気 CO_2 の炭素同位体比（$\delta^{13}C_{CO_2[大気]}$）の変化を反映するとともに，気孔から取り込まれた CO_2 の中で光合成に使われる割合（F3/F1）が高いほど高くなる（$\varepsilon_p \gg \varepsilon_k$ のため）．F1は大気の CO_2 分圧に比例するだけでなく気孔開閉度も反映し，一般に土壌水分量が多ければ気孔が開きやすくF1は大きくなる．年輪の炭素同位体比は年輪の幅や密度と同様，光合成速度（F3）の影響を直接受けるため，多様な環境因子とともに，それへの植物の応答が組み合わさった指標になる．一方，H_2O は，通常降水が土壌から導管を通って同位体分別無しに葉に吸い上げられ，葉内で水蒸気となって気孔から大気に戻るが，大気中の水蒸気も気孔から拡散で葉内に入ってくる．簡単のために，大気中の降水と水蒸気が蒸発と凝結の同位体交換平衡に達していると仮定③して連立方程式を解くと，葉内水の酸素同位体比（$\delta^{18}O_{H_2O[葉内水]}$）は，降水の酸素同位体比（$\delta^{18}O_{H_2O[降水]}$）とF2/F3で決ま

ることがわかる．F2とF3はそれぞれ大気および葉内の水蒸気圧に比例し，葉内では水蒸気が飽和状態と考えられるので，F2/F3は相対湿度に対応する．このように葉内水の酸素同位体比は純粋に気象学的な要因のみで決まるため，同一地域の植物であれば完全に一致した時間変化を示し，年輪セルロース酸素同位体比の経年変動パターンにも，樹種や個体の違いを越えてきわめて高い相同性が現れる．

●**気候学，歴史学，考古学，生態学への応用** 近年，有

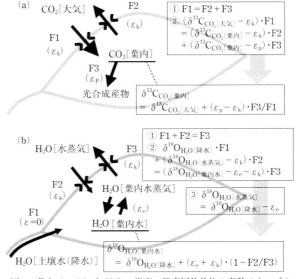

図1 葉内でのCO_2とH_2Oの炭素・酸素同位体比の変動メカニズム

機物の酸素を高温熱分解でCOに変換し，その同位体比を直接測定する技術が開発され，年輪酸素同位体比のさまざまな分野への応用が始まりつつある．日本を含むアジアモンスーン地域では降水の同位体比と降水量の間に負の相関があるので，上述の相対湿度の効果と合わせて，年輪の酸素同位体比から夏季（光合成の季節）の降水量や湿度を正確に復元することができる．現在，埋没木などをつなぎ合せて過去数千年間にわたる降水量の年々変化の復元が行われており，そのデータは歴史の教科書を書き換えるような気候と歴史の関係についての新しい発見をもたらしつつある[2]．樹種や個体の違いを越えて年輪の酸素同位体比の変動パターンが一致するという事実は，これまで年輪年代法の対象外であった，樹齢が数十年の広葉樹材（竪穴住居の柱など）の年輪年代の決定を可能にし，先史時代の人々の生活を年単位で復元する新しい方法を提供してくれる．年輪のない熱帯の木材のセルロース酸素同位体比を細かく測定すれば，乾季と雨季のサイクルが「年輪」として浮かび上がる．その「年輪」を用いて温帯・寒帯と同様に熱帯森林の成長履歴を解析する新しい試みも始まっている． ［中塚 武］

📖 **参考文献**
[1] 中塚 武「樹木年輪セルロースの酸素同位体比による気候変動の復元」『現代の生態学2 地球環境変動の生態学』原 登志彦編，共立出版，pp. 193-215，2014
[2] 中塚 武「気候変動と歴史学」『環境の日本史1 日本史と環境―人と自然』平川 南編，吉川弘文館，p. 38-70，2012

景観生態学

　グーグルアースなどを使って地球を眺めてみると，高度変化につれて景観の見え方が変化することがわかる．宇宙から地球全体を見渡すと，森林，砂漠などの非森林地，大湖，海洋に区分して見ることができる．高度を下げていくと，森林，草地，大河川，大都市などが見えてくる．ロシアやカナダの北方林地帯や，アフリカや南アメリカの熱帯林地帯では，広大な森林の中に小さな集落や草地が点在する景観を，ヨーロッパやアメリカでは広大な草地や耕作地の中に，孤立上の森林や集落が点在している景観を見ることができるだろう．さらに地表面に近づくと，小河川，公園緑地，並木，家屋まで見分けることができるようになる．このように，私たちが把握・認識する景観は，空間範囲をどのようなスケールで捉えるかに依存している．それぞれのスケールで均質だと認識できる最小の空間単位で，面として把握されるもの（例えば，森林や草地）はパッチ（patch），線として把握されるもの（例えば，河川や並木）はコリドー（corridor），パッチやコリドーを浮かび上がらせる背景となる空間（例えば，広大な森林や草原・耕作地）はマトリックス（matrix）と呼ばれる．

●**景観の構造と機能**　日本の代表的な「景観」の1つとされる里山は，山地の森林，平地の森林，河畔林，河川，湿原，草地，耕作地，宅地のような異なった生態系が複合的に，そして，相互依存的に存在している空間である（図1）．森林の面積や配置は，草地，耕作地，宅地の面積や配置によって決まる．宅地が拡大すれば，森林，草地，耕作地の面積は減少する．景観構造の変化は，生態系がもつ機能を変化させる．例えば，生物の生息・生育に影響を与えるだろう．また，河川に流れ込む水や土砂の量は，山地の森林の状態によって変化し，それによって河川の状態や，最終的には海岸の状態まで

図1　森林をマトリックスとして，耕作地，宅地などのパッチ，河畔林，河川などのコリドーが複合的に分布する里山景観（千葉県御宿町周辺）

が変化する．ソバの結実量は，花粉を媒介するハナバチの個体数によって決定づけられるが，ハナバチの個体数はソバ畑周辺の森林の面積と質で決まる．

これらのことを踏まえると，「景観」は，「任意の空間スケールにおいて認識されるパッチ，コリドー，マトリックスが，相互に関係しあう生態的システムを形成している状態」と定義できる．そして，「景観の構造と機能，それらの時間的変化を明らかにすることを通して，生態的により良い土地利用のあり方を考える」ことを目的とする学問分野が「景観生態学」である．

景観の構造は，取り出された空間内にある個々のパッチやコリドーの面積や形状，それらの個数によって把握することが可能である．景観が発揮する生態学的機能は，パッチ間での，あるいはコリドーを通した物質，生物，エネルギーなどの移動量によって測定・評価することができる．近年，生物分布や，それを規定する気候・地質などの環境要因や土地利用に関する空間情報がデータベース化され，利用可能な状態となってきている．これらの情報を用いて，生物の生息・生育可能域を推定するための空間モデルを構築し，土地利用計画に活かしていくことが可能となっている．

●景観を読み解くための視座　景観生態学では，解明しようとする現象がどのような空間スケールで生じているのかが強く意識される．ある空間スケールで導かれた理論や洞察が，他のスケールでも適用できるとは限らないからである．また，解明しようとする空間スケールの大きさと，考えるべき時間の長さは相互依存的であるからである．景観のパターンやプロセスを理解するためには，いくつかの空間スケールでの研究が必要であり，それらは相互補完的である．景観生態学の研究の道筋としては，より粗いスケールで景観構造の全体像をつかんだうえで，その動態や機能を解明するための鍵となる個々の生態系について，より細かなスケールでの調査を行うのが効率的である．

景観の構造や機能，およびその変化には，人間活動のあり方が大きな影響を及ぼす．人が利用しなくなったことによる里山景観の変化は,その一例だ．一方で，景観の構造・機能，およびそれらの変化が，人の土地利用に関する意思決定にも影響を及ぼす．人は景観をつくり出し管理するだけではなく，その景観を見て，知り，感じたことを基にして意思決定を行っている．里山のような生活の場の景観について理解を深めるためには，以下の視座をもちあわせておくことが必要である．①人による景観の知覚，認識，そして価値は，景観に直接的に影響を及ぼすとともに，それら自体，景観によって影響を受ける．②文化的な慣行は景観構造に影響を及ぼす．③文化として体感される「自然」の意味は，自然科学で把握される「自然」とは異なる．④景観は文化的な価値も表出している．　［鎌田磨人］

📖 参考文献
[1]　森本幸裕編『景観の生態史観―撹乱が再生する豊かな大地』京都通信社，2012

生態系サービス

　生態系が人間にもたらす利益を生態系サービスという．例えば，私たちは森林生態系で樹木が生産した木材や林床に生育する薬用植物を利用している．また，都市に緑地をつくると，生育する植物が蒸散を行うことで，ヒートアイランド化を和らげる効果があるといわれている．その他にも，紅葉の美しい風景を楽しむというような利用もある．自然生態系だけでなく，人工林や農地など人間が生産活動を行っている生態系も含んで使われる用語であり，必ずしも金銭的な利益だけでなく，広い意味の利益を含んでいる．その意味では，生態系の恵み，恵沢，というような訳語も使われる．行政では，森林や農地の「多面的機能」という語が使われるが，ほぼ同様の内容を含んでいる．

●**生態系サービスの種類**　国連の主導で行われた，ミレニアム生態系アセスメントでは，生態系サービスを，供給，調節，文化，基盤サービスの4つに分類している（図1）．供給サービスは，資源としての物質やエネルギーを供給するサービスであり，農地で生産される食料や，森林がもたらす木材をはじめ，化学物質なども含まれる．調節サービスは，さまざまな生物が生態系の中で行うプロセスの結果としてもたらされる，水質浄化や気候緩和などが含まれる．また，昆虫などによる農作物の花粉媒介や，天敵の存在により特定の病害虫の大発生を防ぐな

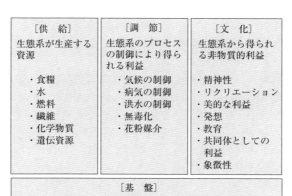

図1　生態系サービスの分類［出典：*Millennium Ecosystem Assessment*, 2005 に一部加筆］

どの生物的調節に関するサービスも含まれる．文化サービスは，生態系や生物の存在によって人間が得ている創造力や意匠，信仰，教育，レクリエーション機能などの文化的・精神的な利益である．基盤サービスは，光合成による生産や土壌の形成など，他の3種のサービスを支える基本的な生態系の機能をさす．狭い意味では，基盤サービスを除く3つのサービスを生態系サービスと呼ぶことも多い．

●**生態系サービスのトレードオフ** 1つの生態系サービスを優先すると他の生態系サービスが低下するという，サービス間にトレードオフが存在する場合もある．例えば，森林生態系には炭素吸収サービスが期待されるが，それを効率的に行うためには成長の早い樹木だけの森林を大量に造成することになる．また，より効率的な作物生産のためには品種改良された作物種を広大な面積で栽培することになるが，これらのことは生物多様性の減少を招き，病気や害虫制御などの調節サービスを損なう可能性があるし，多様な生物によって生み出されてきた文化サービスも失われる可能性がある．一方，生態系サービスの中には，1つのサービスの低下が他と連動している場合も多い．例えば，生態系の現存量が減少すると，炭素蓄積サービスを低下させるだけでなく，同時に水循環機能や生物多様性などの低下も招く．また，生物多様性の高い生態系では，生物的な調節サービス（花粉媒介や病害虫制御）だけでなく文化サービスの多くも期待できる．したがって，生態系の種類によって，期待する生態系サービスは異なっており，そうした違いをよく理解して利用することが重要である．

●**生態系サービスの評価** 生態系サービスの中には，食料や木材など経済的・社会的にその重要性や価値が明確になっているもののあれば，そうでないものもある．経済的にはその価値が無視されてきたものも多い．例えば，河川の水質浄化サービスなどは，その効果が明白でも経済的な価値を認められてこなかったため，排水などによって公害問題が起きて初めて，水質を悪化させないためにコストを支払わなくてはならなくなった．文化サービスの中には，教育や信仰のように，必ずしも生態系サービスとして認識されていないものもあるし，金銭には換算しにくいものも多い．生態系サービスの価値が正しく評価されないと，生態系サービスが劣化してゆく場合がある．近年では，生態系サービスに関する社会的認識を高め，適正な生態系管理を行うため，これらのサービスの経済評価も試みられている．供給サービスの中には，市場価値をもち経済評価が簡単にできるものが多いが，調節サービスの中でも，二酸化炭素の蓄積・吸収サービスなどは，炭素のクレジット制度が整えられるのに伴い，評価方法などが整備されてきた．文化サービスの中には，エコツーリズムのように実際に費やされた金額で評価できるものもあるが，多くのサービスについては評価が難しく，支払意思額などのように，アンケート調査などでしか評価できないものもある．

［中静 透］

保全生態学

　保全生態学は，生物多様性の保全と健全な生態系の維持を目標とする生態学の応用分野である．生物多様性とは地球上のあらゆる生命とそれらが形成するシステムを指し，ふつう遺伝子，種，生態系の3つの階層における多様性を総合する概念として用いられる．健全な生態系とは，多様な恩恵（「生態系サービス」参照）を過不足なく持続的にもたらす生態系と説明される．

　生物多様性の保全のための生物学的研究，すなわち保全生物学の研究は後述する通り1960年代から進められてきたが，その初期においては「種の絶滅」の問題への取り組みが主要な課題だった．絶滅が危惧される種や個体群の保全では，生育域外保全よりも生育域内保全，すなわち自生地における野生個体群の保全が優先される．そのため，野生生物の個体数の動態や生物間相互作用などを扱う生態学が，保全生物学の中心的役割を担ってきた．

　現在，保全に関する生物学的研究は自然科学の範疇を越え，人文社会科学や自然資源管理の実践も包含する学際的な分野として発展している．かつては保全生物学の下位分野として保全生態学が位置づけられてきたが，対象課題やアプローチが多様化した現在では，保全生物学と保全生態学はほぼ同義に用いられている．日本においては保全生態学という名称が保全生物学と同等かそれ以上に普及しているが，海外では保全生物学（conservation biology）の呼称の方が普及している．

●**歴史**　保全のための生物学は，世界的には1960年代から行われ，1969年には学術雑誌 *Biological Conservation* の発行が始まり，1970年にはE. W. イーレンフェルド（E. W. Earenfeld）が同名の教科書を出版した．しかし1970年代末までは，生物学の中の課題の1つという位置づけであり，特定の分野としての地位は築かれていなかった．保全生物学が学問分野の名称として広く知られるようになったのは，1978年にM. E. ソーレ（M. E. Soulé）とB. ウィルコックス（B. Wilcox）がカリフォルニア大学サンディエゴ校で開催した国際会議以来である．後に「第1回保全生物学国際会議」と通称されるようになるこの会議では，熱帯林の減少や生物種の絶滅の現状，世界各地のさまざまな分類群で進む遺伝的多様性の低下などについて発表されるとともに，保全に対する社会的ニーズと学問の体制との間のギャップが議論された．この会議から2年後の1980年にソーレとウィルコックスが編纂した *Conservation Biology：An Evolutionary-Ecological Perspective* が出版された．またThe Society for Conservation Biology（保全生物学会）が1985年に結成され，その学会誌として *Conservation Biology* が1987年から出版されるようになった．

生物多様性（biodiversity）という語が使われ始めたのも 1980 年代半ばである．1986 年にアメリカ・ワシントンで National Forum on BioDiversity が開催され，その報告として E. O. ウィルソン（E. O. Wilson）と F. M. ピーター（F. M. Peter）の編集により "*Biodiversity*" が出版され，この語が普及した．なお，それ以前は biological diversity という語が用いられている．

社会的には，1992 年にリオデジャネイロで開催された「環境と開発に関する国際連合会議（通称：国連地球サミット）」において，生物多様性条約が締結されたことが，国レベルのさまざまな制度整備や活動の推進にとっての重要な出発点となっている．生物多様性条約の締約国は，生物多様性国家戦略を作成することが求められ，それに沿った政策が進められるとともに，第 20 回締約国会議（2010 年名古屋市で開催）で採択された「愛知ターゲット」のような目標の達成に向けた取り組みが求められる．保全生物学・保全生態学は，このような政策や実践の学術的基盤となる分野である．

日本では 1996 年が保全生態学の実質的な幕開けの年となった．鷲谷いづみ・矢原徹一による『保全生態学―遺伝子から景観まで』と樋口広芳編『保全生物学』が相次いで出版され，さらに鷲谷いづみを代表とする「保全生態学研究会」が結成されるとともに，その会誌として日本語による査読つき学術雑誌『保全生態学研究』の発行が始まった．なお同誌の発行主体は，2003 年から日本生態学会に移行している．

保全生物学・保全生態学は，当初から生物多様性の保全を目標としてきたが，「なぜ生物多様性を守るのか」という論点については，成立初期には倫理的な観点が強調されてきた．しかし現在では「生物多様性は人間の福利（human well-being）のために必要」といういわば人間中心主義の考え方が主流となり，倫理的価値観もそこに内包されるものとして整理されている．人間中心主義の主流化には，生態系サービスの概念の普及とともに，国連による「ミレニアム生態系アセスメント」（Millennium Ecosystem Assessment）が大きな役割を果たした．ミレニアム生態系アセスメントでは，生活に必要な物質，安全，健康，社会的な絆といった人間の福利が健全な生態系によって支えられていること，そして生物多様性の損失に伴い，福利の低下や地域間の較差が拡大している問題が指摘された．また，環境経済学の発展とともに，生態系サービスの科学的な検討・評価や，その結果の行政施策への反映が，世界的には 1990 年代から進んでいる．特に G. C. デイリー（G. C. Daily）による "*Ecosystem Services: Benefits Supplied to Human Societies by Natural Ecosystems*"，"*The New Economy of Nature: The Quest to Make Conservation Profitable*" は，経済も含めた社会全体にとって，生態系の健全性の維持が合理的な選択肢であるという理念や理論を普及させるうえで，重要な役割を果たした．

●**主要な研究課題**　初期の保全生態学では，野生動植物の個体群の存続可能性とそれに影響する要因の解明が主要なテーマだった．この課題の研究では，個体群動態についての古典的な理論に加え，島の生物学をはじめとする生物地理学的理論や，集団サイズと遺伝的荷重の関係などの集団遺伝学の理論が重要な役割を果たしてきた．さらに，確率論的過程を踏まえて個体群の将来を予測するコンピューターシミュレーションが，重要な研究アプローチとなった．

1990年代頃からは，個別の種や個体群の保全のための研究だけでなく，種多様性の高さそのものが，生態系の特性や動態に与える影響の研究が進んだ．特にミネソタ大学のD. D. ティルマン（D. D. Tilman）らのグループによる，プロットごとに種数を変えた圃場において種多様性と植生全体のバイオマス生産能力などの関係を分析した大規模・長期的な研究は，種多様性の高さの意義についての理解の深化に大きく貢献した．同様な実験は世界各地で実施され，特にさまざまな環境変動が生じるような長期的スケールで評価したとき，多様性の高さが機能の高さや安定性にとって大きな効果をもつことが示されている．

研究で扱う空間的・時間的スケールが拡張されていることも保全生態学の発展の特徴である．地理情報システム（GIS）の普及により，ハビタット間の移動分散の障壁の効果や，周辺の土地利用の複雑性がもたらす効果など，特定の個体群の追跡だけでは把握できない現象が見出され，理論化されてきた．また過去の土地利用が現在の生物相に及ぼす影響や，環境変化から個体群の衰退までのタイムラグなども重要な課題となっている．

これらの研究の多くは，問題解決に向けた社会的取り組みと一体となって進んでいる．例えば，自然保護区の合理的な設定方法というのは現代の保全生態学における重要な課題の1つだが，そこでは，保全のコストを空間明示的に考慮し，限られた経済的・人的資源をいかに効果的に活用するかを検討する理論が提案され，実際の計画に反映されている．また，過去の人間活動によって損なわれた生物多様性や生態系を回復させるための手段を検討する再生生態学（復元生態学）や，防災や治水などを目的とした社会資本整備に生態系の機能を積極的に活用するグリーンインフラストラクチャーの理念と技術の研究など，土木工学，都市工学との学際領域にあたる研究も盛んになっている．

さらに，従来の学術の域を越え，市民や企業など多様な主体と深く連携し，実践を通して研究が進展していることも保全生態学の大きな特徴である（図1）．市民参加型科学には，研究と普及の同時達成や研究者のみでは得られないビッグデータの取得など，さまざまなメリットが期待されている．

●**順応的な生態系管理**　このように保全生態学とその関連分野の研究は，国内外において活発化している．しかし，生物多様性の損失は地球レベルおよび地域レベルで歯止めがかかっておらず，水質の悪化や送粉昆虫の減少など，生態系の不

図1 市民参加型生物調査の例:利根運河(千葉県)沿いの水田跡地に市民の手作業で湿地を再生し,市民・行政・研究者が連携して生物相や環境の調査を実施している

健全化が進んでいる地域も多い.その原因には,研究の不足と研究成果の政策や実践への反映の不足の両面がある.しかし研究と実践を切り離して論じることは適切ではない.野生生物の個体群や生態系の挙動は予測可能性に乏しく,それらを適切に管理するためには,これらを一体のものとして進める取組みが有効である.すなわち仮説に基づいて実践し,その結果について丁寧なモニタリングと評価を行い,仮説の改善に反映させるという循環的な取り組みを通して,知見を蓄積しつつ実践を成功に導く取り組みが有効である.このような循環的なプロセスは順応的管理と呼ばれる.

順応的管理は,アメリカ生態学会の「生態系管理のための科学的基礎」委員会の報告において,持続可能性の確保を目的とした生態系の管理における標準的な手法として紹介された.ノースカロライナ大学のN. L. クリステンセン(N. L. Christensen)を筆頭著者とするこの報告論文は,人為を排除することによって保全するという自然保護的発想から,生態系に対する人間の影響力の大きさの認識に立ち積極的な関与のあり方を科学的に追求する生態系管理の考え方へと切り替える,マイルストーン的な文献である.

このように順応的管理の重要性は国際的に広く認められているものの,その社会的実装には,制度面などで課題が多いのが現状である. ［西廣 淳］

参考文献
[1] Millennium Ecosystem Assessment 編集『生態系サービスと人類の将来—国連ミレニアムエコシステム評価』横浜国立大学 21 世紀 COE 翻訳委員会訳,オーム社,2007
[2] D. タカーチ『生物多様性という名の革命』狩野秀之他訳,日経 BP 出版センター,2006
[3] G. C. デイリー・C. エリソン『生態系サービスという挑戦』藤岡伸子他訳,名古屋大学出版会,2010
[4] Christensen, N. L. *et al*., "The report of the Ecological Society of America Committee on the Scientific Bases for Ecosystem Management", *Ecological Applications*, 6 : 665-691, 1996

地理情報システム

　地理情報システム（Geographic Information System：GIS）は，地球上の絶対的な座標を使い，植物の個体や生育地などの地理的な位置を取り扱うためのソフトウェアである．無料で利用できるものから高価なものまで，またデータを地図に重ねて表示するだけのものから特殊な解析が可能なものまで，さまざまなものがある．

　植物学では希少植物の地理分布データから保全すべき地域を検出するほか，空中写真や衛星画像をもとにした植生区分や，地形や気象などの環境データを併用することで生育適地の予測が行われている．さらに分断された生息適地の間の移入・絶滅過程の解析や，分布を広げている外来生物の分布拡大予測にも利用される．

●**基本的な機能**　植物の生育地点（点）や生育場所（面や線）の情報は，点や折線，多角形などの図形で表現する他，碁盤の目のように一定間隔で区切ったメッシュに値を入れることで表現することもできる．解析機能にはGISソフトにより違いがあるが，分断された生育場所の間の距離や，生育地点の周囲の環境データの集計，等値線の作成などができるものも多い．

　地球上の絶対的な座標は緯度と経度で表されるが，そのままでは取り扱いが面倒なため，GISの内部で横メルカトル法により二次元の平面座標に変換されることが多い．その中でUTM座標系（Universal Transverse Mercator coordinate system）は世界的に利用される方法で，地球を経度6度ごとの多数のゾーンに切り分け，それぞれのゾーンに原点をもつ多数の二次元座標系で地球全体の位置を表現する．このようにゾーンに切り分けているため，東京と大阪は別の座標系となる．さらに精度の高いものとして，地籍管理など日本の行政において利用される平面直角座標系は，UTMとはパラメーターが異なるが同じく横メルカトル法の座標系が使われている．経度6度ごとのゾーンではなく，平面直角座標系ではさらに多数の小領域に分割して精度を高めている．

●**野外調査データとしての意義**　最近では野外データに高精度の位置情報が付加されることが普通になってきた．高精度の位置情報を利用した解析方法が普及してきている他，調査・研究データを論文発表と同時にインターネットで公開して世界中で共有する流れとなりつつあり，二次利用のためにも高精度の位置情報の付加が望まれている．

　例えば国際的な生物標本のデータベースである**地球規模生物多様性情報機構**（Global Biodiversity Information Facility：GBIF）では採集地点の緯度や経度の情

報を扱っており，世界地図の上に分布図を表示することができる．生物群集の調査地点も高精度な位置情報を含めて管理されるようになりつつある．

ただし実際の野外調査では，GPS 機器が示す数値が安定しない場合に大きな誤差が生ずる場合もあり，地図画像上のマッピングと併用すると安心である．また地上の 1 m は緯度では 0.000009 度に相当するため，GPS 機器により野外での位置を緯度経度で取得する場合は，小数点以下 5 桁までの多くの桁の正確な記録が必要になる．このため座標値を手作業で筆記するのは現実的でない．例えば GPS 付きのカメラで撮影することで画像ファイルの付属情報として緯度・経度を取得するなどの方法をとると，現場の写真とともに位置情報が保存されるので管理が容易となる．

●**利用できる公共の環境情報や生物情報**　公共で整備されているデータも多い．生物の生育環境に関するものとしては，水平方向で約 10 m メッシュの標高データや 1970 年代からの都市圏の土地利用データ（全国は約 100 m メッシュ），約 1 km メッシュでの降水量や気温などの気候平年値や，温暖化後の未来の予測気候値，などが全国で利用可能である．生物そのものに関しては，全国の植生図（1:25000 や 1:50000）の多角形による面的表現のものや，これをもとにして約 1 km メッシュでの植生タイプの詳細な情報として提供されているものもある．

●**GIS と同時に使うことが多い統計ソフト**　GIS の機能は空間的な図形処理が中心である．中にはクラスター分析を用いて空中写真から自動的に植生を区分する機能など，簡単な統計解析機能をもつこともあるが，本格的な統計解析は GIS とは別の統計ソフトで行うことが多い．空間情報の入力と空間解析を GIS で行い，このデータを外部の統計ソフトで処理し，その結果を GIS に戻して地図として表示することが行われる．統計処理では植生区分のようなクラスタリングや生育適地の予測などのための回帰分析が行われることも多い．回帰式のパラメーターを生物学的に意味づけることが可能な統計モデルが伝統的に使われてきたが，最近では生物学的な意味が不明な大量のパラメーターを使って予測システムを構築する機械学習も研究され始めている．

［小池文人］

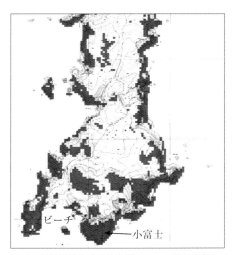

図 1　地理情報システムの利用例：小笠原諸島の母島において外来植物ギンネムが優占する可能性のある地域の予測

長期観測サイト

「今年はドングリが沢山実ってるね」この一言を科学的な裏付けをもとに言うためにはどんなデータが必要だろうか．北海道のミズナラの場合豊作年は6〜7年に1回だと「言われていた」ので，豊作を複数回観測するためには少なくとも十数年必要なはずである．モウソウチクの場合はもっと凄まじく，67年に1度しか開花しないらしいので，たった2回観測するだけでも134年もかかる．こうなると研究者が一個人で観測すること自体もはや無理である．温度や二酸化炭素濃度，窒素沈着量など開花結実に関係しそうな，野生植物を取り巻く環境も大きく変動しているので，両者の関係を解析しようとするとさらに観測しなければならない項目が増える．またこれらの長期モニタリングによって導かれた仮説を直接検証するためには野外で操作実験を行う必要が生じる．こういったさまざまな野外観測や野外実験を数多くの研究者や技術者が参画して行う場が長期観測サイトである．

長期観測サイトでは植物学に限らず生態学，生物地球化学など並行してさまざまな研究が行われることが多く，場と情報を共有することで学際的な研究にも発展させやすい．アメリカではこのような認識から長期生態学研究（Long Term Ecological Research）サイトが国際生物学事業に参画した既存の大学演習林などを核として1980年代から整備されてきた．さらに2011年からは国全体を生態気候区分に従って20に分割し，各ドメインで同じ観測項目やプロトコルでデータやサンプルを取得し，一元的にアーカイブするネオン（NEON：The National Ecological Observatory Network）というネットワークも巨額の資金が投じられ開始された．中国でも政府からのトップダウンによって森林，草原，砂漠，湿原，湖沼，沿岸の各生態系を含む36カ所の長期観測サイトが1988年に整備され（Chinese Ecosystem Research Network），精力的に研究が行われている．

●日本長期生態学研究ネットワーク　日本では今のところ上記のようなサイトネットワークに直接政府が財政支援する体制はない．また，生態系炭素循環に特化したJapanFluxや，生物多様性に特化したモニタリングサイト1000などいくつかの長期観測ネットワークが存在するが，さまざまな生態系を含む学際的な長期観測サイトネットワークは日本長期生態学研究ネットワーク（JaLTER）がほぼ唯一のものである．これは研究者有志がボトムアップで組織したもので，一部の大学演習林や臨海実験所，国立研究所などが参画して2006年に発足した．所属組織が公的に認証したコアサイト20カ所とグループで運営する準サイト36カ所からなっている（図1）．中にはJapanFluxやモニタリングサイト1000など他

図1 日本長期生態学研究ネットワーク(JaLTER)の長期観測サイト
[http://www.jalter.org/]

のネットワークと重複しているサイトもある．

●**まれなイベントと大規模な変動**　日本の森林や沿岸生態系動態には数十年から数百年に一度という大型台風による撹乱や火山噴火，あるいは大津波が決定的な影響を与えていることが明らかとなりつつあるが，このようなまれなイベントの前の状態も含めて観測されている事例はほとんどない．長期観測サイトが多点で存在しないとこのようなまれなイベントが生物や生態系，そして人間社会に与える影響は詳細には明らかにならない．これまで地史的時間スケールで何度か起こったとされる，そして現在人為影響で起こりつつあるという生物の大量絶滅はその最たるものであろう．それほどではないにしてもさまざまな局面で生物の長期変化が実際に観測されている．道北地方での30年間にわたる観測では，1990年代半ばまで6～7年に1回だったミズナラの豊作が近年はほぼ隔年で起こることが明らかになってきた．全国各地の他の樹種でも豊凶の様子が変化していることが報告され始めている．また生物の変動解析もこれまでは環境変動との相関分析によるパターンの発見や仮説の提示に留まっていたが，要素間の因果関係の検出を可能にする数理解析手法も近年提案されている．長期観測の意義や重要性は増すばかりである．　　　　　　　　　　　　　　　　　　　　　　　［日浦　勉］

📖**参考文献**
[1]　種生物学会編『森林の生態学―長期大規模研究からみえるもの』正木 隆他編集, 文一総合出版, 2006

衛星生態学

　地域や地球規模での環境変動とその生態系への影響が強く懸念されている現在では，生態系機能と生物多様性の相互作用を気候変動や人間活動との時空間的関係にも着目しながら解明し，予測することが求められている．「衛星生態学」とは，広域・時系列観測に優れた地球観測衛星による生態系観測（衛星リモートセンシング）と，生態系機能の詳細な機構解明に優れた生態学的・微気象学的プロセス研究，そして生態系の機能を総合的に観測・解析する微気象学とモデルシミュレーションの融合により，生態系観測・機能解析，生態系サービス評価や変動予測を実現しようとする「広域性と詳細性」を兼ね備えた新たな学際的アプローチである[1]．衛星リモートセンシングのデータ（分光反射情報）を生態系の構造と機能およびこれらの変動という生態系科学の観点から解釈するための観測・解析技術や視点の醸成が必要とされ，山地の「流域圏」を研究場として開始された．流域圏とは地形・地盤・河川によって形づくられ，気象などの自然環境要素と人間活動が相互に作用しながら現在の森林・農地生態系が形成され，さらに都市などの生活圏と影響を及ぼしあう複雑なシステムである．衛星生態学の創生期には，山地森林生態系の炭素循環機能の研究に重点が置かれ，特に個葉や葉群の分光反射特性と光合成特性の関係性，森林の CO_2 吸収能力の変動機構の解明と分光反射特性の検出，そして局地の森林生態系から山地流域圏，国土地域スケールに至る光合成能力の推定などの研究が進められた．

●**個葉や葉群の分光反射と生理生態**　衛星リモートセンシングにより植生の構造と機能の時空間的変動を評価するためには，分光学的情報を個葉〜樹冠〜林冠というように生態学的スケールを横断的に生理生態学的な視点で解釈する研究が必要とされる（図1）．葉の分光特性（反射，透過，吸収スペクトル）は，解剖学的構造と生理・生化学的組成（クロロフィルのような色素など）に応じて変化する．葉群の反射スペクトルも同様に，個々の葉のサイズや数，空間的配置，および生化学的組成によって変化する．植物群落の分光学的情報から求めるリモートセンシング分光指標は植生指数と呼ばれ，NDVIやEVIなどがある．これらの関係性を森林生態系の長期・複合的観測調査地（スーパーサイトと呼ばれる）で詳細に検証することにより，地球観測衛星による森林観測データの解析や解釈が可能となる（図2）．

●**地球観測衛星による生態系観測の展開**　複合的な観測調査地で分光反射情報が示す生理生態学的特性を検証することにより，地球観測衛星により計測される陸上植生の分光反射情報から光合成能などの地理的分布や季節性（フェノロジー）

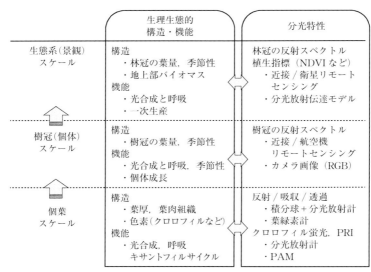

図1　個葉から生態系を通じた観測[1]

を推定することができる．樹種や植生機能タイプごとに葉群や生態系の生理生態的特性を分光反射情報から知ることができれば，気候変動が植生の構造や機能に及ぼす影響を詳細に検出できるようになり，気候変動下での生態系・生物多様性研究のさらなる発展が期待できる．　　［村岡裕由］

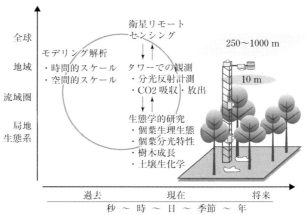

図2　森林生態系の長期・複合的観測調査地：局地での集中的観測から時空間的スケーリングを目指す

📖 参考文献

[1] 村岡裕由他「森林生態系の光合成：生理生態学と衛星観測の融合による長期・広域評価」植物科学の最前線(BSJ-Review), 3：30–45, 2012
[2] Muraoka, H. & Koizumi, H., "Satellite Ecology (SATECO)– linking ecology, remote sensing and micrometeorology, from plot to regional scale, for the study of ecosystem structure and function", *Journal of Plant Research*, 122：3–20, 2009

地球環境変化・生態

　人間活動は産業革命を経て，地球環境に深刻な影響を与える規模に拡大している．それは石炭・石油などの化石燃料の消費だけでなく，森林破壊による生物多様性喪失，水資源の収奪，窒素肥料の多用などさまざまな局面に及んでいる．その結果，大気中の温室効果ガス濃度は急増し，地球温暖化や海洋酸性化の影響が顕在化しようとしている．地球環境変化は生態系にさまざまな影響を与えることが懸念されている．その全体像を把握することは難しいが，「気候変動に関する政府間パネル（IPCC）」の第2作業部会では温暖化影響に関する研究成果のとりまとめを行っている．

●**大気 CO_2 濃度上昇の影響**　大気中の CO_2 濃度が上昇し，広域的に成育期間の温度が上昇することで，陸域生態系の光合成生産は増加する可能性がある．また，高 CO_2 濃度は気孔開度を低下させ，蒸散を抑制することで水利用効率の向上につながることも指摘されている．それは短中期的には陸域への施肥効果により CO_2 固定を促すが，長期的には栄養制限に伴う順化や，過度の温度上昇による高温障害や呼吸・分解促進，乾燥によるストレス激化などの負の影響がまさる可能性もある．大気組成や気候条件の変化に対する生物の応答は一様ではなく，感度が高いものと低いものの差が生じることで生態系のバランスの崩れにつながるおそれがある．例えば，春に花を咲かせる植物の開花時期と，それらの花粉を媒介する昆虫との間で温度上昇に対する応答が異なると，植物は繁殖が困難になり，昆虫は食料不足におちいる，などが考えられる．海洋では，増加した大気 CO_2 濃度が海水に溶けることで pH が低下し（より酸性になり），サンゴや貝類の殻を構成する炭酸カルシウムが溶解してダメージを与える，海洋酸性化の影響も懸念されている．

●**生物分布域の変化**　長期的に気候が変化していくと，生物の地理分布も徐々に変化していくであろう．それは移動能力が高い動物や昆虫で影響が現れやすいが，観察されている生物の移動には，人間の交通輸送で運搬されたものも含まれるので注意が必要である．それでも，従来は低温のため越冬できなかった昆虫などが，近年の温度上昇で越冬可能になり分布を広げている例などが見つかっている．図1は IPCC 報告書で示された生物タイプごとの移動速度を比較したものである．動物のうち，トナカイなど季節的に移動生活を行う種が最も移動速度が高く，代表的な値（中央値）として10年間で90 km 程度であり，次いで肉食動物は60 km 程度，海流で移動する貝類は30 km 程度，リスやサルなどの哺乳類は10 km 程度とされる．チョウ類には海を越えるような移動性の高いものから，生息地が

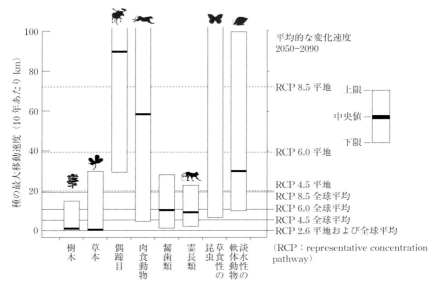

図1 将来の温度上昇に対する生物種の分布移動速度：RCPは将来予測のための温室効果ガス排出シナリオであり，経済を優先するRCP 8.5で最も温度上昇が速く，温暖化対策を優占するRCP 2.6で最も温度上昇が遅い [出典：IPCC第5次報告書]

限定されるものまでが含まれる．一方，固着生活を送る植物の分布域の移動能力は概して低く，風や動物を使って速やかに種子散布を行うような草本植物でも10年間でせいぜい30 km程度である（多くの植物の代表的な値としては10年間で1 km程度）．図1には将来の温暖化に伴う温度変化を距離の移動に置き換えた線が記入されているが，非常に厳しい温暖化抑制策を行った場合（RCP 2.6）を除いては，多くの植物の分布は対応する温度変化に追従することができない可能性が高いことがわかる．しかし多くの地域で長期的な観測事例は不十分であり，環境省による「モニタリングサイト1000」などのデータ蓄積のための活動が国内外で進められている．

●**不可逆的な変化** 地球環境の変化が進行すると，大規模かつ不可逆的な変化が生じる可能性が指摘されている．それらは「ティッピング・エレメント（tipping element）」と呼ばれており，大気・海洋の大循環の変化などとともに，陸域では寒冷地の永久凍土の融解や熱帯多雨林の大規模な枯死などがあげられている．これらが発生する可能性を科学的に検証するともに，長期的なモニタリングを行って変化の徴候を早期検出することが重要な課題である． [伊藤昭彦]

■**参考文献**
[1] 日本気象学会編『地球温暖化―そのメカニズムと不確実性』朝倉書店，p.162，2014

5. 生理学

　私たちが日常見かける植物は，ヒトなどの動物とは姿形がまったく異なる別の生き物のようだが，その植物を細胞レベルで観察すれば，動物と大きな違いがあるわけではない．最も重要な差異は，「光合成」をできるかどうかであろう．光合成を上手に働かせるための，種々の仕組みが植物の生き方の中にある．また，光合成以外にも植物はさまざまな機能を備えているが，それらを生体分子（遺伝子，タンパク質，糖，脂質，植物ホルモンなど），あるいは細胞の言葉で記述できるようになってきたのが，現代の植物科学である．

　分子・細胞レベルでの記述ができるようになると，植物を支えているさまざまな機構のほとんどは，私たちヒトをはじめとする動物と共通している点も多いということが明らかになってきた．しかし，それでも植物が私たちとは異なる生命体であることは間違いがない．どこが同じで，どこが違い，それらがどのように産まれてきたのかを知ることができれば，植物という生命体の十分な理解へとつながる．本章では，植物が示すさまざまな生理機能を取り上げ，それらを分子・細胞レベルまで掘り下げて解説する．　　　　　　［三村徹郎・飯野盛利・長谷部光泰］

光合成の全体像

　光合成は，地球上のほぼすべての生物をエネルギー的に支える反応である．植物はもちろんそのエネルギーを光合成に依存しているし，人間を含めた動物は，自身では光合成をする能力を欠いているが，代わりに，直接，間接に光合成の産物を食べることによってエネルギーを得ている．もっとも，深海の熱水噴出孔には，地下から吹き出す硫化水素などと酸素との間の酸化還元反応からエネルギーを取り出して生育することができる独立栄養化学合成細菌を基盤とする生物群集が確認されている．しかし，これをほとんど唯一の例外として，地球生態系の中のすべての生物は，植物を含む光合成生物を底辺とする生態学的ピラミッドを形成し，光合成に依存して生きている．この項では，この光合成の全体像をみていく．

●**明反応と暗反応**　古い教科書においては，光合成の仕組みといえば，明反応と暗反応という言葉が出てくるのが相場であった．それぞれ光エネルギーの変換反応とカルビン・ベンソン回路による二酸化炭素（CO_2）固定反応を指して用いられていた．これらの語は，まだ光合成の実態が明らかになっていなかった時代に，F. F. ブラックマン（F. F. Blackman）によって定義されたもので，光によって進行し，温度によって速度がそれほど変化しない反応を明反応，光を必要とせず，温度依存性が高い反応が暗反応とされた．しかし，光合成の詳細が明らかになるにつれて，シトクロム b_6/f 複合体が関与する電子伝達反応はブラックマンの定義によれば暗反応である一方，暗反応とされたカルビン・ベンソン回路の酵素の一部は暗所で活性を失い，CO_2 の固定は明所でのみ働くことが明らかとなった．したがって，暗反応・明反応という言葉は，光合成の具体的なメカニズムを指す言葉としてではなく，光合成の限定要因を考える上での歴史的用語として捉えるのが適切である．ちなみに，補助色素という言葉も現在は使われなくなりつつある．古くは，反応中心を構成するクロロフィル a を主色素とし，その他のクロロフィル b やカロテノイドは光の捕集に働くものとして補助色素と呼ぶことがあったが，現在では，クロロフィル a もその大部分は光の捕集に働いていることが明らかとなったため，色素の分子種に対して補助色素という用語を当てることはしなくなった．

●**光合成反応の特質としての光エネルギー変換**　光合成は，光の捕集や電子伝達，CO_2 の固定や糖の合成などさまざまな反応を内包している．これらの中で，光合成の反応の本質が何かと問われれば，それは光エネルギー変換である．光合成生物は，光のエネルギーを ATP などの化学的エネルギーに変換し，これを用いて生体内のさまざまな反応を進める．その生体内の反応の中で，量的に最大のものが CO_2 の還元による有機物の合成である．地球上で最も量の多い有機物はセル

ロースであり，光合成産物から合成されるセルロースの量の多さは，そのまま光合成反応の規模の大きさを反映している．しかし，CO_2 からの有機物の合成自体は，上に述べた光エネルギーの変換能力は持たない独立栄養化学合成細菌も行っており，しかもその反応経路は基本的に光合成生物のものと同一である．したがって，CO_2 の還元は，光合成に特徴的な反応ではない．

●**光エネルギー変換の多様性** 光エネルギー変換の仕組みは，大きく分けて2通りある．1つは光エネル

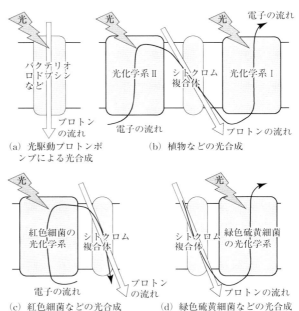

図1 光合成

ギーを利用して直接プロトン濃度勾配を形成する方法であって，その濃度勾配を利用してATPを合成する．もう1つは，植物などが行なう酸化還元反応の連鎖（電子伝達）によって光合成膜の内外にプロトンの濃度勾配を形成し，その濃度勾配を利用してATPを合成する．ATP合成の部分には本質的な違いがない．狭義に光合成という場合には後者のみを指すが，光駆動プロトンポンプを利用する仕組みも広い意味での光合成に分類される．

電子伝達を伴う光合成は，さらに2種類に分類される．植物などが行う，水を分解して酸素を発生する光合成と，緑色硫黄細菌や紅色細菌にみられる，酸素を発生しない型の光合成である．前者の酸素発生型光合成は，陸上植物，藻類，シアノバクテリアにみられ，後者の非酸素発生型光合成（細菌型光合成ともいう）は，シアノバクテリア以外の光合成細菌にみられる．

●**光合成の進化** 光駆動プロトンポンプ型の光合成は，電子伝達型の光合成とは独立に進化したと考えられる．一方，電子伝達型の光合成の中では，非酸素発生型の光合成の方が起源的に古いと考えられるが，その進化は謎に包まれている．非酸素発生型の光合成から酸素発生型の光合成への進化に際しては，①それまで硫化物イオンなどが電子伝達の出発点であったのに対して，水が電子伝達の出発点となり，酸素発生を行うようになった，②光合成色素がバクテリオクロロフィ

ルからクロロフィルへと交代した．③それまで1種類の光化学系をもっていたものが統合して直列に働く2種類の光化学系をもつ電子伝達をするようになった，という3つの大きな変換が生じている．このような劇的な変化がどんな順にどのように成し遂げられたのかについては，ほとんど何もわかっていない．

●**光合成反応中心と電子伝達** 光合成の光エネルギー変換に中心的な役割を果たすのが反応中心である．光合成反応中心に存在する反応中心クロロフィルは，光エネルギーを吸収して励起されるか，あるいは他の励起された光合成色素（集光性色素）からエネルギーを受け取って自身が励起されると，電子受容体に電子を渡すことよって，光のエネルギーは電気化学的なエネルギーへと変換される．引き続く一連の酸化還元反応，すなわち電子伝達によって電子伝達成分が埋め込まれているチラコイド膜の内外にプロトン（H^+）の濃度勾配が形成され，これを利用してATP合成酵素によりエネルギー分子であるATPが合成される．また，同時に電子伝達反応は最終的にフェレドキシンを介して$NADP^+$を還元してNADPHを生じ，このNADPHと還元型のフェレドキシンは，CO_2からの有機物の合成を含むさまざまな生体反応の還元剤として用いられることになる．

●**カルビン・ベンソン回路** 光エネルギー変換によって生じたATPと還元力によりCO_2を有機物に還元するのが，カルビン・ベンソン回路の反応である．このカルビン・ベンソン回路で直接CO_2の還元に働く酵素がリブロース-1,5-ビスリン酸カルボキシラーゼ/オキシゲナーゼ（通称Rubisco）である．この酵素は，炭素を5つ含むリブロース-1,5-ビスリン酸とCO_2の間の反応を触媒し，結果として炭素を3つ含む3-ホスホグリセリン酸（PGA）を2分子生成する．しかし，この反応自体にはATPもNADPHも使われない．カルビン・ベンソン回路は名前の通り回路であって，生成したPGAからはリブロース-1,5-ビスリン酸が再生され，ここでATPとNADPHが使われる．すなわち，エネルギーと還元力を保持してCO_2との反応が可能になった分子であるリブロース-1,5-ビスリン酸を用意することがカルビン・ベンソン回路の役割であるといえる．

　回路が回るに従って，CO_2により炭素が回路へ供給されるため，回路の代謝産物の量は増えていく．この増えた分は，PGAなどの形で細胞質へと輸送され，ここでショ糖に合成されて転流により必要な器官へと送られる．また，転流の速度が光合成に追いつかない場合には，葉緑体の中でデンプンへと合成されて貯蔵される．したがって，有機物として最初の安定な光合成産物はPGAであり，貯蔵や輸送の形態としては主にショ糖あるいはデンプンが用いられる．光合成の反応式の中で$C_6H_{12}O_6$が生じると記載されている場合があるが，光合成によって直接ブドウ糖が生成されることはない．

●**Rubiscoという酵素** カルビン・ベンソン回路でCO_2の固定に働くRubiscoは，陸上植物や緑藻の場合，分子量約5.5万の大サブユニットと分子量約1.5万の小

サブユニットが8個ずつで構成される巨大なタンパク質である．Rubiscoは一般的な酵素に比較して反応速度がきわめて遅く，それを補うためにストロマ中に多量に蓄積しており，葉の可溶性タンパク質の約半分をRubiscoという単一の酵素が占める．RubiscoはCO$_2$との反応を触媒するだけでなく酸素との反応をも触媒する酵素であり，その際には関連する代謝反応（「光呼吸」参照）によって代謝産物の炭素量が増加する代わりに減少する．光呼吸を抑える仕組みとして出現したのが，C$_4$植物である（「光合成炭素同化」参照）．

●**光合成と地球環境** 以上に概観した光合成のメカニズムによって太陽エネルギーは有機物に固定され，地球上に主にセルロースとして蓄積されている．また，固定された光合成産物の一部は化石資源として地中に保存された．大気からこのような形で炭素が取り除かれた結果，現在の地球大気では，太古の地球大気に比べてCO$_2$濃度は大きく低下し，代わりに酸素濃度が21％を占めるまでになっている．この酸素濃度の上昇は，オゾン層の形成を通して生物が陸上進出することを可能にし，さらに好気呼吸を可能にして人間のような大型で複雑な生物の進化につながった．光合成は，現在の地球環境の成り立ちと，その中での生物の進化の道筋にも重要な役割を果たしてきたのである．そして，そのような意味においては，光合成の中でも，水を分解して酸素を発生する酸素発生型の光合成の出現こそが，その後の地球環境と生物進化の大変動の引き金を引いたのである．

●**人工光合成** 地球を変えた酸素発生の反応は，生物界においては光合成によってのみ実現しうる反応である．現在，これを人工的に行う人工光合成の研究が盛んに行われている．植物の話ではないが，人工光合成について最後に触れておこう．人工光合成の定義は人によってさまざまであり，化学合成において光を利用する段階がある場合にその反応を人工光合成とする例さえあるが，一般的には，水の分解と有機物の生成（場合によっては水素の発生）を光により進めることを人工光合成と称する場合が多い．方法としては，半導体を使うもの，有機金属錯体を使うものなどが代表的である．現在までに，1％程度の光エネルギー変換効率を達成する系が報告されている．自然環境下において人が管理した植物が可視光を利用して有機物として蓄積する際の効率が1％程度であることを考えると，植物に遜色ない効率を人工光合成が達成しているようにみえる．しかし，植物の場合は，光合成装置である植物体自体をつくり出し維持するエネルギーを自ら負担したうえでの効率である．人工光合成のシステムが，製造コストを差し引いたうえで植物に匹敵する効率を達成するのはもう少し先になりそうである． ［園池公毅］

📖**参考文献**
[1] 園池公毅『光合成とはなにか』講談社ブルーバックス，2008
[2] 園池公毅「光合成研究へのいざない」ミルシル 42：6-9，2014
[3] 杉浦美羽他編『光合成のエネルギー変換と物質変換』化学同人，2015

C_3光合成とC_4光合成──光合成炭素同化

植物の光合成炭素同化は,C_3型,C_4型,CAM型の3種類に大別される.28億年以上前に地球上に初めて現れた光合成生物の炭素同化はC_3型であり,現在の陸上植物種の90％以上がC_3光合成を行う(C_3植物).C_4型とCAM型は,地球環境の変動にともなってC_3光合成から進化した炭素同化様式である.CAM型光合成は砂漠のような極端な乾燥条件に適応するための戦略で,CAM植物の光合成能はかなり低い.一方,C_4光合成を行うC_4植物はC_3植物の約2倍の光合成能を発揮する.また,窒素(三大栄養素の1つ)と水分の利用効率が高いなど,生存に有利な特徴をもつ.実際,農作物と競争関係にある雑草の多くがC_4植物であり,外来C_4植物による生態系の破壊も報告されている.

●C_3植物とC_4植物　C_3光合成では,葉緑体内のカルビン回路(還元的ペントースリン酸回路)のみで炭素同化が行われ,単一の細胞(緑葉の葉肉細胞)内で反応が完結する.最初の炭素同化産物が炭素数3の化合物であることからこう呼ばれる.カルビン回路の炭素同化酵素Rubiscoは,CO_2以外にO_2とも反応するため,現在の大気条件下(21% O_2)で高い光呼吸を示す.イネ,ムギ,ダイズ,ジャガイモなど主要作物のほとんどがC_3植物である.一方,C_4植物は,カルビン回路に加え独自のC_4光合成回路をもつ(図1(a)).C_3植物と異なり,カルビン回路は維管束を取り囲む維管束鞘細胞の葉緑体にある.最初の炭素同化をC_4光合成回路で行い,最終的な炭素同化はカルビン回路で行う.最初の炭素同化産物が炭素数4の化合物であることからこう呼ばれる.

C_4光合成回路は,葉肉細胞で固定したCO_2を維管束鞘細胞内で放出し,Rubisco近傍のCO_2濃度を高めるCO_2ポンプとして働く.炭素収支はゼロで,エネルギー(ATP)を使ってCO_2を濃縮する.この働きにより,RubiscoとO_2

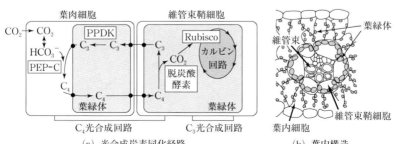

(a) 光合成炭素同化経路　　　　　(b) 葉内構造

図1　C_4光合成:トウモロコシの光合成炭素同化経路(a)と葉内構造(b)

との反応（光呼吸）が抑えられ高い光合成能を発揮する（図2）.本回路ではまず，葉肉細胞の炭素同化酵素ホスホエノールピルビン酸カルボキシラーゼ（PEP-C）が炭酸水素イオン（HCO_3^-）を C_3 化合物に固定し C_4 化合物を生成する．C_4 化合

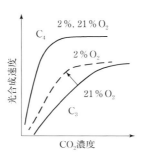

図2　C_3 植物と C_4 植物の光合成速度の CO_2 濃度依存性：C_3 植物の光合成速度は，現在の大気条件 0.04 %（400 ppm）CO_2, 21 % O_2 では飽和しない．O_2 濃度を下げると光呼吸が抑えられ，C_3 植物の光合成速度は増大する．C_4 植物では O_2 濃度の効果はほとんどなく，低 CO_2 濃度で光合成速度が飽和する．

物は維管束鞘細胞に輸送され，酵素の働きで CO_2 と C_3 化合物に分解される（脱炭酸反応）．放出された CO_2 は Rubisco で再固定される．C_3 化合物は葉肉細胞にもどり，ピルビン酸オルトリン酸ジキナーゼ（PPDK）の働きで PEP-C の基質である C_3 化合物が再生され，回路が一巡する．PEP-C と PPDK はすべての C_4 植物に共通であるが，脱炭酸酵素の違いから C_4 植物は3種類に大別される．葉内構造も C_3 植物と異なり，発達した葉緑体を多数もつ維管束鞘細胞が維管束を取り囲むように配置し，そのまわりを葉肉細胞が取り囲む特徴的な構造（クランツ構造）をもつ（図1(b)）．

　C_4 植物には，トウモロコシ，サトウキビなどの農作物，ローズグラス，ギニアグラス（牧草），エノコログサ，ススキなど，熱帯・亜熱帯原産のイネ科を主に，カヤツリグサ科，ヒユ科（ハゲイトウなど），スベリヒユ科（マツバタンなど），アカザ科（オカヒジキなど）など，19科7500種が含まれる．C_4 植物の多くは，強い日射，高温，水分供給の少ないサバンナのような環境に適応している．

● C_4 植物の進化と将来　C_4 光合成は，大気 CO_2 濃度の低下にともなって2500～3000万年前に出現した．C_4 光合成は収斂性が高く，C_3 型から C_4 型への進化はこれまで独立に50回以上起こっている．C_4 植物が陸上に繁茂したのは比較的新しく，大気の乾燥化が進み季節が顕著になってきた200～800万年前である．湿度が低いと気孔が閉じ CO_2 の取り込みが抑えられるため，乾燥化は CO_2 ポンプをもつ C_4 植物に有利とされてきた．最近は，C_4 光合成の利点が主原因ではなく，複数の要因が絡んで C_4 植物が急速に繁茂したと考えられている．例えば，乾燥化による自然火災の増加は，近年ハワイで観察されたように，森林帯から草原への遷移，ひいては生育の旺盛な C_4 草本植物の繁茂をうながす．では今後 C_4 植物はどうなっていくのだろうか．高 CO_2 環境下では C_3 植物の生育は大きく促進されるのに対し，C_4 植物の高 CO_2 に対する応答は概して小さい．大気 CO_2 濃度の急激な上昇が C_4 植物にとっては淘汰圧となる可能性が指摘されている．人間の引き起こした地球環境の変動により，近い将来，野生の C_4 植物の植生が大きく変化するかもしれない．

[宮尾光恵]

CAM 植物——光合成

　CAM 植物とは，ベンケイソウ型酸代謝（crassulacean acid metabolism：CAM）を行う植物のことである．ベンケイソウ科（Crassulaceae）をはじめとする多肉植物やサボテン類など乾燥地の植物や，ラン科の樹上植物のように，水分獲得が制限される環境に適応した種に多い．農作物ではパイナップルやアロエなどが CAM を行う．CAM では，夜間に蓄えた有機酸を，昼間に脱炭酸することで気孔を閉じたまま葉内で CO_2 を得て，これをカルビン回路で同化する．気温が高く湿度が低い昼間に気孔を閉じるので，光合成の水利用効率が非常に高い．

●**基本的機構**　典型的な CAM の日周変化は次の4期に分けられる（図1，図2）．Ⅰ期：夜間，気孔を開き大気中の CO_2 を葉内へ吸収して細胞質のホスホエノールピルビン酸カルボキシラーゼ（PEP-C）で固定し，これを主にリンゴ酸として液胞に蓄える．液胞内への輸送は，プロトンポンプが形成した電気化学的膜ポテンシャルに従ったリンゴ酸アニオンの二次的能動輸送である．通常，液胞内のリンゴ酸濃度は 0.1〜0.3 M に達する．Ⅱ期：明期への移行後，気孔はしばらく開いており，大気中から吸収した CO_2 を RuBP カルボキシラーゼ（Rubisco）と PEP-C とが同時に固定する．やがて，PEP-C は低活性型になり，液胞から細胞質へリンゴ酸が輸送されて脱炭酸反応が活性化され，気孔を閉じてⅢ期へ移行する．Ⅲ期：気孔を閉じたまま，NAD(P)-リンゴ酸酵素（ME）でリンゴ酸を脱炭酸し，生じた CO_2 を Rubisco で固定しデンプンを合成する．このとき，葉内の CO_2 濃度が大気中の 2〜60 倍に達し，光呼吸は抑制される．脱炭酸反応で生じたピルビン酸は糖新生経路を経てデンプンとなり，呼吸基質となることは少ない．Ⅳ期：液胞に蓄えていたリンゴ酸を消費しつくすと，再び気孔を

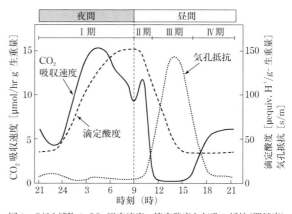

図1　CAM 植物の CO_2 固定速度，滴定酸度と気孔の抵抗（閉鎖度）の日周変化：CO_2 吸収速度は大気から葉への CO_2 取込み速度を示す．滴定酸度に寄与する主な有機酸は二価のリンゴ酸なので，リンゴ酸量は滴定酸度の約半分となる　[出典：Osmond, C. B., "Crassulacean Acid Metabolism：a Curiosity in Context", *Annu. Rev. Plant Physiol.*, 29：379-414, p. 381, 1978]

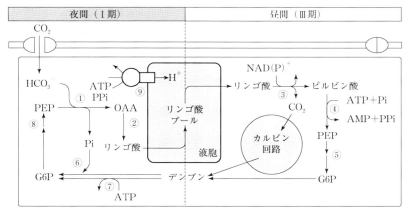

図2 CAMの夜間（I期）と昼間（Ⅲ期）における代謝経路：①PEPカルボキシラーゼ，②リンゴ酸脱水素酵素，③NAD(P)-リンゴ酸酵素，④ピルビン酸・リン酸ジキナーゼ，⑤糖新生経路，⑥デンプンホスホリラーゼとホスホグルコムターゼ，⑦アミラーゼとヘキソキナーゼ，⑧解糖系，⑨ATPもしくはピロリン酸依存性プロトンポンプ

開き大気中のCO_2を吸収してRubiscoで固定する．そのためC_3光合成と同様，光呼吸がみられる．この時期はデンプンよりもショ糖の合成が優先し，生育に寄与する．

●**多様性** CAMには脱炭酸酵素の種類により，ME型とホスホエノールピルビン酸カルボキシキナーゼ（PEP-CK）型とがある．前項で説明したのはME型である．さらに，I期にリンゴ酸に加えクエン酸を貯める種，Ⅲ期にデンプンではなくショ糖のような可溶性の糖を液胞に貯める種など，CAMは大変多様性に富んでいる．CAMはシダ植物および種子植物のさまざまな分類群で独立して生じ，収斂進化した結果だと考えられている．

●**制御** CAMの日周変化の制御には，代謝産物によるものと概日リズムによるものとがあるが，両者は密接に関係している．例えば，PEP-C活性はI期で高くⅢ期で低い．PEP-Cはリンゴ酸で阻害されるが，I期にPEP-Cタンパク質が特異的リン酸化酵素（PEP-Cキナーゼ）でリン酸化され，この阻害を受けにくくなる．Ⅲ期には脱リン酸化され，リンゴ酸で阻害されやすくなる．PEP-Cキナーゼ活性もI期で高くⅢ期で低いが，この制御は概日リズムの支配下にある．CAMは環境要因に大きく影響を受ける．一般に昼間強光で気温が高く，夜温が低い方がCAMは増幅される．さらに，アイスプラントのように，水分が十分利用できる条件ではC_3型光合成を行い，乾燥や高濃度の塩による水ストレスがかかるとCAM型光合成へ移行（CAM化）する植物も存在する．この他，短日条件でCAM化する例もある．また，若い葉ではC_3型光合成を行うが，成熟するとCAMを行うカランコエのように，成長に影響を受ける場合もある．［是枝 晋］

光呼吸

　光呼吸とは，光合成のCO₂の固定酵素Rubisco（ルビスコ）のオキシゲナーゼ活性で生成するホスホグリコール酸の代謝経路（グリコール酸回路）をいう．葉緑体，ペルオキシソームおよびミトコンドリアの3つの細胞小器官にまたがる複雑な代謝で，葉緑体とペルオキシソームの反応によってO_2が取り込まれ，ミトコンドリアでCO_2の放出，光照射時に起こる反応であることから，光呼吸と名づけられた．光呼吸は，光合成や呼吸とは異なる別の代謝として位置づけられることがあるが，代謝そのものは完全に光合成の炭酸同化反応と連結し，同時進行することから，むしろ光合成の代謝の一部と考えるべきものである．

● **RubiscoによるO_2の取り込み**　Rubiscoはカルボキシラーゼ活性とオキシゲナーゼ活性の両方をもち，カルビン回路のCO_2の受容体であるRuBPを共通の基質に，CO_2のみならずO_2も基質にする．生体内での活性発現は，光に強く依存しており，この活性制御には酵素Rubiscoアクティベースという別のタンパク質が関与する．CO_2分子とO_2分子はRubiscoの同一触媒部位で拮抗的に反応するため，両活性の比率は葉緑体ストロマ内でのCO_2分圧とO_2の分圧の比で決まる．現在の大気分圧下条件での両活性の比は約3：1から4：1である．

● **光呼吸の代謝経路**　Rubiscoによって触媒されるオキシゲナーゼ反応によって生成されたホスホグリセリン酸はそのままカルビン回路へ流れるが，もう1つの生産物であるホスホグリコール酸はカルビン回路の代謝産物ではない（図1）．ホスホグリコール酸は，葉緑体内でただちにグリコール酸となり，ペルオキシソームに移行する．アミノ基転移を受けてグリシンに変換され，次いでミトコンドリアに運ばれ，脱炭酸反応と脱アミノ基反応を受けセリンに変換され

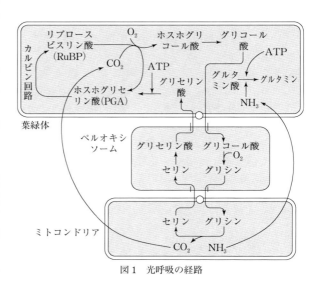

図1　光呼吸の経路

る．セリンは再びペルオキシソームに戻り，グリセリン酸となる．グリセリン酸は葉緑体へ戻り，光化学系電子伝達系で生産されたATPを消費し，リン酸化されホスホグリセリン酸となりカルビン回路に戻る．ミトコンドリアの脱炭酸反応で発生したCO_2は，通常は葉緑体のストロマへ向って拡散しRubiscoによって再固定される．光呼吸は光合成と同時進行で起こるので，ほとんどの場合，葉内では葉緑体ストロマのCO_2分圧が最も低いためである．また，ミトコンドリアの脱アミノ基反応で生じたNH_4^+も葉緑体でグルタミン合成酵素・グルタミン酸合成酵素（GS・GOGAT）反応の働きによって再同化される．この際，GSによって触媒されるNH_4^+同化反応でATPが消費され，GOGATで触媒される反応でPSI複合体に結合するフェレドキシン（Fd）が電子供与体として機能する．すべての経路を概観すると，物質の収支は，O_2が葉緑体とペルオキシソームで取り込まれ，ミトコンドリアでCO_2が発生することになる．

●**光呼吸の生理的意義** 経路はATPの消費とFdを介した還元力消費を伴いながら，一切の最終産物を生成しないので，代謝そのものに積極的な意味が見いだせない．しかし，光呼吸は植物にとって必要不可欠な代謝とされている．古くはこの光呼吸の中間代謝反応の阻害剤を使って光呼吸を止めると致死に至ることが示された．ATPの消費とFdを介した還元力を消費することから，光呼吸は光化学系電子伝達系によるATP生産と還元力生産がカルビン回路による消費能力を越える場合の消去系としての生理的な役割を果たしていることが推定された．電子伝達系の過還元は多量の活性酸素を発生し，光阻害・光傷害の大きな要因になるからである．しかしながら，カルビン回路と光呼吸の2つの経路のスタートは同一酵素RubiscoのCO_2とO_2の取込みにあり，そこの触媒部位も同一，両基質の受容体となるRuBPも共通で，両反応の分配割合には一切の調節機構が存在しない．単純にCO_2分圧とO_2分圧の比のみによって決まっている．したがって，カルビン回路と光呼吸が相互にATPと還元力消費を調節することはできない．しかしながら，乾燥ストレスや高温ストレスなどによって，気孔が完全に閉じCO_2が供給されない条件では，葉の内部のCO_2濃度が著しく下がるので，相対的に光呼吸が促進される．光呼吸の駆動によって，光化学系で発生するO_2と電子伝達系で生産されるATPと還元力を消費するので，葉内でのO_2濃度の上昇や過剰の還元力の蓄積が抑制される．また，光呼吸でCO_2が発生するので，葉内のCO_2分圧はCO_2補償点以下にはならず，カルビン回路と光呼吸は同速で回転し，結果として，光阻害・光傷害を防ぐことができる． ［牧野 周］

📖 **参考文献**
[1] L. テイツ・E. ザイガー『テイツ・ザイガー植物生理学 第3版』西谷和彦・島崎研一郎監訳，培風館，pp. 142-168，2004
[2] 葛西奈津子『植物まるかじり叢書1 植物が地球をかえた！』日本植物生理学会監修，化学同人，pp. 59-78，2007

光合成の光阻害

　光合成にとって，光は反応の基質といってもよい存在であり，必要不可欠なエネルギー源として光合成の反応を駆動する．では，光が多ければ多いほど植物にとってよいかといえば，そんなことはない．即座に利用できるか，あるいは別のエネルギーの形にして保存できる以上の量の光が入射すると，過剰なエネルギーによって光合成速度がかえって低下することになる．これが光阻害である．

●**過剰なエネルギー吸収の回避**　では，光阻害を回避する手立てはあるだろうか．植物は光合成色素により光を吸収し，光の吸収量，つまり入ってくるエネルギーの量は，基本的に入射する光量，色素の色，色素の量によって決まる．このうち，入射光量自体を調節することはできないが，葉面積あたりの光量は，光の入射方向に対する葉の角度を変化させることによりある程度は調節可能である．強い光の降り注ぐ夏の昼間に葉先を上に立てている植物を見ることがあるが，これは，入射光量の調節機構として理解することができる．色素の量と色素の色も，その合成量を増減したり，合成する色素の種類を変えたりすることによって調節可能であり，これらによって吸収光量を調節することができる（図1(a)）．しかし，色素の量の調節にはある程度の時間がかかる．さらに，活性酸素を消去するような酵素も光阻害を抑える働きを示すが，このような酵素を合成するのにも時間がかかる．暗い室内に置いてあった鉢植えを急に外の日差しの下に動かすと葉焼けを起こすことがあるが，これは，色素の量や，光阻害から植物を防御する機構に働く成分の量を増やすためには時間がかかることを反映している．「よしず」などを用いて，少しずつ慣らしながら光を強くしていった場合には，強い光の下でも同じ鉢植えが元気に生育するようになる．

●**光阻害を引き起こす環境条件**　光阻害は当然ながら，光が強い環境条件でよく見られるが，実際には低温などのストレス条件において弱光によっても引き起こされる．これは，ストレスに

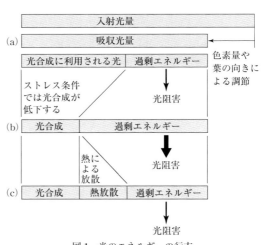

図1　光のエネルギーの行方

よって光エネルギーを利用する効率が低下すれば，同じ量の光が入射しても過剰になるエネルギーは増大することを考えると理解できる（図1(b)）．この場合，強光では光合成のうち主に光化学系Ⅱが阻害されるのに対して，低温では光化学系Ⅰが阻害部位になるなど，ストレス条件によって阻害のメカニズムも異なることが明らかとなっている．さらに近年，一定の強さの光を受けている場合には健全に育つ植物が，自然界のように光量が短時間で変動する環境下では厳しい光阻害を受ける例が多数報告されるようになった．単に光量だけが問題なのではなく，光量の変化が重要であることを示している．従来の研究においては，人工気象器などにおいて一定の光条件で植物を栽培して観察する場合が多かったが，今後はより自然条件に近い環境条件における研究が重要になると考えられる．

●**過剰なエネルギーの放散** 植物にはその他に，使いきれないエネルギーを吸収してしまった場合，光阻害を回避するために過剰なエネルギーを積極的に熱として放散するメカニズムが備わっている（図1(c)）．この機構には，光合成色素の一種であるカロテノイドが大きな役割を果たしている．キサントフィル・サイクルと呼ばれる機構においては，カロテノイドの仲間である3種類のキサントフィルが，光の強弱に応答して相互変換し，強光条件においてはエネルギーを熱に放散する一方，弱光条件においては光合成に光エネルギーを集めるアンテナとして機能する．

●**光阻害と活性酸素** それでは，過剰なエネルギーは光合成をどのように阻害するのだろうか．光合成においては，電子伝達などによる光エネルギー変換過程でつくられたエネルギー分子のATPと還元剤のNADPHが，炭素同化系においてCO_2を還元して有機物を合成する．ここで，炭素同化の反応速度を上回って電子伝達が駆動されれば，そこから生じる還元力はNADPHの生成反応には用いられず，酸素の還元を引き起こす．酸素が一電子還元されたスーパーオキシドや，スーパーオキシドから生じる過酸化水素やヒドロキシラジカルは，活性酸素と呼ばれ，他の物質との反応性が高く，タンパク質の分解や脂質の酸化を通して生体の活性を阻害する．また，光エネルギーを吸収したクロロフィルは一重項酸素という別の活性酸素を生み出す原因にもなる．これらの活性酸素が最終的には光合成の阻害をもたらすことになる．

●**阻害と修復のバランス** 光阻害は，植物の通常の生育条件においても常に起こっており，これを修復し続けることにより光合成の活性が保たれている．したがって，光合成は阻害と修復のバランスの上に成り立っており，そのバランスが崩れたときに，その結果が光阻害として表面に現れるのである． ［園池公毅］

📖 **参考文献**
[1] 東京大学光合成教育研究会編『光合成の科学』東京大学出版会，2007
[2] 園池公毅「光合成における光エネルギーの利用と散逸」光学，43：265-271，2014

細 胞 壁

　植物が陸上に進出し，大気環境に適応して多様化する過程で獲得してきた数々の高次機能が細胞壁には集約されている．この点で細胞壁は，陸上植物にとっては，葉緑体に劣らず重要な細胞装置である．また，細胞壁は，陸上バイオマスの80％を占め，燃料，天然素材として，我々人類にとっても掛けがえのない重要な循環型炭素資源である．この2点で，植物細胞壁は基礎科学と実学の両面での重要性を備えた特異な細胞装置であるといってよい．

●**植物細胞像の変遷**　R. フック（R. Hooke）が1665年に出版した『ミクログラフィア』の中で，コルク片が無数の小部屋（cell）からなると比喩的に記載したことから，今日の意味で，細胞（cell）という用語が使われるようになったことはよく知られているが，その本の中で，フックは小部屋の間の仕切りについても言及し，それを「壁（wall）と呼ぶことにする」と書いている．細胞壁（cell wall）という用語も350年前に生まれていたのである．しかし，その役割が正確に理解されるのは19世紀の後半に J. H. ファントホフ（J. H. van't Hoff）と W. ペッファー（W. Pfeffer）が浸透圧の理論を確立し，細胞内の溶質濃度が浸透圧を生み出すこと，それが細胞成長の原動力であることを，理論と実験で示した後である．これにより細胞壁は浸透圧による吸水成長を抑制する役割を果たすことが実証された．こうして古典的な細胞壁像が19世紀末までにできあがった．

　20世紀になり，オーキシンが細胞壁を変化させ，細胞成長を誘導することが発見されると，そのメカニズムの解明を目指した研究の一環として，細胞壁の代謝や構造解析が進み，1973年に最初の分子モデルが提唱され，その構築・再編にかかわる酵素群と，その遺伝子群の同定や機能解析が進んだ．こうして，20世紀末には，植物細胞壁を動的な超分子システムとみる見方が定着した．

　今世紀に入り，植物ゲノムの解読が進むと，細胞壁の構築や機能に直接関連する遺伝子数はゲノムの全遺伝子数の2割に及ぶことが明らかとなった．また，これら遺伝子群の働きを統括する転写因子群や，その制御ネットワークの解明も進んだ．また，細胞壁機能の概念も広がった．細胞の形の決定，伸長制御，細胞接着，器官支持，物質透過性の制御などの旧来考えられてきた機能に加え，細胞壁は生体防御や共生・寄生過程，環境への応答，細胞分化や発生の制御など，多彩な機能を発揮する多義的な細胞装置であることがわかってきた．これらの機能の多くは細胞壁内での分子の自己集合や自律的情報処理を通して独自に進むことから，植物細胞壁は細胞外のインテリジェントシステムともいわれる．

●**陸上植物の細胞壁の基本構造**　陸上植物の細胞壁の基本構造を図1に示す．中

葉は，細胞板に由来し，ペクチンと細胞壁タンパク質が主成分である．一次細胞壁はすべての陸上植物がもつ細胞壁で，セルロース微繊維とペクチン，ヘミセルロース類，細胞壁タンパク質を主成分とし，細胞質分裂終了後から細胞伸長が停止するまでつくり続けられる．一方，二次細胞壁は維管束植物の進化の過程で獲得されたもので，維管束組織の特定の細胞で，細胞成長が止まった後に一次細胞壁の内側につくられる．二次細胞壁はセルロース微繊維とヘミセルロース類，細胞壁タンパク質以外にリグニン，スベリンを含み，ペクチンを含まない．ヘミセルロース類の組成も一次細胞壁とは大きく異なる．クチクラ層はクチン層とワックス層からなり，いずれも多種類の脂肪酸が高分子化した疎水性の層である．

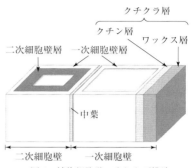

図1　植物細胞壁の入れかご構造

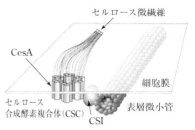

図2　セルロース微繊維の合成過程

●**セルロース微繊維の合成と働き**　セルロース微繊維は $\beta(1,4)$-グルカン鎖が約18本同じ向きに並んで，分子間の水素結合と疎水結合で結合し密着した束状の結晶構造からなり，細胞膜上のセルロース合成複合体（CSC）によりウリジン二リン酸グルコース（UDPG）を基質として合成される（図2）．陸上植物のCSCは6つの顆粒からなり，ロゼットまたは末端複合体（TC）とも呼ばれる．各顆粒は6分子または3分子のセルロース合成酵素（CesA）を含み，1つのCSCは36または18分子のCesAからなる．シロイヌナズナでは10種のCesAアイソザイムが存在し，一次細胞壁と二次細胞壁の合成には異なるCesAが使われる．CSCはCSI1（セルロース合成相互作用タンパク質1）と呼ばれるタンパク質などを介して細胞膜の直下の表層微小管と結合し，それに沿って膜上を動くので，表層微小管に沿って，セルロース微繊維が配置される．一次細胞壁では，合成されたばかりのセルロース微繊維の向きと垂直の方向に細胞壁が伸展し，細胞が伸長する．こうして，細胞成長の方向はCSCの動きを通して表層微小管により制御される．成長が停止した管状要素などの二次細胞壁の文様の形成過程においても，表層微小管が関与し，CSCの動きを制御することによりセルロース微繊維の蓄積パターンを制御している．表層微小管の向きの制御には植物固有の低分子量GTPaseであるROPが関与する．

●**マトリックス多糖類の合成と働き**　マトリックス多糖類はペクチンとヘミセルロース類に大別できる．ペクチンはガラクツロン酸が直鎖状につながったホモガ

ラクツロナン（HG）と，ガラクツロン酸とラムノースが交互に連結した主鎖をもつラムノガラクツロナンI（RG I），10数種の糖からなる複雑な構造をしたラムノガラクツロナンII（RG II）の3つの多糖領域が複雑に連結した親水性分子で，ゴルジ体で合成されたのち細胞外に分泌される．HG領域は，ゴルジ体に局在するGAUT1という糖転移酵素により合成される．合成直後のHG領域はガラクツロン酸残基のカルボキシル基がメチルエステル化されているが，細胞壁中に分泌された後にペクチンメチルエステラーゼ（PME）により脱メチルエステル化され，カルシウム架橋によりペクチンがゲル化することにより，一次細胞壁の強度が増す．RGIIの領域では，ホウ素を介した分子間の架橋ができ，これもペクチンの高分子化に貢献している．一方，ヘミセルロース類はセルロース微繊維と強固に結合し，アルカリ溶液でなければ細胞壁から溶出できない多糖類の総称で，微繊維間をつなぎ留める役割を担うことから架橋性多糖類とも呼ばれる．

ほとんどの陸上植物で，一次細胞壁の主要なヘミセルロースはキシログルカンである．キシログルカンは$\beta(1,4)$-グルカンの主鎖のグルコース残基にキシロース1分子が高頻度で結合し，その一部にはさらにガラクトースやフコース，アラビノースなどが付いた中性多糖類である．主鎖の$\beta(1,4)$-グルカン鎖はセルロース微繊維内の$\beta(1,4)$-グルカン鎖と水素結合で強固に結合できる．ただし，イネ科の細胞壁は少し特殊で，他の被子植物にはない$\beta(1,3):(1,4)$-グルカンを含む一方，キシログルカンの比率は非常に低い．

二次細胞壁ではキシラン類とグルコマンナンが主要なヘミセルロース類である．キシラン類は$\beta(1,4)$-キシランの主鎖にアラビノース，グルクロン酸，または4-O-メチルグルクロン酸1残基を側鎖としてもつ多糖類である．グルコマンナンは$\beta(1,4)$結合のグルコースとマンノース残基からなる主鎖にガラクトース側鎖が付く多糖類で，いずれもセルロース微繊維に強固に結合できる．

これらの多糖類はいずれもゴルジ体で複数種の糖転移酵素により合成される．キシログルカンおよびグルコマンナン，$\beta(1,3):(1,4)$-グルカンの主鎖の合成にかかわる糖転移酵素はセルロース合成酵素CesAと同じCSL（セルロース合成酵素類縁タンパク質）スーパーファミリーにコードされる．CSLスーパーファミリーは，陸上植物の進化の過程で多様化していることから，セルロース微繊維とそれに結合するヘミセルロース類の合成経路は植物の陸上進出の際に同時に進化したと考えられる．

●**一次細胞壁の高次構造の組み立てと再編**　ゴルジ体で合成されたキシログルカンは細胞膜外に分泌され，おそらく自己集合と酵素反応によりセルロース微繊維と結合し，微繊維間を架橋し，一次細胞壁の枠組みを組み立てる一方，ペクチンはゲル化し，セルロース微繊維の枠組みの間隙を埋める，とするモデルが広く受け入れられている．このモデルの組み立てには，キシログルカン分子のつなぎ換

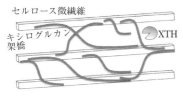
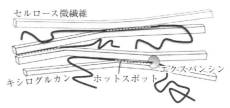

(a) つなぎ留めネットワークモデル　　(b) 生体力学ホットスポットモデル

図3　一次細胞壁の組み立てモデル

えと切断の双方を触媒できるエンド型キシログルカン転移酵素/加水分解酵素（XTH）ファミリーの酵素群が中心的な役割を担うと考えられている．しかし，このモデルの細部についてはなお，議論が分かれ，現在，2つのモデルが提唱されている．1つは，キシログルカンがセルロース微繊維の表面を完全に被うと同時に2つ以上の微繊維に接着し，それをつなぎ留め，細胞壁に掛かる張力を支えるとする「つなぎ留めネットワークモデル」，もう1つは限定された領域で1分子のキシログルカンが2つの微繊維間に直接挟まれる形で，微繊維間を接着しているとする「生体力学ホットスポットモデル」である（図3）．後者のモデルでは，ホットスポットに，エクスパンシンというタンパク質が作用し，細胞壁のゆるみを引き起こす可能性が提案されている．両モデルともまだ実証されていない．

●**二次細胞壁の高次構造の組み立て**　二次細胞壁の特徴であるリグニンはモノリグノールと呼ばれるフェノール性の3種の前駆物質が細胞壁中に分泌されたのち，H_2O_2 を基質とするペルオキシダーゼと O_2 を基質とするラッカーゼによる酸化反応でランダムに重合した不規則な構造をもつ疎水性の高分子である．前駆体の特徴は高分子の構造単位として残り，それぞれ，シリンギル（S）と，グアイヤシル（G），p-ヒドロキシフェニル（H）構造単位と呼ばれる．被子植物ではほとんどがGとSの単位からなるが，イネ科植物は例外的にH単位の比率が高い．裸子植物では大部分がG単位である．

　一般にリグニンの重合は一次細胞壁の層から始まり，次第に二次細胞壁層へと広がり，細胞壁中からは水が排除され，細胞壁は疎水性となる．根のカスパリー線は内皮細胞壁中の狭い領域に限定的にリグニンが蓄積したもので，内側の中心柱と外側の皮層の間のバリアとして働く．この重合過程はCAPS1というタンパク質により制御される．CAPS1はペルオキシダーゼや，その基質である H_2O_2 を生成するNADPH酸化酵素などの細胞膜タンパク質をカスパリー線領域に結集させて二次細胞壁内に限定したリグニン合成を行う緻密な機能を発揮している．［西谷和彦］

📖 **参考文献**
[1]　西谷和彦・梅澤俊明『植物細胞壁』講談社，2013
[2]　Taiz, L. *et al.*, *Plant Physiology and Development*, 6th ed., Sinauer Associates, Inc., pp. 380-405, 2015

呼 吸

　呼吸では，炭水化物などの高分子化合物が酸化されてエネルギーが生成される．呼吸は酸素によって完全酸化する好気呼吸と酸素の消費を伴わない嫌気呼吸に分けられる．植物では，光合成の産物であるショ糖やデンプンなどの炭水化物が呼吸基質になることが多いが，ゴマなどの脂質を蓄積する種子，ダイズなどのタンパク質を蓄積する種子では，発芽のとき脂質やタンパク質が呼吸の基質になる．長期間暗所に置かれた葉でもタンパク質が分解され，呼吸基質として使われる．

　グルコースは細胞質と色素体にある解糖系や酸化的ペントースリン酸経路によって分解され，ピルビン酸やリンゴ酸が生成する（図1）．これらはミトコンドリアに輸送され，トリカルボン酸（TCA）回路で酸化され，CO_2 に変換され，NADH が生成する．生成された NADH は，ミトコンドリア内膜にある呼吸鎖電子伝達系で酸化される（図2）．呼吸鎖電子伝達系では電子は最終的に酸素に渡され，水が生成される．電子伝達に伴って，電気化学ポテンシャル差が内膜に形成され，ATP 合成酵素の働きによって ATP が生成する．植物の好気呼吸では1

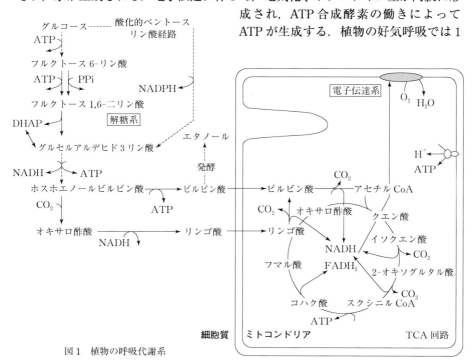

図1　植物の呼吸代謝系

分子のグルコースあたり最大30分子のATPがつくられるが，嫌気呼吸では2分子のATPしか生成されない．

●**植物の呼吸代謝系の特徴**　植物の呼吸代謝系には細菌や動物にはみられない特徴的な反応経路がある．解糖系には触媒反応にリン酸イオンを使わない酵素があり，植物がリン欠乏におかれたときに誘導されることが知られている．

TCA回路の有機酸である2-オキソグルタル酸は，窒素同化反応のときの炭素骨格として利用される．細胞内の窒素同化反応がさかんなときには，TCA回路の一部の反応が2-オキソグルタル酸を供給する反応として利用され，TCA回路は全体が回る反応として使われない．

呼吸鎖電子伝達系には，複合体Ⅳ阻害剤のシアンに耐性である alternative oxidase（AOX）や，複合体Ⅰ阻害剤のロテノンに耐性であるⅡ型NAD（P）H脱水素酵素（NDexやNDin）が存在する（図2）．これらのバイパスともいえる経路は電子伝達のときにH$^+$輸送を伴わないため，ATP合成とは共役していない．またH$^+$の電気化学ポテンシャルを解消する uncoupling protein（UCP）もある．これらの経路が使われると，ミトコンドリアからのATP生成量は低下するため，エネルギー的には無駄な経路である．ザゼンソウなど一部のサトイモ科植物の肉穂花序では開花時に熱が発生し，昆虫誘引物質を放出している．この肉穂花序の熱発生のときに，AOXなどのバイパス経路が働くことが知られている．これらの経路は細胞内のATP消費が抑えられたときでも効率よく呼吸基質を酸化できるので，肉穂花序では呼吸基質がさかんに消費され，熱に変換されている．AOXやNDex，NDinは1つのタンパク質だけで経路として働くことができるため，多くのサブユニットから構成される複合体Ⅰなどに比べて，すばやく誘導できる．熱発生しない多くの植物種では，ストレスを受けるとAOXが誘導されることが知られており，その生理的な役割が明らかにされつつある．　　　　　　［野口　航］

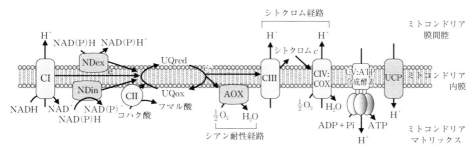

CI，CII：複合体（コハク酸脱水素酵素），CIII，CIV：複合体（シトクロム c 酸化酵素），UQred：ユビキノン還元型，UQox：ユビキノン酸化型，AOX：alternative oxidase，UCP：uncoupling protein，NDex：Ⅱ型NAD（P）H脱水素酵素（内膜の外側に結合），NDin：Ⅱ型NAD（P）H脱水素酵素（内膜の内側に結合）

図2　植物の呼吸鎖電子伝達系

代　謝

　代謝（メタボリズム）とは，生物が外界から化合物を取り込み，酵素の触媒作用を介して行う一連の化学反応のことである．植物は，空気中から二酸化炭素，土壌中から硝酸，アンモニウム，リン酸，硫酸イオンなどを取り込み，光エネルギーなどを利用して多様な有機化合物に変換する．これらの一連の反応は，個々の反応を特異的に触媒する複数の酵素により，さまざまな中間産物を経て継続的に起こり最終産物ができる．生物体内で起こる物質の合成反応は，化学合成と区別するために生合成と呼ばれる．光合成によって植物体内で一時的につくられたデンプンやスクロースは異化（分解）されて，その過程でATPなどの高エネルギー物質が生産される．物質の変化を主体として代謝をみる物質代謝に対し，エネルギーの生産や利用の観点から代謝を見る場合は，エネルギー代謝と呼ばれる．現在では，多くの代謝経路の中間産物，酵素，その酵素の遺伝子が解明されており，代謝マップ上に記されている．生体内の種々の反応は実際には相互に絡み合っていて分けることはできないが，研究や教育上，代謝は便宜的にいくつかに分類され考察される．1891年，ドイツの核酸研究者A. コッセル（A. Kossel）は，生体物質を生物が生命を維持するのに必要な一次代謝物と必須ではない二次代謝物に分類した．これらの物質の合成系はそれぞれ一次代謝，二次代謝と呼ばれてきた．二次代謝物が植物の重要な生理的機能や化学生態学的機能をもつことも明らかにされてきた現在では，二次代謝とは，一次代謝経路中間産物から派生する化合物の合成系と定義されるべきであろう．生体物質は，炭素，水素，酸素のほか窒素，リン，硫黄などの原子を含む場合があるが，それぞれの元素の流れに注目して，炭素代謝，窒素代謝，リン代謝などに分類する場合もある．

●**植物の一次代謝と二次代謝経路**　植物にみられる一次代謝と二次代謝について，プリンヌクレオチド（ATPとGTP）の生合成系とこれから派生するカフェインの合成系を例にして説明する（図1）．プリンヌクレオチドの生合成経路は，ペントースリン酸経路のリボース5-リン酸(R5P)から生じる5-ホスホリボシル1-ピロリン酸（PRPP）から開始する．10段階の複雑な反応の過程でアミノ酸と炭酸イオンの炭素がプリン骨格となり，イノシン酸（IMP）ができる．IMPから反応は分岐して，AMPとGMPができる．プリンヌクレオチド合成の過程は多くのATPのエネルギーが消費される生合成反応である．AMPやGMPは，ADP，GDPとなり，さまざまな異化反応と連結してATP，GTPとなる．これらのプリンヌクレオチドは，高エネルギー物質として働くだけでなく核酸合成の素材となる．チャ，コーヒー，カカオなどの限られた植物種では，ヌクレオチドであるキ

サンチル酸（XMP）から二次代謝産物であるテオブロミンやカフェインが合成される．

●**代謝の仕組みと調節**　一次代謝や二次代謝の個々の反応は，特異的な酵素により触媒される．代謝の調節は，遺伝子発現を伴う酵素量の変動により遂行される粗い調節と，代謝物による酵素活性のフィードバック阻害などの微調節がある．一般に，二次代謝経路の活性は，関連酵素の遺伝子発現のみにより制御される場合が多い．一方，一次代謝経路は生物が生きている限り機能しており，これらの粗い調節に加えて，細胞の恒常性維持のために，アロステリック酵素によるフィードバック調節などの複雑な代謝調節機構が関与している．プリンヌクレオチドの生合成系でも，AMP，GMPが最初の反応や分岐点の酵素のフィードバック阻害剤として働き，ヌクレオチドの全量と相対量の微調節を瞬時に行っている．植物の一次代謝は動物などと共通の反応系をもつが，他の生物にない葉緑体にも存在しており複雑である．一方，植物種に特異的なさまざまな二次代謝物質経路については，生薬などに使われる有用な物質以外はほとんど研究されておらず未知のまま残されている．

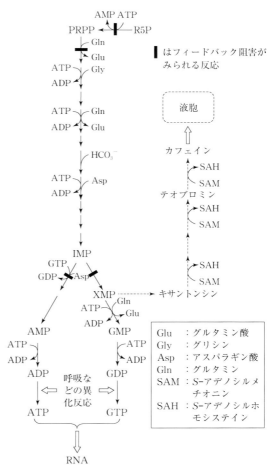

図1　一次代謝と二次代謝：プリンヌクレオチドとカフェインの生合成経路（主要反応のみ記し，調節機構の詳細は省略した）

［芦原　坦］

📖 **参考文献**
[1]　芦原　坦・加藤美砂子『代謝と生合成30講』朝倉書店，2011

炭素代謝

炭素は生物体に含まれる有機化合物の骨格となる重要な化合物である．地球上のほとんどすべての有機化合物は植物が固定した大気中の炭素に由来している．20世紀後半に植物に含まれる多くの代謝経路が一気に解明されたのは，放射性の炭素同位元素 ^{14}C を利用するトレーサー実験が可能になったためである．$^{14}CO_2$ や ^{14}C で標識された代謝前駆体を植物に与え放射能の行方を経時的に追うことによってさまざまな生合成経路が発見され，さらに個々の反応を触媒する酵素を調べることにより炭素代謝の詳細が確立されたのである．

●**植物の炭素代謝** 陸上植物は，葉の気孔から取り込んだ CO_2 を葉緑体のカルビン・ベンソン回路によりリン酸化合物に固定する（「光合成の全体像」参照）．リブロース 1,5 ビスリン酸に固定された CO_2 はジヒドロキシアセトンリン酸（DHAP）になり，リン酸輸送体により葉緑体からサイトゾルに送られスクロースに変換された後に，他の器官（シンク）に転流される．葉緑体内に残った糖リン酸化合物からは同化デンプンが合成され一時的に葉緑体内に貯蔵される（図1）．スクロースやデンプンは貯蔵物質であり，これらが分解，リン酸化されて初めて前駆体として代謝系に流入する．シンクでは，スクロースは，スクロースシンターゼあるいはインベルターゼより分解され，前者ではUDP-グルコース（UDPG）とフルクトース，後者ではグルコースとフルクトースができる．フルクトースとグルコースはATPやUTP依存のヘキソキナーゼによりリン酸化されて，フルクトース 6-リン酸（F6P）とグルコース 6-リン酸（G6P）ができる．植物体にはホスホグルコムターゼとホスホグルコイソメラーゼが高活性で存在しているので，グルコース 1-リン酸（G1P），G6P，F6Pはほぼ平衡状態で存在している．これらのヘキソースリン酸が植物体でみられるすべての炭素代謝の前駆体となる（図2）．

●**生合成の素材供給経路** 解糖系やTCA回路は

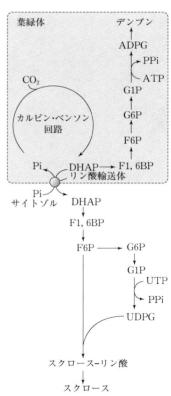

図1 葉（ソース）におけるスクロースとデンプンの合成

ATP の生産系であるが(「呼吸」参照),植物ではこれらの経路のリン化合物(中間産物)が生合成経路の前駆体として使われる.植物における炭素代謝(生合成)の素材を供給する経路は,カルビン・ベンソン回路,解糖系,酸化的ペントースリン酸(PP)経路,それにミトコンドリアのトリカルボン酸(TCA)回路である.植物細胞では,解糖系とPP経路はサイトゾルと葉緑体にあり,別個の代謝調節を受けている.多くの生合成反応では,還元力としてNADHではなく,NADPHを使う場合が多く,葉緑体外でみられる多くの生合成では,PP経路がNADPH供給系として働く.これらの経路では,炭素数が3から7までのリン酸エステルがつくられるが,

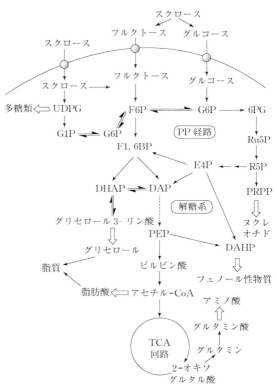

図2 非光合成組織(シンク)におけるスクロースの代謝

これらを前駆体として種々の糖質がつくられる.これらには,ラフィノースのようなオリゴ糖,セルロースのような多糖類のほか,アスコルビン酸,ポリオール,ウロン酸などがある.PP経路の中間産物であるリボース5-リン酸(R5P)からは,5-ホスホリボシル1-リン酸(PRPP)がつくられるが,これは,ピリミジン,プリンヌクレオチド合成に使われ核酸の糖の部分になる.解糖系のホスホエノールピルビン酸(PEP)と,PP経路のエリトロース4-リン酸(E4P)からは,2-デヒドロアラビノヘプツロン酸7-リン酸(DAHP)が合成されるが,これは植物に多量に含まれるフェノール性物質合成に関与するシキミ酸経路の最初の反応である(「二次代謝」参照).脂質合成の前駆体は,解糖系のDHAPとピルビン酸から生じるアセチルCoAである.窒素化合物の炭素部分は,TCA回路の2-オキソグルタル酸に由来している.

[芦原 坦]

参考文献
[1] 桜井英博他『植物生理学概論』培風館,2008

硫黄同化

　硫黄（S）は，動植物の成長に必須の多量栄養素である．地球における硫黄の酸化型［硫酸イオン（SO_4^{2-}）］と還元型［チオール基（$-SH$），硫化水素（H_2S）］の相互変換は，生物地球化学的な硫黄循環として知られる．
　ヒトを含む動物は環境中のSO_4^{2-}を還元することができず，植物や微生物が同化的に還元した硫黄化合物を食物から摂取している．ある種の嫌気性細菌は，酸素の代わりにSO_4^{2-}を呼吸に利用して異化的にH_2Sに還元する．一方，還元された硫黄は，動物や微生物の活動や地球化学的な過程によりSO_4^{2-}に酸化される．大気中には，火山活動や化石燃料の燃焼によって硫黄化合物が放出されている．面白いことに，二酸化硫黄などの大気汚染物質の排出規制により，近年では北部ヨーロッパなどで農地の硫黄が欠乏し，硫酸塩の施肥が欠かせなくなっている．また，海洋性の植物プランクトンと細菌の活動によって大気中に大量に放出される硫黄化合物は，SO_4^{2-}に酸化されて水滴形成の核となり，雲の生成を引き起こす．このため，植物プランクトンは気候の制御にかかわるとも考えられている．
　植物がつくる硫黄化合物は，植物を食物として摂取するヒトにとって重要な意味をもつ．含硫アミノ酸であるシステイン，メチオニンはタンパク質の構成成分であり，その含量は農作物の価値を左右する．例えばメチオニンの少ないマメ類ではアミノ酸組成を変えることで栄養価を改善するバイオテクノロジー研究が行われている．また硫黄化合物は，ヒトの食物の嗜好性にもかかわっている．ネギ科植物に含まれるシステインスルホキシド誘導体は，タマネギやニンニク特有の臭いのもとである．アブラナ科植物のつくるカラシ油（イソチオシアネート類）は，ワサビやダイコンの辛味成分であり，ブロッコリー中のある種のイソチオシアネートはヒトの疾病を予防する効果があることが知られている．こうした含硫二次代謝産物は，植物にとっては病原菌や食植昆虫などに対する防御の機能をもつ．
●**硫酸イオンの吸収と同化**　SO_4^{2-}は細胞膜の内外に形成されたプロトン（H^+）の電気化学ポテンシャル勾配を利用したH^+共輸送系によって植物細胞内に能動的に取り込まれる（図1）．根の細胞で発現するSO_4^{2-}に対して高親和性の輸送体が，土壌から植物体内への取り込みを担っている．主に維管束で発現する比較的低親和性の輸送体は，植物体内でのSO_4^{2-}の輸送に関与する．また葉緑体膜の輸送体は，SO_4^{2-}還元の主要な場である葉緑体内にSO_4^{2-}を運んでいる．過剰なSO_4^{2-}は液胞に貯蔵され，必要に応じて液胞膜の輸送体によって細胞質に放出される．
　SO_4^{2-}のシステインへの同化は，SO_4^{2-}のATPによる活性化（APSの生成），硫化物イオン（S^{2-}）への還元，S^{2-}のシステインへの取り込み，の3段階からなる

（図 1）．同化に必要な ATP と還元剤（NADPH, フェレドキシン）は，主に光合成の光化学反応に由来する．植物に取り込まれた硫黄の大半はシステインに還元され，メチオニンやグルタチオンほか多様な有機分子に同化されるが，一部は PAPS を経て硫酸基としてグルコシノレートなどの二次代謝産物に導入される．硫黄の同化と各種代謝産物への分配は，環境中の利用可能な硫黄量，植物体の成長段階，窒素同化とのバランスに応じて，硫黄同化系遺伝子の転写や転写後の制御，翻訳後制御，酵素間の相互作用による活性制御などにより調節されている．

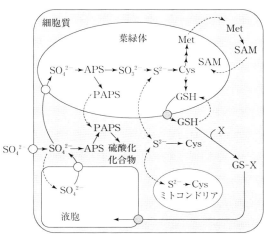

図 1　硫黄同化の模式図：APS：アデノシン 5′-ホスホ硫酸，PAPS：3′-ホスホアデノシン 5′-ホスホ硫酸，Cys：システイン，Met：メチオニン，SAM：S-アデノシルメチオニン，GSH：グルタチオン，X：生体異物，○：硫酸輸送体，◎：他の輸送体．破線は推定される代謝産物の輸送を示す

こうした制御に関与する転写因子，microRNA，代謝産物などが報告されている．
●**硫黄化合物の機能**　硫黄は，ビタミンや補因子（チアミン，ビオチン，補酵素 A など），核酸およびタンパク質のメチル化やエチレン，ポリアミンの合成にかかわる S-アデノシルメチオニンなどの生体内で重要な機能をもつ化合物に含まれる．葉緑体膜には硫黄を含むスルホ脂質がみられる．システインのもつ −SH は生体内でさまざまな働きをしている．タンパク質中では 2 つの −SH がジスルフィド結合（−S−S−）をつくってタンパク質の高次構造を維持している．システインを含むトリペプチドであるグルタチオンは主要なチオール化合物で，還元型（−SH）⇔酸化型（−S−S−）を繰り返して細胞内の酸化還元電位を調節する．また，還元型硫黄の貯蔵や輸送，有害な活性酸素の不活化も担う．除草剤などの生体異物はグルタチオンの −SH と結合して液胞に隔離される．グルタチオンが重合してできるフィトケラチンは，−SH をカドミウムなどの重金属に配位させ重金属を液胞に隔離する．この機構を利用して，重金属汚染土壌を植物により浄化することを目指すバイオテクノロジー研究が行われている．　　　　　　　　　　　　[平井優美]

参考文献
[1] Buchanan, B. B., *et al.*, eds.『植物の生化学・分子生物学』杉山達夫監修・岡田清孝他監訳, 学会出版センター, 2005
[2] Takahashi, H., *et al.*, "Sulfur assimilation in photosynthetic organisms: molecular functions and regulations of transporters and assimilatory enzymes", *Annu. Rev. Plant Biol.*, 62:157–184

窒素同化

　窒素はタンパク質，核酸など生体高分子の主要な構成元素であり，窒素栄養の供給量は植物成長の律速因子の1つである．植物は土壌中から主に硝酸イオンやアンモニウムイオンとして無機窒素を取り込む．エネルギー収支的にはアンモニウムイオンで取り込む方が，硝酸還元が不要となるために効率的であるが，通常の好気条件の土壌環境では，無機窒素は土壌細菌の硝化作用を受け硝酸にまで酸化されており，また高濃度のアンモニアは植物にとって毒性を示すことから，実際には硝酸イオンが主な無機窒素源となっている．なお，脱窒菌などの作用により土壌中の無機窒素の一部は分子状窒素となり，大気中に放散されている．

●**硝酸イオンの取り込み**　細胞内への硝酸イオン吸収は，プロトンの電気化学的勾配を利用して能動的に輸送するトランスポーターにより行われる．硝酸イオンに対する親和性が違う，高親和型と低親和型の2つの輸送システムがかかわっている．低親和型は主に NRT1/NPF と呼ばれる輸送体タンパク質族が，高親和型には主に NRT2 タンパク質族がかかわっている．両輸送体族間では構造的な類似性はみられない．NRT1.1/NPF6.3 は硝酸イオンのセンサーとしての役割ももつことが明らかにされている．細胞内に取り込まれた硝酸イオンの一部は液胞に貯蔵され，硝酸供給が潤沢な場合にはその濃度は数十 mM にもなる．細胞質基質中の濃度は 3〜5 mM 程度と測定されており，土壌中の硝酸イオン濃度の変化に対してもほぼ一定値を保つ．

　ラン藻などの原核生物がもつ硝酸イオン輸送体は ABC 型輸送体（ABC トランスポーター）に属し，真核生物のものとは構造上，進化上異なる輸送体である．アンモニウムイオンは AMT と呼ばれる輸送タンパク質族により細胞内に取込まれる．NRT と同様に低親和型と高親和型の2種類の輸送体が同定されている．

●**硝酸還元とアンモニア同化**　植物における硝酸の還元は，細胞質に局在する硝酸還元酵素（NR）による亜硝酸への還元と，プラスチドに局在する亜硝酸還元酵素（NiR）によるアンモニアへの還元反応により構成される（図1）．NR は NADH もしくは NADPH を，NiR はフェレドキシン（Fd）を電子供与体としている．高等植物の NR は FAD，チトクローム b557，モリブデンコファクターからなる電子伝達鎖をもち，2電子還元を行う．この酵素の活性調節は窒素代謝上きわめて重要であり，タンパク質分子内のセリン残基のリン酸化/脱リン酸化により活性調節を受けている．NiR は鉄硫黄クラスター（4Fe-4S），FAD，シロヘムからなる電子伝達鎖をもち，6電子還元を行う．アンモニアはグルタミン合成酵素（GS）によりグルタミン酸と縮合し，グルタミンとなる．GS にはプラスチド

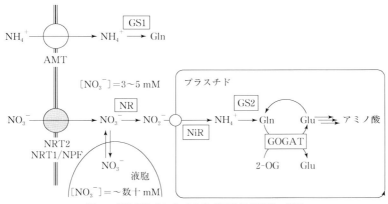
図1 植物細胞内における窒素同化反応過程の概略

局在型 (GS2) と, 細胞質局在型 (GS1) のアイソフォームの存在が知られており, 硝酸還元および光呼吸由来のアンモニアは GS2 によって同化される. GS1 はその他の代謝から生成するアンモニアの再同化にかかわっている. 植物の GS の一次構造はラン藻や大腸菌など原核生物の GS よりも糸状菌, 酵母などのものに近く, 大腸菌 GS などで知られているアデニリル化による翻訳後の活性調節は受けない. グルタミンのアミド基はグルタミンアミドトランスフェラーゼと総称される一群の酵素によって, さまざまな化合物に転移されていく. その中の1つであるグルタミン酸合成酵素 (GOGAT) は 2-オキソグルタル酸にアミド基を転移し, グルタミン酸を2分子合成することから, この2つの酵素は互いの基質を供給しあう GS/GOGAT サイクルと呼ばれる代謝サイクルを形成している. GOGAT はプラスチドに局在し, 電子供与体依存性の違いにより Fd-依存型, NADH-依存型に分類される. Fd-依存型は主に光合成器官で, NADH-依存型は主に非光合成器官で機能している. 一方, ミトコンドリアに局在するグルタミン酸デヒドロゲナーゼ (GDH) の反応平衡はグルタミン酸をアンモニアと2オキソグルタル酸に分解する方向に偏っており, 炭素骨格の供給にかかわっている.

●**硝酸イオンによる制御ネットワーク** 硝酸イオンは窒素同化の基質として役割のみならず, 硝酸イオン利用にかかわる一連の遺伝子群の発現を調節するためのシグナル分子の役割ももつ. 制御される遺伝子は多岐にわたり, NRT や NR, NiR 遺伝子のみならず, アンモニア同化にかかわる GS2 や GOGAT, 還元力供給系である Fd や Fd-NADP$^+$ レダクターゼ遺伝子も含まれる. NADPH 供給系の酸化的ペントースリン酸経路のグルコース6リン酸デヒドロゲナーゼ遺伝子や6ホスホグルコン酸デヒドロゲナーゼ遺伝子, NiR の補欠分子族であるシロヘムの合成系遺伝子の発現も硝酸誘導性である. さらに植物ホルモンの1つであるサイト

カイニンの生合成系遺伝子も硝酸誘導性であることが知られている．一方でグルタミンなどの同化窒素化合物は，硝酸イオン同化系酵素遺伝子の発現を負に制御することが知られている．

●**共生窒素固定**　マメ科植物は *Rhizobium* 属などの根粒菌を根粒内に共生させることで大気中の分子状窒素をアンモニアに変換し，窒素源として利用している．この変換反応はニトロゲナーゼによって触媒される（図2）．ニトロゲナーゼは α，β サブユニットからなるニトロゲナーゼヘテロ四量体（$\alpha_2\beta_2$）と，ニトロゲナーゼ還元酵素ホモ二量体からなる．ニトロゲナーゼ $\alpha\beta$ 二量体内には活性中心である鉄-モリブデン補因子（FeMoco）と電子伝達を担う P-cluster が1つずつ配位している．ニトロゲナーゼレダクターゼは二量体あたり1つの鉄イオンクラスター（4Fe-4S）をもち，フェレドキシンやフラボドキシンから得た電子をニトロゲナーゼに供給する．ニトロゲナーゼは酸素に対してきわめて敏感で失活してしまうが，根粒内では酸素に高い親和性をもつレグヘモグロビンを蓄積させることで酸素分圧を低くしている．根粒中のレグヘモグロビン含量は可溶性タンパク質の20～30％にもなる．ニトロゲナーゼによって生成したアンモニアは GS によって同化される．共生窒素固定はエネルギーを大量に消費することから，根粒の形成は植物個体内の栄養状態などに応じてコントロールされている．これを根粒形成のオートレギュレーションとよぶ．根粒形成は土壌中の窒素栄養などの外環境因子や，地上部からの情報によりコントロールされており，小ペプチドやサイトカイニンが器官間の情報分子として機能している．

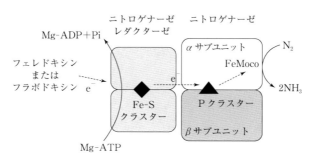

図2　ニトロゲナーゼによる分子状窒素のアンモニアへの還元

●**アミノ酸合成**　植物のアミノ酸合成はグルタミンのアミド基，またはグルタミン酸のアミノ基の転移を起点として合成され，その合成系の多くはプラスチドに存在する．合成経路はアミノ酸の炭素骨格由来から6種類に大別できる（図3）．①プロリン，アルギニン，グルタミンは2オキソグルタル酸由来の炭素骨格をもち，グルタミン酸から合成される．②アスパラギン酸はグルタミン酸とオキサロ

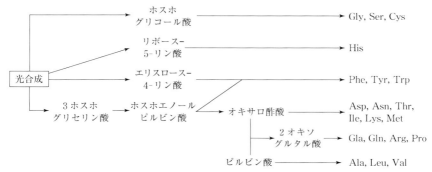

図3 炭素骨格の由来に基づくアミノ酸合成経路の概略

酢酸からアスパラギン酸アミノトランスフェラーゼにより合成され，さらにアスパラギン合成酵素，アスパラギン酸キナーゼなどによりアスパラギン，スレオニン，リジン，メチオニンが合成される．イソロイシンはスレオニンをいったん脱アミノした後にグルタミン酸のアミノ基を受け取り生成する．③ピルビン酸とグルタミン酸からアラニンアミノトランスフェラーゼなどを経てアラニン，バリン，ロイシンが合成される．④芳香族アミノ酸の前駆体はホスホエノールピルビン酸とエリスロース-4-リン酸であり，シキミ酸経路を経てトリプトファン，チロシン，フェニルアラニンが合成される．⑤ヒスチジンはリボース-5-リン酸由来の炭素骨格をもつ．⑥光合成細胞での光呼吸で生ずるホスホグリコール酸はグリシン，セリン合成の基質となり，セリンからシステインが合成される．アスパラギン酸経由のスレオニン，イソロイシン，リジンはフィードバック因子として自身の合成系を負に制御している．分岐アミノ酸であるバリン，ロイシン，イソロイシンの生合成経路は植物と微生物以外に存在しないことから除草剤の標的経路となっている．また，フェニルアラニンやトリプトファンなどの芳香族アミノ酸は多様な二次代謝産物やオーキシンなどの植物ホルモンの合成にも使われる．

●核酸代謝　植物の核酸生合成と代謝は，基本的に動物と同じであり，ヌクレオチドはペントースリン酸経路から供給されるD-リボース-5-リン酸から5-ホスホリボシル-1-二リン酸を経由して合成される．プリン骨格の窒素原子はグルタミン，グリシン，アスパラギン酸に由来する．一方，ピリミジン骨格の窒素原子はグルタミン，アスパラギン酸に由来する．核酸の再利用経路であるサルベージ経路でプリンやピリミジンはヌクレオチドへと変換される．このサルベージ回路はサイトカイニンの活性型と前駆体との間の変換にも利用されている．〔榊原　均〕

参考文献

[1] 駒嶺 穆総編集，山谷知行編『朝倉植物生理学講座2 代謝』朝倉書店，2001

リン代謝

　リン（P）は生物存在にとって，最も基礎的な元素の1つである．2010年にNASAがリンの代わりにヒ素（リンの同族元素で原子構造が似ているため，ヒ素はほとんどの生物にとっては毒となる）で生育できる細菌を発見したと発表して大騒ぎになり，結局この報告はほぼ間違いであったとされているが，リンが生命存在の基本元素であることを改めて認識させてくれた点で重要な出来事であった．

　なぜ，これほど重要であるかというと，地球上のすべての生命がもつ遺伝子の実態である核酸（DNAとRNA）にリンが含まれること，生体内のエネルギー代謝や物質代謝の多くもリン化合物によって成立していることによる．

　一方で，動植物に含まれるリンのほとんどは，植物が土壌から吸収した正リン酸（H_3PO_4）に負っている．土壌や水圏において植物が利用可能な溶存正リン酸濃度は数μMかそれ以下であり，自然界において，植物は恒常的にリン欠乏状態にある．農業において，リンが三大肥料の1つであるのは，このことによる．農業が必要とするリン肥料がごく近い将来枯渇する可能性が指摘されているが，これは地球上のリン鉱石の産出が限られた地域に偏っていることによる．

●**低リン環境への適応とリンの取り込み**　低リン酸濃度環境の下では，根細胞のリン酸取り込み活性が上昇し，根の形態が変化し，また土壌の溶存リン酸濃度を上げるために，有機酸やホスファターゼが分泌される．さらに生体内での転流機構が発達し，リン脂質の代わりに糖脂質やスルフォ脂質を合成することで，取り込んだリン酸の有効利用を進めている．次世代へ貴重なリン酸の受け渡しを行うために，種子に多量のフィチン酸（イノシトール六リン酸）を蓄積する．細胞内外のリン酸濃度の変動に対応して，酵素活性や代謝速度，あるいは代謝経路がさまざまに変化することもよく知られている．これらの適応機構を制御する遺伝子ネットワークの存在が広く知られ，低リン応答に特異的に働く転写因子やmiRNAなどが明らかになっている．土壌中の正リン酸イオンは，植物細胞膜に形成されたH^+の電気化学ポテンシャル勾配を利用したH^+共輸送系で細胞内に取り込まれる．細胞内に吸収された正リン酸は，細胞質にとどまり，リン酸化の基質としてATPに取り込まれた後，細胞質での代謝過程に組み込まれるものと，液胞に運び込まれてリン酸ストックとして蓄積されるものに分かれる（図1）．

●**細胞内でのリン代謝**　生体内に存在するリン含有化合物は，ほとんどが正リン酸あるいはそのエステル化合物である．生体内でのリン代謝は，ほとんどがリン酸基のグループ転移としてのみ生じる．リン酸のエステル結合は，相手物質によってきわめて広範囲の自由エネルギー状態を取ることができる．この自由エネ

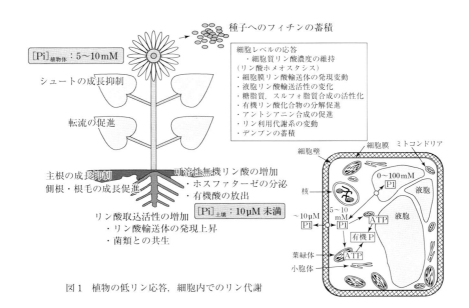

図1 植物の低リン応答，細胞内でのリン代謝

ギー量の差が，酸化還元エネルギーの転移とは異なるエネルギー授受のネットワークをつくり出すことを可能にしている．呼吸や光合成によるATP合成は，細胞質からミトコンドリアや葉緑体に運びこまれた正リン酸に負っている．三塩基酸としての正リン酸は，電荷をもった状態で安定なジエステル結合をつくることができ，この性質は五単糖とともに核酸の骨格構造を形成することや，生体膜における親水性基の形成を可能にしている．さらに，リン酸基は第二解離定数がpH7近辺にあるため，pH6〜8の範囲で大きな緩衝能を示すことができる．

エネルギー代謝や物質代謝にかかわるリン酸化合物の他に，生体内では，情報伝達機構に重要な役割を果たすものとして，ATPを基質としたタンパク質のリン酸化がよく知られている．分子量約100で，電荷の大きいリン酸基のアミノ酸残基への結合は，タンパク質の立体構造を変化させ，酵素タンパク質やさまざまな構造タンパク質の働きを変えることができる．

こうして，リンは生体の構成物質，エネルギー授受，情報伝達のすべてにおいて重要な元素として働いている．　　　　　　　　　　　　　　　　　　　　［三村徹郎］

参考文献

[1] 三村徹郎他「リン環境と植物—植物における環境と生物ストレスに対する応答」蛋白質核酸酵素，別冊，52：625-632，共立出版，2007
[2] Chiou T.-J. & Lin S.-I., "Signaling Network in Sensing Phosphate Availability in Plants", *Annu. Rev. Plant Biol.*, 62：185-206，2011

植物の主要な脂質とその生合成

　細胞を形づくり，区画化する働きをもつ生体成分はタンパク質でも糖質でもなく，生体膜を構成する脂質分子である．脂質は有機溶媒に溶ける物質の総称であり，他の主要生体成分であるタンパク質や DNA，RNA，デンプンのような低分子のアミノ酸やヌクレオチド，糖などのポリマーと異なり多種多様な構造をもつ．脂質は膜の成分としてだけでなく，種子や果実，葉や茎の表面などのさまざまな部位で主要構成成分となり，生体を守るバリアや形態形成の際の潤滑油として，また貯蔵物質としての機能をもつ．微量な脂質の一部は，細胞の内外で情報伝達物質として働く．植物脂質は，食品，化学原材料，医薬品など，種々の分野で活用している．ここでは特に植物や藻類にとって主要な脂質成分について概説する．

●**植物や藻類に含まれる主要な脂質**　脂質を構成する最も重要な分子は脂肪酸である．脂肪酸は長鎖の炭化水素の末端にカルボキシ基を1つもつカルボン酸の一種で，他の脂質の主要な構成成分でもある．炭化水素鎖に二重結合をもたない脂肪酸を飽和脂肪酸，二重結合をもつ脂肪酸を不飽和脂肪酸という．脂肪酸は化合物名以外に 18:1（炭素数：二重結合数）のような形で表されることも多い．植物に多く含まれる脂肪酸として，飽和脂肪酸のパルミチン酸（16:0），ステアリン酸（18:0）があり，不飽和脂肪酸としてオレイン酸（$18:1^{\Delta 9}$，$\Delta 9$ はカルボキシ基側から数えて9番目の炭素に二重結合があることを示す），リノール酸（$18:2^{\Delta 9,12}$），α リノレン酸（$18:3^{\Delta 9,12,15}$）などがある．脂肪酸の名前は植物に由来することが多く，パルミチン酸はパーム油，オレイン酸はオリーブ油に多い．植物の細胞の中では特に葉緑体に α リノレン酸や $16:3^{\Delta 7,10,13}$ 脂肪酸が多く含まれ，このような多価不飽和脂肪酸はチラコイド膜の流動性にも大きく寄与している．脂肪酸から構成される主要脂質としてグリセロールとのエステル（グリセロ脂質）があり，このグリセロ脂質が，脂質の大きな役割である膜の構成成分としての機能と貯蔵物質としての機能の両方を担う中心的な分子である（図1）．

　膜脂質は分子内に極性部分と疎水性部分を併せもち，その両親媒性の性質から極性脂質とも呼ばれ，自律的に脂質二重層を形成することで細胞内のさまざまな膜を構成する．膜脂質の違いは，個々の生体膜の特性が発揮される1つの要因となる．膜脂質の内，植物において主要な脂質はグリセロリン脂質とグリセロ糖脂質で，いずれもグリセロール骨格の1,2位に脂肪酸がエステル結合し，3位にリンまたは糖を含む極性基をもつ．植物や藻類の場合，細胞膜やミトコンドリア，小胞体などの膜は動物と同様に主にリン脂質で構成されるが，唯一プラスチドだけは膜の大部分がガラクトースを含む糖脂質（ガラクト脂質）で構成されている．

プラスチド以外の膜に主要な脂質は，ホスファチジルコリン(PC)，ホスファチジルエタノールアミン(PE)，ホスファチジルグリセロール(PG)などのリン脂質である．光合成の電子伝達を担う葉緑体チラコイド膜は，ガラクトースをそれぞれ1分子もしくは2分子含むモノガラクトシルジアシルグリセロール(MGDG)

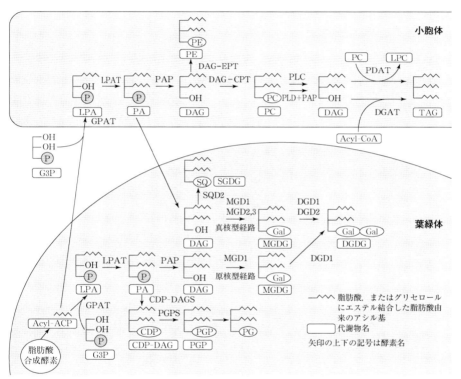

[代謝物] Acyl-ACP：アシル-アシルキャリアタンパク質，Acyl-CoA：アシル-コエンザイム A，DAG：ジアシルグリセロール，DGDG：ジガラクトシルジアシルグリセロール，G3P：グリセロール3リン酸，LPA：リゾホスファチジン酸，LPC：リゾホスファチジルコリン，MGDG：モノガラクトシルジアシルグリセロール，PA：ホスファチジン酸，PC：ホスファチジルコリン，PE：ホスファチジルエタノールアミン，PG：ホスファチジルグリセロール，PGP：ホスファチジルグリセロールリン酸，SQDG：スルホキノボシルジアシルグリセロール，TAG：トリアシルグリセロール

[酵素] DGD1,2：ジガラクトシルジアシルグリセロール合成酵素1,2，DAG-CPT：ジアシルグリセロールコリンホスホトランスフェラーゼ，DAG-EPT：ジアシルグリセロールエタノールアミンホスホトランスフェラーゼ，DGAT：ジアシルグリセロールアシルトランスフェラーゼ，GPAT：グリセロール3リン酸アシルトランスフェラーゼ，MGD1：モノガラクトシルジアシルグリセロール合成酵素1(TypeA)，MGD2,3：モノガラクトシルジアシルグリセロール合成酵素2,3(TypeB)，PAP：ホスファチジン酸ホスファターゼ，PDAT：ホスホリピドジアシルグリセロールアシルトランスフェラーゼ，PLD：ホスホリパーゼD，PLC：ホスホリパーゼC，SQD2：スルホキノボシルジアシルグリセロール合成酵素

図1 植物中に存在する主要なグリセロ脂質の合成経路

とジガラクトシルジアシルグリセロール（DGDG）だけで全膜脂質の80％近くを占める．それ以外は硫黄を含む糖脂質スルフォキノボシルジアシルグリセロール（SQDG）とPGの2つの酸性脂質からなる．SQDGとPGの存在比は栄養源としてのリンの供給に応じて大きく変化するが，チラコイド膜内での酸性脂質の総量は維持される．葉緑体チラコイド膜の膜脂質組成はプラスチドの起源であるシアノバクテリアときわめてよく似ており，細胞内共生説を支持する重要な根拠の1つとなってきた．ただ，最近の研究から，葉緑体脂質を合成する遺伝子の起源は必ずしもシアノバクテリアに限らないこともわかっている．

植物の膜脂質成分として，グリセロ脂質の他にパルミトイルCoAとセリンから数段階の反応を経て合成されるスフィンゴシンを骨格としたスフィンゴ脂質がある．スフィンゴ脂質のうち，スフィンゴ糖脂質などの分子は，脂質ラフトと呼ばれる局所領域を膜内に形成したり，それ自身が情報伝達物質として機能することで，細胞間やオルガネラ間のコミュニケーションを担っているといわれている．

貯蔵脂質として主に働いているのはトリアシルグリセロール（TAGまたはTG）で，グリセロール骨格に脂肪酸が3つ結合し，極性基をもたないことから中性脂質とも呼ばれる．TAGは，植物の種子や藻類の細胞などに多く含まれ，食用や工業用など種々の用途に用いられることから，油脂（オイル）とも呼ばれる．油脂は種子や果実などでは，オイルボディと呼ばれる脂質一重膜に包まれた顆粒に主に蓄積している．オイルボディの表面はオレオシンと呼ばれるタンパク質で包まれている．

その他，植物に多く含まれる脂質としてステロール，ワックス，イソプレノイドがある．ステロールは，細胞膜などの主要成分の1つであるが，植物ホルモンのブラシノステロイドの前駆体でもあり，情報伝達においても重要な働きを担っている．ワックスは植物の細胞外を覆う長鎖のエステルやアルカンなどからなる複雑な成分である．そのうちワックスエステルは脂肪酸と長鎖アルコールのエステルで，細胞の表面で結晶状の構造をつくり，アルカンとともに主に細胞の外部にあるクチクラと呼ばれる層に蓄積することで細胞をさまざまな刺激から守る．クチクラの網目構造を担う成分であるクチンや，根の内皮に蓄積しているスベリンは，長鎖のアルコールやヒドロキシ脂肪酸，グリセロールの重合体である．スベリンには芳香族環をもつ物質が含まれていることが多い．脂質由来の情報伝達因子として，上記のブラシノステロイドと同じく植物ホルモンの一種としても知られるジャスモン酸類がある．ジャスモン酸はαリノレン酸（$18:3^{\Delta 9,12,15}$）を主な前駆体として合成される．動物細胞にはアラキドン酸（$20:4^{\Delta 5,8,11,14}$）由来の生理活性物質であるプロスタグランジンがあり，類似の五員環構造をもつ．

●**植物脂質の生合成**　植物の場合，脂肪酸はアセチルCoAを前駆体としてプラスチドで合成される．脂肪酸合成の前段階として，アセチルCoAカルボキシラー

ゼの働きにより，アセチル CoA がマロニル CoA に変換される．生成したマロニル CoA は，アセチル CoA の CoA がアシルキャリアタンパク質（ACP）に置換したアセチル ACP を最初の基質とし，脂肪酸合成酵素により連続的に炭素鎖を 2 個ずつ伸長するために用いられる．脂肪酸合成酵素には I 型と II 型の 2 種類があるが，植物は微生物と同じ II 型で，脂肪酸合成の各ステップがそれぞれ別の酵素によって触媒される．シロイヌナズナなどの場合プラスチドで合成される脂肪酸は主に 18：0 と 16：0 で，18：0 は大部分がプラスチドストロマに存在するステアロイル ACP デサチュラーゼによって Δ9 位の位置で最初の不飽和化を受け，$18：1^{\Delta 9}$ になる．そのため，プラスチド内では $18：1^{\Delta 9}$ と 16：0 の脂肪酸が主要な脂肪酸プールとして存在する．上記の反応によって合成された脂肪酸はプラスチド内でのグリセロ脂質の合成に用いられる他，一部がプラスチド外に出て小胞体でのグリセロ脂質の合成に用いられる．プラスチド内と小胞体ではいずれもグリセロール 3 リン酸を基質とし，グリセロール 3 リン酸アシルトランスフェラーゼによってリゾホスファチジン酸がまず生成し，引き続いてリゾホスファチジン酸アシルトランスフェラーゼによって，ホスファチジン酸（PA）が合成される．この PA から PA ホスファターゼによって DAG が生成され，引き続いてこの DAG を前駆体にして，プラスチド内では MGDG, SQDG が，小胞体では PC や PE が合成される．PG の合成はプラスチド内と小胞体の両方で起こるが，PA から CDP-DAG が合成されたのち，PG リン酸を経て PG に変換される．

植物の葉など緑化組織ではプラスチド内で合成された脂肪酸のかなりの部分が MGDG などのプラスチド膜脂質の合成に用いられる．MGDG の合成に用いられる DAG の合成には，プラスチド内で合成される経路以外に，小胞体で脂肪酸がグリセロール骨格に組み込まれたのちプラスチドに戻る経路が存在し，それぞれの経路を原核型経路，真核型経路と呼ぶ．シロイヌナズナやホウレンソウなどは両方の経路をもつが，キュウリやイネなどの植物は真核型経路しかもっていない．

植物葉など緑化組織では，組織全体をみても葉緑体由来の MGDG や DGDG が最も主要な膜脂質となる．特に MGDG は植物葉の膜脂質の中でも最も多く，葉のバイオマスの多さから地球上で最も多量に存在する膜脂質であるといわれている．多くの種子植物は MGDG 合成酵素を 2 種類もつ．シロイヌナズナの場合，内包膜に局在する酵素（タイプ A）が主にチラコイド膜の発達に寄与しており，外包膜に局在するタイプ B は特にリン欠乏時の膜脂質転換（リンの代謝参照）において，プラスチド外でリン脂質の代替を担う糖脂質である DGDG の合成に必要な MGDG を提供する． ［太田啓之］

参考文献
[1] 佐藤直樹『しくみと原理で解き明かす—植物生理学』裳華房，2014
[2] Yonghua Li-Beisson, *et al.*, *Acyl-Lipid Metabolism*, *The Arabidopsis Book*, 2013

発 酵

　生物には3種類のエネルギーを獲得（ATPを生成）する方法，発酵・呼吸・光合成がある．このうち発酵（醱酵）は，酸素のない嫌気的条件下，基質レベルでのADPのリン酸化によりATPを生成する代謝過程であり，好気条件下で炭化水素を完全酸化して多量のエネルギーを得る呼吸と対比される．

　L. パスツール（L. Pasteur）は，ワイン醸造に酵母がかかわることを発見したことを端緒に，発酵の生理的な意味について最初に記述した．一方，発酵現象は有史以前から知られ，経験的な発酵技術により酒類，パンを始め多くの発酵食品の製造が今日まで行われている．"発酵（fermentation）"は，醸造（エタノール発酵）の際に発酵液が泡だつことから，ラテン語のfervere（沸く）を語源にする．

　発酵という語は，現在ではさらに広義に使われるようになり，「微生物を用いた有用物質生産」について，生産物の名称や総称を冠して発酵とした用例（グルタミン酸発酵・クエン酸発酵，核酸発酵など），発酵基質・原料となる有機化合物の名称を冠する，石油発酵，メタノール発酵（それぞれ，石油あるいはメタノールを原料にした微生物生産の意）などの用例がある．

●**解糖と発酵代謝の生理的意義**　生物は嫌気的な環境でエネルギーを得るために，エムデン-マイヤーホフ経路による解糖と発酵の代謝を行う（図1）．六炭糖である1分子のグルコースは，2分子のATPを消費してフルクトース1,6-ビスリン酸になった後，三炭糖である2分子の1,3-ビスホスホグリセリン酸を生じる．その後，ピルビン酸に代謝されるまでにADPからのATP生成反応が2カ所で起こる．正味，1分子のグルコースから2分子のATPが生成されることになる．この過程で，グリセルアルデヒド-3-リン酸の酸化反応により2分子のNAD^+がNADHに還元される．ここで生じるNADHは再酸化さ

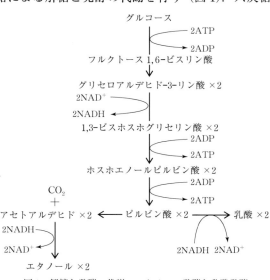

図1　解糖と発酵の代謝：エタノール発酵と乳酸発酵

れてNAD^+を供給し続けないと,解糖代謝は,NAD^+の枯渇により進行しなくなる.これを解決するのが,エタノールまたは乳酸を生成するピルビン酸からの代謝である.酵母ではエタノールの,動物の筋肉細胞では乳酸の生成が起こり,ともに解糖で生じた2分子のNADHを酸化することによりNAD^+を再生し解糖代謝をスムーズに進ませる.植物では嫌気的環境の1つである冠水にあたって解糖が促進する.このような酸素欠乏状態にある根などの植物組織における発酵代謝の最終産物は主に乳酸とエタノールである.冠水耐性植物では,乳酸発酵からアルコール発酵に切り替えることにより,生じた乳酸による細胞質の顕著な酸性化を防いでいることから,植物におけるアルコール発酵の生理的意義の1つとして細胞質pHの維持にあることが提唱されている.

●**発酵および醸造食品の起源と植物**　ヨーグルトやチーズなどの乳製品を除けば,発酵食品の多くは穀物や果実など,植物に対する微生物の相互作用によりつくられる.微生物の存在を知らぬうちから人は,地域の自然環境や食生活・文化と深くかかわりをもちながら醸造技術を発達させてきた.納豆を例に取れば,稲藁に包んで大豆を発酵させるという経験的技術は,稲わらには胞子形成により厳しい冬の自然環境を耐え抜く枯草菌(*Bacillus*属細菌)が多く棲息しているという事実に依拠したものである.酒類は,一般に果実酒と穀物酒に大別される.前者の代表はワインであるが,ぶどうの果実にはグルコース(ブドウ糖)が大量に含まれる.おそらく果皮などに付着する酵母がエタノール発酵したものを飲んだ人がよい気分になったことが,ワイン醸造の動機となったのであろう.紀元前2000年の古代エジプトの壁画にはすでにブドウ醸造のようすが描かれている.一方,穀物酒は,穀物に含まれるデンプンをグルコースに変換(糖化)することにより,初めて酵母による発酵が可能となる.麦デンプンを原料とし,麦芽のもつ糖化酵素により糖化した後,別の発酵槽に移して酵母で発酵させるのがビールである.紀元前3000年頃,すでにメソポタミアのシュメール人は数種のビールをつくり分ける技術をもっていた.パンの風味をよくするために麦芽が用いられていたので,これが自然に発酵しビールになったのであろう.近年,パン酵母・ワイン酵母・ビール酵母のゲノム解析により,ビール酵母がパン酵母とワイン酵母の交雑種であることが明らかになった.この事実からは古代文明と有用生物種の進化に夢を馳せることができて興味深い.日本酒は米のデンプンを原料とするが,糖化はカビの一種であるコウジ菌によって行い,コウジに酒母である酵母を加え,糖化と発酵を同じ槽で行う.このように多くの発酵・醸造食品の起源には植物と微生物の間の偶然あるいは必然の関係と相互作用がある.　　　　　　[阪井康能]

📖 **参考文献**
[1]　JBA発酵と代謝研究会編『発酵ハンドブック』栃倉辰六郎他監修,共立出版,2001
[2]　Buchanan, B.B., *et al.*, eds.『植物の生化学・分子生物学』杉山達夫監修,学会出版センター,2005

二次代謝

　植物は多様な化合物を生産・代謝している．これらの物質代謝を大まかに分けると，生命活動に必須な脂質，アミノ酸，炭水化物などの一次代謝と，その他の多様な代謝に分けて考えることができる．これらの代謝の多くは生物学的な意義が不明なことが多く，付随的な代謝という意味で「二次代謝」と呼ばれてきた．最近では，二次代謝が環境応答や生物間相互作用など植物の生活において重要な役割を担っていることが明らかにされて，二次代謝が特定の種や系統，組織，細胞などに限られていることに重点をおき特異代謝[1]と呼ぶようになった．また天然の有用な物質資源であるという視点から二次代謝産物を「天然化合物」[2]という．

　二次代謝は多岐にわたるが，いずれも一次代謝で生成する代謝物を起点としている．光合成によるCO_2の有機化合物への固定と続く解糖系・ペントースリン酸経路やクエン酸回路の中間体から二次代謝が派生し，その生合成ルートによって分類することができる（図1）．シキミ酸経路を経て生合成される芳香族化合物（フェニルプロパノイド，フラボノイド，タンニン），酢酸-マロン酸経路により生合成されるポリケタイド，イソプレン単位が重合して生産されるイソプレノイド（テルペノイド），分子内に窒素を含む化合物（アルカロイド，グルコシノレート類，青酸配糖体）などである．さらにこれらの経路は相互に入り組んで

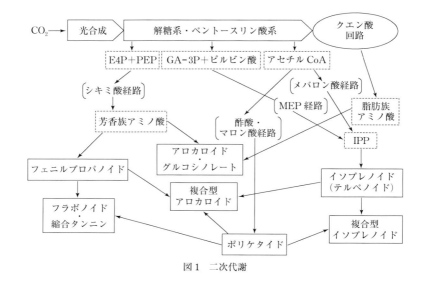

図1　二次代謝

複合的に複雑な構造を有する化合物が生産される．それぞれの二次代謝は特定の種に限られることが多いが，広範な種にみられる二次代謝も存在し，一次代謝と二次代謝を厳密に区分することは難しい．

●フェニルプロパノイド・フラボノイド　陸上植物によって最も大量に生産される二次代謝産物は，芳香環に n-プロピル基が結合したC6-C3構造を有するフェニルプロパノイド類である．これらは，解糖系で生じるエリトロース-4-リン酸（E4P）とホスホエノールピルビン酸（PEP）からシキミ酸経由で生合成される芳香族アミノ酸（フェニルアラニン，チロシン，トリプトファン）を前駆体として生産される．代表的な化合物は，ケイヒ酸誘導体，クマリン類，リグナンやリグニンである．ケイヒ酸誘導体が β 酸化を受けると安息香酸などのC6-C1化合物が生成する．またケイヒ酸誘導体にマロニルCoAが縮合してフラボノイド生合成の前駆体カルコンが生成する．カルコンを前駆体として紫外線防御に役立つフラボノール，赤～青色の花色成分のアントシアニン，マメ科植物に含まれるイソフラボン，縮合型タンニンなどが生産される．これらはフェノール性水酸基を複数もつのでポリフェノール類と総称され，抗酸化作用をもつ．

●ポリケタイド　天然にはC2単位が直鎖上に重合した構造をもつポリケタイドが数多く存在する．これらは，解糖系の産物であるピルビン酸から生成する高エネルギー化合物アセチルCoAを反応スターターとして，アセチルCoAが炭素化されて生じるマロニルCoAが次々に縮合して生合成される（酢酸・マロン酸経路）．この縮合反応は，エネルギー的に有利な反応でアシル基とマロニル基の縮合，カルボニル基の還元，脱水，二重結合の還元が進んでC2単位ずつ炭素鎖が伸びる．これは脂肪酸合成経路と似ているが，途中で酢酸単位のカルボニル基が還元されずに残りポリケトメチレン鎖中間体が生じる．このポリケトメチレン中間体は反応性に富むため環化した多様な化合物が生成する．代表的な植物ポリケタイドは，ダイオウ，ケツメイシ，アロエなどに含まれるアントラキノン類である．これらはいずれも瀉下作用をもち便秘薬として使われる．また，フェノール性化合物も酢酸・マロン酸経路により生成する．前述のフラボノイド生合成はシキミ酸経路と酢酸・マロン酸経路の複合経路である．植物の他にも放線菌や真菌がポリケタイド系の抗生物質を生産する．

●イソプレノイド　天然にはC5のイソプレン単位からなる化合物が数多く存在しこれらはイソプレノイドと総称される．イソプレノイドはメバロン酸経路あるいは非メバロン酸経路（MEP経路）で生合成される．イソプレンが2単位縮合したC10化合物をモノテルペン，3単位縮合したC15化合物をセスキテルペン，4単位縮合したC20化合物をジテルペン，C15単位が2つ縮合したC30化合物をトリテルペン，これらをまとめてテルペノイドと総称する．メバロン酸経路では，3分子のアセチルCoAからメバロン酸を経てイソペンテニル二リン酸（IPP）

が生じ，これが C5 の鎖延長単位となる．非メバロン酸経路では，ピルビン酸とグリセルアルデヒド-3-リン酸（GA-3P）から 2-C-メチルエリトリトール（MEP）を経て IPP が生じ，鎖延長が始まる．IPP の異性化によって生じるジメチルアリル二リン酸（DMAPP）に，IPP が順次縮合し，モノテルペン前駆体のゲラニル二リン酸（GPP，C10），セスキテルペン前駆体のファルネシル二リン酸（FPP，C15），ジテルペンやカロテノイド前駆体のゲラニルゲラニル二リン酸（GGPP，C20）などが生成する．モノテルペンは，さまざまな環構造をもち，その多くは揮発性に富む．リモネン，メントール，ペリルアルデヒド，カンファー，ピネンはそれぞれレモン，ハッカ，シソ，樟脳，松脂の特徴的な香り成分である．モノテルペンのイリドイドの多くは不揮発性の配糖体として，多くの薬用植物（センブリ，オオバコ，トチュウなど）に含まれる．セスキテルペンにも生理・薬理作用をもつものが多い．クソニンジンから単離されたアルテミシニンは，抗マラリア薬として使われている．ホップに含まれるフムレンは，ビール醸造の過程で酸化・分解されビールに香りを与える．C30 のトリテルペンおよびステロイドは，FPP（C15）が 2 分子縮合して生じるスクワレンを前駆体として生成する．ジギタリスやいくつかのキョウチクトウ科植物に含まれるステロイド配糖体（ステロイドサポニン）は強力な心収縮力増強作用をもち危険な成分であるが，うっ血性心不全の治療に用いられるものもある．また，マメ科カンゾウ属に含まれるグリチルリチンは，抗炎症，抗アレルギー作用を示し，漢方薬や化粧品などに使われる．またキキョウ根に含まれるサポニンは界面活性を有し，去痰作用がある．

●アルカロイド・グルコシノレート・青酸配糖体　アルカロイドは，分子中に窒素原子を有する植物塩基である．一般的にアルカロイドはアミノ酸から生合成されるが，生合成の後半で後から窒素原子が分子に取り込まれるものもある．分子内に窒素原子を含むことから生体成分と相互作用を示して生理活性の強い化合物が多い．アミノ酸からのアルカロイド生合成では，最初にアミノ酸が脱炭酸されアミンを生じる．チロシンからドパミンを経て生成するアルカロイドには，麻薬作用のあるケシのモルヒネや下痢止めに用いられるキハダやオウレンのベルベリンが有名である．脂肪族アミノ酸のオルニチンからプトレシンを経て，タバコのニコチンやダツラ属植物やベラドンナに含まれるトロパンアルカロイド，コカノキのコカインが生合成される．オルニチンより炭素鎖 1 つ長い脂肪族アミノ酸のリジンからは，マメ科のクララやルピナス属植物に含まれるキノリチジンアルカロイドやヒカゲノカズラ科植物のリコポディウムアルカロイドが生合成される．医薬品資源として重要なインドールアルカロイドは，トリプトファンから生じるトリプタミンとモノテルペン配糖体のセコロガニンが縮合したストリクトシジンを中間体として多様な構造のアルカロイドが生合成される．ジャガイモの新芽に含まれるソラニンやトマトの未熟果に含まれるトマチンはトリテルペンの炭素骨

格にアンモニア性窒素が取り込まれて生成する．古代ギリシャの哲学者ソクラテスの処刑に用いられたことで有名なドクニンジンに含まれるコニインは，ポリケタイドに窒素が取り込まれて生合成される．また，アルカロイドではないが，アブラナ科植物の辛味成分であるグルコシノレートやウメやアンズの種子に含まれる青酸配糖体もアミノ酸から生合成され分子内に窒素原子を有する．

●二次代謝産物の多様性と生物学的意義　二次代謝産物は化学多様性に富む．このことは，生合成過程での単位構造の縮合や環化のパターン，水酸化，配糖化，アシル化などの分子修飾のパターンによるところが大きく，これらの分子修飾に関与する酵素の基質特異性や反応性が異なることによって多様化する．一般に植物は多数の酵素を備えているようだ．例えば，物質の水酸化や環化にかかわる酸化還元酵素のシトクロム P450（P450，CYP）は，植物では動物に比べて多くの種類が存在し，それぞれの基質特異性が高い．例えば，花に蓄積されるアントシアニン色素は分子内の水酸基の数により色調が大きく異なる．最近，通常は赤色系の色素を生産するカーネーションやバラに遺伝子組換え技術によって異なる植物由来の水酸化酵素遺伝子を導入することによって「青いカーネーション」と「青いバラ」が作出された．

　また分子進化を考える上で重要なことは，二次代謝産物には生理活性や生物活性をもつものが多いという点である．紫外線防御作用のあるフラボノール，その他の抗酸化作用のあるポリフェノールは陸上で呼吸をしながら太陽光を利用して生きる植物にとっては不可欠な生体防御機構として働く．また，他の生物に対して色や香りで誘引・忌避に働き繁殖や生存に有利に働く物質も知られている．また有毒成分の生産は森の中での生存競争に有利に働くであろう．このような生理活性物質の生産能は，淘汰を受けながら進化・分化してきたに違いない．またこのような活性成分を生産するためには，生産細胞自体が活性成分に耐えなければならない．これまでに二次代謝を行う植物細胞は，二次代謝産物を配糖体などの不活性型で蓄積したり，液胞などに輸送して隔離したり，標的タンパク質の変異により自己耐性を獲得している例が明らかにされている．また，これらの二次代謝産物は我々人類にとっての医薬品資源として有用である．地球上では，植物が光合成による CO_2 の固定から多様な有機化合物の生産までを担っているのである． 　　　　　　　　　　　　　　　　　　　　　　　　　　　　　　　　　　　　［山崎真巳］

📖 参考文献
[1] Pichersky, E., et al., Science, 311：808-811, 2006
[2] Buchanan, B. B., et al., eds.『植物の生化学・分子生物学』杉山達夫監修，学会出版センター，2005

植物ホルモン

　動物のホルモンは特定の器官で生産され，血液，体液などによって移動して，標的組織で受容されて生理作用を示す物質として定義される．植物の分化や成長を制御する物質は植物ホルモンと呼ばれているが，植物ホルモンは動物のホルモンとは異なって，1種類のホルモンが多様な生理活性を示す場合が多い．したがって，植物ホルモンとは「植物自身がつくり出し，低濃度（約 10^{-6} モル濃度以下）で作用する生理活性物質・情報伝達物質で，植物に普遍的に存在し，その物質の化学構造と生理作用が明らかにされたもの」として定義するのがよい．

●**植物ホルモンの発見**　1880年代の C. R. ダーウィン（C. R. Darwin）親子の屈光性の研究は，細胞伸長に作用するオーキシン（インドール酢酸，IAA）の発見につながった．IAA は 1946 年にトウモロコシの内生物質として同定され，最初の植物成長ホルモンと認められた．1919 年に台湾農事試験場の黒沢栄一はイネの馬鹿苗病菌の生産する毒素がイネの節間伸長を促進すること発見し，この毒素は東京帝国大学の薮田貞治郎，住木諭介により 1935 年に単離結晶化され，ジベレリンと命名された．その後，化学合成と X 線結晶解析から絶対構造が決定された．1958 年にジベレリンは植物内生の重要な成長ホルモンであることが明らかになった．植物ホルモンの研究には多くの日本人研究者が活躍し，生合成，受容，シグナル伝達に関して世界をリードしてきた．その後，サイトカイニン，エチレン，アブシシン酸，ブラシノステロイド，ジャスモン酸が植物ホルモンとして加えられた．病害抵抗性に関連してサリチル酸もホルモンに含まれる場合がある．新鮮重 0.1 g 程度の植物からホルモンを自動抽出し，高感度質量分析から多種の植物ホルモンを一斉に正確に定量をできる方法が開発されている．1細胞で植物ホルモンの定量分析や非破壊計測が可能になれば，ホルモンの体内の局在や生産部位も正確に把握できる．モデル植物のシロイヌナズナやイネの全ゲノムが明らかになり，植物ホルモン関連の突然変異体の遺伝子の機能解析が進んだ．その結果，従来の方法では簡単には単離できなかった新しい植物ホルモンのストリゴラクトンやペプチドホルモンが発見された．今後も新しい機能をもつ植物ホルモンが発見される可能性が高い．古くから花成を誘導するホルモンとしてフロリゲンの存在が示唆されていたが，最近その本体が約分子量 2 万程度のタンパク質（FT タンパク質）であることが明らかになった．今までの低分子の植物ホルモンの概念とは異なるものである．

●**植物ホルモンの生合成，輸送，受容，シグナル伝達**　植物ホルモンの内生量は活性ホルモンの前駆体から生合成される量と代謝や抱合体化によって不活性化さ

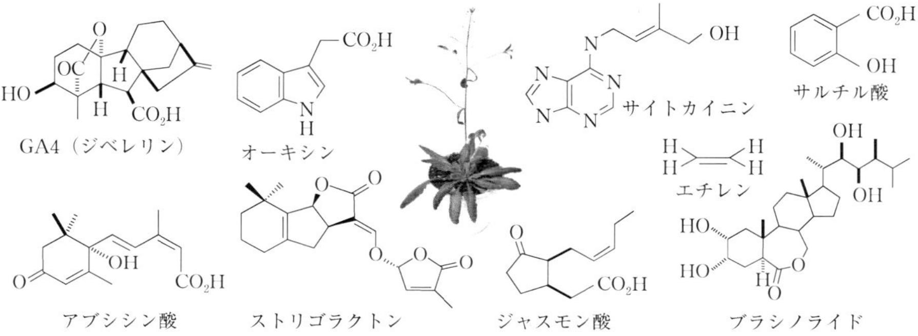

図1 植物ホルモンの化学構造（ペプチドを除く）

れる量のバランスで調節されている．ホルモンの生合成は活性型のホルモンの量によって負のフィードバック制御を受ける場合が多い．モデル植物や重要な作物のゲノム情報が得られるようになり，植物ホルモンの大部分の生合成酵素遺伝子とその機能が解明された．植物ホルモンの生合成酵素遺伝子には同族体が多いが，これらの遺伝子の機能は同じでも，各遺伝子の発現部位，発現量，誘導条件が異なる場合も多く，植物ホルモンの生合成が光や温度などの環境条件や細胞の分化，老化に応じて調節されていることが明らかになってきた．植物病原菌の中には植物ホルモンを生産する菌がある．植物ホルモンの生合成を高等植物と微生物の両方を比較すると，生合成経路や酵素の性質はかなり異なっていることが多い．ジベレリンのような複雑な化合物が植物とカビではまったく異なった進化で生合成されるのは興味深い．植物ホルモンの輸送については IAA が最も詳しく研究されているが，新しいタイプの輸送体も最近発見されてきた．植物ホルモンの受容体，シグナル伝達の研究が進み，植物ホルモンの活性も生理作用だけではなく，活性量と比例して発現する遺伝子の発現量（マーカー遺伝子）を調べることから短時間で機能の変化を確認できる場合もある．多くのホルモンの場合はホルモンがないとジベレリンの DELLA タンパク質に代表される負の制御因子が安定して存在するので，ホルモンの情報は下流に流れない．活性型のホルモンが存在するとホルモンと受容体の複合体が DELLA タンパク質と結合し，さらに F-box タンパク質に認識される．これらは SCF 複合体を形成し，DELLA タンパク質はユビキチン化されて分解されるので，負の制御機構がなくなり，DELLA で抑制されていた遺伝子が発現してホルモン活性を示す．受容体の形はそれぞれ異なるが，ジベレリン，オーキシン，アブシシン酸，ジャスモン酸などはこのようなシグナル伝達系が一般的である．

[神谷勇治]

📖 参考文献
[1] 小柴共一・神谷勇治編『新しい植物ホルモンの科学 第2版』講談社，2010

オーキシン──植物ホルモン

　オーキシンは，植物で最初に発見されたホルモンである．19世紀後半，C. R. ダーウィン（Charles R. Darwin）と息子のフランシス（Francis Darwin）は，カナリーグラスの幼葉鞘を用いて光屈性の研究を行い，幼葉鞘の先端から成長領域に移動し，屈曲を誘導する因子の存在を示唆した．その後，1920年代に，F. ウェント（F. Went）によるオートムギ幼葉鞘を用いた研究により，その物質はオーキシン（auxin）と名付けられた．植物の主な天然オーキシンは，インドール-3-酢酸(IAA，図1）である．また，IAA に類似した構造をもち，オーキシン活性を示す人工オーキシンとして，ナフタレン酢酸（NAA），2,4-ジクロロフェノキシ酢酸（2,4-D）などがある．オーキシンは，植物の分裂組織や若い葉，発達中の果実や種子で合成され，主に極性輸送によって植物体内を移動する．そして，組織や器官におけるオーキシンの濃度勾配や蓄積パターンに従って，胚発生，根の形成，葉や花芽の形成，果実の発達，維管束のパターン形成などの成長・発生過程や，光屈性，重力屈性といった環境に対する応答を制御する．

図1　インドール-3-酢酸の分子式

●オーキシンの生合成　IAA は，主にトリプトファンから複数の酵素の働きによって合成される．シロイヌナズナでは主要な IAA 生合成経路として，トリプトファンからインドール-3-ピルビン酸（IPA）を合成し，次に，IPA から IAA が合成される経路（IPA 経路）がある．また，他にもトリプトファンから IPA を介さずに IAA を合成する経路も存在する．さらに，植物細胞に存在するインドール-3-酪酸（IBA）は，ペルオキシソームで β 酸化を受けて IAA に転換されることから，IBA も IAA の前駆体の1つと考えられている．

●オーキシンのホメオスタシス　生合成された IAA は，細胞内ですべて IAA として存在せず，一部は，糖（グルコース）やアミノ酸（アラニン，ロイシン，アスパラギン酸，グルタミン酸）とエステル結合を介して結合し，不活性型オーキシン（結合型 IAA）となる．これらの結合型 IAA は，加水分解によって必要に応じてオーキシン活性のある遊離型（フリー）IAA となる．また，IAA は IAA オキシダーゼなどによって分解を受ける．このように生合成以外にも細胞内の IAA 濃度を調節する仕組みがある．

●オーキシンの極性輸送　オーキシンは茎の先端から基部（根側）に向かって輸送される．また，根においてオーキシンは基部から根端へ中心柱を通って輸送されるとともに，根端では表皮を通ってシュート側へ輸送される．このような方向

性をもったオーキシン極性輸送は,細胞膜に存在するオーキシン取り込みキャリアー(AUX/LAX ファミリー)や,オーキシン排出キャリアー(PIN ファミリー),さらに,オーキシンの取り込みや排出に働く ABCB 輸送体ファミリーの働きに依存している.このうち PIN タンパク質は,細胞内の特定の側の細胞膜に局在することで,方向性をもった細胞外へのオーキシン排出を担う.

これらのオーキシン輸送を担うタンパク質に異常があると,成長や発生にさまざまな異常が生じる.シロイヌナズナのオーキシン取り込みキャリアー AUX1 の欠損変異体(*aux1*)では,根の重力屈性能や側根形成能が低下する.また,オーキシン排出キャリアーである PIN1 の欠損変異体(*pin1*)では,花茎の先端がピン(針)状になり,花芽が形成されない(「側方器官」参照).また,別の PIN タンパク質メンバーである PIN2 の欠損変異体(*pin2*)では,根の重力屈性が失われる.オーキシン輸送阻害剤 NPA(1-*N*-ナフチルフタラミン酸)は,PIN を介したオーキシン排出活性を阻害することで,オーキシン極性輸送を阻害すると考えられている.

●**オーキシンの受容とシグナル伝達** 細胞内のオーキシンは核内受容体タンパク質 TIR1(F-box タンパク質)や TIR1 に類似した AFB(AFB1, 2, 3)と結合する.TIR1/AFB 受容体は,SCF E3 リガーゼ複合体の構成因子で,オーキシンと結合すると,Aux/IAA タンパク質と呼ばれるリプレッサータンパク質と相互作用して,タンパク質の分解の目印となるユビキチンを Aux/IAA タンパク質に付加する.複数のユビキチンが付加された Aux/IAA タンパク質は,26S プロテアソームによって分解される(図2).植物細胞でオーキシン応答性遺伝子群の転写は,ARF(auxin response factor,オーキシン応答因子)と呼ばれる転写因子によって制御されている.オーキシン応答性遺伝子群のシス配列(オーキシン応答エレメント)には ARF が結合しているが,細胞内のオーキシン濃度が低いときには,Aux/IAA タンパク質は,ARF と相互作用して,その転写調節活性を阻害する.細胞内のオーキシン濃度が高くなると,Aux/IAA タンパク質はオーキシン受容体 TIR1 を含む SCF E3 リガーゼ複合体を介して速やかに分解される.その結果,ARF はオーキシン応答性遺伝子群の転写を活性化(または抑制)し,さまざまなオーキシン応答を引き起こす.

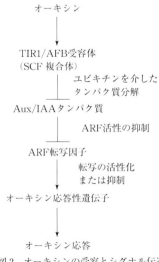

図2 オーキシンの受容とシグナル伝達

[深城英弘]

ジベレリン——植物ホルモン

イネが徒長・枯死する馬鹿苗病の原因菌（*Gibberella fujikuroi*）が分泌する毒素として藪田貞治郎によって単離された．1935 年，藪田らはこの物質に対して生成菌の学名からジベレリンと命名，その後，植物自身も生産することがわかり植物ホルモンとして認められた．ジベレリンは発見された順番に GA_1，GA_2 のように略記され，現在 130 種類以上が命名されている．構造については，1959 年，馬鹿苗病菌が産出する GA_3 について決定されたのが最初である．ジベレリンは，*ent*-gibberellane を基本骨格としてそれに構造的修飾された化合物の総称であるが，植物が応答できるジベレリン（活性型ジベレリン）はこのうちのわずかであり，ほとんどは生合成や代謝中間体と考えられている．活性型ジベレリンであるためには，①3 位に水酸基をもつこと，②6 位にカルボキシル基をもつこと，③γ-ラクトン環をもつこと，④2 位に水酸基をもたないことが必須であり，これらが後述のジベレリン受容体との結合に必要である．代表的な活性型ジベレリンである GA_4 の構造を図 1 に示す．

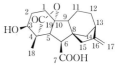

図 1　GA_4

●**生理作用**　ジベレリンは，茎葉部に対し著しい伸長促進効果を示す．この伸長促進効果は，細胞分裂と細胞伸長の 2 つの効果によると考えられている．また，アブシシン酸に拮抗した休眠打破，光発芽，穀類種子における加水分解酵素の遺伝子発現誘導など，発芽におけるさまざまな生理作用を促進する．ジベレリンは，花芽誘導，性決定，花粉形成においても重要である．性決定についての最近の研究としては，シダの 1 種であるカニクサの成熟前葉体が分泌するアンセリジオーゲンが，まわりの未成熟な前葉体に取り込まれた後，活性型ジベレリンに変換されることで，未成熟な前葉体特異的に造精器を誘導することが明らかとなった．さらに，ジベレリンは単為結実を誘導し，果肉の成長を促進する．

●**生合成**　ゲラニルゲラニル二リン酸（GGPP）から数段階の酸化を経て活性型ジベレリンである GA_4 もしくは，GA_1 へと変換される．この数段階の酸化を経て，疎水性の高い GGPP は親水性の活性型ジベレリンへと変換される（図 2）．後半の生合成のステップには，13 位が水酸化された早期 13 位水酸化経路と 13 位が水酸化されていない早期非水酸化経路があり，前者の経路では GA_1 が，後者の経路では GA_4 ができる．どちらの経路が主経路であるのかは，植物によって異なるが，今までに明らかになった植物の受容体のすべては，GA_4 の方により高い親和性を示す．いくつかの不活性化酵素も活性型ジベレリン量の調節にかかわる．

●**受容と情報伝達**　ジベレリンの受容と情報伝達の概要は，核内受容体（GID1）

がジベレリンと結合することにより抑制因子（DELLA）が分解され，ジベレリン応答が引き起こされることである．GID1は，酵素であるリパーゼと似た構造をしており，基質結合部位に対応する部分でジベレリンと結合する．GID1のN末側には，DELLAとの結合ドメイン（リッド）が存在している．図3に示したように，活性型ジベレリンがない場合，ジベレリン応答はDELLAにより抑制されている．活性型ジベレリンが存在する場合は，GID1受容体が活性型ジベレリンと結合し，リッド部分とDELLAとの結合が引き起こされ，さらにDELLAの分解が起こる．このDELLAタンパク質の分解には，SCF$^{GID2/SLEEPY1}$複合体を仲介とする26Sプロテアソームがかかわる．

●園芸，農業の利用　ジベレリンやジベレリン生合成阻害剤は，それぞれ植物の生育を促進・抑制する植物成長調整剤（植調剤）として広く利用されている．ジベレリンの植調剤としての利用で特に有名なのは，ブドウの種無し化ならびに果粒肥大である．一方，ジベレリン生合成阻

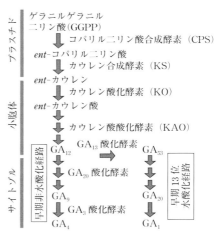

図2　ジベレリンの生合成経路

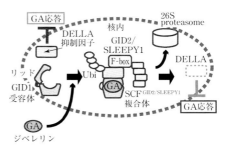

図3　ジベレリン受容・情報伝達

害剤はイネの倒伏軽減，花卉のミニチュア化などに使われる．1960年代後半のイネやコムギの矮性突然変異体を利用した穀物育種は，化学肥料の大量施肥に対しても耐倒伏性を示し，結果，大幅な増収をもたらしたため，『緑の革命』といわれている．興味深いことに，これらに用いられたイネやコムギの変異体は，ともにジベレリンの生合成や情報伝達変異体であることが最近の研究により明らかとなった．　　　　　　　　　　　　　　　　　　　　　　　　[上口（田中）美弥子]

📖 参考文献

[1]　上口（田中）美弥子他「ジベレリン受容体の核内受容体の単離とシグナル伝達」蛋白質核酸酵素，51：2312-2320，2006
[2]　小柴共一・神谷勇治編『新しい植物ホルモンの化学　第2版』講談社，2010
[3]　田中純夢他『アンセリジオーゲンはジベレリンの生合成経路を時間的および空間的に分けることによりシダの性を決定する』ライフサイエンス新着論文レビュー，2014（ライフサイエンス統合データベースセンターから発信される．http://first.lifesciencedb.jp/archives/9500）

サイトカイニン —— 植物ホルモン

植物細胞培養の必須成分を探索する研究の過程で，1955年に F. K. スクーグ（F. K. Skoog）らによりニシンの精巣 DNA から N^6-furfuryl adenine（カイネチン）が単離された．ただし，これは DNA の長期保存により生じた非天然化合物であり，その後 1963 年にトウモロコシの未熟種子から Letham によって *trans*-zeatin（トランスゼアチン）が単

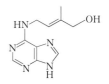

図1　トランスゼアチン

離精製された（図1）．天然のサイトカイニンはアデニン骨格をもち，N6 位に炭素 5 つのプレニル側鎖をもつ．側鎖末端の水酸基の有無や位置による構造的な多様性をもつ．代表的なものに N^6-(Δ^2-isopentenyl) adenine（イソペンテニルアデニン），トランスゼアチン，*cis*-zeatin（シスゼアチン）がある．ポプラなどから芳香族側鎖をもつ分子種も同定されているが，生合成経路については不明である．この他にチジアズロンなどのフェニルウレア系の化合物が人工サイトカイニンとして知られている．

●**生理作用**　細胞分裂の促進，葉の老化抑制，シュートの分化促進，植物幹細胞の活性維持，頂芽優勢制御における側枝の伸長，栄養情報の長距離伝達，維管束細胞の分化制御など．

●**生合成**　高等植物のサイトカイニン生合成の初発反応は，ジメチルアリル二リン酸（DMAPP）とアデノシンリン酸（ATP または ADP）の縮合反応によるジメチルアリルアデノシンリン酸の合成であり，イソペンテニルトランスフェラーゼ（IPT）により触媒される（図2）．このヌクレオチドの一部はシトクロム P450 酵素である CYP735A によって側鎖末端が水酸化され，トランスゼアチンリボースリン酸に変換される．これらヌクレオチドは LONELY GUY（LOG）と呼ばれる

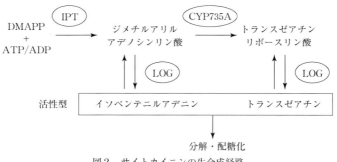

図2　サイトカイニンの生合成経路

酵素によりリボースリン酸が外され，活性型である塩基型に変換される．活性型分子は，サイトカイニンオキシダーゼによる分解，グルコシルトランスフェラーゼによる配糖化などにより不活性化される．また，プリンのサルベージ経路によって前駆体であるヌクレオチドやヌクレオシドに再変換されることもある．サイトカイニンは地上部でも根でも合成されるが，トランスゼアチンの主な合成場所は根であり，道管を経由して地上に輸送され，シュート成長を調節している．植物病原菌であるアグロバクテリウムでは，AMPと(E)-4-ヒドロキシ-3-メチル-2-ブテニル二リン酸（HMBDP）を基質にして，シトクロムP450による水酸化反応を経ずにトランスゼアチンを合成する．

●**受容と情報伝達** サイトカイニンの受容と情報伝達は，二成分情報伝達系と呼ばれるシステムによって，複数のタンパク質中のアスパラギン酸残基とヒスチジン残基間でのリン酸リレーによって行われる（図3）．受容体は膜結合型のヒスチジンキナーゼ（HK）であり，サイトカイニン分子と結合することでATPを基質に自身のヒスチジン残基を自己リン酸化する．リン酸基は下流因子であるHPタンパク質に転移され，核内に局在するB型レスポンスレギュレーター（RR）に転移される．B型RRはDNA結合能と転写活性化能をもっており，標的となる遺伝子の転写を活性化する．誘導される遺伝子の中にA型RRと呼ばれるDNA結合能をもたないRRの一群があり，これらはB型RRとリン酸基の受容で拮抗することから，サイトカイニン情報伝達の負の制御因子として働く．

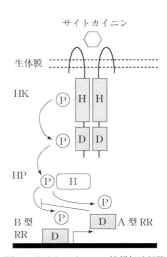

図3　サイトカイニンの情報伝達経路

●**園芸や農業での利用** イネの多収性を制御する遺伝子座 $Gn1$（第一染色体）がサイトカイニンの分解を触媒するサイトカイニンオキシダーゼであることが明らかにされている．この自然変異座は育種に利用されている．人工サイトカイニンであるフェニルウレア系化合物（1-(2-クロロ-4-ピリジル)-3-フェニル尿素（CPPU），チジアズロンなど）は，果実肥大促進剤として利用されている．

［榊原　均］

📖 **参考文献**
[1] Kieber, J. J. & Schaller, G.E., *The Arabidopsis Book*, 12：e0168, 2014（http://dx.doi.org/10.1199/tab.0168）

エチレン──植物ホルモン

　エチレンは構造が簡単だが（$CH_2=CH_2$），気体としてさまざまな生理作用にかかわっている．エチレンは1901年にD. W. ネルジュボウ（D. W. Neljubow）によって植物の成長に影響があると認識されていたが，植物自体が合成するとは考えられていなかった．植物によりエチレン生成が起こることは，1934年にR. ゲイン（R. Gane）によって証明された．1959年にS. P. バーグ（S. P. Burg）らが，エチレンの測定にガスクロマトグラフィを導入したことにより，高感度で，定量性のよい測定が可能となった．1960年代になって，オーキシンによってエチレンが誘導されることがわかり，それまでオーキシンの作用であると考えられていた現象の中には，エチレンの作用によるものが含まれていることが明らかとなった．このような経緯により，エチレンは真に植物ホルモンとして働いていると認識されるようになり，エチレンに関する生理学的な研究が開始されるようになった．

●**生理作用**　エチレンはさまざまな生理作用をもつ．例として果実の熟成を促進する，老化を促進する，茎，胚軸の伸長成長を抑制する，傷害に応答し防御する，などがあげられる．エチレンによって，エンドウ黄化芽ばえでは茎が屈曲して水平方向への成長，茎や根の成長抑制と肥大が起こり，三重反応として知られる．ただし，多くの双子葉植物では茎は屈曲して水平方向に成長することはなく，芽ばえの先端部分のフック（かぎ状部）の屈曲に働いている．他の植物ホルモン（ジベレリン，サイトカイニン，オーキシンなど）と異なる点は，植物体内でエチレン様の生理活性を示す類似体は検出されていない．

●**生合成**　エチレンの生合成経路は他の植物ホルモンより早く明らかにされた．前駆体はS-アデノシルメチオニンであり，ACC合成酵素（ACS）によってACC（1-アミノシクロプロパン-1-カルボン酸）が合成され，ACCはACC酸化酵素（ACO）によってエチレンに変換される．ACSはさまざまな刺激によって発現が誘導され，ACSの反応はエチレン生合成の律速段階である．ACSはピリドキサルリン酸を補酵素するのでAVG（aminovinylglycine）などが阻害剤として働く．ACSにはC末端がリン酸化されるアイソザイムとリン酸化されないアイソザイムがあり，リン酸化で代謝回転が制御されている．ACOは一般的には恒常的に発現している場合が多い．エチレン処理の代わりにACCを投与する実験も多いが，それは常にACOが働いているという条件が必要である．

●**受容と情報伝達**　情報伝達はシロイヌナズナの変異体の発見によって明らかにされた．エチレン受容体ETR1（ethylene resistant1）は，エチレン存在下でも三重反応を示さないシロイヌナズナの変異体として単離され，小胞体膜に局在する．

通常エチレンがないときに，エチレン受容体は CTR1（constitutive triple response1）キナーゼタンパク質と結合し，CTR1 は下流の EIN2（ethylene insensitive2）タンパク質をリン酸化する．EIN2 は EBF1/2（EIN3 binding F-box1/2）の翻訳を抑制するが，リン酸化された EIN2 は不活性になる．その結果 F-box をもつ EBF1/2 は，下流の転写促進因子 EIN3 の分解に働くため，エチレンに対する応答が起こらなくなる（図1(a)）．一方，エチレンがエチレン受容体に結合すると，CTR1 は受容体から遊離し，EIN2 をリン酸化しない．リン酸化されていない EIN2 の C 末端側（EIN2-C）は切断される．EIN2-C は *EBF1/2* mRNA の 3'-UTR に結合し，EBF1/2 タンパク質は翻訳されないので，EIN3 が分解されなくなる．そのために EIN3 はエチレン応答遺伝子の転写因子として働き，エチレン応答が始まる（図1(b)）．

エチレン受容体には一価の銅イオンが補因子として結合しているが，銀イオンが阻害剤として働く．銀イオンは陽イオンなので生体内の移動が難しいため，陰イオンとして STS（silver thiosulfate）が阻害剤として利用されてきた．現在では受容体に不可逆に結合し不活性にする 1-メチルシクロプロペン（1-methylcyclopropene, 1-MCP）が利用されている．

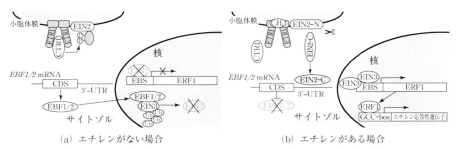

図1　エチレンの情報伝達系

●園芸，農業の利用　エチレン効果を利用した例としては，「もやし」はエチレン処理され，太くて丈の短い青果物として売られている．緑熟期のバナナを輸入しエチレン処理で熟成させてから出荷している例もある．逆にエチレン作用を抑制する例としては，切り花や青果物の鮮度維持である．鮮度を維持するために，エチレンの吸着剤を使うことも多い．切り花用として国外では 1-MCP が注目されている．STS は切り花の延命剤として利用されてきたが，重金属であるため食用の青果物には使用できなかった．それに対し 1-MCP は青果物として国外では 10 種類以上の果実に対する使用が許可されている．日本国内ではリンゴ，ニホンナシ，カキに対する使用が許可されている．エチレン生成の阻害剤として，アメリカではリンゴの収穫前に阻害剤 AVG が利用されている．　　　　　　［森　仁志］

アブシシン酸——植物ホルモン

アブシシン酸（abscisic acid, ABA）は果実や花の器官離脱（落果・落花）や芽の休眠を促進する物質として，1960年代に複数の研究グループによって独立に単離された炭素数15の化合物（C_{15}化合物）である．しかしながら現在，これらの生理作用へのABAの直接的な関与は明らかでない．(S)-(+)-2-cis-ABAのみが活性型として天然に（植物体内に）存在する．化学合成された光学（鏡像）異性体(R)-(−)-2-cis-ABAは，植物に外生的に与えると天然型と類似の生理作用を示す．(S)-(+)-2-trans-ABAは植物体内に存在するが，生理活性をもたない（図1）．

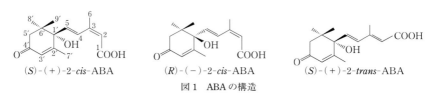

図1 ABAの構造

●**ストレス応答と種子休眠** 植物が乾燥などのストレスにさらされて水欠乏の状態になると，体内のABA量が数倍から数十倍に増加する．ABAは，遺伝子発現を介さずに比較的短時間で起こる反応として気孔の閉鎖を誘導し，蒸散量を減らすことで水分の損失を防ぐ．これと同時に，ABAは遺伝子発現を介してストレス抵抗性の獲得に必要なタンパク質の合成を誘導する．ABAは発達中の種子においても比較的高濃度に蓄積し，さまざまな遺伝子の発現を制御する．未熟な種子（胚）への外生的なABA処理によって種子貯蔵物質の蓄積が誘導されるが，ABA生合成に欠陥をもつシロイヌナズナ突然変異体においては，種子貯蔵物質の蓄積に野生型と大きな違いはみられない．一方で，ABA欠損変異体において種子の休眠性が低下しており，外生のABA処理により種子の発芽が抑制されることが多くの植物種で知られている．休眠性の低いコムギの栽培種においては，降雨や気温などの影響により収穫前の種子が穂に実った状態で発芽してしまう．この穂発芽という現象により，生産される小麦粉の品質が著しく低下する．反対に，休眠性が高い種子は一斉に発芽しないため，作物の生産には不向きである．ABAの作用を調節することで，これらの農業上の問題が解決されることが期待される．

●**生合成と不活性化** ABAは炭素数40の化合物であるカロテノイドを前駆体として生合成される．カロテノイドは葉緑体（もしくは色素体）内で合成され，

9-cis-エポキシカロテノイドの解裂反応により C_{15} 化合物であるザントキシンが生成される．この酵素反応が，ABA生合成の律速段階である．その後，細胞質内の2段階の酵素反応によりアブシシンアルデヒドを経てABAが生合成される．カロテノイドの生合成に欠陥をもつ突然変異体はABAを欠損するが，同時に色素の欠損によるアルビノなどの多面的な表現型を示す．これに対し，カロテノイドの解裂反応以降に欠陥をもつ突然変異体は，ABAの生理作用に特異的な表現型を示す．ABAの8′位がシトクロムP450の働きにより水酸化され，続いてファゼイン酸，ジヒドロファゼイン酸へと変換されることで不活性化される．ABAは糖と結合した状態（配糖体）としても植物体内に存在し，それが加水分解されることで活性型のABAが遊離する．

● 受容と情報伝達

ABAは，その生合成酵素の組織分布から，乾燥に応答して維管束組織周辺の細胞で生合成されると考えられる．このことから，ABAが気孔の閉鎖を誘導するためには組織間を移動する必要があると考えられる．ABAの細胞外への排出，細胞内への取り込みに関与する輸送体（トランスポーター）が複数同定されている．孔辺細胞などの

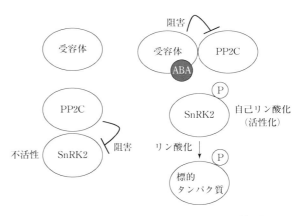

図2　ABAの受容と情報伝達の初期反応

ABAの作用部位となる細胞においては，細胞膜表面および細胞内にABAを受容認識する部位が存在する．PYR/PYL/RCARと呼ばれる可溶性（細胞内）の受容体が，これまでに知られているABAの生理作の多くに主要な働きをしている．PYR/PYL/RCARはABAと結合すると，一群のタンパク質脱リン酸化酵素（PP2C）と複合体を形成する．PP2CはABAの非存在下ではSnRK2と呼ばれるタンパク質リン酸化酵素の働きを抑制しているが，受容体とのABA依存的な複合体形成によりその抑制が解除される．これによりSnRK2は活性化され，気孔閉鎖に関与するチャネルタンパク質や遺伝子発現を制御する転写因子などの標的タンパク質のリン酸化を介してABA応答を引き起こす（図2）．PYR/PYL/RCARを標的としたABAアゴニストおよびABAアンタゴニストが開発されている．

［瀬尾光範］

ブラシノステロイド――植物ホルモン

　ステロイドホルモンは動物では重要なホルモンであることは昔から知られていたが，植物に存在するのかについては長い間わかっていなかった．植物からステロイドホルモンが発見されたのは，ブラシノライド（図1(c)）が1979年にアブラナの花粉から成長促進物質として単離されたことによる．ブラシノライドがステロイド化合物であったこと，さらには1億分の1gという微量でインゲンマメの組織切片の伸長と細胞分裂を顕著に促進したことから，大きな注目が集まった．また，生合成変異体の矮性エンドウを用いる伸長試験では10億分の1gでも明瞭な効果があることが確かめられた．1982年にブラシノライドの前駆体であるカスタステロン（図1(b)）が発見されたが，以後数多くの類縁ステロイドが発見されるに及び，これらステロイド類はブラシノステロイド（brassinosteroid：BR）と総称されるようになった．

●**生理作用**　BRの中で生理作用をもつ活性BRはカスタステロンとブラシノライドと考えられている．活性の強さは，ブラシノライドの方がカスタステロンより数倍高い．最も顕著な働きは細胞の伸長と肥大であり，この働きは同様な作用をもつジベレリンやオーキシンでは補完することができない．一方，細胞分裂，イネなどの葉身の展開や屈曲，発芽，木部分化，生殖成長，子実肥大などに重要な役割を果たしている．さらに，植物の受ける環境ストレス，すなわち病原菌感染，低温，高温，乾燥，塩害などに対する抵抗性を賦与することが知られている．また，多くの応用研究がなされた結果，BRには作物の増収効果があることが明らかとなった．現在，一部の国では合成化合物や天然抽出物が成長促進剤あるいは増収剤として使われている．

●**生合成**　動物のステロイドホルモンはコレステロールから合成される．植物では，コレステロールは希少であり，コレステロールに相当するステロイドはカンペステロールとシトステロールである．そのうち，カンペステロール（図1(a)）

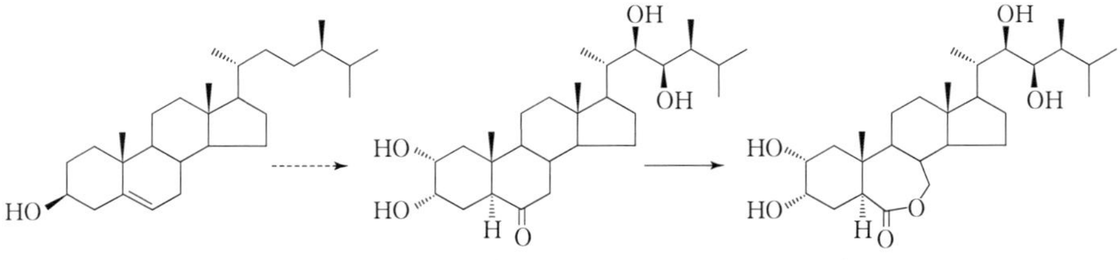

(a) カンペステロール　　(b) カスタステロン　　(c) ブラシノライド

図1　ブラシノステロイドの生合成

がさまざまな酵素によりカスタステロンに変換され最後にブラシノライドになる．

生合成は植物のあらゆる部分で起こるが，BRの合成量は茎葉より果実や花粉などの生殖器官の方が高い．茎葉においてはカスタステロンの含有量は組織1gにおよそ10億分の1g以下，またブラシノライドは検出されないことも多いが，100億分の1g以下である．なお，BRは合成部位からほとんど移動しないため，必要な部位で合成されその近傍で利用されると考えられる．

BRまたはカンペステロールの合成酵素に突然変異が起きると，BRが合成できないため植物は矮化（短小化）する．このような変異をもった作物として，半矮性で耐雪性をもつ倫令というソラマメの品種が知られている．また，受容体に変異が起こっても同様に矮化する．このような変異をもった作物として，半矮性の渦性オオムギがあるが，その子実が小さく麦飯として適していたため，日本で広く栽培されてきている．

●**受容と情報伝達**　活性BRのブラシノライドあるいはカスタステロンが結合する受容体タンパク質（BRI1）は植物の細胞膜を貫通している（図2）．受容体はリン酸化を増幅させるタンパク質（BAK1），情報伝達タンパク質（BSK1），および抑制タンパク質（BKI1）と複合体を構成している．活性BRがBRI1の細胞外の特定部位に結合するとBKI1が脱離し，次いでBRI1がBAK1との間の相互リン酸化により活性化する．その結果，活性化したBRI1はBSK1をリン酸化する．リン酸化BSK1は受容体複合体から放出され，情報伝達タンパク質のBSU1を活性化する．BSU1は情報伝達タンパク質のリン酸化BIN2を脱リン酸化することによって不活性化させる．すると，リン酸化BIN2の行っていた転写因子BZR1およびBES1（BZR2ともいう）のリン酸化に伴う不活性化が止まる．その結果，BZR1およびBES1が核内に十分量供給されて，おのおのに対応する標的遺伝子のプロモーターに結合して，BR特有の遺伝子発現が起こる．標的遺伝子には細胞伸長や生合成などに関係する多数の遺伝子が含まれる．

［横田孝雄］

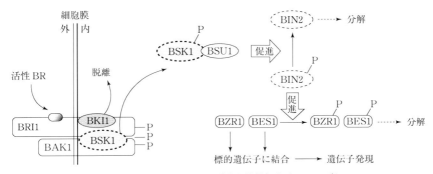

図2　ブラシノステロイドの受容と情報伝達（P：リン酸）

サリチル酸とジャスモン酸——植物ホルモン

●**サリチル酸** 植物に含まれるサリチル酸やサリチル酸塩の薬効は，約3500年前の古代エジプトにおいてすでに記述されており，紀元前400年頃にはヒポクラテスがポプラや柳の樹皮の抽出成分を解熱鎮痛剤として使用したことは有名である．その後，1830年代前後にようやく薬効成分として，サリチル酸の配糖体であるサリシンとサリチル酸が精製され，1852年に初めてサリチル酸が合成された．

植物におけるサリチル酸の生理作用は，老化，UVや低温応答，さらには植物ホルモンであるオーキシン，アブシシン酸やジャスモン酸シグナルの阻害など多様であるが，最も顕著な応答は寄生菌に対する疾病防御機構の活性化である．植物も哺乳動物と同様に自然免疫系を有しており，微生物を認識すると局部的にサリチル酸を生成し，pathogenesis-related（PR）タンパク質に代表される抗菌性物質を生合成することで寄生菌の感染を阻害する．さらに，感染葉においてはアゼライン酸や脂質輸送タンパク質に代表される全身性シグナル伝達物質を分泌し，非感染葉に病原菌の侵入を伝達する．本緊急シグナルの受容機作は不明であるが，認識後にサリチル酸が合成，蓄積し，二次的な防御機構を活性化することが知られており，これは全身獲得抵抗性と呼ばれている．

植物におけるサリチル酸生合成経路は2つ示されており，1つはシキミ酸経路上の重要化合物であるコリスミ酸からイソコリスミ酸を経て合成されるICS（isochorismate synthase）経路であり，もう1つはフェニルアラニンをPAL（phenylalanine ammonia lyase）が脱アミノ化して生成するケイ皮酸由来のPAL経路である．おのおのの合成経路を阻害すると，病原性微生物やUVに依存したサリチル酸合成が顕著に抑制されることから，ICSおよびPAL両経路がサリチル酸合成に寄与すると考えられている．

サリチル酸による疾病防御応答は，転写補助因子であるNPR1（nonexpressor of pathogenesis-related genes 1）および転写因子であるTGAやWRKYファミリータンパク質によって誘導される．シロイヌナズナにおいて，NPR1はサリチル酸依存的な遺伝子発現の99％以上を直接制御し，その突然変異体は寄生菌に対する病害抵抗性を完全に失う．一方，サリチル酸によりNPR1が活性化すると，ジャスモン酸シグナル伝達経路が抑制され，腐生菌の感染や虫害被害が増大する．

●**ジャスモン酸** ジャスモン酸のメチルエステルであるジャスモン酸メチルは，1962年にE. ディモール（E. Demole）らによりジャスミン油の香気成分として同定され，1971年にはD. C. オルドリッジ（D. C. Aldridge）らが，植物病原菌

である *Lasiodiplodia theobromae* から植物の成長阻害物質としてジャスモン酸を単離した．1992年に，植物内生のジャスモン酸が病原菌認識に伴い蓄積し，疾病防御応答機構を活性化することが明らかになった．ジャスモン酸およびその類縁化合物は，ジャスモン酸シグナル伝達経路を活性化し，抗菌性タンパク質であるディフェンシンなどの合成を誘導する．特に腐生菌に対する防御応答の活性化に必須であるが，一方でサリチル酸が誘導する寄生菌応答性の免疫機構を阻害することが知られている．また，傷害応答に寄与することも明らかになっており，葉が昆虫等に摂食されるとジャスモン酸が生成され，昆虫の消化器官や唾液に含まれる消化酵素を阻害するプロテアーゼインヒビターを合成する．その他，開花，花粉の成熟，葯の裂開や塊茎形成などを促進し，老化に伴うクロロフィルの分解（光合成の抑制）や落葉等器官離脱時の離層形成の誘導にも重要な役割を演じる．

被子植物におけるジャスモン酸はオクタデカノイド経路により合成される．葉に傷害等が生じると，脂質分解酵素（リパーゼ）の働きにより葉緑体等のプラスチド膜からトリ不飽和脂肪酸である α-リノレン酸が遊離し，引き続きリポキシゲナーゼ (LOX)，アレンオキシド合成酵素 (AOS) およびアレンオキシドシクラーゼ (AOC) の酵素活性によりジャスモン酸の前駆体である 12-オキソファイトジエン酸 (OPDA) が合成される．OPDA はペルオキシソームへ輸送され，OPDA 還元酵素 (OPR) により五員環の二重結合が還元され，β 酸化を 3 回経ることで (+)-7-*iso*-ジャスモン酸が生成される．最終的に同ジャスモン酸がアミド結合を受けて生じる (+)-7-*iso*-ジャスモン酸イソロイシン（ジャスモン酸イソロイシン）が強い生物活性を示すことが明らかになっている．

COI1 (coronatine-insensitive protein 1) は，ジャスモン酸イソロイシンを生体内で直接認識する F-box タンパク質であり，E3 ユビキチンリガーゼ複合体 SCF^{COI1} の構成因子である．当初には，*coi1* 変異体は病原菌 *Pseudomonas syringae* が分泌する植物毒素コロナチンの非感受性変異体として同定され，その後，同変異体ではジャスモン酸応答性遺伝子発現が強く抑制されることが示された．COI1 のリガンド結合ポケットにジャスモン酸イソロイシンが結合すると，ジャスモン酸シグナルのリプレッサーである JAZ (jasmonate ZIM-domain) が Jas 領域を介して同結合ポケット上に相互作用する．すなわち，SCF^{COI1} は，ジャスモン酸イソロイシン依存的に JAZ タンパク質のユビキチン化と 26S プロテアソームによる分解を誘導する．これにより，健常葉では JAZ タンパク質と相互作用することで機能抑制されている MYC2，MYC3 および MYC4 転写因子が，JAZ の分解により脱抑制され，ジャスモン酸応答性遺伝子群を発現誘導する．

ジャスモン酸誘導体であるプロヒドロジャスモンは，農薬登録されており，早生リンゴやブドウの着色成熟促進や，ミカンの浮皮軽減などの効果が確認されている． ［多田安臣］

ストリゴラクトン——植物ホルモン

　ストリゴラクトンは，もともとストライガやオロバンキなどの根寄生植物の種子発芽をきわめて低濃度で刺激する物質として，植物の根の滲出液中から発見された．1966年，アメリカのC. E. クック（C. E. Cook）らは，ワタの根滲出液中に見出されたストライガ種子の発芽刺激物質を単離し，ストリゴールと名付けた．その後，根寄生植物の種子に対する発芽刺激物質として，ストリゴール類似物質がササゲ，ソルガム，アカクローバーなどから単離され，化学構造が決定された．これらのストリゴール関連物質を総称してストリゴラクトンと呼ぶ．2005年には，ストリゴラクトンが陸上植物の養分吸収を助ける共生菌であるアーバスキュラー菌根菌の菌糸分岐を誘導する共生シグナルであることが明らかになった．アーバスキュラー菌根菌は80％以上の陸上植物と共生することが知られている．2008年，ストリゴラクトンはシロイヌナズナ，エンドウ，イネなどの地上部の枝分かれを抑制する内生ホルモンとして働くことが示された．以下に述べるように，その後の研究により，ストリゴラクトンのホルモンとしての機能は多岐にわたることが明らかになった．一般に，ストリゴラクトンは三環性の母核にメチルブテノライドがエノールエーテルを介して結合した基本骨格を有している．最も基本的なストリゴラクトンである5-デオキシストリゴールの化学構造を図1に示す．2015年現在，約20種の天然ストリゴラクトンが構造決定されており，その構造が置換基やその位置，立体化学において多様性に富むことが明らかになってきた．

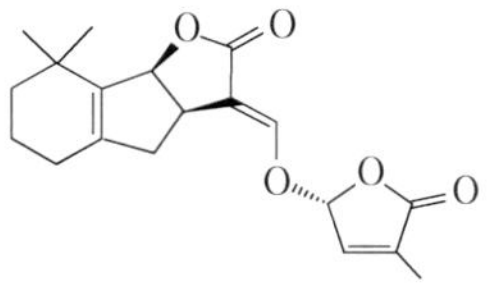

図1　(+)-5-デオキシストリゴール

●**生理作用**　ストリゴラクトンは腋芽の成長を抑制することにより，地上部の枝分かれを抑制する．ストリゴラクトン欠損変異体および非感受性変異体においては，枝分かれが過剰に形成される．ストリゴラクトンは根に対しても作用する．シロイヌナズナのストリゴラクトン欠損変異体は，主根が短くなる．このとき，ストリゴラクトンを処理すると表現型が回復することから，ストリゴラクトンが主根の成長を促進する働きをもつと考えられる．また，ストリゴラクトンは根毛の成長を促進する．一方，ストリゴラクトンは，シロイヌナズナの胚軸やエンドウの茎において不定根形成を抑制する．ストリゴラクトン欠損変異体では形成層の細胞分裂活性が低下しているが，ストリゴラクトン処理により回復する．このことから，ストリゴラクトンは茎の二次成長を正に制御していると考えられる．シロイヌナズナのストリゴラクトン非感受性変異体である *more axillary growth 2*（*max2*）変異体は，もともと葉の老化が遅延する

oresara9（*ore9*）変異体として発見された．その後の研究により，ストリゴラクトンはシロイヌナズナやイネの葉の老化を正に制御していることが示された．

●**生合成**　ストリゴラクトンはカロテノイドに由来するテルペノイド化合物である．ストリゴラクトンの生合成経路は，生合成変異体の原因遺伝子がコードするタンパク質の酵素機能を生化学的に解析することより明らかにされた．まず，all-*trans*-β-カロテンが可逆的な異性化酵素である DWARF27（D27）によって 9-*cis*-β-カロテンに変換される．9-*cis*-β-カロテンは 2 つのカロテノイド酸化開裂酵素（CCD）により順次触媒される．その第 1 段階は CCD7 による 9-*cis*-β-アポ-10′-カロテナールへの変換である．次に 9-*cis*-β-アポ-10′-カロテナールは，CCD8 によってカーラクトンに変換される．シロイヌナズナにおいてカーラクトンは，シトクロム P450 一原子酸素添加酵素である MAX1（CYP711A1）による 3 段階の酸化を受け，カーラクトン酸に変換される．イネの MAX1 ホモログの 1 つはより多機能な酵素であり，カーラクトンをストリゴラクトン（*ent*-2′-*epi*-5-デオキシストリゴール）に一気に変換する．

●**受容と情報伝達**　遺伝学的な解析から，ストリゴラクトンの受容と初期の情報伝達にかかわる因子が得られている．イネの *d3* と *d14* は劣性のストリゴラクトン非感受性変異体であり，枝分かれ（分げつ）が過剰に形成される．*D3* 遺伝子は F-box タンパク質を，*D14* 遺伝子は α/β-ヒドロラーゼファミリータンパク質をコードしている．一方，*d53* は優性のストリゴラクトン非感受性変異体である．*D53* 遺伝子は，Clp ATP アーゼとヒートショックタンパク質 101 と相同性をもつタンパク質をコードしている．D53 タンパク質は，ストリゴラクトン情報伝達の抑制因子（リプレッサー）として働くと考えられている．D14 タンパク質は受容体であり，ストリゴラクトンと直接結合する．D14 タンパク質は，ストリゴラクトン（関連化合物）との相互作用依存的に D53 タンパク質および D3 タンパク質と結合する（図 2）．複合体において D53 タンパク質はユビキチン化を受け，プロテアソームによって分解される．抑制因子である D53 タンパク質が分解されることにより，ストリゴラクトンの信号が伝達される．

［山口信次郎］

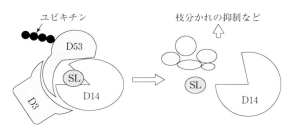

(a) SL 依存的な D14 と D53 および D14 と D3 との結合
(b) 抑制因子 D53 の分解

SL：ストリゴラクトンまたはストリゴラクトン関連化合物
D14：SL 受容体（α/β-ヒドロラーゼ）
D53：抑制因子（リプレッサー），D3：F-box タンパク質

図 2　ストリゴラクトンの予想される受容体複合体の模式図

ペプチドホルモン――植物ホルモン

　全長が100アミノ酸残基程度以下の小さいペプチドのうち，細胞外に分泌されるものを分泌型ペプチドという．さらに分泌型ペプチドの中で，種を超えて普遍的に存在しており，細胞間情報伝達分子として植物の成長や分化の制御に関与するものを総称してペプチドホルモンと呼ぶ．ペプチドホルモンは，特定の細胞から分泌された後に細胞と細胞の隙間であるアポプラストを通って拡散し，ターゲットとなる細胞の細胞膜に存在する受容体キナーゼに結合することによって情報伝達を行う．シロイヌナズナゲノムには機能未知の分泌型ペプチドをコードする遺伝子群がまだ多数存在していることから，さらなるペプチドホルモン探索も盛んに進められている．

●**ペプチドホルモンの生合成機構**　ペプチドホルモンは，まず前駆体であるプレプロペプチドとして全長が翻訳された後，N末端側のシグナル配列の働きにより分泌経路に入るが，この過程でさまざまな翻訳後修飾が行われて成熟型ペプチドと呼ばれる活性型となる．成熟型ペプチドには，構造的に大きく分けて2種類のタイプが知られている（図1）．1つは，プロリン残基の水酸化，チロシン残基の硫酸化，ヒドロキシプロリン残基へのアラビノース糖鎖付加などの翻訳後修飾を受けた後に，プロテアーゼによる限定分解（プロセシング）を受けて10から20アミノ酸残基程度となってから分泌されるタイプであり，短鎖翻訳後修飾ペプチドと呼ばれる．もう1つは，システイン残基同士が分子内ジスルフィド結合を形成した後に，軽微なプロセシングを経て40から80アミノ酸残基程度の比較的長鎖のまま分泌されるもので，システインリッチペプチドと呼ばれる．分子量が小さく拡散性の高い前者は，細胞間だけではなく器官間の長距離情報伝達にかかわることもある．

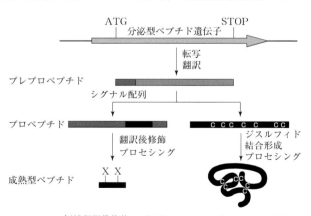

図1　ペプチドホルモンの生合成機構：翻訳されたプレプロペプチドはシグナル配列が切断されてプロペプチドとなり，さまざまな翻訳後修飾やプロセシングを経て成熟型ペプチドとなる

●ペプチドホルモンの受容機構　ペプチドホルモンは，受容体キナーゼと呼ばれる1回膜貫通型の細胞膜局在タンパク質群によって受容される．受容体キナーゼは，600から1000アミノ酸残基程度の比較的大きなタンパク質であり，C末端側の約350アミノ酸残基のキナーゼ領域が細胞内に，残りのN末端側領域が細胞外に出た構造をしている．シロイヌナズナには受容体キナーゼが610個見出されているが，細胞外領域にロイシン残基に富んだ繰り返し構造をもつロイシンリッチリピート受容体キナーゼ（LRR-RK）が最大のファミリー（216個）を形成している．これまでにペプチドホルモンと直接結合できる受容体として同定されたもののほとんどは，このLRR-RKのグループに属する．

●主なペプチドホルモン：短鎖翻訳後修飾ペプチド

Phytosulfokine（PSK）：PSKは，細胞増殖促進効果を指標にした生物検定によって，植物細胞培養液の中に見出されたチロシン硫酸化ペプチドである．PSKは，植物体中では分裂組織を含めさまざまな組織において発現しており，細胞分裂，細胞伸長，傷害組織の修復，老化の抑制，病害応答など，多面的な働きをしている．LRR-RKの1つであるPSKRがPSKの受容体である．

CLAVATA3（CLV3）：*CLV3*は，茎頂分裂組織に未分化な幹細胞群が過剰に蓄積する変異株の解析から見出されたペプチドホルモン遺伝子であり，成熟型ペプチドはアラビノース糖鎖修飾を受けている．CLV3は茎頂分裂組織の中心部の外衣と呼ばれる細胞層でのみ発現しており，LRR-RKであるCLV1およびBAM1が受容体としてCLV3を認識している．受容体が活性化されると，その下流に存在し未分化な幹細胞群の増殖を促進する*WUSCHEL*（*WUS*）遺伝子の発現が抑えられるため，分裂組織のサイズが小さくなる方向に制御される．一方，*WUS*の働きが弱くなると何らかの細胞間シグナルによって*CLV3*の発現も抑えられ，*WUS*は抑制から解除される．このフィードバックループにより，茎頂分裂組織のサイズが一定の大きさに保たれている．

Tracheary element differentiation inhibitory factor（TDIF）：TDIFは，葉肉細胞の仮道管細胞への分化を抑制する因子として，細胞培養液から精製されたペプチドである．植物体内では，TDIFは主に篩部細胞で発現しており，LRR-RKであるTDRによる受容を経て，前形成層細胞の自己複製の促進と木部への分化の抑制を行っている．TDIFは，上に述べたCLV3のホモログであり，次に述べるCLE（CLAVATA3/ESR-related）ペプチドと呼ばれる大きなファミリーに属する．

CLEファミリーペプチド：CLE1，CLE3，CLE4およびCLE7の一群は，低窒素条件になると根の内鞘細胞で発現誘導され，師部伴細胞で発現する受容体CLV1を介して，側根伸長を抑える．CLE8は，胚乳と胚で発現しており，正常な種子の形成に関与している．CLE40は根端の根冠細胞で発現しており，根冠をつくる幹細胞の増殖と分化のバランスを調節している．CLE41とCLE44は，

上で述べたTDIFと同一分子である．CLE45は高温になると柱頭および花柱で発現上昇し，LRR-RKであるSKM1を介して受粉時に花粉管の伸長を助ける．また，CLE45はLRR-RKであるBAM3を介して根における原生師部の形成にもかかわっている．イネのCLEペプチドの1つFON2は，花芽分裂組織特異的に増殖と分化のバランスを制御している．ミヤコグサの根の根粒で発現が誘導されるLjCLE-RS1およびLjCLE-RS2は，道管を通って葉でLRR-RKであるHAR1に認識され，サイトカイニンの生合成を促進して，根粒の数が根全体として必要以上に増えすぎないように調節している．

INFLORESCENCE DEFICIENT IN ABSCISSION（IDA）：*IDA*遺伝子は，器官脱離に着目した変異株スクリーニングによって見出された．*IDA*欠損株の花器官では，花弁，顎片，雄蕊などの脱離が起こらない．構造的特徴から*IDA*遺伝子産物は短鎖翻訳後修飾ペプチドである可能性が高く，分泌された短鎖のIDAペプチドが離層形成を促し，器官脱離を促進していると考えられている．遺伝学的解析から，IDAの受容体はLRR-RKであるHAESAと推定されている．

Root meristem growth factor（RGF）：RGFは，チロシン硫酸化酵素欠損株の根がきわめて短いことに着目して，その表現型を回復させる硫酸化ペプチドの探索によって見出された．RGFは，根端の静止中心細胞やコルメラ細胞で特異的に発現しており，根端分裂組織の正常な形成に必要である．RGFは根端で発現するLRR-RKであるRGFRに受容される．分泌されたRGFは，分泌拡散して濃度勾配を形成し，このパターンに従って根形成のマスター転写因子であるPLETHORAが発現して，根端における幹細胞領域と細胞分裂領域が決定されている．

C-terminally encoded peptide（CEP）：短鎖翻訳後修飾ペプチドホルモンは，多くの場合機能的に重複したファミリーを形成しているが，分子進化の選択圧のためか，配列が保存されているのは成熟型ペプチドに相当する領域のみという特徴を示す．CEPは，こうした特徴をもつペプチドファミリーの探索によって見出された短鎖翻訳後修飾ペプチドである．CEPは土壌中の窒素栄養が欠乏すると根の側根基部で発現誘導され，道管を通って葉に運ばれてLRR-RKであるCEPRに受容される．これにより二次シグナルがつくられて師管を通って再び根に運ばれ，硝酸取り込み輸送体の発現量を上昇させる．この仕組みによって，植物は片側の根が窒素欠乏になったときに，もう片方の根で不足分を余分に取り込んでいる．この応答を，全身的窒素要求シグナリングという．

●主なペプチドホルモン：システインリッチペプチド

EPIDERMAL PATTERNING FACTOR（EPF）：*EPF1*は，150アミノ酸以下の分泌型ペプチドをコードする遺伝子群の中で，過剰発現させると気孔の数が減少するものを探すスクリーニングにより見出された遺伝子である．*EPF1*はシステインリッチペプチドをコードしており，メリステモイドや孔辺母細胞で特異的

に発現して，周囲の細胞の気孔への分化を抑制する．この働きによって，気孔が一定の間隔を保って形成されるように制御されている．*EPF1*は，ロイシンリッチリピート型受容様タンパク質（LRR-RLP）である TMM と LRR-RK である ERECTA からなる受容体複合体によって認識される．

LURE：LURE は，被子胚嚢内部の卵細胞の隣にある助細胞のトランスクリプトーム解析と，花粉管花粉管誘引活性試験によって見つけられたシステインリッチペプチドである．被子植物では，花粉が柱頭乳頭細胞で発芽した後，花粉管が雌蕊組織内を胚嚢に向けて伸長し受精が行われるが，伸長した花粉管が正しく胚嚢へ到達するためには，花粉管の伸長方向を決定するガイダンス機構が必要である．このガイダンスには複数のステップがあるが，LURE は最終段階である胚嚢への進入の段階にかかわっている．

Stomagen：Stomagen は，気孔分化誘導因子として，シロイヌナズナの遺伝子発現データベースを用いた気孔分化関連遺伝子群との共発現遺伝子解析や，分泌型ペプチド遺伝子群の網羅的な過剰発現スクリーニングによって同定されたシステインリッチペプチドである．Stomagen は，主として未熟な葉の葉肉細胞で発現しており，隣接する表皮細胞に作用して気孔分化を誘導する．Stomagen と上で述べた EPF1 が拮抗的に受容体である TMM に作用して，気孔密度が調節されている．

EGG CELL 1（EC1）：被子植物の重複受精では，2 つの精細胞のうち 1 つが卵細胞と，もう 1 つが中央細胞と融合して，前者は胚，後者は胚乳になる．卵細胞特異的な発現を示す遺伝子の解析の中で見出された EC1 は，この多精受精を防ぎつつ細胞融合を行う過程に必要なシステインリッチペプチドである．EC1 は卵細胞の貯蔵小胞中に蓄積されており，精細胞が卵細胞に接近すると外に放出されて精細胞を活性化し，精細胞の表面への膜融合誘起タンパク質を誘導する．こうして活性化された精細胞だけが卵細胞と融合するので，それ以上の多精受精は回避される．

Rapid alkalinization factor（RALF）：RALF は，*in vitro* でプロトン ATPase を介した細胞へのプロトン流入を引き起こし培地のアルカリ化を誘導する因子として単離されたペプチドであり，分子内に 4 個のシステイン残基が存在する．RALF は根の成熟した領域において発現しており，受容体キナーゼ FERONIA を介して細胞膜に存在するプロトンポンプの機能を阻害することで，根の成熟領域における細胞伸長を抑制する．

［松林嘉克］

参考文献
[1] Matsubayashi, Y., "Posttranslationally modified small-peptide signals in plants", *Annu. Rev. Plant Biol.*, 65：385-413, 2014
[2] Marshall, E., *et al.*, "Cysteine-rich peptides (CRPs) mediate diverse aspects of cell-cell communication in plant reproduction and development", *J. Exp. Bot.*, 62：1677-1686, 2011

植物細胞

　植物も私たちと同じ細胞からできており，植物細胞を理解することにより植物という生き物の特性が明らかになってくる．まず，植物細胞の特徴について述べる．
　植物細胞は細胞壁，細胞膜，細胞質，および核からなる．細胞膜に囲まれた核以外の部分を細胞質といい，多種の細胞小器官と細胞質基質（サイトゾル）から構成される．

●**細胞壁**　植物細胞の特徴として第一にあげられるのは，細胞の外側に位置する細胞壁の存在である．植物細胞は堅固な細胞壁に囲まれているため，細胞の移動が困難である．私たち動物においては，その発生，分化において，細胞の移動が重要な役割を果たしていることがわかってきているが，植物は細胞壁により移動できないため，発生，分化の様式を大きく異にしている．細胞壁は，単に細胞の形態保持のみに働くのではなく，植物の生活環において，各種情報伝達や微生物との相互作用など，重要な役割を果たしていることが知られている．

●**色素体**　植物細胞の特徴として次にあげる細胞小器官は，色素体である．植物は無機化合物だけを炭素源とし，光をエネルギー源として生育する独立栄養生物であり，その基盤となる細胞小器官が光合成を担う葉緑体である．色素体は植物の組織によって大きく機能分化し，葉緑体，アミノプラスト，クロモプラスト，白色体，エチオプラストなどに分類される．植物は根をはっており，生活場所を限定されているため，生育環境の変化に対して巧妙に応答している．また，その環境変化を生存のシグナルとして利用し，開花，結実などの重要な生活環を環境によって制御している．
　発芽に伴う子葉の緑化，秋にみられる紅葉などでは，光や温度などを要因に，植物体内の細胞小器官が大きく変化している．この色の違いを反映しているのは色素体であり，緑化においてはエチオプラストから葉緑体へ，また紅葉では葉緑体からクロモプラストへのオルガネラの機能分化が生じる．子葉の緑化過程では，この機能分化は色素体のみならず，ペルオキシソーム，ミトコンドリアにも生じ，緑化とともにペルオキシソームは光呼吸のグリコール酸代謝を担う緑葉ペルオキシソームに分化するとともに，ミトコンドリアも光呼吸に関与するグリシンの脱炭酸系を発達させる．

●**液胞**　一方，液胞の存在も植物細胞に特徴を与えている．液胞は，植物細胞の中の最大の細胞小器官であり，細胞の体積の大半を占めることがある．単離した植物裸細胞（プロトプラスト）と，単離した液胞は，ほぼ同程度の大きさを示し

ている．この液胞の存在により，植物細胞は，通常動物細胞より大きく，細胞の表面積も大きくなるため，細胞外と情報のやりとりがより効率的にできるなどの利点をもつ．また，液胞は単なる二次代謝産物の蓄積場所のみでなく，植物細胞の分解の場として機能している．細胞の中で，合成系と分解系は細胞内局在を異にする細胞内区画化（コンパートメンテーション）により，合成・分解という両代謝系の調節を行っている．液胞も単に分解の場というのみではなく，ウイルス感染におけるプログラム細胞死などに重要な役割を果たしている．また，液胞の機能は植物の生活環で大きく変化して

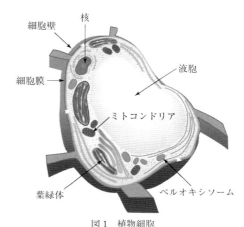

図1　植物細胞
[出典：「植物オルガネラデータベース3」より植物オルガネラワールド．http://podb.nibb.ac.jp/Organellome/PODBworld/index.html より抜粋]

いる．種子の中には種子貯蔵タンパク質を多量に蓄積するプロテインボディと呼ばれるオルガネラが存在し，発芽とともにプロテインボディは相互に融合し液胞となっていく．プロテインボディは種子に特異的な液胞の一種であり，貯蔵タンパク質を蓄積することからタンパク質蓄積型液胞とも呼ばれる．一方，発芽時の液胞は，貯蔵タンパク質を分解し，成長に必要なアミノ酸などを供給する役割をもつのでタンパク質分解型液胞と呼ばれる．種子の発芽時には，タンパク質蓄積型からタンパク質分解型へと，液胞の機能分化が生じることとなる．こうしたオルガネラの機能分化が，植物細胞の柔軟性の基盤となるとともに，植物の精緻な環境応答系につながっている．

●**細胞小器官の直接的接着**　細胞小器官を，可視化した，生きたままの細胞内で動きを調べると，これら細胞小器官は，細胞内で原形質運動により大きく動いていることがわかってきている．強光下における核，葉緑体の逃避行動などが報告されている．また，これら細胞小器官が相互に接着して，その機能を果たしていることも明らかにされつつある．光合成組織では，光照射により葉緑体とペルオキシソーム，ミトコンドリアの接着が生じ，また，貯蔵組織では，貯蔵脂肪を蓄積しているオイルボディとペルオキシソームの接着が生じて貯蔵脂肪の分解を担っている．植物細胞小器官の物質のやりとりは，こうした物理的な接着を含んだ細胞の動態に支えられているといえる．植物細胞は環境に応答し，オルガネラの機能分化とともにその数を増減させる．さらに，それら細胞小器官間の直接的な相互作用が，植物の細胞の動的な環境応答系の基盤となっている．　　［西村幹夫］

液　胞——植物細胞

　液胞は，葉緑体，ミトコンドリアなどに比べて大きな容積をもつ．細胞分裂後に小胞体・ゴルジ装置を経て形成される小さな液胞は，細胞の成長とともに互いに融合して大きな中心液胞へと発達していく．その中には，マグネシウム，カルシウムなどの無機イオン，クエン酸やリンゴ酸などの有機酸，スクロースなどの糖，アントシアニンなどの天然化合物など多様な溶質を高い濃度で含んでいる（図1）．液胞は，植物細胞の大きな容積を満たし，その高い溶質濃度は細胞の膨圧を支えている．成熟細胞では容積の約95％を液胞が占めている．液胞の生理的な役割として，物質集積，細胞容積充填，高分子リサイクル，無機イオンと低分子有機化合物の恒常性維持などの機能をあげることができる．

●**液胞の機能**　液胞の形状，集積する物質などは細胞によって異なり，細胞の特徴を示す重要な要素でもある．花弁表皮細胞の液胞がアントシアニンを集積する．種子などの貯蔵タンパク質は，液胞の特殊形態であるタンパク質顆粒に蓄積されている．キャッサバ塊根に含まれるシアン配糖体，柿の渋成分であるタンニンなどは液胞に蓄積されており，食害病原体の侵入を受けると細胞が破壊されて液胞からこれらの成分が放出され，植物を護る役割をしている．また，液胞に蓄積さ

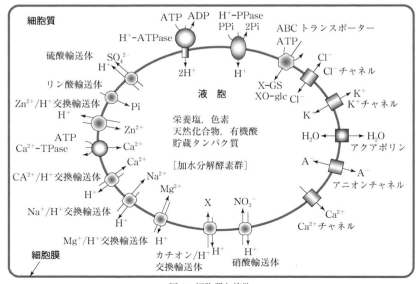

図1　細胞質と液胞

れている成分，例えばコカイン，モルフィン，クルクミン（ウコン），テアニン（チャ），カフェイン（コーヒー）は，薬あるいは嗜好品成分として利用されている．貯水機能も液胞の大きな役割である．

　動物細胞の100倍以上の大きさをもつ植物細胞がその機能を維持できるのは，液胞に依存している面が大きい．解糖系，タンパク質合成，核酸代謝などほとんどの代謝は細胞質で営まれている．液胞がなければ，それらの反応に必要な素材やエネルギー源となるATP濃度を保つためには，細胞は10倍量の素材とATPを供給しなければならない．細胞は大きいけれど細胞質の容積を小さく保つことが，液胞の細胞容積充填機能である．液胞内に多様な溶質が高濃度集積することで，液胞の浸透圧が高く維持され吸水の駆動力となり，細胞の高い膨圧を維持している．

●**溶質の液胞への輸送**　多様な溶質を液胞に輸送するためには，基質特異性をもつ輸送装置が液胞膜に必要である．例えば，カルシウムは細胞質濃度が約100 nMであるのに対して，液胞内濃度は数mMと1万倍の濃度差がある．エネルギーの供給とイオン輸送が共役することで，溶質を濃度差に逆らって液胞内に輸送することができる．カルシウムを能動輸送する分子として，Ca^{2+}-ATPaseとCa^{2+}/H^+交換輸送体がある．ATPの加水分解で得られるエネルギーを利用するのが前者，酸性の液胞内と中性の細胞質のH^+濃度差を利用するのが後者である．ナトリウム，亜鉛なども同様に，H^+濃度勾配を利用する$K^+(Na^+)/H^+$交換輸送体，Zn^{2+}/H^+交換輸送体によって液胞内に取り込まれている．亜鉛は微量必須元素であり，Zn^{2+}/H^+交換輸送体は細胞質に一定濃度の亜鉛を残して過剰分のみを液胞に輸送する機構を備えている．そして，細胞質での亜鉛やカルシウムの需要に合わせて液胞から供給する．これがイオン恒常性への貢献である．

　液胞膜にはH^+濃度勾配を利用する多様なイオン輸送体が備わっている．そして，液胞型H^+-ATPaseとH^+-ピロホスファターゼ（H^+-PPase）が液胞酸性化を担っている．2つはプロトンポンプと呼ばれ，前者はATP，後者はピロリン酸を基質として利用してH^+を能動輸送し，液胞内pHを6前後に維持している．ピロリン酸はタンパク質，核酸，セルロースなどの高分子を合成する際に生成する代謝副産物であり，H^+-PPaseはこれを利用して液胞の酸性化に寄与している．酸性度の高いレモン果実では液胞内pH2となっているが，主としてH^+-ATPaseの働きによる．

　液胞内が酸性であることは，プロテアーゼ，ヌクレアーゼなどの加水分解酵素群が機能するための条件でもある．これらの酵素は，細胞内の不要となった高分子をアミノ酸やヌクレオチドへと分解し，再利用に供している．一般に，オートファジー（自食作用）と呼ばれる機構で取り囲まれた成分はオートファゴソームとなり，液胞と融合し分解作用を受ける．このように液胞は，植物細胞の大きさを支え，恒常性を維持し，細胞を特徴づけている．　　　　　　　　　　　［前島正義］

小胞体——植物細胞

小胞体（endoplasmic reticulum：ER）は一重の生体膜に囲まれた細胞小器官であり，真核細胞で最大の表面積を有する．小胞体の発見は一般的には1940年代の動物細胞を用いた電子顕微鏡観察の報告とされているが，この報告者らは発見した構造体がすでに光学顕微鏡で植物細胞内に観察されていたkinoplasmと呼ばれる構造体と相同である可能性を指摘している．現在，kinoplasmという名称は使われていないが，小胞体の最初の発見は植物細胞における観察だった可能性が示唆される．

小胞体は細胞質全体に網目状に広がった構造をしており，扁平な袋状のシート構造と枝分かれした管状のチューブ構造が複雑なネットワークを形成している（図1）．また，小胞体は核外膜と連続していることから，核膜は特殊化した小胞体の一部と捉えることができる．植物細胞は互いに原形質連絡でつながっているが，小胞体も原形質連絡のデスモ小管を介して隣接する細胞の小胞体と連続していると考えられている．

●**物質合成の場としての小胞体**　小胞体の主要な機能の1つとしてタンパク質の生合成があげられる．小胞体は，タンパク質合成装置であるリボソームが小胞体膜上に付着した粗面小胞体と，付着していない滑面小胞体に区別することができる．粗面小胞体はシート構造をとることが多く，滑面小胞体はチューブ構造をとることが多い．リボソームの有無によって比重が異なるため，両者は密度勾配遠心法により分離することができる．小胞体で合成されたタンパク質はゴルジ体を経由して細胞外へ分泌されたり，液胞に運ばれたりする．小胞体に留まるタンパク質のカルボキシル末端にはKDEL配列などの小胞体局在化シグナルがみられる．

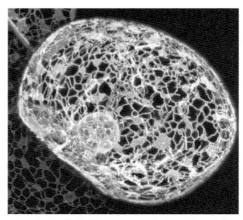

図1　タバコ培養細胞BY-2の小胞体の三次元立体画像：小胞体局在化シグナルを付加した緑色蛍光タンパク質GFPを発現するBY-2細胞を共晶点レーザー顕微鏡で撮影し，三次元立体構造を再構築した画像．植物細胞の大部分は液胞で占められているため，小胞体は細胞の周縁部に存在する．小胞体はシート構造とチューブ構造の複雑なネットワークを構成している．細胞核が球形の構造体として観察される［提供：上田晴子］

小胞体の別の機能として脂質や二次代謝産物などの合成があげられる．花や果実などの色素であるアントシアニンは，小胞体膜上のサイトゾル側に存在するメタボロンと呼ばれる酵素複合体によって代謝される．さまざまな二次代謝産物の代謝にかかわる酵素シトクロム P450 の多くは膜貫通領域をもち，小胞体膜上に存在することが知られている．また，小胞体は生体膜を構成するリン脂質やコレステロールなど大部分の脂質の生合成に関与する．このため小胞体はミトコンドリアや細胞膜などさまざまな細胞小器官と接着しており，脂質分子の交換を行っていると考えられている．種子や果実の細胞には小胞体由来の細胞小器官であるオイルボディが大量に存在する．オイルボディの内部には中性脂肪であるトリアシルグリセロールが貯蔵されており，サラダ油やオリーブオイルとして利用される．トリアシルグリセロールは，はじめ小胞体膜上で合成され小胞体膜の脂質二重層中に蓄積しオイルボディとなる．

●**物質蓄積の場としての小胞体**　小胞体は物質合成の場としてだけでなく，物質蓄積の場としても利用されている．種子には大量の貯蔵タンパク質が蓄えられている．多くの貯蔵タンパク質は液胞に由来するタンパク質蓄積型液胞に蓄積しているが，小胞体に由来する構造体に蓄積する貯蔵タンパク質も知られている．トウモロコシやイネの種子の胚乳細胞にはプロテインボディと呼ばれる小胞体由来の球状の構造体が大量に存在している．プロテインボディの内部には種子貯蔵タンパク質が大量に蓄積しており，発芽後の窒素源となる．また，シロイヌナズナなどアブラナ科の植物の根の細胞には，小胞体の一部が膨れた小胞体ボディ（または dilated cisternae）が存在する．小胞体ボディの内部にはグルコシダーゼという酵素が蓄積している．このグルコシダーゼのカルボキシル末端には小胞体局在化シグナルがみられる．小胞体ボディ内のグルコシダーゼはアブラナ科植物に特徴的な二次代謝産物であるカラシ油配糖体（グルコシノレート）を代謝し生体防御に機能していると考えられている．

●**原形質流動と小胞体**　原形質流動は細胞小器官を含む植物細胞の内部が流れるように動く現象である．流動の原動力はモータータンパク質ミオシンが細胞骨格のアクチン繊維上を ATP のエネルギーを利用して移動することであると考えられている．最近，シロイヌナズナを用いた解析により，小胞体に結合するミオシンの変異体では原形質流動が著しく阻害されるようすが観察された．このことから，小胞体がさまざまな細胞小器官を巻き込みながら流動する現象が原形質流動の実体であることが示唆されている．

［嶋田知生］

ペルオキシソーム――植物細胞

　ペルオキシソームは一重の単位膜で囲まれた直径 0.2〜1.5 μm のほぼ球状の細胞内小器官である（図1(a)）．内部にタンパク質性の結晶状構造をもつこともある．少し古い文献ではミクロボディと記述されている．ペルオキシソームは広く真核細胞に普遍的に存在し，独自の DNA をもたない，密度が $1.21〜1.25\,g/cm^3$ である，過酸化水素を生成する一群の酸化酵素と発生した過酸化水素を分解するカタラーゼを含む，などの共通な特徴をもっている．植物細胞のペルオキシソームはこうした共通点に加えて植物の成長や環境適応に欠かすことのできない役割を果たしている．

●ペルオキシソームの機能

　種子植物のペルオキシソームは細胞の種類や状態によってその生理機能が大きく異なる．特に際だった生理機能を果たしているペルオキシソームをグリオキシソームや緑葉ペルオキシソームと呼ぶ．グリオキシソームは種子発芽中の黄化子葉や胚乳，老化葉などの細胞に存在する．脂肪酸 β 酸化系やグリオキシル酸回路をもち，種子の貯蔵脂肪や老化葉に残存する脂質などから糖新生を行う．

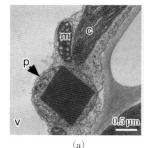 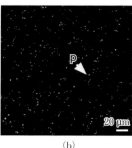

図1　タバコ緑葉の電子顕微鏡像(a)および GFP-PTS1 を発現する遺伝子組換えシロイヌナズナ緑葉の蛍光顕微鏡像(b)：矢印は1つのペルオキシソームを示す．(b)の白い点は，GFP による緑色蛍光である（p：ペルオキシソーム，c：葉緑体，m：ミトコンドリア，v：液胞）

一方，緑葉ペルオキシソームは光合成組織に存在し，光呼吸に必要なグリコール酸代謝の一部を担っている（「光呼吸」参照）．これらの他にも，ジャスモン酸やインドール酢酸などの植物ホルモンの代謝，分岐アミノ酸の分解，ポリアミン代謝，根粒細胞におけるウレイド代謝，病原菌抵抗性，光形態形成，種子形成などにも関与する．植物ペルオキシソームの特徴の1つに機能の可塑性があげられる．例えば，発芽直後の黄化子葉が光合成能を獲得する過程では，細胞内の一つひとつのグリオキシソームが直接緑葉ペルオキシソームへと機能を変える．緑化子葉や本葉が老化・枯死する過程では，逆に緑葉ペルオキシソームからグリオキシソームへ機能が変化する．このような柔軟な機能の制御はタンパク質の細胞内輸送やペルオキシソームの維持管理機構などによって支えられている．

●ペルオキシソームタンパク質の細胞内輸送　ペルオキシソームタンパク質は細胞基質の遊離ポリリボソームで翻訳された後，ペルオキシソーム内へ輸送される．ペルオキシソームタンパク質には少なくとも PTS1 型タンパク質と PTS2 型タンパク質の 2 種類の異なったタイプが存在する．PTS1 型タンパク質のカルボキシ末端は特定の組合せからなる 3 つのアミノ酸配列（[Ala/Cys/Ser/Pro]-[Arg/His/Lys]-[Ile/Leu/Met]）で終わっている．この配列を PTS1（peroxisome targeting signal 1）と呼ぶ．一方，PTS2 型タンパク質はアミノ末端側に延長ペプチドを含む高分子量前駆体として翻訳される．延長ペプチド内部には PTS2 と呼ばれるアミノ酸配列（[Arg]-[Ala/Gln/Ile/Leu]-X5-[His]-[Ile/Leu/Phe]）が存在する．高分子量前駆体はペルオキシソーム内へ輸送された後に延長ペプチドの切断を受けて成熟型タンパク質となる．PTS1 配列や PTS2 を含む延長ペプチド配列は任意のタンパク質をペルオキシソームに局在化させる．図 1(b) は，オワンクラゲ緑色蛍光タンパク質（GFP）のカルボキシ末端に PTS1 を付加した融合タンパク質（GFP-PTS1）を発現する遺伝子組換えシロイヌナズナの蛍光顕微鏡像である．緑色に光る一つひとつの点が生きた植物細胞内のペルオキシソームに相当する．

　分子遺伝学的解析の進展によって，ペルオキシソームの形成や維持に必須な遺伝子の同定が進んだ．これらの遺伝子を *PEX* 遺伝子，遺伝子産物をペルオキシンと呼ぶ．これまでに多数のペルオキシンが単離されており，それらは PEX1，PEX2 などと番号によって区別される．これらの多くはペルオキシソームのタンパク質輸送に関与している．例えば，PEX5 と PEX7 は互いに結合して PTS1-PTS2 レセプターを構成している．PTS1 タンパク質や PTS2 タンパク質は細胞基質でこのレセプターによって捕捉された後，PEX14 を含む多数のペルオキシソーム膜局在型ペルオキシンの働きによってペルオキシソーム内へ輸送される．

●ペルオキシソームの維持管理機構　植物のペルオキシソームは機能の変化によって不要になったタンパク質や過酸化水素などによる酸化ストレスでダメージを受けたタンパク質を分解・排除する必要がある．これには，ペルオキシソーム自体の分裂や分解，ペルオキシソーム内部のタンパク質分解などが重要な役割を果たしている．ペルオキシソームは自律的に分裂する．分裂時には，ダイナミンと呼ばれる GTPase が集まり，ペルオキシソームを 2 つに分裂させる．一部のペルオキシソームは小胞体から新たに形成されるという意見もあるが，今のところはっきりした結論は得られていない．一方，酸化ストレスなどによってダメージを受けたペルオキシソームはオートファジーによって識別され，液胞に運ばれてペルオキシソームごと分解される．また，ペルオキシソーム内で不要になったタンパク質は LON2 プロテアーゼによって分解される．これらの仕組みによって常に高い活性をもつペルオキシソームが維持管理されている．　　　　　［林　誠］

ゴルジ体，膜交通——植物細胞

　真核細胞の内部には，異なる働きを有する細胞小器官（オルガネラ）が多数存在する．それぞれの細胞小器官には，その機能を発現するために必要な特異的なタンパク質のセットが局在している．細胞小器官の間では，膜に囲まれた小胞や小管を介して物質のやりとりが盛んに行われている（図1）．この仕組みは，以前は小胞輸送と呼ばれていたが，膜小胞（輸送小胞）によらない細胞小器官間の輸送経路が存在することや，ある細胞小器官が別の細胞小器官へと段階的に性質を変える成熟と呼ばれる現象が存在することが明らかにされたことにより，現在はより一般的な膜交通という言葉があてられている．

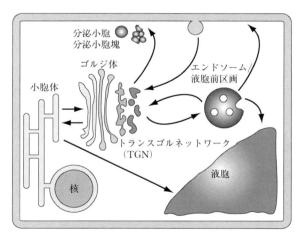

図1　植物の膜交通経路の模式図

●**ゴルジ体**　ゴルジ体は，C. ゴルジ（C. Golgi）により発見された細胞小器官で，植物を含むほぼすべての真核生物に存在し，小胞体で合成されたタンパク質を受け取り，次の目的地（エンドソームや液胞，細胞膜など）へと送り出す，膜交通の中継地点として働いている．また，ゴルジ体はタンパク質に付加された糖鎖の修飾や，多糖類の合成の場でもある．植物の細胞壁の成分のうち，セルロース以外の多くのもの（ペクチンやヘミセルロースなど）が，ゴルジ体で合成されると考えられている．

　ゴルジ体は一般的に，槽と呼ばれる扁平な膜の袋が極性をもって層板状に重なった構造を有している．小胞体から送られてきたタンパク質を受け取る側をシ

ス側，次の目的地へとタンパク質を送り出す側をトランス側と呼ぶ．それぞれの槽には異なる酵素やその他のタンパク質が含まれており，糖鎖修飾や多糖合成の段階的な反応が順序よく進むようになっている．

●**植物細胞内の膜交通経路**　小胞体でつくられた分泌タンパク質や細胞膜タンパク質を，ゴルジ体を経由して細胞外または細胞膜へと輸送する膜交通経路を，エキソサイトーシス経路と呼ぶ．ゴルジ体トランス槽のさらに外側には，トランスゴルジネットワーク（TGN）と呼ばれる細胞小器官があり，ここから，分泌小胞や小胞がクラスター状に集合した分泌小胞塊を介して，細胞外や細胞膜への輸送が行われる．なお，エキソサイトーシスという言葉は，分泌小胞が細胞膜と融合して内容物を放出する現象（開口放出）を指して用いられることもある．

　一方，細胞外または細胞膜から細胞内へと物質を取り込む輸送を，エンドサイトーシスと呼ぶ．エンドサイトーシス経路で働く細胞小器官は，エンドソームと総称される．エンドサイトーシスで取り込まれたタンパク質のうち，一部は液胞へと運ばれ分解されるが，TGN やエンドソームから細胞膜へと戻されるものもある．オーキシンの極性輸送を担う PIN タンパク質や植物ホルモンの受容体，病原菌の認識にかかわるパターン認識受容体など，さまざまな生理機能にかかわるタンパク質群が，エキソサイトーシス経路とエンドサイトーシス経路が協調的に働くことにより，正しい細胞内局在を実現している．動物では，初期エンドソーム，後期エンドソーム，循環エンドソーム，TGN が別々の細胞小器官であるとされるが，植物では TGN が初期エンドソームや循環エンドソームとして働くことが知られている．また，植物には動物や菌類には存在しないエンドサイトーシスの制御機構が備わっていることも明らかにされつつある．

　上述の経路に加え，小胞体で合成したタンパク質をゴルジ体や TGN を経由して液胞へ輸送する経路も存在する．これを液胞輸送経路と呼ぶ．液胞輸送経路とエンドサイトーシス経路は，TGN またはエンドソームで合流すると考えられている．植物の液胞輸送経路には少なくとも3つの異なる経路が存在することが示されており，それぞれの輸送経路で異なるタンパク質が運ばれている．このような仕組みは動物では見つかっていないことから，植物では他の生物と比較し液胞輸送経路が多様化していると考えられる．また，植物にはゴルジ体を経由しない液胞輸送経路が存在することも報告されている．このような液胞輸送経路の多様性は，タンパク質や糖の貯蔵，膨圧の発生，空間充填など，植物の液胞が他の生物の液胞やリソソームにはない機能を有していることと関連していると考えられている．我々が日々摂取する植物性タンパク質には，大豆や米の主要なタンパク質を始め，液胞に貯蔵されているものが多く存在する．

［上田貴志］

葉緑体——植物細胞

　植物細胞内の葉緑体は，色素を含まない未分化な原色素体（プロプラスチド）が，光合成を行う組織において発達して生じる色素体（プラスチド）の一種である．色素体は外部環境やそれが含まれる細胞・組織に応じて姿を変える．根や貯蔵組織ではデンプンを蓄積したアミロプラスト，果実や花弁ではカロテノイドを蓄積して黄色や赤色となる有色体（クロモプラスト）となる．また被子植物を暗所で育てると，クロロフィルの前駆物質を大量に蓄積したエチオプラストとなる．葉緑体は，ミトコンドリアと同様に遺伝情報（ゲノム）をもつオルガネラであり，独立した生物であったシアノバクテリアの一種が10億～20億年前に宿主細胞内に入り込んで（細胞内共生して）生じたと考えられている．細胞内共生が成立する過程で，共生オルガネラがもっていたDNA情報の大部分は宿主細胞核に移動し，現在では例えばシロイヌナズナの葉緑体ゲノムには87個のタンパク質をコードする遺伝子が残っているだけである．葉緑体の機能に必要とされるタンパク質は3000種類以上と推定されているが，それらのほとんどは細胞核ゲノムにコードされた遺伝子が転写され，細胞質で翻訳された後，葉緑体に輸送されて働く．その圧倒的な遺伝情報量ゆえに，核が葉緑体やミトコンドリアの機能を一方的（順方向，アンテログレード調節）に制御（支配）するという印象を受けるし，実際に核遺伝子の突然変異によって葉緑体の発達不全を引き起こす例が多数報告されている．しかし，植物細胞にとって葉緑体は光合成や生合成反応，ミトコンドリアはエネルギー生産に必須であることからも，核とこれらオルガネラとの関係は単なる主従の関係ではなく，互いに機能を分担し，情報をやりとりして協調的に働いていると考えるべきだろう．

●**核と葉緑体のコミュニケーション**　核は構造や機能に必要なタンパク質を供給することで，光合成のみならず転写や翻訳，物質代謝など，葉緑体の働きを広く調節している．例えば，芽生えにおいて葉緑体が発達するのに合わせて葉緑体遺伝子の転写が開始されるが，当初の葉緑体にはまだ転写に必要な装置ができあがっていないため，細胞核にコードされたNEP型RNAポリメラーゼが葉緑体に送られて働く．これによって，葉緑体ゲノムにコードされた転写装置（PEP型RNAポリメラーゼ）ができてくるが，核はこのポリメラーゼに転写開始能を付与するシグマサブユニット（群）を送り込んで転写活性を調節していく．また別の例では，光合成電子伝達系および活性中心を構成する大型の複合体は，葉緑体コードのタンパク質と核にコードされたタンパク質が組み合わされてできている．このように，核による働きかけで葉緑体の機能が調節されているが，この調

節を円滑に進めるためにも葉緑体から核に対しての情報伝達が行われている．

●レトログレード調節

1970年代末頃に，葉緑体の発達を妨げると，核にある光合成関連遺伝子の転写が抑制される現象が見つかった．その後，葉緑体だけでなくミトコンドリアの不全も核遺伝子の転写制御を引き起こすことが見つかった．こうしたオルガネラから核へのフィードバック調節を逆方向の調節（レトログレード調節）と呼び，対応する何らかのシグナル（葉緑体の場合プラスチドシグナル）が存在すると考えられるようになった．そのシグナル伝達についてはまだ不明なことが多く，シロイヌナズナや藻類を使って現在でも盛んに研究がなされている．一例をあげると，葉緑体ではクロロフィルやヘムが複数の段階を経て合成されるが，その中間段階でできる分子（マグネシウムプロトポリフィリンIX（MgProtoIX）およびヘム）が，核にある光合成関連遺伝子の調節を行う．細胞内に葉緑体を1つしかもたない単細胞藻類では，葉緑体による核のレトログレード調節はより強くなる傾向がある．例として，単細胞緑藻クラミドモナスでは，レトログレード調節は葉緑体機能だけでなく，より広い細胞機能にかかわる核遺伝子の発現に影響を与えることがわかっている．単細胞紅藻シゾンでは，葉緑体で合成されるMgProtoIXの働きがさらに重要となり，細胞核のDNA複製開始の引き金にもなっている．この他にも，光合成電子伝達系の酸化還元バランスや葉緑体の転写翻訳不全，活性酸素種により生じるレトログレードシグナルも報告されている．強光や乾燥ストレスによって葉緑体内でつくられる代謝産物やその酸化物が，核にコードされたストレス応答性遺伝子の転写を調節している．また，葉緑体は植物ホルモンとして知られるアブシシン酸やサリチル酸の合成にもかかわっている．このように，葉緑体は単純な光合成や物資生産だけでなく，外部環境のセンサーとしても働くと考えられるようになっている．

［田中　寛・望月伸悦］

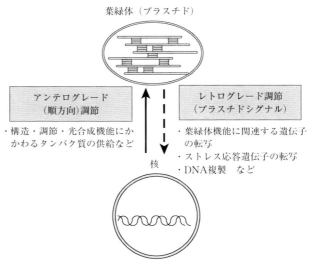

図1　核と葉緑体のコミュニケーション

ミトコンドリア──植物細胞

　ミトコンドリアは細胞呼吸（「呼吸」参照）を通して細胞のエネルギー通貨となるATP生産を行う真核生物に共通にみられる細胞内小器官である．ATP生産のほかにも，脂質代謝，アミノ酸代謝，核酸代謝，補酵素やFe-Sクラスターの合成など，多様な生化学反応を担っており，植物ではさらに，光呼吸（「光呼吸」参照）を始め，光合成に付随して引き起こされる細胞内の過剰還元に応答した酸化還元バランス維持等にも貢献している．また，動物のミトコンドリアではプログラム細胞死（アポトーシス）の過程で，その膜間からシトクロム c を細胞質に放出し細胞死実行因子であるカスパーゼなどを活性化させるなど，中心的な役割を果たすことが知られているが，植物では動物でみられる細胞死実行相同因子の多くが存在していないため，分子機構がかなり異なると考えられている．

●**細胞内共生と進化**　ミトコンドリアは，13～20億年前に α プロテオバクテリアに類する細菌が真核生物の祖先細胞内に取り込まれたことに由来すると考えられている（細胞内共生説）．このため，ミトコンドリアは内外二重の膜をもち，また細菌に似た特徴を多数受け継いでおり，独自のDNA（ミトコンドリアゲノム）を保持している．哺乳動物のミトコンドリアゲノムは16～18 kbの単一環状分子が多いが，陸上植物では約200 kb以上で，ナデシコ科マンテマ属では10 Mb以上と一般的な細菌ゲノム（数Mb）よりも大きいものも存在している．また，ミトコンドリアゲノムを構成するDNAは，その分子内もしくは分子間に存在する繰り返し配列を介して相同組換えが起こることが知られており，複数のDNA分子種を混在して保持するマルチパータイト構造をとる植物も複数報告されている．このように多様な種類のDNA分子によって構成される植物ミトコンドリアゲノムは，特に分化した細胞内では，各ミトコンドリアが必ずしも1ゲノム分のDNAを保持しているわけではなく，それぞれがゲノムの一部を保持して，複数のミトコンドリアが頻繁に融合と分裂を繰り返すことで遺伝情報や遺伝子産物を共有している．植物ミトコンドリアゲノムがコードしている遺伝子はせいぜい数十種類であるが，これらはファージ型のRNAポリメラーゼによって細菌ゲノムのようにポリシストロニックに（複数の遺伝子が一続きのmRNAとして）転写され，また，植物ではトランス-スプライシング（別個に転写されたRNA上のエクソン間がつながれる）やRNAエディティング（転写後，mRNA上の決まったシトシンがウラシルに変換される）が起こるなど，ユニークな特徴をもっている．植物ミトコンドリアを構成する2000～3000種類のタンパク質のうち大部分は核ゲノムにコードされており，これらは細胞質で翻訳された後，そのタンパク

質配列内に存在するミトコンドリア局在シグナルによって選別輸送され機能する。原生生物の中にはゲノムを完全に欠失したミトコンドリア相同器官（マイトソームやヒドロゲノソームの一部）をもつものが見つかっているが，これらは基本的に酸素呼吸能を失っている。

ミトコンドリアゲノム上には細胞質雄性不稔の原因遺伝子が存在し，これは多くの農作物種で効率的なハイブリッド F1 種子生産に利用されている。

●形態・動態　ミトコンドリアは直径 0.5～1 μm 程の粒

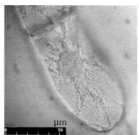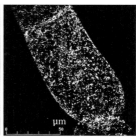

(a) タバコの細胞　　　(b) タバコ細胞のミトコンドリア

図1　タバコ培養細胞（BY-2）の全景(a)（微分干渉顕微鏡像）とそのミトコンドリア(b)（MitoTracker Orange 染色蛍光の共焦点レーザー顕微鏡像）

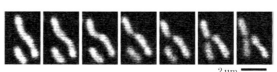

図2　ミトコンドリアの分裂と融合（10秒ごとの連続写真）

状，桿菌状，糸状，網状をしており，融合と分裂を繰り返しながら，その数と形を変化させる。陸上植物ミトコンドリアは一般的に粒状や桿菌状で数が多く，一つの細胞内に数百～数万個が存在する（図2）。個々のミトコンドリアは内外二重の膜に包まれており，内部マトリクス空間を囲む内膜上には，細胞呼吸の電子伝達系の複合体が含まれている。ミトコンドリアは動物細胞では一般的に微小管に沿って細胞内輸送されるが，高等植物ではアクチン-ミオシン系を用いており，後者のミトコンドリア移動速度は 1～10 μm/s と動物細胞のものより一桁ほど速い。

ミトコンドリアは分裂によって増殖する。紅藻，灰色藻，珪藻，細胞性粘菌などでは，ミトコンドリア祖先細菌に由来する細胞分裂因子 *FtsZ* の相同遺伝子が見つかっており，実際にミトコンドリア分裂に機能するが，緑色植物ではそのような細菌由来の分裂因子は見つかっていない。一方，真核生物で広く共通のミトコンドリア分裂因子であるダイナミン様タンパク質は，多量体の形成によりリング構造をつくり，ミトコンドリアを外膜の外側からくびりきる。この同じダイナミン様タンパク質分子はペルオキシソームの分裂にも寄与する。ミトコンドリアの融合現象については酵母や哺乳動物などで研究が進んでいるが，植物ではこれら生物種のミトコンドリア融合関連遺伝子の相同配列が見つかっておらず，植物独自の分子機構で融合を行っていると考えられる。　　　　　　　　［有村慎一］

細胞骨格系──植物細胞

　細胞内の細胞質基質部分は無構造な水溶液ではなく，さまざまなタンパク質がつくる繊維状の構造が張りめぐらされている．これらの繊維構造は細胞骨格と呼ばれ，細胞分裂，細胞の変形，細胞内運動，細胞小器官の分裂・変形・移動，物質の輸送など，細胞の基本的活動を維持するために必須の働きをしている．繊維構造は主に，微小管，アクチン繊維，中間径繊維からなるが，植物に中間径繊維があるのか，どのようなタンパク質がそれをつくるのかについては確定していない．

●**微小管の性質**　微小管は球状のチューブリン分子が重合して形成される外径約 25 nm, 内径約 15 nm の管状の繊維で，α-チューブリン分子と β-チューブリン分子のヘテロダイマーが同じ向きに直線状に並んだプロトフィラメント 13 本が側面同士で結合して管の壁をつくる（図 1(a)(b)）．微小管には極性があり，重合が起こりやすい端をプラス端，反対側をマイナス端と呼ぶ．チューブリンだけを含む溶液中でも細胞内でも，微小管は，伸長と伸長よりも数倍速い短縮とを繰り返す動的不安定性を示す．伸長から短縮への転換をカタストロフ，短縮から伸長への転換をレスキュー，見かけ上伸縮がない状態をポーズと呼ぶ．重合・脱重合の転換を自発的に起こす性質は細胞骨格繊維の中でも微小管に特徴的で，さまざまな微小管構造物のすみやかな構築・解体を可能にする基盤となっている．

●**微小管細胞骨格**　陸上植物の微小管細胞骨格は細胞周期の進行に伴って特徴的な構造物を次々に構築・解体する．間期には細胞膜直下を平行に走る表層微小管が細胞膜に存在するセルロース合成酵素複合体の動きをガイドし，細胞壁の最内層で合成されるセル

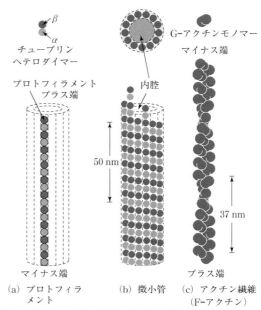

図 1　微小管とアクチン繊維の模式図［出典：Alberts, B. *et al*., *Essential cell biology* 2nd ed., Garland Sciene/Taylor & Francis Group, 2003］

(a) プロトフィラメント　(b) 微小管　(c) アクチン繊維（F-アクチン）

ロース微繊維の配列方向を制御することによって細胞の伸長方向の決定に関与する．分裂期が近づくと表層微小管は核を囲むように帯状に集合し，前期前微小管束がつくられる．その位置が将来の細胞分裂面と一致することが多いため分裂準備帯とも呼ばれる．染色体分配時には紡錘体がつくられ，続く細胞質分裂時には隔膜形成体がつくられる．隔膜形成体は内腔で細胞板を形成しながら分裂面の中央から遠心的に広がり，その中央側で微小管が脱重合，周縁側で新しく重合する．最終的に隔膜形成体は母細胞の細胞膜と融合して消失し，細胞板が母細胞の細胞壁と合体して2つの娘細胞を仕切る．娘細胞の表層微小管は核周辺および細胞板付近から重合する．このように植物の微小管細胞骨格は，細胞の分裂面や伸長方向の制御に直接かかわることにより，移動することのできない植物が環境に合わせて体の形を決定する過程において中心的な役割を果たしている．

　細胞内における微小管の存在状態や働きは，重合・脱重合，切断，束化，末端への結合，細胞膜や細胞小器官との結合などに関与するさまざまな微小管附随タンパク質によって制御され，その多くが動的不安定性に影響を与える．動物では，γ-チューブリンを含むリング状の複合体が存在する中心体から微小管が重合する．陸上植物の多くは典型的な中心体をもたず，γ-チューブリン複合体が細胞内のさまざまな場所で働くと考えられている．ATPを加水分解しながら微小管に沿ってすべることにより力を発生するモータータンパク質として，プラス端側へすべるキネシンとマイナス端側へすべるダイニンとがある．ゲノムが解読された陸上植物ではダイニン遺伝子はみつかっていないが，キネシン遺伝子は多様で，マイナス端側へすべる活性をもつキネシンの存在も報告されている．

●アクチン細胞骨格　アクチン繊維（F-アクチン）は球状のアクチン分子（G-アクチン）が二本鎖らせん状に重合した直径5〜9 nmの繊維である（図1(c)）．アクチン繊維には極性があり，重合が起こりやすい端をプラス端または反矢じり端，反対側をマイナス端または矢じり端と呼ぶ．植物のアクチン細胞骨格が果たす役割は多様で，原形質流動による細胞小器官や物質の長距離輸送，花粉管や根毛細胞が示す先端成長における細胞の伸長や形態の維持，葉緑体に特有の運動装置の構築などが知られている．アクチン細胞骨格の構築は環境の変化や細胞周期の進行に伴ってダイナミックに変化し，微小管と協力して働く場合もあると考えられている．細胞内におけるアクチン繊維の存在状態や働きは，微小管の場合と同様に，さまざまなアクチン結合タンパク質によって制御され，それらの活性は，Ca^{2+}濃度，pH，リン酸化・脱リン酸化，脂質との結合などによって調節されている．アクチン繊維と相互作用するモータータンパク質はミオシンで，プラス端側へすべる．ミオシンは30以上のクラスに分類されており，植物はそのうちクラスVIIIとXIとをもつ．原形質流動の力発生にはミオシンXIが関与することがわかっている．

［髙木慎吾］

細胞分裂──植物細胞

　細胞は自分のもつ遺伝情報を複製し,それを1セットずつ2つの娘細胞に分配する.細胞分裂で新しく生まれた細胞が再び分裂して娘細胞をつくるまでの,細胞の一生のことを細胞周期と呼ぶ.細胞周期は細胞分裂を行っているM期(分裂期)とそれ以外の間期からなる.遺伝情報を担うDNAは,間期では核内の塩基性色素でよく染まる細い糸状の染色体(染色糸と呼んで染色体と区別することもある)上に存在しているが,細胞が遺伝情報を正確に娘細胞に伝えるために,M期にはDNAを太い棒状の染色体に梱包し,DNAを梱包した形で2つに分配する細胞分裂を行う(図1(a)).この染色体の分配には,繊維状の紡錘糸で構成された紡錘体が使われる.紡錘体の中央部分,細胞分裂の途中で染色体が1平面に整列する面を赤道面,この面と垂直な紡錘体の両端を極と呼ぶ(図1,中期).

● **M期の進行**　M期は,核内で染色体の凝縮が進行する前期,核膜崩壊後,染色体が細胞の中央に移動する前中期,染色体が細胞の中央に整列した中期,染色

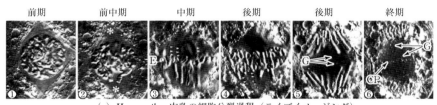

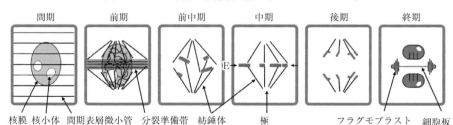

図1　細胞分裂:(a)微分干渉顕微鏡によるM期のライブイメージング像,①核膜崩壊直前(核内には太い棒状の染色体と1個の大きな核小体が,核の外側には紡錘体が存在する),②核膜崩壊の直後(*は紡錘体の極),③染色体が赤道面(E)に並ぶ(▷は紡錘糸),④各染色体が2本の染色分体に分離し両極に向かって移動開始,⑤染色体がほぼ両極に到達,⑥染色体が短縮する.細胞板(CP)が出現し遠心的に伸長する(Gはゴルジ体)[出典:Gunning, B. E. S. & Steer, M. W., *Plant Cell Biology structure and function*, Jones and Bartlett Publishers, Fig. 38, 1996].(b)細胞分裂過程の模式図(黒線は微小管,Eは赤道面)

体が両極に分離する後期，染色体が両極に移動してから細胞分裂が終了するまでの終期からなる．前期の最後，核膜崩壊と核小体消失がほぼ同時に起こり前中期に移行する．終期には，細胞中央に細胞板が出現し，細胞質が2分される．この過程を細胞質分裂と呼ぶ．紡錘糸の実態は直径25 nmの管状をした微小管で，染色体上の動原体に接続し，染色体運動の力発生にかかわっている．微小管は前期には分裂準備帯として将来細胞板が親の細胞壁と接続する位置の決定に関与し，核分裂中は紡錘体として，前中期の染色体の赤道面への移動と，中期の染色体の保持，後期の染色体の極方向への移動に働き，終期にはフラグモプラストの構成要素として細胞板への小胞輸送に関与している（図1(b)）．

前期の開始点（染色体の凝集が開始した点）と終期（あるいは細胞分裂）の終わりの判定は難しい．細胞分裂の終わりを核膜が完成したときにするか，染色体の脱凝縮が完了したときにするか，あるいは細胞質分裂が完了したときにするかで時間に差がある．細長い紡錘形始原細胞が縦分裂するときには，細胞板が細胞壁に到達するのに1週間近くかかると考えられている．

● **細胞周期の進行制御とチェックポイント**　DNAの複製は間期に行われるが，多くの体細胞ではDNA複製の時期（S期：Sはsynthesisの意）の前後に一見何もしていないような時期が存在する．M期とS期の間の時期をG_1期（Gはギャップの意），S期とM期の間の時期をG_2期と呼ぶ．細胞周期はG_1期から，S期，G_2期，M期と進行する（図2）．細胞には細胞周期のいくつかの節目で，細胞周期の次の段階に進行してもよいかどうかを判断する監視機構がある．こ

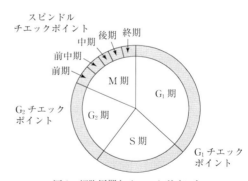

図2　細胞周期とチェックポイント

れをチェックポイントと呼ぶ．M期には，すべての染色体が赤道面に並んだかどうかを監視するスピンドルチェックポイント（図2）がある．このチェックポイントが働かなければ，染色体は赤道面に並ぶ前に極への移動を開始し，染色体の誤分配が生じる可能性がある．G_1期からS期への移行時には，DNA複製を開始する準備が整ったかどうかを監視するG_1チェックポイント（図2）が，G_2からM期への移行時には，DNAの複製が未完了のままM期に進行するのを防ぐためのG_2チェックポイント（図2）がある．G_1チェックポイントとG_2チェックポイントでは，サイクリンとサイクリン依存性キナーゼの複合体によるタンパク質のリン酸化が重要な働きをしている．

［峰雪芳宣］

細 胞 膜──植物細胞

　細胞膜は，細胞を取り囲む膜構造で，物質の選択的輸送，イオンや物質の濃度勾配の形成や外部からのシグナルの感知など，細胞機能に重要な役割を果たしており，形質膜とも呼ばれる．細胞膜やその他の細胞内膜系（核，葉緑体，ミトコンドリア，小胞体，ゴルジ体など）は共通して脂質二重層が基本構造となっている．さらに脂質二重層には，さまざまな膜タンパク質が埋まっており，膜のもつ重要な機能に関与している．

●**脂質二重膜**　脂質二重層の主成分はリン脂質である．典型的なリン脂質は，親水性の頭部と 2 個の疎水性の炭素水素鎖の尾部がある両親媒性の特性をもつ．細胞内外は水で満たされているので，リン脂質分子は頭部を外側に，水に反発する尾部を内側に，それらが向かい合って厚さ 5～10 nm 程度の 2 重層をつくって並ぶ（図1）．脂質二重層の両外側は親水性なので膜全体は細胞内外の環境になじみ，内側には疎水性の脂肪酸が充満しているので，細胞の内外の物質透過性を制限するバリアの役割を果たしている．脂質二重層は電気的に中性できわめて小さな分子，例えば酸素分子や二酸化炭素分子は通すが，極性をもつ水分子，アミノ酸や糖，イオンのように荷電した物質は通りにくい．これらの物質は膜を貫通して存在する膜輸送タンパク質によって膜を通過することができる．

　リン脂質分子はリン酸の先に付いた分子によりホスファチジルコリン（PC），ホスファチジルエタノールアミン（PE），ホスファチジルグリセロール（PG），ホスファチジルイノシトール（PI），ホスファチジルセリン（PS），ホスファチジル酸（PA）などがあり，それぞれの割合は細胞によって大きく異なる．シロイヌナズナの細胞膜の脂質二重層では，おおよそ PC が 36 ％，PE が 39 ％，PG が 9 ％，PI と PS が合わせて 10 ％，PA が 6 ％で構成され，リン脂質は全脂質の約 47 ％を占める．このような多様なリン脂質をもつ 1 つの理由は，膜タンパク質の機能とのかかわりが考えられている．実際，ある膜タンパク質を人工脂質二

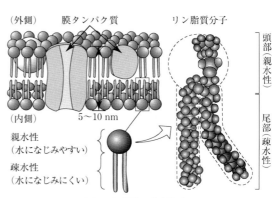

図 1　細胞膜の基本構造

重層膜に埋め込んだとき，特定のリン脂質が含まれているときにだけうまく機能することが知られている．

　2層に並んだリン脂質分子は固定されておらず，流動的に動くので，膜の形状は柔軟に変化する．脂質二重層にモザイク状に含まれる膜タンパク質は膜の上を比較的自由に動くことができる．このモデルを流動モザイクモデルという．さらに細胞膜では，小胞との融合による細胞内への物質の取り込みを行うエンドサイトーシスや細胞外への物質の分泌を行うエキソサイトーシスによって，物質輸送を行っている．また，この仕組みは，膜成分に絶え間ない流出入があるため，膜自体を新しくしたり，必要な膜タンパク質などを細胞膜の必要な場所に配置することにも利用されている．

●**膜タンパク質**　脂質二重層には，疎水性の膜貫通領域をもつ受容体や膜輸送タンパク質などの膜タンパク質が存在する（図1）．受容体は，植物ホルモンやペプチド，光，病原菌などの細胞周囲の情報を受け取り，細胞内にその情報を伝える．膜輸送タンパク質には，ポンプ，二次輸送体やチャネルなどがあり，輸送される物質，輸送様式や輸送の方向は，それぞれの膜輸送タンパク質の性質に依存している（「生体膜輸送系」参照）．また，他の細胞との接着にかかわる膜タンパク質，膜の外側に糖鎖をもち細胞の標識になる膜タンパク質や細胞膜の内側で細胞骨格と結合して膜の形状の維持にかかわる膜タンパク質も存在する．

●**脂質ラフト**　細胞膜には，脂肪酸として飽和脂肪酸を含むスフィンゴ脂質あるいはスフィンゴ糖脂質を主成分とし，飽和脂肪酸の性質のため他の部分より少し厚さが厚く少し硬い脂質二重層領域があり，海に浮かぶ筏（raft）に例えて脂質ラフトと呼ばれている．脂質ラフトは，その脂肪酸の性質により他の領域と比較して流動性が比較的低くなっている．脂質ラフトの大きさは一般に，100 nm 以下で，約数個ないし数十個程度のタンパク質分子を含むとされるが，ラフト自身がその大きさや形を流動的に変えるため一定ではない．脂質ラフトは，通常の脂質二重層と比較して，界面活性剤に可溶化されにくい性質をもっている．この性質を利用した分離法により，脂質ラフトに多く存在するタンパク質の解析が行われ，アクアポリンや細胞膜プロトンポンプなどの膜輸送タンパク質や受容体型キナーゼなどの膜タンパク質が脂質ラフトに多く存在することが知られている．

　細胞膜を構成する脂質二重膜は，流動モザイクモデルの提唱により，膜タンパク質がモザイク状に埋め込まれる形で流動し，機能を発揮すると考えられてきた．しかし，脂質ラフトの発見により，現在では，膜構造は均一な脂質二重構造だけではなく，性質の異なる膜ドメイン上に，膜タンパク質がある一定の局在をもって分布している領域も存在し，細胞のさまざまな反応に役立っていると考えられている．

［木下俊則］

核——植物細胞

　　核は真核細胞の細胞内小器官である．DNA がタンパク質と結合して形成されたクロマチンを収納する役割を担う．核内で DNA の複製・転写・修復が行われる．核は二重膜である核膜におおわれている．二重膜の細胞質側にある外膜と核質側にある内膜は共に脂質二重膜からできており，その間に核膜腔がある（図1）．核膜を貫通する核膜孔を通じて，核質と細胞質の物質のやりとりが行われる．核膜孔には物質輸送を制御する核膜孔複合体がある．その複合体を構成するタンパク質の多くは動植物で共通である．外膜は小胞体膜に融合していることが多い．核内倍加（M 期を経ずに S 期を繰り返す細胞周期）による巨大化，液胞や色素体の発達による細胞質の縮小による扁平化など，植物の核は必ずしも球状の形態をとらない．

●**植物にも核ラミナは存在する**　核ラミナは，内膜の核質側を裏打ちする網目の層状構造体である（図1）．動物の核ラミナは中間径フィラメント・タンパク質であり，コイルドコイル構造をもつラミンから構成される．一方，中間径フィラメントがない植物では，核ラミナはコイルドコイル・タンパク質であるクラウンから構成される．ラミンとクラウンは，アミノ酸配列の相同性はきわめて低いが，コイルドコイル構造をもつ点が共通している．動物の核ラミナは，遺伝子発現に機能し，筋ジストロフィー症や早老症の原因になる．一方，植物の核ラミナの機

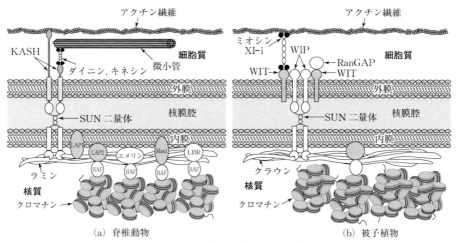

図1　動物と植物の核膜構造の比較

能はわかっていない．

●**核内の構造体・核内ボディー**　核内には特徴的な RNA やタンパク質を含む構造体・核内ボディーが存在する．最大の核内ボディーは核小体であり，rRNA の転写やプロセッシングが行われる．核小体は，リボソームの成熟・合成・構築の他，細胞周期制御，核内と細胞質間の物質輸送，環境ストレス応答や発生・分化においても重要な機能を果たす．遺伝子スプライシングに関与する因子などが集合し，遺伝子発現因子の修飾やアセンブリーを行う核内スペックル，核内低分子 RNA（snRNA）とその結合タンパク質が集合したカハールボディー，RNAi に関与する因子が集積した D ボディー，DNA が損傷を受けたときに出現する修復ボディーなど，動植物の核に共通してみられる核内ボディーがある．被子植物特異的な核内構造体としては，フィトクロムが集合したフォトボディーが知られている．核内ボディーは脂質膜に囲まれていないことから，特定の RNA やタンパク質が自己集合して形成された構造と考えられている．

●**クロマチンの核内配置**　個々の染色体に凝縮するクロマチンは核内に無秩序で分散しているのではなく，染色体ごとに核質の空間を占めて秩序だって配置されている．この核内配置のことを染色体テリトリーと呼ぶ．一般的に，遺伝子密度の高い染色体のクロマチンが核質の内部に位置し，遺伝子密度の低い染色体クロマチンが核膜内縁部に位置するという，放射状配置の染色体テリトリーを示す傾向がある．シロイヌナズナのセントロメアは核膜内縁部に位置する．また，体細胞分裂をする細胞の核内では，セントロメアが片側に集合し，テロメアが反対側によったラーブル構造をとる場合がある．一方，減数分裂をする細胞の核内では，テロメアが 1 個所に集合し，セントロメアが反対側によったブーケ構造をとる場合がある．このような特異的構造をとるかどうかは植物種によって異なり，ゲノムサイズとも関係しないことから，そのメカニズムや意義については未解明なままである．最近，クロマチンの相互作用をディープシークエンス（全ゲノムを数十回読むような読み取り深度を深めた DNA 塩基配列決定）により解析する chromosome conformation capture 法が開発され，細胞核内の高次構造が DNA 分子レベルで明らかにされている．さらに，細胞核内のクロマチン構造を生きたまま観察するライブセルイメージング解析により，クロマチンのドメイン構造は，発生分化過程に伴い核内における位置を変化させることがわかってきた．特に，環境ストレスによってクロマチンのドメイン構造が短時間でダイナミックに変化することがあり，遺伝子発現制御に重要な役割を果たしていると考えられている．

［松永幸大］

📖 **参考文献**
[1]　黒岩常祥他『基礎分子生物学 3 細胞』朝倉書店，2008
[2]　平岡　泰・原口徳子編『染色体と細胞核のダイナミクス』化学同人，2013
[3]　Noguchi, T., *et al.*, *Atlas of plant cell structure*, Springer, 2014

独立栄養と従属栄養

　CO_2 などの無機化合物から有機化合物をつくり出す栄養獲得を独立栄養といい，この方法で成長するのが独立栄養生物である．栄養獲得に必要なエネルギーを光から得る光独立栄養生物（光合成生物）と無機化合物の酸化反応で得る化学独立栄養生物（化学合成生物）に分けられる．光独立栄養生物には植物の他，細菌がある．化学独立栄養生物はすべて細菌である．一方，外部から有機化合物をとり入れ栄養とすることを従属栄養といい，この方法で生きるのが従属栄養生物である．従属栄養生物にもエネルギーを光から得る光従属栄養生物と化学反応で得る化学従属栄養生物があり，前者には一部の細菌が知られ，後者には動物，一部の植物，菌類，多くの細菌が含まれる．

●**植物の従属栄養性**　植物＝独立栄養と言い切るのは，やや無理がある．陸上植物はおおむね独立栄養でまかなっているものの，無機物だけでなく有機酸，アミノ酸，糖などで比較的サイズが小さい有機化合物も吸収する従属栄養性を併せもっている．また陸上植物では寄生性が繰り返し進化しており，他の植物に寄生して栄養を奪う植物寄生植物と菌から栄養を奪う菌従属栄養植物（菌寄生植物）が存在する．前者はヤドリギ科，ツチトリモチ科，ハマウツボ科，ヒルガオ科，クスノキ科などに約4300種，後者はツツジ科，リンドウ科，ラン科，ホンゴウソウ科，ヒナノシャクジョウ科などに約530種が知られる．また動物を捕えて消化酵素を分泌し窒素化合物を吸収するモウセンゴケ科，タヌキモ科，ウツボカズラ科，サラセニア科などの食虫植物が630種あまり知られている．一方，単細胞性の藻類の中にも，光合成をしながら藻類や細菌を捕食する種が，渦鞭毛藻，ハプト藻，黄金色藻などにみられる．捕食の仕方は多様で，まだ仕組みのわからない点も多い．さらに多くの藻類は，細胞表面から可溶性の有機化合物を吸収する．

●**独立栄養と従属栄養の間のゆらぎ**　ここで着目したいのは，従属栄養レベルの多様性である．植物寄生植物にはヤドリギのように自ら光合成をしながらホストとなる木からも栄養を奪う種もあれば，ナンバンギセルのようにもっぱらホストに栄養を依存する種まで，従属栄養の程度はさまざまである．藻類でも従属栄養への依存は種によって大きく異なり，光合成をやめ従属栄養に特化した種もある．このような独立栄

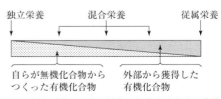

図1　混合栄養の概念：植物の個体を構成する有機化合物の由来を示す．左端は完全な独立栄養．右端は完全な従属栄養．2つの間にさまざまなレベルの混合栄養が存在する

養と従属栄養を併せもつ栄養のとり方を混合栄養という（図1）．

一方，植物の菌への隠れた従属栄養性が明らかになりはじめた．例えば普通に光合成しているようにみえるシュンランやイチヤクソウだが，体内の炭素のかなりの部分は共生する菌から手に入れている．さらにこれらの植物では，生活史の段階や生育環境によって従属栄養の程度がフレキシブルに変化する．こうした栄養摂取のゆらぎは，植物の適応戦略において重要な意味をもっているに違いない．

●**従属栄養への進化**　これまで陸上植物の従属栄養性の進化は，独立栄養からワンステップの過程として扱われてきた．しかし従属栄養性は葉の退化，根や茎の変化，種子の微細化といった形態の変化にとどまらず，発生期間の短縮，ホストとの相互作用の変化，気孔の退化・減少，葉緑素の減少，色素体ゲノムの退化といった多くの独立した形質の進化が成立に必須であることからも，試行錯誤しながら相当な時間をかけて手に入れたに違いない．一方，混合栄養の段階でさまざまな形質のゆらぎが許容されるプロセスが，従属栄養に適した形質の組合せの獲得に重要なのではないだろうか．寄生がかかわる場合，他の生物から安定して栄養を奪うことができるようになれば，完全な従属栄養性が進化すると推定される．とすれば，独立栄養から従属栄養へ一足飛びには進まず，「独立栄養→混合栄養→従属栄養」という道のりが普遍的である可能性が高い．例えば先にあげたシュンランの仲間では，系統進化に伴って共生する菌への従属栄養のレベルが高くなり，完全な菌従属栄養性にたどりつくことが明らかになっている（図2）．

今後，さまざまなタイプの混合栄養が植物のいのちを支えていることが明らかになるだろう．中でも根圏の細菌などの微生物が植物の有機化合物の摂取に果たす役割が大きいと予想される．エンドファイトとしてはもとより，アポプラストや根圏での微生物の機能の解明が待たれる．大きな見通しとして，植物の混合栄養性の解明と利用は，土壌の持続的利用や無機肥料の大量投与による環境汚染の解決にも貢献するだろう．

〔遊川知久〕

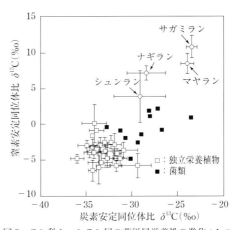

図2　ラン科シュンラン属の菌従属栄養性の進化：1つの属でありながら，系統進化とともに従属栄養のレベルが大きく変化したことが，植物体の炭素と窒素の安定同位体比を使った解析で明らかになった．比較のため，さまざまな独立栄養植物と菌類のデータも加えた．数値が右上にあるほど，従属栄養のレベルが高いと推定される．シュンラン→ナギラン→マヤラン・サガミランの順に系統が分化したが，次第に従属栄養のレベルが高くなっている〔出典：Motomoura *et al.*, 2010 の図を改変〕

無機栄養

　生体を構成し養うために必要な物質を栄養と呼ぶ．動物は糖質，タンパク質，脂質などの有機物とビタミン，ミネラル（無機物）を摂取して有機物を分解し化学エネルギーを取り出す．一方，植物は光エネルギーによって水を分解して化学エネルギーを取り出し，このエネルギーを利用して大気から吸収した CO_2，土壌から吸収した水と無機物からすべての栄養をつくり出す．すなわち，植物が水と光エネルギーを利用して無機物から有機物を合成する能力をもち独立栄養生物と呼ばれるのに対し，動物は他の生物が作り出した有機物に依存するため従属栄養生物と呼ばれる．この能力ゆえに，生態系では植物は生産者，動物は消費者，微生物は分解者と役割を分担している．

●**栄養元素の供給源としての土壌**　岩石にはマグマが固化した火山岩，風化された岩石が運ばれ堆積して再び岩石となった堆積岩，サンゴなどの遺体が堆積した石灰岩などがあり，これらが風化されて長石，かんらん石，雲母などの一次鉱物を生じる．一次鉱物がさらに風化されて生成するケイ酸とアルミニウム酸化物は再構成されて粘土鉱物（二次鉱物）が形成される．粘土鉱物は負電荷を帯びている．さらに土壌には動植物，微生物の遺体や排泄物に含まれる多糖類，リグニン，タンパク質や核酸などに由来する土壌有機物が存在する．一次鉱物の風化に伴ってカリウム，カルシウム，マグネシウム，ホウ素，鉄，マンガンなどが放出され，陽イオンは粘土鉱物に保持される．陰イオンである硝酸イオンは土壌には保持されないが，リン酸イオンはカルシウムイオンや鉄，アルミニウムイオンと難溶性の塩を構成して土壌にとどまる．土壌有機物は土壌動物や微生物の作用によって次第に分解され，アンモニウムイオンやリン酸イオン，硫酸イオンなどを放出する．

●**窒素**　窒素は生態系で大気中に窒素ガスとして大量に存在するが，窒素2原子が安定な三重結合を形成しているため反応性に乏しい．微生物の中にはこの三重結合を切断して水素3原子と結合させアンモニアを合成する反応（窒素固定反応）を行うものがあり，窒素ガスをアンモニアを経てアミノ酸，タンパク質に変換する．窒素固定微生物によって土壌に蓄積された有機物や動物や植物の排泄物と遺体に由来する有機物は，土壌微生物によって CO_2，アミノ酸，アンモニウムイオンなどにまで分解され，アンモニウムイオンは硝化菌によってさらに硝酸イオンに変換される．また，大気中では雷によって窒素ガスが直接酸化されて硝酸イオンが生じる．内燃機関や火力発電所の排気ガスからも大気に窒素酸化物が放出され，これらが硝酸イオンとなって雨水とともに土壌に加わる．こうして土壌中に生成，蓄積されたアンモニウムイオンや硝酸イオンは植物や微生物に窒素源として利用

される．マメ科植物は根粒を形成し窒素固定細菌（根粒菌）と相利共生を営む．
　根から吸収された硝酸イオンは細胞内で硝酸還元酵素，亜硝酸還元酵素の作用によってアンモニウムイオンとなり，細胞内の代謝で生じたアンモニウムイオン，根から吸収されたアンモニウムイオンとともにグルタミン酸に受容されてグルタミンアミド基となり，このアミド基がTCAサイクルから供給される2-オキソグルタール酸に受容されてグルタミン酸アミノ基となる．こうして生成したグルタミン酸からタンパク質を構成する各種アミノ酸が合成される．また，グルタミン，グルタミン酸は核酸を構成するプリン塩基，ピリミジン塩基に窒素原子を供給する．この一連の反応によってアンモニウムイオンはタンパク質，核酸を構成するアミノ酸，塩基に変換される．動物には著量のアンモニウムイオンをアミノ酸，タンパク質に変換する能力はなく，植物が合成したタンパク質を食事で摂取する．
　植物緑葉に存在する窒素原子の約80％は葉緑体に局在し光合成に機能する．このため窒素が不足すると光合成能力が低下し成長が鈍化する．また，窒素が不足した植物体では窒素を含む化合物が下位葉から上位葉に活発に転送されるので，下位葉から窒素不足の兆候である葉の黄化（クロロシス）が始まる．
　多くの生態系において植物の生育量は土壌からの窒素供給量に依存する．土壌からの窒素供給量は土壌有機物の分解速度と窒素固定菌の能力に律速されるので，作物の生産量を増やすためには家畜やヒトの排泄物，堆肥や緑肥，魚粕や油粕などが施用されてきた．こうした施肥の意義が作物への窒素やリンの供給にあることが19世紀中頃科学的に解明され，グアノやチリ硝石の利用が広まった．1913年にはハーバーとボッシュが大気中の窒素と水素から高温高圧下でアンモニアを合成する工業的窒素固定法を開発し，人類は食料不足を克服するきっかけをつかんだ．年間の工業的窒素固定量は西暦2000年頃には年間の生物的窒素固定量よりも大きくなり，今度は窒素過剰によって環境（地下水，湖沼，沿海部）が富栄養化するという新しい問題を引き起こすことになった．
●リン　リンは細胞内でリン酸イオンとしてDNAとRNA，ATPなどのヌクレオチド，グルコース-1-リン酸などの糖リン酸，リン脂質，フィチンなどに見いだされる．いずれの場合もリン酸が糖やアミノ酸の水酸基とエステル結合を，リン酸イオン同士で酸アシル結合を形成することで機能する．動物ではリン酸はカルシウムイオンとアパタイトを形成して骨や歯など硬組織の主要な成分となり，リン酸やカルシウムの貯蔵形態ともなる．
　リン酸塩の多くは溶解度が低いので，水溶性のリン酸肥料を施用しても土壌中ではカルシウム塩，アルミニウム塩，鉄塩などとなって不溶化し蓄積する．植物はこれらの不溶性リン酸塩を吸収するため，根表面積を増加させる，水素イオンを放出して根圏のpHを低下させる，リンゴ酸やクエン酸などを放出してカルシウムや鉄をキレートしリン酸を可溶化させる，土壌有機物のリン酸を可溶化する

ホスファターゼを分泌する，などのリン酸獲得機構を発達させた．植物の中には糸状菌と共生して菌根と呼ばれる形態をとり，菌糸が着生し，根表面積を増やしてリン酸の吸収を促進する種も多い．

●**カリウム**　カリウムを意味する英語ポタシウム（potassium）は，薪を使ったかまど（pot）の灰（ash）にカリウムが多く含まれることに由来する．これは植物が土壌にカリウムとほぼ同じ濃度で含まれるナトリウムをあまり吸収しないことを示している．植物細胞内でカリウムイオン濃度は100〜200 mmol/Lに維持され浸透圧を構成する主要なイオンとなる．植物はこの浸透圧によって吸水し細胞壁を内側から強く押す（膨圧）．カリウムが不足すると膨圧を失い萎凋する．気孔を構成する孔辺細胞ではカリウムイオンの移動によって膨圧が変化し気孔が開閉する．ピルビン酸キナーゼやデンプン代謝にかかわる酵素は活性を発揮するためにカリウムイオンを必要とする．

●**硫黄**　タンパク質を構成するアミノ酸，システインとメチオニンは硫黄を含む．このため硫黄が欠乏するとこれらのアミノ酸が不足して窒素欠乏と同じように葉が黄化する．硫黄は硫酸イオン（SO_4^{2-}）として吸収され葉緑体で硫化水素まで還元されo-アセチルセリンに受容されてシステインとなる．システインを含むトリペプチド，グルタチオン（γ-グルタミルシステイニルグリシン）は細胞の酸化還元状態の調節や重金属の無毒化に働く．

●**カルシウムとマグネシウム**　カルシウムは植物体内において，そのほとんどが細胞壁か液胞に存在し細胞質の濃度は低く保たれている．植物細胞の細胞質でカルシウムイオンは，動物細胞と同様，その濃度の変化によってさまざまな代謝シグナルを伝えるセカンドメッセンジャーとして機能する．植物ではさらに細胞壁内でペクチン質糖鎖を架橋してゲル化させる機能をもち，細胞壁の構成に必須の元素である．このためカルシウムは植物体内で移動しにくく，カルシウムが欠乏すると新芽や新葉，根端が傷害される．窒素が大量に施肥される近年の農業生産現場ではトマトの尻腐れ症やハクサイの芯腐れ症などのカルシウム欠乏症がよく発生する．マグネシウムはクロロフィルの構成金属で欠乏すると下位葉からクロロシスが発生する（図1）．また，リン酸イオンの対イオンとなり，DNAの複製，mRNAの合成，ATPの利用や合成などリン酸がかかわる反応に必須の元素である．

図1　クロロシスの発生：マグネシウム欠乏症状を示すキュウリの下位葉．マグネシウムが欠乏すると下位葉ではクロロフィルが分解され，マグネシウムイオンは上位葉に送られる

●**植物の微量栄養元素**　微量必須元素の植物細胞における機能とその特徴について表1にまとめた．

表1 植物の必須栄養元素

	元素	機能
多量必須元素	水素, 炭素, 酸素	有機物の構成元素である.
	窒素	アミノ基を構成し, アミノ酸, タンパク質, 核酸の構成元素.
	リン	リン酸として核酸の構成元素.
	カリウム	浸透圧を構成して吸水力の源となり, カリウム依存酵素を活性化する.
	硫黄	含硫アミノ酸, タンパク質を構成する.
	カルシウム	細胞壁の構成元素として, セカンドメッセンジャーとして機能する.
	マグネシウム	クロロフィルの構成元素として, リン酸イオンの対イオンとして機能する.
微量必須元素	鉄	二価鉄イオンは電子の供与体, 三価鉄イオンが電子の受容体として細胞の電子伝達に機能し, 動物と同様, チトクロームの構成金属として, 呼吸の他, 光合成や窒素固定に機能する. 土壌中に大量に存在するが, pHが高いと水酸化物となって溶解度が低下して作物に欠乏しやすい. 鉄欠乏になると, 根から水素イオンや有機酸を放出したり, 植物固有のシデロフォア(鉄運搬体)を放出して鉄を獲得する. 一方, 土壌のpHが低い場合や水田など嫌気下では二価鉄イオンとなって溶解度が高まり過剰害が生じる.
	マンガン	光合成の水分解酵素複合体はマンガンとカルシウムを含み, マンガンが水から電子を受け取る. スーパーオキシドディスムターゼ(SOD)の構成金属として細胞内で電子の受け渡しに機能する.
	銅	一価と二価の間の電子の受け渡しで必須性を発揮する. 特に酸素添加反応の補酵素となる. またSODの構成金属でもある.
	亜鉛	亜鉛は多くの金属イオンと異なり, 酸化還元ではなく基質の結合部位などとして機能する. 転写因子タンパク質に特徴的なジンクフィンガーを構成し, タンパク合成に必須の金属である.
	モリブデン	硝酸還元酵素やニトロゲナーゼの構成金属で酸化還元反応における電子の授受に機能する.
	ホウ素	ホウ素はホウ酸の形で細胞壁ペクチン質多糖の架橋に機能する. 欠乏すると完全な細胞壁が構成されず, 根や花粉管の伸長が直ちに停止する.
	塩素	塩化物イオンは光合成における水の分解や, カリウムイオンの対イオンとして気孔開閉に機能する.
	ニッケル	ウレアーゼに含まれる.

●**植物と動物の栄養元素の違い** ヒトをはじめ動物には必須であるナトリウムを多くの植物は必要としない. さらに動物には必須のヨウ素, セレン, コバルトが植物には必要ない. 逆に植物はホウ素を必須栄養素とするが動物では必須性が証明されていない. これらは動物と植物の体制の違い, 代謝反応の違いを反映している. また, イネにとってのケイ素, サトウダイコンにとってのナトリウムは, これらの作物の栽培にあたって耐病性向上や収量増加などの有用効果が発揮されるので, 必須ではないものの農学的有用元素とみなされている.

[落合久美子・間藤 徹]

栄養飢餓応答

植物の体づくりには17種類の元素が必須である．植物はそれらの元素を外界から栄養素として取り込まなければ生きていけない．主たる必須元素の中で，N元素は硝酸イオンやアンモニウムイオンとして，P元素はリン酸イオンとして，S元素は硫酸イオンとして，その他の元素もイオンとして主に根から吸収される．さらに，植物が体を維持するためにエネルギーが必要であり，葉などの光合成器官は光をエネルギー源として利用できるが，根などの光合成ができない器官はスクロースなどの有機炭素化合物を栄養として必要とする．十分な光が得られなかったり，いずれかの無機イオンが不足すると，植物は栄養飢餓に陥る．栄養飢餓に応じて植物はさまざまな応答反応を行う．これらを栄養飢餓応答という．これらの応答は，植物が進化の過程で栄養飢餓を生き抜くために獲得してきた反応であると考えられる．植物が栄養飢餓状態に長時間さらされたときにみせる欠乏症状は，いくつかの飢餓応答が長時間合併して起こった結果であるか，あるいは，それらが一部破綻した結果とみなすことができる．

●**植物の栄養飢餓応答**　植物が行うさまざまな栄養飢餓応答は次の4つに大別することができる（図1）．

①外界からの栄養の獲得を強化する．例えば，リン酸飢餓に陥ると，根よりリンゴ酸やクエン酸などの酸を分泌して土壌に吸着しているリン酸を遊離させたり，ホスファターゼを分泌して土壌中に存在する有機リン酸化合物を加水分解してリン酸を遊離させ土壌中のリン酸濃度を上げる．また，側根や根毛の数を増加させて根の土壌との接触面積を広げ，リン酸の取り込み量を増加させる．別の例では，窒素源が枯渇すると，細胞膜に存在するアンモニウムイオンや硝酸イオンのトランスポーターや，窒素同化にかかわる硝酸還元酵素やグルタミン合成酵素の量や活性を増加させる応答をすることが知られている．

②自己分解して栄養を獲得する．すなわち，自己の構成成分を分解し，新しい体づくりのための低分子化合物やエネルギーとなる有機炭素化合物を獲得する．自己分解のメカニズムとしては，オートファジーが主たる経路となる．葉緑体内に多量に存在するリブロースビスリン酸カルボキシラーゼなどのタンパク質が栄養飢餓条件下で分解されるが，この分

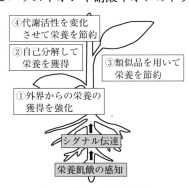

図1　植物の栄養飢餓応答

解には，オートファジーと葉緑体が独自にもつ分解メカニズムの両方が関与する．自己分解により，タンパク質はアミノ酸に，核酸はヌクレオチドに，リン脂質はグリセロールとリン酸，脂肪酸になり，これらの低分子化合物が新しい生体物質の合成に使われたり，エネルギー源として酸化分解される．

③類似品を用いて栄養を節約する．不足している栄養素を他の物質で置き換えて体づくりを行う．例えば，リン酸飢餓の条件下で育った植物では，生体膜の主要成分であるリン脂質がリン酸をもたない糖脂質で代用されることが知られている．また，Kイオンが不足した際には，液胞内にKイオン以外の物質を蓄積させて浸透圧を維持する応答が起こる．

④代謝活性を変化させて栄養を節約する．バクテリアでは，栄養飢餓に対して緊縮応答と呼ばれる代謝活性を低下させる応答を起こすことが知られている．高等植物も，1つの栄養素が不足したときに，他の栄養素の同化量やエネルギー生産量を制限したり，細胞増殖を制限する応答をしていると考えられる．例えば，Nの取り込みや同化に関連する遺伝子の発現が光合成による糖の合成と連動していることが知られている．培養細胞では，リン酸などの栄養飢餓で細胞分裂が停止することが知られており，実際にリン酸飢餓に陥った植物個体は分裂組織の活動を抑制し主根の伸長を抑える．Cu欠乏条件下で，プラストシアニンのような生存に必須のCuタンパク質を除く多くのCuタンパク質の発現が抑制され，Cuイオンが節約されることが知られている．

●**栄養飢餓の感知とシグナル伝達** 細胞膜や細胞内には多種類の栄養センサーがあると考えられる．例えば，酵母では転写因子が直接Znイオンと結合し遺伝子発現を調節することが知られており，シアノバクテリアでは，細胞膜に存在するヒスチジンキナーゼが外界のMnイオン濃度を感知することが知られている．さらに，哺乳動物細胞では，TORと呼ばれるキナーゼが細胞内で栄養センサーとして働いていることが知られており，植物でもTORが同様の機能を果たしていると考えられている．K飢餓の場合，細胞外のKイオン濃度が低下したときに起こる最初の反応は細胞膜を介した膜電位の変化であり，これが飢餓の感知に働いている可能性が指摘されている．

栄養センサーで感知された情報は，細胞内で伝達されて，主に遺伝子の発現が制御されることで，タンパク質の量が変化して細胞レベルでの応答が引き起こされる．細胞が飢餓に陥っているという情報は植物個体全体に伝達されるが，その情報伝達には，オーキシン，ジベレリン，エチレンなどの植物ホルモンが関与すると考えられる．最近，根がN飢餓を感知すると生理活性ペプチドを合成し，このペプチドが導管を通って地上部に輸送され，情報を伝達することが示されている．また，リン酸などの飢餓に応答して発現したmiRNAが篩管を通って輸送され，植物体内での飢餓情報の伝達に関与していることが知られている．〔森安裕二〕

生体膜輸送系

　細胞は脂質二重層からなる細胞膜によって外界から隔離されることで，細胞内の環境を一定に保っている．細胞膜を構成する脂質二重層は内部が疎水性であるため，大部分の極性分子は透過できない．そのため，細胞活動に必要な物質の輸送や細胞内のイオン濃度の調節は細胞膜にある特別な膜輸送タンパク質により行っている．このように細胞膜は特定の物質を透過させる性質をもっており，これを選択的透過性という．細胞内膜系（核，葉緑体，ミトコンドリア，小胞体，ゴルジ体など）も脂質二重層が基本構造となっており，細胞膜と同様に膜輸送タンパク質が存在する．膜輸送タンパク質は，濃度勾配に逆らって能動的に物質輸送を行うポンプ，濃度勾配に逆らった二次的輸送や濃度勾配に沿った輸送を行うトランスポーター，膜を横切って通過する孔を形成するチャネルの3つに大きく分けられる（図1）．本項では，植物細胞の生体膜に存在する代表的なこれら3つの膜輸送タンパク質について概説する．

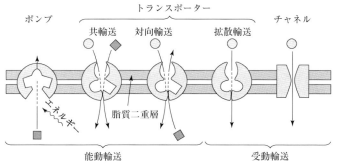

図1　さまざまな膜輸送タンパク質

●**ポンプ**　エネルギーを利用して能動的な物質輸送を行う輸送体で，一次性能動輸送体ともいう．利用するエネルギーとしては，ATPや無機ピロリン酸の加水分解エネルギーや光エネルギーなどがある．ATPをエネルギーに利用するポンプとしては，P型ATPase，V型ATPase，F型ATPase，ABCトランスポーターなど，無機ピロリン酸を利用するポンプとしては，植物の液胞膜に存在するH^+-ピロホスファターゼ，光駆動型ポンプとしては，主に細菌や古細菌に存在するバクテリオロドプシンが知られている．

●**細胞膜プロトンポンプ**　細胞膜プロトンポンプはP型ATPaseの一種で，P型

ATPaseの名前は，反応過程においてリン酸化中間体を形成することに由来する．植物細胞のP型ATPaseとしては，水素イオンを輸送する細胞膜H^+-ATPase（細胞膜プロトンポンプ），カルシウムを輸送するCa^{2+}-ATPaseなどがあり，細胞膜プロトンポンプは細胞膜に，Ca^{2+}-ATPaseは細胞膜，液胞膜，小胞体などに存在する．動物細胞では，Ca^{2+}-ATPaseに加え，Na^+とK^+の濃度差を保つNa^+/K^+-ATPase，胃のpHを維持するH^+/K^+-ATPaseが知られている．また，細菌や真核細胞において銅などの重金属を排出するATPaseや細菌のK^+-ATPaseもあり，陽イオンポンプの遺伝子ファミリーを形成している．

　細胞膜プロトンポンプはこれまで調べられたすべての植物細胞に存在しており，ATPの加水分解エネルギーを利用し，細胞外へ水素イオンの能動輸送を行うことで，膜電位や細胞内外のpHの調節による細胞の恒常性維持やトランスポーターを介したさまざまな二次的輸送を駆動する．細胞膜プロトンポンプが関与する生理応答としては，篩管伴細胞におけるショ糖の取り込み，根における無機養分取り込み，気孔孔辺細胞におけるカリウム取り込みなどが知られている．細胞膜プロトンポンプは，10回の膜貫通領域をもつ約100 kDaのポリペプチドからなり，C末端には細胞膜プロトンポンプに特徴的な約110個のアミノ酸からなる自己阻害ドメインが存在する．主要な活性化機構としては，C末端から2番目のスレオニン残基のリン酸化とリン酸化部位への14-3-3タンパク質の結合が知られている．気孔孔辺細胞では，気孔開口のシグナルである青色光に応答して，上記の活性化機構により細胞膜プロトンポンプの活性化が引き起こされ，気孔開口の駆動力を形成する．また，細胞膜プロトンポンプ活性化剤として知られるカビ毒素フシコッキンは，C末端から2番目のリン酸化スレオニン残基への14-3-3タンパク質の結合を安定化し，脱リン酸化を阻害することで，不可逆的に細胞膜プロトンポンプを活性化する．

●**液胞型プロトンポンプ**　植物細胞の液胞は，成熟した組織で細胞容積の95%以上を占め，さまざまな物質の貯蔵や細胞質容積を小さく保ちつつ細胞体積を大きくする役割を果たしている．液胞内部は，pH 5.5前後の酸性であり，細胞質のpHより2ユニット低く保たれている．また，液胞内部にはさまざまな物質（K^+，Cl^-，Na^+，Ca^{2+}，硝酸，リン酸，リンゴ酸など）が蓄積している．この酸性化と物質の蓄積には液胞膜に存在するプロトンポンプが関与している．液胞膜のプロトンポンプとしては，V型ATPaseであるH^+-ATPaseとH^+-ピロホスファターゼが存在する．

　H^+-ATPaseは，ATPの加水分解エネルギーを利用し，水素イオンの液胞内への能動輸送を行う．H^+-ATPaseは10種類以上のポリペプチドで構成される複合体で，シロイヌナズナでは13種類のタンパク質からなる複雑なサブユニット構成をもっている．H^+-ATPaseは，植物の組織や生育時期を問わず存在すること

から，液胞膜における水素イオン輸送の基幹的な役割を担っていると考えられている．

H^+-ピロホスファターゼは，無機ピロリン酸（PPi）の加水分解エネルギーを利用し，水素イオンの液胞内への能動輸送を行う．PPi は RNA などの合成過程で産出される副産物で，それを利用している点できわめてユニークな輸送体である．H^+-ピロホスファターゼは液胞の酸性化に加え，細胞質に過剰に蓄積したPPi を除去する役割ももつと考えられている．H^+-ピロホスファターゼは1つのポリペプチドからなり，細胞内では二量体として存在している．H^+-ピロホスファターゼは，若い細胞に多く存在し，成熟した細胞では少ないことが知られており，細胞成長において重要な役割を果たしていると考えられている．

● **F 型 ATPase**　複数のサブユニットからなり，ミトコンドリアの内膜や葉緑体のチラコイド膜に存在する．F_1ATPase と呼ばれる頭部と Fo と呼ばれる膜を貫通した H^+ 輸送体からなる．F 型 ATPase の起源は古く，細菌や古細菌の細胞膜にも同じような酵素が存在する．単離した膜においては ATP の加水分解のエネルギーを利用した水素イオンの輸送反応が観察されるが，他の ATPase とは異なり，細胞内では逆反応の膜内外の水素イオンの濃度勾配を利用した ADP とリン酸からの ATP 合成を触媒するため，ATP 合成酵素とも呼ばれる．

● **ABC トランスポーター**　ABC トランスポーターの名前は，その分子内に高度に保存された ATP 結合領域である ABC（ATP-binding cassette）をもつことに由来する．動物細胞における薬剤排出ポンプとして同定され，その後の研究により，ABC トランスポーターは，バクテリアからヒトまですべての生物に存在し，ATP の加水分解エネルギーを利用して，さまざまな物質の排出や取り込みに関与することが明らかとなってきている．一般に ABC トランスポーターは，ATP 結合領域と6回の膜貫通ドメインを基本単位とし，これを2回繰り返しもつものをフルサイズ，1回のものをハーフサイズと呼ぶが，膜貫通ドメインをもたないものも存在する．

植物では，100遺伝子以上の ABC トランスポーターの存在が知られており，スーパーファミリーを形成している．ABC トランスポーターは植物細胞の細胞膜，液胞膜，葉緑体，ミトコンドリアやペルオキシソームなどほとんどの膜に存在する．輸送する物質としては，K^+ などのイオン，重金属，アントシアニンや脂質などの生体内有機物，植物ホルモンであるオーキシンやアブシシン酸など多岐にわたり，植物の分化や生存にきわめて重要な役割を果たしていることが知られているが，これまでに詳細な機能が解析されているものは30遺伝子程度である．

● **トランスポーター**　プロトンポンプなどの能動輸送によって生じた膜を介した電気化学ポテンシャル勾配によって，有機物や無機イオンを濃度勾配に逆らって二次的に輸送を行うものと，物質の濃度勾配に沿って輸送するものが存在する．

トランスポーターは，NH_4^+，NO_3^-，K^+，SO_4^{2-}，Na^+，Ca^{2+}，Mg^{2+}，ショ糖やアミノ酸など多くの物質を輸送し，物質ごとに基質特異性の高いトランスポーターがあり，植物細胞では，細胞膜や液胞膜などほとんどの膜に存在する．濃度勾配に逆らって二次的に輸送を行う場合，水素イオンの濃度勾配と共役することが多く，水素イオンと同じ方向に輸送する共輸送と反対方向に輸送する対向輸送の2種類の様式がある．共輸送体としては，篩部伴細胞の細胞膜に存在するショ糖/H^+共輸送体，対向輸送体としては，液胞膜のNa^+/H^+対向輸送体などがある．また，水素イオンの濃度勾配と共役せずに拡散輸送を行うものとして，細胞膜のショ糖輸送体，液胞膜のグルコーストランスポーターやアミノ酸トランスポーターが知られている．

●**チャネル** 分子またはイオンが膜を横切って通過する孔（pore）を形成する輸送体で，ポンプやトランスポーターに比べて一般的に選択性が低い．K^+，Ca^{2+}などを輸送する陽イオンチャネル，Cl^-やリンゴ酸などを輸送するアニオンチャネル，さらに水や二酸化炭素を輸送する水チャネルなどが知られている（「水吸収」参照）．多くのチャネルはゲートをもち，特定の刺激に応答して開く．膜を介した電位差に応答する電位依存チャネル，機械的変形に応答する機械刺激依存チャネルやリガンド分子に応答するリガンド物質依存チャネルなどが知られている．リガンド物質依存チャネルには，神経伝達物質依存チャネル，イオン依存チャネルやヌクレオチド依存チャネルなどがある．これらの刺激に加え，タンパク質のリン酸化によって活性が制御されるチャネルも多い．以下，植物細胞において重要な働きを担うことが明らかとなっている細胞膜K^+チャネルと細胞膜アニオンチャネルを取り上げて概説する．

●**K^+チャネル** K^+はあらゆる生物の細胞内に存在する主要な陽イオンであり，植物にとっては三大栄養素の1つとして，細胞の伸長や増殖に関与する．植物には種々のK^+チャネル遺伝子が存在するが，その代表がShaker型チャネルであり，膜電位の変化によって孔が開閉し，K^+を輸送する．細胞膜に存在するShaker型チャネルの1つKAT1は，細胞膜が過分極したときにK^+を細胞内に輸送する内向き整流性K^+チャネルであり，気孔開口に必要な孔辺細胞へのK^+取り込みに関与する．GORKは孔辺細胞や根に，SKORは維管束に存在する外向き整流性K^+チャネルであり，細胞膜の脱分極に応答してK^+を細胞外に排出する．

●**アニオンチャネル** SLAC1は気孔閉鎖が起こりにくい表現型を示す突然変異体の原因遺伝子として同定された細胞膜に存在するアニオンチャネルで，主にCl^-を細胞内から細胞外へ輸送する．孔辺細胞では，アブシシン酸に応答して活性化されることで細胞膜の脱分極を引き起こし，孔辺細胞からのK^+排出と気孔閉鎖を誘導する．SLAC1の活性は，膜電位とアブシシン酸に活性化されるプロテインキナーゼOST1のリン酸化によって制御される． ［木下俊則］

水 吸 収

　水はすべての生命にとって必須である．休眠状態にある種子や胞子の含水量は低いが，それ以外の生きている植物組織においては通常，新鮮重量の70%以上が水である．生化学反応の溶媒および基質として，また伸長成長のためにも，細胞内への水の取り込みは欠かせない．シンプラスト経由の水輸送（「蒸散と水代謝」参照）では水は最低でも1回は細胞膜を通過しなくてはならない．このときの水分子の膜輸送を担っているのが水チャネル・アクアポリンである．

●**水吸収の駆動力と水透過性**　時間あたりの水吸収量 J は，駆動力 V と水透過性 G の積 $J = V \times G$ で表される．細胞の水吸収では細胞内外の水ポテンシャルの差が駆動力であり，水ポテンシャルの高い方から低い方へ水は動く．水ポテンシャル差がなくなれば水の移動は止まる．また内外の水ポテンシャル差が逆転すれば水の動きも逆転して細胞からの脱水が生じる．通常，細胞は細胞内に溶質を蓄積して水ポテンシャルを外部より低く保つことで吸水および膨圧を維持している．

　水吸収の特性を決めるもう1つの要素である水透過性 G は面積 A と単位面積あたりの透過性 L の積 $G = A \times L$ である．細胞の場合，L は生体膜に存在する水チャネル・アクアポリンを通る透過性 L_p と，主に脂質二重層を水が拡散して通る透過性 L_d の和である．乾燥地に適応した植物や海産藻類などではアクアポリンの活性と L_p が非常に低い場合もある．これは透過性を下げることで脱水を抑制して環境に適応しているものと考えられる．しかし多くの細胞では L_p の値は L_d に比べて相当大きい．アクアポリンの寄与が大きいためである．

$$L = L_p + L_d \fallingdotseq L_p \quad (L_p \gg L_d)$$

さらに，L_p はアクアポリン1分子の透過性 L_{aqp}，単位面積あたりの分子数 N_{aqp}，開閉割合 P_{open} の積となる．

$$L(\fallingdotseq L_p) = L_{aqp} \times N_{aqp} \times P_{open} \quad (P_{open} : 0 \sim 1)$$

アクアポリンは1秒間に最大で約10億個の水分子を透過させるといわれており，これは膜輸送タンパクの基質輸送速度としては最も速い．

●**アクアポリン**　生体膜の水透過性は L_d より大きいことから水チャネルの存在が長らく想定されていたが，その実体としてヒト赤血球でアクアポリンが発見されたのは1992年，植物では1993年である．遺伝子としては major intrinsic protein（MIP）ファミリーと名付けられている．シロイヌナズでは33個，他の植物種でも数多くの MIP 遺伝子が同定されている．植物の MIP 遺伝子は原形質膜型（plasma membrane intrinsic protein：PIP），液胞膜型（tonoplast intrinsic protein：TIP），NIP 型（nodulin-26-like intrinsic protein），SIP 型（small basic

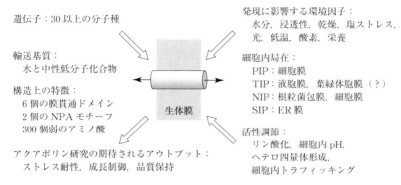

図1 植物アクアポリンの特徴

intrinsic protein），その他いくつかのサブファミリーに分けられ，PIP はさらに PIP1 型と PIP2 型に分けられる．アクアポリンは四量体をつくって生体膜で機能しているが，PIP1 と PIP2 はヘテロ四量体をつくることで水輸送活性が増強される．PIP2 においては特定のヒスチジン残基のプロトネーション（H^+ 付加）よってチャネルの閉口が起こる．特定のセリン残基のリン酸化はチャネルを活性化するが，別の部位のリン酸化は PIP 分子の細胞膜へのターゲッティングあるいは細胞内への取り込みを制御している．液胞が発達している細胞においては TIP が液胞膜上に大量に発現しており，液胞膜の水透過性も高い．これは細胞外が乾燥あるいは湿潤化したときに細胞膜を介して細胞質から出入りする水分を，速やかに液胞から補給あるいは液胞内に取り込むことで，細胞質の体積変化を最小限に抑えるという生理機能の実現に貢献している．NIP の多くは水輸送活性が低いが水以外の過酸化水素，アンモニア，非解離のケイ酸やホウ酸や亜ヒ酸など低分子中性化合物の輸送体として働いていことが示唆されている．PIP や TIP の中にも水以外の基質を輸送するものがある．発現調節については多くの PIP は概日リズムで制御されていること，また分子種ごとにストレス誘導性や組織特異性が異なることが明らかになっている．TIP についても組織および分化特異的発現が知られていて，例えば TIP3 サブファミリーは種子形成時に特異的に発現して機能していると考えられている．

PIP の発現を増減させた形質転換体において根やプロトプラストの水透過性が変化したという報告がいくつかある．しかしアクアポリンは複数の遺伝子が冗長的に働いているため，1 つの遺伝子を改変しても他のアクアポリンが代替してしまい，形質転換体を用いた植物体での機能解析が困難な場合も多い．　　［且原真木］

参考文献
[1] 間藤 徹他編『植物栄養学 第 2 版』文永堂出版，pp. 50–54，2010

土壌の酸性とアルカリ性

　土壌の pH は塩基類の集積の程度によって決定され，これがいろいろな養分の化学形態や溶解性も決めている（図1）．そのため，植物の養分吸収も土壌 pH の影響を強く受けている．大部分の作物は pH 6.0〜6.5 の微酸性で生育がよいが，ホウレンソウ，ブドウのように微酸性〜中性（pH 6.5〜7.0）を好むものがあるのに対して，チャ，ツツジのように酸性（pH 5.0〜5.5）を好む植物もある．土壌のもととなる岩石には塩基成分が多い．降雨の極端に少ない地域では，土壌中の水分が盛んに蒸発するので，下層からナトリウムやカルシウム成分が表層に移行し，集積する．その結果，土壌はアルカリ性を示す．我が国のように降雨が多い地域では，土壌の塩基成分が溶脱し，酸性化する．世界の耕地面積のおよそ 1/3 ずつを酸性土壌，アルカリ土壌が占めており，それぞれ土壌の酸性，アルカリ性に起因する作物の養分欠乏症，過剰症，生育阻害などが生じる．

●**酸性の土壌**　硫酸アンモニウム，塩化アンモニウムなどの化成肥料の施用，酸性雨あるいは土壌中に硫化物が含まれることなどによっても土壌は酸性化される．pH が 4.5 以下の酸性土壌では，低 pH そのものの害がみられ，また，pH が 5.5〜5.0 以下になるとアルミニウム，マンガンが可溶化しこれらの過剰害が生じる．また可溶化したアルミニウムと土壌中のリン酸が結合して沈殿するので，リン酸が不足する．土壌からの溶脱によるカルシウムやマグネシウムなどの塩基成分の

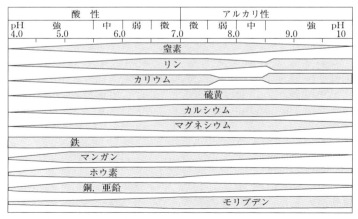

図1　土壌の pH と養分の溶解・利用度［出典：Truog, E., *Soil Science Society of America Proceedings*, 11：305-308, 1946 から改変］

欠乏やホウ素，モリブデンなどの微量元素の欠乏も生じる．また，カドミウム，亜鉛，ニッケル，鉛などの重金属汚染地では，これらが植物に吸収されやすくなる．

ほとんどの酸性土壌ではアルミニウムイオンによる毒性が生育阻害の大きな要因となる．アルミニウムはまず，根の先端の伸長領域の表層細胞に結合する．そのため，生育障害は最初に根に現れ，根の伸長が阻害された後，地上部の生育が阻害される．耐酸性が高い作物では高アルミニウム耐性が中心的な役割であると考えられる．根の高アルミニウム耐性には種間差があり，イネは強く，オオムギは弱い．アルミニウムの耐性機構の1つとして，根からアルミニウム結合物質として有機酸（クエン酸，リンゴ酸，シュウ酸）を分泌し，根圏において無毒化する排除機構がある．また，チャやアジサイは葉にアルミニウムを高濃度で集積する．これらの植物では体内でアルミニウムを無毒化する機構をもっていると考えられる．酸性土壌における生育障害を回避するためには，栽培する植物に応じたpH範囲に土壌を改良する必要がある．ただし，pHのみが目標範囲に入ればよいというものではなく，石灰，苦土，カリウムなどの塩基バランスも重要である．

●**アルカリ性の土壌**　世界の乾燥あるいは半乾燥地帯にはpHが高い土壌が広く分布する．また近年，我が国においても雨水による溶脱がほとんどないハウスなどの施設では，カルシウムなどの塩基成分が集積し，土壌のpHが7を超えることがある．このような土壌では，塩類の集積により植物が塩ストレスを受ける．また，土壌のpHが7を超えると，リン酸はカルシウムと結合して植物に吸収されにくい形態に変わる．鉄，亜鉛，マンガン，銅などの元素は溶解度の小さい水酸化物となり，沈殿する．したがって，アルカリ土壌ではこれらの成分が植物に吸収されにくくなり，欠乏症が現れやすい．特に鉄は光合成や呼吸などに大量に必要とされるため，生育への影響が大きい．

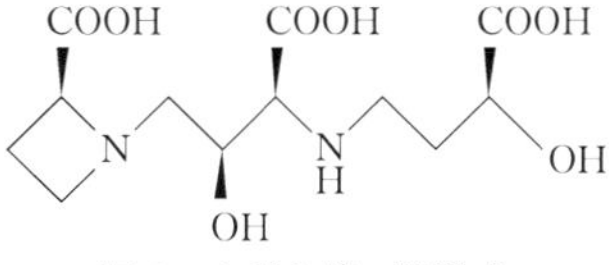

植物は鉄欠乏になるとクロロフィル量が低下して葉が黄白色となり（鉄欠乏クロロシスという），生育が悪くなる．根圏に溶けている鉄が少なくなると，植物は独自の鉄獲得機構を活発化し，鉄を獲得しようとする．イネ科植物は鉄欠乏状態になると根から大量のムギネ酸類（図2）を分泌する．ムギネ酸類は根圏の鉄をキレート化して可溶化し，ムギネ酸類-鉄キレートの形で根から吸収される．ムギネ酸類は高城成一により発見された物質であり，現在までに8種のムギネ酸類が日本の研究者により同定されている．ムギネ酸類の分泌量が多い植物ほど石灰質土壌における鉄欠乏に強い耐性を示す（オオムギは強く，イネは弱い）．遺伝子組換え技術によってムギネ酸類分泌を増加させ，石灰質土壌に耐性のイネが作成されている．

図2　ムギネ酸の構造式

［中西啓仁］

食虫植物

　食虫植物は小動物を誘因，捕獲，消化，吸収することによって無機塩類を根だけで無く，葉からも補うことが可能である．そのため，光や二酸化炭素濃度が光合成の律速要因とならず，窒素やリンなどの無機塩類が生存の律速要因となるような土地で，他の植物との競争に勝って生育できる[1]．ダーウィン（C. R. Darwin）の息子のフランシス・ダーウィン（F. Darwin）がモウセンゴケに肉片を与えると植物体の大きさ，種子数が増えることを実証した．
　捕虫葉形態は大まかに分けて，①葉上の毛から粘性のある消化液を分泌する粘着型，②葉が2つに折れ曲がる挟み込み型，③葉が水差しや嚢状に変形した袋型のものがあり，さらに細かく分類されることもある．袋型捕虫葉を形成するフクロユキノシタ属，タヌキモ属などは捕虫葉と光合成に適した平らな葉の両方を形成するが，どのようにつくり分けているかは未解明である．
●**捕虫葉**　捕虫葉形態，食虫性の程度は属や種ごとに多様である．例えば，粘着型でもモウセンゴケ属とムシトリスミレ属では毛の形態が異なっている．また，サラセニア属，ウツボカズラ属，フクロユキノシタ属，タヌキモ属はともに袋型の捕虫葉を形成するが発生様式が異なっている．少なくとも被子植物の6目で独立に食虫性が進化し，11科18属650種以上が現存すると推定される（図1）．粘着型の種の中には，野外捕虫効率が低い種や *Drosera schizandra* のように林床に生育し，ほとんど捕虫せず光合成に適した大きな葉を形成する種もある．こられの種は粘着性を食虫性以外の目的に用いている可能性もある．
　捕虫葉は花と同じように匂い，色，蜜を用いて獲物を誘因しているが，捕虫葉でこれらの形質がどのような遺伝子の変化によって獲得されたかはわかっていない．
　捕虫葉は非食虫植物の平面葉と比べ光合成効率が悪いことから，消化と吸収ができない段階で葉形態が変化すると適応度が低くなり進化できないと考えられる．しかも，捕虫葉形態と消化や吸収機構が同時に進化することは難しいように考えられる．このようにいくつかの形質がそろってはじめて適応的になるような複合適応形質がどのように進化するかは現代進化学の大きな問題である．サラセニア属のムラサキヘイシソウ *Sarracenia purpurea* の場合，葉原基の一部分で細胞分裂方向を平面葉の分裂方向と変化させることで袋型の形態ができることがわかった．一方，これまでに単離された消化酵素は病原抵抗性タンパク質であることがわかってきた．これらのタンパク質は細胞外に分泌されている可能性が高い．したがって，ムラサキヘイシソウの祖先植物は細胞外に病原抵抗性のために消化酵素を分泌しており，形が変わるとすぐに食虫性を発揮できたため，適応度の低

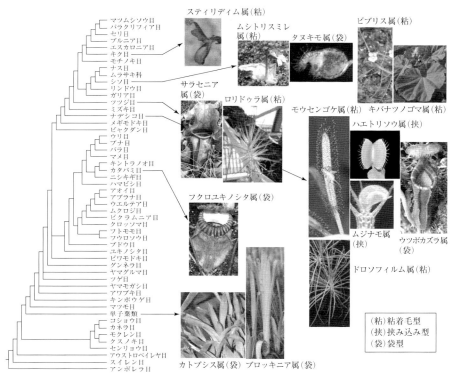

図1 捕虫葉の形態（カラー口絵 p.5 も参照）

い段階を通らずに進化できたのかもしれない．この場合，吸収機構も同時に進化する必要がある．吸収には，低分子物質はアンモニウム輸送体などを用いたり，高分子の吸収には吸収腺細胞のエンドサイトーシスがかかわることがわかってきたが，それらがどのように食虫性に用いられるようになったかは未解明である．

モウセンゴケ属の繊毛は伸長成長により運動し，ハエトリソウ属の捕虫葉は葉の張力バランスが崩れることで早い運動が引き起こされるが，その分子機構と進化は未解明である．また，ハエトリソウは感覚毛を2回刺激すると葉が閉じ，記憶機構があると考えられているが，その分子機構は不明である．

オオバナイトタヌキモのゲノムが解読されており，ゲンリセア属，モウセンゴケ属，ハエトリソウ属，フクロユキノシタ属でゲノム解読が進行している．今後，捕虫葉形態，消化や吸収機構，そして運動の分子機構が明らかになると食虫植物がどのように進化したかが明らかになるだろう． ［長谷部光泰］

参考文献
[1] Juniper, *et al.*, *The Carnivorous Plants*, Academic Press, 1989

ソース・シンク，転流，物質集積

　植物は，緑葉の光合成により CO_2 をデンプンや糖類などの栄養物質（光合成産物）に同化して利用する一方，栄養物質の一部をショ糖やアミノ酸などのかたちで，光合成を行うことができない根や花などの器官や発達途中の葉へ輸送（転流）することにより，個体としての生命活動（発達と生殖）を維持している．栄養物質の転流に依存する組織・器官をシンクと呼び，転流によりシンク組織・器官に栄養を供給する組織・器官をソースと呼ぶ．葉原基や展開途中の葉はシンク葉であり，十分に展開して光合成能力の最大値を発揮できる葉はソース葉である．シンク葉は先端から基部に向かってソース化するが，ソース化しつつある葉は「シンク→ソース変換葉」と呼ぶ．シンク葉がソース葉に変換すると，他のソース葉からの栄養物質の流入は停止する．一方，ソース化の完了した葉の部域からは，栄養物質を受け入れていた篩管とは別の篩管を通って栄養物質の転流が開始される．

●**物質集積の仕組み**　ソース葉は，葉肉細胞で生産した栄養物質を効率よく篩部の伴細胞まで集積する．次に，伴細胞は，栄養物質を効率よく篩管へ積み込む．さらに，葉の広範囲に合成された栄養分を効率よく主脈に集積するために，小脈が発達する．以上の仕組みは，葉のソース化とともに統合的に進行し，シンク器官への効率のよい物質集積を支えている．

　葉肉細胞で合成されたショ糖は，2〜3個の隣接する葉肉細胞を経て，小脈の維管束鞘細胞に移動し，さらに篩部柔細胞，伴細胞を経て，最終的に篩管あるいは篩要素に積み込まれる．篩管にショ糖を集積する方法には，シンプラスト篩部積み込みおよびアポプラスト篩部積み込みと呼ばれる2つが知られている（図1）．しかし，植物は，この両者のいずれか一方の仕組みに特化してショ糖積み込みを行っているわけではなく，さまざまな割合で両者を併用している．シンプラスト

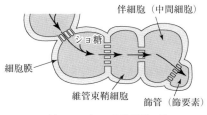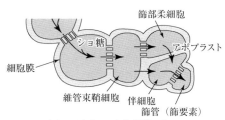

(a) シンプラスト篩部積み込み　　(b) アポプラスト篩部積み込み

図1　ショ糖の篩部積み込み様式

［出典：Taiz, L., *et al*., *6th ed. Plant Physiology and Development*, Sinauer, Figure 11. 14, 2015］

篩部積み込みを行う植物は，熱帯性の植物や，ツル性の植物が多い．一方，アポプラスト篩部積み込みは寒冷地や乾燥地域に進出した植物に多くみられる．

シンプラスト篩部積み込みを行う植物では，葉肉細胞から篩管まで，隣接する細胞間を原形質連絡と呼ばれるトンネル様構造を利用してショ糖を輸送している（図1(a)）．葉がソース化すると，篩部を構成する細胞には，枝分かれや互いに連結してH型をした原形質連絡が発達し，篩部積み込みの効率を向上させると考えられている．シンプラスト篩部積み込みを行う植物では，ショ糖を効率よく伴細胞に集積するために，葉肉細胞から伴細胞に向かってショ糖の濃度勾配を低下させる必要がある．そこで，このような植物では，伴細胞が中間細胞と呼ばれる細胞に特殊化し，そこでショ糖をラフィノースやスタキオースといったオリゴ糖に転換したのちに原形質連絡を介して篩管に積み込んでいる．ポリマートラップと呼ばれているこのような仕組みは，中間細胞のショ糖濃度を常に葉肉細胞よりも十分に低く保つので，中間細胞へのショ糖の集積がスムーズに起こる．

アポプラスト篩部積み込みを行う植物では，シンプラスト篩部積み込みをする植物と同様に，葉肉細胞から維管束鞘細胞，篩部柔細胞まで原形質連絡を介してショ糖を輸送している（図1(b)）．しかし，ショ糖は維管束鞘細胞および篩部柔細胞から，いったん細胞膜の外側（アポプラスト）に放出される．この仕組みにはSWEETと呼ばれるショ糖輸送体タンパク質が関与する．このため，維管束柔細胞や篩部柔細胞のショ糖濃度は，葉肉細胞よりも低く保たれるのでショ糖の移動はスムーズに起こる．一方，アポプラストに放出されたショ糖は伴細胞に取り込まれるが，この過程はショ糖の濃度勾配に逆らって行われるので，エネルギー依存のショ糖トランスポータを必要とする．伴細胞はミトコンドリアが発達し，さかんにATPを合成する一方，プロトンATPaseの働きで，アポプラストにプロトンを放出して，細胞壁側のH^+濃度を高く保っているが，この伴細胞内外のH^+勾配を解消すると同時にショ糖を細胞内に取り込む，H^+-ショ糖共輸送体の存在が知られている．伴細胞に取り込まれたショ糖は，原形質連絡を介して篩要素に積み込まれる．

●**シンク組織と物質集積** シンク組織の代謝活性も，物質集積に影響する要素の1つと考えられる．篩部からのショ糖の積み下ろし過程には，物理的にショ糖を篩管からシンク組織に移動させる過程と，シンク細胞でショ糖を代謝利用する過程が含まれる．一般的に，細胞分裂活性の高い組織では，ショ糖をアポプラストのインベルターゼによりグルコースとフルクトースに変換して細胞増殖を促進する一方，分化細胞ではサイトゾルのスクロースシンターゼの働きで，ショ糖をUDP-グルコースをフルクトースに分解して細胞構築に利用している．シンクでのショ糖利用が制限されると，転流が阻害され，その結果，ソース葉の光合成活性が負に制御されると考えられている． ［西田生郎］

環境応答

　植物は，動物の脳のような中央統御型情報処理システムを進化させてこなかったが，自らを移動させることなく，自分の周囲の環境変化を巧みに感知して，体を再構築して適応する独自の分散処理型情報処理システムを進化させてきた．植物が感知する環境を，我々にとってなじみ深い五感と比較しながら考えてみよう．

●**光の感知と応答（視覚）**　動物の視覚は基本的には目の網膜の光受容細胞に存在する三量体Gタンパク質共役型受容体により担われるが，植物はこれをほとんどもたない．植物は，クリプトクロム・フォトトロピン（青色光），フィトクロム（赤色－遠赤色光），紫外光受容体など，情報伝達の分子機構が大きく異なる複数種の受容体を進化させ，使い分け，多様な光応答を実現している．

　植物にとって光は情報であると同時に光合成などのエネルギー源である．弱光下では葉緑体が葉の表面側に集合し，受光効率を高める．一方，強光下では光傷害を避けるため，葉緑体は光を避けて光と平行な細胞壁面に逃避する．植物は光を感知すると気孔を開口し，葉中にCO_2を取り込む．葉緑体運動や気孔開口は，青色光受容体フォトトロピンにより制御される．光発芽，芽生えの緑化，光合成に不利な日陰から脱しようとする避陰反応などは，フィトクロムにより制御される．

●**気体分子の感知と応答（嗅覚）**　植物は，多種の気体分子を放出・受容し，同種・異種生物とのコミュニケーションに利用している．またきわめて単純な気体分子であるエチレンが複雑な過程を経て生合成され，情報分子として機能する．膜から遊離した多価不飽和脂肪酸の酸化反応により生成されるオキシリピン類は，ジャスモン酸以外に，情報伝達に関与するさまざまな揮発性化合物を含む．揮発性のテルペン類は，植物同士や植物と昆虫との間のコミュニケーションに活用されている．動物は三量体Gタンパク質共役型嗅覚受容体を多数もつのに対して，揮発性の化学物質を植物が受容する分子機構は未解明の点が多い．

●**力学刺激の感知と応答（触覚・聴覚）**　動物同様，植物も接触，浸透圧の高低などさまざまな物理的刺激を感知し，成長やストレス応答を制御する．その受容や情報伝達系において膜の張力変化により活性化されるCa^{2+}チャネルなどセンサー分子が重要な役割を果たす．茎は上に，根は下に伸びるなど，植物が成長方向を決めるうえで重力感知は決定的に重要である．根・茎の特別な細胞の中のデンプン粒を蓄積し比重が大きいアミロプラストが，傾きに応じて重力方向に沈降し平衡石として働くことにより重力が感知され，重力屈性が誘導される．

●**生物ストレス・傷害・共生（敵味方の感知と応答）**　植物は根圏などで，菌根

菌や根粒菌をはじめとする多くの微生物と共生関係を築く一方,病原体の感染を撃退する感染防御応答機構をもち,微生物由来の化学シグナルを感知して敵味方を見分けている.植物は,真菌の細胞表層由来のキチン・オリゴ糖や細菌鞭毛タンパク質由来のペプチドなど,多くの微生物に共通する多種の微生物分子パターン(MAMP)を感知し,植物免疫応答を誘導する.一方,菌根菌や根粒菌などの共生微生物由来の共生シグナル分子はキチン骨格をもち,受容体分子も類似しており,感染認識系から共生系が進化したことがうかがわれる.動物の摂食や物理的な切断などにより植物組織が傷つけられると,それを感知し,迅速に傷口の治癒,病虫害防御物質の蓄積などの反応を誘導する.この過程ではジャスモン酸・エチレンなどの植物ホルモンや電気シグナルなどが関与する.

●**温度の感知と応答** 高温・低温は植物の生存にとって重大なストレスである.高温を感知し,変性・失活したタンパク質の修復,分解などを誘導する熱ショック応答は,多くの生物に共通の反応である.低温ストレスは,水の凍結ストレスと,冷温ストレスに大別される.細胞内で氷の結晶が成長することによる膜系の破壊や,細胞外凍結により細胞内の水が失われ,浸透圧が上昇することは植物にとって致命的である.植物は多様な凍結制御物質を生成し,凍結ストレスを回避する.冷温耐性には膜成分の物性変化が重要な役割を果たす.

●**環境ストレス応答** 砂漠化など地球環境の悪化が懸念される中,植物の悪環境耐性機構解明の重要性が高まっている.ヒトの体液は生理食塩水と同じ 150 mM の Na^+ を含むが,植物はイオン・物質輸送において動物が Na^+ を使う部分に H^+ を使うことが多く,一般に高濃度の Na^+ に弱い.細胞質から細胞外や液胞内への Na^+ の能動輸送は耐塩性に寄与する.乾燥・凍結・高浸透圧・塩ストレス応答は細胞脱水ストレスとして共通点も多く,アブシシン酸が重要な役割を果たす.水分の損失を防ぐため気孔を閉じて蒸散を抑え,適合溶質を合成・蓄積する.根は水分を感知し水分屈性を示す.一方,洪水などにより浸水すると低酸素状態となると嫌気性代謝を促進して ATP 産生を維持するとともに,イネなど,一部の植物は浸水組織に酸素を供給するため,通気組織を形成する.

　現実の植物の環境応答では複数の環境ストレスが複合的に作用する.例えば砂漠では乾燥と強光ストレスが複合的に作用し,気孔閉鎖に伴い CO_2 の供給やカルビン・ベンソン回路による固定が滞り,葉緑体中に大量の活性酸素種が蓄積される.さまざまな環境ストレスが酸化ストレスに帰着することが多く,抗酸化物質の合成誘導が重要となる.ストレス耐性の獲得と成長や光合成はトレードオフの関係にあることが多く,さまざまな環境応答情報伝達系は互いにクロストークして複雑なネットワークを形成している.ストレス耐性と成長の両立は農業上重要な課題である.　　　　　　　　　　　　　　　　　　　　　　　　［朽津和幸］

植物細胞内情報伝達

　生命が示すさまざまな高次機能は，細胞内外の情報伝達の問題に帰着されることが多い．細胞内情報伝達は，特定のアミノ酸へのリン酸基の付加（リン酸化）や二次メッセンジャーの結合などの翻訳後修飾により，分子スイッチタンパク質の機能がON/OFF制御される素過程間のネットワークにより担われる．動物や真菌などの他の真核生物と共通な情報伝達機構が植物にも存在する一方で，植物で発達し，複雑化した情報伝達分子も少なくない．

●**分子スイッチ**　リン酸化分子スイッチは，プロテインキナーゼ（タンパク質リン酸化酵素，PK）の働きによりATPを基質とし，タンパク質のセリン(Ser)，スレオニン(Thr)，チロシン(Tyr)，ヒスチジン(His)のいずれかの残基にリン酸基が付加されることによりタンパク質の機能が（不）活性化され，逆にプロテインホスファターゼ（タンパク質脱リン酸化酵素，PP）によりリン酸化タンパク質のリン酸基が除去され（不）活性化されるON/OFF制御機構である．Gタンパク質分子スイッチは，一群のGタンパク質にGTPかGDPが結合することによりその機能がON/OFF制御されるもので，グアニンヌクレオチド交換因子（GEF）によりGTP型となり活性化され，GTPase活性化タンパク質（GAP）によりGDP型となり不活性化される．ヘテロ三量体型と低分子量型(Rac/Ropなど)とに大別される．植物は動物と比べてGタンパク質共役受容体（GPCR）やヘテロ三量体Gタンパク質の種類は少ない．

●**二次メッセンジャー**　二次メッセンジャーとは，細胞外からの情報が認識されると細胞内濃度が高まり，タンパク質に結合することによりその機能を制御する物質である．カルシウムイオン（Ca^{2+}）は，動植物に共通する二次メッセンジャーである．通常，サイトゾル（細胞質基質）中のCa^{2+}濃度は10^{-8}〜10^{-7}モル/Lと，細胞外や液胞，小胞体などのオルガネラ内腔と比べてずっと低く保たれている．平常時に閉口している細胞膜やオルガネラ膜上のCa^{2+}チャネルが開口すると，サイトゾルのCa^{2+}濃度が上昇する．情報はCa^{2+}濃度の時空間パターンとして表現され，Ca^{2+}センサータンパク質（EFハンド構造と呼ばれるCa^{2+}結合ドメインをもち，Ca^{2+}濃度変化に呼応してその機能を変化させる）により情報が認識される．植物は多くのCa^{2+}センサータンパク質をもつ．カルモジュリン（CaM）は動物では基本的に1種だが，植物では多種のCaMが機能分担しているうえに，さらに多くのカルモジュリン様タンパク質（CML）が存在する．また植物は，PKのC末端側にCaM様ドメインをもち，Ca^{2+}濃度変化に呼応してタンパク質リン酸化活性が制御されるCDPKや，動物のカルシニューリンBと類似した

Ca^{2+}センサータンパク質CBLをもつ．動物のカルシニューリンBは，PP2B（カルシニューリンA）と結合し活性化するが，植物はそれをもたず，植物のCBLは，タンパク質リン酸化酵素CIPKと結合し活性化する．モデル植物シロイヌナズナには，CDPK，CBL，CIPKがそれぞれ34, 10, 26種も存在する．．

● 受容体　細胞外からの情報伝達分子を細胞膜上で認識する受容体には，細胞質側にPKドメインをもつか，PKと協調的に作用して情報をリン酸化分子スイッチに変換するものが多い．動物にはTyr型受容体キナーゼが多いが，植物には数百種のSer/Thr型があり，中でもブラシノステロイド，ペプチド，青色光（フォトトロピン），微生物由来の感染シグナルの受容体など，細胞外のリガンド結合ドメインにロイシンリッチリピート（ロイシンを多く含むアミノ酸の繰返し配列）をもつものが多い．エチレン，サイトカイニンなどの受容体はHis型PKで，細胞間情報伝達分子が細胞外ドメインに結合すると，ヒスチジン残基が自己リン酸化され，さらにこのリン酸基がレスポンスレギュレーター（RR）のアスパラギン酸残基に転移し（His-Aspリン酸リレー系），二成分制御系を構成する．この情報伝達系は，原核生物である細菌の細胞外環境の認識において中心的な役割を果たすが，動物では失われている．エチレン受容体など一部では，センサーキナーゼとRRとが融合し，単一のタンパク質内でHis-Aspリン酸リレーが起きる．

● その他の情報伝達系　MAPKKK，MAPKK，MAPKの3種のPKから構成されるMAPKカスケードは，真核生物に広く保存されているが，植物で多様化し，ストレス応答や発生などの広範な情報伝達系で転写制御因子のリン酸化など，多様な機能を果たしている．

　特定のタンパク質がユビキチンリガーゼによりユビキチン化されると，タンパク質分解酵素複合体プロテアソームで選択的に分解される．植物の細胞内情報伝達系では，情報伝達系の負の制御因子のユビキチン化と選択的分解が重要な役割を果たす．SCF型ユビキチンリガーゼE3の特定の基質を認識するサブユニットであるF-boxタンパク質は植物に数百種存在する．オーキシン，ジャスモン酸受容体はF-boxタンパク質で，ジベレリン，エチレン，ブラシノステロイドなどの情報伝達系にも，ユビキチン化に伴う選択的分解が関与する．

　その他のタンパク質の翻訳後修飾として，システイン残基の酸化還元がある．チオレドキシンなどのレドックス（酸化還元）制御タンパク質は葉緑体の代謝制御などに関与する．また活性酸素種（ROS）は，光合成や呼吸などの代謝系で不可避的に生成される有毒物質であると同時に，NADPHオキシダーゼ（NOX）などの酵素により積極的に生成され，プログラム細胞死などの情報伝達に関与する．植物のNOXはEFハンド構造をもち，ROS生成はCa^{2+}の結合とPKによるリン酸化により活性化される．一方，ROSにより活性化されるCa^{2+}チャネルも存在し，Ca^{2+}とROSの情報伝達系は相互にクロストークしている．　　　　　　［朽津和幸］

蒸散と水代謝

　生物の体には水が出入りしており，これを水代謝という．植物の場合，気孔を開くと葉肉細胞の表面から水が蒸発して，大気中に出て行く．これを蒸散という．蒸散が起きると土壌中の水が根，茎を通って葉に移動する．これらの過程が植物の主な水代謝である．生体内ではさまざまな化学反応によって水が分解されたり生成したりしているが，単純な水の出入りの方が圧倒的に多いのである．光合成によって1gの有機物が合成されるとき，蒸散によって失われる水の量は100gから1000gにも達する．

●**駆動力**　水はより水ポテンシャルの低い方へと移動する．水ポテンシャルは熱力学的なポテンシャルであり，圧力Paの単位をもつ．細胞の水ポテンシャルは，細胞に圧力をかけないでも水がしみ出すような状態を0であると定義する．また純水の水ポテンシャルも0である．細胞から水をしみ出させるために圧力aが必要なとき，この細胞の水ポテンシャルは$-a$である．細胞の水ポテンシャルは，細胞の浸透圧が大きければ大きいほど負の値が大きくなる．つまり，水が細胞内に移動しやすくなる．一方で，細胞の膨圧が大きいほど水ポテンシャルは0に近づく．純水に浸した細胞が十分に吸水したとき，浸透圧と膨圧がつり合って水ポテンシャルは0となり，水の移動は止まる．

　降水直後の土壌の水ポテンシャルは0に近い．また，大気の水ポテンシャルは非常に低く，相対湿度が90％程度でも葉肉細胞の水ポテンシャルよりも常に低いため，蒸散が起きる．蒸散が起きると葉肉細胞の膨圧が減少して細胞の水ポテンシャルが下がり，土壌から，根，茎を通って水が受動的に移動する（図1）．

　乾燥が続くと土壌の水ポテンシャルは低下していく．砂漠のような乾燥した環境では土壌の水ポテンシャルが膨圧を失った葉肉細胞の水ポテンシャルよりも低くなることがあり，この場合には植物は水を吸収することはできない．

　このように，基本的には葉肉細胞の水ポテンシャルの低下が水の移動を駆動する．例外としては，道管内に放出された無機イオンや有機物によって道管水の水ポテンシャルが低下し，これによって土壌から道管に水が移動する現象がある．これを根圧と呼ぶ．ヘチマなどでは茎を切断したときに水が浸出するが，これは道管内に放出された無機イオンによって根圧が発生したためである．カエデなどでは道管に放出された糖が根圧を発生させる．しかし，根圧だけでは高木の樹冠まで水を送ることはできない．

●**水代謝の失敗**　道管には陰圧がかかるため，道管の周囲から道管内に空気が引き込まれてしまうことがある．それによって水の移動が妨げられる．これをエン

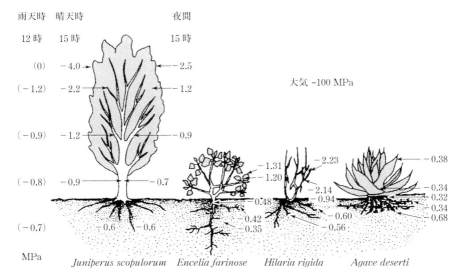

図1 植物と大気の水ポテンシャル：通常，植物体の各部位において測定された水ポテンシャルは根から葉に向かって低下し，水はこの水ポテンシャル勾配に従って受動的に移動し，大気への蒸散が起きる．右端の植物は乾燥地帯のリュウゼツランの仲間であるが，根の水ポテンシャルの方が地上部よりも低い．ここでは土壌が乾燥しているため，通常とは逆の水ポテンシャル勾配ができている．水は地上部から根，そして土壌へと移動する

ボリズムという．エンボリズムは空気が水に溶け込むことで解消されることが多い．しかし，多くの道管にエンボリズムが起きると，水代謝が強く阻害されて植物体の枯死を引き起こす．エンボリズムは道管の凍結によって気泡が生成することでも起きる．細い仮道管はこのエンボリズムが起きにくいことが知られており，仮道管をもつ常緑針葉樹が寒冷地に分布できることの一因であると考えられている．

●**残された問題** 油などと比べると水の凝集力は比較的高い．しかし，上部から水を吸い上げたときに水がつながっている限界は10mであり，これ以上になると真空が発生する．そのため，葉肉細胞の水ポテンシャルが低下したときに水がつながったまま上昇できる限界は，物理的には10m程度である．しかし，現実には高さ100mの樹木もあり，この樹冠まで水はつながったままで上昇することが知られている．また，こうした樹冠の水ポテンシャルは，降水中や早朝にはほぼ0であることも知られている．これは，道管や仮道管の中の水が重力によっては落下しないことを意味している．

このように，高木の樹冠まで水が移動する仕組みについては，単純な物理学で完全に理解することはできていない． ［舘野正樹］

膨圧と浸透圧（水ポテンシャル）

　膨圧は細胞壁をもつ細胞が有する細胞内圧力のことである．膨圧の役割の1つとして，細胞壁の強度が十分ではなく独り立ちできない芽生えなどの幼植物の細胞の形を保ち，全体の形態を維持する働きがある．また気孔の開閉運動や，いわゆる動く植物（オジギソウ，ハエトリグサなど）の葉の運動は膨圧の変化によって引き起こされている．膨圧が発生する機構を理解する鍵となるのが，水が移動する方向を決める水ポテンシャルという物理量である．水ポテンシャルは水のエネルギー状態を表し，単位はパスカル（Pa）である．水溶液の水ポテンシャルは浸透ポテンシャルと圧ポテンシャルの和からなり，水は水ポテンシャルの高い所から低い所へ移動する．浸透ポテンシャルは浸透圧を負にした値で，水溶液中の単位体積あたりに含まれる溶質分子数の総数が多い（浸透圧が大きい）と低くなる．溶質分子が存在しない水の浸透ポテンシャルは0 Pa，40 mmol/Lのショ糖溶液の浸透ポテンシャルはおおよそ-0.1 MPa（-1気圧）である．細胞体積の大半を占める液胞や，あるいは細胞壁を構成するセルロースミクロフィブリルの隙間では無機イオンなどの溶質が浸透ポテンシャルの低下に寄与する．浸透ポテンシャルは凝固点降下や沸点上昇を利用した浸透圧計（オスモメーター）を用いて測定ができる．細胞内の圧ポテンシャルとは膨圧のことで，通常正の値をとる．油を先端まで詰めた微小ガラス管を細胞内に挿入して油を介して伝わる圧力を圧力変換器で直接測定することができる（プレッシャープローブ法）．間接的に求めるには，細胞壁内の浸透ポテンシャルから細胞内浸透ポテンシャルをさし引いて求めることができる．

●**膨圧の発生機構**　水が細胞壁と細胞膜を拡散（浸透）する場合の主な障壁となるのは細胞膜で細胞壁は浸透の障壁にはならない．なぜなら細胞壁内のセルロースミクロフィブリルの隙間を水分子や低分子量の溶質（無機イオン，ショ糖など）は容易に拡散できるからである．細胞膜には，水チャネルといわれるタンパク質からなる水分子だけを通過させる通路が存在する場合があって水の透過性を高めているものの，細胞壁の水透過性に比べて細胞膜の水透過性は圧倒的に低い．そして溶質の細胞膜透過性は細胞膜の水透過性に比べてさらに低い．細胞膜に対する水と溶質の圧倒的な透過性の差を半透性という．

　どのような細胞でも細胞内の浸透ポテンシャルは細胞壁内の浸透ポテンシャルより常に低く保たれている．仮に細胞壁内の浸透ポテンシャルを0 Paとすると，水は浸透ポテンシャルのより低い細胞内に浸透して細胞体積を増加させる．しかし，伸展性に限度のある細胞壁が浸透に伴う細胞体積の増加をある所で食い止め

てしまい正の値をもつ膨圧が発生する（図1(a)）．定常状態では負の値をもつ細胞内浸透ポテンシャルと膨圧の和である細胞内の水ポテンシャルは0 Paとなり，細胞壁内と同じ水ポテンシャルになって浸透が止まる．

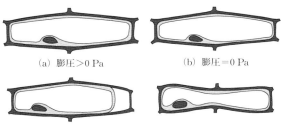

(a) 膨圧＞0 Pa (b) 膨圧＝0 Pa

(c) 原形質分離（膨圧＝0 Pa） (d) 細胞収縮

図1　細胞壁内の水ポテンシャルの低下に伴う細胞の変化
［出典：Haupt, W., *Bewegungsphysiologie der Pflanzen*, Georg Thieme Verlag Stuttgart, p.67, 1977］

●**原形質分離**　原形質分離とは細胞壁から細胞膜が分離する現象である．例えばショ糖溶液を用いて浸透ポテンシャルを下げることで細胞壁内の水ポテンシャルを下げると細胞内の水ポテンシャルの方が高くなって水が流出して膨圧は減少し細胞体積は減少する．ショ糖溶液の浸透ポテンシャルが細胞内浸透ポテンシャルと同じ値になると膨圧は0 Paとなる（図1(b)）．図1(a) に比べて図1(b) の細胞体積が減少しているのがわかる．さらに細胞壁内の浸透ポテンシャルを低くする（ショ糖濃度を上げる）と細胞壁を通ってショ糖溶液が細胞膜と細胞壁の間に侵入する一方，細胞の内側からはさらに水が流出して細胞膜と細胞壁の間に溶液がたまり原形質分離が起こる（図1(c)）．その際，細胞内浸透ポテンシャル，細胞壁内および細胞壁と細胞膜の間の浸透ポテンシャルは等しくなる．

●**細胞収縮**　膨圧の減少は細胞壁内の浸透ポテンシャルの低下に伴って起こる以外に，乾燥した空気中への細胞からの水の蒸発でも起こる．植物体が乾燥してしおれる状態というのは，細胞から水が蒸発して膨圧がなくなった状態をさしており，日常的によく見かける現象である．空気の水ポテンシャルは相対湿度によって決まり，100％の場合0 Paとなる．その場合，細胞壁内の水ポテンシャルも0 Paとなり蒸発は起こらない．また，細胞内水ポテンシャルも0 Paなので細胞からの水の移動も起きない．空気の相対湿度が下がり空気の水ポテンシャルが低くなると，水ポテンシャルの差にしたがって細胞壁から水の蒸発が起こる．すると空気との境界にある細胞壁のセルロースミクロフィブリルの隙間にある水に表面張力が発生して負圧が生じ細胞壁内の水ポテンシャルが下がる．その一方で細胞内の水ポテンシャルは0 Paなので，細胞内から水が細胞膜を通って細胞壁に流出して膨圧が減少する．水の流出が続けばいずれ膨圧が0 Paとなり，さらに細胞からの水の流出が続くと細胞が萎縮して変形が生じる．この状態を細胞収縮という（図1(d)）．

［岡﨑芳次］

乾燥ストレス，水ストレス

　水ストレスは字義的には植物にとって水が過剰な状態と不足の状態の両方のストレスを含むものである．日本のような湿潤な環境では水過剰のストレス（「冠水耐性，水草」参照）も生じるが，世界の多くの地域では植物が水を十分に吸収できない乾燥および浸透圧ストレスが問題となる．浸透圧ストレスは塩ストレス（「塩ストレスと耐塩性」参照）などで土壌溶液の溶質濃度が高くなることで生じる．本項目では乾燥および浸透圧ストレスを水ストレスとして，細胞レベルでの応答を中心に解説する．

●**乾燥および浸透圧ストレスと水ポテンシャル**　乾燥した環境では大気湿度が低下して，植物の地上部は気孔を閉じて蒸散を抑制するのが一般的な対応である．気孔が閉じると二酸化炭素の取り込みが低下するが，これに対して乾燥地の植物は二酸化炭素の利用効率が高い C_4 光合成をしたり，相対湿度が高くなる夜間に気孔を開く CAM 型光合成をしたりして対応している種が多い．また葉のワックスなどの分泌を増やしてクチクラ層を厚くしてクチクラ蒸散も低減させている．一方で土壌の乾燥に対しては根がさまざま対応を示す．土壌は地表に近いところから乾燥が進み，深いところは湿潤であったり，水が存在する場合が多い．このため木本や多年草などでは深根を発達させて土壌の深いところの水分を獲得する戦略をとるものがある．これ以外の植物では浸透圧調節をするか水透過性を制御するかの対応が必要となる．乾燥によって土壌溶液の水ポテンシャルが低下する場合でも，浸透圧ストレスによる場合でも，根が恒常的に水吸収を維持するためには細胞内外の水ポテンシャル差を維持する必要がある．過酷な水ストレス環境下で水ポテンシャル差が逆転する場合には脱水が起こり，これを防げない植物は枯死してしまう．

●**浸透圧調節と適合溶質**　植物は土壌溶液の水ポテンシャルの低下に対抗して細胞内液の水ポテンシャルを下げて（浸透ポテンシャルを下げて）吸水を維持するために，細胞内に無機イオンと有機物とを溶質として蓄積する．細胞質で主に蓄積される無機イオンはカリウムである．耐塩性植物では塩ストレス環境でナトリウムを取り込む場合もあり，この際に高濃度のナトリウムは液胞に蓄積されて液胞液の浸透ポテンシャル低下に貢献している．

　細胞質で高濃度の無機イオン，特にナトリウムイオンが蓄積することは多くのタンパク質や酵素にとって有害である．これを避けるために細胞質には浸透圧調節物質あるいは適合溶質と呼ばれる特有の有機物が水ストレスに適応して蓄積される．糖アルコール，ベタイン類，プロリンなどが相当する．これらの物質は浸

透圧調節に関与するだけでなく，他のタンパク質の構造や機能をストレス下で保護するシャペロン的な働きや，ストレスで発生する活性酸素を除去するスカベンジャー作用も合わせもつと考えられている．適合溶質の合成経路を強化して水ストレス耐性向上を目指した形質転換植物作出の試みもあるが，現在のところ実用レベルには至っていない．

●**水透過性の調節**　時間あたりの水吸収量Jは，駆動力である細胞内外の水ポテンシャル差Vと水透過性Gの積$J=V\times G$で表される．

マイルドな水ストレスで細胞内外の水ポテンシャル差Vが逆転はしないが小さくなった場合，上式でGを高めると吸水量を維持できる．Gは単位面積あたりの水透過性に面積を描けたものであるから，植物体においては根の総面積を増加させることでGの値を高めることができる．これは実際に乾燥地では根量増加という形態的な応答として観察されている．

水ストレスが強い場合には，細胞内外の水ポテンシャルが逆転して細胞からの脱水が生じる．細胞内に溶質を蓄積して浸透圧調節をするためには一定の時間が必要であるが，その調節が行われる前に脱水されてしまっては植物は生き延びることができない．脱水を避けるために，水ストレスによる初期反応として水透過性を低下させて水の膜輸送を一時的に抑制する例が多く報告されている．過酷かつ変動する水ストレス環境下に対応するために植物は水透過性を一過的に下方制御して脱水を防ぎつつ浸透圧調整を行い，細胞内外の水ポテンシャル差を回復させた後に水透過性を上方制御して吸水を再開する，というダイナミックな対応を行っていると考えられている（図1）．分子メカニズムとしてはアクアポリンのリン酸化/脱リン酸化による活性制御や膜ターゲッティングと細胞内小胞へ取り込みのバランス制御，吸水再開時のアクアポリン発現の増加などがあげられるが，その詳細は今後の研究課題である．　　　　　　　　　　　　　　　　［且原真木］

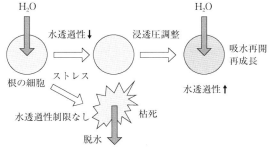

図1　強い乾燥/浸透圧ストレスに対応する水透過性の制御と浸透圧調節

冠水耐性，水草

　水を毎日たっぷり与えたのに植物が枯れてしまった，という経験はないだろうか．これは水そのものが植物に害を及ぼしたわけではないが湿害と呼ばれる．酸素が土に拡散する速度は空気中の100倍，水には1万倍も遅く，酸素濃度が約21%の空気に比べて土や水の中の酸素は非常に少ない．また，土の中には植物の根だけでなく，菌類や細菌が呼吸により酸素を消費している．つまり，土壌が水に浸された冠水状態では酸素不足が進み，呼吸が阻害された根は地上部に水を送ることができなくなることが湿害の原因である．

　冠水ストレスの影響は，植物の耐性の程度，ストレスの状態とその継続時間や気温などにより変化する．冠水耐性が比較的高い植物には，短期の冠水に対して代謝を低下させて水位が下がるのを待つものと嫌気ストレスからの脱出を試みるものがいる．後者は冠水すると速やかに水面にむけて茎や葉柄を伸ばして空気を取り込み，根には酸素を効率よく運ぶ通気組織や不定根をつくり，長期の冠水にも耐えられる．もっと耐性が高いものは水環境へ進出している．木本では，ヤナギやハンノキのなかまが通気組織の発達した皮目や不定根を発達させて流水環境に生育する．湿地のヌマスギや熱帯の干潟に繁茂するメヒルギなどのマングローブは，横に伸びた根のところどころから上向きに呼吸根を伸ばして空気を取り込む．草本には，陸から水環境に再び適応した水生植物がさまざまな分類群でみられる．

●**水生植物の生育形**　岸から水中までの環境勾配に合わせ，水生植物は異なる生育形をもつ．岸近くに生育するヨシやハスは水面より上に葉をつけ，スイレンやヒシは通気組織を「うき」に利用して葉を水面上に広げる．淡水域にみられるヒルムシロ科やマツモ科などの水草と海域に生育するアマモ科やベニアマモ科の海草は，主に沈水生活を営む．このような生育形の違いはシダ類のデンジソウ，アカウキクサ（アゾラ），ミズワラビなどにもみられる．

●**通気組織による酸素の輸送**　レンコン（ハスの地下茎）の穴のように，通気組織は細胞が集合したものではない．植物の細胞間にはしばしばすきまがあり，この細胞間隙が管状あるいは網状につながり，気体の通路として働くものを通気組織という．

　通気組織は茎や根の皮層にみられ，細胞間隙のでき方より2つに分けられる．離生通気組織（図1(a),(b)）は隣接する細胞を接着する層が分解され，生じた細胞間隙が広がったものである．管状の通気組織には1層の細胞群からなる隔壁があり，細胞間の孔が気体を通して水は通さない「ふるい」の役目をする．破生通気組織は皮層の細胞の一部が崩壊して細胞間隙が生じる．イネ科植物では，冠

水ストレスによりこの組織が生じる仕組みが調べられている．冠水により酸欠になると植物ホルモンのエチレンや活性酸素が生じ，これがプログラム細胞死にかかわる遺伝子群を動かし，皮層の細胞が崩壊する．一方，発生過程で生じる水生植物の通気組織がどのようにつくられるかはわかっていない．酸素を根に効率よく運ぶには，通気組織をつくるだけでなく，そこから酸素が漏れないことが必要である．水草は，根の先端から木部（道管や仮道管）

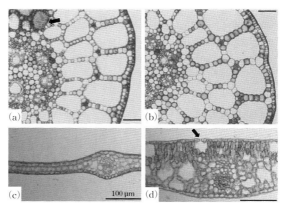

図1 水草ササバモ（ヒルムシロ科）の水中と陸上に形成される茎と葉の横断切片．茎：(a) 水中，(b) 陸上，矢印は隔壁を示す．葉：(c) 水中，(d) 陸上．茎に比べて葉の構造は水中と陸上で著しく異なる．陸上葉はふつうの葉と似ており，気孔（矢印）がみられる．水中葉は薄く，葉肉は3層の細胞からなる単純な構造である

を通って葉の先端（水孔）で放出される水流により土壌の栄養分を取り込む．したがって，外側と内側の水流から通気組織を隔離するため，茎や根の表皮細胞はクチクラが発達して厚くなり，木部の外側には気体や水の移動を制限する内皮が発達する．酸素が少ない水中の土壌では，嫌気性細菌により植物の成長を阻害するメタンや硫化水素がつくられるが，水草は根から酸素を放出して周囲の土壌を好気的に保っている．そのため根や地下茎の表面には酸化された鉄イオンが茶色のしみとなってついている．

●**水草の光合成** 植物は光合成により酸素をつくれば，嫌気ストレスを克服できる．光合成の基質の1つ，CO_2 は O_2 に比べて水に溶けやすく，水中では溶存無機炭素（CO_2，重炭酸イオン，炭酸イオン）となる．水草は葉の表面や根から，この溶存無機炭素を直接取り込んで光合成を行う．水中の葉は気孔やクチクラ層が発達せず，葉肉の組織が分化していない単純な構造だが（図1(c)），その機能は水環境にうまく適応している．例えば，表と裏の2細胞層からなるクロモやコカナダモの葉は，溶存無機炭素が減ると C_3 型から C_4 型光合成に切り変える．また，水草の多くは能動的に重炭酸イオンを取り込み，光合成効率を高めている．

洪水による被害を防ぐため，冠水耐性の高い農作物の開発が求められている．沈水生活を営む水草の多くは，夏に渇水が起こると気孔のある葉（図1(d)）をつけた陸上型をつくり，水位が上昇すると再び水中生活に戻る．このような水草の水陸両生の性質は，環境への適応進化を考えるうえで興味深い． ［小菅桂子］

塩ストレスと耐塩性

　塩ストレスとは，植物の根系域に無機塩類が過剰蓄積することで引き起こされる環境ストレスの一種である．大部分の農作物を含む非塩性植物は，塩ストレス環境下で成長や生産性が著しく阻害される（図1）．この現象を，一般に塩害と呼ぶ．塩害は，乾燥・半乾燥地帯における灌漑農業地や南・東南アジアを中心とする沿岸部の農地で頻繁に認められる問題である．塩害は，複合的要素によりもたらされる複雑な現象であるが，悪影響のもととなる二大要因は，浸透圧ストレスとイオン毒性であることが知られている（図2）．前者は，外環境に蓄積した塩類に起因し，植物の水吸収が妨げられる．その結果，光合成活性の減退や細胞内での核酸・タンパク質の変性が誘発され，細胞活性が低下する．後者では，外部塩濃度の上昇がK^+やCa^{2+}などの必須イオンの吸収を競合的に妨げ，Na^+やCl^-を主体とする毒性イオンの細胞内過剰蓄積が不可欠な代謝反応の阻害を引き起こす．いずれの場合も活性酸素種の発生が促進され，最悪の場合は細胞死に至る（図2）．

図1　塩ストレスと植物：水耕栽培した発芽後3週齢のイネに，高濃度の NaCl を12日間処理した際の若い葉の葉身および根（左：非ストレス，右：ストレス）の様子

● **植物の耐塩性機構：浸透圧ストレス応答**　植物は，根の細胞膜上に存在するアクアポリンと呼ばれる水チャネルを介して水を吸収し成長する．高塩環境においては，外部浸透圧が上昇し水吸収が減少する，もしくは，ストレスが強度である場合，水輸送の方向が逆転し脱水が引き起こされる．複数の植物種において，塩ストレスが根の水透過性を顕著に低下させる事実が報告された．この現象は，根のアクアポリンが脱リン酸化により輸送活性の不活化を受け，かつエンドサイトーシスにより細胞膜から物理的に排除され

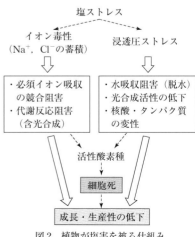

図2　植物が塩害を被る仕組み

ることに依存している．オオムギでは，耐塩性の強い品種が，塩ストレス下でより厳格に根の水透過性を負に制御することが明らかとなった．高塩環境で根の水透過性を負に制御することで，植物には，アクアポリンを介した脱水の防止や細胞成長を吸水からストレス対応モードに変化させるなどの利点があると考えられている．しかしながら，この水輸送制御が，植物の耐塩性機構の1つとして決定的な役割を担うか否か直接的な証明には至っていない．植物の中には，塩ストレス下での水分不足の悪影響を回避するために，アミノ酸や糖類，四級アンモニウム化合物などの適合溶質と呼ばれる物質を細胞内に高蓄積するものが存在する．適合溶質の高蓄積により細胞内浸透圧が高まり，水分吸収や細胞機能へのダメージが軽減される．これらの物質の中には，膜構造や酵素の保護，あるいは活性酸素種除去物質としても機能する可能性が示唆されるものが存在する．

●**植物の耐塩性機構：毒性イオン排除** Na^+ は，植物栄養学的に非必須イオンであり，塩ストレス下で塩害をもたらす主たる毒性陽イオンである．一般に，植物の根における Na^+ 選択性は非常に低いが，塩ストレス下では Na^+ 透過性が飛躍的に増大し，多量の Na^+ 流入が引き起こされる．主要な流入経路は，K^+/Na^+ 選択性が乱された K^+ 輸送系や非選択的陽イオンチャネル（NSCC）であると示唆されているが，特に後者の寄与が大きいと考えられている．しかしながら，NSCC の構造や分子機能はいまだ不明であり，耐塩性研究をめぐる最大の謎の1つである．

現在までに，植物が Na^+ 毒性を回避するために必須である3つの Na^+ 輸送系が明らかにされた．① NHX 輸送体：正常な細胞質環境を維持するために，細胞小器官の1つである液胞の膜上に局在し，H^+ との対向輸送により細胞質に集積した Na^+ の液胞内への隔離を担う．② SOS1 輸送体：主として根の表皮や先端の分裂組織の細胞膜上で，細胞内に蓄積した Na^+ を H^+ との対向輸送により細胞外へ排出する．③ HKT1 輸送体：根のカスパリー線を越えて導管周辺および導管内に侵入した Na^+ が，地上部，特に光合成の場である葉身に移行することを妨げるため，木部柔細胞や内鞘細胞の細胞膜上で Na^+ の吸収・除去を担う．塩ストレスを被る植物は，葉肉細胞を中心に各細胞の細胞質内 Na^+ 濃度を低く保つために，これら Na^+ 輸送系を協調して働かせる．これらの働きはまた，Na^+ 毒性緩和効果を発揮する必須元素 K^+ の吸収・蓄積を間接的にうながす．その結果達成される高い細胞質内 K^+/Na^+ 濃度比環境が，細胞レベルの耐塩性を維持するために重要である．

必須元素 Cl^- も，過剰蓄積すると塩害の発端となる．植物は，Na^+ 同様，Cl^- の適切な細胞質内濃度を調節するための輸送系を保持している事が推測されているが，その構造や機能に関しての知見は現時点で非常に乏しい．　　［堀江智明］

植物と温度

　地球上には，気温や降雨量など，気候が著しく異なる多様な自然環境がある．そのような多種多様な環境のほとんどに植物が生活している．例えば，気温を取ってみると，落葉針葉樹林帯が広がる東シベリアでは，冬季の平均最低気温が−40℃付近まで下がり，土壌は地下200mを越えるところまで凍結したままの永久凍土地帯である．さらに，その北には極地圏が広がり，1年のほとんどの期間は氷や雪におおわれている．しかし，永久凍土が溶ける夏季にはツンドラ植物（蘚苔類や地衣類など）が適応進出している．目を転じれば，砂漠地域では，地表温度が70℃になりほとんど降雨がないにもかかわらず，植物は生存しているし，熱帯地方の高山では，気温の日較差が大きく夜間には氷点下になることもある環境で多くの植物が観察される．

　このように，非常に厳しい環境下でも多くの植物が，自分自身が有する適応能力を発揮し，さまざまな環境でたくましく生きている．この植物の分布は，気温によって大きく影響を受ける．植物は生存するために，さまざまな環境の中で光合成を行い，自分自身が生存するためのエネルギーを獲得している．夏季に活発な生産活動を行い，子孫を残すのは比較的容易であるが，気温が低下し，生存に不利で厳しい環境である冬季にどのように生存を維持するかは，植物の生死を決定する重要な生存戦略であると考えられる．

●**植物の温度感知機構**　以上述べたように，植物が環境温度を正確に感知し，置かれた温度，あるいは温度変化に適切に応答することは，生存を維持するために必要不可欠である．では，植物はどのような温度感知機構をもっているのだろうか？　動物細胞では，近年，細胞膜に存在するカルシウムイオンチャネルが温度を認識する分子であることが証明された．一方，植物細胞の温度認識機構はほとんど解明されていない．今までの研究からは，温度認識機構として，生体膜流動性の変化，葉緑体内の酸化還元状態の変化，細胞骨格の構造変化，あるいは，細胞内への一過的カルシウム流入などが温度感知機構の候補としてあげられているが，いずれも決定的な証拠は提出されるに至っていない．ラン藻類では，分子生物学からのアプローチにより，細胞膜に存在するヒスチジンキナーゼの一種が温度センサーであることが証明されており，この感知機構は細菌類と類似していることも知られている．しかし，陸上植物にはランソウの温度感知分子と同種のヒスチジンキナーゼは存在せず，異なった温度感知機構が備わっているものと考えられる．

●**植物の温度環境適応機構**　未知の機構によって認識された温度環境は，植物細

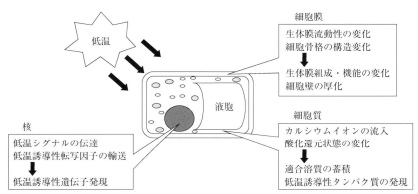

図1 植物細胞の低温認識から引き起こされるさまざまな変動

胞内でその信号が伝えられ，遺伝子発現の変化，それに引き続く，細胞内代謝変動などを介して，生存を可能にする反応が起こる（図1）．その中には，温度環境変動に対する応答が遺伝子の上に固定される場合もある．植物の温度環境変化に対応して生存を可能にする機構には，2種類ある．1つは，ある環境条件に対して進化的に集団としての生存や繁殖の向上をもたらす適応と，もう1つは，比較的短時間のうちに同一個体内で代謝変動を介して生存に貢献する馴化である．適応現象は，生物学的に恒常的な形質として現れ，環境変動にさらされる前から植物に備わっている．例えば，乾燥地帯に生存する植物の中に表皮に厚いクチクラ層をもって蒸散を防ぐ機構をもつもの，あるいは，地中深く根を張って水分吸収を効率的に行う植物などが該当する．それに対して，馴化現象は，環境変動にさらされることにより体内の生理状態を変えることにより，好ましくない環境に耐えられる状態をつくり上げるものである．例えば，傷害を受けない程度の高温にさらされた植物は，体内に特殊なタンパク質（熱ショックタンパク質）を生成し，その後に遭遇するかもしれないさらなる高温条件でも細胞内の生理機能を維持することができるようになることが知られている．また，凍結するような温度まで気温が低下する前に，温度低下と日長短縮を感知して細胞内溶質濃度を上昇させたり，細胞膜組成や機能を改変して耐凍性を上昇させる低温馴化機構もよく知られている．このように，植物の温度環境適応機構には，個体内での急激な環境変動に応答するための仕組みと遺伝的・進化的な長期間を必要とする環境変動応答機構の両者が備わっている．

［上村松生］

📖 参考文献
[1] 酒井 昭『植物の分布と環境適応』朝倉書店, 1995
[2] Sakai A. & Larcher, W., "Frost Survival in Plants", *Ecological Studies,* 62：321, 1987
[3] Suzuki I., *et al.*, "The pathway for perception and transduction of low-temperature signals in *Synechocystis*", *EMBO J,* 19：1327–1334, 2000

耐暑性──温度

　植物は，高温などのストレスにさらされるとき，そのダメージを最小限に抑えられるよう，さまざまな生理的，生化学的仕組みを進化させてきた．その中には形態の変化，植物ホルモンの調節，光合成・呼吸量の変化，活性酸素（ROS）への対抗，適合溶質の蓄積などが含まれる．中でもヒートショックプロテイン（HSP）の合成と蓄積は，最も初期に発動される顕著な高温ストレス耐性の仕組みとして知られている．正常に生育している適温から5～10℃程度の高温にしばらくさらされた植物は，これらの耐性機構を発現させることで高温への馴化を行い，さらなる高温ストレスにさらされた場合でも生存が可能となる．

● **HSPの種類と働き**　HSPファミリーは一般的に，HSP100, HSP90, HSP70, HSP60とsHSPsの5つのクラスに分類されている．これらのほとんどは，熱ショックにより発現が誘導され，分子シャペロンとして他のタンパク質に結合し，安定化させ，また一度変性したタンパク質の再フォールディングを補助する機能をもつと考えられている．さらに，熱変性して凝集したタンパク質の分解を促進する働きも行っている．HSPの発現はヒートショックファクター（HSF）によってコントロールされている．

　HSP100ファミリーは，ATPのエネルギーを用いて分子シャペロンとして働くが，他のHSPと異なり，タンパク質の変性や凝集を防ぐことよりも，高温によって凝集したタンパク質の可溶化や分解が主な働きである．

　HSP90ファミリーもATPのエネルギーを使う分子シャペロンだが，ターゲットとするタンパク質は主に転写制御やシグナルトランスダクション経路にかかわるという特性をもつ．そのため結果として，ストレスによる形態変化や順応などにも寄与している．

　HSP70ファミリーはほとんどすべての生物がもつよく保存されたHSPで，ストレスのない状態でもタンパク質のフォールディングや安定化を担っている．さらに，新しく合成されたタンパク質の膜を介した輸送や，不安定化したタンパク質をリソゾームなどへ輸送することで分解させることにも寄与して細胞機能の維持管理に役立っている．その重要性は，ほとんどの真核生物が複数のHSP70のホモログをもち，それが細胞質だけでなく，ミトコンドリア，葉緑体，小胞体などの細胞内小器官にも存在していることからも明らかである．もちろん，高温ストレス下においてもATPを使ってタンパク質の凝集を防ぎ，再フォールディングの補助を行う．

　HSP60ファミリーはシャペロニンとも呼ばれ，植物では主にミトコンドリア

と葉緑体で発現し，ATPを用いてタンパク質のフォールディングを行う．ミトコンドリアのHSP60は，熱ショックにより発現が誘導されてタンパク質の変性や不活化を防ぐ働きがある．一方，葉緑体のHSP60は常に発現しており，Rubisco大サブユニットに結合してフォールディングを行うことで知られている．

sHSPsファミリーは，細胞質や核，ペルオキシソーム，ミトコンドリア，葉緑体，小胞体などの細胞内小器官で発現する分子量が12～40 kDaのHSPの総称である．sHSPsは他のHSPと異なり，分子シャペロンとして機能するがATPのエネルギーは用いない．高温ストレスにより大量に発現するsHSPsは，基質となるタンパク質に結合することで凝集を防ぎ，ATPを用いる他のHSPと結合して再フォールディングを行うのに役立つ．

図1　高温ストレスに伴うさまざまな変化

HSPの身近な効果：バナナを50℃くらいのお湯に5分間つけるとHSPが増加し，その働きでバナナが日持ちするようになることが知られている．

●**植物ホルモン**　いくつかのストレス耐性に関係する植物ホルモン（アブシシン酸，サリチル酸，エチレンなど）も高温ストレス下において増加する．一方，サイトカイニン，オーキシン，ジベレリンなどは減少することが知られている．

高温・乾燥ストレス：アブシシン酸の増加に応答して葉が気孔を閉じ，蒸散を防ぐことが知られている．

●**適合溶質**　植物はストレス下においてさまざまな適合溶質を合成して，浸透圧調節を行うことや膜やタンパク質の変性を防ぐことが知られている．高温ストレス下において増加が報告されている主な適合溶質にはプロリン，グリシンベタイン，糖類や糖アルコール類などがあげられる．合成される適合溶質は植物により異なっている．また，適合溶質の増加はすべての器官で等しく起こるのではなく，器官特異的な蓄積が認められている．

ササゲの耐暑性：耐暑性の高いササゲは高温ストレス時，雌蕊や花粉により多くのプロリンを蓄積している．

[庄野真理子]

参考文献

[1] Wang, W., *et al*., "Role of plant heat-shock proteins and molecular chaperones in the abiotic stress response", *Trends Plant Sci*., 9：244-252, 2004
[2] Wahid, A., *et al*., "Heat tolerance in plants：An overview", *Environ. Exp. Bot*., 61：199-223, 2007
[3] Qu, A., *et al*., "Molecular mechanisms of the plant heat stress response", *Biochem. Biophys. res Commun*., 432：203-207, 2013

低温耐性・耐凍性——温度

　温帯以北に生育する植物は，一生の中で生育に適さない低温に遭遇することが考えられる．一年生植物は盛んに生育する夏季の低温，二年生植物や多年生植物は寒冷な冬季を生き延びなければならない．そのため，このような地域に生育する植物は，低温に対する耐性を有することが生存にとって必須である．植物の低温耐性は，0℃以上の水が凍らない温度に対する「耐冷性」と，水が凍る0℃以下の温度に対する「耐寒性」に分けられる．耐寒性には，0℃以下の気温になっても体内の水分が凍結しないまま生存する機構（凍結回避）と体内の水分が凍結しても生存が可能な機構（耐凍性）が存在し，さらに，凍結回避と耐凍性にはいくつかの生存機構が知られている（図1）．

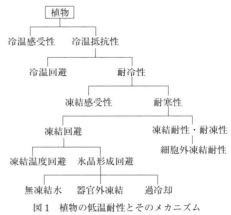

図1　植物の低温耐性とそのメカニズム

　熱帯性・亜熱帯性起源の耐冷性をもたない植物は冷温障害を受けるが，これは気温低下による生体膜流動性の低下や細胞内の各種酵素の不活性化による細胞の代謝傷害が原因と考えられる．それに対して，0℃以下の温度で水分が凍結する場合は，細胞内よりも細胞外や細胞間隙に凍結が起こる（細胞外凍結）確率が高い．その結果，細胞内から細胞外に水が移動するため脱水ストレスや氷結晶の成長による機械ストレスなど複雑なストレスにさらされ，これらのストレスに耐えることができなければ凍結傷害を受けることになる．したがって，耐凍性をもつ植物は複合的ストレスに耐えることができる精密な耐凍性機構を有している．

●**低温馴化と耐凍性増大**　耐寒性を有する植物でも，1年の間で常に最大の耐寒性を示しているわけではない．植物が成長にエネルギーを配分している夏季は植物の耐寒性は高くなく，一般に－5℃程度に留まっている．しかし，秋から冬にかけて徐々に気温が低下し0℃に近づいてくるにつれ，植物の耐寒性は増大する．この過程を低温馴化と呼び，気温低下とともに日長の短縮も大きく影響を与える．植物の低温馴化過程では細胞内で数多くの変化が同時に起こる．例えば，生体膜脂質やタンパク質の組成の変化，適合溶質（糖，糖アルコール，アミノ酸，グリシンベタインなど）の蓄積，可溶性タンパク質（デヒドリンなどのLEAタンパ

ク質など)の蓄積,細胞壁の再構築などが知られており,それらの変動と耐凍性の増大の関係が報告されている.

　中でも,植物の凍結傷害の多くが生体膜に関連して発生することから,低温馴化過程で起こるさまざまな変動は,究極的には,生体膜が凍結過程で傷害を受けないようにかかわっているものと考えられる.生体膜の中でも,細胞膜は特に凍結に感受性の高い膜として知られている.低温馴化過程で起こる生体膜の脂質やタンパク質の組成変動は,生体膜自身の低温下での物理的,生理的性質(膜流動性や脂質挙動,タンパク質機能など)を低温下や凍結下でも維持するために貢献している.細胞質内で起こる適合溶質や可溶性タンパク質の蓄積も,生体膜や生体膜と凍結下で相互作用する可能性の高いタンパク質などが凍結状態で変性することを防ぐ効果があることが知られている.

●**低温馴化過程における遺伝子発現応答**　低温馴化過程で外界の低温を認識した植物は,その情報を何らかの方法で細胞の核に伝えることにより,遺伝子発現の変化をもたらす.その結果,低温下で新たに発現した遺伝子にコードされるタンパク質が合成され,低温馴化に必要な生理的,代謝的変動が起こり,植物の耐寒性が増大する.低温馴化過程で特異的に発現上昇する遺伝子群(低温誘導性遺伝子)の発現制御に関しては,1980年代以降,盛んに研究が行われている.その制御ネットワークは非常に複雑であり,数多くの遺伝子がかかわっていることが知られているが,その中に低温馴化の鍵遺伝子と呼ばれる転写因子が存在する.それは,DREB/CBF (dehydration-responsive element binding factor/C-repeat binding factor) というタンパク質のグループである.DREB/CBF 転写因子の一部は低温条件下で特異的に,そして,急激に発現上昇し,多くの低温誘導性遺伝子のプロモーター領域に存在する DRE/CRT (drought-responsive element/C-repeat) と呼ばれるシス配列に結合し,その遺伝子の発現を誘導する.今までの多くの研究から,植物界では DREB/CBF 転写因子の存在や低温応答性が広く保存されていることが知られている.さらには,DREB/CBF 転写因子を過剰発現させた遺伝子組換え植物が耐凍性を増大させることも確認されていることから,この低温誘導性転写因子は植物の低温馴化過程を制御する非常に重要な要因であると考えられる.

　　　　　　　　　　　　　　　　　　　　　　　　　　　　　　［上村松生］

📖 **参考文献**
[1]　酒井 昭『植物の耐凍性と寒冷適応』学会出版センター,1982
[2]　河村幸男他「植物の凍結耐性機構における細胞膜タンパク質の役割」蛋白質 核酸 酵素,52：517-523,2007
[3]　Kawamura Y. & Uemura M., "Plant low temperature tolerance and its cellular mechanisms", In：*Plant Abiotic Stress*, 2nd ed, Jenks, M. A. & Hasegawa, P. M., eds., John Wiley & Sons, pp. 109-132, 2013

低 酸 素

　大気中の酸素濃度（約21％）よりも酸素濃度が低くなる状態（ただし酸素濃度0％は除く）は低酸素状態と呼ばれる．一方で，酸素濃度が0％の場合は，無酸素状態と呼ばれ，生理学的には低酸素状態と区別される．水中での気体の拡散速度は大気中の1万分の1程度であるため，植物体が完全にまたは部分的に水没すると，酸素が欠乏した状態が生じる．このように外部の環境要因によって植物体内が低酸素状態もしくは無酸素状態になることがある．

　また，植物は能動的に酸素を輸送する機構を有しておらず，植物体内の各組織への酸素の供給は，拡散や対流などの受動的な輸送により行われる．そのため，植物体の周りに酸素が十分存在していても，分裂組織，種子，果実，塊茎などのように細胞密度や酸素要求性が高い組織，あるいは酸素が供給されにくい組織においては，酸素欠乏が生じる場合がある．したがって，低酸素や無酸素について言及する際には，外部環境のことなのか，植物体内の組織のことなのかに注意する必要がある．

●**低酸素状態および無酸素状態における代謝経路の変化**　植物細胞は，大気中の酸素を利用して好気呼吸を行い，ATPを産生し，生育に必要なエネルギーを確保している．酸素が十分存在している環境下では，解糖系，トリカルボン酸回路（TCA回路），電子伝達系，酸化的リン酸化を通して1モルのヘキソースから30～36モルのATPを産生する．しかし，低酸素状態や無酸素状態では，酸化的リン酸化に使われる酸素が制限されるため，細胞内のATP量が減少する．そこで解糖系の活性が強く誘導され，酸素欠乏時のATP産生に大きく貢献している．しかし，解糖系では1モルのヘキソースあたり2モルのATPしか産生できないために，酸素欠乏時のエネルギー生産効率は低い．解糖系の反応にはNAD^+が補酵素として必要なことから，低酸素状態や無酸素状態では，乳酸発酵やアルコール発酵が活性化されて，解糖系にNAD^+を供給する．どちらの発酵系が優先的に行われるかは植物種により異なっており，例えばイネの実生では解糖系によって生成されるピルビン酸の大部分がアルコール発酵によって代謝される．このように植物細胞は，酸化的リン酸化などから解糖系主体のエネルギー生産へと代謝経路を大きく変化させることで，酸素の欠乏した環境に応答している．

　これ以外にも，酸素欠乏時には，アラニン，γ-アミノ酪酸（GABA），コハク酸などの生合成経路も活性化される．また，解糖系によってATPを産生するうえで糖の供給は不可欠であることから，酸素欠乏時にはデンプンからグルコースなどの糖への分解経路が活性化される．そのために植物種や組織によっては，デ

ンプンからグルコースへの分解にかかわる加水分解酵素(アミラーゼなど)をコードする遺伝子の発現が,酸素欠乏時に誘導されることが知られている.酸素欠乏時においてもイネはこれらデンプン分解にかかわる酵素が誘導されるため,発芽することができる.しかし,同じイネ科のコムギやオオムギが酸素欠乏時に発芽することができないのはこれらの酵素が誘導されないことが一要因となっている.

一方で,減少したATP産生に伴い,ATPを節約するための代謝変化も生じると考えられている.例えば,ショ糖がインベルターゼではなく,スクロースシンターゼによって分解されることにより,解糖系における単糖のリン酸化に消費されるATPを節約することができる.また,脂質やタンパク質の合成に多くのATPが必要となるため,デンプン合成などの貯蔵代謝は低下することなどが知られている.

●低酸素応答の制御　動物において,低酸素応答性遺伝子の発現を調節する転写因子 Hypoxia inducible factor 1 (HIF1) は α サブユニット (HIF1α) と β サブユニット (HIF1β) からなり,このうち,HIF1α は酸素濃度依存的にタンパク質分解調節を受けることが知られている.HIF1α タンパク質は,酸素が十分存在するときには速やかに分解される.しかし,低酸素状態ではその分解が抑制されるために,HIF1α と HIF1β が結合して機能的な HIF1 を形成することができる.動物ではこのような機構によって,HIF1 を介した低酸素応答性遺伝子の発現調節が行われる.

一方,植物においては,HIF1α のオルソログ遺伝子は存在しないものの,転写因子である ethylene response factor (ERF) の一部のグループが,酸素濃度依存的にタンパク質分解調節を受けることが知られている.これらの ERF タンパク質は,酸素が十分存在するときにはプロテアソームによって分解される.それに対して低酸素状態では,これらの ERF はタンパク質分解を受けないために,下流の低酸素応答性遺伝子の発現を制御することができる.このように,植物においても,動物と同様のタンパク質分解調節による低酸素応答の制御機構が存在する.その他にも,酸素欠乏時には活性酸素種や細胞内カルシウムイオンの増加が観察され,これらの物質も低酸素応答の制御にかかわることが示唆されている.

[髙橋宏和・中園幹生]

📖 参考文献

[1] Bailey-Serres, J. & Voesenek, L. A. C. J., "Flooding stresss: acclimations and genetic diversity", *Annual Review of Plant Biology*, 59：313-339, 2008
[2] Voesenek, L. A. C. J. & Bailey-Serres, J., "Flood adaptive traits and processes：an overview", *New Phytologist*, 206：57-73, 2015
[3] van Dongen, J. T. & Licausi, F., "Oxygen sensing and signaling", *Annual Review of Plant Biology*, 66：345-367, 2015

活性酸素（ROS）

活性酸素または活性酸素種（reactive oxygen species, ROS）は，酸素分子（O_2）が還元または励起されて生じる反応性の高い分子種の総称で，スーパーオキシドラジカル（O_2^-），過酸化水素（H_2O_2），ヒドロキシルラジカル（$HO^\cdot$），一重項酸素（$^1O_2$）をいう．過酸化脂質およびそのラジカル種を含めることもある．

● **ROS の作用**　ROS は動植物を問わずあらゆる細胞で生成する．ROS は脂質，タンパク質，核酸などを酸化することで生体に有害な影響を及ぼすだけでなく，正常な生育に必要な役割（生理作用）も担っている．この両面性は「両刃の剣」に例えられる．有害な影響としては，生体分子が酸化され機能が損なわれる「細胞の酸化障害」がある．細胞は ROS を消去する抗酸化剤や酵素をもつため，通常の生育条件では ROS による酸化障害は重大ではない．しかしストレスが続き細胞の ROS 消去能が低下すると，恒常的に生成する ROS による酸化障害が大きくなり，生体に悪影響がもたらされる．植物では，不良環境条件での生育阻害がその典型例である．一方，ROS の生理作用として，植物ではストレス耐性遺伝子群の発現誘導，病原菌の感染拡大を防ぐ応答，管状要素形成時のプログラム細胞死への関与などがある．他にホルモン応答への関与も明らかにされつつある．こうした生理応答に働く ROS は誘導的に生成される．

● **ROS の生成**　ROS の生成には恒常的生成と誘導的生成がある．恒常的生成は，葉緑体電子伝達系などでの酸化還元反応に伴う O_2 の還元や励起によるものである．例えば葉では，光合成の副反応として励起クロロフィルからの $^1O_2$ 生成，O_2 の O_2^- への還元，および光呼吸に伴うペルオキシソームでのグリコール酸オキシダーゼ反応による O_2 の H_2O_2 への還元が常に進行している．試算では光合成に伴い葉面積 $1\,cm^2$ あたり 1 秒間に約 1 nmol（分子数にして 600 兆）の

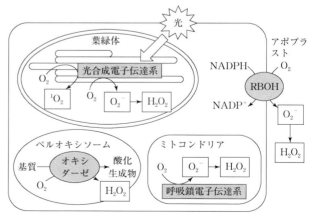

図1　植物細胞での主な活性酸素生成反応

H_2O_2 が生成している．組織重量あたりの ROS 生成最大速度にすると，哺乳動物の筋肉の値の 100 倍以上である．葉での恒常的な ROS 生成の大きさがわかるだろう．また光合成を行わない細胞でも，ミトコンドリアの呼吸鎖電子伝達系で ROS が生成する．

誘導的な ROS 生成は，外的刺激（感染など）や内的刺激（ホルモンなど）により活性化される respiratory burst oxidase homolog（RBOH）の酵素作用による．RBOH は細胞膜に結合しており，細胞外（アポプラスト）で O_2 を還元し O_2^- を生成する．O_2^- はアポプラストのスーパーオキシドジスムターゼ（SOD）により H_2O_2 と O_2 に変換され，H_2O_2 が元の細胞内部へ，また隣接細胞へと拡散して防御応答などの生理作用を引き起こす．植物は組織ごとに異なる種類の RBOH を発現しており，それぞれ特定の刺激に応答して O_2^- を生成する．

● **ROS の消去**　植物細胞は低分子の抗酸化剤と消去酵素を大量に含む．これらの分子により，恒常的に生成する ROS は速やかに消去され，ROS の細胞内濃度はきわめて低く（μM レベルあるいはそれ以下に）保たれている．植物のもつ抗酸化剤のうち，アスコルビン酸（Asc），α トコフェロール，グルタチオンは H_2O_2 や有機ラジカルの消去剤である．また β カロテンは $^1O_2$ のすぐれた消去剤である．アントシアニンやカテキンなどのフラボノイドも抗酸化作用をもつ．さらに，酵素としては O_2^- 消去に SOD，H_2O_2 消去にペルオキシダーゼ，カタラーゼ，ペルオキシレドキシンが働く．葉緑体での H_2O_2 消去には，Asc を基質とするアスコルビン酸ペルオキシダーゼが不可欠である．ペルオキシソームではカタラーゼが H_2O_2 を消去する．こうした ROS 消去酵素を欠損させると，光合成に伴い恒常的に生成する ROS が消去されず，植物は強い光の下で枯死する．

● **環境ストレス障害への ROS の関与**　光合成に伴う ROS 生成は，光強度や環境条件により変動する．乾燥，低温，紫外線，オゾンなどの不良環境条件で組織内の ROS 増大が続くと，細胞の抗酸化防御能が弱まり，光合成速度の低下や生育阻害に至る．ROS を消去する酵素を過剰発現させた組換え植物がこれらの不良環境に対し耐性を示すという実験結果が数多く得られていることから，ROS は環境ストレス障害の要因であると考えられる．土壌の塩分や重金属，アルミニウムによる根の傷害にも ROS が関与する．

● **ROS の毒性を利用する除草剤**　除草剤パラコート（化学名メチルビオローゲン）は，葉緑体での光合成電子伝達に伴う O_2^- の生成を促進する．パラコートを与えた葉は日照下では 1〜2 日で枯れる．クロロフィル生合成中間体による $^1O_2$ 生成を促進する除草剤や，β カロテン生合成を阻害し $^1O_2$ 消去を起こらなくする除草剤もある．

［真野純一］

光形態形成と光運動

植物は，光を情報源として利用することにより環境の変化に柔軟に対応している．光刺激に対する応答のうち，より長期的で不可逆的な形態変化を伴うものを光形態形成，短期的，可逆的な形態変化を光運動と呼び区別する．前者の例としては，光刺激による発芽誘導や花芽形成の調節などが，後者では，葉の就眠運動，葉緑体定位運動などがあげられる．ただしこれは厳密な区別ではなく，例えば光屈性は，成長応答という面からは光形態形成ともいえるが，可逆的な側面をもつことから光運動として捉えることもできる．また，形態変化としては現れない代謝などの機能も光で調節されることが知られている．このように植物の光に対する応答は多様であるが，光形態形成が植物に特徴的であることから，植物の光応答全般を光形態形成と呼ぶ場合もある．

●**植物の光受容体** 植物の光応答を担う光受容体の種類は比較的限られている．主なものとして，フィトクロム，クリプトクロム，フォトトロピン，紫外線の受容体であるUVR8，光周性にかかわるZTL/FKF1/LKP2ファミリーがある（図1）．フィトクロムは，光形態

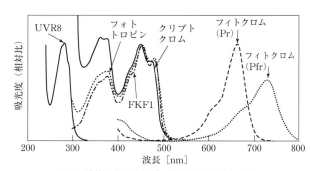

図1 植物の主要な光受容体の吸収スペクトル

形成に広くかかわる赤色光（660 nm 前後），遠赤色光（730 nm 前後）領域の光受容体で，赤色光吸収型 Pr と遠赤色光吸収型 Pfr の 2 つの型の間を光変換する．クリプトクロム，フォトトロピン，ZTL/FKF1/LKP ファミリーは，フラビン系の色素を発色団とする青色光（450 nm 前後）の受容体である．このうちクリプトクロムは，フィトクロムと同様，さまざまな光形態形成にかかわる．フォトトロピンは，光屈性，葉緑体定位運動，気孔開口などを制御し，ZTL/FKF1/LKP ファミリーは主に花芽形成を制御する．UVR8 は UV-B 光（280～315 nm）の光受容体で，UV-B による光形態形成を制御する．

●**光シグナルの細胞内伝達機構** 多くの光形態形成は，遺伝子発現の変化より引き起こされる．その主な制御機構として，PIF と呼ばれる bHLH 型の転写因子による経路と，HY5 と呼ばれる bZIP 型の転写因子による経路が知られている．フィ

トクロムは，PIFと物理的に相互作用し，その分解をうながすことで光応答遺伝子の転写を調節する．一方，クリプトクロム，UVR8は，COP1を介したHY5の活性調節によって遺伝子発現を制御する．さらに，これら2つの経路の間にクロストークがあることが最近明らかにされた．また，花芽形成では，クリプトクロム2はCIB1と，ZTL/FKF1/LKPファミリーはGIと複合体を形成し遺伝子発現を制御する．フォトトロピンは，何らかの基質タンパク質をリン酸化することで，遺伝子発現を介さずにさまざまな細胞応答を引き起こす．

●**個体レベルの光形態形成** 光形態形成は，植物の生活環を通じてさまざまな局面でみられる．その内容は，光による発芽誘導，暗所芽生えから明所芽生えへの転換（脱黄化），栄養成長期における光質や照射強度の変化に対する避陰応答，昼夜の変動や日長の変化に対する応答などさまざまである．暗所芽生えは，葉緑体を発達させず子葉を閉じ胚軸を徒長させる．これは，地中で発芽した芽生えのための成長様式である．

一方，地上に出た芽生えは，光刺激を感知し成長様式を素早く切り替える．この脱黄化の過程は，フィトクロムとクリプトクロムによって制御される．また，明所で生育を開始した後の植物において，光質や照射強度の変化に対する応答がみられる．光質については，フィトクロムが周囲の植物による赤：遠赤色光比の低下をモニターし，茎の伸長成長をはじめとするさまざまな現象を制御している．また，光強度の変化は主にクリプトクロムにより，UV-Bの混入はUVR8によって感知される．これらの応答と芽生えでみられる脱黄化の間には，応答の内容や制御機構についての共通点が多いことが指摘されている．一方，昼夜の変化に対しては，光受容体と概日リズムが複雑に絡み合うことで光周性などの現象がみられる．

●**光屈性，光運動，細胞応答** 光屈性とは，青色光の照射方向をフォトトロピンが感知し，茎の陰側の伸長をより促進することで茎を光源の方向へ曲げる成長応答である．フォトトロピンは植物ホルモンであるオーキシンの輸送を何らかの機構で制御することで屈曲を引き起こしている．一方，成長応答による光運動に加えて，より一過的な膨圧の変化による光運動も知られている．オジギソウなどでみられる葉の就眠運動，青色光による気孔の開閉制御がその例である．特に後者については，フォトトロピンによる光受容から膨圧変化に至るシグナル伝達の過程が詳しく研究されている．さらに，フォトトロピンによる葉緑体定位運動に関する研究も盛んである．また，原形質流動の速度や各種イオンの出入りが，フィトクロムなどの光受容体によって調節されるという報告があるが，不明な点が多い．

［長谷あきら］

フィトクロム ── 光応答と光受容体

　フィトクロムは主要な植物光受容体の1つで，2つの吸収型，赤色光吸収型Pr（吸収極大波長約665 nm）と遠赤色光吸収型Pfr（730 nm）をもち，両者の間をそれぞれ赤色光，遠赤色光により可逆的に光変換（「光形態形成と光運動」参照）する．レタス光種子発芽の研究過程で，赤色光により発芽が誘導され，引き続く遠赤色光照射によりその効果が阻害され，これを反復できることからその存在が予測され，1959年にトウモロコシ黄化芽生えの吸収スペクトル測定から存在が確認された．露地では太陽光スペクトルの赤と遠赤色光領域に大きな差はないが，植物の日陰では葉緑体の吸収により赤色光の割合が大きく減少する．同様な光質の変化は夕方の太陽光にも起きる．植物はこの光質の差をPrとPfrの比として検知して光環境を認識し，それに対して光種子発芽の他に脱黄化，避陰反応，光周性花成誘導などの生理反応を起こす．

●**遺伝子ファミリーと光応答反応**　シロイヌナズナはフィトクロム phyA から phyE まで5つのファミリータンパク質をもつ．その他の植物ではAからCの3種類またはA，Bの2種類をもつものが多い．シロイヌナズナでは主に phyA と phyB が機能している．phyB は光に対して安定で明暗関係なく一定量植物組織に存在し，よく知られている赤-遠赤色光可逆的な反応（低光量反応：LFR）の光受容体として働く．これに対して phyA は黄化組織に多く存在し，明所では分解と発現量の低下により急速に存在量が減少するが，緑化組織にも少量存在する．暗所では phyA は，赤を含む広範囲な波長域の光の高感度受容体として機能する（極低光量反応：VLFR）が，この反応は光可逆性をもたない．phyA はこれ以外にも連続遠赤色光照射による遠赤色光高照射反応（FR-HIR）の光受容体としても機能する．phyA のように光に対して不安定な phy をⅠ型，安定な phy をⅡ型と呼ぶ．phyA 以外はすべてⅡ型である．

●**発色団と光反応**　植物 phy は発色団として，開環テトラピロールの1つであるフィトクロモビリン（PΦB）をシステインに共有結合している．PΦB はヘムの開環を行うヘムオキシダーゼ（HY1）と PΦB シンターゼ（HY2）により生合成される．これらの酵素をコードする遺伝子を欠損したシロイヌナズナ変異株，hy1 および hy2 は白色光下で下胚軸伸長抑制がかからず徒長した形態を示す．Pr から Pfr への光変換反応に伴い，PΦB テトラピロールのC環とD環の間の二重結合まわりの光異性化とC環からのプロトン移動が起き，これがタンパク質部分の構造変化を引き起こすことによりシグナル伝達が開始されると考えられる．Pr から Pfr への光反応経路とその逆光反応の経路は異なる．また暗回帰として知

られる Pfr から Pr への熱緩和反応が起き，その生理学的意味については諸説存在する．

●**分子構造と機能** いずれの phy 分子も図 1 に示すように，N-末端側領域と
C-末端側領域に分けることができる．前者は N-末端側から，① N-末端伸長領域（NTE），②タンパク質間相互作用にかかわる PAS ドメイン，③ PΦB を結合する GAF ドメイン，④ phy 特異的な PHY ドメインをもつ．N-末端側領域は光受容と可逆的な光反応を行うとともに，phyB では欠損株の生理機能を相補することからシグナル伝達機能ももつと考えられ，光センサリーモジュールと呼ばれる．近年報告されたシアノバクテリア phy の 1 つである Cph1 の結晶構造によると，図 1 に示すように PAS から伸びた NTE が GAF の一部がつくる輪をくぐり抜けて，light sensing knot と呼ばれる結び目構造をつくっている．また PHY からは舌（tongue）と呼ばれる構造が伸びて GAF の発色団と相互作用している．これらの構造は発色団の可逆的光反応およびシグナル伝達にかかわるタンパク質構造変化に重要な役割を果たすと考えられる．C-末端側には 2 つの PAS とヒスチジンキナーゼ関連（HKR）ドメインが存在するがこのヒスチジンキナーゼは活性をもたない．

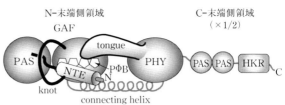

図 1 フィトクロムのドメイン構造

●**光依存核移行とシグナル伝達** 暗所で細胞質に局在するシロイヌナズナ phyA および phyB は，Pr から Pfr の光変換に伴い核内に移行する．phy の C-末端側領域には核局在シグナルと二量体化サイトが存在し，Pr から Pfr への光変換に伴う分子構造変化により核局在シグナルが露出すると考えられている．phyA の核移行には FHY1 やそのホモログである FHL が関与している．核移行した Pfr はスペックルと呼ばれる顆粒状の構造をつくる．そこで Pfr は bHLH 型遺伝子転写因子である 7 種類の PIF（phytochrome-interacting factor）やそのホモログ遺伝子転写因子と結合し，それらのユビキチン-プロテアソーム系による分解を誘発する．PIF はさまざまな光形態形成反応にかかわるタンパク質の遺伝子転写抑制あるいは促進因子として機能しており，PIF の分解によりその抑制あるいは促進が解除され，光形態形成が引き起こされる．PIF1 と PIF3 は phyA および phyB 結合サイトの両方をもつが，他の PIF は phyB 結合サイトしかもっていない．PIF は phy の仲介するシグナルのみならず，クリプトクロムによる青色光シグナル，その他に温度，時計，ホルモンなどのシグナル伝達にもかかわっている．例えば PIF4 は温度と光その他のシグナルの統御を行うハブのような役割を果たすということで注目されている．

［徳富 哲］

クリプトクロム——光応答と光受容体

　クリプトクロムは青色光によって引き起こされる光形態形成の主要な光受容体である．フラビン系の発色団をもち450 nm前後の青色光によって活性化され（「光形態形成と光運動」参照），遺伝子発現の制御を通じて，脱黄化や花芽形成などの光形態形成を制御している．1993年，青色光下で徒長するシロイヌナズナの変異体の原因遺伝子がコードするタンパク質として発見された．光エネルギーを用いてDNAの損傷を修復する光回復酵素（「紫外線」参照）と相同性を示し，同酵素から派生したと考えられる．クリプトクロムによる生理応答はおおむねフィトクロムと共通するが（「フィトクロム」参照），クリプトクロムに特有の作用も存在する．動物にも光回復酵素と相同性を示すシグナル分子としてクリプトクロムが存在するが，植物のものとは起源が異なると考えられている．

●**分子構造と光反応**　シロイヌナズナにはクリプトクロム1（cry1）と2（cry2）の2種類のクリプトクロムが存在する．生体内においてcry1は明所でも安定であるが，cry2は青色光により分解が促進される．クリプトクロムは光回復酵素と相同性を示し発色団を結合するN-末端側のドメインと，C-末端側のシグナル伝達ドメインからなる（図1）．また，C-末端シグナル伝達ドメインを欠くDASH型クリプトクロムも知られるが，光受容体として植物で機能しているかどうかまだはっきりしない．

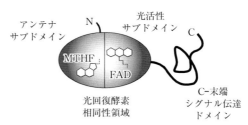

図1　クリプトクロムのドメイン構造

　光回復酵素相同性領域は，アンテナ色素であるメチルテトラヒドロ葉酸（MTHF）を結合するサブドメインと，光活性化を担うフラビンジヌクレオチド（FAD）を発色団として結合するサブドメインからなる．C-末端シグナル伝達ドメインはより緩い構造をとり，下流のシグナル伝達因子と相互作用する．光子を吸収したFADは酸化還元状態を変え，これが引き金となってタンパク質部分のコンフォメーション変化が起こる．この過程には分子内の電子移動がかかわると考えられているが不明な点も残されている．クリプトクロムは自己リン酸化活性をもち，光による活性化によってC-末端側のシグナル伝達ドメインがリン酸化される．

●**生理作用**　クリプトクロムは，青色光に応答して光形態形成を促進する．中で

も，胚軸伸長の阻害，アントシアニンの蓄積などの効果についてよく調べられている．また，避陰応答において，青色光の照射強度に応じて光形態形成を促進し避陰応答を緩和する．加えて，概日リズムの同調，根の成長，光屈性（主要な光受容体はフォトトロピン）など多様な生理現象にかかわることが報告されている．

クリプトクロムの生理作用はフィトクロムと共通する場合が多いが，花芽形成においては，フィトクロムBが抑制的に働くのに対して，cry2 は促進作用を示す．また，フィトクロムとクリプトクロムに共通した応答であっても，その初期応答の速さには大きな差がある．クリプトクロムによる胚軸伸長阻害は1分以内に観察されるのに対して，フィトクロムの応答が観察されるには10分以上の時間が必要なことが知られている．

動物にもクリプトクロムが存在するが，緑色植物のものとはおそらく起源が異なり，必ずしも，その生理作用や作用機構が似ているわけではない．動物のクリプトクロムは，光受容体として働き概日リズムの光による同調を行うタイプと（主に昆虫），光受容能を失い，概日リズムの中心振動システムの構成要素として機能するタイプ（哺乳動物，鳥類，魚類）に分かれる．一方，植物では概日リズムの明暗周期への同調に寄与しているものの，それ自体が振動子として働くわけではなく，その機能は限定的である．さらに，鳥類などでクリプトクロムが磁気コンパスとして働く可能性が指摘されているが，そのような生理作用は植物では確認されていない．

●**細胞内シグナル伝達機構**　クリプトクロムの生理作用は，遺伝子発現制御によって説明される．暗所では，光形態形成を正に制御するbZIP型転写因子HY5が，ユビキチン化酵素活性をもつCOP1/SPAs複合体の働きによりユビキチン化を受けて分解される．光によって活性化されたクリプトクロ

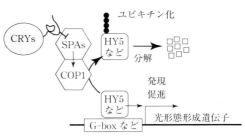

図2　COP1を介したシグナル伝達機構

ムは，核内でC-末端シグナル伝達ドメインを介してCOP1/SAP1複合体に結合し，その活性を抑制することによってHY5の蓄積を促し，ひいては光形態形成を促進する（図2）．加えて，活性化されたクリプトクロムは，bHLH型転写因子CIB1と光回復酵素相同性領域を介して結合し，そのターゲットである花芽形成鍵因子FTの遺伝子発現を誘導することによって花芽形成を促進する．これらの経路は，フィトクロムとPIFs転写因子による光形態形成の経路と独立して働くが，両者の間にクロストークが存在することが報告されている．　［長谷あきら］

フォトトロピン――光応答と光受容体

　フォトトロピンは緑藻類や陸上植物にみられるキナーゼ型青色光受容体である．光屈性，葉緑体運動，気孔の開口，葉の展開，茎の伸長，葉肉細胞の形状など，光合成の効率最適化に重要な生理現象の光制御に働いている．光屈性を欠損したシロイヌナズナの変異体 *nph1*（non-phototropic hypocotyl 1）の原因遺伝子として同定されたため，当初は NPH1 と呼ばれていた．その後シロイヌナズナにホモログ NPL1（NPH-like1）が発見され，ともに光屈性（phototropism）の光受容体であることから，それぞれ phototropin 1（phot1），phototropin 2（phot2）と命名された．ウラボシ科のシダ植物と接合藻類のヒザオリ，さらにツノゴケ類には，全長のフォトトロピンの N 末端側にフィトクロムの N-末端側半分を形成する光センソリーモジュールが結合したキメラ光受容体ネオクロムがあり，シダ類では青色光と赤色光を吸収して光屈性と葉緑体運動を仲介している．ツノゴケ類でできたネオクロムがシダ類に水平移行したものと考えられている．

●**タンパク質の性質**　シロイヌナズナの phot は分子量約 120 KD のタンパク質で，phot1 は 996 アミノ酸，phot2 は 915 アミノ酸で構成されている．N 末端側半分には古細菌から動物まで広く生物界に存在する約 100 アミノ酸残基よりなる LOV（light, oxygen, voltage）ドメインが 2 個所（LOV1, LOV2）ある．phot の LOV 配列には発色団としてフラビンモノヌクレオチド（FMN）が結合

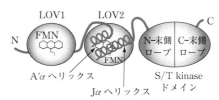

図1　フォトトロピンのドメイン構造図：キナーゼ活性の光制御は主に LOV2 が行っており，LOV コア配列前後のヘリックスが重要な働きをしている

する．遺伝子発現系により調製した LOV ドメインは暗黒条件下では FMN の吸収極大である 450 nm に吸収極大をもち，FMN が光を吸収すると FMN は近傍の保存されたシステインと一過性の共有化合物を形成して 450 nm の吸収は急速に減少し，390 nm に新たな吸収極大が出現する．この吸収変化は秒から分単位の速さで元の FMN の吸収に戻る．この光反応サイクルの中間体のうち S390 が phot の活性型であると考えられている．LOV のシステイン残基をアラニンあるいはセリンに置換すると，LOV の共有結合形成は起こらなくなる．

　フォトトロピンは青色光により活性が制御されるタンパク質キナーゼであり，その活性制御は主に LOV2 による．フォトトロピンは細胞内では二量体として機能しており，LOV1 は二量体の形成に働くと考えられている．LOV2 の光反応に

より引き起こされる分子構造変化の結果，C末端側半分のセリン/トレオニンキナーゼが活性化されて，自己リン酸化が起こると同時に基質をリン酸化する，と考えられている．

●**生理反応**　フォトトロピンは細胞膜など膜系に存在しているが，細胞膜上のフォトトロピンの一部は青色光照射で細胞内へ移行する．しかし生理反応に働くのは細胞膜上のフォトトロピンである．核内に移行して遺伝子発現を制御するフィトクロムやクリプトクロムとは異なり，遺伝子発現制御にはほとんど関与していない．シロイヌナズナのphot1とphot2は同じ生理反応を仲介するが，光感受性に差があり，phot1は弱光から強光までの広い領域で，phot2は強光域での光吸収に携わっている．フォトトロピンが制御する生理作用は主にオーキシンを介した現象とオーキシンとは無関係の現象に大別される．

　光屈性：芽生えの光屈性では，オーキシン輸送体であるPIN（PIN-FORMED）などによってオーキシンが光側から陰側へ移動することで細胞の偏差成長が生じ，屈曲が誘導される．フォトトロピンは光屈性の光受容体として発見されたが，オーキシンを陰側へ輸送する制御機構の詳細はいまだに解明されていない．

　葉緑体運動：葉緑体運動には光に集まる集合反応と，強光から逃避する逃避反応がある．集合反応は細胞膜上に存在するphot1とphot2が関与しているが，逃避反応は葉緑体外包膜上のphot2が主に作用している．葉緑体の移動は，葉緑体運動に特化したアクチン繊維（葉緑体アクチン繊維）が葉緑体と細胞膜間に生じ，その葉緑体周縁部おける量比が移動方向や移動速度を制御している．しかしphotから発せられる信号が何であるか，またその信号伝達機構や葉緑体アクチン繊維の重合・脱重合制御機構は未解明である．

　気孔開口：孔辺細胞のphotが青色光を吸収すると，孔辺細胞の細胞膜上のプロトンATPaseが活性化され，H^+を放出し，その結果過分極が起こる．この膜電位に応答してカリウムイオン選択的チャネルが開き，K^+が細胞内に流入する．このため水ポテンシャルが低下し，孔辺細胞内に水が流入して膨圧が増加し，気孔は開く．この一連の反応の初期過程はphotによってBLUS1（BLUE LIGHT SIGNALING1）がリン酸化されることである．BLUS1はphotが仲介する生理現象で明らかになった最初のphotの基質である．

　クラミドモナス（*Chlamydomonas reinhardtii*）のphot：クラミドモナスのphotは青色光依存の有性生殖制御に関与している．しかしクラミドモナスのphotをシロイヌナズナのphot1とphot2の二重変異体（*phot1phot2*）に導入すると，光屈性，葉緑体運動，気孔の開口などの現象が回復することから，クラミドモナスのphotは種子植物のphotの信号伝達系を利用できる段階まで機能分化していることがわかる．

〔和田正三〕

紫 外 線── 光応答と光受容体

　植物は地上に到達する太陽光の一部をエネルギー源，環境情報源として利用して生きているが，太陽光には，ヒトにおいては皮膚ガンや白内障を引き起こす，高いエネルギーを有する有害紫外線（280〜315 nm の紫外線 B（UVB））が含まれている．皮膚ガンや白内障発症の原因は，UVB による DNA やタンパク質の直接障害（損傷）である．このような UVB による障害・損傷の誘発は植物も例外ではなく，UVB 照射により植物細胞内の DNA，タンパク質，脂質は損傷を受ける．一方，UVB 照射を受けた植物は葉を厚くしたり，葉の表面にワックス状の物質を蓄積したり，さらには紫外線吸収物質であるフラボノイド類を蓄積し，細胞内への UVB の透過量を軽減させるといった，UVB 特有の応答を示すことが 1970 年代頃から数多く報告されている．しかしながら，このような UVB に特異的な応答が UVB を特異的に吸収する光受容体を介して引き起こされているのか？それとも DNA やタンパク質の障害が引き金となって起こる応答であるのか？　長年不明であった．近年，低光量の UVB（0.1 μmol/m^2·s）に対しても高感受性を示すシロイヌナズナの変異体が選抜された．その変異原因遺伝子として UV RESISTANCE LOCUS8（UVR8）が同定され，その遺伝子産物は，これら一連の UVB 応答を誘導する UVB シグナル伝達の光受容体として機能していることが明らかとなった．

● **UVR8 分子**　UVR8 は，ヒトの細胞分裂の制御や核内外への輸送にかかわる因子である regulation of chromosome condensation 1（RCC1）と高い相同性を示し，コケや藻類を含め植物に広く保存されたタンパク質である．しかし，植物においては RCC1 としての機能は有しておらず，植物特有の機能を有していることがわかった．シロイヌナズナ UVR8 は 440 アミノ酸残基からなり，N 末端より β シートから構成された羽根状の構造が円錐状に並んだ 7 枚羽根 β プロペラ構造をとる．光受容体は一般的に光を受容する補因子を有しているが，UVR8 においてはタンパク質内部の 233 と 285 番目のトリプトファン残基（W233，W285）が主要な UVB 吸収の受容体として機能している．これらトリプトファン残基が UVB を吸収し，活性型の UVR8 となる．また，UVR8 の活性化には，DNA などに損傷を起こさないレベルとされる低光量の UVB によって起こることが示されている．

● **UVR8 を介した UVB 応答性遺伝子発現制御**　UVR8 は発現後，細胞内に UVB が透過しない環境下においては，不活性型のホモ二量体（不活性型 UVR8）を形成している．不活性型 UVR8 の W233，W285 が UVB を吸収すると，分子内のカチオン π 相互作用が不安定化され，分子内水素結合が崩壊し，単量体化する．この単量化した UVR8 が活性型として機能できるようになり，UVB 防御にかか

わるさまざまな遺伝子の発現を制御する．

UVR8を介したシグナル伝達の分子機構は不明な点が多いが，不活性型UVR8の大部分は細胞質に局在している．不活性型UVR8がUVBを吸収して活性型に変換したUVR8は，COP1とSPA1結合して複合体を形成する．しかし，この

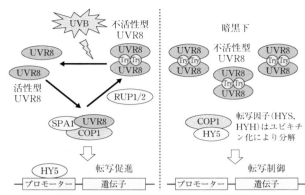

図1　UVR8を介したUVBシグナル伝達機構

複合体が細胞質で形成されるのか，または核内で形成されるのかは不明である．COP1は，クリプトクロムやフィトクロムといった光シグナル伝達経路においても中心的な役割を担うタンパク質であり，E3ユビキチンリガーゼとして機能し，結合したタンパク質をユビキチン化することで分解へと導くことが知られている．通常COP1は暗黒下において，転写因子であるHY5やHYHと結合して，これら転写因子を分解することでタンパク質の発現誘導を抑制している．しかし，UVBを受容することで活性化したUVR8は，C末端の27アミノ酸でCOP1と結合し，COP1の機能を阻害することで転写因子の分解を抑制する．すなわち，転写因子を安定化させる．UVR8自身は，COP1によるユビキチン化を受けず，分解もされない．このように活性型UVR8は，COP1を介した転写因子の安定化を導き，UVB応答に関連したさまざまな遺伝子の転写を促進する．また最近では，この一連のUVR8を介したUVBシグナル伝達経路によって誘導されたタンパク質のレベルを感知し，UVR8シグナル伝達経路を制御する分子（ネガティブレギュレーター：repressor of UVB photomorphogenesis 1（RUP1）やRUP2）の存在も明らかになりつつある．これらRUP1/2は，活性型UVR8とCOP1の複合体に結合し，UVR8とCOP1の結合を解離させることで，不活性型のUVR8ホモ二量体に戻す役割を担っている．

● **UVR8非依存的なUVBシグナル経路**　紫外線吸収物質であるフラボノイド合成のキー酵素であるCHALCONE SYNTHASE（CHS）のUVBによる発現誘導は，UVR8を介していることが知られている．このCHSのUVBによる遺伝子発現誘導の作用スペクトルのピークは280 nmである．しかし，これまでに報告されているUVBに対する特異的な応答に関する作用スペクトルのピークは，280 nmから310 nmの範囲でさまざまであり，UVR8以外のUVB光受容体の存在，またはUVBシグナル経路の存在も示唆されている．　　　　　　　　　　　　　　［日出間　純］

光周性

　光周性とは，生物が日長の季節変化を認識し，それぞれの種にとって，1年の中で最適と考えられるタイミングで，花芽形成のような生命活動を行う性質のことをいう．植物だけでなく，昆虫，魚類，鳥類など，広く生物に観察される性質である．植物が日長を認識していることが明らかになったのは，1920年に報告された，アメリカ農務省のW. W. ガーナー（W. W. Garner）と H. A. アラード（H. A. Allard）によって行われた実験からである．彼らは，ダイズとタバコを，毎日午後4時から翌朝9時まで暗箱に入れて，開花するタイミングを観察，この発見の契機となる知見を得た．そして，いろいろな植物に同様な実験を拡大することで，多くの植物が日長を認識する能力をもつことを明らかにしたのである．一連の実験から，植物は，日が短くならないと花芽をつけない，または，短くなると花芽形成が促進される短日植物と，逆に，日が長くならないと花芽をつけない，または，長くなると促進される長日植物，そして，日長と無関係に花芽をつける中日植物（中性植物）に大別できた．当初は，植物体内の炭素/窒素比が高くなることが花芽をつくると考えられていたが，夜中に光パルスを照射しても日長認識が大きく変わることから，光周性に光合成が関与していないことが間接的に証明されている．

●**限界日長**　当初は，日長を12時間を境に長日条件か短日条件かの区別をしていたが，日長を振る実験により，花芽形成を始めるかどうかを認識する日長は，必ずしも，12時間ではなく，同じ植物種でも，系統によって，固有の日長を認識することが明らかになった．また，非常に正確に日長を認識できる種も存在し，シソでは，14時間15分の日長を境界にして，それより日長が長いと，まったく花芽がつかず，また短いと，ほとんどの植物に花芽がつくといった花芽形成を行う（図1）．こういった日長を限界日長と呼ぶ．最近のイネを使った解析では，限界日長をはっきりもつ品種もあれば，長日条件でも花芽形成を起こす品種，また，日長の認識能力を遺伝的に失った品種も存在することが遺伝子レベルの解析で明らかになっている．

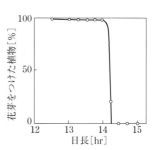

図1　シソの限界日長［出典：瀧本 敦『花を咲かせるものは何か』中公新書，p.24，1998］

●**日長を認識するメカニズム**　地に根を張り，動けない植物が，刻々変動する自然環境の中で，正確に日長を認識している事実は，多くの研究者の関心を集めた．これまでに，光周性を説明する多くの学説が提案されている．光受容体タンパク

質フィトクロムの活性型であるPfr型が，暗闇の中で徐々に不活性なPr型に変換する生化学的変化を利用していると考える学説や，1930年代に，E. ビュンニング(E. Bünning)が提唱した概日時計を利用していると考える学説などがある（図2）．中でも，1960年代に，C. S. ピッテンドリグ（C. S. Pittendrigh）らにより提唱された「外的符合モデル」は，自然界の環境変動で日々同調を受ける概日時計により決定された光感受性の高い主観的時刻と太陽光シグナルとの符合の有無により，日長認識をしているという学説で，シロイヌ

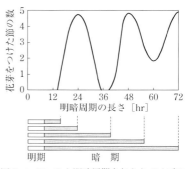

図2　いろいろな明暗周期を与えたダイズの花芽形成［出典：瀧本 敦『花を咲かせるものは何か』中公新書，p.183，1998］

ナズナやイネの分子遺伝学的な知見からも強く支持されるモデルである．しかしながら，概日時計と光シグナルの相互作用の分子実体は，いまだ不明な点が多い．一方，日長により異なる同調を受ける2つの概日時計の相互作用で説明する「内的符合モデル」も提唱されており，一部は分子遺伝学的にも支持されている．

●**花芽形成ホルモン「フロリゲン」と光周性**　2007年，長く，分子実体がわからなかった花芽形成ホルモン「フロリゲン」の正体が，シロイヌナズナでは*FT*，イネでは*Hd3a*と呼ばれる遺伝子であり，進化的に非常に保存されたタンパク質をコードしていることが明らかになった．この遺伝子産物は，主に葉でつくられ，維管束を通って，茎頂まで移動し，茎頂分裂組織で転写活性化複合体となって，花芽形成関連遺伝子を転写させる．葉でのフロリゲン遺伝子の転写産物量が，日長の影響を受けることから，光周性の本質は，葉におけるフロリゲン遺伝子の転写制御にあることが明らかとなっている．また，*Hd3a*遺伝子は，30分の日長変化で，その転写産物量が数十倍に変化することから，限界日長性の分子実体もフロリゲン遺伝子の転写制御の環境応答性で説明できる．

●**自然界での花芽形成と光周性**　多くの植物が明確な光周性をもち，花芽分化を制御していることは事実ではあるが，多くの教科書に記載されている「植物は，日が短くなる（もしくは，日が長くなる）ことを感じて，花芽をつくる」という表現は，植物の環境応答を単純化しすぎた表現であることがわかってきている．例えば，イネは，短日植物に分類されるが，本州で栽培される多くの品種は，日長が一番長い夏至直後に花芽形成を始める．この現象は，長日条件でも抑制がかかりにくい，別のフロリゲン遺伝子*RFT1*遺伝子の存在で説明できる．植物は，光周性に加え春化処理効果の有無，成長ステージによる転写制御，気温の影響による転写制御など，複合的な因子が組み合わさって，フロリゲン遺伝子が働き，花芽形成を起こしているのである．

［井澤　毅］

概日リズム

　概日リズムとは生物のさまざまな現象にみられるおよそ24時間の周期性のことをいう．生物内在のメカニズムで現れる周期性のことであり，昼夜外部環境の周期的変動に応答した日周期性（日周リズムと呼ぶ）と区別する．植物では、日中は開き夜間は閉じる葉の運動（就眠運動）などで身近に観察することができる．葉の就眠運動がずっと暗い条件（連続暗条件）でも起こることが18世紀前半にわかったことが，概日リズムの発見とされている．なお，概日（サーカディアン，circadian: circa（およそ）+ dian（日））という言葉は1950年代に提唱され，その時期から概日リズムの概念や系統的な研究が進んできた．概日リズムと呼ぶ振動現象は以下の3つの要件をもっている．

①環境変動のない恒常条件下で周期がおよそ24時間のリズムを示す．
②明暗や温度変動など昼夜の日周環境変動に同調する．この性質があるため，概日リズムの周期が正確に24時間でなくても日々正確に昼夜環境とリズムを合わせることができる．
③概日リズムの周期が環境の温度によらずほぼ一定である．これは周期の温度補償性と呼ばれ，概日リズムが示す特異な性質となっている．反応速度が温度に影響を受ける酵素反応を基盤とする生体反応では一般的にその反応速度が温度の影響を受けるのと対照的な性質である．

●**概日リズム現象の捉え方**　植物の概日リズムとして，葉や花器官の就眠運動のみならず，気孔の開閉，光合成活性など多様な振動現象があげられる．それらの生理活性リズムが生じる根底には，関連する遺伝子の発現にみられる概日リズムがある．見積もり方にもよるが，それぞれの植物がもつ全遺伝子の10％程度がその発現に概日リズムを示すことが知られている．後述するように概日時計のメカニズムが遺伝子発現制御ネットワークで構成されていることからも，遺伝子発現リズムが生理活性リズムの起点となっていることは明らかである．わかりやすい例としては，花の芳香の概日リズムがあげられる．植物の中にはハチやガなどが1日の中で行動する時間帯にあわせて花の芳香に強弱を生じるものがあり，その芳香リズムが芳香物質の合成酵素遺伝子の発現リズムに由来する例が知られている．また，日長に応じて花芽形成を引き起こす光周性反応では，関連遺伝子の発現の概日リズムが日長測定の基盤となっている．概日リズムは外部環境によらずに自律的に生じるため，昼夜環境変動を先読みした生理学的反応を起こすことができる点で適応的な形質と考えられている．一方で，多くの植物でみられる葉の就眠運動の生理学的意義がよく理解されていないことからもわかるように，遺伝

子発現リズムを含めて個別の概日リズム現象の意義については不明な点が多い．
●**概日時計のメカニズム**　概日リズム現象の概日周期や時刻情報を生み出す装置は概日時計と呼ばれる．振動を生み出す点やユニット性を強調するときは概日振動体あるいは概日振動子と呼ぶ場合がある．また，他の細胞や組織の概日リズムを同調させる働きをもつ概日時計（組織や器官）をペースメーカーという．

概日時計が 24 時間周期を生み出すメカニズムはさまざまな生物で明らかとなっている．真核生物では時計遺伝子と呼ばれる遺伝子群の転写制御ネットワークを基盤とする発振装置をもつ．その転写制御ネットワークは時計遺伝子の量的な変化が結果的に自身の発現変動を生み出すというフィードバック制御である．遺伝子発現は必然的に転写と翻訳を介するので

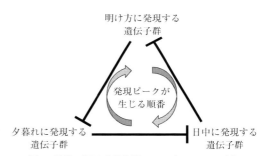

図 1　植物の概日時計発振メカニズムのモデル図

転写・翻訳フィードバックループと呼ばれている．フィードバック回路（帰還回路）は発振の基本構造の 1 つであり，その増幅過程で入力が出力へ与える効果が逆転し，出力の一部が入力として戻ってくるまでの時間に遅れがあると振動を生み出すことができる．植物の概日時計のメカニズムの概略を図 1 に示す．3 つの遺伝子群がそれぞれ対応する相手の遺伝子群を抑制的に制御する．ある遺伝子群の効果が自身に戻ってくるまでに抑制効果が 3 段階（奇数回）あるので，結果的に自身に対しても抑制的な効果を与えることになる．

また，フィードバックループの 3 段階の遺伝子発現制御を介して時間遅れが生じ，24 時間という長い周期性を生化学反応系で実現していると考えられる．植物の概日時計のメカニズムは未知の因子も含めて，図 1 より複雑なネットワークで構成されていると想定されるが，奇数回の抑制制御をもつフィードバックループが主要な反応過程と予想される．また，昼夜の日周環境変動への概日時計の同調は，時計遺伝子が光応答性の遺伝子発現制御を受けることで実現されている．

一方で，原核生物で安定な概日リズムを示すことが唯一知られているシアノバクテリアにおいては，3 種類の時計タンパク質の相互作用を介した ATP 分解制御系が概日振動を生み出すことが明らかとなっている．この概日時計は振動を生み出すのに周期的な遺伝子発現制御を必要としない点で，真核生物のものとは本質的に異なっている．

［小山時隆］

📖 参考文献
[1]　田澤仁『マメから生まれた生物時計—エルヴィン・ビュニングの物語』学会出版センター，2009

屈性と傾性

　植物は一見じっとしているようにみえるが，茎，根，葉，花などの器官は，外的刺激に応答して屈曲運動を行っている．そのような運動のうち，屈曲の方向が刺激の方向に依存している場合を屈性と呼び，刺激の方向とは関係なく，器官の構造（背腹性など）により決まっている場合を傾性と呼ぶ．固着生活をする植物は，これらの運動により，地上部・地下部の成長方向や各器官の向きを調節して，環境に適応した生育を行っている．

　屈曲運動には，屈性と傾性の他に回旋運動がある．また，重力屈性で湾曲した器官が真っ直ぐにもどる現象には自律的な屈曲反応が含まれ，外的刺激への反応ではないので厳密には屈性とはいえないが，自律屈性（オートトロピズム）と呼ばれてきた．これらの屈曲運動も植物が環境に適応して生育するのに一役買っていると考えられる．

● **屈性**　屈性を引き起こす主な刺激源は重力と光である．重力によるものを重力屈性，光によるものを光屈性と呼ぶ．他に，根が水分を求めるように屈曲する水分屈性や，つる植物の巻きひげが支柱に巻きつくように屈曲する接触屈性などがある．屈性は屈曲の方向によって，正（刺激源の方向に屈曲）と負（反対方向に屈曲）に区別される．

　植物の地上部（茎，芽生えの胚軸・幼葉鞘など）は一般に負の重力屈性と正の光屈性を示す．根は正の重力屈性を示し，植物によっては負の光屈性を示す．特殊な例もある．ラッカセイの子房柄は，負の重力屈性により土がある下方に伸長して子房を土中に埋める．つるの植物のキヅタは，負の光屈性により茎を壁面の方に伸長させる．

　正・負の記号で区別できない屈性もある．重力屈性には，器官が重力の方向と垂直に成長するように，または，ある角度を保って成長するように働くものがある．前者は匍匐枝（はふく）などに，後者は側枝や側根にみられる．植物によっては，葉の光屈性により，その表面を明るい方に向けることができる．これは葉柄の屈曲とねじれが関与する複雑な屈性である．

● **傾性**　傾性の主要な刺激源は，光と接触である．光に応答するものを光傾性，接触に応答するものを接触傾性と呼ぶ．他に温度変化に応答した温度傾性などがある．昼夜の明暗周期に連動して葉（マメ科の植物やカタバミ，カラムシ，ヨモギなど）や花（スイレン科の植物やタンポポなど）を開閉させる運動を就眠運動と呼ぶが，多くの就眠運動は光傾性で説明されてきた．

　就眠運動が光傾性を含むことは，一部の植物で調べられたように，光強度を変

 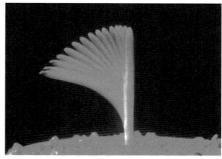

(a) 重力屈性　　　　　　　　　　　(b) 光屈性

図1　トウモロコシ幼葉鞘の重力屈性と光屈性の多重撮影(15分間隔)：重力屈性は芽生えを水平に倒して，光屈性は写真の左側から青色光を照射して誘導．赤色光下で育てた芽生えを用いる

化させて（あるいは，暗期の植物を光照射して）確認することができる．しかし，24時間の明暗周期下で育つ植物の就眠運動は，概日時計で制御されている部分が大きいと考えられる．温度傾性はチューリップやクロッカスの花被で観察される．接触傾性は，モウセンゴケの捕虫葉触毛，オジギソウの葉などにみられる．ハエトリグサやムジナモの葉の捕虫運動も接触傾性である．

●屈曲運動のメカニズム　植物の器官は細胞の成長(不可逆的な細胞体積の増大)に差をつけて屈曲する．例えば，茎は2側面間における伸長成長の差で屈曲し，花弁は外側と内側の成長差で開閉する．植物の屈曲運動が目にみえるような速度では起こらないのは，屈曲が成長に基づくことによる．マメ科やカタバミ科の植物は葉に葉枕をもち，この葉枕で屈曲する．葉枕の細胞は膨圧の増減により体積を可逆的に増減させることができる．この膨圧変化に応答した細胞体積の変化により屈曲する．葉枕による屈曲運動では，オジギソウの接触傾性にみられるように，敏速な運動も可能である．成長差による屈曲運動を成長運動，膨圧差による屈曲運動を膨圧運動とも呼ぶ．

　重力屈性と光屈性の分子機構が芽生えの胚軸や幼葉鞘で調べられてきた（図1）．重力屈性では，平衡細胞（維管束鞘や根冠に存在）に含まれるアミロプラストの沈降が刺激になって重力シグナルが受容され，その結果，植物ホルモンのオーキシンが組織内で不均等に分配されて屈曲（不均等成長）が生じる．光屈性では，青色光受容体のフォトトロピンが光シグナルを受容し，オーキシンが不均等分配されて屈曲が生じる．これらの反応にかかわる初期シグナル伝達の分子機構は，現在活発に研究されている． 　　　　　　　　　　　　　　　　　　　　　　　　　　　　　　　　　［飯野盛利］

📖 参考文献

[1] Iino, M., "Toward understanding the ecological functions of tropisms: interactions among and effects of light on tropisms", *Curr. Opin. Plant Biol.*, 9：89-93, 2006

重力応答

　植物は，ストレス環境を回避し，また他者との競合に打ち勝つべくさまざまな戦略を獲得した．その1つが成長制御のための重力応答である．茎葉や根が地球に働く重力に対して一定方向に屈曲成長する現象を重力屈性といい，それは植物個体の姿勢・伸長方向を制御し，植物の生産性や生態系の種構成にも影響する．また，ウリ科植物の芽生えが種皮を脱ぐためのペグ形成，茎や根が伸長するときに先端部を回転させる回旋転頭運動，頂芽が側芽の成長を抑制する頂芽優勢なども重力応答と関係する．

　このように重力応答によって制御される成長現象を重力形態形成ともいう．さらに，植物が重力に抵抗して成長できるように細胞壁組成を変化させると考えられており，これを抗重力反応と呼んでいる．最近，これらの重力応答に関して，分子機構の研究とともに，微小重力環境を利用した宇宙実験が行われている．

●**重力屈性**　植物体を傾けると，胚軸・幼葉鞘・茎は上に，根は下に曲がって伸長する．この重力屈性は，伸長帯の上下における偏差成長に起因し，茎葉を光のある上側に，根を養水分のある下側に伸長させるために機能する．この茎葉と根の成長は，刺激となる重力に対する屈曲方向よって，それぞれ負の重力屈性と正の重力屈性と呼ばれる．また，側根は伸長初期に横重力屈性または傾斜重力屈性を示して根系を横方向に拡大し，植物体全体を支える．

●**重力感受**　重力屈性は，主に重力感受，シグナル伝達，屈曲反応の段階に分けられる．根の重力感受細胞は根冠の中のコルメラ（柱軸）細胞であり，茎葉の重力感受細胞は内皮細胞で，いずれも重力によって沈降するアミロプラストをもっている．したがって，アミロプラストを構成するデンプンの生合成を欠損したシロイヌナズナ突然変異体の根や茎の重力屈性は低下し，また，根冠の除去やレーザー照射によるコルメラ細胞の破壊は，根の伸長に影響を与えず重力屈性を阻害する．

　シロイヌナズナやアサガオの胚軸および花茎の重力屈性を欠損した突然変異体の中に，内皮細胞の分化異常を示すものがある．さらにシロイヌナズナでは，内皮細胞のアミロプラストが沈降せずに重力屈性が低下する突然変異体がある．中には，内皮細胞中のアミロプラストがF-アクチンに包まれた形で存在し，完全に沈降しない突然変異体が存在する．しかし，この突然変異体をアクチン重合阻害剤で処理すると，アミロプラストが正常に沈降するようになり，重力屈性を回復する．これらの結果は，細胞内で沈降するアミロプラスが重力感受に機能するという平衡石説を支持する．実際に，宇宙実験で微小重力下での重力感受細胞を観察すると，アミロプラストが沈降せずに重力屈性の発現もみられない．重力感

受には，アミロプラストの沈降が小胞体や細胞膜を機械的に刺激することによってメカノセンサーが働くという考え方もあるが，その実体は明らかでない.

●**重力応答とオーキシン**　オーキシンは，重力感受と偏差成長（屈曲）を結ぶ化学シグナルとして重要な役割を果たす．オーキシンの偏差分布が屈性の原因と考えるコロドニー・ウェント説が提唱されて 90 年ほどになるが，近年のオーキシン輸送体に関する研究の進展が，我々の重力屈性のオーキシン制御に対する理解を深めた．すなわち，分裂組織や芽・若い葉で生合成されたオーキシンが作用部位に極性輸送される際に働くオーキシン排出担体の PIN-FORMED（PIN）タンパク質は細胞膜の一部に偏在し，そこから細胞内のオーキシンを排出する．同じ PIN タンパク質の局在パターンを有する細胞が連なる組織では，この PIN タンパク質が局在する側にオーキシンが輸送される．シロイヌナズナの根では，オーキシンが維管束系を通って求頂的に輸送されるか分裂組織で生合成され，重力感受細胞のコルメラ細胞を経由して，表皮細胞を求基的に輸送されて伸長帯に到達する．コルメラ細胞には AtPIN3 が局在し，オーキシンを表皮細胞に受け渡す役割を担い，表皮細胞では AtPIN2 がオーキシンを伸長帯まで運ぶ働きをする．芽生えを横倒しにして根に重力刺激を与えると，コルメラ細胞の AtPIN3 は新たに下側になった細胞膜に局在し，オーキシンを横になった根端の下側に送り出す．下側に輸送されたオーキシンは，AtPIN2 によって下側の表皮細胞を通って伸長帯に輸送される．その結果，伸長帯の上側に比較して下側でオーキシンが多く蓄積し，相対的に下側の伸長速度が低下して，偏差成長が誘導され，根が下側に屈曲する．このモデルは，*atpin3* 突然変異体の根の重力屈性が異常であること，また，*atpin2* 突然変異体の根の重力屈性がほぼ完全に欠損することからも支持される．したがって，オーキシン輸送（排出）阻害剤の処理によって，重力屈性は抑制される．重力屈性におけるオーキシンの重要性は，多くの重力屈性突然変異体が単離され，それらにオーキシン排出担体の膜局在に重要な小胞輸送制御因子 *GNOM*，オーキシン取り込み担体 *AUX1*，オーキシン応答性遺伝子 *Aux/IAA* 遺伝子群の突然変異体が含まれることからもわかる．しかし，重力感受細胞で PIN タンパク質が重力に応答して局在を変化させる仕組みの詳細はわかっていない．さらに，茎葉の重力屈性における PIN タンパク質の役割についても，情報は断片的である．

　オーキシンは，重力屈性以外の重力形態形成にも重要な役割を果たす．例えば，キュウリの芽生えは発芽直後に胚軸と根の境界域の下側に 1 個のペグを形成するが，微小重力の宇宙環境では境界域の両側にペグを形成する．これは，地上では重力に応答して境界域の上側でペグ形成が抑制されることを意味する．この重力によるペグ形成の抑制は，境界域の上側でオーキシン排出活性が高くなり，オーキシン量が減少することによって生じる．

［高橋秀幸］

気　孔

　気孔は植物の表皮に存在する小孔で，ギリシャ語の mouth に由来し，植物と大気間のガス交換を行う陸上植物に必須の構造である．気孔が開口すると，CO_2 は光合成により濃度の低下した葉内に取り込まれ，産生された O_2 や葉内の水蒸気は外気に放出（蒸散）される．蒸散は水の消失を伴う一方，導管を通した根からの水の吸い上げ，水に溶けた無機イオンなどの植物組織への分配を駆動する．水分不足時には気孔を閉鎖して蒸散を抑える．

　気孔は約 4 億年前に発生し，維管束やクチクラの発達とあわせて，植物の陸上進出と生存領域拡大に必須の役割を果たした．現生のコケ植物のタイ類にはなく，セン類，ツノゴケ類，維管束植物に存在する．維管束植物で気孔を欠く唯一の例外は，アンデス高地で見つかったミズニラの 1 種（*Stylites andicola*）で根から CO_2 を得ている．コケ植物の気孔は胞子体に存在し，胞子嚢が乾燥し，はじけて胞子の散布に役立つと考えられ開閉能はないといわれる．しかし，ヒメツリガネゴケの気孔が光やアブシシン酸に応答して開閉することが報告された．

●**孔辺細胞**　気孔は 1 対の孔辺細胞に囲まれ，孔辺細胞には腎臓型と亜鈴型が存在する．裸子植物と双子葉植物の孔辺細胞は腎臓型で気孔は楕円形になり，単子葉植物の一部，トウモロコシやサトウキビなどでは孔辺細胞は亜鈴型で気孔はスリット状になる．亜鈴型の気孔は腎臓型に比べてより進化したものである．気孔は緑色組織の表皮のみならず，花弁，萼，雄蕊，果実の表皮，さらに，根や地下茎にもみられる．ハス花弁は，気孔を酸素の取り入れ口として用い，呼吸により発熱しミツバチを誘引し受粉をうながすといわれる．

　気孔の開・閉は孔辺細胞の膨圧に制御される．孔辺細胞は不均等な厚さの細胞壁と特定の配向をもつセルロース微繊維を有し，体積の増減により開・閉を制御する．例えば，亜鈴型の孔辺細胞には気孔の長軸方向にセルロース微繊維が存在しており，膨圧増大により体積が増大すると長軸と直角方向にのみ膨らみ，向かい合う孔辺細胞が互いに反発してスリット状の気孔が開く．気孔の閉鎖は，膨圧の低下により孔辺細胞が収縮して起こる．

●**気孔開口**　気孔開口時には孔辺細胞に K^+，Cl^-，リンゴ酸などが蓄積し，孔辺細胞の水ポテンシャルが低下し，水が流入し膨圧が上昇する．一方，気孔閉鎖時にはこれらのイオン種が遊離され，水ポテンシャルが上昇し水が出て行く．つまり，気孔開・閉にはイオンの取り込みと遊離が必要であり，それぞれ別経路をとる．

　気孔開口の要因として，光，低濃度 CO_2 がある．高温，高湿度も気孔を開かせ

る．いずれのイオン種も孔辺細胞内の濃度が外より高いので，これらが蓄積するには濃度勾配に逆らった取り込みが必要である．気孔開口の主要因は太陽光である．青色光が特に有効で，同時に光合成に有効な光，例えば，赤色光が存在すると青色光の効果は相乗的になる．青色光による気孔開口は以下のようである．青色光は青色光受容体フォトトロピンに受容され BLUS1 キナーゼ，タンパク質脱リン酸化酵素 1（PP1）などの情報伝達体を経て孔辺細胞細胞膜 H^+-ATPase をリン酸化により活性化し，H^+ を放出させる．その結果，孔辺細胞の膜電位をさらに過分極させ -160 から $-170\,mV$ に至らせる（図1）．ついで，同じ膜上にある K^+ チャネルが過分極により活性化され，アポプラスト中の K^+ がこのチャネルを通して取り込まれる．細胞内ではリンゴ酸が生合成され，あるいは Cl^- が取り込まれ（おそらく H^+/Cl^- の共同輸送）電気的中性が維持され，これらのイオン種が蓄積する．このとき働く K^+ チャネルは内向き整流性 K^+ チャネル（K^+_{in}）といわれる．

●気孔閉鎖　気孔閉鎖の要因には植物ホルモンアブシシン酸（ABA），暗黒，高濃度 CO_2 がある．その他，ジャスモン酸，SO_2，O_3 などがある．気孔閉鎖は孔辺細胞内のイオン濃度が高いので，濃度勾配に沿ってイオンが遊離することにより起こる．陰イオンチャネルが主要な役割を果たし，このチャネルは Cl^-，NO_3^-，リンゴ酸を透過させる．ABA による気孔閉鎖は以下のようである．ABA は ABA 受容体に結合し，タンパク質脱リン酸化酵素 PP2C を不活性化し，下流の SnRK2 型のリン酸化酵素を活性化し，SLAC1

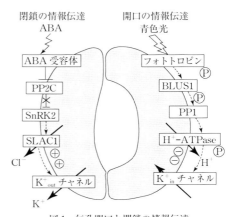

図1　気孔開口と閉鎖の情報伝達

などの陰イオンチャネルを活性化する（図1）．通常，孔辺細胞の膜電位は $-100\,mV$ 前後で，陰イオンが孔辺細胞から遊離すると膜電位はプラス側にシフトし（脱分極），同じ膜上の外向き整流性の K^+ チャネル（K^+_{out}）が活性化され K^+ が遊離する．こうして，陰イオンと K^+ の両方が細胞外に遊離し，孔辺細胞のイオン濃度，ひいては，水ポテンシャルが高くなり水が流出し気孔が閉じる．上に述べたように，気孔開口と閉鎖は別の機構を通して起こる．しかし，両者は互いに干渉し，気孔開度を至適状態に保つ機構が存在することが解明されつつある．気孔開閉にショ糖が寄与するとする説がある．しかし，現時点ではその機構に不明の点が多い．

［島崎研一郎］

植物の成長様式

陸上生活に適応した植物は，光を求めて上へ上へと伸び，また土壌の水や養分を求めて下へ下へと伸長する成長様式を獲得した．典型的な種子植物では上下に伸びた1本の主軸があり，そのうち地上にある部分が茎，地下にある部分が根となる．また茎のまわりには葉がつく．さらに茎と根はそれぞれ枝分かれをして，体の軸を増やすことで側方へも広がってゆく．

このような成長様式は，体軸の末端にある頂端分裂組織（シュート頂分裂組織と根端分裂組織）の働きによる．頂端分裂組織とそのまわりでは細胞分裂が盛んで，葉や茎，根のもととなる細胞が新しくつくられる．頂端分裂組織の細胞は未分化で小さく，形や大きさがそろっているが，そのまわりの細胞は末端から離れると分裂をやめ，大きく伸長して分化する．植物の成長はよく「積み重ね」方式と呼ばれるが，これは頂端分裂組織によって新たにつくられた部分がすでにつくられていた部分に追加され，あたかも積み木を組むように成長が進むさまを表している．積み重ねによる成長は，植物が環境の変動に応じて成長パターンを柔軟に変化させるのに適した様式といえる．

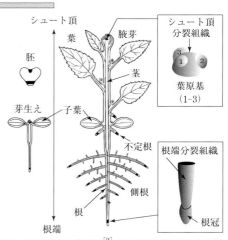

図1 種子植物の模式図[2]（●は頂端分裂組織を示す）

頂端分裂組織による上下方向の成長に加え，多くの種子植物では茎と根の内側にある側部分裂組織の働きで二次的な肥大成長が起こる．木本では特にこの型の成長が著しいので，太い幹ができる．側部分裂組織には維管束形成層とコルク形成層の2種類があり，それぞれ二次維管束と周皮をつくる．頂端分裂組織の働きで直接起こる成長を一次成長，側部分裂組織による肥大成長を二次成長と呼ぶ．

●**地上部の成長様式** シュート頂分裂組織はドーム状で，ここで新しくできた細胞は周囲へ押し出される．ドームの側方へ押し出された細胞は葉の原基となるふくらみをつくる一方，ドームの下方，つまり根がある方向へと押し出された細胞は茎をつくる．分裂組織での細胞数の増加分と，外へ押し出されて分化する細胞数とがつり合うため，分裂組織は常に一定のサイズを保ちながら器官をつくり続けることができる．シュート頂分裂組織の維持にはWUS，CLV，KNOXなどの

タンパク質と，植物ホルモンのサイトカイニンが重要である．

　葉原基の形成は周期的に起こるので，シュート頂から離れて成熟が進んだ部分では茎にそって葉が繰り返し並ぶことになる．この繰り返しの単位はファイトマーと呼ばれ，1つのファイトマーのうち葉がつく部分を節，葉のない部分を節間と呼ぶ．1つの節につく葉の数，隣りあう節の葉同士がなす角度，そして節間の長さは植物種や成育段階によりさまざまで，これらの違いは種の違いによる形の多様性をもたらす．葉が茎にそって配列する様式は葉序と呼ばれ，その決定にはシュート頂でのオーキシンの濃度分布と細胞壁の力学的な特性が重要である．

　茎の枝分かれのパターンも地上部の形に大きく影響する．枝分かれには二叉分枝と側方分枝の2種類があり，前者は小葉類と一部のシダ類，後者は種子植物と一部のシダ類でみられる．二叉分枝はシュート頂が2つに均等に割れることで起こり，できた2つの枝には主従の区別がない．一方，側方分枝は葉の付け根に新しいシュート頂分裂組織（腋生分裂組織）が生じることで起こる．側枝の成長はできたばかりの腋芽の段階でいったん停止することが多く，その制御にはオーキシン，サイトカイニン，ストリゴラクトンが関与する．また，茎や葉から根が生じることも頻繁に起こり，こういった根を不定根と呼ぶ．

●根の成長様式　　根端分裂組織から根がつくられる様式は，シュート頂分裂組織から茎がつくられるときと同様である．つまり，分裂で増えた細胞が茎がある方に押し出され，根の本体の細胞へと分化する．これに加え，根端分裂組織は根本体の反対側にも細胞を送り出し，根冠と呼ばれる保護組織をつくる．根端分裂組織での細胞分裂と分化のバランスはGRAS，PLT，WOX5などの核内因子やCLEペプチド，RGFペプチドなどにより保たれる．

　根の枝分かれは，根端から離れた場所に側根がつくられることで起こる．種子植物では，根の内部にある内鞘で側根の原基がつくられ，これが周囲の組織を突き破って表面へと出てくる．側根の形成はオーキシンで促進される．

●積み重ね方式の確立　　積み重ね方式のエッセンスは，つきつめると極性のある体軸とその両端の頂端分裂組織である．これらの基本要素は植物の一生の初め，つまり胚発生で確立する．種子植物の胚発生では，受精卵が細胞分裂を繰り返すことでシュート頂から根端への極性をもった体軸とその両端の頂端分裂組織，および子葉がつくられる．これらの構造は，発芽直後の芽生えではっきりと確認できる．胚の体軸形成にはオーキシンとWOX転写因子が重要で，その位置情報に従ってCUC，HD-ZIP III，TPLなどの核内因子がシュート頂分裂組織を，MPやPLTなどの転写因子が根端分裂組織をつくり出す．

[相田光宏]

📖 参考文献
[1]　原 襄『植物形態学』朝倉書店，1994
[2]　W. トロール『トロール図説植物形態学ハンドブック』中村信一・戸部 博訳，朝倉書店，2004

栄養成長と生殖成長

　植物は胚発生の過程で胚の体軸の両端に頂端分裂組織を形成する．頂端分裂組織のうち，シュート頂分裂組織は発芽後の植物の地上部の全体を形づくる．したがって，シュート頂分裂組織の活性をいかに制御するかによって，植物の体制と生活環の組み立てが大きく変わってくることになる．

●**栄養成長**　発芽直後のシュート頂分裂組織は，まず栄養分裂組織としての性質を獲得・確立すると考えられる．これにより，発芽した植物は直ちに花芽を形成することはなく，その代わりに次々と葉を形成・展開し，栄養成長と呼ばれる成長を続ける．栄養分裂組織はもっぱら葉の原基（葉原基）を形成し，葉の基部（腋）に形成される側芽も栄養分裂組織となる．成長とともに，形成される葉の形態が変化することが多くの植物で知られている．これは個体の齢の進行を反映した変化であり，齢の進行には，miR156などの低分子量 RNA と SPL（SQUAMOSA PROMOTER BINDING PROTEIN-LIKE）と呼ばれる転写制御因子がかかわっている．

●**生殖成長**　植物は栄養成長をある期間続けて一定の齢に達し，かつ必要な栄養分の蓄積を行った後に，好適な環境条件を捉え，花を咲かせて結実する．この花を咲かせ，結実に至る過程を，栄養成長と区別して生殖成長と呼ぶ．生殖成長期のシュート頂分裂組織は生殖分裂組織と呼ばれ，葉ではなく花芽の原基（花芽分裂組織）を形成する．花芽分裂組織では，「ABC モデル」として知られる，複数の転写制御因子の組合せによる遺伝子発現の制御によって，萼片，花弁，雄蕊，心皮という，花を構成する4種類の器官が形成される．

●**花成**　栄養分裂組織と生殖分裂組織は発現する遺伝子の種類が異なり，形態的にも明瞭に区別される．この栄養分裂組織（栄養成長）から生殖分裂組織（生殖成長）への転換（発生プログラム）を花成と呼ぶ．植物の繁殖戦略とそれに密接に関連した資源配分戦略という観点から，花成は植物の生活環上の最も重要なステップであり，花成の時期の決定にはさまざまな内的・外的要因による込み入った調節が存在する．内的要因としては，齢，植物ホルモンや糖代謝の状態などが重要である．花成のタイミングに影響を与える外的環境要因のうちで，日長（光周期）は特に重要な要因であることが知られている（「光周性」参照）．植物は，花成を促進する光周期条件により，短日植物と長日植物とに分けられるが，花成が光周期にほとんど影響されない中性植物も知られている．多くの植物はこの3つの光周性反応タイプのいずれかに分類される．

●**春化**　日長と並ぶもう1つの重要な外的環境要因は温度である．秋播き性品種

の穀類やアブラナのような，秋に発芽して幼植物で越冬したのち，翌春〜初夏の次第に長くなっていく日長に反応して花成する植物では，幼植物が冬の低温を経験することが日長条件による花成促進に必須である．この低温被曝に対する要求性を春化要求性という．春化要求性の植物では，春化処理（吸水種子・幼植物を数℃の低温に数週間さらすこと）により，それに続く長日条件下で花成が促進されるが，春化処理をしない場合には好適な日長条件におかれても花成は著しく遅延する．春化の作用は，花成に対する抑制を緩和・解除することで，光周期による速やかな花成誘導を可能にするものである．シロイヌナズナでは，花成抑制因子をコードする *FLC*（*FLOWERING LOCUS C*）遺伝子座のエピジェネティックな調節（クロマチンのヒストン修飾の変化）によるものであることが明らかになっている．春化にかかわる長期間の低温の他に，冬が去った後の生育期間の外気温も花成の時期の調節には重要である．

● **避陰反応** 植物が受ける光には，日長の他にも，光質（波長構成）のような，花成の時期の調節において重要な要因が含まれる．他の植物の陰になっている場合に，植物は葉を通過してきた光を受けることになる．葉を通過した光は，葉緑素によって光合成に有効な赤色領域の波長の光が吸収されている．一方，遠赤色領域の波長の光はほとんど吸収されない．このため，植物は赤色領域の成分と遠赤色領域の成分の比によって，自分が他の植物の陰になっているかどうかを判断する．遠赤色領域の成分に対して赤色領域の成分の比が小さい（他の植物の陰になっている）場合に，植物は避陰反応と呼ばれるさまざまな成長反応（例えば，茎や葉の伸長促進）を示すが，花成の促進と速やかな結実もその1つである．光や温度といった要因の他にも，土壌栄養（窒素/炭素比や無機栄養分の多寡）や水分の得やすさ，といった外的環境要因も花成の時期の調節にかかわっていると考えられているが，作用機構はほとんどわかっていない．

● **フロリゲン** 栄養成長の過程で形成された葉は，齢や糖代謝状態などの内的要因や，日長，光質や外気温といった外部環境条件の受容に重要な役割を果たしているが，花成という発生プログラムの切り換えが起こるのは，シュート頂分裂組織である．このため，葉から何らかのシグナルがシュート頂分裂組織に伝えられなければならない．そのようなシグナルは物質であると考えられ「フロリゲン（花成ホルモン）」という名称が1930年代に提唱された．フロリゲンの実体は長く謎であったが，主としてシロイヌナズナとイネを用いた研究から，FT（FLOWERING LOCUS T；イネではHd3a［Heading date 3a］）と呼ばれるタンパク質であることがわかった．FTタンパク質は成熟した葉の維管束の篩部伴細胞で合成され，篩管を通ってシュート頂分裂組織に輸送され，シュート頂分裂組織で14-3-3タンパク質を介してFDという転写因子とフロリゲン複合体を形成し，花芽形成にかかわる遺伝子の転写を活性化することが明らかになっている． ［荒木 崇］

紅葉・黄葉

　植物が環境の変化，一般的には秋から冬口に気温が低下して日照時間が短くなったとき，さまざまな樹木において緑色の葉の色が赤色や黄色または褐色などに変化し落葉（アポトーシス $\alpha\pi o\pi\tau o\sigma\iota\sigma$ とは，ギリシャ語で「落葉」を意味する）する現象のことを「紅葉現象」と呼んでいる．

● **紅葉の種類**

紅葉：イロハモミジ，ドウダンツツジ，ウルシ，ニシキギ，ツタ，ヤマザクラなど，さまざまな樹木にみられる．赤色となるのは葉緑体が退化しクロロフィルが分解され，それとともに赤色色素であるアントシアニンを合成し，蓄積することによるものである．草本でも，ベゴニア，アカキャベツ，イヌタデ，ヒメシバ，ヨモギなどに紅葉がみられる．これらの植物種においては，クロロフィルの分解およびアポトーシスは起こらず，クロロフィルとアントシアニンが共存する形で赤色を呈している．この紅葉で蓄積されているアントシアニンの構造は落葉時の紅葉と異なり，複数の糖とアシル基で修飾されている．スギやヒノキの仲間やセイヨウツゲなどは，秋に葉緑体が退化するのに伴って，ロドキサンチンなどの赤色のカロテノイドが色素体に蓄積されることで,紅葉が誘導される．これらの樹木では，落葉しないまま春の成長期になると再び葉緑体が発達し，緑色にもどる．これに対してアカザ，ケイトウ，ヨウシュヤマゴボウ，シチメンソウ，アッケシソウなども紅葉するが，これらは赤色のベタシアニンによるものである（図1）．シチメンソウ，アッケシソウは秋口になって気温が低下するとベタシアニンを合成してアポトーシスする．

黄葉：イチョウ，ハルニレ，ポプラ，スズカケノキ，ブナ，シラカバなどの樹木にみられる．これらの黄葉は，秋口に気温の低下によって，クロロフィルが分解されるのに対し，葉緑体内に共存していたカロテノイド，主に黄色を呈するキサントフィル類は分解されずに残るため，夏場はクロ

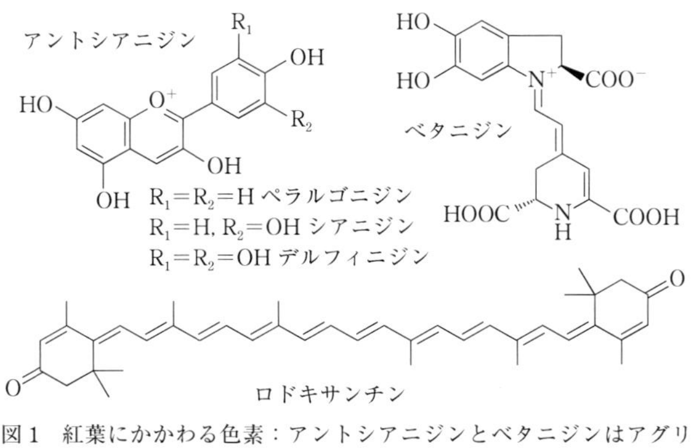

アントシアニジン
$R_1=R_2=H$ ペラルゴニジン
$R_1=H, R_2=OH$ シアニジン
$R_1=R_2=OH$ デルフィニジン

ベタニジン

ロドキサンチン

図1　紅葉にかかわる色素：アントシアニジンとベタニジンはアグリコンで，配糖化されてアントシアニン，ベタシアニンとなる

ロフィルに隠れていたこれら化合物による黄色がみえるようになるものが多い．

褐葉：秋に褐色となる樹木には，ケヤキ，クヌギ，ブナ，コナラ，クリなどがある．これは秋口になるとクロロフィルの分解とともに，葉の中に含まれるフラボノイドが重合して，褐色のフロバフェンに変わるためとされている．樹木のフロバフェンの化学構造は複雑で，不明な点が多い．褐葉の初期にはカロテノイドとの共存により，黄色から褐色の変化がみられる．

● **紅葉誘導の要因**　「紅葉」の中で，古くから解析されてきたのが，アントシアニンによる紅葉現象である．古くは，1899年にE. オベルトン（E. Overton）が水生植物のトチカガミの仲間にショ糖を吸収させたところ，葉が紅葉したことから，糖類の増加が紅葉誘導と深いかかわりをもつものと予測した．その後，水生植物に限らず，陸上植物の草本でも茎から転化糖を吸収させると，葉の紅葉が誘導されることが観察されるようになった．

一方，被子植物の樹木の茎を環状剥離すると，環状剥離された上部は紅葉するだけでなく，可溶性の糖濃度も高くなることが観察された．さらに，紅葉樹の葉内の可溶性糖量が，秋の深まりにつれて，増加することも観察されている．これらの研究の歴史から，可溶性の糖の増加が，アントシアニン生成と深い関係があると考えられてきた．すなわち「秋→糖量増加と離層形成→アントシアニンの合成系誘導→紅葉→落葉」の流れである．糖量増加がなぜアントシアニン生成に結びつくのか，という疑問に関して，「増えすぎる糖を減らすために，二次代謝系が誘導される」とする仮説（オーバーフロー説）が，1984年R. ルックナー（R. Luckner）によって提唱された．近年の研究により，シロイヌナズナの培地にショ糖を添加すると，アントシアニン合成にかかわる各酵素遺伝子の発現が誘導されることが観察され，これを支持している．

しかし，1925年にM. W. オンスロー（M. W. Onslow）は，紅葉には糖量の増加だけでなく，アントシアニン合成に関与する何らかの因子（クロモゲンと呼んだ）が増加することで，紅葉が誘導されると考えた．近年の研究により，アントシアニン合成には，糖だけでなく，植物ホルモンも関係していることが示されている．例えば，ショ糖を添加した培地でシロイヌナズナを生育させ，ジベレリンを作用させるとアントシアニン合成が抑制され，ジャスモン酸やアブシシン酸では亢進される．また，紅葉誘導に深いかかわりをもつ離層形成には，オーキシン，エチレン，アブシシン酸などの植物ホルモンが関与するとされている．これらのことから，紅葉誘導には糖だけでなく，植物ホルモンとのクロストークが関係しているとされる．しかし，これら植物ホルモンがクロモゲンの本体そのものであることの実証はなく，実体は未解明のままである．　　　　　　　　　［百瀬忠征］

📖 **参考文献**
[1]　林 孝三編『増訂 植物色素―実験・研究への手引き』養賢堂，1988

植物の性

　動物・微生物と同様に植物も，生殖を通じて子孫をつくり，繁殖してきた．大別すると，無性生殖と有性生殖がある．無性生殖には，酵母でみられる出芽と塊根，地下茎，ムカゴ，挿し木などによる栄養生殖がある．挿し木は，果樹，ソメイヨシノなどの樹木の繁殖に重要である．園芸作物では，作出した新品種の遺伝的形質を変えず，迅速に増やすために，従来の古木に高接ぎすることで新品種への更新がなされる．一方，有性生殖に伴い，性の分化が生じた．クラミドモナスにみられる同型配偶子接合では配偶子の形態に違いはないが，異なる配偶子（プラスとマイナス）で接合子を形成する．アオサなどにみられる異型配偶子接合では，形態的差異が生じ，小配偶子（雄性配偶子）と大配偶子（雌性配偶子）で接合子を形成する．この接合より進化した生殖形態が受精であり，配偶子の形態・運動性に明確な差異が生じ，緑藻類，コケ植物，小葉類・シダ類，裸子植物，被子植物などにみられる．精子あるいは精細胞と卵細胞が融合し，受精卵となる．受精卵由来の個体は，雌雄の生殖細胞を形成した植物とは遺伝的に異なる多様性を有した子孫をつくる．さらに，自殖を抑制し他殖をうながす仕組みである自家不和合性，雌雄異熟などの形質を獲得し，遺伝的多様性を高めている．

●**裸子植物の性表現**　裸子植物はイチョウ，ソテツ類，針葉樹類，グネツム類に大別されるが，イチョウ，ソテツ類で**雌雄異株性**がみられる（図1(a),(b)）．イチョウ・ソテツとも庭木・街路樹に用いられ，植物体・果実はともに薬理作用がある．イチョウの種子形態から雌雄判別ができるという俗説もあるが，実際には生殖器官を形成するまで判別はできない．イチョウ，ソテツの精子の発見はいずれも1896年で，平瀬作五郎，池野成一郎によってなされた．発見時に研究に使われたイチョウ・ソテツの原木は，東京大学理学部附属植物園，鹿児島県立博物館に保存されている．精子の発見以降，100年以上経過しているが，イチョウ，ソテツ類の性決定機構は不明である．

図1　ソテツの雌雄異花異株とスイカの雄花と雌花：ソテツにおける種子形成が始まっている雌株(a)と花粉が飛散した後の雄株(b)．スイカは雌雄異花同株のため1つの蔓に雄花と雌花を着生するが，一般的に雌花の数の方が少ない(c)

●**被子植物の性表現**　被子植物の約70％が1つの花器官に**雌蕊**（しずい）と**雄蕊**（ゆうずい）を有する

両性花である.残りの30%程度が同一個体に雄花,雌花を開花させる雌雄同株種,異個体に雄花・雌花を開花させる雌雄異株種などに分類される.単性花をつける植物には,ウリ科(キュウリ,メロン,スイカ:図1(c)),アサ科(アサ,ホップ),ヒユ科(ホウレンソウ),ナデシコ科(ヒロハノマンテマ),マタタビ科(キウイ),カキノキ科(マメガキ),キジカクシ科(アスパラガス)などがある.これらの植物種は系統分類的に離れているため,独立に雌雄性が進化したとされている.また,ホップ,アサ,ヒロハノマンテマ,マメガキなどでは,性染色体が同定されている.キュウリなどのウリ科作物では,品種改良が進み,雌花を着生しやすい系統から両性花をつける系統まで分化している.一方,性表現は花としての楽しみに加え,果実の生産性にも影響するため,その分子機構解明は農業生産面からも重要課題である.

●**植物の性表現・性決定因子**　植物には多様な性表現があるが,現在までに,ウリ科キュウリ・メロンでは,性表現因子が同定されている.一方,シダ植物カニクサとマメガキでは,性決定因子が解析されている.ウリ科作物では,雌花の数が収量に影響するため,雌雄性研究の歴史は古く,植物ホルモン処理による雌性化が試みられた.植物ホルモン処理実験からエチレン処理は雄性化に,エチレン阻害剤処理が雌性化に有効であった.さらに,遺伝学的実験から性表現制御遺伝子は,エチレン前駆体である1-アミノシクロプロパン-1-カルボン酸合成酵素をコードしており,その発現制御が性表現を決定していた.

カニクサの前葉体発達過程後期には,ジベレリン(GA)構造類似体アンセリジオーゲンを前葉体外に分泌する.周辺の若い前葉体に取り込まれたアンセリジオーゲンは若い前葉体特異的な合成酵素によりGAに変換され,造精器形成を誘導するし,一方で造卵器形成を抑制し,雄個体を形成する.つまり,アンセリジオーゲンを介し,GA生合成関連酵素遺伝子群の発現を時間的・空間的変化させることで,雌雄個体数を調節し,自殖を避け,遺伝的多様性を維持している.

カキは両性花であるが,近縁種マメガキは雌雄異株性を示し,性決定はXY型である.雄株では,Y染色体上の雄特異的領域に由来する低分子RNA(OGI)が性染色体とは異なる染色体のMeGI遺伝子の転写産物を分解することで,雌蕊の発達を抑制し,雄花が形成される.雌株では,MeGI転写産物の機能により,雄蕊発達を抑制し,雌花が形成される.低分子RNAが性決定の最上流で機能している仕組みは,昆虫のカイコでもみられる.植物の性表現・決定に関する研究は緒についたばかりで,今後,多様性と共通性の解明が期待される.　　　　[渡辺正夫]

📖 参考文献

[1]　生井兵治『植物の性の営みを探る』養賢堂,1992
[2]　西村尚子『植物まるかじり叢書③ 花はなぜ咲くの?』化学同人,2008
[3]　矢原徹一『花の性―その進化を探る』東京大学出版会,1995

種子形成

　能動的な移動手段をもたない陸上植物は生育域を拡張して繁殖するために，その子孫を空間的に拡散させる仕組みを発達させてきた．進化のうえで種子植物より以前に誕生した陸上植物（小葉類，シダ類やコケ植物）は，その子孫の散布は核相が単相（n）の胞子によって主に行ってきた．しかし，その後に誕生した種子植物は，受精によって生じた胚（核相$2n$）を種皮などの保護構造に封入した「種子」という形で散布する手段を獲得することにより，高い繁殖力を得るようになった．種子の構造や形態，その散布の様式，ならびに形成過程はきわめて多様であり進化的適応を反映している．

●**種子形成**　種子は胚珠からつくられる．被子植物では胚珠は，子房内に形成され，珠心とこれを取り囲む珠皮からなる．珠心内に分化した大胞子母細胞が減数分裂してできた大胞子の1つから雌性配偶体（胚嚢）が発生する．被子植物の雌性配偶体は，単相核を1個ずつもつ1つの卵細胞（雌性配偶子），2つの助細胞および3つの反足細胞と2個の単相核をもつ中央細胞からなるものがほとんどである．卵細胞および中央細胞は花粉由来の2つの精細胞の1つずつと受精し（重複受精），それぞれから胚および胚乳が発生する．胚乳は種子形成過程において胚に栄養を供給した後消失する場合と，発芽後の成長を栄養的に支える器官として発達した形で種子の主要部分を占めるようになる場合とがある．前者の種子を無胚乳種子，後者を有胚乳種子という．ただ，無胚乳種子においても最外層の胚乳組織は最後まで保持される．種子中の胚は発生が進むにつれて植物体の基本パターンを確立していくが，やがて成長を止め成熟期に入る．胚は成熟期において脂質やデンプン，タンパク質といった栄養物質を蓄積するとともに，休眠性ならびに乾燥耐性を獲得し，母体を離脱した後の生存と散布先での生育に備える．珠心を取り囲む珠皮は，種皮へと発達する．種子という基本単位はこのようにして形成された胚，胚乳および種皮から構成されている．珠心組織は，種子形成初期においてはいったん発達し胚嚢への栄養供給の役割を担い，多くの場合その大部分は最終的に消滅する．スイレンやアカザのなかまなど一部の植物では，外胚乳と呼ばれる栄養貯蔵組織として残存する場合もある．乾燥して休眠状態となった種子中で最終的に生き残るのは，胚と胚乳の最外層組織（穀類では糊粉層と呼ばれる）のみである場合がほとんどである．

　裸子植物は，外部に露出した胚珠から種子が形成される点で被子植物と区別される．裸子植物では受粉から受精までに数か月の時間差があり，この間に雌性配偶体が発達する．重複受精による胚乳形成は起きず，雌性配偶体が栄養貯蔵組織

となり種子中で大きな容積を占める.

種皮は内部の胚や胚乳を物理的あるいは化学的に保護する機能をもつ.また,種子の休眠を維持するためにも重要な働きを担っている.種皮には,種や属によってさまざまな組織分化が起こる.薄い皮のような種皮をもつものから厚くきわめて頑強な種皮を形成するものまでその様態は多様である.

●**種子散布** 種子が親個体から離脱して空間的に移動したり運ばれたりすることを種子散布という.種子散布はさまざまな自然の力により行われる.風の力を利用するもの,水の流れを利用するもの,動物に摂取されたり付着して運ばれるものなどさまざまである.被子植物の場合,種子形成は子房内で起こるが,子房は受粉の刺激により種子を含んだ果実へと発達する.植物学的には種皮が種子の最外組織であるが,散布の単位は,この果実である場合も多い.果皮が乾燥して種子を取り囲んだ形の「たね」は痩果と呼ばれる.イネ科植物の種子のように果皮が癒着したものは穎果と呼ばれ,外穎や内穎といった花序由来の構造によって保護されている.このような果実はさまざまな構造や性質を発達させることにより,自然の力を利用した種子散布を可能にしている.セイヨウタンポポにみられるように冠毛を頂部に発達させた痩果(図1(a))やカエデのように果皮の一部を翼状に発達させた翼果(図1(b))は,風による散布を助ける構造としてなじみが深い.水分を多く含み柔らかい果肉を発達させた果実は,鳥類をはじめとする動物によって摂取されることにより種子を散布する.ココヤシやハマダイコンのように耐水性をもち,かつ水に浮く性質により果実が水流に乗って散布される場合もある(図1(c)).苞葉など果実に付随したり包み込むようにして花序器官が散布を助ける例も多くある.ひっつき虫とも愛称されるオナモミの果苞は,鉤状の刺を密生させた苞葉が痩果を包み込んだもので(図1(d)),動物に付着することにより運搬される.自然界において種子散布を助ける仕組みはきわめて多彩であり興味がつきない.　　　　　[服部束穂]

(a) セイヨウタンポポの痩果

(b) イロハカエデの痩果

(c) ハマダイコンの果実

(d) オオオナモミの果苞

図1 種子散布を担うさまざまな様式

参考文献
[1] 鈴木善弘『種子生物学』東北大学出版会,2003
[2] 鈴木庸夫他『草木の種子と果実』誠文堂新光社,2012

休眠と発芽

　種子が吸水して,幼根が種皮を破って表出する過程を種子発芽(発芽)と呼び,種子植物の生活環における最初の過程をなす.また,発芽可能な条件におかれても種子が直ちに発芽しない状態となることを種子休眠(休眠)と呼ぶ.休眠状態にある種子が休眠種子,休眠状態にない種子が非休眠種子である.

　発芽直後の実生は脆弱で,植物の生活環を通して最も死亡率の高い生育段階をなす.そのため,実生の定着にとって好適な場所と時期において発芽するような性質をもつ植物種が多い.植物体上で種子が形成された後も散布されるまでの間に種子の性質が変化する.この過程を登熟と呼ぶ.登熟直後の種子が休眠性をもつ植物の種数は,非休眠性の種子をもつ種数よりも多い.このことは,多くの植物種において,散布された後にある程度の休眠期間を経て種子が発芽することを意味する.休眠種子が土壌中に蓄積したものを埋土種子(またはシードバンク)と呼ぶ.埋土種子は,散布直後の休眠状態(一次休眠)にある種子と非休眠種子が再び休眠状態(二次休眠)となった種子から構成される.埋土種子の存在は,植物個体群の長期的維持に重要である.

●**休眠種子と非休眠種子**　非休眠種子と休眠種子とは,概念的には,直ちに発芽可能な種子と何らかの機構でそれが妨げられている種子である.操作的には,種子が発芽可能な水分・光・温度条件下(対象とする植物種によって異なる)で30日以内にほとんどの種子が発芽する場合を非休眠,発芽しない場合を休眠とみなすことが多いが,対象とする植物種により,休眠・非休眠の定義がなされる.休眠種子が非休眠種子となることを休眠打破と呼ぶ.

　植物種の種子の休眠機構には,物理的休眠と生理的休眠とがある.不透水性の種皮をもつ種子は吸水が阻害されるために発芽が起こらず,これを物理的休眠と呼ぶ.種皮(ときに果皮)にリグニンが沈着することで水を透過しなくなる.種皮が分解されるか,ウォーターギャップと呼ばれる構造が開くことで,吸水して発芽する.物理的休眠種子では種皮を傷つけると直ちに発芽する.

　生理的な機構により発芽が起こらない休眠を生理的休眠と呼ぶ.生理的休眠を打破する環境条件は,その植物種の種子が発芽に好適な条件の到来を感知する仕組みとして理解される.したがって,休眠打破の機能は,生育地の環境変動パターンの中に位置づけて理解する必要がある.主要な休眠打破条件として知られるのは,高温湿潤条件と低温湿潤条件である.前者は,温帯の季節環境下において秋発芽を促進する機構であり,後者は春発芽を促進する機構である.この他,変温,冠水(嫌気条件),山火事の煙などが刺激となり休眠解除される植物種が知られ

ている.変温は気温の日較差が大きい季節(春や秋)の到来または直射光の地表面への到達,冠水は湿原や水田における水位上昇,山火事の煙は火事による光環境の改善を検知するためのシグナルとみることができる.休眠が打破される環境条件は発芽の至適条件とは必ずしも一致しない.その場合は,休眠打破条件を経験した後に発芽可能条件に移行したときに一斉に発芽が起きる.生理休眠の打破は,単純にどの条件でも発芽可能になるというよりは,発芽する環境条件の範囲が徐々に広がるという形でみられることが多い.生理的休眠と発芽は,主にアブシジン酸(ABA)による発芽抑制作用とジベレリン(GA)による発芽促進作用によって制御されている.ABAとGAの生合成,分解,作用にかかわる因子をコードする遺伝子が,発芽や休眠を制御する遺伝子としてシロイヌナズナ,レタス,イネの研究で同定されている.エチレンは発芽と休眠において,ABAと拮抗的に,GAとは協調的に働くことが知られている.

物理的・生理的休眠とは別に,胚が未分化,あるいは幼根と子葉が未発達である状態で種子が登熟する植物種がある.これらの種子では,吸水から発芽までの間に時間がかかることが多く,休眠の一種とみなされることがある.

●光発芽・高温発芽阻害 非休眠状態の種子であっても,発芽に際して光を必要とするものがあり,これを光発芽と呼ぶ.光発芽はフィトクロムを光受容体とした赤色光(波長が約 600〜700 nm)/遠赤色光(波長が約 700〜750 nm)による発芽の調節であり,深い土壌中や緑陰下(赤色光/遠赤色光比が低い)での発芽を避ける仕組みである.レタスの種子は,赤色光処理で発芽が誘導され,遠赤色光処理で発芽が抑制される.この応答は可逆的で,最後に行った処理の効果によって発芽が調節され,フィトクロムの発見につながった実験として有名である.登熟中に種子内に蓄積した PhyB が,赤色光により活性型となることによって,発芽が促進される.また,非休眠種子の発芽が,高温によって著しく阻害される現象が知られており,高温発芽阻害と呼ばれる.高温発芽阻害は ABA の生合成の促進によって引き起こされる.

●土壌中の化合物と発芽 根に寄生する植物種(根寄生植物)では,宿主の根から分泌されるストリゴラクトンをはじめとする化合物群が種子発芽を促進することが知られている.ストリゴラクトンは土壌中で急速に分解されるために拡散距離が限られ,根寄生植物の種子にとっては宿主の根がごく近傍にあることを示すシグナルとなる.宿主にとっては,菌根菌との共生を促進するシグナルとして機能すると考えられている.植物体から土壌中に放出される化合物によって,他種あるいは同種の種子の発芽が抑制される例が知られており,これはアレロパシー(他感作用)の一種とみなされる. [工藤 洋]

📖 参考文献
[1] 種生物学会編『発芽生物学—種子発芽の生理・生態・分子機構』文一総合出版,p.436, 2009

分化全能性

　多細胞生物の個体は，異なる形質をもつ，多くの種類の細胞から成り立っている．これらのどの細胞の起源にもなり得ることを，すべての細胞に分化できる性質あるいは能力ととらえ，分化全能性（または全分化能）という．動物でも植物でも，受精卵は個体全体のもとであり，明らかに分化全能性を備えている．受精により受精卵となる配偶子や配偶子を生み出す系譜の細胞，つまり生殖細胞系列の細胞も，分化全能性をもっているとみなされる．植物の場合，胚発生の初期に生殖細胞系列と体細胞とが明確に分かれる動物と異なり，初めから生殖細胞を生み出すことに特化した系列は存在しない．種子植物では，生殖成長期に入りシュート頂分裂組織が花芽分裂組織に転換した後，その幹細胞（始原細胞）に由来する細胞の一部が花器官形成の過程で生殖細胞系列となっていく．

　分化全能性に関して，議論の対象となってきたのは，生殖細胞につながらない体細胞である．発生の進行とともに，体細胞はそれぞれ段階を経て，特定の分化経路に入っていく．分化経路の多くは，先へ行くほど枝分かれしている．分化段階が進んだ体細胞ほど，行き先にある細胞の種類が少なくなるわけであり，これは分化能が制限されていくことを意味する．問題は，この分化経路を後戻りする脱分化がどの程度起こり得るか，である．動物の体細胞では，受精卵に近い状態まで戻って，生殖細胞系列に入り直すことを可能にするような大きな脱分化（初期化あるいは再プログラム化）は，ふつうには起きない．このことから，動物の体細胞は，分化に伴って，分化全能性を失っているとされる．一方，植物については，組織培養・細胞培養によって，さまざまな種のさまざまな体細胞から植物体を再生できることが示されており，このことから大部分の体細胞は分化後も分化全能性を保持していると考えられている．

●**植物体の再生**　組織培養・細胞培養による植物体再生には，不定芽を経由するものと不定胚を経由するものとがある．より広く用いられているのは，前者である．この場合，子葉と胚軸は形成されないものの，それら以外の器官はすべて形成され，生殖細胞も生じる．不定胚を経由する植物体再生では，胚的器官を含む完全な植物体が形成される．通常培養に供するのは，植物の器官の断片であるが，細胞あるいはプロトプラストを単離して用いる方法もある．単離細胞やプロトプラストからの植物体再生では，単一の細胞から個体が再生し得ることが示されている．

　こうした再生実験の積み重ねにより，一般に植物の体細胞は，その一つひとつが個体を構成する全種類の細胞に分化できる，つまり分化全能性をもっている，

という考えが広く認められるようになった．歴史的には分化全能性の概念の確立に特に大きく貢献した画期的実験として，ニンジンの培養細胞から不定胚形成を経て植物体を再生した実験，タバコの葉肉プロトプラストから植物体を再生した実験などがあげられる．

●**分化能の分子的基盤**　植物細胞の分化全能性は，動物細胞との対比から，植物を特徴づける性質として長く強調されてきた．しかし近年になって，遺伝子導入などによって，動物の分化した体

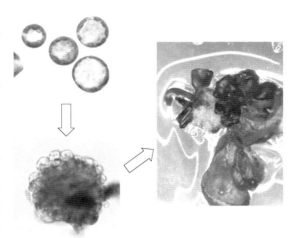

図1　シロイヌナズナのシュート再生：葉肉プロトプラストから細胞塊形成を経て，シュート再生に至るまでを示す．このような再生実験により，植物の体細胞が分化全能性をもつことが示された

細胞から，分化全能性に近い多分化能をもつ，人工多能性幹細胞（iPS細胞）をつくり出せることが示され，また分化能の分子的基盤の研究が進展して，認識が変わりつつある．

　動物の体細胞に比べて，植物の体細胞の方が脱分化しやすく，分化全能性をはるかに容易に発現できることは確かとしても，細胞分化に際して分化能を抑え込む（潜在化させる）仕組みの根本は，動物と植物とで共通しており，抑え込まれた分化能を解放する脱分化の仕組みも本質的には大きく違わないのではないか，と考えられるようになってきているのである．

　この共通点に関して，特に注目されているのは，DNAやヒストンの修飾に依存したクロマチンレベルの制御である．動物と植物のどちらにおいても，クロマチンの構造による遺伝子発現の制約が分化能抑制の基礎になっているらしく，完全に分化した細胞が脱分化して分化能が高まっていく（顕在化する）過程では，DNAやヒストンの修飾状態の変更を伴うクロマチンの構造変換（クロマチンリモデリング）と，遺伝子発現の大規模な再編が起きるのである．脱分化時のクロマチンリモデリングでは，大きくいえば，クロマチンが緩む傾向があり，それによって転写因子などがDNAに作用しやすくなることが重要と考えられている．

　今後の研究により，植物細胞の分化全能性は，クロマチンの構造変化の程度やその調節の柔軟性といった面から理解が進むことであろう．　　　　　［杉山宗隆］

不定胚・不定芽・不定根

植物の標準的な発生では，胚や各器官がそれぞれ何からできるか，どこにできるかに，一定の原則がある．しかし，この原則に当てはまらない発生も，さまざまな種，さまざまな場面でみられる．こうした規格外の発生により通常とは異なる起源・部位から生じた胚や器官は，「不定」の語を冠し，不定胚，不定芽，不定根のように呼ぶ．

●**不定胚** 受精卵（接合子）の細胞分裂により形成される本来の胚（接合子胚）に対し，体細胞に由来する，接合子胚によく似た構造体を不定胚または体細胞胚という．自然に生じる不定胚としては，柑橘類でみられる珠心細胞起源のもの（珠心胚）や，コダカラベンケイの葉縁に形成されるものなどがよく知られている（図 1）．人為的な不定胚形成の誘導には，多くの場合，組織培養・細胞培養が用いられる．1950 年代末に F. C. スチュワード（F. C. Steward）らと J. ライナート（J. Reinert）はニンジンの培養細胞から不定胚を経て植物体が再生するのを

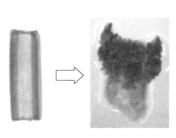

(a) コダカラベンケイの葉縁に形成された不定胚から幼植物体が成長している様子

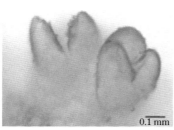

(b) トレニアの茎断片の培養による不定芽形成の誘導（下段は不定芽の拡大）

(c) シンゴニウムの一種の不定根（茎に生じた不定根が葉を突き破って出てきたところ）

図 1　不定胚・不定芽・不定根の例

独立に発見して報告したが，これらは培養系における不定胚形成の最初の成功例として，また植物細胞のもつ分化全能性を端的に示した実験として有名である．

●**不定芽** 芽の定位置は，シュートの先端部と葉の腋である．シュート先端部の芽を頂芽，葉腋の芽を腋芽，両者を併せて定芽という．これに対し，胚軸や茎の節間部，葉身，葉柄，根など，定位置から外れた部位に発生する芽を不定芽という．自然な状態での不定芽形成は，ヒメキンギョソウやアマの胚軸，ニセアカシアやヒメスイバの根，ショウジョウバカマの葉の先端などでみられる．傷つけられたり，母体から切り離されたりした器官からの不定芽形成の事例は，はるかに多い．農業・園芸で行われる，葉挿しや根伏せ，塊根による栄養繁殖は，分離器官からの不定芽形成を応用したものといえる．植物組織培養では，さまざまな組織片からカルスを経て，あるいは直接シュート再生を誘導するが，これも一種の不定芽形成である．

●**不定根** 個体に初めに形成される根は，胚に生じる幼根を起源とする主根である．主根内部の内鞘と呼ばれる組織からは，内生的に側根が生じる．側根が発達すれば，側根の内鞘からさらに側根が生じる．このような胚または根からの発生を根の発生の標準とし，それ以外の部位から生じる根を不定根と呼ぶ．胚軸や茎の節からの不定根形成は，珍しくない．例えば，単子葉類で一般的な，ひげ根からなる根系は，主根が発達せず，胚軸や茎から多数の不定根が生じることでできている．挿し木からの発根，植物組織培養におけるカルスからの根の再生なども，不定根形成である．

●**脱分化** 不定胚形成や不定芽形成と，接合子胚の発生や定芽の形成との大きな違いは，脱分化段階の有無である．まったく未分化な受精卵から始まる接合子胚の発生には，明らかに脱分化は必要ない．定芽のうち腋芽は，頂芽のシュート頂分裂組織の周縁部に葉原基が形成される際に葉腋に準備される分裂組織に由来し，頂芽は腋芽か胚発生時につくられる幼芽のシュート頂分裂組織に由来する．いずれにしても，定芽のシュート頂分裂組織は，そのもととなった分裂組織の未分化状態を引き継いでおり，途中で分化・脱分化を経ることはないと考えられている．一方，不定胚，不定芽の形成では，どの器官のどの組織から生じるにしても，受精卵やシュート頂分裂組織の細胞よりは分化が進んだ状態が出発点であることから，受精卵あるいは分裂組織と同等の未分化状態になる過程で，必然的に脱分化を経由することになる．

不定根の形成の場合も，分化した細胞が不定根原基の形成を開始するまでに脱分化の段階がある．ただし，不定根形成と通常の側根形成との比較では，側根の起源となる内鞘をある程度分化した組織と捉え，内鞘細胞が脱分化して側根形成が開始するという見方もあるため，単純に脱分化段階の有無を相違点とすることは難しい．

［杉山宗隆］

原形質連絡

　植物体の中で隣り合った細胞同士は細胞壁によって隔てられているが，互いの細胞は原形質連絡（plasmodesmata：PD）という構造によって連続している．その構造は細胞壁にあって電子顕微鏡でようやく観察できるような穴状のもので，2つの細胞の細胞膜同士はその穴を通って互いに連続している．PDによって細胞間の連絡は周囲の細胞同士にとどまらず，組織中の細胞同士，維管束系にもつながる系を構成している．

　PDは，物質が隣り合った細胞同士の短距離の輸送から，維管束内の水の流れに沿った長距離の輸送に至るまでの基礎を築いている．このようにPDの存在は植物体内のシンプラスト形成に大きく関係している．隣り合った細胞種，組織の違いによって，1つの細胞に存在するPDの数は異なるが，ほとんどの細胞にPDは存在し，植物体すみずみに物質を輸送している．PDは誕生の経緯によって2種類に分けられる．細胞分裂で隔壁によって2つの細胞に分断される際に，細胞質がつながったまま残ったものを一次原形質連絡，いったん細胞壁が成熟した後にできるものを二次原形質連絡と呼ぶ．例外的にPDがない細胞として孔辺細胞が知られている．

●**原形質連絡の構造**　PDの構造は主に電子顕微鏡観察によって記述されている．穴の中心部には小胞体が圧縮されたような状態ででき，芯に見えるようなデスモ

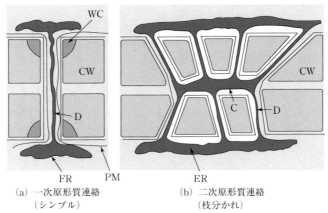

(a) 一次原形質連絡（シンプル）　(b) 二次原形質連絡（枝分かれ）

CW：細胞壁，D：デスモチューブル，ER：小胞体，PM：細胞膜，C：中央腔

図1　原形質連絡の概念図（横断面）

チューブルと呼ばれる構造が突っ切っている．デスモチューブルと細胞膜の間の空間（細胞質と連続している）を物質などが往来するとされる．PDを介して分子量800以下の物質であれば自由に行き来できるとされ，シンプラストとして周辺細胞の細胞質同士が連続したものとなっている．通常の代謝物，ホルモンなどの分子はPDを透過する上で物理的には障壁とならないと考えられる．

　蛍光色素でマーキングした種々の大きさをもった分子を1つの細胞にインジェクションし，その分子がPDを介して周囲の細胞に移行する様子を解析する手法を用いて，その細胞間のPDのサイズ排除限界というものが定義される．物質の往来やサイズ排除限界は生理状態などによって調節されていると考えられている．発生過程に沿ってPDの構成要素，あるいはPDの出現頻度などが変化し，PDをはさんだ細胞同士のコミュニケーションの状況が変化すると考えられる．構造としてclosed, openまたはdilatedの状態変化が報告されているが，明確な構成要素の変化を伴うかどうかは未知である．

●原形質連絡を透過する高分子　植物ウイルスは最初の感染細胞で複製をした後，周囲の細胞へと細胞間移行をする．ウイルスはゲノム上に移行タンパク質と呼ばれる産物をコードしており，その多くがPDに局在することが多くの研究で示されている．ウイルスが感染していない通常の細胞では分子量800以下のものしか透過できない状態が，移行タンパク質を発現している植物では10000ほどの大きさの分子が透過できるようになる．移行タンパク質がPDに働きかけ，サイズ排除限界を広げていると解釈される．免疫電子顕微鏡による解析で実際に移行タンパク質がPDに局在している様子が観察されているが，その局在性とウイルスが移行する詳細な機構との関係はまだ未知である．発生過程の中で，組織中でいくつかの転写因子タンパク質の局在を調べると，そのmRNAが転写されている細胞群よりタンパク質の局在が広がっている事例が報告されている．このときmRNAが実際に転写された細胞にとどまらず，翻訳産物が細胞非自律的に周辺細胞に作用すると考えられる．その際に通過するのがPDであり，その調節的な役割が想像されている．miR165/miR166のような小分子RNAのいくつかも細胞間を移動することが報告されている．

●原形質連絡を構成する因子　植物固有のPDタンパク質としてC1RGP（class1 reversibly glycosylated polypeptide：クラス1可逆グリコシル化タンパク質）はゴルジ体あるいはPDへの局在が観察されており，ゴルジ体経由でPDへと輸送されることが予想される．他にもβ-1.3-グルカナーゼ，centrin，calreticulin，PDLP1-8（plasmodesmata located protein：PD局在タンパク質）などが報告され，プロテオーム解析によって候補分子が増えつつある．糖としてカロースがPD周辺の細胞壁に局在している．

［渡邊雄一郎］

核内倍加

1つの細胞に2セットよりも多くのゲノムが存在する現象が知られており，このような細胞からなる個体，または細胞そのものを多倍体と呼ぶ．通常，多倍数体植物とは，植物を構成するすべての細胞でゲノムが倍数化している場合を指す．被子植物，裸子植物，シダ類，小葉類に広くみられる．一般的に，多倍体植物の細胞は2倍体の細胞に比べて大きくなる傾向があり，それに応じて花や実などの器官の大きさも増大する（図1）．このため，コルヒチンなどの薬剤を処理し人為的に多倍体植物を作出する技術が作物の品種改良に利用されている．

一方，組織や個体の一部に倍数化した細胞が存在する現象も知られており，こうした倍数化は核内倍加によって起きる．多倍体植物とは違い，核内倍加は発生段階の特定の時期に特定の細胞で起こる．被子植物，シダ類には広くみられるが，裸子植物ではほとんど報告がない．植物以外にも，ショウジョウバエなど昆虫で広く知られる他，胎盤など哺乳動物の特定の器官で観察される．

(a) 2倍体　　(b) 4倍体

図1　シロイヌナズナの2倍体と4倍体の花：4倍体の花の細胞は2倍体に比べて大きく，このため花全体も大きい

●**核内倍加の仕組み**　通常の細胞分裂周期は，DNA複製を行うS期の後に有糸分裂・細胞質分裂を行うM期を伴う．一方，核内倍加周期では，細胞が分裂することなくDNA複製を繰り返す（図2）．生殖細胞の核がもつDNA量を1Cとすると，G1，G2期にある体細胞のDNA量はそれぞれ2C，4Cであり，核内倍加周期に入ると8C→16C→32Cというようにさらに DNA量が倍加していく．多くの植物では，核内倍加は数回繰り返されて終了するが，特殊な例としてサトイモ科植物では2万4000Cにまで倍加する細胞もある．

核内倍加によって生じる染色体は束になったまま多糸染色体と呼ばれる構造をとることが多く，この場合染色体数は変わらない．核内倍加

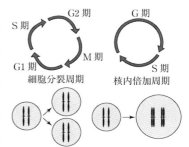

図2　通常の細胞分裂周期は，DNA複製を行うS期の後に細胞分裂を行うM期を伴う．核内倍加周期では，細胞が分裂することなく DNA複製を繰り返すため，倍数化が進む

する細胞でも M 期の一部は行う例もあり，有糸分裂の途中まで進める核内有糸分裂（エンドマイトシス）の場合には染色体分離が完了し，染色体数が倍加する．

核内倍加周期を開始するためには，M 期を経ることなく S 期を繰り返す仕組みを確立することが鍵となる．このために必要となる，① G2 期から M 期への進行を制御する M 期サイクリン依存性キナーゼを不活性化する仕組み，② G1 期から S 期への進行を制御する S 期サイクリン依存性キナーゼを周期的に活性化する仕組みが明らかになりつつある．

●**核内倍加の生理的意義**　植物の根，胚軸，葉，花弁など，ほとんどの体細胞で核内倍加が起きる例が報告されている（図 3）．核内倍加した細胞も DNA 量に比例して巨大化することが多いことから，核内倍加の生理的意義の 1 つとして，コストやリスクの高い有糸分裂や細胞質分裂を行わずに，細胞や器官の成長を促進できる点があげられる．また核内倍加は分泌細胞や胚乳など代謝活性の比較的高い細胞に起きることが多く，遺伝子のコピー数を増やすことで遺伝子発現や高分子化合物の生産を活性化し，こうした細胞の高いエネルギー要求性を満たしているのではないかと考えられる．

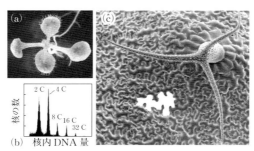

図3　シロイヌナズナにみられる核内倍加：(a)，(b)葉の表皮細胞は核内倍加を経て，8C → 16C → 32C と核の DNA 量を倍加させる．(c)核内倍加した細胞（白抜き部分）は DNA 量に比例して巨大化する．[出典：Sugimoto-Shirasu, K., *et al.*, *Proc. Natl. Acad. Sci. USA*, 102 (5)：18737-18738, 2005]

核内倍加は細胞の分化とも密接に関係している．植物の茎頂や根端の分裂組織では，細胞が分裂期から分化期へ移行するタイミングに合わせて核内倍加を開始することが多い．また葉の毛細胞や根毛細胞，維管束の道管細胞などでは核内倍加を経て細胞が巨大化し，特殊な機能をもつよう分化する．マメ科植物と根粒菌が共生する際には，根の一部の細胞が核内倍加を経て巨大化し，根粒菌が窒素固定を行う宿主細胞へと分化する．

近年，核内倍加とストレス応答との関係も注目されている．例えば，核内倍加は DNA 損傷によって誘導されるため，細胞が増殖できないストレス条件下においても植物の器官成長を継続させる役割をもつのではないかと考えられている．

［杉本慶子］

植物の老化

　植物の老化は単なる機能低下ではなく，遺伝的にプログラムされ高度に調節された過程であり，積極的に死を導くための最終的な成長段階である．植物の生存戦略の1つで，受動的な老齢化とは異なる概念として考えられている．
　最もよく知られた現象として落葉性の樹木における葉の老化があげられる．落葉樹は秋になると気温の低下や日長の減少を感知して葉を老化させる．老化の進行は葉における色の変化（紅葉）によって顕著であるが，細胞レベルではさまざまな変化が起こっている（図1）．初期段階では遺伝子発現パターンに変化が起こり，老化関連遺伝子（SAG）などが誘導され，代謝に変動を引き起こす．光合成を担っている葉緑体のクロロフィルおよびタンパク質・脂質・その他の生体高分子は分解され，葉が完全に死ぬ前にアミノ酸・糖分などの栄養素として篩管を通り，ソース器官である老化葉から幹・根・繁殖器官などのシンク器官へと輸送される．老化はさまざまな環境要因により誘導されるが，植物ホルモンなどの内部因子によってそのタイミングや進行が調節されることもある．

● 一年生と多年生植物における老化

草本植物は生活様式に従って一年生と多年生植物に大きく分類することができる．植物の個体レベルでの老化過程は，その生活様式の違いによって大きく異なる．一年生植物は，種子から発芽して一年以内に生長・開花・結実し，種子を残して枯死する植物である．特徴は一斉に行われる生殖とその後の急速な老化および個体の死であり，その過程は特に一回結実性老化と呼ばれる．一方，多年生植物は複数年にわたり生存し，その多くは一生のうちに2回以上の生殖成長期を迎える．このような植物を多回結実性植物と呼ぶ．多年生植物の主な特徴は，分裂組織が分化全能性と無限成長性をもっているこ

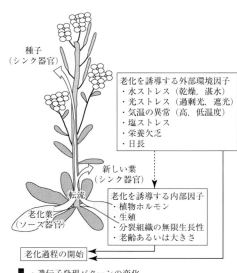

図1　植物の老化過程

とである．つまり，一部の分裂組織は花芽になり，残りの分裂組織は季節的な環境因子に応答して活性の停止・休眠・再開を繰り返すことで年々大きくなりながら何回も生殖成長期を迎えることができる．多年生でも一生に一度だけ開花・結実するタケなどは例外で，一回結実性植物に含まれる．

　一回結実性植物では，その生活環に伴って2つのタイプの老化が起きている．栄養成長期において，老化は主に古い葉や陰葉で起こり，葉の周縁部から葉脈に沿って進行する．古い葉（ソース器官）から新しい葉（シンク器官）へ栄養素を転流することで開花までの連続的な栄養成長を支えている．一方，生殖成長期において，老化はすべての器官で大規模に起こり，多くの栄養素は種子（シンク器官）へと再配分されて，植物個体は死に至る．この一回結実性老化過程はダイズ（*Glycine max*），トウモロコシ（*Zea mays*），イネ（*Oryza sative*）などの作物の種子登熟時期においてよく観察される．人類の農業が始まって以来，農業生産に望ましい特徴（種子収穫までの期間が短い，同調的に種子が成熟する，収穫前に完全に乾燥する）をもつ植物が選抜された結果である．これら植物では，栄養器官（ソース）と繁殖器官（シンク）の関係が老化の進行に大きな影響を及ぼす．ダイズやエンドウ（*Pisum sativum*）において，花や若い果実を除去し続けると栄養成長が継続し，老化の進行が大幅に遅れることが知られている．一方，多回結実性植物では，細胞・組織・器官レベルで一回結実性植物と同様の老化が起きているが，個体レベルのプログラムされた老化過程が存在するかはわかっていない．

●**植物ホルモンによる老化の制御**　植物の老化は植物ホルモンによって正にも負にも制御されている．細胞分裂・地上部形成の誘導効果をもつサイトカイニン（CK）は強い抗老化作用をもつ．CK生合成・感受性を欠いた変異体植物では老化が亢進し，CKが老化時に過剰生合成する形質転換植物では老化が遅延する．また，切取り葉に塗布するだけで葉の老化が抑制される．ガス状植物ホルモンのエチレン（ET）は老化を促進する．ET感受性・シグナル伝達に欠損をもつ植物では老化が遅れるが，植物個体にET処理しても，ある程度生育した葉でないと老化が誘導されないことから，老齢化に伴う何らかの因子がET誘導性老化に必要なようだ．ETは花弁の老化促進にも重要な役割をもつことがよく知られている．病害抵抗性に係わるサリチル酸（SA）も老化促進に関与している．SA生合成・シグナル伝達に欠損をもつ植物では老化関連遺伝子の発現が抑制され，老化が遅延する．オートファジーと呼ばれる細胞内自己分解機構は老化を負に制御しているが，それは過剰なSAシグナルの抑制を介していると考えられている．病傷害応答にかかわるジャスモン酸（JA）と種子の休眠性や乾燥ストレス応答に係わるアブシシン酸（ABA）を植物に処理すると葉の黄化が起こる．しかし，それらの生合成・シグナル伝達に欠損をもつ植物でも老化は抑制されず，実際に自然老化において作用しているかは不明である．　　　　　　　　［吉本光希］

植物の病害防除機構

自然界には，7000種類にものぼる植物病原菌が存在するが，それらがすべての植物に感染できるわけではなく，個々の病原菌は特定の植物にしか感染することができない．言い換えれば，植物は多くの病原菌に対して対抗する能力を備えているのである．病原菌が感染しようとした植物細胞は，病原菌の侵入を感知し，速やかにさまざまな防御反応を誘導する．その防御反応の誘導において，植物は，抗菌性物質や活性酸素種，病原菌の構成成分を分解する酵素を生成し，侵入してきた病原菌を直接，攻撃したり，細胞壁のリグニン化により細胞壁の硬度を増強させ，病原菌の侵入を阻止することで，病原菌の感染拡大を抑えているのである．近年，このような防御反応の誘導機構が，動物の自然免疫機構と非常に似ていることが明らかとなり，「植物免疫」と呼ばれている．一方で，植物に病気を引き起こすことができる病原菌は，進化の過程で，植物によって誘導される防御応答を阻止する能力を獲得している．このように，自然界では，植物と病原菌のせめぎ合いが繰り広げられており，植物は病原菌に対する免疫力を，病原菌は植物への感染力を絶えず進化させている．

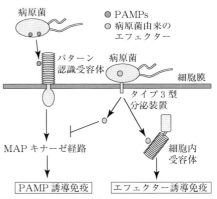

図1 植物の免疫応答と病原菌エフェクターによる防御応答の抑制

● **植物による病原菌の侵入認識** 植物は，侵入してきた病原菌を検知するためのセンサー（病原菌認識受容体）をもっている（図1）．病原菌認識受容体は，細胞膜に存在する受容体と細胞内に存在する受容体の2種類に大別される．細胞膜に存在する受容体は，細胞膜を貫通して存在し，病原菌を検出する細胞外のセンサードメインと細胞内ドメインに分けられる（図2）．細胞外ドメインは，細

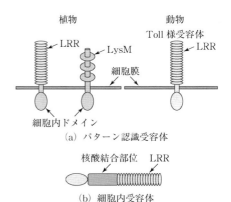

図2 植物および動物のパターン認識受容体と細胞内受容体の構造

菌の鞭毛タンパク質や細胞壁成分であるペプチドグリカン，真菌の細胞壁成分であるキチンなどの病原菌の構成成分（病原菌関連分子パターン：pathogen-associated molecular patterns：PAMP）と直接結合することで，病原菌を検知する．このような細胞膜受容体はパターン認識受容体と呼ばれ，PAMPによって誘導される防御応答はPAMP誘導免疫と呼ばれている（図1）．パターン認識受容体のもつ代表的な細胞外ドメインとして，ロイシン残基の繰り返し配列で構成されるロイシンリッチリピート（leucine rich repeat：LRR）や，キチンやペプチドグリカンなどのオリゴ糖と結合するリシンモチーフ（lysin motif：LysM）が知られている．一般的に，LRRドメインはタンパク質間相互作用など分子間相互作用に関与することが知られている．動物にも，植物のパターン認識受容体と同様な構造をもつ病原菌認識受容体が存在し，Toll（トール）様受容体と呼ばれており，病原菌感染初期の自然免疫反応の誘導において中心的な役割を果たしている．

植物の細胞内に存在する病原菌認識受容体は，タンパク質の中心部に核酸結合領域をもち，C末端側にLRRドメインをもつ．細胞内受容体の核酸結合部位は，ATPをADPに加水分解する活性をもっており，LRRドメインは，病原菌が植物細胞内に送り込むエフェクターを検出し，自発的な細胞死を伴う強い抵抗性反応を誘導することが知られている（エフェクター誘導免疫）．古くから病害抵抗性育種には，遺伝学的に同定された抵抗性遺伝子座が利用されてきたが，近年の研究により，抵抗性遺伝子座の多くは細胞内受容体をコードしていることが明らかになっている．動物にも，植物の細胞内受容体と同じ構造をもつ受容体が存在し，免疫誘導に深くかかわっている．

●**防御応答の誘導**　受容体による病原菌の感染認識により，細胞内においてさまざまな防御反応が活性化される．受容体からの情報を伝達する経路においては，酵母から植物や動物に至るまで真核生物に広く保存されているマップ（MAP）キナーゼ経路が主要な役割を果たしている（図1）．MAPキナーゼ経路では3種類のタンパク質リン酸化酵素（タンパク質キナーゼ）によるリン酸化リレーにより，セリン・スレオニンキナーゼであるMAPキナーゼが活性化される．MAPキナーゼは多くの転写因子の活性をリン酸化により制御することで，抗菌性タンパク質や抗菌性物質を生成する酵素，細胞壁硬化に関与する酵素の遺伝子の発現を誘導し，さまざまな防御応答を活性化している．この過程において，抗菌活性をもつ多くの二次代謝物が生成され，それらはファイトアレキシンと呼ばれている．生成されるファイトアレキシンの種類は，植物の種類によって異なっている．

植物ホルモンであるサリチル酸，ジャスモン酸，エチレンが防御応答の誘導に深くかかわっていることが知られている．サリチル酸は，感染成立のために生きている宿主細胞を必要とする病原菌（生物栄養性病原菌）に対する防御応答に関与し，ジャスモン酸とエチレンは植物細胞を殺傷して増殖する病原菌（壊死栄養

性病原菌）に対する防御応答に深くかかわっている．サリチル酸に関しては，近年，サリチル酸受容体が発見され，その受容体が転写因子に作用することにより，防御関連遺伝子の発現を調節していることがわかっている．

病原菌の局部的な感染に伴って，その情報は植物体全体に伝達され，全身で防御反応が誘導される．この現象は，全身獲得抵抗性（systemic acquired resistance：SAR）と呼ばれている．全身獲得抵抗性は，病原菌の二次的な感染に備えた反応であり，最初に感染した病原菌にだけでなく広範囲の種類の病原菌に対して効力があることが知られている．当初，サリチル酸が，全身獲得抵抗性において主要な働きをすることが報告されたことから，サリチル酸が全身獲得抵抗性の誘導物質であると考えられていたが，その後，全身獲得抵抗性の誘導に関与する多くの化合物が発見され，全身獲得抵抗性の誘導機構についてはいまだ不明のままである．近年，植物病害の農薬として，植物自身がもつ免疫力を増強する農薬が注目されているが，その多くはサリチル酸が関与する信号伝達経路を活性化するものである．

●**防御応答の増幅機構**　植物は，パターン認識受容体による病原菌認識により防御反応を一過的に誘導するだけでなく，その防御反応を増幅させる能力をもっている．最初の病原菌認識に伴って，防御反応を誘導する活性をもつ成分が植物細胞内で生成される．そのような成分は，傷害によっても誘導されるため，PAMPと対比してダメージ関連分子パターン（damage-associated molecular pattern：DAMP）と呼ばれている．植物には，DAMPを認識するパターン認識受容体が存在し，受容体によるDAMPの認識によって再度，防御応答が誘導される．DAMPの発現は，数日にわたって続くため，その間，防御反応が増幅され，持続的に誘導されることになり，病原菌から身を守るうえで大きな効果をもたらしている．

●**防御応答に関与する活性酸素種の生成**　植物受容体による病原菌感染の認識後，ごく初期に活性酸素種の生成が誘導される．活性酸素種には，スーパーオキシド（O_2^-）や過酸化水素（H_2O_2）が含まれ，活性酸素種は直接，病原菌を攻撃するだけではなく，二次的な情報伝達因子として防御応答の誘導にかかわっていると考えられている（図3）．この活性酸素種の生成は，細胞膜に存在するNADPHオキシダーゼの活性化により起こる．病原菌認識受容体からの

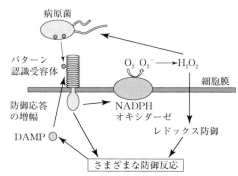

図3　活性酸素の生成とDAMPによる免疫反応の増幅

信号により，2種類のタンパク質キナーゼが活性化され，それらがNADPHオキシダーゼをリン酸化することで，NADPHオキダーゼの酵素活性が上昇し，スーパーオキシドが生成されると考えられている．スーパーオキシドは，過酸化水素に転換され，細胞内の酸化還元（レドックス）制御を介して，種々の防御応答を誘導している．

●**病原菌による植物の防御応答の抑制**　微生物の中で，植物の防御応答を阻害できる能力を獲得したものだけが病原菌になれる．病原菌は，植物による防御応答を阻止する能力をもつエフェクターと総称させるタンパク質を獲得している．病原菌は植物体内に侵入するとエフェクターを産生し，それを植物の細胞内に送り込む（図1）．病原菌の種類により，植物細胞内へのエフェクターの分泌様式は異なっている．例えば，一部の細菌では，植物体内へ侵入するとタイプ3型分泌装置という針状の分泌装置をつくり，それを使って細胞内にエフェクターを送り込んでいる（図1）．植物細胞内に入ったエフェクターは，病原菌認識受容体やMAPキナーゼなど防御応答を誘導する主要な因子に相互作用し，それらの活性を抑制することで，植物による病原菌認識に伴う防御反応の誘導を阻止している．また，一部のエフェクターは，転写調節因子として植物遺伝子の転写制御を行っているものもある．そのようなエフェクターは，植物の細胞内に入った後，核に移行し，植物の転写因子と相互作用することで，その活性を制御したり，あるいは遺伝子のプロモーターに直接，結合し，病原菌の感染をサポートする植物遺伝子の発現を制御することで，病原菌が増殖しやすい細胞内環境をつくり上げている．また，エフェクターの中には，PAMP結合ドメインをもち，植物の細胞間隙に分泌されるものがある．そのようなエフェクターは，PAMPと結合することでパターン認識受容体によるPAMPの検出を阻害し，防御応答の誘導を抑制している．

　一方で，植物は，一部のエフェクターを認識する細胞内受容体を進化させている．そのようなエフェクターは，非病原力因子と呼ばれ，病原菌が非病原力因子をもっていると，植物の細胞内受容体によって認識され，防御応答が誘導され，病気を起こすことができない．このように，病原菌はさまざまなエフェクターをつくり出すことによって感染力を高めている一方，植物はその対抗手段として，エフェクターを認識する細胞内受容体を生み出すように進化している．このように，自然界において，植物と病原菌は遺伝子レベルでのせめぎ合いを繰り広げており，その結果により，病原菌と植物の関係性が生まれている．　　　　　　［川崎　努］

📖 **参考文献**

[1]　川崎　努「植物における免疫誘導と病原微生物の感染戦略」ライフサイエンス領域融合レビュー，2，e008，2013

プログラム細胞死

　動物や植物などの真核生物にみられる細胞死には，壊死とプログラム細胞死がある．壊死はその名のとおり傷害や病気により細胞が受動的に破壊され死ぬことである．これに対し細胞が自発的に死を選ぶ，いわば制御された細胞の死をプログラム細胞死という．動物ではプログラム細胞死の代表的なタイプとしてアポトーシスがよく知られている．アポトーシスは発生に伴う細胞死で，オタマジャクシがカエルに変態する際の尻尾の消失はその1つである．アポトーシスは核の凝縮などの形態的特徴を示すことが知られている．植物でも発生に伴った細胞死が観察されるが，動物のアポトーシスでみられる形態的な特徴はもたないとされている．

　植物のプログラム細胞死としては，器官の形成過程の細胞死や老化の他にも，環境シグナル応答や病原菌感染応答による細胞死など多種多様なものがある．また，細胞死の進行時間や生理学的な意義も多様である．例えば，老化は比較的遅く進行する細胞死である．老化は細胞の構成成分の分解を伴い，これらの分解産物は生き残った組織へ転流されて成長のための養分として再利用される．一方，早く進行する細胞死としては過敏感細胞死がある．過敏感細胞死は，植物が耐性をもつ病原菌やウイルスに感染した細胞やその周辺の細胞にみられるもので，病原体を封じ込めて感染の拡大を防ぐための細胞死である．

●**植物のプログラム細胞死の種類**　維管束植物のプログラム細胞死の例を図1に示す．この図からもわかるとおり，プログラム細胞死は，種子の発芽に始まる栄

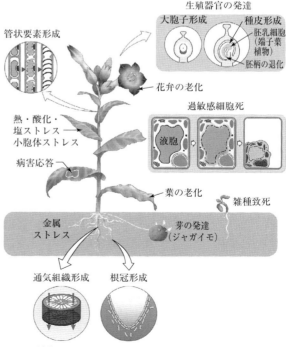

図1　植物のプログラム細胞死　[イラスト作成：後藤(山田)志野]

養成長の過程から生殖による種子形成の過程まで植物の生活環のほとんどの段階で，また，ほとんどの組織でみられる．プログラム細胞死を引き起こす要因は多岐にわたるが，発生と器官形成の際にみられる細胞死と生物的・非生物的ストレスに応答した細胞死の2つに大別することができる．

　発生と器官形成過程の細胞死には，葉や花弁の老化，管状要素形成，通気組織形成，根冠形成，大胞子形成などが含まれる．一方，生物的・非生物的ストレス応答過程の細胞死には，病害応答によって誘発される過敏感細胞死のほかに，熱，酸化，塩，紫外線などの環境シグナルに応答して誘発される細胞死が含まれる．

●**植物のプログラム細胞死の仕組み**　植物のプログラム細胞死の分子機構は，優れた実験系の確立が鍵となって解き明かされてきた．導管（道管）をつくるための管状要素形成機構は，ヒャクニチソウの葉肉細胞から管状要素を誘導する培養実験系が確立されたことから飛躍的に進んだ．一方，過敏感細胞死の機構は，モデル植物を用いた感染実験系の確立によって豊富な知見が得られてきた．いずれの実験系も，細胞死を人為的に誘導することができるという特徴をもち，細胞死の形態変化と遺伝子発現の変動が同調的に解析することを可能にした．

　これらの研究から，植物のプログラム細胞死では液胞が主要な働きをしていることがわかってきた．液胞は多種多様な分解酵素をもち，こられが細胞死に伴う細胞内成分の分解系を担っている．動物では死細胞をマクロファージが処理することで細胞死が完結する．液胞を利用した細胞死は，マクロファージのような特殊部隊をもたない植物細胞ならではの仕組みといえる．植物のプログラム細胞死の制御には，液胞内のシステインプロテアーゼである液胞プロセシング酵素（VPE）が働く．VPEは，小胞体で合成されて液胞へ輸送されてくるさまざまな液胞タンパク質の前駆体を成熟型に変換する酵素である．VPEは，種皮形成の過程での内珠皮のプログラム細胞死やウイルス感染応答やカビ感染時の細胞死の過程で，液胞膜の崩壊を制御している．VPE依存的な液胞膜の崩壊がそれに続くDNAの分解と細胞内成分の分解を引き起こす．一方，非病原性バクテリアの感染応答では，液胞膜の崩壊ではなく，液胞膜と原形質膜の融合により液胞内分解酵素を細胞外に放出することで細胞死が起こる．この仕組みは，液胞内に蓄積している抗菌物質の放出も伴うことから，細胞外で増殖するバクテリアを攻撃するためには有効な手段といえる．

［西村いくこ］

📖 **参考文献**

［1］黒柳美和・西村いくこ「高等植物における自己防衛システムとしての細胞死─液胞を介した細胞死を制御する酵素，VPE」蛋白質核酸酵素，52：698-704，2007
［2］Hara-Nishimura, I. & Hatsugai, N., "The role of vacuole in plant cell death", *Cell Death Differ.* 18：1298-304, 2011
［3］Hatsugai, N., *et al.*, "Vacuolar processing enzyme in plant programmed cell death", *Front Plant Sci.*, 6：234, 2015

アレロパシー（他感作用）

　アレロパシー（他感作用）とは，一般には「ある植物が環境中に放出する化学物質（二次代謝産物）が，他の植物に何らかの影響を及ぼす現象」を指す．ただし，その定義にはさまざまなバリエーションがある．アレロパシーは，自然生態系においては植生の決定要因の1つに，また農業生態系においては作物の生育阻害や連作障害の原因の1つになり得ると考えられている．

●**アレロパシーの概念**　アレロパシー（独 Allelopathie，英 allelopathy）という用語は，オーストリアの植物学者 H. モーリッシュ（H. Molisch）が，その晩年（1937）の著書 "Der Einfluss einer Pflanze auf die Andere—Allelopathie"（和訳：ある植物が他の植物に及ぼす影響—アレロパシー）の中で初めて用いたもので，ギリシャ語で「相互の」と「感受」を意味する2つの単語，$\alpha\lambda\lambda\eta\lambda\omega\nu$ と $\pi\alpha\theta o\zeta$ をつなげてつくった合成語である．モーリッシュ自身はこの著書の中で，リンゴの果実やその他の植物から放出される気体成分（エチレンなど）が他の植物に及ぼす影響を，阻害的な効果も促進的な効果も含めて幅広く観察・記述している．また，当時の分類学の状況を反映してキノコやその他の菌類も「植物」に含めている．これらのことから，モーリッシュが意図した「アレロパシー」とは，「（菌類も含めた）植物が環境中に放出する（植物ホルモンも含む，主として揮発性の）化学物質が，空間的に離れた他の植物（菌類も含む）に（促進的あるいは阻害的な）何らかの影響を及ぼす現象」を指すと解釈できる．しかし，原著がドイツ語で書かれていたうえ定義があまり厳密かつ明快に記述されていなかったことから，その後「アレロパシー」にはさまざまな解釈・定義が生まれることとなった．「高等植物間の害作用のみに限定する」というものから，「植物や微生物に限らず動物まで含めた生物個体間の化学物質による相互作用全般を指す」とするものまでさまざまな定義が存在するが，ここでは最初に述べたとおり，「二次代謝産物を介した植物間の相互作用」と解釈し，「植物」を陸上植物に限定する他は原義に従う．

●**アレロパシーの原因となる化学物質と放出経路**　アレロパシーの原因になる化学物質を総称してアレロケミカル（他感物質）と呼ぶ．他感物質には各種の低分子有機酸，フェノール性物質，アルカロイド，テルペノイド，脂肪酸誘導体などさまざまなものがある．その放出経路も揮散（主として葉など地上部から揮発性物質が放出される），溶脱（生きた地上部や落枝落葉などが雨や露でぬれたときに水溶性物質が放出される），滲出（根など地下部から分泌される）などさまざまである．また，前駆物質が植物の死後あるいは放出後に代謝・分解されて作用

成分を生じる場合もある．他感物質は，植物が合成・蓄積する多種多様な二次代謝産物の一部であり，多くの二次代謝産物の本来の機能は食害の防止にあると考えられている．したがって，他感作用とは本来は食害防止のための化学物質の一部が環境中に漏出し他植物に影響を及ぼすようになった現象であり，食害防止物質の「副作用」のようなものと解釈される．最近では，一部の他感物質の本来の機能は土壌中から金属イオンを効率的に吸収するための錯体形成にある，という報告も出されており，ほとんどの他感物質には，本来別の機能があると思われる．

●**アレロパシーの具体例**　アレロパシーの具体例としては，ある植物の周囲で植物の成育が阻害される現象が多く観察・報告されている．例えば，①クロクルミ (*Juglans nigra*) の周囲に他の植物が生育しにくいのは，クロクルミから放出される前駆物質から形成されるジュグロンと呼ばれるキノン化合物の作用である．②キク科のゴム成分を含むグアユール (*Parthenium argentatum*) を密植した場合にみられる生育不良の原因は，この植物の根から分泌されるトランス桂皮酸の作用である．③南部カリフォルニアの灌木 *Salvia leucophylla* の群落周囲にしばしば一年生草本の生えない裸地が形成されるのは，この植物の地上部から放出される揮発性モノテルペン類の効果である．④日本への帰化植物セイタカアワダチソウ (*Solidago altissima*) が他植物の成育を阻害して純群落を形成するのは，地下部から放出される *cis*-dehy-dromatricaria esther と呼ばれるポリアセチレン化合物の作用である．⑤北米への帰化植物ヤグルマギクの仲間 *Centaurea diffusa* は他感作用により分布を拡大している．⑥北米への帰化植物ガーリックマスタード (*Alliaria petiolata*) は，菌根菌との共生関係を破壊することで在来植物の生育を抑制し分布を拡大している，などがあげられる．

しかしながら，上述の例も含めてこれまで他感作用として報告されている現象については，「原因物質や放出経路が不明」「自然環境下では他感物質が有効濃度に達しない」「標的植物への侵入経路や作用機構が不明」「他の要因で説明可能」など，さまざまな批判もある．また，他感作用による他植物の制圧は特に侵略的帰化植物で明瞭に観察されることが多いが，これは，長年にわたり共存してきた植物間では互いの「化学兵器」に対する耐性が発達するのに対し，侵入先の植物はまだ耐性を備えていないためとされる．一方，他感作用が比較的単純な植生でよく観察されること，その発現にはある程度まとまった量の他感物質が必要であることを考えると，他感作用は侵略的植物をはじめとする単一植物の繁栄の「原因」というよりは「結果」とみることもできる．　　　　　　　　　　　　　　　［酒井　敦］

📖 **参考文献**
[1]　藤井義晴『アレロパシー――多感物質の作用と利用』農山漁村文化協会, 2000
[2]　Elroy, L. R.『アレロパシー』八巻敏雄他訳, 学会出版センター, 1991

傷害応答

　植物が非生物，生物による傷ストレスによって，細胞，組織，個体レベルで起こす種々の応答のことをいう．例えば，病原体の侵入や植物成分の流出を物理的に防いだり，特殊な成分で草食動物を化学的に攻撃したり，細胞分裂を再開させて傷を修復したりする．傷害部位のみならず，全身的に起こる応答もある．

●**物理的防御と化学的攻撃**　植物は傷害によって誘発される高分子化合物を用いて傷を塞ぐ．広く植物種で用いられているのはカロースであり，傷害部位に沈着させて強固な障壁をつくり，栄養分や水分の損出を防ぐとともに，病原菌などの侵入を物理的に阻止する．エンドウマメの師部では，傷害処理後1分でカロースが検知され，3時間後には沈着が完了するという報告がある．植物種によっては，粘性が高く固化する樹脂や乳液によって傷害部位をおおうものもいる．

　化学的攻撃に用いられる成分には，細胞が破壊されることで基質と酵素が混合し瞬時に合成されるものや，傷害のシグナル経路による遺伝子発現を介して新しく生成されるものがある．アブラナ科植物の多くは，配糖化によって無毒化・親水化したからし油配糖体を基質として液胞などに蓄積させておくと同時に，ミロシナーゼと呼ばれる加水分解酵素の一種を特殊な細胞に高濃度に蓄積させている．傷害によって細胞が壊れると，空間的に隔離されていた両物質が混合し，傷害部位で即座に反応が進む．最終産物であるイソチオシアネートは，昆虫に毒性をもつだけでなく哺乳類にも胃腸炎・起立不能などの症状を引き起こす．傷害のシグナル経路を介した毒成分合成の例としては，プロテアーゼインヒビター（タンパク質分解酵素阻害物質）があげられる．トマトの葉では，傷害後数時間でこのタンパク質をコードするmRNAの蓄積がみられる．面白いことに，この応答は傷害部位のみならず遠位の組織でもみられ，結果として全身にプロテアーゼインヒビターが蓄積する．これを摂食した昆虫では消化阻害が起こる．この他，傷害によって植物が生産する化合物は多様であり，揮発性の成分には植食性昆虫の天敵を呼び寄せるものもある．

●**傷害応答のシグナル伝達**　細胞が破壊された際に放出される化学物質や，草食動物由来の化学物質は傷害応答の引き金になる（図1）．エリシターと総称されるこれらの物質はそれぞれ，傷害関連分子パターン（DAMP），草食動物関連分子パターン（HAMP）とも呼ばれる．細胞壁ペクチンの分解産物であるオリゴガラクツロン酸の他，近年ATPやショ糖，ペプチドなどの成分もDAMPになりうることが報告されている．また，HAMPとしてはガの幼虫の口内分泌物に含まれる脂肪酸の一種ボリシチンなどがある．これらの成分は，病原体関連分子パター

ン（PAMP）におけるメカニズムと同様に，細胞表層に存在するパターン認識受容体（PRR）によって認識され，MAPキナーゼ経路など，複雑なシグナル伝達のネットワークを活性化することが明らかにされつつある．この際，カルシウムイオン，活性酸素種などがセカンドメッセンジャーとなり，タンパク質のリン酸化などを経て転写因子が活性化し，防御関連タンパク質や二次代謝産物，傷害誘導性のホルモンであるジャスモン酸（JA），エチレン，サリチル酸関連の遺伝子発現が誘導される．

傷害部位から非傷害部位へどのようにシグナルが伝達され，全身的な応答が生じるのか．前述したプロテアーゼインヒビター生産の例では，システミンというペプチドがDAMPとして傷害部位で合成され，これがアポプラストへ放出されてシステミンレセプター（PRRの一種）と結合しJA合成が誘導される．JAは篩管を通って全身に運ばれプロテアーゼインヒビター合成遺

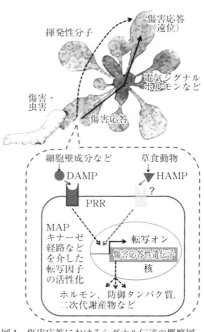

図1　傷害応答におけるシグナル伝達の概略図．傷害部位で生じる分子などによって非傷害部位でも傷害応答が起きる

伝子の発現を活性化する．また近年，全身抵抗性の獲得に電気シグナルを介した経路があることも明らかになった．傷害を受けた葉では，維管束系に存在するGLR（glutamate receptor-like）イオンチャネルを用いて電気信号を伝え，遠位の葉でJAの合成を促進する．GLRは動物でも電気信号伝達に用いられており，進化生物学的にも大変興味深い．その他，非傷害部位への伝達はメチルジャスモン酸，エチレンなどの揮発性のホルモンが関与することも知られている．

●カルス化，細胞リプログラミング　傷害部位にカルスと呼ばれる不定形の細胞塊がみられることがある．皮がはがれた樹木が樹皮を再生する現象では，維管束の細胞，皮層の細胞，髄の細胞などからカルスが生じ，木部，篩部，周皮，形成層を再生させる．このようにカルスは傷の修復やその後の器官再分化に重要な役割を担っているが，これは傷害応答の1つとして多能性をもった細胞を生み出す機構があることを示している．傷害部位で局所的にみられる反応であることから，細胞リプログラミングを傷害部位のみで進める機構や，傷から離れた部位や通常の発生過程では反応を抑える機構があると考えられる．反応の鍵となる転写因子などが単離されるなど，分子メカニズムの解明が進められている．　［岩瀬　哲・杉本慶子］

藍藻

　藍藻は核をもたない原始的な細胞からなる微生物（原核生物）で，陸上植物と同じように太陽の光エネルギーを使った光合成により有機物とともに酸素を生み出す光独立栄養生物である．太古の地球に出現した藍藻が15億年前に原始的な真核細胞に取り込まれ葉緑体として定住したこと（葉緑体共生）が，現在における地球上での植物そして動物の繁栄につながった（図1）．植物の葉緑体と藍藻の細胞は，微細構造も代謝機能もよく似ており，特に光合成の反応を担う機能タンパク質や反応の足場となる膜構造（チラコイド膜）は共通である．すなわち，藍藻が築き上げた光合成システムが植物の葉緑体に引き継がれている．

　藍藻は大腸菌に代表される真正細菌の一群で，シアノバクテリアとも呼ばれる．いわゆる光合成細菌も真正細菌であるが，その光合成システムは単純で酸素を生み出さない．藍藻は異なるタイプの2種類の光合成細菌から受け継いだ部品や仕組みを大幅に改良して，反応効率のよい光合成システムに組み換えている．しかし，「藍藻がいかにして酸素発生の仕組みを獲得したか」という光合成の進化を考えるうえでの大きな謎はいまだに解明されていない．

●**地球をつくった藍藻**　生命と水が満ちあふれている地球の環境（酸素21％，平均気温15℃）は，誕生以来46億年の間に地球で起きた度重なる偶然の産物である．誕生直後の地球は，現在の火星や金星のようにCO_2が大気の95％を占め，有害な紫外線が地表に降り注ぐ過酷な環境であったと推測されている．30億年前に藍藻が出現したことで，地球は他の惑星と異なる道のりを歩み始め，今日に至る生命の進化をもたらすこととなった．光合成に伴う水分子の分解により藍藻が生み出し始めた酸素は，細胞内ではほとんど利用されずに外へ放出され，海水中の鉄イオンと反応して大量の酸化鉄を沈殿させ，縞状鉄鉱床を形成した．

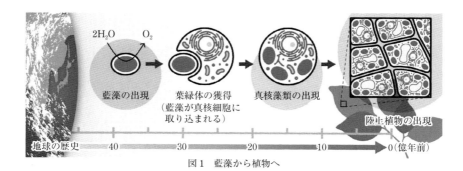

図1　藍藻から植物へ

一方，大気中に溢れた酸素は，酸素呼吸システムの進化を伴いながら真核生物の誕生，多細胞生物の出現，生物の大型化を促した．また，酸素（O_2）由来のオゾン（O_3）が地表に降り注ぐ紫外線をさえぎり，植物そして動物が海から陸上に生活圏を広げた．このような地球環境の形成に貢献した藍藻を利用して，火星や金星をヒトが住める環境に変えるテラフォーミングの研究が進められている．

●**多彩な色素をもつ海の藍藻**　生命の誕生と進化の場であった海に生育する藍藻は多様性に富んでいる．典型的な藍藻は，光合成生物が共有する緑色の光合成色素クロロフィル a に加え，藍藻特有の青色のフィコシアノビリンをもつため，名前のとおり細胞は藍色である．しかし，海面下 50 m 付近に生育する藍藻シネココッカスは，紅色・橙色・褐色といった藍藻らしくない色を呈する．これは赤色の光合成色素フィコエリスロビリンやフィコウロビリンをもつためである．さらに，水深 100〜200 m に生育するオリーブ色の藍藻プロクロロコッカスは，特異な光合成色素であるジビニルクロロフィル b を豊富にもっている．海中に差し込む太陽光の強度は水深とともに減衰し，また波長成分は緑や青に偏ってくるが，シネココッカスやプロクロロコッカスの光合成色素はこのわずかな光を効率よく吸収し，光合成に利用している．最近，深い水深に生育するこれらの小さな藍藻のバイオマスは予想以上に大きいことが明らかにされ，海洋の一次生産や食物網への寄与の解明が進められている．さらに，近赤外光のもとで光合成が可能な色素（クロロフィル d やクロロフィル f）をもつ藍藻も相次いで見つかっている．

●**共生と適応**　藍藻は単独で生活することが多いが，他の生物と共生関係を結ぶことも知られている．例えば，痩せた土に生えるソテツ（裸子植物）の特殊な器官である珊瑚根の中に藍藻が共生している．この共生藍藻がもつ異型細胞はマメ科植物の根粒菌と同様に窒素固定を行い，アンモニアなどの窒素栄養素を宿主植物へ渡す．そしてその共生パートナーは，菌類・藻類・コケ・シダ・被子植物から，サンゴ礁で暮らすホヤや海綿などの無脊椎動物まで多岐にわたる．一方，激変する地球環境の中を生き抜いてきた藍藻は，さまざまな適応力や耐性能を獲得している．例えば，直射日光にさらされる草地や家の外壁に生息する黒い塊状の藍藻は紫外線に耐性をもち，乾燥し仮死状態になっていても水を吸収すると復活する．また温泉に生育する好熱性藍藻は構造的に安定したタンパク質をもつため，光合成酸素発生の研究においても大いに貢献している．

　藍藻はほとんど目立つことのない小さな存在であるが，現在の地球環境や人類にとっても大きな影響力をもつ生き物である．　　　　　　　　　　　[村上明男]

参考文献

[1]　村上明男「海の中の赤い植物 "紅藻" の謎」日本植物学会 HP，2006（http://bsj.or.jp/jpn/general/research/02.php）

貯蔵物質

　生物における貯蔵物質とは一般に生体内にエネルギー源や体の構成材料として利用されずに蓄積されている物質を指し，炭水化物・タンパク質・脂肪などが貯蔵されることが多い．植物は独立栄養生物であり，一次生産者である．植物が光エネルギーを元に合成するさまざまな代謝物は植物の成長に利用されるが，植物の生活環の中では，合成された化合物を代謝せず貯蔵することがある．
　例としては種子があげられる．種子植物に独特の生活環の一段階である種子には，植物種により大きな違いはあるものの，一部の例外を除いて炭水化物・タンパク質・脂肪が蓄積されており，種子の発芽時にこれらの貯蔵物質は分解され利用される．また，イモ類は植物種により茎（塊茎）であったり根（塊根）であるが，いずれもデンプンなどを蓄積し，蓄積したデンプンなどは新たに萌芽する芽の生育に利用される．人類が食料として利用している植物の炭水化物・タンパク質・脂肪の大部分は種子やイモ類に蓄えられた貯蔵物質である．
●**種子**　種子には貯蔵物質として，炭水化物・タンパク質・脂肪が蓄えられるが，植物種により貯蔵される物質に大きな違いがある．イネは種子に主にデンプン（炭水化物）を蓄え，タンパク質や脂質の蓄積量は多くない．品種や栽培条件によっても異なるが，玄米の重量のおよそ70％がデンプンで，タンパク質は7～8％程度，脂質は2％程度，残りは水分，無機質（灰分）である．貯蔵物質のうちタンパク質と脂質は糊粉層（ぬかの部分）に多く含まれており，白米ではデンプンの比率はさらに高くなる．ダイズは対照的に，貯蔵物質としてデンプンはほとんど蓄積せず，タンパク質と脂質を蓄積する．日本のダイズ品種ではタンパク質含量が50％を超えることもあり，豆腐をはじめとするさまざまな食品に加工され，畑の肉とも呼ばれる．ラッカセイは重量の50％が脂質である．
　種子に蓄積されるタンパク質は数種類からなり，多くの植物種では種子にしか蓄積しない．プロテアーゼの阻害効果のあるタンパク質もあるが，酵素活性などはみられないものが多い．これらのタンパク質はプロテインボディと呼ばれる細胞内小器官内に蓄積される．プロテインボディには液胞由来のものと小胞体由来のものが知られている．蓄積されるタンパク質の量や性質が食品の栄養価性質を左右する．ダイズのタンパク質はゲル化させることができ，豆腐などに利用されるし，コムギの貯蔵タンパク質グルテニンとグリアジンには，ジスルフィド結合を介してあるいはNaCl存在下で会合する性質があるため，パン生地やウドンなどに独特の質感をもたらす．種子に貯蔵されるデンプンにはアミロースとアミロペクチンがあり，うるち米ではそれらの比が20：80程度であるが，モチ米では

Waxyと呼ばれる遺伝子に変異があるために，ほぼ100％アミロペクチンになっており，独特の粘りが現れる．と脂質はほとんどの場合トリアシルグリセロールである．

　これらの貯蔵物質は種子の登熟に伴って蓄積される．一般には種子の登熟の比較的速い段階でデンプンの蓄積が起こり，その後脂肪酸やタンパク質が蓄積されるようになる．種子の細胞には登熟に従って倍化（細胞分裂を伴わないゲノム増幅）がみられるようになり，倍加によって増えた遺伝子のコピーを利用して発現を高めていると考えられている．これらの貯蔵物質は植物体より篩管を通じて輸送されてくる糖やアミノ酸を原料に合成される．種子貯蔵タンパク質は種子にしか発現が認められず，かつ大量のmRNAが合成されることもあり，1980年代から盛んに植物の分子生物学の遺伝子発現制御の研究対象として研究が進められ，種子だけで発現するために必要な種子貯蔵タンパク質遺伝子プロモーターにみられる配列（SphI box）やそれに結合するタンパク質（Vp1）が同定されている．また，種子貯蔵タンパク質の蓄積や組成は窒素や硫黄などの栄養環境や植物ホルモンアブシシン酸によっても影響を受ける．

　種子の発芽とともに，これらの貯蔵物質を分解する酵素が発現し，イネなどの場合には，糊粉層の細胞からデンプン分解を担うαアミラーゼが分泌される．この分泌はジベレリンにより促進される．貯蔵物質の分解によって生じたアミノ酸や糖類などの代謝物は幼植物に利用される．その一方で貯蔵物質は種子の発芽には必須ではなく，貯蔵物質の一部が蓄積しない変異体も条件を整えれば発芽する．

●**塊茎，塊根**　ジャガイモやサツマイモは塊茎や塊根を形成し，デンプンが蓄積する．塊茎や塊根に特異的な貯蔵タンパク質も発現する．サツマイモの場合は，新鮮重に対してデンプンは30％程度，タンパク質は1％強である．最近，塊茎の発達にはジャスモン酸やジベレリンが関与していることや，花成ホルモンタンパク質の相同タンパク質（ジャガイモではStSP6A）が関与していることが明らかにされている．

　また，サトイモにはシュウ酸カルシウムの結晶が蓄積することが知られており，サトイモを外敵の食害から守る働きがあると考えられている．

●**その他**　樹木は柔細胞に栄養貯蔵機能があり，冬期にデンプンを貯蔵し，春の萌芽時に分解して新芽の成長に利用する．草本植物の葉でも貯蔵物質が蓄積されることがあり，また，ダイズでは開花前に葉に存在する細胞にvegetative storage proteinと呼ばれる種子貯蔵タンパク質とは異なる貯蔵タンパク質を蓄積し，種子の成熟に伴ってこの貯蔵したタンパク質を分解し，得られたアミノ酸が種子に運ばれ，タンパク質合成の基質となることが知られている．　　　　　［藤原　徹］

原形質流動

植物細胞内で細胞質が流れるように動く現象の総称で，イタリアの顕微鏡学者 B. コルチ (B. Corti) が 1774 年にシャジクモについて記載したのが最初といわれている．細胞小器官と細胞質基質とがともに動く場合と，葉緑体などの細胞小器官が原形質流動とは独立に動く場合とがある．流動がどのようなパターンをとるかによって，乱流動（液胞が発達していない若い細胞），循環型（タマネギの鱗片葉表皮細胞，アオミドロなど），周回型（シャジクモの節間細胞，カナダモの葉細胞など），逆噴水型（花粉管，根毛細胞など），多条型（カサノリの柄，ヒゲカビの胞子嚢柄など）などに分類されている．細胞の成長に伴って乱流動が循環型に変わる，細胞が置かれた条件によって逆噴水型が周回型に変わるなど，パターンが固定されていない場合もある．恒常的にみられる原形質流動を一次流動と呼ぶのに対して，光，化学物質（アミノ酸，植物ホルモン，重金属など），接触など細胞外からの刺激によって引き起こされる原形質流動を二次流動と呼ぶ．

●**原形質流動の仕組み** 原形質流動の力発生機構については，シャジクモ節間細胞を用いて詳しく調べられてきた．この細胞の原形質流動の速度は 50〜100 μm/s に達し，これまで知られる中で最速である．流動の軌道はアクチン繊維の束構造で，細胞質基質中のミオシンが ATP を加水分解しながらアクチン繊維に沿って滑ることによって流れがつくられる（図 1）．流動のパターンの違いは，アクチン繊維束が細胞内のどこにどのような状態で存在するのかに依存し，アクチン繊維の重合・脱重合，切断，束化，細胞膜との結合などを制御するさまざまなアクチン結合タンパク質の働きによって軌道の場所や状態が変わると考えられる．

一方，ミオシンがどこにどのような状態で存在するのかについては明らかになっていない場合が多いが，小胞体，ミトコンドリア，由来のわからない小胞に結合しているという報告がある．ミオシンは生物界に広く存在するモータータンパク質で，30 以上のクラスに分類されており，植物はそのうちクラス VIII と XI

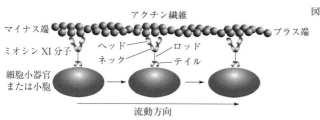

図 1 原形質流動の模式図：テイル部分で細胞小器官や小胞と結合したミオシン XI 分子が，ATP を加水分解しながらアクチン繊維に沿って滑ることにより，流動が起こる［出典：Shimmen, T. & Yokota, T., *Current Opinion in Cell Biology*, 16：68-72, Fig. 2, 2004］

とをもつ．原形質流動の力発生にはミオシン XI が働いている．ミオシン XI 分子は動物のミオシン V 分子とよく似た構造をしており，アミノ末端側から，ヘッド，ネック，ロッド，そしてカルボキシル末端のテイル部分をもつ．ヘッド部分は ATP 加水分解活性をもち，テイル部分は細胞小器官や小胞と結合する．多くの場合，ロッド部分で会合してホモダイマーとして存在する．ゲノムが解読された真正双子葉類シロイヌナズナは 13 個，単子葉類イネは 12 個のミオシン XI 遺伝子をもち，各遺伝子産物のテイル部分が特定の細胞小器官や小胞と結合することにより，役割を分担して働いていると想像されている．テイル部分と細胞小器官や小胞との結合において，GTP 結合タンパク質が結合のオン・オフを切り替える役割を果たしているという報告がある．緑藻類（イワヅタ，ハネモなど）では微小管を軌道とする原形質流動が報告されているが，力発生に働くモータータンパク質については明らかになっていない．

●**原形質流動の Ca^{2+} 制御** 原形質流動は Ca^{2+} による調節を受けており，1 μM 以上の Ca^{2+} の存在下では停止する．シャジクモ節間細胞の原形質流動は電気刺激などによって一過的に停止するが，停止に先立って細胞質基質の Ca^{2+} 濃度が上昇し，再び低下した後，原形質流動が再開する．淡水産単子葉類オオセキショウモの葉肉細胞では，光によって細胞質基質の Ca^{2+} 濃度が変化し，そのことが原形質流動の誘発・停止をもたらすことが提唱されている．二次流動の調節は細胞質基質の Ca^{2+} 濃度によって行われているのかもしれない．動物のミオシン V では，Ca^{2+} 濃度が高くなるとネック部分に軽鎖として結合しているカルモジュリンがはずれ，これによってヘッド部分の働きが抑制される．同様の仕組みが植物のミオシン XI でも知られているが，このことが原形質流動の停止を引き起こす直接の原因であるのかについては検証されていない．一方，細胞質基質の粘弾性が Ca^{2+} 濃度によって変わる可能性も指摘されている．

●**原形質流動の生物学的意義** シャジクモのミオシン XI 分子がアクチン繊維に沿って滑る速度は原形質流動の速度とほぼ同じで，運動のために専門化した筋肉細胞のミオシン II 分子の速度より数倍高い．植物細胞は液胞が発達することによって巨大化するため，拡散だけでは物質の輸送を効率的に行うことが難しく，高速の原形質流動によって細胞内を撹拌する必要が生じたと考えられている．原形質流動の速度がどのような生物学的意義をもつのかについて，以下のような報告がある．シロイヌナズナのミオシン XI のヘッド部分を，高速タイプのシャジクモのミオシン XI，もしくは低速タイプのヒトのミオシン V のものと入れ替えて，それぞれのキメラ遺伝子をシロイヌナズナに発現させたところ，高速タイプの場合は原形質流動の速度が上がり，植物体が大きくなったのに対して，低速タイプの場合はそれらと逆のことが起こった．原形質流動の速度と植物体の成長との間に相関があることがわかった．

［髙木慎吾］

自家不和合性

　雌雄同体の植物において，両性の生殖器官が正常に成熟するにもかかわらず，花粉が同じ個体の雌蕊に受粉しても受精に至らない性質をいう．自殖を回避し，遺伝的に多様な子孫を残すうえで重要な性質であり，被子植物の半数以上の種がもつといわれている．また，菌類や雌雄同体の動物などにも同様の自殖回避の性質が存在し，植物以外の生物も対象に含めてこの言葉が用いられる場合がある．

●**自家不和合性の機構**　植物の自家不和合性では，花粉（管）と雌蕊の間で自己と非自己の識別が行われ，自己の花粉が受粉から受精に至るまでの過程で選択的に排除される．この自他識別は，多くの植物種においてSと表記される1つの遺伝子座で制御される．S遺伝子座には自他識別にかかわる多型性の認識物質（花粉S因子，雌蕊S因子）をコードする少なくとも2種類の複対立遺伝子が座乗し，これらは組み換わることなく遺伝することから，Sハプロタイプ（$S_1, S_2, \cdots, S_n$）と呼ばれている．花粉S因子-雌蕊S因子間にはハプロタイプ特異的な相互作用が認められ，これらを介して花粉-雌蕊間の自他識別が行われている．一方，この共通原理とは対照的に，複数の植物種から分子性状のまったく異なる両S因子が同定されてきており，植物が進化の過程で新たな自家不和合性の仕組みを繰り返し獲得してきたことが示唆されている．なお，自家不和合性は花の形態に差異が認められない同形花型と，Sハプロタイプと花の形態が関連する異形花型に分類される．また，自他識別の仕組みは，自己を認識して排除する自己認識型と，

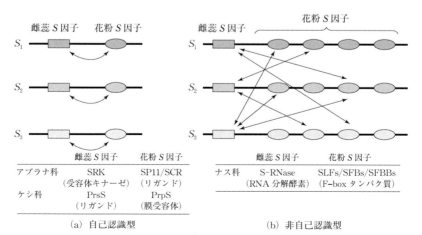

図1　自他識別の仕組み

非自己を認識して受け入れる非自己認識型に大別することができる（図1）．

●**同形花型自家不和合性**　複数の植物種でSハプロタイプの解明が進んでいる．アブラナ科植物では，花粉S因子は8つのシステイン残基をもつリガンド様タンパク質（SP11, 別名SCR）であり，葯で生合成され花粉表層に付着する．雌蕊S因子は柱頭表面の乳頭細胞膜上に局在する受容体キナーゼ（SRK）であり，同一Sハプロタイプに由来するSP11と特異的に相互作用する（自己認識型）．自己のSP11を受容したSRKは活性化（自己リン酸化）され，自己花粉の発芽・伸長停止に至る不和合性反応を引き起こすが，下流の情報伝達系の詳細は不明である．

　ケシ科植物では，花粉S因子は3〜5個の膜貫通ドメインをもつタンパク質（PrpS）であり，形態的にイオンチャネルとしての機能が推測されている．雌蕊S因子は〜15 kDaのリガンド様ペプチド（PrsS）であり，同一Sハプロタイプに由来するPrpSの細胞外ループ領域に特異的に結合し（自己認識型），結果として自己花粉管内へのCa^{2+}の流入が誘起される．これが引き金となり，アクチン骨格の脱重合などの花粉管伸長停止反応が起き，その後カスパーゼ様プロテアーゼの活性化を介したプログラム細胞死が誘導されることが示されている．

　ナス科，オオバコ科，バラ科植物では，雌蕊S因子はRNA分解酵素（S-RNase）であり，花柱の通導組織に局在し，伸長してくる花粉管に取り込まれてRNAを分解する細胞毒として機能する．花粉S因子は一連のF-boxタンパク質群（SLFs, 別名SFBs/SFBBs）であり，E3ユビキチンリガーゼ活性をもつSCF複合体を形成する．ナス科ペチュニアでは，S遺伝子座上に約18種類のSLFsがコードされており，おのおのが異なるSハプロタイプのS-RNaseの一部と相互作用し（非自己認識型），特異的にユビキチン化することが示されている．ポリユビキチン化されたS-RNaseはプロテアソーム系を介して分解・無毒化されるために，非自己の花粉管は伸長を続けることができると推察されている．

●**異形花型自家不和合性**　2種類（二形花型）あるいは3種類（三形花型）の形態の花をつける個体が種内に共存し，異なる形態の花の間でのみ受精が成立する性質で，少なくとも28科の植物がもつといわれる．サクラソウ科，タデ科など二形花型の自家不和合性はSとsで表記される2つのハプロタイプで制御されており，ssの遺伝子型をもつ個体は柱頭が葯の上部に位置する花（長花柱花）をつけ，Ssの個体は柱頭が葯の下部に位置する花（短花柱花）をつける．昆虫が花粉を媒介する際，異なる花型の花粉が雌蕊に受粉しやすい配置になっている上に，おのおのの花型同士では自家不和合性を示す．このため，異なる花型間でのみ受精が成立し，両遺伝子型の子孫が1：1の割合で保持される．異形花型自家不和合性では，花粉および雌蕊S因子と花型を制御する遺伝子群が密接に連鎖していると予測されているが，実体はいずれも未解明である．　　　　　［高山誠司］

6. 形態構造

　形態学（morphology）は文豪ゲーテの造語である．ゲーテは，葉や花の変異や奇形を丁寧に観察し，それに基づいて，子葉，本葉，そして萼片・花弁・雄蕊・雌蕊（心皮）などの花葉がすべて相同で，もととなる「葉」が変態したものであるとした（植物変態論）．これは，器官学の大きな業績であるといえよう．その後，顕微鏡の性能向上とともに，各器官，組織，細胞の解剖学・発生生物学が盛んになり，器官や組織の発生が丁寧に記載された．近年，この分野の研究にも分子生物学の手法が導入され，各種顕微鏡や観察手法が開発されたこととあいまって，多くの知見が蓄積されるようになってきた．上記のゲーテの説をふくむ古典的な知見が，現代的手法で裏付けられていることも興味深い．

　本章では，形態・構造にかかわる古典的知見と最新の発展とをあわせて紹介してある．進化・系統学と形態学・発生生物学の融合である「エボデボ」分野の発展にも触れた．　　［寺島一郎・邑田 仁・坂口修一］

器官（学）

　維管束植物（シダ植物，裸子植物，被子植物）の基本器官は茎，葉，根の3つとするのが一般的である．ただし，茎と葉に関して両者は本質的に区別できないとし，合わせてシュートとして扱われることが多い．
　基本器官の考えは，古く J. W. von ゲーテ（J. W. von Goethe）にさかのぼる．ゲーテは，子葉，普通葉，花の萼片，花弁，雄蕊は，みな同一の原型から変態したものと考え，一括して葉とした．基本器官の考えでは，ある器官は必ず茎，葉，根のいずれかに属することとなる．例えば，食虫植物の壺状の器官は，構造や発生様式などから，葉が変形した捕虫葉と考え，サボテンの針も葉が変形したものと解釈する．

●**茎，葉，根の器官学的特徴と機能**　茎は軸状で先端に頂端分裂組織をもち，無限成長を示す．側生器官として付属物である葉をもつ．単軸分枝，二又分枝を行うが，分枝は外生である．葉は茎のまわりに規則的に配列し，背腹性をもち，扁平になるものが一般的である．シュート頂（茎頂）で発生したばかりの葉原基の先端には頂端分裂組織が存在するが，すぐに能力を失うため，葉は有限成長を示す．根は茎と同様に軸状で，先端に頂端分裂組織をもち無限成長を示すが，葉のような付属物をつくることはない．頂端分裂組織は根冠をもつ．根の分枝は茎の場合の外生とは異なって，側根原基が維管束近くの内鞘や内皮から始原する内生である．ただ，シダ植物小葉類の根は例外的に，外生的な二又分枝を示す．
　機能においては，茎は普通，地上にあって地上部を支え，通道の役割を果たす．葉は主要な光合成器官として機能する．葉の気孔を通じて植物体と外界との間で二酸化炭素や酸素のガス交換や蒸散を行う．根は普通，地下にあって植物体全体を支え，水や無機塩類の吸収を行い，通道の役割を果たす．茎，葉，根ともに貯蔵器官として働くものも多い．

●**第四の器官，担根体**　シダ植物小葉類のイワヒバ属（イワヒバ科）がもつ担根体は，地表を横走する細長い茎の分枝部から形成された1本の軸状器官で，地表面に向かって下方に伸長した後，その先端から2本の根を出す．根は地中で二又分枝を繰り返して地表の茎を支える．担根体は，茎の分岐部表面から外生的に発生し，頂端分裂組織をもつ点において茎と似ているが，葉をつくらない点で茎とは異なる．また担根体は，根冠も根毛ももたない点で根とも異なる．コンテリクラマゴケや *Selaginella kraussiana* を用いた近年の比較発生学的研究から，担根体は1 mm くらい伸長した後，器官としての成長を止め，その内部に2つの根端分裂組織を新たに内生的に形成することが明らかとなった．この事実は，担根体

と根との間には発生上のギャップがあり，両者は別の独立した器官であることを示すものである．さらに熱帯産イワヒバ属の大形種では，担根体は2，3回独自に二又分枝を繰り返した後に成長を止め，それぞれの先端部に根を内生することもわかった．担根体は本来，分枝を繰り返す能力をもっているのである．以上から，現在では，担根体は，茎，葉，根の基本器官のいずれとも相同でなく，これら3器官に匹敵する第四の器官であるとする解釈が有力となっている．

茎に近い形をもちながら葉をつくらず，代わりに根をつくるものを広く担根体と呼ぶとすると，担根体は，同じ小葉類のミズニラ科や，古生代石炭紀に繁栄した木生シダ植物リンボク類の化石スチグマリアなどにもみられる．

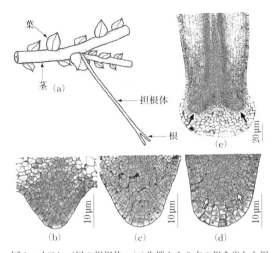

図1 イワヒバ属の担根体：(a)先端から2本の根を出した担根体．(b)〜(e)クラウシアナクラマゴケ（*Selaginella kraus-siana*）の担根体における根の発生．担根体は，若いときには頂端細胞を先端にもつが(b)，やがて頂端細胞が消失し，頂端成長を止める(c)．その後，担根体内部に2つの根（白色矢印）が発生を開始し(d)，根頂端分裂組織（矢印）が完成する(e)．この後，担根体組織は壊れて，根頂端分裂組織が外に伸びしていく．［出典：(a)『根の事典』朝倉書店，図5.3，1998．(b)〜(e) Imaichi, R., *Meristem organization and organ diversity*, In Biology and Evolution of Ferns and Lycophytes, Ranker, T. A. & Haufer, C. H. eds., Cambridge Univ. Press, Fig. 3.15, 2008 より改写］

●**ヤマノイモ属の担根体** ナガイモ，ヤマノイモなどヤマノイモ科のイモは，葉をつくらず，根冠ももたず，表面から多数の根をつくる．これらの特徴から，イモは器官学上，茎でも根でもなく，担根体と考えられてきた．しかしナガイモの種子からの発生を観察すると，幼根と幼芽の間に存在する胚軸が偏心的に肥大成長して最初のイモがつくられることがわかる（図2）．膨らんだイモのどこにも頂端分裂組織はみられず，多数の不定根が内生的にイモから形成される．以上から，ヤマノイモ属の担根体は，シダ植物の担根体とは器官学的にまったく異なり，胚軸あるいは茎と相同器官であると考えられる． ［今市涼子］

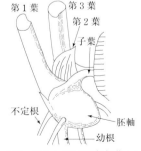

図2 ヤマノイモ属の担根体：ナガイモの幼植物では，肥った胚軸が不定根をもつ．この胚軸が担根体と呼ばれている［出典：熊沢正夫『植物器官学』裳華房，図15.3，1979］

胚軸

種子植物の種子内の胚は，子葉，胚軸，幼根から構成される（図1）．胚軸と幼根は1本の軸をつくっており，ある程度成長するまで，胚軸と幼根の境界ははっきりしないことが多い．胚軸は下胚軸と呼ばれることもある．子葉の付け根より上部は幼芽と呼ばれ，シュート頂（茎頂）と葉原基が存在している．幼芽は胚の段階では未発達なものが多いが，種子発芽後の芽生えでは明瞭になる．上胚軸という語は，厳密には幼芽の中の茎の部分を指すが，幼芽の同意語として用いられることもある．

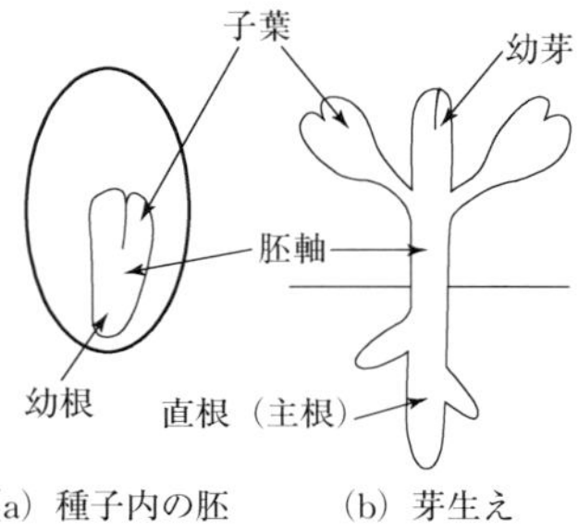

中胚軸はイネ科などの胚のみにみられる構造である（図2）．イネ科では，一般的な子葉は存在せず，そのかわり幼芽をおおう鞘状の幼葉鞘（子葉鞘）と，種子の内乳から栄養の吸収の役割を果たす胚盤という特殊な構造をもっている．両者は維管束でつながっているため，幼葉鞘と胚盤を合わせた全体を1個の子葉とする解釈が主流である．幼芽と幼根の間の本来胚軸に相当する部分は，幼葉鞘と胚盤の連絡部分に合着しており胚軸のみを区別するのが困難である．したがってこの部分を，一般的な胚軸とは比較できないと考え，特別に中胚軸と呼んでいる．中胚軸は芽生えでは長く伸長して明瞭となり，幼葉鞘と胚盤の連絡部分をつくる．つまり，1個の子葉が機能上も形態上も異なる幼葉鞘と胚盤とに分化し，その連結部に胚軸が合体したものが，中胚軸と考えられる．

以上のように，上胚軸，中胚軸，下胚軸は，胚軸の上，中，下を示す語ではないことに注意が必要である．

● 根と茎の維管束移行部をつくる胚軸

種子植物の茎と根の維管束は大きく異なる構造をもつ．茎の維管束は，真正中心柱であれ不整中心柱であれ，並立維管束で木部と篩部が隣接しているが，根の維管束は放

図1 双子葉植物の種子と芽生え［出典：原襄『植物形態学』朝倉書店, 図1.2, 1994より改変］

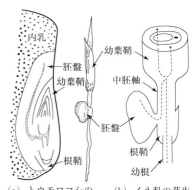

図2 イネ科の中胚軸［出典：熊沢正夫『植物器官学』裳華房, 図6.11, 1979より改変］

射中心柱を示し，木部と篩部は独立して存在している．茎の並列維管束の木部では，初期に形成された小形の原生木部細胞は内側に存在し，成長後期に形成された大形の後生木部細胞は外側に位置する，いわゆる内原型を示す．これに対して，根の放射中心柱の木部では原生木部は外側に位置し後生木部が内側に位置する外原型を示す．これら2つの異なる維管束は茎と根の中間部である胚軸で移行するので，胚軸は移行部として複雑な維管束走行を示す（図3）．この複雑な維管束がどのように形成されるかについては，不明な点が多い．しかし一般的に胚では，前形成層（将来の維管束をつくる細長い細胞群）は，幼根，胚軸，子葉の3つをつなぐ連続した1つの系としてすでに形成されている．したがって芽生えではその系と連絡するような形で茎の前形成層が分化し，続いて木部，篩部の分化が起こると考えられる．

●**胚軸の多様な形態**　胚軸が不定芽や不定根をつくることがある．アマ（アマ科）やチャボタイゲキ（トウダイグサ科）では胚軸の表皮細胞から分裂が始まって外生的に不定芽がつくられる．一方，熱帯・亜熱帯の急流域の岩上に着生するカワゴケソウ科の多くの種では，種子発芽後にシュートが成長せず，代わりに胚軸から外生的，内生的につくられた不定根が発達し，光合成器官として体の主要部をつくる．

　胚軸が貯蔵器官として発達する例も多く知られている．シクラメンやサトウダイコンのイモは主に胚軸が肥ったものである．また，熱帯の貧栄養地の着生植物として知られるアカネ科のアリ植物，アリノスダマ属 *Hydnophytum* やアリノトリデ属 *Myrmecodia* では，胚軸が肥った後，中に多くの空洞の部屋を形成し（図4），ここにアリを住まわせている．植物はアリの排泄物や死骸から窒素やリンなど無機塩類を吸収すると考えられている．

［今市涼子］

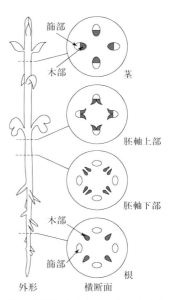

図3　胚軸を介した茎と根の中心柱の連絡：胚軸では根の放射中心柱から茎の真正中心柱への移行形がみられる［出典：原襄『植物の形態』裳華房，図7.8，1972］

図4　ニューギニアのアリ植物 *Myrmecodia angustifolia* の幼植物：肥った胚軸の中に空洞がつくられる．この後，胚軸は成長を続けるとともに，多数の部屋を内部につくり，アリを住まわせる

根

　根は，維管束植物の基本的な栄養器官であり，土壌から水分や無機塩類を吸収するとともに，地上部のシュートを物理的に支えている．また，菌根菌や根粒菌などと共生することでリンや窒素などを効率よく吸収する根や，地上部の生育のために肥大して水分や養分を蓄える根など，さまざまな働きをもつ根が知られている．植物は，移動できる動物と異なり，根を土壌に張って固着することで，生育場所を変えずに環境に適応して生きる戦略を進化させてきたといえる．

●**根の種類**　根の基本的な形は，水分や無機塩類を吸収する点で，多くの植物種で共通性があるが，種による違いもある．また，同じ植物種でもいろいろなタイプの根をつくり，種ごとに特有な根系パターンを構築する．発芽した芽生えが最初に伸ばす根を，一次根（初生根）と呼ぶ．これは胚発生でつくられた幼根が発達したものである．被子植物のうち真正双子葉植物では，一次根が発達して主根となり，そこから二次的に側根を形成する．そして，側根からも新たな側根（二次側根）がつくられる（「側方器官」参照）．このように主根と側根から成り立つ根系を「主根系」と呼ぶ（図1(a)）．一方，イネ科などの単子葉植物では，一次根に加えて，茎の基部の節から不定根と呼ばれる根を数多くつくるので，このような根系を，「ひげ根系」と呼ぶ（図1(b)）．不定根は，根以外の器官から出る根で，例えば，ツユクサなど茎が地面をはう植物では，茎の節から不定根が出る．

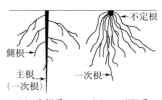

図1　根の種類

●**根の多様性**　ニンジンやゴボウの食用部は，主根が水分や栄養を蓄え，肥大して太くなったもの（多肉根）であり，サツマイモは不定根が紡錘形に肥大したもの（塊根）である．このような根を貯蔵根と呼ぶ．また，空中に露出する根を気根と呼び，種によっていろいろな働きをもつ気根がある．例えば，タコノキでは，支柱根と呼ばれる地上部の茎から下向きに多数の不定根をつくって，茎が倒れないように支えている．他にも，酸素の少ない泥中から，呼吸のために気中に突出する呼吸根（マングローブ植物），他の樹木や壁をよじ登るために出す付着根（キヅタの不定根）などがある．さらに，ヤドリギなどの寄生植物は，寄生根と呼ぶ根を宿主植物の組織内に伸ばして栄養を奪う．それ以外にも，地上部を支える板状の形をした板根（サキシマスオウ），根茎が地上部に出ないように根茎を地中に引き戻す収縮根（ユリ，アヤメ），水中に垂れる水中根（ウキクサ），短い側根が房状に密集したクラスター根（ヤマモガシ科）などがある．根は多くの植物に

おいて，他の微生物との共生の場となっている．マメ科植物は根に根粒をつくって根粒菌と共生し，光合成産物を根粒菌に与えるかわりに窒素源を得ている．また，菌根菌と共生した根（菌根）をもつ植物は，光合成産物を菌根菌に与えるかわりにリン酸などの栄養塩を得ている．

●**根の構造**　根が成長する仕組みは，根の構造を観察するとよく理解できる．根の先端には成長の盛んな部分がある．この部分を詳しくみると，根の先端から基部に沿って，根冠・分裂領域・伸長領域・分化領域と4つの領域に分けられる（図2）．根冠は，未熟な細胞が集まる分裂領域を土壌など外界の障壁から保護する役割をもつとともに，重力方向など環境の情報を感知する役目もある．

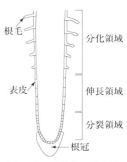

図2　根の先端部の模式図：最外層の表皮細胞列のみ示す

分裂領域には「根端分裂組織」と呼ばれる部分があり，根のさまざまな組織の細胞が生み出される（「根の形態形成」参照）．根端分裂組織で生じた細胞は，分裂領域で活発に分裂するが，やがて，伸長領域に入ると，分裂を停止し，そのかわり細胞が根の先端−基部軸に沿って伸長成長する．分裂領域で生じた一つひとつの細胞が縦長に伸長することで，その総和として根全体が伸長する．伸長領域で成長した細胞は，分化領域に入ると，伸長を停止しそれぞれの組織のタイプごとに分化する．

根の組織構造は若い根の横断面を観察するとわかりやすい（「根の形態形成」参照）．外側から内側に向かって，表皮・皮層・内皮・内鞘が同心円上に配置して，内鞘の内側には木部や篩部などを含む維管束組織がある．また根端分裂組織の外側（根の先端側）で生み出された細胞は，根冠の新しい細胞となり，成長に伴ってはがれ落ちて失われる古い根冠の細胞を補う．

●**根の組織分化とその働き**　根の表層にある表皮では，効率よく水分や栄養塩類を吸収するため，一部の細胞が根毛を分化させて，根の表面積を増やす．一方，根の中央部分は中心柱と呼ばれ，水分や無機塩類を地上部に輸送する木部と，光合成産物を輸送する篩部からなる維管束組織が分化するとともに，その外側に1層の内鞘（側根がつくられる）が分化する．表皮と中心柱の間には，基本組織である皮層と内皮が分化する．皮層は種によって層の数が異なるが，水中に生育する根では地上部から呼吸に必要な酸素を送るため，皮層細胞同士のすきま（細胞間隙）を広げる，または細胞死を引き起こして通気組織と呼ぶ空気の通り道を形成する．一方，内皮の細胞壁にはスベリンやリグニンを含むカスパリー線と呼ばれる構造が発達する．このため，表皮で吸収し，皮層から中心柱へ水分や無機塩類が移動するには，内皮細胞間のアポプラストを通過せずに，内皮細胞の細胞膜できちんと選別されて輸送されている．

［深城英弘］

シュート

　茎とこれに付属する多数の葉は，併せて1つの単位とみなされ，シュートと呼ばれる．シュートは苗条，芽条ともいわれるが，現在では片仮名でシュートと書くのが一般的である．花は，短縮した茎に萼片，花弁，雄蕊など，葉が変形した花葉が付いたものであることから，1個のシュートと考えられる．茎と葉からなるシュートは栄養シュート，花は生殖シュートと呼ばれる．シュートでは，葉が一定の位置の茎上に規則的に配置する．この規則性を葉序と呼ぶ．種子植物では葉の葉腋に側芽（腋芽とも呼ばれる）が形成され，これが側枝（側シュート）として伸長するものが一般的である（図1）．ジャガイモの肥ったイモや，ハウチワサボテンの扁平な葉状器官（図2）は茎が変形したものとされることが多いが，シュートの定義によれば，これらはともに1つの栄養シュートとみなされる．両者とも表面に，葉序にしたがって小型の葉や腋芽が規則的に配置している．

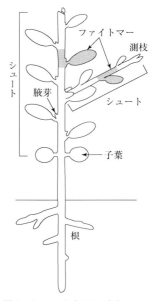

図1　シュートとファイトマー：シュートは茎と葉から構成され，葉腋につくられた腋芽も成長して1つのシュートをつくる．節間，葉，腋芽の1セットをファイトマーと呼ぶことがある［出典：原襄『植物形態学』朝倉書店，図1.5，1994を改変］

　種子植物の芽生えでは，胚軸より上の部分が1本のシュートに相当する．したがって種子植物の体は，芽生えの1本のシュートから始まり，その後，腋芽由来の側シュートが分枝を繰り返すことによって，多数のシュートから構成された地上部がつくられる．この地上部全体をシュート系と呼ぶ．一方，地下部も複雑に分枝した根系をつくる．したがって1個の植物体はシュート系と根系から成り立っている．

　多くの場合，茎と葉は明瞭に区別されるため，シュートが茎と葉の複合器官であるとする上記の考えは理解しやすい．しかし必ずしも，茎と葉の区別が容易でないものもあり，シュートの概念については歴史的にさまざまな説が提唱されてきた．シダ植物や単子葉植物では，茎が短く葉が混み合っていて，茎と葉が区別しにくい．これらについては，葉の基部が集まったものが茎であるとする説（フィトン説）がある．その他，葉の基部が茎を包んでいるとする説（包囲説），葉が

本来のシュートであり，その性質を完成せずに終わったものとして植物体があるとする説（部分シュート説）などがある．

●**シュートをつくる繰り返し構造**　茎上の葉の付着部を節，節と節の間を節間と呼ぶ．種子植物では，各節の葉の葉腋に腋芽が形成される．葉，腋芽，節間は1つのセットをつくり，ファイトマーと呼ばれる（図1）．このファイトマーという単位が積み重なったものが1つのシュートである．ファイトマーをつくり続けているのがシュートの先端に存在するシュート頂あるいは茎頂と呼ばれる頂端分裂組織である．茎頂では葉序に従って葉が形成され，種子植物ではその内側（葉腋）に腋芽が形成される．すなわちファイトマーが繰り返しつくられるのである．この無限につくられる繰り返し構造は，頂端分裂組織をもたない動物にはみられない，植物独特の性質である．

●**特異なシュート**　キジカクシ科（アスパラガス科）のナギイカダ属やアスパラガス属にみられる，直立する茎に形成される葉状器官は，葉ではなく扁平になったシュートであると考えられ，仮葉枝と呼ばれる（図2）．葉状茎や葉状枝という語も使われる．茎が扁平になったウチワサボテンの偏茎よりも，もっと扁平で葉に近く，

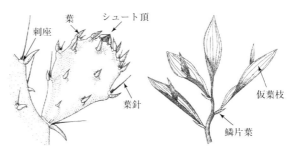

(a) ウチワサボテン属の1種 *Opuntia* sp.

(b) ナギイカダ属の *Ruscus hypoglossum*：扁平なシュート（仮葉枝）の上面に花序が形成される．

図2　扁平なシュート

［出典：Bell, A. D. *Plant Form*, Timber Press, pp.157, 241, 2008］

さらに普通の葉を完全に欠いている．ナギイカダ属では，その多くで仮葉枝の表面に花序が形成される．さらに花序が小型の仮葉枝に似た葉状器官に抱かれているものもある（図2(b)）．アスパラガス科の仮葉枝がシュートであるとする主な根拠は，位置の基準によるもので，仮葉枝が，主茎に存在する小型の鱗片葉の腋芽の位置に形成されるという事実である．ナギイカダでは主茎も最終的に仮葉枝で終わる．これに対して，1個のシュートが扁平になるのではなく，多数のシュートが合着した結果1枚の葉状構造をつくると考えられるものもあり，裸子植物のマキ科のエダハマキ属や被子植物のカワゴケソウ科の *Dalzellia* などで知られている．これらでは多数の葉や突起状の葉が葉状構造の周縁部にみられる．また極端に特殊化が進んだカワゴケソウ科カワゴケソウ亜科のシュートでは，形態学的な茎頂が識別できず，葉の基部から新しい葉が形成されるので，1個のシュートは葉の集合から構成されているようにみえる．　　　　　　　　　［今市涼子］

茎の多様性

　茎は進化的にシダ段階の植物において成立した軸性の構造であるが，ここでは主に被子植物の茎について述べる．茎は発芽して幼芽から成長するシュートの主軸であり，一定の規則性に従って葉を側生し，先端に頂芽が，葉腋に側芽（腋芽）がある．そして，腋芽の伸長により分枝し，それぞれの植物に独特の姿となり，特定の部位に花をつける．また，栄養繁殖における繁殖体の形成や散布にもかかわっている．内部に維管束があり，水や養分の通路となっている他，栄養を貯蔵する働きを備えている．茎の形状や機能はさまざまであるが，ここでは地上茎と地下茎に分けてその多様性をみてみよう．

　●地上茎　地上茎（地上にある茎）は一般に「茎」と呼ばれるもので，節間が長くて全体として細長く伸び，機械的強度を保ちつつ葉や花を効果的な位置に配置する役目を果たしている．地上茎が毎年枯れて更新されるものを草本（そうほん），生きたまま数年にわたって成長するものを木本（もくほん）という．

　多くの茎は独立して直立あるいは斜上する強度を備えているが，不定根を生じて着生するような茎もある．いわゆる蔓（つる）植物の茎は細くしなやかな蔓となり，他の植物などに寄りかかって広がったり，不定根や巻きひげを生じてつかまったり，伸長する際に茎が回転することによりからみついたりよじ登ったりして生活する．地表にはう茎は匍匐（ほふく）茎や走出（そうしゅつ）枝と呼ばれる．走出枝には途中で不定根を出して定着し，母株の分布域を広げる働きをするものもあり，不定根を出さず，先端部に繁殖体を形成してこれを散布する働きをしているものもある．

　同一個体において枝の成長度合いが異なる場合がある．そのような場合，節間が長く，茎を長く伸ばして成長する役割の枝を長枝，節間が短く多数の葉や花をまとめてつける役割の枝を短枝という．カツラの短枝は毎年1枚の普通葉を付け，先端に花を生じることを繰り返し，ごくわずか伸長するだけである．

　肥大して水や栄養を貯蔵するする茎（柔かいものは多肉茎と呼ばれる）をもつ植物は特に乾燥地に多く見られ，バオバブやサボテンなどはよく知られている．ウチワサボテンやカンキチクで見られる平面的に広がって光合成を行う茎は葉状茎と呼ばれる．ラン科植物の中には茎の一部が丸く肥大して栄養を貯めるものがあり，この部分を偽球茎と呼ぶ．

　刺（とげ）はさまざまな器官が変形してできるが，サイカチのように枝が変形したものは茎針と呼ばれる．ブドウ科の巻きひげは茎の先が変形したもので，ツタの巻きひげの先にはさらに吸盤を生じる．

　ヤマノイモ，オニユリなどの腋芽の位置に生じ，あるいはコダカラベンケイの

葉縁などに不定芽として生じる珠芽（むかご）は簡単に母体から離脱して新個体を生じ栄養繁殖体として働く．

●**地下茎**　多年生の草本植物は冬季，乾季などの休眠期を地下茎（地下にある茎）で過ごす．そこで，次の成長期のための水や栄養は地下茎や根に蓄えられることになる．そのために，地下茎は地上茎よりさらに大きく変形しているが，葉を側生し，腋芽をつける性質に変わりはない．地下茎はその先端付近に新しい不定根を生じるため，この部分が空中に伸び上がるのを防ぐ必要がある．そのため，成長期の終わりに収縮して地下茎を地中に引き込む収縮根の働きは重要である．

比較的特殊化が少なく細長く伸びる地下茎を根茎という．根茎は横にはい，時に直立し，しばしばショウガのように枝分かれしてやや肥大し，その先が地上茎となって立ち上がるものが多い．そのような場合，根茎の成長は仮軸分枝により継続する．しかし，中にはワサビやイワベンケイのように主茎の先端部が地上茎としてはほとんど発達せず，葉だけをロゼット状に広げ，地上茎は常に腋芽が伸長して立ち上がるようなものもある．

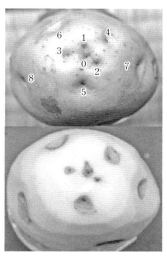

図1　ジャガイモ（上）とその皮をむいて窪みを残したもの（下）：窪みの中に芽があり，頂芽（0）を中心として腋芽（若い順に1～8）がほぼ5方向に並んでいる

園芸的に「球根」と総称される特に肥大した地下部の多様性は以下のように区別される．

球茎はテンナンショウ属などにみられる球状に肥大した地下茎で，中央に，翌年地上茎に成長する大きな休眠芽がある．その周囲には球茎についていた葉の痕跡が同心円状に取り巻いており，その内側に各1個の腋芽を生ずるのが一般的である．これらの腋芽は母球から離れずに地上に伸びるものもあるが，栄養を貯めて肥大し，やがて子球となって母球から独立する場合もある．

塊茎はジャガイモのように，不定形に肥大した地下茎で，多くは地下走出枝の先が肥大してでき，走出枝が切れて独立株となる．塊茎にも，本来の茎の頂芽のほか，葉の痕跡とその腋芽が認められる（図1）．

鱗茎は節間が短縮して密集した地下茎上に肥大した葉が集まってついたもので，タマネギがよい例である．一つひとつの葉は鱗茎葉といわれ，ユリの鱗茎葉はばらばらになると芽が出て独立個体となる．翌年は茎頂部分が地上に伸びて地上茎となる．また，鱗茎葉の腋芽が発達して独立の鱗茎となって分離する場合もある．

［邑田　仁］

分枝と伸長

維管束植物の体は，茎，葉，根およびそれらが変形した器官からなっている．茎とそこに付着した葉をまとめてシュートと呼ぶ．シュートの先端で新たな細胞がつくられることで，シュートは長さ方向に成長する．また，しばしば先端以外のところから新たなシュートが伸びはじめて分枝する．分枝したシュートは枝，あるいは側枝と呼ばれる．分枝で生じた枝がさらに分枝することを繰り返し，植物は二次元，三次元の広がりをもった構造を形成する．落葉樹の大木が葉を落とした姿を見ると，その構造が枝分かれの繰り返しと枝の肥大成長によりつくられていることがよくわかる（図1）．

図1　ヒメシャラの大木

●**枝分かれのパターン**　枝分かれの仕方には，既存の枝の先端がそのまま主軸として伸びながら，脇から別の枝を伸ばす側方分枝（単軸分枝）の他，枝の先端がほとんど伸長しない，あるいは頂芽が脱落するなどして側枝が主軸にとって代わるように伸長する仮軸分枝，シュートの先端が2つに分かれる二又分枝などのパターンがある（図2）．

仮軸分枝はミズキ，タブノキ，リョウブなどで観察され，けっして珍しくはない．二又分枝はヒカゲノカズラやイワヒバなどの仲間でよくみられる．真の二又分枝ではないが，茎の先端の頂芽が発達せず，先端付近に2つの側芽がつくられて分枝すると，一見すると二又分枝のような構造ができる．こうした分枝を偽二

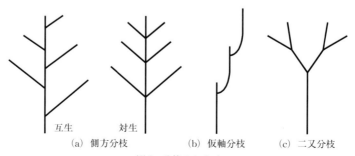

図2　分枝のタイプ

又分枝と呼ぶ．カエデの仲間ではこの分枝パターンがよく観察される．

側枝のもとになる側芽は，多くの場合，主軸の葉腋にできる腋芽である．葉が互生ならば主軸の1個所から1本の側枝が伸びる．対生する葉それぞれの腋から分枝すれば2本の側枝が対生する（図2(a)）し，三輪生の葉の腋芽が伸長すれば枝も三輪生となる．多数の側芽がシュートの先端近くに集中して形成される場合は側枝が輪生状に生じる．これは針葉樹でよくみられる分枝パターンである．

シュートが伸長している段階で，そこから生じた側枝も伸び始めることがある．この側枝を同時枝と呼ぶ．主軸の伸長が一段落してから，あらためて側枝を伸ばして二次元的に展開する場合と比べて，同時枝をつくって成長すればより早く二次元的・三次元的な構造がつくられる．

植物体の地上部の構造がつくられるプロセスでは，枝の発生・伸長だけではなく枝の枯死もたいせつな要素である．環境に応じた枝の形成と脱落により，柔軟に形態が形成される．日陰の枝を落とし，明所で旺盛に分枝して葉をつければ，効率よく光を獲得する構造が作られる．

●**枝の形態と機能**　枝は，葉を空間に配置する足場として機能する．枝が高く伸びれば，周囲の植物よりも明るいところに葉を展開できるし，横に広がれば，受光面を大きくできる．いずれも光合成生産に有利である．また，枝は繁殖器官を付ける足場でもある．送粉者に上空から花を見つけてもらうためにも，花粉や種子を広範囲に散布するためにも，繁殖器官は高いところにあった方がよい．

分枝を繰り返す構造は，効率よく空間を覆うという観点からは効率的である．多くの葉がそれぞれ1本ずつの枝で根と結ばれている構造と比べれば，その効率のよさは明らかだろう．ヤシや木生シダのように，枝分かれはせず，大きな葉をつくることで受光面を広げる植物もあるが，そうした成長では可塑性や広がりにおのずと限度がある．

樹種によっては，空間への展開にはほとんど役立たない，1年に数mm程度しか伸びない枝をつくることがある．このような枝を短枝と呼ぶ．イチョウは典型的な短枝を作る（図3）．それに対してふつうに長く伸びる枝は長枝と呼ばれる．長枝が高さと広さの拡大に役立つ一方で，短枝はその場所で葉や繁殖器官をつける土台となる．長枝と短枝のはっきりとした区別がない樹種でも，拡大のための枝とその場での光獲得や繁殖のための枝とをつくり分けていることが多い．　　　　　［竹中明夫］

図3　イチョウの短枝

葉——多様にして定義の難しい器官

「葉」という言葉には，大きく分けて3種類の器官が含まれている．蘚苔類の「葉」，ヒカゲノカズラやクラマゴケなどの小葉シダ類がもつ「葉」，そして狭義シダ類や裸子植物，被子植物がもつ「葉」である．

このうち蘚苔類がつくる「葉」は，他の2つと大きく性格が異なるので，「葉」と呼ばない立場をとる形態学者も多い．また小葉シダ類が小葉を進化させたのは，他の系統と分岐した後であったと考えられており，進化的起源も大葉とは異なる．

また狭義シダ類，裸子植物，被子植物の「大葉」は，形態学的には1つにまとめられているものの，実は独立に起源したと考えられている．それぞれの共通祖先はまだ葉を進化させていなかったと推定されているからである．実際，解剖学的にもこれらの植物がつくる葉は，いろいろな点で違いがみられる．例えば被子植物の葉は，以下のように定義される．

「シュート頂分裂組織から腋生器官として生じる，平面成長し，背腹性（裏表）のある器官で，原則として有限成長性を示し，その基部の，茎と接合する部分のシュート頂側（向軸側＝葉にとっての表側）に腋芽を伴う（図1）．」

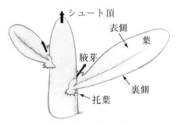

図1　葉の基本構造

この定義では，葉と腋芽の関係が1つの重要なポイントとなっており，これは後述の複葉とシュートとを見分ける重要要素でもあるが，実は腋芽と葉の位置関係のルールは，被子植物では成り立つものの，狭義シダ類ではあてはまらない．この点を含め，「大葉」の間にはいくつかの違いが知られている．今後，これらの独立に進化した「大葉」の間の遺伝制御の違いも，分子レベルで明らかになっていくことだろう．

以上で「葉」の系統ごとの違いの概要がつかめたところで，被子植物に焦点を絞って話を進めよう．

●**仮葉枝（葉状茎）**　先に掲げた「葉」の定義からすると，一見葉のように見えるが葉でないものが区別されてくる．例えば仮葉枝ないし葉状茎と呼ばれる器官である．アスパラガス属の植物では，クサナギカズラのように，腋芽から本来は側枝に発達する部分が，まるで葉のように変形する事例がみられる（図2）．あるいは *Ruscus* 属のように，その葉のように見える器官の上から花を咲かせる事例もある（図3）．これらが葉でないことは，①葉であれば花（腋芽）をその上につくることはないはずであること，②これらの器官の基部を見ると，本来の葉

と思われる器官と茎との間に挟まれていること（すなわちこの器官そのものが腋芽に相当すること）から判別できる．実際クサナギカズラでは，腋芽の位置に生じた分裂組織に，腋芽としての性質を与える遺伝子に加え，葉の背腹性すなわち裏表を制御する遺伝子群が発現することで，見た目の形状を葉らしくしていることが確認されている．

●**托葉** 1つ厄介なものとして，葉の基部側にしばしば付随して生じる平面状の器官，托葉（図1）がある．これは分類群によって起源を異にする可能性があり，性格もさまざまで，定義も難しい．葉の本体の一部とみなすことが何らかの理由で難しい，平面性のある器官とする他ないであろう．具体的

図2 クサナギカズラのシュート：枝の左右に葉のように見えるものが並んでいるが，これは実は仮葉枝である（東京大学で栽培のもの）

図3 *Ruscus hypophyllum* の仮葉枝：一見葉のように見える器官の上から花序が生じていることなどから，実際には葉でないことがわかる（スペイン・アリカンテの植物園）[撮影：筆者]

には，桜の類の托葉のように，葉の本体が成熟すると枯れ落ちるもの，ヤエムグラのように葉の本体と見分けがほとんど付かないもの，エンドウのように葉の本体と異なる形態をもつものなどがある．エンドウでは，小葉の形態に影響を与える遺伝子変異の多くが，托葉の形態には異常を与えないので，おそらく葉の本体と托葉とでは，その形態制御システムが異なると推定される．なおシロイヌナズナの葉の基部に見られる分泌腺様器官を托葉と呼ぶのは，定義上誤りである．

●**単葉・複葉** 以上のような付随器官を棚上げして考えると，葉として最も基本的な形態は，桜の葉が示すような，1本の葉柄に1枚の本体（葉身）がセットとなった形状とみなすことができる．こういう形の葉を単葉という．以下，この基本形状がどのように多様化しているかをみていこう．

単葉に対し，単葉と枝との中間的な性質をもつものとして，複葉がある．複葉は，複数の葉身がセットとなって1つの葉になっているように見える葉のことで，サンショウ，クローバー，バラ，ミツバなどの葉がその典型例だ．例えばクローバーは3枚の「小葉」が1セットになって軸状の葉柄の上についており，これ全体が1枚の葉にあたる．これを1つの枝に3枚の葉がついた状態とみなすことはできない．なぜならば，軸状の器官にも裏表があり，その基部の，茎との接点には腋芽がある反面，3枚の小葉のそれぞれの基部には，腋芽が存在しないからである．

以上のように，通常は複葉も前述の定義で問題なく葉として扱うことができる

が，中には例外的なものもある．センダン科のキソケトン属は，その多くの種類が複葉の先端に分裂組織を維持し，無限成長性を示す（図4左）．それどころか，種類によっては，複葉の中軸から花を咲かせることができる．こうなると枝と変わりがないが，それでも葉とみなすのは，この属の中でも「葉」の中軸から花を咲かせるのはごく例外的な種類に限られていること，またその他の種類において

図4 無限成長性を示す葉の例：[左] *Chisocheton perakensis* の葉．何年にもわたって先端部にある分裂組織で成長を続ける（マレー半島の自生地）．[右] *Monophyllaea glabra* の個体群．葉は基部で細胞分裂を続け，さらに写真のように花序も形成する[撮影：筆者]

は，無限成長性を別とすれば複葉とみなすことに特に問題がないからである．また無限成長性は単葉をつくる種類でも発揮されることがあり，イワタバコ科の *Monophyllaea* 属（図4右）や *Streptocarpus* 属では，その葉身の基部に永続的に活動する分裂組織をもち，多年にわたって成長を続けることができるうえ，そこから花序を分化させることもできる．

●**単面葉・両面葉・等面葉** また，葉の定義の中で用いた背腹性についても，さまざまな例外や多様性が認められる．

例えばネギの葉は平面成長性を示さない．その基部側の，茎や他の葉を抱く葉鞘部は背腹性をもち，平面成長性を示すが，葉の本体の葉身は棒状で，背腹性も通常と異なる．すなわち向軸側（表側）のアイデンティティーを欠いており，背軸側（裏側）のアイデンティティーしか有さないのである．こうした葉を単面葉と呼び，通常の背腹性をもつ葉である両面葉と区別する．

葉の平面成長性は，基本的には向軸面と背軸面の境目に沿って発揮されるので，単面葉は通常ネギの葉のように棒状を呈するが，アヤメの類のように単面葉でありながら平面成長性を示すものもある．これは葉の厚みを制御する遺伝的な仕組みを応用して獲得された平面成長性と推定される．実際，これら単面葉の平面方向は，両面葉の平面とは直角の向きになっている．

なお単面葉とよく混同される概念として等面葉がある．これは，維管束の分化状態からみて葉の背腹性は通常どおり形成されながら，葉肉組織が表側も裏側も同様の構造に分化するもののことで，典型的にはユーカリなどにみられる．

また棒状の形態を示す葉としては，サボテンの類が形成するような葉針もある．

ただし葉針が背腹性をどのように形成しているのか，あるいはどういう仕組みで針状となっているのかは，まだ研究が進んでいない．同様のことは，葉身が蔓状に変化した巻きひげでもいえる．これについては，エンドウの遺伝学的な解析から，小葉を分化するか巻きひげを分化するかの切り替えにかかわる遺伝的要素の存在が知られているが，まだ詳細は不明である．

●**楯状葉・杯状葉・嚢状葉** さらに古くから形態学者の興味を引いてきた葉の形態として，柄が葉身の中央近く裏側につく楯状葉，それがくぼんだような形の杯状葉，さらにそれが進んで袋状となったかのようにみえる嚢状葉などがある．シロイヌナズナでも，葉の背腹性の異常をもつ変異体において楯状葉や嚢状葉に類似の形態を生じることが，広く知られている．またノウゼンハレンのような楯状葉をもつ植物では，葉の背腹性の制御が通常と異なることが観察されている．したがって楯状や杯状の葉は，葉身の裏表の境目を決める仕組みが変化することで生じた形態と理解されている．

古典形態学的には，ウツボカズラやフクロユキノシタにみられるような，高度な形態の捕虫嚢（図5）も，嚢状葉の延長線上の，それがさらに複雑化したものと解釈されてきた．しかし最近の解析で，ウツボカズラやフクロユキノシタの場合では，そのような背腹性の変化とは別の，細胞分裂方向の制御の変化によって嚢状化した可能性が指摘されている．今後の研究の進展が期待される．

図5　ウツボカズラ属の1種の嚢状葉：基部には通常の形態の平面性をもつ葉身があり，その先端から蔓が伸びてそのさらに先に大きく発達した捕虫嚢をつくる（マレーシア・ボルネオ島サバ州のマリアウ盆地）［撮影：筆者］

●**異形葉性** なお，葉の形態は植物の種ごとに1つだけというわけではない．多くの植物では，生理条件や齢，外部環境に応じて葉の形態を変化させる．これを異形葉性といい，環境適応などの側面から多くの研究がなされている．主に注目されているのは，幼弱期から成熟期にかけて葉の形態が変わる性質，あるいは植物が水没しているか陸上に出ているかによって葉の形態を変える性質である．前者の例としては，古くより，若い木では葉の縁に鋭いトゲが分化するのに対し，老木では葉の縁がなめらかになるヒイラギが有名である．これに関連してシロイヌナズナを用いた解析から，齢に応じての異形葉性には，光合成同化産物量をモニターする系からの支配が指摘されている．また後者では，水没時には葉が細長くなり，陸上では葉が丸く短くなるミズハコベなどの事例が知られている．両タイプの異形葉性についてはともに，植物ホルモンとの関連性が知られている．またその変化も一方向性ではなく，状況に応じて可逆性がみられる．　　［塚谷裕一］

イネ科の葉

イネ科の葉は，一般に細長く，先端側の葉身と基部側の葉鞘とに大別される（図1）．葉身と葉鞘との境界部分はラミナジョイントと呼ばれており，葉耳（小耳）と葉舌（小舌）という構造が分化している（図2）．

●**葉身と葉鞘** イネ科の葉は，向背軸極性をもつ両面葉であり，茎の節に着生する．葉鞘は，節間を包み込むように筒状に巻いており，細い茎を直立させるための補強の役割も担っている．葉が着生する節の節間は短いため，葉鞘は重なり合っている場合が多い．イネの場合，茎は生殖成長期になってから伸長する．したがって，茎が伸長を始める前までの栄養成長期においては，イネは，複数の葉鞘が重なり合いつつ巻いている中空の構造によって，直立している．生殖成長期になると，花器官が分化し，花序が形成される．花序の下に存在する上部節間が伸長することにより，花序は葉鞘で囲まれた中空構造を通って，穂として外部に現れる．

図1 イネの植物体

葉は，ラミナジョイント部分で外側にやや折れ曲がり，葉身は植物体の主軸（茎など）から離れ，向軸面を上側にして太陽光を受ける態勢をとる．葉鞘と葉身との折れ曲がりの程度は，植物ホルモンのブラシノステロイドによって制御されている．

ラミナジョイント部分には，イネ科の植物の葉の特徴である葉耳と葉舌が分化する．ただし，ヒエ属など，葉舌が形成されないイネ科植物もある．葉耳や葉舌の形態は種により非常に多様である（図2）．葉舌は，膜状あるいは毛状の小さな突起物であり，葉身表面についた水滴が，葉鞘の間に入らないように防ぐ役目をしているともいわれている．トウモロコシでは，表皮細胞が細胞分裂を行って形成された単なる突起物であるが，イネでは，小さな葉状の器官であり葉脈や気孔などが分化している．形態はこのように異なるものの，葉舌の分化を制御する遺伝子は共通しており，SBPファミリーに属する転写因子がこれを制御している．

葉脈は平行脈であり，中央脈と側脈に分けられる．中央脈は中肋とも呼ばれ，1本から数本の維管束が含まれている．一般に，葉身の頂端部から基部に従って，中肋

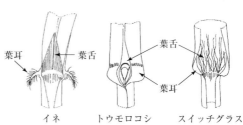

図2 葉耳と葉舌の形態の多様性

を構成する維管束の数は増加する．葉の発生初期に，葉原基の中央部分で向背軸に沿った細胞増殖が起こり，中央部分が厚くなり，プログラム細胞死などを伴いつつ中空の中肋が形成される．イネの葉身が直立するためには，この強い中肋構造が必要であり，*DROOPING LEAF*（*DL*）遺伝子がこの中肋形成に主要な働きをしている．*DL*遺伝子が機能喪失すると葉原基中央部の初期の細胞増殖が起こらず，中肋構造が欠損する．その結果，葉身は直立できず，垂れ葉となる．なお，イネ科では，*DL*遺伝子は，花の心皮の分化決定にも重要な機能を担っている．

側脈には，大きさと構造の異なる，大維管束と小維管束がある．小維管束は，中央脈と大維管束の間や大維管束同士の間に，数本ずつ形成される．また，これらの縦走維管束は，非常に細い多数の横走維管束によって連結されている．葉身の幅と側脈の数との間には相関があり，葉が細くなるに従って葉脈数は減少する．イネでは多くの遺伝子が大維管束と小維管束の分化の制御に関与している．遺伝子の機能が失われると，各遺伝子の機能に応じて大小の維管束の数が変動するため，変異体は多様な葉脈パターンを示す．

●**特殊な葉**　胚盤は，胚発生時に最初に形成される葉的器官であり，子葉に相当する．胚盤は，胚本体と胚乳との間に位置し，胚乳からの栄養物を吸収して胚本体へと輸送する役目をもつ．イネの種子を培地に置床して誘導されたカルスは，おもにこの胚盤に由来する．幼葉鞘（子葉鞘）は，胚発生時に形成される葉的器官であり，胚盤の一部という説もある．発芽時に最初に認められるのは，筒状の構造をもつ幼葉鞘で，内側に茎頂分裂組織と葉原基を包みこむようにして保護している．カラスムギ（アベナ）やトウモロコシなどの幼葉鞘は，オーキシンに高い感受性をもち，その作用により屈曲する．オーキシンの生物学的活性を調べるアベナテスト（アベナ屈曲試験法）に用いられるのは，この幼葉鞘である．

イネ科では，胚発生時に，シュート頂分裂組織から数枚の普通葉原基が分化した後，休眠に入る．真正双子葉植物や一般的な単子葉植物では，胚発生時に茎頂分裂組織が形成され，発芽後にここから葉原基が分化する．したがって，イネ科の胚発生では，普通葉分化が早期に起こり，胚発生に入り込んでいることになる．つまり，イネ科の胚発生では，一種のヘテロクローニーが起きていると考えることができる．なお，胚盤と幼葉鞘は，胚発生時に茎頂分裂組織とは独立に分化する．

多くのイネ科では，腋芽はプロフィル（前出葉）に取り囲まれている．プロフィルとは，新たな軸に形成された最初の葉的器官をさす．一般に，イネ科のプロフィルは，2カ所で屈曲した小さな1枚の葉で，内側の腋芽分裂組織と数枚の葉原基を保護している．イネでは，プロフィルは腋芽分裂組織が完成する前に，プレメリステムといわれる分裂活性の高い組織から形成され，普通葉とは形態的にも，発生学的にも区別される．

〔平野博之〕

花

　花（図1）は被子植物にみられる生殖器官を含む構造物で，多くの場合，外側から，萼，花冠，雄蕊群，雌蕊群からなる．また，雌蕊の中には胚珠がつくられる．ただし，雌蕊群または雄蕊群を欠く場合（単性花）や，萼と花冠の区別が曖昧な場合などがある．花は基本的には苞葉の腋につくため，生殖シュートが変形したものと理解される．すると，花を構成する各器官は生殖葉に相当することになる．また，各花器官がつく茎に相当する部分を花托と呼ぶ．通常のシュートの場合と同様に，1つの節に複数の花器官がつく場合（輪生花）と，花器官が1つずつ螺旋状につく場合（非輪生花）がある．

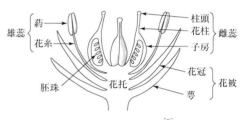

図1　花の基本的構造[3]

●**花の構造**　萼は複数枚の萼片から構成されるが，萼片同士は基部で癒合することが多い．この場合，癒合した部分を萼筒，癒合していない部分を萼裂片と呼ぶ．花冠は複数枚の花弁から構成され，花弁同士は癒合し（合弁花冠，癒合しない場合は離弁花冠と呼ぶ），花冠筒部を形成することがある．このとき，癒合していない部分を花冠裂片と呼ぶ．また，萼と花冠を合わせて花被，萼片と花弁を合わせて花被片と呼ぶ．

　雄蕊群は雄蕊から構成され，雄蕊は葯と花糸からなる．葯は葯隔で隔てられた2つの半葯からなるが，おのおのの半葯はさらに2つの葯室に分けられる．葯室の中には，花粉が形成される．雌蕊群は雌蕊からなり，雌蕊は柱頭，花柱，子房に分けられる．柱頭は受粉が起きる場，花柱は柱頭と子房をつなぐ部分，子房は胚珠を収める部分である．また，雌蕊は1枚から数枚の胞子葉が癒合して生じたと考えられているが，この胞子葉1枚に相当する部分を心皮と呼ぶ．1枚の心皮で1つの雌蕊が構成されている場合を離生心皮性雌蕊，複数枚で構成されている場合を合生心皮性雌蕊と呼ぶ．

　被子植物の胚珠は外珠皮と内珠皮と呼ばれる2枚の珠皮をもち，珠柄を介して雌蕊の胎座につながれている．また，花粉管が通る孔である珠孔と珠柄は隣接する（倒生胚珠）ことが多い．子房と他の花器官との位置関係には多様性があり，子房が他の花器官より上にある場合（子房上位），萼筒，花冠筒部および癒合した雄蕊群が子房のまわりを取り囲む場合（子房周位），子房と他の花器官の基部が融合し，他の花器官の遊離部が子房より上にある場合（子房下位），などがあ

る（図2）．

●**花の進化** 分子系統解析の結果，アンボレラ科，スイレン科，ヒダテラ科，アウストロバイレヤ科，トリメニア科，シキミ科からなる ANITA 植物が現生被子植物の基部で分岐した分類群であること

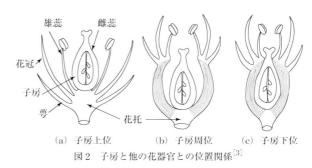

図2 子房と他の花器官との位置関係[3]

がほぼ確実となった．ANITA 植物に共通する特徴から，①螺旋状に多数の花器官が配置する非輪生花である，②離生心皮性雌蕊をもつ，③子房上位花である，④両性花である，⑤花冠と萼が明確に分化しない，⑥花柱が発達しない，⑦花糸が扁平で短い，などが原始的な花の特徴であると考えられている．これらの特徴の原始性は，被子植物が出現した白亜紀初期の化石にも観察されることからも支持される．これらの原始的特徴に加えて，ANITA 植物の花には花器官のアイデンティティが漸移的に変化するという共通点がある．例えば，アウストロバイレヤ（*Austrobaileya scandens*）の花では，外側にある花被片ほど緑色で萼片的，内側にある花被片ほど黄色で茶褐色の斑点をもち花弁的であり，萼片的花被片から花弁的花被片へと段階的に変化する．

　一般的なシュートでは節間が伸長し，隣接する葉と葉とが離れるのに対し，花では花器官の間が詰まる．したがって，花が栄養シュートから進化したとすれば，祖先的な花では，花器官の間が開いていたのかもしれない．中国遼寧省の白亜紀前期の地層から発見されたアルカエフルクタス（*Archaefructus sinensis*）の花は，先端から，雌蕊群，雄蕊群からなるが，各器官の節間は伸長し，花冠や萼に相当する部分を欠く．このためアルカエフルクタスは，花と栄養シュートの形態的断絶を埋める化石として注目される．

●**花粉媒介からみた花の分類**　花は花粉が運搬される方法によって，風媒花，虫媒花，鳥媒花などに分類される．風媒花では花被が退化したものが多い．一方，虫媒花や鳥媒花では，送粉者に対する見返りとなる蜜を分泌する蜜腺を花器官にもつことが多い．また，動物によって花粉を媒介される花では，しばしば左右対称花になることがあり，左右対称花への進化は，さまざまな分類群で平行的に起きたと考えられている．

[山田敏弘]

参考文献
[1] 原 襄『植物形態学』朝倉書店，1994
[2] 加藤雅啓編『植物の多様性と系統』裳華房，1997
[3] Gifford, E. M. & Foster, A. S., *Morphology and Evolution of Vascular Plants*, 3rd ed., W. H. Freeman and Company, p.523, p.525, 1989

花　序

　花序は概念的に花の配列を表す用語であり，また花がシュート上にまとまって配列した部分を指す用語でもある．同様に，果実の配列について果序ということがある．この配列について，特に分類学の記載のために，さまざまなパターンが認識され，固有の用語が定義されている（図1）．このようなパターンは花序シュートの分枝パターンに由来するもので，花序シュートがどのように形成されるかによって，有限花序と無限花序の2つに分けて捉えることができる．一般に，花は形成された順に咲くので，花が基部から先に向かって咲く場合には，花序が単軸成長により基から先に向かって形成される無限花序であり，この性質をもつ花序のパターンを総称して総穂花序という．一方，花序の先端が最初に咲く場合には，花序軸のシュートの先端に花が形成されてその成長が終わる有限花序とみられる．しかし例外も知られており，中軸に沿って多数の花をつける．カライトソウ属 *Sanguisorba* の花序は，種類によって花序の基から先に向かって咲くものと，先から基に向かって咲くものが混在しており，開花順序の違いは花序シュートの分枝パターンとは別の要因によると思われる．有限花序において仮軸分枝により側枝が伸長し，その先端に次の花が分化することを繰り返すパターンを総称して集散花序という．

●**花序パーツの用語**　花序の末端の枝が花の柄のようにみられる場合これを花柄といい，花柄がない状態を無柄であるという．例えば，花序軸に基部から先に向かって花柄のある花が配列する花序を総状花序，無柄の花が同様に配列する花序を穂状花序と呼ぶ．セリ科の散形花序のように多数の小型の花をつける花序については，その花を小花，その柄を小花柄ということがある．

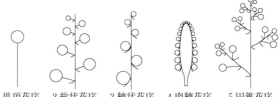

1 単頂花序　2 総状花序　3 穂状花序　4 肉穂花序　5 円錐花序（複総状花序）

6 散房花序　7 散形花序　8 複散形花序　9 頭状花序

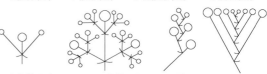

10 二出集散花序　11 複二出集散花序　12 五散花序　13 扇形花序

図1　花序のパターン：2〜9 総穂花序，10〜13 集散花序．白丸は花（大きい方が先に咲く）を，短い円弧は苞を表す

また，花序の基部を支える枝を花序柄といい，花梗または総梗ということがある．ヤマザクラの花序は，短い花序柄に数個の有柄の花がつく小型の総状花序である．

　花序につく葉（多くは花や花序枝を腋生する）を苞と呼ぶが，苞は栄養シュートにつく普通葉に比べ，一般に退化して小型であり，時に完全に消失する．また，著しく変形して花序を保護したり飾ったりする役割を果たすものもある．花柄の途中につく苞は小苞と呼ばれる．しかし，同じ器官を苞と呼び，それより基部を花序柄，それより花に近い部分を花柄とみることもできる．

●**花序とはどの範囲なのか**　実際に花をつけているシュートを見る場合，どこが花序の境界なのか，またどのような花序パターンなのかは，花序の特殊化が進み上記のパターンによく当てはまる場合には明確に認識できるが，明確でないこともある．例えば，花が1個ずつ腋生しており，その花を腋生する葉が普通葉と同じ形をしているシュートの場合，1個の花をつける単頂花序が普通葉に腋生しているとみることもできるし，シュート全体について普通葉と同じ形態の苞をもつ総状花序とみることもできる．また，仮軸分枝で形成される互散花序において苞が完全に退化し，消失している場合，花序の軸部が真っ直ぐに連なってしまうと，花は花序の基部から先に向かって咲き上がり，単軸分枝で形成される総状花序との区別がつかない．

●**花序の機能と特殊化**　花はさまざまに変形してポリネーションの効率を上げていると考えられるが，花序にも同様の進化が認められる．花序の花数を増やすことによってポリネータの誘引効果を高めていることはよく知られている．集まった花に機能分化を生じて，効率よくポリネーションが行われるようになっているものもある．花序の周辺部に不稔の装飾花を生じるガクアジサイの花序はその例である．花が退化して花被を失う一方で苞が大型化して鮮やかな色をつけ，花序全体で1個の花の役割を果たすようになったものには，ハナミズキ，バナナ，アンスリウム，ドクダミなど多数の例がある．キク科の頭状花序やイヌビワ属のイチジク状花序は短縮肥厚した花床に多数の花が密集して特殊化が進んだ例である．キク科の頭状花序は，しばしば「花」と呼ばれるように，1個の「花」として機能している．キク亜科においてはさらに，花序周辺に花冠舷部が舌状に発達する舌状花，中央には花冠舷部が発達しない筒状花が配列するという機能分化がある．花数が減少して単花化する例としては，雌蕊だけに単純化した雌花1個と雄蕊だけに単純化した雄花1個が仏炎苞に囲まれるボタンウキクサの花序がある．同じサトイモ科のミジンコウキクサではさらに苞も消失していると捉えられる．

　風媒による授粉に適応したイネ科の花序は多数または少数の小穂と呼ばれる単位が枝先についてできており，花被が消失し，苞が鞘状の保護器官となって包穎，護穎，内穎を形成しているとみられるが，内穎は変形した花被であるとみる説もある．小穂を構成する個々の花も，小花と呼ばれることがある．　　　［邑田 仁］

つると巻きひげ

　より多くの光エネルギーを得るため，植物は縦横に広がって成長する．葉の量を増やせば光合成のかせぎは多くなるが，自立するためには茎や幹を太くして強度を保たねばならない．「つる植物」は，周囲の自立する植物に取りつきこれを支えとして，細く柔軟な茎を伸ばして高さをかせぎ，光を手にいれる戦略をとる．取りつかれた植物は，つる植物に光をさえぎられるだけでなく，つる植物の重みを支える負担も強いられ，成長が妨げられて枯死することもある．このような寄生ともいえるような生き方をするつる植物は，被子植物だけでなく，裸子植物のグネツム科，シダ植物のカニクサ属などにみられ，それぞれの分類群で独立に進化している．全長が100 m以上にも達する木本つる植物では，肉眼でも見えるような太く長い道管を発達させて根から葉への大量の水を輸送する．このような茎では，乾燥や凍結により道管内に空気が入って水が通らなくなる現象が起こりやすい．へちま水で知られるように，つる植物は強い根圧により水を再充塡する．つる植物の多くは湿潤な熱帯から温帯にみられるが，草本つる植物のスイカやカボチャの野生種は，砂漠や高山に分布し，地面を覆うように横に広がる．

●**支持体をよじ登る方法**　つる植物は木や草だけでなく，岩壁，人工の壁や垣根などにさまざまな方法でよじ登る．巻きつき植物は支持体あるいは互いの茎に直接，茎を巻きつけてらせん状に登る．らせんの方向は植物の種類によって異なり，アサガオやヤマノイモは右巻き（つるの基部側から見上げて時計回り）に登ってゆき，スイカズラやオニドコロは左巻きであるが，途中で巻く方向が変わるものもある．

　支持体の細い枝や葉柄に巻きひげを絡みつけて登る植物では，巻きの方向性は決まってない．巻きひげは葉や茎などが変形したもので，エンドウなどマメ科植物では複葉の先端に近い小葉が，ウリ科では1枚の葉全体が，それぞれ巻きひげに変化している．ブドウ科の巻きひげは茎が変形したもので，枝分かれした巻きひげの先端や根元には小さな鱗片葉があり，茎の下側につく巻きひげはよじ登りの働きに特化するが，先端部のものには花序がつくられる．センニンソウ（クレマチス属）は，葉の柄を支持体にからみつけて登る．この方法はカニクサにもみられ，地下茎から無限に成長する複葉の軸を支持体に巻きつける．かぎ状の構造やトゲを支持体の枝や葉にひっかける方法は，カギカズラやヤシ科のトウ属（ラタン）にみられる．

　木本のキヅタやツルアジサイは，茎から細い付着根を出して支持体にくっつき直線的によじ登る．これに似た構造はブドウ科のツタにもみられ，細く枝分かれ

した巻きひげの先端が吸盤状になっている．付着部分の先端からは，粘液物質が分泌され，支持体への付着が維持される．

●**巻付きのメカニズム**　自立できる植物は光を求めて垂直方向に成長すればよいが，つる植物は巻きつくのに適したサイズの支持体に到達し，それをよじ登らねばならない．セイヨウキヅタやモンステラは強光で，キヅタは弱光でも負の屈光性を示す．より暗いところに向けて横に伸びた茎の先端は，支持体に達すると付着根を使って垂直上向きに登ってゆく．クロロフィルがなく，トマトやマメ科植物に寄生する巻きつき植物のアメリカネナシカズラでは，芽生えの先端が宿主植物から放出される揮発性物質を認識してその方向に伸びてゆく．

巻きつるや巻きひげの運動は，成長する先端部分が円を描くように動く回旋運動と接触した刺激によって屈曲する接触屈性が組み合わさったものと考えられている．最初に，植物の先端が回旋運動をしながら支持体を探索し，支持体に触れると接触した側の細胞が収縮し，反対側の細胞が伸張してつるは支持体に巻きつく．

つるや巻きひげが支持体に巻きつく部分の内側にはゼラチン状の繊維の束（G 繊維）がみられ，次第に木質化して巻きを強化する（図 1）．キュウリの巻きひげでは背側に G 繊維が偏っているため，非対称な収縮が起こってコイル状になる．また，つるが右巻きか左巻きかの違いは，微小管の配向が右あるいは左に傾くことで細胞壁のセルロース繊維が傾き，さらに細胞，組織とスケールアップされて生じるという説が示されている．

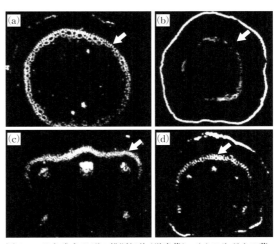

図 1　つると巻きひげの横断切片（蛍光像）：(a) アサガオの茎，(b) ノブドウの巻きひげ，(c) キュウリの巻きひげ，(d) ニガウリの巻きひげ．木質化した G 繊維（矢印），表皮組織，道管はリグニンの自家蛍光により白く光って見える

C. R. ダーウィン（C. R. Darwin）が著書，『よじのぼり植物―その運動と習性』『植物の運動力』につるや巻きひげの運動を示した後，多くの研究者が運動のメカニズムの解明を試みている．一方，土壌改良や園芸植物としてアメリカなどに移入されたクズやスイカズラなどが野生化し，森林を覆って生態系に大規模な被害を及ぼしており，行動生態学の観点から，つる植物が支持体を探索する仕組みを研究することが求められている．

［小菅桂子］

運　動

　植物は動かないものという印象が強いから，運動をするというと違和感を感じる人も多いかもしれないが，多くの植物は移動ができないだけで，植物体を一定方向に動かすさまざまな仕組みをもっている．ただ，その動きが一般の動物よりも時間が掛かるために動きを感じることが少ないだけである．さらに，植物細胞の内部では，活発な原形質流動が，動物の筋肉運動と同じ分子機構で行われているが，これについては別項にゆずる．植物の運動機構を分類すると，①オジギソウの葉にみられる回復可能な速い膨圧運動，②気孔の開閉のようなゆっくりとした膨圧運動，③屈性や回旋運動にみられる成長運動，④細胞壁の変化に起因した一過性の運動に分けることができる．

●**回復可能な速い膨圧運動**　オジギソウ，マイハギ，オサバフウロ，ハエジゴク，ムジナモなどが，動く植物として著名である．これらの植物は接触や熱，傷害などの刺激に応答し，ミリ秒から数秒の速い運動をすることが知られている．

　オジギソウには，主葉枕，副葉枕，小葉枕の3種類の運動組織がある．オジギソウの一部の細胞は，接触刺激を受けると，動物の神経細胞と同じように活動電位を出し，それが茎や葉柄を伝搬していく．この活動電位が運動組織である葉枕に伝わると，葉枕組織の一部の細胞群が興奮してイオンを排出し，それに伴って水が排出されることからその細胞群で膨圧が減少する．組織の一部で膨圧が減少すると細胞間の圧力バランスが崩れ一定の方向への運動が引き起こされる．これを膨圧運動と呼ぶ．膨圧の減少に伴う個々の細胞の変形はそれほど大きなものではないが，多数の細胞が変形すると見かけ上十分に大きな運動が生じる．運動が終了すると，放出されたイオンがそれぞれの細胞に再吸収され，それに伴って再び水が細胞内に流入して膨圧が回復する．膨圧の回復にはイオンの能動輸送が必要なため，排出よりは時間がかかる．

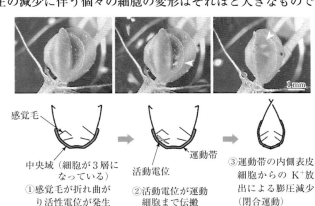

図1　アルテミア（矢頭）を捕食するムジナモ捕虫葉の閉合運動（上）とその運動過程（下）

ハエジゴクやムジナモも同様の活動電位を出し，それによって興奮した一部の細胞群の膨圧が減少することで運動することができる（図1）．

●**ゆっくりした膨圧運動**　気孔の開閉，マメ科植物の葉の概日リズムによる就眠運動も，速い運動を引き起こす場合と同じく膨圧運動である．膨圧の変化が，イオンの排出と吸収に伴う水の移動によって生じることも同じである．ただ，速い運動と異なり活動電位が出ることはない．イオンの放出もはるかにゆっくりしているので，速い膨圧運動とは異なる輸送機構が働いていると考えられる．

●**成長運動**　植物の地上部が光の方向に向いたり（正の光屈性），地下部が重力の方向に向くこと（正の重力屈性）は，成長運動と呼ばれる．屈性では，外界からの刺激の方向に依存して運動が起こり，例えば，正の屈性では刺激の方向と反対側の細胞群が，同側の細胞群より速く成長（偏差成長）することから，茎や根の屈曲が生じる．外界からの刺激を受ける組織と屈曲運動を行う組織は，必ずしも一致しない．光屈性では茎頂部が光刺激を受け取り，重力屈性では根冠部が重力刺激を感じているが，偏差成長を行う組織は，環境情報を受け取る組織から，少し離れた位置にある．このような偏差成長は，植物ホルモンの一種であるオーキシンの濃度に，刺激の方向に応じて，刺激側（刺激と同側）と非刺激側（刺激の反対側）で偏りが生じ，成長差が誘導されると考えられている．また，環境情報の受容には Ca^{2+} の関与も示唆されている．

　光や重力のような，非接触性の環境情報と異なり，器官表面に生じた物理的な接触に反応して，その刺激の方向に組織が屈曲する現象も知られている．これは接触屈性と呼ばれる．マメ科植物の巻きひげやつるの巻きつき運動がそれである．接触刺激を受けた部位で，機械感受性チャネルが反応して，成長部位の変化が生じるものと推定されている．また，水分を感じて，水のある方向に成長する水分屈性の存在も知られている．自律的な成長運動としては，巻きひげや茎の先端部が楕円を描きながら成長する回旋運動がある．

●**乾湿運動**　乾燥した鞘や葯の裂開に伴い種子や花粉が弾き飛ばされるときにみられる運動は乾湿運動と呼ばれる．スギナの胞子に息を吹きかけると，弾糸が絡みつくようすを観察できるがこれも乾湿運動である．これらの運動は，細胞壁の張力が環境の湿気や乾燥状態によって変化することによって引き起こされ，細胞の生死とは関係ない．ムギワラソウの萼片が空気中の湿気を感じて閉じる現象は，花がみるみるうちに閉じていくようにみえるため大変印象的である．この運動は死細胞で生じることから乾湿運動と考えられている．

［三村徹郎］

📖 **参考文献**
[1]　C. R. ダーウィン『植物の運動力 POD版』渡辺 仁訳，森北出版，2011
[2]　P. サイモンズ『動く植物―植物生理学入門』柴岡孝雄・西崎友一郎訳，八坂書房，1996
[3]　Scorza, L. C. T & Dornelas, M. C., "Plants on the move-Towards common mechanisms governing mechanically-induced plant movements", *Plant Signaling & Behavior*, 6: 1979-1986, 2011

組織と組織系

　維管束植物の体は，構造，機能などが異なる多種類の細胞で構成されている．ある細胞集団がその周囲の細胞とは構造や機能の違いが明確な場合に，その集団を組織といい，それが1つのタイプの細胞からなる場合を単組織，複数のタイプで構成されるものを複組織という．器官内部の組織の配置の特徴を，ある植物の器官の間や植物間で容易に比較できるように，組織の上位のカテゴリーとして組織系が考えられた．

●**ザックスの組織系**　J. von ザックス（J. von Sachs）の組織系（1875）は，草本植物や木本植物にかかわらず，組織系を全器官に適用できるため最も便利な方式とされてきた．そこでは植物体は表皮組織系（以降，表皮系），維管束組織系（同，維管束系）それに基本組織系（同，基本系）の3つの組織系で構成される．維管束植物では，器官の頂端分裂組織から，前表皮，前形成層，基本分裂組織が分化し，それぞれ表皮系，維管束系，基本系の組織へ分化する．そのため，この組織系が植物体の発達と組織分化の研究に有用であると考えられている．表皮系は，表皮という植物体の表面の最初の保護組織と，成長に伴って表皮に交代する周皮という二次的な保護組織からなる．維管束系は，生合成産物の輸送にかかわる篩部と，水の通導にかかわる木部を含む．基本系は表皮系と維管束系の間を埋める組織で，柔組織，厚角組織，厚壁組織からなる．柔組織は最も普通の組織で，成長，分裂，代謝ができる生きた細胞からなる．厚角組織は部分的に肥厚した一次壁をもつ生きた細胞で，特に若い器官の支持機能を担う．厚壁組織はリグニン化した均一に厚い細胞壁をもち，成熟後には死細胞となって，支持または保護に働く．

●**器官と組織系**　ザックスの組織系では，器官の種類や分類群によって特徴的な配列があるが，基本的に類似する．真正双子葉類の茎の維管束組織は環状に配列し，単子葉類では散在するが，その周囲を基本組織が埋める．内側の基本組織の部位を髄，外側を皮層と呼ぶ．茎の維管束の分枝は葉に入り，葉身で細かく分枝して葉脈となる．葉脈は背腹性を示して配列し，その周囲には光合成に特化した葉肉という柔組織がある．根は茎よりも単純で，先祖の軸の構造により近いと考えられている．根の維管束組織は円柱状，または髄のある環状に配列し，そのすぐ外側に柔組織の内鞘がある．種子植物では，側根は内鞘から生じる．中心柱説では内鞘とその内部を中心柱と呼ぶ．根の表皮と中心柱との間は皮層で，その最内層の細胞はカスパリー点のある内皮で，水や水溶性物質の内外の移動を制御する．また，皮層の最外層が外皮に分化して，カスパリー点をもつこともある．

●**植物体の発達と組織の区分**　種子の中の胚には，たいてい1枚か2枚の子葉，

胚軸，幼根さらに種類によっては幼芽がある．発芽後にシュート頂（茎頂）および根端にある頂端分裂組織の活動による一次成長で，シュートや根が成長し，腋生分裂組織由来の腋芽からは側枝が，また根の内鞘からは側根が生じて，シュート系や根系をつくる．生殖期も含めて，頂端分裂組織から生じた植物器官の組織は一次組織である．裸子植物といくつかの単子葉類を含めた被子植物の多くは，維管束形成層による二次成長で二次維管束組織を形成し，茎と根が肥大する．この肥大に伴って，これらの器官の表皮下にコルク形成層が分化し，表皮に代わる周皮という保護組織を形成する．

● 3つの組織系に属する組織の種類の概要　植物の細胞や組織の正確な識別は，器官の発生や系統発生における特殊化や多様化の研究と密接に結びついている．以下は，ザック

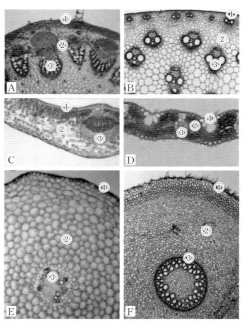

図1　茎，葉，根の組織系：真正双子葉類（A キクイモ茎，C ツバキ葉，E フクジュソウ根）と単子葉類（B ススキ茎，D イネ葉，F アスパラガス根）の組織系の分布（①表皮系，②基本組織系，③維管束系）

スの組織系に従った維管束植物の組織と細胞の概要である．この他に組織系の範囲を越えることがある分泌構造を加えることが多い．

● 表皮系

表皮（複組織）：一次植物体の外表面にある組織で，普通の表皮細胞，孔辺細胞，副細胞，毛状突起（毛や根毛）からなる．表皮はたいてい一細胞層だが，多肉植物の葉などでは貯水用の多層表皮となる．表皮細胞は生細胞で，葉緑体を欠き，器官の乾燥を防ぐように外表面の細胞壁にクチクラやろうを分泌するが，根や地下茎では少ない．地上の器官には葉緑体のある1対の孔辺細胞と，植物によって副細胞が分化して気孔装置となり，孔辺細胞間に気孔の隙間を生じ，ガス交換に働く．副細胞は孔辺細胞の周囲に分化して，孔辺細胞の開閉に密接にかかわる．毛状突起は表皮細胞が外成長したもので，根毛のように表皮細胞の一部が伸張したものから複雑な多細胞のものまで，多様な形と機能を示す．

周皮（複組織）：周皮は肥大する根や茎の表面を保護する二次組織で，最初はたいてい皮層の柔細胞から，その後は二次篩部の柔細胞から再分化したコルク形

成層と，それが外側と内側にそれぞれ形成したコルク組織とコルク皮層から構成される．コルク細胞は成熟時には死細胞で，その細胞壁は薄いがスベリンを含んで水を通さない．

●基本系

柔組織（単組織）：柔細胞は最も古い型の細胞で，陸上植物への進化の過程で，光合成細胞からさまざまな代謝機能をもつ細胞へと分化し，特に被子植物では著しく進化した代謝を担っている．多い部位は，茎の皮層と髄，根の皮層，葉身である．形は多面体形や多角柱形が普通で，一般的に薄い一次壁をもつが，茎の周辺部や二次維管束組織内の柔細胞は，リグニン化した二次壁をもつ厚壁柔細胞になることが多い．基本的には代謝の機能を担い，合成や分解，光合成，貯蔵，分泌，輸送などの機能に応じた構造の特殊化を示す．また，不定根や不定芽の分化や傷害の修復に，細胞分裂や再分化を行う．

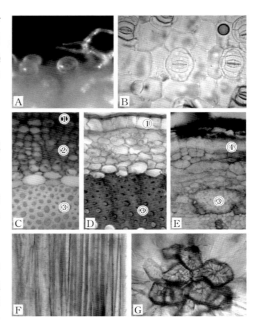

図2 表皮系と基本系の組織：Aローズマリー葉の毛と分泌毛，Bツユクサ葉の表皮と気孔装置，Cキクイモ茎，Dアスパラガス茎，Eニセアカシア茎，Fヒョウタン茎繊維，Gナシ果肉厚壁異形細胞（①表皮，②厚角組織，③繊維組織，④周皮）

厚角組織（単組織）：厚角細胞は若い茎，葉柄などの支持の機能に特殊化し，表皮直下に分布する．成熟時に生きた細胞で，細胞壁の一部にペクチンとセルロースが交代して層状に肥厚した一次壁をもち，細胞壁の高い含水量と原形質の膨圧によって支持の機能をもつが，水が不足すると支持機能は低下する．一次壁であるため，まわりの若い細胞の増大に同調した成長もできる．一次壁の肥厚部位の違いから角隅厚角組織，板状厚角組織，間隙厚角組織などに区分される．

厚壁組織（単組織）：厚壁細胞は成熟時には死細胞で，均一に厚いリグニン化した二次壁をもつ．繊維と厚壁異形細胞の2型がある．繊維は被子植物で特に進化した，両端がとがった細長い形の細胞で，これが束となり茎の維管束のまわりや外側に分布して支持に働く．また維管束組織内にも含まれる．厚壁異形細胞は特に厚い二次壁をもち，果実の核や種皮に硬い層を形成する．また茎や葉の中に単純な方形，突起のある形などとして分布するが，機能が不明のことが多い．

●維管束系　木部と篩部は内外，上下，または並列に対をなして植物体全体に分

布する．

木部（複組織）：水の輸送を行う細胞はシダ植物と裸子植物では仮道管，被子植物では道管要素で，まとめて管状要素という．仮道管は壁孔を通じて，道管要素は末端と末端とで穿孔のある細胞壁の穿孔板を介して連結した道管となって水を通す．他に木部柔組織，木部繊維，二次木部の木部放射組織を含む．

篩部（複組織）：生合成産物の輸送を行う細胞はシダ植物と裸子植物では篩細胞，被子植物では篩管要素で，まとめて篩要素という．どちらも成熟時には無核となる．篩要素には篩孔が集まった篩域が細胞全体にあり，篩細胞は篩域を通して輸送する．篩管要素は末端と末端とで大きな篩孔が発達した細胞壁の篩板を介して連結して篩管となり，これと姉妹細胞で特殊な柔細胞の伴細胞とが多くの原形質連絡で密接に連携して輸送に働く．篩細胞にも伴細胞に相当するストラスブルガー細胞（タンパク細胞）が連携する．篩部繊維はたいてい特に細長く，リグニン化した細胞壁によって支持に働き，また織物，製紙，ロープなどの材料となる．他に篩部柔組織と二次篩部の篩部放射組織を含む．

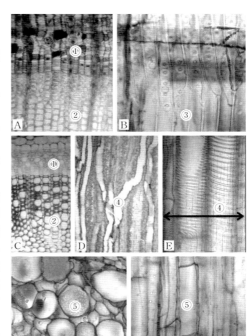

図3 維管束系の組織：A コウヤマキ茎二次維管束組織，B ハイビャクシン茎二次木部，C アジサイ茎，D アオギリ二次木部，E ヒョウタン茎木部，F キュウリ茎篩部，G キュウリ茎篩部（①篩部，②木部，③仮道管，④道管，⑤篩管）

●**分泌構造**（単組織と複組織）　植物はさまざまな物質を細胞外や体外へ分泌したり，細胞内部に貯蔵したりする．この働きは単一の細胞や，同一または異なる組織系に属する細胞群からなる分泌構造により行われる．このため分類はやや人為的で，まずは大きく次のように区分される．

　外分泌構造：蜜腺，排水組織，塩腺，オスモフォア，消化腺，粘着細胞，刺毛
　内分泌構造：樹脂道，粘液道（嚢），油室，ゴム道，ミロシン細胞，乳管

［西野栄正］

📖 **参考文献**
[1] 原 襄『植物形態学』朝倉書店，1994

アポプラストとシンプラスト

　細胞壁で囲まれた植物細胞の原形質が，細胞壁を貫く細い糸でつながっていることに初めて気づいたのは E. タングル（E. Tangl, 1879）である．その後，1901 年に E. シュトラスブルガー（E. Strasburger）は，その糸を原形質連絡（plasmodesmata）と名付け，篩部輸送に重要な役割を担うことを指摘した．ついで 1930 年に E. ミュンヒ（E. Münch）は，植物体は，原形質連絡でつながり一体となった原形質の空間と，細胞膜の外側の空間に 2 分できることに着目し，前者をシンプラスト（symplast, sym：合体した，plast：体），後者をアポプラスト（apoplast, apo：離れた）と呼んだ．こうして，物質輸送経路に関するシンプラスト経路とアポプラスト経路の概念ができ上がった．

　1950 年代に電子顕微鏡が登場すると，原形質連絡は単純な細胞膜のトンネルではなく，小胞体由来のデスモ小管と呼ばれる細いチューブ状の膜構造が入れ籠になった精巧な二重筒の装置で，物流経路だけではなくシグナル伝達経路としても働くことがわかった．一方，アポプラストを構成する細胞壁は，物流やシグナル伝達の機能に加え，生体防御や共生・寄生時の細胞間認識，細胞表層の状態監視や修復など，高次機能を備えたシステムであることがわかってきた．

●**シンプラスト**　原形質連絡には 2 つのタイプがある．1 つは細胞質分裂の際に隔膜形成体（フラグモプラスト）の中で，小胞体由来の小管が細胞板を貫いたまま残留してデスモ小管となる一次原形質連絡である．もう 1 つは，分裂後の細胞分化の過程で一次細胞壁に新たに孔を開けて，そこに小胞体由来のデスモ小管が新たに挿入されてできる二次原形質連絡である（図 1）．

　典型的な原形質連絡の直径は 80〜100 nm で，細胞膜の表面積 μm^2 あたりに 6〜7 個の密度で分布する．細胞間の物質移動の通路となるのは原形質膜の筒とデスモ小管との間のドーナツ状の隙間である．その間隙の断面積の総和は細胞表面積

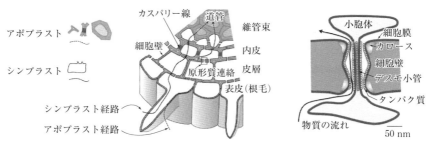

図 1　根横断面のアポプラストとシンプラストの模式図

の数%に達する．低分子化合物は拡散によりほとんど自由にこの隙間を通過する．高分子化合物では分子量や分子種により移動に制約があるが，フロリゲンであるFT/Hd3aタンパク質や発生制御にかかわるmiRNAなどは通過できる．間隙の断面積の制御には原形質連絡の細胞壁側に蓄積するカロースが関与し，その蓄積の程度はカロース分解酵素である$\beta(1,3)$-グルカナーゼやカロース合成酵素により調節される．タバコモザイクウイルスなどの大きな病原性ウイルスも移行タンパク質により原形質連絡を通過できるため，これらの感染は植物体全身に広がる．

篩部の伴細胞と篩管要素の間は原形質連絡でつながるが，篩管要素間は原形質連絡よりも広く開いた篩孔によりつながる．篩管要素の原形質内には液胞や核などがなく，静水圧の差により篩管液が体積流として移動する．この点で篩部は特異なシンプラストである．篩部の篩孔にもカロースが蓄積し開口度の調節に働く．

●**アポプラスト空間** 細胞壁と細胞間隙，原形質を失った道管内部などからなる．道管内や細胞間隙には構造がないので，物質や情報の移動に障壁がないが，細胞壁内の物質移動にはさまざまな制約があり，すべての水溶性分子が必ずしも自由に移動できるわけではない．細胞壁は親水性の一次細胞壁領域と，リグニン化した疎水性の二次細胞壁領域の2つの領域に分かれる．一次細胞壁はセルロース微繊維の間隙をマトリックスが埋める親水性のゲルとみなすことができる．ゲル濾過法を用いて生細胞の一次細胞壁内の間隙サイズを測定した結果によると，ダイコン根毛やワタ繊維細胞の細胞壁内の間隙の直径は3.5〜4.0 nmである．この間隙サイズは，分子量17000のタンパク質や6500のデキストランの大きさに相当し，それらより大きいタンパク質や多糖類は細胞壁内での移動が制限されることを意味する．リグニンが沈着した二次細胞壁層は水や溶質を通さないため，アポプラスト内の物質移動の最大の障壁となる．根の内皮のカスパリー線はその代表で，水溶液を通さず，内皮組織より内側の維管束と外側の表皮や皮層組織間のアポプラスト経路を遮断する働きをもつ．そのため，土壌から吸収された溶液が根の道管に達するまでに，少なくとも一度は内皮のシンプラストを経由しなくてはならない．

サイトカイニン，アブシシン酸，ストリゴラクトン前駆体などの植物ホルモンは道管内を蒸散流に乗りアポプラスト経路で長距離輸送される．一方CLEペプチドなどはアポプラスト経路を経て局所的に移動する．オーキシンはアポプラストとシンプラストの両領域を交互に通りながら長距離輸送される．

●**シンプラスト/アポプラストの体制** 陸上植物に固有の土壌からの養分吸収や蒸散，篩部転流，陸上植物固有の発生メカニズム，病害応答や寄生・共生機構の基盤となっている． ［西谷和彦］

参考文献
[1] Taiz, L. *et. al.*, ed., *Plant Physiology and Development*, 6th ed., Sinauer Associates, Inc., 2015

細胞間隙

　植物の柔組織などに存在する細胞は，組織の成長に伴い隣接する細胞との間に隙間を形成し，それらを管状や網目状に連結させている．このような細胞間の隙間を細胞間隙と呼び，その形成パターンから離生細胞間隙と破生細胞間隙に大別される．離生細胞間隙は，組織の成長過程で，細胞同士の細胞壁の接着部分がお互いにはずれることによって形成される．それに対して，破生細胞間隙は，一部の柔組織などで細胞死が生じ，細胞が崩壊することで形成される．細胞間隙内は基本的に気体で満たされており，酸素や二酸化炭素などのガス交換の場としての役割をもつ．しかし，分泌組織では，細胞間隙に樹脂，油滴，蜜などの分泌物を貯めていることが多く，このような細胞間隙を分泌道と呼んでいる．

　また，一部の植物では体内で効率的にガスを循環させるために，通気組織と呼ばれる発達した細胞間隙を形成することが知られている．水中での気体の拡散速度は，大気中の1万分の1程度であることから，水に浸かった植物体の器官や組織は酸素不足になりやすい．しかし，通気組織が発達している植物は，植物体の大部分が水面下にあっても，茎葉部の一部が大気中に出ていれば，そこから酸素を取り込み，通気組織を介して水に浸かった器官や組織に酸素を供給することが

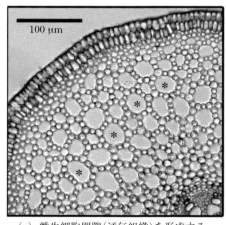

(a) 離生細胞間隙(通気組織)を形成するショウブ(*Acorus calamus*)の根の横断切片

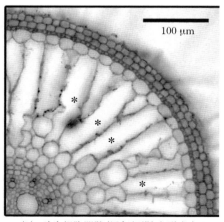

(b) 破生細胞間隙(通気組織)を形成するイネ(*Oryza sativa*)の根の横断切片

図1　離生細胞間隙と破生細胞間隙：細胞間隙の一部を＊で示す

可能である．

●**離生細胞間隙** 葉の海綿状組織内にある細胞間隙は離生細胞間隙に分類される．この細胞間隙は気孔とつながっており，光合成のためのガス交換に寄与することが知られている．また，ギシギシなど一部のスイバ属やショウブの根に形成される離生細胞間隙は，ハチの巣状の構造をしており，通気組織としての機能をもつ（図1(a)）．このような離生細胞間隙は，組織の成長や肥大の際の細胞分裂と細胞伸長の繰り返しにより細胞間の隙間が徐々に拡大していくことで形成されることが観察されている．オモダカの葉柄では，離生細胞間隙の形成に伴い表層微小管の配置が変わり，細胞間隙周縁部の細胞壁が通常よりも厚くなることなどが報告されているが，離生細胞間隙の形成機構は依然として不明な点が多い．

●**破生細胞間隙** イネ科植物などの根の皮層に形成される破生細胞間隙は，通気組織として植物体内のガス交換に寄与している．イネ科植物の根の破生細胞間隙形成は，植物におけるプログラム細胞死のモデルの1つとして位置づけられ，古くからその形成機構の研究が行われてきた．イネ科植物の破生細胞間隙の形成には，植物ホルモンの1つであるエチレンが関与することが知られており，根をエチレンで処理すると破生細胞間隙の形成が促進される．トウモロコシやコムギなどの根は，水はけのよい土壌では，破生細胞間隙をほとんど形成しないが，土壌中の水分が過剰になるとエチレンの合成と蓄積を促進し，破生細胞間隙の形成を誘導する．

それに対してイネの根は，水はけのよい土壌でも恒常的に破生細胞間隙を形成することができ，土壌水分が過剰になるとさらにその形成が促進される．そのため，水田で生育するイネの根では，多くの皮層細胞が崩壊することによって，破生細胞間隙がかなり発達している（図1(b)）．しかし，皮層細胞の崩壊のあとも細胞壁の一部が放射状につながっているために，大きな空隙が形成されても根の強度を保つことができている（図1(b)）．トウモロコシなどでは，土壌水分が過剰のとき以外に，乾燥ストレスや栄養欠乏ストレスにも応答して，根に破生細胞間隙を形成することが知られている．植物はこれらのストレスに対して，水や栄養を求めて根系を発達させる必要がある．乾燥ストレスや栄養欠乏ストレス時の破生細胞間隙形成は，皮層細胞を空隙にすることで，呼吸によるエネルギーや栄養の消費を減少させるという生理的役割があると考えられる．

［髙橋宏和・中園幹生］

参考文献
[1] 坂上潤一他編著『湿地環境と作物—環境と調和した作物生産をめざして』養賢堂，2010
[2] Takahashi, H., *et al.*, "Aerenchyma formation in plants", *Plant Cell Monographs: Low-Oxygen Stress in Plants*, 21：247-265, 2014
[3] Lynch, J. P., *et al.*, "Root anatomical phenes associated with water acquisition from drying soil: targets for crop improvement", *Journal of Experimental Botany*, 65：6155-6166, 2014

分裂組織

英語でmeristemという. 分裂組織は, 陸上植物と一部の藻類にみられる構造で, 個体が胚発生を終了した後も細胞分裂する能力を保持し, 継続的に組織や器官を作り続けることのできる未分化な細胞の集団である. 種子植物の場合, 根端分裂組織 (root apical meristem：RAM), シュート頂分裂組織 (shoot apical meristem, SAM：茎頂分裂組織ともいう), 維管束形成層 (単に形成層ともいう), コルク形成層, 介在分裂組織がある (図1). 最初の2つは頂端分裂組織, そのあとの2つは側部分裂組織と呼ばれる. 器官形成上, 始めに頂端分裂組織の活動でシュートや根が形成されて伸長し, 次に側部分裂組織の活動で茎や根が肥大する. 頂端/側部分裂組織が関与する成長をそれぞれ一次/二次成長と呼び, つくられる組織を一次/二次組織と呼ぶ (図1). なお, 根端分裂組織とシュート頂分裂組織は, 1950年代まで根あるいは茎の生長点と呼ばれ, その後, 根端分裂組織および茎頂分裂組織と呼ばれるようになったが, 2000年頃から茎頂の代わりにシュート頂がよく使われるようになり現在に至っている.

● **分裂組織と幹細胞** 分裂組織で細胞が分裂し娘細胞が生じると, そのあるものは, 何回か分裂した後, 特定のタイプの細胞に分化・成熟して細胞分裂能力を失う. 一方, 別の娘細胞は, 特定の細胞に分化せず細胞分裂する能力を保持し続ける. 後者のように未分化なまま細胞分裂能力を保持し続ける細胞を始原細胞と呼ぶ. 最近は, 動物にならって幹細胞と呼ぶことも多い. 分裂組織が健全に機能するためには, 必要十分な数の細胞が分化・成熟の道筋に供給される一方で, 分裂組織が活動する期間中, 始原細胞が枯渇してはならない. そのためにシロイヌナズナのSAMでは, WUSと呼ばれる始原細胞化を決定するホメオドメイン転写調節因子がCLV1～3と呼ばれる分泌性

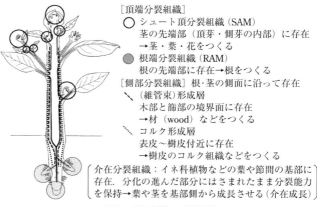

図1　種子植物の分裂組織
[出典：Greulach, V. A., *Plant function and structure*, Macmillan, 1973 を改変]

ペプチド/受容体型キナーゼの系と負のフィードバック制御系を構築し，これにより始原細胞の集団サイズが調節されていることが知られている．実際，*clv* 変異体では負のフィードバック機構が効かなくなるために SAM が大きくなり，例えば本来4枚の花弁が5枚になるなど，つくられる花の器官数も増加する．なお，始原細胞をもたず一過的に高い細胞分裂活性を示す細胞集団は，真の分裂組織(狭義：meristem)と区別して分裂組織（広義：meristematic tissue）として扱われる．

●**根端分裂組織（RAM）** RAM は，根の先端に存在し，根の伸長にあずかる．その最先端部は分裂組織本体を土壌粒子などから保護し，環境情報を察知する機能をあわせもつ根冠におおわれている．RAM は葉のような側方器官を生じないので，細胞の増殖パターンが単純で，RAM から根の成熟領域に向かって顕著な細胞列が認められる（図2(a)）．この細胞列を列の分岐点などに注意しながらたどってゆくことにより，分裂組織各部の細胞がいかなる細胞増殖パターンを経てどのようなタイプの細胞に分化するかを推定できる．根冠を除いた RAM の最先端部は，細胞分裂活性がきわめて低く，静止中心（quiescent center：QC）と呼ばれる（図2(b)）．QC の周囲には，各成熟組織のもととなる幹細胞が配置しており，これらの細胞に対し，QC から始原細胞の性質を保持させるような始原細胞化シグナルが出る一方，分化・成熟した細胞からは正しい種類の細胞に分化させるような分化シグナルが出ている．QC を破壊すると始原細胞は分化してしまい分裂組織としての機能は失われる．QC は，シュート頂から根端へ向かうオーキシンの極性移動の終点にあたり，高いオーキシン濃度を示す．QC ではオーキシンに応答して QC の性質を賦与する転写調節因子（シロイヌナズナの PLT など）が活性化しているので，オーキシンの輸送を阻害すると RAM は機能を失う．

●**シュート頂分裂組織（SAM）** SAM は茎の先端に存在し，シュートを形成する．

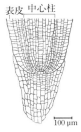
(a) コムギ根端の中央縦断切片

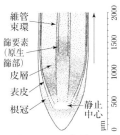
(b) タマネギ根端の細胞分裂活性の分布．

(c) 左上：花序をつけた正常なシロイヌナズナの花茎．右上：オーキシンを輸送できない *pin1* 変異体の花茎．下：同変異体の露出シュート頂．

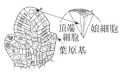
(d) シダ植物トクサ類のシュート頂の頂端細胞

図2　頂端分裂組織

［出典：(a) Clowes, F. A. L., *Apical Meristems*, Blackwell Scientific Publications, p.127 (Fig.30a), 1961 ; (b) Esau, K., *Anatomy of seed plants*, 2nd ed., John Wiley and Sons, p.231 (Fig.14.14), 1977 ; (c) 筆者撮影 ; (d) Esau, K., *Plant anatomy*, 2nd ed., John Wiley & Sons, p.91 (Fig.5.1), 1965］

通常 SAM は自らが生み出した若い葉などの側方器官におおわれて芽をつくっている．側方器官の形成にはオーキシンが必要なため，オーキシンの輸送を人為的に阻害すると側方器官のない露出した SAM がつくられる（図2(c)）．

　SAM の本体はドーム形をしていることが多く，側方器官の原基はドームの周辺領域から発生する．一方，ドームの中央領域には始原細胞が存在し，側方器官をつくるための細胞を周辺領域に供給するとともに，下方には茎の伸長に必要な細胞を供給する．SAM の構造は植物群により特徴がある．シダ植物と小葉植物の多くでは SAM の最先端部に四面体形をした大型の頂端細胞が1つ存在し，始原細胞として機能する（図2(d)）．これに対し裸子植物や被子植物の SAM に頂端細胞はなく，普通の細胞とほとんど区別のつかない始原細胞がドーム中央に複数存在する．特に被子植物の SAM には，表層に細胞層が1～数層存在する．この部分を外衣，細胞配列が不規則な内部の細胞塊領域を内体と呼ぶ．外衣の各細胞層と内体には，それぞれ独立に始原細胞が存在し，層間で細胞は混じり合うことがほとんどないため，被子植物はキメラを生じやすい（「キメラ」参照）．

　被子植物の SAM には，主に普通葉を生じる栄養期シュート頂と花あるいは花序を形成する生殖期シュート頂がある．栄養期のドーム中央の細胞は根の QC ほどではないが細胞分裂活性が低い．しかし，葉由来のフロリゲンが SAM に作用するなどして生殖期に入ると，ドーム中央を含め SAM 全体の細胞分裂が活性化する．SAM は大きく盛り上がり，複数の花芽分裂組織の原基が側方に形成されて花序分裂組織になる．あるいは単独で花芽分裂組織となる．花芽分裂組織は花の諸器官（萼片，花弁，雄蕊，心皮）を順次形成した後，先端の始原細胞領域まで心皮の組織に分化し，分裂組織としての役目を終える．

　SAM からの組織分化は，側方器官が存在するために複雑である．被子植物において SAM の最外層からは，安定して表皮が生じるが，それより内部の部分からは茎や葉の各成熟組織がさまざまな割合で生じる．SAM または SAM 近傍で，将来，表皮に分化する部分は「前表皮」，維管束に分化する部分は「前形成層」，基本組織（皮層，髄，葉肉など）に分化する部分は「基本分裂組織」と呼ばれる．

●**維管束形成層とコルク形成層**　維管束形成層は単に形成層ということが多い．頂端分裂組織により茎や根の一次組織がつくられた後，形成層は維管束内の一次木部と一次篩部の境界部に現れ，さらに維管束間にも分化して結果として茎や根の側面全体を円筒形に取り囲む細胞層となる．2種の始原細胞，すなわち短形で放射組織をつくる放射組織始原細胞と，著しく縦長で放射組織以外の組織（道管など）をつくる紡錘形始原細胞とを含む．後者が著しく長いのは形成層が活動する段階では茎の伸長成長が停止しているため，道管要素など長い細胞は始原細胞の段階ですでに成熟時の長さを確保している必要があるからである．細胞質分裂時にはこの長軸方向に仕切りが入るので，長大な細胞板が形成される．形成層は

基本的に器官の接線方向に仕切りの入る細胞分裂のみ行って，娘細胞を放射方向内側または外側に送り出し，内側に出た娘細胞は二次木部（材：wood）の細胞に，外側に出た娘細胞は二次篩部の細胞に分化する．形成層とその両側にはオーキシンの濃度勾配があり木部/篩部への分化との関係が想定される．単子葉植物の多くや双子葉植物でも頂端分裂組織からつくられて間もない部分には維管束形成層は存在しない．形成層が活動すると維管束組織の横断面に顕著な細胞列が形成されるので，細胞列は形成層の活動を知るよい目安となる．ただし，一次木部の後生木部の横断面にもしばしば細胞の連鎖がみられるので，細胞の列＝形成層によるものとは限らない．形成層の内外に娘細胞が蓄積する結果，器官は太くなる．

　器官が太くなるとその周囲も広がる．表皮や皮層がその拡大に追いつかなくなるとこれらの組織ははげ落ちて，代わりに表面をおおう組織が必要になる．そのために表皮から皮層，内鞘などに形成される分裂組織がコルク形成層である．並層分裂を繰り返して外側にコルク組織，内側にコルク皮層を形成する．コルク組織は死細胞からなり，細胞壁にスベリンを含み物質を透過させにくいのでコルク栓などに利用される．コルク皮層は柔組織の一種である．コルク組織，コルク形成層，コルク皮層はあわせて周皮と呼ばれ，樹皮を構成する主要な要素である．

●**その他の分裂組織**　介在分裂組織は，イネ科などの単子葉植物の茎の節間や葉の基部などにある分裂組織で，頂端分裂組織が体の先端部を伸長させるのに対し，より基部寄りの部分を伸長させる．分裂組織の両端がより成熟した組織に挟まれているため，維管束がすでに存在しており，伸長によりその通導要素がいったん破壊されるが，別の経路や壊れた要素の内腔を通して通導は回復する．

　以上，維管束植物の胞子体世代にみられる分裂組織について述べた．この他にシダ植物，小葉植物，コケ植物の配偶体は頂端細胞型の分裂組織をもち，コケ植物ツノゴケ類やセン類の胞子体には介在分裂組織が存在する．さらにコレオケーテ類の *Coleochaete* やシャジクモ類は周縁分裂組織または頂端分裂組織をもち，褐藻のコンブの仲間は葉身の藻体の基部に介在分裂組織をもつ．おどろくべきことに，これまで調べられたシダ植物やコケ植物セン類では，配偶体の分裂組織で，被子植物の胞子体の SAM を制御しているホメオドメイン転写調節因子 Class I KNOX が発現していない．世代によって分裂組織の制御の仕方は異なっているようである．

●**分裂組織の意義**　分裂組織があるおかげで，植物は死ぬまで成長を続けることができる．老いた木も春になれば新しい枝を伸ばし，若葉を開き，花を咲かす．そのとき体が大きければ，受光や繁殖に有利だろう．植物は，生育に必要な資源を歩いて取りに行けない．だから自らの体を伸ばす．この伸ばす部分をつくり，支える部分を補強するのが，頂端分裂組織であり，側部分裂組織である．移動できなくとも周囲の状況に対応して生きていけるのである．　　　　［坂口修一］

一次成長と二次成長

　維管束植物の成長は，茎，幹，枝や根などの長さや太さが増えることをいう．長くなることを伸長成長，太くなることを肥大成長という．一般的に植物はシュート頂（茎頂）と根端で細胞が分裂して増え，その後さまざまな器官に分化していく．分化の過程で細胞が伸長するので，植物は普通，先端部分しか伸びない．このことを先端成長という．

　一次成長・二次成長は成長する組織による．シュート頂や根端といった未分化な分裂組織から直接生まれた組織を一次組織といい，その形成に伴う成長を一次成長という．一方，いったん分化した組織からさらに細胞が分裂して生まれる組織を二次組織といい，その形成による成長を二次成長という．二次組織には，維管束形成層に起源をもつ二次木部と二次篩部，およびコルク形成層に起源をもつコルク組織やコルク皮層，これら3層からなる周皮がある．樹木では，二次木部を木材，二次篩部を内樹皮，周皮とその外側を外樹皮とも呼ぶ．外樹皮にコルク組織を厚く堆積するのはコルクガシなどごく一部で，普通は幹の直径が増大するに従って，外樹皮は外から順にはがれ落ちる．一次成長は維管束植物全般にみられるが，二次成長は，裸子植物の球果類（マツやスギなど）と双子葉植物の広葉樹に顕著で，単子葉植物はユッカなど一部にとどまる．

　一次成長では伸長と肥大の両方生じるが，伸長の方が顕著で，肥大はあまり目立たない．大きく一次肥大成長するのはヤシ類や一部のシダ類などに限られる．二次成長では伸長

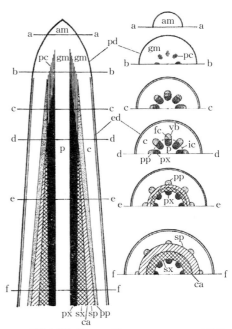

am：頂端分裂組織　　p：髄　　　　　pp：一次篩部
pd：前表皮　　　　　c：皮層　　　　px：一次木部
gm：基本分裂組織　　vb：維管束　　　sp：二次篩部
pc：前形成層　　　　fc：束内形成層　sx：二次木部
ed：表皮　　　　　　ic：束間形成層　ca：形成層

図1　樹幹先端部の組織発達模式図
［出典：島地　謙他『木材の組織』森北出版，p.19，1976］

は起こらず，二次木部形成による肥大が顕著である．このため，伸長成長を一次成長，肥大成長を二次成長というときもある．

●**成長の過程** 地上部組織の成長の過程を図1に示す．茎の頂端には分裂組織があり，細胞分裂で生まれた細胞群を下へと押しやり，分裂組織自身は常に頂端に位置する．頂端分裂組織の少し下では，細胞がさらに分裂しつつ伸長し，最外層の前表皮，軸方向に長い前形成層，それらの間を埋める基本分裂組織へと

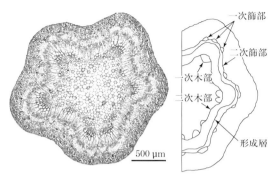

図2　ポプラ幼若枝断面とその組織図：組織発達模式図(図1)のe-eもしくはf-f断面に相当する．維管束と維管束の間に束間形成層が発生し，そこからすでに二次木部・二次篩部が形成されている

分化する．前形成層から維管束がつくられ，その中では内外を分けるように束内形成層が存在し，内側に一次木部，外側に一次篩部が分化する．この頃，基本分裂組織は基本組織となり，中心部が髄，周辺部が皮層となる．一次木部・一次篩部では最初，伸長成長中に原生木部・原生篩部が形成され，その後，後生木部・後生篩部が形成されて伸長成長を停止する．ここまでが一次成長である．維管束と維管束の間に束間形成層が発生して維管束形成層が円筒状に連なり二次木部を蓄積して肥大成長する．これ以降が二次成長である．二次木部の蓄積による二次肥大成長は年輪を重ねながら，ときに巨大な樹木を形成する．熱帯の樹木にも年輪のような木材の周期性がみられることがあるが，年周期との関連が不明なので年輪と呼ばず成長輪と呼ぶ．

●**成長と屈曲** 植物は，光や重力の刺激に反応して，その茎や幹を屈曲させる．一次組織では，曲がる側の組織で伸長成長が抑えられ反対側で促進される．その伸長の差で茎が曲がる．これを偏差成長という．二次組織による屈曲は広葉樹と針葉樹で異なる．広葉樹では，分化が完了すると縮む力を発揮する引張あて材が曲がる側に形成される．針葉樹では逆に伸びる圧縮あて材が曲がる側の反対側に形成される．いずれもあて材ができる側の年輪幅が広くなる．これを偏心成長という．あて材の形成で二次肥大成長している茎や枝が曲がる．

●**タケの特殊な成長** イネ科は節ごとに分裂組織があるので，先端だけでなく全体で一次成長する．特にタケにおいて顕著で，すべての節で細胞分裂と伸長成長が起こり，タケノコから一気に伸長する．成長は下の節から始まって成熟していくので，上の節ほど組織は若い．節の中では節の下端に分裂組織があって細胞は上へ押し出されつつ成熟するので，節の中では下の細胞ほど若い．　　　　［馬場啓一］

キメラ

　キメラとは，異なる遺伝形質をもつ複数種の細胞から構成された生物個体をさす．その名称は頭が獅子，胴体が山羊，尾が蛇というギリシア神話に登場する怪物キマイラにちなんでいる．キメラには，別々の個体が1つに癒合して生じたものと，個体内に遺伝的変異が生じてできたものとがある．本項目では，前者を「合体型」，後者を「変異型」と呼ぶことにする．キメラは植物発生学の研究材料として，また，模様の美しい園芸植物として，我々に親しまれている．

●**合体型キメラ**　接木をすると接合部からキメラの枝を生じる場合があり，接木キメラと呼ばれる．被子植物のシュート頂分裂組織（茎頂分裂組織，SAM）は外衣・内体構造をとり，通常，遺伝的に独立した3つの起源層（L1～L3層）からなる（図1(a)）．接木キメラでは，起源層の1つが接木相手の細胞で置き換わっていることが多い．これを利用して，SAMサイズや心皮数が互いに異なるトマトとその近縁種の間で接木キメラを作製し，いろいろに起源層を置換して，SAMサイズや心皮などの器官数が，L3層に支配されることが示されている．

●**周縁キメラ（覆輪）**　葉の辺縁部が白く，中央が緑色をした斑入りは，覆輪と呼ばれ，多くの植物種にその園芸品種がある（図(c)）．覆輪はアルビノ細胞Wと正常細胞Gからなり，遺伝子型がG-W-G（ただしL1-L2-L3順）のSAMからつくられる（図(d)1,2）．L1層は表皮を形成し葉の色に影響しないが，L2，L3層は増殖してそれぞれ白色と緑色の葉肉をつくり，覆輪のパターンを生成する（図(d)3,4）．各層の増殖は均一でないため，斑の境界位置は葉によって異なり，またL3層由来細胞層が葉肉細胞層に占める割合でさまざまな中間調を生ずる（図(b)(c)）．覆輪のようにSAMの起源層の変化により形質が器官の周辺か中央を占めるキメラを周縁キメラと呼ぶ．G-G-Wの場合には斑入りの濃淡が逆転する（図(e)）．

●**周縁キメラ～区分キメラ（倍数性変異）**　コルヒチンで分裂組織を処理すると染色体の分離が阻害され四倍体など倍数性が変異した細胞を含むキメラを生じる．これを細胞キメラと呼ぶ．細胞や核の大きさから倍数性がわかり，分裂組織から成熟組織まで変異細胞を直接確認できる．S. サチナ（S. Satina et al., 1940）は，SAMに起源層が3つあることを証明した（図(f)）．H. ダーメン（H. Dermen, 1953など）は，L1層が垂層分裂だけで表皮をつくり，L2層は垂層分裂の他，葉原基形成時には並層分裂もすること，また，L2層とL3層に由来する成熟組織の境界は可変的で，維管束組織や基本組織への組織分化は，細胞の由来（細胞系譜）に依存せず，現在ある場所（位置情報）に支配されることを示した（図(g)）．

　周縁キメラの中には扇形のものがあり（図(i):(g)と比較），区分キメラまたは

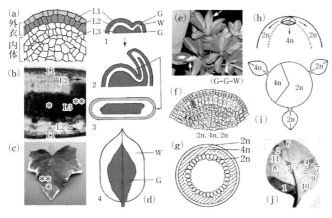

図1 キメラと分裂組織
(a)被子植物のシュート頂（茎頂）の外衣・内体構造（中央縦断面）．L1～L3：独立した始原細胞をもつ3つの起源層．(b),(c)覆輪(G-W-G)の斑入り葉（キヅタ属）の横断面(b)と向軸面観(c)．L1～L3：各起源層由来の組織．＊：淡緑色部．＊＊：濃緑色部．→：表皮直下の細胞層．覆輪の場合，濃緑部でもL2層由来の白．(d)周縁キメラ（覆輪）のシュート頂と葉．1,2：シュート頂縦断面．L2層がアルビノ(W)でL1, L3層は緑で正常(G)．1→2で右の葉原基が成長．3：葉の横断面．L1由来の表皮は遺伝的にGだが，孔辺細胞しか葉緑体を発達させないので実際は非緑色．4：葉の正面観．(e)覆輪(G-G-W)の斑入り葉（シェフレラ）．→：小葉中央が白（古葉）または薄緑色（新葉）．(f),(g)周縁キメラ（倍数性変異）のシュート頂（チョウセンアサガオ中央縦断面：(f)）と茎（モモ横断面：(g)）．(h),(i)区分キメラ（倍数性変異）のシュート頂(h)とシュート(i)．(j)遺伝子組換え技術で導入したAcトランスポゾンによりタバコ葉に誘発されたクローン解析のためのセクター（数字で識別）．Acが転移した細胞の子孫でだけGUSが発色．葉各部の成長方向に注意．
［出典：(a)Esau, K., *Anatomy of seed plants*, 2nd ed., John Wiley & Sons., p.275(Fig.16.13), 1977 より筆者作図；(b)Stewart, R. N., Ontogeny of the primary body in chimeral forms of higher plants. *In*：*The clonal basis of development*. Subtelny, S. & Sussex, IM, ed., Academic Press, p.140(Fig.7) 1978：(c),(e)筆者撮影；(d)原襄『植物形態学』朝倉書店．p.125(図5.31)，1994 を改変；(f)Satina, S., *et al*., *Amer. J. Bot*., 27：895-905, p.902 Table 1, 1940；(g)原襄『植物の形態（増訂版）』裳華房，p.69（図5.15），1984；(h)同，p.67（図5.14）；(i)同，p.66（図5.12）；(j)山田祥子撮影］

不完全周縁キメラという．ダーメンら（1945,1970）は，ツルコケモモやイボタノキのシュートで，扇形の角度が120°や180°のときキメラが安定に保たれることを観察し，1つの起源層あたり始原細胞（分裂組織の先端にあって細胞分裂能力を保持し続ける細胞）が，3個または2個ずつあると考えた（図(i)(h)）．

●**その他のキメラ**　アサガオやオシロイバナなどの花冠にみられる斑点状や扇形の模様は，トランスポゾン（動く遺伝子）の挿入により不活性化した花色の遺伝子から，ある細胞で自発的にトランスポゾンが除去され，その子孫細胞でのみ色が回復したキメラを表す．また，色素体遺伝子の変異は，はじめ正常遺伝子と共在し表現型が現れないが，分裂につれ変異遺伝子が分離しキメラとなる．なお，変異型のキメラでは子孫細胞の集団をセクターと呼び，その分布や形から細胞系譜や細胞成長に関する情報が得られる．これをクローン解析と呼び，効率よくセクターを得るためトランスポゾンを利用したり（図(j)），クロロフィル合成系遺伝子の劣性ヘテロ接合個体にX線照射し，アルビノ細胞を誘導したりする．

●**キメラの繁殖**　キメラのSAMを含む部分を採取し，挿し木などで栄養繁殖させる．種子繁殖では，胚がL1層とL3層の情報を受け継げない．　　　　［坂口修一］

中心柱

　中心柱は，維管束植物の茎と根を貫通する組織系であり，主に維管束を含む．P. E. L. ヴァン・ティーゲム（P. E. L. Van Tieghem）によって提唱された．類似の組織にコケ植物の中心束がある．両者の違いは細胞壁に二次壁の化学成分リグニンが含まれるかどうかであり，シダ植物とコケ植物を分ける特徴の1つであるが，化石植物 *Aglaophyton*（後述）などはその中間にある．その意味で，中心柱の概念は植物全体に通用している．一次維管束の進化に関する説を中心柱説というが，木本を生み出した二次維管束の発達も重要である．茎や根の複雑化・大型化は一般的な進化の流れと捉えることができる．

　中心柱は主として原生中心柱，管状中心柱，網状中心柱，真正中心柱，不整（不斉）中心柱に類別することができる（図1）．原生中心柱は円柱状の維管束のみからつくられ，髄はない．現生のヒカゲノカズラ類（小葉類）の中心柱はこのタイプである．さらに，この類の中心柱は外原生であり，原生木部が中心柱の外縁にある．原生木部は一次木部のうち，器官形成が活発な茎頂分裂組織の近くで早く分化し，比較的細長い前形成層細胞から由来する．それに対し，後生木部は，成長した前形成層細胞から太い仮道管または道管が遅れて分化する．一方，ヒカゲノカズラ類を除く原始的なシダ植物にも原生中心柱があるが，原生木部が維管束の中心にできる中心原生（または心原生）である．およそ4億年前の初期の維管束植物は *Rhynia* 群と *Zosterophyllum* 群の2群に分けられ，ともに小型の植物で，維管束は原生中心柱であるが，中心柱は *Zosterophyllum* が外原生，*Rhynia* 群が中心原生である．*Zosterophyllum* 群からヒカゲノカズラ類が，*Rhynia* 群から他のシダ植物が由来したとみられるので，外原生か中心原生かは系統進化上大きな違いといえる．

●**中心柱の進化**　ヒカゲノカズラ類を除くシダ植物の茎には原生中心柱の他，管状中心柱，網状中心柱がある．管状中心柱は維管束が管状であり，柔組織からな

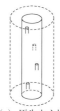 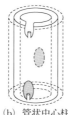  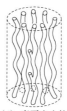

(a) 原生中心柱　　(b) 管状中心柱　　(c) 網状中心柱　　(d) 真正中心柱

図1　中心柱

る髄が中心部に詰まっている．シダ植物の大葉に入る維管束（葉跡）が中心柱から分かれる部位には維管束の代わりに柔組織からできた葉隙がある．葉隙が管状中心柱のところどころにできて，楕円形の穴が散在する．網状中心柱は，葉隙が重なり合うため，網目状を呈する．中心柱の進化の方向として，原生中心柱の中心部が柔組織化して髄ができ，葉隙もつくられて管状中心柱が進化し，さらに複雑になって網状中心柱が生じたとみられている．根は原生中心柱である．

　トクサ類（リュウビンタイ類と系統関係があるとみられる）の中心柱はトクサ型の真正中心柱である．原始的な化石トクサ類の証拠から，放射方向に維管束組織が突出した原生中心柱からトクサ型の真正中心柱が生じたと解釈されている．

　典型的な真正中心柱は種子植物にみられる．円形〜楕円形の維管束分柱が同心円的に配列して縦に走り（図1(d)），個々の維管束はふつう内半分に木部，外半分に師部がある（並立維管束）．真正中心柱の維管束間の間隙はかつて葉隙とみなされたことがあるが，解剖学的研究によって，真正中心柱の個々の維管束は蛇行しながら互いに平行に走り，管状中心柱とは異なることが確かめられた．このように種子植物の真正中心柱の特徴は，維管束（分柱）が並立維管束であって，平行に配列することである．単子葉類では維管束の同心円状配列が崩れて，不規則に散在する（不整中心柱）．

　種子植物はシダ段階の前裸子植物から進化したとされ，両者の化石の比較から，真正中心柱は次のように進化したと解釈されている．何本か（ふつう3本）放射状に維管束が突出した放射状原生中心柱から，中心部に柔組織の髄が形成されることによって維管束が分離して平行に走る．葉隙は存在しない．その後，葉跡の分枝は放射方向から接線方向に変化し，さらに維管束は蛇行して，典型的な真正中心柱になる．

　デボン紀の *Aglaophyton* などは維管束植物であると信じられてきたが，詳細な観察によって，維管束とみなされたものはコケ植物のハイドロイドに似た非維管束組織であることが明らかになった．中心束を構成するハイドロイドは細長い仮道管状であるが，細胞壁は一次壁であって，維管束のようにリグニンを含む二次細胞壁をもたない．そのため，これらの化石は前維管束植物として維管束植物の前段階におかれている．なお，*Aglaophyton* などがシダ植物の先駆植物であるとみられるのは，枝が分岐しそこに複数の胞子囊がつく多胞子囊植物であるからである．

　一次維管束は茎の大型化に伴い，原生中心柱から複雑化した．小葉類が原生中心柱のまま小幅な変化しか起こらなかったのに比べて，大葉類では高度な複雑化を遂げ，いくつかの方向に進化した．一方は原生中心柱から管状・網状中心柱へ，他方は真正中心柱へ進化し，前者はシダ植物で，後者はトクサ類と前裸子植物・種子植物で独立に起こった．

〔加藤雅啓〕

内皮と外皮

植物の根は基本的に表皮，皮層，中心柱の3部分からなり，皮層の一番外側の層は外皮，また一番内側の層は内皮と呼ばれる（図1）．したがって，外皮は表皮と皮層，内皮は皮層と中心柱を隔てる細胞層である．内皮は維管束植物に広く存在するが，外皮の発達程度は植物種によって大きく異なり，皮層細胞から分化しないものは下皮と呼ばれる．外皮，内皮ともカスパリー線が発達することがある．なお，シロイヌナズナの根には内皮以外の皮層が1層しかなく，この1層を指して皮層と呼ぶことがあるため注意を要する．

●**外皮と内皮の構造**　外皮および内皮は，上下左右の隣り合う外皮細胞あるいは内皮細胞同士の間に，カスパリー線と呼ばれるスベリンやリグニンに富んだ帯状の構造が形成される．カスパリー線は疎水性で，またその部分では細胞膜の性質も異なり，原形質分離が起こらない．したがって，カスパリー線が発達した外皮および内皮では細胞層を横切る方向の水と溶質のアポプラスト移動が妨げられる．

発達したカスパリー線は強い自家蛍光によって細胞間の点（カスパリー点）として認められる．図2でイネの例に示すように外皮と内皮のカスパリー線は根の先端にはなく，根の成熟に伴って形成される．

●**外皮と内皮の機能**　カスパリー線が発達した外皮および内皮では，アポプラスト輸送が遮断されるため，水や溶質の輸送経路はシンプラスト（細胞質内）に限定される．植物は外皮および内皮に，アクアポリン（水チャネル）や必須ミネラル元素をはじめとするさまざまな溶質の輸送体を発現し，選択的に輸送をコントロールしていると考えられる．

土壌中には植物の生育にとって有害なミネラル（例えばカドミウム，塩など）が高濃度に存在す

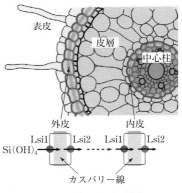

図1　イネの根の構造の模式図

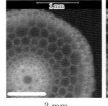 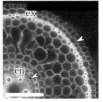

図2　イネの根の先端からの距離に応じたカスパリー線の発達程度：Fluorol Yellow 088による染色像（en：内皮，ex：外皮，矢印はカスパリー線の場所を示す）

る場合がある．また必須元素でも濃度が高くなると，植物の生育を阻害する．外皮と内皮は，根においてこれらの有害物質の侵入を防いでいる．外皮細胞の形成が不十分なイネ変異体では，有害金属（アルミニウム，カドミウムなど）に対する耐性が低下する．乾燥ストレス下では，外皮または内皮のシンプラストの水透過性を速やかに制限し，根を脱水されにくくする機能が知られている．また外皮と内皮は土壌から皮層，中心柱へと選択的に吸収・濃縮した養分の逆流や，代謝産物の土壌への漏出を防ぐ役割もある．

　外皮や内皮には根への病原菌の侵入を防ぐ役割もある．一部の病原菌は酵素を分泌して，植物の細胞壁を分解して感染するが，外皮や内皮の細胞壁はスベリンやリグニンが沈積しているため，病原菌の酵素による分解が起こりにくい．

　一部の植物の根には通気組織が形成されるが，外皮には通気組織内の空気（酸素）の根圏への漏出を防止する役割もある．湛水環境に適応したイネでは，外皮と外皮を裏打ちする厚壁細胞と内皮を残して，その間のほとんどの皮層細胞のプログラム細胞死によって破生通気組織が形成される．したがって，根圏の水，通気組織の空気，中心柱の養分・水分が外皮と内皮の二重のバリアによって区切られる．一部の植物（例えばイネ）では，表皮細胞が脱落したり，死んだりしているため，外皮は根の内部を保護する役割もある．

●**外皮と内皮のストレス応答**　外皮と内皮のスベリンやリグニンの沈積程度は外的ストレス（塩，乾燥，酸素欠乏，重金属ストレスなど）によって変わる．イネを塩ストレスにさらすと，外皮のスベリンが増加し，塩の吸収を抑制する．また酸素欠乏にさらすと，スベリンだけではなく，リグニンも増加し，酸素漏れを抑制する．

●**外皮と内皮における輸送体**　カスパリー線が発達した外皮細胞や内皮細胞では，さまざまな輸送体によって選択的な吸収や排出が行われる．例えば，イネのケイ酸吸収は外皮と内皮の両方に発現するLsi1とLsi2という2種類の輸送体が担う（図1）．Lsi1は遠心側に偏在し，ケイ酸を土壌から外皮細胞内に，皮層のアポプラストから内皮細胞内に輸送する．一方，Lsi2は求心側に偏在し，ケイ酸を外皮細胞から皮層のアポプラストへ，内皮細胞から中心柱へ排出する．Lsi1とLsi2が協調的に働くことで土壌中のケイ酸が根の中心柱まで吸収・濃縮される．数理モデリングによって，カスパリー線もこの過程に必須であることが示唆されている．道管液中のケイ酸濃度は土壌溶液の数十倍以上に達するが，もしカスパリー線がなければ，濃度勾配に逆らった濃縮は実現できない．　　　　　　　［馬　建鋒］

📖 **参考文献**

[1] Ma, J. F., *et al.*, "A silicon transporter in rice", *Nature*, 440：688-691, 2006
[2] Ma, J. F., *et al.*, "An efflux transporter of silicon in rice", *Nature*, 448：209-212, 2007
[3] Yamaji, N. & Ma, J.F., "Spatial distribution and temporal variation of the rice silicon transporter Lsi1", *Plant Physiol.*, 143：1306-1313, 2007

カスパリー線

　根の最も重要な機能は植物体を大地につなぎ止め，無機養分と水を吸収することである．根において，細胞膜上にあるチャネルなどにより，無機養分が細胞内（シンプラスト）に選択的に取り込まれる．取り込まれた無機養分などの溶質や水が茎や葉に輸送されるためには，中心柱内部にある木部の道管・仮道管に入らなければならない．しかし道管・仮道管の内部は細胞外部の領域（アポプラスト）で溶質や水を容易に通す．もしアポプラストが根の表面までつながっていると，せっかく選択的に取り込んだ溶質や水が植物体外に漏れ出しかねない．これを防ぐのがカスパリー線である．

●**カスパリー線の構造**　根の中心柱を取り囲む組織である内皮において，隣り合う内皮細胞の間の細胞壁の一部に疎水性物質が沈着し，その部分においてのみ細胞膜が細胞壁に密着することで，アポプラストを塞ぐバリアとなるカスパリー線が発達する．その名は，これを発見した19世紀の植物学者 R. カスパリー（R. Caspary）にちなんだものである．細胞壁分解酵素を用いて一次細胞壁成分を除去することで単離されたカスパリー線は，すべての内皮細胞で切れ目なくつながって網状になっている（図1）．

　シンプラストに入らない色素や重金属などのトレーサーを根の表面から取り込ませると，カスパリー線の外側で溜まることから，カスパリー線のバリアとしての機能が示唆されている．またカスパリー線にリグニンや，組成に脂質を含むスベリンが沈着することは，顕微鏡観察に加え，単離したカスパリー線の化学分析によっても示され，エンドウの根のカスパリー線の場合，乾燥重量に対しリグニンは2.7％，スベリンは2.5％含まれる．しかしこのスベリン含量はジャガイモ塊茎の周皮における含量の10分の1であり，カスパリー線にワックス成分は含まれないため，カスパリー線は周皮ほど強いバリアではないと推測される．一方で，トレーサーに対するバリア機能にはリグニン成分が重要であることがシロイヌナズナにおいて示された．しかし水や他の溶質に対するカスパリー線のアポプラストバリア機能の強さについては，まだ不明な点が多い．またこのバリアの強さは，環境要因によっても変わると推測される．例えば塩分ストレス下において

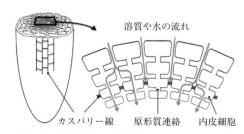

図1　根の横断面における溶質や水の流れと，内皮におけるカスパリー線を示す模式図

は，カスパリー線の厚みが増すことが示されている．

　カスパリー線の形成の仕組みは分子レベルで解明されつつある．カスパリー線において，細胞膜ドメインに局在し足場となると推測されるタンパク質，リグニンモノマーの重合にかかわるペルオキシダーゼや重合に必要な過酸化水素を生成する酵素，モノマーの二量体化に必要であると推測されるタンパク質などがみつかってきている．また膜輸送の阻害剤を用いた観察から，カスパリー線は隣り合う内皮細胞により両側からつくられていることや，カスパリー線形成前にその位置と厚みを決める因子が蓄積することが示唆されている．

●**カスパリー線の多面的な機能**　カスパリー線のバリアの強さについて不明な点は多いが，水や溶質のある程度のバリアになっているという考え方はおおむね受け入れられており，無機養分は細胞膜による選択的な取り込みを受けて，内皮に至るまでにアポプラストからシンプラストに入ることで中心柱に入ることができると考えられている（図1）．逆に取り込まれた水や溶質がアポプラストを通って中心柱の外に漏れ出るのも防いでいると推測される．実際，カスパリー線形成にかかわる受容体様キナーゼ遺伝子の破壊株がカリウム欠乏の症状を示すことから，カスパリー線がカリウムの取り込みと保持に重要であることが示された．

　植物が蒸散を盛んに行っている場合，根からの吸水の主な駆動力は蒸散であるが，春先の落葉樹や蒸散を行えない状況では，どのようにして吸水しているのだろうか．根は能動的に養分である溶質を表皮や皮層側のアポプラストから吸収し，中心柱側のアポプラストに放出し，木部中に積み込む．シンプラストの容積と比べてアポプラストである細胞壁は薄くその容積はきわめて小さいため，溶質の輸送に共役して浸透的な水の求心的な移動が起こる（アポプラストカナルモデル）．カスパリー線が水に対してもある程度バリアとなっているという可能性は，内皮細胞の細胞膜に水チャネルが多く含まれていることからも推測される．カスパリー線を挟んで両側のアポプラストが隔てられていることで，その両側での溶質や水の逆向きの輸送とその維持がはじめて可能となる．これにより発生する道管内の水を上方に押し上げる正の水圧は根圧と呼ばれる．

　カスパリー線は不要な溶質に加え，菌根菌の菌糸，病原微生物の中心柱への侵入を防ぐ．またカスパリー線は根以外の器官にもみられ，葉の維管束鞘にあるものは糖拡散のバリアとして働くと推測される．水生植物の葉の内皮様細胞層や，根粒の内皮，イネの根の下皮に形成されたカスパリー線はガス拡散のバリアとして働くと考えられている．成熟した部位の内皮のように，細胞壁全体にスベリンが沈着すればバリア機能は高まるが，吸収はできなくなる．またバリアがなければ，吸収機能は高まるが，都合の悪い物も取り込んでしまう．したがって，カスパリー線は吸収とバリアの相反する機能を両立させるための絶妙な構造である．

〔唐原一郎〕

維 管 束

　維管束は，J. von ザックス（J. von Sachs）が分類した3つの組織系の1つで（他の2つは表皮系と基本組織系），物質輸送を担う篩部，木部からなる．篩部と木部の細胞はともに両者の間に存在する分裂組織である前形成層あるいは形成層から分化する．篩部には，篩細胞や篩管があり，これらは光合成でつくられた糖を他の組織へと運ぶ．木部には，仮道管や道管があり，これらは土壌から根で吸収した水や無機塩を地上部の組織へ輸送する経路となる．また，仮道管や道管，そして木部繊維および篩部繊維は，リグニン化された硬い細胞壁を肥厚させることで，個体の力学的支持にも重要な働きをしている．篩部と木部は放射柔組織でつながっており，ここを介して篩部と木部の間で糖や水がやり取りされる．また，維管束にある柔組織は炭素などの貯蔵の機能も果たす．

　維管束の形態や発生は維管束植物で多様であるが，これについての詳しい解説は中心柱の項に譲り，ここでは被子植物と裸子植物の維管束を中心に概説する．

●**維管束の発生様式**　シュート頂や根端にある分裂組織から新たにつくられた組織では前形成層が分化し，ここから篩部と木部が発生する．このように一次成長中の組織で分化した維管束を一次維管束と呼ぶ．一次維管束においてごく初期につくられるものを原生木部と原生篩部，その後つくられるものを後生木部と後生篩部として区別する．被子植物や裸子植物の茎では，髄を中心にほぼ同心円状に複数の独立した一次維管束が並ぶ．それぞれの維管束では，髄側だけに木部がつくられ，表皮側だけに篩部がつくられる．木本植物や一部の草本植物では，一次成長が停止した後にも一次維管束の形成層が維持される．そして，これらが円状につながって一体化した形成層ができ，木部や篩部の細胞をつくり続ける．こうしてできる維管束を二次維管束，ここに含まれる木部や篩部をそれぞれ二次木部，二次篩部と呼び，これらは茎や根の肥大成長に寄与する．

　シロイヌナズナを用いた研究から，一次維管束の前形成層の分化や活性の制御には，サイトカイニンやオーキシン，ブラシノステロイドなどの植物ホルモンの関与が明らかになっている．また，篩部でつくられたペプチドホルモンが前形成層の細胞で受容されて，木部細胞への分化と前形成層の活性を制御していることが報告されている．こうした機構は，形成層の活性や分裂した細胞が篩部と木部のどちらへ分化するかというバランスが，それぞれの組織の密接な相互作用のもとで制御されていることを示唆する．

　二次維管束の形成層は，幹細胞と分裂活性をもつその娘細胞からなる．これらの細胞の数は，形成層の活性によって変化する．休眠中の冬には，形成層の細

胞数は少なく，春の盛んに茎が肥大成長を行う時期には形成層の細胞数は増える．こうした形成層の細胞数の制御には，シュート頂や成長中の若い葉でつくられるオーキシンが強く関与している．

　変則的な形態を示す二次維管束もある．つる植物の一部の種では，新たな形成層が篩部や皮層で継続的に複数回生じ，それらがともに髄側に木部を表皮側に篩部をつくる．その結果，木部の中に複数の篩部の層が埋め込まれた材ができる．また，カブやサツマイモの根では，通常の形成層に加えて道管の周囲にある柔細胞が形成層に分化し，篩管や貯蔵のための細胞をつくり出す．

　ヤシの仲間などでは，単子葉植物でも茎が二次肥大する．これらの種の茎では，茎の周縁部にある形成層が柔細胞を分裂する．これらの柔細胞の一部が形成層に分化し，ここから二次維管束が発生する．この結果，柔組織の中に二次維管束が散在した構造の茎ができる．

●**維管束の発達と機能**　維管束植物の茎の一次維管束は，茎の中を軸方向に伸びる軸維管束とそこから分岐して葉の維管束になる葉跡から構成されている．被子植物や裸子植物の茎には複数本の軸維管束が含まれていて，互いに交わらない開放型や交わる閉鎖型がある．

　光合成を行う葉から糖が篩部輸送によって成長中の若い葉へ転流されるときには，一次維管束は重要な輸送経路になる．このため，光合成を行う葉と同じ軸維管束でつながった若い葉へ優先的に糖が転流される．また，根から葉へと二次木部の道管を流れてきた水は，道管と道管の横方向の連絡を利用して必ず一次木部の道管に移動し，それから葉跡を通って葉へと運ばれる．一方で，二次木部の仮道管は直接，葉跡の仮道管とつながることができる．このため，仮道管からなる二次木部を水が通る場合には，直接，葉跡に移動して葉へと運ばれる．

　単子葉植物の多くの種では茎は二次維管束をつくらず，一次維管束が茎の中に散在した構造をとる．これらの一次維管束は節において複雑に分岐し，配向を変える．これにより，複数の一次維管束の間での連絡が生じ，それぞれの一次維管束に含まれる道管や篩管間における物質のやり取りが起きる．

　裸子植物や被子植物の高木は，顕著な二次維管束を発達させたことで根や茎に大きな面積の篩部と木部をつくり出した．これによって力学的支持能力と水や糖などの輸送能力を向上させ，複雑に分枝した樹冠をもつ巨大なサイズの個体をつくり出すことに成功した．二次維管束はシダ植物にも存在するが，顕著な発達はしない．石炭紀に30 mを越える樹高をもったリンボクの仲間も貧弱な二次木部しかもたず，茎の断面のうち多くの面積は皮層や周皮組織で占められていた．また，この植物では，二次篩部は発達せず一次篩部だけで糖輸送を行っていたことが化石試料から推測されている．

［種子田春彦］

木　部──一次木部と二次木部の組織と機能

　陸上植物にとって根で吸った水を葉へ運ぶことは生きていくうえで不可欠である．木部は，基本的に，死んで細胞壁のみが残る細胞から形成され，水が根から葉へ運ばれる経路となる．木部には，茎や根の頂端の分裂組織（「分裂組織」参照）から形成される一次木部と，茎や根の表皮下にある維管束形成層から形成される二次木部がある．

●**一次木部**　一次木部は，茎や根の分裂組織のうちの前形成層から形成される維管束（「維管束」参照）の中に形成され，最初に原生木部が，ついで後生木部が形成される．原生木部は成長や分化の途上にある部位で形成され，水の通り道である管状要素（「道管と仮道管」参照）が柔組織に囲まれているだけである．伸長途上の茎や葉では，原生木部は先に成熟するため，伸長成長とともに周囲の細胞によって引きのばされて機能しなくなるか，多くの単子葉植物の茎では組織が破壊して原生木部腔という穴となる．根では，原生木部は伸長成長の後に成熟す

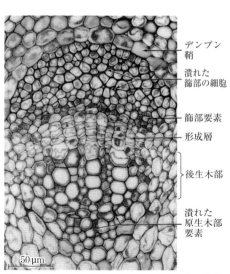

図1　アルファルファ（*Medicago sativa*）の茎の維管束の横断面：原生木部と原生篩部は機能を終えており，その細胞は潰れている．後生木部と後生篩部が機能している．形成層はまだ機能していない［出典：Evert, R. F., *Esau's Plant Anatomy*, John Wiley & Sons, Inc., 2006］

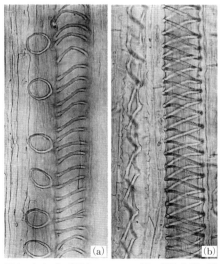

図2　トウゴマ（*Ricinus communis*）の原生木部の管状要素：(a)傾いた環状およびらせん状の肥厚が部分的に引き伸ばされている．(b)二重のらせん状の肥厚が，左の管状要素では大きく引き伸ばされている［出典：Evert, R. F., *Esau's Plant Anatomy*, John Wiley & Sons, Inc., 2006］

るため，残っていることが多い．原生木部の管状要素は，環状やらせん状に肥厚した二次壁をもつため，茎の伸長に伴ってある程度まで伸長してから破壊される．後生木部も成長途上の器官に形成されるが，ふつうは伸長成長が終わってから成熟する．後生木部の管状要素はらせん状や，階段状，網状，孔紋状の二次壁をもち，二次木部をもたない草本の茎では，後生木部が最後まで水の通り道として機能する．二次木部は維管束形成層から形成される．維管束形成層は，まず維管束の中の一次木部と一次篩部の間に形成され，次いで維管束の間に形成されて，枝先や根端を除いて植物体をおおうようになる．

●**二次木部** 二次木部は水の通り道を提供するだけでなく植物体の支持を行う．針葉樹では，仮道管が水の通り道となるとともに植物体の支持も行う．双子葉植物では，管状の道管要素が連なった道管が水の通り道を形成し，木部繊維が植物体の支持を行う．仮道管は，両端が尖った細長い紡錘形の細胞で，水は側壁にある壁孔を通じて運ばれていく．道管要素は，両端に穿孔と呼ばれる穴が開いた管状の細胞で，それが上下に多数連なって道管を形成する．道管は，植物体を通して1本で繋がっているものはほとんどなく，短い道管が根から葉へといくつも連なって，水の通り道となる．木部繊維は仮道管と同じく細長い紡錘形で，細胞壁は木化している．木部繊維には生きている細胞質をもっているものも多く，同化産物の貯蔵にも役立っている．二次木部には，その他，柔細胞からなる放射組織や軸方向柔組織，あるいは細胞間隙である樹脂道などがあり，さまざまな生理的な機能を行っている．二次木部はそれぞれの分類群の進化的および生態的な特性に従って特有の構造をもっている．　　　　　　　　［能城修一］

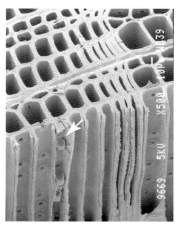

図3 ヒノキ(*Chamaecyparis obtusa*)の木材の走査電子顕微鏡写真：軸方向の要素は，樹脂細胞(矢印)を除くとすべて仮道管である［提供：国立研究開発法人森林総合研究所］

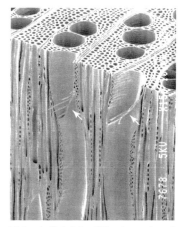

図4 ウダイカンバ(*Betula maximowicziana*)の木材の走査電子顕微鏡写真：上下の道管要素が接する部分には階段状の穿孔(矢印)がみられる［提供：国立研究開発法人森林総合研究所］

道管と仮道管

　維管束植物は発達した木部をもつことで，水輸送と力学的支持という2つの重要な機能を高め，陸上環境での効率的な炭素獲得と個体サイズの増加を可能にした．こうした木部の主要な機能を担っているのが仮道管と道管であり，両者を構成する細胞を合わせて管状要素と呼ぶ．

　仮道管と道管は，ともに二次壁で肥厚した細胞壁をもち，内腔が中空になった死細胞から構成される．隣接する細胞と接している部分では，壁孔と呼ばれる小孔が発達する．壁孔では，厚い二次壁を欠き薄い一次壁（壁孔膜）が露出しており，ここを通して隣り合った細胞へ水が移動する．壁孔の形状は多様であり，壁孔膜が円形の環状壁孔，梯子状の構造をもつ階段壁孔などがある．さらに，二次壁が張り出して狭まった入り口をもつ有縁壁孔や，道管では有縁壁孔の内壁から繊維状の構造が突起したベスチャード壁孔がある．仮道管では，個々の細胞が壁孔だけで連絡するのに対して，道管は道管の細胞（道管要素）の両端に発達する穿孔によって連絡する構造体を形成する．穿孔は二次壁も一次壁も欠いた大きな孔であり，完全な空洞になった単穿孔や二次壁が梯子状に残った階段穿孔がある．

　仮道管は維管束植物が共通してもつのに対して，道管は被子植物の多くの種とシダ植物のイワヒバやハナワラビの仲間，裸子植物のグネツム類だけにみられる．このため，道管は，仮道管から複数の系統で独立に進化したと推測されている．

　一方で，祖先形質であるはずの仮道管は，現在の地球環境に棲む植物にとっても重要な形質として機能している．例えば，裸子植物である針葉樹の材は仮道管で構成されているが，温帯から亜寒帯にかけて大きなバイオマスをもつ．また，被子植物の中には，ヤマグルマやセンリョウのように道管をもたず仮道管だけからなる木部をもつ植物種もある．そこで，針葉樹の仮道管と被子植物の道管の形態に注目し，水輸送に関する機能を比較する．

●**道管と仮道管の形態と水輸送能力**　道管や仮道管を流れる水は，細胞の内腔と壁孔膜を通る．水のように粘性のある液体が細い経路を流れるときには，流れやすさは，直径の4乗に比例して増加する．したがって，高い輸送効率をもつ道管や仮道管は，①内腔の直径が大きく，②壁孔膜を通る頻度が少なく，③壁孔膜の細胞壁におけるセルロース微繊維の隙間が大きい形態をもつと期待される．

　内腔の直径は，針葉樹の仮道管では5〜80 μmの範囲にあり，道管での15〜500 μmより細い．これは，針葉樹の材では，仮道管が水輸送とともに力学的支持機能を担うため，材の強度を下げる大きな直径の仮道管をつくれないためである．さらに，仮道管の細胞の長さは2 mm程度なので，この間隔で水が壁孔膜を

通る．穿孔でつながった構造をもつ道管でも，やがて，隣接した道管と壁孔だけでつながった状態で閉じ（道管末端），ここでは水は必ず壁孔膜を通る．しかし，道管末端から道管末端までの距離は，平均で2～20 cmの範囲にあり，道管を流れる水が壁孔膜を通る頻度は，仮道管に比べてはるかに少ない．

一方で，針葉樹の仮道管の壁孔膜は，道管のものよりも水を通しやすい構造をもつ．道管の壁孔膜は，セルロース微繊維が5～20 nmの間隔でほぼ均質に配置された一次壁でできている．こうしたセルロース微繊維間の細かい隙間は水の輸送効率を落とす．しかし，隣接した道管内腔が空気で満たされたときには，ここにできる空気と水の境界面で生じた表面張力によって気泡の侵入を止める．一方で，針葉樹の仮道管の壁孔膜は，中心部分は細胞壁が顕著に厚く肥厚した構造（トールス）をもつが，そのまわりにはセルロース微繊維が自転車のスポークのように0.5 μmほどの隙間をもって伸びた構造（マルゴ）をとる．このマルゴにおける大きな隙間が，道管の壁孔膜よりもはるかに高い通水効率をもたらす．さらに隣接した仮道管が空気で満たされた場合には，圧力差によって壁孔膜が水の入っている仮道管の側へ素早く移動する．そして，トールスの部分で狭まった有縁壁孔の入り口を塞ぎ，気泡の侵入を防ぐ．針葉樹の仮道管は，この壁孔膜のトールスとマルゴによって，内腔の直径が同じであれば道管と同等の通水効率と安全性を実現している．

●**凍結融解によるエンボリズムへの抵抗性と常緑樹の分布**　仮道管内腔の細い直径は，寒冷な気候では適応的に利点となる．冬に道管や仮道管の内腔にある水が凍結すると，氷における気体の溶解度はきわめて小さいため，それまで液体中に溶けていた気体分子は気泡となって溶け出る．氷が解けた後，気泡が再び水に溶けずに内腔に残ると，蒸散に伴って生じる負圧によって気泡は広がり，管の内腔を塞ぐ．こうした状態はエンボリズムと呼ばれ，水輸送は阻害されて，深刻化すると枝が枯死する．道管や仮道管の直径が大きいほど凍結時に現れる気泡の体積が大きくなり，この凍結融解によるエンボリズムによる通水阻害は強く起きる．

こうした凍結融解によるエンボリズムへの抵抗性の違いは，植生の分布にも影響する．暖温帯では優占種である常緑広葉樹のカシの仲間は，温暖で枝の凍結が起きない暖温帯では，より太い道管による高い通水効率をもつために競争的に有利になる．しかし，こうした種は，太い道管をもつがゆえに，寒冷な地域に生息すると，冬期に凍結融解によるエンボリズムによる通水阻害が深刻な程度で起き，分布は制限される．そして，こうした寒冷な地域には，冬期に葉を落とす落葉樹や，細い仮道管径がゆえに凍結融解によるエンボリズムが起きにくい常緑針葉樹が分布する．

[種子田春彦]

📖 **参考文献**
[1] 島地 謙・伊東隆夫『図説 木材組織』地球社，1982

篩部

篩部は，木部とともに植物の体で輸送に特殊化した組織で，木部が水を輸送するのに対し，篩部は光合成産物である栄養分（ショ糖やアミノ酸など）を葉肉細胞から集積し，光合成のできない組織や器官に運ぶ(転流する)．通導構造として，被子植物では篩管を，裸子・シダ植物では特殊化の程度の低い篩細胞組織をもつ．非維管束植物である蘚苔門（Bryophyte）の植物は篩部を欠いている．

●**篩部の働き** 篩部は複数の細胞（群）から構成されるが，その主なものは，篩管（あるいは篩細胞），伴細胞，篩部柔細胞，および篩部繊維である．このうち，篩管（篩細胞）は栄養物質を直接輸送する管である．篩管は篩管要素と呼ばれる細胞が連結する．篩細胞組織は篩細胞が重なりあってできている．篩管要素と篩細胞を合わせて篩要素と総称する．伴細胞は篩管に隣接して観察される細胞で，いずれかの篩管要素と対をなす姉妹細胞の関係にある．伴細胞は栄養物質を集積し，それを篩管に積み込む役割や，核をもたない篩管へタンパク質を供給する働きを担っている．篩部柔細胞は，栄養物質の一時貯蔵にかかわるらしい．篩部柔細胞は，伴細胞と隣接することが多いが，伴細胞との原形質連絡の頻度は植物種間で多様性がみられ，これは栄養物質を篩管への積み込む様式の違いから生じている．篩部柔細胞-伴細胞間の原形質連絡がわずかしかみられない植物種は，主にアポプラスト篩部積み込みを行う種であり，その連結が頻繁にみられる植物種は，主にシンプラスト篩部積み込みを行う種であり，中間の頻度分布を示す種は，両者を併用する種である（「生理・転流」参照）．

成熟した木部の道管が死細胞であるのに対し，篩管は成熟しても生細胞である（図1）．しかし，篩管は，一般的な柔細胞と異なり核と液胞を欠いている．また，マイクロフィラメント，微小管，ゴルジ体，リボソームは成熟した篩管にはみら

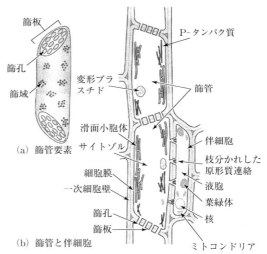

図1 篩管と伴細胞の相互関係 [出典：Taiz, Z., *et al.*, *Plant Physiology and Development,* 6th ed., Sinauer, Fig. 11. 3, 2014]

れない．変形したミトコンドリアやプラスチド，滑面小胞体などの細胞小器官や，P-タンパク質と呼ばれる繊維状の構造体が観察される．一方，篩管に隣接する伴細胞は一般的な柔細胞のように核とリボソームを保持している．篩管は原形質連絡を介して伴細胞とシンプラストが連絡しており，篩管の代謝や細胞機能は伴細胞の活動に大きく依存している．篩部柔細胞と篩管の間にも，伴細胞と篩管の間にみられるような原形質連絡が観察されるが，篩部柔細胞は栄養物質の篩管への積み込みには関与しないと考えられている．篩部では，篩部繊維のみが死細胞である．篩部繊維は篩管に機械的な強度を与える役割を担っている．

●**原生篩部と後生篩部**　一次篩部と呼ばれる篩部は，前形成層から形成される（「一次成長と二次成長」参照）．一次篩部は，双子葉類と単子葉類のいずれにもみられる．一次篩部は，さらに，原生篩部と後生篩部に分けられる．原生篩部と後生篩部は，いずれも篩管と伴細胞から構成されるが，前者は成長の初期に形成されるのに対して，後者は植物体の成長の後期，例えば，茎の節間伸長が停止してから発達する．原生篩部が茎の外周部にみられ，しばしば繊維細胞を伴うのに対し，後生篩部は後生木部の近傍に形成される．二次篩部と呼ばれる篩部は，二次成長のときに維管束形成層から形成される．二次篩部は双子葉類にだけ特徴的に形成される組織で，茎を包み込むように形成される靱皮が一例である．麻の靱皮は靱皮繊維を含み，商業的な価値が高い．

●**篩板**　篩管は縦に長い細胞で，それぞれの篩管は篩板と呼ばれる多孔性の細胞壁で連結されている．篩板は，多数の原形質連絡が集積した一次壁孔域と類似するが，その篩孔は原形質連絡よりも穴のサイズ大きく，また傷害刺激や休眠により厚くカロースが沈着する点で一次壁孔域とは異なる．

●**篩域**　原形質連絡は隣接する細胞間をつなぐトンネル様の構造であるが，篩部を構成する細胞の側面（縦長の細胞の横方向）には，原形質連絡が集積した領域が観察されることがあり，このような領域を篩域（一次壁孔域）と呼んでいる．篩域では，細胞壁の一部が他の領域に比べて薄くなっており，原形質連絡の占める面積はその領域全体の面積の1％にものぼるという．篩部柔細胞の側面には多くの篩域が観察され，研究対象となっている．

●**篩部の原形質連絡**　篩管と伴細胞のように，発生的起源を同じくする細胞間の細胞壁には，細胞分裂のときに形成される一次原形質連絡が存在する．一方，ソース葉の篩部を構成する細胞間には枝分かれや互いに融合した原形質連絡があり，栄養物質の篩管への積み込み効率が向上すると考えられている．これらの原形質連絡は，既存の一次原形質連絡を修飾するか，既存の細胞壁に新たに原形質連絡を形成する（二次原形質連絡と呼ぶ）ことにより構築されるが，修飾一次原形質連絡と二次原形質連絡を形態的に区別することは難しい（「アポプラストとシンプラスト」参照）．

［西田生郎］

葉　脈

　葉脈は，葉の上に広がったネットワーク状の構造体である．こうした葉脈には，重要な2つの機能がある．1つは，光を受けやすい形を保つために力学的に葉を支持することである．もう1つは，葉脈の維管束を通じた物質輸送である．光合成によってつくられた糖は，葉脈で維管束にある篩管への積み込みが行われ，個体内の成長中の組織まで転流される．茎から移動してきた水は葉脈の木部を通して葉の隅々にまで輸送され，蒸散によって失われた水を補っている．ここでは，葉脈における水輸送機能から，葉脈の形と働きを説明する．

●**葉脈パターン**　葉脈のパターンは，進化的な系統関係や植物種の性質を反映している．維管束植物のうち，より原始的なシダ植物や裸子植物では，葉の先端に向かって葉脈が二又に分かれて増える二又脈が多くの種で観察される．こうした葉では，葉脈の末端が互いに交わらないことが多く，葉脈の間での明確な階層性はない．これに対して被子植物の葉では，主脈（一次脈）や側脈（二次脈），細脈（三次脈，四次脈，…）という明瞭な階層性がある．主脈と側脈では肋が顕著に発達する．これらの配置から，ケヤキなどでみられる羽状脈やカエデのような掌状脈，単子葉植物にみられる平行脈など，いくつかのパターンに分類される．細脈は互いに複雑につながったネットワーク状の構造を形成する．細脈の総延長は，葉脈全体の長さの90%を占める．そして，主脈と側脈が葉全体にわたる長距離での水輸送を行うのに対して，細脈は葉の隅々で，葉肉組織へ局所的に水を供給する．

●**葉脈の水輸送機能**　光合成では，基質である二酸化炭素を大気から葉内に気孔を開いて取り入れる．このときに，同時に葉内から水が水蒸気となって大気へと蒸散する．このため，気孔を大きく開いた状態を保つためには，蒸散速度に見合った速度で水が葉脈を通して輸送される必要がある．

　水の輸送速度は，水の流れにくさの指標である通水抵抗（＝流れの原動力／時間あたりに流れる水の量），によって推測することができる．葉では，水は，葉柄から葉脈までを維管束の道管や仮道管を通って移動し，細脈で維管束から出て葉肉組織へ輸送される．こうした葉での水輸送は移動距離こそ短いが，通水抵抗は，個体全体の1/4を占めるほどに大きく，水の輸送速度を制限する重要な要素になっている．葉脈は，葉の通水抵抗のうちの半分弱を占める．

　被子植物の葉脈にみられる羽状脈や掌状脈では，並走する複数の主脈や側脈の木部の道管や仮道管は細脈の維管束を介してつながっている．このため，食害などで主脈や側脈の一部が傷ついて水が流れなくなっても，細脈によってバイパスされる．そして，流れなくなった部位より先端にある葉身にも水が輸送される．

葉脈密度が高い葉ほど葉の通水抵抗は低くなる傾向がある．葉脈密度は，シダ植物，裸子植物，被子植物の順で高くなる傾向がある．こうした葉脈密度の増加が，葉の通水抵抗を下げて高い光合成速度を実現させ，被子植物を今の繁栄に導いたのだとする説が提出されている．

●**葉脈の発生** 葉は，植物種によっても同じ個体の中でもサイズや形がさまざまに変わる．それもかかわらず，蒸散速度や光合成速度を保つためには，葉脈が葉身の大きさに合わせてつくられる必要がある．

葉脈は，葉身の展開とともに発達する．葉原基が軸方向に延びていくときに一次脈がつくられ，その後，葉が葉身を拡大する方向に成長するときに二次脈が伸びる．そして，葉身の展開とともに葉脈と葉脈の間が広がると，それを埋めるようにして新たな葉脈が発達する．こうして，葉の形やサイズが変わってもほぼ同じ密度で葉脈のネットワークを発達させることができる．

シロイヌナズナを用いた研究から，一次脈と二次脈の発生は葉身のオーキシンの流れによって誘導されることがわかっている．成長中の葉原基の先端では，オーキシンが高い濃度で蓄積し，ここから葉原基の基部に向かってオーキシンの流れができる．オーキシンの流れができた場所には前形成層が分化し，一次脈の維管束が作られる．さらに葉の発生が進むと，葉身の周縁部分で等間隔にオーキシンが高濃度で蓄積し，ここから一次脈に向かってオーキシンの流れが形成させる．そして，同様にこの流れの場所に前形成層が分化し，二次脈の維管束が分化する．

オーキシンの流れの形成には，細胞内から外部へオーキシンを排出するPIN1と呼ばれる輸送タンパク質が強くかかわっている．PIN1は，細胞内のうちオーキシンの流れが強い方向に集まる性質がある．これにより，葉身の周縁部にある高濃度で蓄積した場所からのオーキシンの流れが狭い範囲に限定され，葉脈が発生する位置が決定される．PINタンパクの性質を数理モデル上で再現した理論的な研究もある．上記のPINの性質を仮定すると，オーキシンの生成場所と葉身の展開様式によって，二又脈，羽状脈や掌状脈などの葉脈パターンの発生が予測できる．

面積が大きな葉では，葉脈の木部に通水効率の高い直径の太い道管が数多くつくられる．葉脈にある維管束の道管や篩管も葉の発生とともにつくられる．タバコでは発生中の葉身の一部を切除すると，一次脈の木部では細い道管だけがつくられるようになる．こうした道管の直径の減少は，切り口にオーキシンを塗ることで回復するので，葉脈形成と同じように葉身でつくられたオーキシンが葉脈の木部の道管直径などの形態形成を決めている可能性がある． ［種子田春彦］

📖 **参考文献**
[1] アーネスト・M・ギフォード他，長谷部光泰他監訳『維管束植物の形態と進化』文一総合出版，2002

表 皮

　植物は，自然界において数多くの外敵や複雑に変化する外部環境の中で生きている．それゆえ，自らの身を守るために，植物は1層または多層の表皮細胞がすき間なく並ぶ表皮を発達させてきた．表皮は，植物体と外部環境との境界である．そこで，植物は一部の表皮細胞をさまざまな形状や性質に特殊化し，機能的な構造体を外界との境に形づくることによって，刻々と変化する外部環境に対して柔軟に対応している．図1にみられるように，植物体の表面は，多種多様な形態を示す表皮細胞でおおわれているが，発達したクチクラ層によって細胞表面がおおわれ，葉緑体をもたないために光合成能をもたないといった点が，多くの植物において表皮細胞の特徴として観察される．

●**クチクラ層**　陸上植物は，光を十分に受容するために葉を大きく広げ，葉面積を拡大する必要がある．その一方で，葉面積の拡大に伴って問題となる葉表面からの水分の蒸発を防ぐ手だてを講じなければならない．そこで，水分蒸発を防ぐために，陸上植物は表皮細胞の外界に接している面に油性化合物からなるクチクラ層を発達させている．クチクラ層の主だった成分は，不飽和脂肪酸の重合体であるクチン，脂質や脂肪酸エステルの混合物からなるワックスである．ワックスは表皮細胞の表面から滲出し，花弁でみられるような特徴的な構造を細胞表面に形成することもある（図1）．

　クチクラ層の発達度は，植物の生育環境によって左右されやすい．乾燥地もしくは，強光環境を好む植物種では，特にクチクラ層の発達が顕著である．また，湿潤な環境を好む植物種であっても，乾燥条件下で生育させると，クチクラ層が

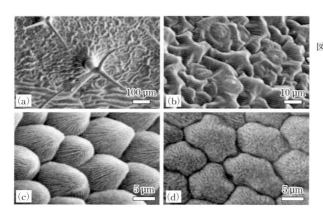

図1　多様な形をした表皮細胞：シロイヌナズナの葉の表側(a)では，三叉分枝した毛状突起をはじめ，ジグソーパズル状，細長い棒状のものなど，多様な形態をもつ表皮細胞が観察される．葉の裏側(b)には，孔辺細胞に挟まれた多くの気孔がつくられる．花弁の向軸側(c)と背軸側(d)では，ワックスの滲出によってつくられる表皮細胞の表面構造が大きく異なる

肥厚することが知られている.
　表皮の外面にクチクラ層がすき間なく発達していることは，葉表面からの水分の蒸発を防ぐだけでなく，病原細菌や菌類の侵入，紫外線によるダメージを防ぐためにもおおいに役立っている.

●**毛状突起**　トライコームともいう．表皮には，単細胞または多細胞からなるさまざまなタイプの毛状突起が観察される．毛状突起の形態・機能は多種多様であり，同一個体内においても多彩な毛状突起を見ることができる．形態的には，針状の単純なもの，あるいは枝状，星状に分枝しているものなどバラエティに富む形態を示す例が報告されている．突起の生え方についても，単独で生えているもの，束状になって生えているものなどが知られている．こうした特徴が植物種に特異的であることが多いため，古くから形態分類における分類形質として重用されてきた．

　毛状突起の中には，特殊な機能をもつように分化したものが多く知られている．綿の原料となる綿毛は，ワタの種皮に生えている毛状突起が細長く特殊化したものである．花弁で観察される毛状突起の中には，光の反射を利用して花弁の質感を独特なものとする働きがある（キンギョソウなど）．また，蜜，粘液，油，塩分などさまざまな物質を分泌するように特殊化している毛状突起も知られている．

　地上部ばかりに目を奪われがちであるが，根の表面に生える根毛も毛状突起の一種である．根毛は，表皮細胞の一部が突出した単細胞性の毛で，根の表面積を広げることによって水と無機養分の吸収を増加させるとともに，根を地中につなぎ止める支持体としても働いている．

●**孔辺細胞**　苔類以外の陸上植物の葉や茎の表皮には，多数の気孔が存在し，ガス交換が行われている．気孔装置とは，対になって存在する2個の孔辺細胞と，その間に生ずる気孔，副細胞からなる細胞集団のことをいう．表皮細胞は一般的に葉緑体をもたないが，孔辺細胞では特別に葉緑体が観察される．また，気孔に面する側の孔辺細胞細胞壁は厚く，反対側の細胞壁は薄いため，孔辺細胞の膨圧の変化に応じて，気孔の開度が調節されることになる．こうした孔辺細胞の膨圧変化は，青色光やアブシシン酸を介して，精致に制御されていることが知られている．

　孔辺細胞に隣接した表皮細胞である副細胞の数や配置によって，気孔装置はいろいろなタイプに分類される．近年の分子遺伝学的知見の蓄積によって，気孔装置の発生や気孔密度の決定の仕組みが明らかになりつつある．

●**多層表皮**　表皮はふつう1層の細胞層からなるが，ムラサキツユクサや着生性のランなどでは，もともと1層の前表皮細胞が発生途中に並層分裂を行い，複数の細胞層からなる多層表皮を形成することがある．多層表皮の機能としては，吸水・貯水組織として働いている例が知られている．　　　　　　　［阿部光知］

柵状組織と海綿状組織

　両面葉（表と裏の区別のはっきりとした葉，背腹葉ともいう）の光合成組織（葉肉，葉肉組織）は，向軸側（表側）の柵状組織と，背軸側（裏側）の海綿状組織とに区別できる場合が多い．柵状組織の細胞は円柱状であることが多く，葉の横断面を顕微鏡で観察すると，柵のようにみえることから名付けられた．海綿状組織の細胞は不定形で，腕をいくつか出したような形態をしていて，相互に連絡している．これが海綿動物のカイメンの組織に似ていることから，海綿状組織と呼ばれる．柵状組織の細胞は，向軸側の表皮の細胞に密着していることが多い．表皮との接触面積が大きい場合には，円柱状ではなく漏斗形になる．海綿状組織と背軸側表皮との接触面積は一般に小さい．向軸側に比べて背軸側の表皮を剥がしやすいのはこのためである．ツユクサやジンチョウゲなどの表皮は特に剥がしやすい．

　オーストラリアに多いフトモモ科ユーカリ属の植物の多くは懸垂した等面葉（向軸側と背軸側の区別がつきにくい葉）をもつ．このような懸垂した葉では，柵状組織は葉の両面に発達し，海綿状組織は葉の中ほどに存在する．つまり，葉の中で明るい場所に柵状組織が発達し，暗い場所に海綿状組織が発達する．

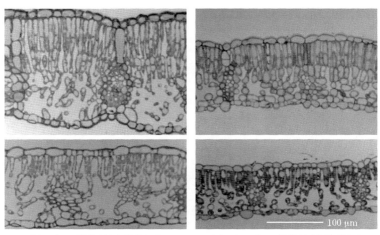

(a) ブナの陽葉(上)と陰葉(下)　　(b) イヌブナの陽葉(上)と陰葉(下)

図1　ブナ(*Fagus crenata*)とイヌブナ(*F. japonica*)の陽葉と陰葉の横断切片：ブナの陽葉の柵状組織の細胞層は2層，陰葉は1層．イヌブナはどちらも1層である．冬芽が完成する段階で，ブナの葉の細胞層数は決定されている

葉の発生に伴い，葉肉の細胞層数が決まると細胞は葉面が広がる方向に分裂する．分裂は海綿状組織となる細胞層で柵状組織の細胞層よりも早く停止するので，海綿状組織の細胞は引きのばされることになり，単位葉面積あたりの細胞密度は海綿状組織細胞の方が柵状組織細胞よりも小さい．

●**陽葉と陰葉**　葉の厚さは光環境によって異なる．例えば，同一樹木個体内でも，葉の厚さは光の強さによって異なり，明るい場所には厚い陽葉，暗い場所には薄い陰葉が発達する（図1）．これらの違いは，主に柵状組織の厚さによっている．陽葉の柵状組織細胞は細長く，それに加えて柵状組織の細胞層の数が多くなる種もある．柵状組織の細胞層数の決定には，発生途上にある当該葉の光環境ではなく成熟葉の光環境が関与している．何らかのシグナルが成熟葉から若い葉に伝わるらしい．円柱状の細胞の伸長成長にはその葉に当たる青色光が関与していることが知られている．

　柵状組織細胞や海綿状組織細胞の細胞膜の細胞間隙に面した部分には葉緑体が密着している．細胞間隙に面した細胞膜に接する葉緑体の表面積の合計は，細胞間隙に面した細胞表面積の合計の70％以上を占める場合が多い．ほとんどの面積を葉緑体が埋めることもある葉の内部の細胞表面積の合計を葉面積で割ったものを細胞表面積比と呼び，暗い環境にみられる典型的な陰生植物の陰葉は5％程度，明るい環境にみられる陽生植物の陽葉では50〜70％程度に達する．細胞間隙に面した葉緑体の表面積の合計を葉面積で割った葉緑体表面積比と葉面積あたりの光合成速度の間には強い正の相関がある．

　明るい場所にある葉が，相応の光合成速度をもつためには，葉緑体表面積比が大きい葉をもつ必要がある．そのためには単位葉面積あたりで葉緑体が細胞間隙にそって配置される面積を増やす必要がある．すなわち，葉は厚くならなければならない．これが，陽葉が陰葉より厚い生態学的な理由である．

●**柵状組織細胞と海綿状組織細胞の形状の違いがもつ意味**　海綿状組織の形状は，ガスの側方拡散に役立つ形状をしているとされてきた．しかし，多くの葉の柵状組織には，ガスの側方拡散に十分な細胞間隙が存在する．柵状組織，海綿状組織の細胞壁に面した表面には葉緑体が並んでいる．これらのすべての葉緑体に光が分配される必要がある．クロロフィルは赤色光や青色光をよく吸収するが緑色光はあまり吸収しない．このため，表側から入射した光の赤色と青色成分の大部分は，柵状組織の葉緑体に吸収され，海綿状組織に達する光の大部分は緑色光である．海綿状組織は光を散乱させやすい形状をしている．光が散乱して組織内をさまようと葉緑体に遭遇する機会が増え，その結果，吸収されにくい緑色光もよく吸収される．こうして，葉は赤色光や青色光だけではなく，かなりの緑色光も吸収する．柵状組織と海綿状組織の分化は，葉の内部の葉緑体にまんべんなく光を分配することにも貢献している．　　　　　　　　　　　　　　　［寺島一郎］

通気組織

　湿った土壌中では酸素が欠乏しやすくなる．これは，土壌粒子の間の空気が水に置き換わり，物質の拡散が非常に困難になるためである．そのような場所に生育する水生植物や湿生植物では，地下部に必要な酸素は葉の光合成で生成された酸素や大気中に豊富にある酸素を利用できなければならない．そのために地上部と地下部をつなぐ大きな空隙のあるパイプを発達させている．このような細胞間にあいた連続した大きな隙間を通気組織と呼んでいる．中生植物や乾生植物でも一時的に冠水した場合には，通気組織を発達させて地下部の酸素不足を補うことができる種も多い．これらの植物の葉，茎や根の横断面をみると，細長く裂けたような形状の空隙，またはレンコン（肥大したハスの地下茎）にみられるような大小さまざまな空隙が放射状に配置されているのがわかる．

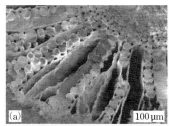

図1　根の通気組織の電子顕微鏡写真：(a) イグサ (*Juncus effusus*) の破生通気組織，(b) ギシギシ属の種 (*Rumex palustris*) の離生通気組織［出典：Lambers, H., *et al.*, *Plant Physiological Ecology*, Springer, p.357, 2008］

　植物体が冠水ストレスを受けるとエチレンが生成され，しかも大気中にエチレンが放出されにくくなるために植物体内のエチレン濃度が上昇し，それによって，細胞がプログラム細胞死すること（破生通気組織），または主に皮層の細胞が急に成長して細胞と細胞が引き離されること（離生通気組織）によって空気を含んだ大きな細胞間隙のパイプができあがる（図1）．このパイプの大気との接する出入り口は主に葉の気孔である．ハンノキやマングローブなどでは，幹の表面に存在する皮目が大気と接する重要な場所となる．

　地下部に供給された酸素は，栄養塩の吸収をはじめとする生理活性の維持のために使われるだけではなく，その一部は土壌中に漏出し，有害還元物質を酸化したり，硝化細菌や脱窒菌などの根圏の微生物の活性にも影響を与えている．また，根の細胞間隙には主に土壌中で生成されたメタン，二酸化炭素や窒素ガスが蓄積するが，通気組織はこれらのガスを大気に排出する機能ももっている．

●**ガス輸送**　地上部から地下部へ酸素ガスが輸送される機構には，酸素濃度差による酸素分子の拡散の他に，スイレンやガマなどの水生植物の多くの種で報告されている微小な気圧差が引き起こすマスフロー（バルクフロー，対流と同義）に

乗った酸素分子の移動がある．1本のパイプの拡散コンダクタンスは径の2乗，マスフローコンダクタンスは径の4乗に比例する．つまり拡散のみに依存する植物種では通気組織の断面積の総和が同じなら個々の空隙のサイズは酸素供給において重要ではない．一方，マスフローにも依存する植物種では通気組織の総断面積が同じと仮定すると，機械的な強度が下がることを許せるならば，できるだけ大きなサイズの空隙を少数もつことが酸素供給能力においては有利となる．

●加圧とマスフロー　マスフローを行う植物の葉ではクヌーセン（Knudsen）拡散が起こり，葉内が加圧する．クヌーセン拡散とは，気体分子の平均自由行程（分子が衝突してから他の分子に衝突するまでに進んだ距離の平均値，常温常圧の大気では約 0.07 μm）程度かそれ以下の細孔があいている隔壁をすり抜ける分子の移動現象のことであり，細孔内では気体分子同士の衝突がほとんどなく，空気の圧力が伝わらない．また，その細孔を通り抜ける分子の数は低水蒸気圧または低温側からの方が多く，その結果，高水蒸気圧または高温側の空気の圧力が高いまま維持される．その細孔の働きをするものは，主に気孔であると考えられている．なお，浮葉植物のいくつかの種では葉の柔組織と柵状組織の間の境界層にあいた隙間がその細孔であるという説もある．また，葉内は水蒸気飽和に近いこと，日射が強い場合には葉温は気温より高くなることが多く，葉内の圧力は外気より数百 Pa（水柱にして数 cm）程度高くなることがある．高温で乾燥した日にハスやガマなどの葉を切り，その切り口を水中につけると気泡が勢いよく出てくることが観察できる．なお，古い葉は傷も多く，細孔サイズが大きいので加圧能力は若い葉に比べて非常に小さい．その圧力差にそって，大気→若い葉→地下茎基部→古い葉→大気という経路でマスフロー，つまり空気の流れが起こる．その流れは毎秒1cmに達することもあり，地下茎基部の酸素濃度の上昇に貢献し，地下茎基部から根までの拡散による酸素輸送を促進する．しかし，マスフローによる酸素輸送能力は非常に高いにもかかわらず，葉のまわりの環境条件に大きく依存する．つまり夜間，特に明け方はほとんど働かないという不利な点もある．

　湿生樹木であるハンノキなどの皮目もクヌーセン拡散における細孔として機能するが，気孔が細孔として機能する水生植物の場合と違って再び大気に戻る経路はなく，大気の他の成分とともに地下部に移動した酸素はそこで使われる．

　大気とまったく接していない沈水植物も通気組織を発達させているものが多い．葉では光合成によって生成された酸素が拡散によって地下部に移動する．光合成には溶存態の二酸化炭素や重炭酸が利用され生成した酸素は過飽和となり多くは気体として葉内に存在する．そのため，葉内の空気圧は上昇する．一方，根の呼吸で生成した二酸化炭素の一部は水に溶け，一部は拡散によって葉に移動し光合成に利用されるため，根内の空気圧は低下する．つまり，昼間には空気圧の高い葉から空気圧の低い根へとマスフローが起こる．　　　　　［土谷岳令］

排水組織

　陸上植物は，光合成で1gの有機物を合成するのに数百gの水を吸収，排出する必要がある．このうち光合成に利用される水は，全体の1%にもならず，そのほとんどは土壌から栄養塩を吸収し，道管を通してそれらを各組織へと分配するための溶媒として利用されている．こうして植物体内に取り込まれた大量の水は，通常は気孔を通した蒸散により大気中に戻されるが，夜間など気孔が閉じて蒸散が十分に機能しない場合には，溶液として植物体から排出される．このような水の排出を排水といい，排水に働く組織を排水組織と呼ぶ．

　植物がなぜ貴重な水を排出しなければならないかはまだよくわかっていない．植物が生育するためには土壌から水と栄養塩を吸収することが必須であり，栄養塩を吸収するためには，その溶媒としての水が常に土壌から空気中へと循環する必要があることがその理由であろう．実際，カナダモやセキショウモのような，沈水性の水草（陸上植物が進化の過程で水中生活に戻ったもの）では，植物体全部が水中に沈んでいる状況で，水も必要な栄養塩も周囲の水環境に十分にあるけれども，水草の根は陸上植物と同じように土壌から栄養塩を吸収し，吸収された栄養塩は道管を通って植物体全体に分配される．このとき，水中にある水草の植物体からは蒸散は起こらないので，道管を通った水は，植物体から水中へと排出されていく．蒸散が生じない状況で，水を排出する力は根圧による．根圧は，道管内の水の化学ポテンシャルと土壌や水中の水の化学ポテンシャルの差によって，道管内に流入した水によってつくり出される圧力である．道管内の水の化学ポテンシャルを低下させるには，道管内のイオン濃度を上昇させる必要がある．一般にイオンの輸送にはエネルギーが必要とされるため，根圧の形成にはエネルギーが必要となる．水分子そのものが，エネルギーを用いて能動的に輸送される機構はまったく知られていない．

●**排水組織の種類と排水機構**　排水組織には，排水細胞，排水毛，水孔などが知られている．*Gonocaryum*属や*Anamirta*属の排水細胞，あるいはマメ科やコショウ科表皮の排水毛は，表皮細胞の一部が変形し，水分を排出するようになっている．植物体内から溶液を排出する組織として，マングローブ植物などで知られる塩腺や，多くの被子植物の花において訪花昆虫の目的となっている蜜腺などが知られているが，これらも排水組織の1つとみなされることがある．

　表皮細胞が変形した排水細胞表面からの排水には，浸透的なものとエクソサイトーシスが関与するものが想定されているが，分子機構の詳細は明らかではない．

　水生食虫植物のタヌキモでは，捕虫嚢内部を陰圧にするために，水を捕虫嚢か

ら汲み出している．この時，捕虫嚢口近くの pavement（舗石状）細胞から水が排出される．pavement 細胞がどのように水を排出するかはよくわかっていないが，水を排出する側の細胞膜と細胞壁は，複雑に絡み合った構造をしており，この構造が水中への水の排出を可能にしていると考えられる．

●**水孔** 多くの陸上植物で朝方，葉の辺縁部などに水滴がついているのがみられるが，これは体内の水分が水孔から排出されていることによる（図1(a)）．水孔は，サトイモ，フキ，アジサイ，ユキノシタ，イネ科植物などの葉先，葉縁部などによく発達している．水孔において水の出口となっているのは，開閉機構を失った気孔とされている（図1(b)）．最近，水孔の形成と気孔の形成が，同じ転写因子で制御されることが報告された．

図1 (a)オオムギ葉先端の水孔から排出される水滴（矢印）．(b)水孔の走査電子顕微鏡像[2]

水孔近くには，維管束の末端あるいは道管要素や篩管要素が複雑に配置された形態を観察することができる．根から吸収された栄養塩の多くは，水孔にたどり着くまでに途中の細胞によって吸収されるが，吸収されずに残った重要な栄養塩が，ここで最終的に吸収されて篩管に移され，また植物体に戻っていくと考えられる．実際，道管液と水孔から排水された水のイオン濃度を測定してみると，K^+ やリン酸の濃度が大きく減少していることがわかっている．また，塩化物イオンなど多量にあると成長に悪影響のあるイオンは水孔から排出されている．水孔周辺では，さまざまな栄養塩の輸送体が発現していることや，維管束には転送細胞（植物体内において物質輸送に働くとされ，複雑に入り組んだ細胞壁と細胞膜をもち，表面積を増大させている細胞）が観察されていることから，道管から篩管への栄養塩の再吸収が行われているものと考えられる．これは動物の腎臓で行われる再吸収と同じ現象といってもよい．

水孔は，開閉能を失っているため，外部から細菌や菌類など病原体の侵入を許す可能性が高い．そのため，排水される水には，キチナーゼやプロテアーゼなどが含まれ病原体の攻撃に備えているようにみえる．また水孔周辺の細胞は，被覆細胞という特殊な細胞であり，液胞に二次代謝産物を多量に蓄積していることが観察できる．これらの二次代謝産物も病原体の防御に働くと考えられる．［三村徹郎］

📖 **参考文献**
[1] Fahn, A.,"Secretory tissues in vascular plants", *New Phytologists*, 108：229-257, 1988
[2] Nagai, M., *et al*., "Ion gradients in xylem exudate and guttation fluid related to tissue ion levels along primary leaves of barley", *Plant Cell Environment*, 36：1826-1837, 2013
[3] Singh, S., "Guttation：Quantification, microbiology and implications for phytopathology", *Progress in Botany*, 75：187-214, 2014

分泌組織

　植物の表皮にはさまざまな形態の毛状突起構造がみられる．これらはその形状や性質により種々の名称で呼ばれるが，分泌組織（油状物質を分泌する組織）とそうでないものに分けられる．分泌組織の代表的なものとして，腺毛と蜜腺があげられる．最近，マラリアの特効薬であるアルテミシニンがヨモギ属の植物クソニンジンの腺毛で生合成されることが見出された．さまざまな二次代謝産物が腺毛内で特異的につくられることが明らかになりつつある．図1に分泌組織の例を示す（なお，体内に分泌物を蓄える分泌構造については，「乳管，粘液道，樹脂道」参照）．

●**腺毛**　腺毛は表皮細胞起源の油状物質を貯蔵，分泌する特異な微細構造である．代表的な形状としては，分泌細胞を頭部に有する有頭型腺毛（先端の膨らんだ棍棒状）と分泌細胞に取り囲まれた細胞間隙に分泌物が蓄積される盤状の楯型腺毛がある．これらの中間的な形状をもつものもあり，柄の部分の細胞および頭部の分泌細胞は単一または複数の細胞からなるものがある．シソ科植物などによくみられる楯型腺毛は精油を蓄積，分泌するので精油腺と呼ばれることもある．これ

(a) シロバナマンテマの萼の有頭型腺毛（右図は拡大）

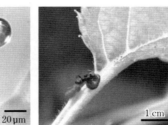
(b) ソメイヨシノの葉柄の蜜腺とアリ

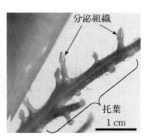
(c) ソメイヨシノの托葉にみられる分泌組織

(d) キリの葉の腺毛にトラップされたアブラムシ［撮影：辛島司郎］

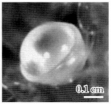
(e) キリの葉の皿状器官［撮影：辛島司郎］

図1　分泌組織の例

らの形態的特徴は，非分泌性の毛状突起の形態的特徴とともに，種特異的であり植物の重要な分類形質の1つである．

●**腺毛分泌物の成分の構造**　腺毛分泌物には，脂肪酸誘導体，テルペノイド，ポリケチド，フェニルプロパノイド，フラボノイドなどのさまざまな二次代謝産物が含まれる．科や属に特徴的な成分として，ナス科（トマト属など）にはショ糖およびブドウ糖の短鎖脂肪酸エステル類が，キク科（ヒマワリ連植物，ヨモギ属）にはセスキテルペンラクトン類を主とするテルペン類が，多くのシソ科植物にはモノテルペン類を主とする精油成分が，サクラソウ科（サクラソウ属）にはフラボン配糖体が知られている．最近の研究で，フウロソウ科（フウロソウ属，オランダフウロ属）はジサッカライドのn-アルキルグリコシド類を，ナデシコ科（マンテマ属，ミミナグサ属）は，特異な構造の環状糖脂質類を含むことがわかってきた．ヒドロキシ脂肪酸からなるグリセリドは比較的多くの科にわたってみられる．なお，モウセンゴケなどの食虫植物の腺毛は粘液を分泌し虫を捕獲するとともに，消化液を分泌し獲物のタンパク質を分解し，分解産物を吸収する．

●**蜜腺**　花または花以外の部分に存在し，それぞれ，花内蜜腺，花外蜜腺と呼ばれる．花内蜜腺の多くは子房の基部，あるいは子房と雄蕊との間に位置する．花外蜜腺は，アカメガシワ，サクラ，イタドリなどでは，葉柄や葉身のつけ根にイボ状の突起や丸いくぼみの形状で存在し，特に若葉や若枝に顕著である．ソメイヨシノなどでは托葉や若葉の鋸歯部分にも分泌能をもつ腺毛類似の器官がみられる．花内蜜腺および花外蜜腺の分泌物は，糖類が主成分であり，アミノ酸類も含まれる．キリの若葉には腺毛，樹枝状毛に加えて，皿状器官と呼ばれる微小突起物が存在し，その分泌液には糖が含まれる．

●**分泌組織の生理学的意義**　腺毛の分泌物は，捕食者や植物病原菌から地上部を守るために防衛的機能に関与しているものと考えられているが，多様な構造の分泌物がそれぞれ実際にどのような機能をもつのかについてはさらなる研究が必要である．分泌物の粘性のために物理的に小昆虫がトラップされていることはよく観察される．花内蜜腺は，虫や鳥などの小動物によって花粉を媒介される植物に普遍的にみられ，媒介動物を呼び寄せる役を果たしていることは明らかであろう．花外蜜腺には，アリがいることが多く，共生関係が成り立っており，食害昆虫の移動や摂食を妨げる一助となっていると考えられている．

●**分泌能をもたない毛状組織**　植物の表皮には，分泌能をもたない毛状突起も存在している．単純な毛の形をしているものから枝分かれしている複雑なものまでさまざまな形状がみられ，その形状にちなんで，単純毛，星状毛，樹枝状毛，鉤状毛，鱗状毛などと呼ばれる．例えば，アカメガシワの新葉表面に密生する赤色の星状毛は赤色および近赤外領域の光を強く反射し，新葉の過熱を防ぐ機能が示唆されている．

［藤本善徳］

乳管，粘液道，樹脂道

　維管束植物の約8〜10%，3万種以上の植物が，葉脈・茎・根の傷口から乳液，粘液，樹脂などの液体を分泌する．例えば，ケシ，タンポポ，サツマイモ，パラゴムノキなどは乳液を，モロヘイヤ，オクラなどは粘液を，マツ，クヌギなどは樹脂あるいは樹液を分泌する．乳液，粘液，樹脂を貯蔵・分泌する管状の構造をそれぞれ乳管，粘液道，樹脂道という．イチジク傷口から出る乳液もウルシの傷口から出る樹脂も白色の液体で酷似するが，分泌器官の乳管と樹脂道の構造は明白に異なる．乳液は，乳管細胞という巨大な多核細胞の内部の液胞に蓄えられていて，植物の損傷時に乳管細胞の細胞質と一緒に乳液が傷口から滲出する．一方，樹脂や粘液は細長い細胞間隙である樹脂道や粘液道に分泌され蓄積されている．

　乳液が細胞内容物である一方，樹脂は細胞外分泌物である．乳管の発生学的起源や構造は多様である．乳管は構造的に，無分節乳管と分節乳管に分けられる．イチジク，クワ，ガガイモでは，幼植物中に少数（5〜30細胞程度）存在した乳管原細胞が維管束や葉脈の伸長に合わせて細胞分裂せずに延び多核の非常に長い乳管細胞を形成する．大木のイチジクでも乳管細胞は少数で，個別の乳管細胞は根の先端から葉の先端まで1つの細胞である．その先端は維管束や葉脈に入り分岐するが，閉回路はない（図1(a)）．このような乳管を無分節乳管という．他方，分節乳管は，別々に発生した縦に並んだ多数の細胞が細胞壁や細胞膜の消失により融合したものである．無分節乳管にはさらに，横方向に連結せず閉回路がない無吻合乳管（ヒルガオなど）と横方向に連結

(a) 無分節乳管　　　　(b) 分節吻合乳管
（迂回・環状路がない乳管）（迂回・環状路がある乳管）

(c) 葉脈切断の例（矢印）　(d) 溝切りの例（矢印）

図1　乳管のタイプと昆虫の行動的適応：(a)無分節乳管をもつ葉を食べる昆虫の行動的適応としての葉脈切断．(b)分節吻合乳管をもつ葉を食べる昆虫の行動的適応としての溝切り．(c)イシガケチョウ幼虫（写真下左）は無分節乳管をもつハマイヌビワ（野生イチジク）の葉脈を切断してその遠位部を食べる［撮影：筆者，沖縄県石垣島］．(d)アメリカ大陸産スズメガ幼虫はパパイアの葉に溝を切って食べる［撮影：David Dussourd］

し網目状の閉回路を形成する吻合乳管に分けられる（図1(b)）．一方，細胞間隙である樹脂道はウルシ科などでは複雑に分岐し植物組織中に行きわたっている．セリ科の樹脂道は油成分の分泌液を含むため，油管とも呼ばれる．

●**乳管，乳液および乳液成分の昆虫や草食動物に対する防御機能**　乳液は多様な二次代謝物質やタンパク質を高濃度で含む．ケシ科植物の乳液はモルヒネ（乳管隣接細胞で合成）などのアルカロイドを，キョウチクトウ科植物は強心配糖体を，レタスやタンポポの乳液はラクツシンなどのテルペノイドを，パパイアやイチジクの乳液はパパイン（乳管細胞で合成）などのタンパク質分解酵素を，セリ科の油管はフラノクマリンを，パラゴムノキ，グアユールなどの多くの植物の乳液がゴム成分を含む．アルカロイドは神経機能を攪乱し，強心配糖体はイオンポンプを阻害する神経毒・細胞毒であり，タンパク質分解酵素も昆虫の体を溶かす猛毒である．クワ乳液中の糖類似アルカロイドは昆虫の糖の消化・代謝を阻害し毒である．セリ科油管のフラノクマリンはDNAに化学結合し有毒である．また，乳液のゴム成分は昆虫に粘着し口や体を動けなくする．乳液を含み昆虫に有毒な葉も細かく切り乳液を洗い落とせば無毒になる事実や，通常は樹脂道も樹脂分泌もないスギも昆虫に食害されると傷害樹脂道が形成され樹脂分泌が起こる事実からも，乳液や樹脂が昆虫に対する防御であることがわかる．防御タンパク質などを含み昆虫成長阻害活性を示すウリ科植物の分泌性篩管液も同様に防御の役割をもつ．

　乳管や樹指道は，防御物質の貯蔵以外に高濃度の防御物質を昆虫攻撃部位に瞬時に運ぶ輸送システムとしても機能する．乳管や樹脂道が破断されると内圧により内容物が勢いよく分泌される．あるガガイモ科植物では損傷時に乳液が乳管中を70 cmも移動して滲出する．葉摂食時に目の前に高濃度の防御物質を含む乳液が瞬時に小さな体に比較して大量に噴出するため，乳液・乳管による防御は昆虫など微小草食動物に対して効果が高い．植物中の総量としては最小限の防御物質を，攻撃部位に瞬時に多量に動員可能な効果的・経済的な防御物質輸送システムとしての乳管・樹脂道にも重大な弱点がある．それは，輸送管が破壊されると乳液が漏れ内圧が失われ輸送システムとして機能しなくなる点である．特に無分節乳管は上流の1個所の破壊で供給を絶たれた下流が完全に無力化される（図1(a)）．実際，無分節乳管をもつイチジク類を専門に食べるイシガケチョウ幼虫などは，まず葉脈の1個所をかじり乳管を分断・無力化してその下流側を食べる（図1(c)）．分節吻合乳管をもつパパイアなどでは，葉脈（乳管）の1個所の破壊では迂回ルートの存在のため輸送システムは完全には破壊されない．しかしパパイアの葉を専門に食べるスズメガ幼虫は葉を横断する溝を嚙み入れて，溝の下流部分を食べる（図1(b)(d)）．乳管・樹脂道防御システムの優位性は，乳液が植物で40回以上独立に収斂進化したことからも明らかであるが，一方で分断に弱いという顕著な弱点を昆虫に突かれ打破されていることは興味深い．　　　　［今野浩太郎］

貯水組織

乾いた大気に囲まれて生育する陸上植物では，常に体内から水を失う．水を失った組織の細胞は，外部からの水の供給によって生存に必要な含水率を保たなければならない．水の供給源は多くの場合，土壌から根で吸収した水である．しかし，砂漠のように強く乾燥して土壌からの給水が困難な場合や，高木のように葉と土壌の距離が離れて水の輸送抵抗が大きい場合には，植物体内の葉や茎といった組織から水が供給される．本項では，貯水組織を乾燥した組織への水源となる部位である，と広く捉えて，植物にとっての貯水と貯水組織について概説する．

●貯水の水源　植物組織における水源は，①アポプラストや木部の細胞間隙に毛管力で保持されている水，②生きた細胞内にある水，③道管，仮道管，繊維細胞の中にある水の3つに分類できる．これらの水源の利用のしやすさは，キャパシタンス（＝組織の相対含水率（＝細胞内の水の量/完全に吸水したときの細胞内の水の量）と水ポテンシャルとのグラフの傾き，単位は MPa^{-1}）によって定量化できる（図1(a)）．

水ポテンシャルは組織内にある水の自由エネルギーの指標で，純水を0と定義し，溶質の濃度が高くて水の濃度が低いほど負の値になる．そして，水は，水ポテンシャルが高い部位から低い部位へ向かって流れる．組織が乾燥すると水ポテンシャルが低下し，隣りあった水ポテンシャルの高い組織から水を引き込む．このとき，キャパシタンスの高い組織ほどより多くの水を供給できる．

組織の水ポテンシャルの範囲によって利用できる水源が異なる．毛管力で保持されている水は動きやすく，高い水ポテンシャルで利用できる．生きた細胞にある水は，広い範囲の水ポテンシャルで利

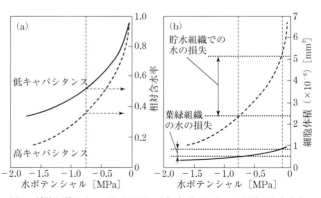

図1　植物組織のキャパシタンス：(a) 水ポテンシャルが低下したとき，キャパシタンスが高い種ほど，細胞の体積が大きく変化する．(b) 図(a)の縦軸を実際の細胞体積に換算した図．貯水組織の細胞は，細胞体積，キャパシタンスともに高いため，同じ水ポテンシャルの低下に対して，葉緑（葉肉）組織の細胞よりも多くの水を供給できる．グラフは，ウチワサボテンによる測定値を補正して示した

用できる．これに対して，道管や仮道管にある水は，内腔にある水が空気に入れ替わる必要があるため（キャビテーション），より低い水ポテンシャルでしか利用できない．

以下，主に細胞内の水を使う柔組織における貯水と，上記の3つの水源を使う茎における貯水に分けて説明する．

●**柔組織における貯水**　サボテンの茎や多肉植物の葉は，葉緑体をもち光合成を行う細胞からなる葉緑（葉肉）組織の内側にサイズの大きな細胞からなる貯水組織が発達する．サボテン科の植物であるウチワサボテンの一種（*Opuntia ficus-indica*）の茎では，葉緑組織の細胞に対して貯水組織の細胞は，約20倍の細胞体積をもつ．細胞壁の厚さは半分程度であり，細胞質の浸透濃度は約3分の2になる．こうした，細胞壁が薄く，細胞サイズが大きい，そして，細胞質の浸透濃度が低いという特徴は細胞の高いキャパシタンスと関連し，実際に，多肉植物のキャパシタンスは25種の平均で $0.25 \mathrm{MPa}^{-1}$（木本の葉で $0.02 \sim 0.1 \mathrm{MPa}^{-1}$）となる．

キャパシタンスの異なる葉緑組織と貯水組織が層状に隣り合って配置された組織では，この組織全体から水が失われると，キャパシタンスの大きい貯水組織から優先的に水が移動する（図1(b)）．ウチワサボテンでは，3カ月間の乾燥処理のあとで，貯水組織で50%の水が失われたのに対して，葉緑組織では13%しか水を失わなかった，という報告がある．

●**茎における貯水**　木本植物では，1日に個体が蒸散する水のうち約10〜20%が茎の貯水から供給される．こうした割合は，植物種によっては，30〜50%に達することもある．

茎における貯水の水源は，水ポテンシャルが高いときには木部の細胞間隙に毛管力で保持されている水や，茎の材で水の通水が起きている辺材における木部柔組織，樹皮の皮層の細胞からの水が使われる．蒸散とともにこれら茎の組織の柔細胞の含水率が変化し細胞体積が変わるため，茎の直径は1日のうちで0.1%から1%のオーダーで日変化する．こうした変化は柔組織の割合の大きい若い枝で大きくなる．こうして茎から失われた水は，蒸散の止まった夜間に土壌から吸収された水によって補充される．水ポテンシャルがさらに低くなると木部の道管や仮道管，繊維細胞でキャビテーションが起きて，ここからの水も利用することができる．この場合は，春先の季節的な根圧などによってしか補充されない．

木本植物の茎における辺材体積あたりのキャパシタンスは，$10 \sim 50 \mathrm{kg/m}^{-3} \cdot \mathrm{MPa}$ の範囲になる．高いキャパシタンスをもつ種は，湿潤環境に生息し，キャビテーションが起きやすい．このため，高いキャパシタンスをもつことの長所は，葉からの蒸散速度に素早く対応して水を送れることで突発的な木部圧の低下を防ぎ，キャビテーションの発生を回避することであると考えられている．

［種子田春彦］

貯蔵組織

　貯蔵組織は，デンプン，脂質，タンパク質などの物質を大量に蓄積する組織であり，維管束植物の基本組織系柔細胞からなることから，貯蔵柔組織とも呼ばれる．多年草の地下茎や木本の維管束木部柔組織の他，果実の果肉や種子の胚乳も貯蔵組織となる．種子に蓄えられたデンプン，脂質，タンパク質は，発芽後にそれぞれブドウ糖，脂肪酸，アミノ酸に分解されて，幼植物が光合成を開始するまでの初期成長のためのエネルギー源や新たな組織づくりのための構成要素として使われる．貯蔵物質は植物体の成長に直接利用されるだけでなく，果肉に蓄えられた貯蔵物質は鳥などの種子散布者の餌となり間接的に植物の繁殖に利用される．また，植物の貯蔵組織に蓄えられた物質は従属栄養生物であるヒトをはじめとする動物の栄養源ともなる．特に，デンプンを大量に蓄積しているイネ，ムギ，トウモロコシの種子は，世界三大穀物としてヒトの大切な栄養源となっている．

●**貯蔵組織の種類**　貯蔵組織は，茎，根，種子などさまざまな器官に存在する．地下茎の一部が肥大して貯蔵組織を発達させたものとしては，ジャガイモの塊茎がよく知られている．この他，地下茎の貯蔵組織には，サトイモ科の球状に肥大した球茎やユリ科やネギ科の鱗片葉をもつ鱗茎などがある．根に栄養分を蓄積している貯蔵根には，主根や胚軸が肥大化した多肉根と不定根が肥大化した塊根がある．多肉根としては，ダイコン，カブ，ニンジンなどがあり，塊根の代表例としてはサツマイモがある．これら地下茎や根の貯蔵組織の主な貯蔵物質はデンプンである．一方，種子は，発芽と幼植物の成長のために貯蔵物質を蓄えており，その蓄積部位は多様である．イネ科のイネ，コムギ，トウモロコシは，胚嚢の中央細胞と精細胞との受精の後に分裂によってできる胚乳（雌性配偶体内に生じるので内乳あるいは内胚乳とも呼ぶ）にデンプンやタンパク質を蓄積している．このように狭義の種子貯蔵組織は胚の成長のための栄養分を蓄える胚乳を指すが，胚乳が退化したマメ科の種子や胚乳が未発達なシロイヌナズナの種子（図1）は子葉（胚）に貯蔵物質を蓄えることから，子葉は広義の貯蔵組織といえる．

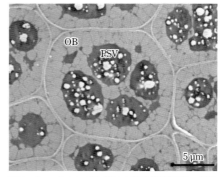

図1　シロイヌナズナ種子の電子顕微鏡像：細胞の大部分を貯蔵タンパク質を含むタンパク質蓄積型液胞（PSV）と単純脂質トリグリセリドを含むオイルボディ（OB）が占めている

●貯蔵タンパク質の生合成と集積機構　種子の主な貯蔵タンパク質としては，11S グロブリン（シロイヌナズナの場合は 12S グロブリンと呼ばれている），2S アルブミン，プロラミンがある．11S /12S グロブリンと 2S アルブミンは，双子葉植物と多くの単子葉植物の種子に普遍的に存在し，種子細胞のタンパク質蓄積型液胞に集積される（図 1）．これらのタンパク質は，登熟期の種子の細胞内の小胞体で前駆体として合成され，タンパク質蓄積型液胞へ輸送された後に，液胞プロセシング酵素による限定分解を受けて成熟型の貯蔵タンパク質に変換される．登熟期の種子は，限られた種類のタンパク質を大量に合成し液胞へ輸送することから，液胞へのタンパク質の選別輸送機構の解明に貢献してきた．酵母では，液胞タンパク質は小胞体で合成された後にゴルジ体を経由して液胞へ輸送されるが，登熟カボチャ種子の研究により，植物ではゴルジ体を通過しない液胞輸送経路をもつこととそれを担う PAC 小胞が発見されている．

単離 PAC 小胞からは液胞選別輸送レセプターが同定された．また，サツマイモの貯蔵タンパク質スポラミンの研究から，液胞移行シグナルの 1 つとして NPIR（Asn-Pro-Ile-Arg）配列が決定されている．また，アルコール可溶性貯蔵タンパク質プロラミンは，イネ科の胚乳に特異的に存在し，プロテインボディ I と呼ばれるオルガネラに集積される．プロラミンも登熟期の種子の細胞内の小胞体で合成されるが，小胞体の内腔で凝集体を形成してプロテインボディ I となる．貯蔵タンパク質は，発芽後に誘導される分解酵素により液胞内で分解され幼植物の成長に利用される．

●種子の貯蔵脂肪を集積するオイルボディ　油糧種子は大量のトリアシルグリセリド（別名トリアシルグリセロール）をオイルボディ（別名リピッドボディ）と呼ばれるオルガネラに蓄積している（図 1）．通常生体膜は脂質二重層からなるが，内部に脂肪を集積するオイルボディは 1 層のリン脂質からなる半単位膜によって囲まれている．オイルボディの形成については，小胞体の脂質二重膜の間にトリグリセリドが集積し，それが発達してオイルボディになるとされている．オイルボディの膜タンパク質オレオシンの含量はオイルボディの大きさと負の相関がある．種子の発芽後に，貯蔵脂肪の加水分解で生じる脂肪酸はグリオキシソームの β 酸化系とグリオキシル酸回路で代謝され，幼植物の成長のためのエネルギー源と炭素源として利用される．

[西村いくこ]

参考文献

[1] Shimada, T., *et al*., "Vacuolar sorting receptor for seed storage proteins in *Arabidopsis thaliana*", *Proc. Natl. Acad. Sci*., USA 100, 16095-16100, 2003
[2] Shimada, T., *et al*., "Vacuolar processing enzymes are essential for proper processing of seed storage proteins in *Arabidopsis thaliana*", *J. Biol. Chem*., 278：32292-32299, 2003
[3] Hara-Nishimura, I., *et al*., "Transport of storage proteins to protein storage vacuoles is mediated by large precursor-accumulating vesicles", *Plant Cell*., 10：825-836, 1998

異型細胞

　葉や根などの組織の中にあって，周囲の細胞と形や大きさ，含有物などが明らかに異なっている細胞のことを異型細胞という．

　例えばミカン科の植物の葉を光に透かしてみると多くの油点が見える．これは，精油を含有する細胞（油細胞）が上皮細胞に囲まれたものが葉の組織中に散在するからである．こうした特殊な含有物は，特定の異型細胞に蓄積されている．含有物にはこの他にもタンニンや，シュウ酸カルシウム，炭酸カルシウム，ケイ酸の例が知られている．このような含有物を含む細胞は，周囲の細胞よりも小型化あるいは大型化していて，例えばタンニンの場合には色素沈着のために色で判別しやすい場合も多い．

　図1はインドゴムノキとクワの成熟葉における異型細胞で，表皮細胞由来の細胞が巨大化して柵状組織を押し下げており，その中に葡萄の房のような形をした炭酸カルシウムを沈着している．柄の部分には珪酸が沈着している．この鉱物質の構造は鍾乳体と呼ばれる．

　鍾乳体の形成過程は，18世紀ぐらいから光学顕微鏡で，20世紀に電子顕微鏡で詳細に観察されている．一般に細胞含有物は植物細胞の容積の大部分を占める

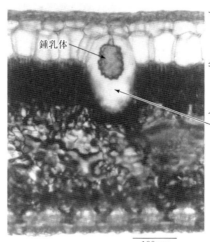

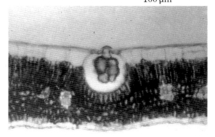

図1　インドゴムノキ（上）とクワ（下）の葉の横断面における鍾乳体：表皮由来の異型細胞が巨大化して，柵状組織を押し下げて発達している

液胞の中に形成されるが，鐘乳体の場合には異型細胞の発達（巨大化）とともに柄が細胞質を押し下げて，その先に酸性多糖の骨格を形成しつつ炭酸カルシウムの塊がつくられる．つまり，鐘乳体は細胞の「外」につくられる．炭酸カルシウムの結晶は基本的に非結晶（アモルファス）であり，ときどき天然では珍しいバテライトが混ざる．これらはエネルギー的に不安定な状態であるので，水に接すると直ちにエネルギー的に安定な方解石に変化してしまう．例えば単離した鐘乳体を水につけると1時間で表面すべてが立方体の方解石の結晶でおおわれる．このように，鐘乳体は異型細胞の中にあるが，実際には「細胞外」につくられていることによって形が維持されている．

　鐘乳体はこの他にもアサ科（新エングラーシステムだとニレ科）のエノキ（榎）やウリ科のニガウリ（食材での通称名ゴーヤー），キツネノマゴ科のキツネノマゴやコエビソウなどでもみられる．ニガウリでは，異型細胞が葉の裏側表皮に3～6個が放射状に配置し，キツネノマゴ科では異型細胞は細長くなり，鐘乳体はブーメランのような形になる．なお旧ニレ科では，例えばケヤキやムクノキでは異型細胞が巨大化してケイ酸を沈着させるだけであり，国外の属では異型細胞が多糖の塊を沈着させるだけのものがある．こうした異型細胞の多様性は，鐘乳体の形成過程が途中で止まっている状態を反映させている．

　クワやインドゴムノキの葉では，葉の成長に伴って$1\,cm^2$あたりに1000個以上のこのような異型細胞が形成され，落葉とともにこのまま捨てられる．

　炭酸カルシウムを沈着させる異型細胞は表皮細胞由来であるのに対して，シュウ酸カルシウムを沈着させる異型細胞は，柔組織由来であることが多い．ホウレンソウやブドウ，チャなどの植物では，海綿状組織の間にコンペイ糖のような形をした結晶を含んだ異型細胞が形成される．

　サトイモ科の植物では，植物体全体の組織にシュウ酸カルシウムの針状結晶が束になって配置している．料理の際に手が痒くなることがあるのは，この結晶が手に刺さるからであり，薄めた酢で食材を前処理するのもこのような結晶を溶解させる意味がある．この針状結晶は，食用に適さないクワズイモなどでは顕著に多く含まれる．

　このような含有物をもった異型細胞が形成される理由にはわかっていないことも多いが，動物による食害を防ぐことや生理代謝の結果としてつくられた有機酸の不溶化などの意義があると考えられる．

　その一方でヤマグルマやヤブツバキのような常緑広葉樹の葉では，海綿状組織の中に細胞壁が肥厚して枝分かれをした大型の異型細胞が形成される．その理由についても推測の域を出ないが，葉の機械的な強度を維持することに役立っていると考えられる．

[瀬戸口浩彰]

離　層

　春には桜が咲いて花吹雪が舞い，秋には紅葉が色づいて散りゆくように，植物の姿は四季折々にダイナミックに変化する．その大きな変化の1つは，花弁や果実，葉などが植物体から離脱することである．このような器官離脱の現象は多くの植物でみられ，成熟した果実が離脱して地上で種子を発芽させ，落葉樹が秋に葉を落として厳しい冬を生き延びるなど，器官の離脱は植物の重要な生存戦略である．このような器官の離脱をつかさどる組織が離層組織であり，多くの植物で離脱する器官には離層組織が形成される．離層組織は，整列した数層の小細胞（離層細胞）により構成されるのが特徴であり，離層組織が形成される部位やその形成時期は植物によってさまざまである．ここでは果樹を例に説明する．

●**落果**　果樹において果実が離脱する現象は落果と呼ばれており，開花後に幼果が落果する早期落果と成熟期に落果する後期落果があり，早期落果はその多少が収量に大きく影響を及ぼすため，栽培上の重要な問題となっている．通常，果樹では多くの花を咲かせるが，不受精の果実や発育の劣る受精果実が幼果期に落果することで果実数を制限し，健全な種子を発育させるシステムが働いているものと考えられる．その機構としての離層組織の形成を，カキ（*Diospyros kaki*）品種の「富有」について例示する．カキの早期落果は，開花1週間後から始まり，開花3週間後頃までは主に不受精果実が，開花9週間後頃までは受精果実が落果する．図1に花の構造を示しており，果実は図中の点線のラインで離脱するため，維管束の外側では萼と果柄の接合部で，維管束の内側では果

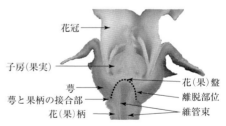

図1　カキ「富有」の花の構造

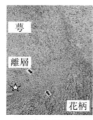 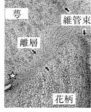 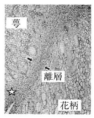 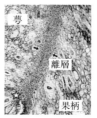

開花3週間前　　開花2週間前　　開花時　　開花2週間後

図2　カキ「富有」の萼と花(果)柄間の離層形成：開花2週間後には受精し果実となるので花柄は果柄となる

柄と接合する果盤部で離脱の機構が働いている．萼と果柄の接合部の表皮はくびれており，これを目印に萼と果柄の接合部内部の組織形成を

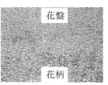
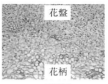

図3 カキ「富有」の花(果)柄と接合する花(果)盤組織

図2に示す．開花3週間前には，萼・花柄接合部の表皮のくびれから維管束に向かって離層の小細胞がすでに形成されているが，この細胞は萼の細胞と類似しており，明瞭な層状構造には至っていない．開花2週間前には離層の小細胞は層状の構造を示すようになり，維管束周辺まで及んでいる．開花時には小細胞は整列した8層前後の明瞭な離層組織を形成しており，開花2週間後には萼や果柄の細胞が発育するので，離層組織はさらに明瞭となる．一方，維管束の内側の果柄と接合する果盤部には離層組織は形成されない（図3）．開花2週間前には花盤の細胞は小さく，花柄の細胞はやや大きいものの，両者の境界は不明瞭である．開花2週間後でも果盤の小細胞は不斉一である．

●**離脱の誘導から落果**　このように，カキの幼果では離層組織が形成される部位と形成されない部位にまたがって離脱が生じる．離層組織は植物体が離脱部位から病気の感染を防ぐ機能もあると考えられており，カキ幼果の離脱後の果柄を観察すると，離層組織を形成する萼との接合部は滑らかで硬いが，離層組織を形成しない果盤との接合部は不斉一であり，軟化した果盤組織の一部を伴っている．萼と果柄間の離層組織は開花までにすべての花で形成されるが，離脱するのはその一部である．離層組織では，何らかのシグナルにより離脱が誘導され，この誘導には植物ホルモンのオーキシンやエチレンが関与していると考えられているが，その詳細は明らかではない．離脱誘導後に細胞間の接着が失われ，細胞が分離して離脱に至るが，この細胞の分離には細胞壁分解関連酵素であるセルラーゼやポリガラクツロナーゼなどが関与している．一方，カキの成熟果実は，離層組織と関係なく熟柿となって落果するため幼果とは異なる戦略である．

　植物にとって器官の離脱は重要な生存戦略であり，離層組織の形成はその一翼を担うものである．この離層組織の部位に特異的な形成や，離脱の誘導から落果などに至る過程は不明な点が多いが，カキの例のように，植物は離脱させるべき果実（器官）や時期を選び，エネルギーを投入してその離脱を実行させている．

［北島 宣］

参考文献
[1] 北島 宣「種子形成と生理落果」農山漁村文化協会編『果樹園芸大百科6 カキ』農山漁村文化協会，pp.72-78, 2000
[2] Roberts, J. A. & Gonzalez-Carranza, Z. H., *Abscission*. eLS, John Wiley & Sons, Ltd. www.els.net, 2013

根の形態形成

　根の成長は先端にある根端の根端分裂組織の働きに依存している（「根」参照）.ここでは，根がどのように形成されるのか，そしてつくられた根の成長がどのような仕組みで維持されるのかを説明する.

●**根端分裂組織**　根端分裂組織には，根を構成するすべての細胞をつくり出す始原細胞群が存在している（図1(a)）.始原細胞は，非対称な細胞分裂によって，始原細胞自身の性質を維持する娘細胞と，特定の組織に分化する娘細胞とに分かれる.この娘細胞には，分裂せずに特定の組織に分化するものや，対称的な細胞分裂を数回起こして細胞の数を増やすもの，あるいは，さらに非対称分裂をして複数の異なる組織に分化するものがある.被子植物では，根端にある複数タイプの始原細胞からそれぞれ異なる組織が形成されるが，多くのシダ植物門の根では，根端にある1個の始原細胞からすべての根の組織が形成される.

　被子植物には2つのタイプの根端分裂組織がある.根端の縦断面で，表皮，皮層，中心柱など，同じ組織の細胞列を先端側にたどっていったとき，組織の層構造や由来する始原細胞が明瞭な「閉鎖型」と，不明瞭な「開放型」である.モデル植物のシロイヌナズナやイネは，典型的な閉鎖型の根端分裂組織をもつ.

●**静止中心**　根端分裂組織の始原細胞は，「静止中心」と呼ばれる細胞分裂活性の低い細胞群の周囲に位置している（図1）.この静止中心（quiescent center, QC）の概念は，1950年代にイギリスの植物学者F. A. L. クラウス（F. A. L. Clowes）によって提唱された.彼は多くの被子植物の根端を観察し，細胞分裂時にみられる放射性ラベルしたチミジンの取り込み活性の違いから，根端分裂組織の内部に細胞分裂活性の非常に低い細胞群があることを発見し，この細胞群を

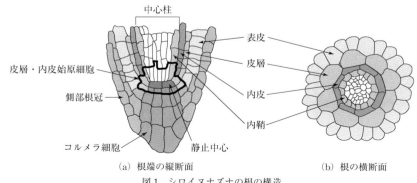

図1　シロイヌナズナの根の構造
(a) 根端の縦断面　(b) 根の横断面

「静止中心」と名付けた．さらに，根端を用いた外科的切除実験などから，静止中心が根の細胞分裂や分化を調節する重要な部位であることを提唱した．近年のシロイヌナズナを用いた研究でも，静止中心が隣接する始原細胞の分化を抑制し，それらの分裂活性を維持する働きがあることが示されている．シロイヌナズナのWOX5と呼ばれる転写因子（シュート頂分裂組織の維持に働く転写因子WUSCHELと同じタンパク質ファミリーに属する）は，静止中心で特異的に発現する．*WOX5*遺伝子を欠失した変異体では，コルメラ始原細胞がコルメラ細胞に分化するのに対して，WOX5を過剰に働かせると，コルメラ始原細胞が通常より多く形成される．これらのことから，WOX5がコルメラ始原細胞の維持における静止中心の働きに必要なことがわかっている．

●根の放射パターン形成　シロイヌナズナの根の横断面には，外側から中央に向かって，表皮・皮層・内皮・内鞘の各組織が同心円状に配置している（図1）．このうち，皮層と内皮は同じ始原細胞（皮層・内皮始原細胞）に由来してつくられる．まず，この始原細胞が根の先端-基部軸に対して，垂直方向に非対称な分裂（垂層分裂）をして娘細胞をつくる．次にこの娘細胞が，根の放射軸に沿って内側と外側に分けるように非対称な分裂（並層分裂）を行うと，2つの娘細胞のうち内側が内皮に，外側が皮層に分化する．この2回目の分裂ができないシロイヌナズナの変異体の研究から，皮層と内皮の形成には，SHORT-ROOT（SHR）とSCARECROW（SCR）という転写因子が重要な役割を果たすことがわかった．*SHR*遺伝子は根の中心柱で発現するが，つくられたSHRタンパク質は中心柱から一層外側の細胞層に移動する．これは隣り合う細胞間の原形質連絡（プラスモデスマータ）を介した細胞間移行（シンプラストを介した輸送）によって起こる．内皮や皮層・内皮始原細胞，静止中心に移行したSHRタンパク質は，*SCR*遺伝子の転写を活性化する．その結果，SHRとSCRがともに働くことで，皮層・内皮始原細胞の娘細胞の並層分裂が起こり，SHRの働きにより内側が内皮となる．このように植物の発生では，転写因子の細胞間移行により細胞運命が決定される例が知られている．

●側根の形成　側根はすでに存在する根の内部組織から内生的に発生する．被子植物では，側根の形成は親根の原生木部に隣接する内鞘の細胞分裂によって開始する．側根を新たにつくるには側根の分裂組織を形成する必要がある．内鞘細胞から生じた細胞群は，数回の細胞分裂を経てドーム状の側根原基を形成し，やがて主根の根端分裂組織と同じような構造をもつ側根分裂組織を形成する．その後，この分裂組織が活性化し，新たな側根は親根の外側の組織を突き破って外へと出現する．側根の形成には植物ホルモンのオーキシンが深くかかわっており，オーキシンを介した側根の形成開始や側根原基の発達の仕組みが明らかになってきている（「側方器官」参照）．

［深城英弘］

茎の形態形成

　茎は，植物の地上部を物理的に支え，葉や花をつける．また，根で吸収した水分と無機塩類や，葉でつくった光合成産物などの通路となる．茎は，植物が栄養成長と生殖成長に最適なシュート構造を構築する上で，重要な器官である．
●**茎の成長**　茎の成長は，縦方向に伸長する一次成長と，横方向に肥大する二次成長に分けられる．一次成長は，シュート頂（茎頂）分裂組織で生み出された新たな細胞が，すでにある茎の細胞の上に積み重なり，それらの細胞が縦方向に伸長することで，茎が上へと成長する．一方，二次成長は，茎の側部分裂組織（維管束形成層やコルク形成層）の働きによって，横方向に新たに細胞が生み出され，それらが横方向に積み重なることで茎の太さが増す．
●**茎の構造**　茎は複数の組織から成り立つ．草本植物の茎の横断面を観察すると，一番外側に表皮があり，その内側に皮層と内皮，そしてそれらの内側に維管束を含む中心柱がある（図1）．茎の維管束に囲まれた中心柱の部分は，髄と呼ばれる．さらに，成熟した茎では，茎の構造の維持や機械的な支持に働く厚角組織（細胞の角が肥厚した生細胞の厚角細胞からなる組織）や，厚壁組織（厚い細胞壁をもつ死細胞の厚壁細胞からなる組織）が分化する．一方，木本植物の茎は，成熟するにつれて維管束形成層の外側の組織が樹皮となる．樹皮には側部分裂組織としてコルク形成層がある．コルク形成層の分裂によって生じたコルク細胞は，水をはじく肥厚した細胞壁をもつ．維管束形成層の働きにより内側の木部が発達し，中心に心材，そのまわりに辺材を形成する．
●**茎の維管束組織の配置パターン**　茎の維管束を観察すると，茎の内側に木部，外側に篩部があり，その間に維管束形成層がある（図1）．この維管束組織の配置パターンは，葉の維管束組織の配置パターンと関係がある．葉の維管束は茎の維管束とつながっていて，葉の向軸（表）側の木部は茎の維管束の内側と，葉の背軸（裏）側の篩部は茎の維管束の外側とつながるような位置関係で分化する．葉の向背軸の決定ができない変異体では，胚軸や茎の維管束組織の配置パターンが変化する．このことから，葉の向背軸パターンと茎の維管束組織の配置パターンは遺伝的に共

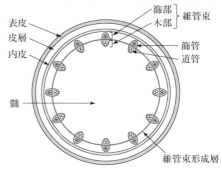

図1　真正双子葉植物の茎の横断面の模式図：二次成長していない茎

通した仕組みで制御されることが示唆される．

●**茎の形成におけるシュート頂分裂組織の働き**　茎の形態形成にはシュート頂分裂組織を適切なサイズに維持することが必要である．シュート頂分裂組織が肥大するシロイヌナズナの *fasciata* や *clavata* などの変異体では，茎が帯化しやすい．

●**茎の放射パターンの形成**　上述したように，草本植物の茎では，外側から表皮・皮層・内皮・中心柱（維管束と髄）の組織が同心円状に配置している．この茎の放射パターンは根の放射パターンと類似している．このうち内皮は，皮層の内側に分化する1層の細胞層であり，内皮細胞にはデンプン粒を含むアミロプラストが存在し，根の根冠コルメラ細胞と同様に，茎の重力屈性における重力感受細胞として働く．シロイヌナズナの茎の内皮の形成には，SHR（SHORT-ROOT）とSCR（SCARECROW）という転写因子が重要な役割を果たす．これらのタンパク質をコードする遺伝子に欠損がある変異体の茎では，アミロプラストを含む内皮細胞層がまったく形成されない．SHRとSCRは根の放射パターン形成（内皮と皮層の形成）も制御していることから，根と茎の放射パターン形成の仕組みには共通性があることが示唆されている（「根の形態形成」参照）．

●**茎の伸長の制御**　茎の伸長に必要な植物ホルモンとして，ジベレリンやブラシノステロイドがある．これらのホルモンを生合成できない変異体や，ホルモンに非感受性の変異体では，矮性となり茎の伸長が著しく阻害される．また，ポリアミンの一種であるサーモスペルミン合成酵素に欠損のあるシロイヌナズナ変異体では，木部組織が過剰に分化し，茎の伸長が著しく阻害される．このことから，茎の正常な伸長にサーモスペルミンが必要なことが示されている．

　茎の伸長は生育する光条件によっても大きく影響を受ける．真正双子葉植物では，明条件下で生育する芽生えの胚軸伸長は抑制されるが，暗黒条件下で生育した胚軸伸長は促進される．これは赤色光・遠赤色光受容体であるフィトクロムと青色光受容体のクリプトクロムを介している．これらの光受容体を欠損する変異体では，特定の波長の光に対して胚軸の伸長抑制がみられない．

●**環境による茎の成長方向の制御**　茎の成長方向は光や重力などの環境要因によって影響を受ける．真っ直ぐ上へ成長する茎に横から光を当てると，茎が光の方向に屈曲する（正の光屈性）．また，茎を水平に倒すと，茎が上向きに屈曲する（負の重力屈性）．茎の光屈性は青色光によって誘導され，青色光受容体であるフォトトロピンがこの応答に必要である．一方，茎の重力屈性では内皮が重力感受組織として働く．内皮細胞にはデンプン粒を含むアミロプラストが存在し，これが重力方向に応じて沈降する平衡石の働きをする．上述した内皮を形成しないシロイヌナズナ変異体では，茎の重力屈性能が完全に失われる．光屈性反応や重力屈性反応による茎の屈曲は，それぞれの刺激によって茎の両側に生じたオーキシンの不等分布に基づいた偏差成長によって起こる．

〔深城英弘〕

葉のつくられる仕組み

　被子植物の葉はシュート頂分裂組織から腋生器官として生じる（「葉」参照）．シュート頂から小さな突起として出発し，それが急速に発達して目に見える大きさになるわけであるから，その発生過程はきわめてドラマティックである．
●**分裂組織**　なによりも，細胞分裂の活性がきわめて高い．しばしばシュート頂の分裂組織は，細胞分裂が最も高い領域の1つと誤解されているが，葉の原基における分裂組織はそれをはるかに上回る（図1，図2）．
　その葉原基の始まりは，シュート頂分裂組織における植物ホルモン・オーキシンの局所的な蓄積である（図2）．その蓄積部位で葉の原基が形成され，細胞分裂が活性化されるとともに，まず突起状の構造ができあがる．そのあと細胞分裂領域が，原基の基部側に近い特定の領域に局限されていき，シロイヌナズナの場合では介在分裂組織のような形となる．すなわち最基部から少し先端側にずれたところに葉分裂組織が局在し，そこから基部に向かって供給される細胞群が葉柄を，逆に先端部に向かって供給される細胞群が葉身を形成していく（図1，図2）．
　またこの間に背腹性（表裏の分化）が決定される．この過程においては，表（向

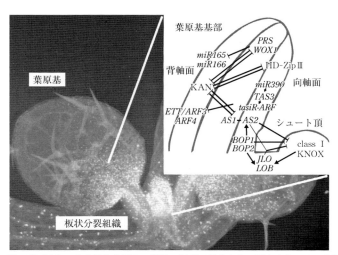

図1　葉の形づくりの基本的な仕組み：背景の写真で輝点として見えるものは，分裂中の細胞．S期の細胞核が検出されている．葉分裂組織は葉原基の特定の位置に局在し，背腹性に従って活動する（板状分裂組織）．葉の背腹性の制御は図に示すように数多くの遺伝子が互いに制御し合う形でなされている

軸面）側で HD-ZipIII 遺伝子族が，裏（背軸面）側で KANADI 遺伝子族が主に働く．ただし背腹性はこれらの2つの遺伝子族だけで決定されているわけではなく，他にも多くの遺伝子が複雑に制御し合うことで成立することが知られている（図1）．

こうして向軸面と背軸面の境界域が決定されると，それに沿って平面的に広がりをもった板状分裂組織が活性化され，植物種によっては葉の辺縁部に限定された周縁分裂組織とともに，葉を平面状に発達させていく．供給された細胞は順次，分化し，細胞伸長してそれぞれ特定のサイズに達する（図2）．

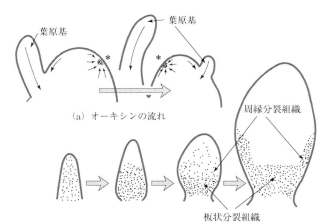

図2　シュート頂分裂組織でのオーキシンの流れと葉原基の細胞分裂領域：(a)シュート頂分裂組織ではオーキシンが細矢印で示すように流れ，その結果としてオーキシンの濃度の高いスポット(*)ができると，そこに新たな葉原基が生じる．生まれた葉原基はオーキシンをシュート本体に流し去る．(b)葉原基はその発達とともに細胞分裂領域(ドットで示す)を基部側に集約させる．基部の葉柄/葉身の境界部に維持される板状分裂組織と，葉の辺縁部に局在する周縁分裂組織が，葉の形を形づくる

●**補償作用**　葉は原則的には有限成長性である．そのサイズは種により，生理条件により，また環境条件によって異なるが，その違いは基本的には細胞数の違いと細胞サイズの違いである．被子植物では，自然界でみられる種内のサイズ多型の場合は細胞数の違い，生理条件や環境条件によるサイズ変化は細胞数と細胞サイズの両方の違いによることが多い．遺伝的な異常によって細胞数が著しく減少すると，それを補うかのように細胞一つひとつのサイズが増大する「補償作用」という現象も知られており，葉の全体のサイズを制御する仕組みの理解の鍵の1つと考えられている．

［塚谷裕一］

花の形態形成

被子植物の両性花は，萼片，花弁，雄蕊および心皮から構成されている．これらの花器官の分化を決定する機構は，ABCモデルによって説明される．このABCモデルは，ある花器官が他の器官へと置き換わるホメオティック突然変異体を用いた遺伝学的研究から提案された．例えば，シロイヌナズナの *apetala3* (*ap3*) では，花弁が萼片へ，雄蕊が心皮へと置き換わっている．花のホメオティック突然変異体は，その器官の変化のパターンから，A, B, Cの3つのクラスに分類される．

● **ABCモデル** ABCモデルでは，器官が形成される場と形成される器官とを分けて考える．基部の被子植物を除くと，器官は主として輪生状に発生する．この花器官が形成される同心円状の場は，ウォールと呼ばれている．ホメオティック突然変異体に対応する3つのクラスの遺伝子は，それぞれ，隣り合う2つのウォールで機能し，単独あるいは共同して，それぞれの花器官の分化を決定する．野生型の場合，ウォール1（W1）ではクラスA遺伝子により萼片が，W2では，クラスAとクラスB遺伝子により花弁が，W3ではクラスBとクラスC遺伝子により雄蕊が，W4ではクラスC遺伝子単独により心皮の分化が決定される．また，クラスA遺伝子とクラスC遺伝子は互いの発現を抑制し合っており，クラスA遺伝子はW1とW2に，クラスC遺伝子はW3とW4に限定して発現する．

クラスC遺伝子は，心皮の分化の他に，花分裂組織（花メリステム）の有限性を制御している．一般に，地上部の頂端分裂組織には分化全能性の幹細胞が存在し，自己

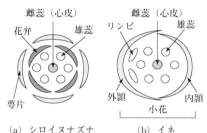

(a) シロイヌナズナ (b) イネ

図1 シロイヌナズナとイネの花式図

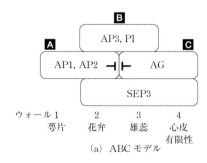

(a) ABCモデル

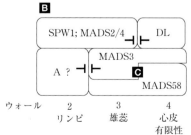

(b) イネの変形型ABCモデル

図2 花の発生モデル

複製するとともに器官分化のための細胞を供給している．シュート頂分裂組織では，この幹細胞が常に維持されているため，葉や茎をつくり続けることができる（無限性）．一方，花分裂組織では，Cクラス遺伝子が幹細胞の促進因子である *WUSCHEL* 遺伝子を抑制するため，幹細胞の自己複製が停止する．そのため，心皮を形成した後には，幹細胞が消失する（有限性）．

　ABC遺伝子は，MADSドメインなどをもつ転写因子をコードしており，多くの下流遺伝子の発現を制御することにより，各器官の分化決定を行っている．

●**ABCEモデル**　ABCモデルは，現在では，ABCEモデルとして，バージョンアップされている．このモデルに新たに登場する *SEPALATA3*（*SEP3*）タンパク質は，2つの分子機能をもっている．第1に，転写複合体を形成する骨格となる．例えば，W2では，AP1-SEP3-AP3-PIの，W3ではAP3-PI-SEP3-AGの四量体が転写複合体として機能すると考えられている．SEP3の第2の機能は，転写活性能をこの転写複合体に賦与することである．転写因子であるにもかかわらず，AP3やPI，AGは転写活性化ドメインをもっていない．SEP3を含む四量体が形成されることにより，特異的な配列を認識して，ターゲット遺伝子の転写活性を促進するのである．

●**花の形態とゲーテ**　J. W. von ゲーテ（J. W. von Goethe）は，200年以上も前に，形態学的研究により，花の各器官は葉が変形したものであるという考えを提案した．この考えは，その後の形態学分野でも支持され続けてきた．ABC遺伝子の各機能が失われた三重変異体では，すべての花器官が葉へとホメオティックに変化する．まさに，現代の発生遺伝学により，ゲーテの仮説が強く支持されたことを示している．また，ABC遺伝子とともにSEP3遺伝子を葉で発現させると，ABC遺伝子の組合せにより，葉を花弁や雄蕊へと変化させることが可能である．

●**イネ科の花の発生モデル**　真正双子葉植物とは異なり，イネ科の花は非常に特殊な形態をとっている．花器官は，外穎や内穎というイネ科特有の器官によって取り囲まれており，小花を構成している．小花がいくつか集まり，小穂という花序単位をつくる．イネ（*Oryza sativa*）では，小穂は1つの小花のみからなり，花器官として，中心に心皮が，それを取り巻くように雄蕊が分化し，その外側には，花弁の相同器官であるリンピという半透明の小さな器官が形成される．イネ科植物では，クラスB遺伝子がリンピと雄蕊の分化の決定を行っている．すなわち，クラスB遺伝子の機能は，真正双子葉類と単子葉類で保存されている．イネは，2つのクラスC遺伝子をもっており，それぞれ，雄蕊の分化と有限性を制御している．しかし，心皮の分化には関与していない．心皮の分化の決定は，*YABBY* 遺伝子ファミリーに属する *DROOPING LEAF* 遺伝子によって制御されている．

　　　　　　　　　　　　　　　　　　　　　　　　　　［平野博之］

側方器官

　側方器官は，地上部ではシュート頂分裂組織においてつくり出される葉や，花序分裂組織でつくり出される花（葉と同様に分裂組織の周囲にできるという点で側方器官と考える），さらに花分裂組織でつくり出される花器官などを指し，地下部では，根の内部組織からつくられる側根や根粒などを指す（図1）．植物が複雑なシュートと根系を構築するうえで，これらの側方器官はともに重要だが，これらの側方器官の形成の仕組みはシュートと根系において大きく異なっている．

●**地上部の側方器官：葉・花芽・花器官**　葉の原基はシュート頂分裂組織の周辺領域と呼ばれる部位から生じる．やがて，細胞分裂によって細胞の数が増え，葉原基が発達すると，葉の表側（主軸側を向くので向軸側と呼ばれる）と裏側（主軸側を背くので背軸側と呼ばれる）の性質や，葉の先端側と基部側，葉の中央と側方の性質が明確になる（「葉」参照）．葉が形成される配置パターン（葉序）は，種によって決まりがあり，互生型・対生型・十字対生型・輪生型・らせん型などさまざまなタイプがある（「葉序」参照）．葉の表側(向軸側)の基部には新たなシュート頂分裂組織（腋芽分裂組織）が形成され，枝分かれ（分枝）を起こす．葉原基と同様に，花原基は，花序分裂組織の周辺領域において生じる．花が形成される配置パターンにも種類がある（「花序」参照）．また，一つひとつの花器官に注目すると，花芽分裂組織の外側から順番に，萼片，花弁，雄蕊（ゆうずい），そして，融合して雌蕊（しずい）になる心皮といった花器官が，側方器官として輪生状に形成される（「花」参照）．

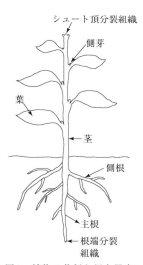

図1　植物の体制と側方器官：葉や側根は側方器官である

●**葉・花芽の形成とオーキシン**　葉や花芽などの側方器官の形成には，植物ホルモンのオーキシンが重要な役割を果たす．シュート頂や若い葉でつくられるオーキシンは，いくつかの種類の輸送キャリアータンパク質の働きによって細胞から細胞へ方向性をもって輸送される（「オーキシン」参照）．一般に，茎ではオーキシンは先端から基部に向かって極性輸送される．シロイヌナズナやトマトを，オーキシンの極性輸送を阻害する1-ナフチルフタラミン酸で処理すると，花芽や葉が形成されずに，茎の先端がピン状（針のように尖った形状）になる．シロイヌナズナの*pin-formed*変異体（*pin1*変異体）も，花茎に正常な花芽がほとんど形

成されず，茎の先端がピン状になる．この*pin1*変異体の原因遺伝子がコードするPIN1タンパク質は，細胞外へのオーキシンの排出キャリアーとして働く膜タンパク質である．シロイヌナズナの*pin1*変異体や，オーキシンの極性輸送を阻害したトマトのピン状のシュート頂にオーキシンを塗布すると，それまで形成できなかった花芽や葉をそれぞれ形成する．このことから，シュート頂におけるPINタンパク質を介したオーキシン極性輸送が，葉や花といった側方器官の発生に重要なことがわかっている．

●**地下部の側方器官：側根**　被子植物では根の先端の根端分裂組織から少し離れた内鞘細胞の一部が側根を生み出す創始細胞となり，非対称な分裂を起こすことで側根原基の形成を開始する（「根の形態形成」参照）．やがて，発達した側根原基の中に側根の分裂組織が形成される．この分裂組織が活性化して，新たな側根が親根の組織を突き破って出現する．側根は原生木部に接する内鞘からつくられるので，側根の配置は原生木部の数に影響を受ける．側根形成はさまざまな植物ホルモンや環境要因によって調節される．中でも，オーキシンは側根の形成開始，側根原基の発達，側根の出現など，側根の発生過程の制御に働いている．

●**側根の形成とオーキシン**　古くからオーキシンが側根や不定根の形成を促進する働きをもつことが知られていた．一般に植物の芽生えに適切な濃度のオーキシンを与えると，形成される側根の本数が増える．また，オーキシンの極性輸送阻害剤で処理をすると，形成される側根の本数が減少する．シロイヌナズナなどの変異体を用いた解析から，側根の形成にオーキシンの生合成や極性輸送，オーキシンのシグナル伝達が必要なことがわかっている（「オーキシン」参照）．例えば，オーキシンの生合成を担う酵素に欠損のある変異体では側根の形成頻度が低下するのに対して，内生のオーキシン量が増える変異体では側根形成を過剰に行う．また，シロイヌナズナのオーキシン取り込みキャリアー AUXIN RESISTANT 1（AUX1）に欠損のある変異体では，側根数が減少する．さらに，オーキシン受容体の TRANSPORT INHIBITOR RESPONSE 1（TIR1）と AUXIN SIGNALING F-BOX 2（AFB2）の二重変異体や，オーキシン応答を制御する転写因子 AUXIN RESPONSE FACTOR（ARF）タンパク質（オーキシン応答因子）のメンバーである ARF7 と ARF19 の両方に欠損のある二重変異体では，側根形成が顕著に阻害される．ARF7 と ARF19 はオーキシン応答性遺伝子群の発現を調節する転写活性化因子であり，側根形成開始部位で LATERAL ORGAN BOUNDARIES-DOMAIN 16（LBD16）などの転写因子を誘導し，側根形成開始の非対称分裂を誘導する．また，ARF の活性を負に調節する Aux/IAA タンパク質ファミリーのうち，突然変異によってタンパク質が安定化し，恒常的に ARF の活性を抑制することで側根形成を顕著に阻害するメンバーとして，SOLITARY-ROOT（SLR）/IAA14，MASSUGU2（MSG2）/IAA19 などが知られている．

［深城英弘］

葉　序

　茎のまわりに葉がどう配列しているかをみると，植物種や発生・成長段階によって異なる，いろいろなパターンが認められる．こうした葉の配列様式を指す用語が，葉序である．葉序は，各節の葉の数に基づいて，1つの節に1枚の葉がついている互生葉序と，複数の葉がついている輪生葉序に大きく分けられる（図1）．ある葉と次の葉が茎を中心にしてなす角度を開度という．互生で開度が常に約180°であれば，葉は1枚ずつ正反対の向きに，互い違いに着くことになる．これを二列互生と呼ぶ．180°以外の一定の開度をとると，葉はらせんを描く（発生順に

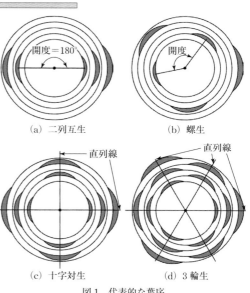

図1　代表的な葉序

葉を結んでできるらせんを基礎らせんという）．このような配列を螺生，螺生の葉序をらせん葉序と呼ぶ．

　輪生は節あたりの葉の枚数により類別して，3枚なら3輪生，4枚なら4輪生，5枚なら5輪生，というように呼ぶ．ただし，2枚の場合は2輪生とはせず，対生というのがふつうである．輪生葉序では，同じ節の葉は等角度間隔となり，かつ前節の葉と葉のちょうど中間に葉がくるような配置をとることが多い．対生なら，向かい合わせの葉の対が節ごとに90°ずつ方向を変えることになる．これを十字対生と呼ぶ．

　茎の軸に沿ってまっすぐに並ぶ葉の列があるとき，これを結ぶ直線を直列線という．輪生葉序では，多くの場合，直列線の数は節あたりの葉の数の2倍になる．近接する葉を結ぶ，茎の軸に斜行する線は，斜列線と呼ぶ．葉が密ならせん葉序で目に付くらせんは，基礎らせんではなく，斜列線である．1つの葉序について，右回りと左回り，2通りの斜列線を描くことができる（図2）．右回り斜列線の数と左回り斜列線の数の組は，交走斜列数対という．

●葉序にみられる数理的規則性　葉序のパターンには謎めいた数理的規則性があ

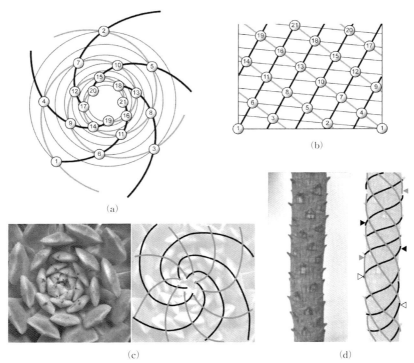

図 2 らせん葉序の斜列線：(a) シュート頂（茎頂）を上から見たときの斜列線と基礎らせんの模式図．黒い太線は右回りの斜列線（5 本），灰色の太線は左回りの斜列線（3 本）．数字は葉の発生順．細い線は基礎らせん．(b) 茎を縦に切り開き展開したときの斜列線と基礎らせんの模式図．(c) エケベリアの一種のシュート頂部と斜列線（この図では右回りが 5 本，左回りが 8 本．つまり交走斜列数対は |5, 8|）．(d) シンノウヤシの葉痕と斜列線（この図での交走斜列数対は |3, 5|）．同じ三角形の組は，幹の裏側で斜列線がつながっていることを示す

り，古くから多くの人々の興味をかき立ててきた．葉序の規則性として特に有名なのは，いわゆるシンパー・ブラウンの法則で，互生葉序の開度を全周（360°）＝1 として分数で表すと，

$$\frac{1}{n}, \frac{1}{n+1}, \frac{2}{2n+1}, \frac{3}{3n+2}, \frac{5}{5n+3}, \frac{8}{8n+5}, \cdots$$

のどれかに該当する，というものである．少数派を除外すれば $n=2$ であり，このときには，開度の分数表示はフィボナッチ数列の 1 つ飛びの項の比（第 k 項を F_k として F_k/F_{k+2}）となる．開度については，らせん葉序で開度が黄金角（黄金比 $(1+\sqrt{5})/2 \fallingdotseq 1.618$ を τ として，$360°/\tau^2 \fallingdotseq 137.5°$）に近いことも，葉序の不思議な規則性として取り上げられるが，これは F_k/F_{k+2} の極限値（$k \to \infty$ のと

きの F_k/F_{k+2}）が $1/\tau^2$ であることとつながっている（したがって，上記の黄金角は極限開度と呼ばれる）．一方，大半の互生葉序において，交走斜列数対がフィボナッチ数列の連続項の組 $\{F_k, F_{k+1}\}$ であることも，よく知られている．こうした開度と斜列線に関する規則性は独立ではなく，密接に関連しており，実質的には同じ規則性の異なる表現といってよい．なお，これらの規則性を少し拡張して，各節の葉の数が J であるとき，開度の分数表示は $F_k/J\cdot F_{k+2}$，交走斜列数対は $\{J\cdot F_k, J\cdot F_{k+1}\}$ とすれば，輪生葉序も含めてほとんどすべての葉序に当てはまる．

●**葉序の規則性を生み出す要因**　葉のもととなる葉原基が発生し得る領域は，シュート頂分裂組織の周縁部に限られている．シュート頂を上から見れば，頂点を中心とする小さな円の円周上である．この円周上のどこに葉原基ができるかが，すでにできている葉原基や同時にできつつある別の葉原基との関係の下に決まり，その結果として葉序のパターンが生成される．

　葉原基間の関係の基盤となっているのは，各葉原基が自分の近傍に他の葉原基が生じるのを妨げようとする，一種の抑制的相互作用である．葉原基が発する抑制作用は距離に応じて減衰すること，葉原基が発生できる円周上に，抑制作用の総和がある一定の閾値を下回る部位が現れると，すかさずそこに新しい葉原基が発生すること，などを仮定した数理モデルによるシミュレーション解析では，葉

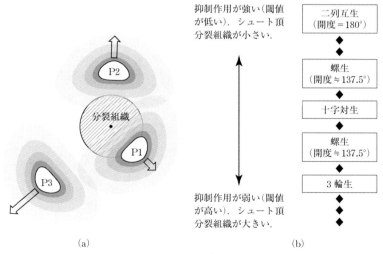

図3　葉原基間に働く抑制作用を基礎とした数理モデル：(a)数理モデルの考え方の模式図．各葉原基は距離とともに減衰する抑制作用を周囲に及ぼす(P1はできたばかりの葉原基，P2はその1つ前，P3はさらにもう1つ前の葉原基)．シュート頂分裂組織周縁部の円周上に，抑制作用がある閾値を下回る場所が現れると，そこに新たな葉原基が発生する．葉原基は加速度的にシュート頂から遠ざかる．(b)Douady と Couder(1996)によるシミュレーションの結果のまとめ

原基発生可能円の大きさ（シュート頂分裂組織の大きさを反映）と抑制作用の強さ（あるいは閾値の高さ）が重要であり，これらのパラメータの設定次第で実際に植物にみられるさまざまな葉序が再現できることが示されている（図3）．また，このシミュレーションで安定したパターンとして得られた葉序が，上記の規則性を満たすものだけであったことから，実際の植物にみられる葉序の規則性は，葉原基間に働く抑制的相互作用の必然的結果として生み出されていると考えられる．

● オーキシンの役割

近年の研究の進展により，葉原基形成の分子機構の解明が進んでいる．その中で，植物ホルモンのオーキシンが葉原基の位置決定においてきわめて重要な役割を担っていることが明らかになってきている（図4）．シュート頂部の表皮ではオーキシンは主にPIN1と呼ばれるタンパク質が担う極性輸送で運ばれているが，PIN1の配置が調節されることでオーキシンが集中する場所ができ，このオーキシン集中部に新たな葉原基が発生するのである．さらにPIN1の配置の調節については，隣接細胞のオーキシン濃度に依存して，より高濃度のオーキシンを含む細胞に面する細胞膜に，より多くのPIN1を配置する，という仕組みが推定されている．この調節が働くと，オーキシン濃度の勾配を高める方向にオーキシン輸送が強化されることになるため，オーキシン濃度がほとんど均一な状態からでも，ごくわずかな差があれば，それが拡大し，自律的にオーキシンの集中部が生じる．このときオーキシンの集中が始まった地点の近傍では，オーキシンが奪われるので，オーキシン集中の新たな核は生じず，結果としてオーキシン集中部はある程度以上の間隔を置いて形成される．これはオーキシン集中部間の一種の相互抑制であり，葉序のパターンの基盤として想定されていた葉原基間の抑制的相互作用に相当するものといえる．

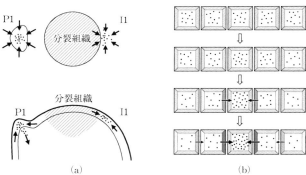

図4　オーキシンによる葉原基形成の制御：(a)オーキシン集中部としての葉原基の位置決定とオーキシンが奪われることによる葉原基形成の抑制．上段はシュート頂を上から見たところ．下段はシュート頂縦断面．P1は最も若い葉原基で，I1は次に葉原基ができる場所（この図は二列互生）．点はオーキシンの分布を表す．(b)PIN1のオーキシン依存的分配に基づくオーキシン集中部の自律的形成．隣接細胞のオーキシン濃度（図では点の密度）に応じて，膜面のPIN1の配分（枠部分の灰色の濃さ）が変わり，オーキシンの濃度差を拡大する方向に極性輸送（黒矢印）が強化される

［杉山宗隆］

維管束の形態形成

　維管束は，木部，篩部，形成層／前形成層からなる複合組織である．木部には，道管／仮道管，木部柔細胞，木部繊維などがあり，道管／仮道管は水分や無機栄養分，ペプチドホルモンなどのシグナル分子の輸送を担っている．篩部には，篩管，伴細胞，篩部柔細胞，篩部繊維などがあり，篩管が光合成産物やフロリゲンをはじめとするシグナル分子の輸送を担っている．維管束には，このような通道組織としての役割に加え，植物体を物理的に支える支持組織としての役割もある．道管／仮道管や木部繊維，篩部繊維には，厚く固い二次細胞壁があるためである．

●**一次維管束組織と二次維管束組織**　単子葉植物以外の種子植物では，維管束の形態形成は2つの段階に分けて考えられる．維管束が新たにつくり出される一次維管束組織の形成と，一次維管束組織の形成後に維管束が肥大するように形成される二次維管束組織の形成である．例えば，胚や葉原基など，維管束が存在しない部位に新たに維管束が形成されるときには，初めに前形成層細胞ができ，その後，前形成層細胞が分裂することにより生み出された細胞から木部や篩部の細胞がつくられると考えられている．このような，前形成層から生み出される維管束組織を一次維管束組織という．二次維管束組織は，一次維管束組織の形成後に，形成層細胞から生み出された細胞からなるものである．一般に，形成層細胞の細胞分裂により生み出された細胞のうち，茎であれば内側，葉であれば表側に供給された細胞が二次木部の細胞となり，茎では外側，葉では裏側に供給された細胞が二次篩部の細胞となる．

●**前形成層細胞の形成**　前形成層細胞の形成に先立ち，植物ホルモンの1つであるオーキシンの細胞間輸送が制御され，高濃度オーキシンの流れが局所的に形成される．この局所的な高濃度オーキシンの流れは，オーキシンの細胞外への排出を担うタンパク質（PIN1）が細胞内で極性をもって局在して機能することにより形成される．さらに，この高濃度オーキシンに応答するオーキシン応答性転写因子をはじめとするいくつかの転写因子が

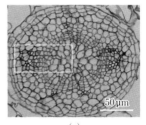

(a)

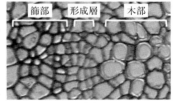

(b)

図1　シロイヌナズナの胚軸の維管束領域［提供：近藤侑貴］
(a)播種後11日目のシロイヌナズナの胚軸の切片：リング状に形成層ができ上がっており二次維管束形成を始めている．維管束領域のみを示す．
(b)(a)の白枠部分の拡大像

働き，この高濃度のオーキシンの流れのある細胞が，細長く伸びた形となり，前形成層細胞となる．前形成層細胞は，植物ホルモンであるサイトカイニンの作用により並層（細長い面に平行）に分裂をし，維管束の細胞数を増やす．その後，木部細胞や篩部細胞が分化し一次維管束ができあがる．なお，これらの知見は，主にシロイヌナズナを用いた研究により得られたものである．

●形成層の形成と制御　植物の発生が進むと，前形成層の細胞は形成層の細胞へと移行する．茎では，維管束間領域にも形成層ができ，形成層はリング状になる．形成層の細胞から，木部と篩部の細胞がそれぞれ形成層細胞を挟む形で分化する．形成層が形成される部位においても，前形成層の形成時と同様に，オーキシンの蓄積がみられる．シュート頂（茎頂）から根へと向かう方向にオーキシンが流れて形成層が形成されるが，ここでもオーキシンの排出タンパク質 PIN1 が重要な働きをしている．また，形成層細胞の維持には，組織間のシグナル伝達が存在することが明らかとなっている．篩部から分泌されるペプチドホルモンが，形成層細胞にある受容体で受容されることで，形成層細胞の未分化性が維持されている．

●木部細胞の分化　木部にある道管/仮道管を構成する細胞は，管状要素と呼ばれる．道管は道管要素が複数縦に連なってできた構造を指すが，仮道管は1つの細胞を指す．つまり，管状要素とは，道管要素と仮道管のことである．管状要素の特徴は，一次細胞壁の内側に二次細胞壁が肥厚することや，プログラム細胞死により細胞の中身を失った死細胞となることなどである．また，道管要素には穿孔と呼ばれる穴があるが，仮道管には穿穴がない．道管要素の分化は，VASCULAR-RELATED NAC-DOMAIN PROTEIN と呼ばれるマスター転写因子の機能により推進されることがわかっている．このマスター転写因子の働きにより，二次細胞壁形成やプログラム細胞死にかかわる遺伝子の発現が誘導される．また，このマスター転写因子は多くの維管束植物で保存されており，共通した分子メカニズムにより管状要素の分化がなされていることが示唆されている．さらに，このマスター転写因子は，維管束を持たないコケ（ヒメツリガネゴケ）においても，通水をする細胞の形成に関与することが明らかになっている．

●篩部細胞の分化　被子植物のもつ篩管は，篩管要素が連なってできている．篩管要素と篩管要素の間には，小さな穴がたくさんあいている篩板と呼ばれる特徴的な細胞壁が存在し，篩管要素同士は密接に連結している．死細胞である管状要素とは異なり，篩管要素は生細胞であるため，細胞内が空洞にはなっていない．しかしながら，篩管要素は分化過程で核やいくつかのオルガネラを消失するため，隣接する伴細胞が篩管要素の働きを支えている．篩部の分化をつかさどる分子メカニズムについては不明な点が多かったが，近年，篩管要素が分化する際の核分解を制御する遺伝子など，篩部形成に関連する遺伝子についても知見が集まりはじめている．

　　　　　　　　　　　　　　　　　　　　　　　　　　　　　［伊藤恭子］

材の形成

　材ないし木材は樹木の二次木部を材料として使用する場合の呼称である．樹木の特徴は継続的に肥大する枝や幹，根をもつことであり，これらの継続的な肥大は主に二次木部の形成に由来する．植物一般にみられる伸長成長により形成される一次師部と一次木部に加えて，樹木は肥大成長に由来する二次師部と二次木部をもつ．二次師部と二次木部の間には薄層の維管束形成層と呼ばれる分裂組織が幹を取り囲むように存在し，外側に二次師部，内側に二次木部を形成する．一般に二次木部のバイオマスは二次師部に比べて著しく大きいため，成長した樹木の大部分は二次木部で占められることになり，人はこれを木材として長年にわたり利用してきた．

●**年輪**　二次木部を形成する維管束形成層は単に形成層とも呼ばれ，自身より幹の中心方向に二次木部となる細胞を分裂し，形成層自体は幹の外側に留まり続ける（図1）．そのため樹齢が数百年を越える樹木であっても，樹幹最外の樹皮の直下に形成層があり，成長初期の二次木部は樹幹の中心部に位置することになる．

　形成層の分裂活動には周期性があり，温帯や亜寒帯に生育する樹木の分裂活動が各年ごとに停止する場合に年輪ができる．年輪は必ずしも毎年すべての樹木でつくられるわけではない．季節性があいまいな熱帯に生育する樹種では，年輪の境界がしばしば不明瞭であったり存在しない．日本の多くの地域では春先に肥大成長が始まり秋に成長を停止するが，温暖な沖縄では明瞭な成長停止時期が認められない樹種もある．温帯においても生育環境が劣悪な場合には幹の全周ではなく一部のみでの年輪形成や，年輪をまったく形成しない欠損輪を生じることがある．

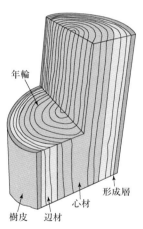

図1　樹幹における形成層と辺材，心材の位置

●**早材と晩材**　二次木部を構成する細胞の形状や種類の配列様式に年単位の変化が生じる場合に，その変化が肉眼では輪のようにみえることから年輪と呼ばれるが，実際に二次木部に組織としての輪ができるわけではない．スギやヒノキ，モミといった裸子植物に属する針葉樹では二次木部の大部分が樹体支持と根から葉までの通水機能を併せもつ仮道管という細胞で構成されており，温帯や亜寒帯では成長期間の初期に大径で薄壁の細胞からなる早材と呼ばれる組織を，成長後期

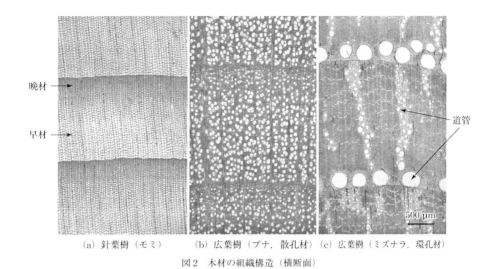

(a) 針葉樹（モミ）　　(b) 広葉樹（ブナ，散孔材）　(c) 広葉樹（ミズナラ，環孔材）
図2　木材の組織構造（横断面）

には小径で厚壁の細胞からなる晩材と呼ばれる組織を形成層より生じる（図2(a)）．前年に形成された晩材の厚壁小径細胞と，翌年に形成された早材の薄壁大径細胞が隣接することになるため，この対比が肉眼では年輪として認められる．一方でヤマザクラやブナ，ミズナラといった被子植物に属する広葉樹では樹種により年輪の境はさまざまである．例えば年輪境界に柔細胞と呼ばれる養分の貯蔵を行う細胞が帯状に配列する種や，道管と呼ばれる通水をつかさどる管状組織の直径が年輪境界の前後で異なる種などがある（図2(b, c)）．しかし組織の変化が微少な種では肉眼での年輪境界の識別が困難になる．道管径が年輪内でおおよそ均一な材を散孔材（図2(b)），年輪形成初期の道管径が他の部位の道管より著しく大きい材を環孔材（図2(c)）という．

●辺材と心材　形成層より生じた二次木部は幹の内側から外側へと順次堆積していく．二次木部形成時にはすべての細胞が生きているが，時間の経過とともに死んだ細胞の割合が増加する．道管や仮道管は早い段階で死細胞となるが，柔細胞は比較的長期間生存する．組織中に一部でも生細胞を含む二次木部は辺材と呼ばれ，通水や養分の配分と貯蔵を行う．一方，細胞形成から時間が経過し二次木部のすべての細胞が死んだ組織は心材と呼ばれる（図1）．心材に特有な二次代謝系の低分子化合物を主に心材成分と呼び，辺材から心材へ変化する際に生合成される．心材成分は生合成後に二次的変化を伴いながら心材に堆積し，辺材とは異なる材質特性を心材に付与する．多くの樹種では心材において耐腐朽性が向上するため，有用な木材資源として活用されている．

［内海泰弘］

細胞分裂面

まわりを堅い細胞壁で囲まれて細胞の移動が難しい植物細胞では，細胞分裂でいったんでき上がった細胞間の位置関係が，その後の細胞の運命に大きな影響を与えるため，細胞分裂パターンの研究は数々の植物形態形成の仕組み解明に貢献してきた．植物の細胞分裂面は，細胞分裂の最後に出現する細胞板によって仕切られる面を意味する．例えば，根端分裂組織において同じ方向に細胞分裂面を挿入する分裂を繰り返すことにより，同種の細胞が1列に並んだ細胞列ができる．一方，今までの細胞分裂面と直角の方向に細胞分裂面が挿入される細胞分裂が起こると，新しい細胞列が形成される．新しい細胞列の細胞はしばしば新しい種類の細胞に分化する．このように親の細胞とは異なる種類の細胞をつくる分裂を造形分裂と呼び，前者のような同種の細胞をつくる増殖分裂と区別することができる．気孔や根毛の分化の際には，しばしば細胞分裂面が片方に偏り，大きい細胞と小さい細胞をつくる不等分裂がみられる．これも造形分裂の一種である．不等分裂に対し，ほぼ同じ大きさの娘細胞をつくる分裂を等分裂と呼ぶ[1]．

●**細胞の分裂面の方向を表す用語** 図1に細胞分裂面の方向を記述するのに使われている代表的な細胞分裂の名称をまとめた．細胞分裂面の方向は軸に対して縦，横，斜の方向がある．おのおのの分裂を縦分裂，横分裂，斜分裂と呼ぶ（図1(a)）．シダ原糸体では，横分裂を繰り返すことで細胞が1列に保たれるが，先端の細胞が縦分裂することで一次元から二次元への体制の移行が進行することもある．造精器分化の開始過程では，斜不等分裂が知られている．

シュート頂（茎頂）のように，細胞列が層状のパターンをもっている場合，各細胞層が1層に保たれるのかどうかが形態形成に重要である．この場合，器官の表面に対して細胞分裂面が平行に挿入される分裂を並層分裂，垂直に挿入される分裂を垂層分裂とよんで区別する（図1(b)）．表皮は，細胞が垂層分裂を繰り返すことで細胞層を1層に保っている．

茎のような円柱状の体制の場合，細胞分裂面が軸の中心を通る面に挿入

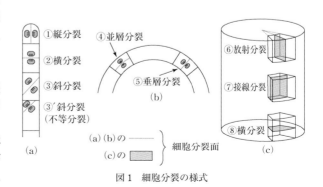

図1 細胞分裂の様式

される放射分裂と，細胞分裂面が表面と平行に挿入される接線分裂に区別することができる（図1(c)）．放射分裂と接線分裂は茎や根の肥大に，横分裂は縦方向の伸長に寄与する．また，維管束形成層の分裂では，ほぼ縦方向に分裂面が挿入されたにもかかわらず，その後の細胞の伸長であたかも横分裂のようにみえる偽横分裂が知られている．

●**細胞分裂面挿入位置の決定機構**　植物の分裂面挿入位置は細胞板が親の細胞壁と接合する場所のことである．この位置の決定には核分裂前に出現する微小管が帯状に細胞表層に配列した分裂準備帯（preprophase band：PPB）という構造が関与している（図2(a)）．PPBは前期後半には幅数μmの帯になり，この帯が存在する細胞表層の領域が表層分裂面挿入予定域（cortical division zone：CDZ）として特殊化される．前中期になると微小管はCDZから消失するが，終期に出現した細胞板はCDZの位置に挿入される（図2(b)）．

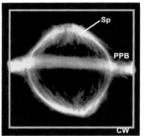 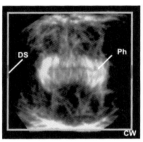

(a) 分裂の準備期（前期）　　(b) 分裂の最後（終期）
PPBが将来のDSに並び，　　分裂準備帯があった位置（DS）
その場所に位置情報を残す　　に細胞板が挿入される

図2　分裂準備帯と分裂面挿入位置：四角は細胞壁，その内側の蛍光像は微小管を示す（PPB：分裂準備帯，Sp：紡錘体，CW：細胞壁，Ph：フラグモプラスト，DS：分裂面挿入位置）

電子顕微鏡で観察できる微小管の帯として発見されたPPBは，1980年代後半には微小管の帯とそのまわりの構造や分子を含んだ細胞分裂を準備する構造として扱われるようになっている．しかし，文部省学術用語集ではpreprophase bandではなくpreprophase microtubule bandという用語が採用され，和訳として「前期前微小管束」という言葉が使われている．PPBの出現時期は前期の前の細胞周期の特殊な時期ではないことが判明し，英語のpreprophaseはPPBが出現している時期（G2期の途中から前期の最後まで）を呼ぶ用語になっている．また，PPBの微小管が束になることが大事ではなく，帯状に並ぶことが重要である．これらのことを考えると「前期前微小管束」は現在では適切な訳語とはいえない[2]．

[峰雪芳宣]

📖 参考文献

[1]　原　襄『植物形態学』朝倉書店，1994
[2]　峰雪芳宣「分裂準備帯（preprophase band）と細胞分裂面の確立」*Plant Morphology*, 27：33-42, 2015

ロックハルト成長式

　植物は，細胞の分裂と続く伸長という二型の基本成長によって形態を形成する．伸長成長は，細胞壁の不可逆的伸展と吸水による細胞体積の増大成長である．1965年，J. A. ロックハルト（J. A. Lockhart）は長軸方向に定速で伸長する円筒状のモデル植物細胞を考察し，その伸長を次の2式により記述した．

$$\frac{1}{l}\frac{dl}{dt} = \Phi(P^i - Y) \quad (ただし，P^i \geqq Y) \tag{1}$$

$$\frac{1}{V}\frac{dV}{dt} = -L(\Psi^i - \Psi^o) = L[(\pi^i - \pi^o) - (P^i - P^o)] \tag{2}$$

ただし，l は細胞の長さ，t は時間，P は静水圧，Y は細胞壁の臨界降伏圧，Φ は壁展性定数（相対），V は細胞体積，π は浸透圧，L は水透過性定数（相対），上付き文字の i と o はそれぞれ細胞の内外を示す．式（1）は細胞壁の不可逆的伸展を表す経験的なレオロジーの式で，壁伸展速度は細胞内圧と臨界降伏圧の差に比例する．式（2）は細胞の吸水を表す熱力学の式で，吸水は細胞内外の水ポテンシャル（$\Psi = P - \pi$）の落差を駆動力とする浸透である．ここに，v を相対伸長速度とし，r を細胞上下断面の半径（一定）とすると次式となる．

$$v = \frac{1}{l}\frac{dl}{dt} = \frac{1}{\pi r^2 l}\pi r^2 \frac{dl}{dt} = \frac{1}{V}\frac{dV}{dt} \tag{3}$$

したがって，ロックハルト成長式は P^i を共通変数とする v の連立式である．

●**ロックハルト式の幾何学的解**　伸長の解析には，P^i を消去する代数解より，$[P^i$-$v]$ 面上で求める幾何学的解（図1）の方が有用である[1]．成長のパラメーター（Φ, Y, L）および駆動力の種類と変化量が異なれば，伸長速度の変化に伴う P^i の挙動は異なる．Φ の増大，Y の低下がもたらす伸長促進では P^i は減少，L および $\Delta\pi$ の増大に伴う伸長促進では P^i は増加する．ちなみに，オーキシン誘導の成長促進では P^i に変化はない（実測）．なお，ロックハルト式は単一細胞についての考察であるが，生理学的構造を介すれば，茎や根など組織が機能分化している多細胞器官にも拡張できる[1,2]．

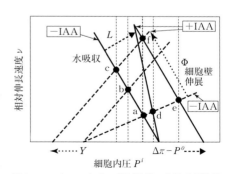

図1　ロックハルト式の幾何学的解：成長は細胞壁伸展式と水吸収式の交点aで表される．点b～fはそれぞれ異なる原因による伸長促進を表すが，fはオーキシン誘導成長を示す

●**細胞壁伸展のレオロジーと壁タンパク質**　細胞壁のクリープ特性は定負荷法および段階的負荷加重法（ステップ法）により測定される．いずれの方法でも細胞壁の酸伸展が明らかにされ，定負荷法では壁タンパク質エクスパンシンの関与が，ステップ法では同じくイールディンの関与が主張されている．定負荷法では，伸長促進時に P^i が一定という *in vivo* の特徴が再現されるも，Φ と Y とを弁別できない．対するステップ法では，細胞壁の応力-伸展特性から Φ も Y も測定できる．しかし，ステップごとに誘起され，収束に優に一時間を越す緩慢な細胞壁の過渡的弾性変化が，これら細胞壁パラメーターの精密な測定を妨害する．ここで式（1）を拡張して P^i の時間変化にも対応できるようにすると次式となる．

$$v = \frac{1}{l}\frac{dl}{dt} = \Phi(P^i - Y) + \left(\frac{1}{\varepsilon}\right)\frac{dP^i}{dt} \tag{4}$$

ただし，ε は細胞壁の弾性定数で，新たに加わった右端の項が細胞壁の可逆的弾性変化を表す．筆者らが開発した負荷を微定速（0.1〜0.02 gf/min）でスイープして dP^i/dt 値を小さくかつ一定に保つプログラムが可能なクリープメーター（PCM）を用いれば，弾性項は分離でき，より精密な伸展特性が求まる[2]．

●**非線形の細胞壁伸展特性**　PCM により求めたキュウリ細胞壁の応力-伸展速度（SER）特性は，非線形の曲線であった（図2）[2]．SER 特性の単純な直線近似は細胞壁パラメーターの評価法として適切でなく，式（1）は特性曲線上の伸長点（図2，白丸）における接線を表す．この場合，Φ は定義どおり展性であるが，Y は接線の x-切片で，Φ と独立に変化できない見かけの降伏圧である．SER 特性の pH 感受性（図2）はエクスパンシン依存で，細胞壁の酸伸展，したがってオーキシン誘導成長を十分に説明する[2]．

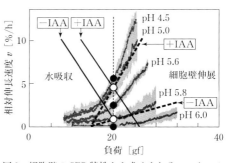

図2　細胞壁の SER 特性から求められるロックハルト式の幾何学解：特性が非線形であるため，オーキシンは効果的な成長促進を誘起する

●**能動的吸水**　実験によるとオーキシンは吸水を促進するが，なぜか式（2）の細胞内水ポテンシャル Ψ^i にも L にも影響しない．そのわけは，器官内であるが細胞外である木部アポプラストの Ψ^o が細胞による溶質の能動吸収により上昇するためであることが，アポプラストカナルモデルによる理論計算で示されている[1]（「カスパリー線」参照）．

［加藤　潔］

参考文献
[1] 加藤　潔他監修『植物の膜輸送システム』秀潤社，pp.167-173，2003
[2] 加藤　潔「植物伸長の生理」化学と生物，46：774-780，2008

7. 遺伝・分子生物

　1990年代，モデル植物・シロイヌナズナを用いた分子遺伝学的研究の勃興とともに，植物科学は一気に遺伝学をベースとした分子レベルの研究へと突入した．セントラルドグマに代表されるように，DNA，RNA，タンパク質といった世界においては，植物も動物も，また菌類も共通性がきわめて高い．そうした研究の中から，植物独自のシステムが発見され，また動植物で共通の新たなメカニズムも発見された．例えばRNA干渉は，外来遺伝子を導入したペチュニアの花の模様に現れた予想外の表現型が，その研究の端緒となった．その後，線虫など広くさまざまな生物種で類似の現象の解析が進み，分子レベルの仕組みについても新たな発見が続いている．その仕組みにおいても，大枠は動植物で共通していながら，さまざまな相違点が認められている．今や多くの植物種について，全ゲノム解読が急ピッチで進められているが，そこで読みとられたDNA塩基配列の本当の意味を読みとるためには，まだまだ解き明かさなければならない謎も多い．一方で，分子生物学的な手法は次々と農業分野などに取り入れられ，斯界の研究開発に寄与している．数年前ならこの章に含まれたであろう項目の多くが，それら他の章にみられるのは，時代を反映したものといえるだろう．　［内藤　哲・塚谷裕一］

一過的発現系とトランスジェニック植物

　遺伝子のプロモーター活性や，遺伝子がコードするタンパク質の細胞内局在など，遺伝子の塩基配列やタンパク質のアミノ酸配列と機能の関係を明らかにしようとするとき，単離した遺伝子に変異などを加えて植物の組織や細胞に導入し，変異の効果を調べる方法について解説する．

●**一過的発現系**　遺伝子を植物細胞内で一時的に発現させて解析する方法を，一過的発現系と呼ぶ．細胞に導入された遺伝子 DNA は，核に入って転写されることで発現する．迅速かつ簡便に解析が可能であるという利点があるが，後で述べるアグロバクテリウム法以外では，導入遺伝子が染色体 DNA に組み込まれることはまれであり，また細胞のダメージや導入遺伝子 DNA の分解などのため，長期間にわたる解析は難しい．通例，遺伝子導入後 1～3 日で解析する．

●**トランスジェニック植物**　外来遺伝子が染色体に組み込まれた植物を，トランスジェニック植物，形質転換植物あるいは遺伝子組換え植物と呼ぶ．植物組織や細胞に遺伝子導入し，形質転換した単一の細胞から植物体を再生させる．植物体の作出に時間を要するが，個体すべての細胞で染色体の同じ位置に外来遺伝子が組み込まれており，個体レベルで機能解析ができる．通例，トランスジェニック植物の語は実験材料に対して用い，外来遺伝子を導入した作物は GMO (genetically modified organisms) と呼ぶ．

●**アグロバクテリウム法**　土壌細菌のアグロバクテリウムは植物に感染して，自身がもつ Ti プラスミドの T-DNA と呼ばれる領域の DNA を植物の染色体に組み込む能力がある（「遺伝子組換えによる育種」参照）．アグロバクテリウムは，一過的発現系とトランスジェニック植物の作出の両方で用いられる．アグロバクテリウムを用いて植物組織で一過的発現を解析するアグロインフィルトレーション法では，目的遺伝子をもつアグロバクテリウムの懸濁液を，葉の細胞間隙に浸潤させて感染させる（図 1）．アグロバクテリウム懸濁液が浸潤した範囲の細胞で遺伝子導入が起こり，導入遺伝子の発現を解析できる．また，培養細胞に感染させて形質転換した培養細胞株を作出するのにも用いられる．

図 1　アグロインフィルトレーション法：*Nicotiana benthamiana* の葉の裏面にシリンジを用いてアグロバクテリウムの懸濁液を浸透させている様子［提供：筆者］

●**電気穿孔法およびポリエチレングリコール (PEG) 法**　まずプロトプラストを調製する．葉の表皮を取り除いたり細かく刻んだりすることで葉肉細胞を露出

させ，セルラーゼなどの酵素によって細胞壁を取り除いてプロトプラストにする．培養細胞を用いるときは酵素溶液で細胞を処理する．電気穿孔法（エレクトロポレーション法とも呼ばれる）では，等張液中でプロトプラストとDNAを混和し，電極付きのキュベットにいれて高電圧パルスを与える．このとき，プロトプラストに微小な穴が短時間あくことで外液中のDNAが取り込まれると考えられている．一方，PEG法では，プロトプラストとDNAを等張液中で混和した後，高濃度のPEG溶液で処理することで，細胞内にDNAを取り込ませる．PEGは細胞融合（「プロトプラスト」参照）にも用いられるが，DNAが細胞に取り込まれる原理の詳細は不明である．

●**パーティクルガン法** 金やタングステンの微粒子にDNAを付着させ，ヘリウムや窒素の高圧ガスを用いて葉などの組織に打ち込むことでDNAを導入する．プロトプラストにする必要がないため簡便である．一般的なパーティクルガン装置では組織片を減圧チャンバーにいれて操作するが，手に持って大気圧下で操作できる装置が開発されており，植物体に直接遺伝子導入することも可能である．ジーンガン法，パーティクルボンバードメント法，バイオリスティック法，パーティクルデリバリー法などとも呼ばれる．

●**プロモーターの選択** 一過的発現系，トランスジェニック植物どちらの場合も，外来遺伝子を発現させるのに，その遺伝子自身のプロモーターを使うこともあるが，別の遺伝子のプロモーターを使うことも多い．カリフラワーモザイクウイルス由来の35S RNAプロモーターは，主に真正双子葉植物で働く強力なプロモーターであり，植物体のほぼすべての器官で機能する．一方，器官特異的に機能するプロモーターを用いた場合，例えば根のみで発現させることも可能である．また，誘導性プロモーターを用いれば，任意のタイミングで導入遺伝子を発現させることができる．例えばステロイドホルモンの一種のデキサメタゾンによって誘導されるプロモーターでは，デキサメタゾンを投与しなければ導入遺伝子を発現しないので，植物にとって致死となる遺伝子を導入したトランスジェニック植物の作出や，発現誘導後の時間経過を追った機能解析などが可能となる．

●**レポーターの利用** 導入遺伝子の発現を調べるのに，レポーターを用いると便利なことが多い．レポーターには，β-グルクロニダーゼ（GUS），ルシフェラーゼ（LUC）など活性測定が容易な酵素や，緑色蛍光タンパク質（GFP）などが用いられる．GFPは青色の光を吸収して緑色の蛍光を発する．細胞や組織を生きた状態で観察できる利点があり，青色や赤色の蛍光を発するものなど，さまざまに改良されている．プロモーター活性を調べる場合には，プロモーターに直接レポーターの遺伝子をつなぐが，タンパク質の細胞内局在を調べたい場合は，調べたいタンパク質の構造遺伝子全体もしくはその一部と，レポーター遺伝子との融合遺伝子を用いる．

［鷹田(萩原)優香・内藤 哲］

遺伝子クローニング

　遺伝情報は染色体のデオキシリボ核酸（DNA）に収められている．そのDNAは4種の塩基（アデニン(A)，チミン(T)，グアニン(G)，シトシン(C)）とデオキシリボースリン酸からなる．これらの基本単位がホスホジエステル結合で重合した二本鎖構造をもち，その並び方である塩基配列は慣用的にATGCなどの文字列で表現される．全DNA塩基配列の長さ（塩基数）は植物種により異なっており，近年，さまざまな生物種でDNAの全塩基配列を決定するゲノム解析（解読）が進められている．ただし遺伝子の本体はDNA塩基配列だが，DNA塩基配列のすべてが遺伝子であるわけではなく，ゲノム中の一部の塩基配列部分のみが遺伝子をコードしている．実際は膨大なDNA塩基配列のうち，遺伝子に相当する部分はわずかで，そうでない配列部分の方が大部分であることが明らかになっている．すなわち，ゲノムが解読され，全DNA塩基配列が明らかとなっても，その時点では遺伝子が明らかになったわけではなく，これらの配列の中から遺伝子を探す必要がある．遺伝子に相当する塩基配列部分はmRNAに転写され，その後タンパク質に翻訳される．遺伝子クローニングとは，DNA塩基配列のどの塩基からどの塩基までが遺伝子に相当するかを明らかにし，そのDNA配列部分をプラスミドなどのベクターに連結後，大腸菌などに導入して複製させ，そのコピーをいつでも取り出せるようにする作業を指す．

　また，遺伝子の配列がわかっても，個々の遺伝子の機能が明らかになったわけではない．近年における遺伝子クローニングでは，以前とは異なり，研究者が興味をもったターゲットの遺伝子を塩基配列のレベルまでつきとめ，遺伝子の機能を明らかにするまでを指す場合がある．

　それでは，どうやって遺伝子の機能を明らかにするのか？　遺伝子が塩基配列のレベルでわかれば，よく知られている遺伝子との相同性（ホモロジー）を手がかりにすることで，機能予測することができる．またポジショナルクローニング法やタギング法といった手法を用いて遺伝子の機能を明らかにすることができる．

●**ポジショナルクローニング**　詳細な遺伝子の地図を作成して目的とする遺伝子を特定していく手法をポジショナルクローニング（またはマップベーストクローニング）と呼ぶ．突然変異体はある遺伝子の塩基配列の変異が原因で正常な植物とは異なる性質（表現型）を示す．例えば，草丈が短い突然変異体があった場合，草丈を制御する遺伝子に突然変異が起こったことが原因である．連鎖解析という遺伝学的手法を用いて，染色体上のどの位置に突然変異体の表現型を決めている原因があるかを決定していく．具体的には，まず原因変異がどの染色体に座乗し

ているかを明らかにする．次に分子マーカーと呼ばれるタグを用いて染色体上での原因遺伝子の位置を決定する．例えば分子マーカーAとBの間に原因遺伝子が座乗することを明らかにする（図1）．続いて分子マーカーCとDの間，さらには分子マーカーEとFの間に座乗するといったように染色体上における原因遺伝子の座乗領域を限りなく小さく求めていく．このようにして原因遺伝子の染色体上での地図を作成することを，遺伝子マッピングと呼ぶ．この方法で目的の遺伝子が座乗する染色体領域を十

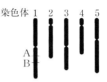

(a) シロイヌナズナの染色体（5本）：目的の遺伝子が第1染色体のAとBマーカー間に座乗している

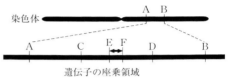

(b) 第1染色体のAとB付近を拡大した図：目的の遺伝子はEとFマーカーの間に座乗する

図1　遺伝子の染色体地図

分に絞り込んでから，正常な植物と突然変異体の塩基配列を比較し，塩基配列内の違いを見出すことで，目的とする変異の原因遺伝子を特定することができる．

● 遺伝子タギングによるクローニング　植物の染色体DNAに配列が明らかになっている別のDNA断片を人為的に導入し，遺伝子を破壊する手法である．シロイヌナズナでは形質転換に用いられるT-DNAが，トウモロコシやイネでは，これらの種自身から発見された内在性のトランスポゾンが，遺伝子タギングに利用されている．例えば，T-DNAで形質転換した植物体の草丈が小さくなったとすると，T-DNAが挿入されたその場所にあった遺伝子が植物の草丈を制御する遺伝子である可能性が高いということになる．T-DNAの配列は明らかになっているため，そのすぐ周辺の配列を調べることは容易である．この配列をデータベースに照合すれば，破壊された遺伝子の情報が得られる．

　T-DNAやトランスポゾンは植物の染色体にランダムに取り込まれるので，目的の遺伝子が破壊される確率は高くない．そこで，外来DNAを挿入した植物を大量に準備し（数千株から数十万株），自分の興味ある表現型を示す変異体を見つける（スクリーニングする）手法が通常は用いられる．

　現在では，さまざまな生物種でゲノム配列が決定されており，また，完全長cDNA塩基配列も解読されており，多くの遺伝子のゲノム上の位置が明らかになっている．さらに，遺伝子の予測プログラムも進歩してきており，それぞれの生物のゲノム配列上の遺伝子部分が高い精度で予測できる．このようにして得られたさまざまな生物種のゲノム情報・遺伝子情報は公共のデータベースに集約されており，誰でも情報を利用することができる．

［芦苅基行］

遺伝子のノックアウトとノックダウン

　遺伝子ノックアウトは，遺伝子の機能を破壊することと，そのための技術を指す．遺伝子破壊とも呼ばれる．遺伝子ターゲティングやゲノム編集などによる特定の遺伝子のノックアウトと，トランスポゾンやT-DNAの挿入などによる不特定で無作為に選ばれた遺伝子のノックアウトとに分類できる．一方，遺伝子ノックダウンは遺伝子の機能を部分的に抑制することと，そのための技術を指す．これらは，主に遺伝子の機能を解明するために利用されている．

●**特定の遺伝子のノックアウト**　ゲノムDNA上の特定の遺伝子をノックアウトするためには，標的とする遺伝子に相同な塩基配列をもつDNAやRNA，あるいは標的遺伝子のDNAに選択的に結合するタンパク質を用いる．DNAを用いる技術には，遺伝子ターゲティングやオリゴヌクレオチド指定突然変異導入がある．後者は標的遺伝子の塩基配列を短い一本鎖DNAの塩基配列で置換する技術である．RNAやタンパク質を用いる技術には，ゲノム編集がある（「ゲノム編集」参照）．遺伝子ターゲティングは，塩基配列が類似したDNAが相互に置き換わる相同組換えを利用し，これにより標的遺伝子の塩基配列を人工的に作製したDNAの塩基配列に置換する技術である．挿入や欠失の他，点変異の導入など，あらかじめ想定したとおりに標的遺伝子を改変できる．遺伝子ノックアウトに利用する場合，まず，標的遺伝子の塩基配列中に細胞を薬剤耐性にするポジティブ選抜マーカー遺伝子を配したDNAを構築する．このDNAを細胞内に導入して薬剤耐性で選抜すると，標的遺伝子の機能が破壊された個体が得られる．この方法は，相同組換えの頻度が高いコケ植物のヒメツリガネゴケでは成功率が高く，藻類のクラミドモナスやシアニディオシゾン（シゾン）でも実用化されている．一方，種子植物では相同組換えの頻度が低いため，成功率がきわめて低い．イネでは，細胞を致死にするネガティブ選抜マーカー遺伝子を利用して擬陽性細胞を減らすポジティブ・ネガティブ選抜法が開発され，成功率が高まっている．この方法は，コケ植物のゼニゴケでも成功例がある．

●**不特定の遺伝子のノックアウト**　ゲノムDNAの不特定の位置に挿入する性質を有するトランスポゾンやT-DNAを利用し，遺伝子の機能を破壊する方法である．特定の遺伝子を狙って破壊することはできないため，多数の挿入個体の中から標的遺伝子の機能が破壊された個体を選抜することが一般である（「遺伝子クローニング」参照）．T-DNAの挿入個体を得やすいイネ，シロイヌナズナや，活動的なトランスポゾンが内在するアサガオ，イネ，トウモロコシなどで手法が確立している．トランスポゾンの挿入により，遺伝子の機能が破壊されて現れる突然変異

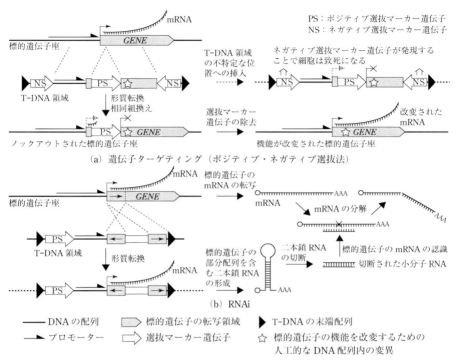

図1 遺伝子ターゲティングとRNAiの模式図

形質は，遺伝子からトランスポゾンが切り出されると回復することがある．この現象を利用すれば，遺伝子の機能と制御する形質とを容易に知ることができる．

●**遺伝子ノックダウン** 遺伝子ノックダウンには，RNAi法が最も広く利用されている．RNAiとは，二本鎖RNAと相補的な塩基配列をもつmRNAが分解される現象である（「小分子RNA」参照）．この現象を細胞内で人工的に起こすことで，特定の標的遺伝子の機能を抑制することができる．RNAi法では，まず，プロモーター配列の下流に，標的遺伝子の部分配列を互いに逆向きになるように2個所に配置したDNA配列を作製する．この配列を細胞に導入すると標的遺伝子のmRNAが分解される．通常はmRNAの一部が分解を逃れるため，標的遺伝子の機能は完全には抑制されない．一方，化学物質や温度で人為的に制御できる誘導プロモーターを利用すると，任意の組織や時期に限定して標的遺伝子の発現を抑制できるため，恒常的に抑制すると致死になる遺伝子の機能解析なども可能になる．なお，遺伝子ノックアウトに使われる手法も，標的遺伝子のプロモーター配列を改変して転写活性を部分的に低下させるなどすれば，遺伝子ノックダウンに利用できる． ［山内卓樹・星野 敦］

エピジェネティクス

遺伝子の ON/OFF 情報が塩基配列以外の形で細胞分裂後に継承されうる場合，このような情報を「エピジェネティック」と表す．エピジェネティックな情報の実体は DNA のメチル化やヒストンの修飾（メチル化，アセチル化など）などである．エピジェネティックな現象や機構を扱う研究分野がエピジェネティクスである．個体発生を理解するための考察から創出された語であるが，現在では，個体発生に限らず，環境応答や染色体の挙動，進化まで含めて，多くの生命現象に関与することが知られている．

● **DNAメチル化** ゲノム DNA 中のシトシンの一部がメチル化されることがある．脊椎動物や種子植物では一般に 5′-CpG-3′ という配列の C（Gの前の C）が高頻度でメチル化されている．この配列のメチル化は，維持メチル化酵素と呼ばれる酵素の働きによって複製後も継承される．DNA 複製後に新しく合成された鎖は DNA メチル化をもたないが，この際，片鎖にメチル化がある CpG サイトにおいてのみ，もう一方の鎖の CpG サイトをメチル化

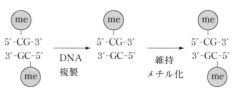

図1 CpG サイトの維持メチル化：複製の際に新しく合成された DNA 鎖にはメチル基(me)はついていない．もう一方の DNA 鎖のシトシンがメチル化されいるサイトのみメチル化する DNA メチル化活性を維持メチル化と呼ぶ．維持メチル化によって，複製前にメチル化されていたサイトはメチル化され，メチル化されていなかったサイトはメチル化されない．これによって DNA メチル化状態が「エピジェネティック」に継承される

する活性が維持メチル化活性である（図1）．この活性によって，両鎖がメチル化されていた CpG サイトは，複製後も両鎖がメチル化されることになる．もともとメチル化されていなかったサイトはメチル化されないので，DNA メチル化のパターンは細胞分裂後も「エピジェネティック」に継承される（図1）．維持メチル化酵素は動物と植物で保存されており，哺乳類では DNMT1（DNA methylatransferase 1），シロイヌナズナでは MET1（methyltransferase 1）と呼ぶ．

植物では CpG 以外のコンテクストの C（AやTやCの前の C）もメチル化されることがあり，non-CpG サイトのメチル化と呼ばれる．non-CpG メチル化は，クロモメチレースと呼ばれる DNA メチル化酵素が行う．クロモメチレースは，ヒストン H3 の N 末端から9番目のリジンがメチル化されている領域で DNA メチル化反応を行う．一方，H3 の9番目のリジンのメチル化を触媒する酵素は non-CpG メチル化のある領域でヒストンをメチル化する．この2つの酵素活性

によって，この2つの修飾が細胞分裂後にも継承される．このどちらの修飾もおもにトランスポゾンや反復配列に分布する．

　これらのエピジェネティックな継承機構に加えて，新たにDNAをメチル化するDNAメチル化酵素が知られており，de novo（デノボ）メチル化酵素と呼ぶ．この酵素も動植物で保存されている．植物では20数塩基の短いRNAがあると，それと相同の配列でde novoメチル化を行う経路があることが知られている．これは，反復配列に新たに抑制の目印を入れる機構の1つと考えられる．哺乳類では，生殖細胞形成や初期発生の過程でDNAメチル化がリセットされる際に，de novoメチル化が起こる．一方，植物では，DNAメチル化のパターンが数世代にわたって継承され，突然変異（塩基配列の変化）と同様にメンデル遺伝することがあり，進化や環境適応に影響しうる．

　DNAメチル化はトランスポゾンなどの反復配列に多い．これらの配列では一般に転写が抑制されているが，DNAメチル化酵素遺伝子の変異体では転写が脱抑制される．DNAメチル化はこれらの配列の抑制に重要と考えられる．

●**ヒストン修飾およびヒストンバリアント**　クロマチンを構成するタンパク質であるヒストンが特定の修飾（メチル化，アセチル化など）を受けることがあり，これが他のタンパク質との相互作用により遺伝子の活性に影響する．ヒストン修飾も細胞分裂後に継承されるエピジェネティックな目印となりうる．

　それぞれの修飾が異なった様式で遺伝子発現に影響する．例えば，上記のヒストンH3の9番目のリジンのメチル化（H3K9me）は，non-CpGメチル化とともに，反復配列を恒常的に抑制するのに働いている．

　個体発生の過程で組織特異的な遺伝子抑制を維持するのに重要な修飾が，H3の27番目のリジンのメチル化（H3K27me）である．H3K27meは哺乳類でも組織特異的な遺伝子発現の維持に重要である．さらに，植物では，春化と呼ばれる環境応答にも関与している．春化とは，花芽形成のために一定期間の低温刺激を必要とする現象である．シロイヌナズナでは，低温刺激を受けた情報はH3K27meの形でクロマチン上に保持され，細胞分裂後も継承される．

　また，これらの抑制目印に加え，活性状態の遺伝子の目印もある．H3K4meやH3K36meはそうした活性の高い遺伝子に観察される．

　さらに，哺乳類や植物はアミノ酸配列がわずかに違うヒストン遺伝子をもっており，これらから発現する「ヒストンバリアント」も，エピジェネティックな情報として働きうる．例えばヒストンH3のバリアントであるH3.3は，転写されている遺伝子に多い．また別のH3バリアントであるCENPAは，動原体に多く分布し，染色体の挙動をエピジェネティックに制御していると考えられる．

〔角谷徹仁〕

ジーンサイレンシング

遺伝子の発現が特異的に抑制される現象．転写の段階における抑制，および，転写後の段階における抑制がある．以下に記述する経緯により，塩基配列の相同性に依存した抑制機構の存在が明らかになった．すなわち，花弁の着色にかかわるアントシアニン色素合成系の鍵酵素遺伝子を導入し高発現させたペチュニアにおいて，花色が濃くなるのではなく，逆に着色しない部分をもった花が生じる現象が 1990 年に報告された．この現象は，外来遺伝子およびそれと相同な塩基配列をもつ内在性の遺伝子の，両者の発現が mRNA 分解により抑制されるもので，コサプレッションと呼ばれた．この発見を契機として，外来遺伝子の発現が抑制される現象はさまざまな遺伝子や植物で見出され，それらは mRNA の分解による posttranscriptional gene silencing (PTGS) もしくは転写の抑制による transcriptional gene silencing (TGS) によることが明らかになった．また，植物に感染するウイルスのもつ遺伝子を導入すると，そのウイルスに対する耐性が付与される現象が，ウイルス RNA の分解によるものと説明づけられた．「ジーンサイレンシング」という用語は，とりわけ植物科学の分野において，このような塩基配列の相同性に基づいて起きる遺伝子の発現抑制を指すものとして使われる．また，ゲノムインプリンティング，位置効果，X 染色体の不活性化，パラミューテーションなどの，真核生物においてエピジェネティックな現象として知られる遺伝子の発現抑制に関しても用いられる．

●**遺伝子の発現抑制** RNA が関与する塩基配列特異的な遺伝子の発現抑制は，植物の他，動物や菌類においても見出された．1998 年には二本鎖 RNA が遺伝子発現抑制を誘導することが線虫において示され，その現象は RNA 干渉と呼ばれた．その後，PTGS を起こす植物において short interfering RNA (siRNA) が発見された．また，当初，線虫でみつかった microRNA (miRNA) が植物を含むさまざまな生物に存在することが明らかになった．さらに，2000 年には植物において二本鎖 RNA を介した塩基配列特異的な DNA のメチル化 (RNA-directed DNA methylation：RdDM) および，それを介した TGS が見出された．これらの反応はいずれも RNA が

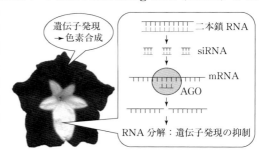

図1 ペチュニアの花弁における PTGS を介した非着色部分の形成

関与して起きることから，RNAサイレンシングと総称される．

　植物におけるRNAサイレンシングの機構は以下の共通の過程を含む．すなわち，二本鎖RNAの生成，Dicer-likeタンパク質が行う二本鎖RNAの切断によるsiRNAやmiRNAといった小分子RNAの生成とその末端修飾，小分子RNAを取り込んだARGONAUTE（AGO）タンパク質を含む複合体が塩基配列の相同性に基づいてRNAもしくはDNAを標的とする反応である．これは二本鎖RNAは逆向きに配置された反復配列の転写やDNAの両方の鎖の転写により，あるいは一本鎖RNAを鋳型としてRNA依存性RNAポリメラーゼが相補RNA鎖を合成することにより生じる（「小分子RNA」参照）．

●**植物の形質発現における機能**　遺伝子導入植物において見出されたRNAサイレンシングと類似した現象が，天然においても見出されている．例えば，ダイズの非着色の種皮，トウモロコシの非着色の穀粒，ペチュニアやダリアの花弁の非着色部分の形成は，自然に起きたPTGSによる．この経路によるRNA分解は，植物に侵入したウイルスのRNAを分解し，植物が自身を防御する系として機能している．また，RdDMは，さまざまなエピジェネティックな現象に関与する他，トランスポゾンの転写および転移を抑制する．これらのことから，siRNAが関与するRNAサイレンシングは，外来の核酸に対する防御を含む，ゲノムの完全性を保つための機構として進化した可能性が考えられている．

　一方，miRNAは，RNAの分解もしくは翻訳の制御を介して内在性の遺伝子の発現を制御する．これまでに非常に多数のmiRNAが検出されている．これらは，転写調節因子などのmRNAを標的として，葉の形状や向背軸極性，開花時期，花の器官形成，側根形成など，植物の発生のさまざまな事象を制御するもの，ならびに，病原微生物の感染などの生物的ストレスや，塩，乾燥，温度，紫外線，栄養飢餓，酸化などの非生物的ストレスに応答して産生量が変化し，環境適応に関与すると示唆されるものを含む．また，遺伝子の発現制御を直接行うものに加え，trans-acting siRNA（tasiRNA）の産生の引き金として機能するmiRNAも存在する．例えば，miR 390は *TAS 3* 遺伝子の転写産物にAGOタンパク質を導いて切断し，tasiRNAの産生を誘導する．このtasiRNAはオーキシン応答因子のmRNAを標的として分解し，幼若期から成熟期への相転換を抑制的に制御する．tasiRNAによる制御は植物において複雑化したRNAサイレンシングの反応経路とみなされる．

　RNAサイレンシングは，遺伝子の機能解析や，分子育種を目的とした形質改変の手段の1つとして用いられる．この目的では，標的とする遺伝子の部分配列からなる二本鎖RNAを産生するようにした遺伝子や，ウイルスベクター，人工的に設計したamiRNA（artificial miRNA：amiRNA）をコードする遺伝子などが用いられる（「遺伝子のノックアウトとノックダウン」参照）．　　　　［金澤　章］

DNA 複製と DNA 損傷の修復

　遺伝情報の担い手である DNA を安定に保持し，次世代にその DNA を継承することは，すべての生物にとって必須である．しかしながら，植物の細胞内の DNA には，紫外線や放射線などによりさまざまな種類の損傷が生じている．このような損傷した DNA が，修復されずに DNA 上に保持されていると，DNA 複製や転写が阻害され，結果として植物の生育不全，突然変異誘発，さらには細胞死へと至る．植物を含むすべての生物は，このような DNA 損傷に対応した多種多様な修復機構を有している．

●**多種多様な DNA 損傷**　太陽光の下で生きる植物にとって，最も高い頻度で DNA 損傷が誘発される要因は太陽光紫外線で，特に 280～315 nm の紫外線 B (UVB) である．UVB は，地上に到達する太陽光の中でも最も波長が短く，エネルギーが高い光であり，核酸塩基によって吸収される．UVB を吸収したこれら塩基は，励起一重項状態に遷移し，励起状態となる．その後基底状態に戻る際に，チミンまたはシトシンが隣り合っている場合，隣り合った塩基同士で共有結合を形成し，シクロブタン型ピリミジン二量体 (cyclobutane pyrimidine dimer: CPD) や (6-4) 光産物 (6-4 photoproduct : 6-4pp) といった二量体を形成する．この二量体は，ヒトでは皮膚がんの原因となることが知られている．また強光などの紫外線によるストレスや，代謝過程で生成される．活性酸素の中でも酸素ラジカルは，DNA に直接的あるいは間接的に損傷 (酸化損傷) を引き起こす．グアニン残基の酸化で生じる 8-オキソグアニン (8-oxoG) は，アデニンとも水素結合を形成し，高い確率で突然変異を引き起こす．また，ヌクレオチドプール内の dGTP も酸化され，8-oxo dGTP が生じ，複製の際にはこの 8-oxo dGTP が DNA に取り込まれることも報告されている．一方，近年電離放射線 (ガンマ線，エックス線，イオンビームなど) を植物に照射し，突然変異体を誘発する突然変異育種が行われている．これら電離放射線は，紫外線よりもエネルギーが高く，塩基損傷さらには DNA の一本鎖および二本鎖切断を誘発する．このような DNA 損傷は，染色体の欠失，逆位，転座などの染色体の劇的な構造変化 (変異) を引き起こす．

●**多種多様な DNA 修復**　いろいろな DNA 損傷に対応して，DNA 修復機構も多種多様に存在する．

　①単一酵素による損傷特異的修復機構：UVB によって生じた CPD と 6-4pp は，主に光回復酵素によって修復される．光回復酵素は FAD を光受容体として有し，青色光エネルギーを利用して元の単量体に修復する酵素であり，CPD お

よび 6-4pp のおのおのを特異的に認識し，修復する CPD 光回復酵素と 6-4 光回復酵素の 2 種類が存在する．また一本鎖切断を受けた DNA は，DNA リガーゼにより修復される．

②除去修復機構：損傷を含む塩基とその周辺のヌクレオチドを取り除き，損傷を含まない相補鎖を鋳型として新たに合成し，元の二本鎖 DNA に修復する．除去修復は，塩基除去修復とヌクレオチド除去修復の 2 つのタイプがある．塩基除去修復は，酸化損傷など比較的小さな塩基損傷に対して作用する．一方，ヌクレオチド除去修復は，ピリミジン二量体をはじめ，比較的大きな塩基修飾などさまざまな DNA 損傷を除去する際に作用する．これらの修復機構は生物界に広く保存されており，損傷を認識する酵素，エンドヌクレアーゼ，DNA ポリメラーゼ，DNA リガーゼが作用して修復する．植物においても，近年除去修復にかかわる遺伝子群が明らかになりつつある．

③組換え修復：電離放射線などによって二本鎖切断が生じた場合は組換え修復が作用する．組換え修復には，相同組換え（homologous recombination）と非相同末端結合（non-homologous end joining：NHEJ）の 2 つのタイプがある．前者は鋳型を利用する正確な修復過程であるが複製過程のエラーも報告され，また塩基配列の相同性を利用した転座などを誘発する原因ともなっていると考えられている．一方，後者は修復過程において DNA の挿入や欠失，塩基置換を生じる不正確な DNA 修復過程であると考えられており，2 種の修復システムのどちらが選択されるかによっても異なるが，修復後に突然変異が誘発されるリスクがある．

● DNA 複製時に生じるエラーと修復　DNA 複製時に DNA ポリメラーゼが誤った塩基を挿入したり（ミスペア），同一塩基が連続する部位では DNA ポリメラーゼが鋳型上でスリップし 1 塩基のフレームシフトが生じることがある．このような誤りを複製エラーと呼び，10^{-5}〜10^{-7} の頻度で起こることが知られ，自然突然変異の要因となっている．また，複製時に DNA 損傷により複製フォークが停止した際に特殊なポリメラーゼ（DNA ポリメラーゼ ζ（Pol ζ）や，ポリメラーゼ Y ファミリーに属する Pol η，Pol ι，Pol κ，REV1 など）を利用して損傷部位の反対鎖に適当な塩基を挿入し，損傷部位を乗り越えて複製する損傷乗り越え DNA 複製系の存在も知られている．しかしこのような複製時のエラーは，複製後ミスペアとなった塩基対を認識し，DNA のメチル化を手がかりとして新規に合成された鎖側の塩基を除去する修復経路（ミスマッチ修復）により修復されることが知られている．

このような DNA 損傷に対する多様な修復系は，すべての生物で広く保存されているが，生物種や生きる環境の違いにより，おのおのの修復能力は異なっている．

［日出間　純］

転写とその制御

　転写とは，ゲノムDNA上にコードされている遺伝子情報である塩基配列を鋳型として，RNAポリメラーゼにより転写産物であるRNAが合成される過程をいう．遺伝子情報に基づいたタンパク質が合成されるまでの遺伝子発現の1つの過程であり，セントラルドグマの最初の段階にあたる．植物や動物などの多細胞生物では，1つの細胞が多数の異なる細胞から構成される個体へと発生するが，同じゲノムを保持する細胞が異なる細胞へと分化することができるのは，それぞれの細胞の遺伝子発現制御が異なっているためである．また，生物は環境の変化に応答して，特異的な遺伝子発現を引き起こし環境に適応する仕組みをもっている．これらの遺伝子発現機構において最初の段階である転写は，最もダイナミックな制御過程である．真核生物である植物では転写は細胞の核内で行われ，開始，伸長，終結の過程からなる．合成されたmRNAはイントロンをもちプロセッシングを受ける．また，モノシストロニックであり，1つのタンパク質をコードしている．

●シス因子と転写制御因子（転写因子）　転写開始の過程では，遺伝子の転写プロモーターにRNAポリメラーゼやさまざまな転写因子が結合した複合体が形成される．RNAポリメラーゼは3種類あり，Pol I は rRNAを，Pol II は mRNAを，Pol III は tRNAを合成する．植物の多くの遺伝子のプロモーターには転写開始点から約30塩基ほど上流に，主にTATAAATの塩基配列からなるTATAボックスが存在しており，転写開始点の決定にかかわっている．しかし，明らかなTATAボックスが見出されない場合もある．TATAボックスの5′上流（多くは転写開始点の50～450塩基上流）には転写を活性化または抑制する転写因子が結合する塩基配列であるシス因子が存在する．

　シス因子にはそれぞれの配列に特異的なDNA結合タンパク質である転写因子が結合する．植物の転写因子は動物や酵母などと共通するDNA結合ドメインをもつものも知られているが，植物に特異的なものも多数存在する．植物の転写因子の特徴は，それぞれが大きな遺伝子ファミリーを形成しており，機能が多様化している点があげられる．例えば，真核生物に共通に存在するHSFファミリー転写因子は，高温誘導性遺伝子発現を制御する．植物以外の生物ではHSFファミリーは1～4種類であるのに対し，植物では19～52種類ときわめて多数存在する．植物に特有のDNA結合ドメインをもつ転写因子の例としてAP2/ERFファミリーがある．この転写因子は植物中に150個ほど存在しており，4種に分類される．1つ目はこのDNA結合ドメインを2つもち，花の形態形成などに関連する．2つ目はこのドメインとB3 DNA結合ドメインの両方をもち，環境応答や植物の

老化などに機能する．3つ目は，ERFタイプでエチレン応答などを制御する．4つ目は，DREBタイプで乾燥や低温誘導などを制御する．この他，NACやWRKYファミリーなどが植物特異的転写因子として知られており，同様に大きなファミリーを形成し機能も多様化している．

●**シグナル伝達系**　植物の転写因子は環境シグナルや植物ホルモンなどの情報によって自身の遺伝子発現が誘導されたり，タンパク質として合成された後に安定化や活性化などの制御を受けたりして機能を示す．このとき，転写活性化因子は転写を誘導し，転写抑制因子は転写を抑制する．このような細胞における種々の情報の受容から遺伝子発現にいたる経路をシグナル伝達系と呼ぶ．これらの経路では，細胞膜上や細胞質中に存在する因子が次々に受容したシグナルを受け渡しながら，最終的には核内の転写因子に情報が伝わり，活性化または抑制が起こることにより特定の遺伝子の転写調節を行っている．また，これらの系は他の系とも影響し合い複雑な転写制御ネットワークを形成している．例えば，植物の乾燥ストレス応答では，ストレスの情報により植物ホルモンのアブシシン酸（ABA）が合成され，ABAによって活性化したシグナル伝達系を介して遺伝子発現が起こる系とABA以外のセカンドメッセンジャーによるシグナル伝達系の複数の系が関与している．また，高温や低温や塩ストレスによるシグナル伝達系と互いに関連し合って複雑なネットワークを形成している（図1）．その結果，乾燥ストレスに対する耐性の獲得に働く多数の遺伝子の発現制御が起こり，合成されたタンパク質によりストレスに対する耐性が獲得される．植物はこのような複雑なシグナル伝達系を介して環境ストレスに応答することにより，幅広い環境へ適応していると考えられる．

［篠崎和子］

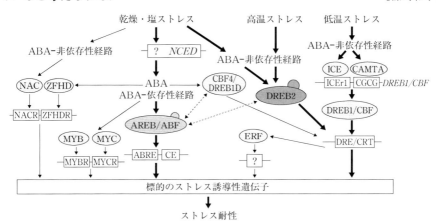

図1　植物の水分と温度ストレスにに対する転写制御ネットワークの概念図：楕円は転写因子を，四角はそれぞれの転写因子が結合するシス因子を示す

転写後制御

　DNAのもつ遺伝情報に基づいてタンパク質が合成される一連の過程は，多くの生物において共通に存在し，このような遺伝情報の流れに関する原則はセントラルドグマと呼ばれる．その流れにおいてDNAの遺伝情報はまずmRNAに写し取られる．この段階を転写と呼ぶ．真核生物では，転写直後のmRNA前駆体は5′末端へのキャップの付加，3′末端へのポリA鎖の付加，さらにスプライシングという段階を経て成熟したmRNAとなり細胞質に移動する．mRNAに転写された遺伝情報はリボソームによる翻訳過程を経て，タンパク質へと受け継がれる．このように，転写と翻訳により遺伝情報を読み働かせることを遺伝子発現という．また，1つの遺伝子からつくられるmRNAの量，1つのmRNAからつくられるタンパク質の量は一定ではない．すなわち，遺伝子発現は厳密な制御を受けることによってさまざまな生命活動に適応している．遺伝子発現制御として最初に注目されたのは，mRNAの合成段階である転写制御である．しかしながら，小分子RNAの発見などに伴って転写後制御の重要性が再認識されている．本項目では，転写後制御の例として，選択的スプライシングとmRNA分解による制御について概説する．なお，最近の知見では，選択的スプライシングは転写とカップリングした制御として，転写制御に含まれるという考え方もあるが，ここでは転写後制御の1つとして取り上げる．

●**選択的スプライシング**　真核生物の遺伝子はエキソンとイントロンと呼ばれる2つの領域からなる．スプライシングと呼ばれる過程で，mRNA前駆体からイントロン部分が切り出され，残ったエキソン同士が連結する．ただし，かならずしもすべてのイントロンが除かれ，すべてのエキソンが残るわけではなく，mRNA前駆体がいくつもの異なるパターンのスプライシングを受ける場合があることが知られている．これを選択的スプライシングと呼ぶ．この制御により1つの遺伝子から複数種類のmRNAがつくられることになり，翻訳されるタンパク質に多様性をもたらす．被子植物のモデルであるシロイヌナズナでは，イントロンをもつ遺伝子のおよそ42%において選択的スプライシングが起きている．

●**mRNA分解による制御**　細胞のもつmRNA量は，その合成段階の転写制御と分解制御のバランスにより厳密に調節されている．mRNAは3′末端のポリA鎖にpoly(A)-binding protein（PABP）が結合し，さらにPABPが5′末端に結合したキャップ結合因子と相互作用することによって環状構造をとっている．mRNAはこの構造によって普段はRNA分解酵素による分解から保護されていると考えられる．mRNA分解の多くは脱アデニル化酵素によるポリA鎖の除去に始まり，

その後速やかに脱キャップ酵素により 5′ 末端のキャップ構造が取り除かれて 5′ 末端側から分解されるか，あるいはポリ A 鎖が除去された後に 3′ 末端側からの分解を受ける（図 1）．

シロイヌナズナは，mRNA 分解の最初でかつ律速段階と考えられているポリ A 鎖除去に働く酵素として，AtCAF1，AtCCR4 および AtPARN などの複数の脱アデニル化酵素をもつ．変異株を用いた解析から AtCaf1 は病

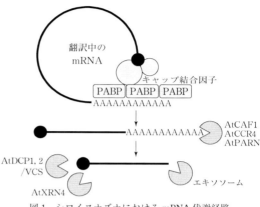

図 1　シロイヌナズナにおける mRNA 代謝経路

害応答に，AtCCR4 は糖およびデンプンの代謝にかかわりがあることがわかっている．また，AtPARN は胚発生に必須であり，ミトコンドリアの RNA のポリ A 鎖長の制御にかかわっている．このように複数ある脱アデニル化酵素は，それぞれに特異的な役割があると考えられている．脱アデニル化された mRNA は脱キャップ酵素により 5′ 末端のキャップ構造が外され，引き続き 5′ 側からの分解を受ける．シロイヌナズナでは AtDCP1/AtDCP2/Varicose（VCS）からなる複合体が脱キャップ酵素として働く．この複合体構成因子のいずれかを欠失させた変異株はすべて子葉の段階で成長がとまる幼植物致死となる．また，5′ 側からの分解を担う酵素として，AtXRN4 が知られている．*atxrn4* 変異株の解析から，この分解酵素がさまざまな mRNA の代謝にかかわっていることがわかっている．例えば，マイクロ RNA（miRNA）によって引き起こされる mRNA 分解によって生じた，3′ 側の分解中間産物は AtXRN4 により分解される．植物生理学上の重要な役割として，細菌感染に対する耐性の獲得にもかかわっている．病原細菌 *Pseudomonas syringae* によって発現が誘導される long siRNA（lsiRNA）の 1 つである *AtlsiRNA-1* は，アンチセンス鎖にある標的遺伝子 *AtRAP* の分解を引き起こす．この分解に AtXRN4 がかかわっており，*AtPAR* の減少により植物は *P. syringae* に対する耐性を獲得することができる．3′ 側からの分解はエキソソーム（Exosome）という分解複合体が担っている．エキソソームは茎やさやにおけるクチクラワックスの合成の鍵となる遺伝子の発現制御にかかわっている．これらの mRNA の分解にかかわる酵素は，細胞質内で特殊な凝集体を形成しており processing body（P-body）と呼ばれる[1]．

［千葉由佳子］

参考文献
[1] Chiba, Y. & Green, P. J., "mRNA degradation machinery in plants", *J. Plant Biol.*, 52：114–124, 2009

翻訳とその制御

　真核生物のメッセンジャー RNA（mRNA）は，5′末端にキャップ構造，3′末端にポリ（A）尾部をもつ．mRNA 上の遺伝暗号を翻訳してタンパク質を合成する翻訳装置であるリボソームは，大サブユニット（60S リボソーム）と小サブユニット（40S リボソーム）の 2 つのサブユニットから構成される．リボソームがmRNA の翻訳を開始する際に，メチオニンが付いた開始運搬 RNA（開始 tRNA）と複数の翻訳開始因子が小サブユニットに結合することにより，43S 開始前複合体が形成される（図 1）．43S 開始前複合体に含まれる翻訳開始因子と，mRNAのキャップ構造に結合した翻訳開始因子が引き寄せ合うことにより，43S 開始前複合体は mRNA の 5′末端に結合する．mRNA に結合したリボソーム小サブユニットは mRNA 上を下流に移動し，開始コドンである AUG 配列を探す（図 1）．この過程をスキャニングという．小サブユニットが開始コドンを見つけると翻訳開始因子が解離し，入れ替わるように大サブユニットが結合して 80S リボソームを形成し，ポリペプチドの合成を開始する（図 1）．ポリペプチド合成の過程では，リボソームは mRNA 上を 1 コドン（3 塩基）ずつ移動（転座）しながら，コドンに対応する tRNA に付いているアミノ酸をペプチド転移反応によって 1 つずつ連結させていく．この反応により，リボソームは遺伝暗号を翻訳してポリペプチドを合成する．リボソームが終止コドンに到達すると，終結因子（解離因子）がリボソームに結合してポリペプチドと tRNA が切り離され，ポリペプチドはリボソームから解離して折りたたまれ，タンパク質として機能できるようになる．mRNA 上に残ったリボ

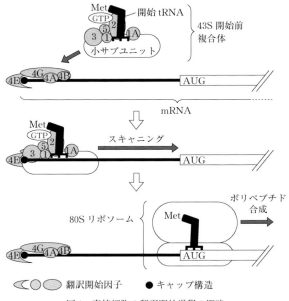

図 1　真核細胞の翻訳開始過程の概略

ソームにはリボソーム再生因子が結合し，その働きによってリボソームは大サブユニットと小サブユニットに分かれて mRNA から解離する．

●**リボソームが開始コドンを選択する機構**　mRNA 上に存在する AUG の中でタンパク質コード領域の開始コドンが最も上流に配置されていれば，小サブユニットが 5′末端からスキャニングを行う際に開始コドンを

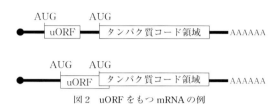

図 2　uORF をもつ mRNA の例

見つけやすいと思われるが，実際にはタンパク質コード領域の開始コドンよりも上流に別の AUG が存在する場合がある．そのようなタンパク質コード領域より上流の AUG から始まる読み枠を上流オープンリーディングフレーム（uORF）という（図 2）．多くの植物種において，30%以上の遺伝子の mRNA が uORF をもつ．mRNA 上に uORF が存在する場合，5′末端からスキャニングを始めた小サブユニットは，タンパク質コード領域の開始コドンより先に uORF の開始コドンに遭遇することになる．小サブユニットが遭遇した AUG を開始コドンとして認識するかどうかは，どのように決まるのだろうか？　AUG が開始コドンとして認識される効率を決める主な要因は AUG 周辺の配列である．AUG の 3 塩基前がプリン塩基で AUG の直後の塩基がグアニンである場合，すなわち RNNAUGG（R は A または G，N は任意の塩基）という配列の場合に AUG の認識効率が高くなる．この配列は，発見者の名をとってコザック配列と呼ばれる．実際に，タンパク質コード領域の開始コドン周辺の配列はコザック配列と一致している場合が多い．ただし，AUG の周辺配列がコザック配列と一致していても，AUG が 5′末端に近すぎる場合は小サブユニットによる認識効率が低くなる．また，AUG 周辺の mRNA の二次構造などが認識効率に影響を与える場合もある．

●**翻訳制御機構**　真核生物の遺伝子発現はさまざまな段階で調節され，翻訳段階で発現が制御される遺伝子も多い．植物において，特定の mRNA の翻訳を制御する機構としては，uORF，マイクロ RNA（「小分子 RNA」「ジーンサイレンシング」参照），RNA 結合タンパク質などが関与する機構がこれまでに見出されている．

　また，植物が乾燥，高温，高浸透圧，低酸素，塩などのストレスにさらされた場合には，mRNA の翻訳効率が全般的に低下する．タンパク質合成の過程では多くのエネルギーが消費されるので，ストレス条件下におけるエネルギー消費を抑えるために，mRNA の翻訳が全般的に抑制されると考えられる．その中で，ストレスに対処するために働くタンパク質をコードする一部の mRNA は，翻訳抑制を免れて高い効率で翻訳される．このように，翻訳制御は，植物の環境ストレスに対する適応においても重要な役割を担っている．　　　　〔尾之内　均・山下由衣〕

小分子 RNA

　非コード RNA のうち，最終的に 19〜24 塩基長となって機能する RNA の総称．植物の小分子 RNA としては miRNA, siRNA, vsiRNA, hcRNA, tasiRNA などが含まれる．小分子 RNA の多くが，相補的な配列をもった RNA あるいは DNA 領域の機能を抑制する RNA サイレンシング機構にかかわる．

●**マイクロ RNA（miRNA）**　20〜24 塩基長が成熟した形の RNA．その塩基配列と相補的な配列部分をもった mRNA（標的 mRNA と呼ばれる）と結合し，その翻訳を抑制する機能をもつ．介助因子 Argonaute1（AGO1）とともに，標的 mRNA の特異的な切断（図 1）あるいは翻訳レベルで抑制する機能をもつ．miRNA による標的 mRNA の切断という作用機作は植物特有のものである．酵母などを除いて多くの真核生物が miRNA 前駆体配列をゲノムにコードしており，タンパク質をコードしていない「遺伝子」としてみなされるようになり，ゲノム配列上でも遺伝子番号が割り振られるようになっている．

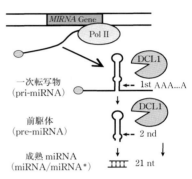

図1　miRNAの生合成

　生成過程ではまず miRNA の前駆体として多くが数百から千塩基長の転写物が転写される．前駆体 RNA にはポリ A 尾部がついていることから RNA ポリメラーゼ II による転写と考えられ，イントロンをもつものもある．前駆体 RNA 配列には安定なステム-ループを構築できるような分子内に相補的な配列があり，その二本鎖部分の特異的切断には DCL1 タンパク質（動物で知られた Dicer と呼ばれる RNase III 型酵素のホモログである dicer-like protein の 1 つ）が作用し，ヘアピン型中間体を経て 21 塩基長の RNA が誕生する．ここまでが核内で起こると考えられており（動物ではヘアピン中間体で細胞質にでる），21 塩基長の miRNA（正確には miRNA*と表記する相補的な RNA と塩基対を形成した二本鎖状態）は核外へと移行する．ここで miRNA*とは元の miRNA と相補的な 21 塩基長 RNA を指す．細胞質に出ると miRNA などの 21 塩基長の小分子 RNA は Argonaute タンパク質（AGO）に取り込まれて，効率的に標的 mRNA を見出し，翻訳抑制をする機能が果たせるようになる．ゼニゴケで 3 種，イネで 19 種，シロイヌナズナで 10 種の AGO ホモログをもっているが，miRNA を取り込んで RNA-induced silencing complex（RISC）を構成するのは AGO1 である．植物の種を越えて AGO1 遺伝

子の配列は保存されている．

　さまざまな植物で行われた miRNA の RNA-Seq 解析によって，陸上植物のなかで miRNA 配列自体だけでなく，その標的 mRNA の標的部分の配列まで保存されている例が多く示されている．ゼニゴケから被子植物に至る陸上植物において miRNA と mRNA のペアが変化していない例が 4〜5 種類ほどあり，その標的 mRNA がコードするものは，発生の制御にかかわる転写因子が大半である．

● **short interfering RNA（siRNA）**　長さ 20〜24 塩基長の小分子 RNA で，いくつかの種類，生成過程がある．構造としては miRNA と同じであるが，生成する過程が大きく異なる．virus-derived small interfering RNA（vsiRNA）とはウイルスの感染を受けた植物体内で合成され，ウイルスゲノムに相補的な配列をもった siRNA を指す．複製中間体の二本鎖 RNA，あるいはウイルス RNA と植物がもつ RNA 依存 RNA ポリメラーゼ（RDR2, RDR6）が合成し相補的な RNA からできた二本鎖 RNA を，シロイヌナズナの場合 DCL2 あるいは DCL4 が切断して siRNA が産出される．siRNA は AGO1 などに取り込まれて，後続のウイルスゲノム配列を攻撃する RISC を構成する．外来の RNA 分子が侵入した際にその発現を抑制する機構を構成すると考えられる．植物自身の遺伝子配列を元の植物に遺伝子導入して発現させようとした際に，内在の遺伝子と外来遺伝子がともにその発現を抑制される事例（コサプレッション）でも，その配列が外来のものと捉えられて，自らの遺伝子配列であるにもかかわらず siRNA 合成を誘発し，その結果遺伝子の発現が抑えられたものと考えられる（「ジーンサイレンシング」参照）．

● **ヘテロクロマチン siRNA（hc-siRNA）**　二本鎖 RNA から合成された 24 塩基長の siRNA が，核内で相同な配列をもった DNA 領域のメチル化を誘導し（RNA-依存 DNA メチル化：RdDM），ヘテロクロマチン構造を誘起，維持し，エピジェネティックな現象を引き起こす．こうした機能をもつ siRNA を hc-siRNA と呼ぶ．CG, CHG, CHH（H は G 以外）配列中のシトシン 5 位がこの機構による新たなメチル化を受ける可能性がある．この過程にシロイヌナズナでは RDR2, DCL3, AGO4, DNA メチルトランスフェラーゼ，RNA ポリメラーゼ IV と V（植物特有）の関与が示されている．ゲノム中の inverted repeat 領域配列が転写された際にこの系が誘導されて不活化することが知られている．内在的なトランスポゾン様配列の活性抑制に貢献していると考えられる．

● **trans-acting siRNA（tasiRNA）**　シロイヌナズナの miR390 は AGO7 とともに TAS3 と呼ばれる非コード RNA を標的とし切断する．この産物に RDR6 が作用して二本鎖 RNA が合成される．次いで DCL4 によるプロセッシングを受けて，二次的な siRNA（tasiRNA）を産出する．合成される tasiRNA 種の中に AGO1 とともにオーキシン応答性転写因子（ARF）を標的として植物のオーキシン応答の制御を担うものがあり，非常に重要である．

［渡邊雄一郎］

RNA 編集

　RNA 編集とは，DNA に記されている遺伝情報が RNA の段階で「編集」，すなわち異なる遺伝情報に書き換えられる現象である．RNA 編集によって，RNA 中の特定の個所の塩基が異なる塩基に置換，修飾，欠失，または挿入されることで，DNA が記す情報とは異なる遺伝子産物がつくられる．多くの場合，RNA 編集は遺伝子産物が正しい機能を発揮するために必須な RNA 段階での制御として知られている．mRNA だけでなく，tRNA，rRNA，miRNA などの機能性 RNA 分子も RNA 編集を受ける．RNA 編集は分子生物学のセントラルドグマを逸脱する現象であるが，1986 年に原生生物トリパノソーマで発見されて以来，動物，植物を含むさまざまな生物でも発見されている．

● **RNA 編集の種類**　挿入・欠失型の RNA 編集は，トリパノソーマで発見された最初の RNA 編集であり，塩基挿入または欠失により翻訳時の遺伝暗号の読み枠の変更が生じ，DNA にコードされる遺伝子と異なるタンパク質が生じる．C-to-U 変換の RNA 編集では，RNA 中の特定のシトシン（C）が脱アミノ化することでウラシル（U）に変わる（図 1）．植物のオルガネラでよくみられる．ヒトのアポリポタンパク質 B は肝臓で働くときには RNA 編集を受けないが，腸で働くときには RNA で編集を受けることで読み枠途中に停止コドンが生じ，異なる機能を発揮する．A-to-I 変換の RNA 編集では，RNA 中のアデニン（A）が脱アミノ化することでイノシン（I）に変わる．線虫から哺乳類まで保存されているが，植物には存在しないとされている．哺乳類では，A-to-I 変換の RNA 編集と疾病との関係が示唆されている．

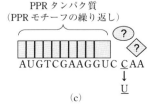

図 1　植物の RNA 編集：(a) 植物ではオルガネラ遺伝子が，RNA のレベルで特定の C から U に編集されることで，DNA の遺伝情報が書き換えられる．(b) シトシン（C）からウラシル（U）への変換は脱アミノ化によるとされている．(c) RNA 編集部位は植物で大きなファミリーを形成する PPR タンパク質によって認識される．RNA 編集機構には PPR タンパク質以外の複数の因子が必要である

●**植物の RNA 編集**　植物では，ミトコンドリアおよび葉緑体ゲノムにコードされる遺伝子由来 RNA の C-to-U，まれに U-to-C，変換型の RNA 編集しか，みつかっていない．RNA 編集個所は非常に多く，一般的な維管束植物では，葉緑体で約 30 個所，ミトコンドリアで 500 個所以上の C が U に変換される．その頻度は植物種によって異なり，コケ植物のゼニゴケはまったく RNA 編集を受けないが，ツノゴケの葉緑体では約 1000 個所の RNA 編集部位が見つかっている．多くの RNA 編集部位は，RNA のタンパク質コード領域中にある．植物種間で保存されたアミノ酸へと変換されることが多いため，DNA レベルでの変異を修正する機構だと考えられている．

　近年の研究で，RNA 編集機構にかかわる因子が明らかになってきた．その中でも，ペンタトリコペプチドリピート（pentatricopeptide repeat：PPR）モチーフをもつタンパク質である PPR タンパク質は，RNA 中のどの C を U に変換するかを指定するための主たる役割を担う．PPR タンパク質遺伝子は原核生物や古細菌には存在しない真核生物特有の遺伝子であるが，動物では十数遺伝子であるのに対して，陸上植物のみでその遺伝子数を約 500 種に拡大している．そのほとんどはミトコンドリアおよび葉緑体の遺伝子発現制御に働くと予想されている．PPR モチーフは 35 アミノ酸からなるモチーフで，1 つのタンパク質に 2〜30 個の連続した繰り返しで配置されている．1 つの PPR モチーフが 1 塩基に対応し，連続した PPR モチーフによって長い RNA 配列を特異的に認識することで編集する C の場所を指定する（図 1(c)）．PPR モチーフ自身には C を U に変換する酵素活性はない．触媒活性を担う分子を含めて，いくつかのタンパク質の関与が必要であることが知られている．

●**RNA 編集の進化と起源**　哺乳類において C-to-U，もしくは A-to-I 型の RNA 編集を触媒する酵素は，塩基そのものを生成する代謝経路で働く酵素とよく似ている．原核生物にも該当する酵素があるが，RNA 上の塩基置換に働くことはできない．そのため，進化の過程で，RNA 編集酵素として働くための新しい機能を獲得したと考えられる．また，植物と動物では，RNA 編集にかかわるタンパク質は異なり，それぞれが独立して獲得したと考えられる．トリパノゾーマの挿入・欠失型の RNA 編集はまったく異なるプロセスで行われる．植物では，水生の光合成生物における RNA 編集は発見されていない．また，編集を受ける C 塩基の前後に U が多いことが知られている．これは，DNA の TC もしくは CT が，アミノ酸配列になるときに TT として利用されることを意味する．DNA 上で連続する T は紫外線により二量体化しやすいため，DNA で保存する遺伝情報が変化する危険性が高い．そのため，植物が陸上にその生息環境を拡大する際に，紫外線暴露による DNA 損傷の修復機構として RNA 編集が発達したとする説が有力である．　　　　　　　　　　　　　　　　　　　　　　　　［中村崇裕］

植物ウイルスとその制御

　19世紀の終わり頃，タバコモザイク病の病原体が素焼きの濾過器を通過することが見出された．これは，当時知られていた細菌などの微生物とは一線を画する性質であった．この発見はウイルスの概念の確立につながり，その病原体はタバコモザイクウイルス（TMV）と呼ばれるようになった．その後，TMVは，その実体が結晶化可能な「物質」であることが示されるなどして，生命科学の発展に大きく貢献してきた．一方，農業の現場では，植物ウイルスは厄介者である．例えばハワイのパパイヤ産業は，パパイヤリングスポットウイルスの蔓延により一時は壊滅的な状態におちいった．他にもいくつもの植物ウイルスが大きな農業被害をもたらしている．反面，植物ウイルスは，遺伝子の運び屋（ベクター）あるいは特定の遺伝子の発現を抑制するツールとしても利用されている．

　植物ウイルス粒子は，リボ核酸（RNA）あるいはデオキシリボ核酸（DNA）からなるゲノムと外被タンパク質から構成され，球状，棒状，ひも状など，その形状は多様である．比較的少数だが，エンベロープと呼ばれる脂質を含む膜で覆われている植物ウイルスも知られている．TMV，キュウリモザイクウイルス（CMV），ウメ輪紋ウイルスなど多くの植物ウイルスは，メッセンジャーRNA（mRNA）として機能する極性（つまり，ゲノムRNAとmRNAが同じ配列）の一本鎖RNAをゲノムとしてもち，プラス鎖RNAウイルスと総称される．ランえそ斑紋ウイルスなどは，mRNAとは逆の極性の一本鎖RNAをゲノムとしてもち，マイナス鎖RNAウイルスと呼ばれる．また，イネ萎縮ウイルスなどは二本鎖RNAを，トマト黄化葉巻ウイルスなどは一本鎖DNAを，カリフラワーモザイクウイルスなどは二本鎖DNAをゲノムとしてもつ．植物における強力なプロモーターとして汎用される「35S RNAプロモーター」はカリフラワーモザイクウイルスに由来する．さらに，CMVのように，ゲノムが複数の核酸分子に分かれているウイルスもある．

　植物ウイルスは，節足動物，線虫，カビなどの媒介により，あるいは植物の傷口から侵入する．侵入した細胞のなかで複製した後，原形質連絡（プラスモデスマータ）を通って隣接細胞に移行し（細胞間移行），そこでまた複製する．複製と細胞間移行を繰り返して維管束系の細胞に達すると，維管束を通って植物体内のさまざまな器官・組織に広がり（遠距離移行），感染は植物体全身に及ぶ．ウイルスと宿主の組合せによってはウイルスの感染が特定の組織（例えば維管束）に限定される場合もある．感染・増殖の結果，宿主植物の営みが撹乱され，葉の黄化や奇形などの病徴が現れることがある．病徴の発現が，媒介昆虫の誘因など

を介して，ウイルスの植物個体間伝搬に有利に働いている例も知られている．

●**TMV** ウイルスの遺伝情報の発現機構あるいはゲノムの複製機構は多様である．ここでは一例として TMV について述べる．TMV は長さ約 300 nm，直径約 18 nm の棒状の粒子である．タバコに感染すると，特徴的なモザイク症状を現す（図 1）．1 個の TMV 粒子は，約 6400 ヌクレオチドの一本鎖 RNA（ゲノム RNA）1 本と約 2130 個の外被タンパク質か

図1 タバコ（品種：Samsun）における TMV の全身感染によるモザイク症状［提供：平井克之］

らなる．TMV RNA は，少なくとも 4 種のタンパク質をコードする．そのうち 2 種（複製タンパク質）は TMV RNA の複製に，1 種（移行タンパク質）は細胞間移行に関与する．残りの 1 種は外被タンパク質である．TMV の場合，外被タンパク質はゲノム RNA の複製と細胞間移行には不要であるが，タバコにおける遠距離移行には必要である．移行タンパク質は RNA 複製には不要である．TMV が宿主細胞に感染すると，脱外被が起こり，露出した TMV ゲノム RNA を鋳型として翻訳が起こり，複製タンパク質が合成される．複製タンパク質は，TMV RNA を特異的に認識して，膜結合性の複製複合体を形成する．その複合体の中でゲノム RNA から相補鎖 RNA が合成され，さらにそれを鋳型にして子孫ゲノム RNA が合成される．これに並行して，TMV RNA の 3′ 末端側に相当する短い RNA（サブゲノミック mRNA）も合成される．移行タンパク質と外被タンパク質はそれぞれに対応するサブゲノミック mRNA から合成される．子孫 TMV RNA は，外被タンパク質と会合してウイルス粒子を形成する．また，移行タンパク質の働きにより隣接細胞に移行し，感染域を拡大させる．

●**ウイルスに対する植物の抵抗性** 植物がウイルス感染に対して備えている主要な防御機構として，RNA サイレンシングの一種である posttranscriptional gene silencing（PTGS）が知られている（「ジーンサイレンシング」「小分子 RNA」参照）．PTGS においては，21〜23 ヌクレオチドの小分子 RNA と Argonaute タンパク質を含む RNA-induced silencing complex（RISC）が，小分子 RNA と相補性を有する標的 RNA を切断することにより，あるいは，その翻訳を妨げることにより遺伝子発現を抑制する．ウイルスに対する PTGS は感染細胞で誘起されるが，そのシグナルは植物体内を移行し，感染細胞のみならず非感染部位でも働く．したがって，PTGS シグナルの移行とウイルスの移行の速さは，感染域の拡大の可否を決する要因となる．このように，植物は PTGS を誘起してウイルスの増殖を抑制するが，多くの植物ウイルスは PTGS サプレッサーを発現してこの防御機構を抑制し，増殖する．PTGS サプレッサーの構造や作用機作は多様である．CMV では

PTGSサプレッサーである2bタンパク質が欠損すると，当該ウイルスの全身感染が妨げられ，病原性が低下する．TMVの場合，複製タンパク質がPTGSサプレッサーとしても働く．

一方，限られた範囲のウイルスだけに作用する抵抗性遺伝子も数多く知られており，実際に作物のウイルス病防除に利用されている．抵抗性遺伝子は，作用機作から，いくつかのタイプに分類できる．

第1のタイプの抵抗性遺伝子をもつ植物は，対応するウイルス遺伝子の発現を感知して過敏感反応を誘起する．遺伝子対遺伝子仮説で抵抗性が説明される抵抗性遺伝子の多くはこのグループに属する．過敏感反応は，多くの場合細胞死を伴い，結果として局所壊死病斑の形成が導かれるとともに，ウイルスの全身感染が阻止あるいは抑制される．このタイプの抵抗性遺伝子はヌクレオチド結合部位とロイシンに富む反復配列をもつタンパク質をコードし，優性遺伝する．タバコのTMV抵抗性遺伝子 N，トマトのトマトモザイクウイルス抵抗性遺伝子 Tm-2，ジャガイモのジャガイモXウイルス抵抗性遺伝子 Rx，ピーマンのトウガラシマイルドモットルウイルス抵抗性遺伝子 L など多くの遺伝子が知られている．

第2のタイプは，ウイルスの増殖に必須な宿主遺伝子の欠損あるいは変異によるもので，ウイルス抵抗性は劣性遺伝する．ピーマンのジャガイモYウイルス抵抗性遺伝子 $pvr2$ がその例で，この遺伝子は翻訳開始因子の1つであるeIF4Eをコードしている．

第3は，ウイルスタンパク質に結合して機能を阻害するタンパク質をコードするタイプの抵抗性遺伝子で，優性遺伝する．トマトのトマトモザイクウイルス抵抗性遺伝子 Tm-1 がこのタイプに属する．Tm-1 による抵抗性はウイルスの突然変異によって比較的容易に打破されてしまうが，抵抗性打破ウイルスは，Tm-1 をもたない植物において，子孫をつくる能力が野生型ウイルスに比べ低いことが知られている．

●**植物ウイルスの防除**　2015年の時点で，植物ウイルスの増殖を直接阻害するような農薬はない．そのため，植物ウイルス病を防除するためには，ウイルスが存在しない茎頂組織を培養するなどして作製したウイルスフリー苗の使用，感染植物の早期発見・診断・排除，媒介生物の排除，また，土壌から感染するウイルスについては土壌消毒などの方策がとられている．抵抗性遺伝子の育種的導入もウイルス病の防除に有効である．

一般に，すでにウイルスに感染している植物細胞では，後から侵入した同種のウイルスが効率よく増えられない．クロスプロテクションと呼ばれるこの現象を利用して，感染しても病徴を現さないウイルス弱毒株（ワクチン株）をあらかじめ接種しておくことによって，強毒株の感染を防ぐ方法が確立されている．使用する弱毒株は，復帰突然変異を起こしにくく，効率よくクロスプロテクションを

起こすものでなければならない．トマトモザイクウイルス，ズッキーニ黄斑モザイクウイルス，トウガラシ微斑ウイルスなどで優良な弱毒株が開発され，利用されている．CMVでは，ウイルスの複製に乗じて複製するサテライトと呼ばれるRNAが知られている．ある種のサテライトRNAはCMVの病徴を軽減するので，サテライトRNAをもったCMVも防除に使われている．

また，プロモーターの下流にウイルスゲノムの配列の一部を挿入した遺伝子カセットを植物に導入することにより，そのウイルスに対する抵抗性が誘起されることが広く知られている．このような抵抗性は，pathogen-derived resistance（PDR）と呼ばれる．PDRには，抵抗性がウイルスタンパク質あるいはその断片の発現に依存する場合と，依存しない場合があり，後者はウイルスゲノムに対するPTGSによると考えられている．積極的にPTGSを起こさせるために，ウイルスゲノムの配列の一部の逆向き反復配列を強発現する方法もしばしば採用される．PDRにより人為的に作出されたパパイヤリングスポットウイルス抵抗性品種が導入されたことにより，当該ウイルスの蔓延により壊滅状態にあったハワイのパパイヤ生産は復活した．

●**植物ウイルスの利用**　植物ウイルスは，外来遺伝子を発現させるためのベクターとしても使われる．TMV，CMV，ジャガイモXウイルス，リンゴ小球形潜在ウイルスなど多くのウイルスがベクターとして利用されている．RNAを直接遺伝子操作することは難しいが，これらのウイルスでは，ゲノムRNAに対する完全長cDNAクローンからウイルスを再生する系が確立されている．ベクター構築にあたっては，cDNAクローンの状態で外来遺伝子の挿入などの操作を行い，そのcDNAクローンからウイルスを再生させるという手順がとられる．これまでに，TMVベクターを用いて，マラリア原虫抗原やヒト免疫不全ウイルス抗原が植物において生産されている．また，リンゴでリンゴ小球形潜在ウイルスベクターを用いて花成ホルモンを発現させると，幼苗のうちに開花・結実させられることが示された．リンゴは播種から開花までに長い時間を要するので，育種の加速化が期待されている．

植物ウイルスは，PTGSの標的になる．したがって，PTGSサプレッサー機能の弱いウイルスのゲノムに植物の内在性遺伝子の配列を挿入して感染させると，当該内在性遺伝子に対するPTGSも誘起される．これにより，目的の内在性遺伝子だけを特異的にノックダウンすることができる．この技術はvirus-induced gene silencing（VIGS）と呼ばれる．VIGSベクターとしては，ジャガイモXウイルス，タバコ茎えそウイルス，リンゴ小球形潜在ウイルスなどが汎用されている．

［石川雅之・飯 哲夫］

参考文献
[1] 岡田吉美『タバコモザイクウイルス研究の100年』東京大学出版会，2004

遺伝子対遺伝子仮説

　植物は，ウイルスをはじめ，細菌，糸状菌や線虫などの病原生物からの攻撃に常にさらされている．植物は，大きく分けて2種類の仕組みを用いて，病原生物からの攻撃に対処している．その第1は，植物細胞表面に存在する受容体で病原生物が共通にもっている分子構造を認識して，耐病性信号伝達系を活性化することにより防御反応を誘導する仕組み（pathogen-associated molecular pattern-triggered immunity：PTI）であり，その第2は，病原生物から植物細胞内に注入される物質の存在を細胞内受容体で認識して耐病性信号伝達系を活性化する仕組み（effector-triggered immunity：ETI）である．ETIの反応はPTIより強く，特定の病原生物に対して特異的に働くことが知られている．1940年代にH. H. フロー（H. H. Flor）は，油料繊維作物のアマ（*Linum usitatissimum*）とその病原菌アマさび病菌（*Melampsora lini*）の研究を通じて，あるアマ系統は，さび病菌の特定のレース（race）に抵抗性を示し，別のレースには感受性を示すこと，また逆にあるさび病菌のレースは特定のアマ系統には抵抗性を引き起こして感染できないが別の系統には感染することを観察し，両生物の遺伝学的解析から，アマが優性の抵抗性遺伝子（*R*-gene）を保有し，さび病菌が優性の非病原力遺伝子（avirulence gene：*AVR*-gene）を保有すること，そして特定の*R*-geneと特定の*AVR*-geneが適合したときに抵抗性反応が誘導されることを仮定すると観察結果に適合することを示し，「遺伝子対遺伝子仮説」を提唱した（図1）．抵抗性反応は非親和性反応，感受性反応は親和性反応と呼ばれることもある．「遺伝子対遺伝子」の関係は，多くの植物と病原生物の間で確認され，現在では主に上記のETIにかかわることが知られている．

		植物	
		R/R, R/r	r/r
病原生物	AVR/AVR, AVR/avr	抵抗性（非親和性）	感受性（親和性）
	avr/avr	感受性（親和性）	感受性（親和性）

図1　「遺伝子対遺伝子仮説」の模式図：病原生物が優性の非病原力遺伝子（*AVR*-gene）を保有し，植物がそれに対応する優性の抵抗性遺伝子（*R*-gene）を保有する時に植物抵抗性（非親和性）反応が誘導される．それ以外の組合せでは植物は感受性になり，病原生物と植物の関係は親和性であるという．病原生物，植物の2倍体遺伝子型を示した．avr, rは劣性対立遺伝子

●**遺伝子対遺伝子仮説の分子機構**　*R*-geneのコードするタンパク質はR-タンパク質と呼ばれる．1990年代以降の研究で，R-タンパク質の多くは，nucleotide binding-leucine rich repeat（NB-LRR）型受容体タンパク質であることが明らかになった．NB-LRR受容体タンパク質遺伝子は，シロイヌナズナのゲノム上に

約150遺伝子座，イネでは約500遺伝子座あることが知られており，さまざまな病原生物からの植物防御にかかわっていることが示されてきた．一方，病原生物の *AVR*-gene がコードする AVR タンパク質は多種多様で共通の構造はない．これらは，本来，病原生物の感染を助ける作用をもつタンパク質であり，現在エフェクターと総称されている．エフェクターは，植物の耐病性を弱めたり，植物の中で病原菌が生育しやすくする環境をつくる機能をもつと考えられる．エフェクターの分子機能解明は，植物病理学分野において現在最も進展のはやい研究領域である．植物 R-タンパク質による病原生物 AVR タンパク質の認識には2種類あることが知られている．① R-タンパク質に AVR タンパク質が直接結合して，R-タンパク質の状態が変化することにより，局所的な細胞死（過敏感細胞死と呼ばれる）を誘導して抵抗性が誘導される場合（図2），② まず AVR タンパク質が宿主の特定の標的タンパク質に作用してその状態を変化させる．続いて R-タンパク質が標的タンパク質の状態変化を認識し，過敏感細胞死を誘導する場合である．②の場合をガードモデル（guard model）と呼ぶ．R-タンパク質が，標的タンパク質の状態を見張っている（guard）ようにみえることからこのように呼ばれる．いずれの場合も，R-タンパク質がどのように機能して過敏感細胞死，抵抗性反応を誘導するかについての分子機構はまだ不明の点が多い．

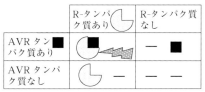

図2 「遺伝子対遺伝子仮説」の分子機構の一例（図1と対応）：植物 R-タンパク質と病原生物 AVR タンパク質が結合した際に R-タンパク質が活性化されて局所的な細胞死を誘導し，抵抗性が誘導される．その他の組合せでは結合が起きないので抵抗性が誘導されない

● *R*-gene の進化　*R*-gene は，植物ゲノム上の遺伝子の中で最も変異が多い遺伝子群として知られている．これは，*R*-gene が病原生物の侵入を認識する機能をになっており，世代時間が短く進化速度の速い多くの種類の病原菌から，常に強い自然選択が働いていることが原因である，と推測されている．*R*-gene は，病原菌認識と抵抗性誘導にとっては重要であるが，その産物が必要のないときに活性化すると植物の生存に悪影響をもたらす．最近，植物の系統間交配でみられる雑種致死や雑種弱勢の原因遺伝子が *R*-gene であるとの報告が多数なされており，*R*-gene が植物の生殖隔離，さらには種分化に寄与する可能性が示唆されている．また，2つ以上の *R*-gene が協調して機能して抵抗性反応を誘導する例も報告されつつあり，今後の研究の進展が待たれる．病原菌エフェクター（AVR タンパク質），植物のエフェクター標的因子，R-タンパク質の三者のかかわりの分子機構と，それらをコードしている遺伝子の共進化は，とてもダイナミックで，農業上も重要性が高い研究テーマである．

［寺内良平］

トランスポゾン

　動く遺伝子として知られるトランスポゾンは，転移因子の総称に用いられる場合と，特定の転移因子群を意味する場合がある．転移因子はあらゆる生物のゲノムに存在し，多くの真核生物のゲノムでは反復配列を形成する．植物のゲノムサイズは，一般に遺伝子の数よりも転移因子による反復配列領域の割合に応じて大きくなる．転移因子は転移様式によってクラスⅠ，Ⅱ，Ⅲに大別される．

●**クラスⅠ**　レトロトランスポゾンとレトロポゾンはクラスⅠに属し，自身の転写産物が逆転写されてゲノムに挿入するコピーアンドペースト様式で転移する．原則的に一度ゲノムに挿入した因子は離脱することがないため，挿入頻度が高い因子は，対数増殖的にゲノム内のコピー数が増える．レトロトランスポゾンは全長7～10 kb程度の因子で両端に1 kbp前後の長い同方向の反復配列（LTR）を配置し，その間にGagやPolと呼ばれるレトロウイルスに相同な2つのタンパク質コード領域を含んでいる．Gag領域はRNAに結合する特徴的なアミノ酸によってRNAを包み込み，ウイルス様粒子の形成にかかわる．Pol領域は逆転写酵素活性とゲノムへの挿入のためのインテグラーゼ活性を有している．レトロポゾンの転移も同様にGagやPol様の活性を必要とするが，両端にLTRはない．レトロポゾンには転移に必要なタンパク質をコードする長い配列LINE（全長約5 kbp）とそうしたタンパク質をコードしていない短い配列SINE（全長200～500 bp）から構成される．レトロトランスポゾンはRNAポリメラーゼⅡで転写されるのに対して，レトロポゾンはRNAポリメラーゼⅢが用いられている点でも相違している．一般に，植物のレトロトランスポゾンの新規挿入は個体間や細胞単位で検出できるが，レトロポゾンの新規挿入はレトロトランスポゾンに比較してきわめて低頻度で，それゆえに種や系統間で検出される同因子の挿入多型が進化的な研究に利用されている．

●**クラスⅡ**　ここに分類される狭義のトランスポゾンは，カットアンドペースト様の挙動によって転移する．植物で広く知られる斑入りやキメラは，クラスⅡトランスポゾンがそれらの形質に関連した遺伝子に挿入し，遺伝子の発現が抑えられた後に，トランスポゾンが切り出され，発現を復帰した体細胞で生じることが多い．トランスポゾンの構造的特徴は，両末端にある10～100 bpの逆向きの反復配列（TIR）を有することである．トランスポゾンの転移は，主に転移酵素タンパク質であるトランスポゼースによって触媒される．転移を補足する1つまたは少数の別のタンパク質をコードする因子もあるが，クラスⅠの因子に比較して，転移に必要な酵素タンパク質は少ない．植物ゲノムにはTIRを有する500 bp以

下の短い配列が多数存在し，これらは MITE と呼ばれ，トランスポゾンに分類されている．トランスポゼースをコードする因子は自律性因子として自身の転移はもちろん同一細胞内にある同じ種類の非自律性因子（トランスポゼースをコードしない因子）に対しても作用し，転移をうながす．ゲノム中のトランスポゾンの多くは MITE を含め非自律性因子で占められている．

●**クラスIII** この転移因子群はヘリトロンと名付けられており，その転移酵素タンパク質はヘリカーゼ活性

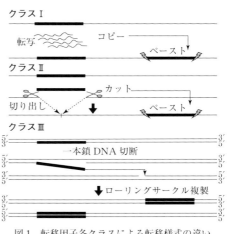

図1 転移因子各クラスによる転移様式の違い

を有する．ヘリトロンは自身の末端を切断し，その DNA の一本鎖末端を挿入先の切断部位に結合させ，ローリングサークル型の複製により，転移を完結する．転写を介さず複製に依存した転移を行うヘリトロンは，植物でいち早く報告され，真核生物に広く存在することがわかっている．ヘリトロンの転移酵素タンパク質は，ローリングサークル複製開始作用ドメインと DNA ヘリカーゼドメインを1つのタンパク質としてもつ RepHel タンパク質であり，これによって転移を触媒している．

●**トウモロコシで発見** B. マクリントック（B. McClintock）はトランスポゾンの存在を最初に明らかにした研究者で，1983 年にノーベル生理学・医学賞を授与された．彼女はトウモロコシの核型分析により特徴化した染色体の構造に基づいて，トウモロコシの種子に斑を生じる系統の減数分裂を調べたところ，第9染色体短腕に特異的な切断が起こることを観察した．特異的な切断点 Ds は，Ac の存在によってのみ誘発されることを示した．こうした挙動は Ds や Ac が染色体を動くトランスポゾンであることと連動したもので，非自律性因子の Ds が作用するには自律性因子 Ac の存在が必須であることを指摘した．さらに，染色体の観察から，Ds によって切断された染色体分体を発端として切断–融合–架橋サイクルが発生することを見出した．これは，切断された染色体分体の切断点が複製に伴って融合，2つの動原体をもつ染色体が生じ，細胞分裂で両極へ引かれた架橋の状態から任意の部位でちぎれ，再び融合，架橋を形成する染色体の一連の変化である．1940 年代，マクリントックがトウモロコシで発見したトランスポゾンが一般に認められるようになったのは，1970 年代以降，分子生物学の手法で大腸菌などから転移因子が同定されるようになった後である． ［貴島祐治］

8. 植物学の応用：農業

　人類の生存と存続には食料が不可欠である．人類は最初に採集と狩猟で食料を確保していたが，農業を営むようになり安定的に食料を確保し発展してきた．広辞苑によると農業とは，「地力を利用して有用な植物を栽培耕作し，また，有用な動物を飼養する有機的産業であり，広義では農産加工や林業も含む」とある．植物の栽培耕作においては，植物学の知見が多種多様に利用（導入）されており，植物学は農業の一端を担っている．

　本事典の刊行にあたり，植物学の応用という意味で農業を含めた．植物学を応用した農業項目は多岐にわたるが，中でも，作物生産と植物育種に関連する語句を抽出し，概説した．

　現在の地球は70億以上の人類を抱え，今後さらに増加すると予想され，農業生産の増大は喫緊の課題である．また，環境汚染や地球温暖化などの植物や農業と深くかかわる人類共通の課題も抱えており，持続的な社会を維持するうえでも，植物学と農業の発展が期待される．

[芦苅基行・吉村 淳]

染色体置換系統群

遺伝変異は，個々の遺伝子のレベルではなく，染色体レベルでも起こる．染色体レベルの変異を利用し，ある形質の原因遺伝子の座乗染色体を決定する試みが行われてきた．特にコムギを利用した解析では，木原均，若桑俊二郎らが活躍した．そして，E. R. シアーズ（E. R. Sears, 1953）による，コムギのモノソミック系統群の完成で1つの理想型に到達した．通常の配偶体世代の植物は両親由来の2セットの染色体をもつが，まれに，1セットしか染色体をもたない半数体と呼ばれる変異体が得られる．シアーズは，半数体を正常個体と交雑すると染色体数が異常になった植物体が後代で得られることを利用し，コムギの21種類の染色体すべてに関するモノソミック系統を得た．モノソミックとは，通常は1対で2本ある相同染色体を1本欠失している系統を指す．モノソミック個体からは，1対の相同染色体を完全に欠失したナリソミック個体が分離する．

● 古典的な染色体置換系統

古典的な染色体置換系統は，ナリソミックを利用して作出される．最初の交雑では，ナリソミック個体と染色体の供与親（二倍体）を交雑する．この雑種にナリソミックを反復して戻し交雑することで，ほとんどの染色体がナリソミック系統由来となるが，ナリソミックで欠失していた染色体は供与親由来のもののままとなる（図1）．この方法により，コムギでは種間・種内交雑に由来する染色体置換系統が多数作出され，遺伝子マッピングに大きく貢献し，また，育種においては種を越えた有用遺伝子の導入に活用された．しかしながら，これはコムギのナリソミック植物が生存力をもつために可能な手法であった．

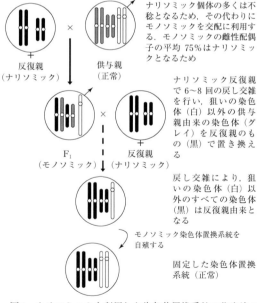

図1 ナリソミックを利用した染色体置換系統の作出法：1対の染色体が完全に置換された系統が得られるが，ナリソミックが得られる倍数性の種でしか利用できない
[出典：Encyclopedia of Genetics, Genomics, Proteomics and Informatics, springer, 2008, pp.359-360 より改変]

● **DNAマーカーを用いた手法**　現代的な染色体置換系統は，DNAマーカーの普及により再定義された．D. ザミール（D. Zamir）らは，栽培トマトのある1本の染色体の一部が野生トマトの染色体の一部で置換された系統群を収集し，野生トマト由来の遺伝子の「ライブラリー」を完成させた（Eshed & Zamir, 1994）．さらにこの材料を用いてトマトの収量を向上させる野生トマト由来の遺伝子が座乗する染色体領域を多数特定した．この染色体置換系統群（彼らはイントログレッション系統と呼んだ）は，通常の連続戻し交雑により作出された．この場合，置換される染色体または染色体領域は人為的に制御できないため，多数の戻し交雑系統を作出したうえで，DNAマーカーを用いて全染色体の遺伝子型を調べ，野生トマト由来の染色体を1個所だけもち，残りは栽培トマトに固定した系統を選抜し，これらを集めて野生トマトの全染色体領域を網羅するように系統群を得た．これらの系統は，染色体ごとではなく，染色体の一部が反復親に導入されているため，染色体「部分」置換系統（chromosome segment substitution line）であるといえる．

染色体部分置換系統は，QTL解析により検出されたQTLが座乗する染色体領域の効果を一定の遺伝的背景で評価することを可能にし，DNAマーカー時代の遺伝学には必須のツールとなった．また，QTLの原因遺伝子のマップベースクローニングのための大規模分離集団の素材として利用された（例えばYano, et al., 2000）．ただし，作出には手間がかかるため，多くの染色体置換系統は公的な機関から研究コミュニティに配布されている．

広義の染色体部分置換系統としては，対象の遺伝子のみを，より小さな染色体領域として導入した近似同質遺伝子系統（準同質遺伝子系統とも呼ぶ）や，逆により多数の供与親由来の染色体断片の導入を許し，QTL解析も可能にした戻し交雑自殖系統群などがあり，遺伝子発見のツールとして活用されている．

　　　　　　　　　　　　［土井一行］

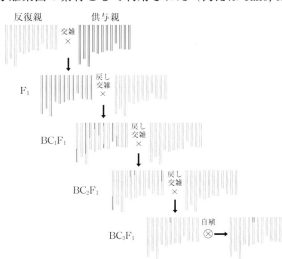

図2　イネの染色体部分置換系統の作出：各個体の染色体構成を棒状のダイアグラム（グラフィカルジェノタイプ）で示した．戻し交雑が進む（$BC_1F_1 \rightarrow BC_2F_1 \rightarrow BC_3F_1$）につれ，供与親由来の染色体領域（黒）が減少する．BC_3F_1 の例のような個体を自殖し，固定した染色体部分置換系統を得る．染色体の由来を判別するにはDNAマーカーを用いる

国際農業研究センター

　地球規模で生じている農林水産業に関する問題を解決するために，さまざまな地域に国際的な農業研究機関が設置されている．CGIAR（Consultative Group on International Agricultural Research：国際農業研究協議グループ）は，農林水産業の分野での生産量向上と生産性の拡大を通じて，発展途上国における農村の貧困削減，食料安全保障の改善，栄養と健康の改善，環境保全を目的としたネットワークをつくる機関である．1971年に，世界銀行，国連食糧農業機関および国連開発計画が提案し，先進国や地域組織，民間財団などの参加により創設され，アメリカ・ワシントンの世界銀行内に本部が置かれている．2015年現在，15の国際農業研究機関が傘下にあり，農林水産業の幅広い分野（作物生産，生物多様性，水利環境，水産，森林資源，畜産，飼料，農業政策など）の研究を行っている．代表的なCGIARを表1に示した（表1）．各研究所では，さまざまな作物を対象とし，品種改良により生産量の向上，ストレス耐性品種の作出により生産性の安定に貢献している．各研究所が保有しているジーンバンクは，作物や牧草，樹木に関する遺伝資源を65万点以上保存しており，それらのサンプルは世界各国へ配布され品種改良に活用されている．

●**環太平洋地域の国際農業研究所**　CIMMYT（Centro Internacional de Mejoramiento de Maiz Y Trigo, International Maize and Wheat Improvement Center：国際トウモロコシ・コムギ改良センター）は，トウモロコシおよび小麦の生産性を改善するため，アジア・アフリカに研究拠点を置いて活動している．N. E. ボーローグ（N. E. Borlaug）らのグループが，半矮性遺伝子を品種改良に利用することにより，小麦の生産量を飛躍的に向上させた．トウモロコシや小麦の品種改良を継

表1　CGIAR傘下の国際農業研究所

研究機関名	略称	所在地	研究対象
国際トウモロコシ・コムギ改良センター	CIMMYT	メキシコ	トウモロコシ，小麦
国際熱帯農業センター	CIAT	コロンビア	イネ，キャッサバ，熱帯牧草
国際馬鈴薯センター	CIP	ペルー	イモ類，塊根・根茎作物
国際稲研究所	IRRI	フィリピン	イネ
国際半乾燥熱帯作物研究所	ICRISAT	インド	モロコシ，ヒエ，アワ，豆類
国際乾燥地農業研究センター	ICARDA	シリア	乾燥地の作物，畜産
国際熱帯農業研究所	IITA	ナイジェリア	食用バナナ，ココア，コーヒー
アフリカ稲センター	Africa Rice Center	ベナン	イネ

続的に行い，発展途上国における近代品種の栽培面積の半分以上は，CIMMYTとその関連機関で育成された品種である．CIAT（Centro Internacional de Agricultura Tropical：国際熱帯農業センター）は，ラテンアメリカや中米地域におけるイネ，キャッサバ，インゲンマメ，熱帯牧草の研究を行っている．バイオテクノロジーを利用した迅速な品種改良や遺伝資源の保全，土壌環境に関する研究を行っている．

　CIP（Centro Internacional de la Papa，International Potato Center：国際馬鈴薯センター）は，アジア・アフリカ・ラテンアメリカに研究拠点をもち，ジャガイモ，サツマイモ，塊根・根茎作物の品種改良と遺伝資源の維持を行っている．ジーンバンクには，全世界の80％を網羅するイモ類の系統が保存されている．

　IRRI（International Rice Research Institute：国際稲研究所）は，イネの生産性を改善するために，アジア・アフリカ地域に研究拠点を置き活動している．1960年代，半矮性遺伝子を用いてイネの品種改良を行い，アジアにおける生産量を飛躍的に向上させた．その後，不良環境（乾燥，冠水，塩害，病虫害など）に耐性のある品種育成や，栽培技術の改良，土壌環境に関する研究を行っている．

●**南アジア・中東・アフリカの国際農業研究所**　ICRISAT（International Crops Research Institute for the Semi-Arid Tropics：国際半乾燥熱帯作物研究所）は，アジア・アフリカ地域に研究拠点を保有し，半乾燥地域の作物生産の向上に関する研究を行っている．乾燥地帯の主要作物であるモロコシやトウジンビエ，アワ，ヒヨコマメ，キマメを対象とし，栄養価や市場価値の研究・評価を行っている．ICARDA（International Center for Agricultural Research in the Dry Areas：国際乾燥地農業研究センター）は，乾燥地における新品種開発，水資源の持続的利用，畜産に関する研究を行っている．

　CIMMYTやICRISATと連携して，小麦，大麦，レンズ豆，ヒヨコマメ，ソラマメ，マメ科植物，牧草の品種改良や遺伝資源の保存を行っている．IITA（International Institute of Tropical Agriculture：国際熱帯農業研究所）は，熱帯地域の主要作物である食用バナナ，キャッサバ，ココア，コーヒー，ササゲ，ダイズ，トウモロコシ，ヤムイモを対象とし，バイオテクノロジーによる品種改良，環境保全，農政経済に関する研究を行っている．

　Africa Rice Center（アフリカ稲センター）は，1971年に設立されたWARDAが，2009年に公式的に変更した機関の名称である．アフリカにおける貧困削減と食糧安全保障のために，IRRIやCIATと共同で，アフリカでのイネの生産性の向上を目指している．

〔藤田大輔〕

持続性農業

　持続性の高い農業とは，現在の世代の要求を満たしながら，農地の生産力を維持し，未来の世代の要求を満たす能力も損なうことのない農業と考えられる．

　持続性を損なう問題点としては，単一作物を栽培する集約農業による連作障害や病害虫の発生，化学肥料，農薬，家畜排泄物などの過剰投与による環境影響，大型機械の使用による土壌物理性の劣化，過放牧による砂漠化，不適切な灌漑農業による土壌の塩類集積などがある．

　農林水産省は1999（平成11）年に法律で定めた「持続性の高い農業生産方式」として，①堆肥などの有機質資材を施用する土づくり技術，②化学肥料の施用を減少させる技術，③化学合成農薬の使用を減少させる技術，の3つをあげている．これらの技術に立つ植物の働きとしてアレロパシー（他感作用）がある．アレロパシーの強い植物を利用した病害虫雑草防除，緑肥作物を利用した土づくりと土壌物理性の改善，輪作や共栄植物の利用は持続性の高い農業に役立つ．

●**連作障害**　同一の圃場で作物を連続的に栽培したとき，次第に生育が不良になる現象を連作障害という．昔は，厭地（忌地）と呼んだ．連作障害のひどい作物として，エンドウ，スイカ，ゴボウ，ナス，アスパラガス，イチジクなどがある．連作障害の原因として，土壌病害，土壌中の特定肥料成分や微量元素の欠乏，特定の成分が蓄積することによる塩害，特定の害虫（線虫が多い）による害，などがあるが，アレロケミカルの蓄積による害もある．その回避方法として，土壌診断による適切な施肥，有機物の投入，緑肥作物の栽培，共栄植物の栽培，湛水，客土，深耕，輪作，土壌消毒などがある．ヘアリーベッチなどのアレロパシー活性のある緑肥作物の利用はこれらの多くを解決できるので実用的である．

●**アレロパシー**　植物が生産し体外に放出する天然化学物質が，他の植物・微生物・昆虫・動物などに，直接または間接的に，阻害あるいは促進あるいはその他の何らかの作用を及ぼす現象をアレロパシーまたは他感作用といい，作用物質をアレロケミカルあるいは他感物質と呼ぶ．作物自身が出す他感物質が土壌に蓄積したとき連作障害の原因の1つとなるとされ，エンドウ・スイカ・ショウガ・アスパラガスなどでその関与が報告されている．一方，アレロケミカルの中には，特定の病害虫や雑草にのみ作用し，作物や人間や環境に悪影響を及ぼさないものがあるので，これらを病害虫や雑草の防除に利用することも可能があり，ソバやヘアリーベッチを用いた雑草抑制が実用的であることが知られている．

●**緑肥作物**　収穫を目的とせず，そのまま田畑にすき込んで，肥料とするために栽培する植物を緑肥作物あるいは緑肥と呼び，化学肥料が発達する前は重要な肥

料源であった．レンゲ，クローバ，アルファルファ，ヘアリーベッチなどの窒素固定をするマメ科植物と，エンバク，ライムギ，オオムギなどのイネ科植物，およびカラシナ類やマリーゴールドなど土壌病害防止目的も期待して栽培するものがある．これらの植物の多くはアレロパシー活性が強い植物である．

●**輪作** 同じ土地に，別の種類の作物を何年かに1回のサイクルで栽培する方法を輪作という．ムギ類などの畑作物を栽培するために連作障害が深刻なヨーロッパで行われている農法である．カブ→オオムギ→クローバー→コムギを輪作するイギリスのノーフォーク輪作や，陸稲→ラッカセイ→サトイモを輪作する日本の関東地方の輪作などがある．養分の要求性が異なる作物を輪作することによって土壌の栄養バランスをとる例として，窒素固定能のあるマメ科作物を吸肥力の強いキャベツやホウレンソウなどの野菜の前に栽培することがある．また含まれるアレロケミカルによる線虫や病害虫・雑草抑制能が強いエンバク・クロタラリア・マリーゴールド・ヘアリーベッチを利用する事例も知られている．

●**共栄植物** ともに栽培したときお互いの生育によい影響を与える植物の組合せを共栄植物あるいはコンパニオンプランツと呼ぶ．経験的に知られているものが多く，科学的な解明は十分されているとはいえないが，養分や水分の要求性が異なる組合せ，窒素固定や菌根菌の関与，アレロパシーによる害虫や線虫の防除などが報告されており，マリーゴールド・エンバク・クロタラリアなどによる線虫害抑制，ネギ類による土壌伝染性病害の抑制，ヘアリーベッチとエンバクなどイネ科植物の共栄関係などが知られている．

●**ヘアリーベッチ** ヘアリーベッチはマメ科の緑肥作物で，地中海～中央アジア原産の牧草である．エンバクなどのイネ科植物と相性がよく，混植して共栄関係があることが古くから知られていた．雑草抑制効果が高いことが圃場で実証され，アレロケミカルとして病害虫雑草抑制効果が高いシアナミドを含む．シアナミドは土壌中にすき込まれると，尿素→アンモニア態窒素→硝酸態窒素と変化して次作の作物に吸収され窒素肥料となる．シアナミドの作用には選択性があり，広葉雑草を抑制するが，イネ・トウモロコシ・麦類などのイネ科作物には阻害作用が小さいので，穀類との混植や輪作に利用される．ヘアリーベッチは深根性で根が土壌を耕す効果もある．また，花外蜜腺をもち，アブラムシが増加するが，これを食べる肉食のテントウムシを増やすので害虫密度を下げる効果も実証されており，九州・中国・四国から広がっているアルファルファタコゾウムシの被害で栽培困難となったレンゲに替わる緑肥として普及している．花はレンゲと同様にミツバチの蜜源となるので，養蜂業でも利用され始めている．また，カキ・ナシ・ブドウ・ブルーベリー・ミカンなどの果樹の下草管理，水田での有機栽培，休耕地の管理にも利用が広がっている．

［藤井義晴］

緑の革命

　緑の革命とは，1960年代に育成されたコムギとイネの高収量品種が普及することにより，世界の食料生産の飛躍的な増大に貢献した技術革新に対して与えられた言葉である．

　作物栽培において最も重要となるのは高い生産性である．肥料の量を増やし植物体を大きくすると生産力が向上する傾向にあるが，あまり草丈が高くなると植物体自身が倒伏してしまい，結果的には収量が低下してしまう．そこで，注目されたのが旺盛な生育をしても植物の茎（稈）があまり伸長しないように制御する半矮性遺伝子の利用であった．植物育種においては，通常の品種の草丈の約半分以下に短縮したものを矮性と呼ぶが，半矮性はそれより短縮が極端ではなく，通常の品種の草丈の6割から7割程度のものを呼ぶことが多い．図1は，台湾のイネ品種「烏尖（Woo-Gen）」とその自然突然変異に由来する半矮性のイネ品種「低脚烏尖（Dee-Geo-Woo-Gen）」の比較である．

　半矮性の高収量品種の育成は，国際農業研究機関の国際トウモロコシ・コムギ改良センター（在メキシコ）ではコムギを対象として，国際稲研究所（在フィリピン）ではイネを対象として始まった．その後，育成された半矮性高収量品種およびその性質を受け継いだ改良品種が普及することによって，今日のコムギとイネにおける高収量および高生産の基礎となっている（図2）．

図1　台湾のイネ品種「烏尖」（右）とその自然突然変異に由来する半矮性のイネ品種「低脚烏尖」（左）［提供：芦苅基行］

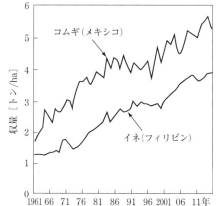

図2　1961年から2013年までのメキシコのコムギとフィリピンのイネの収量の推移［出典：FAOSTAT（http://faostat3.fao.org/home/E）のデータを基に作成］

● **コムギにおける緑の革命** 国際トウモロコシ・コムギ改良センターではN. E. ボーローグ（N. E. Borlaug）が中心となってコムギの半矮性高収量品種の育成が行われた．利用された半矮性の性質は，第二次世界大戦後に進駐軍の農業顧問をしていたアメリカ農務省のS. C. サルモン（S. C. Salmon）がアメリカにもち帰った日本のコムギ品種「農林10号」に由来する．「農林10号」はまず育種研究者に配布され，アメリカ品種と交配することにより，収量性の高い「Gaines」がつくられた．しかし，この品種は主にアメリカ西北部地域に適したものであった．そこでボーローグらは，これらの育成系統を譲り受け，メキシコ品種と交雑し，半矮性に春播性と病害抵抗性などを付与した系統を選抜し，「Pitic 62」をはじめとする一連の高収量品種を生み出すに至った．その後，これらの品種はアジアや中近東諸国に広く普及し，コムギの増産に大きく貢献することになった．ボーローグには，これらの功績により1970年にノーベル平和賞が授与された．

コムギの緑の革命に貢献した「農林10号」は岩手県農事試験場で育成され，1935年に登録された品種であり，その半矮性の性質は日本の在来品種「達磨」に由来する．なお，「農林10号」がもつ半矮性の性質は，$Rht-B1b$と$Rht-D1b$遺伝子により葉茎伸長を促進する植物ホルモンであるジベレリンに対する応答性が妨げられることに起因すると考えられている．

● **イネにおける緑の革命** 1966年，国際稲研究所のH. M. ビーチェル（H. M. Beachell）は，半矮性の性質をもつ台湾品種「低脚烏尖」と長稈で良質のインドネシアの品種「Peta」を交配し，半矮性高収量品種「IR8」を育成した．肥料条件が悪い場合は，これら2つの品種間に収量性の違いはあまりみられないが，「IR8」は投入した肥料に応じて収量が向上する傾向にある．例えば，1 ha あたり120 kg の窒素肥料を与えると，「IR8」は約9トンの高収量が得られるのに対し，「Peta」は植物体が倒れてしまうため約4トンとなり，2倍以上の違いが生じる．「IR8」は熱帯アジア各国に大規模に導入され，そのまま品種として栽培されたが，病害虫に対してはあまり強くないという欠点をもっていた．そこで，同研究所のG. S. クッシュ（G. S. Khush）により病害虫抵抗性と早生性などが付与された半矮性の改良品種「IR36」が1976年に育成された．この品種は1980年代には世界で1100万 ha 近くの広大な地域に栽培されるまで普及した．なお，高収量稲品種「IR8」と「IR36」を育成したビーチェルとクッシュには，1987年に科学技術の分野における国際賞であるJapan Prize（日本国際賞）が授与された．

「低脚烏尖」に由来する「IR8」の半矮性の性質は1つの劣性の遺伝子$sd1$に支配されている．この遺伝子は，ジベレリンの生合成にかかわるGA20酸化酵素の機能喪失に関与するため，植物体のジベレリン合成量が低下し，半矮性が引き起こされると考えられている．

［石井尊生］

農学としての雄性不稔

雌蕊は正常であるが，花粉が発育不全を起こしたり，葯が花弁化したりして，雄性生殖器官が形成されないか，機能しない現象を雄性不稔性という．A系統とB系統の交雑により雑種第一代（F_1）の種子を採る（採種する）場合，母本（種子親）とするA系統の個体が雄性不稔であれば，自家受粉が起こらず，確実にA×Bの交雑種子を採種することができるため，一代雑種品種（F_1 hybrid variety）の経済的採種に利用されている．

雄性不稔性の遺伝様式については，細胞質と核遺伝子の相互作用がある場合（細胞質雄性不稔性：cytoplasmic male sterility：CMS），核遺伝子だけが関与する場合（核遺伝子型雄性不稔性：genic male sterility：GMS）がある．

細胞質に存在する葉緑体とミトコンドリアは独自のゲノムを保持しているが，これまで報告されている細胞質雄性不稔性の原因遺伝子はミトコンドリアに存在する遺伝子である．この遺伝子は，ミトコンドリアゲノムの活発な組換えによって生じたと考えられており，ミトコンドリア電子伝達系を構成するサブユニットをコードする遺伝子とキメラ構造を形成し，膜貫通領域をもつタンパク質をコードする場合が多い．このようなタンパク質がミトコンドリアに蓄積して核遺伝子の発現を制御（レトログレード制御）することで雄性不稔が引き起こされると考えられている．

雄性不稔を引き起こす細胞質をもっていても，核に稔性回復遺伝子（restorer of fertility gene：*Rf*）があれば，雄性不稔とならない．稔性回復遺伝子がコードするタンパク質はミトコンドリアに移行し，細胞質雄性不稔性の原因遺伝子の転写や翻訳を制御することで，雄性不稔性原因タンパク質の蓄積を抑制するため，雄性不稔が回避される．これまで報告されている稔性回復遺伝子は，pentatricopeptide repeat（PPR）タンパク質と呼ばれるRNA結合タンパク質をコードしていることが多い．

雄性不稔性細胞質をS（sterile）細胞質，可稔性細胞質をF（fertile）細胞質とし，稔性回復遺伝子を*Rf*，回復能力のない対立遺伝子を*rf*と表すと，F細胞質をもつ個体は*Rf*の遺伝子型によらず稔実するが，S細胞質をもち*rfrf*の遺伝子型の個体は不稔であり，S細胞質をもち*RfRf*および*Rfrf*の遺伝子型の個体は可稔となる．*Rfrf*植物においては，*Rf*花粉と*rf*花粉が1：1に分離する．*Rf*花粉が可稔となり，*rf*花粉が不稔となる場合を配偶体型の稔性回復と呼ぶ．一方，花粉形成にかかわる胞子体組織（葯のタペート組織など）における*Rf*の影響を受けて*Rf*花粉と*rf*花粉の両方が可稔となる場合があり，この稔性回復パターンを胞子

体型と呼ぶ．細胞質雄性不稔系統を維持・増殖するには，Rf 遺伝子をもたない系統を交雑する必要があり，このような系統を維持系統（maintainer）と呼ぶ．一方，稔性回復遺伝子をもつ系統を稔性回復系統（restorer）と呼ぶ．

　細胞質雄性不稔性は，野生集団の中にもみられるが，縁が遠い亜種間や種間などで連続戻し交雑を行い細胞質置換した場合によくみられる．例えば，イネの Boro 型細胞質雄性不稔系統の場合，インド型品種の Chinsurah Boro II に日本型品種の台中 65 号を連続戻し交雑することで，細胞質が Boro 型，核が台中 65 号型という細胞質雄性不稔系統がつくり出された．Chinsurah Boro II に由来する稔性回復遺伝子（$Rf1$）を核に保持する場合は，稔性が回復する．$Rf1$ は配偶体型に作用するため，雄性不稔系統と稔性回復系統の F_1（$Rf1rf1$）の花粉稔性は 50％ となる．F_1 では花粉稔性が 50％ であっても結実率は 100％ となる．

　核遺伝子型雄性不稔性は，花粉形成に必須な遺伝子などの突然変異でよく現れる．しかし，不稔系統を増殖するために可稔系統を交雑した場合，雄性不稔個体と可稔個体が分離する後代から雄性不稔個体を選抜する必要があるため，一代雑種育種に利用しにくい．一方，日長または温度条件によって雄性不稔性を示す日長感応性雄性不稔性（photoperiod-sensitive genic male sterility：PGMS），および温度感受性雄性不稔性（thermo-sensitive genic male sterility：TGMS）を示す系統が一代雑種育種に有用である．例えば，イネの場合，長日条件下と高温条件下で花粉が不稔となり，短日条件下と低温条件下で花粉稔性が回復する系統が知られており，F_1 採種に使われている．

●ハイブリッドへの応用　ハイブリッド品種（一代雑種品種）の育種法においては，雑種強勢が強く現れるような組合せ能力の高い親系統の育成，および，F_1 種子の経済的採種技術が必要である．多量に効率よく純度の高い F_1 種子を採種するために，細胞質雄性不稔系統が利用されることが多い．ブロッコリーやダイコンなどのアブラナ科野菜，トウモロコシ，ソルガム，テンサイ，ヒマワリ，ニンジン，セロリ，ネギ，タマネギなどにおいて細胞質雄性不稔性を利用したハイブリッド品種が実用化されている．また，中国などでは，細胞質雄性不稔系統を利用したハイブリッドイネが実用化されている．種実を利用しない野菜や花卉の場合は稔性回復系統が必要ない．一方，トウモロコシやイネなどのように種実を利用する場合は，細胞質雄性不稔系統，維持系統，回復系統が必要であり，これらを用いた一代雑種育種法を三系法と呼ぶ．イネでは，日長・温度感受性雄性不稔系統を用いたハイブリッド品種育種も行われており，この場合は環境条件により自家受粉できるので増殖のための維持系統が不要であり，二系法と呼ぶ．化学交雑剤を利用して雄性不稔を人為的に誘発して F_1 採種を行う方法も開発されている．

[鳥山欽哉]

植物の倍数性

　植物の染色体数（体細胞の染色体を$2n$で表す）は，種に固有であり，近縁種属間では染色体の基本数を単位として倍数関係がみられる．この染色体の基本数の単位がゲノムであり，ゲノムとは生物が生存する上で必須の機能をもった染色体の1組と定義される．

●**作物の染色体と倍数性**　染色体の基本数をxで表すと，$2n=2x$の生物が二倍体，$2n=3x, 4x, 5x, 6x$の生物が，三倍体，四倍体，五倍体，六倍体である．このような染色体数の倍数関係を倍数性という．三倍体以上の倍数性生物を倍数体と呼び，$2n=x$の生物を半数体または一倍体という．倍数体は，相同ゲノムの倍加による同質倍数体と，非相同ゲノムを含む異質倍数体に分けられる．高等植物の進化は倍数性を伴う染色体の倍加に負うところが大きく，栽培植物のほぼ半数は倍数体である．倍数体は作物の進化や分化に重要な役割を果たしてきた．表1に主要作物の染色体数（$2n$）と倍数性を示す．染色体の基本数は，それぞれの種や属によって異なる．イネ，オオムギ，ライムギ，豆類，野菜の多くが二倍体である．倍数体の中では，四倍体が最も多く，パンコムギ，エンバク，サツマイモは六倍体，イチゴは八倍体である．イモ類や果樹のような栄養繁殖植物には，同種内で二倍体の他に三倍体や四倍体の同質倍数性が多くみられる．パンコムギ，エンバク，ラッカセイ，ナタネ，タバコ，アラビアコーヒーは，異質倍数体の代表的作物である．

　倍数体の作出には，コルヒチン処理法が最も広く用いられている．コルヒチンはイヌサフランの球根あるいは種子から抽出されるアルカロイドである．コルヒチンは水によく溶解するので，0.01～1%の水溶液にして，浸漬法，滴下法，添着法，注射法などの方法によって種子または成長点を処理する．二倍体組織を処理した場合，コルヒチンは分裂細胞の紡錘糸形成を阻止するので，縦裂した染色体は両極に分かれることができず，そのまま四倍性の復旧核を形成する．処理を受けた植物において，倍加した細胞は二倍性細胞の中に混在し，成長に伴ってキメラとして現れるので，栄養繁殖植物では四倍体組織を，種子繁殖植物では四倍体種子を選抜する．また，組織培養法も倍数体の作出に有効である．培養細胞には，起源植物に比べて染色体数の増減したものが多く存在する．その中の倍数性細胞から再分化した植物において，倍数体を得ることができる．

●**同質倍数体と異質倍数体**　同質倍数体は二倍体に比べて，遺伝情報の質は同じであるが量が増大している．倍数化に伴って，核，細胞の肥大をもたらすため，茎葉は太く，厚く，粗剛となり，各種器官が巨大性（ギガス性）を示す．この巨

表1 主要作物の染色体数と倍数性[1]

用途	作物名	学名など	染色体数 (2n)	倍数性
穀類	イネ	*Oryza sativa* L.	24	2x
	パンコムギ	*Triticum aestivum* L.	42	6x
	マカロニコムギ	*Triticum durum* Desf.	28	4x
	オオムギ	*Horudeum vulgare* L.	14	2x
	ライムギ	*Secale cereale* L.	14	2x
	エンバク	*Avena sativa* L.	42	6x
	トウモロコシ	*Zea mays* L.	20	2x
	アワ	*Setaria italica*（L.）P. Beauv.	18	2x
	キビ	*Panicum miliaceum* L.	36	4x
	ヒエ	*Echinochloa esculenta*（A. Braun）H. Scholz	36	4x
	ソルガム	*Sorghum bicolor*（L.）Moench	20	2x
	ソバ	*Fagopyrum esculentum* Moench	16	2x
	ハトムギ	*Coix lachryma-jobi* L.	20	2x
マメ類	ダイズ	*Glycine max*（L.）Merr.	40	2x
	インゲンマメ	*Phaseolus vulgaris* L.	22	2x
	エンドウ	*Pisum sativum* L.	14	2x
	ソラマメ	*Vicia faba* L.	12	2x
	ササゲ	*Vigna unguiculata*（L.）Walpers	24	2x
	アズキ	*Vigna angularis*（Willd.）Ohwi & Ohashi	22	2x
	ラッカセイ	*Arachis hypogaea* L.	40	4x
イモ類	ジャガイモ	*Solanum tuberosum* L.	48	4x
	サツマイモ	*Ipomoea batatas*（L.）Lam	90	6x
	サトイモ（タロイモ）	*Colocasia esculenta*（L.）Schott	28, 42	2x, 3x
	ダイジョ（ヤムイモ）	*Dioscorea alata* L.	40, 60, 80	4x, 6x, 8x
	キャッサバ	*Manihot esculenta* Crantz	36	4x?
野菜	タマネギ	*Allium cepa* L.	16	2x
	アブラナ科野菜	*Brassica* 属	16, 18, 20	2x
	アブラナ科野菜	*Brassica* 属	34, 36, 38	4x
	ダイコン	*Raphanus sativus* L.	18	2x
	キュウリ	*Cucumis sativus* L.	14	2x
	カボチャ	*Cucurbita* 属	40	2x
	スイカ	*Citrullus lanatus*（Thunb.）Matsum. and Nakai	22	2x
	ナス	*Solanum melongena* L.	24	2x
	トマト	*Solanum lycopercium* L.	24	2x
	トウガラシ	*Capsicum annuum* L.	24	2x
	ホウレンソウ	*Spinacia oleraceae* L.	12	2x
	レタス	*Lactuca sativa* L.	18	2x
工芸作物	テンサイ	*Beta vulgaris* L.	18	2x
	サトウキビ	*Saccharum officinarum* L.	80	8x
	タバコ	*Nicotiana tabacum* L.	48	4x
	コーヒー	*Coffiea* 属	22, 44	2x, 4x
	チャ	*Camellia sinensis*（L.）Kuntze	30, 45, 60	2x, 3x, 4x
	アマ	*Linum usitatissimum* L.	30, 32	2x
	アサ	*Canabis sativa* L.	20	2x
	キダチワタ	*Gossypium arboreum* L.	26	2x
	アジアワタ	*Gossypium herbaceum* L.	26	2x
	リクチメン	*Gossypium hirsutum* L.	52	4x
	クワ	*Morus alba* L.	28, 42	2x, 3x
果実類	イチゴ	*Fragaria x ananassa* Duchesne	56	8x
	バナナ	*Musa* spp.	22, 33	2x, 3x

表1 主要作物の染色体数と倍数性[1]（つづき）

用途	作物名	学名など	染色体数 (2n)	倍数性
果実類	ブドウ	*Vitis vinifera* L.	38, 57, 76	2x, 3x, 4x
	オレンジ	*Citrus sinensis* (L.) Osbeck	18, 27, 36	2x, 3x, 4x
	リンゴ	*Malus pumila* Mill.	34, 51, 68	2x, 3x, 4x
	セイヨウナシ	*Pyrus communis* L.	34, 51, 68	2x, 3x, 4x
	ニホンナシ	*Pyrus pyrifolia* (Baum. F.) Nakai	34	2x
	モモ	*Prunus persica* (L.) Batsch	16	2x
	ウメ	*Prunus mume* Sieb. Et Zucc	16, 24	2x, 3x
	クリ	*Catane crenata* Sieb. Et Zucc	24	2x
飼料作物	アルファルファ	*Medicago sativum* L.	16, 32, 64	2x, 3x, 4x
	シロクローバー	*Trifoticm repens* L.	32	4x
	イタリアンライグラス	*Lolium multiflorum* Lam.	14	2x
	ケンタッキーブルーグラス	*Poa pratensis* L.	28, 56, 70	4x, 8x, 10x
	オーチャードグラス	*Dactylis glomerata* L.	28	4x
	チモシー	*Phleum pratense* L.	42	6x

大性は，特に花粉粒の大きさや気孔の孔辺細胞の長さに顕著に現れる．しかし，植物体あるいは器官が均等に巨大化するのではなく，全体としてのバランスを失うものが多く，分枝数，葉数，着花数などは減少する．巨大化に伴って，同化作用，物質転流，細胞分裂などは低下し，植物体全体の生育遅延をもたらす．同質倍数体では，減数分裂期に多価染色体が形成されて，染色体の不均衡分離が生じるため，稔性が低下し，特に三倍体では，ほぼ完全不稔となる．同質倍数体では，同一遺伝子座に対立遺伝子が3コピー以上あるため，二倍体の遺伝様式とは異なる．例えば，ある遺伝子座においてすべての対立遺伝子が優性対立遺伝子である系統とすべての対立遺伝子が劣性対立遺伝子である系統間の F_2 集団に出現する劣性ホモ接合体の理論上の出現率は，同質四倍体では2.8％程度，同質六倍体では0.25％程度となり，二倍体の場合の25％に比べて著しく低くなる．

同質倍数体が品種改良に役立つかどうかは，器官の巨大化などの利点と生育遅延や不稔などによる欠点とのバランスによって決まる．二倍性植物集団中に生ずる倍数体の頻度は，同質四倍体が一番高く，ジャガイモ，アルファルファ，シロクローバーは，同質四倍体種である．同質四倍体は同質三倍体とは異なり種子稔性があり，器官の巨大化，含有化学成分量や収量の増加を目的に利用される．同一種内では，四倍体は二倍体に比べて，花，果実などが明らかに大きくなっている．人為四倍体品種として実際に利用されているものは牧草や花卉類が主である．キンギョソウ，ペチュニアを含む花卉類では花の巨大化がみられ，またレッドクローバー，イタリアンライグラスなどの牧草では再生力が強く，耐病性を始め各種の耐性がみられる．

同質三倍体もまた利用される．三倍体は減数分裂における三価染色体の不均衡分離によって高不稔性を示すが，植物体の生育が旺盛なので，栄養器官の収量，

品質の向上を目的に，あるいは高不稔性による果実の「たねなし性」の付加を目的に利用される．自然三倍体としては，サトイモ，バナナ，クワ，果樹類や，オニユリ，チューリップなどの多くの花卉があり，いずれも栄養繁殖する．野生の二倍体バナナには種子があるが，食用にする三倍体バナナには種子がない．人為三倍体には，テンサイ，スイカ，ブドウ，花卉類がある．

2つ以上の異なるゲノムが組み合わさって生ずる倍数体が異質倍数体である．ゲノム構成の異なる種間の雑種を倍加して得た異質倍数体や，構成ゲノムが明らかで複数ゲノムからなる自然倍数体の場合，これを複二倍体と呼ぶ．コムギ，エンバク，セイヨウナタネ，タバコ，リクチメンなどが複二倍体であり，イネ属，コムギ属，アブラナ属をはじめ複数の異なるゲノムをもつ属の種には種々のゲノム組合せの複二倍体がみられる．同質倍数体と異なり，減数分裂における染色体行動が二倍体と同じであるので複二倍体の遺伝は基本的には二倍体と同じである．

●**複二倍体の育種的利用** 人為的な複二倍体の作出法には，二倍体同士の交配によって生じた種間雑種 F_1 を染色体倍加して複二倍体を得る場合と，まず二倍体から倍数体をつくってこの倍数体同士の交配によって複二倍体を得る場合とがある．非相同ゲノムをもつ種間雑種の F_1 では，相同染色体がないので減数第一分裂では二価染色体が形成されず，その結果，染色体の不均衡分離を生ずるので，高不稔性である．このような雑種 F_1 を倍加することによって，染色体対合は完全となり，高稔性となる．複二倍体の利点は2つ以上の種を1つの種に結びつけて有用変異を固定し，染色体行動と遺伝においては二倍体に準ずる点にある．特に，非相同ゲノム間の雑種強勢が存在する場合には，それを固定化できる．

二倍体種から栽培種と同じゲノム構成の複二倍体を合成して実用化したものとして，六倍性ライコムギとハクランの例を以下に示す[2]．六倍性ライコムギ（*Triticale* : $2n=42$）は，マカロニコムギ（*Triticum durum* : $2n=28$, ゲノム構成 AABB）とライムギ（*Secale cereale* : $2n=14$, ゲノム構成 RR）の F_1 雑種（$2n=21$ABR）を倍加して合成したゲノム構成 AABBRR の新作物である．コムギの高収量性とライムギの高リジン含量，不良環境適応性，耐病性を結びつけることを目指して合成され，ライコムギ系統間の交雑と選抜によりコムギなみの収量性を示す品種が育成されている．ハクランは，ハクサイ（*Brassica rapa* : $2n=20$, ゲノム構成 AA）とキャベツ（*B. oleracea* : $2n=18$, ゲノム構成 CC）から合成された *napus* 型の複二倍体（$2n=38$, AACC）であるが，天然の *napus* にはみられない結球性を示し，ハクサイの軟多汁性とキャベツの環境適応性を組み合わせた，生食，煮食，漬物のいずれにも利用できる新しい野菜である． ［安井 秀］

📖 **参考文献**
[1] 西尾 剛・吉村 淳編著『植物育種学 第4版』文永堂出版，2012
[2] 福井希一・辻本 壽『改訂版 育種における細胞遺伝学』渡辺好郎監修，養賢堂，2010

栽培植物の起源と分化

　農耕は，今から約1万年前の更新世が終わる頃に始まり，数千年にわたって栽培植物を一つひとつ増やしながらゆっくりと発展してきた．紀元前7000年頃には，近東，南米，ニューギニア，東南アジアなど世界各地で農耕が営まれている．自生地の自然環境に適応するうえで不可欠な野生植物のもつ形質組合せから人の管理の下で維持される栽培植物固有の組合せへと遺伝的に変化する過程を栽培化と呼ぶ．栽培化の初期段階には，人による自然環境の攪乱の下で利用される半栽培と呼ばれる過程があり，野生植物は徐々に人の意識的な管理に強く依存して生存する栽培植物へと歩みだす．

●**種子生産**　種子植物の場合，栽培化は収穫した種子を播種することで始まる．収穫するだけでは野生集団に遺伝的変化をもたらさない．収穫した種子を播くことによって初めて遺伝的変化を引き起こす選択圧が働く．収穫と播種を繰り返すことによって生じる最も顕著な変化は，脱粒性の喪失，収穫部位の集中化ならびに種子生産の増加である．イネ科の野生植物では，種子の登熟に伴い小穂または小花の基部に離層が生じて穂軸からはずれ種子が散布されるが，栽培植物では離層が形成されにくく種子は穂軸についたまま収穫される．また，マメ科の野生植物では，莢がよじれて裂開し種子が散布されるが，栽培植物ではその程度が低下している．収穫部位の集中化は，枝分かれの多い草型から頂芽優勢を示す主茎（主稈）型への変化や，無限伸育から有限伸育への変化，つる性から直立型への変化によって，また分げつ（蘖）からなる植物では，分げつの成長の同調化によってもたらされた．種子生産の増加には，着粒歩合の増加，花序サイズや花序数の増加に加えて，不稔小穂や不稔小花の稔性回復が関与した．例えば，野生オオムギや二条オオムギの小穂は，側性小花が不稔で1つの小花からなるが，六条オオムギではそれらの稔実が回復し種子生産量が3倍に増加している．

　播種をする行為は，同じ植物種の種子から芽生えた実生（幼植物体）の間に強い競合をもたらす．実生の成長力は種子の大きさを反映しており，競合下では大きな種子に有利な選択圧が働く．また，播種後速やかに発芽する個体はより多くの資源を独占し競合に勝つことから，種子休眠性が急速に失われる．イネ科植物の発芽抑制物質は穎などの付属器官でつくられることが多く，速やかな発芽への選択の結果として，護穎や内外穎が小さくなる．また，マメ科の野生植物の種子は硬実と呼ばれる物理的休眠性をもつが，栽培植物では硬実性が失われ，播種後速やかに吸水して発芽する．アメリカのJ. R. ハーラン（J. R. Harlan）は，種子の収穫と播種の繰り返しによって生じる選択を自動的（機械的）選択と呼び，収

穫対象である種子や果実などのサイズの増加や，それらの形，色，味など人の嗜好による選択を意識的人為選択と呼んだ．栽培化がもたらした栽培植物固有の特徴をまとめて栽培化症候群と呼ぶ．

　栽培化が進む過程では，特定の形質をもつ個体が選択されその後の集団を構成することから，ボトルネック効果により遺伝的多様性が低下する．一方，栽培植物は，人の移動とともに起源地から世界各地へともたらされ，遺伝的浮動や新たな環境への適応の結果として，起源した初期の集団とは遺伝的に異なる集団へと分化する．栽培植物の伝播のルートや年代は植物種によって大きく異なる．紀元前7000年頃に近東で起源したコムギやオオムギは，紀元前1000年頃にはすでにユーラシア大陸東端のロシア沿海州で，また縄文晩期から弥生時代には西日本で栽培されていた．中南米で起源したトウモロコシやタバコ，サツマイモがヨーロッパへともたらされたのは1492年のコロンブスのアメリカ大陸到達に端を発する．東アジアで起源したダイズがヨーロッパや北アメリカへ渡るのは19世紀に入ってからである．

　種内ならびに種間の雑種形成も栽培植物の発展に大きく貢献した．雑種形成を通した遺伝子交流が栽培植物と野生植物の間や異なる栽培品種の間で繰り返され，新たな多様性が創出されてきた．また，六倍体のパンコムギのように，四倍体の栽培植物エンマーコムギと二倍体の近縁野生種タルホコムギの雑種形成と複二倍体化により新た栽培植物が起源した．

●**栽培植物の起源**　ソ連のN. I. バビロフ（N. I. Vavilov）は，世界各地から栽培植物を蒐集し，同一条件下で栽培してさまざまな生理形態的特性の変異を綿密に調べた．栽培種ごとに個々の遺伝的特性の地理的分布をまとめると，特定の地域に多くの変異が集中しており，その地域をその栽培植物の変異形成中心地とみなした．バビロフは，変異形成中心地がその種の起源地と考え，その地域を多様性の一次中心地と呼び，また起源地ではなくとも適応分化や遺伝子流動の結果多様性の増加した地域を二次中心地と呼んだ．さまざまな栽培植物の変異形成中心地を重ね合わせると，変異形成中心地は栽培植物の間でかなり共通しており，特定の地域に限定されることから，バビロフはこれらの地域を栽培植物の発祥中心地（多様性中心）と考えた．発祥中心地は1926年の最初の発表で5地域に設定されたが，その後1935年には8大中心地として整理し直され，1940年に7大地域にまとめられた（図1）．それぞれの発祥中心地で起源した主な栽培植物を表1に示す．

　全世界で起源した栽培植物のうち，アジアで起源した栽培植物が最も多く全体のおおよそ70％を占める．日本で栽培化された植物には，ミツバ，ユリネ，ヤマモモ，メタデ，ハチジョウカリヤス，オオナズナなどがある．

　バビロフの起源中心説は，遺伝的多様性の地理的分布を多数の栽培植物について俯瞰的に特徴づけた説として広く知られているが，いくつかの問題点も指摘さ

れている.特に,遺伝的多様性に富む地域が必ずしも栽培植物の起源地と一致するわけではなく,また,起源地の推定には,過去の植物の考古学的分布や民族の人類学的証拠などを踏まえた総合的な判断が必要である.例えば,アジアの栽培イネを構成する2つの主要な生態型のうち,中国南部から東南アジアやインドで栽培されるインディカ型は東アジアで栽培されるジャポニカ型に比べて遺伝的多様性に富む.バビロフは,遺伝的多様性の多寡から,アジアイネの起源地を熱帯南アジア地域としたが,考古学的資料からは,ジャポニカ型が最初に中国長江中

表1 大地域の発祥中心地に起源のある主な栽培植物

発祥中心地	国,地域	主な栽培植物
Ⅰ.熱帯南アジア地域	インド熱帯地方,インドシナ半島,東南アジアの島々,中国南部熱帯地方	イネ,ナス,キュウリ,ゴマ,サトイモ,バナナ,サトウキビ,ココヤシ
Ⅱ.東アジア地域	中国中央部と東部の温暖帯と亜熱帯地域,台湾,朝鮮半島と日本	ソバ,ダイズ,アズキ,ハクサイなど葉菜類,モモ
Ⅲ.南西アジア地域	小アジア内陸高原地帯,イラン,アフガニスタン,中央アジア,近東,北西インド	パンコムギ,マカロニコムギ,オオムギ,ニンジン,ソラマメ,タマネギ,ホウレンソウ,ダイコン,西洋ナシ,リンゴ,ピスタチオ,ブドウ
Ⅳ.地中海沿岸地域	地中海沿岸	エンドウ,ヒヨコマメ,キャベツ,レタス,アスパラガス,アマ,オリーブ
Ⅴ.アフリカ大陸	アビシニア(現エチオピア)	テフ,モロコシ,オクラ,コーヒー
Ⅵ.北アメリカ大陸	南メキシコ山岳地帯,中央アメリカ,西インド諸島	トウモロコシ,インゲンマメ,日本カボチャ,サツマイモ,シシトウガラシ
Ⅶ.南アメリカのアンデス山系地域	ペルー,ボリビア,エクアドル,チリ南部・チエロ島,コロンビア東部ボゴタ地域	ジャガイモ,ワタ,タバコ,洋種カボチャ,トウガラシ,トマト,ラッカセイ,イチゴ,パイナップル

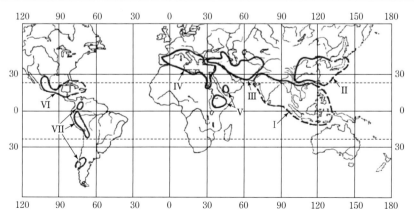

図1 バビロフ(1940)の起源中心説に基づく栽培作物の発祥地(地域Ⅰ~Ⅶは表1を参照)
〔出典:N.I.バビロフ『栽培植物発祥地の研究』中村英司訳,八坂書房を改変〕

下流域で栽培化されたことが示されており,また,全ゲノム配列の比較から,インディカ型はジャポニカ型と野生イネとの雑種形成を経て生じたことが明らかにされている.

ハーランは,多くの栽培植物の起源地はバビロフが想定したような特定の地域には集中せず,幅広い地域に拡散分布すると指摘し,そのような地域を,起源地が集中する起源中心と対比させて非中心と呼んだ.ハーランによれば,農耕は,近東の起源中心とアフリカの非中心,北部中国の起源中心と東南アジアおよび南太平洋地域の非中心,中部アメリカの起源中心と南アメリカの非中心の3地域で発祥し,起源中心と非中心が互いに影響し合って発展してきたと考えられる.

●形質と遺伝子　栽培化症候群を構成する形質は,ゲノムの特定領域に集中する比較的効果の大きな少数の主働遺伝子または量的形質遺伝子によって支配されていることが多い.これまでにも,トウモロコシの野生祖先型テオシントの多分枝型からトウモロコシの少分枝主稈型への変化に寄与した $tb1$ 遺伝子,コムギの種子脱穀を容易にする皮性から裸性への変化と,脱粒しにくく,小穂が短く密生する穂への形態的変化を多面的に制御する Q 遺伝子,オオムギの側性小花の稔実を回復して二条型を六条型にする $vrs1$ 遺伝子,野生イネの脱粒性から栽培イネの非脱粒性への変化を規定する $qsh1$ 遺伝子と $sh4$ 遺伝子,ダイズの裂莢性を支配する $SHAT1\text{-}5$ 遺伝子と $qPDH1$ 遺伝子,トマトの果実肥大にかかわる $fw2.2$ 遺伝子など,栽培植物の成立に重要な役割を果たしてきた遺伝子の分子機構が特定されている.

選択に中立なアイソザイム遺伝子やDNA多型の解析から,野生植物と栽培植物の遺伝的多様性や栽培化とその後の品種分化の詳細が多くの植物種で明らかにされている.さらに,栽培化に関与した遺伝子のDNA配列の比較から,栽培化に伴う形質の進化機構に関する研究が進んでいる.例えば,六条オオムギをもたらした $Vsr1$ 遺伝子座の劣性突然変異には少なくとも独立に生じた3つの系譜があり,六条オオムギへの進化は多元的に生じたことが示されている.また,イネの2つの非脱粒性遺伝子のうち,$sh4$ は栽培化の初期段階で生じ,生態型を問わず広くアジアの栽培イネに拡散した遺伝子であり,$qsh1$ はジャポニカ型にしか存在せず,生態型が分化した後に生じた遺伝子である.しかし,$sh4$ 遺伝子は,栽培イネのみならず脱粒性を示す雑草イネや野生イネにも存在しており,栽培イネが非脱粒性を獲得するにはさらに1つ以上の遺伝子が必要であった.両例が示すように,栽培化に関与した形質の分子機構の解明とその多様性の解析から,栽培化の複雑な過程が明らかにされつつある.

［阿部　純］

参考文献
[1] N. I. バビロフ『栽培植物発祥地の研究 第2版』中村英司訳,八坂書房,1985
[2] J. R. ハーラン『作物の進化と農業・食糧』熊田恭一・前田英三訳,学会出版センター,1984
[3] Harlan, J. R., *Crops and man*, 2nd ed., ASA, CSSA, 1992

品質と成分

　農作物の品質と成分は，農産物の商品価値を決める重要な形質である．作物の品質特性は外観，流通・加工および消費特性に分けることができる．品質特性の重要性は作物やその用途によって異なる．一方，作物の成分特性は品質特性と密接に関連し合うので，成分特性の改良が品質特性の改良にも結びつく．作物の品質と成分の遺伝的改良は農産物の高付加価値化や差別化をうながすとともに，農産物の商品価値を高める．

　1960年代，種子成分の変異について注目すべき発見があった．第1は，トウモロコシの *opaque-2*（*o2*）遺伝子の発見であり，リジン含量を増加させる効果がある．第2は，ナタネの無エルシン酸遺伝子（*e1, e2*）の発見であり，エルシン酸による心筋や骨格筋の疾患の防止が期待できる．これらの新しい突然変異遺伝子を利用した種子成分の遺伝的改良は，さまざまな作物で種子成分の変異探索に影響した．ここでは，植物種子の主要成分であるデンプンとタンパク質について解説する．

●**デンプンとモチ・ウルチ性**　デンプンは植物の光合成によって生産され，その大半は種子に蓄えられ，穀物種子に含まれる成分の70〜80%を占める．デンプンはアミロースとアミロペクチンから構成される多糖類である．アミロースは短い分枝鎖を含む α-1,4 グルコシド結合からなる直鎖状の分子であり，アミロペクチンは α-1,4 グルコシド結合と α-1,6 グルコシド結合からなる房状構造の分子である（図1）．モチ・ウルチ性デンプンの差はアミロースの有無に関係する．モチ性デンプンはアミロースを含まないか微量のアミロースを含んでいる．一方，ウルチ性デンプンはアミロースとアミロペクチンを含んでいる．

図1　アミロースとアミロペクチンの基本構造

●**モチ・ウルチ性の種内分化**　19世紀後半，モチ性変異が発見され，植物種子のデンプンにモチ・ウルチ性の違いが認識されるようになった．種内にモチ・ウルチ性デンプンの遺伝的分化が見出されている植物は，イネ，トウモロコシ，オオムギ，ソルガム，キビ，アワ，ハトムギのイネ科植物7種である．コムギでは人為交配によりモチ性デンプンが作出されている．単子葉のイネ科植物では，1個の生殖核と2個の極核が重複受精して形成される三倍体の内胚乳にデンプンが集積する．モチ・ウルチ性デンプンの違いは内胚乳と花粉でみられる．

　1982年，イネ科以外の植物で初めてモチ・ウルチ性デンプンの種内分化が発

見された．その植物は中南米原産の穀物アマランサスである．アマランサスはヒユ科に属する双子葉植物で，そのデンプンは珠心起源の二倍体の外胚乳に蓄えられる．また，放射処理によりジャガイモのモチ性突然変異が誘発された．

●**モチ・ウルチ性の遺伝的制御** モチ・ウルチ性は1対の対立遺伝子（遺伝子記号は wx で表す）により支配され，モチ性（wx）に対してウルチ性（Wx）は優性を示す．wx 座はデンプン顆粒結合型のデンプン合成酵素をコードする構造遺伝子である．この遺伝子の上流にはトランジットペプチドをコードする配列があり，翻訳後，デンプン合成酵素はアミロプラストに輸送される．モチ性遺伝子では野生型のウルチ性遺伝子の変異により，デンプン顆粒結合型酵素の機能が欠損し，アミロースを生成できない．この酵素はSDSポリアクリルアミド電気泳動（SDS-PAGE）により，分子量60 kDaのポリペプチドとして検出できる．分子量は植物種間でほぼ一定である．また，ウルチ性遺伝子には60 kDaポリペプチドの生成量が異なる複対立遺伝子が分化し，例えばイネでは高アミロース性（25%程度）の Wx^a と低アミロース性（15～20%程度）の Wx^b の存在が知られている．Wx^a は野生イネやインディカ品種に，Wx^b はジャポニカ品種に広く分布する．イネにおける Wx 遺伝子の分化は，アジア地域で栽培されるイネ品種のアミロース含量の変異とその地理的分布に密接に関係している．

　トウモロコシでは，トランスポゾンの挿入などによる多数のモチ性突然変異が得られている．60 kDaポリペプチドの生成量とアミロース含量の関係から，wx 座における遺伝子発現が転写領域や調節領域で生じた多様な変異により制御されていることが明らかにされている．

　また，イネではデンプン枝付け酵素のうち，BEIを欠損する変異（$Sbe1$）が同定されている．$Sbe1$ 変異のデンプンはアミロペクチンの鎖長分布が変化し，短鎖の比率が高くなる．

●**du 遺伝子による wx 座の発現調節** 1980年代にイネの低アミロース性変異が発見されるまで，デンプン特性の遺伝変異はモチ・ウルチ性が知られていたにすぎない．これまでに数個の du 遺伝子が発見されている．低アミロース性デンプンの特徴は，遺伝背景の違いにより5～15%の多様なアミロース含量を創出できることである．低アミロース性は2つの異なる遺伝的制御によって生じる．第1は wx 座の複対立遺伝子による．第2は du 座が関与するものであり，イネのゲノム中には複数の du 座が存在する．du 座はアミロース合成酵素の構造遺伝子 Wx の発現を特異的に制御するトランス因子であると考えられている．

●**種子貯蔵タンパク質の分類** 種子貯蔵タンパク質は20世紀初頭にT. B. オズボーン（T. B. Osborne）によって報告された溶媒溶解性に基づき4種類に分類される．水溶性タンパク質をアルブミン画分，塩可溶性タンパク質をグロブリン画分，アルコール可溶性タンパク質をプロラミン画分，酸・アルカリ性可溶性タン

パク質をグルテリン画分と称する．これらは植物種によって特有の名称が用いられる場合がある．例えばトウモロコシとオオムギのプロラミンはそれぞれゼインとホルデインと称し，この名称はいずれも学名を基にしている．コムギのプロラミンとグルテリンはそれぞれグリアジンとグルテニンと称する．穀類において主要種子貯蔵タンパク質をプロラミンとする植物種が多く，豆類ではグロブリンを主要種子貯蔵タンパク質とする植物種が多い．イネは例外で，グルテリンを主要種子貯蔵タンパク質とし，プロラミン，グロブリンも含んでいる．

　各タンパク質画分は多くのポリペプチドから構成されている．各ポリペプチドはそれぞれの遺伝子の産物であることから，種子貯蔵タンパク質の構造遺伝子は各植物において多数存在し，遺伝子クラスターを形成している場合が多い．さらに構造遺伝子の変異による種子貯蔵タンパク質の多様性が認められる．

　コムギのグルテンと称するタンパク質はグリアジンとグルテニンから構成される．グリアジンとグルテニンの比率などによってグルテンの性質が変化する．この性質の違いがパンやうどんなどへの加工適性を決定する．

●**種子貯蔵タンパク質の細胞内貯蔵器官**　種子貯蔵タンパク質は細胞内にプロテインボディ（PB）と呼ばれる細胞内小器官に集積している．PBは大別して小胞体内腔に形成されたものと貯蔵型液胞中に形成された2種類がある（図2）．

　プロラミンの多くは小胞体内に集積する．プロラミンは小胞体上のリボソーム上で翻訳された後，小胞体内腔に移行しそのまま集積し，PBを形成する．トウモロコシのゼインは登熟初期にはシステイン残基を多く含むCys-richゼインが集積を開始し，その後システイン残基が少ないCys-poorゼインがCys-richゼイン中に集積を始める．最終的にPBの中心部にCys-poorゼインが，周辺部にCys-richゼインが集積する．イネにおいてもプロラミンは小胞体内に集積するが，トウモロコシと異なり，PBの中心部にはCys-richプロラミンが集積し，その周辺部にCys-poorプロラミンと他のCys-richプロラミン分子種が集積する．

　豆類などのグロブリンやイネのグルテリンは貯蔵型液胞に集積する．グロブリ

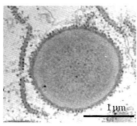 

(a) 小胞体内にプロラミンを集積するPB　　(b) 貯蔵型液胞内にグルテリンなどを集積するPB

図2　イネのプロテインボディ(PB)の電子顕微鏡写真

ンなどもプロラミンと同様に小胞体上で翻訳され，いったん小胞体内腔に送り込まれる．その後，小胞体からゴルジ体へ輸送され，さらにゴルジ体から貯蔵型液胞に輸送され集積し，PB を形成する．多くの場合，グロブリンなどは前駆体型として翻訳され，そのまま貯蔵型液胞まで輸送される．最終的に前駆体型は貯蔵型液胞内で2つのサブユニットに開裂し，集積する．小胞体からゴルジ体，ゴルジ体から貯蔵型液胞へは小胞輸送によって輸送される．

●種子貯蔵タンパク質の輸送・集積に関与する因子　プロラミンの小胞体内での集積に分子シャペロンが関与する．熱ショックタンパク質 BiP やタンパク質ジスルフィドイソメラーゼなどである．これらは小胞体内においてタンパク質の正常な立体構造形成に関与している．新生プロラミンは小胞体内腔に送り込まれると同時に，分子シャペロンによる正常な立体構造の形成や他のプロラミン分子種との相互作用によって集積する．

　小胞体からゴルジ体へのタンパク質の輸送は COPII 小胞を介して行われることが知られている．貯蔵タンパク質でグロブリンなども小胞体からゴルジ体への輸送に COPII 小胞が関与することが示唆されている．シロイヌナズナにおいて，グロブリンを輸送する COPII 小胞のゴルジ体への係留に関する因子や，イネにおいて，グルテリンを輸送する COPII 小胞をゴルジ体へ向かわせる Sar1 タンパク質の関与が明らかにされた．ゴルジ体からの輸送に関して，カボチャ種子のタンパクの輸送に GTP 結合タンパク質が関与すること，イネのグルテリンの輸送に small GTPase Rab5 が作用することが明らかにされた．これらはいずれも小胞輸送にかかわる因子である．シロイヌナズナなどでは，液胞選別レセプターが関与するゴルジ体を経由しない輸送経路，すなわち小胞体から貯蔵型液胞に直接輸送される経路も存在する．

　貯蔵型液胞内において，前駆体型グロブリンなどを2つのサブユニットに開裂させる酵素である液胞プロセッシング酵素が，ダイズ，カボチャ，シロイヌナズナ，イネなど多くの植物種で報告されている．

●プロラミンの合成に関与する因子　トウモロコシにおいて胚乳中のリジン含量を高める *opaque-2*(*o2*) 遺伝子は，複数のゼイン遺伝子の転写因子をコードする遺伝子であった．*opaque-2* 変異体では複数のゼインが欠失した結果，胚乳中のリジン含量が増加した．

　イネにおいて複数のプロラミンポリペプチドを減少させる突然変異 *esp1* が報告された．この野生型遺伝子はプロラミンポリペプチドの翻訳の際に当該 mRNA の終止コドンを認識して新生プロラミンをリボソームから遊離させる作用を有する．同遺伝子の変異により複数のプロラミンポリペプチドの翻訳が正常に行われなかったため，当該プロラミンが減少したことが明らかにされている．

［奥野員敏・熊丸敏博］

多収性，生産性（育種目標）

　作物は，果実（イネ科作物），茎葉（飼料作物），塊茎や塊根（イモ類，大根）など種類によってさまざまな部位が収穫対象となるが，これらの収穫物を農業現場で効率よく生産するためには，個々の品種がもつ生産能力を最大限に生かすことが重要である．

　作物の生産性は，栽培地域の環境に適した品種の選択とその品種に最適な栽培管理によって向上がもたらされるが，同一品種であっても生育環境や栽培技術の違いによって実際の収量は大きく異なる．

　例えば2009（平成21）年産コシヒカリの各県別10ａあたりの玄米平均収量をみると，長崎県の408 kgから長野県の606 kgまで，生産地域の間に1.5倍もの差異がみられた．一方，栽培技術が適切であっても採用する品種にもともと遺伝的な生産能力が備わっていなければ高収量は期待できない．そのため，安定した食料確保に直結する多収性の付与は，かつての経験的育種の時代から今日に至るまで常に育種目標の主要課題にかかげられてきた．

●**多収性育種**　これまで育種によって新たに育成された改良品種が在来品種に比べて格段の収量増大を上げた例は数多くある．1つ例をあげると，20世紀後半にメキシコで始まった「緑の革命」は，この国の主食であるコムギを対象に，アメリカの農学者，N. E. ボーローグ（N. E. Borlaug）らによって育成された改良品種を導入することで飛躍的な収量の増大を実現し，短期間に自給を達成することでこの国の食料の安定供給に大きく貢献した[1]．

　この多収コムギの育成には，日本の短稈品種「農林10号」が遺伝資源として使われ，この品種が保有していた優性の半矮性遺伝子（*Rht*）を用いることにより化学肥料の多投にも耐えて多収を実現する半矮性品種の育成を可能にした．その後，この品種改良の手法は，実用的な半矮性遺伝子の発見と安価な化学肥料の普及とがあいまってイネなどをはじめとする他の作物にも応用されて生産性の向上に寄与してきた．

　半矮性遺伝子を利用した多収性の付与は，化学肥料の中でも窒素の多投による徒長を抑制し，耐倒伏性を高めることによって収量を上げる品種改良の技術として注目されてきた．しかし，バイオマスの増大にも抑制的に作用することから，半矮性品種は貧栄養下の耕作地ではかえって収量性が低下することがある．このような矛盾を解決するためには，バイオマスを減らさず茎葉部の物理強度を高めて倒伏を回避する育種技術の確立が望まれるが，これを実現する有用遺伝子の発見とそれを実際の育種に応用した例はきわめて少ない．

一般に，バイオマスが大きくなれば作物の光合成量は増大することになるが，それとともに個葉の光合成能力を向上させることや，太陽からの光エネルギーを効率よく吸収するために茎葉の空間配置（受光態勢）を最適化することも多収性を実現するための重要な課題である．作物の受光態勢の改善をねらった育種を草型育種と呼ぶが，これは作物の草型と多収性の関係を追究した角田の草型理論に基づいている[2]．この草型理論はフィリピンの国際稲研究所（International Rice Research Institute：IRRI）でも採用され，New Plant Type（NPT）と呼ばれる多収イネの育成に応用されてきた．

●**収量の構成**　一方，作物は家畜飼料のような植物体全体（バイオマス）が収穫対象になる場合もあるが，多くは可食部（シンク）と非可食部（ソース）に分けられて収穫される．

イネやダイズなどの作物では，このシンク（種子）の重量で収穫量（経済的収量）が決まることから，バイオマス（生物的収量）がいくら増大しても光合成産物がシンクに集積しなければ収量は上がらない．このような作物を収量増大に結びつけるには，葉で合成された余剰の光合成産物が成熟を完了するまでに収穫対象であるシンク器官に効率よく転流し，炭水化物などの貯蔵物質として蓄積される必要がある．このシンクとソースの関係を評価する指標として収穫指数が使われることがある．収穫指数は生物的収量に対する経済的収量の割合で表されるが，この数値が高いほど効率的な生産活動につながり高収量が期待できる．実際にこれまでの育種では，バイオマスの増大よりもこの収穫指数を大きくすることで収量増を実現した実践例がほとんどである．

育種により作物に多収性を付与するためには，収量決定に深くかかわるおのおのの形質（収量構成要素）に注目する必要がある．イネなどの作物を例に最終的な収量を収量構成要素で表すと，「経済的収量（玄米収量）＝（単位面積あたりの穂数）×（1穂の籾数）×（玄米1粒重）×（登熟歩合）」となり，これらの要素にかかわる個々の遺伝形質を対象に育種計画が立てられることになる．しかし，これらの要素間には負の相関関係を伴う形質がかかわっている場合も多く，単純に個々の要素を最大化しても収量増大にはつながらないため，実際の育種においては草型などを含め，シンク能，ソース能のバランスを考慮した育種目標を定める必要がある．

［北野英己］

📖 **参考文献**

［1］レオン・ヘッサー『"緑の革命"を起した不屈の農学者 ノーマン・ボーローグ』岩永 勝訳，悠書館，p.268，2009
［2］角田重三郎『"新みずほの国"構想―日欧米緑のトリオをつくる』農山漁村文化協会，p.208，1991

QTL 解析

　植物の表現形質は質的形質と量的形質に大別される．質的形質の表現型は不連続で，その差異が定性的であるのに対して，量的形質は定量的に表され，その分布は連続的である．例えば，メンデルの遺伝実験で調べたエンドウの種子色や形状，穀物のモチ性とウルチ性などは質的形質である．一方，開花の早晩性（時間），穀物の収量（重量）などは量的形質といえる．質的形質は1個または少数の遺伝子が関与し，その表現型は環境からの影響をほとんど受けない．それに対して，量的形質は一般に多数の遺伝子（ポリジーン）が関与し，この表現型は環境の影響を受けて変動する．分子マーカーの開発と利用により，各生物の全ゲノム領域を網羅する連鎖地図が作成され，量的形質にかかわる個々の遺伝子を見出せる．穀物の収量などの農業上重要な形質の多くは量的形質であり，その形質に関連する遺伝子座を活用することで，植物の品種改良事業への貢献が期待できる．

●**QTL 解析をするために必要なもの**　量的形質を支配する遺伝子座のことを QTL (quantitative trait loci：量的形質遺伝子座) という．QTL の座乗位置と遺伝的効果を推定する方法を QTL 解析または QTL マッピングと呼ぶ．QTL 解析に必要なものは以下の3つである．①分離集団（例：変更 F_2 集団，戻し交雑 BC_1F_1 集団，組換え自殖系統群など），②分離集団を構成する各個体・系統における表現形質値，③各個体・系統の分子マーカーによる遺伝子型とその情報を使った連鎖地図．最近では，次世代シークエンサーを利用した遺伝子型決定も盛んで，高密度な連鎖地図が作成できる．QTL 解析は，純系の親系統の育成が容易な植物（アラビドプシスやイネなどの自殖性植物，自殖系統が得られやすいトウモロコシ）で行われている．異なる表現形質値を示す2つの純系の親系統を交配して得られる集団を用いることが一般に多いが，最近はヘテロ接合性が高い系統同士を交配した F_1 集団を解析することも可能になっている（シュードテストクロス法）．

●**QTL 解析**　2つの純系親の交雑に由来する分離集団において，ある分子マーカー遺伝子座に着目したときに，BC_1F_1 集団や組換え自殖系統の場合は2グループ，F_2 は3グループに分けられる．図1は BC_1F_1 集団を例にしており，2グループ間（戻し交雑反復親ホモ型とヘテロ型）の表現形質値に有意差があれば，当該の分子マーカー遺伝子座近傍に QTL が存在すると推定できる．F_2 は一元分散分析法で検定できる．グループ間の差によって，QTL の遺伝的効果（相加効果や優性効果）も推定できる．また，検出された QTL 間の相互作用（エピスタシス）も解析できる．次に，隣接する分子マーカーの遺伝子型情報を利用して QTL を推定する区間マッピング法が提案され，現在主流となっている（図2）．QTL の

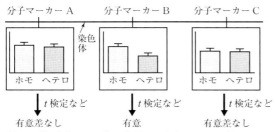
図1 戻し交雑 BC_1F_1 集団を用いたときの QTL 解析の原理：分子マーカー B の近傍に QTL が推定される

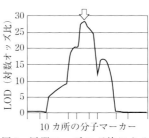
図2 区間マッピング法による QTL の実例

位置や遺伝的効果の推定精度は遺伝率，分離集団の個体・系統数，分子マーカー密度に依存する．中でも，高精度な QTL 検出のためには遺伝率を高くすることが最も有効である．遺伝率とは，表現型値の変異のうちの遺伝的要因に依存する割合のことを指す．環境条件をできるだけ均一にし，表現形質の測定精度を上げることが望ましい．次に集団の個体・系統数を増やせば，遺伝的効果の比較的小さな QTL も検出されるが，栽培にかかるコストや労力が増える．同様に分子マーカー密度が高いほど，推定精度は高くなるが，組換え頻度と個体・系統数ならびに分析コストに依存する．両親の表現形質値から極端に外れた個体や系統が分離集団から観察される，超越分離がしばしば見受けられる．これは各親から由来する複数 QTL の組合せが主な理由である．現在，QTL 解析のために多数のソフトウェアが公開されている．

● **QTL の同定へ** QTL が検出されてもその真偽は定かではない．つまり偽陽性の可能性が残っている．QTL を同定するためには別の材料や手法で実証するとよい．その一例として，近似同質遺伝子系統を利用する方法がある（図3）．この系統は，連続戻し交雑と自殖ならびに分子マーカーによる選抜により，一方の親系統にできるだけ近づけ，他方の親系統由来の特定遺伝子およびその近傍領域に置換したものである．各系統と反復親系統を比較し，有意差が得られると置換した遺伝子または領域に QTL が存在するという確証が得られる．近似同質遺伝子系統の作出には多大な時間や労力がかかるが，QTL の同定にはきわめて有用な材料となっており，そのまま新品種育成のための素材としても利用できる．同様の方法で，染色体部分置換系統を使用することもある．

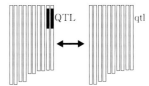
図3 近似同質遺伝子系統による QTL の検証

[山崎将紀]

📖 参考文献
[1] 鵜飼保雄『ゲノムレベルの遺伝解析—MAP と QTL』東京大学出版会，2000
[2] Mauricio, R., *Nature Rev. Genet.*, 2：370-381, 2001

アポミクシス

　アポミクシスとは，植物において通常の有性生殖が，無性生殖に置き換わることと定義されている．1908年にH. ウィンクラー（Hans Winkler）によって提唱された．挿し木などの栄養器官からの無性生殖はアポミクシスには含めず，有性生殖の花や種子となる組織が無性生殖に置き換わる場合をアポミクシスと呼ぶ．アポミクシスによって増殖した種子や芽などはすべて母親の遺伝子のみを受け継いでおり，母株の完全なクローンとなり，遺伝子型は固定される．有性生殖によらない胚発生を単為発生と呼ぶため，すべてのアポミクシスは単為発生を伴う．シダ植物などに認められるアポガミーを含めてアポミクシスと総称する場合もあるが，狭義には被子植物のアポミクシスをいい，これをアガモスパーミーと称する場合もある．

●**アポミクシスの種類**　被子植物のアポミクシスは次の2タイプに大別できる．1つ目のタイプは配偶体無融合生殖で，胚嚢で非還元卵が単為発生して種子を形成する．非還元卵の発生過程の違いにより，さらに，複相胞子生殖と無胞子生殖に分けられる．複相胞子生殖では，減数分裂を経て非還元卵を生じるが，①減数分裂前の母細胞が倍加する*Allium*型，②第一減数分裂が細胞隔壁を生じず倍加する*Taraxacum*型，③第一，第二減数分裂が阻害される*Antennaria*型に分けられる．無胞子生殖では珠心細胞が体細胞分裂により非還元卵となり，中でも*Panicum*型では，4核性の胚嚢を形成するため，比較的容易にアポミクシスを観察できる（図1）．2つ目のタイプはかんきつ類に代表される不定胚形成で，有性生殖の胚嚢形成に引き続き，珠心細胞が体細胞分裂により胚発生を開始し多数の

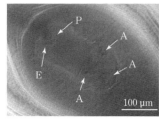

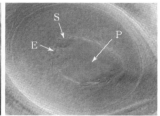

(a) 有性生殖の胚嚢　　　(b) アポミクシスの胚嚢

図1　イネ科*Brachiaria*属の有性生殖（8核性）とアポミクシス（*Panicum*型無胞子生殖，4核性）の胚嚢：有性生殖では3個の反足細胞（A）があり，アポミクシスではない．また，極核が有性生殖では2個，アポミクシスでは1個で見分けることができる（E：卵細胞，P：極核，A：反足細胞，S：助細胞．(a)では助細胞が見えていない）

不定胚を種子内に形成する．いずれの場合でも卵細胞は $2n$ となり，花粉からの核は卵細胞の受精には利用されない．一方，アポミクシスであっても，胚乳の発育には極核の受精が必要な場合があり，このような受粉を偽受粉という．また，偽受精を必要としない胚乳発育を示すものもある．多くのアポミクシス種では，完全なアポミクシスだけによる繁殖を行うのではなく，1つの植物体であっても，ある比率で完全な有性生殖花を伴う場合が多い．

●**アポミクシスと進化**　アポミクシスを示す被子植物の種は，400属，40科にわたって散見されており，系統発生上の関連はないとされている．そのほとんどは4倍体以上の倍数性の種であり，種内および近縁種の有性生殖種との交雑による高いヘテロ性を維持している．アポミクシスにより固定された遺伝子型は環境の変動に適応できず，進化の袋小路の種であるとする解釈がなされてきた．しかし近年，キク科の *Boechera* 属で種内のアポミクシス・有性生殖は環境に適応した比率で維持され，交雑による高いヘテロ性と高次倍数性の創出およびアポミクシスによる遺伝子型の維持・増殖が環境適応に有利であることが証明され，新たな進化的意義が示唆された．

●**アポミクシスと遺伝**　アポミクシスは胚嚢形成などの複雑な形態形成を伴い，かつ高次倍数性を伴うやや複雑な形態形質であるものの，交雑実験により，アポミクシスは優性の単式遺伝様式で遺伝することが知られている．しかし，パールミレットの近縁種でアポミクシス形質周辺の遺伝子座領域は遺伝分離しないHemizigous で巨大な領域であることが示され，他のアポミクシス種で共通した遺伝子構造となっており，現在のところ遺伝子単離は困難な状況にある．

●**アポミクシスの利用**　優性の単式遺伝を示すため，交雑障害のない有性生殖系統が同種内にあるイネ科牧草類のギニアグラスやブラキアリアグラスなどでは，育種にアポミクシス育種法と遺伝子マーカー選抜技術が用いられてきている．同様の育種技術を主要穀類に応用するため，トウモロコシと *Tripsacum* 属やコムギと *Elymus* 属といった遠縁の野生種との交雑からアポミクシス形質を導入する試みがなされたが，現在までのところ農業特性に優れたアポミクシス系統を作出するには至っていない．しかしながら，アポミクシスの繁殖戦略は有性生殖種との交雑による高いヘテロ性の創出と固定，および，同一遺伝子型の大量繁殖によってさまざまな生育環境を克服し生態的なニッチを確立して進化してきたという点で，育種分野への応用が期待される．特に，トウモロコシなどのヘテロシス利用の育種にアポミクシスの遺伝子型固定の特性を付与できれば，ヘテロシスを固定して品種種子が繁殖できるため，大きな注目を集めている．　　　　　　　［蝦名真澄］

📖 **参考文献**
[1] Asker, S.E. & Jerling, L., *Apomixis in Plants*, Boca Raton, FL：CRC Press, 1992

肥　料

　肥料という言葉は一般には植物（多くの場合作物）の生育を促進する資材のうち，その資材成分が栄養として植物に吸収されるものを指す．法律上は1950（昭和25）年に制定された肥料取締法第二条において，「『肥料』とは，植物の栄養に供すること又は植物の栽培に資するため土壌に化学的変化をもたらすことを目的として土地にほどこされる物及び植物の栄養に供することを目的として植物にほどこされる物をいう．」と定義されており，我が国で資材を肥料として生産，輸入，販売，登録する基準や制度が整備されている．

　植物は一般に土壌に生育するが，土壌はさまざまな岩石を母材として形成され，その化学組成は植物の生育に適しているとは限らない．植物の必須元素は現在17種類（元素番号順に H, B, C, N, O, Mg, P, S, Cl, K, Ca, Mn, Fe, Ni, Cu, Zn, Mo）が知られており，そのうち C, H, O を除く14種類は主に土壌からミネラルとして吸収される．植物の生育にはそれぞれの必須元素が適当量存在することが重要であり，それらのミネラルをある一定のバランスで吸収することで植物はその生育のポテンシャルを最大限に発揮することができる．しかし，多くの土壌ではミネラルの組成が植物の生育に必ずしも適しているわけではなく，肥料は不足しているミネラルを補い生育を改善するために用いられる．

●**肥料の歴史と食料生産**　「肥料」の定義にもよるが，ギリシア・ローマ時代にはすでにマメ科植物が緑肥として利用されており，石灰施用，厩肥が知られていた．最近の考古学調査でもローマ人が排泄物を肥料として利用していたことが示唆されている．日本では平安時代の延喜式に厩肥についての記述がみられる．その後，近代までは経験に基づいた「肥料」が用いられてきた．江戸，大坂，京都などの都市では農家が蔬菜などの販売を行うとともに，人糞尿などを回収し肥料として用いていた．ヨーロッパでは19世紀初め頃までは植物は炭素やその他の栄養を腐食から得ているという「腐植説」が信じられていた．

　化学の発展に伴って植物が無機物を栄養にして生育するという「無機栄養説」がドイツのJ. フォン・リービッヒ（J. von Liebig）によって提唱された（1840）．その後，水耕栽培法を用いて植物の必須元素が明らかにされ，現在では17種類の元素が必須元素とされている．

　また，19世紀には肥料が工業的に生産されるようになってきた．ドイツで発見されたカリ鉱床から1861年に塩化カリの工業生産が始まった．ペルーのグアノは1840年から肥料としてヨーロッパに輸出されるようになった．さらに，20世紀に入ると1906年のF. ハーバー（F. Haber）と C. ボッシュ（C. Bosch）によ

る空気中窒素のアンモニアへの変換方法の開発によって，窒素肥料はいわば無尽蔵に合成できるようになった．これらの工業的肥料生産によって，広く肥料が使われるようになり，食料生産は増加し世界人口は増加した．近年の「緑の革命」においても肥料は重要な役割を果たした．工業的な肥料生産は現代も世界の人口を支えるための十分な食糧を生産するためには不可欠である．一方，リン酸やカリウムなどの肥料に用いられる鉱物資源には限りがあり，人口増加に伴った肥料の需要の増加傾向とあいまって近年の肥料価格は上昇傾向にある．

●**肥料と地球環境**　上に述べたように肥料は食料や人口の増加と密接な関係があるが，一方で，肥料の使用は環境に負荷を与える．窒素肥料の場合，圃場に施用される肥料のうち作物に吸収される割合は30～50%程度とされている．それ以外は環境に放出され，地下水の汚染や湖沼や近海の富栄養化をもたらす．窒素肥料は畑環境では硝酸に酸化されて行くが，後述のように硝酸は土壌に吸着されにくく，地下水などに流出しやすい．また，窒素肥料の施用により農地からは，二酸化炭素に比べて310倍の温室効果がある一酸化二窒素の放出が高まる．リン酸は土壌に吸着されやすく施用されたものの10%程度しか吸収されないことが多い．カリウムの吸収効率も一般的には窒素と同程度である．

また，肥料は農業経営においてはコスト要因でもある．これまでの長い人類の歴史では食糧の増産が何よりも優先され，肥料を十分に使う農業が主に進められて来たが，近年は環境影響や持続性農業，コスト低減の観点から，施用手法の工夫により肥料の使用量を減らす努力が進められている．

●**肥料の種類と利用**　肥料はその由来や性質に応じて分類される．有機肥料は生物（有機資材）を元にした肥料であり，それ以外の肥料は無機肥料に分類される．肥料には施用後の効果の持続性に応じた分類があり，施用後にすぐに効力を発揮しあまり持続性のないものを速効性肥料，施用後しばらくは効力がなく時間経過に伴って効力がみられるようになるものを遅効性肥料，施用後一定期間効果が持続するものを緩効性肥料と呼ぶ．実際にはこれらの性質の異なるものを混合して用いることが多い．一般的には有機性肥料には遅効性，緩効性のものが多く，無機肥料には速効性のものが多い．

施肥は一般的に栽培前に行われる（元肥と呼ぶ）が，植物の生育に必要な栄養という観点からすれば，理想的には植物の生育に伴って必要な時に必要な量を施肥するのがよい．多くの作物では栽培初期には植物は小さく，成長も遅いため肥料成分の要求度は低いが，作物の成長が旺盛になると肥料の要求度が高まる．元肥で栽培すると，植物の肥料成分の要求度が低いときに多くの肥料を与えてしまうことになり，環境への流出の可能性が高くなる．それを避けるには，栽培開始後に施肥をすることになり，このような施肥を追肥と呼ぶが，追肥には労力がかかる．労働生産性を上げつつ（手間を省きつつ）施肥効率を高めるために国内で

は最近は緩効性肥料がよく用いられる．緩効性肥料は無機肥料を特殊な樹脂などでコーティングするなどしたものが多く，肥料成分がゆっくりと溶け出すことで，植物の生育期間にわたった肥料の効果が期待できる．例えば水田作の場合には，3カ月から4カ月にわたって肥効が続く緩効性肥料を，苗床もしくは田植え時に与えるだけで収穫に至る作型（一発施肥などと呼ばれる）が普及している．緩効性肥料を用いると肥料の吸収効率も高まるが，一般に高価である．

●**肥料に対する植物の応答**　土壌のミネラル成分は母岩等の性質により決まっており，植物の生育に必要なミネラルの一部が不足していたり過剰に存在するものがほとんどである．また，ミネラルとしては土壌に存在していても不溶性であれば，植物は吸収することはできない．ほとんどの土壌では，肥料をまったく与えなければ植物は栄養欠乏症状を示す．肥沃な土壌であっても作物生産を繰り返すうちに土壌の肥料成分は収奪され，栄養欠乏症状を示すようになる．必須元素うちどれか1つが植物の要求量を下回っても，良好な植物の生育はのぞめないので，土壌の性質や栽培する作物の要求量に応じて適切な種類と量の施肥をする必要がある．どのような栄養が不足しているかを知ることは適切な生育管理に重要であり，栄養診断と呼ばれる．栄養診断の1つの方法は植物反応を観察することである．栄養素によって欠乏症状はさまざまであり，特徴的な症状からどの栄養が欠乏しているか推測する．また，植物の元素組成分析を行って，どのような栄養が欠乏しているのかを推測することもよく行われる．

　肥料を適切に与えれば作物は一般にはよく育つが，単純に肥料（栄養）が多くあればそれに伴って作物の収量がよくなるということにはならない．一般に肥料を施すと植物の成長パターンや代謝が変化する．例えば，サツマイモの栽培においては肥料（特に窒素肥料）を多く与えると，「つるぼけ」といわれる，葉は茂るがイモがあまりできない状態になる．より幅広い作物で共通にみられる成長パターンの変化は根と地上部の比率である．肥料を多く植物に与えると，根の相対的な成長が抑制され，地上部の比率が高まる．このような反応を示すのは植物にとっては，土壌に栄養が豊富にあれば，光合成産物を根に振り分けて根の成長を促すよりも地上部の生育に振り分けた方が有利であるためであろう．ある範囲では一般に施肥を減らすと相対的に根の成長がよくなる．根がよく成長することで，肥料の吸収効率が改善するだけでなく，土壌の乾燥などに耐えられるようになる一方で，地上部の生育は抑制される．また，施肥によって作物の開花時期が変化することもよく知られている．果樹などでは施肥を抑え気味にすることにより，開花を促進する栽培管理が行われている．多面的な施肥の効果を考慮した作物ごとの栽培管理が重要である．

●**施用された肥料（栄養）の土壌中での挙動と植物による吸収とその制御**　施肥された肥料成分は土壌溶液に溶出され植物に吸収される．肥料成分に応じて土壌

中での挙動は異なっている．土壌鉱物や有機物は陰電荷をもっており，肥料成分のうち陽イオンとなるカリウムやアンモニアなどの成分を吸着しやすい．また，リン酸は土壌中のアルミニウム，カルシウムなどと結合し強く吸着され土壌中を移行しにくくなる．一方で陰イオンである硝酸や硫酸などは土壌に吸着されにくく，土壌中の水の流れに従って土壌中を移動しやすい．

　肥料成分（栄養）は植物によって吸収され，基本的にはそれぞれの必須元素に対応したトランスポーターが吸収を担っている．シロイヌナズナにおいては個々の必須元素に対応するトランスポーターが，すべての必須元素について少なくとも1つは同定されている．主な栄養素については主要な作物や植物種でのトランスポーターについての知見が集積しつつある．根の細胞により吸収された栄養は多くの場合，別のタイプのトランスポーターによって導管へと積み込まれ，地上部へと輸送され地上部の生育に利用される．

　他の生物と同様に，植物の成長には必須栄養素が適切な濃度範囲で植物体内に存在している必要がある．そのために，植物は土壌中の栄養条件（濃度）に応じてその栄養素の輸送活性を変化させる仕組みをもっている．多くの栄養素では，土壌中の栄養素の濃度が下がると，トランスポーターをコードする遺伝子の発現が高まり，当該栄養素をより効率よく吸収しようとする．このようなプロセスには，植物による栄養の感知，それに応じた一連の情報伝達や遺伝子発現制御が起こる必要がある．硝酸については，硝酸を感知するタンパク質が同定されており，そのタンパク質のリン酸化や他のタンパク質との相互作用によって，硝酸の吸収代謝に関与する遺伝子の発現が制御されていることが知られるようになってきている．

●**植物の栄養特性の改善**　このような栄養の適切な吸収やその制御は植物の成長に不可欠であるが，栄養の吸収特性や栄養条件に対する反応は植物種や品種によって異なっていることがあり，このような差異を利用して，栄養吸収や反応に関与する遺伝子が見出されている．また，このようにして同定された遺伝子を用いて，栄養要求性の少ない植物が作出されるようになってきており，栄養を輸送するタンパク質を人為的に多くつくらせると，栄養欠乏に耐性になる例がいくつかの元素について知られるようになってきている．先に述べたように，21世紀は人口増に対応しつつ，環境への負荷の少ない農業を実現する必要があり，植物の栄養条件に対する応答機構の研究や，その成果などを利用した植物の栄養特性の改善を目指した育種は，21世紀の持続的な農業と環境に調和した作物生産にきわめて重要な役割を担っている．

〔藤原　徹〕

灌　漑

　作物生産のためには水は必須である．水不足に陥れば，作物は光合成が低下し，正常な生育ができなくなり，やがて枯死してしまう．正常な作物生産を行うために，降雨を補完して水を人為的に付与することを灌漑といい，過剰な水を排除することが排水であり，灌漑と排水は水管理上は表裏である．

　作物は正常な生育をするためには，大気の蒸散要求に見合う水分を根から吸水し，茎を通して，葉面から蒸散を行う．一般に蒸散する水量の10％程度しか作物体には吸収されないが，蒸散は葉面温度を一定に保つなど作物生育には欠かせない．我が国では，梅雨時期または秋雨の時期に年間降水量の約1/3が降る．一方，梅雨明け直後の夏季には，作物は旱魃（かんばつ）の危険が高い．夏季，昼間には高い蒸散要求（高温，低湿度）に会い，根からの吸水が水需要に追い付かずに萎れてしまう．このようなときに，人為的に散水し，根圏に給水することで作物の枯死を防ぎ，正常な生育を保証する必要がある．また日本では播種，定植期には比較的雨が少なく，当該時期は根圏が未発達であるために，浅い根圏に適度な水分を維持する必要がある．

●**灌漑用水**　適切な灌漑は作物収量の増加だけでなく，品質と収量の安定化に大きく貢献する．一般的に，灌漑の導入で作物生産は2倍程度に増加するといわれている．また灌漑の導入で，営農の安定性や多様度が増し，より商品性の高い作物や多様な品種への対応が可能となり，農家経営の安定化にも貢献できる．しかし，不適切（過剰）な灌漑は地下水位の上昇や塩類集積，過湿をもたらすために，適切な管理が必要である．

　我が国の用水計画上では，水消費が最も行われる土層（制限土層，一般的に表層）において，作物が正常生育を損なう水分量（成長阻害水分点）に達したときに，水消費が行われる土層全体（有効土層）に水がいきわたるような水量を灌漑する．つまり，制限土層の水分量が成長阻害水分点に以下に達すれば，蒸発散量（土壌面蒸発量と蒸散量の和）によって失われた水分量に見合う水量を与えることになっている．水田では，さらに土層深層に浸透する水量を付加した減水深（蒸発散量と浸透量の和）を灌漑することとなっており，適正減水深として20～30 mm/day程度を灌漑する場合が一般的である．

　灌漑によって，農地の水分だけでなく，養分および薬液などの均一な供給を可能にし，作物の養分吸収を助ける．また，塩分などの有害物質を洗い流し（リーチング），作物体や地域の気温を制御し，環境保全を行うことが期待される．例えば，中干しや間断灌漑を導入することで，水田から嫌気状態で発生するメタン

ガスの発生を抑制することも可能である．水田では，灌漑はイネの光合成の保障だけでなく，雑草抑制，地温制御や連作障害回避を可能にし，畑地ではお茶などの凍霜害，台風直後の潮風害および乾燥時期の風食などの災害防止のためや，近年では湛水陽熱処理にも利用される（多目的利用）．

さらに灌漑用水は畜産の飲用水として利用されるだけではなく，農業機械や農作物の出荷のための洗浄，除雪，消防用など農村の生活用水など，多用，他用途に利用される．また灌漑用水は地域のレクリエーション空間の創出，景観の保全だけでなく，地域の環境保全のために利用される場合がある．例えば冬季水田に湛水し，野鳥の生活環境確保，魚類やホタルの生息場確保などさまざまな環境保全の用途にも利用される．用水計画では，作物の生産性向上のための水量に加え，このような他の用途や目的に利用される水量を加味し，水量として積み上げる．特に，水田の代かきなど，地区の最大の水需要にも見合うような水源の整備や水量の確保が必要である．

●**灌漑方法**　灌漑の方法には，水路を掘削し（開水路）配水する場合と，管水路（パイプライン）で加圧などして配水する場合があり，前者は主に水田に，後者は農業施設や畑地で用いられる．水田の場合は（開）水路を掘削して，護岸保護などを施し，水路や生態系に相応しい適正な流速，流量で配水する．一方畑地や農業施設への配水は，いったん加圧ポンプなどによって高いところに位置する調整池やファームポンドに貯留し，需要と供給を調節しながら，加圧した水を配水する．水田の配水は地表灌漑が主体であり，畑地や施設ではさまざまな散水器材を用いる．散水器材は，対象とする作物や畦幅などの営農条件によって異なり，普通畑地ではスプリンクラーや散水チューブ，農業施設では小型の（マイクロ）スプリンクラー，散水チューブや点滴（ドリップ）チューブが主に利用される．近年はビニールマルチと組合せて，地表面の湿度を低く保ち，節水を目指している場合が多い．近年，特に汎用農地においてFOEAS（farm-oriented enhancing aquatic system：フォアス）と呼ばれる地下灌漑を導入した施設もみられる．

なお湿潤な我が国では，自然降雨を補完するための目的で灌漑を行うが，半乾燥地などの乾燥条件の厳しい場所では，必要な降雨を収集しなければならず，基本的な考え方が異なる場合がある．また，従来は不足する水源確保のために，河川上流に貯水用のダムを建設することが一般的であったが，ダムの適地の減少と環境への悪影響などから，近年はダムの建設は行われず，もっぱら河川の既往水を利用する権利（水利権）を伴う協議をして，河川水を利用する場合が多い．さらに，特に乾燥地では，不適切な水管理，主に過剰灌漑によって，地下水位が上昇し（ウォーターロギング），塩類集積を引き起こす場合がある．適切で適量の水管理が必要であり，このために灌漑と排水を一体的に導入し，適切な水管理を任意に行うことが理想である．

［凌　祥之］

施設農業

　人口増加は幾何級数的に起こっており，それに伴い食料生産のために森林の伐採，環境破壊，炭酸ガス濃度の上昇が引き起こされ，気候変動が顕著にみられはじめた．気候変動によって変わる温度変化，降水量変動は，農作物の生産に大きな影響を与えている．変動する気候条件は，従来の農業を続けることが困難になるかもしれないほど影響を与えはじめた．近年，この変動する社会情勢，自然環境に対して，農業の新展開として植物工場の研究が始まっている．この項目では，従来の施設園芸を支える施設農業からはじまり，実用化がみえてきた植物工場について説明する．

●**施設園芸の始まりと温度制御**　日本では，初物を愛でる習慣があり，古くは江戸時代から油紙を障子にして簡易温室をつくり，野菜を促成栽培し，将軍に献上したことが知られている．促成栽培は，まだ暖かくならないうちに加温して，栽培を早める栽培法である．逆に，夏野菜などの出荷時期が終わり，寒くなってきたとき，加温して出荷時期を遅らせて栽培する方法を，抑制栽培という．いずれも，温度制御をすることで，栽培時期をずらす施設園芸の方法である．日本では，将軍に献上する野菜，果物が簡易な施設栽培として始まったが，ヨーロッパの王宮では，古くからガラス温室が併設されているのを目にする．熱帯地方の珍しい植物を栽培し，観賞する習慣が古くからあり，新大陸の発見などを通じて多くの熱帯植物がヨーロッパに持ち帰られ，観賞用に栽培されていた．植物園の温室は，このような伝統を引き継いだものであろう．観賞温室として世界中に広がっている．

●**植物生理を活かした施設農業**　栄養生理の研究から，1938年にD. R. ホーグランド（D. R. Hoagland）とD. I. アーノン（D. I. Arnon）によってホーグランド溶液が開発され，1950年にアーノンによって組成が改良された．この溶液を使うことによって水耕栽培（養液栽培）が始まった．水耕栽培の様式には，エアーポンプで空気を供給して栽培するDFT（deep flow technique）栽培，プラスチックフィルム上に養液を流して循環させるNFT（nutrient film technique）栽培がある．また，根に直接，養液を噴霧して栽培する噴霧耕栽培がある．このような養液栽培の発達で，植物に土を使わなくても栽培することができることが実証され，実用化まで発達し，温室の中での環境制御も含めて栽培の自動化が実施されている．

　1980年の初頭，オランダでロックウール栽培が始まった．ロックウールは，鉄鉱石から鉄分を抜いた高炉スラグと呼ばれる岩石状の製鉄副産物を主な原料としている．そのスラグを溶融炉にて約1500℃の高温で液状に溶かし，高速で回転す

るスピナーの上に垂らし，遠心力で糸を引きながら飛ばして，岩石から繊維がつくられる．ロックールは，高温で製作されるため，無菌であり，廃品からつくられるため，価格も安く，安定して手に入れることができ，繊維状であるため，通気性が高い．さらに，保水性も高い．栽培用のロックールは，ホーグランド溶液の成分とも反応することなく，pHも安定しており，根からの養分吸収の効率を土耕栽培よりも格段に高めることが可能となった．我が国では，砂耕栽培，礫耕栽培が考案されて実施されたが，オランダで開発されたロックール栽培には生産性でとても及ばないものであった．オランダでは，このロックール栽培と養液のドリップ給液法の開発，さらに，高軒高温室の発明，環境制御の自動化とともに，炭酸ガス施肥の導入など，光合成効率の向上，長期多段栽培法の導入，植物工場用の栽培品種の育種を組み合わせることにより，生産性を向上させている．1970年には我が国とオランダは，トマトの生産は $20\,kg/m^2$ を収穫していたが，2002年にはオランダでは，$60\,kg/m^2$ を収穫し，日本での単位面積あたりのトマトの生産量と比べて，2倍以上の成果を達成している．2008年のトマトの補光試験栽培では $100\,kg/m^2$ を収穫している．オランダの成果は，経験と勘に頼らない植物生理を重視した科学的な栽培法を追求し，工学の制御理論と組み合わせた成果であろう．

一方，我が国では，高付加価値をつけるために，高糖度の果実生産が施設栽培で盛んになっている．特に，水ストレス応答を活かした水切り栽培，雨よけ栽培，マルチ栽培などが普及している．日長調節による花卉の生産も温室栽培で行われており，地温調節を行うことで，施設栽培として工夫されている．

●**気候変動と施設農業**　アメリカ海洋大気局（NOAA）は，世界の大気中の二酸化炭素濃度の月平均値が2015年3月に初めて400 ppmを超えたと発表した．2003年から運用が始まったアメリカ航空宇宙局（NASA）のGRACE（Gravity Recovery and Climate Experiment）衛星によって，北アメリカ西部，インド中部，中国西部・北部，中東での地下水の低下が顕著に示されており，農業生産に危機的な水不足が進行していることが示されている．NASAのデータは，温暖化は極地方に明確に出ていることを示していて，地球規模での気象の急激な変化，降雨の時期，降雨量の変動に影響を与えている．人間活動に伴うグローバル・ディミングも観測され，地表での光強度の低下が現実的な農業問題とも関連してきた．これらの対策として，温室を完全密閉型にし，水の再利用を図るウォータジー・グリーンハウスが考案させている．乾燥地域では，農業用水を海水の淡水化でまかなって植物工場を運営していて，今後，LED（light emitting diode）やLEP（light emitting plasma）光源などを使った補光技術も組み合わせた植物工場に代表される施設農業の発達が期待されており，穀物を含めた食料の安定供給のための植物工場の開発が模索されるようになっている．　　　　　　　　　　　　［野並 浩］

育種法の分類

　C. R. ダーウィン（C. R. Darwin）は『種の起源』の中で，地球上の多様な生物の存在が単純な進化のメカニズムが働き続けた結果である，と説いた．ダーウィンは生物の進化とは「生物界では自然界が許容できるよりも多くの個体が生まれてくる」「この結果，次世代により多くの子孫の残せる個体とより少なくしか子孫を残せない個体とが生じる（自然淘汰）」の単純な課程を繰り返すことだと考えた．そして，進化の傍証として有名なガラパゴスのフィンチの他に，人間が家畜やペットに行ってきた改良，すなわち「育種」による品種改良の営みをあげている．古来より，人間は動植物の中から農業や牧畜を営むのに適したものを「選んで」次世代を育成する行為を繰り返して，野生植物から作物を，オオカミの近縁種から猟犬や盲導犬を育てあげてきた．育種も人間が進化にかかわった一断面なのである．育種がもつポテンシャルの大きさは，進化がつくり出した生物の多様性から容易に想像できる．

●3つの重要な操作　育種法は基本的に3つの操作から構成される．すなわち，①変異の探索・創出，②変異の選抜，および③変異の固定である．ここでいう変異とは，個体がもつ特性であって次世代に伝達されるものである．20世紀以前の育種は①と②を繰り返して次世代に一定の特徴をもった集団を育成してきた．20世紀初頭に提唱された「純系」の概念が浸透すると，③の部分の重要性が意識されるようになる．したがって，育種法は3つの操作に関する差異や特徴に基づいて分類できる．

　変異の探索に相当する遺伝資源の収集は育種にきわめて重要な作業であるが，世界中をめぐって地方種や近縁野生種を収集する遺伝資源収集だけでは育種は成立しない．一般に遺伝資源収集は遺伝的多様性の確保が主目的であり，収集時に目的とする変異を決めて収集するわけではない．薬用植物や観賞用の希少な花であれば目的とする変異を収集した時点で目的が達成されるが，近代の作物育種では収集した時点は始まりにすぎない．収集される遺伝資源に潜在する変異は，さまざまの要因による遺伝子突然変異，有性生殖による遺伝的組換え，ウイルスの感染や異生物種との共生に起因する遺伝子の水平伝播などによって生物自身が創りだしてきたものである．近代育種の黎明期は遺伝資源の積極的な利用と体系的な交雑による組換えが利用された．続いて放射線や化学薬品などの突然変異原処理による遺伝物質の改変と利用，さらに遺伝子組換えや遺伝子編集技術の導入と利用の導入が試みられている．育種操作で行う変異創出は進化の中で何度も生じてきたことと本質において同質であるが，近代育種ではその操作を短時間に限定

表1 交雑方法の分類

変異の由来	選抜	固定
遺伝資源	自殖：純系選抜法 他殖：集団選抜法 他殖：系統集団選抜法など 栄養：栄養系分離 栄養：実生選抜	
交雑	自殖：集団育種法 自殖：系統育種法 他殖：ヘテロシス育種法 他殖：相反循環選抜法など 自他殖：マーカー利用選抜 自殖：全ゲノム選抜	自殖：世代促進法 自他殖：半数体育種法
突然変異	自殖：穂別系統法 自殖：一穂小粒法 他殖：穂別系統内交雑法 栄養：切り戻し法など	
遺伝子組換え 遺伝子編集	（遺伝資源と同じ）	

された植物（動物）種について集中的に行っている点で異質である．

●**育種法の呼称の由来** 変異の選抜②は，ダーウィンが進化の原動力だとした「自然淘汰」を人間が代行する操作である．育種の中で最も重要な操作であり，多くの労力と時間とが必要である．選抜の効率化のためにさまざまな工夫が凝らされてきた歴史を反映して，教科書に紹介される育種法の呼称には選抜手法に由来するものが多い（表1）．変異原に遺伝資源や突然変異を利用した場合は，選抜の成否は目的とする変異が集団中に潜在するかどうかで決まる．交雑を利用した場合は，両親のそれぞれに集積した優良遺伝子の組合せが一端シャッフルされてバラバラになってしまう反面，今までにはない優良な遺伝子の組合せを偶然見出すことができる機会も生まれる．このまれな幸運を引き当てるためには，後代集団の規模を大きくするのが唯一の方法であったが，今日ではマーカー利用選抜や全ゲノム選抜を利用した遺伝子型の効率的な選抜法の開発が進められている．

固定③の操作は作物の繁殖様式によって大きく異なることに留意して欲しい．自殖性作物では品種を純系にするが，他殖性作物では純系を作出するのはヘテロシス育種の場面であり，集団として一定の遺伝子構成を維持する操作が必要となる．世代促進法や半数体倍加法は，自殖性作物において固定を進める手段として捉えることができる．栄養繁殖性作物では栄養繁殖を継続する限り遺伝子型が変化しないので，選抜後の固定の操作は必要ない．　　　　　　　　　　　　［奥本　裕］

📖 **参考文献**
[1] C. R. ダーウィン『種の起源 上・下』渡辺政隆訳，光文社古典新訳文庫，2009

自殖性植物の育種法

　作物には，次世代を得るために，主に自殖により種子を形成する自殖性植物と主に他殖により種子を形成する他殖性植物がある．自殖性植物は，一般的には遺伝的に均一であることが望まれるので，自殖性植物の育種法は，変異をつくり出す部分とその変異を選抜により純化していく2つの部分に分かれることになる．

　自殖性植物で変異をつくり出す方法には，①既存の変異の利用，②新規遺伝資源を用いた変異の導入，③交雑による遺伝子のシャッフリング，④交配によるヘテロ接合体の作成，⑤突然変異，⑥遺伝子組換などがある．これらの変異に対して，自殖性植物では，世代を経るごとに優れたものを選びつつ変異を狭めて行く純系化を行う．この純系化には，ⓐ系統選抜（図1），ⓑ集団-系統選抜，ⓒ連続戻し交雑，ⓓマーカー選抜，ⓔQTL選抜，ⓕゲノミックセレクションなどが用いられる．以下に説明する育種法は，①～⑥の変異をつくり出す方法と，ⓐ～ⓕの選抜法の組合せである．

●**純系選抜育種法**　純系選抜育種法は，①の既存の変異に対して，ⓐ系統選抜を行うものである．イネでは交配育種が始まる100年前までは，在来品種から優れた系統を選び出すときに多用された．現在でも新しい遺伝資源を導入した場合②には，原産地ではみえていなかった変異がみられることがあり，このような場合には純系選抜育種法が適用される．

　ここで使われる系統選抜は最も基本的な選抜法で，交雑育種法だけでなく遺伝子組換育種法を含むほとんどの育種法で，この系統選抜が利用される．変異のある集団から希望型の個体を選び，次の世代で同じ個体由来の個体からなる系統を育成する．そこで系統の選抜を実施し，選ばれた系統の中から個体選抜を実施する．この種子を用いて3世代目の系統とする．このときの1つの系統群（図1では3系統からなる）の全個体は，2世代さかのぼれば変異のある集団の特定の個体に由来している．

●**交雑育種法**　交雑育種法は③の異なる2品種以上の交雑により遺伝子をシャッフリングし，新たに有用な遺伝子の組合せをもつ個体を選抜するこ

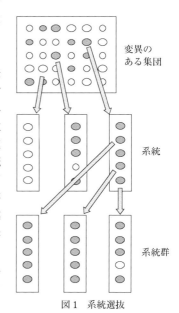

図1　系統選抜

とである．染色体上の全遺伝子がシャッフリングされるので，目的とする有用な遺伝子型をもつ個体を得るのに，多数の個体からの選抜を必要とする．また，交雑後の初期の自殖世代（F_2からF_4）では選抜しても分離が多く選抜の対象としにくいので，日本のイネ育種では手間を省くためにその間を集団で維持し，ヘテロ接合性が低くなったF_5ぐらいの世代で個体ごとに植え個体選抜し，ここから系統選抜を実施する．これがⓑ集団-系統選抜である．このときの集団は世代促進して育成の時間を短縮することが可能である．この選抜の流れと並行して，収量性，耐病虫性，品質などの評価・検定が実施され，系統を選抜していくが，選抜は系統に対してのみ行われ，そこからのみ次世代への種子を選抜していく．

●戻し交雑育種法　戻し交雑育種法では，ⓒ連続戻し交雑により，広く使われている有用な品種に少数の形質を付与する場合に用いる．繰り返し交配される方を反復親，少数形質を付与する方を一回親という．現在では，ⓓDNAマーカー選抜が組み合わされている場合が多く，これにより育成系統に確実に目的形質が導入される．戻し交配の回数を重ねるごとに，反復親との類似性が高まる．イネのいもち病の抵抗性を導入する場合などで利用されている．

●突然変異育種法　突然変異育種では，変異をつくり出す方法に⑤の突然変異を用いる．自然界でも突然変異は生じているが，その変異率は100万分の1程度と低く効率的ではないので，γ線，イオンビーム，X線の照射や化学物質を処理することにより突然変異率を1000倍程度に高めた集団から選抜を行う．変異体を含む集団の中から有用個体を選抜し，次の世代に系統栽培するⓐ系統選抜が変異原処理の後に世代に対して行われる．広く使われている品種や普及が見込まれる有望系統に対して，特定の形質の改良を目指す場合に有効性が高い．この点は戻し交雑育種法と同様である．例としては，脱粒する品種への難脱粒性の付与や，うるち品種の糯化などがある．

●雑種強勢育種法　前述の④は遺伝子座がヘテロ接合体になることにより現れる雑種強勢を利用する育種法で，雑種強勢を示す2系統の交配により得られるF_1種子を栽培に利用する．イネの場合は，交配を容易にするため雄性不稔系統を親の1つとし，さらに稔性を回復させる系統をもう一方の親に用いる．これらの両親系統の育成には通常の交雑育種法が用いられる．現在，イネでは中国とアメリカで広く実用化されている．

●遺伝子組換え育種法　遺伝子組換えでも，通常は組換えにより作出された個体間に変異がみられる．したがって，遺伝子組換え育種についても，複数個体を作出し，ここから有用な系統を選抜する系統選抜が組み合わされるべきである．

［加藤　浩］

他殖性植物の育種法

　植物育種の3原則は，遺伝変異の作出，人為選抜，維持・増殖である．イネやダイズなどの自殖性植物では自家受粉によって遺伝的に同質な個体を増殖できる特徴を活かした育種方式となるが，牧草やハクサイなど他殖性植物では，遺伝的に異質な個体が増殖することが特徴であるため，育種方式も自殖性とは異なる点が多くなる．変異創出と選抜過程以外に，受粉様式に依存する品種の維持・増殖方法の確立までを含めて育種であることに留意するべきである．

●**他殖性とは**　他殖とは，育種学的には主として遺伝的に異なる個体間の受精を意味する．他殖性植物には，キャベツやソバ，イタリアンライグラスのように自家不和合性により自家受精できず，自家不和合性遺伝子の遺伝子型が異なる個体間で他家受粉すれば他殖種子を結実する型と自家和合性であるが，タマネギなど雌雄異熟性，ホウレンソウなど雌雄異株性，トウモロコシなど雌雄同株異花の雌雄離熟性など通常は自殖せずに他殖種子を結実する型がある．他殖性で種子繁殖する栽培植物は花粉媒介者によって昆虫による虫媒と風による風媒に大別される（表1）．リンゴやナシなど他植性木本植物は草本植物とは異なる育種方法をとる．通常は自然交雑率が4％以上の植物が他殖性植物と定義されている．他殖性程度には，品種間変異があるものの比較的低いソルガムやソラマメからほぼ100％ときわめて高いペレニアルライグラスやソバまで大きな変異がある．

●**他殖性植物の遺伝的構成と選抜の効果**　他殖性植物では，希望形質を示す個体を選抜しても，次代種子には希望型でない個体との受精種子も含まれるため，希望形質の遺伝的固定が進まない．したがって，対象形質が幼苗期での耐病性など異なる遺伝子型の個体と受粉する前に選抜ができる形質か，登熟期の病害や子実品質など受粉した後の選抜しかできない形質かによって選抜効率が異なる．対象

表1　他殖性植物の育種

媒介	穀類・豆類・工芸作物	牧　草	野　菜	花　卉
風媒	トウモロコシ，ライムギ，トウジンビエ，ベニバナインゲン，ソルガム	イタリアンライグラス，ペレニアルライグラス，オーチャードグラス，チモシーグラス，トールフェスク，バミューダグラス	トウモロコシ，ホウレンソウ	
虫媒	ソバ，ヒマワリ，テンサイ，ソラマメ	シロクローバー，アカクローバー，アルファルファ，レンゲ	キュウリ，スイカ，メロン，カボチヤ，ダイコン，カブ，ハクサイ，キャベツ，ナタネ，ニンジン，ネギ，タマネギ，イチゴ	コスモス，ペチュニア，パンジー，プリムラ，ベコニア

形質が劣性形質のときは，受粉前選抜ができれば選抜個体だけで交配できるため，集団は固定していく．しかし，受粉後選抜形質では，選抜する際に結実種子は希望しない形質を示す個体の花粉も混じって受粉しているため，後代に希望型ではないものが出現することになる．したがって，受粉個体の制限ができない受粉後選抜は種子親の表現型に依存した母系選抜になる．他殖性植物の交雑育種は，全個体が同一なヘテロ接合性を示す一代雑種育種と集団中にヘテロ個体とホモ個体が共存する集団選抜法および合成品種法に大別される．

●**一代雑種育種法**　他殖性で種子繁殖する栽培植物では，自殖を重ねてホモ接合性（近交度）を高めた近交系間や品種間の交配を行うと，その子供（F_1）が両親よりも草丈が大きく，収量も高く，全体に強勢になるヘテロシス（雑種強勢）がみられる．この現象を利用する目的で個体ごとのヘテロ接合性が高い集団をつくるための一代雑種育種法が発達してきた．しかし，交配する両親系統の近交度を高めると個体の収量が低くなる近交弱勢が認められることが多く，親系統のヘテロ接合性を維持する必要があるため，交雑と選抜を繰り返して集団中の有用な遺伝子頻度を高めるとともに，新しい組合せの遺伝子型をつくり出せる循環選抜法などによる集団改良が行われる．一代雑種育種はこの2つの矛盾する現象を巧みに扱って行われる．一代雑種育種法はトウモロコシや野菜類の改良に広く利用されている．トウモロコシなど穀類では均一性とヘテロシス利用が一代雑種育種法の主目的であり，ヘテロシス育種法といえるのに対し，野菜類では，自殖性でも他殖性でも，種苗会社などが自家採種による増殖を防ぎ，品種の育成権を保護することが可能であること，耐暑性と果実肥大性など負の相関をもつ場合や種々の抵抗性を同一品種に導入したい場合，それらが優性遺伝子に支配される形質であればそれぞれ系統を育成してF_1で併有させられることなどが主な狙いにある．したがって野菜類では，一代雑種育種法の名称がより適切であろう．

●**集団選抜法と集団合成法**　他殖性植物の改良として，集団選抜法と集団合成法がある．異なる形質をもつ自然受粉品種を交雑して，選抜対象となる基本集団を育成し，基本集団の中から優れた特徴をもつ個体を選抜する．選抜した個体別種子を混合して自然受粉集団をつくり，再び選抜を繰り返して集団全体の形質を向上させていくのが集団選抜法であり，ソバやライグラス類で利用されている．一般に，他殖性植物における本法では，花粉親が選べない母系選抜となるため優良形質の集積効果が少なく，効率がよいとはいえない．しかし，選抜が簡単であり，遺伝的に多様な多数の個体を1つの集団として扱いながら選抜を繰り返すことができるので，年数をかければ集団の改良を大きく進めることができる．牧草類で使われる品種合成法は，個体別系統をつくり，系統間交配によってヘテロシス程度が高い，すなわち組合せ能力の高い系統を選び，それらの系統間交雑によって新しい集団をつくり，以降は自然受粉で維持する方法である．　　　　［大澤　良］

栄養繁殖植物の育種法

　栄養繁殖性植物は，根，茎，葉，枝などの栄養器官によって繁殖される植物で，果樹類やイモ類に代表される．有性生殖を経て種子で繁殖する種子繁殖性植物とは，異なる育種方法が利用されている．

●**果樹類の育種**　果樹類は，多年性植物で果実を食用とする多種多様な作物の総称である．日本では，ミカン（かんきつ類），リンゴ，ブドウ，ナシ，モモ，オウトウ，ビワ，カキ，クリ，ウメ，スモモ，キウイフルーツ，パインアップルが政令指定果樹に定められ，主要な果樹として扱われる．多くの果樹では，接ぎ木や挿し木によって，親と遺伝的に同一なクローンとして増殖される．そのため，偶発実生（偶然にみつかった優良な個体のこと）や交雑などによって，優良個体が1個体得られれば，品種として成り立つ．

　近代交雑育種が始まる前には，偶発実生としてみつかった優良な個体がクローン増殖され，品種として栽培されてきた．偶発実生は，親が不明の実生であり，ニホンナシの「二十世紀」や「長十郎」，リンゴの「ゴールデン・デリシャス」，かんきつ類の「日向夏」などが代表例である．

　約100年前から始まった交雑育種では，両親品種を交雑して得た種子を播種して，樹を育成して開花・結実させ，優良な果実品質や栽培特性をもつ個体を選抜する．単純な工程であるが，樹を開花・結実するまで育成するのに数年の期間が必要であること，多くの重要形質が量的形質で環境要因の影響を受けやすいため特性を見極めるのに，さらに年月を要することから，通常10年以上の育種期間を要する．リンゴの「ふじ」は，「国光」と「デリシャス」の交雑組合せから育成され，ニホンナシの「幸水」は，「菊水」と「早生幸蔵」の交雑組合せから育成された．

　果樹類の育種では，しばしば突然変異が利用され，色の変異，早生・晩生性，病虫害抵抗性などの形質の付与を目的として育成された品種が多い．自然突然変異である枝変わり，γ線などの放射線を照射して人為的に突然変異を起こさせる方法がある．ウンシュウミカンには，極早生，早生，普通，晩生と成熟期の異なる100以上の品種が知られているが，すべて枝変わりである．放射線育種場のガンマフィールドで，ニホンナシの「二十世紀」にγ線を照射して育成した「ゴールド二十世紀」，「新水」にγ線を照射して育成した「寿新水」は，黒斑病に強く，農薬と労力節減に貢献している．

　キメラ植物が育種に利用されているのも，果樹の特徴である．被子植物の多くは，茎頂が3層の起源層から構成されており，3層のうちの1つで突然変異が起

きた場合，突然変異は細胞単位で起きるので，周辺キメラとなる．グレープフルーツの着色がよく知られているが，果樹のように栄養繁殖性の作物では，キメラ状態が維持されるので品種として成立する．

●**イモ類の育種**　草本の栄養繁殖植物としては，ジャガイモやサツマイモなどのイモ類がある．これらイモ類は栄養繁殖性であるため，体細胞に生じた突然変異をクローンでそのまま維持・増殖することができるという利点がある．一方で，交雑により雑種種子を得ようとする際には，種子繁殖植物に比べて開花性や稔実性の低さが問題となることがある．また，ジャガイモは四倍体，サツマイモは六倍体という高次の同質倍数体であり，二倍体植物に比べて交雑後代の分離は複雑である．さらに，自家不和合性や交雑不和合性を示すものもあり，遺伝解析は容易ではない．

イモ類で一般的に用いられる育種法は交雑育種法である．交配親の選定，交雑，雑種種子から実生の養成，優良系統の選抜といった作業を行うが，優良系統を効率的に選抜するためには，交雑に用いる交配親と組合せの選定や，目的とする形質の効率的な評価・選抜法が重要である．また栄養繁殖性であるため，交雑により得られた雑種は遺伝的にヘテロな状態のままクローンで維持・増殖することが可能であり，種子繁殖植物のように遺伝的に固定させる必要はない．

実際の交雑育種の流れは，1年目に交雑種子を播種して養成した実生個体を圃場に植え付け，形態特性から優良個体を選抜する．2～4年目は選抜個体から増殖したクローンを系統として供試株数を増やしながら，栽培・品質特性や病虫害抵抗性を評価して優良系統の選抜を進め，5年目には生産力検定試験として約40株3反復の試験区で各種特性を評価するとともに，各道県でも有望系統の地域適応性を評価する．これらの試験を3年以上行い，優秀性が確認された系統は品種登録の手続きが行われるが，順調に進んでも交配から品種化までに10年程度の年数がかかる．

またイモ類は，枝変わりなどの自然突然変異体を発見した場合，そのクローンを増殖することにより品種化することが可能である．古くから自然突然変異による品種はいくつかつくられているが，人為突然変異による品種は少ない．

近年はイモ類でもゲノム情報の解析が進み，ジャガイモは全ゲノム情報の解析が終了している．サツマイモでも二倍体野生種のゲノム解析が終了し，六倍体栽培種の解析が進行中である．これら情報を利用したDNAマーカー選抜技術の開発も進んでおり，一部の形質では育種への利用が行われている．今後はこれら技術の利用による育種の効率化が期待される．

　　　　　　　　　　　　　　　　　　　　　　　　　　［山本俊哉・片山健二］

雑種強勢（ヘテロシス）育種法

　雑種強勢（ヘテロシス）とは，ある生物の雑種第一代（F_1）が，収量，繁殖力，各種病害虫等耐性などさまざまな点で，両親のいずれをもしのぐ場合の現象を指す．最も古い例としてはJ. G. ケルロイター（J. G. Koelreuther）がタバコ属の種間雑種で見出した．その後，C. R. ダーウィン（C. R. Darwin）は数多くの植物で自家受粉を続けると生育が衰えていくが（近交弱勢），他家受粉することにより生育が回復することを見出した．これもヘテロシスによると考えられる．なお，T. G. ドブジャンスキー（T. G. Dobzhansky）はF_1におけるヘテロシスをluxuriance（繁栄），F_1以降の後代も含めて不良環境に対する生存適応性を高めている場合をeuheterosis（真性ヘテロシス）として区別した．農業上の意義としては前者の方が当然重要であり，トウモロコシ，ソルガム，野菜，花卉などさまざまな作物でこの現象を利用した雑種強勢（ヘテロシス）育種法があまねく行われている．

　ヘテロシスの現れ方は，植物体のさまざまな部位にみられるが，ステージについても相当小さいときから発現することもあれば遅くなってから発現する場合もあり，さまざまである．トウモロコシではF_1の花粉は授粉の競争力が高いことも知られている．ヘテロシスの程度を表すには両親のうちどちらか優れている方の親と比べる場合と，両親の平均と比べる場合があるが，育種上は前者の比較が重要となる．

●**ヘテロシスのメカニズム**　ヘテロシスは，まずその現象が先に実用化され，理論については未解明の部分が多い．現在までにおおむね以下の4説が提唱されているものの，作物，解析に用いられた集団，対象とする形質によってどれが当てはまるかはさまざまである．

（1）優性説

　劣性ホモになると発現する，生育に不利な形質がヘテロ接合になることで回避される場合．ソルガムの品種「天高」は両親系統は1 m前後の矮性であるが，そのF_1は4 mを超え，驚くべきバイオマス生産を誇る（図1）．この品種のヘテロシスにかかわる6つのQTL（quantitative trait loci：量的形質座）すべてが同定され（「QTL解析」参照），それらがみなヘテロ接合となった場合に巨大化することが明らかにされた．

（2）超優性説

　対立する遺伝子がヘテロであること自体が生物の生育や環境適応を旺盛にすると推定する説が超優性説である．例えばヒトの鎌型赤血球症では，その原因遺伝子をホモで保有すると激しい貧血におそわれ短命となるが，ヘテロ接合の場合，

マラリアの激発地では逆にこの遺伝子のお陰でマラリアによる死亡率が低下する．その結果，ヘテロ個体は優性・劣性いずれのホモ個体よりも環境適応が増すことになる．作物では，トマトやトウモロコシの果実収量において，単一の遺伝子でも超優性が引き起こされる例がゲノム解析の進展により明らかとなっている．

（3）エピスタシス説

（2）と類似するが，非対立遺伝子間での相互作用によりヘテロシスが発生する場合．インゲンにおいて葉の数が多い片親と葉のサイズが大きい片親を交配したところ，F_1 の個体あたりの葉面積は両親のそれを大きく凌駕した．それぞれの形質に係る体細胞レベルでの相乗作用が大きなヘテロシスをもたらしたものと考えられる．エピスタシスによるヘテロシスはイネを始めとしてイタリアンライグラスなど他作物でも見出されている．

（1）～（3）のメカニズムを図示すると図2のようになる．

（4）エピジェネティクスがもたらす修飾による場合

図1　ソルガム品種「天高」（中央）およびその花粉親（左）と種子親（右）［提供：春日重光］

従来ヘテロシスが発現するのは両親間の近縁関係が比較的遠い場合とされるが，両親の遺伝的組成（DNA配列）がほとんど同じ場合でも250％ものバイオマス増加をもたらすヘテロシスがシロイヌナズナで見出され，この原因として両親のDNAのメチル化パターンが大きく異なっていることが示唆されている．近年，機能をもった遺伝子でもすべてが常に発現しているわけではなく，DNAのメチル化などの修飾の有無により発現がオン・オフされる場合の多いことがわかってきた（「エピジェネティクス」参照）．

今後，各作物ゲノムの全塩基配列解読やエピジェネティクス解析によりヘテロシスのメカニズム解明がさらに進むものと期待される．

●**ヘテロシスを利用した育種**　ヘテロシス育種を実現するには，ヘテロシスを起こす組合せの両親の片親の花粉をもう一方の片親の雌蕊にかけて雑種を作出するのが大前提となる．この際イネ，ムギ，ダイズなどのように自家受粉する作物では，雑種をつくるためには自分の花の雌蕊に自分の花粉がかからないように雄蕊を除去しなくてはいけないので手間がかかり，ヘテロシス育種の障害となっている．トウモロコシでは雌花と雄花が別の場所に形成されるので雑種作出が容易で，

それによりヘテロシス育種が大幅に進展したともいえるが，実際の採種現場では種子親となる方の親の雄穂を大型機械で除去するために膨大なエネルギーをつぎ込んでいる．そこで，もともと雄蕊に異常があり遺伝的に花粉を形成しないが雌蕊は正常である系統（雄性不稔）を種子親として用いることでF_1採種が大幅に容易となる．雄性不稔を利用したF_1品種は，ソルガム，テンサイ，ニンジン，タマネギなど多くの作物で実用化されているが，トウモロコシでは雄性不稔系統を特異的におそうごま葉枯れ病が1970年に大発生したために，雄性不稔の利用

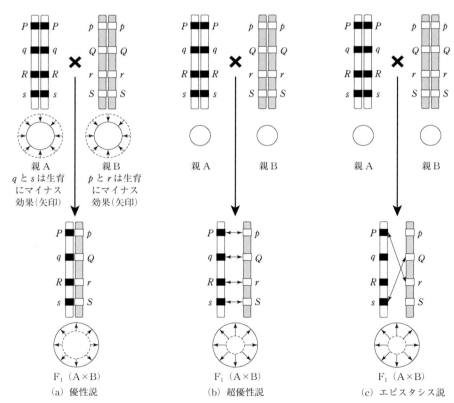

(a) 片親の機能喪失的な劣勢の対立遺伝子（p, q, r, s）が，交雑の際に，反対の親の機能的な対立遺伝子（P, Q, R, S）によって補完される．この場合，p, q, r, sの生育へのマイナス効果が相補され，生育がプラスになる（矢印）
(b) 両親の対立遺伝子間の相互作用（Pとp，Qとq，Rとr，Sとs：両矢印）により，生育がプラスになる（矢印）
(c) 両親の非対立遺伝子間の相互作用（Pとr，Qとs：両矢印）により，生育がプラスになる（矢印）
図2　ヘテロシスを起こすDNAレベルでの3つの要因［出典：化学と生物，51(5)：284，図1，2013］

が中止されたという経緯がある．一方，イネでも通常品種より3～5割増収するF_1品種（ハイブリッドライス）が作出されているが（図3），採種の難しさのため種子価格が通常の7～8倍もすることから我が国における栽培面積のシェアは1％にも満たない．し

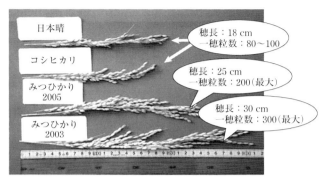

図3　ハイブリッドライス「みつひかり」の穂のようす
[写真提供：三井化学アグロ株式会社]

かしながら，安定多収による低コスト化から外食産業向けへの契約栽培が増加している．一方，中国では採種コストが安価なためイネの全栽培面積のうち半分以上の1500万 ha にハイブリッドライスが作付けされている．なお，イネ，ムギやナタネなどのように穀（果）実を収穫対象とする作物では採種した F_1 が再び雄性不稔となっては穀実が収穫できないので，F_1 では稔性が回復するように花粉親から稔性回復遺伝子を伝達させる必要がある．

　野菜や花卉では，F_1品種にする意義として必ずしも収量だけではなく，耐病性などの各種有用形質を集積するという意味合いも大きい．また，これまでF_1品種のなかった牧草のイタリアンライグラスでも雄性不稔を利用した品種が開発され，収量の大幅な増加が見込まれている．牧草では収穫物として穀実は不要なので，稔性回復遺伝子の伝達が不要な分だけ育種操作が簡略化される．

　F_1品種の後代は諸形質が分離するので農家は自家採種しても優れた個体を均一に得ることはできず，毎年種子を買わなくてはならない．もしF_1をアポミクシス（「アポミクシス」参照）で固定できれば交配による種子生産が不要となり画期的なこととなるであろう．一方で，F_1品種の過度の普及は遺伝資源の多様性消失につながるという批判もあり，「ジーンバンク」による遺伝資源保存がいっそう重要となるゆえんである．

[高溝 正]

参考文献
[1]　藤本 龍『植物の雑種強勢の分子生物学的な研究と展望』化学と生物，51(5)：283-285，2013
[2]　山田 実『作物の一代雑種―ヘテロシスの科学とその周辺』養賢堂，2007
[3]　鵜飼保雄『量的形質の遺伝解析』医学出版，2002

体細胞雑種

　異なった植物の体細胞同士の細胞融合によって得られる雑種を体細胞雑種という．分類学的に異なった種の間には生殖的隔離機構が発達しているため，雑種を獲得することは困難である．体細胞雑種の獲得は，それを克服するための１つの手段として開発された．この技術は，①細胞壁を取り除いたプロトプラスト（原形質体）は異なった種類の細胞同士でも融合できるという性質と，②プロトプラストから植物体再生が可能であるという分化全能性，を利用したものである．このことから種属間交雑において胚培養法などでは雑種が得られないような遠縁間の雑種作出が期待され，性的交雑が不可能な雑種として 1978 年に G. メルヒャーズ（G. Melchers）らがジャガイモとトマトの体細胞雑種「ポマト」を報告した．

●**体細胞雑種の作出法**　体細胞雑種の作出は，①プロトプラストの単離，②プロトプラスト同士の融合，③融合細胞の培養と植物体再生，④雑種の選抜・同定，の一連の過程で行われる．具体的には以下のとおりである（図1）．

　①プロトプラストの単離：植物細胞はセルロース，ヘミセルロース，ペクチンなどの多糖類で構成する細胞壁で囲まれ，ペクチン質で互いに接着されている．これらの物質を分解するセルロース，ペクチナーゼ等の酵素で植物組織を処理することによりプロトプラストを得ることができる．

　②プロトプラスト融合：プロトプラストの融合は種の分類学的類縁性と無関係に行われる．融合処理としては，ポリエチレングリコール，デキストランなどの融合剤を用いる化学的融合法と電気刺激による電気融合法がある．融合は隣りあった細胞の細胞膜が接着した後，化学的融合法では接着した膜の流動性が高まることで，電気融合法の場合は脂質二重層の構造が一時的に破壊された後自己修復されることで，融合が起こると考えられている．

　③融合細胞の培養と植物体再生：融合処理後は細胞培養を行い，細胞壁の合成，細胞分裂，コロニーの形成，カルス形成，不定芽・不定根や不定胚形成，植物体再生という植物組織培養の再生過程を経て雑種を得る．

　④雑種の選抜・同定：細胞融合は無作為に行われるため，目的の雑種細胞以外に，融合しない細胞，同種同士の融合細胞などが存在し，それらの中から雑種を選抜する必要がある．方法としては，細胞レベルで行う場合と，培養後のカルスレベルで行う場合があり，栄養要求性や葉緑素形成能等の突然変異株の利用，X線・γ線・代謝阻害剤（ヨードアセトアミドなど）処理による片親細胞の不活化，セルソーターの利用，カルスなどの形態による選抜がある．再分化した植物体が雑種かどうかの確認は，性的交雑の場合と同様であり，植物体の形態，染色体観

察，アイソザイムやRubiscoなどの生化学的手法，DNAマーカーを利用した分子生物学的手法などによって行う．

●体細胞雑種の種類 融合の形式や目的によって対称融合，非対称融合，細胞質雑種に分けられ，おのおのから生じた再生植物の遺伝構成は異なる．対称融合は，2つの細胞が遺伝的に完全な状態で1：1の融合を行うことであり，異なった種の2つの細胞をそのまま融合させ両方のゲノムをもつ雑種を作出することができる．性的交雑が困難な種間の組合せでできた例として，前述のポマトの他，イネとヒエ，オレンジとカラタチなどの雑種があるが，これらは不稔であり，後代は得られていない．また，当初期待された超遠縁な組合せでは，培養過程において両親のうち片方の染色体の脱落などが起こり，体細胞雑種の作出が困難なことが明らかとなっている．

　非対称融合は，片親の細胞をX線，γ線などの放射線により核ゲノムを断片化させた後，もう一方の無処理の細胞と融合させる方法である．この場合，処理した細胞の核ゲノムの一部を取り込んだ個体を得ることができ，無処理の親に処理した親のもつ特定の形質を導入することができる．また，照射線量を強くすることにより核ゲノムを完全に不活化させることができ，それを片親に用いることにより細胞質・核置換系統や細胞質雑種を作成することが可能である．細胞質・核置換系統は連続戻し交雑で数世代かけて作出するが，細胞融合では短期間で作出可能であり，性的交雑では不可能な組合せの置換系統の作出も可能である．

　細胞質雑種は片親の核ゲノムをもち，両親の細胞質や核ゲノムと別の親の細胞質をもつ個体や細胞である．細胞質の遺伝因子はミトコンドリアと葉緑体に存在し，細胞融合では核融合の他，性的交雑ではみられない両親の細胞質が混じり合う．再分化までの培養過程において，片方の細胞質因子だけとなることが多いが，葉緑体についてもミトコンドリアについても，両親由来のものが共存する場合や組み換えを起こしているものも存在することが知られている．　　　　　〔高畑義人〕

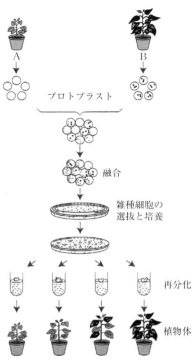

図1　細胞融合による体細胞雑種の育成過程〔出典：西尾　剛・吉村　淳編『植物育種学第4版』文永堂出版，2012（亀谷寿昭原図）〕

植物遺伝資源

　植物に存在する遺伝的変異を種苗やDNAなどの形態で保存し必要に応じて提供するのが遺伝資源の役割である．遺伝的変異の多くは祖先となる野生植物および作物栽培の過程で生み出されてきた自然突然変異に由来する．さらに，人為的に誘発した突然変異や遺伝子組換えによる変異系統も遺伝資源として取り扱われる．遺伝資源は育種の遺伝変異の給源でありながら，農業生産が高度化すると少数の優良な品種のみが栽培されるので，栽培作物の遺伝的な多様性は急速に減少する．この現象を遺伝的浸食という．このため，遺伝的な多様性を積極的に収集して保存し，育種に必要な形質の多様性を提供することが遺伝資源の重要な使命となっている．

●**遺伝資源の収集**　海運などの交通の発達に伴って数々の歴史的な探検が行われたが，その重要な目的の1つは植物の収集であった．例えば，新大陸発見以前には，南米に分布するナス科のトマトやバレイショがヨーロッパで栽培されていなかったことを考えると，植物収集の重要性が改めて理解できる．現在も行われているこのような収集活動の結果，作物の起源地や植物分類に関する研究が生まれ，遺伝資源の学術的基礎が確立された．

●**遺伝資源の管理**　作物によって種子，栄養繁殖の種苗，木本など遺伝資源として保存する器官は多様である．一般に種子の保存は容易である．また，植物の生殖様式によって管理の方法は大きく異なる．栽培イネや栽培オオムギなどの自殖性植物の場合は，個体単位で採種可能であるが，他殖性植物のトウモロコシや牧草類などは採種の際，一定の集団規模が必要となる．また，野生イネや野生オオムギは脱粒性や他殖性の程度が大きく，他殖性植物と同様の管理が必要になる．種子であっても乾燥状態では急速に発芽力を失う果樹の種子など，保存そのものが難しい場合がある．イモ類などの栄養系器官は寿命が短く，病害に感染しやすいため，種苗の頻繁な更新が欠かせない．さらに，果樹や林木の場合は大面積の樹園を用いた遺伝資源の管理が必要になる．このように大規模な種苗管理を容易にするため，組織培養や凍結保存など特殊な技術も補助的に用いられている．

　遺伝資源の変異をなるべく少ない系統で最大限に含むように選抜して，そのおおよその情報を得るため作成された系統のグループをコアコレクションという．遺伝資源を利用する場合，まずコアコレクションを評価して目的とする形質の遺伝変異を確認し，望ましい特性を含む系統が得られたら，その系統の由来した地域や用途などの共通する遺伝資源のグループを評価することで，目的とする特性をもつ多くの系統を得ることができる．

図1　世界種子貯蔵庫の概念図：海抜約130 m，平均気温−3℃の永久凍土に位置しており，最大収容数300万点の貯蔵庫の温度は−18℃に冷却されている［出典：ノルウエー農務省のHPより］

●**遺伝資源の保存**　遺伝資源を保存する施設をジーンバンクという．ジーンバンクには多数の植物種を総合的に保存・管理する場合と，特定の植物グループを取り扱う専門施設がある．これらの施設では，災害などによる損失を防止するために，遺伝資源を別な施設に重複して保存することが必要である．このため，農林水産省やアメリカ農務省には極長期の重複保存を専門に担当する設備がある．また，北極圏の世界種子貯蔵庫は世界最大の地下種子貯蔵施設であり，無償で植物種子の重複保存を実施している（図1）．

　保存の主な対象は種子であり，一般的には発芽の良い健全な種子を低湿度条件で低温保存する．温度の条件は，極長期貯蔵の場合は−10 〜 −30℃，通常配付に供する保存の場合は0℃〜室温が一般的で，穀物種子では乾燥が特に重要である．保存中は発芽能力を確認するために定期的に発芽試験や採種栽培を行う．

●**遺伝資源の配布**　遺伝資源の配付の際には通常材料提供同意書を取り交わしてから，記載された内容に従って材料を使用する．輸出入の際には植物防疫にかかわる検査が必要である．最近，遺伝資源の収集および提供には国際的な取り決めが必要となっており，植物種によって生物多様性条約，バイオセーフティーに関するカルタヘナ議定書，食料農業植物遺伝資源に関する条約などを遵守した植物の移動が必要である．また，種苗法によって保護されている遺伝資源を入手して使用する場合には育成者に直接連絡するのが一般的である．

●**データベースシステムとDNAバンク**　ジーンバンクでは材料の由来や重要な特性を記載したパスポートデータと共に材料を管理し，多くの場合オンラインによる検索が可能なデータベースシステムを公開している．最近の分子生物学的な研究の進展によって，遺伝学および分子遺伝学がめざましく進歩し，作物の研究や育種の技術も変化している．特に遺伝子情報やDNAマーカーを利用した遺伝資源の活用が注目されている．遺伝子の含まれるゲノムライブラリーやcDNAクローンなどはこのような研究のために欠かせないリソースであり，遺伝資源系統とともにバンク化して配付する体制が整備され始めている．　　　　　　［佐藤和広］

突然変異育種

　作物の品種は，自然に起こった突然変異形質を栽培上重要な特性として利用している．果樹の枝変わりなど自然突然変異をそのまま育種に利用することも突然変異育種ではあるが，狭い意味では，変異原を用いて人為的に突然変異を誘発し，突然変異遺伝子の頻度を高めた集団から，目的の突然変異形質をもつものを選抜し，その形質を育種に利用することを突然変異育種という．

●**変異原**　変異原としては，放射線などの物理的変異原と突然変異を誘発する薬剤の化学変異原がよく用いられる．物理的変異原としては，γ線とX線がよく利用されるが，原子核を加速器で飛ばして照射するイオンビーム照射も利用されている．化学変異原としては，エチルメタンスルホネートがよく用いられるが，ニトロソメチルウレアやアジ化ナトリウムも利用される．放射線や突然変異をもたらす化学物質は自然界にもあることから，自然突然変異と誘発突然変異を識別することはできない．放射線が照射されると，DNAの二本鎖切断が起こり，その修復の過程でミスが起こることが突然変異の原因となるが，短いDNA断片の欠失も起こり，遺伝子の欠失や機能不全をもたらす．染色体の切断や大きなDNA断片の欠失も生じるが，これらは細胞の機能に大きな障害をもたらすことから，そのような大きな染色体構造変化は，子孫に伝わらないことが多い．エチルメタンスルホネートは，グアニンをアルキル化し，シトシンとではなくチミンと対をつくらせるため，シトシンからチミンへ，グアニンからアデニンへの変異を多く起こさせることがわかっている．

　遺伝子の塩基配列の変化は，コードするタンパク質のアミノ酸配列の変化をもたらす場合（ミスセンス変異）が多いが，ストップコドンに変異することによって不完全なタンパク質を生じる場合（ナンセンス変異）や，塩基の欠失や挿入でコドンの読み枠のずれを生じ（フレームシフト），遺伝子の機能を失わせる場合もある．遺伝子発現に影響する変異もあるが，遺伝子の機能に影響がない変異も多い（サイレント変異）．突然変異によって，遺伝子が新しい機能を獲得する場合もあるが，多くの場合は遺伝子の機能不全をもたらし，突然変異遺伝子が劣性となることが多い．変異原で突然変異を誘発しても，目的の形質に突然変異を起こさせる率はきわめて低く，突然変異体の得やすさは形質によって異なることから，突然変異形質の調査から突然変異率を正確に推定するのは容易ではなかった．DNA分析技術の発達により，塩基配列のレベルで突然変異率を推定できるようになった．多くの植物種で，EMS処理によって300 kbに1塩基程度の率で塩基配列の変異が起こった変異誘発集団が作成されている．放射線の場合は，染色体

切断や大きな DNA 断片の欠失が起こりやすいことから，障害が大きくなり，一塩基変異の率は化学変異原による変異誘発集団より低くなる．倍数体の植物は，同一機能の遺伝子を複数もち，それらの内の1つが機能を失っても残りの遺伝子が機能を補うことから，同じゲノムをもつ二倍体植物より変異原処理に強く，突然変異率が高い変異誘発集団が作成できる．

　種子繁殖植物では，変異原は一般に種子に処理し，栄養繁殖植物や木本植物では，植物体に処理する．放射線に対する感受性は植物種により異なるので，それぞれの種で最適な線量を照射する．放射線と同様に，化学変異原もきわめて危険なものであり，揮発性で発がん性があるものが多いため，取り扱いに注意を要する．変異誘発処理した当代を M_1，その次代を M_2 と呼ぶ．M_1 では突然変異を起こした組織がキメラとなっており，突然変異形質は劣性であることが多いため，突然変異体の選抜は M_2 で行う．

●**突然変異体の選抜**　突然変異体の選抜は，表現型の変異を調査して行うため，外観調査でわかる特性の突然変異体は選抜しやすい．最も高頻度で得られる突然変異はアルビノ（白子）であるが，矮性や早生，難脱粒性，色の変異，雄性不稔性などがよく得られる．耐病性の突然変異体も得られている．成分特性の突然変異は，効率的な分析法があれば選抜可能である．突然変異誘発処理した植物 (M_1) では，花粉稔性が低下することから，突然変異誘発処理していない周辺の植物の花粉による交雑が起こりやすい．これまでみられなかった変異形質の場合は問題ないが，優性遺伝子による変異や複数の特性に変異がみられた場合などは，交雑や種子の混入を疑う必要がある．そのため，容易に判別できる劣性変異をもつ系統を突然変異誘発に用いることが多く行われてきたが，現在では，DNA 分析により他系統との交雑を容易に検出できるようになった．

　一塩基多型分析技術の発達により，DNA 分析で突然変異体を選抜できるようになった．複数個体の DNA を混合して PCR を行い，ヘテロ二本鎖を作成し，二本鎖 DNA のミスマッチ部位を切断する酵素を処理して DNA 切断を検出し，突然変異体が含まれる個体集団を見出して突然変異体を選抜する技術が TILLING と呼ばれ，多くの植物種で広く利用されている．次世代シーケンサーの発達により，塩基配列分析による突然変異体選抜の可能性が開けてきた．このような逆遺伝学的突然変異体選抜は，表現型による選抜では得られなかった特性の突然変異体の選抜を可能とすることから，利用が期待される．

　これまでの突然変異育種では，突然変異は無作為に誘発され，特定の遺伝子に限定して変異を誘発することはできなかった．TALEN や CRISPR-Cas9 などの特定の塩基配列を認識して DNA を切断する技術が開発され，修復過程で変異が生じやすいことから，特定の遺伝子に突然変異を起こさせることが可能となった．

〔西尾　剛〕

ゲノミックセレクション

　世界人口が増加する中，作物の生産性を向上させることが急務となっている．ゲノミックセレクションと呼ばれる育種法は，植物育種を高速化・効率化する方法として期待されている．ゲノミックセレクションでは，ゲノム全体をカバーする多数のDNA多型（DNA配列の違い）をもとに個体や系統の遺伝的能力を予測し，予測値に基づいて優良な個体や系統を選抜する．これまでの植物育種では，主に，改良対象形質の観察値に基づいた選抜が行われてきた．こうした選抜では，対象とする環境で栽培試験を行う必要があり，一年生植物では年1回，永年生植物では何年かに1回しか選抜できなかった．ゲノミックセレクションでは，DNA多型に基づいて選抜を行うため，選抜の際に栽培試験を行う必要がない．したがって，暖地や温室，人工気象器などを用いて世代促進をしながら選抜を行うことも可能で，一年生植物では年複数回の選抜を行うことも可能となる．また，発芽苗のような生育の初期段階でも選抜ができるため，果樹や林木のように栽培試験に広い圃場と長い年月を必要とする植物種では大幅に選抜効率を上げることができる．

●**ゲノミックセレクションの原理**　ゲノム上に互いに近接して位置するDNA多型は，それらの間で組換えが生じにくいために，非独立的な関係にある場合がある．このような状態を連鎖不平衡と呼ぶ．ゲノム全体を高密度にカバーする多数のDNA多型を観察できれば，そのうちいずれかのDNA多型は改良対象の形質の遺伝子と非独立的な関係にあることが期待される．ゲノミックセレクションでは，ゲノム全体をカバーする多数のDNA多型を用いることで，ゲノム上に散在する遺伝子の状態を捉え，それらが関連する形質の予測を行う．なお，形質との関連の強い一部のDNA多型だけを利用することをせず，すべてのDNA多型を予測に用いるのがゲノミックセレクションの特徴である．

●**ゲノミックセレクションとマーカー利用選抜**　DNA多型をもとに選抜を行う従来法としてマーカー利用選抜（MAS）がある．MASでは，交配実験によって量的形質遺伝子座（QTL）の位置と効果を検出しておき，その近傍のDNA多型を選抜マーカーとして用いる．MASでは，効果の大きなQTLを選抜することができるが，それ以外のQTLを集積するような選抜ができない．また，交配実験に用いた親の組合せによって異なるQTLが検出されるため，選抜マーカーがすべての育種集団で有効とは限らない．さらに，QTLの効果が過大評価されることが知られており，実際のMASでは，推定効果から想定された選抜効果が得られない場合がある．ゲノミックセレクションは，MASのこうした欠点を補完す

る育種法と期待されている．

●**ゲノミックセレクションの手順** ゲノミックセレクションでは，選抜を行う前に予測モデルを作成する．予測モデルの作成には，数多くの個体や系統についてDNA多型データと表現型（形質の観察値）データを収集し，前者から後者を予測するモデルを作成する（図1）．ゲノミックセレクションによる選抜は，選抜対象となる個体や系統の

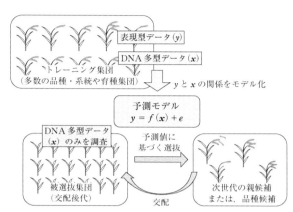

図1 ゲノミックセレクションの流れ：多数の品種・系統，あるいは育種集団を用いて予測モデルを作成し，そのモデルを用いてDNA多型データから遺伝的能力を予測して選抜する

DNA多型データを調べ，作成しておいた予測モデルを用いて表現型を予測して選抜する．選抜された個体や系統は次世代の育種集団の親として用いられ，選抜と交配が繰り返される．なお，育種集団の世代が進むにつれ連鎖不平衡のパターンが変化するために，予測モデルの精度は低下していく．精度を保つためには，数世代に一度，予測モデルを更新する必要がある．

●**ゲノミックセレクションの予測モデル** 作物の重要形質の多くは，数や量として計測される量的形質である．統計遺伝学では，量的形質の観察値 y を，遺伝子の効果によって決まる g と，環境による影響 e の和（$y=g+e$）としてモデル化する．ここで，遺伝的改良の対象は g なので，g をDNA多型から予測して選抜する．すなわち，解析に利用するすべてのDNA多型を数値化したベクトルを x とすると，$y=f(x)+e$ というモデルを作成しておき，選抜しようとする個体のDNA多型 x_s から $f(x_s)$ を計算してその結果に基づいて選抜を行う．関数 $f(x)$ を得るためにさまざまな手法が用いられるが，現在，最もよく用いられているのはGBLUP（genomic best linear unbiased predicton）と呼ばれる手法である．GBLUPではDNA多型から個体・系統間の血縁関係を計算し，これをもとに予測値を計算する．ゲノミックセレクションの予測モデルの作成には，GBLUP以外にも，正則化回帰，ベイズ回帰，カーネル回帰などの統計手法のほか，ランダムフォレスト，ニューラルネットワークなどの機械学習法も用いられる．

［岩田洋佳］

📖 **参考文献**

[1] Desta, Z. A. & Ortiz, R., "Genomic selection：genome-wide prediction in plant improvement", *Trends in Plant Science*, 19：592-601, 2014

ゲノムワイドアソシエーション研究（GWAS）

　植物は，一般に，形態，発育，生理などさまざまな特性において多様な種内変異をもつ．こうした変異を生じさせる原因遺伝子の解明は，植物のもつ多様性の科学的理解のためだけではなく，植物育種の効率化にも大きく貢献する．アソシエーション研究とは，多数の個体や系統についてその DNA 多型と対象形質の変異を調査し，両者の関係を統計的に解析することで原因遺伝子の検出を試みる遺伝解析手法の1つである．アソシエーション解析には，ゲノム全体をカバーする多数の DNA 多型を解析に用いるゲノムワイドアソシエーション研究（genome-wide association study：GWAS）と，原因遺伝子の候補を絞り込んでから行う候補遺伝子アソシエーション研究がある．近年のゲノム解析技術の発達により多数の一塩基多型（SNP）を安価で高速に調べられるようになったため，最近は前者の方法がよく用いられる．GWAS では，植物遺伝資源など，直接的な血縁関係のない個体や系統を用いて原因遺伝子を検出できる．そのため，遺伝資源のもつ形質変異にかかわる遺伝子の探索によく用いられる．

● **GWAS の原理**　ある集団に属する個体や系統のゲノムは，その集団の祖先に由来するゲノムがモザイク状にちりばめられた状態となっている．したがって，ゲノム上に互いに近接して位置する DNA 多型は，共通の祖先に由来する可能性が高く，これにより，互いに非独立的な関係にある場合がある（図1）．これを連鎖不平衡と呼ぶ．GWAS では，一般に，原因遺伝子の変異と形質の表現型（観

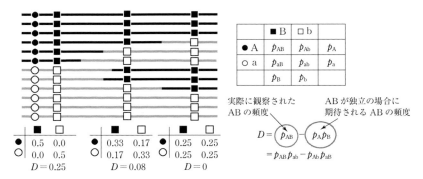

図1　連鎖不平衡とは，集団内における複数の遺伝子座間の非独立性を表す．2つの遺伝子座 A, B があり，それぞれ2つの対立遺伝子(A, a), (B, b)をもつ場合に，集団内で観察される AB 組合せの頻度(p_{AB})と，2つの遺伝子座が独立の場合に期待される AB 組合せの頻度($p_A p_B$)の差を D という統計量で表し，これを連鎖不平衡の程度とする．各遺伝子座における対立遺伝子頻度が同じ場合，D が大きければ大きいほど連鎖不平衡が高いことを意味する[1]

察値)の直接的な関連ではなく,原因遺伝子の近傍にあるDNA多型と形質の間接的な関連を検出する(図2).原因遺伝子と高い連鎖不平衡にあるDNA多型は,形質の表現型との関連も強くなり,GWASによる検出が可能となる.

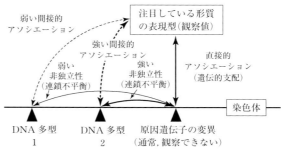

図2 原因遺伝子の変異と注目している形質の表現型は,前者が後者を遺伝的に支配しているため直接的な関連(アソシエーション)をもつ.しかし,原因遺伝子の変異は通常,直接観察できない.原因遺伝子の変異と強い連鎖不平衡にあるDNA多型は形質の表現型と間接的に関連する.染色体上のDNA多型を高密度に調べることで,連鎖不平衡を利用して原因遺伝子の位置を推定する[2]

● GWASの利点と欠点

作物の重要形質の多くは量の違いとして観察される量的形質である.量的形質の解析には,従来,交配実験に基づく量的形質遺伝子座(QTL)解析が行われてきた.GWASは,従来のQTL解析に比べ,以下の利点をもつ.GWASでは直接的な血縁関係のない個体や系統を材料として解析できるため,交配実験を必要としない.また,材料を育成する間(1~数世代)に起こった組換えを利用する従来のQTL解析に比べ,GWASでは歴史的に生じた組換えを利用して遺伝子を検出するため解像度が高い.欠点は,GWASでは,原因遺伝子と高い連鎖不平衡にあるDNA多型をもとに検出を行うために,多数のDNA多型を解析に利用する必要がある.また,後述するように解析材料の遺伝的背景の違いにより偽陽性が生じる可能性が高い.

● 偽陽性と統計モデル GWASでは,個体や系統間の遺伝的背景の違いが解析結果に悪影響を及ぼす場合がある.解析集団に分集団構造がある場合,原因遺伝子が存在しない場所に関連が検出される偽陽性が生じやすい.偽陽性が多数生じるのを避けるには,遺伝的背景の違いを考慮に入れた統計モデルを利用する.最もよく用いられるのは,混合線形モデルと呼ばれるもので,注目しているDNA多型の効果に加え,分集団構造による効果と血縁関係の効果をモデルに含める.なお,原因遺伝子として検出されたもののうち,偽陽性であるものの割合を偽発見率と呼ぶが,偽発見率を一定値以下(例えば,5%)に制御するという解析も行われる.

[岩田洋佳]

📖 参考文献

[1] Rafalski, A., "Applications of single nucleotide polymorphisms in crop genetics", *Current Opinion in Plant Biology*, 5:94-100, 2002
[2] Balding, D. J., "A tutorial on statistical methods for population association studies", *Nature Review Genetics*, 7:781-791, 2006
[3] Brach. B., *et al.*, "Genome-wide association studies in plants:the missing heritability in the field". *Genome Biology*, 12:232, 2011

遺伝子組換えによる育種（GMO）

　作物に新規形質（特性）を付与する，また従来の特性を改変する方法の1つに，遺伝子組換え技術を利用する方法がある．改良目的に適した外来遺伝子を導入することで目的特性のみを改変することができ，改変された生物を遺伝子組換え体とよんでいる．品種となっている優良な作物を改変するのに特に有効な方法である．また，従来から行われている交雑育種では，生殖的隔離の障壁により種や属を越えた間での交雑による有望遺伝子の導入は困難であった．しかし，遺伝子組換え技術により，交雑不可能であった遠縁の植物のみならず，動物，微生物などがもつ有望な遺伝子を導入することもでき，多様な遺伝的改良が可能となった．

●**特性改変のための戦略**　特性を改変させるために，一般に2つの戦略のうちどちらかを利用する．1つは機能付加であり，もう1つは機能欠損である．以下にその概要を説明する．

　機能付加：特性にかかわる遺伝子を植物体内で過剰に発現させることで，新規機能を付与することができる．遺伝子の発現誘導を制御するプロモーターとして，植物体全体で恒常的に発現誘導させるタイプや，葉や根などの組織や器官で特異的に誘導させるタイプ，発育時期特異的に誘導させるタイプなどが利用される．目的に合わせてプロモーターを使い分け，適切なプロモーターに特性にかかわる目的遺伝子を順方向（センス鎖方向）に連結し，これを外来遺伝子とする．

　機能欠損：好ましくない特性を抑えたい場合には，その特性にかかわる内在の遺伝子の発現を抑えることで，その特性を改変させることができる．この場合，RNA干渉という仕組みが利用される．RNA干渉は，二本鎖RNAが形成されると，それと一致する配列をもつ内在のmRNAが分解される現象で，結果として内在mRNAからの翻訳が起こらない．人工的に二本鎖RNAを植物体内で誘導させるため，特性にかかわる遺伝子の配列の一部をセンス鎖とアンチセンス鎖で連結し，これを適切なプロモーターにさらに連結して導入用の外来遺伝子を作成する．また，目的遺伝子をアンチセンス方向で同様の適切なプロモーターに連結し，外来遺伝子として導入することで，細胞内において転写されたアンチセンスのmRNA鎖と内在のmRNA鎖とが結合し，翻訳過程の阻害やRNAの分解が起こるようになる．結果として，内在の遺伝子の機能が欠損したのと同じ現象となる．

　近年，TALEN（transcription activator-like effector nuclease）酵素や，CRISPR-Cas9（clustered regularly interspaced short palindromic repeats-CRISPR associated proteins）酵素がもつ特定の塩基配列のDNA鎖をヌクレアーゼ切断する特性を利用して，標的遺伝子の塩基配列に突然変異を誘発する技術（ゲノム編

集）が開発された．この方法で内在の遺伝子機能を失わせ，植物がもつ特性を変化させることができる．

●**遺伝子組換え技術**　目的の外来遺伝子を植物に導入する技術は主に2つある．1つは土壌細菌アグロバクテリウム（*Rhizobium radiobacter* または *Agrobacterium tumefaciens*）の植物への感染様式を利用する方法で（アグロバクテリウム法），もう1つは物理的に植物細胞に直接導入する方法である．

　アグロバクテリウム法：アグロバクテリウムは双子葉植物および一部の単子葉植物に感染し根頭がん腫（クラウンゴール）と呼ばれる腫瘍を形成する．この細菌はTiプラスミドと呼ばれる環状二本鎖DNAをもち，その一部にvirと呼ばれる領域やT-DNAと呼ばれる領域がある．vir領域にコードされている複数のタンパク質の働きによりT-DNA領域が植物の染色体に組み込まれ，T-DNA領域内の遺伝子の働きにより合成されるオーキシンおよびサイトカイニンの作用により腫瘍が形成される．遺伝子導入にはT-DNA領域から腫瘍形成にかかわる遺伝子群を除去し改変されたTiプラスミドベクター（バイナリーベクター）が利用される．T-DNA領域内に特性を改変させるための目的遺伝子を挿入し，外来遺伝子が作成される．目的遺伝子が染色体に組み込まれた植物細胞を選抜するための選抜マーカー遺伝子（通常は抗生物質耐性遺伝子を使う）も挿入させる．改変したバイナリーベクターをもつアグロバクテリウムを，植物の葉片やカルスなどの組織や細胞に感染させ，核内の染色体に外来遺伝子が挿入された細胞のみを抗生物質等で選抜する．増殖した選抜細胞から不定芽や不定胚が誘導され，分化したシュート（幼植物体）をさらに生育させると遺伝子組換え植物が得られる．感染には *Rhizobium rhizogenes*（*Agrobacterium rhizogenes*）が利用される場合もある．

　この方法は植物の組織培養の過程を経るが，シロイヌナズナでは培養過程を経ず，開花前の花序にアグロバクテリウムを感染させる *in planta* 形質転換法が利用されている．この場合，感染後の植物体から得られた種子を抗生物質を含む培地に播種して，遺伝子組換え体を選抜する．

　直接導入法：アグロバクテリウム細菌が感染しない植物種も存在する．その場合は直接遺伝子を導入する方法がとられる．一般的にパーティクルガン法が知られている．この方法では，目的遺伝子を数kb程度のプラスミドベクターなどへ挿入したDNAを，直径1μm程度の金やタングステン粒子に付着させ，ヘリウムガスの圧力で高速で葉やカルスなどの植物組織に直接打ち込む．付着したDNAが染色体に挿入された細胞は抗生物質などの選抜マーカーで選抜されるため，誘導される不定芽や不定胚はやがて遺伝子組換え植物となる．

　導入された外来遺伝子の調査：目的の外来遺伝子が組み込まれたかどうかを調査する方法として，外来遺伝子を増幅するプライマーを用いてPCR反応を行う

方法や，外来遺伝子をプローブとして遺伝子組換え植物のゲノム DNA に対してサザンブロット分析を行う方法がある．外来遺伝子が染色体の 1 個所（1 コピー）に挿入された遺伝子組換え植物を選抜するのが望ましい．また，挿入された場所が，外来遺伝子の発現や挿入された近傍の遺伝子の発現に影響を与え，期待しない特性が現れる可能性があるため，挿入部位近傍の塩基配列が調査される．

外来遺伝子の発現の有無や発現量が目的とする特性の変化に影響するため，蓄積した転写量（RNA 量）とタンパク質量を調査する．RNA 量の測定ではノーザンブロット分析法や reverse-transcription PCR（RT-PCR）法，さらに高い精度で測定ができるリアルタイム RT-PCR 法が利用される．タンパク質量の測定では抗体を使ったウエスタンブロット分析法が利用される．外来遺伝子が内在遺伝子の発現を抑制させる戦略をとった場合にも，同様の分析法を利用して内在遺伝子発現量を調査する．

●**遺伝子組換え作物の実例**　世界の遺伝子組換え作物の栽培面積は年々増加し，2013 年には 1 億 7530 万 ha にのぼった．ダイズ，トウモロコシ，ワタ，ナタネが主要で，アメリカ，ブラジル，アルゼンチン，インド，カナダで大規模に栽培され，2013 年時点で商業栽培している国は 27 か国に及ぶ．栽培されている遺伝子組換作物は，ほとんどが生産性を向上させることが目的で開発されたものである．この他に，環境ストレス耐性や成分機能を改変させた遺伝子組換え作物の開発が進められている．

生産性を向上させるには，栽培管理において除草および害虫やウイルス等の駆除・防除作業を省力させることが重要である．そのために，除草剤抵抗性や病虫害抵抗性が付与された遺伝子組換え作物が作出された．除草剤抵抗性付与に利用された遺伝子として，土壌細菌由来の芳香族アミノ酸合成に必要な酵素エノールピルビルシキミ酸-3-リン酸合成酵素（EPSPS）遺伝子がある．この遺伝子が組込まれた作物はグリホサートを成分とする除草剤に対して抵抗性を示し，雑草のみが枯死する．ビアラホス耐性遺伝子や，アセト乳酸合成酵素（ALS）遺伝子の変異型も利用されている．

病虫害抵抗性作物の開発では，土壌細菌である *Bacillus thuringiensis*（*Bt*）がもち，特に鱗翅目昆虫に対して殺虫効果のある Bt タンパク質をコードする遺伝子が利用されている．ウイルス抵抗性付与には，ウイルス外皮タンパク質遺伝子が導入され，リングスポットウイルス抵抗性パパイヤやジャガイモ葉巻ウイルス抵抗性ジャガイモが開発された．

環境ストレス下での栽培や，環境ストレスを受けた農地の回復のために，環境ストレス耐性を付与した遺伝子組換え作物の開発が進められている．利用されている代表的な遺伝子として *DREB*（*Drought responsive element binding protein*）遺伝子があげられる．*DREB* 遺伝子を過剰発現するイネでは塩，乾燥ストレス耐

性が向上した．他に，ベタイン，プロリンといった細胞内の浸透圧を調節する適合溶質物質の合成関連遺伝子や，活性酸素種を除去する酵素遺伝子の環境ストレス耐性効果も確認されている．

代謝にはさまざまな酵素がかかわっているが，その代謝経路を遺伝子導入により変化させ品質や成分を改変させた遺伝子組換え作物が開発されている．例えば，ダイズにおいて，リノール酸合成を触媒する酵素 δ-12Fad2-1 遺伝子が導入され，ジーンサイレンシング効果により内在の Fad2-1 遺伝子の働きが抑制された．その結果オレイン酸が高蓄積した．他に，国際イネ研究所（IRRI）が中心となってイネ種子の胚乳に β-カロテンを高めた「ゴールデンライス」や，花弁での青の色素合成を可能にしたカーネーションやバラが開発された．

●**遺伝子組換え作物の取り扱いと開発における課題**　日本国内での遺伝子組換え作物の開発において，実験室，温室，隔離圃場内での遺伝子組換え生物を取り扱うにあたり，2004年に施行された「遺伝子組換え生物等の使用等による生物の多様性の確保に関する法律（カルタヘナ法）」を遵守することが義務づけられている．また，日本国内外で開発された遺伝子組換え植物を商業栽培するため，あるいは国内の市場に流通させるためには，生物多様性への影響審査や，食品や飼料としての安全審査が義務づけられ，認可が必要である．

生物多様性への影響審査においては，主に①遺伝子組換え作物の雑草化の可能性，②野生生物に対して有害となる物質産生の可能性，③遺伝子組換え作物と近縁な在来野生種との交雑可能性，について慎重になされる．③においては，遺伝子組換え生物の花粉の飛散による遺伝子拡散が懸念されており，遺伝子拡散防止技術として，DNAの相同組換えの原理を応用した葉緑体への遺伝子導入法や，雄性不稔や種子不稔を誘発する方法が開発されている．また，台木を遺伝子組換えによって改良し，これに非組換え作物を穂木として接ぎ，台木から穂木へ特性改良のためのRNAを移行させ，穂木での特性を改良させる技術の研究も進んでいる．さらに，植物体内に潜在するが病徴は発現させないウイルスを利用し，目的遺伝子をそのウイルスに組み込んで作物に感染させ，ウイルスの増殖とともに目的遺伝子を発現させて特性を改変させる技術研究が進められている．

遺伝子組換え作物の開発においては多くの技術，遺伝子が利用されている．しかし，これらは技術特許，遺伝子特許として主要な欧米企業や大学によりおさえられており，開発された種苗もほぼ独占状態にある．特許権抵触を回避するには，独自の遺伝子探索や遺伝子導入技術を開発して特許を取得する一方で，独自の技術で遺伝子組換え作物を開発することが1つの対策となる．あるいは，所有する特許の実施権を許諾するというクロスライセンスが解決策の1つになりうる．

［北柴大泰］

DNAマーカー選抜育種

　イネ，コムギ，ダイズなどの作物の育種（品種改良）は，異なる性質をもつ個体や系統を交雑（掛け合わせ）して，その後代の変異を広げ，その中からヒトが利用するうえで望ましい性質をもつ個体を選抜（選び出すこと）することによって行われる．望ましい個体は，通常は形，色，重さなどの目に見える性質（形質），例えば収穫の多さ，病虫害に対する強さ，おいしさなどの違いによって選抜される．それらの形質はその個体がもつ遺伝子の働きと環境の影響によって決定されることから，生育環境が一定でないと，個体の能力を正しく評価できず，見かけ上望ましい個体を選抜しても，それが遺伝的な能力の高い個体であるとは限らない．もし望ましい形質を決定する遺伝子の違いを直接調べることができ，より有利な遺伝子の有無を判定できれば，環境の違いや選抜する人の経験の違いに依存することなく，良い個体を選ぶことができ，選抜にかかる労力の軽減が可能になる．

　1990年代から開始された植物のゲノム解読によって，ゲノムを構成する染色体の任意の領域に存在する塩基配列多型検出が効率化され，それを利用したQTL解析やポジショナルクローニングによって，植物の形や性質を決めている遺伝子のゲノム上での位置やその実体が明らかにされてきた．これらの遺伝子の位置情報や遺伝子の配列の違いを指標（DNAマーカー）とした品種改良における新しい選抜技術，いわゆるDNAマーカー選抜育種が実現可能になった．

● **DNAマーカーの利用**　実際のDNAマーカーによる選抜においては，直接選抜と間接選抜がある．選抜対象の遺伝子内に配列変異が存在する場合は，その変異をDNAマーカーとして調べることで，形質表現を調べることなく望ましい遺伝子の有無を明らかにすることができる．一方，対象遺伝子が同定されていなくても，遺伝子は，染色体上の近くにあればあるほど，組換えは起こりにくく，子孫に伝わるときに同じ挙動（連鎖）をするので，染色体上の位置が正確にわかっている場合は，選抜したい遺伝子の近くにある塩基配列の変異をDNAマーカーとして指標にすれば，選抜遺伝子の存在を間接的に推定することができる．従来は，ゲノムの特定の塩基配列の違いを簡便に検出することはできなかったが，近年の塩基配列の検出技術の進展により，さまざまな方法によって，遺伝子やDNAマーカーの塩基配列の変異を検出できるようになった．変異の検出方法によって，検出の手間は異なるが，育種選抜では，より簡便な検出方法が利用される．最も頻繁に利用されるのが，単純反復配列（simple sequence repeat：SSR）を利用したDNAマーカーであるが，最近では，アレイ検出技術の進展によって

一塩基多型（single nucleotide polymorphism：SNP）を利用した個体選抜も実施されている．

● **DNAマーカー選抜の有利性**　DNAマーカー選抜では，従来の表現型による選抜に比較して選抜するうえでのいくつかの利点がある．品種改良で目標とされる形質は多様で，その評価のためには，異なる手法で時間をかけて調べる必要がある．DNAマーカーを利用することで，異なる複数の形質についても，同じ手法で遺伝子の有無を確認することができるので，選抜にかかる手間を単純化し労力を軽減することができる．またDNAマーカーによる判定は，作物の生育のどの段階でもできることから，成熟期の形質など，植物が大きくならないと調べることができない形質についても，種子や幼植物の段階で遺伝子の有無を判断することによって選抜ができる．リンゴやナシなど結実するまでに長期間を要する果樹においては，果実形質のDNAマーカーが利用できれば，望ましくない果実形質をもつ個体を，苗木の段階で淘汰することができ，栽培に必要な圃場面積の削減も可能になり，育種選抜作業の効率は著しく向上できる．

　DNAマーカー選抜が最も効果的に利用できる場面は，戻し交雑育種法である．広く栽培されている優良な品種でも，特定の病害に弱いことなどの問題を抱えている場合は，その性質を変えないで，病害に強くする遺伝子だけを交雑によって置き換えることが望まれる．その際に，戻し交雑育種法が利用されるが，その過程で，DNAマーカー選抜によって，目的の遺伝子をもつ個体を特定できるだけでなく，ゲノム全体に分布するDNAマーカーも利用することで，戻し交雑の各世代において，最も優良品種のゲノム構成に近づいた個体を選抜することができる．

● **DNAマーカー選抜の現状と今後**　イネでは半矮性遺伝子，出穂期，いもち病抵抗性，縞葉枯れ病抵抗性，ダイズでは開花時期，伸育性，ウイルス抵抗性および難裂莢性，コムギでは製パン適性に関与するタンパク質組成，穂発芽耐性および縞萎縮病抵抗性など，DNAマーカー選抜の応用事例が広がっている．その一方で，DNAマーカー選抜育種は，比較的少数の遺伝子によって決定される形質には利用できるが，収量に代表されるような多数の遺伝子と環境の影響を強く受ける形質については，効果的な利用は難い．多数の遺伝子が関与する複雑な形質の選抜法として，現在，ゲノミックセレクションのような新たな選抜技術の開発が試みられている．この手法は乳牛などの家畜育種において実用化され，作物育種においても実用性が期待されているもので，特定の遺伝子を対象に選抜する方法ではなく，ゲノム上のあらゆる領域が対象形質に関与すると仮定して，ゲノム全体に分布するSNPについて，対象形質への寄与を育種価（breeding value）として推定し，有望個体を選抜する方法である．　　　　　　［矢野昌裕］

9. 社　　　会

　ヒトと植物のかかわり合いは，普段の生活から文化活動までさまざまである．植物は食糧の源であるだけでなく，住居，衣服のような生活に必須の材料となり，さらにはコーヒーやタバコのような嗜好品，あるいは薬や天然ゴムなど多種多様な産物を人間に供給している．また，都市においては，緑の環境として私たちの生活を豊かにしてくれる．一方，アレルギー症状をもたらす原因ともなる．文学，絵画，音楽といった人間の芸術活動においても，植物はさまざまな役割を果たしている．

　人間は植物を利用するため，植物をつくり変えてきたことも事実である．人間とのかかわり合いの中で，滅びていった植物も多い．将来，人間が宇宙に出て行くにあたっても植物が重要な伴侶となるであろうことは，昨今の映画や小説にも詳しい．

　このように，人間の社会生活において，植物とのかかわり合いはきわめて多様である．本章では，これらについて，過去，現在，未来における重要な課題を取り上げている．　　　　［三村徹郎・飯野盛利・長谷部光泰］

赤潮とアオコ

　植物プランクトンの大発生によって，水面が赤色（赤潮）あるいは青緑色（アオコ）に変色する現象．水色が変わるのは植物プランクトンが有する色素のためである．赤潮は淡水域と海域の両方でみられ，その原因となる植物プランクトンには，珪藻類，渦鞭毛藻類，ラフィド藻類，ハプト藻類，黄色鞭毛藻類などがある．一方，アオコは，主に淡水の池や湖でみられ，その原因となるのはシアノバクテリアである．赤潮やアオコが人間社会にもたらす被害としては，漁業被害や，毒性物質による中毒，水質悪化などがあげられる（表1）．

●**環境問題としての赤潮**　赤潮とおぼしき現象の記載は，西洋では旧約聖書の時代，我が国では奈良時代（8世紀）にさかのぼるといわれるから，人為影響の比較的少ない自然生態系においても，赤潮は，ある程度一般的に現れるものと思われる．しかし，20世紀半ば（我が国では高度経済成長期）になると，沿岸域での人口増加や人間活動の拡大に伴い，各地の内湾や閉鎖的な水域で赤潮が頻発するようになる．その主原因は，陸域からの栄養塩類や有機物の過剰な流入による水域の肥沃化（富栄養化）である．赤潮による魚介類（特に養殖魚）の大量斃死

表1　赤潮やアオコによる被害の例

被害のタイプ	被害内容	原因となる植物プランクトンの例
漁業被害 （養殖魚介類の大量斃死）	鰓の機能障害や，大量に発生したプランクトンの呼吸による水中の無酸素化のために，魚介類が窒息死する．	・ラフィド藻類（*Chattonell antiqua, Heterosigma akashiwo*） ・渦鞭毛藻類（*Heterocapsa circularisquama*） ・ハプト藻類（*Chrysochromulina polylepsis*）
漁業被害・食中毒 （貝毒による中毒および出荷停止）	有毒プランクトンを摂餌した貝類に毒素が蓄積する．毒化した貝を人が摂取すると中毒症状になる．	・まひ性貝毒：渦鞭毛藻類（*Alexandrium tamarense*） ・下痢性貝毒：渦鞭毛藻類（*Dinophysis fortii*） ・記憶喪失性貝毒：珪藻類（*Pseudo-nitzschia multiseries*） ・神経性貝毒：渦鞭毛藻（*Karenia brevis*）
水質悪化 （シアノバクテリア毒素）	シアノバクテリアを高密度に含む水への接触や摂取によって引き起こされる健康障害．動物にも人にも起こり，死に至る場合もある．	・肝臓毒（*Microcystis aeruginosa*） ・神経毒（*Anabaena circinalis*） ・細胞毒（*Cylindrospermopsis raciborskii*）
水質悪化 （水道水の異味・異臭）	シアノバクテリアや放線菌が合成する物質（ジオスミンや2-メチルイソボルネオール）に由来する水道水のカビ臭．	・ジオスミン（*Anabaena scheremetievi*） ・2-メチルイソボルネオール（*Oscillatoria curviceps*）

などの漁業被害や水質悪化は深刻な環境問題としてクローズアップされた．例えば，1972年に播磨灘で発生した赤潮では，14万尾の養殖ハマチが斃死し，その被害総額は71億円に達した．淡水湖である琵琶湖でも，1977年以降，黄色鞭毛藻（*Uroglena americana*）による赤潮が発生するようになり，近畿圏の水需要をささえる巨大な「水瓶」の水質悪化が大きく問題化した．これに対して，国や自治体は，有機物や栄養塩類の負荷を抑制するための規制にのりだし，瀬戸内海環境保全特別措置法（1973年）や琵琶湖富栄養化防止条例（1979年）などが施行された．その結果，瀬戸内海における赤潮発生件数は1970年代半ばの年間発生件数（約300件）をピークとしてその後は減少を続け，20世紀末にはピーク時の約3分の1のレベルの件数で推移するまでになった．

このような「貧栄養化」の傾向は，我が国に限らず，栄養塩の排出規制や下水処理施設の整備などの富栄養化対策を講じた多くの先進国の沿岸域や湖沼で共通してみられる．これは，プランクトンの増殖を支える栄養物質の流入を抑制することで，プランクトンの大発生を低減化するという対策が，少なくともある程度は功を奏したことを意味する．しかし，問題が完全に解決したというわけではない．プランクトンの中には，毒素を生成するものがあり，それを摂餌した貝類はその毒素を蓄積する．この毒化した貝類を人間が食べると，重篤な食中毒を引き起こすことがあるため，漁業関係者にとって深刻な問題になっている．なお，この貝毒問題は，必ずしも植物プランクトンが赤潮状態になるほど増殖しなくても起こる．有毒プランクトンの消長には，リン，窒素，ケイ素といった各種栄養元素の供給バランス（ストイキオメトリー）が影響を及ぼすという報告もあるが，その発生機構の全容はまだ明らかではない．

●**シアノバクテリアの毒素**　アオコを形成するシアノバクテリアは，細胞内のガス胞を使ってたくみに浮力を調節し，水中を上下に移動することができる．風の弱い，夏の日中に，池や堀の水面にこのシアノバクテリアの濃密な層がみられるのは，細胞が浮かび上がって水面に大量に濃縮されるためである．シアノバクテリアの中には毒素を生成するものがあり，それを摂取した人や動物に健康障害を引き起こし，最悪の場合，死に至らしめる．また，毒素以外にも，カビ臭の元となる物質を生成するものもあることから，特に，水道用原水の取水域では，管理者や住民がアオコの出現に神経をとがらせることとなる．赤潮の場合と同様に，アオコは，富栄養化した水域に発生するため，その抑制対策としては，栄養塩負荷の削減が考えられる．ただし，底泥から溶出する栄養塩類を使ってシアノバクテリアが増殖している場合は，流域からの栄養塩負荷の削減によって得られる抑制効果は限定的である．

〔永田　俊〕

アレルギー

　花粉による鼻炎などの季節性アレルギー，家ダニが原因で発症する喘息などの通年性アレルギー，また牛乳やタマゴ，コムギやダイズなどの食物アレルギーなどアレルギー疾患の患者数が先進国では1960年代以降顕著に増加している．現在花粉症患者は国民の30％以上，食物アレルギーの場合，乳児で約10％，7歳以上では1.3～2.6％程度であると報告されている．

●**食物アレルゲン**　これらアレルギーを誘発する植物由来の食物アレルゲンは，種子中の貯蔵タンパク質や果物や野菜中に含まれるプロテアーゼ，植物自身が病害虫から身を守るために産生している感染防御（PR）タンパク質など特有の機能をもつものであり，アミノ酸配列の相同性からいくつかのグループに分類できる．種子中に含まれるアレルゲンはプロラミンやクピンのスーパーファミリーである．プロラミンスーパーファミリーには，穀類のプロラミンと呼ばれるアルコールによって溶出される穀類の種子貯蔵タンパク質の他に，双子葉植物のメチオニンに富む2Sアルブミン，穀物種子中のα-アミラーゼ/トリプシンインヒビターさらに抗菌作用を有する脂質輸送タンパク質などが含まれる．このファミリーは共通の基本骨格として，進化過程で保存された8個のシステイン残基により4個のジスルフィド結合を介した立体構造を形成しており，消化酵素耐性を示す．一方，クピンスーパーファミリーに属するグループには，ピーナッツ，ダイズなどマメ類の種子中の三量体を形成する7S貯蔵タンパク質，およびエンドウのビシリン，ピーナッツのコングルチンなど六量体を形成する11Sグロブリンが含まれる．果物や野菜には，感染防御にかかわるPRタンパク質の1つであるPR10に属する代表的なシラカバ花粉アレルギーの原因となっている主要アレルゲンのBet v1と交差性をもつBet v1様タンパク質，真核細胞に存在し高度に保存されているアクチンの重合調節にかかわるプロフィリンが食物アレルギーの主要原因となっている．

　注目すべき点として，Bet v1様タンパク質やプロフィリンが食物アレルギーを誘発する場合においては，まずこれらグループに属する花粉アレルゲンの暴露によって花粉症になり，交差反応性を示す相同性の高い類似アレルゲンを含む野菜や果物を摂取することで，唇や舌，口腔粘膜にしびれやかゆみなどアレルギー反応が起きる．またラテックス（天然ゴム）アレルギー患者においては，その原因となっているグルカナーゼやキチナーゼなどと関連するRPタンパク質を多く含む果物を摂取することでアレルギー症状が誘発されることがある．さらに，果物中のシステインプロテアーゼやタウマチン様タンパク質もアレルゲンとなること

表1 食物アレルゲンと花粉アレルゲン

	種類	アレルゲン植物
食物アレルゲン	［プロラミンスーパーファミリー］ 2S アルブミン α アミラーゼ・トリプシンインヒビター 脂質輸送タンパク質 プロラミン	 ブラジルナッツ，ゴマ，ヒマ，綿花，ピーナッツ，ナタネ コムギ，コメ，オオムギ，ライムギ モモ，リンゴ，トウモロコシ，オオムギ コムギ，ライムギ，オートムギ
	［クピンスーパーファミリー］ 7S グロブリン 11S グロブリン	 ダイズ，ピーナッツ，クルミ ピーナッツ，ダイズ，エンドウ
	Bet v1 ファミリー	リンゴ，サクランボ，西洋ナシ，ヘーゼルナッツ
	プロフィリンファミリー	リンゴ，サクランボ，バナナ，セロリ，トマト，ニンジン，ダイズ，ピーナッツ
	［その他］ システインプロテアーゼ タウマチン様タンパク質 キチナーゼ，グルカナーゼ	 キウイ，パイナップル，イチジク，パパイア モモ，リンゴ，キウイ，サクランボ，バナナ アボガド，クリ，キウイ
花粉アレルゲン	ペクテートリアーゼ ポリガラクツロナーゼ Bet v1 グループ プロフィリン β エクスパンシン タウマチン様タンパク質 Ore e1 グループ	スギ，ヒノキ，ブタクサ スギ，ヒノキ シラカバ，カバ，ハンノキ，ヤシャブシ，ブナ，ナラ シラカバ，カバ，ハンノキ，ブナ カモガヤ，イタリアンライグラス スギ，ビャクシン，ヨモギ オリーブ

が報告されている．

●花粉アレルゲン 花粉症を誘発するアレルゲンとしてペクテートリアーゼ，ポリガラクツロナーゼ，Bet v1 様タンパク質，プロフィリン，サイクロフィリン，Ca-結合タンパク質，β エクスパンシン，タウマチン様タンパク質，イソフラボン還元酵素，β1,3 グルカナーゼなどが同定されている．

国民病ともいえるスギ花粉症における主要花粉アレルゲンは，花粉の発芽などに関与する多糖類分解酵素活性を有するペクテートリアーゼ，ポリガラクツロナーゼである．ヒノキ花粉の主要アレルゲンもスギと同じ酵素活性をもち，両者の間でアミノ酸配列の高い相同性を示し，交差反応性を示す．一方，カバノキ科やブナ科の仲間の樹木の花粉アレルゲンは Bet v1 様タンパク質やプロフィリンが主要アレルゲンとなっている．イネ科のカモガヤやイタリアンライグラスなどでは β エクスパンシンが主要アレルゲンである．キク科のブタクサやヨモギの主要花粉アレルゲンはペクテートリアーゼであるが，スギ花粉とのアミノ酸配列の相同性は低く，交差反応性はない．

［高岩文雄］

宇宙生物学

　宇宙生物学は，宇宙での生命探査を目指す分野と地球生物の宇宙での反応や応答を調べる分野の2つに大別される．前者はアストロバイオロジーと呼ばれることも多く，天体での惑星探査や生命探査が検討されている．後者の研究には，宇宙空間の無重力（微小重力）や宇宙放射線の生物への影響を調べる宇宙実験，さらには，将来の惑星有人探査を目指した宇宙医学や宇宙農業の研究などがある．

●**惑星探査**　太陽系内の惑星の探査は，いくつかの方法で行われる．遠距離探査では，望遠鏡を用いた分析から惑星の大きさ，質量，比重がわかる．探査機が天体のまわりを周回して，可視赤外望遠鏡で表面を観察することから大気や表面の組成，重力や電波探査から惑星内部構造がわかる．火星の高解像度撮像により火星表面の地形や岩石組成が明らかとなっている．大気中有機物の分析には質量分析装置が用いられる．高速で衝突した粒子や加熱による分解成分の分析により有機物が分析される．火星では着陸した探査車が移動しながらさまざまな分析を行っている．

●**火星生命探査**　太陽系で生命存在可能性の最も高い惑星は火星である．それ以外の惑星は温度が高すぎたり低すぎるため，液体の水の存在が難しい．火星は乾燥して平均$-50℃$，気圧は地球の0.7%と，生命にとって過酷な環境である．しかし，近年の火星探査から初期火星には海があり，地球にきわめて似ていたことが明らかとなった．すなわち，火星に生命が誕生した可能性があるといえる．また，毎年液体の水が流出していると思われる地形が発見され，過去の生命の化石あるいは現存する生命が探査対象となってきている．有機物探査の手法として，質量分析装置が使われ，ごく微量の有機物が検出された．超酸化的火星表面土壌が有機物検出を妨害した可能性があるため，分析手法の改良が課題となっている．今後予定される探査ではラマン顕微鏡や蛍光顕微鏡などの有機物や細胞を標的とした顕微鏡が準備あるいは開発されている．

●**氷衛星生命探査**　太陽系内のもう1つの生命探査の対照に木星と土星の氷衛星がある．エウロパ，ガニメデ（木星の衛星），エンケラドス（土星の衛星）などの表面は氷でおおわれており氷衛星と呼ばれている．その表面の厚い氷の下に内部海があるのではないかと推定されている．これは，木星や土星の質量が大きいので，潮汐力で衛星内部が加熱されたためと推定されている．また同じ機構で氷の下の岩石層が加熱され，海水と岩石が反応する環境も想定されていたが，エンケラドスで熱水反応が確認された．エンケラドスやタイタン（木星の衛星）では有機物も検出されており，氷衛星での生命探査が検討されている．

●**地球型惑星** 太陽系以外にも数千個に及ぶ惑星および惑星候補がみつかっている（太陽系外惑星）．その中には，中心星（その惑星の太陽）からの距離が適度で，液体の水の存在しうる，すなわちハビタブルゾーンをもつ惑星も複数みつかっている．さらに惑星の大きさや比重から地球や火星のように岩石でできている可能性のある地球型惑星もみつかっている．望遠鏡や電波望遠鏡を用いた太陽系外惑星の生命探査も検討されている．惑星大気の吸収スペクトルや，惑星表面の反射スペクトルが観測対象となる．酸素やオゾン，メタン，光合成色素（クロロフィル）の吸収スペクトルが生命に関連した探査指標として検討されている．

●**宇宙実験** 日本の生物系宇宙研究は，20世紀の終わりに，スペースシャトルを利用して，細胞培養実験や植物の成長，形態形成に与える微小重力の影響について開始された．2008年には宇宙航空研究開発機構（Japan Aerospace Exploration Agency, JAXA）が宇宙実験棟「きぼう」を打ち上げ，約400km上空の国際宇宙ステーションに接続した．「きぼう」では微小重力，宇宙放射線など宇宙環境下でのさまざまな実験が行われている．植物実験としては，植物の生活環の研究，根の屈地性や茎の抗重力反応などに及ぼす重力の影響についての研究がある．これまでに，微小重力下でシロイヌナズナの発芽から種子生産までの生活環を完結させることに成功し，植物の生活環は微小重力下でも正常に保たれることを示した．また微小重力下では，葉の老化が抑制されることを観察した．さらに，微小重力下では根や茎はあらゆる方向に伸長することなどから，地上での植物の成長や形態形成に及ぼす1Gの重力影響の具体的な仕組みを明らかにした．この他にも「きぼう」に生息する微生物の動態解析や，「きぼう」船外に取り付けられた装置を用いて，真正細菌のデイノコッカスやシアノバクテリア（ラン藻）などの微生物の宇宙環境耐性実験が行われている．

●**宇宙農業** 人類の火星居住が計画されており，火星での基地建設とともに，食糧の自給を目指した宇宙農業の展開が求められている．火星の大気は非常に希薄であり，その95％は二酸化炭素である．窒素は約3％，酸素は0.1％強である．地表面の温度は最低－140℃と低く，最高でも＋20℃程度である．水は氷として地下に存在すると考えられている．火星の表面の多くはレゴリスと呼ばれる岩石の細かな砂におおわれており，硝酸塩の存在は確認されているが，地球にあるような土壌は存在していない．このように火星は植物の生育には不適当な環境である．したがって火星での農業は人工的な温室ドームの中で始められる．肥料として化学肥料も与えるが，人間生活から出る排泄物などを発酵させるなどして有効に利用する．土壌は，太陽のエネルギーを利用できる光合成微生物を中心とする微生物叢をレゴリスに混入して形成する．農作物としては，ダイズ，サツマイモ，イネなどが候補となる．水が得られれば，水耕栽培も可能となる．宇宙船での滞在が長期になる場合は船内のミニ植物工場も必要となろう．　［山岸明彦・大森正之］

外来植物

　外来植物は，ある地域に自然分布しない植物が人間活動により意図的あるいは非意図的に他地域から移入されたものである．移入植物ともいう．これに対し，自然分布する植物を在来植物という．動物などを含める場合は外来生物，種レベルで扱う場合は外来種，移入種という．これらの用語は1990年代から深刻化した「外来生物問題」に伴い，生態学，保全生物学，農学などの学術論文において使われ，一般でも広く使用されるようになった．

●**外来植物と帰化植物**　外来植物という用語は元来，農作物，花卉園芸植物，庭園木など栽培植物の多くを含む外国原産の植物に対し用いられてきた．外来生物問題では，「外国原産」や「野生化」の意味を含まない，より包括的な用語として使われる．「国外から移入され野生化した植物」に対し，従来から帰化植物や帰化種という用語が使われてきたが，近年は外来植物や外来種が用語として多用される．その理由は次のように考えられる．①播種，植栽，投棄など人間の意図的かつ直接的な行為によって野外に移入されるケースが増加した．例えば，道路の法面の緑化・砂防のため外国産植物の種子を吹き付けたり，水槽で栽培していた外国産の水草を河川に投棄するようなケースである．これは，逃げ出す，忍び込むなどのやり方で侵入する帰化植物の範疇に収まらず，外来魚の放流になぞらえることもできる．②在来植物や栽培品種の移入，外国原産植物と在来植物の雑種の増殖など複雑な問題が注目されるようになった．「外来」の意味を「他地域から」に拡張すれば，これらの場合でも外来植物と呼ぶことが可能である．また，③帰化人が渡来人に変更されたように，報道用語において「帰化」が使用制限されたこと（帰化植物は例外とされている），④動物を含め，外来生物として統一的に表記する場合に便利なことも，多用される理由としてあげられる．

●**外来植物の区分**　外来植物の大部分は「国外由来の外来種」（国外外来植物）で，そのうち野生化したものは帰化植物とほぼ同義である．帰化植物の種数は近年急速に増加し，すでに2000種を超えている．キク科とイネ科がずばぬけて多く，マメ科とアブラナ科が次ぐ．在来植物が移入された場合は，「国内由来の外来種」あるいは「国内外来植物」という．オオバコが高山の登山道に侵入し，雪田植物ハクサンオオバコへの影響が懸念される事例や，オオミスミソウの他地域の個体や園芸品が生育地周辺に植栽される事例があげられる．

●**外来植物が関与する外来生物問題**　外来生物問題は外来生物が生態系や生物多様性を脅かす環境問題であり，特に重大な影響をもたらす外来生物の移入や増殖を規制するため，「特定外来生物による生態系等に係る被害の防止に関する法律」

(通称：外来生物法) が制定されている (2005年6月施行). 外来植物が関与する外来生物問題には次のようなものがある.

①直接的, 間接的に在来生物に対し害を及ぼし, 在来種の絶滅や生態系の破壊をもたらす場合. 外来生物法において特定外来生物に指定されたアレチウリ, オオハンゴンソウ, ミズヒマワリ, ボタンウキクサなどや, 要注意生物に指定されたハリエンジュ, セイタカアワダチソウ, オオブタクサ, ホテイアオイ, オオカナダモなどは, 巨大になり1個体でも広い面積をおおったり (アレチウリ), 浮遊性で水面をおおったり (ボタンウキクサ), 草丈の高い密集したクローンを形成する (セイタカアワダチソウ) などにより光を独占し, 在来植物に被害をもたらす.

②在来生物や自然生態系への影響は明らかではないが, 莫大な数の個体が発生することが問題となる場合. 畑地や庭園の雑草となり経済的被害をもたらしたり, 路傍, 都市の空き地などに繁茂し, 景観を著しく変化させるので嫌われる. 大発生し急速に分布を拡大する性質を侵略的といい, 上記①を含む侵略性の強い外来植物を侵略的外来植物という. 外来種タンポポ, ヒメジョオン, ハルジオン, ヒメムカシヨモギ, オオアレチノギクは要注意生物に指定された代表的な侵略的外来植物である. これらのキク科植物は種子を大量に風散布することにより, 偶然的に生じる植生の隙間 (ギャップ) に侵入するが, 競争力は弱く裸地を放浪する. ヒメオドリコソウ, オランダミミナグサなどの小形の一年生外来種も侵略性が高いが競争には弱い. これらの侵略的外来植物が大発生するのは主として人為的攪乱地であるが, 砂丘, 河原, 火山荒原などの開放的な自然植生に侵入し在来種を害することがある. 生物多様性の保全上重要な地域では, 外来植物の侵入・定着自体が多様性に被害・影響を与えたとみなされる.

③在来種と外来種の間, あるいは外来種同士の雑種形成, 浸透性交雑, 異質倍数体形成などにより, 侵略性がより強い「外来種」を生じたり, 在来種の遺伝子汚染を引き起こす場合. 最悪の侵略的外来植物といわれるイネ科の *Spartina anglica* は, イギリスに移入された *S. alterniflora* が在来種と交雑した後, 四倍体化して生じた. また, 北アメリカに移入されたバラモンジン属3種が種間交雑し, 生じた異質四倍体が両親種より分布を拡大した例がよく知られている. 日本においては, 在来種キブネダイオウと外来種エゾノギシギシ, タンポポ属の在来種と外来種の雑種形成が報告されている. 外来種セイヨウタンポポは三倍体で無融合生殖を行うが, その花粉がカントウタンポポなどの在来有性生殖種 (二倍体) に受粉することにより, 侵略性の高い三倍体あるいは四倍体の雑種が生じ, 東京など多くの地域で雑種が優占する状況が生じている. ［森田竜義］

参考文献
[1] 種生物学会編『外来生物の生態学—進化する脅威とその対策』文一総合出版, 2010
[2] 森田竜義編著『帰化植物の自然史—侵略と攪乱の生態学』北海道大学出版会, 2012

植物工場

　植物工場とは，人工的な環境下において植物を安定的に栽培するシステムである．植物工場には，人工光型植物工場と太陽光利用型植物工場がある．特に，人工光型植物工場では，光や温度，湿度，水，養分など植物栽培に必要な要素をすべて人為的に管理・制御して播種から収穫，出荷までを効率よく行うことができる．自然環境に関係なく四季を通じて一定の品質の植物を農薬不使用で安定供給できるだけでなく，従来の農法のように良好な気候と広い土地を必要としないため，寒冷地，砂漠などの不毛地，地下スペース，都市の未利用空間，大型船舶上など，あらゆる場所での植物栽培を可能にする．特に，コンピューターに制御された人工環境下において，一連の工程を確実に実施できるという特徴から，医薬用植物の生産工場としても期待が高まっている．

●**植物工場の構成**　植物工場は，建屋，照明装置，環境制御機器，栽培装置，各種のセンサー，栽培ノウハウなどを含めた総合的なシステム技術である．建屋は，播種育苗室，栽培室，機械室，出荷作業室，管理室，倉庫などの複数の部屋から構成される．

　人工光型植物工場では，植物の光合成に必要なすべての光を人工光でまかなうため，照明機器が最も重要な装置である．2010年時点では照明機器の主流は蛍光灯であったが，LED（light emitting diode）照明の普及に伴い，植物工場においてもLEDが中心的な光源となってきている．LEDは長寿命，省エネであるだけでなく，クロロフィルの吸収波長に合わせて赤色や青色といった単波長の光を照射できることができるため，植物に合わせた最適な照明設計が可能である．また，外界の光と熱を十分に遮断することが必要であるため，天井や壁に断熱性の高い素材が利用されている．さらに，病害虫の侵入を防ぐために出入り口を二重扉にし，エアシャワーも備えている．栽培装置には，数段から十数段の多段栽培システムが採用されているため，床面積あたりの生産量が圃場と比べ格段に高くなっている．特に，自動搬送ロボットを利用したものでは，高所作業が人手によらないため栽培棚の段数が多く設計されている（図1）．

　一方，太陽光利用型植物工場の場合，曇天日や冬季における生産を確保するため補光用の照明が備えられている．太陽光を栽

図1　人工型植物工場：蛍光灯と水耕栽培による多段式のレタス栽培システム

培光として利用することはコスト面から非常に重要であるが，天候に影響を受けてしまう．そこで，気象の情報，栽培室内の環境情報，植物の生育情報を常に計測し，総合的にコンピューターで最適な栽培条件を割り出すことで，最適な環境調節が行われている．

植物工場は先進技術の宝庫でもある．温湿度センサーネットワークなどの情報通信技術（ICT）を駆使した農業技術，自動定植ロボットやモジュール型自動搬送ロボット，画像診断による苗の成長診断・予測システム，LED 光源，高度な栽培ノウハウや伝統農業のデジタル継承，育種，薬用植物や遺伝子組換え植物の安定生産など，先進の科学技術に満ちている．

また，環境低負荷技術が重視されている現在，自然環境から隔離された植物工場を利用した農業は，環境低負荷の農業としても意義が高い．さらには，世界的に見ると深刻な不足状態にある水やエネルギーを高効率で利用できるシステムである植物工場は，日本独自の高度産業技術として新たな輸出産業となることが期待されている．

●**植物工場の展望と課題**　農業生産は，高温や旱魃といった自然環境の悪影響をできるだけ排除し，植物の成長にとって良好な環境を確保するための工夫によって発展してきた．自然環境にまったく依存する「露地栽培」から，冬場を中心に生産を確保するための「施設園芸（ハウス栽培）」，土壌環境から脱却する「水耕栽培」，そして最後に自然環境からできるだけ逃れて安定生産を目指す「植物工場」の順に高度化してきた．このため，植物工場は最も安定的に植物を生産できる手法であり，高度に技術が集積された栽培システムである．また，人工光型植物工場では 1 日の長さを 24 時間より短くも長くもすることが可能であり，自然界では実現できない新たな栽培法も実施できる．さらに，医薬用を目的とした遺伝子組換え植物も，自然界から完全に隔離された人工光型植物工場では，自然環境への影響を気にせずに栽培することができる．植物工場は，いずれ人類が宇宙へとその生存の場を広げていく際の新たな農場でもあり，新たな農学を切り拓く技術である．海外でも植物工場への関心は高く，欧米では vertical farming（垂直農業）または indoor farming（屋内農業）と呼ばれ，技術開発や産業化が進んでいる．

一方で，植物工場は，光源や空調設備，建屋などの初期投資と電気代などの運転コストが膨大であり，従来農業と比べコストが大きい．したがって，コージェネレーションや定植作業のロボット化などコストを低減するための技術開発が必須であり，同時に高値で販売できる高付加価値の植物商品を開発することも重要である．

〔福田弘和〕

📖 **参考文献**

[1] 高辻正基『図解よくわかる植物工場』日刊工業新聞社，2010

衣　服——植物と人の暮らし

　私たちが身につける衣服は，主に寒冷・乾燥地では獣毛，温熱帯地では植物と昆虫（蚕）由来の繊維からつくられ，植物のもつ色素で多彩な色に染められた．19世紀後半にレーヨンをはじめとする化学繊維や人工の合成染料が開発されるまで，私たちは暮らしの中で植物で装うさまざまな工夫を重ねてきた．

　南太平洋の島々にはタパという不織の樹皮布をつくる技術が今に伝わる．女性たちがクワ科植物の樹皮の内側にある靭皮繊維を棒で根気よくたたき延ばして布にし，ウコンなどの植物染料で文様を描く．その起源は獣皮と同様，機織り技術のなかった遠い昔にさかのぼるだろう．一方，農耕社会を築いた古代文明の発祥地では麻や綿が栽培された．麻や綿の繊維から糸をつくり，布を織る技術は次第に各地へ広まった．以下，衣服の主な素材となった麻と綿についてみる．

●**麻の衣服づくり**　私たちが麻と呼んでいる繊維がとれる植物は多種ある．茎から繊維をとるものにタイマ（大麻），カラムシ（苧麻），アマ（亜麻），ツナソ（黄麻），葉から繊維をとるものにマニラ麻，サイザル麻などがある．

　大麻と苧麻：東アジアでは大麻と苧麻がよく利用されてきた．中国の黄河流域では新石器時代にさかのぼる遺跡から大麻の縄や布が，長江下流域では苧麻布がみつかっている．日本では縄文時代にイラクサ科植物でつくる編物があったが，弥生時代になると腰機を使う技術が伝わり，麻布を織るようになる．江戸時代には奈良晒（大麻布）や越後上布（苧麻布）などの産地が知られた．特に，大麻の繊維は生活衣料に欠かせないものであったが，今もなお神事祭礼の場で利用されている．

　大麻や苧麻の繊維は茎皮の内側にある靭皮からとりだされるため長さが限られる．そこで，繊維を細く裂いて撚りつなげ，1本の長い糸にする．この動作を「績む」といい，さらに紡錘車や糸車で撚りをかける．それはたいへん労力のいる手仕事で，奈良時代の『万葉集』には麻の糸績みに励む妻を夫が寝床に誘う東歌がある．麻糸づくり，腰機による布織りは東アジアに共通してみられる技術である．近現代まで中国南部からベトナム山岳地帯のモン族やミャオ族は大麻，台湾の原住民族は苧麻の布づくりをもっぱら女性たちが受け継いできた．

　亜麻：私たちがリネンと呼んでいる布は亜麻を原料とする．亜麻の栽培は，種子の出土遺跡の分布から古代メソポタミアで始まったとみられ，トルコの新石器時代の集落，チャタルヒュユク遺跡では亜麻布が出ている．とりわけ，亜麻の紡織技術が発達したのは古代エジプトにおいてであった．これまで発掘された埋葬墓から透けるような薄い亜麻布が数多くみつかっている．中王国時代のメケト

ラーの墓に副葬された織物工房の模型やクヌムホテプの墓の壁画には女性たちが紡錘車や水平機を駆使するようすが表されている．この繊細な亜麻布づくりは糸を績む技術の熟達とその集約的な労働により成し遂げられた．

　ヨーロッパでは最も古くは新石器時代にスイスの湖畔に建てられた杭上住居跡から亜麻布や糸が巻き取られた状態の紡錘車がみつかっている．古代ローマのG. プリニウス（G. Plinius II）が著した『博物誌』には亜麻の栽培や布の製法について記され，亜麻が羊毛と並んで重要な衣料素材であったことがわかる．古代ギリシア・ローマの亜麻の製糸法は，古代エジプトでの糸績みとは異なり，あらかじめ細かく砕いた繊維を紡錘車で引き出しながら糸に紡ぐ．後に糸車に代わるが，その原理は羊毛の糸紡ぎに連なる技術であった．

●綿の衣服づくり　綿の繊維は，種子をおおう柔らかな毛からとられる．種子の表皮細胞が細長く成長したもので，平たく緩やかならせんを形成する．この天然の撚りが糸に紡いだときにしっかりとからみ合い，強度を保つ．アオイ科ワタ属のうち，栽培化された綿は4種あり，新大陸と旧大陸にそれぞれ起源をもつ．

　中央アメリカ原産のキヌワタ（陸地綿）は現在，最も広く栽培されている品種である．南アメリカのペルー原産といわれるカイトウメンは綿毛が長く柔らかいため，最上質の綿とされている．ペルー沿岸部では古くは先土器時代のワカ・プリエタ遺跡で綿の編物がみつかっている．古代アンデスの遺跡では多くの染織品が乾燥状態で発見され，綿と獣毛を素材とした独自の染織文化が形成された．

　旧大陸では南アフリカ起源のシロバナワタが古い種とみられるが，アジアに広まったのはインドで栽培化されたキダチワタである．新大陸系の綿に比べ，繊維が太く短いという特徴がある．インダス文明の都市遺跡モヘンジョダロでは綿布がみつかっているが，さらに古くは新石器時代のメヘルガル遺跡で埋葬された銅玉の中に綿糸が残されていた．綿の種子や織物，紡錘車の出土遺跡の分布から，インダス川流域で綿の栽培が始まり，次第にインド各地で綿布生産が盛行したことがわかっている．紀元前後にはインド産の綿布が東南アジアから中国へ，西はローマまでもたらされ，重要な交易品となった．

　日本では室町時代に朝鮮や中国から綿布が輸入されるようになる．その後，国内での綿の栽培・布生産が盛んとなり，江戸時代にはこれまでの麻布に代って綿布が庶民の衣料として定着する．綿は他の植物繊維に比べて染料の吸着がよいため，縞，格子，絣など糸染めによる意匠がうみだされた．

●植物繊維の特徴　麻は総じてさらりとした清涼感があり，綿は柔らかく肌触りがよい．どちらの繊維も中空構造で天然の高分子であるセルロースから成り立っているが，繊維分子の集合体であるフィブリルが麻ではまっすぐなのに対し，綿では斜めに走るためおのずと特徴が異なるのだ．近代に入ると，綿の紡績，織布の産業化が進み，綿布が大量に生産消費されるようになった．一方，麻布は高温

多湿な日本では夏の衣料に特化している．また，アジアの亜熱帯地域ではマニラ麻などのバショウ科植物が気候に適した衣料素材として好まれている．

●**植物による染色**　染色は，まず白を得ることから始まる．綿の繊維や蚕の繭からとる絹の繊維はもともと白に近い色であるが，麻の繊維は黄色味を帯びているため，天日に晒すなどして漂白する．もちろん，茶綿や天蚕など一部の品種がもつ色味や素材本来の生成色をそのまま活かすこともあるが，より豊かな色彩を得るために植物色素で白い糸や布に染める技法があみだされた．以下，色の三原色である赤・青・黄色に染める植物とその仕組みについてみる．

　紅色：赤色系の代表的な植物染料としてベニバナがある．早くに古代エジプトやインドで栽培され，後にシルクロードを経由して中国北方に伝わった．日本では3世紀前半の奈良県纒向(まきむく)遺跡でベニバナの花粉が大量に検出され，この頃には渡来していたようだ．ベニバナで染色するには，花弁に含まれるサフラワーイエローという水溶性の黄色色素を洗い流し，灰汁などのアルカリ性の水でカルタミンという赤色色素を抽出する．江戸時代には紅餅に発酵加工させたものが流通し，より鮮やかな色が得られるようになった．

　茜色：アカネ科植物もまた赤色染料として世界各地で利用された．地中海沿岸部で栽培されたセイヨウアカネによる染色は，古代ギリシア・ローマ時代以降にヨーロッパへ広がり，毛織物生産とともに発展した．日本でも古代からニホンアカネなど山野に自生するアカネ科植物による茜染めが行われてきた．茜の染料は根を煮出してとる．ニホンアカネにはプルプリン，セイヨウアカネにはアリザリンという色素が含まれ，これが金属塩を含む灰汁などの媒染剤の助けを借りて繊維分子と化学的につながり固着する．茜の色は媒染剤によって変化し，赤色からピンク色，紫や茶系統の色が得られる．

　藍色：青色系の植物染料として最も代表的なのが藍（インディゴ）である．藍の原料となる植物は多種あり，日本ではアジアに広く分布するタデアイが主に使用されてきた．マメ科コマツナギ属の植物もインドをはじめ，アフリカや中南米で広く利用されている．ヨーロッパではウォードというタイセイ属の植物が古くから栽培され，中世には一大産業に発展した．藍の植物にはインジカンという無色の水溶性物質が含まれ，空気中の酸素に出会うと水に溶けないインディゴに化学変化して青色になる．水に漬けた生葉の搾り汁でも色に染まるが，濃い色を得るために微生物による発酵を利用して藍をたてる方法があみだされた．スクモや泥藍，藍澱などの形で含有されるインディゴを還元し，繊維に吸着させるので，麻や綿の繊維にもよく染めることができる．

　黄色：黄色はほとんどの植物に含まれるフラボノイド系の色素で染められるため，黄色系の植物染料はきわめて多い．中でも色素の含有量が多く，色に染めやすい植物が好まれた．日本ではカリヤス，コブナグサなど，ヨーロッパから地中

海沿岸部ではモクセイソウ科の植物がよく利用されてきた．これらは灰汁などで媒染することで黄色から茶色まで変化に富む色を得ることができる．

一方，媒染が不要で植物のもつ色素だけで染められるものは利用価値が高い．地中海沿岸部やインドで古くから栽培され交易されたサフラン，東南アジアから太平洋の島々で今も栽培されているウコン，東アジアに広く分布するクチナシなどがある．また，茶色や暗い色を染めるにはタンニンを多く含むブナ科やウルシ科の樹木がよく知られる．日本ではクヌギの果皮やヌルデにできる五倍子という虫こぶが利用されてきた．

紫色：紫色を染める植物染料は希少で，日本では山野に自生するムラサキ（紫草）が重宝されてきた．動物由来では地中海沿岸部や中南米で巻貝の一種のパープル線から得た分泌液で染色する貝紫があるが，これら動植物から抽出できる色素はわずかなため，紫は高貴な人の衣服を飾る色であった．古代オリエントの新バビロニアの粘土板に，藍とある種の茜との重ね染めにより貝紫色を模倣する方法が記されたものがあり，紫色へのあくなき探究心がよみとれる．

●**染織にみる創意工夫**　動物由来の羊毛や絹繊維はタンパク質が主成分であるため，植物色素と化学的に結びつきやすく，色に染まりやすい．これに対して，セルロースを主成分とする植物繊維は，藍やベニバナなど一部の染料を除いて染まりにくい．この両者の特徴をうまく活かしたのが，ローマ帝国の属領時代にエジプトでつくられたコプト織物である（図1）．経糸，緯糸ともに亜麻の地を織りながら，茜や藍などで染色した羊毛の糸で文様を織り込む．織りの張力に耐える亜麻と色に染まりやすく柔軟な羊毛，それぞれの繊維の性質を熟知した技である．

図1　コプト織物（京都大学総合博物館所蔵．カラー口絵p.8も参照）

歴史的にみると，東アジアから東南アジアでは絹織物，ヨーロッパから中央アジアでは毛織物の色華やかな模様が人々を魅了してきた．また，綿布の染織はインドを代表する手工芸である．東アジアでは多彩色の絹織物に対して，麻は生成色のままか藍染めの，綿は藍やタンニン系の植物色素で染めた布がつくられたため，総じて控えめな存在である．しかし，ヨーロッパの亜麻を素材とするリネンが高級な白い布としての地位を獲得してきたように，日本と周辺のアジア諸国では大麻や苧麻の糸を績み，布に織る手仕事が女性たちの間で伝えられたこともまた誇らしい事実である．

［東村純子］

住居と道具——植物と人の暮らし

　私たち人類にとって衣食住は基本的な文化要素であるが，その素材として植物資源が欠かせない．衣や食では動物の毛皮や動物の肉の存在を無視することはできないが，住の素材においては極北のツンドラにおける海岸部を除いて，圧倒的に植物の比重が大きい．また，人類の利用する道具においても石器や鉄器の斧の柄のみならず，弓矢，矢，矢筒，掘り棒，運搬用ネットなど多様な道具を発達させてきたが，それらの素材はすべて植物であった．ここでは，人類によってつくられた住居と道具に焦点を当てて，植物と密接に結びついた人々の暮らし方について紹介する[1]．

●**住居の民族誌**　人類は，古今東西において人が居住する住居を不可欠なものとみなしてきた．人類に近縁の同じヒト科のチンパンジーやゴリラにおいては，草を集めてベッドのようなものをつくることがあるが，自ら住居をつくることはない．つまり住居は，その大きさや形は地域や民族によって異なるとはいえ，人類に特有な文化であるといってよいであろう．それでは，人類の生活様式の違いに応じて，住居の形態や役割はどのように変わるのであろうか．

　まず，狩猟採集民の事例を紹介する．世界の狩猟採集民をみわたすと，その使用量の違いはあるものの，北から南に至るまで植物を素材として利用しない家屋はないであろう．極北に暮らすイヌイット（エスキモー）やチュクチの人々では，ツンドラ植生に暮らすために家屋の周囲に樹木はほとんどみられないが，南に隣接するタイガ（針葉樹林の森林）の樹木を運んできて建築材にすることがしばしばみられる．チュクチの典型的な家はドーム型であるが，その軸になるのは地元で採取できる樹木である．屋根は，トナカイから得られた数十枚の毛皮でおおわれることになる．

　その一方で，熱帯の狩猟採集民の場合には，家屋の素材のほとんどが身近に自生する植物から構成される．アフリカ中部のピグミーの場合には，その多くは熱帯雨林の中で暮らすので，現在でも植物資源は豊かである．彼らは，女性の仕事として，ドーム型の家屋をつくることで知られている．カラハリ砂漠のサン（ブッシュマン）の場合も同様で，伝統的にはドーム型の家屋をつくってきたが，季節によってそのつくりは異なる．乾季の場合には，降雨は期待できないので，家屋に屋根はなく風を遮るための囲いをつく

図1　アマゾン川流域の家屋

る程度である．しかし，雨季になるといつ降雨があってもよいように，細木でドーム状をつくり，その上をイネ科の植物でおおうことになる．

次に，牧畜民の場合は，上述した狩猟採集民と同様に，簡単なドーム型の住居をつくる．アフリカ北東部に暮らすソマリの場合には，移動に便利な家屋がつくられる．ドーム型の骨格をつくる細木，屋根となる正方形の草細工など，いずれもが移動とともに運ばれるのが普通である．また農耕民の場合として，日本の伝統的家屋を代表する五箇山と白川郷の合掌造りをとりあげよう．現在，両者ともユネスコの世界文化遺産に指定されている．これらの民家は，かつて室内で養蚕の仕事に従事していたために3階の建物から構成されていた．現在でも，屋根のカヤ吹きには多くの人々が必要である．現在の白川郷の場合，カヤは村の近くにはないので，富士山麓から運ばれている．

以上のように，住居の形態は，生活様式の違いに応じて異なっているとまとめられる一方で，住居の素材として植物は欠かせないことがわかる．

●**道具の民族誌**　チンパンジーはシロアリを採る際に道具を利用することが知られているように，道具を使用するのは人間だけではない．その一方で，私たち人類ホモ・サピエンスは，アフリカ大陸で誕生して地球上に拡散していき，多様な自然環境においてさまざまな道具を発達させてきた．当時，人類の生活の基盤は狩猟採集漁撈であったといわれる．人類は，石器や鉄器のみならず，冒頭で言及したように，弓矢，矢，矢筒，掘り棒，運搬用ネットなど多様な道具を発達させてきたが，石や鉄を除いてそれらの素材は植物が中心であった．人類は，草本，樹木，根菜などの地下から地上に至るまで，多様な環境に生息する植物を利用してきた．

狩猟の道具の事例の変遷をみてみよう．人類は，もともと槍を利用してきたが，ある時期から弓矢や罠，一部の地域では吹き矢が生まれた．槍を除いて，いずれもが植物素材からつくられている．数年前に，筆者は，南米のアマゾンのある村で吹き矢の筒のなかを掃除している男性に出会った．その吹き矢はヤシ科の樹木からつくられていた．彼らは，その道具を使って獲物，特に新世界ザルを捕獲する．その際には植物製のダーツが必要である．ダーツの先には，植物から得られた毒が塗られている．このように，吹き矢は森林環境によく適応した道具である．

●**植物・人関係の再考**　現代社会では，近代文明が地球上に広まり，家屋も道具もまた植物のような自然素材のみでつくられることは少なくなっている．自然以外にも，人工的な板や家屋がつくられている．これらがあるおかげで，将来における人口増加に伴い家屋が増えたとしても，自然を破壊することにはならないであろう．しかし，これらの都市が，本当に人類にとって住みやすい街なのだろうか．人類の幸せについての疑問を投げかけている．　　　　　　　　　　［池谷和信］

📖 **参考文献**
[1]　内海泰弘，「九州山地の植物利用」『日本列島の野生生物と人』池谷和信編，世界思想社，2010

絵画とデザイン——植物と人の暮らし

描かれた植物が何であるかがわかる写実的な絵画は薬草を描くことから始まった. 薬草を病気に利用することは人類の歴史のごく初期から行われていったと考えられている. そのことを裏付ける確実な資料は, 紀元前 1550 年頃にエジプトでつくられたパピルス文書である. 約 700 種類の薬草が記録され, 病状に応じてそれらを処方していたと想像される. だが, 薬草にはミント類のように, 形が類似していても含有成分が違い, 薬効も異なるばかりか, 時には有毒のものさえあった. このような近似の類似種の区別に図解が役立つと理解されるようになったと想像される.

ヨーロッパでは, 紀元 1 世紀に P. ディオスクリデス（P. Dioskurides）の『マテリア・メディカ（薬物誌）』が著された. その最も古い年代の写本, 「ウィーン写本」（512-520 年間に作成）には 400 点を超す写実性に富む植物図が付帯されている. 『マテリア・メディカ』の原本は失われてしまい, 原書に付図があったかは不明だが, 「ウィーン写本」の薬草図は植物画として最古の 1 つで, 図の多くは描かれた植物を種のレベルで同定しうる高い写実性を供えている（図1）. 精度の高い描写は, 医師が野外で必要な薬草を類似種から区別して採取するのに役立った.

日本では, 江戸時代の琳派に代表されるように, 屏風や襖, 着物などの装飾に写実性の高い植物画像が重要なモチーフとして利用された.

●ボタニカルアート　ヨーロッパでは 16 世紀以降, 王侯貴族の間で植物を観賞する趣味が盛んになり, ヨーロッパ外の地域から多数の植物が移送されてきた. 自邸で栽培した植物を描いて残すことや, 栽培した植物の記念アルバムなどとして多くの図譜が誕生した. 植物を描く技術も次第に向上し, 18 世紀には花を中心にして, それぞれの種の特徴を余すところなく表出し

図 1　ホオズキ：ディオスクリデス『薬物誌』ウィーン写本より［出典：Blunt, W. & Stearn, W. T., *The art of botanical illustration*, 1994］

図2 ルドゥーテ［出典：シャルル・レジエ『バラの画家ルドゥーテ』髙橋達明訳，八坂書房，2005］

図3 オウシュウカラマツ(Larix decidua)：フェルディナンド・バウアー画［出典：Mabberley, D., *Ferdinand Bauer: The nature of discovery*, Merrell Publishers, 1999］

た，後にボタニカルアートと呼ばれる絵画が登場した．ボタニカルアートの発展には，C. リンネ（C. Linnaeus）やA. P. ド・カンドル（A. P. de Candolle），J. D. フッカー（J. D. Hooker）などの分類学者が協同し，そのリアリティーを高めた．この時代を代表する画家に，C. オーブリエ（C. Aubriet），G. D. エーレット（G. D. Ehret），P. J. ルドゥーテ（P. J. Redouté）（図2），F. A. バウアー（F. A. Bauer）とF. L. バウアー（F. L. Bauer）（図3）がいて，ボタニカルアートの黄金時代を築いた．

その後ボタニカルアートは世界の文明国に広がり，日本にも多数の画家と愛好者が誕生し，また数多くの展示会が開催されている．『カーティス・ボタニカル・マガジン』は，ボタニカルアートの掲載を旨とした雑誌で，1787年に創刊され紆余曲折を経て，現在はイギリスのキュー王立植物園が編集し，刊行している．

冬など鉢ものや生花を得にくい季節がある国や地方などでは，それらに替わり花や植物をモチーフにデザインされたカーテンやベッドカバーなどで室内を飾り，食器などの什器の装飾にも花柄が愛用された．流行の拡大に伴い，W. モリス（W. Morris）などのデザイナーが登場した．このような暮らしからみえてくるのは，香水，衣服，室内装飾などの文化の範となっているのは植物であり，私たちは植物のもつ属性の一部を模倣しているとさえいえよう． ［大場秀章］

文学・音楽——植物と人の暮らし

　絵画や彫刻と同様，文学や音楽の世界にも植物はその姿を見せる．しかし絵画や彫刻のような視覚に訴える芸術分野と異なり，文学や音楽の場合は，直接的に視覚で植物を表現できないという大きな違いがある．音楽においても文学においても，植物は言葉を通してのみ扱われる．そのため，対象となる種類には大きな制約が生じる．以下，日本の文学をその典型例として扱おう．

●**作品における植物**　そもそも作品における植物の姿は，えてして作者の知識体系や心象風景に依存して大きく変形しがちだ．またその作中における植物は単なる点景ではなく，雰囲気，情景，季節あるいは何らかの情念など，何かを示す象徴として使われているのが通例である．

　となると，作者の意図する抽象的なイメージが受容者にその意図どおりに伝わるかどうかの成否は，作者と受容者が同一の文化背景をもつか否かに大きく依存する．しかし必需品ならぬ趣味的な存在は，なかなか人々の間で広く認識を共有されがたいものだ．日本酒に関する趣味的な知識は，日本酒愛好家の間でこそ共有されるが，飲酒をタブーとする民族にとってはまったく無縁であろう．チェロしかり，柔術しかり…．季節，気候，風土などに大きく影響を受ける植物も，多文化にまたがって理解を共有されるのが難しい存在である．

　日本の文学も最初，サロンのような小規模コミュニティを対象としていたはずである．その頃は冒険的な取り組みもなされただろう．しかしやがてそれが拡大し，商業化と共に大規模コミュニティを相手とするものへと性格を変えてくると，まず，マイナーな素材が扱われなくなる．代わりに日本であれば梅，桜，松，竹，こういった，誰にでもイメージできる素材ばかりとなっていく．加えて，約束事に基づく扱いが先行し，実際のありかたとは実態がかけ離れていくのである．

　その典型例は，先行して受容者のコミュニティが大規模化した俳句や和歌の世界にみることができる．特に俳句においては，日本全国の広い職種にまたがって受容され，そこで季語という体系が永いこと受け継がれてきた結果，実際の季節感とは異なる，独自の季節の約束事がいくつも生まれた．例えば夏の初めに熟す桑の実は，歳時記上は5月の季語，春に咲く虞美人草（ヒナゲシ）は8月の季語である．こうした齟齬は江戸時代に早くも顕在化していた．今から200年も昔においてすでに，上田秋成（1734（享保19）-1809（文化6））が「なべての文人は水草花の見しらぬ，鳥虫の音のかれは何とおもふのみにて，其とき過して思ふことなし．よく云ば文にほこるか」と批判したのも，そうした点についてであった．

　しかしある意味で，これが文化というものの本質的な性質であろう．「約束事」

が実際の事物とは独立のものとして作品世界に定着してはじめて，その対象物は文学の世界に生き残る．そうでない限り，文学の世界からは排除されていく．これは，日本の散文学におけるヤマユリの受容の歴史に明らかにみることができる．

●**ヤマユリの姿**　ヤマユリは日本にもともと自生の，きわめて身近な存在であるが，明治期に小説という形式が生まれるまでは，文学の世界にはほぼ登場する機会を得られない存在であった．たまたま明治期にキリスト教の考え方が紹介されるにいたり，キリスト教の聖母マリアの象徴としての白百合を作品に登場させる必要性が高まったことから，身近なヤマユリがその代わりとされた．これが，その文学界への登場の契機であった．その典型例は徳冨蘆花の作品に多くみられる．この後しばらくの間，白い地色とはいえ実際には黄色い筋と赤褐色の斑点をもつヤマユリは，あくまで白い百合としての扱いを強いられ，また香りですらも清純であることが求められた．その時期は尾崎紅葉，泉鏡花，夏目漱石，横光利一とかなり長く続いたが，やがて時代が変化して，聖母マリアのイメージが共有されがたくなってくると，ヤマユリはようやくその本来の姿を，ありのままに作中に現すようになった．これが三島由紀夫の段階である．しかしヤマユリのような，知名度のそれほど高くない植物にとっては，この変化は危ういあり方であった．植物が何か抽象的なシンボルである限りは，そのシンボルを共有するコミュニティの間で安泰に居られるが，地の，本当の姿として登場するようになると，その実物を知っているコミュニティの間でしか，理解が及ばなくなってしまうからである．

　三島由紀夫は「もし私が『舞良戸』とだけ書いたとしても，ただちにそのなにものであるかを知り，そのイメージを思い描くことのできる読者こそ，『私の読者』であり，…(中略)…芸術的必然を直感することのできる幸福な読者である」と記した人物であった（『小説とは何か』第5章）．それだからこそ必要とあれば，マイナーな素材もあえて扱ったのだろう．コミュニティの側に合わせて素材を選ぶのではなく，作者の側で読者コミュニティをリードするくらいのつもりであったのだと思う．実際，彼の作品には同時代の他の作家に比してかなり多くの，珍しい植物も登場する．

　しかしこうしたやり方は三島が最後であった．今日の，世界的な売れ行きをも目指すような潮流の中では，読者ターゲットは，国境，気候，宗教の違いや人生観も超えて広がらねばならない．そうした場合は三島式のやり方には無理がある．実際，世界的に知名度の高い村上春樹の作品には，私の知る限り，おやっと思うような特徴ある植物は姿を現したことがない．　　　　　　　　　　［塚谷裕一］

📖 **参考文献**

[1] 塚谷裕一『日本の近代文学における山百合の「発見」，受容と衰退』文化資源学，12：9-15, 2014

種子ストックセンター

　動物にはない植物の大きな特長は，長期間貯蔵可能な種子が実ることである．このため農耕以前より人類は種子を貯蔵し食料の不足に備えてきた．その後農耕が開始されると翌年の耕作に備えるためにも種子の貯蔵が必要不可欠となる．ほとんどの村人が縦穴式住居に住んでいた弥生時代に高床式の倉庫がつくられていたことは，集落にとって種子の貯蔵がいかに大切であったかを物語っている．

　時代がくだり，異なる品種を交配して積極的に新品種の作出が行われるようになると，性質が異なる多くの系統の作物種子を保存することが重要になる．そこで各国に種子ストックセンターが設立され，積極的な収集と保存を行うようになった．我が国でも1985年に農林水産省ジーンバンク事業が発足し，2001年からは農業生物資源ジーンバンク事業として農業生物資源研究所（2016年4月より農業・食品産業技術総合研究機構）を中心とした作物種子の保存体制が整備されている．遺伝資源にかかわる原産国の権利主張が強まる中で，国内の作物種子の利活用に加え海外での遺伝資源の探索や導入におけるジーンバンク事業の役割はますます高まっており，2015年春には農業生物資源研究所に種子保管庫が増備されている．

●**実験植物の種子ストックセンター**　作物以外の植物は植物園や薬草園に集められ保存がはかられてきた．日本においても国立科学博物館の筑波実験植物園や医薬基盤研究所の薬用植物資源研究センターなど多くの施設が設けられている．ところが20世紀後半にゲノム科学が急速に発展すると，それまで全く注目されていなかった実験用の植物（実験植物）が研究に不可欠な遺伝資源として脚光を浴びるようになる．中でも代表的な実験植物であるシロイヌナズナ（*Arabidopsis thaliana*）の場合，ゲノムの機能を実験的に証明するため網羅的な変異体の集団が各国で作成された．この膨大なストックの滅失を防ぎつつ円滑な利用をはかるため，各国政府の支援により日米欧の3個所にシロイヌナズナ種子のストックセンターが設けられ，網羅的な変異体集団以外にも野生の系統や野生系統同士を交配した系統，さらには遺伝子組換え技術により遺伝子の機能を改変した系統などさまざまな種子を収集，増殖，保存し，研究者の求めに応じて提供している．その総数は1センターあたり数十万

図1　取り違い防止のためバーコード管理されたシロイヌナズナ種子

系統にのぼり，年間に数千〜数万系統を世界各地の研究者に配布している．ちなみに我が国では2001年に理化学研究所にバイオリソースセンターが設立され，実験動物（マウス）とともに実験植物（シロイヌナズナ）の保存がはかられている．

実験植物の種子ストックセンターが果たすもう1つの役割は種子の円滑な流通である．例えば生物多様性条約カルタヘナ議定書は遺伝子組換え生物を取り扱う際のルールを定めているが，実験植物の種子ストックセンターが保有する系統の多くは遺伝子組換え生物に該当し，ルールで定められた方法により種子の運搬を行わなければならない．また多くの研究機関は種子などの研究成果物を機関の財産とみなしており，種子を第三者に譲渡する際には決められた手続きに従う必要がある．一方で研究成果の再現性を確保するため，論文著者は研究に使用した生物材料を求めに応じて第三者に提供する義務があるが，多くの研究者にとってルールを遵守しつつ速やかに求めに応じることは容易ではない．個々の研究者になりかわり種子の配布を行うストックセンターは，研究者の負担軽減にも必要不可欠な存在である．

●**種子ストックセンターの展望と課題**　グローバル化された世界の中で，ストックセンターの役割も大きく変化しつつある．基礎，応用の両面で遺伝資源の重要性が高まる中で莫大な数の遺伝資源が作成・整備されており，単独のセンターが全世界の遺伝資源を集約して管理することは物理的にも資金的にも不可能である．その一方で生命科学の研究成果を産業利用に結びつけようとする傾向が強まり，遺伝資源を国や機関の重要な財産として捉え，第三者の利活用に対する制限を設ける傾向が国際的に強まっている．科学の発展により人間社会が抱えるさまざまな問題の解決をはかる立場から，国際間の競争をふまえつつ研究材料の流通を円滑化することはきわめて重要であり，種子ストックセンターの大きな課題といえよう．

研究の発展に伴いその成果物である遺伝資源も高度化している．近年急速な進展をみせるゲノム編集技術はその好例であり，社会的なルールづくりが研究の発展に追いつけないほどである．種子ストックセンターにも早晩ゲノム編集技術により作出された種子の寄託が予想され，受け入れ体制の整備が急務となっている．また塩基配列の解読に使用するシークエンサーの能力が急速に向上しており，種子ストックセンターが保有する遺伝資源の付加情報として，全ゲノム塩基配列の解読が要望されている．そして全ゲノム塩基配列などの付加情報が追加されればリソースの利用価値も高まることが期待されるが，一方で種子ストックセンターにはより厳格な品質管理を行うことが求められる．このような状況から実験植物を担当するセンターは，国際的な研究動向をふまえつつ将来に備えた技術開発や試験を行う機動性が必要であり，人材の育成と技術力の向上に対する国の投資が望まれている．

［小林正智］

絶滅と保全

およそ36億年前の地球上に生命が誕生して以来，多くの分類群が比較的短期間に消失する「大量絶滅」は少なくとも5回生じたといわれている．そして現代は，過去における平均的な絶滅速度の100倍から1000倍で生物種の絶滅が進行していると考えられており，第6回目の大量絶滅時代であることが指摘されている．過去の大量絶滅が，大陸移動，火山活動，小惑星の衝突といった非生物的要因によって引き起こされたのに対し，現代進行している大量絶滅は，ヒトという1種の生物の活動が主要な要因になって生じているという点で特異である．

野生生物の絶滅は，その恩恵を直接的・間接的に受けている人間社会の持続可能性にも強く影響する．そのため，野生生物の状態の把握，絶滅の危機をもたらしている要因の解明，保全のための実践やそれをサポートする社会制度の整備が進められている．

●**危機の把握**　「絶滅」は個体数が0になることを意味し，特定の個体群や地域にも，種全体にも用いる．特定の地域あるいは全球規模において，将来的に絶滅する可能性が高い分類群，すなわち絶滅危惧種を列挙したリストをレッドリスト，掲載種の現状や危機の要因についての解説を付けた文献をレッドデータブックという．地球全体のレッドリストはIUCN（International Union for Conservation of Nature：国際自然保護連合）がインターネットで公表しており，日本全体は環境省が，都道府県や市町村はそれぞれの自治体が作成し，公表している（「レッドデータブック」参照）．

レッドリストでは，絶滅危惧Ⅰ類，絶滅危惧Ⅱ類，準絶滅危惧というように，危機の程度に応じたランキングがなされている．それぞれの種がどのランクに該当するかを判断する方法には複数あり，日本の維管束植物のレッドリストの作成には，数値シミュレーションによる定量的な絶滅リスク評価が活用されている．この評価では，日本列島全体を4400個の区画（メッシュ）に分け，それぞれのメッシュにおける評価対象種の個体数と過去5年間の個体数変化率のデータを，全国の調査員の協力により取得し，モンテカルロシミュレーションにより100年後の絶滅確率が予測される．それを基礎資料として，対象種の現状をよく知るエキスパートの意見も加味してランキングが行われている．絶滅リスク評価に基づく判定は客観性の高い優れた方法である．これが実現できているのは，各地域の野生植物の現状に詳しい調査員（アマチュア研究者が多い）の努力と，専門家との連携によるものであり，世界に誇れるリストといえるだろう．

日本の植物のレッドリストは原則として5年おきに更新されている．2012年

版のレッドリストには，日本の野生植物の約25%に相当する1779種が，絶滅危惧種（I類・II類）あるいは準絶滅危惧種にあげられている．

●**植物の絶滅要因**　野生植物に絶滅の危機をもたらしている要因は複数あり，またたいてい複合的である．主要な要因としては，園芸などの目的のための過剰採取，森林伐採や河川・湖沼・湿地・海岸などでの開発などの生育地の直接的改変，侵略的外来種による競争排除といった，人間活動による直接的・間接的な自然への過干渉がまずあげられる．また，草原での刈取りや火入れ，雑木林での伐採や下草刈りといった人為攪乱の停止・減少による植生遷移の進行は，草原性の草本植物などの攪乱依存種の減少を招いており，これは過干渉とは逆に，人間による利用の減少がもたらした危機といえる．さらに近年では，シカなどの野生草食動物の増加が野生植物の存続を脅かしている．これも，中山間地での人口減少や放棄農地の増加など，人間活動の変化に起因する部分が大きいと考えられている．火山の噴火や津波などの自然現象が種の絶滅要因となっている例は特定の地域個体群を除けばきわめてまれで，ほぼすべての原因が人間活動と関係している．

●**種と個体群の保全**　野生植物の保全では，野生個体群の現状と絶滅の危機をもたらしている要因を詳細な現地調査によって明らかにし，その要因を1つずつ取り除き，生育環境を改善する取り組み，すなわち生育域内保全が原則である．野生個体群の現状把握では，個体数の調査だけでなく，生活史のどの段階に問題が生じているかを明らかにする個体群統計学的研究が重要である．さらに，個体群の遺伝的多様性の評価も，保全にとって重要な知見をもたらす．個体群サイズの急激な縮小や送粉者の減少などにより自殖や近親交配が進むと，近交弱勢により個体群のさらなる衰退が進行する可能性があるからである．

　生育域内保全の目標は，個体群サイズを長期的に存続ができるレベルにまで回復させることである．個体群の将来は，対象種の生活史特性，遺伝的荷重の程度，予測される環境変動の程度などに基づくシミュレーション，すなわち個体群存続可能性分析によって予測される．

　生育地における保全を進めても，想定外の天変地異などの要因で個体群が絶滅する可能性がある．そのため，個体群数や個体数が著しく少ない種は，植物園などの人工的な環境下での系統維持，すなわち生育域外保全を，生育域内保全と並行して進めることが有効である．施設内で種子を保存する種子銀行の事業も，生育域外保全の1つと位置づけられる．　　　　　　　　　　　　　　　　［西廣　淳］

📖 **参考文献**
[1] Millennium Ecosystem Assessment編『生態系サービスと人類の将来—国連ミレニアムエコシステム評価』横浜国立大学21世紀COE翻訳委員会訳，オーム社，2007
[2] 松田裕之『生態リスク学入門—予防的順応的管理』共立出版，2008
[3] 環境省自然環境局野生生物課希少種保全推進室『レッドデータブック2014—日本の絶滅のおそれのある野生生物 8 植物I(維管束植物)』ぎょうせい，2015

地球環境変化・社会

　人間社会の持続可能性を考えるうえで，地球環境の変化とその影響は不可避の課題である．地球規模で起こる環境問題は，人口増加とエネルギー消費の増加を背景として，成層圏オゾン層の破壊，地球温暖化，森林破壊に伴う生物多様性の喪失など，時代とともに変わりつつも深刻さの度合いを増している（図1）．これら地球環境変化の防止は，単に原因となる産業活動に対策を施すだけでなく，社会全体のあり方にまで踏み込んで議論が行われている．

●**国際的な枠組み**　地球温暖化に関しては，科学と社会の両面で対応が進められてきた．気候変動のメカニズムを解明し，将来予測を行う科学的な側面では「気候変動に関する政府間パネル（IPCC）」が主導的な立場にある．IPCCは1988年に国際連合の関係機関を中心として設立され，世界から多数の研究者による最新の科学的知見をまとめた報告書を作成している．これまで5回刊行された報告書では，温室効果ガスの放出と循環，気候システムの変化，産業や生態系への影響，そして緩和策や適応策が取り上げられており，各国の温暖化政策の裏付けとなる

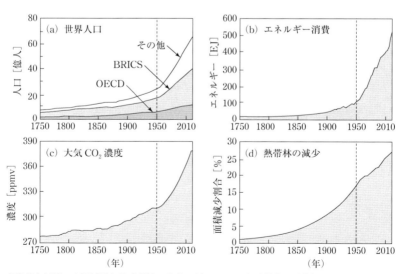

図1　産業革命以降の人間活動と地球環境の変化：(a) OECDは経済協力開発機構に属する先進国，BRICSはブラジル・ロシア・インド・中国・南アフリカの中進国，(b) エネルギーの単位EJは10^{18}J（参考：地球に入射する太陽エネルギーは年間約$5.5×10^{24}$J），(d) 熱帯林の減少は，原生林のうち森林破壊で失われた割合を示す［出典：IGBP報告書などより改変］

科学的知見を提供している．一方，温暖化抑制に関しては，国際連合による「気候変動枠組条約（UNFCCC）」が重要な役割を果たしており，1997年に日本で開催された第3回締約国会議において京都議定書が採択された．そこでは主要先進国からの温室効果ガス排出量を，第一約束期間（2008〜12）中に1990年比で5%削減するという目標が掲げられた．日本をはじめ多くの国で京都議定書の削減目標は達成されたが，CO_2排出量が多いアメリカや中国が入っていないなど実効性の面では問題があった．また，ポスト京都議定書に向けた取り組みは，発展途上国はじめ経済成長を優先したい国々と，温暖化対策を重視する国々とで意見の相違があり交渉が難航したが，2015年12月の第21回締約国会議でパリ合意が採決された．

●**気候変動の予測**　IPCCで示される将来の温暖化予測は，各国の研究機関による最新の気候モデルを用いたシミュレーションに基づいている．そこで用いられる数値モデルは著しい発展を遂げており，大気の力学的運動だけでなく，陸域や海洋の生態系がもたらす各種のフィードバック効果も考慮されている．近年の重要な進展として，植物や土壌微生物によるCO_2の吸収・放出の変化に伴う炭素循環フィードバックの導入があげられるが，残された予測誤差はなお大きく，現在も研究が続けられている．

●**気候変動を防止する対策**　地球温暖化への対策は，化石燃料消費や森林破壊に伴う温室効果ガス排出を削減することが基本である．現在よく掲げられる目標は「産業革命前と比べた温度上昇の幅を2℃未満に抑える」というものである．しかし，多くの社会経済的制約により，排出削減のみで温暖化を抑止することはすでに困難と考えられており，さまざまな補助的対策が提案されている．京都議定書の段階でも，植林地や管理活動を行った森林へのCO_2吸収を排出削減の勘定に入れる森林吸収源などが取り入れられていた．上記の温暖化を2℃未満に抑える目標を達成するには，さらに踏み込んだ対策が必要とされる．それには風力や太陽光など代替エネルギーへの大規模な転換だけでなく，バイオ燃料を増産して大気CO_2を固定し，その一部を地中に隔離するといった提案も含まれている．また，森林の破壊と劣化によるCO_2放出を防止するための新たなメカニズム（REDD）に関する検討も進められている．温暖化対策には，さまざまな形で植物の能力や性質が関係している点には注目すべきである．

●**持続的な社会に向けて**　将来の地球環境を見越した社会のあり方を考える場合，「低炭素社会」と「自然共生社会」が大きなキーワードとなる．前者は主に気候変動を緩和しその影響に適応していく社会を目指しており，後者は生物多様性を保全して持続的な生態系サービスを得ていく社会を目標としている．この2つの社会像は，部分的には競合する要素もあるが，両者を調和させつつ達成することは可能と考えられており，そのための研究や議論が進められている．　［伊藤昭彦］

知的財産権と種苗法

「知的財産権」は「知的所有権」とも称され，動産や不動産といった有体物に対する所有権とは異なり，無体物に対する財産権をいう．「知的財産」は知的財産権より広義の概念である．「知的財産基本法」では次のように定められている．
　第2条　この法律で「知的財産」とは，発明，考案，植物の新品種，意匠，著作物その他の人間の創造的活動により生み出されるもの（発見又は解明がされた自然の法則又は現象であって，産業上の利用可能性があるものを含む），商標，商号その他事業活動に用いられる商品又は役務を表示するもの及び営業秘密その他の事業活動に有用な技術上又は営業上の情報をいう．
　2　この法律で「知的財産権」とは，特許権，実用新案権，育成者権，意匠権，著作権，商標権その他の知的財産に関して法令により定められた権利又は法律上保護される利益に係る権利をいう．

例えば，「特許権」は特許権者に発明を実施する権利を与え，発明の保護と利用を図り，発明を奨励し産業が発達することを目的としている．発明は「自然法則を利用した技術的思想の創作のうち高度のもの」と定義され，単なる発見は発明に該当しない．

●**種苗法**　種苗は農業生産に不可欠な資材であり，環境に適応し栽培が容易で生産性が高く，品質に優れ，需要に見合う品種が常に求められ，育種が続けられている．しかし，育種には専門的な知識，技術，労力，費用，そして年月が必要で，成果が得られるという保証もなく，いったん種苗が公開されると他者が増殖可能な場合も多い．発明に対する特許のように，新品種育成の振興のため育成者の知的財産権を保護する目的で1978年に「種苗法」が制定された．

種苗法の対象は「農林水産植物」，つまり栽培されるすべての植物である．種苗法と特許法には共通点が多いが，種苗法は保護の対象が種苗であり，植物自体で判断する現物主義に特徴がある．また，枝変わり（芽条突然変異）や自然交雑実生などの発見も種苗法では保護の対象になりうる．育成者（あるいは承継者）は創作した植物の新品種を，願書，説明書，写真などを付して農林水産大臣に出願し，「区別性」「均一性」「安定性」などの審査を経て登録される．

区別性は「品種登録出願前に日本国内又は外国において公然知られた他の品種と特性の全部又は一部によって明確に区別されること」で特許の新規性に対応するが，進歩性は求められない．均一性は「同一の繁殖の段階に属する植物体のすべてが特性の全部において十分に類似していること」で，出願後に「種苗管理センター」が栽培試験を行い確認する．安定性は「繰り返し繁殖させた後において

も特性の全部が変化しないこと」と規定される．交雑品種（F_1 品種）は毎回供給される種苗の特性が変化しなければよい．これらの要件は品種の特性を期待して栽培した農家が不利益を被らないためである．また，品種の名称が品種の識別に混同が生じないような「名称要件」，品種登録出願の日から1年（外国において4年；特定の永年性植物は6年）さかのぼった日より前に業として譲渡されていた場合には登録を受けることができないという「未譲渡性」が求められる．

●**育成者権** 品種登録されると育成者権が与えられ，登録日から25年間（永年性植物は30年間），当該品種の業としての利用を独占できる．登録料の納付が必要で，怠ると登録が抹消され再登録はできない．育成者権を有する者（育成者権者）は無断利用者に対して，差止め，損害賠償，信用回復の措置の請求などを行うことができる．故意に育成者権を侵害する者は，10年以下の懲役もしくは1000万円以下（法人に対しては3億円以下）の罰金（併科あり）という刑事罰の対象となりうる．農家が農業生産に登録品種を利用するためには許諾料を支払って育成者権者の許諾を受ける．

なお，育種に使用するための登録品種の種苗の増殖，試験研究使用，育成者権者から正当に種苗を譲り受けた農業者などが次期作のために自家増殖を行うことなどは一定の条件のもとで認められる．登録品種の育成方法の特許権者がその特許を使用して登録品種の種苗を生産する場合にも育成者権は及ばない．育成者権者などの意思に基づいて登録品種などの種苗，収穫物または加工品が譲渡された場合，育成者権は消尽する（一部例外あり）．育成者権は，変異体の選抜，戻し交配，遺伝子組換え，細胞融合などにより原登録品種からごくわずかな特性のみ変化させて育成された「従属品種」や，「交雑品種」にも及ぶ．また，種苗を用いて得られる収穫物から直接に生産される加工品にも権利が及ぶ場合がある．

種苗法は国内法であり，他の国には及ばないため，無断であるいは違法に持ち出された種苗が海外で栽培・生産され我が国に輸入されるという育成権侵害事案が近年問題になっている．国際的には，育成者権に関する「植物の新品種の保護に関する国際条約」（UPOV 条約）がある．本条約は1961年に採択，1968年に発効し，1972年の追加議定書による改正の後，1978年，1991年に大きく改正された．加盟各国は条約に対応し品種登録制度を策定している．保護対象植物は1978年条約では限定的だったが，1991年条約では全植物に拡大され，未譲渡要件が緩められ，育成者権の及ぶ範囲が一部変更され，育成者権の基本的存続期間が15年（永年性植物は18年）から20年（同25年）に拡大された．我が国は1982年に1978年条約に加盟し，1998年に種苗法を全面的に改訂して1991年条約に対応した．本条約加盟国間であれば相手国においても種苗の育成者権は保護される．海外への種苗の移転においては相手国が加盟国かどうか，1978年と1991年のいずれの条約に加盟しているかに注意が必要である． ［河瀨眞琴］

薬用植物

　薬用植物は人類の長い生活史において病気の治療および予防などに関する薬効が伝承されてきた植物であり，乾燥などの簡単な加工・保存して，いつでも使用できるようにした生薬を病の治療に利用していた．その薬物判定，品質保存管理などの生薬学的研究は医療において重要であった．近代科学の発展は，それらの多様な薬用植物からの多様な化学構造，薬理作用を有する薬効成分を単離して化学構造を明かにするとともに，化学構造と薬効，生体内での生理的作用機序などを解明し，有用な医薬品を多数，世に送り出すとともに，これらの多様な化学構造の情報をシード化合物として幾多の合成医薬品も創製してきた．このような背景より，広義の薬用植物としては医薬品製造原料となるもの，香辛料，嗜好品，香料，生活上使用される矢毒，魚毒，殺虫などの有毒植物（毒草）なども含んで取り扱われている．

●**公定書にみられる薬用植物**　明治維新前までは薬師（くすし）と呼ばれる和漢薬の専門家が医者（漢方医）として生薬を利用して病の治療をしていたが，明治時代に入り医師免許制度が導入されて西洋医術が中心となり，漢方医を志す医師であっても西洋医学を学ぶことが必須となった．1967年に医療用漢方製剤が保険診療に導入されることとなり，その原料生薬は医薬品の性状および品質の適正をはかるための規格基準書である日本薬局方に多数収載され，第十六改正日本薬局方では生薬161品目，粉末生薬55品目で，その生薬の大部分は植物由来である．使用量の多い生薬，カンゾウ，シャクヤク，ケイヒ，ブクリョウ，タイソウ，ハンゲ，ニンジン，トウキ，マオウなどが主として中国から多くが輸入されている．

　生薬には食品として扱われているものもある．例えば，ショウガは料理などに食品として用いられるが，乾燥した生薬はショウキョウとして薬局方収載の医薬品でもある．近年の健康食品に薬効の期待される薬草ハーブ，生薬などが積極的に配合されるようになり，医薬品と食品との区別が曖昧となってきたので行政上における医薬品と食品との区別をした食薬区分に関する通達が出されている．

●**医薬品製造原料としての薬用植物**　近代科学の発展により簡単な化学構造の医薬品は化学合成により医療現場に供給されるようになったが，現代医薬品の多くは伝承的に使われていた生薬中の有効成分またはその構造をアイデアとして開発されたものである．例えば，アヘンの鎮痛成分モルヒネ，キナの抗マラリア成分キニーネ，マオウの鎮咳成分エフェドリン，ジギタリスの強心成分ジギトキシン，解熱鎮痛薬として知られるアスピリンは伝承的に利用されていたセイヨウシロヤナギの有効成分サリシンがシード（種）化合物となって開発された．タイヘイヨ

ウイチイ樹皮より発見された抗がん成分タキソールはその含有量がきわめて低く，全合成的供給も困難であったが，セイヨウイチイの枝葉に比較的高含量で含有されるバッカチン（タキソールに類似した化学構造）より半合成することが可能となり，医療現場で利用可能となった．また，胃痛などの際によく配合されるアトロピンはベラドンナ，ヨウシュチョウセンアサガオ，ヒヨス，ハシリドコロなどナス科植物に広く含有されている．近縁植物に類似成分が含有されていることが多い事実より化学分類学的観点からの有効成分探索も利用されている．

●香辛料・嗜好品としての薬用植物　香辛料はスパイスともいわれ，食品の調味料として好ましい芳香や辛味をもつ植物で種子，果実，花蕾，葉，樹皮，根茎などを乾燥したもので日本では薬味とも称する．胡椒，山椒，蕃椒（とうがらし），生姜（ジンジャー），桂皮（シナモン），ウコン（ターメリック），わさびなど種類はきわめて多く，生薬的には芳香性，辛味性健胃薬として利用される．バジル，タイムなどの芳香性ハーブ類の精油成分は一般に抗菌・抗カビ作用を有するのでハム，ソーセージ，肉料理などで肉特有の臭い消し，保存剤として，またバラ，イランイランなどの花の香気精油は香水などに利用されている．嗜好品とは「栄養摂取を目的とせず，香味や刺激を得るための飲食物．茶・コーヒー・タバコ・酒の類」と広辞苑に書かれており，本来，「たしなむ」ことで健全な健康に役立てるものであるが，快楽を得，苦痛を回避するために，アヘン，大麻，チャットなどの麻薬類，違法ドラッグなど有害な植物の利用に注意しなければならない．

●有毒植物の注意・利用　有毒植物は食料としての価値がなく，特に毒性の強い物質を有する植物であるが，狩猟用矢毒，毒流し漁法，防虫などに利用もしてきた．その化学成分は多種・多様である．アウトドアでのトリカブト類，ハシリドコロ，ドクゼリ，毒キノコなどの事故ニュースを聞くことはあるが，身近な園芸種，ジギタリス，キョウチクトウ，フクジュソウ，スズラン，オモトなどの強心性毒，エンジェルトランペット，カロライナジャスミン，ヒガンバナ，スイセンなどのアルカロイド毒など気をつけたい植物が少なからずある．健康志向への高まりの中，身近な薬用植物の個人的な利用も多くなってきているが，薬草は作用が穏やかなものから毒草に相当するものまであり，判別，利用を間違えると大変なことになりかねない．中国最古の本草書「神農本草経」の上薬（君薬，身体を補益して生命を養う，無毒で長期間連用可），中薬（臣薬，性を養い病を防ぎ，精気，体力を強める，無毒と有毒があるので適当に配合して適宜に服用），下薬（佐使薬，病を治すもので有毒のものが多く，長期間連用不可，回復したら服用をやめる）の概念が重要である．上薬から下薬に向かって，薬物生理作用の強い生薬が配置されており，中・下薬（医薬品）のようなリスクのある薬草適用にあたっては，薬剤師，医師，薬草専門家が対応すべきである．　　　　　　〔竹谷孝一〕

嗜好品

　植物素材由来の加工品で，味覚，臭覚によって好もしく感受され，弱い向精神性の効果をもっており，人々の暮らしを豊かにするために，普及した多様な飲料や喫煙料，および香辛料・香味料で，スパイス類やハーブ類，香水や香・アロマ類なども含む．嗜好品という用語は森鷗外（1912）の小説に初出し，『広辞苑』によれば，「栄養摂取を目的とせず，香味や刺激を得るための飲食物，酒，茶，コーヒー，タバコの類」とあるが，歴史時代とともにその内容が変遷しており，広義には塩，砂糖や水も嗜好品に加えられる．嗜好品に含有される香辛味や刺激・弛緩の主成分は，エチルアルコール，アルカロイド，テルペン，硫黄化合物などである．

●**アルコール飲料**　穀粒を発酵させた酒には，オオムギのビール，ウィスキー，イネの日本酒，トウモロコシのバーボンなどがある．果実を用いた酒には，ブドウのワイン・ブランデー，リンゴのカルバドスなどがある．花茎・茎の抽出液を用いたヤシ酒，リュウゼツランのテキーラなどがある．酒は食事に添えて，食欲を増進し，会話を賑やかにし，祭事や慶弔の儀式にも用いられる．

●**非アルコール飲料**　葉を利用する茶，ハーブティー，種子を利用するコーヒー，チョコレート，コーラ，ガラーナなどがある．また，多様な果実を圧搾したジュースもある．茶，コーヒーおよびチョコレートにはカフェインが含まれている．

　茶は中国雲南地方に起源し，食べる茶および飲む茶として加工されていた．日本には平安時代の初め，中国から伝播し，その後，洗練された喫茶は茶道として芸術や精神修養にまで深められた．16世紀にはヨーロッパに伝播し，19

図1　(a) コーヒーの果実，(b) 果皮と種子，(c) 種皮剥離種子と焙煎コーヒー豆，(d) チョコレート店，(e) カカオ豆，(f) カカオの果実，(g) 茶畑

世紀にはイギリスがインドなどの植民地で茶園を開発して，茶は世界的な飲み物になった．

コーヒーはエチオピアの山地に自生し，砂漠旅行の携行食であったが，アラビア人によって7世紀に飲み物にされるようになり，9世紀末にはペルシャ人が焙煎して飲み始めた．17世紀になってヨーロッパに伝播した．イギリスのコーヒーハウスは人々の集まる議論の場を提供し，近代社会への変化を促進した．

チョコレートは果実から取り出したカカオ豆を発酵，乾燥させたものである．カカオは南アメリカのアマゾン河・オリノコ川周辺で自生している．カカオは飲み物のほかに，マヤ人によって儀式，貨幣，貢納品，薬などに用いられてきた．19世紀になって発明されたココアはカカオ豆の脂肪を脱脂した粉末で，溶けやすくしたものである．板チョコレートはすり潰したカカオ豆と砂糖にカカオバターを加えて，型に流し込んで固めたものである．

●喫煙　タバコはボリビア周辺で栽培化されて，7世紀にはマヤ人が葉巻やパイプをくゆらしていた．16世紀にスペインへ，日本にはポルトガル経由で伝播した．タバコは葉を燃やして煙を吸引するが，葉を噛み，その粉末を吸引する使用法もある．タバコの成分であるニコチンは依存性があり，度重なる禁止があっても，急速に世界中に伝播した．

●香辛料・香味料　料理を多様な香味でおいしくする香辛料やハーブ類は，花，果実，茎葉，根など，植物体の各部位が使用される．香辛料の多くは熱帯地域で自生し，16世紀以来，ヨーロッパ諸国の上流階級に珍重された．17世紀にはナツメグなどの香辛料を産するモルッカ諸島をめぐるスパイス戦争が繰り広げられ，大航海時代を促進した．例えば，コショウは東インド原産で，その果実にはピペリンとピペリジンが含まれる．チョウジはモルッカ・モーリシャスの原産で，4世紀には地中海地域に知られており，その主成分はユーゲノールである．ハーブ類は温帯産の草本植物が多く，ペパーミントの香りはメントールである．茎葉からつくった香料，花・茎葉でつくられたポプリ・匂い袋などは精神の鎮静作用などがあり，日常的にも香水，菓子や石鹸に添加して用いられている．酒やタバコの輸入には比較的高率の関税が課せられる．

●世界貿易　茶，コーヒー，カカオは大規模プランテーションで栽培することが多く，世界貿易の主要な生産物であり，収量と価格の変動が大きい．栽培農民は自家の食料生産ができず，嗜好品価格が暴落した場合には，食料を購入することも困難となり，不安定な暮らしを強いられる．今日では，小規模栽培者のために，フェアトレードの活動が進められてもいる．他に，マテ茶やカヴァ，またコカ，アヘンや大麻なども，本来は嗜好品であるが，後者は麻薬として法的に使用制限ないし禁止されている．

［木俣美樹男］

砂漠の緑化

モンスーンアジアに位置する日本では，年間1800 mm以上の降水量に恵まれるため，砂漠の緑化は深刻な話題ではない．しかし，毎年，偏西風に乗った黄砂が降りそそぎ，隣国での砂漠化の進行を実感する．黄土高原では過剰な開墾・放牧などにより，植生は破壊され土壌の流失が進み，北京近郊へも黄砂が侵入している．このような事態に備え，2000年に出版された雑誌Scienceの「21世紀の中国の森林政策」という記事は世界を驚かせた．その内容は，自国の森林の伐採を抑え，「退耕還林」政策：地域によるが傾斜23〜25度以上の農耕地を再植林，するという．この目的は進行する砂漠化を抑制し，持続的に森林資源を管理，利用することである（図1, 図2）．

●**土と緑化** 「退耕還林」政策の宣言から15年が経った．黒龍江省ハルビン周辺と北京から天津の道路から見える景色では，ポプラとマツ類による緑のベルトが延々と続く．しかし，2樹種だけの植林は病虫害などへの対策を検討しているのか，不安がよぎる．一方，水利用特性に注目すると，ポプラ雑種（*Populus alba*×*P. bero-linensis*）は通常の土壌条件ではイネと同じC_3型の光合成を営むが，塩類化条件ではトウモロコシなど高温乾燥地に優占するC_4型の光合成酵素の活性が同じく上昇する．その部位は，葉より緑の枝に顕著であった．仮に脱水などで葉が障害・落葉しても補償作用が存在すると考えられる．

ハルビンの塩類化土壌地で成功した緑化の例は，アルカリ性を中和する土壌改良を行った結果である．植え穴に主要作物のトウモロコシの堆肥を加え，植栽木の根元に盛り土を行って塩類の過剰集積を防ぐ手法である（図3）．我が国では，植栽木の周辺にドーナツ型の盛り土をして，雨水を利用する方法が採用されている．根元の盛り土は，その程度を考えないと根の呼吸が妨げられて枯死に至る．しかし，塩類化の生じる場所では，根元の盛り土が植栽の有効な対策であることがみつかった．

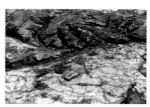

図1 陝西省楡林市上空から毛烏素沙地（砂漠）と黄土高原の境界 ［提供：福田健二］

図2 黄土高原の棚田地帯 ［提供：曲来葉］

図3 土壌改良によるポプラの植栽成功例と植栽方法（右上） ［提供：王文杰］

●水と緑化　作物だけではなく植栽木を育てるために灌漑は不可欠であろう．しかし，灌水の仕方を誤ると前述のように塩類を大量に含んだ地下水面が上昇する．表層の水分が蒸発して地表に塩類が残り，降水量の少ない場所では，結果として土地は劣化し荒廃地となる．皮肉なことに，緑化の過程で地表面からの十分な灌水を行ったために塩類を含む地下水と連結してしまい，毛細管現象のために塩類が地表に集積することがある．緑化どころか，これまで通常の農耕ができていた場所に塩類化土壌地が増えるような現象も生じている．雨季乾季の明瞭な場所に生育するヒユ科草本（$Suaeda\ salsa$）は食料・油料作物であるが，柔らかく半透明の種皮をもった種子と堅い種皮をもった種子の2種類の種子を生産する．厳しい水分環境に適応した塩性植物の多様な生存の仕方と考えられている．

　灌木ではあるが，窒素固定菌と共生する沙棘（サジー）は緑化だけでなく大量のビタミンCを含む果汁の利用への期待も大きい．適切な植物と植採方法の探索は続いている．このためには，自然を模倣する生態系移植が有効な手法の1つであろう．アメリカ・ユタ州での研究例を紹介しよう．降水量がきわめて少ない場所に点在する灌木ではその周辺に特異な植生が存在する．根系を調べた結果，灌木は地下3～4mと深くまで達して吸水し（揚水），放射冷却によって葉に溜まった水滴を葉の着いた場所（樹冠）の直下へ落としていた．樹冠下で生育する植物は水平方向に根を広げ，この水滴を利用し，灌木根元の塩類集積を防いで共存している．このような多種の共存機構は砂漠緑化の事例と考えることができる．

●風と緑化　砂漠地では風が地表を浸食する（風食）ため，石礫が存在する場所では，その周辺に緑地ができることがある．ニュージーランド北島のトンガリロ国立公園，ランギポ沙漠の例をみよう（図4）．風や水流で運ばれない大きさの石礫の影（風背部）では渦流（カルマン渦流）が生じ，そこに細砂が溜まる．そこへ集まった種子が発芽してやがて礫を覆うようにマウンド（盛り上がり）ができて植生が侵入する．この例にならった工法がマルチングである．人の頭くらいの石を置くストーンマルチ工法がアフリカで実施され，風食防止だけでなく，地温の上昇抑制，地表面からの蒸発の抑制，気温の日較差に伴う結露の促進によって植被回復につながる事例が報告されている．しかし，植被が回復すると放牧や燃材の確保のためにまた裸地へ戻る事例も多い．砂漠化の進行と緑化の根本的な原因として，そこに住んでいる人々の貧困および急激な人口増加などの社会・経済的な問題が背景にあることが深刻な問題である．　　　　　　　　［小池孝良］

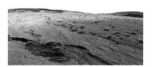

(a) 荒廃地に点在する緑地

(b) 石礫の影（風背部）に形成されたマウンド

図4　ニュージーランドの砂漠地帯［提供：丸谷知己］

都市緑化

　緑化とは長期的あるいは短期的に植生がなくなっている場所に計画的に植物の種子を播くか苗を植えて，育て，植生を維持することである．単なる植樹や植栽とは異なり，時間経過と管理を含んだ全体的なものを意味する．緑化の役割は後述するが，作物栽培とは違って収穫物による直接の経済的利益を目的としていない．土木工事などで一時的に失われた植生を回復させる「再緑化」や「砂漠緑化」（前項目）の場合には植栽すべき土壌が通常存在しているが，都市緑化の場合には資材としての土壌あるいは土壌相当物の導入から検討が必要な場合も多い．

●**都市緑化の範囲と目的・効用**　広い意味では都市緑地などの造園やランドスケープ形成なども都市緑化の一部と考えられている．室内緑化も都市緑化の1つとされているが，室内外でのガーデニングは歴史的にも意味的・目的的にも異なるので，本項目では都市緑化のうちの建物緑化と人工地盤緑化に絞って解説する．建物緑化は屋上緑化と壁面緑化に分けられる．緑化の対象となる人工地盤としては駐車場などの舗装された場所や斜面のコンクリート製擁護壁などがある．これら緑化の目的の第一として都市と建物の冷却があげられる．アスファルトとコンクリートには熱がたまりやすいため，エアコンの稼働や経済活動に伴う排熱と相まって都市域が非都市部よりも気温が高くなるヒートアイランド現象が都市の発展に伴って顕著となった．蓄熱性の低い土壌相当資材の導入と植栽した植物からの蒸散による気化熱で都市と建物の温度環境を改善できる．さらに冷房用電力とその電力をつくるための化石燃料の消費（CO_2の排出）を削減することにもつながる．建物緑化によって2℃の冷却ができれば室内環境改善に大きな貢献となる．このときの熱エネルギー遮断効果は緑化面積当たり$0.56\,\mathrm{kWh/m^2}$とされている．この数字と緑化面積，冷房期間，冷房電力効率から緑化による削減電力量が計算できる．また電力あたりのCO_2排出係数（$0.6\,\mathrm{kg\text{-}CO_2/kWh}$程度：年次，電気会社により異なる）から$CO_2$削減相当量も計算できる．都市緑化の目的はさらに景観向上，環境教育，レク

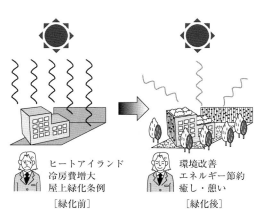

図1　都市緑化の必要性とその役割

リエーションを含む自家消費用の花や作物の生産（屋上ガーデン，屋上菜園），緑化による昆虫や，その昆虫を捕食する鳥類の維持という生物多様性維持への貢献など多岐にわたる．

●**都市緑化の歴史，方法，現状と問題点**　建物緑化の原点は茅葺屋根の芝棟であろう．また中世からツタによる壁面緑化もあった．ヒートアイランド現象が問題となり都市緑化への理解と普及，技術開発が進んだ．建物屋上に重量のある土壌を載せるためには，しばらく前までは特別な耐荷重設計をした建築が必要であったが，近年屋上緑化用の軽量土壌や軽量固化培土も開発されて屋上の荷重問題は軽減されている．

壁面緑化についてはハンギング手法の発達によりツタ以外のさまざま植栽が可能になった．それでも屋上や壁面は土壌の量が限られていることもあり，特に夏期の熱と水不足で植物の生育には厳しい環境となっている．十分な土と自動灌水の設備を組み合わせれば，屋上で水稲でも樹木でも生育させることは可能である．しかし実際には設備への初期投資とランニングコストを低く抑えることができる乾燥耐性の強い多年生植物を，建物緑化に用いる場合が多い．従来から園芸でもカバープランツとして使われるマンネングサ類がこれまで建物緑化で多様されてきた．かつては，メキシコマンネングサのような外来種が多く用いられていたが，生態的な観点から，近年は在来種を用いるようにかわりつつある．土壌なし灌水なしで維持できるスナゴケによる緑化も注目されている．スナゴケは基本的にメンテナンスフリーであるので超高層ビルの緑化にも適用でき，乾燥時に灌水がなくても枯死しないが，その時には蒸散もないので冷却効果は小さい．人工地盤の緑化資材としては土壌収容部を備えたコンクリートブロックが主流である．透水性がある多孔性コンクリートを組み合わせる例もある．

近年は公共の土地や一定規模以上の民間の事業所や宅地などの緑化の推進や義務が記された緑化条例等が多くの自治体で制定されている．これに対応して日本における公式に報告されている屋上と壁面の緑化の面積の累計は増えている[2]．しかし施工面積は 2008（平成 20）年を境に伸びは止まっている．屋上緑化は人目につきにくいために対投資コストパフォーマンスで評価されにくいこと，また初期投資に 1 m² あたり 1 万円前後かかり単価があまり下がらないこと（しかし緑化効果の効果を出すためにはある程度まとまって広い面積を緑化する必要がある）などの問題点が従来から指摘されている．環境問題対応のシンボルとして壁面緑化は大企業などで大規模で取り組まれることがあり，また緑のカーテンなどとして教育現場で取り上げられる例も多い．　　　　　　　　　　　　［且原真木］

参考文献
[1] 近藤三雄『緑化建築論―緑で建築と都市を潤す環境ビジネス』創樹社，2006
[2] 平成 24 年度全国屋上・壁面緑化施工実績等調査結果，http://www.mlit.go.jp/common/001014373.pdf

除草剤

　除草剤が防除の対象とする雑草は,「望まれないところに生える植物」や「人間の活動によって大きく変形された土地に自然に発生・生育する植物」と定義されている. 雑草は, 作物との間で光, 養水分, 空間で競合し, 作物の生育を邪魔してその収量を減少させることに加え, 品質の低下(雑草種子の混入)や収穫作業の妨害をする. 雑草による収量の減収率は主要作物で10～20%と推定されている. 農業は雑草との闘いともいわれてきたように, 雑草を農耕地から取り除くためには多大な労力が必要で, 古くから農業生産者を苦しめてきた. 1940年代にオーキシン系除草剤である2,4-Dが実用化されてから, 除草剤が雑草防除技術の主役となり, 作物の収量増加や品質向上に加え, 農作業の軽減化にも大きく貢献している. 日本の水田における雑草防除は, 1949年には10aあたり50.6時間要したが, 2004年には1.57時間と1/30以下にまで労力が軽減されている. 除草剤は農業分野のみならず, 鉄道敷, 道路, 工場, 河川敷, 住宅地や公園などの雑草管理においても役立っている. 一方, 以上のような利点に対して, いくつかの問題も過去には発生した. 例えばベトナム戦争で使用された枯葉剤の一成分である2,4,5-Tにダイオキシンが不純物として含まれていたことや大雨で水系に流れ出たPCPが魚介類に影響を及ぼしたことである. その後, 安全性の高い農薬の開発が進められ, 現在では除草剤を含めた農薬は, 農薬使用者へのリスク, 農産物や飲料水に残留する農薬を摂取する消費者へのリスク, 環境に対するリスクなどを数多くの安全性試験により科学的に評価し, それに基づいてリスクが管理されて, 安全性が確保されている.

●**除草剤の種類**　使用時期に基づいた除草剤の分類では, 雑草が発生する前の土壌に散布する土壌処理剤と発生した雑草の茎や葉に散布する茎葉処理剤がある.

図1　除草剤処理したダイズ畑(左)と処理していない畑(右)
除草剤はダイズ2列の幅に処理されている

雑草を枯らす作用機構による分類では，植物ホルモンに関与するもの（オーキシンの作用攪乱や移行阻害），光合成に関与するもの（光合成電子系伝達阻害），アミノ酸生合成に関与するもの（分岐鎖アミノ酸や芳香族アミノ酸の生合成阻害など），脂肪酸生合成に関与するもの，色素の生合成に関与するもの（クロロフィルやカロチノイドの生合成阻害），細胞壁の生合成に関与するもの（セルロース生合成阻害），微小管の重合や形成にかかわるものなどがある．

作用による分類では，作物に影響（薬害）を与えずに雑草のみを防除する選択性除草剤と，すべての植物を枯らす非選択性除草剤がある．選択性除草剤のメカニズムは除草剤の作用点における植物間での感受性差，薬剤の吸収・移行性の差，代謝能力の差などがある．代謝能力の差では，作物は除草剤を速やかに解毒できるが，雑草はその速度が遅く生育が阻害されるという事例が知られている．この除草剤の解毒代謝には，チトクローム P450 モノオキシゲナーゼ（P450）による酸化や，グルタチオン−S−トランスフェラーゼによるグルタチオン抱合などがある．

●**遺伝子組換え作物**　非選択性除草剤とその除草剤に抵抗性を示す遺伝子を導入した作物との組合せで，作物と雑草の間に選択性を付与することにより雑草を防除する栽培体系が確立されている．1996 年に非選択性除草剤グリホサートとそれに抵抗性を示すラウンドアップレディー®ダイズの商業栽培が始まり，ワタ，トウモロコシ，ナタネなどで普及が進む．この技術の利点は，除草剤の散布回数を減らすことができること，畑を耕さない不耕起栽培を実施できることなどである．遺伝子組換え作物は，アメリカを始め，ブラジル，アルゼンチンなどで多く栽培されている．

●**除草剤抵抗性雑草**　同一の除草剤を連用すると，その除草剤に対して抵抗性を示す植物体が出現する．この抵抗性雑草はもともと集団内に低頻度で存在していたものが，同じ除草剤の連用による感受性雑草の防除により顕在化したものである．抵抗性の原因としては，除草剤の作用点である酵素のアミノ酸変異や解毒作用にかかわる P450 の活性化などが知られている．2016 年 2 月時点では，世界で 249 種もの雑草で抵抗性がみつけられている．抵抗性雑草の出現を抑制するには，同じ除草剤の連用を避け，作用機構の異なる除草剤に切り替えたり，組み合わせたりすることが必要となる．また，市販の除草剤とは異なる新規な作用機構を有する除草剤の開発も望まれている．

以上のように，現在も続く人と雑草の闘いの中で，食糧生産を支えることに貢献してきた除草剤の重要性は今後も変わることはない．　　　　　　　　［大和誠司］

📖 **参考文献**
[1]　桑野栄一他編著『農薬の科学―生物制御と植物保護』朝倉書店，2004
[2]　伊藤操子『雑草学総論』養賢堂，1993
[3]　梅津憲治『農薬と食の安全・信頼―Ｑ＆Ａから農薬と食の安全性を科学的に考える』一般社団法人日本植物防疫協会，2014

遺伝子組換え植物

　最初の遺伝子組換え植物の作製は，1983年にタバコで報告されている．その11年後の1994年には，日持ち性を改良したトマト「フレーバーセイバー」が遺伝子組換え農作物として初めて商業利用され，次いで1996年に除草剤耐性のダイズやナタネ，害虫抵抗性のトウモロコシやワタ，ジャガイモなどが商業栽培された．そのときの世界における遺伝子組換え農作物の栽培総面積は170万haであったが，遺伝子組換え農作物の利用は急速に進み，2014年の遺伝子組換え農作物の栽培総面積は1億8150万haに達した（ISAAA 2015）．この面積は日本の国土の4.8倍にあたる．日本は多くの農作物を輸入に頼っており，アメリカやカナダ，ブラジル，アルゼンチンなどから大量の農作物を輸入している．これらの国々では遺伝子組換え農作物を広く栽培されていることから，結果として，日本も多くの遺伝子組換えダイズやトウモロコシを輸入している．2013年の遺伝子組換え農作物の輸入量は年間およそ1500〜1600万トンと推定され，その総額は5837億円と報告されている（日系バイオ年鑑2013）．

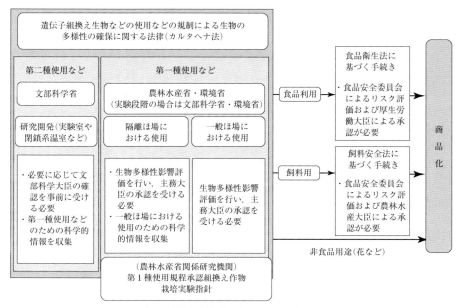

図1　遺伝子組換え農作物の実用化までの安全性評価

●**遺伝子組換え農作物の安全性評価**　1973年に大腸菌を用いた遺伝子組換え技術の成功が報告されて間もなく，安全な利用に向けた話し合いが呼びかけられ，「生物的封じ込め」や「物理的封じ込め」のガイドラインが示された．また科学的原則に基づき段階的に安全性を確認して利用することも合意されている．これは，科学者が自らを規制することで社会的責任を問うたという意味で，科学史における歴史的な出来事となった．その後，安全性確保に関する多くの検討が繰り返され，現在では，遺伝子組換え生物を産業利用する前に，厳しい安全性評価を受けることが義務づけられている．生物多様性への影響を防ぐために，国際条約「バイオセーフティに関するカルタヘナ議定書」が合意され，それを遵守するための国内法としてカルタヘナ法（略称）が定められ，遺伝子組換え農作物を栽培した場合に，周辺生物に与える影響（生物多様性への影響）について評価される．遺伝子組換え農作物を食品として利用する場合の安全性は食品衛生法，飼料としての安全性は飼料安全法に基づき，科学的に安全性を確認することになっている（図1）．

●**遺伝子組換え農作物の受容と共存**　世界的に遺伝子組換え農作物は広く利用されているが，遺伝子組換え農作物に不安を感じる人もいる．食品安全モニターのアンケート調査では回答者の約50％は不安を感じないとしているが，他のアンケートでは，半数以上が安全性に不安を感じると回答する結果が多い．遺伝子組換え農作物の安全性は導入遺伝子の種類や利用方法などを考慮して，厳しい安全性評価が行われているが，「安全と安心」は異なるものである．そこで，遺伝子組換え技術を用いる必要性などに関する詳細な情報が提供されている．

また，遺伝子組換え農作物を栽培したい農家と栽培したくない農家がいるため，欧州では両者の権利を守ることから「共存」のための取り組みが進められている．日本では，商業利用の場面での「共存」の取り組みは行われていないが，今後遺伝子組換え農作物の国内栽培を行うためには重要な課題になると思われる．

●**遺伝子組換え農作物の開発と今後**　遺伝子組換え技術は基礎的な研究には不可欠な手法であり，品種改良においてもいくつかある育種手法の1つの主要な手法である．従来の交雑育種で目的とする品種が育成されるなら，遺伝子組換え技術を用いる必要はないが，高度な除草剤耐性や害虫抵抗性は遺伝子組換え技術を用いて実現した．別項「アレルギー」で紹介されているように，スギ花粉治療や種々のアレルギー疾患を治療するコメや血圧や血糖値を調整できるコメ，ビタミンA不足で健康被害が出ている発展途上国に対してビタミンAの前駆体であるベータカロチンを多く含むコメも開発されている．今後は，特定の栄養価が高い機能性作物とともに，医療用途の農作物，エネルギー問題を解決するためにバイオエタノール生産に適したトウモロコ，乾燥に強い作物，さらには窒素の利用効率の高い作物などが，遺伝子組換え技術を用いて開発されることが期待される．　　　　　[田部井　豊]

マツ枯れ・ナラ枯れ

マツ材線虫病（マツ枯れ，松食い虫）とブナ科樹木萎凋病（ナラ枯れ）は伝染病で，森林に集団枯死を起こすほか，公園，庭園，植物園などでの枯死被害も多い．森林の植生遷移（構成樹種の変化）は通常はゆっくり進むが，これらの被害地では森林の生態が急激に変化している（図1）．マツ材線虫病の病原体はマツノザイセンチュウ（*Bursaphelenchus xylophilus*；線虫，線形動物）で，約100年前に北アメリカから長崎港を経て日本に侵入した．現在は北海道と青森県を除く地域でアカマツ林や海岸のクロマツ林に被害が継続発生している．病気の媒介者マツノマダラカミキリは枯死木内で繁殖し，5月ごろから病原線虫を体内に保持して脱出し，健全木の若枝を摂食する際に線虫をマツ組織に感染させる．感染木は9月頃から枯死する．外国からの侵入病害には動植物ともに抵抗性が低い場合が多く，日本在来のアカマツやクロマツは多数が枯死する．近年のグローバル化促進により，本病は韓国，中国，台湾，ベトナム，ポルトガル，スペインへと伝播し，今や世界的に重大な樹木病害として警戒されている．

ブナ科樹木萎凋病は菌類（カビ）の *Raffaelea quercivora* による日本在来の病気で，ブナ科のブナ属以外の属（コナラ属，シイ属，マテバシイ属などドングリのなる樹木）が枯死する．ブナ属は枯れず，「ブナ科樹木萎凋病」では誤解されるので，通称の「ナラ枯れ」を用いる．病気の媒介者であるカシノナガキクイムシ（養菌性キクイムシ）は6月頃から病原菌を保持して枯死木から脱出し，集団で健全木の幹に穿入して病原菌を感染させ，7月末〜10月頃に枯死させる．この甲虫は直径10cm以下の若木ではほとんど繁殖できず，大径木で活発に繁殖する．江戸時代から被害発生の記録があるが，1990年代以降は放置里

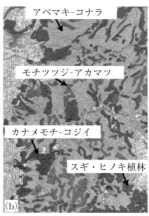

図1　京都市左京区銀閣寺（東山慈照寺）周辺の植生変化：(a)1978〜87年の調査ではアカマツ林の占める割合が高い．(b)2004年にはマツ枯れ増加によりアベマキ-コナラ林の割合が高くなった
［出典：環境省植生地図より改変］

山でナラ類の高齢大径木が増加して，カシノナガキクイムシの生息数が増えたことにより，本州各地で被害が著しく増加した．

●萎凋・枯死の仕組みと対策　微生物の感染によって急激に枯死するこれらの病気は「萎凋病」と総称される．感染木の組織では防御反応が起こるが，昆虫が媒介する場合，樹木側は病原体の活動を止めるのに失敗することが多い．そのため樹体内で過剰な防御反応が続いて，フェノール類やテルペン類など二次代謝物質が広範囲で増加する．その影響で道管や仮道管（根から吸った水を運ぶ管）では排水現象や目詰まりが起こり，やがて水分通導が停止する．このような枯死の仕組みのため，感染木を助けることはきわめて難しい．被害を減らすには媒介昆虫の生息数を減らすことが重要で，枯死木の伐採後に焼却，チップ化（破砕），殺虫剤による燻蒸などを行う．また，マツノマダラカミキリが若枝を摂食する前に，健全木に薬剤散布して殺虫する方法が効果的である．しかし体長約 5 mm のカシノナガキクイムシは羽化してすぐに健全木に穿入するので，殺虫が難しい．その他に，健全木に予防薬を注入する方法も開発されているが，コストが高いので庭や公園では実施できても，山林ではほとんど利用できない．

●社会的影響　枯死木増加の一因は，アカマツやナラ類が育つ里山林（二次林）の所有者が，管理に意識を向けなくなったことである．枯死木が林内に放置されると，次の伝染源になる．薬剤散布には，健康や自然保護の観点による反対もあるので，マツ林を存続させたい場合は，継続的な薬剤使用とそのコストについて現実的な判断が必要となる．近年はマツ枯れ後に広葉樹林へと植生遷移している場所が多く（図1），そこはマツ林に戻すよりも広葉樹林として維持するのが環境保全上は望ましい．一方，ナラ枯れの林では後継の若木が育ちにくい点が問題で，被害を放置して森林が持続するとは限らない．里山の広葉樹林は天然林と呼ばれることもあるが，実は人の手で維持された農用林であり，薪炭生産や落ち葉（肥料）採取のために 15～30 年ごとに伐採し，萌芽更新（切株からの芽生え，ヒコバエ）で効率的にクヌギやコナラなどを再生させて利用した．しかし約50年前からの燃料革命や化学肥料の普及で薪炭林は不要となり放置された．高齢の里山林では，健康低下の問題だけでなく，樹木の繁茂や大径木化で林床が暗くなったことによる実生苗や幼樹の減少が指摘される．資源利用と管理が停止したことで，生態系のバランスが崩れたと解釈できる．日本の森林の約3割を占める里山林を今後誰がどう管理するのか，国土保全の観点からも重要な課題である．

[黒田慶子]

📖 参考文献
[1] C. タットマン『日本人はどのように森をつくってきたのか』熊崎実訳，築地書館，1998
[2] 黒田慶子編著『里山に入る前に考えること』森林総合研究所関西支所，2009, http://www.ffpri.affrc.go.jp/fsm/research/pubs/documents/satoyama3_201002.pdf
[3] 黒田慶子編著『ナラ枯れと里山の健康』全国林業改良普及協会，2008

レッドデータブック

　絶滅のおそれのある種（絶滅危惧種）をリスト化したものをレッドリスト（Red List）と呼ぶのに対し，それぞれの種の生育・生息情況や危機要因などの情報を付加した報告をレッドデータブック（Red Data Book）という．

●**レッドデータブックの歴史**　野生生物の減少について社会的認知が進んだのは1960年代からである．国際自然保護連合（IUCN）は，絶滅のおそれのある哺乳類と鳥類の現状を世界で最初のレッドデータブックとして出版した（1966）．引き続いて両生・爬虫類，魚類，植物を対象としたレッドデータブックも公表され，現在もリストは更新中である．IUCNの動きを契機に，欧米を中心に世界各国で国あるいは地域レベルのレッドデータブックの出版が進んだ．

　日本で最初のレッドデータブックは，日本自然保護協会と世界自然保護基金日本委員会によって1989年に出版された『我が国における保護上重要な植物種の現状』である．日本の野生維管束植物895種が危機的状況にあることを報告した本書は，絶滅危惧種について社会的関心が高まる契機となった．

　1992年からは環境庁（当時）が調査を開始し，動植物合わせて10分類群について全国レベルのレッドリストならびにレッドデータブックを公表し，定期的な見直しを行うことになっている[2,3]．また全国47都道府県が，それぞれの地域の実情を反映した地方版レッドデータブックを作成している．

●**レッドデータブックのカテゴリー**　レッドデータブックでは，絶滅のリスクに応じてカテゴリーが設定される．環境省ならびに多くの地方版レッドデータブックは，IUCNの以下のカテゴリーに準拠して編集されている．

　　絶滅　Extinct（Ex）
　　野生絶滅　Extinct in the Wild（EW）
　　絶滅危惧 Threatened
　　　絶滅危惧IA類　Critically Endangered（CR）
　　　絶滅危惧IB類　Endangered（EN）
　　　絶滅危惧II類　Vulnerable（VU）
　　準絶滅危惧　Near Threatened（NT）
　　情報不足　Data Deficient（DD）

　これらに加え「絶滅のおそれのある地域個体群 Threatened Local Population（LP）」を選定する分類群もある．評価の結果，絶滅の危険性が低いと判定された種は「軽度懸念 Least Concern（LC）」とされるが，我が国ではリストに載せない．

●**カテゴリー判定の方法**　上記のカテゴリーは，評価対象種に関する情報に基づ

き定性的基準または定量的基準により判定される.

カテゴリー判定には透明性と客観性が求められ，定量的基準が重視される．IUCN は5つの判定基準を提示しているが，絶滅確率に基づく判定が最も信頼性が高い．ある種の現存個体数と近年の減少率に関する数値データが得られれば，将来の絶滅確率の推定を行うことができる．その結果に基づき，例えば，10年後または3世代後に絶滅の可能性が50%以上と予測される場合は「絶滅危惧IA類」，100年間における絶滅の可能性が10%以上と予測される場合は「絶滅危惧II類」と判定する．しかし，この計算のためのデータ収集は容易ではなく，個体数や減少率のみに基づいた判定となる種も多い．データの不足から専門家による「エキスパート・ジャッジ」が行われるケースも少なくない．

●レッドデータブックが明らかにした日本の植物の現状　日本の植物に関するレッドデータブックは「植物 I（維管束植物）」と「植物 II（蘚苔類・藻類・地衣類・菌類）」の2冊に分かれ，日本植物分類学会（JSPS）の全面的な協力によって編集されている．表1は2015年のレッドデータブックに掲載されている種数を示す．維管束植物では，絶滅危惧種（I類とII類）が1779種と在来種全体の約25%に相当するなど，我が国における植物の危機的状況を示している．危機の要因としては，森林伐採や湿地開発などによる生育地の消滅と園芸や薬用目的による採集が最も大きいが，近年は二次的自然の放置が進行した結果，湿地や草地の植生遷移の進行により消滅する種が増加している．シカの個体数増加と分布拡大に伴う食害による野生植物の減少も深刻になっている．

表1　レッドデータブックに掲載されている種類[2,3]

	絶滅	野生絶滅	絶滅危惧I類	絶滅危惧II類	準絶滅危惧	情報不足	計
維管束植物	32	10	1,038	741	297	37	2,155
蘚苔類	0	0	138	103	21	21	283
藻類	4	1	95	21	41	40	202
地衣類	4	0	41	20	42	46	153
菌類	26	1	39	23	21	50	160

●レッドデータブックの役割・活用
レッドデータブックは，採集や流通に対する法的規制を伴わないが，事業の際の環境アセスメントや自治体の生物多様性保全戦略の策定などに活用される．また保全の緊急度の高いホットスポットも明らかになり，行政による保護区選定の基礎ともなっている．より保全の緊急度の高い種は，「種の保存法」により「国内希少野生動植物」に指定することで採集や販売を禁止し，生育地保護や増殖事業を行えることになっている．しかし，レッドデータブック掲載種の多さに比べ指定種が少ないことから，指定種を増やすことが課題となっている．　　　　[角野康郎]

■参考文献
[1] 種生物学会編『保全と復元の生物学―野生生物を救う科学的思考』文一総合出版，2002
[2] 環境省編『レッドデータブック 2014―日本の絶滅のおそれのある野生生物 8．植物I（維管束植物）』ぎょうせい，2015
[3] 環境省編『レッドデータブック 2014―日本の絶滅のおそれのある野生生物 9．植物II（蘚苔類・藻類・地衣類・菌類）』ぎょうせい，2015

遺伝資源と育種にかかわる条約

　育種の手法には変異の選抜，交配による遺伝的背景の拡大と選抜，戻し交雑などによる特定遺伝子の導入，バイオテクノロジーを利用した遺伝子組換えによる形質転換などさまざまであるが，材料となる植物素材すなわち遺伝資源が不可欠である．我が国で伝統的に栽培されてきた品種・系統ばかりでなく，新しい病害虫であるとか，環境ストレスに対応するために必要な新規遺伝特性の育種利用には海外から遺伝資源を導入することが重要である．しかし，遺伝資源を取り巻く国際情勢は近年急速に変化しており，十分な注意が必要である．

●**遺伝資源**　第二次世界大戦後，国際連合食糧農業機関（FAO）は世界の食料安全保障のために育種に力を入れ，1950年代にはイネ，コムギなどの遺伝資源の世界リストを作成して自由な交換の基盤をつくり，1960年代には遺伝資源に関する技術会合を重ねた．1970年代には国際農業研究協議グループ（CGIAR）が世界銀行，FAO，国連開発計画などの協力のもとに組織され，国際稲研究所（IRRI）などの国際農業研究機関を政策，学術，研究開発などの活動を通じ連携させる役割を担い，現在は15の国際農業研究機関を傘下におさめる．これらの国際農業研究機関は担当する植物遺伝資源を収集してジーンバンクに保存し，自らの研究開発に活用するばかりではなく公共財として世界中の育種家，研究者に配布している．1974年にはCGIAR傘下の機関として国際植物遺伝資源理事会（IBPGR）が設立され，遺伝資源の収集・保存の促進と協力に関する国際的活動を開始した．IBPGRは1991年には国際植物遺伝資源研究所（IPGRI）と改称し，1994年にはバイオバーシティ・インターナショナル（国際生物多様性センター）に改組された．FAO総会は1983年に「植物遺伝資源に関する国際申し合わせ」（IUPGR）を採択し，これは探索収集や交換のガイドラインとなった．同時にその運用をモニターし，包括的な国際的遺伝資源システム構築への方策を提言し，政策，計画，活動を評価するための植物遺伝資源委員会（CPGR）を創設した．その基本的な哲学は「遺伝資源は人類共通の財産」であった．これは作物が複数の起源地から世界中に広がったこと，近代品種の多くが異なる原産国の遺伝資源を繰り返し交配して育種されていること，そして，世界の食料安全保障のためには国境を越えた遺伝資源の取得をますます促進する必要があるからである．1995年にCPGRは食料・農業遺伝資源委員会（CGRFA）となり活動が強化されている．

●**利益配分**　一方，1960年代に顕在化した自然破壊や公害への反省から，環境や生物多様性の保全は国際的な議論となった．「生物の多様性条約」（CBD）は国連環境計画の検討や政府間交渉会議を経て1992年に採択され1993年に発効し

た．アメリカを除く全国際連合加盟国など195の国や地域が加盟している．CBDは自然資源に対する国家の主権的権利を明示的に認め，①生態系を含む生物多様性の保全，②生物多様性の構成要素（生物資源）の持続可能な利用，③遺伝資源のアクセス（取得）とその利用から生じる公正で衡平な利益配分（ABS）を主目的とする．生物多様性に悪影響を及ぼしかねないものとして遺伝子組換え生物を対象とした「バイオセーフティーに関するカルタヘナ議定書」（カルタヘナ議定書）が2001年に採択され2003年に発効した．

ABSのために「ボン・ガイドライン」が2002年に策定されたが，法的拘束力を求める声が強く，締約国の国内法などにゆだねる「遺伝資源の取得の機会及びその利用から生ずる利益の公正かつ衡平な配分に関する名古屋議定書」（ABS名古屋議定書）が2010年に採択され2014年に発効した．我が国は署名を行ったが未批准である．ABS名古屋議定書の締約国の多くにおいて国内法は未整備である．

●**育種利用**　FAOは遺伝資源に対する国家の主権的権利を認めたCBDと調和するようにIUの改訂を求められ，「食料及び農業のための植物遺伝資源に関する条約」（ITPGRFA）が2001年に採択され2004年に発効した．我が国は2013年に加盟した．ITPGRFAでは食料農業植物遺伝資源の保全，持続的利用，アクセスと公正で衡平な利益配分を主目的とする点でCBDと共通性がある．育成者権とともに農業者（農民）の権利を尊重している．ITPGRFAでは国家が管理・監督する食料農業植物遺伝資源で公共財となっているものをすべて「多数国間の制度」（ML）で取り扱うものとし，育種，研究，研修を目的とする利用を促進し，ML上の遺伝資源の移転には「定型の素材移転契約」（SMTA）を用いる．SMTAは条約の附属書1に記載された35作物と29種類の牧草を対象とする．CGIARの国際農業研究機関の遺伝資源もML上にある．ML上の材料を用いて商業化した成果物（種苗）の第三者による育種利用を制限する場合には成果物の売上げから一定額を理事会の設立した基金に支払うことになるが，育種利用を妨げない場合の支払いは任意である．集められた資金は主に途上国の遺伝資源の保全に供される．

植物遺伝資源の国境を越えた移転に関連する国際条約はCBDとITPGRFAだけではない．植物検疫にかかわる「国際植物防疫条約」（IPPC），種苗の育成者権にかかわる「植物の新品種の保護に関する国際条約」（UPOV条約），「絶滅のおそれのある野生動植物の種の国際取引に関する条約」（ワシントン条約CITES），「著作権に関する世界知的所有権機関条約」（WIPO条約）や世界貿易機関（WTO）設立協定付属書としての「知的所有権の貿易関連の側面に関する協定（TRIPS協定）」における原産国開示や伝統的知識の問題などに注意を払う必要がある．研究・開発の成果がバイオ海賊行為との批判を受ける，あるいは公表できなくなるといったコンプライアンスの問題を引き起こす可能性を認識しておかなければならない．

［河瀬眞琴］

里地・里山

　世界的には，農業は生物多様性に危機をもたらす人間活動とみなされる場合が多い．しかし，近代化以前の農業とそれに付随する自然資源利用には，生物多様性の維持に寄与してきた側面がある．水田稲作を中心とした日本の農地生態系には，そのような人間活動によって維持されてきた生物多様性と，それを直接的・間接的に利用する文化が存在した．これを持続可能性の確保におけるモデル的なシステムととらえる観点から，里地・里山の生態系が注目されている．里地とは人の居住地域，里山はその周辺にある農地，溜池，利用・管理されている樹林や草地を指すが，これらは空間的にも隣接し，機能的にも深く結びついているため「里地・里山」としてまとめて扱われることが多い．また里地と里山をあわせた意味で里山（あるいは混同を避けるために平仮名で「さとやま」）と表現されることもある．

●**植物相の特徴**　里地・里山の生態系は，水田，水路，溜池といった湿性環境と，樹林や草地といった乾性環境がモザイク的に組み合わせられた複合体であり，それぞれの要素ごとに特徴的な植物相が認められる（図1）．水田の耕起や水路の手入れといった人為的な撹乱にさらされる湿地に生育する植物は，元来は河川の氾濫原を主要な生育場所としていた種が多いと考えられる．氾濫原には，水深や流速，撹乱頻度が異なる多様な湿地が存在し，それぞれの環境に適応した多様な種が生育する場所である．氾濫原は主に中世以降，治水技術の発達とともに水田として開発され，失われてきた．しかし，水による自然撹乱が人為撹乱に置き換わることで，水田を中心とした里地・里山が，氾濫原の植物にとっての代替的な生育環境として機能してきたと考えられる．

　下草刈りや落ち葉掻きが行われる落葉樹林の林床の植物には，フクジュソウやカタクリのように，最終氷期の遺存種と

図1　典型的な里山の風景（岩手県一関市内）［撮影：筆者］（カラー口絵 p.8 も参照）

される種が多い．これらの植物の生育には，人による管理・利用により，気温が低い早春に林床に十分な光が到達する条件が確保されていることが必要である．またリターの除去によって確保される貧栄養条件に依存した種も少なくない．

このように，里地・里山の植物相を特徴づける種は，生活史戦略としては，撹乱依存種や貧栄養ストレス耐性種に相当する種が多い．これは，人為干渉が停止すると競争戦略種が台頭し，里地・里山に特徴的な種は減少・消失しやすくなることを示唆する．

●**生物多様性の特徴**　里地・里山は生物多様性が高い生態系である．その主な理由として以下の3点があげられる．まず上述のように，適度な人為撹乱のために，樹林，水田など，それぞれの生育地内の多様性（α多様性）が高く維持されるという点があげられる．これは中規模撹乱仮説によって説明できる．次に，地形と土地利用の複雑性のため，多様な環境が比較的狭い範囲の中にモザイク的に維持され，高い生育地間の多様性（β多様性）が維持されるという点があげられる．例えば谷底面に形成される湿地的環境の中でも，水田，水路，溜池は，それぞれ水深，流速，撹乱頻度などの条件が異なり，それぞれ異なる生物相が成立するため，全体としての多様性が確保される．最後に，樹林と水田，溜池と草地など，特徴の異なる環境が隣接することにより，複数の環境を利用して生活する生物の生息が可能になることである．これは，樹林に営巣し水田で採餌するサシバや，幼生期を水中で過ごし生態は陸上で暮らす両生類などについて当てはまる．

●**里地・里山の絶滅危惧種**　日本では，主に第二次世界大戦以降，里地・里山における自然資源利用や農業のあり方が大きく変化した．茅葺き屋根の材料や秣として使われてきたススキやチガヤなどの需要が大幅に減少し，草地の利用と管理が停止した．薪や木炭が使われなくなるとともに，輸入木材の利用が増加し，樹林が伐採されなくなった．また化学肥料が普及し，落ち葉や緑肥のための採取が行われなくなった．水田の用排水が整備され，溜池の管理が停止するとともに，水田が乾田化し，湿地の生物の生育環境としての機能が低下・消失した．さらに，減反政策や農家の後継者不足，コメの需要の低下とともに，耕作放棄地が増加した．これらの結果，かつて里地・里山に普通にみられた動植物が絶滅危惧種となっている．日本の生物多様性国家戦略においても，生活や農業の様式変化に伴う管理放棄は，生息・生育地の破壊，外来種の侵入，気候変動などと並ぶ，生物多様性に危機をもたらす主要な要因であることが指摘されている．現在，生物多様性保全に配慮した農業の推進，休耕田の多面的な活用など，里地・里山の保全の取り組みが一部の地域で開始されている．人口減少が進む今後において，人間が関与することで維持されてきた「自然」をどう残し，活用するか，今後の社会における大きな課題といえるだろう．

〔西廣　淳〕

事項索引

（人名索引 p.799. 太字ページは項目見出し．(sg.)は単数形，(pl.)は複数形を示す．）

■ 数　字

1-(2-クロロ-4-ピリジル)-3-フェニル尿素　1-(2-chloro-4-pyridinyl)-3-phenylurea：CPPU　359
1-MCP　1-methylcyclopropene　361
1-アミノシクロプロパン-1-カルボン酸　1-aminocyclopropane-1-carboxylic acid：ACC　360
1-メチルシクロプロペン　1-methylcyclopropene：1-MCP　361
2-C-メチルエリトリトール 4-リン酸　2-C-methylerythritol 4-phosphate：MEP　350
26S プロテアソーム　26S proteasome　357
－3/2 乗則　－3/2 power law　245, 267
35S RNA プロモーター　35S RNA promoter　605, 626
43S 開始前複合体　43S pre-initiation complex　620
6-ホスホグルコン酸デヒドロゲナーゼ　6-phosphogluconate dehydrogenase　337
8-オキソグアニン　8-oxoguanine　614

■ ギリシア文字

α 多様性　α diversity　749
α-チューブリン　α-tubulin　388
α-トコフェロール　α-tocopherol　439
α プロテオバクテリア　α proteobacteria　95
α-リノレン酸　α-linolenic acid　342
β-カロテン　β-carotene　439
β(1,3)-グルカナーゼ　β(1,3)-glucanase　533
β(1,4)-グルカン　β(1,4)-glucan　325
β(1,3):(1,4)-グルカン　β(1,3):(1,4)-glucan　326
β-グルクロニダーゼ　β-glucuronidase：GUS　605
β 酸化　β-oxidation　349, 575
β シート　β sheet　448
β 多様性　β diversity　749
β-チューブリン　β-tubulin　388
γ-チューブリン　γ-tubulin　389

■ 英　字

A

ABA　abscisic acid　352, 362, 417, 459, 471, 481
ABC トランスポーター　ATP-binding cassette transporter　336, 404
ABC モデル　ABC model　462, 586
ABS　access and benefit-sharing　747
Ac　activator　633
ACC　1-aminocyclopropane-1-carbonic acid　360
Acta Phytochimica　9
ADP　adenosine 5′-diphosphate　346
AGO　ARGONAUTE　613, 622
AmiGO　60
amiRNA　artificial microRNA　613
ANA　ANA grade　152
ANITA　ANITA grade　146, 152, 521
AOX　alternative oxidase　329
APG　Angiosperm Phylogeny Group　9, 151, 154, 179, 183
API　Application Programming Interface　59
argonaute タンパク質　argonaute protein　613, 622
ATP　adenosine 5′-triphosphate　312, 316, 330, 340, 346, 417
ATP 合成酵素　ATP synthase　328, 406
Autocorrelated relaxed clock モデル　Autocorrelated relaxed clock model　155
AVG　amino vinyl glycine　360
AVR　avirulence　630

B

BLUS1　blue light signaling 1　459

BOLD　Barcode of Life Data Systems　177
BR　brassinosteroid　364
BRAD　Brassica Database　58

C

C_3　68, **316**, 734
C_4　68, **316**, 427, 734
Ca^{2+} チャネル　calcium ion channel　416, 418, 430
CAM　crassulacean acid metabolism　160, 232, 316, **318**
CAM 型光合成　crassulacean acid metabolism　160
CAPS1　calcium-dependent activator protein for secretion 1　327
Cas9　CRISPR associated 9　77, 689
CBD　Convention on Biological Diversity　687, 746
CBL　calcineurin B-like protein　418
CCaMK　calcium/calmodulin-dependent protein kinase　419
CCM　carbon concentrating mechanisms　209
cDNA　complementary DNA　607
CDPK　calcium-dependent protein kinase　418
CDP-ジアシルグリセロール　CDP-diacylglycerol　345
CEP　C-terminally encoded peptide　372
CesA　cellulose synthase　325
CGIAR　Consultative Group on International Agricultural Research　638, 746
CGRFA　Commission on Genetic Resouces for Food and Agriculture　746
CIAT　Centro International de Agricultura Tropical　639
CIMMYT　Centro Internacional de Mejoramiento de Maiz Y Trigo, International Maize and Wheat Improvement Center　638
CIP　Centro Internacional de la Papa, International Potato Center　639
CIPK　CBL-interacting protein kinase　419
CITES　Convention on International Trade in Endangered Species of Wild Fauna and Flora　747
CLE　CLAVATA3/ESR-related　371
CLV　CLAVATA　536
CML　calmodulin-like protein　418
CMS　cytoplasmic male sterility　644
CO_2 補償点　CO_2 compensation point　321
CoGepedia　58
COI 遺伝子　COI gene　176
COP1　441, 445
CPGR　Commission on Plant Genetic Resouces　746
CPPU　1-(2-chloro-4-pyridinyl)-3-phenylurea　359
CRDS　cavity ring down spectroscopy　69
CRISPR　Clustered Regularly Interspaced Short Palindomic Repeat　77, 689
CSI1　cellulose synthase interacting protein 1　325
CSR モデル　CSR model　255
CT　computed tomography　67
CTR1　constitutive triple response1　361

D

DAMP　damage-associated molecular patterns　484, 490
DELLA　DELLA protein　353
DFT 栽培　deep flow technique　670
DNA 結合タンパク質　DNA-binding protein　616
DNA 修復　DNA repair　614
DNA 損傷　DNA damage　**614**
DNA バーコーディング　DNA barcoding　173, **176**
DNA 複製　DNA replication　**614**
DNA 分析　DNA analysis　12
DNA ポリメラーゼ　DNA polymerase　615
DNA マイクロアレイ　DNA microarray　56
DNA マーカー　DNA marker　637, 685
DNA マーカー選抜育種　DNA marker assisted selection　**698**
DNA メチル化　DNA methylation　610
DNA リガーゼ　DNA ligase　615
Ds　dissociation　633
D ボディー　D body　395

E

EBF1/2　EIN3 binding F-box1/2　361
EC1　EGG CELL 1　373
EF ハンド　EF hand　418
EIN2　ethylene insensitive2　361
EIN3　ethylene insensitive3　361

Ensembl Plants　58
EPF　EPIDERMAL PATTERNING FACTOR　372
ER　endoplasmic reticulum　378
ETI　effector-triggered immunity　630
ETR1　ethylene resistant1　361

F

FAD　flavin adenine dinucleotide　336
FAO　Food and Agriculture Organization　218, 746
F-box タンパク質　F-box protein　353, 419
Fd　ferredoxin　337
Fd-NADP$^+$ レダクターゼ　Fd-NADP$^+$ oxidoreductase　337
FIB-SEM　focused ion beam scanning electron microscopy　67
Flora Japonica　156
Flora of Japan　156
Flora of Okinawa and Southern Ryukyu Islands　156
FlyBase　60
FOEAS　farm-oriented enhancing aquatic system　669
Fossilized Birth-Death モデル　Fossilized Birth-Death model　155
FR-HIR　far-red light high irradiance response　442
FT タンパク質　FT protein　352, 463
F-アクチン　F-actin　389
F 型 ATPase　F-type ATPase　404

G

G_1 期　G1 phase　391
G_2 期　G2 phase　391
GA　gibberellin　471
GAF ドメイン　cGMP-specific phosphodiesterase, adenylyl cyclase, formate hydrogen lyase activator domain　443
GAP　GTPase activating protein　418
GAUT1　galacturonosyltransferase1　326
GBIF　Global Biodiversity Information Facility　302
GBLUP　genomic best linear unbiased predicton　691
GCM　General Circulation Model　222

GDR　Genome Database for Rosaceae　58
GEF　guanine nucleotide exchange factor　418
GFP　Green Fluorescent Protein　66, 605
GIS　Geographic Information System　300, 302
GMO　Genetically Modified Organism　604, **694**
GMS　genic male sterility　644
GO　gene ontology　60
GOGAT　glutamine oxoglutarate aminotransferase　321, 337
GPCR　G protein coupled receptor　418
GPP　gross primary production　192
GS　glutamine synthetase, glutamate synthetase　321, 337
GTP 結合タンパク質　GTP-binding protein　497
GUS　β-glucuronidase　605
GWAS　genome-wide association study　284, **692**
G-アクチン　G-actin　389
G タンパク質　G protein　418

H

H^+-ATPase　H^+-translocating ATPase　377, 405, 459
H^+ 共輸送系　H^+ co-transport　340
H^+-ショ糖共輸送体　H^+-sucrose co-transporter　415
H^+-ピロホスファターゼ　H^+-pyrophosphatase, H^+-PPase　377
HAMP　herbivore-associated molecular patterns　490
HANPP　human appropriated net primary production　192
hc-siRNA　hc-siRNA　623
His-Asp リン酸リレー　histidine-aspartate phosphorelay　419
HR　homologous recombination　615
HSF　heat shock factor　432, 616
HSP　heat shock protein　432
HVEM　high voltage electron microscope　66
HY5　440, 445

I

IAA　indole-3-acetic acid　354
IBA　indole-3-butyric acid　354
IBP　International Biological Program　192
IBPGR　International Board for Plant Genetic

Resources 746
ICARDA International Center for Agricultural Research in the Dry Areas 639
ICRISAT International Crops Research Institute for the Semi-Arid Tropics 639
IDA INFLORESCENCE DEFICIENT IN ABSCISSION 372
IITA International Institute of Tropical Agriculture 639
Index Herbariorum 175
IPA indole-3-pyruvic acid 354
IPCC Intergovernmental Panel on Climate Change 308, 726
IPGRI International Plant Genetic Resources Institute 746
IPPC International Plant Protection Convention 747
IRRI International Rice Research Institute 639, 746
ITPGRFA International Treaty on Plant Genetic Resources for Food and Agriculture 747
ITS 領域 internal transcribed spacer region 176
IU(IUPGR) International Undertaking of Plant Genetic Resources 746
IUCN International Union for Conservation of Nature 724, 744

J

JABG Japan Association Botanical Gardens 23
JaLTER Japan Long-Term Ecological Research Network 304
JapanFlux 304
JSPS Japanese Society for Plant Systematics 745
JSTOR Global Plants 175

K

KNOX 539
K 選択 K-selection 254
K^+ チャネル K^+ channel 407

L

LEA タンパク質 LEA protein 435
LFR low fluence response 442
LINE long interspersed nuclear elements 632
long siRNA long small interfering RNA 619
LRR leucine rich repeat 483

LTR long terminal repeat 632
LUC luciferase 605
LURE 373
LysM lysin motif 483
L-システム L-system 78

M

MADS ドメイン MADS domain 587
MAMP microbe-associated molecular pattern 417
MAPK mitogen-activated protein kinase 419
MAPKK mitogen-activated protein kinase kinase 419
MAPKKK mitogen-activated protein kinase kinase kinase 419
MASC Multinational Arabidopsis Research Steering Committee 44
mat K 遺伝子 mat K gene 176
MCMC Markov chain Monte Carlo method 73, 181
MGDG 合成酵素 monogalactosyldiacylglycerol synthase 345
miRNA micro RNA 612, 619, 622
MITE miniature invested-repeat transposable element 633
mRNA 分解 mRNA degradation 612
M 期 mitotic phase 390

N

NAD^+ nicotinamide adenine dinucleotide 346
NADPH オキシダーゼ NADPH oxidase, NOX 419, 539
NanoSIMS nanoscale secondary ion mass spectroscopy 69
NASA National Aeronautics and Space Administration 671
NB-LRR nucleotide binding-leucine rich repeat 630
NBP net biome production 192
NBT new breeding technology 77
NDVI normalized difference vegetation index 71
NEON The National Ecological Observatory Network 304
NEP net ecosystem production 192
NFT 栽培 nutrient film technique 670

NHEJ　non-homologous end joining　615
NOAA　National Oceanic and Atmospheric Administration　671
non-CpGメチル化　non-CpG methylation　610
NOX　NADPH oxidase　419, 539
NPP　net primary production　192
NPT　New Plant Type　659

O
ORF　open reading flame　103

P
PAC小胞　precursor-accumulating vesicle　575
PALM　photoactivated localization microscopy　67
PAMP　pathogen-associated molecular patterns　483
pathogen-derived resistance　629
PATO　phenotypic quality ontology　61
P-body　619
PCA　principal component analysis　73
PCR　polymerase chain reaction　189
PDR　pathogen-derived resistance　629
PEG法　polyethyleneglycol method　604
Penalized likelihoodアプローチ　Penalized likelihood approach　155
PEP-C　phosphoenolpyruvate carboxylase　318
PGDBj　Plant Genome Database Japan　59
PGMS　photoperiod-sensitive genic male sterility　645
Phytozome　58
PIF　phytochrome-interacting factor　440, 443
PINタンパク質　PIN protein　457
PK　protein kinase　418
PlantTFDB　Plant Transcription Factor Databases　59
PLAZA　59
PO　plant ontology　60
PP　protein phosphatase　418
PPP　pentose phosphate pathway　348
PPR　pentatricopeptide repeat　625
processing body　619
PRR　pattern recognition receptor　491
PSK　phytosulfokine　371
PTGS　posttranscriptional gene silencing　612, 627
PTI　pathogen-associated molecular pattern-triggered immunity　630
P型ATPase　P-type ATPase　404

Q
QC　quiescent center　537, 580
QTL　quantitative trait loci　284, 637, **660**, 674, 680, 690, 693
QTL解析　quantitative trait locus analysis　698

R
RAD-seq　restriction site associated DNA sequence　285
RALF　rapid alkalinization factor　373
RAM　root apical meristem　536
RAP-DB　Rice Annotation Database　47, 58
rbcL遺伝子　rbcL gene　176
RdDM　RNA-directed DNA methylation　612
RDF　Resource Description Framework　59
Rf　restorer of fertility gene　644
R-gene　resistance gene　630
RGF　root meristem growth factor　372
*Rhizobium*属　*Rhizobium*　338
*r, K*戦略　*r, K*-strategy　**254**
RNAi　RNA interference　395, 609, 612, 694
RNA-Sequence　56
RNA依存性RNAポリメラーゼ　RNA-dependent RNA polymerase　613
RNAエディティング　RNA editing　386, **624**
RNA干渉　RNA interference　395, 609, 612, 694
RNAサイレンシング　RNA silencing　613, 622
RNA編集　RNA editing　386, **624**
RNAポリメラーゼ　RNA polymerase　616
ROS（活性酸素）　reactive oxygen species　323, 417, 419, 427, 428, 432, 438
RR　response regulator　419
rRNA　ribosomal RNA　395
Rubisco　Ribulose 1,5-bisphosphate carboxylase/oxygenase　68, 103, 287, 315, 316, 320
Rubiscoアクティベース　Rubisco activase　320
*r*選択　*r*-selection　254
R-タンパク質　resistance protein　630

S
SABRE　Systematic Consolidation of Arabidopsis and Other Botanical Resouces　59

SAGs senescence-associated genes 480
SAM shoot apical meristem 536, 542
SAR systemic acquired resistance 366, 484
SBF-SEM serial block-face scanning electron microscopy 67
SCF 複合体 SCF complex 353, 357
SEM scanning electron microscope 66
Shaker 型チャネル shaker-type channel 407
SIM structures illumination microscopy 67
SINE short interspersed nuclear elements 632
siRNA short interfering RNA 612, 623
SLAC1 SLOW ANION CHANNEL-ASSOCIATED1 459
SNP single nucleotide polymorphism 689
SnRK2 SNF related protein kinase2 459
snRNA small nuclear RNA 395
Sol Genomics Network 58
SphI box 495
SSR simple sequence repeat 698
STED stimulated emission depleteon microscopy 67
STEM scanning transmission electron microscope 66
STS silver thiosulfate 361
S-アデノシルメチオニン S-adenosyl methionine 360
S 期 S phase 391

T

TAIR The Arabidopsis Information Resource 44, 58
TALE transcription activator-like effector 77
TALEN transcription activator-like effector nuclease 77, 689
tasiRNA trans-acting short interfering RNA 613, 623
TATA ボックス TATA box 616
TCA 回路（クエン酸回路） tricarboxylic acid cycle 328, 348
TDIF tracheary element differentiation inhibitory factor 371
TDLAS tunable diode laser absorption spectromet 69
T-DNA transfer DNA 604, 607, 608
TEM transmission electron microscope 66
TGMS thermo-sensitive genic male sterility 645
TGN trans-Golgi network 383
TGS transcriptional gene silencing 612
TILLING targeting induced local lesions in genomes 689
TIR terminal inverted repeat 632
Ti プラスミド Ti plasmid 604
TMV Tobacco mosaic virus 626
TRIPS 協定 Agreement on Trade-Related Aspects of Intellectual Property Rights 747
tRNA transfer RNA 620

U

UCP uncoupling protein 329
UNFCCC United Nations Framework Convention on Climate Change 727
uORF upstream open reading frame 621
UPOV 条約 Union internationale pour la protection des obtentions végétales 729, 747
UTM 座標系 Universal Transverse Mercator coordinate system 302
UVB ultraviolet B radiation 448, 614
UVR8 440, 448

V

VIGS virus-induced gene silencing 629
VLFR very low fluence response 442
Vp1 495
V-PDB Vienna Pee Dee Belemnite 286
VPE vacuolar processing enzyme 487, 575
vsiRNA virus-derived small interfering RNA 623
V-SMOW Vienna Standard Mean Ocean Water 286
V 型 ATPase（液胞型 H^+ ATPase） V-type ATPase 377, 404

W

Waxy 495
WIPO 条約 World Intellectual Property Organization Copyright Treaty 747
WUS WUSCHEL 536

X

XTH xyloglucan endotransglucosylase/hydrolase 327
X 線顕微鏡 X-ray microscope 64

X線照射　X-ray irradiation　543
X線マイクロCT　X-ray micro computed tomography　67

Z
ZF　zinc finger　77
ZFN　zinc finger nuclease　77
ZTL/FKF1/LKPファミリー　ZTL/FKF1/LKP family　440

あ
アイスプラント　ice plant, *Mesembryanthemum crystallinum*　319
アイソタイプ　isotype　170
アオコ　Cyanobacterial bloom　**702**
アオサ藻　Ulvophyceae　122, 134
アオモグサ　Boodlea　122
（赤・）遠赤色光比　(red) far-red ratio　263, 441
赤　潮　red tide　**702**
アガモスパーミー　agamospermy　662
亜寒帯林　boreal forest　232
空ニッチ　vacant niche　237
アクアポリン（水チャネル）　aquapolin, water channel　407, 408, 422, 425, 428
アクセッション　accession　42
アクチノリザ　actinorhiza　283
アクチン　actin　389
アクチン結合タンパク質　actin-binding protein　389, 496
アクチン繊維　actin filament　388, 389, 496
アクラシス類　acrasid　127
アグロインフィルトレーション法　agroinfiltration method　604
アグロバクテリウム　Agrobacterium　40, 49, 359, 604, 695
アーケプラスチダ　Archaeplastida　95
亜高山帯　subalpine zone　224
亜高山帯林　subalpine forest　221
アサガオ　*Ipomoea nil*, Japanese morning glory　41, 543, 608
亜硝酸還元酵素　nitrite reductase　336
アシルキャリアタンパク質　acyl carrier protein　345
アスコルビン酸　ascorbic acid　439
アストロバイオロジー　astrobiology　706
アスパラギン合成酵素　asparagine synthetase 339
アスパラギン酸アミノトランスフェラーゼ　aspartate aminotransferase　339
アスパラギン酸キナーゼ　aspartate kinase　339
アセチルCoA　acetyl-CoA　344, 349
圧縮あて材　compression wood　541
アッベの分解能　Abbe limit　64
圧ポテンシャル　pressure potential　422
あて材　reaction wood　541
アデノシン三リン酸（ATP）　adenosine 5′-triphosphate：ATP　346
アデノシン二リン酸（ADP）　adenosine 5′-diphosphate：ADP　346
アニオンチャネル　anion channel　407
亜熱帯雨林　subtropical rain forest　221
アーバスキュラー菌根　arbuscular mycorrhiza　127, 166, 280, 368
アパタイト　apatite　399
アフィディコリン　aphidicolin　53
アブシシン酸　abscisic acid：ABA　352, **362**, 417, 459, 471, 481
アプチアン期　Aptian age　155
アーブトイド菌根　arbutoid mycorrhiza　280
アフリカ稲センター　Africa Rice Center　639
アベナテスト　Avena test　519
アポガミー　apogamy　662
アポトーシス　apoptosis　386, 464, 486
アポプラスト　apoplast　370, **532**, 548
アポプラストカナルモデル　apoplast canal model　549, 601
アポプラスト篩部積み込み　apoplastic phloem loading　414
アポミクシス　apomixis　260, **662**
亜　麻　flax　712
亜麻布　linen　712
アミノ酸　amino acid　338
アミロース　amylose　494
アミロプラスト　amyloplast　416, 456
アミロペクチン　amylopectin　494
アメーバ動物門　Amoebozoa　127
アメリカ海洋大気局　National Oceanic and Atmospheric Administration：NOAA　671
アメリカ航空宇宙局　National Aeronautics and Space Administration：NASA　671
粗いスケール　coarse scale　295
アライメント　alignment　182

アラニンアミノトランスフェラーゼ　alanine aminotransferase　339
アリ散布　ant seed dispersal, myrmecochory　106
アリ植物　myrmecophyte　161
アルカリ性の土壌　alkaline soil　411
アルカロイド　alkaloid　348, 571, 732
アルカン　alkane　344
アルコール発酵　alcohol fermentation　436
アルテミシニン　artemisinin　350
アルビノ　albino　542, 689
荒れ地戦略　ruderal strategy　255
アレルギー　allergy　**704**
アレロケミカル　allelochemical　288, 640
アレロパシー　allelopathy　245, 471, **488**, 640
アロモン　allomone　288
暗回帰　dark reversion　442
暗視野顕微鏡法　dark field microscopy　65
アンセリジオーゲン　antherigiogen　356, 467
安息香酸　benzoic acid　349
アンタイモン　antimone　288
安定性　stability　728
安定同位体　stable isotope　68, 207, **286**
アンテログレード調節　anterograde regulation　384
アントシアニン　anthocyanin　349, 376, 445
アントラキノン　anthraquinone　349
暗反応　dark reaction　312
アンモニウムイオン　ammonium ion　336

い

硫黄　sulfur　400
硫黄化合物　sulfide　732
硫黄酸化細菌　sulfur oxidizing bacteria　214
硫黄酸化物　sulfur oxide　270
硫黄同化　sulfur assimilation　**334**
イオン依存チャネル　ion-gated channel　407
異花柱性　heterostyly　105
維管束　vascular bundle　125, 154, 363, 519, 541, **550**, 552, 578
維管束形成層　vascular cambium　460, 529, 536, 540, 553, 557
維管束鞘細胞　bundle sheath cell　414
維管束植物　vascular plants　125, 144, 528
維管束組織　vascular tissue　507, 542, 582
維管束組織系　vascular tissue system, fascicular tissue system　528
維管束の形態形成　vascular development　**594**
生きた化石　living fossil　149
育種　breeding　672, 728
育種価　breeding value　699
育種法　breeding method　672
育種法の分類　classification of breeding　**672**
育種目標　breeding objective　**658**
育成者権　plant breeder's right　729
異形花型自家不和合性　heteromorphic self-incompatibility　499
異型花柱性　heterostyly　105
異型細胞　idioblast　**576**
異形胞子　heterospore　109
異形葉　heterophyll　163, 517
意識の人為選択　deliberate human selection　651
維持系統　maintainer　645
維持呼吸　maintenance respiration　**272**
維持コスト　maintenance cost　273
異質倍数体　allopolyploid　94, 646
異質倍数体形成　allopolyploidization　91
維持メチル化酵素　maintenance methylase　610
移住　migration　89
移住仮説　colonization hypothesis　262
異所的種分化　allopatric speciation　88
異数性　aneuploidy　99
異数体　aneuploid　99
異性体　isomer　362
位相差顕微鏡法　phase contrast microscopy　65
イソチオシアネート　isothiocyanate　334
イソフラボン　isoflavone　349
イソプレノイド　isoprenoid　344, 348
イソプレン　isoprene　349
イソペンテニルアデニン　N^6-(Δ^2-isopentenyl)adenine　358
イソペンテニルトランスフェラーゼ　isopentenyltransferase　358
イソペンテニル二リン酸　isopentenyl diphosphate：IPP　349
イソリケニン　isolichenin　131
一塩基多型　single nucleotide polymorphism：SNP　689, 692, 699
一次維管束組織　primary vascular tissue　594
一次休眠　primary dormancy　470
一次狭窄　primary constriction　98
一次共生　primary endosymbiosis　132

事項索引

一次原形質連絡　primary plasmodesma(ta)　476
一次根　primary root　506
一次細胞壁　primary cell wall　325, 533
一次師部　primary phloem　541
一次植物　primary phototroph　132
一次生産者　primary producer　206, 212
一次成長　primary growth　529, 536, **540**, 460
一次性能動輸送体　primary active transporter　404
一次組織　primary tissue　529, 536,540
一次代謝　primary metabolism　330, 348
一次的な半着生　primary hemiepiphyte　160
一次壁孔域　primary pit field　557
一次木部　primary xylem　541, 552
位置情報　positional information　542
一代雑種　F1 hybrid　644
一年生(一年草)　annual　252, 259, 480
一倍体　monoploid　646
一方向的競争　one-sided competition　245
イチョウ　*Ginkgo biloba*　9
イチョウ類　ginkgophytes　148
萎凋病　wilt disease　743
一回結実性, 一回繁殖　monocarpic　257, 480, 481
一過的発現系　transient expression system　604
一斉開花　mast flowering　265
一斉開葉型　simultaneous leaf emergence, flush type　264
一斉結実　masting　265
一対一共進化　pairwise coevolution　96
一発施肥　one-short basal fertilization　666
遺伝子　gene　82
遺伝子オントロジー　gene ontology：GO　60
遺伝子型　genotype　240, 660
遺伝子型頻度　genotype frequency　84
遺伝子組換え　genetic modification　351, 694
遺伝子組換え育種法　genetic modification breeding　675. **694**
遺伝子組換え植物　transgenic plant, genetically modified plant　604, 675, 695, 739, **740**
遺伝子組換え体　genetically modified organism：GMO　694
遺伝子クラスター　gene cluster　656
遺伝子クローニング　gene cloning　607
遺伝資源　genetic resource, germplasm　672, 686, 722, 746

遺伝資源のアクセスと利益配分　access and benefit-sharing：ABS　747
遺伝子資源　genetic resource　23
遺伝子浸透　introgression　183
遺伝子スプライシング　gene splicing　395
遺伝子対遺伝子仮説　gene-for-gene hypothesis　628, **630**
遺伝子ターゲティング　gene targeting　608
遺伝子重複　gene duplication　87
遺伝子ノックアウト(遺伝子破壊)　gene knockout　608
遺伝子ノックダウン　gene knockdown　608
遺伝子の水平伝播　lateral gene transfer　672
遺伝子発現　gene expression　616
遺伝子頻度　gene frequency　84
遺伝子ファミリー　gene family　616
遺伝子流動　gene flow　651
遺伝的隔離　genetic isolation　99
遺伝的荷重　genetic load　725
遺伝的組換え　genetic recombinatoin　672
遺伝的浸食　genetic erosion　686
遺伝的多様性　genetic diversity　725
遺伝的浮動　genetic drift　85, 188, 651
遺伝率　heritability　82, 661
糸染め　yarn dyeing　713
移入植物　invasive plants, naturalized plants　708
イ　ネ　*Oryza sativa*, rice　11, 41, **46**, 497, 608
イネ科の葉　grass leaf, gramineous leaf　518
イノシトール六リン酸　inositol hexakisphosphate, phytic acid　340
イバラモ型　Helobial type　121
衣　服　clothing　**712**
イボタノキ　*Ligustrum obtusifolium*, privet　543
異　名　synonym　171
イ　モ　tuber, corm　679
イリドイド　iridoid　350
イワヒバ目　Selaginellales　140
陰　樹　shade tree　238
陰生植物　shade plant　563
インディカ型イネ　indica rice　46
インドール-3-酢酸　indole-3-acetic acid：IAA　352, 354
インドール-3-ピルビン酸　indole-3-pyruvic acid：IPA　354
インドール-3-酪酸　indole-3-butyric acid：IBA　354

インドールアルカロイド　indole alkaloid　350
イントログレッション系統　introgression lines　637
イントロン　intron　616, 618
隠蔽種　cryptic species　88
陰　葉　shade leaf　563

う

ヴァーチャル・ハーバリウム　virtual herbarium　175
ウイルスフリー　virus free　52
ウィーン-PDB　Vienna Pee Dee Belemnite：V-PDB　286
ウィーン写本　Codex vindobonensis　718
ウィーン標準平均海水　Vienna Standard Mean Ocean Water：V-SMOW　286
ウォータジー・グリーンハウス　watergy greenhouse　671
ウォーターロギング　water logging　669
ウォール　whorl　586
羽状脈　pinnate venation　558
渦鞭毛藻　dinoflagellate(s), Dinophyta, Dinoflagellata　208, 702
内向き整流性K$^+$チャネル　inward-rectifying K$^+$ channel　407
宇宙医学　space medicine　706
宇宙実験　space experiment　707
宇宙生物学　astrobiology, exobiology, space biology　**706**
宇宙農業　space agriculture　706
宇宙放射線　cosmic radiation　707
海　草　seagrass, seaweed　162
雲霧林　mossy forest, cloud forest　143, 220

え

頴　果　caryopsis　469
永久調査区　permanent plot　238
永久凍土　permafrost　227
エイジ依存的繁殖　age-dependent reproduction　253
衛　星　satellite　70
衛星生態学　satellite ecology　**306**
栄　養　nutrition　398
栄養塩　nutrient salts, nutrients　204, 702
栄養飢餓　nutrient starvation　402
栄養期シュート頂　vegetative shoot apex　538

栄養欠乏　nutrition deficiency　666
栄養受精　vegetative fertilization　150
栄養シュート　vegetative shoot　508
栄養成長　vegetative growth　**462**
栄養成長期　vegetative stage　481
栄養センサー　nutrient sensor　403
栄養段階　trophic level　207, 212
栄養動態論　trophic dynamics　206
栄養繁殖　vegetative propagation, vegetative reproduction　104, 260, 543, 686
栄養分裂組織　vegetative meristem　462
腋　芽　axillary bud　368, 461, 508, 513, 514, 519, 529
腋芽分裂組織　axillary meristem　461, 519, 529, 588
液浸標本　spirit specimen　174
腋　生　axillary　523
腋生分裂組織　axillary meristem　461, 529
エキソサイトーシス　exocytosis　383, 393
エキソソーム　exosome　619
エキソン　exon　618
液　胞　vacuole　374, **376**, 418, 429, 496
液胞移行シグナル　vacuolar targeting signal　575
液胞型H$^+$-ATPase（V型ATPase）　vacuolar-type H$^+$-ATPase　377, 404
液胞選別輸送レセプター　vacuolar sorting receptor　575
液胞プロセシング酵素　vacuolar processing enzyme：VPE　487, 575
液胞膜　vacuolar membrane, tonoplast　377
液胞輸送　vacuolar transport　383
エクスカバータ界　Excavata　127
エクスパンシン　expansin　327, 601
エコゲノミクス　ecogenomics　**284**
壊　死　necrosis　486
壊死栄養性病原菌　necrotrophic pathogen　483
枝　branch　512
枝変わり　bud sport　678
枝分かれ　branching　460
エチオプラスト　etioplast　374
エチレン　ethylene　352, **360**, 535, 416, 419, 427, 467, 481, 483, 579
越夏芽　summer bud　163
越境大気汚染　transboundary air pollution　271
越冬芽　winter bud　163
エネルギー収支　energy budget　**194**

エネルギー代謝　energy metabolism　330
エネルギーの流れ　energy flow　212
エネルギーの放散　energy dissipation　323
エピジェネティクス　epigenetics　**610**, 681
エピスタシス　epistasis　660
エピスタシス説　epistasis theory　681
エピタイプ　epitype　170
エフェクター　effector　631
エムデン-マイヤーホフ経路　Embden-Meyerhof pathway　346
エライオソーム　elaiosome　106
エリコイド菌根　ericoid mycorrhiza　281
エリシター　elicitor　490
エリトロース 4-リン酸　erythrose 4-phosphoric acid：E4P　349
エルゴステロール　ergosterol　127
エレクトロポレーション　electroporation　55, 605
塩　害　salinization　14
沿　岸　coastal water　210
塩基除去修復　base excision repair　615
遠距離移行　long distance movement　626
エングラー体系　Engler system　151, 179
園　芸　horticulture　**20**, 542
遠心面合流三長口型　trichotomosulcate　154
塩ストレス　salt stress, salinity stress　411, 417, **428**
塩性植物　holophyte plant　735
縁生胎座　marginal placentation　146
遠赤色光　far-red light　442
遠赤色光比　far-red light ratio　263
遠赤色光高照射反応　far-red light high irradiance response：FR-HIR　442
塩　腺　salt gland　531, 566
鉛直混合　vertical mixing　204
エンド型キシログルカン転移酵素 / 加水分解酵素　xyloglucan endotransglucosylase /hydrolase：XTH　327
エンドサイトーシス　endocytosis　383, 393, 428
エンドソーム　endosome　383
エンドヌクレアーゼ　endonuclease　615
エンドファイト　endophyte　279
エンボリズム　embolism　277, 420, 555
塩類化土壌　salinized soil　735

お

オイルボディ　oil body　344, 379, 575
黄化組織　etiolated tissue　442
黄金角　golden angle　591
黄色植物（不等毛植物）　Ochrophytes, Hetero Kontophyta　122
黄色鞭毛藻　Chrysophyceae　702
黄　葉　yellow coloring of leaves　**464**
応力-伸展特性　stress-strain characteristics　601
オウレン　*Coptis japonica*　350
大型藻類　macroalgae　132, **134**
オオバコ　*Plantago asiatica*　350
オオムギ　barley　48
小笠原諸島　Bonin Islands　93
オキシリピン　oxylipin　416
オーキシン　auxin　11, 50, 54, 339, 352, **354**, 419, 441, 455, 457, 519, 537, 559, 579, 588, 593, 600
オーキシン応答性遺伝子　auxin responsive gene　355
オーキシン極性輸送　polar auxin transport　355
オーキシン取り込みキャリアー（担体）　auxin influx carrier　355
オーキシン排出キャリアー（担体）　auxin efflux carrier　355
屋上緑化　rooftop greening　736
屋内農業　indoor farming　711
オジギソウ　*Mimosa pudica*　526
オシロイバナ　*Mirabilis jalapa*　543
オスモフォア　osmophore　531
オゾン　ozone　**270**
オートファジー　autophagy　377, 402, 481
オートラジオグラフィー　autoradiography　69
オートレギュレーション　autoregulation　338
オーバーフロー説　overflow theory　465
オピストコンタ　Opisthokonta　126
オミックス　omics　56
オリゴ糖　oligosaccharide　417
オリーブ油　olive oil　342
オルニチン　ornithine　350
オレイン酸　oleic acid　342
オレオシン　oleosin　575
温室効果ガス　greenhouse gas　194
温帯常緑樹林　temperate evergreen forest　220
温帯草原　temperate grassland　226

温暖化　global warming　671
温　度　temperature　417, **430**, 462
温度感受性雄性不稔性　thermo-sensitive genic male sterility：TGMS　645
温度感知　temperature perception　430
温度センサー　temperature sensor　430
温度補償性　temperature compensation　452
オントロジー　ontology　**60**
温量指数　warmth index　224

か

科　family　173
外　衣　tunica　538
外衣・内体構造　tunica-corpus organization　542
絵　画　picture　**718**
開花期　flowering time　47
外果皮　exocarp　146
外気温　ambient temperature　463
外木包囲維管束　amphivasal bundle　154
外　群　out group　185
塊　茎　tuber　107, 495, 511, 574
外原型　exarch　505
開口数　numerical aperture　64
塊　根　tuberous root　107, 495, 574
介在分裂組織　intercalary meristem　536
開始tRNA　initiator tRNA　620
概日時計　circadian clock　451, 452
概日リズム　circadian rhythm　319, 441, 445, **452**
開始前複合体　pre-initiation complex　620
外珠皮　outer integument　520
外樹皮　outer bark　540
開水路（配水）　channel　669
外　生　exogenous　502
外生菌根　ectomycorrhiza　129, 166, 271, 280
回旋運動　circumnutation　525, 526
海　草　seagrass, seaweed　162
階層構造　stratification　219
海藻類　marine macroalgae, seaweed　134
階段穿孔　scalariform perforation plate　554
階段壁孔　scalariform pit　554
害虫抵抗性　insect resistance　740
海底熱水地帯　hydrothermal area　215
外的符合モデル　external coincidence model　451

開　度　divergence angle　590
解糖系　glycolysis　328, 332, 347, 348, 436
海島綿　sea island cotton　713
貝　毒　shellfish poisoning　703
カイトニア類　caytonias　149
カイネチン　kinetin　358
外胚乳　perisperm　468, 655
外　皮　exodermis　528, **546**
外分泌構造　external secretory structure　531
開放花　chasmogamy　106
海綿状組織　spongy tissue　**562**
外　洋　open ocean　210
海洋島　oceanic island　236
外来種　alien species　725
外来植物　alien plants, exotic plants　**708**
解離因子　release factor　620
カイロモン　kairomone　288
花外蜜腺　extrafloral nectary　569
化学交雑剤　chemical hybridizing agent　645
化学合成生物　chemosynthetic organism　214
化学合成無機栄養生物　chemolithotroph　**214**
化学従属栄養生物　chemoheterotroph　396
化学生態学　chemical ecology　**288**
化学的防衛　chemical defense　278
化学独立栄養生物　chemoautotroph　396
化学分類学　chemotaxonomy　731
化学変異原　chemical mutagen　688
化学量論　stoichiometry　**210**
花芽形成（花成）　flower formation　103, 440, 444, 462
花芽分裂組織　floral meristem　462, 538
花　冠　corolla　520
花冠筒部　corolla tube　520
花冠裂片　corolla lobe　520
カキ（果実）　*Diospyros kaki, pyros,* kaki（Japanese persimmon）　578
架橋性多糖類　cross-linking polysaccharide　326
核　nucleus　102, 374, 389, **394**
萼　calyx　520, 578
核遺伝子型雄性不稔性　genic male sterility：GMS　644
核　果　stone　34
核　型　karyotype　98, 633
核局在シグナル　nuclear localization signal　443
角隅厚角組織　angular collenchyma　530
核　酸　nucleic acid　339

事項索引

拡散二次成長　diffuse secondary growth　155
核　質　nucleoplasm　394
核小体　nucleolus　98, 395
核　相　nuclear phase　124
萼　筒　calyx tube　520
核内受容体　nuclear receptor　356
核内スペックル　nuclear speckle　395
核内低分子 RNA　snRNA　395
核内倍加　endoreduplication　394, **478**
核内配置　interphase chromosome positioning　395
核内ボディー　nuclear body　395
隔　壁　septum　122
萼　片　sepal　520
核　膜　nuclear membrane　394
隔膜形成体　phragmoplast　389, 532
核膜孔　nuclear pore　394
核膜崩壊　nuclear membrane breakdown　390
学　名　scientific name　169
核ラミナ　nuclear lamina　394
撹乱（攪乱）　disturbance　238, 248, 748
撹乱依存種（攪乱依存者）　ruderal species, disturbance dependent species　255, 725, 749
撹乱体制　disturbance regime　249
隔離の強化　reinforcement　90
隔離分布　disjunctive distribution　156
萼裂片　calyx lobe　520
仮根（偽根）　rhizine　131
カザシグサ　*Griffithsia japonica*　122
過酸化水素　hydrogen peroxide　438
花　糸　filament　520
仮軸成長　sympodial growth　275
仮軸分枝　sympodial branching　512, 522
果　実　fruit　**146**, 578
カシノナガキクイムシ　*Platypus quercivolus*　742
果　樹　fruit tree　20, 578, 678
花　序　inflorescence　518, **522**
花　床　receptacle　523
花序分裂組織　inflorescence meristem　538
花序柄　peduncle　523
かすがい連結　clamp connection　128
カスタステロン　castasterone　364
カスパリー線　Casparian strip　429, 546, **548**
カスパリー点　Casparian dot　528
ガス胞　gas vacuole　703

花成（花芽形成）　flowering　103, 440, 444, 462
花成ホルモン　florigen　463
化　石　fossil　155
化石植物　fossil plant　**138**, 290
風散布　wind dispersal, anemochory　106
花　托　receptacle　520
カタクリ　*Erythronium japonicum*　158
カタストロフ　catastrophe　388
カタラーゼ　catalase　381
勝ち抜き型競争　contest competition　245
花　柱　style　146, 520
活性酸素　reactive oxygen species：ROS　323, 417, 419, 427, 428, 432, **438**
褐　藻　brown algae, Phaeophyceae　134
カットアンドペースト　cut and paste　632
活動電位　action potential　74, 526
滑面小胞体　smooth endoplasmic reticulum　378
褐　葉　brown leaves　465
『カーティス・ボタニカル・マガジン』　*Curtis's Botanical Magazin*　719
仮道管　tracheid　531, 553, **554**
ガードモデル　guard model　631
花内蜜腺　floral nectary　569
ガ媒花　moth-pollinated flower　114
下胚軸伸長抑制　inhibition of hypocotyl elongation　442
カハールボディー　Cajal body　395
果　盤　disk　579
花　盤　disk　579
果　皮　pericarp　146
花　被　perianth　520
下　皮　hypodermis　546
カ　ビ　mold　126
花被片　tepal　155
過敏感細胞死（過敏感反応）　hypersensitive cell death, hypersensitive response　486, 628, 631
花　粉　pollen　**110**, 112, 116, 125, 154, 520
花粉アレルゲン　pollen allergen　705
花粉外膜　exine　111
花粉型　pollen type　111
花粉管　pollen tube　116, 120, 389, 496
花粉食昆虫　pollen-feeding insect　113
花粉水面媒　pollen-epihydrophily　163
花粉稔性　pollen fertility　689
花粉媒介者　pollinator　265
花粉壁　pollen wall　111

花　柄　pedicel　522, 578
果　柄　pendicel　578
可変性二年草　facultative biennial　252
果胞子　carpospore　134
花　蜜　floral nectar　112
カヤ吹き　straw roofing　717
仮雄蕊　staminode　155
花　葉　floral leaf　155
仮葉枝　phylloclade, cladode, cladophyll　509, 514
カラギーナン　carrageenan　134
ガラクト脂質　galactolipid　342
からし油配糖体（グルコシルート）　glucosinolate　335, 348, 490
ガラパゴス諸島　Galapagos Islands　92
苧　麻　Boehmeria nivea, ramie, China grass　712
夏緑性一年草　summer annual　42
カルコン　chalcone　349
カルス　callus　50, 491
カルタヘナ議定書（カルタヘナ法）　Cartagena protocol on biosafety　697, 740, 747
カルビン・ベンソン回路，カルビン回路　Calvin-Benson cycle, Calvin cycle　32, 314, 316, 320, 417
カルボキシラーゼ活性　carboxylase activity　320
カルマン渦流　Karman swirling flow　735
カルモジュリン　calmodulin　418, 497
カルモジュリン様タンパク質　calmodulin-like protein：CML　418
カロース　callose　490, 533
カロース合成酵素　callose synthase　533
カロテノイド　carotenoid　362, 369, 464
灌　漑　irrigation　668
間隔尺度　interval scale　72
間　期　interphase　390
環境 DNA　environmental DNA　285
環境応答　environmental response　416
環境ストレス　environmental stress　250, 364, 395
間隙厚角組織　lacunar collenchyma　530
還元的ペントースリン酸回路　reductive pentose phosphate cycle　316
感光性（日長感受性）　photoperiod sensitivity　47, 645
緩効性肥料　slow release fertilizer　665
幹細胞　stem cell　536, 587
乾湿運動　hygroscopic movement　527

干渉型競争　interference competition　245
観賞植物　ornamental plant　20
管状中心柱　siphonostele　141, 544
環状壁孔　circular pit　554
管状要素　tracheary element　531, 552, 554, 595
冠水ストレス　Submergence stress, submergence tolerant　564
冠水耐性　flooding tolerance　**426**
完全菌従属栄養植物　holo-mycoheterotrophic plant(s)　166
乾　燥　drought　417, 424
乾燥指数　aridity index　228
乾燥ストレス　drought stress　**424**
カンゾウ属　*Glycyrrhiza*　350
乾燥地域　arid region　14
乾燥度　aridity　216
乾燥・半乾燥地域　arid/semiarid regions　228
寒　天　agar　134
カンファー　camphor　350

■ き

偽遺伝子　pseudogene　87
偽横分裂　pseudo-transverse division　599
偽　果　false fruit　147
機械散布　ballistic seed dispersal, autochory　106
機械刺激依存チャネル　mechanically gated channel　407
機会的遺伝的浮動　random genetic drift　88, 237
帰化植物　naturalized plants　708
キカデオイデア類　*Cycadeoidea*, Cycadeoideopsida, Cycadeoideales, Bennettitales　139
器　官　organ　**502**
器官学　organography　**502**
器官分化　organ differentiation　52
偽球茎　pseudobulb　510
偽菌類　pseudofungi　126
キク類　asterids　153
起源層　germ layer　542
季　語　season word　720
気　孔　stoma(sg.)/stomata(pl.)　222, 268, 362, 416, 427, 441, 446, **458**, 529, 564, 567
気候区分　climatic classification　**216**
気孔コンダクタンス　stomatal conductance　268, 287

事項索引

気候変動　climate change　188, 228
気候変動に関する政府間パネル
　　Intergovernmental Panel on Climate Change：IPCC　308, 726
気候変動枠組条約　United Nations Framework Convention on Climate Change：UNFCCC　727
偽　根　rhizine　131
記　載　description　31, 172
キサントフィル　xanthophyll　323, 464
偽受粉　pesudogamy　663
キシラン　xylan　326
キシログルカン　xyloglucan　326
寄　生　parasitism　**278**
寄生菌　biotroph　366
寄生根　parasitic root　506
寄生植物　parasitic plant(s)　166
寄生性微生物　parasitic microorganism(s)　279
寄生生物　parasite　279
季節性アレルギー　seasonal allergic disease　704
規則分布　regular distribution　246
キチン　chitin　126, 417
喫煙料　smoke crop　732
起電性プロトンポンプ　electrogenic proton pump　74
『キトロギア』　*Cytologia*　11
キナーゼ　kinase　403
帛　綿　upland cotton　713
キネシン　kinesin　389
きのこ　mushroom　126
キノリチジンアルカロイド　quinolizidine alkaloid　350
偽盃点　pseudocyphella(sg.)/pseudocyphellae(pl.)　131
キハダ　*Phellodendron amurense*　350
偽発見率　false discovery rate：FDR　693
基盤サービス　supporting service　296
基部被子植物　basal angiosperms　121, 154
基本組織　fundamental tissue, ground tissue　542
基本組織系　ground tissue system, fundamental tissue system　528
基本ニッチ　fundamental niche　158
基本分裂組織　ground meristem　528, 538
キメラ　chimera, chimaera　**542**, 678, 689
ギャップ　gap　239
キャップ構造　cap structure　620

キャパシタンス　capacitance　572
キャビティリングダウン分光分析装置　cavity ring down spectroscopy：CRDS　69
キャビテーション　cavitation　572
球　果　cone, strobile　146
球果類　conifers, coniferophytes　148
球　茎　corm　107, 511
吸光度　optical density　62
吸収極大　absorption maximum　442
吸収スペクトル　absorption spectrum, absorbance spectrum　62
厩　肥　animal manure　664
休　眠　dormancy　362, **470**
休眠種子　dormant seed　470
休眠打破　dormancy breaking, breaking of dormancy　356, 470
キュー植物園　Royal Botanic Gardens, Kew　23
距　spur(s)　96
共栄植物　companion plants　641
供給サービス　provisioning service　296
共焦点レーザー顕微鏡法　confocal laser scanning microscopy　67
共進化　coevolution　**96**
強心配糖体　cardenolide　571
共　生　symbiosis　96, 130, **278**, 282, 416, 419
偽陽性　false-positive　661
共生菌　mycobiont　130
共生藻　photobiont, symbiotic alga　130
共生窒素固定　symbiotic nitrogen fixation　338
競　争　competition　244
競争者（競争戦略種）　competitor　255, 749
競争戦略　competitive strategy　255
競争密度効果の逆数式　reciprocal equation of competition-density (C-D) effect　266
協調進化　concerted evolution　87
京都議定書（気候変動に関する国際連合枠組条約の京都議定書）　Kyoto Protocol to the United Nations Framework Convention on Climate Charge　727
共有派生形質　synapomorphy　185
共輸送　symport　407
極　pole　390
極性脂質　polar lipid　342
極性輸送　polar transport　588, 593
極　相　climax　238
極相種　climax species　248

極低光量反応　very low fluence response：VLFR　442
距離法　distance method　181, 246
均一性　uniformity　728
菌界　Kingdom Fungi　126
菌寄生植物（菌従属栄養植物）　mycoheterotroph　280, 396
近交弱勢　inbreeding depression　105, 680, 725
菌根　mycorrhizal fungus, mycorrhizal fungi　166, **280**, 286, 416, 419, 507
菌根菌ネットワーク　mycorrhizal network　280
菌糸　hypha(e)　126
近似同質遺伝子系　nearly isogenic line(s)　637, 661
菌従属栄養植物（菌寄生植物）　mycoheterotrophic plant　155, 280, 396
緊縮応答　stringent responses　403
近赤外放射　near-infrared radiation：NIR　70
菌類　fungi　**126**

く

グアニンヌクレオチド交換因子　guanine nucleotide exchange factor：GEF　418
グアノ　guano　16
空間スケール　spatial scale　295
空ニッチ　vacant niche　237
クエン酸回路（TCA 回路）　tricarboxylic acid cycle　329, 348
区画法　quadrat method　246
区間マッピング法　interval mapping　660
茎　stem　460, 502, 528
茎の形態形成　stem morphogenesis　**582**
茎の伸長　stem elongation　446
茎の多様性　stem diversity　**510**
区系　floristic region　156
草型育種　plant type breeding, breeding to improve plant type　659
釧路湿原　Kushiro Moor　234
クチクラ　cuticle　162, 325, 344, 529, 560
クチン　cutin　136, 344
クックソニア類　Cooksonia　139
屈光性（光屈性）　phototropism　95, 440, 446, 454, 525, 527, 583
屈性　tropism　**454**, 526
クヌーセン拡散　Knudsen diffusion　565
グネツム類　gnetophytes　148

クピンスーパーファミリー　cupin superfamily　704
区分キメラ　sectorial chimera　542
区別性　distinctness　728
クマリン　coumarin　349
組合せ能力　combining ability　677
組換え自殖系統　recombinant inbred line　660
組換え種分化　recombinant speciation　94
クラウングループ　crown group　155
クラウンゴール　crown gall　50
クラスター根　cluster root　506
クラミドモナス　*Chlamydomonas reinhardtii*　39, 608
クララ　*Sophora flavescens*　350
グリアジン　gliadin　494
グリオキシソーム　glyoxysome　380, 575
グリオキシル酸回路　glyoxylate cycle　380, 575
グリコール酸　glycolic acid　320
グリコール酸オキシダーゼ　glycolate oxidase　438
グリコール酸代謝　glycolate metabolism　374, 380
グリシン　glycine　320
グリセリン酸　glyceric acid　321
グリセルアルデヒド 3-リン酸　glyceraldehyde 3-phosphate：GA-3P　350
グリセロ脂質　glycerolipid　342
グリセロ糖脂質　glyceroglycolipid　342
グリセロリン脂質　glycerophospholipid　342
グリセロール 3 リン酸　glycerol-3 phosphate　345
グリセロール 3 リン酸アシルトランスフェラーゼ　glycerol-3 phosphate acyltransferase　345
グリチルリチン　glycyrrhizin　350
クリプトクロム　cryptochrome　416, 440, **444**
クリプト藻　Cryptophyta　208
クリープメーター　creep meter　601
グリホサート　glyphosate　739
グリーンインフラストラクチャー　green infrastructure　300
グルコシノレート　glucosinolate　335, 348
グルコース 6-リン酸デヒドロゲナーゼ　glucose 6-phosphate dehydrogenase　337
グルタチオン　glutathione　335, 400, 439
グルタミンアミドトランスフェラーゼ　glutamine amidotransferase　337
グルタミン合成酵素　glutamine synthetase　321,

336, 402
グルタミン酸合成酵素　glutamate synthase　321, 337
グルタミン酸デヒドロゲナーゼ　glutamate dehydrogenase　337
グルテニン　glutenin　494
クロストーク　crosstalk　417, 419
クロスプロテクション　cross-protection　628
グロッソプテリス類　*Glossopteris*, Glossopteridales　139, 149
クローナル植物　clonal plant　**260**
グローバル・ディミング　global dimming　671
くろぼ菌　smut fungi　127
クロマチン　chromatin　394, 473
グロムス門（グロムス菌門）　Glomeromycota　127, 280
クロモゲン　chromogen　465
クロモプラスト　chromoplast　374
クロロフィル　chlorophyll　251, 384, 400
クロロフィル合成　chlorophyll synthesis　543
クローン　clone　104, 678
クローン解析　clonal analysis　543
クローンの断片化　clonal fragmentation　261
群　系　formation　216
群集ゲノミクス　community genomics　285

け

毛　hair-like, trichome　529
景観構造　landscape structure　294
景観生態学　landscape ecology　**294**
蛍　光　fluorescence　70
蛍光顕微鏡法　fluorescence microscopy　65
経済評価　commercial valuation　297
珪酸体　silica body　155
形　質　character　172, **184**
形質オントロジー　phenotypic quality ontology：PATO　61
形質状態　character state　172, **184**
形質転換　transformation　55
形質転換植物　transgenic plant　604
傾　性　nasty　**454**
形成層　cambium　154, 536, 541, 550, 596
ケイ素　silicon　401
珪　藻　diatoms, Bacillariophyta, Bacillariophyceae　208, 702
形態形成　morphogenesis　78

茎　頂　shoot apex　509, 529, 543
茎頂培養　meristem culture　52
茎頂分裂組織　shoot apical meristem　371, 536, 542
系統学　phylogenetics　180
系統樹　phylogenetic tree　99, 155, **180**
系統地理　phylogeography　**188**
系統ネットワーク　phylogenetic network　180
系統発生　phylogeny　180
系統分類学　systematics, phylogenetic systematics　178
ケイヒ酸誘導体　cinnamic acid derivative(s)　349
渓流沿い植物　rheophyte　**164**
ケ　シ　*Papaver somniferum*　350
結合型 IAA　bound IAA, conjugated IAA　354
ケッペンの気候区分　climate classification of Köppen　220
ゲノミックセレクション　genomic selection　674, **690**
ゲノム　genome　56, **98**, 100, 284, 389
ゲノム塩基配列　genome sequence　46
ゲノム分析　genome analysis　100
ゲノム編集　genome editing　76, 608, 694
ゲノムワイドアソシエーション研究（ゲノムワイド関連解析）　genome-wide association study：GWAS　284, **692**
ゲラニルゲラニル二リン酸　geranylgeranyl diphosphate, geranylgeranyl pyrophosphate：GGPP　350
ゲラニル二リン酸　geranyl pyrophosphate, geranyl diphosphate：GPP　350
限界日長　critical day length　450
原核型経路　prokaryotic pathway　345
原核生物　prokaryote　492
嫌気呼吸　anaerobic respiration　328
嫌気性代謝　anaerobic metabolism　417
原形質分離　plasmolysis　423
原形質流動　cytoplasmic streaming, protoplasmic streaming　379, 389, **496**
原形質連絡　plasmodesma(ta)　123, 415, 476, 531, 532, 581, 626
検索表　key　172
原始形質　plesiomorphy　155
原糸体　protonema　142
減水深　water requirement in depth　668

減数分裂　meiosis　94, 100, 116, 124, 131, 395
原生篩部　protophloem　541, 557
原生中心柱　protostele　141, 544
原生木部　protoxylem　541, 552
原生木部腔　protoxylem lacuna(e)　552
元素分析計　elemental analyzer　68
顕熱　sensible heat　194, 199
顕微鏡　microscopy　64

こ

コアレセント　coalescent　183
『小石川植物園草木図説』　*Figures and Descriptions in Koishikawa Botanical Garden*　8
綱　class　25
高温ストレス　high temperature stress　417
高温発芽阻害　thermoinhibition of germination　471
厚角細胞　collenchymatous cell　530
厚角組織　collenchyma　528, 530, 582
後期　anaphase　391
好気呼吸　aerobic respiration　328
光屈性(屈光性)　phototropism　95, 440, 446, 454, 525, 527, 583
荒原　desert　232
光合成　photosynthesis　9, 32, 166, 194, 251, 268, 306, **312, 318, 322**, 416, 419
光合成細菌　photosynthetic bacteria　492
光合成色素　photosynthetic pigment　314
光合成炭素同化　photosynthetic carbon assimilation　**316**
光合成窒素利用効率　photosynthetic nitrogen use efficiency　269
光合成反応中心　photosynthetic reaction center　314
光合成有効放射　photosynthetically active radiation；PAR　70
光呼吸　photorespiration　316, **320**, 337, 380
交雑育種法　hybridization breeding　674
交雑品種　hybrid variety　729
交差反応性　cross-reactivity　704
抗酸化剤(抗酸化物質)　antioxidant　417, 438
高山植物園　alpine(botanic)garden　23
高山帯　alpine zone　**224**
向軸(側)　adaxial　518, 562, 585
光質　light quality　463

硬実性　hard seededness　650
光周期　photoperiod　462
光周性　photoperiodism　442, **450**
紅色植物　Rhodophyta, Rhodobionta　122
更新　regeneration　248
香辛料　spice　731, 732
構成呼吸　construction respiration　**272**
構成コスト　construction cost　273
後生篩部　metaphloem　541, 557
合生子房　syncarpous ovary　153
合生心皮　syncarpy　155
合生心皮性雌蕊　syncarpous gynoecium　146, 520
後生木部　metaxylem　541, 552
合祖　coalescent　183
紅藻　red algae, Rhodophyta, Rhodophyceae　134
構造遺伝子　structural gene　655
高層湿原　high moor　235
厚層珠心型　crassinucellate　155
甲虫媒花　beetle-pollinated flower　114
交配後隔離　post-mating isolation, post-zygotic isolation　88, 94
向背軸極性　adaxial-abaxial polarity　518
交配前隔離　pre-zygotic isolation, pre-mating isolation　95
厚壁異形細胞　sclernchymatous idioblast　530
厚壁細胞　sclerenchymatous cell　530
厚壁組織　sclerenchyma　528, 582
合弁花冠　sympetalous corolla　520
孔辺細胞　guard cell　458, 529, 561
酵母　yeast　126
候補遺伝子アソシエーション研究　candidate gene association study　692
後方鞭毛生物　Opisthokonta　126
高木限界　treeline, tree limit　218, **224**
香味料　seasoning　732
コウモリ媒花　bat-pollinated flower　115
紅葉　red coloring of leaves　464
紅葉現象　autumn red coloration　464
硬葉樹林　sclerophyll forest　220
合流溝型　syncolpate　154
光量子　photon　62
小枝　twig　137
氷衛星探査　icy planet exploration　706
コカイン　cocaine　350

コカノキ　*Erythroxylum coca*　350
古環境の復元　reconstruction of paleoenvironment　**292**
古気候の復元　reconstruction of paleoclimate　**292**
呼　吸　respiration　9, **328**, 419
呼吸根　respiratory root, pneumatophore　426, 506
呼吸鎖電子伝達系　respiratory electron transport chain　328
国際稲研究所　International Rice Research Institute：IRRI　639, 642, 659, 746
国際乾燥地農業研究センター　International Center for Agricultural Research in the Dry Areas：ICARDA　639
国際自然保護連合　International Union for Conservation of Nature：IUCN　724, 744
国際植物遺伝資源研究所　International Plant Genetic Resources Institute：IPGRI　746
国際植物園連合　International Association of Botanic Gardens：IABG　23
国際植物防疫条約　International Plant Protection Convention：IPPC　747
国際シロイヌナズナ委員会　Multinational Arabidopsis Research Steering Committee：MASC　44
国際生物学事業計画　International Biological Program：IBP　192
国際生物多様性センター　Bioversity International　746
国際藻類・菌類・植物命名規約　International Code of Nomenclature for algae, fungi, and plants　3, 169, 173
国際トウモロコシ・コムギ改良センター　Centro Internacional de Mejoramiento de Maiz Y Trigo：CIMMYT, International Maize and Wheat Improvement Center　638, 642
国際熱帯農業研究所　International Institute of Tropical Agriculture：IITA　639
国際熱帯農業センター　Centro Internacional de Agricultura Tropical：CIAT　639
国際農業研究協議グループ　Consultative Group on International Agricultural Research：CGIAR　638, 746
国際馬鈴薯センター　Centro Internacional de la Papa：CIP, International Potato Center　639

国際半乾燥熱帯作物研究所　International Crops Research Institute for the Semi-Arid Tropics：ICRISAT　639
国際連合食糧農業機関　Food and Agriculture Organization：FAO　218, 746
極低光量反応　very low fluence response：VLFR　442
国立遺伝学研究所　National Institute of Genetics　10
コケ植物（コケ類）　bryophyte(s)　124, **142**, 232
古細菌　archaea　95, 446
コザック配列　Kozak sequence　621
コサプレッション　co-suppression, cosuppression　612, 623
湖　沼　lake　210
互　生　alternate　590
古生態学　paleoecology　**290**
個体群　population　251
個体群サイズ　population size　254
個体群存続可能性分析　population viability analysis　725
個体群統計学　demography　252, 725
個体群の内的自然増加率　intrinsic rate of natural increase　252
古代湖　ancient lake　237
個体密度　individual density　254
コドン　codon　620
コニイン　coniine　351
五倍体　pentaploid　646
琥　珀　amber　128
コーヒー　coffee　733
コピーアンドペースト　copy and paste　632
コプト織物　Coptic textile　715
糊粉層　aleurone layer　468, 494
五弁類　Pentapetalae　153
コホート　cohort　245
細かなスケール　fine scale　295
コムギ　wheat　32, 48
コムギ農林10号　wheat Norin 10　32
ゴム道　gum duct　531
固有種　endemic species　93, 156
固有性　endemism　156
コリドー　corridor　294
コルク（コルク組織）　cork, cork tissue, phellem　530, 539, 540
コルク形成層　cork cambium, phellogen　460,

529, 536
コルク皮層　cork cortex, phelloderm　530, 539
ゴルジ体　Golgi body, Golgi apparatus　**382**, 657
コルヒチン　colchicine　542, 646
コルメラ　columella　456
コルメラ始原細胞　columella initial cell　581
コロドニー・ウェント説　Cholodny-Went theory　457
根　圧　root pressure　420, 549, 566
根　冠　root cap　461, 507
根　茎　rhizome　107, 155, 511
根　系　root system　508, 529
根　圏　rhizosphere　14, 203, 270, 416
混合栄養　mixotrophy　204, 397
混合栄養藻類　mixotrophic algae　209
混合線形モデル　mixed linear model　693
根出葉　radical leaf　276
根端分裂組織　root apical meristem：RAM　372, 460, 507, 536, 580
昆　虫　insect　571
根頭癌腫菌　*Agrobacterium tumefaciens*, Rhizobium　50, 55
コンピュータートモグラフィー　computed tomography：CT　67
根萌芽　root sprout　107
根　毛　root hair　389, 496, 507, 529
根　粒　nodule, root nodule　282, 338, 399, 507
根粒菌　root nodule bacterium (root nodule bacteria)　**282**, 286, 417, 419

さ

細菌型光合成　bacterial photosynthesis　313
細菌命名規約　International Code of Nomenclature of Bacteria　169
サイクリン　cyclin　391
サイクリン依存性キナーゼ　cyclin-dependent kinase　391, 479
細　根　fine root　270
採餌戦略　foraging strategy　264
最終収量一定の法則　low of constant final yield　**266**
サイズ依存的繁殖　size-dependent reproduction　253
サイズ排除限界　size exclusion limit　477
再　生　regeneration　472
再生生態学　restoration ecology　300

最節約法　maximum parsimony method　181
最適戦略　optimal strategy　240
サイトカイニン　cytokinin　11, 50, 54, 337, 352, **358**, 419, 481, 595
サイトカイニンオキシダーゼ　cytokinin oxidase　359
サイトゾル(細胞質基質)　cytosol, cytoplasmic matrix　388, 418, 496
材の形成　xylem formation　**596**
栽培化　domestication　650
栽培化症候群　domestication syndrome　651
栽培植物の起源と分化　origin and differentiation of cultivated plants　**650**
栽培品種　cultivar　34
細胞外電極法　extracellular electrode method　74
細胞型　cellular type　121
細胞株　cell line　53
細胞間移行　cell-to-cell movement　581, 626
細胞間隙　intercellular space　426, **534**, 533
細胞キメラ　cytochim(a)era　542
細胞系譜　cell lineage　542
細胞骨格　cytoskeleton　**388**
細胞質　cytoplasm　102, 374, 395, 496
細胞質遺伝　cytoplasmic inheritance　**102**
細胞質雑種　cytoplasmic hybrid, cybrid　685
細胞質分裂　cytokinesis　389, 391
細胞質雄性不稔(性)　cytoplasmic male sterility：CMS　103, 644
細胞周期　cell cycle　388, 390, 395
細胞収縮　cytorrhysis　423
細胞小器官　organelle　102, 374, 382, 388, 496
細胞小器官の相互作用　interaction of organelles　375
細胞伸長　cell elongation　364
細胞性粘菌　cellular slime mold　127
細胞内共生　endosymbiosis　94, 384
細胞内共生説　endosymbiotic theory　102, 386
細胞内区画化　compartmentation, compartmentalization　375
細胞内情報伝達　intracellular signal transduction　**418**
細胞培養　cell culture　50
細胞板　cell plate　53, 389, 391
細胞非自律的　non-cell autonomous　477
細胞分裂　cell division　364, 388, **390**, 584
細胞分裂周期　mitotic cell cycle　478

事項索引

細胞分裂面　division plane　**598**
細胞分裂領域　cell proliferative zone　584
細胞壁　cell wall　**324**,374, 388, 533
細胞壁の間隙サイズ　pore size of cell wall　533
細胞膜　plasma membrane, cell membrane, plasmalemma　374, 388, **392**, 404, 418, 423, 496
細胞融合　cell fusion　55, 684
細胞リプログラミング　cellular reprogramming　491
最尤法　maximum likelihood method　181
在来植物　native plants, indigenous plants　708
材料提供同意書　material transfer agreement：MTA　48, 687
サイレント変異　silent mutation　688
サカゲツボカビ綱　Hyphochytriomycetes　127
蒴　capsule　107
酢酸-マロン酸経路　acetate-malonate pathway　348
柵状組織　palisade tissue　562
さく(蒴)葉　herbarium specimen　174
桜　cherry tree, cherry blossom, sakura　**34**
挿し木　cuttage, cutting　543, 678
砂　地　sand land　231
雑種強勢　heterosis, hybrid vigor　675, **680**
雑種形成　hybridization　651
雑種種分化　hybrid speciation　94
『雑種植物の研究』　Versuche über Pflanzen-Hybriden　4
雑　草　weed　738
サツマイモ　sweetpotato　679
里　地　Satochi　**748**
里　山　Satoyama　294, 743, **748**
里山林　Satoyama secondary forest　743
沙漠(砂漠)　desert　**232**
沙漠(砂漠)の緑化　revegetation, afforestatian　734
砂漠化　desertification　228, 734
サバンナ　savanna　220, 226
さび菌　rust fungi　127
サブゲノム　subgenome　100
サーモスペルミン　thermospermine　583
左右対称花　zygomorphic flower　521
作用スペクトル　action spectrum　62, 449
サリチル酸　salicylic acid　352, **366**, 481,483,
サリチル酸生合成経路　salicylic acid biosynthetic pathway　366
サルベージ経路　salvage pathway　339, 359
酸化還元制御　redox regulation　419
酸化障害(酸化損傷)　oxidative injury, oxidative damage　438, 614
酸化ストレス　oxidative stress　417
三価染色体　trivalent　648
酸化的ペントースリン酸経路　oxidative pentose phosphate pathway　328
酸化的リン酸化　oxidative phosphorylation　436
三形花型　tristyly　499
三溝型　tricolpate　111, 154
三孔型　triporate　154
三溝粒群　tricolpates　152
三重反応　triple response　360
酸伸展　acid-induced wall extension　601
酸性雨　acid rain　**270**
酸性土壌　acid soil　410
三相世代交代　triphasic life history　134
酸素同位体比　oxygen isotope ratio　292
酸素発生型光合成　oxygenic photosynthesis　313
残存繁殖価　residual reproductive value　257
三倍体　triploid　646
三量体Gタンパク質共役型受容体　trimeric G protein-coupled receptor　416

し

シアニディオシゾン　Cyanidioschyzon merolae　608
シアノバクテリア(藍藻, ラン藻)　cyanobacterium (sg.)/cyanobacteria (pl.), Cyanophyta, blue-green algae　2, 95, 130, 132, 208, **492**, 702
篩　域　sieve area　531, 557
ジェネット　genet　104, 261
紫外光受容体　ultraviolet light receptor　416
紫外線　ultraviolet　**448**
紫外線B　ultraviolet B radiation：UVB　614, 448
紫外線吸収物質　ultraviolet-absorbing compounds　448
自家受粉　self-pollination, selfing　104, 265
自家不和合性　self-incompatibility　105, 117, 466, **498**
ジガラクトシルジアシルグリセロール　digalactosyldiacylglycerol：DGDG　344
自家和合性　self-compatibility　106

篩　管　sieve tube　414, 531, 556
篩管要素　sieve tube element　531, 533, 595
磁気コンパス　magnetic compass　445
色素体　plastid　102, 132, 374
シキミ酸経路　shikimate pathway, shikimic acid pathway　339, 348
軸維管束　sympodial stem bundle　550
時空間パターン　spatiotemporal pattern　418
シグナル伝達　signal transduction　352, 617
資　源　resource　244, 268
始原細胞　initial, initial cell　536, 543, 580
資源植物（植物資源）　plant resources　23, 716
資源利用効率　resource use efficiency　**268**
篩　孔　sieve pore　531, 557
指向的散布仮説　directed dispersal hypothesis　262
自己相似性　self-similarity　78
自己トリミング　self-trimming　275
自己分解　autolysis, self-digestion　402
自己間引き　self-thinning　245, 247, **266**
篩細胞　sieve cell　531
脂　質　lipid　**342**
子実体　fruit body　129
脂質二重層　lipid bilayer　392, 404, 575
脂質ラフト　lipid raft　344, 393
自　殖　inbreeding, selfing, self-fertilization　104, 145, 498
自殖性作物（自殖性植物）　self-fertilizing crop, self-fertilizing plant, inbreeder　673, 674, 686
自殖性植物の育種法　breeding methods for self-fertilizing plant　**674**
雌　蕊　pistil　116, 146, 520
雌蕊群　gynoecium　520
シス因子　*cis*-element　616
シスゼアチン　*cis*-zeatin　358
システイン　cysteine　334
システインスルホキシド誘導体　cysteine sulfoxide derivative　334
システインリッチペプチド　cysteine-rich peptide　372
雌性先熟　protogyny　105
自生的化石　autochthonous fossil　290
雌性配偶体　female gametophyte　468
雌性両全性異株　gynodioecy　105
次世代シークエンサー　next generation sequencer：NGS　56, 284, 660

施設園芸　protected cultivation of horticultural crops　670
施設農業　greenhouse farming and protected agriculture　**670**
自然撹乱　natural disturbance　248
自然共生社会　symbiotic society　727
自然選択（自然淘汰）　natural selection　29, 83, 85, 86, 88, **240**, 285, 672
自然草地　natural grassland　228
自然突然変異　spontaneous mutation　615
『自然の体系』　*Systema naturae*　24
自然のミクロコズム　natural microcosm　243
自然分類　natural classification　178
自然分類法　natural system　25
自然間引き　natural thinning　267
持続可能性　sustainability　726, 748
持続性農業　sustainable agriculture　**640**
自他識別　self-nonself discrimination　498
シダ種子植物（シダ種子類）　seed ferns, pteridosperms　139, 149
シダ植物　seedless vascular plants, pteridophyte(s)　124, **144**, 167
下向き長波放射　downward longwave radiation　194
シダ類　monilophytes, Moniliformopses　140
支柱根　prop root　506
湿　害　excess moisture injury　426
湿　原　bog, fen, marsh, mire, moor, swamp, wetland　**234**
湿原の復元　recovery of wetland vegetation　235
実験植物　experimental plant　722
実現ニッチ　realized niche　158
実験モデル植物　model plant　43
質的形質　qualitative trait, qualitative character　184, 660
質的データ　qualitative data　72
質量分析　mass spectrometry　56
ジテルペン　diterpene　349
自動自家受粉　autonomous self-pollination　106
自動的（機械的）選択　automatic selection　650
シトクロム P450　cytochrome P450　351, 358
シードバンク　seedbank　470
子嚢果　ascocarp　131
子嚢菌　Ascomycetes　130, 281
子嚢菌門　Ascomycota　127
子嚢母細胞　ascus mother cell　131

事項索引

シノモン synomone 288
自配自家受精 intragametophytic selfing 145
篩 板 sieve plate 531, 557
篩 部 phloem 154, 528, 550, **556**, 594
篩部細胞 phloem cell 595
篩部柔細胞 phloem parenchyma cell 414, 556
篩部柔組織 phloem parenchyma 531
篩部繊維 phloem fiber 531, 556
篩部積み込み phloem loading 414
篩部放射組織 phloem ray 531
ジベレリン gibberellin：GA 11, 32, 352, **356**, 419, 467, 471, 495, 583
ジベレリン非感受性 gibberellin insensitive 32
子 房 ovary 146, 155, 520
子房下位 epigynous 520
脂肪酸 fatty acid 342
脂肪酸β酸化 fatty acid β oxidation 380
脂肪酸合成酵素 fatty acid synthase 345
子房周位 perigynous 520
子房上位 hypogynous 520
島 island **236**, 300
姉妹群 sister group 180
島症候群 island syndrome 237
絞め殺し植物 strangler 161
ジメチルアリル二リン酸 dimethylallylpyrophosphate：DMAPP, dimethylallyl diphosphate 350, 358
刺 毛 stinging hair 531
下 肥 night soil 16
ジャガイモ *Solanum tuberosum*, potato 350, 679
弱毒株 attenuated strain 628
車軸藻（シャジクモ藻） characean plant, Charophyceae, charophyte(s), characeae 122, 134, 136, 496
ジャスモン酸 jasmonic acid 352, **366**, 416, 419, 481, 483, 495
遮断蒸発 interceptional evaporation 222
ジャックナイフ法 jackknife method 73
ジャポニカ型イネ japonica rice 46
蛇紋岩 serpentinite 155
斜列線 parastichy 590
ジャンゼン－コンネル仮説 Janzen-Connell hypothesis 263
種 species 172
雌雄異花同株 monoecy 105

雌雄異株 dioecy 105
雌雄異熟 dichogamy 105, 466
周縁キメラ periclinal chim(a)era 542
周縁分裂組織 marginal meristem 585
重回帰分析 multiple regression analysis 73
自由核期 nuclear type 121
収穫量 amount of yield 659
終 期 telophase 391
重金属汚染 heavy metal pollution 411
重金属耐性 heavy metal resistance 89
集合果 aggregate fruit 147
集光性色素 light-harvesting pigment 314
集合反応 accumulation response 447
柔細胞 parenchymatous cell, parenchyma cell 530, 574
集散花序 cymose inflorescence 522
シュウ酸カルシウム calcium oxalate 495
十字対生 decussate 590
収縮根 contractile root 506
集水域 catchment 222
重 相 dikaryon 127
重相菌亜界 Dikarya 127
従属栄養 heterotrophy **396**
従属栄養生物 heterotroph 202, 396, 398, 574
従属品種 essentially-derived variety 729
柔組織 parenchyma 528
集団遺伝学 population genetics 35
集団改良 population improvement 677
集団選抜法 mass selection 677
集中分布 clumped distribution, aggregated distribution 246
周 乳 perisperm 120
周 皮 periderm 460, 528,539, 540
重複受精 double fertilization 118, 120, 150, 468
周辺種分化 peripatric speciation 88
就眠運動 nyctinasty 441, 452, 454
雌雄離熟 herkogamy 105
収量構成要素 yield component 659
収量密度効果の逆数式 reciprocal equation of yield-density (Y-D) effect 266
重力応答 gravity response (graviresponse) **456**
重力感受 graviperception 456
重力屈性 gravitropism 416, 454, 456, 527, 583
重力形態形成 gravimorphogenesis 456
重力散布 gravity dispersal 106
種間競争 interspecific competition 158, **244**

種間交雑　interspecific hybridization　91, 94
主観的時刻　subjective time　451
種間比較法　comparative method　181
縮合型タンニン　condensed tannins　349
樹　形　tree form　274
受光態勢　form for light-interception　659
主　根　main root, primary root, taproot　506
主根系　taproot system　506
樹　脂　resin　570
種　子　seed **262**, 494
種子休眠　seed dormancy　48, 262, 470, 650
種子銀行　seed bank　725
種子形成　seed development　**468**
種子サイズ　seed size　262
種子散布　seed dispersal　106, 262, 265
種子植物　seed plants, Spermatophyta　120, 140, 148, 460
種子ストックセンター　seed stock center　**722**
種子貯蔵タンパク質　seed storage protein　495
樹脂道　resin duct, resin canal　531, **570**
種子発芽　seed germination　262, 470
種子繁殖　seed propagation　104
珠　心　nucellus　121, 468, 654
珠心細胞　nucellar cell　662
ジュズモ　*Chaetomorpha*　122
受　精　fertilization　**116**, 466
主成分分析　principal component analysis：PCA　73
受精毛　trichogyne　131
種多様性　species diversity　263
シュート　shoot　106, 261, 274, 502, **508**, 529
シュート系　shoot system　508, 529
シュート頂　shoot apex　509, 514, 529
シュート頂分裂組織　shoot apical meristem：SAM　460, 462, 519, 536, 542, 584, 587, 588
シュードテストクロス法　pseudo-test cross　660
種内競争　intraspecific competition　**244**
種内系統　intraspecific phylogeny　188
種内分化　intraspecific differentiation　654
『種の起源』　On the Origin of Species　28
種の同定　species identification　12
種の保存法　The Law for the Conservation of Endangered Species of Wild Fauna and Flora　745
種　皮　testa, seed coat　468

珠　皮　integument　468, 520
樹　皮　bark　539, 582
種　苗　seeds and seedlings　728
種苗管理センター　National Center for Seeds and Seedlings　728
種苗法　Seeds and Seedings Law　**728**
受　粉　pollination　112, 116
種分化　speciation　**88**
珠　柄　funiculus　146, 520
シュメール　Schmahl　14
樹　木　tree　274
受　容　perception　352
受容体　receptor　363, 365, 369, 393, 416, 419, 482
受容体キナーゼ　receptor kinase　370
種　鱗　ovuliferous scale　146
純一次生産　net primary production：NPP　192, 202
春　化　vernalization　451, 463
馴化（順応）　acclimation, acclimatization　250, 431
循環選抜　recurrent selection　677
春季ブルーム　spring bloom　205
純　系　pure line　672
純系選抜育種法　pure line selection　674
順次開葉型　successive leaf emergence, succeeding type　264
楯状葉　peltate leaf　517
順序尺度　ordinal scale　72
純生産速度　net production rate　213
純生態系生産　net ecosystem production：NEP　192
純同化率　net assimilation rate：NAR　251
準同質遺伝子系統　nearly isogenic lines　637
順応的管理　adaptive management　300
純バイオーム生産　net biome production：NBP　192
純放射　net radiation　199
子　葉　cotyledon　154, 461, 504
硝　化　nitrification　197, 336
小　花　floret　587
傷　害　wounding　416, **490**
傷害関連分子パターン　damage-associated molecular patterns：DAMPs　490
消化管散布　endozoochory　106
消化腺　digestive gland　531
証拠標本　voucher specimen　173, 174

事項索引

娘細胞　daughter cell　580
蒸散　transpiration　194, 222, 268, 417, **420**
硝酸アンモニウム　ammonium nitrate　16
硝酸イオン　nitrate　336, 398
硝酸還元　nitrate reduction　336
硝酸還元酵素　nitrate reductase　336, 402
蒸散要求　transpiration requirement　668
小耳　auricle　518
子葉鞘　coleoptile　504, 519
掌状脈　palmate venation　558
小穂　spikelet　587
沼生目型　helobial type　155
小舌　ligule　518
篩要素　sieve element　414, 531, 556
篩要素色素体　sieve element plastid　154
沼沢湿原　swamp　234
鍾乳体　cystolith　576
上胚軸　epicotyl　504
蒸発　evaporation　194
蒸発散　evapotranspiration　194, 199, 222, 668
上バラ類　superrosids　153
消費型競争　exploitation competition　244
消費者　consumer　207
小分子RNA　small RNA　613, 618, **622**
小苞　bracteole　523
情報化学物質　infochemical　288
小胞子　microspore　108
小胞体　endoplasmic reticulum：ER　**378**, 418, 496, 532, 575, 656
情報伝達　signal transduction　416
小胞輸送　vesicular transport　657
生薬　crude drug, natural medicine　730
生薬学　pharmacognosy　730
小葉　microphyll　186, 514
小葉　leaflet　517
照葉樹林　lucidophyll forest, laurel forest　221
小葉植物（小葉類）　lycophyte(s), microphyllous plants　**140**, 144, 167
常緑性　evergreen　259
初期文明　early civilization　**14**
殖芽　turion　107, 163
食害防止　antiherbivory　489
『植学啓原』　*Principles of botany*　7
植食者　herbivore　212
食植性昆虫　herbivorous insect　278
植生　vegetation　238

植生指数　vegetation index　71
植生図　vegetation map　303
植生遷移　vegetation succession　220, 238, 743
食虫植物　carnivorous plant　412
植物遺伝資源　plant genetic resource　**686**
植物遺伝資源委員会　Commission on Plant Genetic Resources：CPGR　746
植物遺伝資源に関する国際申し合わせ　International Undertaking of Plant Genetic Resources：IUPGR．IU　746
植物ウイルス　plant virus, phytovirus　**626**
植物園　botanic garden(s), botanical garden(s)　22
植物塩基　plant base　350
植物園自然保護国際機構　Botanic Gardens Conservation International　23
植物オントロジー　plant ontology：PO　60
植物画　botanical illustration, botanical art　718
『植物学雑誌』　*Botanical Magazine Tokyo*　8
『植物学論』　*Philosophia botanica*　24
植物寄生植物　phytoparasitic plant　396
植物区系　floristic region　173
植物系統地理　phylogeography　157
植物検疫　plant quarantine　747
植物工場　plant factory　670, **710**
植物細胞　plant cell　**374**
『植物誌』　*Historia Plantarum*　3
植物資源（資源植物）　plant resource　23, 716
『植物種誌』　*Species plantarum*　25
植物成長調整剤　plant growth regulator　357
植物繊維　plant fiber　713
植物染料　natural plant dye　712
植物相（フロラ）　flora　30, **156**, 172
『植物属誌』　*Genera plantarum*　25
植物地理　phytogeography　**156**
植物電気生理学　plant electrophysiology　**74**
植物と温度　plant and temperature　430
植物内生菌　endophyte　126
植物の3戦略　three primary strategies in plant　254
『植物の種』　*Species plantarum*　25
植物の新品種の保護に関する国際条約（UPOV条約）　International Convention for the Protection of New Varieties of Plants, Union internationale pour la protection des obtentions végétales　729, 747

植物バイオテクノロジー　plant biotechnology　52
植物病原菌（類）　plant pathogenic fungi　126
植物標本　herbarium specimen　174
植物標本室　herbarium　174
植物プランクトン　phytoplankton　204, **208**, 210, 702
植物ホルモン　plant hormone, phytohormone　11, 50, **352**, 481, 496
植物免疫　plant immunity　417, 482
食物アレルギー　food allergy　704
食物網　food web　207, 212
食物連鎖　food chain　212
食薬区分　borderline of pharmaceuticals to non-pharmaceuticals　730
食料及び農業のための植物遺伝資源に関する条約　International Treaty on Plant Genetic Resources for Food and Agriculture：ITPGRFA　747
食料・農業遺伝資源委員会　Commission on Genetic Resources for Food and Agriculture：CGRFA　746
助細胞　synergid cell　118
初生根　primary root　506
除草剤　herbicide　**738**
除草剤耐性　herbicide tolerance　741
シラカバ花粉アレルギー　birch pollen allergy　704
シロイヌナズナ　Arabidopsis thaliana, thale cress　11, 41, 42, 497, 608, 618, 722
シロヘム　siroheme　337
仁（核小体）　nucleolus　98, 395
人為攪乱　anthropogenic disturbance　249
新育種技術　new breeding technology：NBT　77
人為分類　artificial classification　178
進化　evolution　**82**, 240
真果　true fruit　147
真核型経路　eukaryotic pathway　345
真核生物　eukaryote(s)　95, 132, 616
進化速度　evolutionary rate　86
進化的に安定な戦略　evolutionarily stable strategy：ESS　241
ジーンガン法　gene gun method　605
シンク　sink　414, 480, 659
シンク→ソース変換葉　sink-to-source transition leaves　414
ジンクフィンガー　zinc finger：ZF　77
神経伝達物質依存チャネル　transmitter-gated channel　407
人工オーキシン　synthetic auxin　354
人工光　artificial light　710
人工光合成　artificial photosynthesis　315
心材　heartwood　582, 597
ジーンサイレンシング　gene silencing　**612**
真正細菌　eubacteria　95
真正双子葉植物（真正双子葉類）　eudicot(s)　121, 152, 154, 519, 587
真正双子葉類基底群　basal eudicots　153
真正双子葉類中核群　core eudicots　152
真正中心柱　eustele　141, 154, 544
シンタイプ　syntype　170
伸長成長　elongating growth　540, 600
伸長領域　elongation zone　507
シンテニー　synteny　47
浸透　osmosis　422, 600
浸透圧　osmotic pressure　400, 416, 420, **422**
浸透圧ストレス　osmotic stress　424, 428
浸透圧調節　osmotic adjustment　424
浸透圧調節物質　osmoticum　424
浸透性交雑　introgressive hybridization　95
浸透ポテンシャル　osmotic potential　422
真嚢シダ類　eusporangiate ferns　144
シンパー・ブラウンの法則　Schimper-Braun's law　591
心皮　carpel　155, 542, 586
靱皮　bast　557
靱皮繊維　bast fiber, bast fibre　557, 712
シンプラスト　symplast　123, **532**, 548
針葉樹類　Coniferophyta　146
真葉類　euphyllophytes, euphyllophytes, euphyllous plants　140, 144
侵略的外来植物　invasive alien plants　709
侵略的帰化植物　invasive exotic plant　489
森林　forest　**218**, 259
森林吸収源　forest carbon sink　727
森林限界　forest limit, timberline　224
森林限界移行帯　timberline ecotone　224
森林生態系の水文過程　hydrological processes in forest ecosystem　222

す

髄　pith, medulla　141, 528, 541, 582

水域生態系　aquatic ecosystem　196
推移行列　transient matrix　252
水　孔　hydropore, water pore　427, 566
水耕栽培　hydroponic culture　664, 670
水生植物　aquatic plants　162, 187, 426
垂層分裂　anticlinal division　542, 581, 598
水中根　aquatic root　506
水中媒　hypohydrophily　163
垂直的バイオーム　orobiome　217
垂直農業　vertical farming　711
水媒花　hydrophilous flower　112
水分屈性　hydrotropism　417, 527
水分収支　water balance　217
水分通導　xylem sap ascent　743
水平移行　horizontal transfer　446
水平伝搬　horizontal gene transfer　94
水面媒　epihydrophily　163
水文過程　hydrological process　222
水利権　water right　669
数理モデル　mathematical modeling　242
スギ花粉症　Japanese cedar pollinosis　705
スクロース　sucrose　332
スクワレン　squalene　350
ステアリン酸　stearic acid　342
ステアロイルACPデサチュラーゼ　stearoyl-ACP desaturase　345
ステロイド　steroid　350
ステロイドサポニン　steroidal saponin　350
ステロイドホルモン　steroid hormone　364
ステロール　sterol　127, 344
ストイキオメトリー　stoichiometry　207, 703
ストラスブルガー細胞　Strasburger cell　531
ストラメノパイル界　Stramenopila　127
ストリクトシジン　strictosidine　350
ストリゴラクトン　strigolactone　352, **368**, 471
ストレス応答　stress response　419
ストレス耐性者（ストレス耐性種）　stress tolerators, stress tolerant species　255, 749
ストレプト植物　Streptophyta　122
ストロマ　stroma　321
ストーンマルチ　stone mulch　735
スーパーオキシドジスムターゼ　superoxide dismutase　439
スーパーオキシドラジカル　superoxide radical　438
スーパーグループ　supergroup　132

スフィンゴ脂質　sphingolipid　344
スフィンゴシン　sphingosine　344
スフィンゴ糖脂質　sphingoglycolipid　344
スプライシング　splicing　395, 618
スペクトログラフ　spectrograph　63
スペックル　speckle　443
スベリン　suberin　344, 530, 546, 548
スポロポレニン　sporopollenin　108, 136
住み分け　habitat segregation　158
スルフォキノボシルジアシルグリセロール　sulfoquinovosyldiacylglycerol：SQDG　344

せ

性　sex　466
生育域外保全　ex situ conservation　298, 725
生育域内保全　in situ conservation　298, 725
生活環　life cycle　124, 187
生活史　life history　252
生活史戦略　life history strategy　**252**
生活帯　life zone　216
性決定因子　sex determinant　467
制限酵素断片長多型　restriction fragment length polymorphism：RFLP　189
制限土層　important soil layer for growth　668
生合成　biosynthesis　330, 352
精細胞　sperm cell　118
生産性　productivity　**658**
青酸配糖体　cyanogenic glycoside　348
静止中心　quiescent center：QC　537, 580
生　殖　reproduction　**104**
生殖期シュート頂　reproductive shoot apex　538
青色光　blue light　444
青色光受容体　blue light receptor　416, 419, 446
生殖受精　generative fertilization　150
生殖シュート　reproductive shoot　508
生殖成長　reproductive growth　**462**
生殖成長期　reproductive phase　480
生殖的隔離　reproductive isolation　88, 94, 684
生殖分裂組織　reproductive meristem　462
成　層　stratification　205
生態化学量論　ecological stoichiometry　210
生態学的地位　niche, ecological niche　92, 158, 237
生態系　ecosystem　212
生態系移植　ecosystem transplantation　735
生態系管理　ecosystem management　301

生態系サービス　ecosystem services　**296**, 298
生態ゲノミクス（生態ゲル学）　ecological genomic　284
生態遷移　ecological succession　**238**
成帯的バイオーム　zonobiome　217
生態ピラミッド　ecological pyramid　**212**
生体分子ネットワーク　biomolecular network　79
生体膜輸送系　membrane transport system　**404**
生体力学ホットスポットモデル　biomechanical hot-spot model　327
ぜいたく消費　luxury consumption　209, 211
成長運動　growth movement　526
成長呼吸　growth respiration　272
成長阻害水分点　depletion of moisture content for optimum growth　668
成長様式　growth pattern　**460**
成長輪　growth ring　541
生物遺体　plant remains　12
生物栄養性病原菌　biotrophic pathogen　483
生物間相互作用　biological interactions　210
生物気温　biotemperature　216
生物季節学（フェノロジー）　phenology　264, 306
生物情報科学　bioinformatics　56, 284
生物ストレス　biotic stress　416
生物多様性　biodiversity, biological diversity　297, 298, 748
生物多様性条約　Convention on Biological Diversity：CBD　299, 687, 746
生物地理学　biogeography　188
生物命名規約　BioCode　169
性分類体系　sexual system　25
正　名　correct name　171
生命探査　life search exploration　706
セイヨウノダイコン　Raphanus raphanistrum　159
生理学的構造　physiological structure　600
正立型顕微鏡　upright microscope　65
生理的休眠　physiological dormancy　470
セカンドメッセンジャー　second messenger　617
赤道面　equatorial plane　390
セクター　sector　543
セコロガニン　secologanin　350
セスキテルペン　sesquiterpene　349

世代期間　generation time　252
世代交代　alternation of generations　**124**
節　node　461, 509, 518
石　灰　lime　664
石灰質土壌　calcareous soil　411
節　間　internode　461, 509, 518
節間細胞　internodal cell　122, 496
接合菌門　Zygomycota　127
接合子　zygote　124
接　触　touch　416
接触屈性　thigmotropism　525, 527
接線分裂　tangential division　598
絶対送粉共生　obligate pollination mutualism　279
切断-融合-架橋サイクル　breakage-fusion-bridge cycle　633
絶　滅　extinction　**724**
絶滅確率　extinction probability　745
絶滅危惧　threatened, critically endangered, endangered, vulnerable　23, 724, 744
絶滅のおそれのある野生動植物の種の国際取引に関する法律（ワシントン条約）　Convention on International Trade in Endangered Species of Wild Fauna and Flora：CITES　747
瀬戸内海　The Seto Inland Sea　703
ゼニゴケ　*Marchantia polymorpha*　39, 608
施肥効果　fertilization effect　308
セリン　serine　54, 292, 320, 579, 605
セルロース合成酵素　cellulose synthase　325, 326
セルロース合成酵素複合体　cellulose synthase complex　388
セルロース微繊維　cellulose microfibril　325, 388
繊　維　fiber　530
前維管束植物　protracheophyte　137
前　期　prophase　390
前期前微小管束　preprophase band, preprophase microtubule band　389, 599
先駆種　pioneer　238
前形成層　procambium　504, 528, 538, 541, 552, 557, 594
穿　孔　perforation　531, 554
センサーキナーゼ　sensor kinase　419
漸次的分化　gradient　89
前出葉　prophyll　519

事項索引

染　色　dyeing　714
染色体　chromosome　33, **98**, 389, 390, 646
染色体基本数　basic chromosome number　98
染色体組　chromosome complement　98
染色体テリトリー　chromosome territory　395
染色体部分置換系統　chromosome segment substitution line(s)　**636**, 661
染織文化　textile culture　713
全身獲得抵抗性　systemic acquired resistance：SAR　366, 484
選択性　selectivity　739
選択的スプライシング　alternative splicing　618
選択的透過性　selective membrane permeability　404
先端成長　tip growth, apical growth　389, 540
前中期　prometaphase　390
セントラルドグマ　central dogma　33, 616, 618
セントロメア　centromere　395
潜　熱　latent heat　194, 199
選抜マーカー　selection marker　55
全反射顕微鏡法　total internal reflection fluorescence microscopy　67
前表皮　protoderm　528, 538
センブリ　*Swertia japonica*　350
全分化能　totipotency　**472**
腺　毛　glandular hair, glandular trichome　568
前葉体　prothallium　107, 356, 467, 539
前裸子植物　progymnosperm(s)　148, 545
戦　略　strategy　241
蘚　類　Bryophyta　143

■ そ

総一次生産　gross primary production：GPP　192
痩　果　achene　469
造果器　carpogonium　134
相加効果　additive effect　660
相　観　physiognomy　216
造形分裂　formative division　598
草　原　grassland　**226**, 259
相互依存共進化　mutual dependence coevolution　97
相互対位性の雌雄離熟　reciprocal herkogamy　105
早　材　earlywood　596
走査電子顕微鏡　scanning electron microscope：SEM　66
走査透過電子顕微鏡　scanning transmission electron microscope：STEM　66
相　似　analogy　**186**
創始者効果　founder effect　89, 237
走出枝　runner, stolon　107, 510
総状花序　racemose inflorescence (raceme)　522
双子葉植物(双子葉類)　dicots, dicotyledons　151, 497
草食動物　herbivore　571
草食動物関連分子パターン　herbivore-associated molecular patterns：HAMPs　490
増殖分裂　proliferative division　598
総穂花序　botrys inflorescence　522
造精器　antheridium　107, 124, 142, 356
相対成長速度　relative growth rate　251
草　地　grassland　226
相　同　homologous, homology　**186**, 503
相同器官　homologue, homolog　587
相同組換え　homologous recombination　608, 615
相同染色体　homologous chromosome　26, 94, 100
送　粉　pollination　96, 112
送粉共生　pollination mutualism　278
送粉者　pollinator　112, 725
送粉シンドローム　pollination syndrome　113
相　補　complementation　443
草本(草本植物)　herb/herbaceous plant　**258**, 510
草本つる植物　vine　524
『草木図説』　*Explanation and illustration of plants*　7
造卵器　archegonium　107, 120, 124, 142
相利共生　mutualism　281
藻　類　alga(e)　130, 132
属　genus (sg.)/genera (pl.)　172
側　芽　lateral bud　508, 513
束間形成層　interfascicular cambium　541
側系統群　paraphyletic group　144
側枝(側シュート)　lateral branch, lateral shoot　512, 508, 529
側所的種分化　parapatric speciation　89
束内形成層　fascicular cambium　541
側部分裂組織　lateral meristem　460, 536, 582

側方器官　lateral organ　**588**
側方分枝　lateral branching　461, 512
側膜胎座　parietal placentation　147
組　織　tissue　528
組織系　tissue system　528
組織培養　tissue culture　50
組織分化　tissue differentiation　542
ソース　source　414, 480, 659
ソース・シンク　source-sink　**414**
ゾステロフィルム類　zosterophyllophytes, zosterophylls　140
祖先形質　plesiomorphy　185
速効性肥料　quick acting fertilizer　665
側　根　lateral root　461, 506, 529, 581, 589
側根原基　lateral root primordium　581
ソテツ　*Cycas revoluta*　9
ソテツ類　cycads, cycadophytes　148
外向き整流性 K⁺ チャネル　outward-rectifying K⁺ channel　407
粗面小胞体　rough endoplasmic reticulum　378
ソラニン　solanine　350
損傷乗り越え DNA 複製　translesion synthesis　615

■ た

耐陰性　shade tolerance　238
耐塩性　salt tolerance　417, **428**
帯　化　fasciation　583
耐寒性　cold hardiness, cold tolerance　434
大気大循環　general circulation　199
大気大循環モデル　General Circulation Model：GCM　222
体　系　system　24
対　合　chromosome pairing, pairing synapsis　99, 100
体構成元素　structural elements　210
対向輸送　antiport　407
胎　座　placenta　146, 520
体細胞雑種　somatic hybrid　55, **684**
体細胞胚　somatic embryo　474
体細胞分裂　mitosis　124, 395
代　謝　metabolism　**330**
代謝調節　metabolic regulation　331
対称型競争　symmetric competition　245
耐暑性　heat tolerance　**432**
耐ストレス戦略　stress tolerant strategy　255

『泰西本草名疏』　*Clarification of western botanical terms*　7
耐凍性　freezing tolerance　**434**
耐倒伏性　lodging resistance　658
ダイナミン様タンパク質　dynamin-related protein　387
ダイニン　dynein　389
堆　肥　compost, manure　16
タイプ　type, type specimen　19, 31, 170, 175
大胞子　megaspore　108
大　麻　hemp　712
タイムツリー　timetree　181
大　葉　megaphyll　514
太陽系外惑星　extrasolar planets　707
太陽光　sun light　711
大洋島　oceanic island　92, 236
大葉類　euphyllophytes, megaphyllous plants　140, 144
第四紀　Quaternary　188
大陸島　continental island　236
対立遺伝子　allele　26
大量絶滅　mass extinction　92, 724
苔　類　Marchantiophyta, liverworts, hepatics　143
ダーウィンフィンチ　Darwin finch　93
多回結実性（多回繁殖）　polycarpic　257, 480
多核細胞（多核体，多核嚢状体）　coenocyte, multinucleate, apocyte　**122**, 134
他家受粉　cross-pollination　104
多価不飽和脂肪酸　polyunsaturated fatty acid　342
他感作用　allelopathy　245, 471, 488, 640
他感物質　allelochemical　488, 640
タクソン　taxon　168
托　葉　stipule　515
多光子励起顕微鏡法　multi photon excitation microscopy　67
多糸染色体　polytene chromosome　478
多重遺伝子族　multigene family　87
多収性　high yielding ability　**658**
他　殖　outbreeding, outcrossing　104, 145
他殖性作物（他殖性植物）　cross-fertilizing crop, cross-fertilizing plant, outbreeder　673, **676**, 686
多層表皮　multiple epidermis　529, 561
脱アデニル化酵素　deadenylase　618

脱黄化　de-etiolation　441, 442, 444
脱　水　dehydration　408, 417, 425
脱窒　denitrification　197, 336
脱分化　dedifferentiation　472, 475
ダツラ属　Datura　350
脱粒性　seed shattering　650
脱リン酸化　dephosphorylation　389
楯型腺毛　peltate glandular hair　568
楯状葉　peltate leaf　517
縦分裂　longitudinal division　598
多肉茎　succulent stem　510
多肉根　succulent root　574
多肉植物　succulent plants　186, 232
多年生（多年草）　perennial　252, 259, 480
他配受精　intergametophytic crossing　145
多倍体　polyploid　478
タバコ　tabacco, *Nicotiana tabacum*　350, 543, 733
タバコ BY-2 細胞系　tobacco BY-2 cell system　11
タバコモザイクウイルス　*Tobacco mosaic virus*：TMV　626
タペート細胞　tapetum　122
多胞子嚢植物　polysporangiophyte　108, 137, 545
騙し送粉　deceit pollination　115
ダメージ関連分子パターン　damage-associated molecular pattern：DAMP　484, 490
多様性　diversity　172
多様性中心　center of diversity　651
単為結実　parthenocarpy　356
単為発生　parthenogenesis　662
単　果　simple fruit　147
単系統群　monophyletic group　144, 154, 180
単系統性　monophly　144
単溝型　monocolpate　111
担根体　rhizophore, rhizomorph　502
短鎖翻訳後修飾ペプチド　posttranslationally modified small peptide　370
短　枝　short shoot, spur shoot　275, 510, 513
単式遺伝様式　simplex　663
担子菌　bacidiomycetes　130, 281
担子菌門（担子菌類）　Basidiomycota, Basidiomycetes　127, 167
単軸成長　monopodial growth　275
単軸分枝　monopodial branching　512, 523
短日植物　short-day plant(s)　450, 462
単純反復配列　simple sequence repeat：SSR 698
単子葉植物（単子葉類）　monocot(s), monocotyledons　121, 151, **154**, 497, 519
単性花　unisexual flower　520
単穿孔　simple perforation plate　554
炭素安定同位体　stable carbon isotope　268
単　相　monokaryon　127
短草型草原　short grass type grassland　226
単相単世代型　haplontic　124
単組織　simple tissue　528
炭素資源　carbon resource　324
炭素循環　carbon cycle　**196**, 727
炭素代謝　carbon metabolism　**332**
炭素同位体比　carbon isotope ratio　292
炭素同化　carbon assimilation　316
炭素濃縮機構　carbon concentrating mechanisms：CCMs　209
タンニン　tannin　348
タンパク細胞　albuminous cell　531
タンパク質合成　protein synthesis　378
タンパク質蓄積型液胞（タンパク質貯蔵型液胞）　protein storage vacuole　379, 575, 656
タンパク質分解酵素　protease　571
短波放射　shortwave radiation　199
単複相世代交代型　haplodiplontic　124
単胞子嚢植物　monosporangiophyte　137
短命植物　ephemeral plant　227
単面葉　unifacial leaf　155, 516
単　葉　simple leaf　515
単量体　monomer　448

ち

地衣寄生菌　lichenicolous fungi　130
地衣体　thallus　130
地衣類　lichen　126, **130**, 232
チェックポイント　checkpoint　391
遅延繁殖　delayed reproduction　253
チオ硫酸銀錯塩　silver thiosulfate, STS　361
チオール　thiol　334
チオレドキシン　thioredoxin　419
地下灌漑　sub-surface irrigation　669
地下茎　underground stem, subterranean stem　1591
地球温暖化　global warming　196, 308, 726
地球型惑星　earth-like planets　707
地球環境変化　global environmental change

308, 726
地球規模生物多様性情報機構　Global Biodiversity Information Facility：GBIF　302
遅効性肥料　slow-acting fertilizer　665
チジアズロン　thidiazuron　358
地上茎　above ground stem, terrestrial stem　261, 510
地中伝導熱　ground heat flux　194
窒素　nitrogen　269
窒素回収効率　nitrogen resorption efficiency　269
窒素固定　nitrogen fixation　196, 201, 282, 398, 479
窒素固定菌　nitrogen fixer　735
窒素酸化物　nitrogen oxide　270
窒素循環　nitrogen cycle　196
窒素同化　nitrogen assimilation　**336**
窒素肥料　nitrogen fertilizer　665
窒素平均滞留時間　mean residense time of nitrogen　269
窒素利用効率　nitrogen use efficiency　269
知的財産　intellectual property　728
知的財産基本法　Intellectual Property Basic Act　728
知的所有権（知的財産権）　intellectual property right　**728**
知的所有権の貿易関連の側面に関する協定（TRIPS協定）　Agreement on Trade-Related Aspects of Intellectual Property Rights　747
チトクロム b557　cytochrome b557　336
地表灌漑　surface irrigation　669
地表面流　overland flow　223
茶　tea　732
着生植物　epiphyte　155, **160**
チャネル　channel　404
中栄養　mesotrophy　206
中央細胞　central cell　118, 574
中果皮　mesocarp　146
中間径繊維　intermediate filament　388
中間産物　intermediates　330
中期　metaphase　390
中規模撹乱仮説　intermediate disturbance hypothesis　749
柱軸　columella　456
中軸胎座　axile placentation　147
中日植物　day-neutral plants　450

中心体　centrosome　389
中心柱　stele, central cylinder, vascular cylinder　141, 154, 507, 528, **544**, 548, 582
中心柱説　stelar theory　544
抽水植物　emergent plant　162
抽水葉　emergent leaf　162
中性脂質　neutral lipid　344
抽薹　bolting　252, **276**
柱頭　stigma　146, 520
虫媒花　entomophilous flower　113, 521
中胚軸　mesocotyl　504
中立説　neutral theory　86
中肋　midrib　518
チューブリン　tubulin　388
超越分離　transgressive segregation　661
超解像顕微鏡　super-resolution microscopy　67
頂芽優勢　apical dominance　274, 358, 650
長期生態学研究　long term ecological research　304
長距離移動分散　long distance dispersal　92
超高圧電子顕微鏡　high voltage electron microscope：HVEM　66
長枝　long shoot　275, 510, 513
長日植物　long-day plants　450, 462
調整池　regulation pond　669
調節サービス　regulating service　297
長草型草原　tall grass type grassland　227
頂端細胞　apical cell　538
頂端分裂組織　apical meristem　460, 502, 509, 528, 536
チョウ媒花　butterfly-pollinated flower　114
鳥媒花　ornithophilous flower, bird-pollinated flower　115, 521
長波放射　long wave radiation　199
重複受精　double fertilization　118, 120, 150, 468
超分子システム　supramolecular system　324
超優性説　overdominance theory　680
張力　tension　416
直列線　orthostichy　590
著作権に関する世界知的所有権機関条約（WIPO条約）　World Intellectual Property Organization Copyright Treaty　747
貯食散布　dispersal by seed hoarding　106
貯水組織　water-storage tissue　**572**
貯蔵根　storage root　506
貯蔵脂質　storage lipid　344

貯蔵柔組織　storage parenchyma　574
貯蔵組織　storage tissue　**574**
貯蔵タンパク質　storage protein　575
貯蔵物質　storage substances　**494**
チリ硝石　Chilean nitrate　16
地理情報システム　Geographic Information System：GIS　300, **302**
地理的隔離　geographic isolation　88
チロシン　tyrosine　350
沈水植物　submerged plant　162
沈水葉　submerged leaf　162

■つ

対　合　pairing, synapsis, chromosome pairing　99, 100
通気組織　aerenchyma　417, 426, 507, 534, **564**
通年性アレルギー　chronic allergic disease　704
接(ぎ)木　grafting　542, 678
接木キメラ　graft chim(a)era　542
つなぎ留めネットワークモデル　tethered-network model　327
ツノゴケ　hornwort　95, 446
ツノゴケ類　Anthocerotophyta, hornworts　143
ツボカビ門　Chytridiomycota　127
積み上げ法　summation method, harvest method　192
つ　る　climbing stem　**524**
ツルコケモモ　*Vaccinium*, cranberry　543
つる植物　climbing plant　524
ツンドラ　tundra　227, **232**

■て

庭　園　garden　22
低温馴化　cold acclimation　434
低温ストレス　low temperature stress　417
低温耐性　cold tolerance　**434**
低温誘導性遺伝子　cold-induced gene　435
定　芽　regular bud　475
抵抗性　resistance　739
抵抗性遺伝子　resistance gene, *R*-gene　628, 630
低光量反応　low fluence response：LFR　442
低酸素　hypoxia　417, **436**
呈　色　coloration　131
低層湿原　low moor　234
泥炭湿原　mire, peatdog　234

低炭素社会　low carbon society　727
定着促進　facilitation　238
ティッピング・エレメント　tipping element　309
ディップ法　Dip method　43
ディープシークエンス　deep sequencing　395
低分子 RNA　small RNA　467
定量的基準　quantitative criteria　745
適　応　adaptation　**240**, 431
適応遺伝子　adaptive gene　285
適応度　fitness　240, 244, 257
適応放散　adaptive radiation　**92**, 237
適合溶質　compatible solute　417, 424, 429, 432
デキサメタゾン　dexamethason　605
適正減水深　optimum water requirement in depth　668
敵対関係　antagonism　96
デコンボリューション法　deconvolution　67
デスモチューブル（デスモ小管）　desmotubule　476, 532
データベース　database　**58**
鉄硫黄クラスター　iron-sulfur cluster　336
鉄欠乏クロロシス　iron deficiency chlorosis　411
デモグラフィー　demography　252
テルペノイド（テルペン類）　terpenoid　348, 416, 571
テルペン　terpene　732
テローム説　telome theory　140
テロメア　telomere　98, 395
電位依存チャネル　voltage-gated channel　407
転移因子　transposable element　632
電解質成分元素　electrolytic elements　210
転化糖　invert sugar　465
電気穿孔法　electroporation method　604
電気融合法　electrofusion method　55
電子顕微鏡　electron microscope　64
電子線トモグラフィー　electron tomography　67
電子伝達　electron transport　312
電子伝達系　electron transport chain　436
転　写　transcription　**616**
転写因子　transcription factor　443, 449, 518, 587, 616
転写活性化因子　transcriptional activator　617
転写後制御　post-transcriptional regulation　**618**
転写・翻訳フィードバックループ　transcription-translation feedback loop　453
転写抑制因子　transcriptional repressor　617

添伸成長　appositional growth　275
転送細胞　transfer cell　567
天然化合物　natural product　348, 376
伝　播　dissemination　651
デンプン　starch　332, 494
電離放射線　ionizing radiation　614
転　流　translocation　659

と

同　位　isotope　68
同位体比質量分析計　isotope ratio mass spectrometer　68
同位体分別　isotope discrimination　68, 287
透過電子顕微鏡　transmission electron microscope：TEM　66
道　管　vessel　531, 553, **554**
道管要素　vessel element　531, 553
同義置換　synonymous substitution　87
東京大学　The University of Tokyo　8
東京大学植物園　Botanical Gardens, The University of Tokyo　8, 23
統計解析　statistical analysis　72
同形花型自家不和合性　homomorphic self-incompatibility　499
同形形質　homoplasy　186
統計的系統地理　statistical phylogeography　189
同形胞子　homospore　108
凍結回避　freezing avoidance　434
凍結ストレス　freezing stress　417
動原体　centromere, kinetochore　98, 391
同時枝　sylleptic shoot　513
糖脂質　glycolipid　342
同質倍数体　autopolyploid　94, 646
同質倍数体形成　autopolyploidization　91
登　熟　ripening, maturation　470, 495
頭状体　cephaladium　130
島嶼固有種　insular endemics　88
同所的種分化　sympatric speciation　90
同　調　synchronization, entrainment　452
同　定　identification　**172**, 176
動的不安定性　dynamic instability　388
動的平衡モデル　equilibrium model　236
糖転移酵素　glycosyltransferase　326
同倍数性雑種種分化　homoploid hybrid speciation　94
逃避仮説　escape hypothesis　263, 265

逃避反応　avoidance response　447
動物散布　animal dispersal, zoochory　106
『動物誌』　History of Animals　2
動物媒花　zoophilous flower, animal-pollinated flower　112
動物被食撒布　endozoochory　34
動物命名規約　International Code of Zoological Nomenclature　169
等分裂　equal division　598
等面葉　equifacial leaf　516, 562
トウモロコシ　*Zea mays*　608
倒立型顕微鏡　inverted microscope　66
冬緑性一年草　winter annual　42
同齢集団　cohort　245
特異代謝　specialized metabolism　348
ドクニンジン　*Conium maculatum*　351
独立栄養　autotrophy　396
独立栄養生物　autotroph(s)　202, 374, 396, 398
独立の法則　law of independence　26
時計遺伝子　clock gene　453
都市公園　urban park　23
土　壌　soil　**200**, 219, 398
土壌呼吸　soil respiration　**202**
土壌酸性化　soil acidification　270
土壌生成因子　soil formation factors　201
土壌的バイオーム　pedobiome　217
土壌のpH　soil pH　410
土壌の酸性とアルカリ性　soil acidity and alkalinity　410
土壌有機物　soil organic matter　200
都市緑化　urban greening　**736**
トチカガミ　*Hydrocharis dubia*　465
トチュウ　*Eucommia ulmoides*　350
土地利用データ　land use data　303
特許権　patent right　728
突然変異　mutation　82, 614, 672, 678
突然変異育種　mutation breeding　675, **688**
ドパミン　dopamine　350
トマチン　tomatine　350
トマト　*Solanum lycopersicum*, tomato　350, 542
共倒れ型競争　scramble competition　245
トライコーム　trichome　561
トランジットペプチド　transit peptide　655
トランス因子　trans-acting element　655
トランスクリプトーム　transcriptome　56, 284
トランスゴルジネットワーク　*trans*-Golgi

network：TGN　383
トランスジェニック植物　transgenic plant　**604**
トランス-スプライシング　trans-splicing　386
トランスゼアチン　*trans*-zeatin　358
トランスポーザブルエレメント　transposable element　33
トランスポゼース　transposase　632
トランスポゾン　transposon　21, 33, 87, 543, 607, 608, **632**
トランスポーター　transporter　336, 363, 402, 404
トリアシルグリセロール　triacylglycerol　344, 495, 575,
トリカルボン酸回路　tricarboxylic acid cycle：TCA cycle　328, 436
トリテルペン　triterpene　349
鳥媒花　ornithophilous flower, bird-pollinated flower　115, 521
トリプタミン　tryptamine　350
トリメロフィトン類　trimerophytes　140
トールス　torus　555
トレーサー　tracer　68, 286
トレードオフ　trade-off　257, 414
ドレパノフィクス類　Drepanophycus　140

な

内果皮　endocarp　146
内原型　endarch　505
内珠皮　inner integument　520
内樹皮　inner bark　540
内　鞘　pericycle　154, 461, 507, 528
内　生　endogenous　502
内生菌　endophytic fungus(fungi)　279
内　体　corpus　538
内的自然増加率　intrinsic rate of natural growth　254
内的生殖的隔離　intrinsic reproductive isolation　88
内的符合モデル　internal coincidence model　451
内乳(内胚乳)　endosperm　120, 654
内　皮　endodermis　427, 456, 507, 528, 532, **546**, 548, 582
内分泌構造　internal secretory structure　531
名古屋議定書(遺伝資源の取得の機会及びその利用から生ずる利益の公正かつ衡平な配分に関する名古屋議定書)　Nagoya Protocol on Access to Genetic Resources and the Fair and Equitable Sharing of Benefits arising from their Utilization　747
斜分裂　oblique division　598
ナラ枯れ　Japanese oak wilt　**742**
ナリソミック　nullisomic　636
ナンセンス変異　nonsense mutation　688

に

二価染色体　bivalent chromosome　100
II型NAD(P)H脱水素酵素　Type II NAD(P)H dehydrogenase　329
肉食者　carnivore　212
肉穂花序　spadix　155
二型花柱性(二形花型)　distyly　105, 499
ニコチン　nicotine　350
ニコチンアミドアデニンジヌクレオチド　nicotinamide adenine dinucleotide：NAD^+　346
二語名　binary name, binomial　169, 178
二叉分枝(二又分枝)　dichotomous branching　461, 502, 512
二又脈　dichotomous venation　558
二酸化炭素固定　fixation of carbon dioxide　312
二酸化炭素補償点　CO_2 compensation point　321
二次維管束組織　secondary vascular tissue　529, 594
二次休眠　secondary dormancy　470
二次狭窄　secondary constriction　98
二次共生(二次細胞内共生)　secondary endosymbiosis　69, 95, 132, 135
二次原形質連絡　secondary plasmodesmata　476
二次元高分解能二次イオン質量分析　nanoscale secondary ion mass spectroscopy：NanoSIMS　69
二次細胞壁　secondary cell wall　325, 533
二次篩部　secondary phloem　539, 540, 594
二次植物　secondary phototroph　132
二次成長　secondary growth　368, 460, 529, 536, **540**
二次組織　secondary tissue　529, 536, 540
二次側根　secondary lateral root　506
二次代謝　secondary metabolism　330, **348**, 465
二次代謝産物　secondary metabolic compound(s), secondary metabolite(s)　97, 488, 571

二次的種分化　secondary speciation　94
二次的な半着生　secondary hemiepiphyte　160
二次肥大生長　secondary thickening growth　155
二次メッセンジャー　second messenger　418
二次木部　secondary xylem　539, 540, 552, 594, 596
二次林　secondary forest　743
二成分制御系（二成分情報伝達系）　two-component system　359, 419
偽頂生葉　pseudoterminal leaf　155
日華植物区系　Sino-Japanese region　156
日射　solar radiation　194
ニッチ　niche　92, **158**, 237
ニッチ空間　niche space　158
日長　day length, poto-period　450, 462
日長感応性雄性不稔　photoperiod-sensitive genic male sterility：PGMS　645
ニトロゲナーゼ　nitrogenase　282, 338
二年生　biennial　252
二分式検索表　dichotomous key　172
二方向的競争　two-sided competition　245
二本鎖RNA　double-stranded RNA　612
日本植物園協会　Japan Association of Botanical Gardens：JABG　23
日本植物学会　Botanical Society of Japan　8
『日本植物誌』（大井次三郎）　*Flora of Japan*　156
『日本植物誌』（ツンベリー）　*Flora japonica*　7
日本植物分類学会　Japanese Society for Plant Systematics：JSPS　745
『日本植物目録』　*Plantarum japonicarum nomina indigena*　7
日本長期生態学研究ネットワーク　Japan Long-Term Ecological Research Network：JaLTER　304
日本薬局方　Japanese Pharmacopoeia　730
二名法　binomial nomenclature, binominal nomenclature　24, 178
乳液　latex　570
乳管　laticifer　531, **570**
乳酸発酵　lactic acid fermentation　436
入射光量子強度-反応曲線　photon fluence rate-response curve　63
二列互生　distichous　590
人間が利用した純一次生産　human appropriated net primary production：HANPP　192

■ ぬ

ヌクレオチド依存チャネル　nucleotide-gated channel　407
ヌクレオチド除去修復　nucleotide excision repair　615

■ ね

根　root　460, 502, **506**, 528
ネオクロム　neochrome　95, 446
ネオタイプ　neotype　170
ネオン　The National Ecological Observatory Network：NEON　304
根寄生植物　root parasitic plants　368
ネコブカビ類　plasmodiophorid　127
ネダシグサ　*Rhizoclonium*　122
熱ショック応答　heat shock response　417
熱帯雨林　tropical rain forest　220
熱帯季節林　tropical seasonal forest　220
熱帯山地林　tropical montane forest　220
熱帯植物園　tropical botanic garden　23
熱帯草原　savanna　226
熱分解型元素分析計　thermal conversion elemental analyzer　69
根の形態形成　root morphogenesis　**580**
根萌芽　root sucker　260
粘液道　mucilage duct, mulcilage canal　531, **570**
粘液嚢　mucilage sac　531
稔性回復遺伝子　restorer of fertility gene：*Rf*　644, 683
稔性回復系統　restorer　645
粘着型捕虫葉　adhesive trap　412
粘着細胞　adhesive cell　531
年輪　annual ring, growth ring　287, **292**, 541, 596
年輪年代学　dendrochronology　292

■ の

農学的有用元素　agricultural beneficial element　401
嚢状雌蕊　ascidiate gynoecium　147
嚢状心皮　ascidiate carpel　147
嚢状葉　pitcher　517
能動的吸水　active water transport　601
能動輸送　active transport　417

事項索引

は

ノハラガラシ　*Sinapis arvensis*　159
ノーベル賞　Nobel prize　32
葉　leaf　140, 165, 460, 502, **514**, 528
胚　embryo　118, 120, 154, 468, 519
バイオインフォマティクス　bioinformatics　56, 284
バイオ海賊行為　bio-piracy　747
バイオコード　BioCode　169
バイオテクノロジー　biotechnology　11
パイオニア種　pioneer species　248
バイオマス　biomass　324, 658
バイオーム　biome　**216**, 219, 232
バイオリスティック法　biolistic method　605
配偶子　gamete　116, 124
配偶体　gametophyte　107, 116, 120, 124, 142, 145
配偶体型自家不和合性　gametophytic self-incompatibility　106
配偶体無融合生殖　gametophytic apomixis　662
胚軸　hypocotyl　503, **504**
背軸側　abaxial　562
胚軸伸長　hypocotyl elongation　445
胚珠　ovule　116, 125, 155, 468
杯状葉　aecidial leaf　517
排水　guttation　566
排水　drainage　668
排水組織（排水細胞）　hydathode, hydathodal cell　531, **566**
倍数性　polyploidy　98, 542, **646**
倍数体　polyploid　99, 100, 646, 679
盃点　cyphella (sg.)/cyphellae (pl.)　131
ハイドロイド　hydroid　545
バイナリーベクター　binary vector　695
胚乳（内乳・内胚乳）　endosperm　118, 122, 155, 468, 519, 574
胚嚢　embryo sac　116, 125, 468, 574, 662
ハイパースペクトル　hyperspectral　70
胚発生　embryogenesis　120, 461, 519,
胚盤　scutellum　154, 505, 519
背腹性　dorsiventrality　514, 517, 528
ハイブリッド品種　hybrid variety　645
培養細胞系　cultured cell system　50
胚様体　embryoid　11, 51
ハエ媒花　fly-pollinated flower　114
白亜紀　Cretaceous period　155

薄層珠心型　tenuinucellate　155
バクテロイド　bacteroid　282
薄嚢シダ類　leptosporangiate ferns　144
『博物誌』　*Naturalis Historiae*　2
パクリタキセル　paclitaxel　53
挟み込み型捕虫葉　snap trap　412
葉寿命　leaf longevity, leaf lifespan　259
破生　lysigenous　534
派生形質　apomorphy　38, 185
破生通気組織　lysigenous aerenchyma　426, 564
パターン認識受容体　pattern recognition receptor：PRR　491
波長可変半導体レーザー吸収分光法　tunable diode laser absorption spectrometry：TDLAS　69
発芽　seed germination　**470**
発芽口　colpus, pore　110
発酵　fermentation　346
発色団　chromophore　446
発生　development　419
パッチ　patch　294
パッチクランプ法　pach clamp method　75
パーティクルガン法　particle gun method　605
パーティクルデリバリー法　particle delivery method　605
パーティクルボンバードメント法　particle bombardment method　605
ハーディワインベルグの法則　Hardy-Weinberg's law　84
花　flower　**520**, 578
花の形態形成　floral morphogenesis　586
ハナバチ媒花　bee-pollinated flower　114
花分裂組織　flower meristem, floral meristem　586
葉のつくられる仕組み　mechanisms of leaf organogenesis　584
葉の展開　leaf expansion　446
ハネモ　*Bryopsis*　122
ハーバーボッシュ法　Haber-Bosch process　17
ハーバリウム　herbarium (sg.)/herbaria (pl.)　172, **174**
ハビタット　habitat　**158**
ハビタブルゾーン　habitable zone　707
ハプト藻　Haptophyta　208, 702
パーム油　palm oil　342
パラタイプ　paratype　170

バラ類　rosids　153
春播性　spring habit　48
パルミチン酸　palmitic acid　342
パレオゲノミクス　paleogenomics　285
バレミアン期　Barremian age　155
バロニア　Valonia　122
ハワイ諸島　Hawaii Islands　92
板　根　buttress root　506
晩　材　latewood　596
伴細胞　companion cell：CC　414, 531, 556
半砂漠草原　semi-desert grassland　227
パンジェネシス理論　pan genesis theory　29
半自生の化石　parautochthonous fossil　290
半自然草原　semi-natural grassland　228
板状厚角組織　lamellar collenchyma　530, 585
繁　殖　propagation　**104**
繁殖価　reproductive value　256
繁殖活動へのエネルギー投資率　reproductive allocation, reproductive effort　257
繁殖戦略　reproductive strategy　**256**
繁殖保証　reproductive assurance　105
半数体　haploid　636, 646
半地中植物　hemicryptophyte　155
半着生植物　hemiepiphyte　160
半透性　semipermeability　423
反応中心　reaction center　314
反　復　replication　242
判別分析　discriminant analysis　73
半　葯　theca　520
氾濫原　flood plain　748
半矮性　semi-dwarf　32, 642, 658

ひ

避陰応答（避陰反応）　shade avoidance　416, 441, 442, 463
非塩性植物　non-halothilic plant　428
ヒカゲノカズラ科　Lycopodiaceae　350
ヒカゲノカズラ綱　Lycopodiopsida　140
ヒカゲノカズラ目　Lycopodiales　140
東アジア植物区系　East Asiatic region　156
光運動　photomovement　**440**
光エネルギー変換　light energy conversion　312
光回復酵素　photolyase　414, 614
光屈性（屈光性）　phototropism　95, 440, 446, 454, 525, 527, 583
光駆動プロトンポンプ　light-driven proton pump　313
光形態形成　photomorphogenesis　**440**, 444
光呼吸　photorespiration　316, **320**, 337, 380
光従属栄養生物　photoheterotroph　396
光受容体　photoreceptor　95, 440
光傷害　photodamage　321
光阻害　photoinhibition　321, 322
光定位運動　photo-relocation movement　95
光独立栄養生物　photoautotroph　396
光発芽（光種子発芽）　photoblastic seed germination, light-induced germination　356, 442, 471
光反応サイクル　photocycle　446
光利用効率　light use efficiency　269
非休眠種子　non-dormant seed　470
非菌根性植物　nonmycorrhizal plant　280
ひげ根系　fibrous root system　506
非減数胞子　unreduced spore　108
非合法名　illegitimate name　31
非コード RNA　non-coding RNA　622
微細藻類　microalgae　**132**
非酸素発生型光合成　anoxygenic photosynthesis　313
被子器　perithecium（sg.）/ perithecia（pl.）　131
被子植物　angiosperm(s)　116, 120, 125, **150**, 466, 586
被子植物基底群　basal angiosperms　152
被子植物系統グループ　Angiosperm Phylogeny Group：APG　179, 183
微小管　microtubule　53, 388, 391, 497
微小管附随タンパク質　microtubule-associated protein：MAP　389
微小重力実験　microgravity experiment　707
微小電極法　microelectrode method　74
被食-捕食関係　prey-predator relationship　212
ヒスチジンキナーゼ　histidine kinase　359, 403, 419, 430
ヒストン修飾　histone modification　611
ヒストンバリアント　histone variant　611
微生物群集　microbial community　207
微生物分子パターン　microbe-associated molecular pattern：MAMP　417
非選択的陽イオンチャネル　non-selective cation channel　429
皮　層　cortex　426, 507, 528, 541, 564, 582
非相同末端結合　non-homologous end

事項索引　789

joining：NHEJ　615
非対称型競争　asymmetric competition　245
肥大成長　thickening growth　540
ビッグリーフモデル　big leaf model　222
必須元素　essential elements　200, 664
ピットプラグ　pit plug　134
引張あて材　tension wood　541
ヒートアイランド　heat island　271, 736
非同義置換　non-synonymous substitution　87
ヒートショックファクター　heat shock factor：HSF　432
ヒートショックプロテイン　heat shock protein：HSP　432
ヒドロゲノソーム　hydrogenosome　387
ピネン　pinene　350
非病原力遺伝子　avirulence gene　630
被覆細胞　epithem cell　567
微分干渉顕微鏡法　differential interference contrast microscopy　65
微胞子虫門　Microsporidia　128
ヒメツリガネゴケ　*Physcomitrella patens*　40, 608
非メバロン酸経路　non-mevalonate pathway　349
非メンデル遺伝　non-Mendelian inheritance　102
皮　目　lenticel　426, 564
病害抵抗性　disease resistance　103
評価対象種　evaluated species　745
表形分類学　phenetics　178
表現型可塑性　phenotypic plasticity　162
病原体　pathogen　416
標高データ　elevation data　303
表層微小管　cortical microtubule　53, 388
表層分裂面挿入予定域　cortical division zone　599
表徴形質　diagnostic character　176
標的mRNA　target mRNA　622
表　皮　epidermis　507, 528, **560**, 582
表皮細胞　epidermal cell　496, 518, 529, 560
表皮組織系　dermal tissue system　528
標　本　specimen　172, 174
比率尺度（比例尺度）　ratio scale　72
ピリミジン二量体　pyrimidine dimer　614
肥　料　fertilizer, manure　**16**, 664
微量栄養元素　micro essential elements　400

非輪生花　acyclic flower　520
ピルビン酸　pyruvic acid　349
ピルビン酸オルトリン酸ジキナーゼ　pyruvate, orthophosphate dikinase　317
比例尺度（比率尺度）　ratio scale　72
琵琶湖　Lake Biwa　703
貧栄養　oligotrophy　206
ビンカアルカロイド　vinca alkaloid　53
瓶首効果（びん首効果）　bottle-neck effect　89, 237
品種登録　registration of variety　729
頻度依存選択　frequency-dependent selection　241

ふ

ファイココロイド　phycocolloid　134
ファイコプラスト　phycoplast　135
ファイトテルマータ　phytotelma(sg.)/phytotelmata(pl.)　243
ファイトマー　phytomer　461, 509
ファイログラム　phylogram　181
ファシリテーション　facilitation　238
ファームポンド　farm pond　669
ファルネシル二リン酸　farnesyl pyrophosphate：FPP　350
フィコビリン　phycobilin　134
フィチン酸　phytic acid　340
フィトクロム　phytochrome　71, 95, 395, 416, 440, **442**, 445, 451, 471
フィトクロモビリン　phytochromobilin　442
フィトケラチン　phytochelatin　335
フィボナッチ数列　Fibonacci sequence　591
斑入り　variegation, variegated　542
風　化　weathering　201
風　食　wind erosion, deflation　735
風媒花　anemophilous flower, anemogamous flower　112, 521
富栄養化　eutrophication　206, 208, 399, 702
フェニルプロパノイド　phenylpropanoid　348
フェノロジー（生物季節学）　phenology　**264**, 306
フェレドキシン　ferredoxin　321, 336
フェロモン　pheromone　288
フォトトロピン　phototropin　95, 416, 419, 440, **446**, 455, 459
フォトボディー　photobody　395

フォールディング folding 432
不活性型オーキシン inactive auxin 354
不完全周縁キメラ mericlinal chim(a)era 543
不完全な系統分岐の配置 incomplete lineage sorting 183
復元生態学 restoration ecology 300
複合果 multiple fruit 147
副細胞 subsidiary cell 529
複相単世代型 diplontic 124
複相胞子生殖 diplospory 662
複組織 complex tissue 528
複対立遺伝子 multiple alleles 655
複二倍体 amphidiploid 649
複葉 compound leaf 155
覆輪 marginal variegation 542
袋型捕虫葉 sac trap 412
ブーケ構造 bouquet structure 395
フコキサンチン fucoxanthin 135
フシコッキン fusicoccin 405
フシナシミドロ *Vaucheria* 122
腐植 humus 200
腐植栄養 dystrophy 206
腐植説 humus theory 664
付随体染色体 satellite chromosome 98
父性遺伝 paternal inheritance 102
腐生菌 saprophytic fungi 126, 366
腐生植物 saprophyte 155, **166**
不整中心柱 atactostele 154
二又分枝（二叉分枝） dichotomous branching 461, 502, 512
付着根 adhesive root 506, 524
付着散布 epizoochory 106
普通葉 foliage leaf 519
復旧核 restitution nuclei 646
物質集積 integration of materials, material integration 414
物質循環 material cycle 212
物理的休眠 physical dormancy 470
物理的防衛 physical defense 278
不定芽 adventitious bud 107, **474**, 505, 530, 695
不定根 adventitious root 154, 368, 426, 461, **474**, 505, 506, 530
不定胚 adventitious embryo **474**, 695
不定胚形成 adventitious embryony 106, 662
不動精子 spermatium 134
不等分裂 unequal division 598

ブートストラップ法 bootstrap method 73
プトレシン putrescine 350
ブナ科樹木萎凋病 Japanese oak wilt 742
不飽和脂肪酸 unsaturated fatty acid 342
フムレン humulene 350
浮遊植物 free-floating plant 163
冬型一年生（冬型一年草） winter annuals 252
浮葉 floating leaf 162
浮葉植物 floating-leaved plant 162
フライベース FlyBase 60
フラグモプラスト phragmoplast 53, 391, 532
ブラシノステロイド brassinosteroid：BR 352, **364**, 419, 518, 583
ブラシノライド brassinolide 364
プラスチド plastid 338, 384
プラストシアニン plastocyanin 403
プラスミド plasmid 606
プラスモデスマータ plasmodesma(ta) 135, 626
フラノクマリン furanocoumarin 571
フラビン flavin 444
フラボドキシン flavodoxin 338
フラボノイド flavonoid 348, 465
フラボノール flavonol 349
プランクトンの逆説 the paradox of the plankton 209
プラントオパール分析 phytolith analysis 13
プラント・ハンター plant hunter **18**
プレッシャープローブ pressure probe 422
フレームシフト frameshift 688
プログラム細胞死 programmed cell death 375, 386, 419, 427, **486**, 535
プロテアーゼ protease 377
プロテアーゼインヒビター proteinase inhibitor 490
プロテアソーム proteasome 419
プロテインキナーゼ protein kinase：PK 418
プロテインホスファターゼ protein phosphatase：PP 418
プロテインボディ protein body 375, 379, 494, 575, 656
プロテオーム proteome 56
プロトコーム protocome 52
プロトフィラメント protofilament 388
プロトプラスト protoplast **54**, 604, 684
プロトンの濃度勾配 proton gradient 313
フロバフェン phlobaphene 465

プロピザミド　propyzamide　53
プロフィル　prophyll　519
フロラ（植物相）　flora　30
プロラミンスーパーファミリー　prolamin superfamily　704
フロリゲン　florigen　11, 47, 352, 451, 463
粉芽　soredium (sg.) / soredia (pl.)　131
分解　decomposition　200
分解能　resolving power　64
文化サービス　cultural service　297
分化全能性　totipotency　11, 51, 54, **472**, 480, 684
分岐図　cladogram　**180**
分げつ　tillering　107
分光学　spectroscopy　**62**
分光指数　spectral index　71
分光反射　spectral reflectance　306
粉子　conidium (sg.) / conidia (pl.)　131
分枝　branching　274, 512
粉子器　pycnidium (sg.) / pycnidia (pl.)　131
分子系統解析　phylogenetic analysis　**182**
分子系統樹　molecular phylogenetic tree　144, 155
分枝構造　branching architecture　274
分子シャペロン　molecular chaperone　432, 657
分子進化　molecular evolution　**86**, 351
分子進化の中立説　neutral theory of molecular evolution　86
分子スイッチ　molecular switch　418
分子時計　molecular clock　87, 182
分枝と伸長　branching and extension　**512**
分子マーカー　molecular marker　607, 660
分節乳管　articulated laticifer　570
分断性淘汰　disruptive selection　90
分泌構造　secretory structure　529
分泌道　secretory duct, secretory canal　534
分布（分布パターン）　distribution,（spatial）distribution pattern　157, **246**
分布分断　vicariance　188
噴霧耕栽培　nutrient mist culture　670
分離の法則　law of segregation　26
分類階級　taxonomic rank　168
分類群　taxonomic group, taxon (sg.) / taxa (pl.)　**168**, 172, 178
分類形質　taxonomic character　184
分類体系　classification system　**178**
分裂期　mitotic phase　390

分裂準備帯　preprophase band　389, 391, 599
分裂組織　meristem　479, **536**, 586
分裂面挿入位置　division site　599

へ

ヘアリーベッチ　hairy vetch　641
平衡細胞　statocyte　455
平衡石　statolith　416, 456
平行脈　parallel vein, parallel venation　154, 558
閉鎖花　cleistogamy　106
ベイズ法　Bayesian method　181
並層分裂　periclinal division　542, 581, 598
並立維管束（並列維管束）　collateral（vascular）bundle　154, 505
壁孔　pit, pit pore　554
壁孔膜　pit membrane　554
壁伸展　wall extension　600
壁展性　wall extensibility　600
壁面緑化　wall greening　736
ペクチナーゼ　pectinase　54
ペクチン　pectin　325, 400
ペクチンメチルエステラーゼ　pectin methylesterase　326
ペクチンリアーゼ　pectin lyase　54
ベスチャード壁孔　vestured pit　554
ペックス　PEX　381
ヘテロ三量体Gタンパク質　heterotrimeric G protein　418
ヘテロクローニー　heterochrony　519
ヘテロクロマチンsiRNA　heterochromatin-siRNA　623
ヘテロシス　heterosis　677, **680**
ヘテロ接合体　heterozygote　674
ベネチテス類　bennettites　149
ペプチドホルモン　peptide hormone　352, **370**, 595
ヘミセルロース　hemicellulose　325
ヘム　heme　385
ベラドンナ　*Atropa belladonna*　350
ヘリトロン　helitron　633
ペリルアルデヒド　perillaldehyde　350
ペルオキシソーム　peroxisome　320, 374, **380**
ペルオキシダーゼ　peroxidase　327
ペルオキシン　peroxin　381
ベルベリン　berberine　350
変異　variation　82

変異原　mutagen　688
変異原因遺伝子　causative gene of mutant　448
変異体　mutant　722
変温　fluctuating temperature　262
変化アサガオ　mutant of *Ipomoea nil*　21
偏茎　cladodium　509
変形菌類　myxomycetes　127
ベンケイソウ型酸代謝　crassulacean acid metabolism：CAM　160, 232, 316, **318**
偏光顕微鏡法　polarized light microscopy　65
辺材　sapwood　582, 597
偏差成長　differential growth　527, 541
偏心成長　eccentric growth　541
変水性　poikilohydry　143
偏西風　westerly　734
ペンタトリコペプチドリピート　pentatricopeptide repeat：PPR　625
変動電位　variation potential　74
ペントースリン酸経路　pentose phosphate pathway：PPP　333, 339, 348
鞭毛　flagellum, flagella　126
片利共生　commensalism　281

ほ

苞（苞葉）　bract　469, 520, 523
膨圧　turgor pressure　376, 420, **422**, 441
膨圧運動　turgor movement　526
萌芽　coppice, sprout　260
萌芽更新　coppicing　743
防御　defense　571, 630
防御機構　defense system　571
胞子　spore　107, **108**, 126, 131
胞子体　sporophyte　107, 120, 124, 142, 145
胞子体型自家不和合性　sporophytic self-incompatibility　106
胞子囊　sporangium, sporangia　107, **108**, 124, 142
放射乾燥度　radiative dryness index　199
放射性同位体　radioisotope　68
放射線　radiation, radial rays　688
放射組織始原細胞　ray initial　538
放射分裂　radial division　598
紡錘形始原細胞　fusiform initial　538
紡錘糸　spindle fiber　98, 390
紡錘体　mitotic spindle　389, 390
放線菌　actinomycete(s)　282
放線菌根　actinorhiza　283

放牧家畜頭数　stocking rate　229
苞葉（苞）　bract　469, 520, 523
苞鱗　bract scale　146
飽和脂肪酸　saturated fatty acid　342
牧草地　grassland　229
ホーグランド溶液　Hoagland solution　670
ポジショナルクローニング　positional cloning　47, 606
ポジティブ・ネガティブ選抜法　positive-negative selection　608
ポジトロンイメージング　positron imaging　69
補償作用　compensation　585
捕食者　predator　212
補助色素　accessory pigment　312
ホスファターゼ　phosphatase　402
ホスファチジルエタノールアミン　phosphatidylethanolamine：PE　343
ホスファチジルグリセロール　phosphatidylglycerol：PG　343
ホスファチジルコリン　phosphatidylcholine：PC　343
ホスファチジン酸　phosphatidic acid：PA　345
ホスファチジン酸ホスファターゼ　phosphatidic acid phosphatase　345
ホスホエノールピルビン酸　phosphoenolpyruvic acid：PEP　349
ホスホエノールピルビン酸カルボキシラーゼ　phosphoenolpyruvate carboxylase　317
ホスホグリコール酸　phosphoglycolic acid　320
ホスホグリセリン酸　phosphoglyceric acid　320
母性遺伝　maternal inheritance　102
舗石状細胞　pavement cell　567
保全　conservation　**298**, **724**
ボタニカルアート　botanical art　718
捕虫葉　insectivorous leaf　412
ホットスポット　hot spot　745
北方針葉樹林　boreal coniferous forest　221
北方林　boreal forest　232
穂発芽　viviparous germination, pre-harvest sprouting　362
匍匐茎　stolon, runner　510
ホメオティック突然変異　homeotic mutation　586
ホモガラクツロナン　homogalacturonan　325
ホモ二量体　homodimer　448
ホモプラシー　homoplasy　185, 196

ホモログ　homologue, homolog　443, 446
ポリA　poly-A　618, 620
ポリエチレングリコール法　polyethylene glycol method　55, 604
ポリガラクツロナーゼ　polygalacturonase　54, 579
ポリケタイド　polyketide　348
ポリシストロニック　polycistronic　386
ポリシチン　volicitin　490
ポリジーン　polygene　660
ポリネーション　pollination　**112**
ポリフェノール　polyphenol　349
ポリマートラップ　polymer trapping　415
ホロタイプ　holotype　170
ボン・ガイドライン　Bonn Guidelines　747
本草学　herbalism　4, **6**
『本草綱目』　*Bencao gangmu, Classified materia medica*　6
『本草綱目啓蒙』　*Clarification of Bencao gangmu*　7
ポンプ　pump　404
翻　訳　translation　**620**
翻訳後修飾　posttranslational modification　370, 418

ま

マイクロRNA　micro RNA：miRNA　619, 622, 403
マイクロコズム　microcosm　242
マイクロサテライト　microsatellite　35, 189
埋土種子　soil-buried seeds, seedbank　263, 470
マイトソーム　mitosome　387
マーカー遺伝子　marker gene　353
マーカー選抜　marker selection　674
マガタマモ　*Boergesenia*　122
マーカー利用選抜　marker assisted selection, marker selection　690
巻きつき植物　twining plant　524
『牧野日本植物図鑑』　*An Illustrated Flora of Nippon*　30, 156
巻きひげ　tendril　**524**
膜交通　membrane traffic　382
膜脂質　membrane lipid　342
膜脂質転換　membrane lipid remodeling　345
膜タンパク質　membrane protein　392
膜電位測定　measurement of membrane potential　74

膜輸送タンパク質　membrane transport protein　393, 404
膜流動性　membrane fluidity　417
マスター転写因子　master regulator　595
マスフロー　massflow　565
マツ枯れ（マツ材線虫病）　pine wilt　**742**
末端小粒　telomere　98
末端複合体　terminal complex　325
マツノザイセンチュウ　pine wood nematode　742
マツノマダラカミキリ　Japanese pine sawyer　742
マップベーストクローニング　map-based cloning　606
マツモ目　Ceratophyllales　154
マテリア・メディカ（薬物誌）　*Materia Medica*　718
マトリクス（ミトコンドリア）　matrix　387
マトリックス（景観生態学）　matrix　294
マトリックス多糖類　matrix polysaccharide　325
マリモ　*Aegagropila linnaei*　122
マルゴ　margo　555
マルコフ連鎖モンテカルロ法　Markov chain Monte Carlo method：MCMC　73, 181
マルチパータイト構造　multipartite structure　386
マロニルCoA　malonyl-CoA　345, 349
マングローブ　mangrove　426
マンネングサ類　stone crop, *Sedum*　737

み

ミオシン　myosin　389, 496
ミクロコズム　microcosm　**242**
未熟胚　immature embryo　49
実　生　seedling　470
水吸収　water absorption　408
水　草　aquatic plant　162, **426**
ミズゴケ湿原　*Sphagnum* bog　143
水散布　water dispersal, hydrochory　106
水収支　water balance　198
水ストレス　water stress　424, 671
ミスセンス変異　missense mutation　688
水代謝　water metabolism　**420**
水チャネル（アクアポリン）　water channel, aquapolin　407, 408, 422, 425, 428
水透過性　water permeability　408, 425

ミズニラ目　Isoetales　140
水ポテンシャル　water potential　408, 420, **422**, 424, 458, 572, 600
ミスマッチ修復　mismatch repair　615
水利用効率　water use efficiency　68, 268, 287
溝切り　trenching　571
蜜腺　nectary, nectar gland　155, 531, 566, 569
ミトコンドリア　mitochondrion, mitochondria　102, 320, 328, 374, **386**, 496
ミトコンドリアゲノム　mitochondrial genome　386
緑の革命　Green Revolution　32, **642**, 665
ミヤコグサ　*Lotus corniculatus* var. *japonicus*　41
ミル　*Codium*　122
ミロシン細胞　myrosin cell　531

む

むかご（珠芽）　bulbil, propagule　106, 260, 511
無機栄養　inorganic nutrition　398
無機栄養生物　lithotrophic organism　214
無機栄養説　theory of mineral nutrition (of plants)　664
無機化　mineralization　197, 200
ムギネ酸　mugineic acid　411
無機肥料　inorganic fertilizer　665
無限花序　indeterminate inflorescence　522
無限性（無限成長）　indeterminacy, indeterminate growth　480, 502, 587
無限遠補正光学系　infinity-corrected optical system　66
無口型　inaperturate　154
無酸素　anoxia　436
ムジナモ　*Aldrovanda vesiculosa*　527
無重力実験　zero-gravity experiment　707
娘細胞　daughter cell　580
無性生殖　asexual reproduction　104, 260, 466, 662
無性生殖器官　asexual propagule　131
無配生殖　apogamy　108
無胚乳種子　exalbuminous seed　468
無分節乳管　non-articulated laticifer　570
無胞子生殖　apospory　662
無融合種子形成　agamospermy　106
無融合生殖　apomixis　106, 260

め

名義尺度　nominal scale　72

明視野顕微鏡法　bright field microscopy　64
明反応　light reaction　312
命名規約（国際藻類・菌類・植物命名規約）　International Code of Nomenclature for algae, fungi and plants　3, 168, 169, 173
メズロサ類　*Medullosa*, Medullosales　139
メソコスム（メゾコスム）　mesocosm　207, 242
メソポタミヤ　Mesopotamia　14
メタゲノミクス　metagenomics　285
メタボローム　metabolome　57, 79
メタボロン　metabolon　379
メタン菌　methanogen, Methane bacteria　214
メチオニン　methionine　334
メチル化　methylation　611
芽生え　seedling　461
メバロン酸経路　mevalonate pathway　349
メリクローン　mericlone　52
メルボルン規約　Melbourne Code　169
綿（綿布）　cotton, cotton cloth　713
面生胎座　laminar placentation　146
メンデルの法則　Mendel's laws　21, **26**
メントール　menthol　350

も

網状進化　reticulate evolution　91, **94**
毛状体（毛状突起）　trichome　161, 529
網状中心柱　dictyostele　544
毛状突起　hair-like trichome　561
網状脈　reticulate vein, reticulate venation　154
目　order　25
木材　wood　540
木質化（リグニン化）　lignification　525, 528
木部　xylem　154, 528, 550, **552**, 556, 572, 594
木部細胞　xylem cell　595
木部柔組織　xylem parenchyma　531
木部繊維　xylem fiber, wood fiber　531, 553
木部放射組織　xylem ray　531
木本　tree/woody plant　**258**, 510
木本つる植物　liana　524
モータータンパク質　motor protein　389, 496
モデル系　model system　242
モデル植物　model plant　**38**
元肥　basal manure, basal fertilizer　665
戻し交雑　backcross　660, 699
戻し交雑自殖系統群　backcross inbred lines　637
モニタリング　monitoring　304

モニタリングサイト 1000　Monitoring site 1000　309
モノガラクトシルジアシルグリセロール　monogalactosyldiacylglycerol：MGDG　343
モノシストロニック　mono-cistronic　616
モノソミック　monosomic　636
モノテルペン　monoterpene　349
モノトロポイド菌根　monotropoid mycorrhiza　280
モノリグノール　monolignol　327
藻　場　algal bed　135
森下のI_δ指数　Morishita's I_δ index　247
モリブデンコファクター　molybdenum cofactor　336
モル吸光係数　molar absorption coefficient　62
モルヒネ　morphine　350

■ や

葯　anther　155, 520
葯　隔　connective　520
葯　室　locule　520
薬草園　herb garden　22
薬物誌（マテリア・メディカ）　*Materia Medica*　718
薬用植物　medicinal plant　350, **730**
薬用植物園　medicinal（botanic）garden　23
野　菜　vegetable　20
ヤマユリ　*Lilium auratum*　720
ヤンガードリアス期　Younger-dryas　13

■ ゆ

有縁壁孔　bordered pit　554
有機肥料　manure, organic fertilizer　665
有限花序　determinate inflorescence　522
有限性（有限成長）　determinacy, determinate growth　502, 587
有限補正光学系　finite-corrected optical system　66
有光層　euphotic zone　204
有効土層　effective soil layer　668
雄　蕊　stamen　155, 520
雄蕊群　androecium　520
優　性　dominant　26
雄性花水面媒　male flower-epihydrophily　163
優性効果　dominant effect　660
有性生殖　sexual reproduction　104, 131, 260, 466

優性説　dominance theory　680
雄性先熟　protandry　105
優性の法則　law of dominance　26
雄性不稔　male sterility　644, 682
雄性両全性異株　androdioecy　105
優先権　priority　171
遊走子　zoospore　127
尤　度　likelihood　181
有頭型腺毛　capitate glandular hair　568
誘導（性）プロモーター　inducible promoter, conditional promoter　605, 609
有毒植物　poisonous plant　731
有毒プランクトン　toxic algae　703
有胚乳種子　albuminous seed　468
遊離型 IAA　free IAA　354
油細胞　oil cell　576
油　脂　oil　344
油　室　oil sac　531
輸　送　transport　352
輸送システム　transport system　571
輸送体　transporter　363
ユビキチン　ubiquitin　419, 445
ユビキチン化　ubiquitination, ubiquitylation　369, 449
ユビキチンリガーゼ　ubiquitin ligase　419
油糧種子　oil seed　575

■ よ

陽イオン　cation　201
葉　腋　axil　523
幼　芽　plumule　154, 505
葉　群　canopy　306
幼形成熟　paedomorphosis　165
葉　隙　leaf gap　141, 154, 514, 545
葉原基　leaf primordium, leaf primordia　519, 542, 584, 588, 592
幼　根　radicle　154, 505
葉　耳　auricle　518
陽　樹　sun tree　238
葉寿命　leaf longevity, leaf lifespan　259
葉　序　phyllotaxis, phyllotaxy　78, 461, **590**
葉　鞘　leaf sheath　154, 518
葉状茎（葉状枝）　cladode, cladophyll, phylloclade　155, 509, 510, 514
葉　身　lamina, leaf blade　515, 518, 528
揚　水　hydraulic lift　735

陽生植物　sun plant　563
葉　跡　leaf trace　140, 550
葉　舌　ligule　518
溶存無機炭素　dissolved inorganic carbon：DIC　427
葉内細胞間隙　intercellular space　268
葉　肉（葉肉組織）　mesophyll　165, 528
葉肉コンダクタンス　mesophyll conductance　69, 287
葉肉細胞　mesophyll cell　420, 446, 497
葉分裂組織　leaf meristem　584
葉　脈　vein, venation　518, 528, **558**
葉脈切断　vein cut　571
葉面積比　leaf area ratio　251
陽　葉　sun leaf　563
幼葉鞘　coleoptile　154, 504, 519
葉緑体　chloroplast　11, 102, 320, 374, **384**, 389, 416, 419, 496
葉緑体 ER　mesophyll cell　135
葉緑体運動　chloroplast movement　416, 446
葉緑体捕獲　chloroplast capture　95
翼　果　samara　469
横　枝　lateral branch　275
横分裂　transverse division　598
四倍体　tetraploid　542, 646

ら

ライブセルイメージング　live cell imaging　395
落　葉　leaf abscission　464
落葉広葉樹林　deciduous broad-leaved forest　221
落葉性　deciduous　259
ラジオイムノアッセイ　radioimmunoassay　69
裸子器　apothecium(sg.) / apothecia(pl.)　131
裸子植物　gymnosperm(s)　116, 120, 125, **148**, 466
螺　生　spiral　590
落　果　fruit drop　578
ラッカーゼ　laccase　327
ラビリンチュラ菌　Labyrinthulomycota　127
ラフィド藻　Raphidophyceae　702
ラーブル構造　Rabl structure　395
ラベル　label　174
ラミナジョイント　lamina joint　518
ラムサール　Ramsar　234
ラムノガラクツロナン　rhamnogalacturonan　326
ラメット　ramet　104, 261
ラン菌根　orchid mycorrhiza　280
卵菌類　oomycetes　127
ランク　rank（taxonomic rank）　168
卵細胞　egg cell　117
ラン藻（藍藻，シアノバクテリア）　blue-green algae, cyanobacterium(sg.) / cyanobacteria(pl.), Cyanophyta　2, 95, 130, 132, 208, **492**, 702
ランダムな浮動　random drift　83
ランダム分布　random distribution　246

り

リガンド物質依存チャネル　ligand-gated channel　407
陸域生態系　terrestrial ecosystem　**192**, **194**, 196
陸上植物　land plant(s)　132, **136**, 166
陸水学　limnology　**206**
陸生形　terrestrial form　163
陸地綿　upland cotton　713
リグナン　lignan　349
リグニン　lignin　136, 325, 327, 349, 533, 544, 546, 548
リグニン化（木質化）　lignification　525, 528
リケニン　lichenin　131
リコポディウムアルカロイド　*Lycopodium* alkaloid　350
リザリア界　Rhizaria　127
リジン　lysine　350
リジンモチーフ　lysin motif：LysM　483
リスク評価　risk assessment　724
離　生　schizogenous　534
離生心皮　apocarpy　155
離生心皮性雌蕊　apocarpous gynoecium　146, 520
離生通気組織　schizogenous aerenchyma　426, 564
離　層　abscission layer　465, **578**
リゾホスファチジン酸　lysophosphatidic acid　345
リゾホスファチジン酸アシルトランスフェラーゼ　lysophosphatidic acid acyltransferase　345
リター　litter　202
リーチング　leaching　668
律　速　limitation　268
リニア植物　rhyniophytes　138
リノール酸　linoleic acid　342

797

リピッドボディ　lipid body　575
リプリーの L 関数　Ripley's L function　247
リブロースビスリン酸カルボキシラーゼ
　　ribulose 1,5-bisphosphate carboxylase/
　　oxygenase　33, 402
離弁花冠　choripetalous corolla　520
リボソーム　ribosome　211, 395, 620
リモートセンシング　remote sensing　70
リモネン　limonene　350
流　域　catchment　222
硫化水素　hydrogen sulfide　334
硫化物イオン　sulfide　334
『琉球植物誌』　Flora of the Ryukyus　156
硫酸イオン　sulfate　334
流動モザイクモデル　fluid mosaic model　393
量子収率　quantum yield　62
両性遺伝　biparental inheritance　102
両性花　hermaphrodite flower, bisexual flower　586
両全性株　hermaphrodite　105
量の形質　quatitative trait, quantitative character　184, 660, 693
量的形質遺伝子座　quantitative trait locus：QTL　284, 660, 680, 690, 693
量的データ　quantitative data　72
両面葉　bifacial leaf, dorsiventral leaf, dorsoventral leaf　155．516, 518, 562
緑色蛍光タンパク質　green fluorescent protein：GFP　66, 605
緑色植物　Viridiplantae　122
緑　藻　green algae, Chrolophyta, Chrolophyceae　134, 208, 497
緑　肥　green manure　640, 664
緑　化　greening　736
リ　ン　phosphorus　269, 340, 399
臨界降伏圧　yield threshold　600
隣花受粉　geitonogamy　105
林　冠　canopy　219
鱗　茎　bulb　107, 511
輪　作　crop rotation　641
リン酸　phosphate　201, 340, 399
リン酸化　phosphorylation　389, 418
リン酸飢餓　phosphate starvation　402
リン脂質　phospholipid　342, 392, 575
リン循環　phosphorus cycle　**196**
輪　生　whorled, verticillate　586, 590

輪生花　cyclic flower　520
リン代謝　phosphorus metabolism　**340**
林地園芸　silviculture　18
リンデマン比　Lindeman's ratio（efficiency）　213
リンネの性体系　Linnaeus sexual system　178
リンピ　lodicule　587
リン利用効率　phosphorus use efficiency　269

■る

ルシフェラーゼ　luciferase：LUC　605
ルピナス属　Lupinus　350

■れ

齢　age　463
冷温ストレス　chilling stress　417
レイリー基準　Rayleigh criterion　64
レオファイト　rheophyte　164
レクトタイプ　lectotype　170
レグヘモグロビン　leghemoglobin　282, 338
レスキュー　rescue　388
レスポンスレギュレーター　response regulator：RR　359, 419
裂　芽　isidium（sg.）/isidia（pl.）　131
劣　性　recessive　26
レッドデータブック　Red Data Book　724, **744**
レッドフィールド比　Redfield ratio　211
レッドリスト　Red List　724, 744
レドックス制御　redox regulation　419
レトログレード調節　retrograde regulation　385
レトロトランスポゾン　retrotransposon　632
レトロポゾン　retroposon　632
レフュージア　refugia, refugium　189
レポーター遺伝子　reporter gene　605
連　鎖　linkage　27, 698
連作障害　continuous cropping problem　640
連鎖地図　linkage map　660
連鎖不平衡　linkage disequilibrium　690, 693
連続戻し交雑　continuous backcrossing　674

■ろ

ロイシンリッチリピート　leucine rich repeat：LRR　419, 483
ろ　う　wax　529
老　化　senescence　368, **480**, 486
老化関連遺伝子　senescence-associated gene：SAG　480

六倍体　hexaploid　646
ロゼット　rosette　**276**, 325
ロゼット葉　rosette leaf　259
ロックハルト成長式　Lockhart equation　**600**
ロックール栽培　rockwool culture　670

■ わ

矮　性　dwarf　364
矮生木限界　krummholz limit　224

惑星探査　planet exploration　706
ワクチン株　vaccine strain　628
ワシントン条約（絶滅のおそれのある野生動植物の種の国際取引に関する法律）　Treaty of Washington, Convention on International Trade in Endangered Species of Wild Fauna and Flora：CITES　747
ワックス　wax　344
ワックスエステル　wax ester　344

人名索引
（太字ページは項目見出し）

■あ行

アイヒラー, A. W.　Eichler, A. W.　179
朝比奈靖彦　Asahina Yasuhiko　131
アダムス, R. M.　Adams, R. M.　15
アダンソン, M.　Adanson, M.　178
アッベ, E. K.　Abbe, E. K.　64
アーノン, D. I.　Arnon, D. I.　670
アラード, H. A.　Allard, H. A.　450
アリストテレス　Aristoteles　2
アルバー, A.　Arber, A.　186

飯沼慾斎　Iinuma Yokusai　7
池野成一郎　Ikeno Seiichiro　9, 116, 466
伊藤圭介　Ito Keisuke　7, 8
イーレンフェルド, E. W.　Earenfeld, E. W.　298

ヴァン・ティーゲム, P. E. L.
　　Van Tieghem, P. E. L.　544
ウィルコックス, B.　Wilcox, B.　298
ウィルソン, E. H.　Wilson, E. H.　18, 35
ウィルソン, E. O.　Wilson, E. O.　236, 299
ウィンクラー, H.　Winkler, H.　100, 662
ウェント, F.　Went, F.　354
ウォレス, A. R.　Wallace, A. R.　4, 28
宇田川榕菴　Udagawa Yoan　7
内田俊郎　Utida Syunro　242
内山富次郎　Uchiyama Tomijiro　19

エールリヒ, P. R.　Ehrlich, P. R.　97
エーレット, G. D.　Ehret, G. D.　719
エングラー, H. G. A.　Engler, H. G. A.　179

岡田清孝　Okada Kiyotaka　44
岡村金太郎　Okamura Kintaro　8
奥貫一男　Okunuki Kazuo　9
小倉　謙　Ogura Yudzuru　9
オズボーン, T. B.　Osborne, T. B.　655

小野蘭山　Ono Ranzan　7
オーブリエ, C.　Aubriet, C.　719
オベルトン, E.　Overton, E.　465
オルドリッジ, D. C.　Aldridge, D. C.　366
オンスロー, M. W.　Onslow, M. W.　465

■か行

ガウゼ, G. F.　Gause, G. F.　242
カスパリー, R.　Caspary, R.　548
ガーナー, W. W.　Garner, W. W.　450
カボシュ, M.　Caboche, M.　44
神谷宣郎　Kamiya Noburo　10
ガリレオ, G.　Galileo, G.　4
カールキスト, S.　Carlquist, S.　237
カルビン, M.　Calvin, M.　32

北村四郎　Kitamura Shiro　8
ギニャール, L.　Guignard, L.　119
木原　均　Kihara Hitoshi　10
木村資生　Kimura Motoo　10, 86
木村陽二郎　Kimura Yojiro　8
吉良竜夫　Kira Tatsuo　10
キングドン=ウォード, F.　Kingdon-Ward, F.　18

クック, C. E.　Cook, C. E.　368
クッシュ, G. S.　Khush, G. S.　643
グッドマン, H.　Goodman, H.　44
クーニフ, M.　Koornneef, M.　44
久保秀雄　Kubo Hideo　9
グライム, J. P.　Grime, J. P.　255
クラウス, F. A. L.　Clowes, F. A. L.　580
クランツ, A. R.　Krantz, A. R.　44
クリステンセン, N. L.　Christensen, N. L.　301
グレイ, A.　Gray, A.　4
クレメンツ, F. E.　Clements, F. E.　216
黒岩常祥　Kuroiwa Tsuneyoshi　10
黒沢栄一　Kurosawa Eiichi　352
クロンキスト, A. J.　Cronquist, A. J.　179

桑田義備　Kuwata Yoshinari　10

ゲイン, R.　Gane, R.　360
ケッペン, W. P.　Köppen, W. P.　220
ゲーテ, J. W. von　Goethe, J. W. von　502, 587
ケルロイター, J. G.　Koelreuther, J. G.　680

郡場　寛　Kooriba Kwan　9
コッキング, E. C.　Cocking, E. C.　54
コッセル, A.　Kossel, A.　330
後藤伸治　Goto Nobuharu　44
ゴートレ, R.　Gautheret, R.　11, 55
コーナー, E.　Corner, E.　10
小林正智　Kobayashi Masatomo　45
米田好文　Komeda Yoshibumi　44
ゴルジ, C.　Golgi, C.　382
コルチ, B.　Corti, B.　496
コレンス, C. E.　Correns, C. E.　10, 26, 102

■ さ行

坂村　徹　Sakamura Toru　10
サチナ, S.　Satina, S.　542
ザックス, J. von　Sachs, J. von　528, 550
サマヴィル, C.　Somerville, C.　44
ザミール, D.　Zamir, D.　637
サルモン, S. C.　Salmon, S. C.　643

シアーズ, E. R.　Sears, E. R.　636
ジェイコブセン, T.　Jacobsen, T.　14
シェルフォード, V. E.　Shelford, V. E.　216
篠崎一雄　Shinozaki Kazuo　44
柴田桂太　Shibata Keita　9
柴田承二　Shibata Shoji　131
シーボルト, P. F. von　Siebold, P. F. von　7, 8
清水芳孝　Shimizu Yoshitaka　44
志村令郎　Shimura Yoshiro　44
シュトラスブルガー, E.　Strasburger, E.　9, 532
シュライデン, M. J.　Schleiden, M. J.　4
白井光太郎　Shirai Mitsutaro　8

杉浦昌宏　Sugiura Masahiro　11
スクーグ, F.　Skoog, F.　11, 52
スチュワード, F. C.　Steward, F. C.　51, 474
スピック, T.　Speck, T.　291
スプレンゲル, C.　Sprengel, C.　16
住木諭介　Sumiki Yusuke　11, 352

ソランダー, D. C.　Solander, D. C.　18
ソルティス, P. S.　Soltis, P. S.　179
ソーレ, M. E.　Soulé, M. E.　298
ソーン, R. F.　Thorn, R. F.　179

■ た行

ダーウィン, C. R.　Darwin, C. R.　4, **28**, 96, 151, 179, 352, 354, 525, 672, 680
ダーウィン, E.　Darwin, E.　4, 28
ダーウィン, F.　Darwin, F.　354, 412
高城成一　Takagi Seiichi　411
高橋信孝　Takahashi Nobutaka　11
タクタジャン, A.　Takhatajan, A.　179
竹中　要　Takenaka Yo　35
建部　到　Takebe Itaru　54
田代善太郎　Tashiro Zentaro　19
田代安定　Tashiro Yasusada　19
田畑哲之　Tabata Satoshi　44
田宮　博　Tamiya Hiroshi　9
ダーメン, H.　Dermen, H.　542
タル, J.　Thal, J.　43
ダールグレン, R. M. T.　Dahlgren, R. M. T.　179
タングル, E.　Tangl, E.　532
ダングル, J.　Dangl, J.　44

チェイス, N. M.　Chase, N. M.　179
チェザルピーノ, A.　Cesarpino, A.　178
チェルマク, E. von　Tschermak-Seysenegg, E. von　10, 26
チュア, N-H.　Chua, N-H.　44
張　華　Zhang Hua　2

ツィンマーマン, W.　Zimmermann, W.　140
ツオップ, W.　Zopf, W.　131
ツンベリー, C. P.　Thunberg, C. P.　3, 7

ディオスクリデス, P.　Dioskurides, P.　718
ティーネマン, A.　Thienemann, A.　206
ディモール, E.　Demole, E.　366
デイリー, G. C.　Daily, G. C.　299
ティルマン, D. D.　Tilman, D. D.　300
ディーン, C.　Dean, C.　44
テオプラストス　Theophrastus　2
デニス, L.　Dennis, L.　44

トゥルヌフォール, J. P.　Tournefort, J. P.　178

富樫　誠　Togashi Makoto　19
ド・カンドル, A. P.　de Candolle, A. P.　179, 719
ド・ジュシュー, A. L.　de Jussieu, A. L.　25, 178
ド・ソシュール, N. T.　de Saussure, N. T.　16
ドブジャンスキー, T. G.　Dobzhansky, T. G.　680
ド・フリース, H. M.　de Vries, H. M.　10, 26, 29, 273
トロール, C.　Troll, C.　217
トンプソン, J. N.　Thompson, J. N.　97

■ な行

内藤　哲　Naito Satoshi　44
ナウマン, E.　Naumann, E.　206
中井猛之進　Nakai Takenoshin　8
中尾佐助　Nakao Sasuke　20
長田敏行　Nagata Toshiyuki　11
中野治房　Nakano Harufusa　9
中原源治　Nakahara Genji　19
ナム, H-G.　Nam, H-G.　44
ナワシン, S. G.　Nawaschin, S. G.　118

ニランダー, W.　Nylander, W.　131

ネルジュボウ, D. W.　Neljubow, D. W.　360

■ は行

バウア, E.　Baur, E.　102
バウアー, F. A.　Bauer, F. A.　719
バウアー, F. L.　Bauer, F. L.　719
バーグ, SP.　Burg, SP.　360
パーク, T.　Park, T.　242
パスツール, L.　Pasteur, L.　346
ハッチンソン, G. E.　Hutchinson, G. E.　206, 209
パネット, R. C.　Punnett, R. C.　27
ハーバー, F.　Haber, F.　664
ハーバーランド, G.　Harberlandt, G.　50
バビロフ, N. I.　Vavilov, N. I.　651
ハフェカー, C. B.　Huffaker, C. B.　242
早田文蔵　Hayata Bunzo　8
原　寛　Hara Hiroshi　8
ハーラン, J. R.　Harlan, J. R.　650
バンクス, J.　Banks, J.　18

ピアンカ, E. R.　Pianka, E. R.　254
樋口広芳　Higuchi Hiroyoshi　299
ピーター, F. M.　Peter, F. M.　299

ビーチェル, H. M.　Beachell, H. M.　643
ピッテンドリグ, C. S.　Pittendrigh, C. S.　451
ビュンニング, E.　Bünning, E.　451
平瀬作五郎　Hirase Sakugoro　9, 116, 466
廣野好彦　Hirono Yoshihiko　43

ファン・デ・ビーン, J. H.　van der Veen, J. H.　43
ファントホフ, J. H.　van't Hoff, J. H.　324
フィシャー, J. B.　Fisher, J. B.　78
フィシャー, R. A.　Fisher, R. A　256
フィンク, G.　Fink, G.　44
フォーチュン, R.　Fortune, R.　19, 20
フォーブス, S. A.　Forbes, S. A.　206
フォレスト, G.　Forrest, G.　18
フォレル, F. A.　Forel, F. A.　206
藤井健次郎　Fujii Kenjiro　10
藤井太朗　Fujii Taro　43
フッカー, J. D.　Hooker, J. D.　4, 18, 29, 178, 719
フック, R　Hooke, R.　3, 64, 324
ブッサンゴー, J. B.　Boussingault, J. B.　16
ブディコ, M. I.　Budyko, M. I.　199
プライヤー, K. M.　Pryer, K. M.　144
ブラウン, R.　Brown, R.　4, 19, 65
ブラックマン, F. F.　Blackman, F. F.　312
プリニウス, G.　Plinius II, G.　2, 713
古瀬　義　Furuse Miyoshi　19
フロー, H. H.　Flor, H. H.　630

ベイトソン, W.　Bateson, W.　27
ペッファー, W.　Pfeffer, W.　9, 324
ヘニッヒ, W.　Hennig, W.　9
ペニング・ド・フリース, F. W. T.　Penning de Vries, F. W. T.　273
ベレミンスキー, J.　Veleminsky, J.　43
ベンサム, G.　Bentham, G.　179
ヘンズロー, J.　Henslow, J.　28

ホーグランド, D. R.　Hoagland, D. R.　670
ボッシュ, C.　Bosch, C.　664
ホルドリッジ, L. R.　Holdridge, L. R.　216
ボーローグ, N. E.　Borlaug, N. E.　32, 638, 643, 658
ホワイト, P.　White, P.　11, 50
本多久夫　Honda Hisao　78
本田正次　Honda Masaji　8

■ま行

マイロヴィッツ, E. M.　Meyerowitz, E. M.　44
マインケ, D.　Meinke, D.　44
前川文夫　Maekawa Fumio　8
マキシモヴィッチ, C. J.　Maximowicz, C. J.　8, 31
牧野富太郎　Makino Tomitaro　8, **30**
マクリントック, B.　McClintock, B.　33, 633
マッカーサー, R. H.　MacArthur, R. H.　236, 254
マッソン, F.　Masson, F.　18
松村任三　Matsumura Jinzo　9

宮部金吾　Miyabe Kingo　8
ミュンヒ, E.　Münch, E.　532
三好　学　Miyoshi Manabu　9, 34
ミラー, C. O.　Miller, C. O.　52
ミラー, R. S.　Miller, R. S.　244

ムラシゲ, T.　Murashige, T.　11

メルヒャーズ, G.　Melchers, G.　684
メンデル, G. J.　Mendel, G. J.　4, 10, 21, 26, 32

モノー, J. L.　Monod, J. L.　38
森下正明　Morishita Masaaki　247
モリス, W.　Morris, W.　719
モーリッシュ, H.　Molisch, H.　488
モルガン, T. H.　Morgan, T. H.　27
モレル, G.　Morel, G.　52
門司正三　Monsi Masami　10

■や行

矢田部良吉　Yatabe Ryokichi　8
矢原徹一　Yahara Tetsukazu　299

藪田貞次郎　Yabuta Teijiro　11, 352

ユルゲンス, G.　Jürgens, G.　44

■ら行

ライエル, C.　Lyell, C.　28
ライナート, J.　Reinert, J.　474
ラインホルツ, E.　Reinholz, E.　43
ラマルク, J.-B. P. A. C. de
　　Lamarck, J.-B. P. A. C. de　4

李　時珍　Li Shizhen　6
リービッヒ, J. von　Liebig, J. von　16, 664
リプリー, B. D.　Ripley, B. D.　247
リューベル, E.　Rübel, E.　233
リンデマン, R.　Lindeman, R.　206, 213
リンネ, C. von　Linné, C. von　3, 7, **24**, 178, 719

ルスカ, E. A. F.　Ruska, E. A. F.　64
ルックナー, R.　Luckner, R.　465
ルドゥーテ, P. J.　Redouté, P. J.　719

レイバッハ, F.　Laibach, F.　43
レイブン, P. H.　Raven, P. H.　97
レーウェンフック, A. van　Leeuwenhoek, A. van　3, 64
レダイ, G. P.　Rédei, G. P.　43
レベリン, G.　Röbbelen, G.　43

ロックハルト, J. A.　Lockhart, J. A.　600

■わ

鷲谷いづみ　Washitani Izumi　299
ワルター, H.　Walter, H.　217, 220

植物学の百科事典

平成28年6月30日　発　　行
令和5年9月30日　第3刷発行

編　者　公益社団法人
　　　　日 本 植 物 学 会

発行者　池　田　和　博

発行所　丸善出版株式会社
　　　　〒101-0051　東京都千代田区神田神保町二丁目17番
　　　　編集：電話(03)3512-3264／FAX(03)3512-3272
　　　　営業：電話(03)3512-3256／FAX(03)3512-3270
　　　　https://www.maruzen-publishing.co.jp

Ⓒ The Botanical Society of Japan, 2016

組版・有限会社 悠朋舎
印刷・製本／大日本印刷株式会社

ISBN 978-4-621-30038-1 C 3545　　　　Printed in Japan

JCOPY　〈(一社)出版者著作権管理機構 委託出版物〉
本書の無断複写は著作権法上での例外を除き禁じられています．複写される場合は，そのつど事前に，(一社)出版者著作権管理機構(電話03-5244-5088, FAX 03-5244-5089, e-mail：info@jcopy.or.jp)の許諾を得てください．